JN430629

소방설비기사
필기 전기분야

예문사

머리말

새로운 도전의 길에 들어선 여러분!

자격증 취득을 목표로 하고 그 외로운 싸움 앞에서 얼마나 망설이고 주저하기를 반복하셨습니까?

오랫동안 강의를 하면서 합격자를 보다 많이 배출할 수 있는 방법을 고민하고, 좀 더 효율적으로 공부할 수 있는 교재의 필요성을 느껴 이 책을 출간하게 되었습니다. 이 책은 비전공자라도 쉽게 공부할 수 있도록 기출문제를 철저히 분석하여 이론을 체계적으로 정리하였습니다.

수험생 여러분이 시간을 적게 들여 소방설비기사 필기시험에 합격할 수 있도록 하는 데 초점을 맞추었으므로 빠른 합격으로 가는 안내서가 되어 줄 것입니다.

이 책은 다음과 같이 구성하였습니다.

- 각 과목의 이론은 다년간 기출문제에 관련된 주요 내용을 해석하여 이해도가 높도록 수록하였습니다.
- 이론에서 계산문제는 예제를 수록하여 학습의 이해도를 높일 수 있도록 하였습니다.
- 소방관계법규는 최신 개정사항을 반영하였습니다.
- 기출문제의 해설은 초보자도 알기 쉽도록 수험생의 눈높이에 맞추었습니다.

강의를 하면서 쌓아 온 노하우와 자료들을 최대한 효율적으로 정리하여 전달하였지만 부족한 부분이 있을 것이라고 생각합니다. 소방산업 현장에서 활동 중인 선후배 및 전문가들의 아낌없는 지도를 바라며, 부족한 부분은 수정 및 보완해 나갈 것을 약속드립니다.

끝으로 출간하기까지 물심양면으로 도와주신 주경야독의 임직원 여러분과 도서출판 예문사에 감사의 말씀을 드립니다.

저자 **표정은**

수험정보

💬 소방설비기사 전기분야 출제기준

직무분야	안전관리	중직무분야	안전관리	자격종목	소방설비기사 (전기분야)	적용기간	2026.1.1~2027.12.31

직무내용 : 소방시설(전기)의 설계, 공사, 감리 및 점검업체 등에서 설계 도서류를 작성하거나, 소방설비 도서류를 바탕으로 공사 관련 업무를 수행하고, 완공된 소방설비의 점검 및 유지관리업무와 소방계획수립을 통해 소화, 화재통보 및 피난 등의 훈련을 실시하는 소방안전관리자로서의 주요사항을 수행하는 직무

필기검정방법	객관식	문제수	80	시험시간	2시간

필기 과목명	문제수	주요항목	세부항목	세세항목
소방원론	20	1. 연소이론	1. 연소 및 연소현상	1. 연소의 원리와 성상 2. 연소생성물과 특성 3. 열 및 연기의 유동의 특성 4. 열에너지원과 특성 5. 연소물질의 성상 6. LPG, LNG의 성상과 특성
		2. 화재현상	1. 화재 및 화재현상	1. 화재의 정의, 화재의 원인과 영향 2. 화재의 종류, 유형 및 특성 3. 화재 진행의 제요소와 과정
			2. 건축물의 화재현상	1. 건축물의 종류 및 화재현상 2. 건축물의 내화성상 3. 건축구조와 건축내장재의 연소 특성 4. 방화구획 5. 피난공간 및 동선계획 6. 연기확산과 대책
		3. 위험물	1. 위험물 안전관리	1. 위험물의 종류 및 성상 2. 위험물의 연소특성 3. 위험물의 방호계획
		4. 소방안전	1. 소방안전관리	1. 가연물 · 위험물의 안전관리 2. 화재 시 소방 및 피난계획 3. 소방시설물의 관리유지 4. 소방안전관리계획 5. 소방시설물 관리
			2. 소화론	1. 소화원리 및 방식 2. 소화부산물의 특성과 영향 3. 소화설비의 작동원리 및 점검

필기 과목명	문제수	주요항목	세부항목	세세항목
			3. 소화약제	1. 소화약제이론 2. 소화약제 종류와 특성 및 적응성 3. 약제유지관리
소방전기 일반	20	1. 전기회로	1. 직류회로	1. 전압과 전류 2. 전력과 열량 3. 전기저항 4. 전류의 열작용과 화학작용
			2. 정전용량과 자기회로	1. 콘덴서와 정전용량 2. 전계와 자계 3. 자기회로 4. 전자력과 전자유도 5. 전자파
			3. 교류회로	1. 단상 교류회로 2. 3상 교류회로
		2. 전기기기	1. 전기기기	1. 직류기 2. 변압기 3. 유도기 4. 동기기 5. 소형교류전동기, 교류정류기 6. 전력용 반도체에 의한 전기기기제어
			2. 전기계측	1. 전기계측기기의 구조 및 원리 2. 전기요소의 측정
		3. 제어회로	1. 자동제어의 기초	1. 자동제어의 개요 2. 제어계의 요소 및 구성 3. 블록선도 4. 전달함수
			2. 시퀀스 제어회로	1. 불대수의 기본정리 및 응용 2. 무 접점논리회로 3. 유 접점회로
			3. 제어기기 및 응용	1. 제어기기의 구성요소 2. 제어의 종류 및 특성
		4. 전자회로	1. 전자회로	1. 전자현상 및 전자소자 2. 정전압 전원회로 및 정류회로 3. 증폭회로 및 발진회로 4. 전자회로의 응용

수험정보

필기 과목명	문제수	주요항목	세부항목	세세항목
소방관계 법규	20	1. 소방기본법	1. 소방기본법, 시행령, 시행규칙	1. 소방기본법 2. 소방기본법 시행령 3. 소방기본법 시행규칙
		2. 화재의 예방 및 안전관리에 관 한 법	1. 화재의 예방 및 안전관 리에 관한 법, 시행령, 시행규칙	1. 화재의 예방 및 안전관리에 관한 법률 2. 화재의 예방 및 안전관리에 관한 법률 시행령 3. 화재의 예방 및 안전관리에 관한 법률 시행규칙
		3. 소방시설 설치 및 관리에 관한 법	1. 소방시설 설치 및 관리에 관한 법, 시행령, 시행 규칙	1. 소방시설 설치 및 관리에 관한 법률 2. 소방시설 설치 및 관리에 관한 법률 시행령 3. 소방시설 설치 및 관리에 관한 법률 시행규칙
		4. 소방시설 공사 업법	1. 소방시설공사업법, 시행령, 시행규칙	1. 소방시설공사업법 2. 소방시설공사업법 시행령 3. 소방시설공사업법 시행규칙
		5. 위험물안전관리 법	1. 위험물안전관리법, 시행령, 시행규칙	1. 위험물안전관리법 2. 위험물안전관리법 시행령 3. 위험물안전관리법 시행규칙
소방전기 시설의 구조 및 원리	20	1. 소방전기시설 및 화재안전성능 기준·화재안전 기술기준	1. 비상경보설비 및 단독경보형 감지기	1. 설치대상과 기준, 종류, 특징, 동작원리, 배선 2. 화재안전성능기준·화재안전기술기준 등 기타 관련 사항
			2. 비상방송설비	1. 설치대상과 기준, 구성, 기능, 동작원리, 배선 2. 화재안전성능기준·화재안전기술기준 등 기타 관련 사항
			3. 자동화재탐지설비 및 시각경보장치	1. 설치대상, 경계구역, 비화재보 원인과 대 책, 각 구성기기의 종류 및 특징 2. 화재안전성능기준·화재안전기술기준 등 기타 관련 사항
			4. 자동화재속보설비	1. 설치대상과 기준, 구성과 종류 2. 화재안전성능기준·화재안전기술기준 등 기타 관련 사항

필기 과목명	문제수	주요항목	세부항목	세세항목
			5. 누전경보기	1. 설치대상과 기준, 종류, 구성, 특징, 동작 원리, 변류기 설치와 결성 2. 화재안전성능기준 · 화재안전기술기준 등 기타 관련 사항
			6. 유도등 및 유도표지	1. 설치대상과 기준, 구성, 기능, 동작원리, 전원, 배선 시험 2. 화재안전성능기준 · 화재안전기술기준 등 기타 관련 사항
			7. 비상조명등	1. 설치대상과 기준, 구성, 전원, 배선, 시험 2. 화재안전성능기준 · 화재안전기술기준 등 기타 관련 사항
			8. 비상콘센트	1. 설치대상과 기준, 구조, 기능, 비상콘센트 설비의 전원 및 보호함, 배선 2. 화재안전성능기준 · 화재안전기술기준 등 기타 관련 사항
			9. 무선통신보조설비	1. 설치대상과 기준, 구조, 기능, 사용방법, 누설동축케이블 2. 화재안전성능기준 · 화재안전기술기준 등 기타 관련 사항
			10. 기타 소방전기시설	1. 화재안전성능기준 · 화재안전기술기준 등 기타 관련 사항

수험정보

💬 그리스 문자

대문자	소문자	명칭	대문자	소문자	명칭
A	α	알파(alpha)	N	ν	뉴(nu)
B	β	베타(beta)	Ξ	ξ	크시(xi)
Γ	γ	감마(gamma)	O	$\acute{o}$	오미크론(omikron)
Δ	δ	델타(delta)	Π	π	파이(pi)
E	ε	엡실론(epsilon)	P	ρ	로(rho)
Z	ζ	제타(zeta)	Σ	σ	시그마(sigma)
H	η	에타(eta)	T	τ	타우(tau)
Θ	θ	세타(theta)	Y	υ	입실론(upsilon)
I	ι	요타(iota)	Φ	ϕ	파이(phi)
K	κ	카파(kappa)	X	χ	키(chi)
Λ	λ	람다(lambda)	Ψ	ψ	프사이(psi)
M	μ	뮤(mu)	Ω	ω	오메가(omega)

SI 접두어

배수	접두어	기호	배수	접두어	기호
10^{24}	요타	Y	10^{-1}	데시	d
10^{21}	제타	Z	10^{-2}	센티	c
10^{18}	엑사	E	10^{-3}	밀리	m
10^{15}	페타	P	10^{-6}	마이크로	μ
10^{12}	테라	T	10^{-9}	나노	n
10^{9}	기가	G	10^{-12}	피코	p
10^{6}	메가	M	10^{-15}	펨토	f
10^{3}	킬로	k	10^{-18}	아토	a
10^{2}	헥토	h	10^{-21}	젭토	z
10^{1}	데카	da	10^{-24}	욕토	y

[주기율표]

원소 기호 위의 숫자는 원자 번호, 아래의 숫자는 1961년의 표준 원자량(소수점 둘째 자리를 반올림) [ ] 안의 숫자는 가장 안정한 동위 원소의 질량수 *는 가장 잘 알려진 동위원소의 질량수

밀줄은 양쪽성 원소 / □의 원소 — 비금속 / □의 원소 — 금속 / 전형원소 / 전이원소

주기 \ 족	1 (1A) 알칼리 금속	2 (2A) 알칼리 토금속	3 (3B) 희토류	4 (4B) 타이타늄족	5 (5B) 바나듐족	6 (6B) 크로뮴족	7 (7B) 망가니즈족	8 (8B) 철족	9 (8B) 철족, 백금족	10 (8B) 철족, 백금족	11 (1B) 구리족	12 (2B) 아연족	13 (3A) 붕소족	14 (4A) 탄소족	15 (5A) 질소족	16 (6A) 산소족	17 (7A) 할로젠족	18 (8A) 비활성 기체
1	¹H 1.008 수소																	²He 4.0 헬륨
2	³Li 6.9 리튬	⁴Be 9.0 베릴륨											⁵B 10.8 붕소	⁶C 12.011 탄소	⁷N 14.0 질소	⁸O 15.999 산소	⁹F 19.0 플루오린	¹⁰Ne 20.2 네온
3	¹¹Na 23.0 나트륨	¹²Mg 24.3 마그네슘											¹³Al 27.0 알루미늄	¹⁴Si 28.1 규소	¹⁵P 31.0 인	¹⁶S 32.1 황	¹⁷Cl 35.5 염소	¹⁸Ar 39.9 아르곤
4	¹⁹K 39.1 칼륨	²⁰Ca 40.1 칼슘	²¹Sc 45.0 스칸듐	²²Ti 47.9 타이타늄	²³V 51.0 바나듐	²⁴Cr 52.0 크로뮴	²⁵Mn 54.9 망가니즈	²⁶Fe 55.8 철	²⁷Co 58.9 코발트	²⁸Ni 58.7 니켈	²⁹Cu 63.5 구리	³⁰Zn 65.4 아연	³¹Ga 69.7 갈륨	³²Ge 72.6 저마늄	³³As 74.9 비소	³⁴Se 79.0 셀레늄	³⁵Br 79.9 브로민	³⁶Kr 83.8 크립톤
5	³⁷Rb 85.5 루비듐	³⁸Sr 87.6 스트론튬	³⁹Y 88.9 이트륨	⁴⁰Zr 91.2 지르코늄	⁴¹Nb 92.9 나이오븀	⁴²Mo 95.9 몰리브데넘	⁴³Tc 99* 테크네튬	⁴⁴Ru 101.1 루테늄	⁴⁵Rh 102.9 로듐	⁴⁶Pd 106.4 팔라듐	⁴⁷Ag 107.9 은	⁴⁸Cd 112.4 카드뮴	⁴⁹In 114.8 인듐	⁵⁰Sn 118.7 주석	⁵¹Sb 121.8 안티모니	⁵²Te 127.6 텔루륨	⁵³I 126.9 요오드	⁵⁴Xe 131.3 제논
6	⁵⁵Cs 132.9 세슘	⁵⁶Ba 137.3 바륨	57~71 La~Lu 란타넘족	⁷²Hf 178.5 하프늄	⁷³Ta 180.9 탄탈럼	⁷⁴W 183.9 텅스텐	⁷⁵Re 186.2 레늄	⁷⁶Os 190.2 오스뮴	⁷⁷Ir 192.2 이리듐	⁷⁸Pt 195.1 백금	⁷⁹Au 197.0 금	⁸⁰Hg 200.6 수은	⁸¹Tl 204.4 탈륨	⁸²Pb 207.2 납	⁸³Bi 209.0 비스무트	⁸⁴Po [209]* 폴로늄	⁸⁵At [210]* 아스타틴	⁸⁶Rn [222]* 라돈
7	⁸⁷Fr [223] 프랑슘	⁸⁸Ra [226] 라듐	89~103 Ac~Lr 악티늄족	¹⁰⁴Rf [265] 러더포듐	¹⁰⁵Db [268] 두브늄	¹⁰⁶Sg [271] 시보귬	¹⁰⁷Bh [270] 보륨	¹⁰⁸Hs [277] 하슘	¹⁰⁹Mt [276] 마이트너륨	¹¹⁰Ds [281] 다름슈타튬	¹¹¹Rg [280] 뢴트게늄	¹¹²Cn [285] 코페르니슘	¹¹³Unt [284] 우눈트륨	¹¹⁴Fl [289] 플레로븀	¹¹⁵Unp [288] 우눈펜튬	¹¹⁶Lv [293] 리버모륨	¹¹⁷Uus [294] 우눈셉튬	¹¹⁸Uuo [294] 우누녹튬

란타넘족

⁵⁷La 138.9 란타넘	⁵⁸Ce 140.0 세륨	⁵⁹Pr 140.9 프라세오디뮴	⁶⁰Nd 144 네오디뮴	⁶¹Pm 145* 프로메튬	⁶²Sm 150.4 사마륨	⁶³Eu 152.0 유로퓸	⁶⁴Gd 157.3 가돌리늄	⁶⁵Tb 158.9 터븀	⁶⁶Dy 162.5 디스프로슘	⁶⁷Ho 164.3 홀뮴	⁶⁸Er 167.3 어븀	⁶⁹Tm 168.9 툴륨	⁷⁰Yb 173.0 이터븀	⁷¹Lu 175.0 루테튬

악티늄족

⁸⁹Ac [227]* 악티늄	⁹⁰Th 232.0 토륨	⁹¹Pa [231]* 프로트악티늄	⁹²U 238.0 우라늄	⁹³Np [237]* 넵투늄	⁹⁴Pu [244]* 플루토늄	⁹⁵Am [243]* 아메리슘	⁹⁶Cm [247]* 퀴륨	⁹⁷Bk [249]* 버클륨	⁹⁸Cf [251]* 캘리포늄	⁹⁹Es [254]* 아인슈타이늄	¹⁰⁰Fm [253]* 페르뮴	¹⁰¹Md [256]* 멘델레븀	¹⁰²No [254]* 노벨륨	¹⁰³Lr [257]* 로렌슘

이 책의 차례

PART 01. 소방원론

PART 02 소방전기일반

이 책의 차례

PART 03. 소방관계법규

이 책의 **차례**

PART 04. 소방전기시설의 구조 및 원리

이 책의 차례

PART 05. 과년도 기출문제

※ 2022년 제4회 기사 필기시험부터 CBT(Computer – Based Test) 방식으로 시행되어, 수험생 개개인별로 상이하게 문제가 출제되었으며 시험문제는 비공개입니다. 따라서 2022년 제4회 기출문제부터는 수험생의 기억에 의해 출제문제를 재구성한 것입니다.

P·a·r·t

01

소방원론

FIRE PROTECTION ENGINEER

CHAPTER

01

PART 01 소방원론

연소이론

01 연소의 원리와 성상

(1) 연소의 정의

가연물이 공기 중의 산소 또는 산화제와 반응하여 열과 빛을 발생하면서 산화하는 현상으로, 빛과 열을 수반하는 급격한 산화반응이다.

(2) 연소의 3요소, 4요소

- 연소의 3요소 : 가연물, 산소, 점화원
- 연소의 4요소 : 가연물, 산소, 점화원, 순조로운 연쇄반응

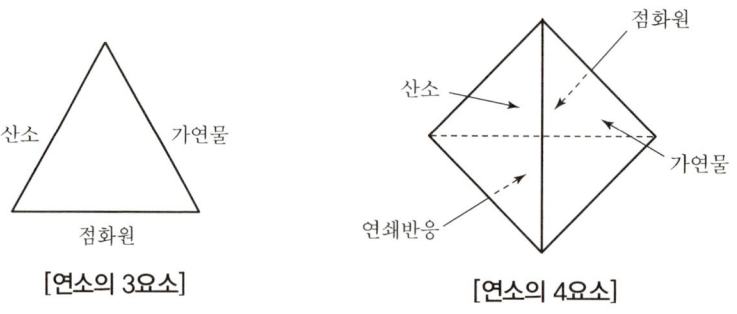

[연소의 3요소]　　　[연소의 4요소]

1) 가연물

① 가연물이 될 수 있는 조건
 ㉠ 발열량이 클 것
 ㉡ 산소와의 친화력이 좋을 것
 ㉢ 표면적이 넓을 것
 ㉣ 활성화 에너지가 작을 것
 ㉤ 열전도도가 작을 것

② 가연물이 될 수 없는 조건
 ㉠ 산소와 더 이상 반응하지 않는 물질(CO_2, H_2O 등)
 ㉡ 질소(N_2), 질소의 산화물(산소와 반응 시 흡열반응하기 때문)
 ㉢ 불활성 기체(주기율표의 18족 원소로서 He, Ne, Ar, Kr, Xe 등)

2) 산소공급원

산소, 공기, 산화성 고체(제1류 위험물), 산화성 액체(제6류 위험물) 등

※ 조연성 기체 : 산소, 공기, 불소, 염소, 이산화질소 등

3) 점화원

정전기, 충격마찰, 나화, 고온표면, 전기불꽃, 단열압축 등

4) 연소의 색과 온도

색상	암적색	휘적색	황적색	백적색	휘백색
온도(℃)	700	950	1,100	1,300	1,500

(3) 연소범위

가연성 가스가 공기와 적당히 혼합되어야만 연소, 폭발이 일어날 수 있는데, 이 범위를 연소범위 또는 폭발범위라고 한다.

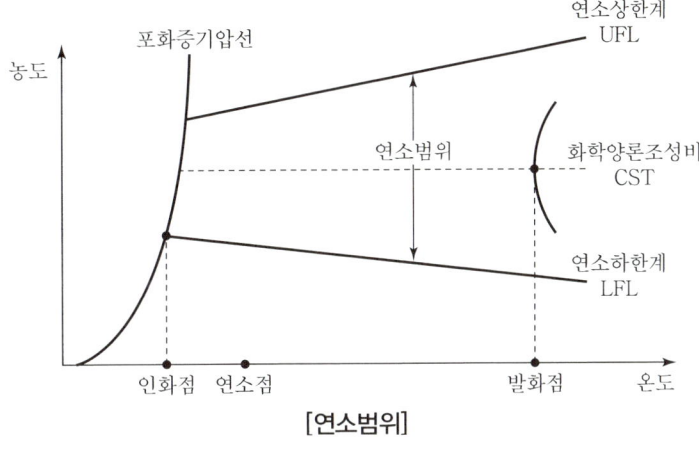

[연소범위]

1) 가연성 가스의 연소범위에 따른 위험도

① 연소범위가 넓을수록 위험

② 연소상한계가 높을수록 위험

③ 연소하한계가 낮을수록 위험

④ 온도가 높을수록 위험

⑤ 압력이 높을수록 위험(연소하한계 불변, 연소상한계 증가)

※ 예외 : 일산화탄소는 압력이 높아지면 연소범위가 좁아진다.

2) 인화점, 연소점, 발화점

① 인화점(Flash Point)

ㄱ 가연성 혼합기(연소범위)를 형성할 수 있는 **최저온도를** 인화점이라 한다.

ㄴ 인화점이 낮을수록 위험성이 커진다.

ㄷ 인화점 이하에서는 점화원을 가하여도 불꽃연소는 발생하지 않는다.

② 연소점(Fire Point)

ㄱ 연소상태를 지속하기 위한 온도로서 인화점보다 5~10[℃] 정도 높다.

ㄴ 인화점에서는 점화원을 제거하면 연소가 중단되나 연소점에서는 점화원을 제거해도 연소가 지속된다.

③ 발화점(착화점, Ignition Point)

ㄱ **점화원을 가하지 않아도 스스로 착화될 수 있는 최저온도를** 발화점이라 한다.

ㄴ 발화점이 낮을수록 위험성이 커진다.

④ 인화점 연소점 발화점의 온도 순서

인화점 < 연소점 < 발화점

3) 가연성 가스의 폭발범위(연소범위)

가연성 가스	연소하한계[%]	연소상한계[%]
아세틸렌(C_2H_2)	2.5	81
수소(H_2)	4.0	75
메탄(CH_4)	5.0	15
에탄(C_2H_6)	3.0	12.4
프로판(C_3H_8)	2.1	9.5
부탄(C_4H_{10})	1.8	8.4
일산화탄소(CO)	12.5	74
다이에틸에터($C_2H_5OC_2H_5$)	1.9	48
이황화탄소(CS_2)	1.2	44

4) 위험도(H)

① 연소범위를 알면 가연성 기체의 위험도를 계산할 수 있다.

② 위험도 값이 클수록 위험성이 크다.

$$H = \frac{UFL - LFL}{LFL}$$

여기서, H : 위험도, UFL : 연소상한계[%], LFL : 연소하한계[%]
($UFL-LFL$) : 연소범위

㉠ 연소범위의 폭이 넓을수록 위험도가 크다.

㉡ 연소범위의 하한계가 낮을수록 위험도가 크다.

㉢ 연수범위의 상한계가 높을수록 위험도가 크다.

> **예제** 아세틸렌의 위험도를 구하시오.
>
> $$H = \frac{81 - 2.5}{2.5} = 31.4$$

5) 혼합가스의 연소범위

가연성 가스가 2종류 이상 혼합되어 있는 경우의 연소범위 계산

[르샤틀리에식]

$$\frac{V_m}{L_m} = \frac{V_1}{L_1} + \frac{V_2}{L_2} + \frac{V_3}{L_3} \cdots\cdots$$

여기서, L_m : 혼합가스의 연소하한계

V_m : 가연성 가스의 부피(Vol%) 합($V_1 + V_2 + V_3 \cdots$)

$V_1, V_2, V_3 \cdots$: 각 가연성 가스의 부피(Vol%)

$L_1, L_2, L_3 \cdots$: 각 가연성 가스의 연소하한계

> **예제** 다음과 같이 혼합가스가 존재하는 경우 혼합가스의 연소하한계를 구하시오(단, 혼합가스는 프로판 70%, 부탄 20%, 에탄 10%로 혼합되어 있고, 각 가스의 연소하한계는 프로판 2.1%, 부탄 1.8%, 에탄 3.0%로 한다).
>
> $$\frac{100}{L_m} = \frac{70}{2.1} + \frac{20}{1.8} + \frac{10}{3.0} \qquad L_m = 2.09[\%]$$

6) 최소 발화에너지(MIE : Minimum Ignition Energy)

① 정의 : 가연성 가스가 공기와 혼합하여 가연성 혼합기를 형성하고 있을 때 점화원으로 작용하여 발화하기 위한 최소한의 에너지

② MIE 계산

$$MIE = \frac{1}{2} CV^2$$

여기서, MIE : 최소 발화에너지[J]

C : 콘덴서의 정전용량[F]

V : 전압[V]

③ 주요 가연성 가스의 MIE

가연성 가스	최소 발화에너지[mJ]
아세틸렌(C_2H_2)	0.019
수소(H_2)	**0.019**
이황화탄소(CS_2)	0.019
에틸렌(C_2H_4)	0.096
메탄(CH_4)	0.28
프로판(C_3H_8)	**0.3**

(4) 연소의 종류

1) 고체의 연소형태

① **표면연소** : 고체의 표면에서 고체 자체가 연소하는 현상으로 가연성 기체가 발생되지 않아 불꽃이 없는 연소를 하는 형태(표면연소 = 응축연소 = 작열연소)

⑩ 숯, 목탄, 코크스, 금속분 등

② **분해연소** : 고체 가연물이 온도상승에 의해 열분해되어 가연성 기체를 발생시키고 공기와 혼합하여 가연성 혼합기를 형성한 후 점화원에 의해 연소하는 형태

⑩ 목재, 고무, 종이, 플라스틱 등

③ **증발연소** : 고체 가연물이 승화 또는 액화 후 기화되어 그 기체가 공기와 혼합하여 가연성 혼합기를 형성한 후 점화원에 의해 연소하는 형태

⑩ 황, 나프탈렌, 파라핀, 왁스 등

④ **자기연소** : 가연물 스스로 산소공급원을 함유하고 있는 물질의 연소형태이다. 외부의 산소공급 없이도 연소가 진행될 수 있고 연소속도가 매우 빨라 폭발적으로 연소한다.

⑩ 질산에스터류, **셀룰로이드류**, 나이트로화합물류 등(제5류 위험물)

⑤ **훈소** : 가연물이 공기의 공급 부족 또는 온도가 일정온도까지 도달하지 못하여 불꽃을 발생시키지 못하고 연기만 발생시키면서 연소하는 형태

2) 액체의 연소형태

① **증발연소** : 액체가연물이 온도상승으로 증발에 의해 기체가 되어 공기와 혼합하여 가연성 혼합기를 형성하고 있는 상태에서 점화원에 의해 연소하는 형태

⑩ 휘발유, 경유, 등유, 특수인화물 등의 경질유

② **분해연소** : 주로 중질유에서 발생하는 연소로서 고비점, 비휘발성인 중질유가 온도상승에 의해 열분해되어 가연성 혼합기를 형성한 후 점화원에 의해 연소하는 형태

⑩ 중유, 크레오소트유, 기계유, 실린더유 등의 중질유

3) 기체의 연소형태

① 확산연소 : 가연성 가스가 대기 중으로 확산하면서 공기와 혼합하여 가연성 혼합기를 형성함과 동시에 연소하는 형태(가스레인지의 연소, 라이터 연소 등)

② 예혼합연소 : 가연성 가스가 공기 중에 유출되어 미리 가연성 혼합기가 형성된 상태에서 점화원에 의해 연소하는 형태(대부분의 가스폭발은 예혼합 연소이다)

(5) 연소 시 이상현상

1) 선화(Lifting)

① 정의 : 연료의 분출속도가 연소속도보다 빠를 때, 불꽃이 노즐에 붙지 못하고 일정한 간격을 두고 연소하는 현상

② 선화의 원인
  • 연료의 분출속도가 연소속도보다 큰 경우
  • 노즐에서 연료의 방출압력이 큰 경우
  • 연료의 방출량이 너무 많은 경우 등

2) 역화(Back Fire)

① 정의

연료의 분출속도가 연소속도보다 느릴 때 불꽃이 노즐 내부로 들어가서 연소하는 현상

② 역화의 원인
  • 연료의 분출속도가 연소속도보다 작은 경우
  • 노즐의 구멍이 큰 경우
  • 노즐에서 연료의 방출압력이 낮은 경우
  • 연료의 방출량이 적은 경우

3) 블로오프(Blow Off)

Lifting 상태에서보다 연료의 분출속도가 더 큰 경우 불꽃이 노즐에서 연소하지 못하고 떨어지면서 꺼지는 현상

4) 황염 현상(Yellow Tip)

노즐에서 연소 시 공기량의 조절이 적정하지 못하여 완전연소되지 않을 때 발생하는 현상으로 노란 불꽃이 발생한다.

(6) 폭발(Explosion)

에너지의 체적이 갑작스럽게 증가하면서 순간적인 충격압력을 방출하는 현상으로 충격파의 전파속도에 따라 폭연과 폭굉으로 구분된다.

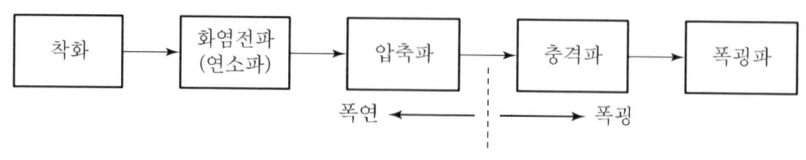

[폭연–폭굉으로의 전이과정]

1) 폭연(Deflagration)

① 화염전파속도 : 음속보다 느리다.

② 화염전파속도 : 0.1~10[m/s] 정도

③ 폭연과정 : 착화에서 압축파까지

2) 폭굉(Detonation)

① 밀폐구조의 배관 등에서 폭발적으로 연소하여 온도, 압력, 부피가 급격히 상승하는 현상

② 화염전파속도 : 음속보다 빠르다.

③ 화염전파속도 : 1,000~3,500[m/s] 정도

④ 충격파가 미연소가스를 단열압축시켜 발화점 이상 온도상승하여 폭굉파 발생

3) 폭굉 유도거리

① 폭연에서 폭굉으로 전이되는 거리

② 폭굉 유도거리가 짧을수록 폭굉 발생이 용이하다.

4) 폭굉 유도거리가 짧아지는 경우

① 배관의 내면이 거칠거나 장애물이 있는 경우

② 배관구경이 작은 경우(배관의 길이가 배관직경의 10배 이상일 때)

③ 배관 내 미연소가스의 온도 및 압력이 높을수록

④ 가연성 가스의 연소속도가 빠르고 연소열이 클수록

(7) 폭발의 종류

1) 물리적 폭발

① 물과 고온의 금속접촉에 의한 수증기폭발(증기폭발)

② 고압용기 파손에 의한 압력개방 폭발

③ 진공용기 파손에 의한 폭발

④ 전선에 허용전류를 초과하는 대전류인가로 인한 전선의 용해, 증발에 의한 전선폭발

⑤ 화산폭발, 운석충돌 등

2) 화학적 폭발

① 산화폭발 : 가연성 가스, 증기 등의 급격한 연소에 의한 폭발

② 분해폭발 : 나이트로셀룰로오스, 셀룰로이드, 아세틸렌 등의 분해연소에 의한 현상

③ 중합폭발 : 시안화수소, 염화비닐 등 단량체의 중합에 의한 폭발

④ 분해, 중합폭발 : 산화에틸렌

3) 분진폭발

① 미세한 고체분진이 공기 중에 부유하여 적당한 양으로 혼합되어 있을 때 점화원이 작용하여 폭발하는 현상

② 분진폭발을 일으키는 물질

　　예 금속분진, 곡류의 분진, 플라스틱분진, 석탄분진 등

③ 분진폭발을 일으키지 않는 물질

　　예 생석회[CaO], 소석회[$Ca(OH)_2$], 시멘트, 팽창질석, 팽창진주암 등

02 　연소생성물과 특성

(1) 이산화탄소(CO_2)

1) 가연성 가스와 산소의 완전연소에 의해 생성

　예 $C_3H_8 + 5O_2 \rightarrow 3CO_2 + 4H_2O$

2) 증기비중

$\dfrac{44}{29} = 1.52$, 즉 공기보다 1.52배 정도 무겁다.

3) 인체에 미치는 영향(독성은 없으나 농도에 따라 인체에 영향)

대기 중 이산화탄소 농도(%)	인체 영향
2%	불쾌감
4%	두통 발생
8%	호흡곤란현상 발생
10%	단시간 내 의식불명 상태
20%	단시간 내 사망

(2) 일산화탄소(CO)

① 탄소화합물이 불완전연소되면 발생한다.

② 일산화탄소는 혈액의 헤모글로빈이 산소를 운반하는 것을 방해하여 체내의 산소 부족을 유발한다. 그 결과 두통, 어지럼증 등이 발생하고 심해지면 사망에 이른다.

(3) 포스겐($COCl_2$)

① 사염화탄소(CCl_4)가 이산화탄소, 산소, 물 등과 결합 시 발생한다.

② 허용농도 0.1ppm 정도로 인체에 매우 **치명적인 가스이다.**

(4) 이산화황(SO_2)

① $S + O_2 \rightarrow SO_2$

② 황 화합물이 완전연소 시 발생되는 가스이다.

(5) 황화수소(H_2S)

① 황 화합물이 불완전연소 시 발생된다.

② 달걀 썩는 냄새가 난다.

(6) 염화수소(HCl)

PVC와 같이 염소(Cl)가 **함유**된 물질의 연소 시 발생한다.

(7) 암모니아(NH_3)

① 질소를 함유한 가연물이 연소 시 발생되는 가스로 눈, 코, 인후 등에 매우 자극적이고 **역한**
   냄새가 난다.

② 물에 잘 용해되고 냉동기의 냉매로 사용된다.

(8) 시안화수소(HCN)

① 질소성분을 가지고 있는 합성수지, 인조견 등의 섬유가 불완전연소할 때 발생하는 맹독성 가
   스이다.

② 증기비중이 공기보다 **가볍다.**

   증기비중 : $\dfrac{27}{29} = 0.931$

③ 중합폭발의 위험이 있다.

(9) 아크롤레인(CH_2CHCHO)

석유제품이나 유지류 등이 연소될 때 발생되는 가스로서 자극성이 매우 크고 맹독성이다.

03 연기의 유동 특성

(1) 연기의 정의

가연물이 연소할 때 발생하는 기체와 고체, 액체의 미립자이다. 가연물이 불완전연소할 내 발생하는 농연 및 독성가스로 인해 흡입 시 인체에 치명적 결과를 초래한다.

(2) 연기의 이동속도

구분	수평방향	수직방향	계단
연기속도	0.5~1.0[m/s]	2.0~3.0[m/s]	3.0~5.0[m/s]

(3) 연기가 인체에 미치는 영향

① 연기흡입 시 질식 및 호흡기의 화상
② 가시거리 감소에 의한 피난장애
③ 질식 및 가시거리 미확보 등에 의한 패닉 발생

(4) 감광계수와 가시거리의 관계

감광계수 C_s[m^{-1}]	가시거리 d[m]	상황
0.1	20~30	연기감지기가 작동할 때의 농도
0.3	5	건물 내부에 익숙한 사람이 **피난**에 지장을 느낄 정도의 농도
0.5	3	어두컴컴함을 느낄 정도의 농도
1	1~2	앞이 거의 보이지 않을 정도의 농도
10	0.2~0.5	화재 **최성기** 때의 농도

(5) 중성대

① 정의
  화재가 발생하면 건물 하부에서는 공기가 실내로 유입되고, 건물 상부에서는 실내공기가 실외로 유출된다. 이때 공기의 흐름이 없는 위치, 즉 **실내와 실외의 압력이 같아지는 위치**를 그 건물의 중성대라 한다.
② 화재 시 중성대 높이
  화재 시 실온이 높아지면 중성대 높이는 낮아지고, 중성대가 낮아지면 공기유입이 줄어들어 연소속도가 느려지고 실내온도는 내려가고 중성대는 다시 높아지는 과정이 반복된다.

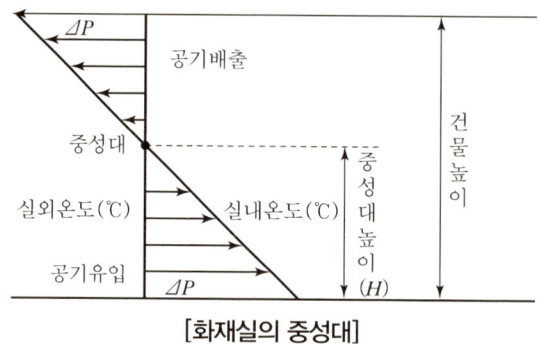

[화재실의 중성대]

(6) 굴뚝효과

① 정의

건물 내부와 외부 공기의 온도 차이에 의한 압력차로 인하여 건물의 수직통로에서 급격한 연기의 이동이 발생하는 현상

② 굴뚝효과의 크기

㉠ 건물의 높이가 높을수록 커진다.

㉡ 건물 내부와 외부의 온도차가 클수록 커진다.

③ 굴뚝효과 관련공식

$$\Delta P = 3{,}460\,H \left(\frac{1}{T_o} - \frac{1}{T_i} \right)$$

여기서, ΔP : 압력차[Pa], T_o : 건물 외부온도[K],

T_i : 건물 내부온도[K], H : 중성대로부터의 높이[m]

04 열에너지원과 특성

(1) 화학적 열에너지원

1) 산화열(연소열)

연소물질이 산화되는 과정에서 발생하는 열

2) 분해열

화합물이 분해될 때 발생하는 열

3) 자연발열(자연발화)

① 정의

어떤 물질이 외부로부터 에너지의 공급을 받지 않고 내부에서 발열하여 발화점 이상까지 온도가 상승하여 발화하는 현상(발열 > 방열)

② 자연발화의 조건 및 방지법

자연발화의 조건	자연발화의 방지법
열전도율이 작을 것	통풍이 잘 되는 장소에 보관할 것
발열량이 클 것	열축적 방지(발열＜방열)
주위온도가 높을 것	저장실의 온도를 낮게 유지할 것
비표면적이 클 것	습도를 낮게 유지할 것(습기가 촉매로 작용)

③ 자연발화의 형태

　ⓐ 산화열 : 건성유, 석탄분말, 금속분말 등

　ⓑ 분해열 : 나이트로셀룰로오스, 셀룰로이드 등

　ⓒ 흡착열 : 목탄, 활성탄 등

　ⓓ 중합열 : 시안화수소

　ⓔ 미생물에 의한 발화 : 먼지, 퇴비 등

(2) 기계적 열에너지원

① 마찰열 : 물체와 물체 간의 마찰에 의하여 발생하는 열

② 충격 스파크 : 고체와 고체 간 충돌에 의해 발생되는 불꽃

③ 압축열 : 기체를 압축하면 기체 분자들 간의 충돌로 인해 내부에너지가 상승하면서 발생되는 열

(3) 전기적 열에너지원

① 유도열 : 도체 주위에 변화하는 자장이 존재하거나 도체가 자장 사이를 통과하여 전위차가 발생하고 이 전위차에서 전류의 흐름이 일어나 도체의 저항에 의하여 발생하는 열

② 유전열 : 누설전류에 의해 절연능력이 감소하여 발생하는 열

③ 저항열 : 도체에 전류를 흘리면 도체의 저항으로 인해 전기에너지가 열에너지로 변환되면서 발생하는 열

④ 아크열 : 통전된 선로의 개폐기의 개폐 시 발생하는 열

⑤ 정전기열 : 대전된 전하가 방전할 때 발생하는 열

⑥ 낙뢰에 의한 발열 : 번개에 의해 발생하는 열

(4) 열의 전달

1) 전도 (Conduction)

① 정의 : 분자 및 원자들 간의 직접 에너지 교환으로 열이 전달되는 현상

② 푸리에 전도법칙(Fourier's Law)

$$q[\text{W}] = \frac{k}{L} A \Delta T$$

여기서, k : 열전도도[W/m · K], L : 물체의 두께[m],
A : 열전달 면적[m²], ΔT : 온도차[K]

2) 대류 (Convection)

① 정의 : 입자들 간의 직접 에너지 교환이 아니라 유체의 운동에 의해 에너지를 가진 입자가 공간상을 이동하는 과정

② 뉴턴의 냉각 법칙(Newton's Law of Cooling)

$$q[\text{W}] = hA\Delta T$$

여기서, h : 대류열전달계수[W/m² · K], A : 열전달 면적[m²], ΔT : 온도차[K]

3) 복사 (Radiation)

① 정의 : 열이 매질 없이 전자기파 형태로 전달되는 형태

② 스테판-볼츠만 법칙(Stefan-Boltzmann's Law)

$$\text{복사열 플럭스} \quad q[\text{W/m}^2] = \sigma T^4 \qquad \text{복사열량} \quad Q[\text{W}] = \sigma A T^4$$

여기서, T : 절대온도[K], σ : 스테판-볼츠만 상수(5.67×10^{-8}[W/m² · K⁴]),
A : 열전달 면적[m²]

(5) 여러 가지 온도 단위

1) 섭씨[℃]

1atm에서의 물의 어는점을 0도, 끓는점을 100도로 정한 온도 체계

2) 화씨[℉]

물이 어는 온도는 32도(섭씨 0도)이며, 물이 끓는 온도는 212도(섭씨 100도)이고, 이 사이의 온도는 180등분된다.

$$°\text{F} = \frac{9}{5} \times °\text{C} + 32$$

여기서, ℉ : 화씨, ℃ : 섭씨

3) 켈빈온도 [K]

켈빈은 절대 온도를 측정하는 단위이다. 0[K]은 절대 영도이며, 섭씨 0도는 273.15K에 해당한다.

$$\text{K} = 273 + °\text{C}$$

여기서, K : 켈빈온도, ℃ : 섭씨

4) 랭킹온도 [°R]

$$°R = °F + 460$$

여기서, °R : 랭킹온도, °F : 화씨

예제 섭씨 20℃를 화씨, 절대온도, 랭킹온도로 나타내시오.

1) 화씨

$$°F = \frac{9}{5} \times 20 + 32 \qquad 화씨 = 68°F$$

2) 절대온도

$$K = 273 + 20 \qquad 절대온도 = 293K$$

3) 랭킹온도

$$°R = 68 + 460 \qquad 랭킹온도 = 528°R$$

CHAPTER

02 화재현상

PART 01 소방원론

01 화재의 정의, 화재의 원인

(1) 화재의 정의

① 불이 인간의 통제를 벗어난 연소 확대 현상
② 불이 사람의 의도에 반하거나 고의로 발생하여 인명 및 재산 피해를 주는 것
③ 불이 그 사용목적을 넘어 다른 곳으로 연소하여 사람들에게 예기치 않은 경제상의 손해를 발생시키는 현상
④ 소화의 필요성이 있는 것

(2) 화재의 원인

1) 원인별 분류

부주의 > 전기적 요인 > 방화 > 가스누출 > 기계적 요인 등

2) 장소별 분류

주거지역 > 산업시설 > 생활서비스 > 판매, 업무시설 등

3) 계절별 분류

겨울 > 봄 > 가을 > 여름

(3) 화재의 일반적인 특성

① 우발성
② 확대성
③ 비정형성
④ 불안정성

02 화재의 종류, 유형 및 특성

(1) 화재의 종류에 따른 분류

① 국내, NFPA(National Fire Protection Association)에 의한 분류

구분	화재의 종류	표시색	주된 소화효과
A급 화재	일반화재	백색	냉각소화
B급 화재	유류, 가스화재	황색	질식소화
C급 화재	전기화재(통전)	청색	질식소화
D급 화재	금속화재	무색	질식소화
K급 화재	주방화재	–	냉각, 질식소화

② ISO에 의한 분류(International Organization for Standardization)

구분	화재의 종류	표시색	주된 소화효과
A급 화재	일반화재	백색	냉각소화
B급 화재	유류화재	황색	질식소화
C급 화재	가스화재	청색	질식소화
D급 화재	금속화재	무색	질식소화
F급 화재	주방화재	–	냉각, 질식소화

(2) 화재의 종류

1) 일반화재(A급 화재, Ash)

① 가연물 : 종이, 목재, 섬유, 플라스틱 등의 일반가연물

② 특징 : 타고난 후 재를 남긴다.

③ 소화방법 : 대부분 물에 의한 냉각소화 가능

2) 유류화재(B급 화재, Barrel)

① 가연물 : 제4류 위험물, 페인트, 가스, LNG, LPG 등

㉠ 특수인화물 : 다이에틸에터, 이황화탄소 등으로서 인화점이 −20℃ 이하인 것

㉡ 제1석유류 : 아세톤, 휘발유 등으로서 인화점이 21℃ 미만인 것

㉢ 알코올류 : 메틸 알코올, 에틸 알코올, 프로필 알코올

㉣ 제2석유류 : 등유 · 경유 등으로서 인화점이 21~70℃ 미만인 것

㉤ 제3석유류 : 중유 · 크레오소트유 등으로서 인화점이 70~200℃ 미만인 것

㉥ 제4석유류 : 기어유 · 실리더유 등으로서 인화점이 200~250℃ 미만인 것

㉦ 동식물류 : 건성유, 반건성유, 불건성유

② 특징 : 분해 또는 증발된 가스가 가연성 혼합기를 형성하여 연소하므로 타고난 후 재를 남기지 않는다.

③ 소화방법 : 물에 의한 소화는 연소면을 확대하므로 화재확대의 우려가 있어 사용하지 않고 포 소화약제에 의한 질식소화와 가스계 소화약제에 의한 질식 또는 연쇄반응 억제소화를 한다.

3) 전기화재 (C급 화재, Current)

① 가연물 : 전기가 통하고 있는 전기설비 등

② 발생원인 : 단락, 과부하, 누전, 전기 스파크 등

③ 특징 : 전기가 통하지 않는 것은 A급 화재이고, 반드시 전기가 통하는 설비에서의 화재를 C급 화재로 분류한다.

④ 소화방법 : 물을 사용할 경우 감전의 우려가 있으므로 사용을 금하고 가스계 소화약제에 의한 질식, 연쇄반응억제 소화를 한다.

4) 금속화재 (D급 화재, Dynamite)

① 가연물

ㄱ 제1류 위험물 : 알칼리금속의 과산화물(Na_2O_2, K_2O_2)

ㄴ 제2류 위험물 : 철분(Fe), 마그네슘(Mg), 금속분[알루미늄(Al)]

ㄷ 제3류 위험물 : 칼륨(K), 나트륨(Na)

② 특징 : 물을 사용할 경우 수소 등의 폭발성 가스가 발생하여 폭발 위험이 있다.

③ 소화방법 : 마른 모래, 팽창질석, 팽창진주암, D급 소화약제 등

5) 주방화재 (K급 화재, Kitchen)

① 가연물 : 가연성 요리재료를 포함한 조리기구

② 특징 : 식용류는 인화점과 발화점의 온도차이가 적어 유면상의 화염을 제거해도 유온이 조금만 상승하면 곧바로 발화점 이상의 온도가 되므로 자연발화 한다(재발화의 우려가 크다).

③ 소화방법

ㄱ K급 소화기에 의한 **비누화현상**에 의한 소화

ㄴ 유온을 발화점 이하로 냉각하고, 질식소화를 동시 시행

④ 비누화 현상 : 제1종 분말소화약제($NaHCO_3$)를 지방이나 식용유 화재에 사용할 때 $NaHCO_3$의 Na^+ 이온과 기름(지방이나 식용유)의 지방산이 결합하여 생기는 비누거품이 가연물을 덮어 산소공급을 차단하여 소화효과를 높이는 현상이다.

6) 가스화재

① 가연물 : 수소, 아세틸렌, 메탄, 에탄, 프로판, 부탄 등의 가연성 가스와 액화석유가스(LPG), 액화천연가스(LNG) 등

② 특징

ㄱ 가스화재 : 가연성 혼합기가 형성되지 않은 상태에서 화염이 연소면의 확대에 따라 확산되어 가는 화산연소의 형태이다.

ㄴ 가스폭발 : 가연성 가스가 누출되어 공기와 혼합되어 있는 상태, 즉 가연성 혼합기가 형성되어 있는 상태에서 점화원이 작용하여 급격히 연소하는 형태이다.

③ 소화방법

ㄱ 예방 : 가스 누설 · 체류 · 방류 방지, 불활성화, 점화원 제거

ㄴ 소방 : 물분무소화설비, 포소화설비 등

ㄷ 방화 : 방화벽, 방유제, 안전거리, 보유공지 등 확보

7) LNG, LPG의 성상

① LNG의 성상

ㄱ 주성분 : 메탄(CH_4)

ㄴ 액화하면 물보다 가볍고, 기화하면 **공기보다 가볍다.**

CH_4의 증기비중 : $\dfrac{16}{29} = 0.55$, 즉 **공기보다 0.55배 가볍다.**

(CH_4의 분자량 : 16, 공기의 분자량 : 29)

ㄷ 무색무취하다.

② LPG의 성상

ㄱ 주성분 : **프로판(C_3H_8)**, 부탄(C_4H_{10})

ㄴ 액화하면 물보다 가볍고, 기화하면 공기보다 무겁다.

C_3H_8의 증기비중 : $\dfrac{44}{29} = 1.52$, 즉 **공기보다 1.52배 무겁다.**

여기서, C_3H_8의 분자량 : 44, 공기의 분자량 : 29

ㄷ 무색무취하다.

ㄹ 독성이 없다.

ㅁ 물에 녹지 않고, 휘발유 등 유기용매에 잘 녹는다.

ㅂ 석유류, 동식물류, 천연고무를 잘 녹인다.

8) 산불화재의 형태

① 수관화(樹冠火) : 나뭇가지나 잎이 무성한 부분이 연소하는 것

② 수간화(樹幹火) : 나무기둥, 줄기부분이 연소하는 것

③ 지중화(地中火) : 땅속의 나무 유기물이 연소하는 것

④ 지표화(地表火) : 지면의 잡초, 관목, 낙엽 등이 연소하는 것

9) 화재의 소실 정도

① 전소화재 : 건축물의 70[%] 이상이 소실되었거나 재사용이 불가능한 화재

② 반소화재 : 건축물의 30[%] 이상 70[%] 미만이 소실된 화재

③ 부분소 화재 : 전소 또는 반소화재에 해당하지 않는 화재

④ 즉소화재 : 즉시 소화할 수 있는 화재

10) 화상의 종류

① 1도 화상(홍반성 화상) : 피부가 붉어짐과 동시에 간헐적, 국소적으로 통증을 느끼는 상태

② 2도 화상(수포성 화상) : 물집과 부종이 발생하며 통증이 심하게 나타나는 상태

③ 3도 화상(괴사성 화상) : 표피와 진피는 물론 피하지방까지 손상된 상태

④ 4도 화상 : 피부는 물론 근육과 뼈까지 손상을 입을 정도의 상태

건축물의 화재성상

01 건축물의 종류 및 화재성상

(1) 목조건축물의 화재성상

1) 목조건축물에서의 화재진행과정

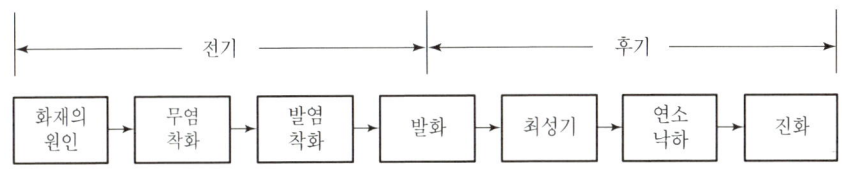

① 무염착화 : 불꽃이 없는 착화현상
② 발염착화 : 불꽃이 발생한 후의 착화현상
③ 발화에서 최성기까지의 시간 : 5~15분
④ 발화에서 연소낙하까지의 시간 : 13~25분

2) 목조건축물의 온도-시간 곡선

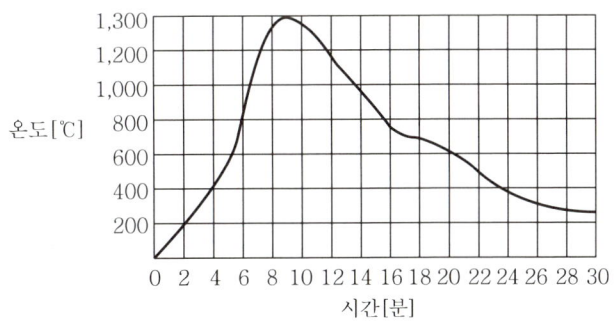

[목조건축물의 온도-시간 곡선]

① 고온단기형의 특성을 나타낸다.
② 발화 후 약 10분 정도면 온도가 1,300℃까지 상승한다.

3) 출화의 구분

옥내출화	옥외출화
• 천장 속, 벽속 등에서 발염착화한 때 • 가옥구조의 천장면에서 발염착화한 때 • 불연천장인 경우 실내의 그 뒷면에서 발염착화한 때	• 창문, 출입구 등에서 발염착화한 때 • 벽, 추녀 밑의 목재 등에서 발염착화한 때

4) 목조건축물의 화재확산원인

구분	현상
접염	불꽃의 접촉에 의해 화재가 확산하는 것
복사열	매질 없이 전자기파 형태로 열이 전달되는 현상
비화	불꽃이 먼 곳까지 날아가서 옮겨붙는 현상

(2) 내화건축물의 화재성상

1) 내화건축물에서의 화재진행과정

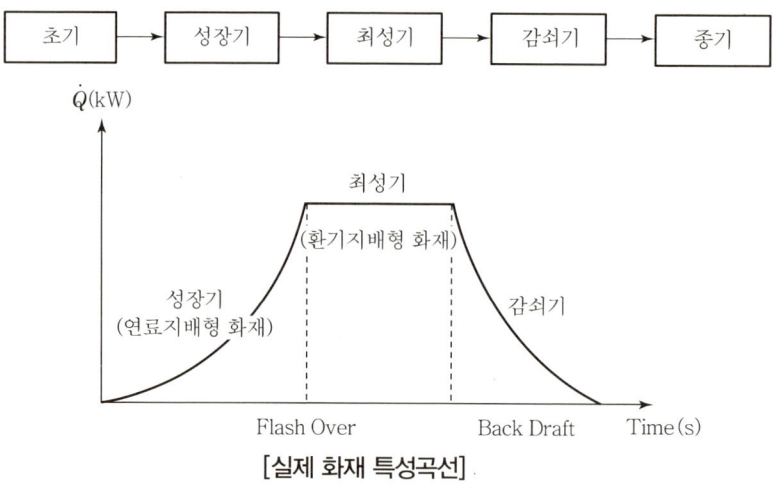

[실제 화재 특성곡선]

① 초기 : 발화단계로서 연소속도가 완만한 단계이다.

② 성장기

    ㉠ 발화열의 축적에 의해 연소가 급격히 진행되는 단계이다.

    ㉡ 실내 전체가 화염에 휩싸이는 플래시오버 현상이 나타난다.

    ㉢ 실내의 산소는 충분하므로 가연물의 종류에 따라 화재크기가 지배되는 **연료지배형** 화재의 특성이 나타난다.

③ 최성기

    ㉠ **최고온도가 지속**되는 단계이다.

    ㉡ 저온장기형의 특성을 나타낸다.

ⓒ 실내의 공기가 부족하게 되어 공기의 공급량에 따라 화재크기가 지배되는 **환기지배형** 화재의 특성이 나타난다.

④ 감쇠기
　ⓐ 실내의 가연물이 거의 연소되어 화세는 약해지지만 실내는 상당 기간 고온으로 유지되고 연기의 농도는 서서히 낮아진다.
　ⓑ 농연이 가득한 실내에 갑자기 신선한 공기를 공급하면 **백드래프트**가 발생한다.

2) 내화건축물의 표준 온도-시간 곡선
　① 수많은 실물실험 후 결정한 표준화재로 내화성능 시험 시 사용한다.
　② 30분 내화 시 **840℃**, 1시간 내화 시 **925℃**, 2시간 내화 시 **1,010℃**이다.

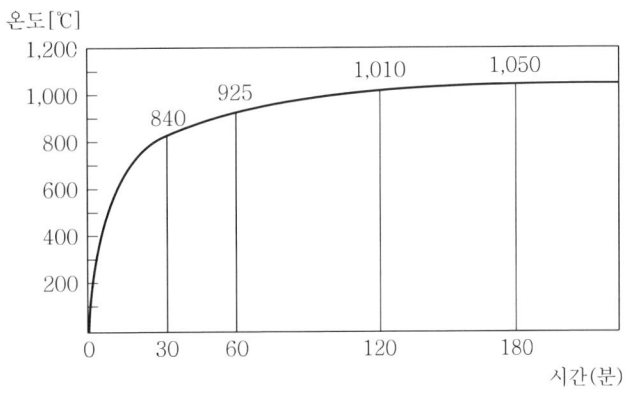

[표준 온도-시간 곡선]

3) 목조건축물과 내화건축물의 화재특성 비교
　① 목조건축물 : 고온단기형
　② 내화건축물 : 저온장기형

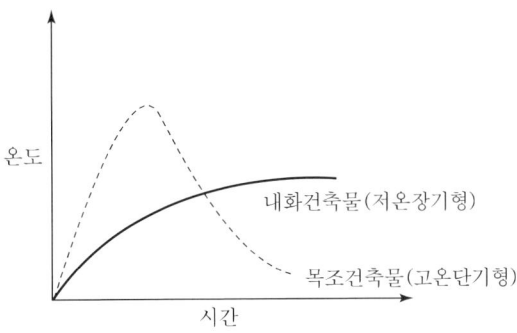

(3) 건축물 화재 시 발생하는 현상

1) 플래시오버(Flash over)

① 정의 및 특성

㉠ 화재발생 후 일정시간이 경과하면 실내에 열과 가연성 가스가 축적되고 복사열에 의해 실 전체에 순간적으로 화재가 확산되는 현상이다.

㉡ 화재 성장기에서 발생하여 플래시오버 후 최성기로 전이된다.

㉢ 연료지배형 화재에서 환기지배형 화재로 전이된다.

㉣ 플래시오버 발생시간 : 화재발생 후 약 5~6분 정도

㉤ 플래시오버 발생 시 실내온도 : 약 800~900℃

② 영향인자

㉠ 내장재료 : 가연성 재료일수록 빠르다.

㉡ 내장재의 두께 : 얇을수록 빠르다.

㉢ 가연물의 열전도도 : 작을수록 빠르다.

㉣ 가연물의 표면적 : 클수록 빠르다.

㉤ 실내의 온도, 압력 : 높을수록 빠르다.

㉥ 개구부의 크기 : 너무 작으면 산소가 부족하고, 너무 크면 유입 공기에 의한 냉각으로 플래시오버가 늦어진다. 개구율이 벽면적의 1/3~ 1/2 정도일 때 가장 빠르다.

③ 방지대책

㉠ 개구부의 제한

㉡ 천장의 불연화

㉢ 가연물의 양 제한 등

2) 백드래프트(Back Draft)

① 정의

실내에 화재로 인한 열축적으로 과압이 형성되어 있다가 신선한 공기가 유입되면 가연성 가스가 폭풍을 동반한 화재로 실외부에 분출되는 현상이다.

② 발생 시기

화재 감쇠기에서 발생한다.

3) 롤오버(Roll Over)

축적된 가연성 증기가 인화점에 도달하여 전체가 연소하기 시작하면 불덩어리가 천장을 따라 굴러다니는 것처럼 뿜어져 나오는 현상이다.

(4) 건축물의 화재하중

① 정의 : 화재구역의 단위면적당 (목재로 환산한) 가연물의 양[kg/m²]

② 화재하중의 계산

$$Q[\text{kg/m}^2] = \frac{\sum G_t H_t}{HA} = \frac{\sum G_t H_t}{4,500\,A}$$

여기서, Q : 화재하중[kg/m²]
G_t : 가연물의 양[kg]
H_t : 가연물의 단위중량당 발열량[kcal/kg]
H : 목재의 단위중량당 발열량(4,500[kcal/kg])
A : 바닥면적[m²]

(5) 화재가혹도

① 정의 : 최고온도가 지속되는 시간을 의미한다.

$$\text{화재가혹도} = \text{최고온도} \times \text{지속시간}$$

② 화재강도가 커지면 화재 시 그 건축물의 최고온도가 상승한다.

③ 화재하중이 커지면 화재의 지속시간이 길어진다.

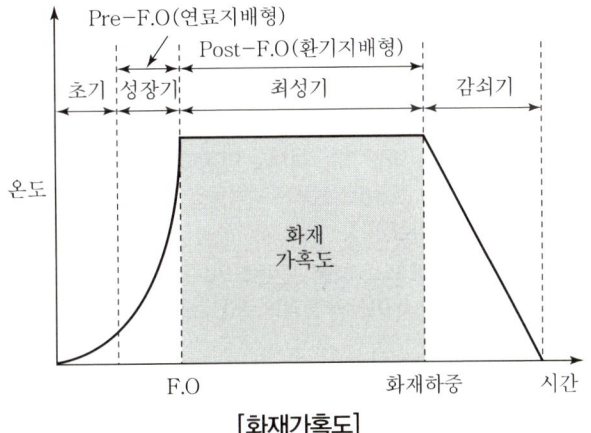

[화재가혹도]

02 건축물의 내화성상

(1) 건축물의 방화계획

1) 공간적 대응

공간적 대응	대응방법
대항성	내화구조, 방화구획, 방연성능 등 화재에 직접 대응
회피성	불연화, 난연화, 내장재의 제한 등 화재의 발생 억제
도피성	피난통로, 피난시설 등 화재발생 시 안전하게 피난할 수 있는 공간 확보

2) 설비적 대응

화재에 능동적으로 대응하는 소화설비, 제연설비, 경보설비, 피난설비 등

(2) 건축물의 내화구조

1) 내화구조의 기준(건축물의 피난·방화구조 등의 기준에 관한 규칙 제3조)

구조부의 구분		내화구조의 기준
벽	벽	• 철근콘크리트조 또는 철골철근콘크리트조로서 두께가 10cm 이상인 것 • 골구를 철골조로 하고 그 양면을 두께 4cm 이상의 철망모르타르 또는 두께 5cm 이상의 콘크리트블록·벽돌 또는 석재로 덮은 것 • 철재로 보강된 콘크리트블록조·벽돌조 또는 석조로서 철재에 덮은 콘크리트블록 등의 두께가 5cm 이상인 것 • 벽돌조로서 두께가 19cm 이상인 것
	외벽 중 비내력벽	• 철근콘크리트조 또는 철골철근콘크리트조로서 두께가 7cm 이상인 것 • 골구를 철골조로 하고 그 양면을 두께 3cm 이상의 철망모르타르 또는 두께 4cm 이상의 콘크리트블록·벽돌 또는 석재로 덮은 것 • 철재로 보강된 콘크리트블록조·벽돌조 또는 석조로서 철재에 덮은 콘크리트블록 등의 두께가 4cm 이상인 것
기둥(작은 지름이 25cm 이상인 것)		• 철근콘크리트조 또는 철골철근콘크리트조 • 철골을 두께 6cm 이상의 철망모르타르 또는 두께 7cm 이상의 콘크리트블록·벽돌 또는 석재로 덮은 것 • 철골을 두께 5cm 이상의 콘크리트로 덮은 것
바닥		• 철근콘크리트조 또는 철골철근콘크리트조로서 두께가 10cm 이상인 것 • 철재로 보강된 콘크리트블록조·벽돌조 또는 석조로서 철재에 덮은 콘크리트블록 등의 두께가 5cm 이상인 것 • 철재의 양면을 두께 5cm 이상의 철망모르타르 또는 콘크리트로 덮은 것
보		• 철근콘크리트조 또는 철골철근콘크리트조 • 철골을 두께 6cm 이상의 철망모르타르 또는 두께 5cm 이상의 콘크리트로 덮은 것

2) 건축물의 주요 구조부
　　① 내력벽
　　② 보(작은 보 제외)
　　③ 지붕틀(차양 제외)
　　④ 바닥(최하층 바닥 제외)
　　⑤ 주계단(옥외계단 제외)
　　⑥ 기둥(사잇기둥 제외)

3) 거실 각 부분으로부터 하나의 직통계단에 이르는 보행거리의 기준

건축물의 구조	거실의 각 부분으로부터 하나의 직통계단에 이르는 보행거리
기타 구조	30미터 이하
내화구조 또는 불연재료로 된 건축물	50미터 이하
16층 이상인 공동주택	40미터 이하

(3) 건축물의 방화구획

1) 방화구획의 대상
　　내화구조 또는 불연재료로 된 건축물로서 연면적이 1,000m²를 넘는 것

2) 방화구획의 종류
　　① 면적별 방화구획
　　② 층별 방화구획
　　③ 용도별 방화구획

3) 면적별 방화구획의 기준

구획 층		구획방법	자동식 소화설비 설치 시
지상 10층 이하(지하층 포함)		바닥면적 1,000m²마다 구획	바닥면적 3,000m²마다 구획
11층 이상	일반	바닥면적 200m²마다 구획	바닥면적 600m²마다 구획
	실내마감 불연재료	바닥면적 500m²마다 구획	바닥면적 1,500m²마다 구획

4) 층별 방화구획
　　매 층마다 구획할 것(다만, 지하 1층에서 지상으로 연결하는 경사로 부위는 제외)

5) 용도별 방화구획
　　문화 및 집회시설, 의료시설, 공동주택 등은 주요 구조부를 내화구조로 할 것

(4) 방화구조

1) 방화구조의 대상

연면적이 1,000m² 이상인 목조의 건축물은 그 외벽 및 처마 밑의 연소할 우려가 있는 부분을 다음의 방화구조로 하여야 한다.

2) 방화구조의 종류 및 기준

방화구조	기준
철망모르타르	바름 두께가 2cm 이상
석면시멘트판 또는 석고판 위에 시멘트모르타르 또는 회반죽을 바른 것	두께의 합계가 2.5cm 이상
시멘트모르타르 위에 타일을 붙인 것	두께의 합계가 2.5cm 이상
심벽에 흙으로 맞벽치기한 것	해당 없음
한국산업표준이 정하는 바에 따라 시험한 결과	방화 2급 이상에 해당

3) 연소의 우려가 있는 부분(건축물의 피난 · 방화구조 등의 기준에 관한 규칙 제22조)

연소의 우려가 있는 부분	건축물 상호의 외벽 간의 중심선(중앙)으로부터의 거리
1층	3m 이내
2층 이상 층	5m 이내

4) 연소의 우려가 있는 구조(소방시설 설치 및 관리에 관한 법률 시행규칙 제17조)

연소의 우려가 있는 건축물의 구조	각각의 건축물이 다른 건축물의 외벽으로부터 수평거리
1층	6m 이내
2층 이상 층	10m 이내

(5) 방화벽

1) 방화벽 설치대상

내화구조가 아닌 건축물로서 연면적 1,000m² 이상인 건축물은 방화벽으로 구획하되, 각 구획된 바닥면적의 합계는 1,000m² 미만이 되도록 할 것

2) 방화벽의 구조

① 내화구조로서 홀로 설 수 있는 구조일 것

② 방화벽의 양쪽 끝과 위쪽 끝을 건축물의 외벽면 및 지붕면으로부터 0.5m 이상 튀어 나오게 할 것

③ 방화벽에 설치하는 출입문의 너비 및 높이는 각각 2.5m 이하로 하고, 해당 출입문에는 60분+ 방화문 또는 60분 방화문을 설치할 것

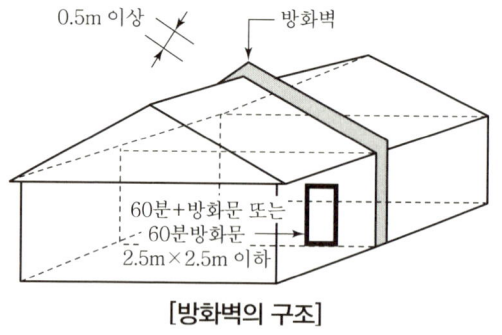

[방화벽의 구조]

(6) 방화문의 구분

방화문의 종류	성능
60문+ 방화분	연기 및 불꽃차단시간 60분 이상 + 열차단시간 30분 이상
60분 방화문	연기 및 불꽃차단시간 60분 이상
30분 방화문	연기 및 불꽃차단시간 30분 이상 60분 미만

(7) 방화댐퍼의 기준

① 철판의 두께 1.5mm 이상
② 연기의 발생 또는 온도상승에 의해 자동적으로 닫힐 것
③ 닫힌 경우에 방화상 지장이 되는 틈이 생기지 아니할 것

(8) 불연, 준불연, 난연구조

구분	재료
불연재료	콘크리트, 기와, 벽돌, 석재, 유리, 알루미늄, 모르타르, 철판 등
준불연재료	석고보드, 목모시멘트판, 미네랄텍스 등
난연재료	난연합판, 난연플라스틱판 등

03 건축물의 피난계획 및 안전관리

(1) 건축물의 피난 및 동선계획

1) 피난계획의 일반원칙

① Fool Proof : 화재 시 패닉에 의해 판단능력이 저하되므로 누구나 알 수 있는 문자 그림 등을 이용하여 피난이 가능하도록 설계하는 원칙
② Fail Safe : 하나의 피난수단이 실패하더라도 다른 피난수단에 의해 안전하게 피난할 수 있도록 둘 이상의 피난수단이 확보되도록 설계하는 원칙

2) 피난시설의 안전구획

① 1차 안전구획 : 복도
② 2차 안전구획 : 특별피난계단의 부속실(전실)
③ 3차 안전구획 : 계단

3) 화재발생 시 인간의 피난특성

피난특성	내용
추종본능	화재와 같은 급박한 상황에서 최초로 행동을 개시한 사람을 따라 하는 특성
귀소본능	자주 이용하는 경로 및 원래 온 길로 돌아가려는 특성
퇴피본능	화재가 발생하면 반사적으로 화염, 열, 연기의 반대쪽으로 멀어지려는 특성
좌회본능	피난 시 시계 반대방향으로 회전하려는 특성
지광본능	화재 시 빛을 찾아 외부로 빠져나오려는 특성

4) 화재발생 시 패닉의 발생원인

① 유독가스에 의한 호흡곤란

② 연기에 의한 시계제한

③ 외부와 단절되어 고립

5) 인간의 보행속도

① 자유보행 : 아무 제약 없이 걷는 속도로, 0.5~2[m/s]

② 군집보행 : 후속 보행자의 보행속도에 동조하여 걷는 속도로, 1[m/s]

6) 피난계획의 일반적인 원칙

① 피난수단은 원시적 방법에 의할 것

② 2방향의 피난통로를 확보할 것

③ 피난구조설비는 고정식 설비를 위주로 설치할 것

④ 피난경로는 간단 명료할 것

⑤ 피난통로를 완전 불연화할 것

⑥ 인간의 본능적 행동을 고려하여 설치할 것

7) 피난동선의 특성

① 수평동선과 수직동선으로 구분할 것

② 어느 곳에서도 2개 이상의 방향으로 피난할 수 있으며 그 말단은 화재로부터 안전한 장소일 것

③ 양방향 피난이 가능하고 상호 반대방향으로 다수의 출구와 연결될 수 있을 것

④ 가급적 단순형태일 것

8) 피난로의 구조 및 특징

구분	구조	피난로의 특징
X형	↕↔	양방향 피난으로 확실한 피난로 보장
T형	↔↓	피난방향을 확실하게 구분할 수 있는 형태
H형	↔↔	피난자들의 중앙 집중으로 **패닉의 우려가 있는 형태**
Z형	↖↘	중앙 복도형으로 양호한 양방향 피난을 할 수 있는 형태

(2) 건축물의 안전관리

1) 방폭구조

① 내압 방폭구조 : 점화원이 될 수 있는 아크, 정전기, 불꽃 등의 발생 부분을 전폐구조의 기구에 넣고 그 내부에서 폭발 시 용기가 폭발압력에 견뎌 화염이 용기 밖으로 분출하지 못하도록 만든 구조

② 압력 방폭구조 : 용기 내부에 보호기체를 압입시켜 내부압력을 유지시킴으로써 폭발성 가스나 증기의 침입을 방지하는 구조

③ 유입 방폭구조 : 불꽃, 아크발생 부분을 기름 속에 넣어 폭발성 가스와의 접촉을 차단함으로써 폭발을 방지한 구조

④ 본질안전 방폭구조 : 정상 및 사고 시 발생하는 불꽃, 아크, 고온 등에 의해 폭발성 가스가 본질적으로 점화되지 않도록 점화시험 등에 의해 확인된 구조

⑤ 안전증 방폭구조 : 전기불꽃, 아크발생 등의 방지를 위하여 특별히 안전도를 증가시킨 구조

2) 제연방식의 종류

① 자연제연방식 : 개구부를 통하여 연기를 자연적으로 배출하는 방식

② 스모크타워 제연방식 : 루프모니터를 설치하여 제연하는 방식

③ 밀폐제연방식 : 불연재료로 구획된 화재실을 밀폐하여 인접실로의 연기유입을 방지하는 방식

④ 기계제연방식 : 송풍기를 이용하여 급·배기하는 방식

3) 기계제연방식의 종류

① 제1종 기계제연방식 : **급기송풍기와 배출기를** 설치하여 급기와 배기를 동시에 하는 방식

② 제2종 기계제연방식 : **급기송풍기만** 설치하여 급기하고, 배기는 자연 배기하는 방식

③ 제3종 기계제연방식 : **배출기만** 설치하여 배기하고, 급기는 자연 급기하는 방식

(3) 방염

실내장식물 등에 불꽃이 옮겨붙지 않도록 대상물품 표면에 난연성 물질로 처리하여 화재초기 접염에 의한 발화를 방지하는 것

1) 방염성능기준
   ① **잔염시간** : 불꽃연소 후 버너를 제거한 때부터 **불꽃을 올리며** 연소하는 상태가 그칠 때까지의 시간으로, 20초 이내
   ② **잔신시간** : 불꽃연소 후 버너를 제거한 때부터 **불꽃을 올리지 않고** 연소하는 상태가 그칠 때까지의 시간으로, 30초 이내
   ③ **탄화면적** : 잔염시간 또는 잔신시간 내에 탄화하는 면적으로, 50cm² 이내
   ④ **탄화길이** : 잔염시간 또는 잔신시간 내에 탄화하는 길이로, 20cm 이내
   ⑤ **접염횟수** : 완전히 용융될 때까지 필요한 불꽃을 접하는 횟수로, 3회 이상
   ⑥ **최대 연기밀도** : 400 이하

2) LOI(Limited Oxygen Index) : 한계산소지수
   ① 가연물을 수직으로 하여 가장 윗부분에 착화하여 연소를 계속 유지시킬 수 있는 최소 한계산소농도
   ② LOI가 높을수록 연소의 우려가 적다.
   ③ 고체가연물에 방염처리를 하면 LOI가 높아져서 연소를 어렵게 한다.

위험물 안전관리

01 위험물의 종류 및 성상

(1) 1류 위험물

1) 성질 : 산화성 고체

2) 품명 및 지정수량

위험등급	품명	지정수량
I	아염소산염류	50[kg]
	염소산염류	
	과염소산염류	
	무기과산화물	
II	브로민산염류	300[kg]
	아이오딘산염류	
	질산염류	
III	과망가니즈산염류	1,000[kg]
	다이크로뮴산염류	

3) 특성
   ① 상온에서 고체상태이다.
   ② 조연성, 조해성 물질이다.
   ③ 가열·충격 및 다른 화학제품과 접촉 시 쉽게 분해되어 산소를 방출한다.
   ④ 무기과산화물은 물과 접촉 시 산소를 방출한다.

   $2Na_2O_2 + 2H_2O \rightarrow 4NaOH + O_2$

4) 소화방법
   ① 물에 의한 냉각소화
   ② 무기과산화물은 마른 모래, 팽창질석, 팽창진주암 등으로 질식소화

(2) 2류 위험물

1) 성질 : 가연성 고체

2) 품명 및 지정수량

위험등급	품명	지정수량
Ⅱ	황화인	100[kg]
	적린	
	황(순도 60[w%] 이상)	
Ⅲ	철분(철의 분말로서 53[μm]의 표준체를 통과하는 것이 50[w%] 미만인 것은 제외)	500[kg]
	마그네슘 • 2[mm]체를 통과하지 아니하는 덩어리 상태의 것은 제외 • 직경 2[mm] 이상의 막대 모양의 것은 제외	
	금속분 • 구리분 · 니켈분 제외 • 150[μm]체를 통과하는 것이 50[w%] 미만 제외	
	인화성 고체(고형알코올 그 밖에 1기압에서 인화점이 섭씨 40도 미만인 고체)	1,000[kg]

3) 특성

① 상온에서 고체이고 강환원제이다.

② 철분, 마그네슘, 금속분은 물과 접촉 시 수소를 발생시킨다.

㉠ 마그네슘과 물 반응

$$Mg + 2H_2O \rightarrow Mg(OH)_2 + H_2 (수소 발생)$$

㉡ 마그네슘과 이산화탄소 반응

$$2Mg + CO_2 \rightarrow 2MgO + C (가연성 탄소 발생)$$

4) 소화방법

① 물에 의한 냉각소화

② 철분, 마그네슘, 금속분은 마른 모래, 팽창질석, 팽창진주암 등으로 질식소화

(3) 3류 위험물

1) 성질 : 자연발화성 및 금수성 물질

2) 품명 및 지정수량

위험등급	품명	지정수량
I	칼륨	10[kg]
	나트륨	
	알킬알루미늄	
	알킬리튬	
	황린	20[kg]
II	알칼리금속	50[kg]
	알칼리토금속	
	유기금속화합물	
III	금속수소화합물	300[kg]
	금속인화합물	
	칼슘 또는 알루미늄의 탄화물	

3) 특성

① 자연발화성 물질로서 공기와의 접촉으로 자연발화의 우려가 있다.

② 금수성 물질로서 물과 접촉하면 발열 · 발화한다.

    ㉠ 나트륨과 물의 반응 : $2Na + 2H_2O \rightarrow 2NaOH + H_2$(수소 발생)

    ㉡ 칼륨과 물의 반응 : $2K + 2H_2O \rightarrow 2KOH + H_2$(수소 발생)

    ㉢ 탄화칼슘과 물의 반응 : $CaC_2 + 2H_2O \rightarrow Ca(OH)_2 + C_2H_2$(아세틸렌 발생)

③ 나트륨, 칼륨 : 경유, 등유, 유동파라핀 속에 보관

④ 황린

    ㉠ 발화점 : 34℃

    ㉡ 보관 : pH 9 정도의 약알칼리의 물속에 보관

4) 소화방법

① 마른 모래, 팽창질석, 팽창진주암 등으로 질식소화

② 금속화재용(탄산수소염류) 분말소화약제에 의한 질식소화

(4) 4류 위험물

1) 성질 : 인화성 액체

2) 품명 및 지정수량

위험등급	품명		지정수량
I	**특수인화물** (다이에틸에터, 아세트알데하이드, 산화프로필렌, 이황화탄소) 1기압에서 발화점이 100℃ 이하인 것 또는 인화점이 −20℃ 이하이고 비점이 40℃ 이하인 것		50[l]
II	**제1석유류**(아세톤, 휘발유) 인화점 21℃ 미만	비수용성 액체	200[l]
		수용성 액체	400[l]
	알코올류 탄소원자의 수가 1개부터 3개까지인 포화1가 알코올		400[l]
III	**제2석유류**(경유, 등유) 인화점이 21℃ 이상 70℃ 미만	비수용성 액체	1,000[l]
		수용성 액체	2,000[l]
	제3석유류(중유, 크레오소트유) 인화점이 70℃ 이상 200℃ 미만	비수용성 액체	2,000[l]
		수용성 액체	4,000[l]
	제4석유류(기어유, 실린더유) 인화점이 200℃ 이상 250℃ 미만		6,000[l]
	동·식물유류(건성유, 반건성유, 불건성유) 동물의 지육 등 또는 식물의 종자나 과육으로부터 추출한 것으로서 1기압에서 인화점이 250℃ 미만		10,000[l]

3) 특성

① 상온에서 액체이며 인화의 위험성이 높다.

② 대부분 물보다 가볍다(CS_2 제외).

③ 증기는 공기보다 무겁다(HCN 제외).

4) 소화방법

비수용성 물질	수용성 물질
포 소화약제에 의한 냉각질식소화	내알코올포 소화약제에 의한 냉각질식소화
이산화탄소에 의한 질식소화	이산화탄소에 의한 질식소화
분말, 할론 등에 의한 부촉매소화	분말, 할론 등에 의한 부촉매소화

5) 4류위험물의 종류

① 특수인화물(인화점이 낮은 순)

다이에틸에터(−45℃)＜아세트알데하이드(−38℃)＜산화프로필렌(−37℃)＜이황화탄소(−30℃)

② 제1석유류

휘발유, 아세톤, 벤젠 등

③ 알코올류

메틸알코올, 에틸알코올, 프로필알코올

④ 제2석유류

경유, 등유

⑤ 제3석유류

중유, 크레오소트유

⑥ 제4석유류

기어유, 실린더유

⑦ 동식물유

㉠ 건성유(아이오딘값이 130 이상인 것) : 아마인유, 들기름, 정어리기름, 동유, 해바라기기름 등

㉡ 반건성유(아이오딘값이 100 이상 130 미만인 것) : 참기름, 옥수수기름, 청어기름, 콩기름, 면실유, 채종유 등

㉢ 불건성유(아이오딘값이 100 미만인 것) : 피마자유, 올리브유, 땅콩기름, 팜유, 야자유 등

※ **아이오딘값** : 유지 100g에 부가되는 아이오딘의 g 수이며 아이오딘값이 클수록 **불포화도가 크고, 자연발화가 용이하다.**

(5) 5류 위험물

1) 성질 : 자기반응성 물질

2) 품명 및 지정수량

품명	지정수량
질산에스터류	제1종 : 10[kg] 제2종 : 100[kg]
유기과산화물	
하이드록실아민	
하이드록실아민염류	
나이트로화합물	
나이트로소화합물	
아조화합물	
다이아조화합물	
하이드라진유도체	

3) 특성

① 분자 내에 산소를 함유하고 있는 자기연소성 물질이다.

② 가열, 충격, 마찰 등에 의하여 폭발의 위험이 있다.

③ 공기 중에서 장시간 방치하면 자연발화를 일으키는 경우도 있다.

4) 소화방법

초기소화에는 주수에 의한 냉각소화

(6) 6류 위험물

1) 성질 : 산화성 액체

2) 품명 및 지정수량

위험등급	품명	지정수량
I	과염소산	300[kg]
	과산화수소(농도 36[w%] 이상)	
	질산(비중 1.49 이상)	

3) 특성

① 산화성 액체로 비중이 1보다 크며 물에 잘 녹는다.

② 불연성이지만 분자 내에 산소를 많이 함유하고 있어 다른 물질의 연소를 돕는 조연성 물질이다.

③ 부식성이 강하며 증기는 유독하다.

4) 소화방법

대량의 물로 희석, 냉각소화

(7) 특수가연물

1) 특수가연물의 품명 및 수량

품명		수량
면화류		200[kg] 이상
나무껍질 및 대팻밥		400[kg] 이상
넝마 및 종이부스러기		1,000[kg] 이상
사류		
볏짚류		
가연성 고체류		3,000[kg] 이상
석탄 · 목탄류		10,000[kg] 이상
가연성 액체류		2[m³] 이상
목재가공품 및 나무부스러기		10[m³] 이상
합성수지류	발포시킨 것	20[m³] 이상
	그 밖의 것	3,000[kg] 이상

(8) 합성섬유류의 화재성상

1) 열가소성수지, 열경화성수지

구분	열가소성수지	열경화성수지
특성	열에 의해 쉽게 용융, 변형되는 특성을 가진 수지	열에 의해 용융되지 않고 바로 분해되는 특성을 가진 수지
종류	폴리에틸렌, 폴리스티렌, 폴리프로필렌, 폴리염화비닐(PVC) 등	멜라민수지, 페놀수지, 요소수지 등

02 인화성 액체, 가연성 가스탱크에서의 화재성상

(1) 보일오버(Boil Over)

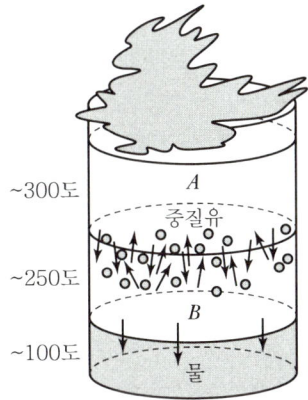

① 중질유를 저장하는 **탱크의 하부에 물**이 고여 있는 경우 발생한다.
② 중질유탱크의 상부에서 정전기, 낙뢰 등의 점화원에 의한 발화한다.
③ 중질유 중 비점이 낮은 물질은 쉽게 올라와서 연소되고, 비점이 높은 물질은 열을 머금고 탱크 하부로 가라앉는다.
④ 서서히 내려앉는 고온물질이 탱크하부의 물과 접촉하면 물이 갑자기 증발하게 된다.
⑤ 하부의 물이 수증기로 변하면서 약 1,700배의 부피팽창을 하여 순간적으로 물과 기름이 비산, 분출하게 되는 현상이다.

(2) 슬롭오버(Slop over)

① 점성이 큰 중질유에서 화재발생 시 유류의 표면온도는 물의 비점 이상으로 상승하게 된다.
② 여기에 소화용수 등을 뿌리면 뜨거운 액면에서 물이 급격하게 부피팽창하게 된다.
③ 물이 급격하게 팽창하면서 액면의 기름과 함께 **탱크 외부로 비산하는 현상**이다.

(3) 프로스오버(Froth Over)

① 물이 점성이 있는 뜨거운 기름 표면 아래에서 끓을 때 화재를 수반하지 않고 용기가 넘치는 현상이다.

② 물이 담긴 용기에 뜨거운 아스팔트를 담을 때 발생한다.

(4) 블레비(BLEVE : Boiling Liquid Expanding Vapour Explosion)

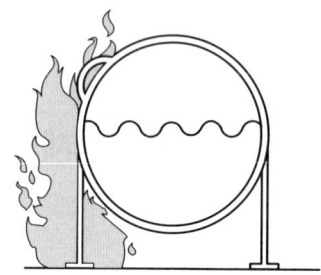

1) 정의

BLEVE는 비등액체 팽창증기 폭발로서 가연액화가스가 저장되어 있는 용기 주변에서 화재가 발생하여 탱크의 기체 부분이 가열되어 강도가 약해지고 탱크가 파열되면 액화가스는 급격히 기화하고 급격한 부피팽창을 일으켜서 폭발하는 현상이다. 화학적 변화 없이 상변화에 의한 전형적인 물리적 폭발이다.

2) BLEVE 발생 과정

① 액화가스 저장용기 주변에서 화재가 발생한다.

② 화재열에 의한 탱크가열, 탱크의 액체 부분은 온도변화가 크지 않으나 기체 부분은 온도가 상승한다.

③ 탱크 내부 온도상승에 의한 압력상승, 탱크 설계압력 초과 시 탱크에 균열이 발생한다.

④ 탱크균열로 인한 탱크 내부의 압력이 급격히 강하한다.

⑤ 압력이 내려감에 따라 액화가스가 급격히 기화하며 부피가 팽창한다.

⑥ 부피팽창에 의한 압력상승으로 탱크가 파손되며 가연성 가스가 비산한다.

⑦ 주위의 점화원에 의해 가연성 가스가 착화한다.

⑧ 폭발적인 연소로 Fire Ball이 형성된다.

01 소화원리 및 방법

(1) 소화의 정의

연소의 3요소 또는 4요소 중 일부 또는 전부를 제거하여 연소의 지속성의 억제하는 것이다.

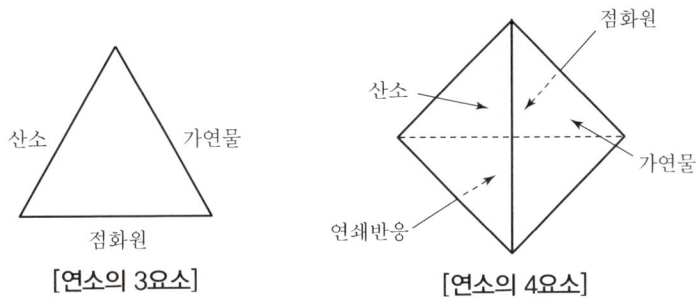

[연소의 3요소]   [연소의 4요소]

(2) 소화의 원리

1) 물리적 소화

① 연소의 3요소 중 1가지를 차단하여 소화하는 방법이다.

② 점화원을 제거하는 **냉각소화**

③ 산소를 제거하는 **질식소화**

④ 가연물을 제거하는 **제거소화**

2) 화학적 소화

① 연소의 4요소인 연쇄반응을 억제하여 소화하는 방법이다.

② **억제소화** 또는 **부촉매소화**라 한다.

(3) 소화의 방법

1) 냉각소화

① 점화원을 발화점 이하로 냉각하여 소화하는 방법이다.

② 물의 현열과 증발잠열을 이용하는 방법이 가장 많이 사용된다.

2) 질식소화

① 공기 중의 산소농도를 15% 이하로 희박하게 하여 소화하는 방법이다.

② 이산화탄소, 불활성 가스 등을 분사하여 산소농도를 낮춘다.

3) 제거소화

① 가연물을 제거하여 소화하는 방법이다.

② 고체 가연물 : 가연물을 화재 현장으로부터 즉시 제거한다(산림화재 시 앞쪽에서 벌목하여 진화).

③ 액체 및 기체 : 가연성 물질을 누출시키는 용기의 밸브를 폐쇄한다.

④ 전기화재 : 전원스위치를 차단하여 전기의 공급을 차단한다.

⑤ 수용성 액체 : 다량의 물을 주입하여 농도를 연소범위 이하로 낮춘다.

4) 억제소화(부촉매소화)

① 할론소화약제, 할로젠화합물소화약제, 분말소화약제 등을 사용하여 소화하는 방법이다.

② 불꽃연소 시 발생하는 H^*, OH^* 활성라디칼을 포착하여 연쇄반응을 억제한다.

③ 불꽃연소에 적응성이 뛰어나고 훈소에는 적응성이 거의 없다.

④ 할론 1301의 라디칼 포착 메커니즘

$$CF_3Br \rightarrow CF_3 + Br$$

$$Br + H^* \rightarrow HBr$$

$$HBr + OH^* \rightarrow Br + H_2O$$

5) 희석소화

① 알코올같이 물에 잘 녹는 수용성 액체에 물을 주입하여 가연물의 연소농도 이하로 희석하는 소화방법이다.

② 불연성 가스를 방출하여 분해가스나 증기의 농도를 낮춰 소화하는 방법이다.

6) 피복, 질식소화

이산화탄소는 공기보다 증기비중이 1.5배 크므로 약제방사 시 하부로 가라앉아 가연물을 피복하여 산소공급을 차단하여 소화하는 방법이다.

7) 유화효과(에멀션효과)

① 중질유의 표면에 물을 무상으로 분무(물분무소화설비)

② 기름과 물이 유류표면에서 혼합하여 유화층의 막을 형성

③ 기름표면에 형성된 유화층이 산소의 공급을 차단하여 소화하는 방법이다.

02 소화약제

(1) 물소화약제

1) 물소화약제의 장점
① 증발잠열에 의한 냉각효과가 커서 소화성능이 우수하다.
② 무상주수하면 질식, 냉각, 유화, 희석효과 등에 의해 소화효과가 우수하다.
③ 인체에 무해하며 환경영향성이 작다.
④ 가격이 저렴하고 장기간 보존이 가능하다.

2) 물소화약제의 단점
① 0℃ 이하에서 동결의 우려가 있다.
② 전기화재와 금속화재(Na, K 등)에 적응성이 없다.
③ 물에 의한 2차 수손피해가 발생한다.
④ 유류화재 시 물을 방사하면 연소면 확대를 일으킬 수 있다.

3) 물의 주수형태에 의한 소화

구분	봉상주수	적상주수	무상주수
내용	가늘고 긴 몽둥이 모양으로 방사	물방울 형태로 방사	안개 형태로 방사
설비	옥내, 옥외 소화전	스프링클러 설비	물분무소화설비
소화효과	냉각소화	냉각소화	질식, 냉각, 유화, 희석 소화

4) 냉각소화의 원리
① 비열(Specific Heat)
  ㉠ 어떤 물질 1[kg]의 온도를 1℃ 높이는 데 필요한 열량
  ㉡ 물의 비열
    • 물 1g을 14.5℃에서 15.5℃까지 1℃ 올리는 데 필요한 열량
    • 물의 비열 1[cal/g ℃], 1[kcal/kg ℃], 4.184[J/g ℃], 4.184[kJ/kg ℃]

② 현열(Sensible Heat)
  물질을 상태변화 없이 온도만 변하는 데 필요한 열량

$$Q = m \cdot C \cdot \Delta T$$

여기서, Q : 현열량(kcal), m : 질량(kg), C : 비열(kcal/kg ℃), ΔT : 온도차(℃)

③ 잠열

물질의 온도변화는 없이 상태변화에만 필요한
열량

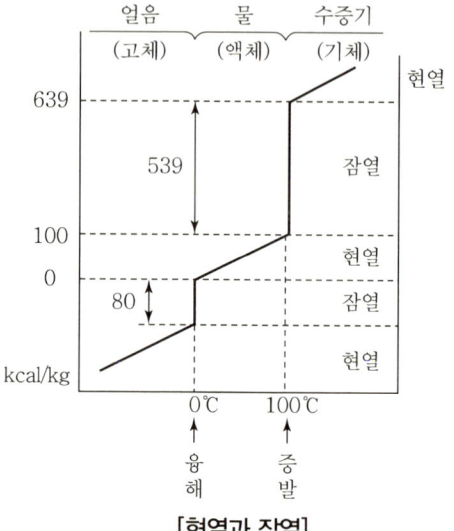

[현열과 잠열]

    ⊙ 물의 융해잠열 : 80[cal/g], 80[kcal/kg]

       1기압, 0℃에서의 얼음 1kg을 융해시키는
       데 필요한 열량

    ⓒ 물의 증발잠열 : 539[cal/g], 539[kcal/kg]

       1기압, 100℃에서의 물 1kg을 기화시키는
       데 필요한 열량

$$Q = m \cdot r$$

여기서, Q : 잠열량(kcal), m : 질량(kg),
       r : 잠열(kcal/kg)

④ 전체 열량(kcal)

$$Q = m \cdot C \cdot \Delta t + m \cdot r$$

예제 0℃의 물 1kg을 100℃의 수증기로 만드는 데 필요한 열량은?

$Q = \{1[kg] \cdot 1[kcal/kg℃] \cdot 100℃\} + \{1[kg] \cdot 539[kcal/kg]\} = 639[kcal]$

---

(2) 물소화약제의 첨가제

1) 증점제(Viscosity Agents)

① 물의 점도를 증가시켜 가연물에 소화약제 부착을 용이하게 하기 위해 사용하며, 산림화재에
적합하다.

② 증점제의 종류

    ⊙ CMC(Sodium Carboxy Methyl Cellulose)

    ⓒ Gelgard

2) 침투제(Wetting Agents)

물의 표면장력을 감소시켜 가연물에 침투성을 증가시킨 소화약제로 합성계면활성제를 사용한다.

3) 부동액

① 물에 첨가하여 물의 응고점을 낮추어 동결을 방지하는 용도로 사용한다.

② 부동액의 종류 : 글리세린, 에틸렌글리콜, 프로필렌글리콜 등

(3) 포 소화약제

1) 포 소화약제의 특성

① 가연성 액체 화재 시 질식, 냉각효과가 우수하나.

② 인체에 무해하나 불소계 소화약제는 환경오염발생 우려가 있다.

③ 0℃ 이하에서 동결의 우려가 있다.

④ 전기화재, 금속화재에는 적응성이 없다.

⑤ 약제방사 후 잔유물이 남는다.

2) 기계포(공기포) 소화약제의 분류

① 팽창비에 따른 분류

㉠ 팽창비

$$팽창비 = \frac{방출\ 후\ 포의\ 체적\,[l]}{방출\ 전\ 포\ 수용액의\ 체적\,(수원 + 포\ 원액)\,[l]} = \frac{방출\ 후\ 포의\ 체적\,[l]}{\dfrac{원액의\ 양\,[l]}{농도}}$$

㉡ 저발포, 고발포의 분류

구분	팽창비
저발포용 소화약제	20배 이하
고발포용 소화약제	80배~1,000배 미만

㉢ 고발포용 소화약제의 분류

구분	팽창비
제1종 기계포	80배 이상 250배 미만
제2종 기계포	250배 이상 500배 미만
제3종 기계포	500배 이상 1000배 미만

② 포 소화약제의 종류

㉠ **수성막포 소화약제**(AFFF : Aqueous Film-Forming Foam)

• 미국의 3M 사가 개발한 소화약제로 일명 Light Water라고 한다.

• 불소계 계면활성제로 유류화재에 적응성이 높다.

• 내유성과 유동성은 좋지만 내열성은 좋지 않다.

• 연소하고 있는 액체 위에 얇은 수성막을 형성하여 공기를 차단함으로써 질식, 냉각 소화한다.

㉡ 단백포 소화약제

• 동물성 단백질의 가수분해물에 염화제1철염의 안정제를 첨가하여 제조한 소화약제이다.

• 변질의 우려가 있어 약제를 자주 교환해야 하며 냄새가 고약하다.

ⓒ 합성계면활성제포 소화약제
- 계면활성제가 주성분이며 안정제를 첨가한 소화약제이다.
- **저팽창포와 고팽창포에서 모두 사용 가능하다.**

ⓔ 불화단백포 소화약제
- 단백포와 유사한 약제에 불소계 계면활성제를 첨가한 소화약제이다.
- 내유성이 좋아 표면하 주입방식에 사용 가능하다.

ⓜ 내알코올포 소화약제
- 단백질의 가수분해 생성물과 합성세제 등을 주성분으로 제조하며, 일반 포로서는 소화작용이 어려운 수용성 액체(알코올류, 에스터류, 케톤류 등) 위험물의 소화에 적합하다.
- 종류 : 금속비누형, 고분자겔형, 불화단백형

3) 화학포 소화약제

① 화학포는 외약제인 탄산수소나트륨($NaHCO_3$)과 내약제인 황산알루미늄($Al_2(SO_4)_3$)의 수용액에 발포제와 안정제(카세인, 젤라틴, 사포닌) 및 방부제를 첨가하여 제조한다.

② 두 가지 수용액을 혼합하면 화학반응에 의해 다량의 이산화탄소가 발생되어 소화기 내부가 고압 상태가 되고, 그 압력에 의하여 반응액이 밖으로 밀려나가 방사된다.

$$6NaHCO_3 + Al_2(SO_4)_3 \cdot 18H_2O \rightarrow 6CO_2 + 3Na_2SO_4 + 2Al(OH)_3 + 18H_2O$$

4) 25% 환원시간

① 정의 : 채취된 포의 25[%]가 수용액으로 환원되는 데 소요되는 시간

② 포 소화약제별 환원시간

포 소화약제의 종류	25[%] 환원시간
수성막포 소화약제	1분 이상
단백포 소화약제	1분 이상
합성계면활성제포 소화약제	3분 이상

③ 환원시간에 따른 포의 특성
- ㉠ 발포배율이 크면 환원시간이 짧아진다.
- ㉡ 환원시간이 짧을수록 내열성은 떨어진다.
- ㉢ 환원시간이 짧으면 유동성이 좋다.

(4) 이산화탄소 소화약제

1) 이산화탄소 소화약제의 특성

① 공기보다 비중이 1.52배 무서우므로 피복질식효과가 우수하다.

② 독성은 없으나 질식의 우려가 있다.

③ 이산화탄소에 의한 **지구온난화**를 발생시킨다.

④ **무색무취**의 기체로 화학적으로 안정하다.

⑤ 고압의 배관에서 대기 중으로 방사 시 줄-톰슨효과에 의한 **냉각소화작용**이 있다.

⑥ 약제방사 시 드라이아이스에 의해 시야가 제한되는 **운무현상**이 발생

⑦ 소화 후 **잔존물**이 없고 전기적으로 **비전도성**이다.

2) 이산화탄소의 물성

① 이산화탄소의 상평형도

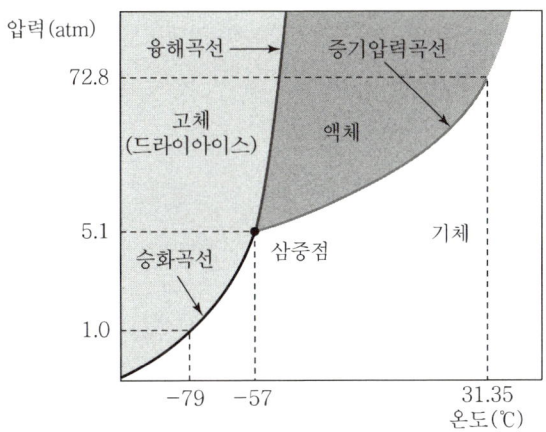

② 이산화탄소의 물성

구분	물성
화학식	CO_2
분자량	44
증기비중	1.52
삼중점	−57℃
임계온도	31.35℃
임계압력	73atm
승화점	−79℃

3) 가스계 소화약제에서의 필수 법칙

① 보일의 법칙(Boyle's law)

온도가 일정할 때 기체의 체적은 절대압력에 반비례한다.

$$P_1 V_1 = P_2 V_2$$

여기서, P : 절대압력[atm], V : 체적[m³]

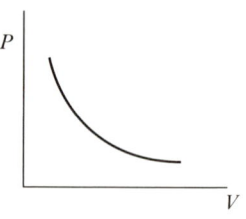

[보일의 법칙]

② 샤를의 법칙(Charles's law)

압력이 일정할 때 기체의 체적은 절대온도에 비례한다.

$$\frac{V_1}{T_1} = \frac{V_2}{T_2}$$

여기서, T : 절대온도[K], V : 체적[m³]

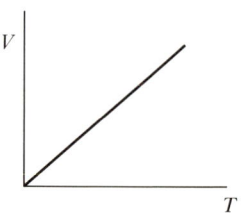

[샤를의 법칙]

③ 보일-샤를의 법칙(Boyle-Charles's law)

기체의 체적은 압력에 반비례하며, 절대온도에 비례한다.

$$\frac{P_1 V_1}{T_1} = \frac{P_2 V_2}{T_2}$$

여기서, P : 절대압력[atm], V : 체적[m³], T : 절대온도[K]

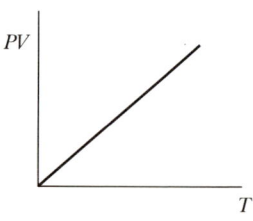

[보일 - 샤를의 법칙]

④ 이상기체 상태방정식

$$PV = nRT \qquad PV = \frac{W}{M}RT$$

여기서, P : 절대압력[atm], V : 체적[m³]

n : 몰수$\left(n = \dfrac{W}{M}\right)$, W : 기체의 질량[kg], M : 분자량[kg/kmol]

R : 기체상수(0.082[atm · m³/kmol · K]), T : 절대온도[K]

⑤ 소화가스의 농도[%] 계산

$$CO_2[\%] = \frac{21 - O_2}{21} \times 100$$

여기서, $CO_2[\%]$: 방호구역에 방출된 소화가스의 농도[%]

O_2 : 소화가스 방출 후 방호구역의 산소농도[%]

$$CO_2[\%] = \frac{CO_2[m^3]}{V[m^3] + CO_2[m^3]} \times 100$$

여기서, $CO_2[\%]$: 방호구역에 방출된 소화가스의 농도[%]

V : 방호구역의 체적$[m^3]$

CO_2 : 방출된 소화가스의 체적$[m^3]$

⑥ 방출된 소화가스의 체적$[m^3]$ 계산

$$CO_2[m^3] = \frac{21 - O_2}{O_2} \times V$$

여기서, $CO_2[m^3]$: 방출된 소화가스의 체적$[m^3]$

O_2 : 소화가스 방출 후 방호구역의 산소농도[%]

V : 방호구역의 체적$[m^3]$

(5) 할론소화약제

1) 할론소화약제의 특성

① 연쇄반응 억제작용(부촉매소화)에 의한 소화효과가 우수하다.

② 할론소화약제가 열분해 시 HBr, HCl 등의 독성물질이 생성된다.

③ 할로젠원소에 의한 오존층파괴지수(ODP)가 높다.

④ 소화 후 잔존물이 없고 전기적으로 비전도성이다.

⑤ 소화약제의 가격이 비싸다.

2) 할론소화약제의 명명법

할론소화약제는 알칸계 탄화수소에서 수소를 할로젠원소로 치환한 화합물로서 종류로는 할론 1211, 할론 1301, 할론 2402, 할론 1011 등이 있다.

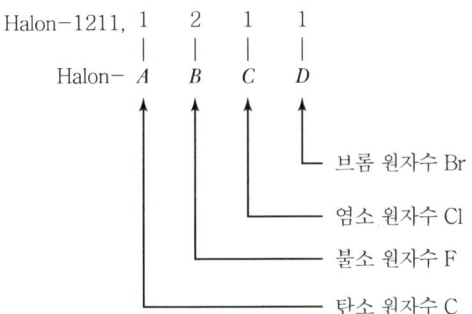

3) 할로젠원소의 전기음성도 및 소화효과

① 전기음성도(결합력)의 크기 : $F > Cl > Br > I$

② 소화효과의 크기 : $F < Cl < Br < I$

4) 할론소화약제의 물성

구분	Halon 1211	Halon 1301	Halon 2402	Halon 1011
화학식	CF_2ClBr	CF_3Br	$C_2F_4Br_2$	CH_2ClBr
분자량	165.4	148.9	259.8	129.4
증기비중	5.7	5.13	8.96	4.46
상온, 상압에서 상태	기체	기체	액체	액체

(6) 할로젠화합물 및 불활성 기체 소화약제

1) 정의
① 할로젠화합물 및 불활성 기체 소화약제 : 할로젠화합물(할론 1301, 할론 2402, 할론 1211 제외) 및 불활성 기체로서 전기적으로 비전도성이며 휘발성이 있거나 증발 후 잔여물을 남기지 않는 소화약제
② 할로젠화합물 소화약제 : 불소, 염소, 브로민 또는 아이오딘 중 하나 이상의 원소를 포함하고 있는 유기화합물을 기본성분으로 하는 소화약제
③ 불활성 기체 소화약제 : 헬륨, 네온, 아르곤 또는 질소가스 중 하나 이상의 원소를 기본성분으로 하는 소화약제

2) 할로젠화합물 및 불활성 기체 소화약제의 특성
① 소화효과가 할론소화약제에 비해 동등 이상일 것
② 할로젠화합물은 최대 설계농도 이상이 되면 인체에 유해하다.
③ ODP, GWP가 0에 가깝다.
④ 소화 후 잔존물이 없고 전기적으로 비전도성이다.
⑤ 소화약제가 고가이다.

3) 할로젠화합물 및 불활성 기체 소화약제의 종류
① 할로젠화합물 계열(부촉매소화, 냉각효과, 질식효과)

약제 분류	종류
FC 계열	FC-3-1-10
HFC 계열	HFC-23, HFC-125, HFC-227ea, HFC-236fa
HCFC 계열	HCFC-Blend A, HCFC-124
FIC 계열	FIC-13I1
기타	FK-5-1-12

② 불활성 기체 계열 소화약제(질식효과)

약제 분류	성분비
IG-541	N_2(52%), Ar(40%), CO_2(8%)
IG-55	N_2(50%), Ar(50%)
IG-100	N_2(100%)
IG-01	Ar(100%)

4) 오존층 파괴지수(ODP : Ozone Depletion Potential)

어떤 물질 1[kg]의 오존층 파괴 정도를 나타내는 지표로서 CFC-11 가스 1[kg]의 ODP를 1로 정하고 이를 기준으로 하여 크기를 나타낸다.

$$ODP = \frac{어떤\ 물질\ 1[kg]이\ 파괴하는\ 오존의\ 양}{CFC-11\ 가스\ 1[kg]이\ 파괴하는\ 오존의\ 양}$$

5) 지구온난화지수(GWP : Global Warming Potential)

어떤 물질 1[kg]이 지구온난화에 기여하는 정도를 나타낸 것으로서 CO_2 1[kg]이 지구온난화에 기여하는 정도를 1로 정하고 이를 기준으로 하여 크기를 나타낸다.

$$GWP = \frac{어떤\ 물질\ 1[kg]이\ 지구온난화에\ 기여하는\ 정도}{CO_2\ 1[kg]이\ 지구온난화에\ 기여하는\ 정도}$$

6) NOAEL(No Observable Adverse Effect Level)

농도를 증가시킬 때 악영향도 감지할 수 없는 최대농도, 즉 심장에 영향을 미치지 않는 최대농도이다.

7) LOAEL(Lowest Observable Adverse Effect Level)

농도를 감소시킬 때 악영향을 감지할 수 있는 최소농도, 즉 심장에 영향을 미칠 수 있는 최소농도이다.

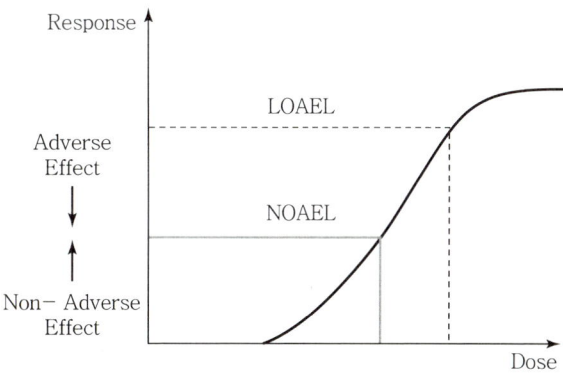

8) 대기권 잔존수명(ALT : Atmospheric Life Time)

어떤 물질이 방사된 후 대기권 내에서 분해되지 않고 체류하는 잔류시간으로 단위는 연(年)이다.

(7) 분말소화약제

1) 분말소화약제의 특성

① 최적의 소화효과를 나타내는 입도는 20~25μm이다.

② 분말소화약제는 부촉매, 질식, 냉각, 복사열차단효과 등이 복합적으로 나타남으로써 소화효과가 우수하다.

③ 분말소화약제는 유류화재와 전기화재에 적응성이 있는 BC 분말과 일반화재, 유류, 전기화재까지 적응성이 있는 ABC 분말로 분류된다.

2) 분말소화약제의 종류

종별	분자식	착색	적응화재	충전비[l/kg]
제1종분말	탄산수소나트륨($NaHCO_3$)	백색	BC급	0.8
제2종분말	탄산수소칼륨($KHCO_3$)	담회색(담자색)	BC급	1.0
제3종분말	제1인산암모늄($NH_4H_2PO_4$)	담홍색	ABC급	1.0
제4종분말	탄산수소칼륨＋요소($KHCO_3+(NH_2)_2CO$)	회색	BC급	1.25

① 제1종 분말소화약제($NaHCO_3$)

ㄱ 소화효과

- 주성분인 탄산수소나트륨이 열분해될 때 발생하는 이산화탄소와 수증기에 의한 질식 효과
- 열분해 시의 흡열 반응에 의한 냉각 효과
- 분말 운무에 의한 열방사의 차단 효과
- 비누화 현상에 의한 질식냉각 효과(식용유화재에 적응성)

ㄴ 분말 소화약제의 **비누화 현상**

제1종 분말소화약제(탄산수소나트륨 $NaHCO_3$)를 지방이나 식용유 화재에 사용할 때 탄산수소나트륨의 Na^+ 이온과 기름의 지방산이 결합하여 생기는 비누거품이 가연물을 덮어 산소공급을 차단하여 소화효과를 높이는 현상이다.

ㄷ 열분해 반응식

- 270℃ : $2NaHCO_3 \rightarrow Na_2CO_3 + H_2O + CO_2$
- 850℃ : $2NaHCO_3 \rightarrow Na_2O + H_2O + 2CO_2$

② 제2종 분말 소화약제($KHCO_3$)

ㄱ 소화효과

- 소화효과는 제1종 분말소화약제와 거의 비슷하다.
- 칼륨(K)이 나트륨(Na)보다 반응성이 커서 제1종 분말보다 소화효과가 약간 우수하다.
- 주방화재에서는 비누화 효과가 미미하여 제1종 분말보다 소화효과가 저하된다.

ⓛ 열분해 반응식

- 190℃ : $2KHCO_3 \rightarrow K_2CO_3 + CO_2 + H_2O$
- 590℃ : $2KHCO_3 \rightarrow K_2O + CO_2 + H_2O$

③ 제3종 분말소화약제($NH_4H_2PO_4$)

ⓐ 소화효과

- A급, B급, C급의 어떤 화재에도 사용할 수 있기 때문에 ABC 분말소화약제라 한다.
- 열분해 시 흡열 반응에 의한 냉각 효과
- 열분해 시 발생되는 불연성 가스(NH_3, H_2O 등)에 의한 질식 효과
- 반응 과정에서 생성된 메타인산(HPO_3)의 방진 효과(A급 화재에 적응성)
- 열분해 시 유리된 NH_4^+에 의한 부촉매소화
- 분말 운무에 의한 열방사의 차단 효과

ⓛ 열분해 반응식

- $NH_4H_2PO_4 \rightarrow NH_3 + H_2O + HPO_3$
- 190℃ : $NH_4H_2PO_4 \rightarrow H_3PO_4$(올소인산)$ + NH_3$
- 215℃ : $2H_3PO_4 \rightarrow H_4P_2O_7$(피로인산)$ + H_2O$
- 300℃ : $H_4P_2O_7 \rightarrow 2HPO_3$(메타인산)$ + H_2O$

④ 제4종 분말소화약제($KHCO_3 + (NH_2)_2CO$)

ⓐ 소화효과

- 제2종 분말을 개량한 것으로 소화력이 분말소화약제 중 가장 우수하다.
- B급, C급 화재에는 소화 효과가 우수하나 A급 화재에는 적응성이 거의 없다.

ⓛ 열분해 반응식

$2KHCO_3 + (NH_2)_2CO \rightarrow K_2CO_3 + 2NH_3 + 2CO_2$

⑤ CDC(Compatible Dry Chemical)

ⓐ CDC는 포소화약제와 함께 사용할 수 있는 분말소화약제를 의미한다.

ⓛ 분말소화약제 중 소포성이 가장 작은 3종 분말소화약제를 사용한다.

ⓒ 트윈 에이전트 시스템

- 제3종 **분말소화약제 + 수성막포**
- 분말소화약제의 속소성과 포 소화약제의 안정성 등 장점만을 활용

⑥ 금속화재용 분말소화약제(Dry Powder)

ⓐ G-1

- 흑연화된 주조용 코크스를 주성분으로 하고 여기에 유기 인산염을 첨가한 약제이다.
- Mg, K, Na, Ti, Li, Ca, Zr, Hf, U, Pt 등과 같은 금속화재에 효과적이다.

  ⓒ Met-L-X
   • 염화나트륨(NaCl)을 주성분으로 하고 열가소성 고분자 물질을 첨가한 약제이다.
   • Mg, Na, K와 Na-K 합금의 화재에 효과적이다.
  ⓒ Na-X
   • 탄산나트륨을 주성분으로 하고 비흡습성과 유동성을 향상시킬 수 있는 첨가제를 첨가하였다.
   • Na 화재 소화를 위해 개발하였다.
  ⓔ Lith-X
   • 흑연을 주성분으로 하고 유동성을 높이기 위해 첨가제를 첨가하였다.
   • Li 화재 소화를 위해 개발하였다.

3) 분말의 녹다운효과(Knock Down)
 ① 분말약제가 연소 중인 불꽃을 입체적으로 포위하여 부촉매소화, 질식 및 냉각작용 등이 복합적으로 작용하여 순간적으로 불꽃을 소멸시키는 것으로서 이를 녹다운 현상이라 한다.
 ② 분말소화는 약제 방출 후 10~20초 이내에 소화가 되어야 하며 30초가 넘는 경우 소화 불능 상태로 된다.

P·a·r·t

02

소방전기일반

FIRE PROTECTION ENGINEER

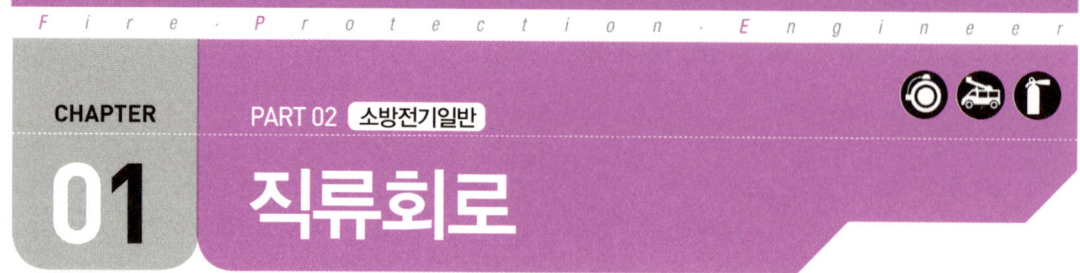

01 물질의 구조

(1) 물질의 구조

원자는 원자핵과 전자로 구성되고 원자핵은 중성자와 양성자로 구성된다.

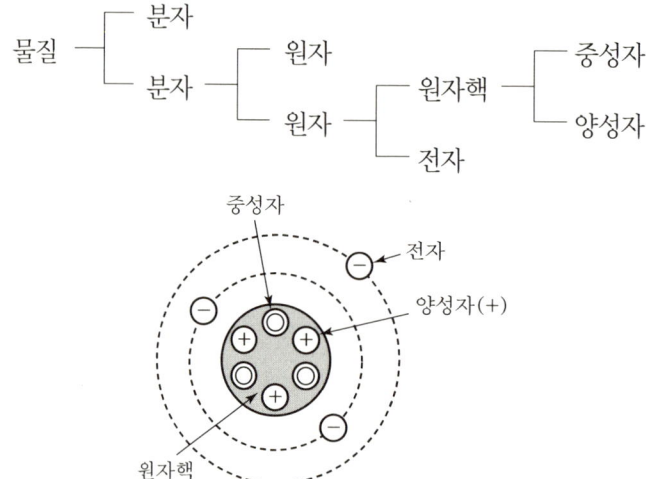

(2) 전하와 전하량

① 전하 : 전기적 성질을 가진 입자로서 양전하와 음전하가 있다.

② 전하량(Q) : 전자와 양성자와 같은 전하들이 가지고 있는 전기적 성질의 양으로 단위는 [C : 쿨롱]이다.

③ 1[C] : 전자 6.25×10^{18}개가 가지는 전하량

④ 전자의 단위 전하량 : -1.602×10^{-19}[C]

02 전류, 전압, 저항

(1) 전류 I[A]

① 전자의 흐름을 전류라 하는데, 전류는 전자의 흐름과 반대방향으로 흐른다.

② 어떤 도선의 단면을 1[초] 동안에 1[C]의 전하가 통과하였을 때 흐르는 전류를 1[A]라고 정의하며, 단위는 [A]이다.

③ 도선에 흘러간 전체 전하량은 전류와 시간이 곱이 된다.

$$I = \frac{Q}{t}[\text{A}][\text{C/sec}] \qquad Q = I \cdot t \,[\text{C}][\text{A} \cdot \text{sec}]$$

여기서, Q : 전하량[C], I : 전류[A], t : 시간[s]

예제 1[C/sec]는 다음 중 어느 것과 같은가?
① 1[J]
② [1V]
③ 1[A]
④ [1W]

정답 : ③

(2) 전압 V[V]

① 전기적인 압력으로 어떠한 회로에서 임의의 두 점에서의 전위차를 의미한다.

② 단위 전하가 회로의 두 점 사이를 이동하면서 한 일로서 단위는 [V]이다.

$$V = \frac{W}{Q}[\text{V}][\text{J/C}] \qquad W = QV\,[\text{J}]$$

여기서, V : 전압[V], Q : 전하량[C], W : 일[J]

(3) 저항 R[Ω]

① 전류의 흐름을 방해하는 작용을 하는 요소로서 단위는 [Ω]이다.

② 저항의 기호

$$\xrightarrow[\quad]{R} $$

③ 컨덕턴스 : 전류의 흐름을 도와주는 성질, 저항의 역수

$$G = \frac{1}{R}[℧][\Omega^{-1}][\text{S}]$$

여기서, 컨덕턴스의 단위 [℧] : 모(mho), [S] : 지멘스(siemens)

(4) 옴의 법칙

전기회로에서 전류(I)는 전압(V)에 비례하고 저항(R)에 반비례한다.

$$I = \frac{V}{R}[\text{A}]$$

$$V = IR[\text{V}]$$

$$R = \frac{V}{I}[\Omega]$$

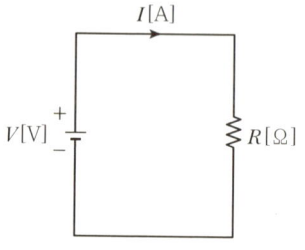

여기서, I : 전류[A], V : 전압[V], R : 저항[Ω]

(5) 저항의 접속

1) 저항의 직렬접속

① 전류 : 전류는 모든 저항에서 일정

전압 : 전압은 저항에 비례하여 분배

$$V = V_1 + V_2$$
$$V = IR_1 + IR_2 = I(R_1 + R_2)$$

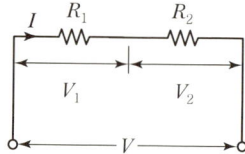

② 합성저항

$$R_0 = R_1 + R_2$$

③ 전체 전류

$$I = \frac{V}{R_0} = \frac{V}{R_1 + R_2} \qquad I = \frac{V}{R_1 + R_2}$$

④ 각 저항에 분배되는 전압

$$V_1 = I \cdot R_1 = \frac{V}{R_1 + R_2} \cdot R_1 \qquad V_1 = \frac{R_1}{R_1 + R_2} V$$

$$V_2 = I \cdot R_2 = \frac{V}{R_1 + R_2} \cdot R_2 \qquad V_2 = \frac{R_2}{R_1 + R_2} V$$

여기서, I : 전류[A], V : 전압[V], R : 저항[Ω]

⑤ 같은 크기의 저항(R) N개가 직렬로 접속되어 있을 때의 합성저항

$$R_0 = N \cdot R$$

여기서, R : 저항[Ω], N : 직렬 연결된 저항의 수

2) 저항의 병렬접속

① 전압 : 전압은 모든 저항에서 일정

전류 : 전류는 저항에 반비례하여 분배

$$I = I_1 + I_2$$
$$I = \frac{V}{R_1} + \frac{V}{R_2} = V \left(\frac{1}{R_1} + \frac{1}{R_2} \right)$$

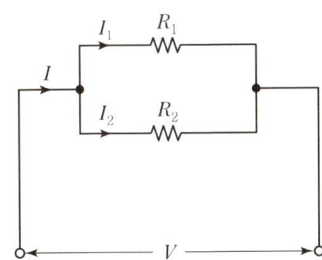

② 합성저항

$$R_0 = \frac{R_1 R_2}{R_1 + R_2}$$

③ 전체 전압

$$V = R_0 I = \frac{R_1 R_2}{R_1 + R_2} I \qquad V = \frac{R_1 R_2}{R_1 + R_2} I \ [\text{V}]$$

④ 각 저항에 분배되는 전류

$$I_1 = \frac{V}{R_1} = \frac{1}{R_1} \times \frac{R_1 R_2}{R_1 + R_2} I = \frac{R_2}{R_1 + R_2} I$$

$$I_2 = \frac{V}{R_2} = \frac{1}{R_2} \times \frac{R_1 R_2}{R_1 + R_2} I = \frac{R_1}{R_1 + R_2} I$$

여기서, I : 전류[A], V : 전압[V], R : 저항[Ω]

⑤ 같은 크기의 저항(R) N개가 병렬로 접속되어 있을 때의 합성저항

$$R_0 = \frac{R}{N}$$

여기서, R : 저항[Ω], N : 병렬 연결된 저항의 수

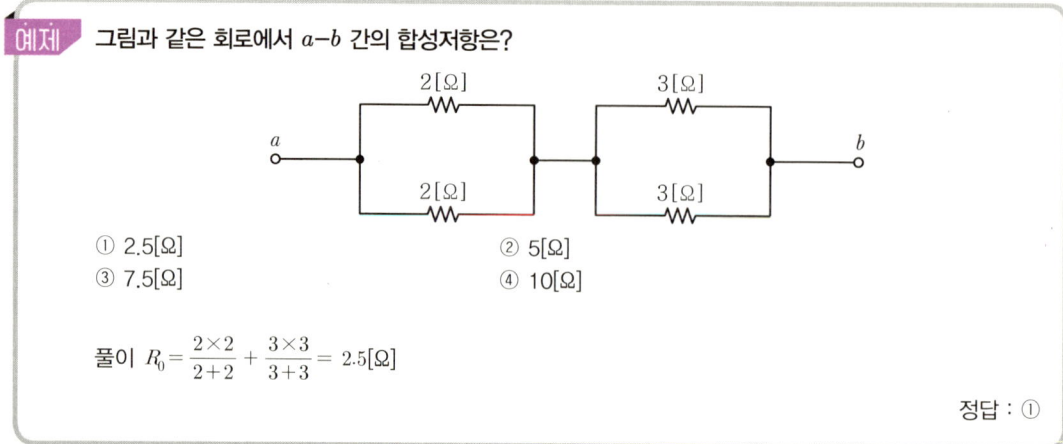

예제 그림과 같은 회로에서 $a-b$ 간의 합성저항은?

① 2.5[Ω]
② 5[Ω]
③ 7.5[Ω]
④ 10[Ω]

풀이 $R_0 = \dfrac{2 \times 2}{2+2} + \dfrac{3 \times 3}{3+3} = 2.5[Ω]$

정답 : ①

(6) 키르히호프의 법칙

1) 제1법칙(전류법칙)

① 임의의 접속점에 유입하는 전류의 총합은 유출하는 전류의 총합과 같다.

$$I_1 + I_2 = I_3 + I_4$$

② 임의의 접속점에 출입하는 전류의 대수합은 0이다.

$$I_1 + I_2 - I_3 - I_4 = 0$$

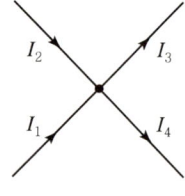

2) 제2법칙(전압법칙)

① 임의의 폐회로에서 기전력의 총합은 전압강하의 총합과 같다.

$$E_1 + (-E_2) = I_1 R_1 + I_2 R_2$$

② 임의의 폐회로에서 기전력과 전압강하의 대수합은 0이다.

$$E_1 - E_2 - I_1 R_1 - I_2 R_2 = 0$$

여기서, I : 전류[A], E : 기전력[V], R : 저항[Ω]

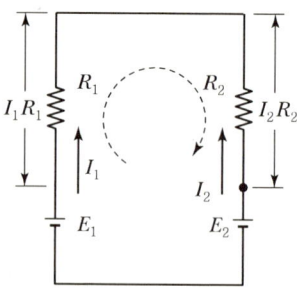

예제 그림의 회로에 흐르는 전류 I는 몇 [A]인가?

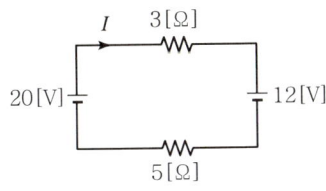

① 1[A]

② 2[A]

③ 4[A]

④ 8[A]

풀이 $I = \dfrac{V}{R} = \dfrac{20-12}{5+3} = 1[\text{A}]$

정답 : ①

(7) 휘트스톤브리지

① 저항 4개를 사용하여 미지의 저항값 R을 구하기 위해 사용한다.

② 그림에서 검류계(G)의 전류값이 0일 때 브리지는 평형이다.

③ 브리지가 평형일 때 마주보는 대각선 저항의 곱은 서로 같다.

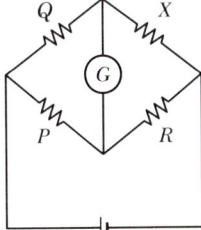

$$PX = QR \qquad R = \frac{PX}{Q}$$

예제 다음 그림에서 $a-b$ 간의 합성저항은 몇 [Ω]인가?

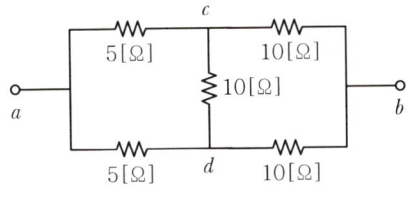

① 5[Ω]

② 7.5[Ω]

③ 15[Ω]

④ 30[Ω]

해설 • 대각선의 저항의 곱이 서로 같으므로 위 회로는 평형이다.
  • 브리지가 평형이므로 $c-d$ 간에는 전류가 흐르지 않는다.
  • 전류가 흐르지 않으면 저항이 무한대이므로 $c-d$ 간의 10[Ω]의 저항은 무시한다.

풀이 $R_0 = \dfrac{(5+10) \times (5+10)}{(5+10)+(5+10)} = 7.5[\text{Ω}]$

정답 : ②

(8) 중첩의 원리

다수의 독립 전압원 및 전류원을 포함하는 회로에서, 어떤 지로에 흐르는 전류는 각 전원이 단독으로 존재할 때 그 지로에 흐르는 전류의 대수합과 같다는 원리로서 **전압원은 단락, 전류원은 개방**시켜 전류의 특성을 파악한다.

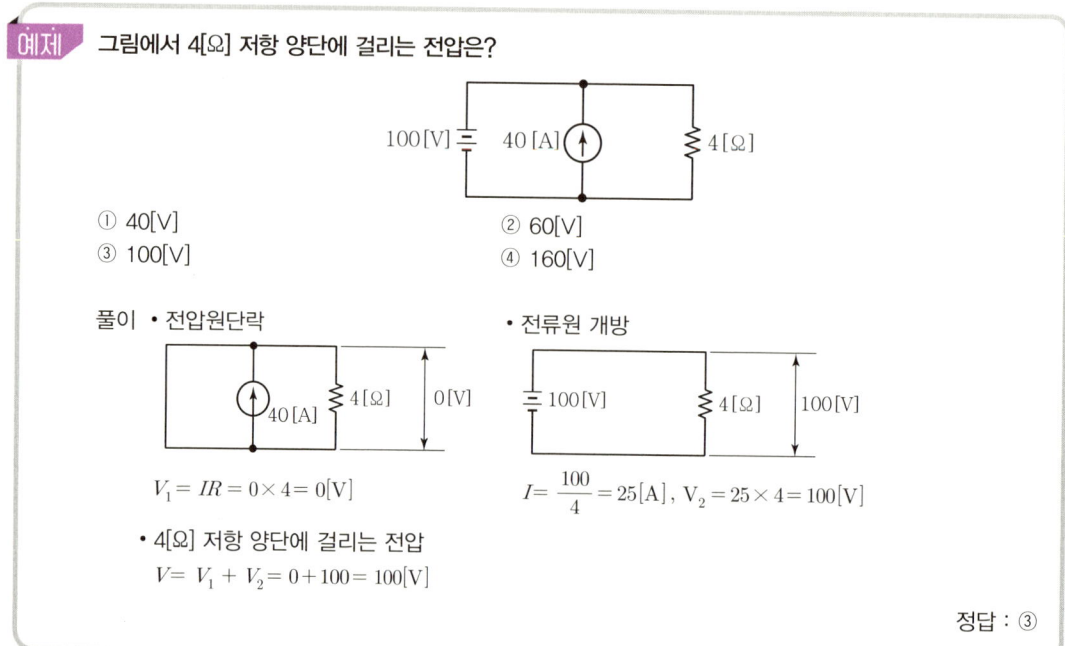

예제 그림에서 4[Ω] 저항 양단에 걸리는 전압은?

① 40[V] ② 60[V]
③ 100[V] ④ 160[V]

풀이 • 전압원단락

$$V_1 = IR = 0 \times 4 = 0[V]$$

• 전류원 개방

$$I = \frac{100}{4} = 25[A], \quad V_2 = 25 \times 4 = 100[V]$$

• 4[Ω] 저항 양단에 걸리는 전압
$$V = V_1 + V_2 = 0 + 100 = 100[V]$$

정답 : ③

03 전력과 열량

(1) 전력 P[W]

① 전기가 단위 시간(1[sec]) 동안 한 일의 양

$$P = \frac{W}{t}[J/s][W] \qquad P = VI = I^2 R = \frac{V^2}{R}[W]$$

여기서, P : 전력[W], W : 일[J], t : 시간[s]
I : 전류[A], V : 전압[V], R : 저항[Ω]

② 전력은 마력[HP]으로 환산이 가능하다.

$$1[HP] = 746[W] = 0.746[kW]$$

(2) 전력량 $W[\mathrm{J}]$

① 전기가 일정시간($t[\sec]$, $t[\mathrm{h}]$) 동안 한 일의 양

$$W = Pt = VIt = I^2Rt = \frac{V^2}{R}t \ [\mathrm{J}][\mathrm{W}\cdot\sec]$$

여기서, P : 전력[W], W : 일[J], t : 시간[s]
I : 전류[A], V : 전압[V], R : 저항[Ω]

예제 220[V], 32[W] 전등 2개를 매일 5시간씩 점등하고, 600[W]전열기 1개를 매일 1시간씩 사용할 경우 1개월(30일)간 소비되는 전력량[kWh]은?

① 27.6[kWh]　　　　　　　　　② 55.2[kWh]
③ 110.4[kWh]　　　　　　　　　④ 220.8[kWh]

풀이 전력량[Wh] $= (32\mathrm{W}\times2개\times5\mathrm{h} + 600\mathrm{W}\times1개\times1\mathrm{h})\times30일$
$= 27,600[\mathrm{Wh}] = 27.6[\mathrm{kWh}]$

정답 : ①

---

② 전력량은 마력 환산이 불가능하고 열량([cal])으로 환산이 가능하다.

$$1[\mathrm{J}] = 0.2388[\mathrm{cal}] \fallingdotseq 0.24[\mathrm{cal}]$$

$1[\mathrm{J}] = 1[\mathrm{W}\cdot\mathrm{s}]$, $1[\mathrm{Wh}] = 1[\mathrm{W}]\times3,600[\mathrm{s}] = 3,600[\mathrm{W}\cdot\mathrm{s}][\mathrm{J}]$
$1[\mathrm{kWh}] = 1,000[\mathrm{W}]\times3,600[\mathrm{s}] = 3.6\times10^6[\mathrm{J}] = 3,600[\mathrm{kJ}] = 860[\mathrm{kcal}]$

(3) 줄의 법칙

① 저항체에서 발생하는 열량을 계산하는 식이다.
② 저항체에서 발생하는 열량은 전류의 제곱에 비례한다.
③ 전류의 열작용에 관한 법칙이다.

$$H = 0.24W = 0.24Pt = 0.24VIt = 0.24I^2Rt = 0.24\frac{V^2}{R}t[\mathrm{cal}]$$

여기서, H : 열량[cal], P : 전력[W], W : 일[J], t : 시간[s]
I : 전류[A], V : 전압[V], R : 저항[Ω]

04 전기저항

(1) 전기저항 $R[\Omega]$

① 전기저항은 전류와 전압의 비례상수로 $R = \dfrac{V}{I}[\Omega]$로 정의된다.

② 도선에서의 전기저항은 도체의 종류, 모양, 온도에 의해 결정된다.

$$R = \rho \frac{l}{A} = \rho \frac{4l}{\pi D^2}[\Omega]$$

여기서, R : 저항[Ω], A : 도선의 단면적[m^2]

ρ : 고유저항[$\Omega \cdot m$], l : 도선의 길이[m]

D : 도선의 지름[m]

길이 l[m]

고유저항 ρ [$\Omega \cdot m$]

단면적 A[m^2]

예제 어느 도선의 길이를 2배로 하고 전기저항을 5배로 하려면 도선의 단면적은 몇 배이어야 하는가?

① 10배

② 0.4배

③ 2배

④ 2.5배

풀이 $\dfrac{A_2}{A_1} = \dfrac{\dfrac{\rho \times 2l}{5R}}{\dfrac{\rho l}{R}} = 0.4$

정답 : ②

(2) 고유저항 $\rho[\Omega \cdot m]$

1) 전기 도체의 형상과 무관한 재료 고유의 전기 저항값

$$\rho = \frac{A}{l}R[\Omega \cdot m]$$

여기서, R : 저항[Ω], A : 도선의 단면적[m^2]

l : 도선의 길이[m]

$1[\Omega \cdot m] = 10^6[\Omega \cdot mm^2/m]$,

$1[\Omega \cdot mm^2/m] = 10^{-6}[\Omega \cdot m]$

① 연동선 $\rho_s = \dfrac{1}{58} \times 10^{-6}[\Omega \cdot m] = \dfrac{1}{58}[\Omega \cdot mm^2/m]$

② 경동선 $\rho = \dfrac{1}{55} \times 10^{-6}[\Omega \cdot m] = \dfrac{1}{55}[\Omega \cdot mm^2/m]$

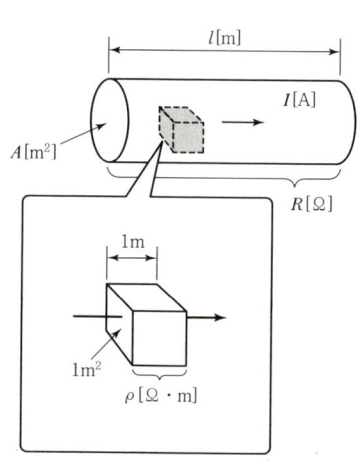

> **예제** 국제 표준 연동 고유저항은 몇 [Ω · m]인가?
>
> ① 1.7241×10^{-9} ② 1.7241×10^{-8}
> ③ 1.7241×10^{-7} ④ 1.7241×10^{-6}
>
> 풀이 $\rho_s = \dfrac{1}{58} \times 10^{-6} [\Omega \cdot m] = 1.7241 \times 10^{-8} [\Omega \cdot m]$
>
> 정답 : ②

2) 여러 가지 물질의 고유저항

① 도체 : $10^{-4}[\Omega \cdot m]$ 이하. 구리, 은, 백금 등

② 반도체 : $10^{-4} \sim 10^4 [\Omega \cdot m]$. 게르마늄, 규소, 탄소 등

③ 절연체 : $10^4 [\Omega \cdot m]$ 이상. 고무, 유리, 수지 등

(3) 도전율 $k[\mho/m]$

고유저항의 역수로 물질 내에서 전류가 흐르기 쉬운 정도를 나타낸다.

$$k = \frac{1}{\rho} [\mho/m] = [S/m]$$

여기서, k : 도전율$[\mho/m]$, ρ : 고유저항$[\Omega \cdot m]$

(4) 저항의 온도계수

① 도체는 온도가 상승하면 저항이 상승하는 정(+)온도 특성을 가지며 반도체는 이와 반대로 온도가 상승하면 저항이 감소하는 부(−)온도 특성을 갖는다.

② $T_1[℃]$에서 R_1인 저항에 대하여 도체의 온도가 $T_2[℃]$로 상승했다면 R_2는 다음과 같다.

$$R_2 = R_1 + \alpha_t R_1 (T_2 - T_1) = R_1 [1 + \alpha_t (T_2 - T_1)]$$

여기서, $\alpha_t = \dfrac{1}{234.5 + t}$ ($T_1[℃]$에서 1[℃] 상승 시 저항의 증가계수)

> **예제** 동선의 저항이 20[℃]일 때 0.8[Ω]이라 하면 60[℃]일 때의 저항은 약 몇 [Ω]인가?(단, 동선의 20[℃] 온도계수는 0.0039이다.)
>
> ① 0.034   ② 0.925
> ③ 0.644   ④ 2.4
>
> 풀이 $R_2 = 0.8[1 + 0.0039(60 - 20)] = 0.9248[\Omega]$
>
> 정답 : ②

05 전류의 열작용과 화학작용

(1) 전류의 열작용

1) 줄의 법칙

① 저항체에서 전류가 t초 동안 흐를 때 발생하는 열량

② 저항체에서 발생하는 열량은 전류에 제곱에 비례한다.

$$H = 0.24\,W = 0.24\,Pt = 0.24\,VIt = 0.24I^2Rt = 0.24\frac{V^2}{R}t\,[\text{cal}]$$

여기서, H : 열량[cal], P : 전력[W], W : 일[J], t : 시간[S]

I : 전류[A], V : 전압[V], R : 저항[Ω]

2) 전열기의 열량

$$H = 0.24\,Pt\,[\text{cal}] = m \cdot C \cdot \Delta T\,[\text{cal}]$$

여기서, C : 비열, m : 질량[g], ΔT : 온도차[℃]

3) 열전효과

구분	설명
제벡(제베크) 효과	서로 다른 두 종류의 금속으로 만들어진 폐회로의 두 접합점의 온도를 달리하였을 때 열기전력이 발생하는 효과(열전대, 열전쌍)
펠티에 효과	서로 다른 두 종류의 금속으로 만들어진 폐회로에 전류를 흘리면 그 접합점에서 열이 흡수 또는 발생하는 효과
톰슨 효과	동일한 금속 접합부에 온도차를 주고 고온에서 저온으로 전류를 인가하면 열이 발생 또는 흡수하는 현상

※ 열전효과 이용 예 : 열전대, 열전식 온도계, 열전발전 등

(2) 전류의 화학작용과 전지

1) 전기분해의 패러데이 법칙

① 전기분해에 의해 석출되는 물질의 양은 전해액을 통과한 총 전기량과 비례한다.

② 석출되는 물질의 양은 그 물질의 화학당량[K]에 비례한다.

$$W = KQ = KIt\,[\text{g}]$$

여기서, W : 석출량[g], K : 화학당량, Q : 전하량[C], $Q = It$

2) 전지

① 분극작용

전지에 전류가 흐르면 양극의 표면에 수소가스가 발생하여 전류의 흐름을 방해함으로써 전지의 기전력을 저하시키는 현상

② 국부작용(Local Action)

전지의 전극과 불순물이 국부적인 하나의 회로를 구성하여 전지 내부에서 순환 전류가 흘러 화학변화를 일으켜 기전력이 감소하는 현상

③ 1차 전지 : 한번 방전되면 재사용이 불가능한 전지(망가니즈전지, 수은전지 등)

㉠ 망가니즈전지
- 양극 : 탄소막대(C)
- 음극 : 아연원통(Zn)
- 전해액 : 염화암모늄 용액($NH_4Cl + H_2O$)
- 감극제 : 이산화망가니즈(MnO_2)

④ 2차 전지 : 전지가 방전한 후 충전하여 재사용이 가능한 전지(납축전지, 알칼리 축전지 등)

㉠ 납(연)축전지

$$\boxed{\begin{array}{l} \text{납(연)축전지의 충방전 화학반응식} \\[2mm] \underset{\substack{(+)\\ \textbf{(이산화납)}}}{PbO_2} + \underset{\substack{(전해액)\\ \textbf{(묽은황산)}}}{2H_2SO_4} + \underset{\substack{(-) \quad \text{방전}\\ \textbf{(납)}}}{Pb} \xrightleftharpoons{\text{충전}} \underset{\substack{(+)\\ \textbf{(황산납)}}}{PbSO_4} + \underset{\substack{(물)}}{2H_2O} + \underset{\substack{(-)\\ \textbf{(황산납)}}}{PbSO_4} \end{array}}$$

충전 시 상태
- 양극 : 이산화납
- 음극 : 납
- 전해액 : 묽은 황산

㉡ 알칼리 축전지

$$\boxed{\quad 2NiOOH + 2H_2O + Cd \xrightleftharpoons[\text{방전}]{\text{충전}} 2Ni(OH)_2 + Cd(OH)_2 \quad}$$

충전 시 상태
- 양극 : 수산화니켈
- 음극 : 카드뮴
- 전해액 : 물

3) 전지의 접속

① 전지 1개 접속

$$E = I \cdot r + V = I \cdot r + I \cdot R$$

$$E = I(r + R)$$

$$I = \frac{E}{(r + R)} \qquad V = E - I \cdot r = I \cdot R$$

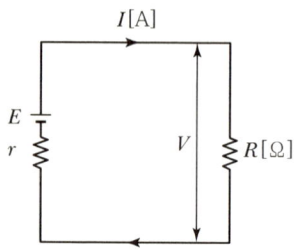

여기서, E : 전지의 기전력[V], r : 내부저항[Ω], R : 부하저항[Ω], V : 단자전압[V]

② 직렬 연결(n개)

$$E_0 = n E, \; r_0 = n r, \; R_0 = n r + R$$

$$I = \frac{E_0}{R_0} = \frac{nE}{n r + R}$$

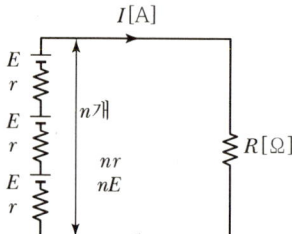

여기서, E_0 : 전지 전체 기전력

r_0 : 전지 전체 내부저항

R_0 : 회로의 전체 합성저항

예제 기전력이 1.5[V]이고 내부저항이 10[Ω]인 건전지 4개를 직렬 연결하고 20[Ω]의 저항 R을 접속하는 경우, 저항 R에 흐르는 전류 I[A]는?

① 0.1[A]
③ 0.3[A]

② 0.2[A]
④ 0.4[A]

풀이 $I = \dfrac{4 \times 1.5}{4 \times 10 + 20} = 0.1[A]$

정답 : ①

---

③ 병렬 연결(n개)

$$E_0 = E, \; r_0 = \frac{r}{n}, \; R_0 = \frac{r}{n} + R$$

$$I = \frac{E_0}{R_0} = \frac{E}{\dfrac{r}{n} + R}$$

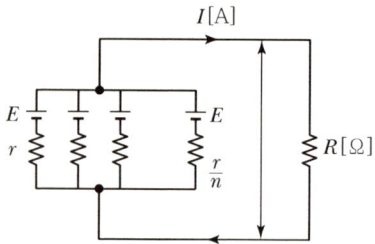

여기서, E_0 : 전지 전체 기전력

r_0 : 전지 전체 내부저항

R_0 : 회로의 전체 합성저항

정전용량과 자기회로

01 콘덴서와 정전용량

(1) 정전용량

① 콘덴서가 전하를 축적할 수 있는 능력을 정전용량이라 하며,
기호는 C, 단위는 패럿[F]으로 나타낸다.

② 정전용량[C]은 전하량[Q]에 비례하고 전원전압[V]에 반비례한다.

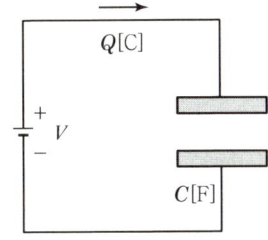

$$C = \frac{Q}{V}[\text{F}][\text{C/V}] \qquad Q = CV[\text{C}] \qquad V = \frac{Q}{C}[\text{V}][\text{C/F}]$$

여기서, Q : 전하량[C], C : 정전용량[F], V : 전원전압[V]

(2) 콘덴서

① 두 개의 도체 사이에 유전체를 넣어 만든 것으로 전하를
축적하는 장치이다.

② 평행판 콘덴서의 정전용량

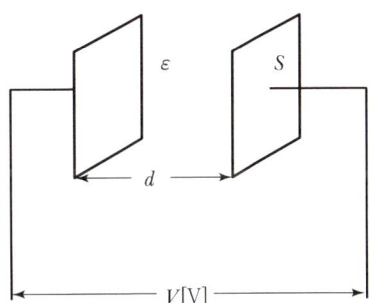

$$C = \varepsilon \frac{S}{d}$$

여기서, C : 정전용량[F], d : 극판의 간격[m]
S : 극판의 면적[m^2], ε : 유전율[F/m]

③ 콘덴서 용량을 크게 하기 위한 조건

㉠ 극판 면적을 넓게 한다.

㉡ 극판 간격을 작게 한다.

㉢ 유전체의 비유전율을 큰 것으로 사용한다.

④ 유전율 ε : 매질이 저장할 수 있는 전하량[F/m]

$$\varepsilon = \varepsilon_0 \varepsilon_s$$

여기서, ε_s : 비유전율, ε_0 : 공기, 진공 중의 유전율($\varepsilon_0 = 8.855 \times 10^{-12}$)

예제 한쪽 극판의 면적이 0.01[m²], 극판 간격이 1.5[mm]인 공기콘덴서의 정전용량은?

① 약 59[pF] ② 약 118[pF]
③ 약 344[pF] ④ 약 1334[pF]

풀이 $C = \varepsilon \dfrac{S}{d} = 8.855 \times 10^{-12} \times \dfrac{0.01}{1.5 \times 10^{-3}} = 59 \times 10^{-12}[\text{F}] = 59[\text{pF}]$

정답 : ①

(3) 콘덴서의 접속

1) 콘덴서의 직렬접속

① 전하량은 일정하고, 전압이 분배된다.

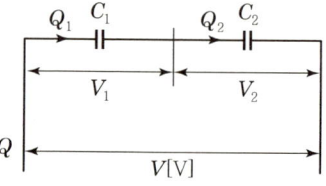

$$Q = Q_1 = Q_2[\text{C}]$$

$$V = V_1 + V_2$$

$$V_1 = \frac{Q}{C_1}[\text{V}] \qquad V_2 = \frac{Q}{C_2}[\text{V}]$$

$$V = \frac{Q}{C_1} + \frac{Q}{C_2} \qquad V = \left(\frac{1}{C_1} + \frac{1}{C_2}\right)Q[\text{V}]$$

여기서, Q : 전하량[C], C : 정전용량[F], V : 전원전압[V]

② 합성 정전용량

$$C_o = \frac{Q}{V} = \frac{1}{\dfrac{1}{C_1} + \dfrac{1}{C_2}} = \frac{C_1 C_2}{C_1 + C_2}[\text{F}] \qquad C_o = \frac{C_1 C_2}{C_1 + C_2}[\text{F}]$$

③ 전하량

$$Q = C_o V = \frac{C_1 C_2}{C_1 + C_2} V[\text{C}] \qquad Q = \frac{C_1 C_2}{C_1 + C_2} V$$

④ 분배된 전압

$$V_1 = \frac{Q}{C_1} = \frac{1}{C_1} \times \frac{C_1 C_2}{C_1 + C_2} V = \frac{C_2}{C_1 + C_2} V[\text{V}] \qquad V_1 = \frac{C_2}{C_1 + C_2} V[\text{V}]$$

$$V_2 = \frac{Q}{C_2} = \frac{1}{C_2} \times \frac{C_1 C_2}{C_1 + C_2} V = \frac{C_1}{C_1 + C_2} V[\text{V}] \qquad V_2 = \frac{C_1}{C_1 + C_2} V[\text{V}]$$

∴ 전압은 정전용량에 **반비례**하여 분배된다.

2) 콘덴서의 병렬접속

① 전압은 일정하고, 전하량이 분배된다.

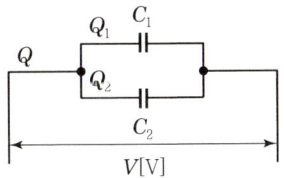

$$V = V_1 = V_2 [\text{V}]$$

$$Q = Q_1 + Q_2$$

$$Q = C_1 V + C_2 V \qquad Q = (C_1 + C_2) V [\text{C}]$$

여기서, Q : 전하량[C], C : 정전용량[F], V : 전원전압[V]

② 합성 정전용량

$$C_o = \frac{Q}{V} = C_1 + C_2 [\text{F}] \qquad C_o = C_1 + C_2 [\text{F}]$$

③ 전체 전압

$$V = \frac{Q}{C_o} = \frac{Q}{C_1 + C_2} [\text{V}] \qquad V = \frac{Q}{C_1 + C_2} [\text{V}]$$

④ 분배된 전하량

$$Q_1 = C_1 V = C_1 \times \frac{Q}{C_1 + C_2} = \frac{C_1}{C_1 + C_2} Q [\text{C}] \qquad Q_1 = \frac{C_1}{C_1 + C_2} Q [\text{C}]$$

$$Q_2 = C_2 V = C_2 \times \frac{Q}{C_1 + C_2} = \frac{C_2}{C_1 + C_2} Q [\text{C}] \qquad Q_2 = \frac{C_2}{C_1 + C_2} Q [\text{C}]$$

∴ 전하량은 정전용량에 **비례**하여 분배된다.

예제   **A, B 단자 간 콘덴서의 합성 정전용량은?**(단, $C_1 = 3[\mu\text{F}]$, $C_2 = 5[\mu\text{F}]$, $C_3 = 8[\mu\text{F}]$이다.)

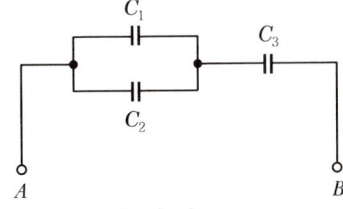

① 1[μF]   ② 2[μF]

③ 3[μF]   ④ 4[μF]

풀이 병렬 $C_0 = 3 + 5 = 8[\mu\text{F}]$

직렬 $C_0 = \dfrac{8 \times 8}{8 + 8} = 4[\mu\text{F}]$

정답 : ④

(4) 도체계의 에너지

1) 정전 에너지

① 도체 전체에 축적되는 에너지

② 임의의 도체에 Q[C]의 전하를 대전시킬 때 필요한 에너지

$$W = \frac{1}{2}QV = \frac{1}{2}CV^2 = \frac{Q^2}{2C} \text{ [J]}$$

2) 단위 체적당 축적되는 에너지

$$W = \frac{1}{2}CV^2 = \frac{1}{2} \times \frac{\varepsilon S}{d}(Ed)^2$$

$$W = \frac{1}{2}\varepsilon E^2 S d \text{ [J]}$$

∴ 단위 체적당 축적되는 에너지는

$$W[\text{J/m}^3] = \frac{W}{\text{체적}} = \frac{\frac{1}{2}\varepsilon_0 E^2 Sd}{Sd} = \frac{1}{2}\varepsilon_0 E^2[\text{J/m}^3]$$

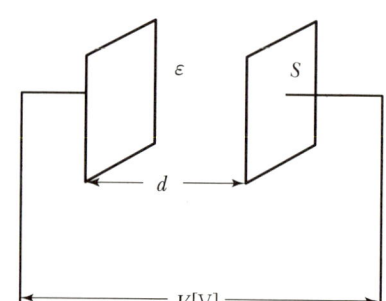

$$W = \frac{1}{2}ED = \frac{1}{2}\varepsilon E^2 = \frac{D^2}{2\varepsilon}[\text{J/m}^3]$$

여기서, W : 단위 체적당 축적되는 에너지[J/m³], D : 전속밀도[C/m²],
E : 전계의 세기[V/m], V : 전위[V], d : 극판의 간격[m]
S : 면적[m²], ε : 유전율[F/m]

3) 대전된 도체의 정전흡인력

① 대전된 도체와 콘덴서 사이에 작용하는 흡인력 F와 에너지 W와의 관계

$W = F \cdot d$이므로 $F = \frac{W}{d} = \frac{1}{d}\left(\frac{1}{2}\varepsilon E^2 Sd\right)$

$$F = \frac{1}{2}\varepsilon E^2 S \text{ [N]}$$

② 단위 면적당 정전흡인력

$$F[\text{N/m}^2] = \frac{F}{S[\text{m}^2]} = \frac{1}{2}ED = \frac{1}{2}\varepsilon E^2 = \frac{D^2}{2\varepsilon}[\text{N/m}^2]$$

여기서, F : 정전흡인력[N], D : 전속밀도[C/m²], E : 전계의 세기[V/m]
V : 전위[V], d : 극판의 간격[m], S : 면적[m²], ε : 유전율[F/m]

02 전계와 자계

(1) 전계

1) 전계의 정의

전기력선이 작용하는 공간

2) 전기력선

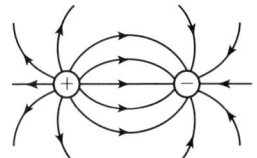

① 정의 : 전하에서 나오는 선으로 전계의 크기, 방향, 분포 등을
　나타내는 가상의 선

② 전기력선의 특징

㉠ 양전하(+)에서 나와서 음전하(−)에서 끝난다.

㉡ 전기력선의 밀도가 크면 전계의 세기도 크다.(전기력선의 밀도 = 전계의 세기)

㉢ 폐곡선을 만들지 않는다.

㉣ 전기력선은 등전위면과 수직으로 교차한다.

㉤ 두 개의 전기력선은 서로 교차하지 않는다.

③ 전기력선의 총수(가우스의 정리)

전기력선의 밀도 $= \dfrac{dN}{dS} = E$ (전계의 세기)

$$E = \frac{dN}{dS}$$

$$N = \int E \cdot dS$$

$$N = \frac{1}{4\pi\varepsilon} \frac{Q}{r^2} \cdot 4\pi r^2$$

$$N = \frac{Q}{\varepsilon}$$

여기서, N : 전기력선수[개], ε : 유전율[F/m] , r : 거리[m], Q : 전하량[C]

3) 쿨롱의 법칙

① 전계에서의 쿨롱의 힘 : 두 전하 사이에 작용하는 힘

② 두 전하의 극성이 같을 때 : 반발력

③ 두 전하의 극성이 다를 때 : 흡인력

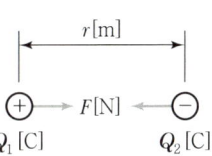

④ 힘의 크기는 두 전하의 전하량의 곱에 비례하고 거리의 제곱에 반비
례한다.

⑤ 공기 중에서 두 전하 사이에 작용하는 힘 $F[\text{N}]$

$$F[\text{N}] = \frac{1}{4\pi\varepsilon_0}\frac{Q_1\,Q_2}{r^2} = 9\times10^9\frac{Q_1\,Q_2}{r^2}$$

여기서, r : 두 전하 사이의 거리[m], Q_1, Q_2 : 전하량[C]

⑥ 유전율 $\varepsilon[\text{F/m}]$

$$\varepsilon = \varepsilon_0\varepsilon_s$$

여기서, ε_0 : 공기, 진공 중의 유전율 $= 8.855\times10^{-12}\ [\text{F/m}]$
ε_s : 비유전율, 공기, 진공 중의 비유전율 $= 1$

4) 전계의 세기 $E[\text{V/m}]$

① 임의의 전하 $Q[\text{C}]$의 전기장 안에서 거리 $r[\text{m}]$만큼 떨어진 위치에 $+1[\text{C}]$의 단위 정전하를 놓았을 때 두 전하 간에 작용하는 힘의 세기

$$E[\text{V/m}] = \frac{1}{4\pi\varepsilon_0}\frac{Q}{r^2} = 9\times10^9\frac{Q}{r^2}$$

여기서, ε_0 : 공기, 진공 중의 유전율, Q : 전하량[C], r : 두 전하 사이의 거리[m]

② 전계의 세기와 쿨롱의 힘과의 관계

$$F = QE[\text{N}] \qquad E = \frac{F}{Q}[\text{V/m}]$$

예제 공기 중에 1×10^{-7}[C]의 (+)전하가 있을 때, 이 전하로부터 15[cm]의 거리에 있는 점의 전장의 세기는 몇 [V/m]인가?

① 1×10^4[V/m]   ② 2×10^4[V/m]

③ 3×10^4[V/m]   ④ 4×10^4[V/m]

풀이 $E[\text{V/m}] = 9\times10^9\times\dfrac{1\times10^{-7}}{(15\times10^{-2})^2} = 40,000[\text{V/m}]$

정답 : ④

---

5) 전위 $V[\text{V}]$

① 단위 정전하를 무한 원점에서 임의의 지점까지 가져올 때 필요한 일의 양

$W = F\cdot r,\ \ W = Q\cdot E\cdot r,\ \ \dfrac{W}{Q} = E\cdot r,\ \ V = E\cdot r$

$$V = \frac{1}{4\pi\varepsilon_0} \cdot \frac{Q}{r} \, [\text{V}] \qquad V = 9 \times 10^9 \cdot \frac{Q}{r} \, [\text{V}]$$

여기서, ε_0 : 공기, 진공 중의 유전율, Q : 전하량[C], r : 두 전하 사이의 거리[m]

W : 일의 양[J], E : 전계의 세기[V/m], V : 전위[V]

② 전계와 전위의 관계

$$E = \frac{V}{r} \, [\text{V/m}] \qquad V = E \cdot r \, [\text{V}]$$

(2) 자계

1) 자계의 정의
자극 주위나 전류가 흐르는 도선 주위에 생기는 자기력이 작용하는 공간(자기장, 자장)

2) 자기력선
① 정의 : 자계의 힘을 나타내는 가상의 선
② 자기력선의 특징

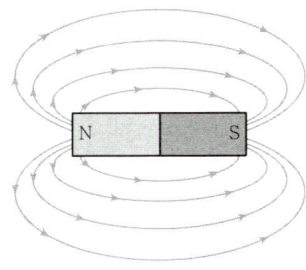

  ㉠ N극으로부터 출발하여 가장 가까운 S극에 들어간다.
  ㉡ 자기력선은 서로 만나거나 분기하지 않는다.
  ㉢ 임의의 점에서의 자기력선 밀도는 그 점의 자계의 세기와 같다.
  ㉣ 자기력선의 접선방향이 그 점에서의 자기장의 방향이 된다.

3) 쿨롱의 법칙
① 자계에서의 쿨롱의 힘 : 두 자하 사이에 작용하는 힘

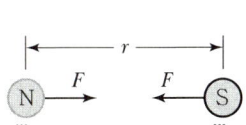

② 두 자하의 극성이 같을 때 : 반발력
③ 두 자하의 극성이 다를 때 : 흡인력
④ 힘의 크기는 두 전하량의 곱에 비례하고 떨어진 거리의 제곱에 반비례한다.
⑤ 공기 중에서 두 자하 사이에 작용하는 힘(F[N])

$$F[\text{N}] = \frac{1}{4\pi\mu_0} \frac{m_1 m_2}{r^2} = 6.33 \times 10^4 \times \frac{m_1 m_2}{r^2}$$

여기서, $m_1, \, m_2$: 자속 또는 자하[Wb]

μ_0 : 진공, 공기의 투자율 $= 4\pi \times 10^{-7}$[H/m]

r : 두 자하 사이의 거리[m]

⑥ 투자율 μ[H/m] : 어떤 매질이 주어진 자기장에 대하여 얼마나 자화하는지를 나타내는 값

$$\mu = \mu_0 \, \mu_s [\text{H/m}]$$

여기서, μ : 투자율[H/m]

μ_0 : 진공, 공기의 투자율 $= 4\pi \times 10^{-7}$[H/m]

μ_s : 비투자율, 진공, 공기 중의 비투자율 $= 1$

예제 공기 중에서 20[cm] 거리에 있는 두 자극의 세기가 2×10^{-3}[Wb]와 4×10^{-3}[Wb]일 때, 두 자극 사이에 작용하는 힘은 약 몇 [N]인가?

① 2×10^{-6}[N] 　　　　　　② 2×10^{-2}[N]

③ 12.66×10^{-4}[N] 　　　　　④ 12.66[N]

풀이 $F[\text{N}] = 6.33 \times 10^4 \times \dfrac{2 \times 10^{-3} \times 4 \times 10^{-3}}{(20 \times 10^{-2})^2} = 12.66[\text{N}]$

정답 : ④

4) 자계의 세기 H[AT/m]

① 임의의 자하 m[Wb]에서 거리 r[m]만큼 떨어진 점에 $+1$[Wb]의 단위 점자하를 놓았을 때 임의의 자하와 점자하 사이에 작용하는 힘의 세기

$$H = \frac{1}{4\pi\mu_0} \frac{m}{r^2} = 6.33 \times 10^4 \times \frac{m}{r^2} [\text{AT/m}]$$

여기서, m : 자극의 세기 또는 자하량[Wb]

r : 두 자하(자극) 사이의 거리[m]

② 자계의 세기와 쿨롱의 힘과의 관계

$$H = \frac{F}{m} [\text{AT/m}] \qquad F = mH[\text{N}]$$

5) 자기력선의 수(가우스의 정리)

$$N = \frac{m}{\mu} = \frac{m}{\mu_0 \mu_s} [\text{개}]$$

여기서, m : 자하[Wb], μ : 투자율[H/m]

μ_0 : 진공, 공기의 투자율 $= 4\pi \times 10^{-7}$[H/m]

μ_s : 비투자율 , 진공, 공기 중의 비투자율 $= 1$

03 자기회로

(1) 자속과 자속밀도

1) 자속 $\phi[\text{Wb}]$

어떤 면을 통과하는 자기력선의 집합(또는 자기력선의 수)

$\phi[\text{Wb}] = m[\text{Wb}]$

$\phi = BS = \mu HS = \mu \dfrac{NI}{l}S = \dfrac{\mu S}{l} \times NI = \dfrac{NI}{R}$

$$\phi = \frac{NI}{R} \qquad R\phi = NI$$

$$\phi = \mu \frac{NI}{l} S$$

여기서, N : 권수[T], I : 전류[A], S : 단면적[m²], l : 자로(자기회로)의 길이[m]

m : 자하[Wb], μ : 투자율[H/m], H : 자계의 세기[AT/m]

R_m : 자기저항[AT/Wb], B : 자속밀도[Wb/m²]

예제 코일의 권수가 1,250회인 공심 환상 솔레노이드의 평균길이가 50[cm]이며, 단면적이 20[cm²]이고, 코일에 흐르는 전류가 1[A]일 때 솔레노이드의 내부 자속은?

① $2\pi \times 10^{-6}[\text{Wb}]$ 　　　② $2\pi \times 10^{-8}[\text{Wb}]$

③ $\pi \times 10^{-6}[\text{Wb}]$ 　　　④ $\pi \times 10^{-8}[\text{Wb}]$

풀이 $\phi = \mu \dfrac{NI}{l} S = 4\pi \times 10^{-7} \times \dfrac{1,250 \times 1 \times 20 \times 10^{-4}}{50 \times 10^{-2}} = 2\pi \times 10^{-6}[\text{Wb}]$

정답 : ①

---

2) 자속밀도 $B[\text{Wb/m}^2]$

단위 면적당 자속의 수(양)

$$B = \frac{\phi}{S} = \frac{m}{4\pi r^2}[\text{Wb/m}^2]$$

여기서, B : 자속밀도[Wb/m²], ϕ : 자속[Wb], m : 자속, 자하[Wb]

S : 단면적[m²], r : 반지름[m]

3) 자속밀도와 자계의 세기와의 관계

$$B = \mu H [\mathrm{Wb/m^2}] \qquad H = \frac{B}{\mu}[\mathrm{AT/m}]$$

$$B = \mu_o \mu_s H [\mathrm{Wb/m^2}]$$

예제 비투자율이 160인 철심을 사용한 환상 솔레노이드에서 철심 속의 자계의 세기가 80[AT/m]일 때 철심 속의 자속밀도는 약 몇 [Wb/m²]인가?

① 0.008[Wb/m²]   ② 0.016[Wb/m²]
③ 0.032[Wb/m²]   ④ 0.064[Wb/m²]

풀이 $B = \mu_o \mu_s H [\mathrm{Wb/m^2}] = 4\pi \times 10^{-7} \times 160 \times 80 = 0.016 [\mathrm{Wb/m^2}]$

정답 : ②

(2) 기자력 $F[\mathrm{AT}]$

① 자속을 발생시키는 원천을 기자력이라 하며, 전기회로와 대응되는 것을 기전력이라 한다.

② 철심에 코일을 N회 감고 전류 I를 흘리면 자속 ϕ가 발생하고, 이 자속 ϕ는 권선수 N과 전류 I에 비례하고 자기저항 R에 반비례한다.

③ 여기서 권선수 N과 전류 I의 곱을 기자력이라 한다.

④ 자기회로의 옴법칙

$$F = NI = R\phi [\mathrm{AT}]$$

(3) 자기저항 $R_m[\mathrm{AT/Wb}]$

$$R = \frac{NI}{\phi}, \ \phi = BS, \ B = \mu H, \ H = \frac{NI}{l}$$

$$R = \frac{NI}{BS} = \frac{NI}{\mu HS} = \frac{NI}{\mu S}\frac{l}{NI}$$

$$R = \frac{l}{\mu S}[\mathrm{AT/Wb}]$$

여기서, R_m : 자기저항[AT/Wb], N : 권수[T], I : 전류[A], S : 단면적[m²]
l : 자로(자기회로)의 길이[m], μ : 투자율[H/m], H : 자계의 세기[AT/m]
B : 자속밀도[Wb/m²]

(4) 자기회로와 전기회로의 대응관계

자기회로	전기회로
기사력 $F = NI = R\phi[\text{AT}]$	기전력 $E - IR[\text{V}]$
자속 $\phi = \dfrac{F}{R}[\text{Wb}]$	전류 $I = \dfrac{E}{R}[\text{A}]$
자기저항 $R = \dfrac{l}{\mu S}[\text{AT/Wb}]$	전기저항 $R = \rho\dfrac{l}{S}[\Omega]$
투자율 $\mu[\text{H/m}]$	유전율 $\varepsilon[\text{F/m}]$
자속밀도 $B = \dfrac{\phi}{S}[\text{Wb/m}^2]$	전류밀도 $J = \dfrac{I}{S}[\text{A/m}^2]$

(5) 공극이 있는 회로의 자기저항

① 공극이 없을 때의 자기저항 : $R = \dfrac{l}{\mu S}$

② 공극이 있을 때의 자기저항

　㉠ 철심의 자기저항 $R_c = \dfrac{l - l_g}{\mu S}$

　㉡ 공극의 자기저항 $R_g = \dfrac{l_g}{\mu_0 S}$

③ $l \gg l_g$ 이면 $l - l_g \fallingdotseq l$ 이므로

$$R_T \fallingdotseq \dfrac{l}{\mu S} + \dfrac{l_g}{\mu_o S}$$

④ 자기저항의 배수 $= \dfrac{\text{공극이 있을 때의 자기저항}}{\text{공극이 없을 때의 자기저항}}$

$$\text{자기저항의 배수} = \dfrac{\dfrac{l}{\mu S} + \dfrac{l_g}{\mu_o S}}{\dfrac{l}{\mu S}} = 1 + \dfrac{\dfrac{l_g}{\mu_o}}{\dfrac{l}{\mu}} = 1 + \dfrac{\mu l_g}{\mu_o l} = 1 + \dfrac{\mu_o \mu_s l_g}{\mu_o l}$$

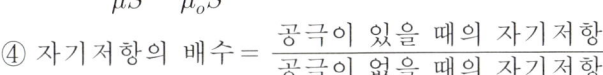

$$\boxed{\text{자기저항의 비} = 1 + \dfrac{\mu\, l_g}{\mu_o\, l} = 1 + \dfrac{\mu_s\, l_g}{l}}$$

예제 길이 1[m]의 철심(비투자율 $\mu_s = 700$) 자기회로에 2[mm]의 공극이 생겼다면 자기저항은 몇 배 증가하는가?(단, 각 부의 단면적은 일정하다.)

① 1.4　　　　　　　　　　　② 1.7
③ 2.4　　　　　　　　　　　④ 2.7

풀이 자기저항의 비 $= 1 + \dfrac{\mu\, l_g}{\mu_o\, l} = 1 + \dfrac{\mu_0\, \mu_s\, l_g}{\mu_0\, l} = 1 + \dfrac{\mu_0 \times 700 \times 2 \times 10^{-3}}{\mu_0 \times 1} = 2.4\ \text{배}$

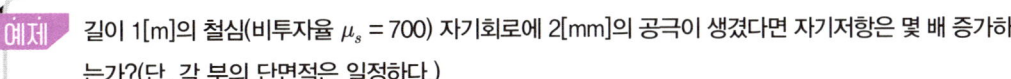

정답 : ③

(6) 전류에 의한 자계

1) 앙페르의 오른나사 법칙

① 전류에 의한 자계의 방향을 결정

② 오른나사의 진행방향을 전류의 방향이라 하면 나사의 회전 방향이 자계의 방향이다.

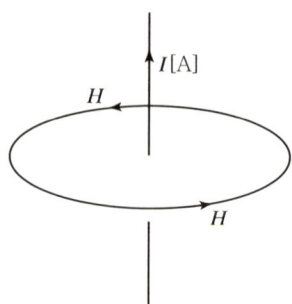

2) 비오-사바르의 법칙

전류에 의한 자계의 크기를 결정

$$dH = \frac{I\,dl}{4\pi r^2}\sin\theta\,[\mathrm{AT/m}]$$

여기서, dH : P점의 자계의 세기[AT/m], I : 도체의 전류[A]

dl : 도체의 미소부분[m], r : 거리[m]

3) 앙페르의 주회적분 법칙

① 무한장 직선 도체에 전류가 흐르면 도체를 중심으로 한 동심원상에 자계가 발생한다.

② 이때 도체에서 r[m] 떨어진 점의 미소길이를 dl, 자계의 세기를 H라 하면 $\oint H \cdot dl = I$ 가 된다.

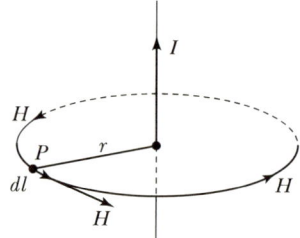

③ $Hl = I$, $H = \dfrac{I}{l}$

④ 전류가 흐르는 권선수가 N일 때 자계의 세기

$$H = \frac{NI}{l}$$

여기서, N : 권수[T] , I : 전류[A], l : 모양에 따른 자로의 길이[m]

(7) 자계의 세기

1) 무한장 직선 전류에 의한 자계의 세기

① 전류의 흐름이 하나인 경우

$$\oint H \cdot dl = I[\mathrm{A}]\,(\text{암페어의 주회적분 법칙})$$

$$\oint H \cdot dl = I$$

$$Hl = I \rightarrow H = \frac{I}{l} = \frac{I}{2\pi r}[\mathrm{AT/m}]$$

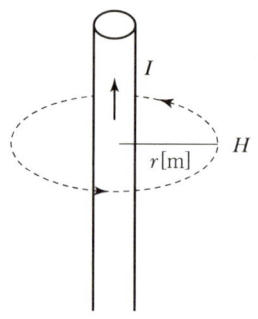

$$H = \frac{I}{2\pi r}\,[\mathrm{AT/m}]$$

여기서, I : 전류[A], l : 모양에 따른 자로의 길이[m], r : 도체에서 떨어진 거리[m]

∴ 무한장 직선 전류에 의한 자계의 세기는 거리에 반비례한다.

② 전류의 흐름이 N개인 경우

$$\oint H \cdot dl = NI \text{ (암페어의 주회적분 법칙)}$$

$$H = \frac{NI}{2\pi r}[\mathrm{AT/m}]$$

여기서, N : 권수[T], I : 전류[A], l : 모양에 따른 자로의 길이[m], r : 도체에서 떨어진 거리[m]

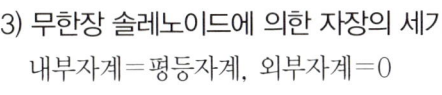 **예제** 무한장 직선도체에 1[A]의 전류가 흐른다. 이때 생기는 자계의 세기가 0.2[AT/m]인 점은 도체로부터 몇 [m] 떨어진 점인가?

① $\dfrac{5}{\pi}$ ② $\dfrac{5}{2\pi}$

③ 5π ④ 10π

풀이 $H = \dfrac{I}{2\pi r}$, $0.2 = \dfrac{1}{2\pi \times r}$, $r = \dfrac{5}{2\pi}$

정답 : ②

2) 환상 솔레노이드에 의한 자장의 세기

내부자계＝평등자계, 외부자계＝0

$Hl = NI$

$$H = \frac{NI}{l} = \frac{NI}{2\pi r}[\mathrm{AT/m}]$$

여기서, N : 권수[T], I : 전류[A],
        l : 모양에 따른 자로의 길이[m], r : 반지름[m]

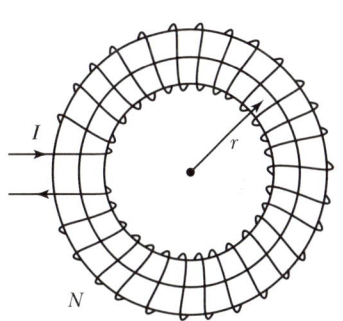

3) 무한장 솔레노이드에 의한 자장의 세기

내부자계＝평등자계, 외부자계＝0

$H = \dfrac{NI}{l}[\mathrm{AT/m}]$

$$H = n_0\,I\,[\mathrm{AT/m}]$$

여기서, $n_0 = \dfrac{N}{l}\left|\dfrac{\text{권선수}[N]}{1[\mathrm{m}]\text{당}}\right|$

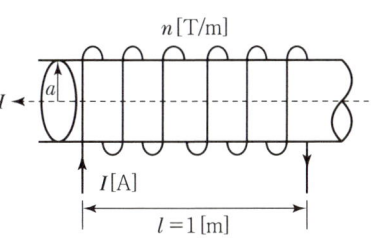

4) 원형 코일 중심점의 자계의 세기

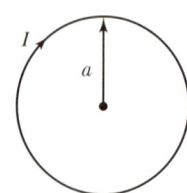

$$H = \frac{NI}{2a} [\text{AT/m}]$$

여기서, N : 권수[T], I : 전류[A], a : 반지름[m]

예제 반지름 1[m] 인 원형 코일에서 중심점에서의 자계의 세기가 1[AT/m]라면 흐르는 전류는 몇 [A]인가?

① 1   ② 2
③ 3   ④ 4

풀이 $H = \dfrac{NI}{2a}$, $1 = \dfrac{1 \times I}{2 \times 1}$, $I = 2[\text{A}]$

정답 : ②

5) 히스테리시스 곡선(자기이력 곡선)

전혀 자화된 적이 없는 자성체에 자계를 가하여 1사이클을 변화시키면 이 자성체의 자화곡선이 loop를 형성하고 자기적인 늦음이 발생하는 현상

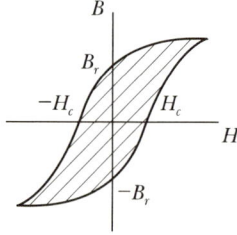

① 잔류자기(B_r) : H-loop가 종축과 만나는 점
② 보자력(H_c) : H-loop가 횡축과 만나는 점

여기서, 횡축 － H : 자계의 세기 [AT/m]
종축 － B : 자속밀도 [Wb/m²]

04 전자력과 전자유도

(1) 전자력

1) 정의

자계 중에 전기자 도체를 놓고 전기자 도체에 전류를 흘리면 발생하는 힘

2) 플레밍의 왼손법칙

① 자계 중의 도체에 전류를 흘릴 때 발생하는 **전자력(힘)의 방향**을 결정

② **전동기에서의 회전방향 결정**

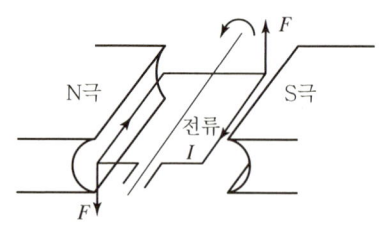

㉠ 엄지 : F(힘의 방향)
㉡ 검지 : B(자속밀도, 자장의 방향)
㉢ 중지 : I(전류의 방향)

3) 전자력의 크기

$$F = BIl\sin\theta = \mu_0\mu_s HIl\sin\theta[\text{N}]$$

여기서, F : 힘[N], B : 자속밀도[Wb/m²], I : 전류[A], l : 도체의 길이[m]

θ : 자계와 도체가 이루는 각

4) 평행 도선 사이에 작용하는 힘(전자력)

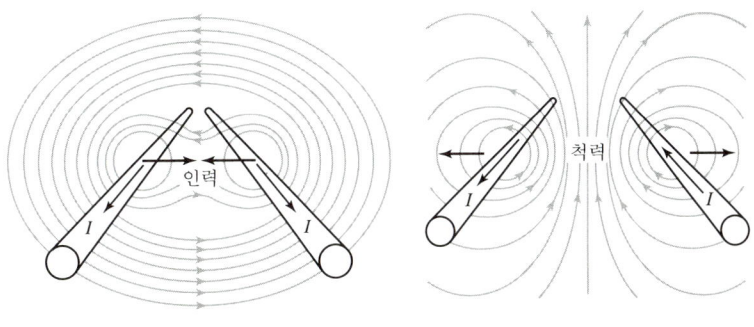

(a) 전류 방향이 동일한 경우   (b) 전류 방향이 반대인 경우

① 전류 방향이 동일 : 흡인력

② 전류 방향이 반대 : 반발력

③ 단위 길이당 작용하는 힘

$$F = \frac{2I_1 I_2}{r} \times 10^{-7} \ [\text{N/m}]$$

여기서, r : 두 도선 사이의 거리[m], I : 전류[A]

④ 평행 도선 사이에 작용하는 힘은 두 도선 사이의 거리에 반비례한다.

예제 1[cm]의 간격을 둔 평행 왕복전선에 25[A]의 전류가 흐른다면 전선 사이에 작용하는 전자력은 몇[N/m]이며, 이것은 어떤 힘인가?

① 2.5×10^{-2}[N/m], 반발력   ② 1.25×10^{-2}[N/m], 반발력

③ 2.5×10^{-2}[N/m], 흡인력   ④ 1.25×10^{-2}[N/m], 흡인력

풀이 • $F = \dfrac{2I_1 I_2}{r} \times 10^{-7} = \dfrac{2 \times 25 \times 25}{1 \times 10^{-2}} \times 10^{-7} = 1.25 \times 10^{-2}$[N/m]

• 평행 왕복전선 : 전류방향이 반대이므로 반발력

정답 : ②

(2) 전자유도

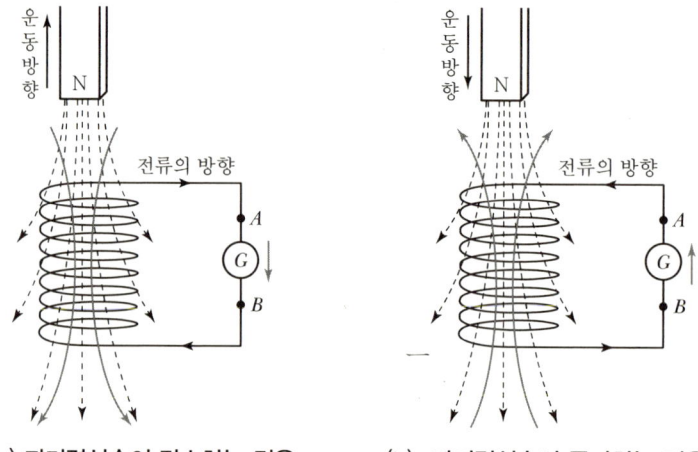

(a) 자기력선속이 감소하는 경우   (b) 자기력선속이 증가하는 경우

1) 패러데이의 법칙

① 전자유도현상에 의하여 발생하는 유도 기전력의 크기를 나타내는 법칙

② 유도 기전력의 크기는 자속의 변화량과 코일의 권선수에 비례하고 시간 변화량에 반비례한다.

$$e = -N\frac{d\phi}{dt} = -L\frac{di}{dt}\ [\text{V}]$$

여기서, e: 유도 기전력[V] , N : 권수[T], L: 인덕턴스[H], di: 전류 변화량[A]
$d\phi$: 자속변화량[Wb], dt : 시간 변화량[sec]

2) 렌츠의 법칙

① 전자유도현상에 의하여 기전력의 방향를 나타내는 방법

② 코일에서 발생하는 기전력의 방향은 자속(ϕ)의 증감을 방해하는 방향으로 발생한다.

(3) 도체의 운동으로 발생하는 기전력의 크기

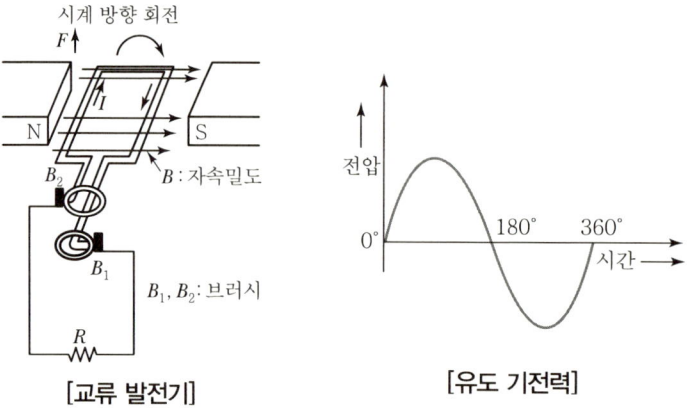

[교류 발전기]   [유도 기전력]

1) 길이 l[m]인 도체가 자장 속을 속도 v[m/sec]로 운동하고 있을 때 유도 기전력

$$e = Blv\sin\theta\,[\mathrm{V}]$$

여기서, e : 유도 기전력[V], v : 운동속도[m/s], B : 자속밀도[Wb/m]
l : 도체의 길이[m], θ : 자계와 도체가 이루는 각

2) 플레밍의 오른손 법칙
① 자장 속의 도체가 운동할 때 유도 기전력의 방향을 결정
② 발전기에 적용
 ㉠ 엄지 : 운동(힘) v[m/s]
 ㉡ 검지 : 자속밀도 B[Wb/m]
 ㉢ 중지 : 유도 기전력 e[V]

(4) 전자기 관련 법칙

종류	내용
패러데이의 법칙	**전자유도현상에 의한 기전력의 크기를 결정**
렌츠의 법칙	**전자유도현상에 의한 기전력의 방향를 결정**
플레밍의 왼손 법칙	• 자계 중에 도체에 전류를 흘릴 때 발생하는 **전자력(힘)의 방향을 결정** • **전동기에서의 회전방향 결정**
플레밍의 오른손 법칙	• 자장 속의 도체가 운동할 때 **유도 기전력의 방향을 결정** • **발전기에 적용**
앙페르의 오른나사 법칙	**전류에 의한 자계의 방향을 결정**
비오 사바르의 법칙	**전류에 의한 자계의 크기를 결정**

(5) 인덕턴스

1) 정의
① 임의의 도선에 흐르는 전류에 의해 발생하는 자속(ϕ)의 발생정도를 결정하는 상수
② 코일에서 기전력을 유도하는 능력

2) 자기유도
코일에 전류가 흘러 자속이 변하면 전자유도에 의해 자속을 방해하려는 방향으로 유도 기전력이 발생하는 현상

$$e = -L\frac{di}{dt} = -N\frac{d\phi}{dt}\,[\mathrm{V}]$$

3) 자기 인덕턴스(L)

① 정의 : 코일 자체의 기전력을 유도하는 정도

② 관계식

$N\phi = LI$

$$L = \frac{N\phi}{I}[\text{H}]$$

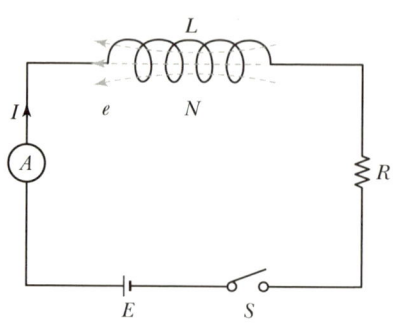

$F = NI = R\phi[\text{AT}]$에서 $\phi = \dfrac{NI}{R}$, $R = \dfrac{l}{\mu S}$를 대입하면

$$L = \frac{N\phi}{I} = \frac{N}{I} \times \frac{NI}{R} = \frac{N^2}{R} = N^2 \times \frac{1}{R} = \frac{\mu S N^2}{l}[\text{H}]$$

$$L = \frac{\mu S N^2}{l}[\text{H}]$$

여기서, S : 철심의 단면적[m²], N : 권수[T], l : 자로의 길이[m]
ϕ : 자속[Wb], F : 기자력[AT], R : 자기저항[AT/Wb]

③ 자기 인덕턴스(L)와 다른 변수와의 관계

㉠ 권선수의 제곱(N^2)에 비례한다.

㉡ 투자율(μ)에 비례한다.

㉢ 코일의 면적(S)에 비례한다.

㉣ 코일의 길이(l)에 반비례한다.

4) 상호 인덕턴스(M)

① 정의 : 한 코일의 전류에 의해 발생한 자속이 다른 코일과 결합(쇄교)하는 자속의 비율

② 자기 인덕턴스

㉠ $L_1 = \dfrac{N_1\phi_{11}}{I_1} = \dfrac{N_1}{I_1} \times \dfrac{N_1 I_1}{R} = \dfrac{N_1^2}{R}[\text{H}]$

㉡ $L_2 = \dfrac{N_2\phi_{22}}{I_2} = \dfrac{N_2}{I_2} \times \dfrac{N_2 I_2}{R} = \dfrac{N_2^2}{R}[\text{H}]$

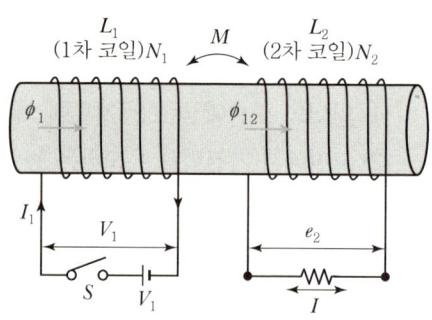

③ 상호 인덕턴스

㉠ $M_{12}I_1 = N_2\phi_{12}$, $M_{12} = \dfrac{N_2\phi_{12}}{I_1}$

$$M_{12} = \frac{N_1 N_2 I_1}{R I_1} = \frac{N_1 N_2}{R} = \frac{\mu S N_1 N_2}{l}$$

ⓒ $M_{21}I_2 = N_1\phi_{21}$

$$M_{21} = \frac{N_1\phi_{21}}{I_2} = \frac{N_1}{I_2} \times \frac{N_2 I_2}{R} = \frac{N_1 N_2}{R}[\text{H}]$$

④ 자기 인덕턴스와 상호 인덕턴스와의 관계

$$L_1 L_2 = \frac{N_1^2}{R} \times \frac{N_2^2}{R} = \frac{N_1 N_2}{R} \times \frac{N_1 N_2}{R} = \left(\frac{N_1 N_2}{R}\right)^2 = M^2$$

$$\therefore M = \sqrt{L_1 L_2}$$

결합계수 k를 적용하면

$$M = k\sqrt{L_1 L_2} \qquad k = \frac{M}{\sqrt{L_1 L_2}}$$

여기서, M : 상호 인덕턴스[H], L : 자기 인덕턴스[H], k : 결합계수

예제 자기 인덕턴스 L_1, L_2가 각각 4[mH], 9[mH]인 두 코일이 이상적인 결합이 되었다면 상호 인덕턴스 M은 몇 [mH]인가?(단, 결합계수 $k = 1$이다.)

① 4[mH]
② 6[mH]
③ 9[mH]
④ 36[mH]

풀이 $M = k\sqrt{L_1 L_2} = 1 \times \sqrt{4 \times 9} = 6[\text{mH}]$

정답 : ②

---

5) 자기 인덕턴스의 접속

① 가동접속(결합접속) : 1차 코일과 2차 코일이 동일한 방향으로 접속된 경우의 합성 인덕턴스

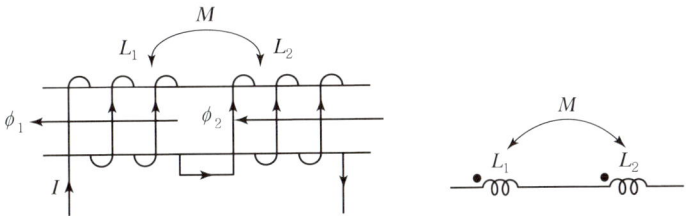

$$L = L_1 + L_2 + 2M \qquad L = L_1 + L_2 + 2k\sqrt{L_1 L_2}$$

여기서, M : 상호 인덕턴스[H], L : 자기 인덕턴스[H], k : 결합계수

② 차동접속 : 1차 코일과 2차 코일이 반대 방향으로 접속된 경우의 합성 인덕턴스

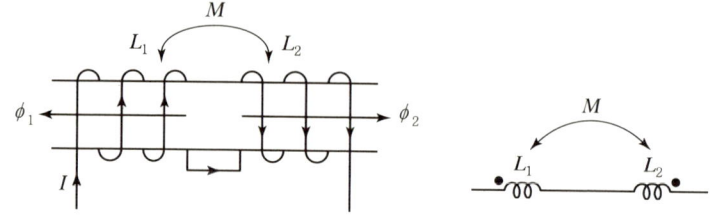

$$L = L_1 + L_2 - 2M \qquad L = L_1 + L_2 - 2k\sqrt{L_1 L_2}$$

여기서, M : 상호 인덕턴스[H], L : 자기 인덕턴스[H], k : 결합계수

6) 코일에 축적되는 에너지(W)

자기 인덕턴스가 L[H]인 회로에 전류 I[A]가 흐르고 있을 때 이 회로에 축적되는 에너지

$$W = \frac{1}{2} L I^2 [\text{J}]$$

여기서, L : 인덕턴스[H], I : 전류[A]

예제 자기 인덕턴스가 10[mH]인 코일에 직류 10[A]를 흘릴 때 축적되는 에너지는 몇 [J]인가?

① 0.5[J]   ② 1.5[J]

③ 3.5[J]   ④ 4.5[J]

풀이 $W = \frac{1}{2} L I^2 = \frac{1}{2} \times 10 \times 10^{-3} \times 10^2 = 0.5[\text{J}]$

정답 : ①

교류회로

01 단상교류회로

(1) 정현파 교류

1) 교류의 발생원리

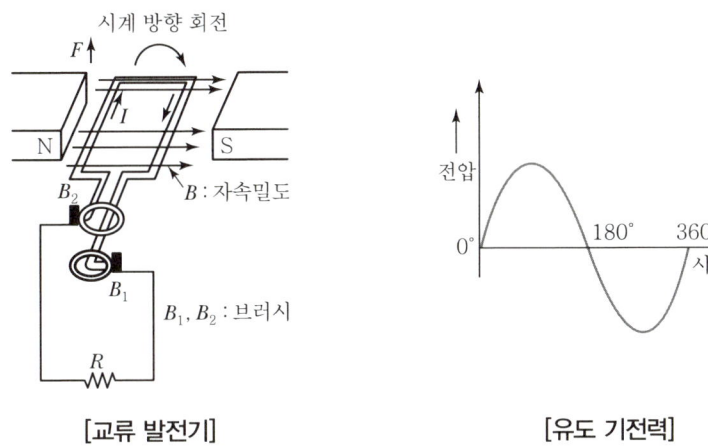

[교류 발전기]　　　　　　　　[유도 기전력]

길이 l[m]인 도체가 자장 속을 속도 v[m/sec]로 운동하고 있을 때 유도 기전력 $e = Blv\sin\theta$[V]에서 $v(t) = V_m\sin\omega t$[V]가 발생

2) 호도법

① 반지름의 길이가 r인 원에서 호의 길이가 반지름의 길이와 같을 때, 그 호에 대한 중심각의 크기는 r의 값에 관계없이 일정하다.

② 반지름의 길이(r)와 호의 길이(l)가 같을 때 부채꼴의 중심각의 크기를 1[rad]이라 한다.

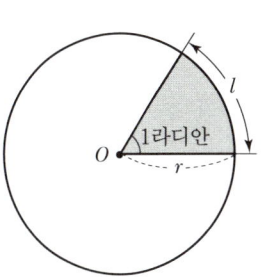

$$\theta = \frac{l}{r}$$ 이고, $l = r$일 때 $\theta = 1$[rad]

③ $\theta = 360°$이면

$$360° = \frac{2\pi r}{r},\ 360° = 2\pi[\text{rad}]$$

양변을 2π로 나누면 $\dfrac{360°}{2\pi} = \dfrac{2\pi}{2\pi} = 1$

$$\therefore \ 1\,[\mathrm{rad}] = 57.3°\text{이 된다.}$$

$$1\,[\mathrm{rad}] = 57.3°$$

$$\pi\,[\mathrm{rad}] = 180° \qquad 2\,\pi\,[\mathrm{rad}] = 360°$$

3) 주기와 주파수

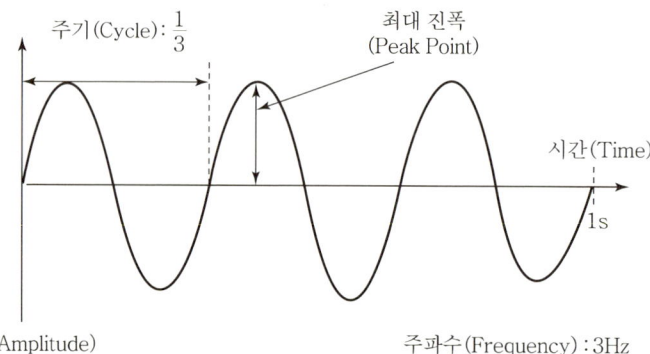

① 주기(T) : 1cycle을 이루는 데 소요되는 시간(단위 : [sec])

② 주파수(F) : 1[sec] 동안에 발생하는 cycle의 수(단위 : [Hz])

③ 주기와 주파수의 관계

$$f = \frac{1}{T}[\mathrm{Hz}] \qquad T = \frac{1}{f}[\sec]$$

4) 각속도(ω)

1초 동안 회전한 각도를 각속도 또는 각주파수라 한다.

$$\omega = \frac{\theta}{t} = \frac{2\,\pi}{T} = 2\,\pi f\,[\mathrm{rad/sec}]$$

① 각속도 : $\omega = 2\,\pi f\,[\mathrm{rad/sec}]$, $\omega = \dfrac{2\,\pi}{T}\,[\mathrm{rad/sec}]$

② 주파수 : $f = \dfrac{\omega}{2\pi}[\mathrm{Hz}]$

③ 주기 : $T = \dfrac{2\,\pi}{\omega}$

5) 위상과 위상차

① 위상 : 파형의 상승이 시작되는 점

② 위상차 : 주파수가 동일한 2 이상의 파형이 시작되는 시간적 차이

$$v = V_m \sin \omega t$$

$$v_1 = V_m \sin(\omega t + \theta_1)$$

$$v_2 = V_m \sin(\omega t - \theta_2)$$

여기서, $v(t)$: 전압의 순시값, $i(t)$: 전류의 순시값, V_m : 전압의 최댓값($V_m = \sqrt{2}\,V$)

V : 전압의 실효값[V], I_m : 전류의 최댓값($I_m = \sqrt{2}\,I$), I : 전류의 실효값[A]

ω : 각속도[rad/sec], t : 시간[s], θ : 위상

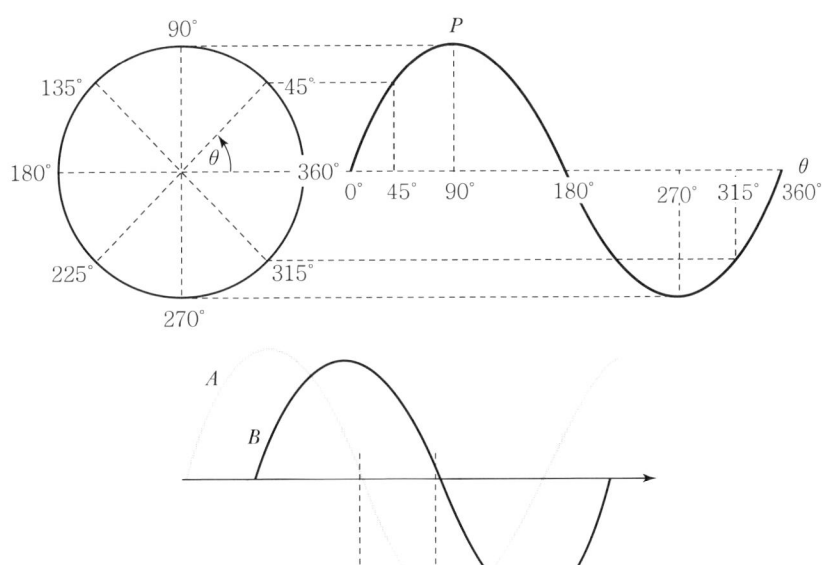

(2) 교류의 표시법

1) 순시값 $v(t)$

교류의 임의의 시간에 있어서 전압 또는 전류의 값

$$v(t) = V_m \sin \omega t$$

$$i(t) = I_m \sin \omega t$$

$$v(t) = V_m \sin(\omega t + \theta)$$

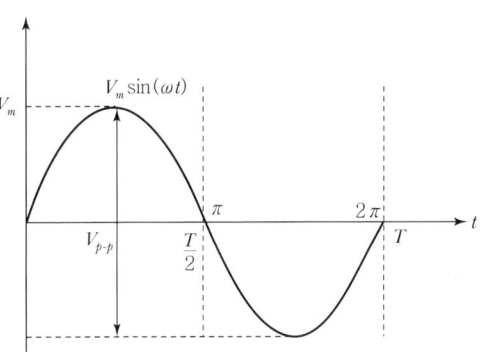

여기서, $v(t)$: 전압의 순시값

$i(t)$: 전류의 순시값

V_m : 전압의 최댓값 ($V_m = \sqrt{2}\,V$)

V : 전압의 실효값[V]

I_m : 전류의 최댓값($I_m = \sqrt{2}\,I$), I : 전류의 실효값[A]

ω : 각속도[rad/sec], t : 시간[s], θ : 위상

예제 정현파 $v = 50\sin(628t - \frac{\pi}{6})$인 파형의 주파수[Hz]는?

① 약 10[Hz]

② 약 60[Hz]

③ 약 100[Hz]

④ 약 200[Hz]

풀이 $\omega = 2\pi f\,[\text{rad/sec}]$, $\omega = 628$, $2\pi f = 628$, $f = \frac{628}{2\pi} = 99.95\,[\text{Hz}]$

정답 : ③

2) 실효값(I)

① 교류를 저항에 흘려보내 일을 했을 때 같은 일을 한 직류로 환산한 값

② 직류가 한 일 = 교류가 한 일

$$I^2 R T = \int_0^T i^2 R\,dt,\quad I^2 = \frac{1}{T}\int_0^T i^2\,dt$$

$$I = \sqrt{\frac{1}{T}\int_0^T i^2\,dt} = \sqrt{1주기\ 동안의\ i^2의\ 평균}$$

$$I = \frac{I_m}{\sqrt{2}} = 0.707 I_m\,[\text{A}]$$

3) 평균값(I_{av})

① 순시값의 1주기 동안의 면적을 평균한 값

② 정현파는 $\frac{1}{2}$주기의 평균

$$I_{av} = \frac{1}{T}\int_0^T |i(t)|\,dt = \frac{1}{\frac{T}{2}}\int_0^{\frac{T}{2}} i(t)\,dt$$

$$I_{av} = \frac{2}{\pi}I_m = 0.637 I_m\,[\text{A}]$$

예제 $I = 50\sin\omega t$인 교류 전류의 평균값은 약 몇 [A]인가?

① 25[A]

② 31.8[A]

③ 35.9[A]

④ 50[A]

풀이 $i = I_m \sin\omega t$에서 최댓값 $I_m = 50[\text{A}]$이므로

$$I_{av} = \frac{2}{\pi}I_m = \frac{2}{\pi}\times 50 = 31.83\,[\text{A}]$$

정답 : ②

4) 파형률과 파고율

① 파형률 : 교류의 전압 또는 전류의 실효값을 평균값으로 나눈 값

$$파형률 = \frac{실효값}{평균값}$$

② 파고율 : 교류의 전압 또는 전류의 최댓값을 실효값으로 나눈 값

$$파고율 = \frac{최댓값}{실효값}$$

③ 각 파형별 최댓값, 실효값, 평균값, 파형률, 파고율

파형	최댓값(V_m)	실효값(V)	평균값(V_{av})	파형률	파고율
정현파	V_m	$\dfrac{V_m}{\sqrt{2}}$	$\dfrac{2V_m}{\pi}$	1.11	1.414
정현반파	V_m	$\dfrac{V_m}{2}$	$\dfrac{V_m}{\pi}$	1.57	2
삼각파	V_m	$\dfrac{V_m}{\sqrt{3}}$	$\dfrac{V_m}{2}$	1.15	1.73
구형반파	V_m	$\dfrac{V_m}{\sqrt{2}}$	$\dfrac{V_m}{2}$	1.41	1.41
구형파	V_m	V_m	V_m	1	1

5) 비정현파 교류

① 비정현파의 구성

비정현파 = 직류분＋기본파＋고조파

② 비정현파 교류의 실효값

$$I = \sqrt{I_o^{\,2} + \left(\frac{I_{m1}}{\sqrt{2}}\right)^2 + \left(\frac{I_{m2}}{\sqrt{2}}\right)^2 \cdots\cdots + \left(\frac{I_{mn}}{\sqrt{2}}\right)^2}$$

$$= \sqrt{I_o^{\,2} + I_1^{\,2} + I_2^{\,2} \cdots\cdots + I_n^{\,2}}$$

③ 왜형률

기본파에 대한 고조파 성분의 비

$$왜형률 = \frac{고조파\ 실효값의\ 합}{기본파의\ 실효값} = \frac{\sqrt{(V_2^{\,2} + V_3^{\,2} \cdots\cdots V_n^{\,2})}}{V_1} \times 100$$

(3) 단일 소자회로의 전압, 전류

1) R만의 회로

　① 저항에 걸리는 전압 : $v = \sqrt{2}\,V\sin\omega t$

　② 저항에 흐르는 전류

　　$i = \sqrt{2}\,I\sin\omega t$

　　$i = \dfrac{\sqrt{2}\,V}{R}\sin\omega t \quad \therefore\ I = \dfrac{V}{R}$

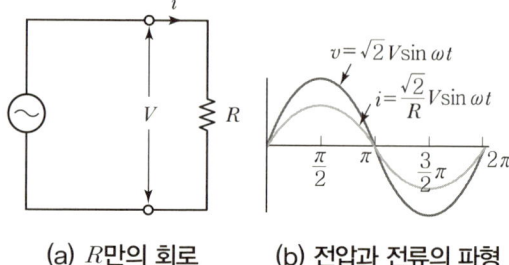

(a) R만의 회로　(b) 전압과 전류의 파형

　③ R만의 회로의 특성

　　㉠ 전압과 전류의 위상은 동상이다.

　　㉡ 임피던스의 허수부가 존재하지 않는다.

2) L만의 회로

　① 코일에 흐르는 전류 : $i(t) = I_m\sin\omega t = \sqrt{2}\,I\sin\omega t$

　② 코일에 걸리는 역기전력

　　$v_L = -L\dfrac{di}{dt} = -L\dfrac{d}{dt}(I_m\sin\omega t)$

　　인가전압 $v = -v_L$이므로

　　$v = L\dfrac{d}{dt}(I_m\sin\omega t)$, 미분하면

　　$v = \omega L I_m\cos\omega t$

　　$\cos\omega t = \sin\omega t + 90$이므로

　　$v = \omega L I_m\sin(\omega t + 90)$

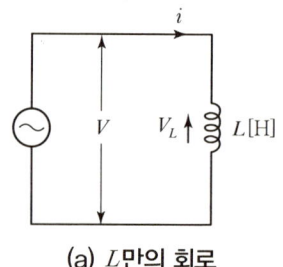

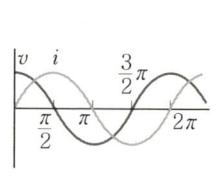

(a) L만의 회로　(b) 전압과 전류의 위상

　③ **전류가 전압보다 위상이** $\dfrac{\pi}{2}[\text{rad}]$, 90°**만큼 뒤진다.(지상, 유도성)**

　④ $j = +90°$이므로 $v = \omega L I_m\sin(\omega t + 90°) = j\omega L I_m\sin\omega t$

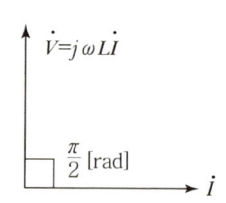

　　위 식에 $i = I_m\sin\omega t$를 대입하면

　　$v = j\omega L i$에서 $j\omega L = \dfrac{v}{i}$

　　$\dot{V} = j\omega L I, \quad I = \dfrac{\dot{V}}{j\omega L}, \quad \dfrac{V}{I} = j\omega L$

　⑤ **유도성 리액턴스** : $\dot{X}_L = j\omega L\,[\Omega]$

　　실효값의 크기만으로 나타내면

$$X_L = \omega L = 2\pi f L$$

　　여기서, X_L : 유도성 리액턴스[Ω], ω : 각속도[rad/s], L : 인덕턴스[H], f : 주파수[Hz]

3) C만의 회로

　① 콘덴서에 걸리는 전압 : $v(t) = V_m \sin \omega t$

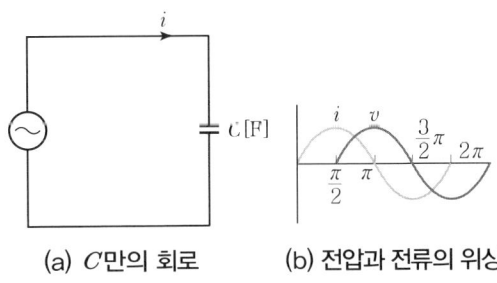

(a) C만의 회로　　　(b) 전압과 전류의 위상

　② 콘덴서에 흐르는 전류

$$i = \frac{dq}{dt}, \; q = cv \text{이므로 } i = c\frac{dv}{dt}$$

$$i = c\frac{d}{dt}V_m \sin \omega t \text{를 미분하면}$$

$$i = \omega C V_m \cos \omega t$$

$$\therefore \; i = \omega C V_m (\sin \omega t + 90°)$$

　③ 전류가 전압보다 위상이 $\frac{\pi}{2}$[rad], 90°만큼 앞선다.(진상, 용량성)

　④ $i = \omega C V_m (\sin \omega t + 90°) = j\omega C V_m \sin \omega t$

$$i = j\omega Cv \text{에서 } j\omega C = \frac{i}{v}$$

$$\dot{V} = -j\frac{1}{\omega C}\dot{I}, \quad \dot{I} = j\omega C\dot{V}, \quad \frac{\dot{V}}{\dot{I}} = \frac{1}{j\omega C}$$

　⑤ 용량성 리액턴스 : $X_C = \frac{1}{j\omega C}$[Ω]

　　실효값의 크기만으로 나타내면

$$X_C = \frac{1}{\omega C} = \frac{1}{2\pi f C}$$

여기서, X_c : 용량성 리액턴스[Ω], ω : 각속도[rad/s], C : 정전용량[F], f : 주파수[Hz]

(4) $R-L-C$ 직렬회로(전류 일정, 전압 분배)

1) $R-L$ 직렬회로

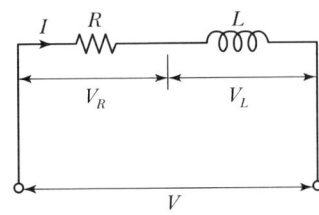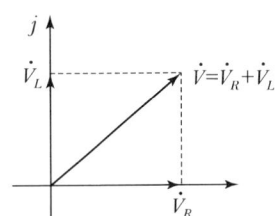

$$\dot{V} = \dot{V}_R + \dot{V}_L = R\dot{I} + j\omega L\dot{I} = \dot{I}(R + j\omega L)$$

$$\frac{\dot{V}}{\dot{I}} = R + j\omega L$$

① 임피던스 : $\dot{Z} = R + j\omega L\,[\Omega]$

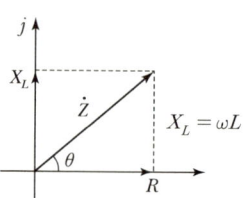

$$Z = \sqrt{R^2 + (\omega L)^2}$$

② 역률

$$\cos\theta = \frac{R}{Z} = \frac{R}{\sqrt{R^2 + (\omega L)^2}}$$

③ 위상각

$$\theta = \tan^{-1}\frac{\omega L}{R}$$

④ 위상차 : 전류가 전압보다 위상 θ만큼 뒤진다.(지상, 유도성)

예제 $R = 10[\Omega]$, $\omega L = 20[\Omega]$인 직렬회로에 220[V]의 전압을 가하는 경우 전류의 크기와 전압과 전류의 위상각은 각각 어떻게 되는가?

① 24.5[A], 26.5°   ② 9.8[A], 63.4°
③ 12.2[A], 13.2°   ④ 73.6[A], 79.6°

풀이   • 전류 : $I = \dfrac{V}{Z} = \dfrac{V}{\sqrt{R^2 + (\omega L)^2}} = \dfrac{220}{\sqrt{10^2 + 20^2}} = 9.8[\text{A}]$

• 위상각 : $\theta = \tan^{-1}\dfrac{\omega L}{R} = \tan^{-1}\dfrac{20}{10} = 63.43°$

정답 : ②

예제   저항 3[Ω]과 유도 리액턴스 4[Ω]이 직렬로 접속된 회로의 역률은?

① 0.6   ② 0.8
③ 0.9   ④ 1

풀이 $\cos\theta = \dfrac{R}{Z} = \dfrac{R}{\sqrt{R^2 + (X_L)^2}} = \dfrac{3}{\sqrt{3^2 + 4^2}} = 0.6$

정답 : ①

---

2) $R-C$ 직렬회로

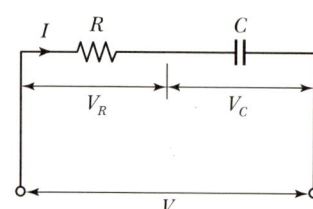

$$\dot{V} = \dot{V}_R + \dot{V}_C = R\dot{I} - j\frac{1}{\omega C}\dot{I} = \dot{I}\left(R - j\frac{1}{\omega C}\right)$$

$$\frac{\dot{V}}{\dot{I}} = R - j\frac{1}{\omega C}$$

① 임피던스 : $\dot{Z} = R - j\frac{1}{\omega C}\,[\Omega]$

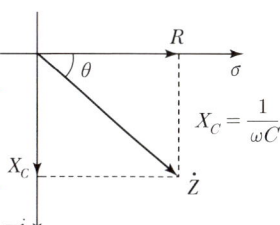

$$Z = \sqrt{R^2 + \left(\frac{1}{\omega C}\right)^2}$$

② 역률

$$\cos\theta = \frac{R}{Z} = \frac{R}{\sqrt{R^2 + \left(\frac{1}{\omega C}\right)^2}}$$

③ 위상각

$$\theta = \tan^{-1}\frac{\frac{1}{\omega C}}{R} = \tan^{-1}\frac{1}{\omega C R}$$

④ 위상차 : 전류가 전압보다 위상 θ 만큼 앞선다.(진상, 용량성)

3) $R-L-C$ 직렬회로

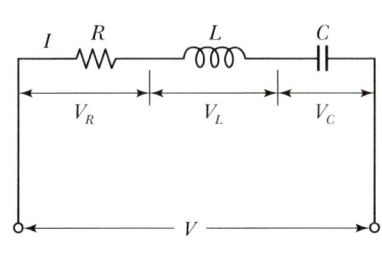
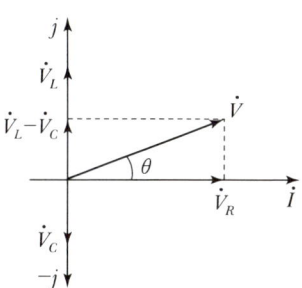

$$\dot{V} = \dot{V}_R + \dot{V}_L + \dot{V}_C$$

$$\dot{V} = \dot{I}R + j\omega L\dot{I} - j\frac{1}{\omega C}\dot{I}, \quad \dot{V} = \dot{I}\left[R + j\left(\omega L - \frac{1}{\omega C}\right)\right]$$

$$\frac{\dot{V}}{\dot{I}} = R + \left(j\omega L - \frac{1}{j\omega C}\right)$$

(가) $X_L > X_C$인 경우(유도성 회로)

① 임피던스 : $\dot{Z} = R + j\left(\omega L - \dfrac{1}{\omega C}\right)[\Omega]$

$$Z = \sqrt{R^2 + \left(\omega L - \dfrac{1}{\omega C}\right)^2}$$

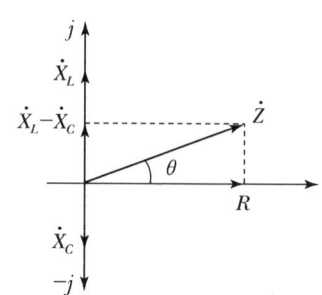

② 역률

$$\cos\theta = \frac{R}{Z} = \frac{R}{\sqrt{R^2 + \left(\omega L - \dfrac{1}{\omega C}\right)^2}}$$

③ 위상각

$$\theta = \tan^{-1}\frac{\omega L - \dfrac{1}{\omega C}}{R}$$

④ 위상차 : 전류가 전압보다 위상이 θ만큼 뒤진다.(지상, 유도성)

(나) $X_L < X_C$인 경우(용량성 회로)

① 임피던스 : $\dot{Z} = R - j\left(\dfrac{1}{\omega C} - \omega L\right)[\Omega]$

$$Z = \sqrt{R^2 + \left(\dfrac{1}{\omega C} - \omega L\right)^2}$$

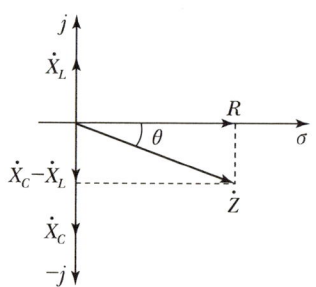

② 역률

$$\cos\theta = \frac{R}{Z} = \frac{R}{\sqrt{R^2 + \left(\dfrac{1}{\omega C} - \omega L\right)^2}}$$

③ 위상각

$$\theta = \tan^{-1}\frac{\dfrac{1}{\omega C} - \omega L}{R}$$

④ 위상차 : 전류가 전압보다 위상이 θ만큼 앞선다.(용량성)

(다) $X_L = X_C$인 경우(직렬공진 : 전압과 전류가 동상)

① 임피던스 $Z = R$(최소)

② 전류 $I = \dfrac{V}{Z} = \dfrac{V}{R}$(최대)

③ 역률 $\cos\theta = \dfrac{R}{Z} = \dfrac{R}{R} = 1$

④ 전압 $V = IZ = IR$

⑤ 공진주파수 : $\omega L = \dfrac{1}{\omega C}$, $\omega^2 = \dfrac{1}{LC}$, $\omega = \dfrac{1}{\sqrt{LC}}$, $2\pi f = \dfrac{1}{\sqrt{LC}}$

$$f_0 = \frac{1}{2\pi\sqrt{LC}}[\mathrm{Hz}]$$

여기서, f_0 : 공진주파수[Hz], L : 인덕턴스[H], C : 정전용량[F]

⑥ 선택도(전압확대율, Q)

전원 전압 $V(V_R)$에 대한 L 및 C 양단의 단자전압인 V_L, V_C 전압의 비율
(저항에 대한 리액턴스비)

㉠ $Q_L = \dfrac{\text{리액턴스}(L)\text{에 걸리는 전압}}{\text{저항에 걸리는 전압}}$ \qquad $Q_L = \dfrac{V_L}{V_R} = \dfrac{\omega L I}{RI} = \dfrac{\omega L}{R}$

㉡ $Q_C = \dfrac{\text{리액턴스}(C)\text{에 걸리는 전압}}{\text{저항에 걸리는 전압}}$ \qquad $Q_C = \dfrac{V_C}{V_R} = \dfrac{\frac{1}{\omega C}I}{RI} = \dfrac{1}{\omega CR}$

㉢ $X_L = X_C$이므로 $\omega L = \dfrac{1}{\omega C}$, $Q_L = Q_C$

$Q = Q_L = Q_C = \dfrac{\omega L}{R} = \dfrac{1}{\omega CR}$

$Q^2 = Q_L Q_C = \dfrac{\omega L}{R} \cdot \dfrac{1}{\omega CR} = \dfrac{L}{R^2 C}$

$$Q = \frac{1}{R}\sqrt{\frac{L}{C}}$$

여기서, Q : 선택도, R : 저항[Ω], L : 인덕턴스[H], C : 정전용량[F]

예제 $R = 10[\Omega]$, $C = 33[\mu\mathrm{F}]$, $L = 20[\mathrm{mH}]$인 $R-L-C$ 직렬회로의 공진주파수 f_0는 약 몇 [Hz]인가?

① 19.6[Hz] \qquad ② 24.1[Hz]
③ 196[Hz] \qquad ④ 241[Hz]

풀이 $f_0 = \dfrac{1}{2\pi\sqrt{LC}} = \dfrac{1}{2\pi\sqrt{(20\times10^{-3})\times(33\times10^{-6})}} = 195.9[\mathrm{Hz}]$

정답 : ③

예제 **$R-L-C$ 직렬공진회로에서 $R=3[\Omega]$, $L=15[mH]$, $C=8[\mu F]$일 때 선택도 Q는 약 얼마인가?**

① 14.4   ② 25.4

③ 34.4   ④ 55.4

풀이 선택도 $Q=\dfrac{1}{R}\sqrt{\dfrac{L}{C}}=\dfrac{1}{3}\sqrt{\dfrac{15\times10^{-3}}{8\times10^{-6}}}=14.43$

정답 : ①

(5) $R-L-C$ 병렬회로(전압 일정, 전류 분배)

1) $R-L$ 병렬회로

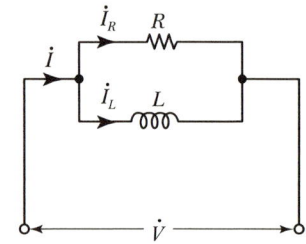
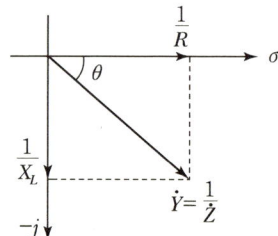

$$\dot{I} = \dot{I}_R + \dot{I}_L, \quad \dot{I}_R = \frac{\dot{V}}{R}, \quad \dot{I}_L = \frac{\dot{V}}{jX_L}$$

$$\dot{I} = \frac{\dot{V}}{R} + \frac{\dot{V}}{jX_L}, \quad \dot{I} = \dot{V}\left(\frac{1}{R} - j\frac{1}{X_L}\right)$$

$$\frac{1}{\dot{Z}} = \frac{1}{R} - j\frac{1}{X_L}$$

어드미턴스 $\dot{Y}$: $\dot{Z}$의 역수, 단위는 [℧]

$$\dot{Y} = \frac{1}{\dot{Z}} = \frac{\dot{I}}{\dot{V}} \qquad \therefore \dot{I} = \dot{Y}\dot{V}$$

$$\dot{Y} = \frac{1}{R} - j\frac{1}{X_L} = G - jB$$

여기서, $\dot{Y}$: 어드미턴스$=\dfrac{1}{Z}$[℧], G : 컨덕턴스$=\dfrac{1}{R}$[℧], B : 서셉턴스$=\dfrac{1}{X}$[℧]

• 회로에 R만이 존재하는 경우

$$\dot{Y}_R = \frac{1}{\dot{Z}} = \frac{1}{R} = \frac{\dot{I}}{\dot{V}}$$

- 회로에 L만이 존재하는 경우

$$\dot{Y}_L = \frac{1}{jX_L} = -j\frac{1}{X_L} = -j\frac{1}{\omega L}, \ X_L = \omega L = 2\pi f L (\text{유도성 리액턴스})$$

- 회로에 C만이 존재하는 경우

$$\dot{Y}_C = \frac{1}{-jX_c} = j\frac{1}{X_c} = j\omega C, \ X_C = \frac{1}{\omega C} = \frac{1}{2\pi f C} (\text{용량성 리액턴스})$$

① 어드미턴스 : $\dot{Y} = \frac{1}{R} - j\frac{1}{X_L} = \frac{1}{R} - j\frac{1}{\omega L} [\mho]$

$$Y = \sqrt{\left(\frac{1}{R}\right)^2 + \left(\frac{1}{\omega L}\right)^2}$$

② 합성 임피던스

$$Z = \frac{1}{Y} = \frac{1}{\sqrt{\left(\frac{1}{R}\right)^2 + \left(\frac{1}{\omega L}\right)^2}} = \frac{R \cdot \omega L}{\sqrt{R^2 + (\omega L)^2}}$$

③ 역률

$$\cos\theta = \frac{G}{Y} = \frac{\omega L}{\sqrt{R^2 + (\omega L)^2}}$$

④ 위상각

$$\theta = \tan^{-1}\frac{R}{\omega L}$$

⑤ 위상차 : 전류가 전압보다 위상 θ만큼 뒤진다.(지상, 유도성)

2) $R-C$ 병렬회로

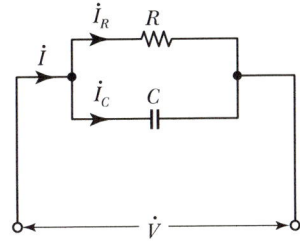 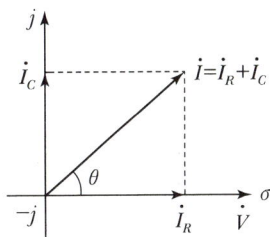

$$\dot{I} = \dot{I}_R + \dot{I}_C, \ \dot{I}_R = \frac{\dot{V}}{R}, \ \dot{I}_C = \frac{\dot{V}}{-jX_C}$$

$$\dot{I} = \frac{\dot{V}}{R} + \frac{\dot{V}}{-jX_C}, \ \dot{I} = \dot{V}\left(\frac{1}{R} + j\frac{1}{X_C}\right)$$

$$\frac{1}{\dot{Z}} = \frac{1}{R} + j\frac{1}{X_C}$$

① 어드미턴스 $\dot{Y} = \frac{1}{R} + j\frac{1}{X_C} = \frac{1}{R} + j\omega C[\mho]$

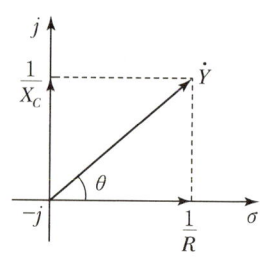

$$Y = \sqrt{\left(\frac{1}{R}\right)^2 + (wC)^2}$$

② 합성 임피던스

$$Z = \frac{1}{Y} = \frac{1}{\sqrt{\left(\frac{1}{R}\right)^2 + (\omega C)^2}} = \frac{R}{\sqrt{1 + (\omega CR)^2}}$$

③ 역률

$$\cos\theta = \frac{G}{Y} = \frac{X_C}{\sqrt{R^2 + X_C^2}} = \frac{1}{\sqrt{1 + (\omega CR)^2}}$$

④ 위상각

$$\theta = \tan^{-1}\frac{\omega C}{\frac{1}{R}} = \tan^{-1}\omega CR$$

⑤ 위상차 : 전류가 전압보다 위상 θ 만큼 앞선다. (진상, 용량성)

3) $R-L-C$ 병렬회로

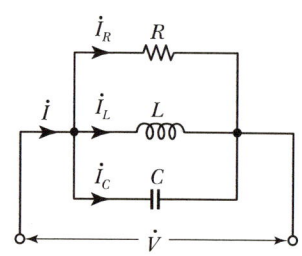

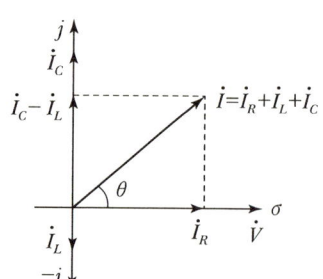

$$\dot{I} = \dot{I}_R + \dot{I}_L + \dot{I}_C$$

$$\dot{I}_R = \frac{\dot{V}}{R}, \ \dot{I}_L = -j\frac{\dot{V}}{\omega L}, \ \dot{I}_C = j\omega CV$$

$$\dot{I} = V\left[\frac{1}{R} + j\left(\omega C - \frac{1}{\omega L}\right)\right]$$

(가) $X_L > X_C$인 경우 $\dfrac{1}{X_L} < \dfrac{1}{X_C}$

① 어드미턴스 : $\dot{Y} = \dfrac{1}{R} + j\left(\omega C - \dfrac{1}{\omega L}\right)[\text{℧}]$

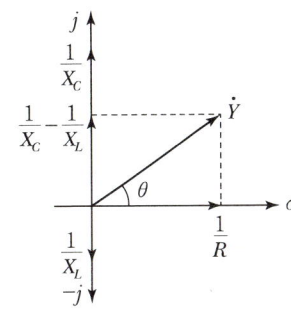

$$Y = \sqrt{\left(\frac{1}{R}\right)^2 + \left(\frac{1}{X_C} - \frac{1}{X_L}\right)^2} = \sqrt{\left(\frac{1}{R}\right)^2 + \left(\omega C - \frac{1}{\omega L}\right)^2}$$

② 역률

$$\cos\theta = \frac{G}{Y} = \frac{\dfrac{1}{R}}{\sqrt{\left(\dfrac{1}{R}\right)^2 + \left(\omega C - \dfrac{1}{\omega L}\right)^2}}$$

③ 위상각

$$\theta = \tan^{-1}\frac{\dfrac{1}{X_C} - \dfrac{1}{X_L}}{\dfrac{1}{R}} = \tan^{-1}\frac{\omega C - \dfrac{1}{\omega L}}{\dfrac{1}{R}} = \tan^{-1}\left[R \cdot \left(\omega C - \frac{1}{\omega L}\right)\right]$$

④ 위상차

$X_L > X_C$인 경우 $\dfrac{1}{X_L} < \dfrac{1}{X_C}$: X_L이 크면 전류는 전압보다 θ만큼 뒤진다.(유도성)

$X_L < X_C$인 경우 $\dfrac{1}{X_L} > \dfrac{1}{X_C}$: X_C가 크면 전류는 전압보다 θ만큼 앞선다.(용량성)

(나) $X_L = X_C$인 경우(병렬공진)

① 병렬공진 조건

$$\dot{I}_L = \dot{I}_C, \ \frac{V}{X_L} = \frac{V}{X_C}, \ \frac{1}{X_L} = \frac{1}{X_C}, \ \omega C = \frac{1}{\omega L}$$

② 병렬공진 시 의미

    ㉠ 임피던스는 최대가 된다.

    ㉡ 전류는 최소가 된다.

    ㉢ 역률이 1이다.

    ㉣ 어드미턴스가 최소이다.

③ 공진주파수

$$\omega C = \frac{1}{\omega L}, \ \omega^2 = \frac{1}{LC}, \ \omega = \frac{1}{\sqrt{LC}}, \ 2\pi f = \frac{1}{\sqrt{LC}}$$

$$f_0 = \frac{1}{2\pi \sqrt{LC}} [\text{Hz}]$$

④ 병렬공진 시 선택도

$$Q = R\sqrt{\frac{C}{L}}$$

⑤ 공진 임피던스

$$Z_o = \frac{L}{CR} [\Omega]$$

(6) 교류 전력

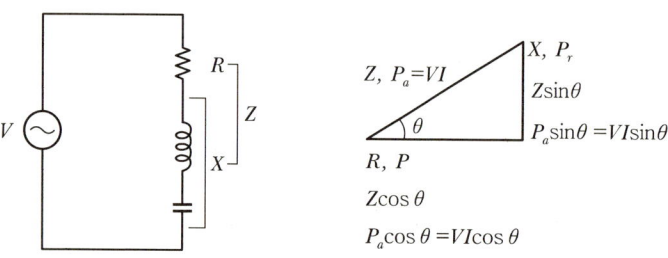

1) 피상전력 P_a [VA] : 임피던스(Z)를 모두 고려한 전력

$$P_a = I^2 Z = VI = \frac{V^2}{Z} = \frac{P}{\cos\theta} = \frac{P_r}{\sin\theta} [\text{VA}] \qquad P_a = \sqrt{P^2 + P_r^2}$$

여기서, P_a : 피상전력, P : 유효전력, P_r : 무효전력, $\sin\theta$: 무효율, $\cos\theta$: 역률

2) 유효전력 $P[\mathrm{W}]$: 저항(R)에서 소비되는 전력, 실제 일한 전력, 소비전력

$$P = I^2 R = \frac{V^2}{R} = VI\cos\theta = P_a\,\cos\theta[\mathrm{W}] \qquad P = \sqrt{P_a{}^2 - P_r{}^2}$$

3) 무효전력 $P_r[\mathrm{Var}]$: 리액턴스(X)에서 발생하는 전력

$$P_r = I^2 X = \frac{V^2}{X} = VI\sin\theta = P_a\,\sin\theta[\mathrm{Var}]$$

$$P_r = \sqrt{P_a{}^2 - P^2}$$

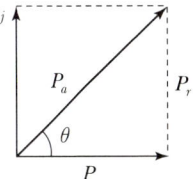

4) 역률($\cos\theta$) : 피상전력에 대한 유효전력의 비

$$\cos\theta = \frac{P}{P_a} = \frac{R}{Z}$$

5) 무효율($\sin\theta$) : 피상전력에 대한 무효전력의 비

$$\sin\theta = \frac{P_r}{P_a} = \frac{X}{Z}$$

6) 복소전력

어떠한 부하에 공급되는 피상전력을 실수부는 유효전력으로 허수부는 무효전력으로 표시

① $P_a = \overline{V}I = P \pm jP_r[\mathrm{VA}]$ 여기서, $\overline{V}$: 전압의 공액복소수

② $P_a = V\overline{I} = P \pm jP_r[\mathrm{VA}]$ 여기서, $\overline{I}$: 전류의 공액복소수

③ 전압이 $V_1 + jV_2$, 전류가 $I_1 + jI_2$일 때 피상전력을 구하면,

전류의 공액복소수 $I_1 - jI_2$를 취하여 계산한다.

$$\begin{aligned}
P_a &= (V_1 + jV_2)(I_1 - jI_2) \\
&= V_1 I_1 - jV_1 I_2 + jV_2 I_1 + V_2 I_2 \\
&= (V_1 I_1 + V_2 I_2) + j(V_2 I_1 - V_1 I_2)
\end{aligned}$$

㉠ 유효전력 $P = V_1 I_1 + V_2 I_2\,[\mathrm{W}]$

㉡ 무효전력 $P_r = V_2 I_1 - V_1 I_2\,[\mathrm{Var}]$

㉢ 피상전력 $P_a = P + jP_r = \sqrt{P^2 + P_r{}^2}\,[\mathrm{VA}]$

7) 역률 개선용 콘덴서 용량

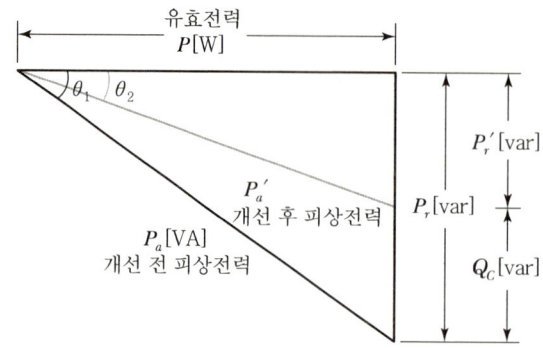

$$Q_C = P(\tan\theta_1 - \tan\theta_2) = P\left(\frac{\sin\theta_1}{\cos\theta_1} - \frac{\sin\theta_2}{\cos\theta_2}\right)[\text{VA}]$$

$$Q_C = P\left(\frac{\sqrt{1-\cos^2\theta}}{\cos\theta_1} - \frac{\sqrt{1-\cos^2\theta_2}}{\cos\theta_2}\right)[\text{VA}]$$

여기서, Q_C : 콘덴서의 용량[VA], P : 유효전력[W]

$\cos\theta_1$: 개선 전 역률, $\cos\theta_2$: 개선 후 역률

예제 어떤 부하의 유효전력을 측정하였더니 1,200[W]이고, 무효전력은 400[Var]이었다. 이 부하의 역률은?

① 0.98 　　　　　　　　　② 0.95
③ 0.88 　　　　　　　　　④ 0.85

풀이 역률 $\cos\theta = \dfrac{P}{P_a}$, 피상전력 $P_a = \sqrt{P^2 + P_r^{\,2}}$ [VA]

$$\cos\theta = \frac{P}{P_a} = \frac{P}{\sqrt{P^2 + P_r^{\,2}}} = \frac{1{,}200}{\sqrt{1{,}200^2 + 400^2}} = 0.949$$

정답 : ②

예제 $V = 4 + j3$[V]의 전압을 부하에 걸었더니 $I = 5 - j2$[A]의 전류가 흘렀다. 부하에서의 소비전력은 몇 [W]인가?

① 14[W] 　　　　　　　　② 23[W]
③ 26[W] 　　　　　　　　④ 35[W]

풀이 $P_a = V\overline{I} = P \pm jP_r$

여기서, P_a : 피상전력, P : 유효전력, P_r : 무효전력, $\overline{I} = (5+j2)$(I의 공액복소수)

$P_a = V\overline{I} = (4+j3)(5+j2) = 20 + j8 + j15 - 6 = 14 + j23$

∴ 소비전력(유효전력)=14[W], 무효전력=23[Var]

정답 : ①

예제 역률 65[%], 용량 120[kW]의 부하를 역률 100[%]로 개선하기 위한 콘덴서 용량은 약 몇 [kVA]인가?

① 130[kVA]　　　　　　　　　　② 140[kVA]

③ 150[kVA]　　　　　　　　　　④ 160[kVA]

풀이　$Q_C = P\left(\dfrac{\sqrt{1-\cos^2\theta_1}}{\cos\theta_1} - \dfrac{\sqrt{1-\cos^2\theta_2}}{\cos\theta_2}\right)[\text{VA}]$

여기서, Q_C : 콘덴서의 용량[kVA], $P=120[\text{kW}]$, $\cos\theta_1 = 0.65$, $\cos\theta_2 = 1$

$\therefore\ Q_C = 120\left(\dfrac{\sqrt{1-0.65^2}}{0.65} - \dfrac{\sqrt{1-1^2}}{1}\right) = 140.3[\text{kVA}]$

정답 : ②

02 3상 교류회로

(1) 평형 3상 교류

1) 평형 3상 교류의 발생원리

　① 기전력이 3개

　② 기전력의 크기는 같고

　③ 위상은 $\dfrac{2}{3}\pi(120°)$ 차이남

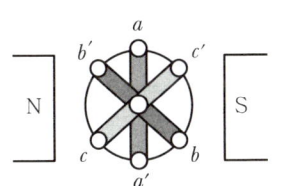

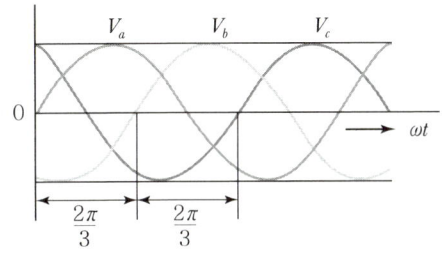

2) 3상 교류의 순시값 표시

　① $v_a = \sqrt{2}\,V\sin\omega t$

　② $v_b = \sqrt{2}\,V\sin\left(\omega t - \dfrac{2}{3}\pi\right)$

　③ $v_c = \sqrt{2}\,V\sin\left(\omega t - \dfrac{4}{3}\pi\right)$

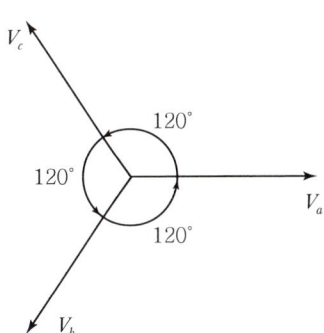

3) 3상의 평형 조건

　① 각 상의 기전력의 크기가 같다.

　② 각 상의 위상차는 120°이다.

　③ 각 상의 주파수가 일치하여야 한다.

(2) 3상 결선방법

1) Y결선

상전압(V_P) : $V_a = V_b = V_c$

선간전압(V_l) : $V_{ab} = V_{bc} = V_{ca}$

상전류(I_P) : $I_a = I_b = I_c =$ 선간전류(I_l)

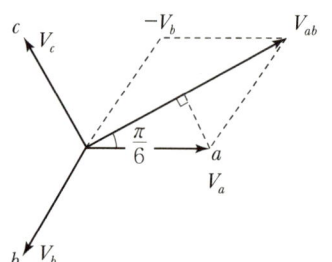

① 선간전압과 상전압과의 관계

$$\dot{V}_{ab} = \dot{V}_a + (-\dot{V}_b)$$

$$\dot{V}_{bc} = \dot{V}_b + (-\dot{V}_c)$$

$$\dot{V}_{ca} = \dot{V}_c + (-\dot{V}_a)$$

여기서, V_a, V_b, V_c : 상전압 V_P[V]

V_{ab}, V_{bc}, V_{ca} : 선간전압 V_l[V]

$$V_{ab} = 2 \times V_a \cos\frac{\pi}{6} = \sqrt{3}\, V_a \,[\text{V}]$$

$$V_{ab} = \sqrt{3}\, V_a \angle \frac{\pi}{6}\,[\text{V}]$$

$$V_l = \sqrt{3}\, V_P \angle \frac{\pi}{6}$$

여기서, $\frac{\pi}{6} = 30°$　여기서, (+) : 앞선다, (−) : 뒤진다.

∴ 선간전압이 상전압보다 $\sqrt{3}$ 배 크고 위상은 30° 앞선다.

② 선간전류와 상전류와의 관계

$$I_l = I_P \angle 0°\,[\text{A}]$$

∴ 선간전류는 상전류와 크기 및 위상이 같다.

③ 관계식

$$V_l = \sqrt{3}\, V_P \qquad I_l = I_P$$

여기서, V_P : 상전압[V], V_l : 선간전압[V] , I_P : 상전류[A], I_l : 선간전류[A]

예제 대칭 3상 교류의 성형결선에서 선간전압이 220[V]일 때의 상전압은 몇 [V]인가 ?

① 116[V]　　　　　　　　② 127[V]

③ 172[V]　　　　　　　　④ 200[V]

풀이 $V_l = \sqrt{3}\, V_P$ 에서, $V_P = \dfrac{V_l}{\sqrt{3}} = \dfrac{220}{\sqrt{3}} = 127.02\,[\text{V}]$

정답 : ②

2) △결선

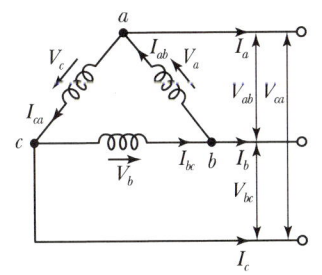

상전압$(V_P) = V_a = V_b = V_c$

선간전압$(V_l) - V_{ab} = V_{bc} - V_{ca}$

상전압$(V_P) = $ 선간전압(V_l)

상전류$(I_P) : I_{ab} = I_{bc} = I_{ca}$

선전류$(I_l) : I_a = I_b = I_c$

① 선간전압과 상전압과의 관계

$$V_l = V_P \angle 0°$$

∴ 선간전압은 상전압과 크기 및 위상이 같다.

② 선간전류와 상전류와의 관계

$$\dot{I}_a = \dot{I}_{ab} + (-\dot{I}_{ca})$$

$$\dot{I}_b = \dot{I}_{bc} + (-\dot{I}_{ab})$$

$$\dot{I}_c = \dot{I}_{ca} + (-\dot{I}_{bc})$$

$$I_a = 2 \times I_{ab} \cos \frac{\pi}{6} = \sqrt{3}\, I_{ab}\,[\text{A}]$$

$$\dot{I}_a = \sqrt{3}\, \dot{I}_{ab} \angle -\frac{\pi}{6}\,[\text{A}]$$

$$I_l = \sqrt{3}\, I_P \angle -\frac{\pi}{6}$$

여기서, $\frac{\pi}{6} = 30°$, $(+)$: 앞선다, $(-)$: 뒤진다.

∴ 선간전류가 상전류보다 $\sqrt{3}$ 배 크고 위상은 30° 뒤진다.

③ 관계식

$$V_l = V_P \qquad I_l = \sqrt{3}\, I_P$$

여기서, V_P : 상전압[V], V_l : 선간전압[V], I_P : 상전류[A], I_l : 선간전류[A]

 전원과 부하가 △결선된 3상 평형회로가 있다. 전원전압이 200[V], 부하 1상의 임피던스가 $6 + j8[\Omega]$일 때, 선전류는 몇 [A]인가?

① $20\sqrt{3}$[A]

② 20[A]

③ $\dfrac{\sqrt{2}}{20}$[A]

④ $\dfrac{20}{\sqrt{3}}$[A]

풀이 $I_l = \sqrt{3}\, I_P = \sqrt{3} \times \dfrac{V_P}{Z} = \sqrt{3} \times \dfrac{200}{\sqrt{6^2 + 8^2}} = 20\sqrt{3}$

여기서, $V_l = V_P = 200[\text{V}]$

정답 : ①

3) Y결선과 △결선의 선전류의 관계(I_l)

① Y결선 시 선전류

$$I_y = \frac{V_l}{\sqrt{3}\ Z}$$

② △결선 시 선전류

$$I_\Delta = \frac{\sqrt{3}\ V_l}{Z}$$

③ Y결선과 △결선의 선전류의 비

$$\frac{I_\Delta}{I_y} = \frac{\dfrac{\sqrt{3}\ V_l}{Z}}{\dfrac{V_l}{\sqrt{3}\ Z}} = 3 \qquad I_y = \frac{1}{3}\,I_\Delta$$

∴ Y결선 시 선전류는 △결선 시 선전류보다 $\dfrac{1}{3}$로 감소한다.

4) 3상 전력(Y결선, △결선)

① 피상전력($P_a[\mathrm{VA}]$)

$$P_a[\mathrm{VA}] = 3\,V_P\,I_P = \sqrt{3}\ V_l\,I_l = 3I_P^2 \cdot Z \qquad P_a = \sqrt{P^2 + P_r^{\,2}}$$

여기서, V_P : 상전압[V], V_l : 선간전압[V], I_P : 상전류[A], I_l : 선간전류[A]

② 유효전력($P[\mathrm{W}]$)

$$P[\mathrm{W}] = 3\,V_P\,I_P\cos\theta = \sqrt{3}\ V_l\,I_l\cos\theta = 3I_P^2 \cdot R$$

③ 무효전력($P_r[\mathrm{Var}]$)

$$P_r[\mathrm{Var}] = 3\,V_P\,I_P\sin\theta = \sqrt{3}\ V_l\,I_l\sin\theta = 3I_P^2 \cdot X$$

5) V결선

△결선된 3상 회로에서 변압기의 1상을 제거한 상태, 즉 2대의 단상 변압기로 3상 전원을 공급하여 운전하는 결선법이다.

$$\dot{V}_a = V_{ab}\angle\,0\,[\mathrm{V}]$$

$$\dot{V}_b = V_{bc}\angle -\frac{2}{3}\pi\,[\mathrm{V}]$$

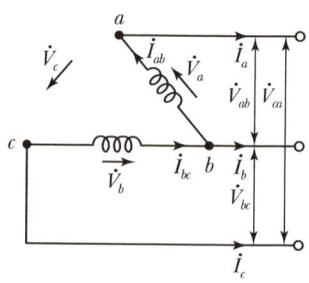

$$\dot{V}_{ca} = -(\dot{V}_a + \dot{V}_b)\,[\mathrm{V}]$$

$$V_{ab} = V_{bc} = V_P$$

$$I_{ab} = I_{bc} = I_l$$

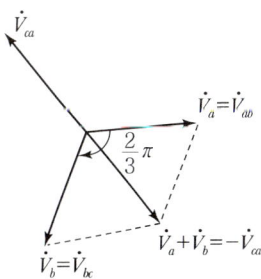

① 변압기 용량

$$P_v = \sqrt{3}\,P_1[\mathrm{VA}]$$

② 출력

$$P_v = \sqrt{3}\,V_P I_P \cos\theta\,[\mathrm{W}]$$

③ 3상 출력비

$$\frac{\mathrm{V}\text{결선 출력}}{\triangle\text{결선 출력}} = \frac{\sqrt{3}\,V_P\,I_P\cos\theta}{3\,V_P\,I_P\cos\theta} = \frac{\sqrt{3}}{3} = 0.577 = 57.7\,[\%]$$

④ 변압기 이용률

$$\frac{\mathrm{V}\text{결선 허용용량}}{2\text{대 허용용량}} = \frac{\sqrt{3}\,V_P\,I_P}{2\,V_P\,I_P} = \frac{\sqrt{3}}{2} = 0.866 = 86.6\,[\%]$$

6) 임피던스의 변환

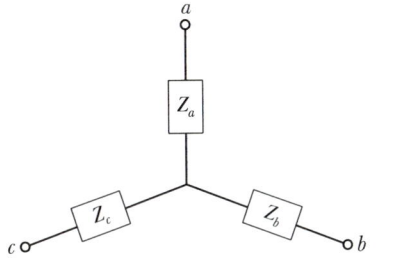   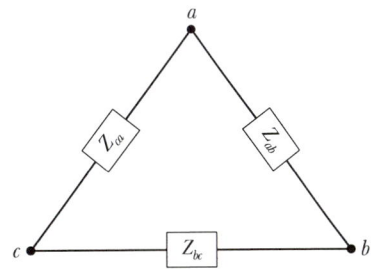

① $\triangle \to \mathrm{Y}$ 변환 $\left(\dfrac{\text{사이곱}}{\text{돌려합}}\right)$

$$Z_a = \frac{Z_{ca}Z_{ab}}{Z_{ab} + Z_{bc} + Z_{ca}}[\Omega]$$

$$Z_b = \frac{Z_{ab}Z_{bc}}{Z_{ab} + Z_{bc} + Z_{ca}}[\Omega]$$

$$Z_c = \frac{Z_{bc}Z_{ca}}{Z_{ab} + Z_{bc} + Z_{ca}}[\Omega]$$

② $\mathrm{Y} \to \triangle$ 변환 $\left(\dfrac{\text{돌려곱의 합}}{\text{마주보는 변}}\right)$

$$Z_{ab} = \frac{Z_aZ_b + Z_bZ_c + Z_cZ_a}{Z_c}[\Omega]$$

$$Z_{bc} = \frac{Z_aZ_b + Z_bZ_c + Z_cZ_a}{Z_a}[\Omega]$$

$$Z_{ca} = \frac{Z_aZ_b + Z_bZ_c + Z_cZ_a}{Z_b}[\Omega]$$

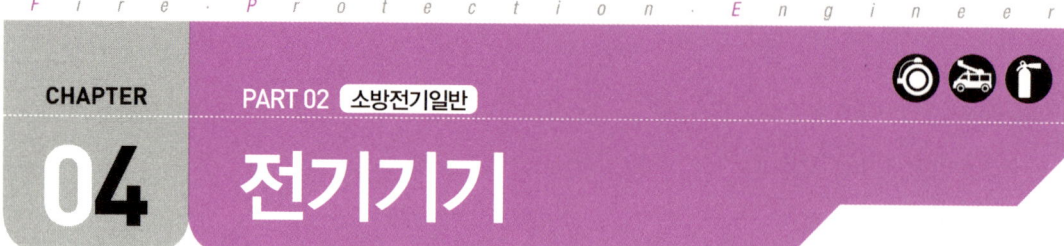
전기기기

01 변압기

(1) 변압기의 원리(패러데이-렌츠 전자유도 현상)

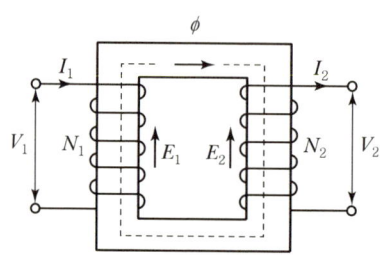

$$i = I_m \sin \omega t \, [\text{A}], \quad \phi = \phi_m \sin \omega t \, [\text{Wb}]$$

1) 변압기 2차 측의 유도 기전력

$$e = -N \frac{d\phi}{dt} \, [\text{V}] \text{에서} \quad E_2 = 4.44 f N_2 \phi_m \, [\text{V}]$$

여기서, f : 전원주파수[Hz], N_2 : 2차 측 권수, ϕ_m : 최대 자속

2) 변압기의 권수비

$$a = \frac{N_1}{N_2} = \frac{V_1}{V_2} = \frac{I_2}{I_1} = \sqrt{\frac{Z_1}{Z_2}} = \sqrt{\frac{R_1}{R_2}}$$

여기서, N_1 : 1차 측 권수, N_2 : 2차 측 권수, V_1 : 1차 측 단자전압, V_2 : 2차 측 단자전압
I_1 : 1차 전류, I_2 : 2차 전류, R_1 : 1차 저항, R_2 : 2차 저항, Z_1 : 1차 임피던스
Z_2 : 2차 임피던스

(2) 변압기의 손실

1) 무부하손

부하와 관련 없는 손실로 크게 철손과 기계손으로 분류하며, 기계손은 철손에 비해 매우 작기 때문에 무시할 수 있다.(즉, **무부하손 = 철손**)

① 철손(P_i) : 철심에서 나타나는 손실로, 자기장과 관련한 손실이다.

$$P_i = P_h + P_e, \quad 철손 = 히스테리시스손+와류손$$

② 히스테리시스손

　㉠ 철심 중에서 자속밀도가 교번하는 데 발생하는 손실

　㉡ 히스테리시스손은 주파수에 비례하고 자속밀도의 제곱에 비례한다.($P_h \propto f B_m^2$)

③ 와류손

　㉠ 맴돌이 전류에 의해 발생하는 손실

　㉡ 성층철심을 이용하여 와류손을 감소시킬 수 있다.

2) 부하손

부하의 변동에 따라 변화되는 손실로, 주로 전류와 관련되어 발생되는 손실을 말한다. 크게 동손과 표유부하손으로 나뉘는데, 표유부하손은 동손에 비해 매우 작아 생략할 수 있다.
(즉, **부하손=동손**)

① 동손(P_C) : 구리선에 나타나는 손실로, 구리선에 존재하는 저항에 의해 열로 발생하는 손실

(3) 전압변동률(ε)

무부하 시와 부하 시의 2차 전압의 변동 비율

$$\varepsilon = \frac{V_{2o} - V_{2n}}{V_{2n}} \times 100 [\%]$$

여기서, ε : 전압변동률, V_{2o} : 무부하 시 2차 전압, V_{2n} : 부하 시 2차 전압

(4) 변압기 효율(η)

$$\eta = \frac{출력}{입력} \times 100[\%] = \frac{출력}{출력 + 손실} \times 100[\%]$$

여기서, 손실 = 철손 + 동손

(5) 수용률

수용장소에 설치된 전체 설비용량에 대한 실제 사용되고 있는 부하의 최대 전력을 백분율로 표시

$$수용률 = \frac{최대\ 수용전력}{총설비용량\ 합계} \qquad 발전기\ 용량 = 총설비용량\ 합계 \times 수용률$$

(6) 변압기 병렬운전조건

① 극성이 일치할 것
② 권수비 및 1, 2차 정격전압이 같을 것
③ 각 변압기의 저항과 리액턴스비가 같을 것
④ 부하 분담 시 용량에 비례하고 퍼센트 임피던스 강하에는 반비례할 것
⑤ 각 변위가 같을 것
⑥ 상회전 방향이 같을 것

(7) 변압기의 결선

1) 제3고조파를 발생시키는 결선방식
   Y–Y 결선

2) 3상을 2상으로 변환하는 결선방식
   ① 스코트 결선
   ② 메이어 결선
   ③ 우드브리지 결선

3) 3상을 6상으로 변환하는 결선방식
   ① 대각 결선
   ② Fork 결선
   ③ 환상 결선

02 유도기

(1) 단상 유도전동기

1) 단상 유도전동기의 기동방법
   ① 반발 기동형 : 회전자 권선의 전부 혹은 일부를 브러시를 통해 단락시켜 기동하는 방식으로 기동 토크가 가장 크다.

② 반발 유도형 : 반발 기동형의 회전자 권선(기동용)에 농형 권선(운전용)을 병렬하여 사용하는 방식

③ 콘덴서 기동형 : 진상용 콘덴서의 90° 앞선 전류에 의한 회전자계를 발생시켜 기동하는 방식으로 기동 토크가 크다.

④ 분상 기동형 : 위상이 서로 다른 두 전류에 의한 회전 자계를 발생시켜 기동하는 방식

⑤ 셰이딩 코일형 : 자극에 슬롯을 만들어 단락된 셰이딩 코일을 끼워 넣어 기동하는 방식

2) 기동 토크가 큰 순서

반발 기동형 > 반발 유도형 > 콘덴서 기동형 > 분상 기동형 > 셰이딩 코일형

3) 전동기의 속도 $N[\text{rpm}]$

$$N = N_S\,(1 - S) \qquad N = \frac{120f}{p}(1 - S)[\text{rpm}]$$

여기서, N_S : 동기속도 $= \frac{120f}{p}[\text{rpm}]$, p : 극수, f : 주파수, S : 슬립

4) 슬립(Slip)

$$S = \frac{N_S - N}{N_S} \times 100 \qquad S = \frac{동기속도 - 회전자속도}{동기속도} \times 100$$

예제 단상 유도전동기의 Slip이 5.5[%], 회전자의 속도가 1,700[rpm]인 경우 동기속도(N_s)는?

① 3,090[rpm]　　　　　　　　　　② 9,350[rpm]
③ 1,799[rpm]　　　　　　　　　　④ 1,750[rpm]

풀이 $N = N_S\,(1 - S)[\text{rpm}]$, $1,700 = N_S(1 - 0.055)$
　　　$N_S = 1,798.94[\text{rpm}]$

정답 : ③

---

(2) 3상 유도전동기

1) 농형 유도전동기의 기동방법

① 전전압 기동법(직입기동) : 기동전류는 전 부하전류의 4~6배(전동기 용량 5[kW] 이하에서 사용)

② Y-△ 기동법 : 기동전류 $\frac{1}{3}$배 감소, 기동 토크 $\frac{1}{3}$배 감소(5[kW] 이상)

③ 리액터 기동법 : 전원과 전동기 사이에 직렬 리액터를 삽입하여 기동전류 제한

④ 기동 보상기법 : 3상 단권 변압기로 기동전류를 제한(15[kW] 이상)

2) 권선형 유도전동기의 기동방법

　① 2차 저항 기동법

　② 게르게스법

03 직류기

(1) 직류발전기의 유도 기전력

$$E = \frac{PZ\phi N}{60a}[\text{V}]$$

여기서, P : 극수, Z : 총도체수, ϕ : 자속수, N : 회전수[rpm]

a : 병렬회로수(파권 : 2, 중권 : 극수)

(2) 직류전동기의 제동법

　① 역전제동

　② 발전제동

　③ 회생제동

(3) 직류전동기의 속도제어 방식 중 전압제어 방식

　① 워드레오너드 방식

　② 일그너 방식

　③ 직병렬제어 방식

04 정류기

(1) 단상 반파정류회로

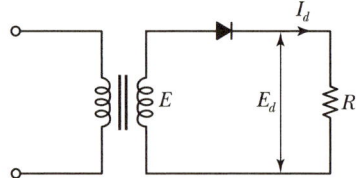

반파정류 시 직류전압(평균값) E_d[V]

$$E_d = \frac{E_m}{\pi} = \frac{\sqrt{2}}{\pi}E = 0.45E$$

여기서, E_d : 직류전압[V], E_m : 최댓값[V], E : 실효값[V]

(2) 단상 전파정류회로

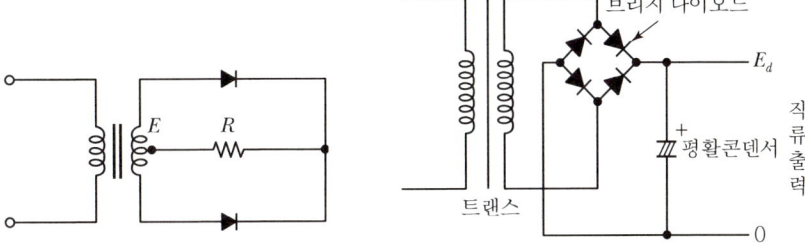

전파정류 시 직류전압(평균값) E_d[V]

$$E_d = \frac{2}{\pi}E_m = \frac{2\sqrt{2}}{\pi}E = 0.9E$$

여기서, E_d : 직류전압[V], E_m : 최댓값[V], E : 실효값[V]

(3) 맥동률

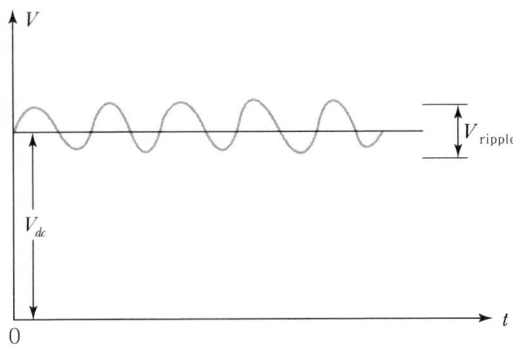

직류전압에 대한 리플전압의 비율

$$맥동률 = \frac{V_{ripple}}{V_{DC}} \times 100[\%]$$

(4) 여러 가지 정류회로의 맥동주파수와 출력전압

구분	단상 반파	단상 전파	3상 반파	3상 전파
맥동주파수[Hz]	$f(60\,\mathrm{Hz})$	$2f(120\,\mathrm{Hz})$	$3f(180\,\mathrm{Hz})$	$6f(360\,\mathrm{Hz})$
출력전압의 평균값(E_d)	$\dfrac{\sqrt{2}\,V}{\pi}=0.45\,V$	$\dfrac{2\sqrt{2}\,V}{\pi}=0.90\,V$	$\dfrac{3\sqrt{6}\,V}{2\pi}=1.17E$	$1.35\,V$

CHAPTER

05

전기계측

01 오차율과 보정률

① 오차율 : 참값에 대한 오차의 비율

$$오차율 = \frac{M - T}{T} \times 100\,[\%]$$

여기서, M : 측정값(Measured value), T : 참값(True value), $(M - T)$: 오차의 양

② 보정률 : 측정값에 대한 보정량의 비율

$$보정률 = \frac{T - M}{M} \times 100\,[\%]$$

여기서, M : 측정값(Measured value), T : 참값(True value), $(T - M)$: 보정량

02 지시계기의 동작원리에 의한 분류

종류	동작원리	사용회로	지시값
가동코일형	영구 자석의 자기장 내에 코일을 두고, 이 코일에 전류를 통과시켜 발생되는 힘을 이용	직류	평균값
가동철편형	전류에 의한 자기장이 연철편에 작용하는 힘을 이용	교류	실효값
유도형	회전 자기장 또는 이동 자기장과 이것에 의한 유도전류와의 상호작용을 이용	교류	실효값
전류력계형	전류 상호 간에 작용하는 힘을 이용	직류 교류	평균값 실효값
열전형	다른 종류의 금속체 사이에 발생되는 기전력을 이용	직류 교류	평균값 실효값
정류형	가동코일형 계기 앞에 정류 회로를 삽입하여 교류전압만을 측정	교류	실효값
정전형	대전된 대전체 사이에 작용하는 정전력(흡인력 또는 반발력)을 이용	직류 교류	평균값 실효값

03 용도별 계측기의 종류

① 켈빈 더블 브리지 : 저저항 측정
② 휘트스톤브리지 : 중저항, 검류계의 내부저항 측정
③ 메거(절연저항계) : 절연저항, 고저항 측정
④ 콜라우시브리지 : 접지저항, 전해액의 도전율, 전지의 내부저항 측정
⑤ 오실로스코프 : 펄스전압의 파형을 측정

04 역률의 측정

① 역률 측정 시 필요기기 : 전력계, 전압계, 전류계
② 역률($\cos \theta$)

$$\cos \theta = \frac{P}{VI}$$

여기서, P : 전력[W], V : 전압[V], I : 전류[A]

05 분류기와 배율기

(1) 분류기(R_s[Ω])

전류계의 측정범위를 확대하기 위해 내부저항이 r_a[Ω]인 전류계에 병렬로 연결하는 저항

$$I_a = \frac{R_s}{r_a + R_s} \times I \qquad \frac{I}{I_a} = \frac{R_s + r_a}{R_s}$$

$$\frac{I}{I_a} = 1 + \frac{r_a}{R_s} \qquad \frac{I}{I_a} = n(\text{분류기 배율})$$

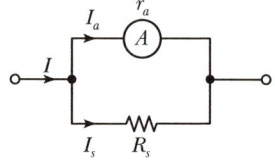

1) 분류기 배율(n)

$$\frac{I}{I_a} = 1 + \frac{r_a}{R_s} \qquad n = 1 + \frac{r_a}{R_s}$$

2) 분류기 저항(R_s)

$$R_s = \frac{r_a}{n-1}[\Omega]$$

여기서, I : 전체 전류[A], I_a : 전류계 회로의 전류[A], r_a : 전류계의 내부저항[Ω]
R_s : 분류기 저항[Ω]

예제 분류기를 사용하여 전류를 측정하는 경우에 전류계의 내부저항이 0.28[Ω], 분류기의 저항이 0.07[Ω]이 라면 그 배율은 얼마가 되는가?

① 4

② 5

③ 6

④ 7

풀이 분류기 배율 $n = 1 + \dfrac{r_a}{R_S} = 1 + \dfrac{0.28}{0.07} = 5$배

정답 : ②

(2) 배율기($R_m[\Omega]$)

전압계의 측정범위를 확대하기 위해 내부저항이 $r_v[\Omega]$인 전압계에 직렬로 연결하는 저항

$$V_V = \frac{r_v}{R_m + r_v} \times V \qquad \frac{r_v + R_m}{r_v} = \frac{V}{V_V}$$

$$\frac{V}{V_V} = 1 + \frac{R_m}{r_v} \qquad \frac{V}{V_V} = m(\text{배율기 배율})$$

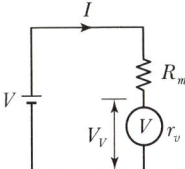

1) 배율기 배율(m)

$$\frac{V}{V_V} = 1 + \frac{R_m}{r_v} \qquad m = 1 + \frac{R_m}{r_v}$$

2) 배율기 저항(R_m)

$$R_m = (m-1)r_v[\Omega]$$

여기서, V : 전체 전압[V], V_V : 전압계에 걸리는 전압[V], r_v : 전압계 내부저항[Ω]
R_m : 배율기 저항[Ω]

예제 어떤 전압계의 측정 범위를 10배로 하려면 배율기의 저항은 내부저항의 몇 배로 하여야 하는가?

① 9

② 10

③ $\dfrac{1}{9}$

④ $\dfrac{1}{10}$

풀이 배율기 배율 $m = 1 + \dfrac{R_m}{r_v}$, $10 = 1 + \dfrac{R_m}{r_v}$, $9 = \dfrac{R_m}{r_v}$, $R_m = 9r_v$

정답 : ①

06 교류의 측정

(1) 3전압계법

전압계 3개를 이용하여 단상 교류전력을 측정한다.

$$P = \frac{1}{2R}(V_3{}^2 - V_1{}^2 - V_2{}^2)\,[\mathrm{W}]$$

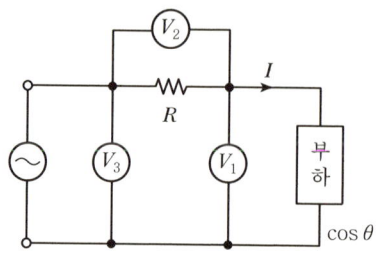

여기서, P : 유효전력[W]

R : 저항[Ω]

V_1, V_2, V_3 : 전압계 지시값[V]

(2) 3전류계법

전류계 3개를 이용하여 단상 교류전력을 측정한다.

$$P = \frac{R}{2}(I_1{}^2 - I_3{}^2 - I_2{}^2)\,[\mathrm{W}]$$

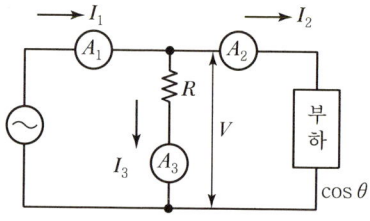

여기서, P : 유효전력[W]

R : 저항[Ω]

I_1, I_2, I_3 : 전류계 지시값[A]

(3) 1전력계법

단상 전력계 1개를 이용하여 3상 교류전력을 측정한다.

$$P\,[\mathrm{W}] = 2W \qquad I = \frac{2W}{\sqrt{3}\,E}$$

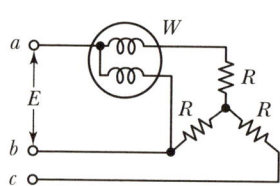

여기서, P : 유효전력[W]

W : 전력계의 지시치[W]

E : 선간전압[V]

I : 선간전류[A]

(4) 2전력계법

단상 전력계 2개를 이용하여 3상 교류전력을 측정한다.

$$P = W_1 + W_2 \qquad I = \frac{W_1 + W_2}{\sqrt{3}\,E}$$

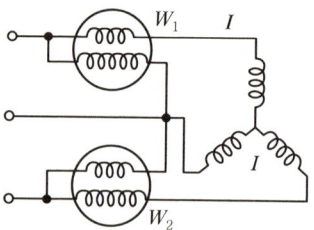

여기서, P : 유효전력[W]

W : 전력계의 지시치[W]

E : 선간전압[V]

I : 선간전류[A]

(5) 3전력계법

단상 전력계 3개를 이용하여 3상 교류전력을 측정한다.

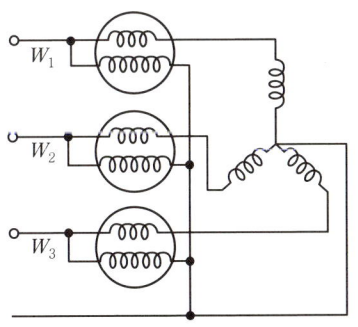

$$P = W_1 + W_2 + W_3 \qquad I = \frac{W_1 + W_2 + W_3}{\sqrt{3}\,E}$$

여기서, P : 유효전력[W]
W : 전력계의 지시치[W]
E : 선간전압[V]
I : 선간전류[A]

자동제어

01 자동제어의 개요

어떤 동작을 하도록 만들어진 장치가 자동적으로 동작하도록 필요한 동작을 가하는 것을 말하며 개회로 제어계와 폐회로 제어계가 있다.

(1) 개회로 제어계

① 신호의 흐름이 열려 있는 제어계로서 오차발생을 정정할 수 없다.

목푯값 → 제어장치 →(조작량)→ 제어대상 → 제어량

② 개회로 제어계의 특징

　㉠ 출력이 부정확하여 신뢰성이 떨어진다.

　㉡ 제어계의 구성이 간단하다.

　㉢ 조작이 쉽고 설비비용이 저렴하다.

③ 시퀀스 제어계 : 미리 정해 놓은 순서에 따라 각 단계별로 **순차적**으로 진행시키는 개회로 제어계이다.

(2) 폐회로 제어계(피드백 제어계)

① 출력값이 항상 목푯값과 일치하는가를 비교하여 그 오차에 비례하는 동작신호가 제어계에 다시 보내져서 오차를 수정할 수 있도록 피드백 경로를 가지고 있는 제어계이다.

② 폐회로 제어계의 특징

　㉠ 구조가 복잡하고 설비비용이 고가이다.

　㉡ 외부조건 변화에 대한 영향이 적다.

　㉢ 대역폭이 증가한다.

　㉣ 정확도, 안정도가 증가한다.

　㉤ 전체 이득(입력 대 출력 비)감도가 감소한다.

02 피드백(폐회로) 제어계의 구성

(1) 피드백 제어계 구성도

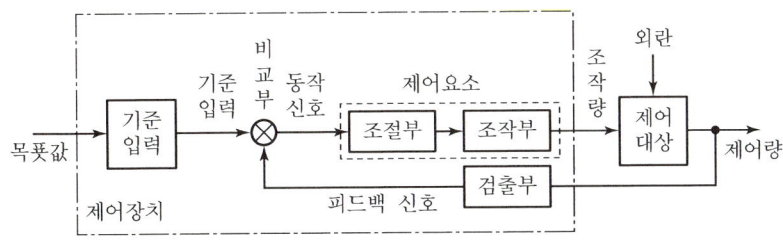

(2) 용어의 정의

① 목푯값 : 입력값으로 외부에서 제어장치에 주어지는 값

② 기준 입력 요소 : 목푯값에 비례하는 기준 입력 신호를 발생시키는 장치

③ 동작 신호 : 기준 입력과 피드백 신호와의 차이를 구하는 장치

④ 제어 요소 : 동작 신호를 조작량으로 변환하는 요소(**조절부＋조작부**)

⑤ 조절부 : 제어 요소가 동작하는 데 필요한 신호를 만들어 조작부에 보내는 장치

⑥ 조작부 : 조절부로부터 받은 신호를 조작량으로 바꾸어 제어 대상에 보내 주는 장치

⑦ 조작량 : 제어 요소가 제어 대상에 가하는 제어 신호로서 제어 요소의 출력신호, 제어 대상의
　　　　입력신호

⑧ 외란 : 제어량의 값을 교란시키려 하는 외부 신호

⑨ 제어 대상 : 제어량을 발생시키는 장치로 제어계에서 직접 제어를 받는 장치

⑩ 검출부 : 제어량을 검출하고 입력과 출력을 비교하는 **비교부**가 반드시 필요

⑪ 제어량 : 제어를 받는 **제어 대상의 출력**

03 피드백 제어계의 분류

(1) 목푯값의 성질에 의한 분류

① 프로그램 제어 : 목푯값의 변화가 미리 정해진 신호에 따라 동작

② 정치 제어 : 목푯값이 시간적으로 변화하지 않고 일정한 제어

③ 추종 제어 : 시간에 따라 변하는 목푯값에 제어량을 추종시키는 제어

(2) 제어량의 성질에 의한 분류

① 프로세스 제어(공정제어) : 공업 공정의 상태를 제어량으로 하는 제어

→ 온도, 유량, 압력, 밀도, 농도 등

② 서보기구 : 기계적인 변위량을 목푯값의 임의의 변화에 추종하도록 구성하는 제어

→ 위치, 방위, 자세, 거리, 각도 등

③ 자동조정 : 전기적, 기계적 양의 제어

→ 전압, 전류, 주파수, 회전속도 등

(3) 제어동작에 따른 제어계의 분류

제어동작		특징
불연속 동작	ON－OFF 제어	간헐 현상이 발생
P동작	비례 제어	잔류편차(offset) 발생
PI동작	비례적분 제어	잔류편차 제거, 지상보상요소
PD동작	비례미분 제어	속응성 향상, 진동 제거, 진상보상요소
PID동작	비례적분미분 제어	속응성 향상, 잔류편차도 제거한 제어계로 가장 안정적인 제어계, 지상 및 진상보상요소

04 블록선도

(1) 정의

자동제어계 중에 포함되어 있는 각 요소의 신호가 어떠한 모양으로 전달되고 있는가를 나타낸 선도

(2) 블록선도의 구성 4요소

① 전달요소 : 입력 신호를 받아 변환된 출력 신호를 만드는 신호전달요소

$$R(s) \longrightarrow \boxed{G(s)} \longrightarrow C(s)$$

여기서, $G(s)$: 전달요소, $R(s)$: 입력, $C(s)$: 출력

② 화살표 : 신호의 흐름 방향을 표시하는 요소

③ 가산점 : 두 가지 이상의 신호가 있을 때 이들 신호의 합 (＋)과 차(－)를 만드는 요소

$$C(s) = R(s) \pm B(s)$$

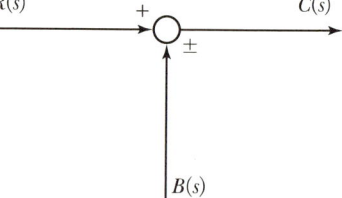

여기서, $C(s)$: 출력, $R(s)$, $B(s)$: 입력

④ 인출점 : 하나의 신호 $R(s)$를 2개 이상의 계통으로 신호분기하는 요소

$$R(s) = C(s) = B(s)$$

05 전달함수

(1) 정의

제어계의 입력과 출력의 관계를 나타내며, 입력을 출력으로 변환하는 함수

(2) 간이 전달함수법

$$G(s) = \frac{C(s)}{R(s)} \qquad \frac{C(s)}{R(s)} = \frac{순방향\ 경로의\ 곱}{1 - 루프의\ 곱}$$

여기서, $G(s)$: 전달함수, $R(s)$: 입력, $C(s)$: 출력

(3) 전달함수의 표현

블록선도	전달함수
$R(s) \rightarrow \boxed{G_1} \rightarrow \boxed{G_2} \rightarrow C(s)$	$G(s) = \dfrac{C(s)}{R(s)} = G_1 G_2$
$R(s) \rightarrow + \ominus - \rightarrow \boxed{G} \rightarrow C(s)$	$G(s) = \dfrac{C(s)}{R(s)} = \dfrac{G}{1+G}$
$R(s) \rightarrow + \ominus - \rightarrow \boxed{G_1} \rightarrow C(s),\ \boxed{G_2}$	$G(s) = \dfrac{C(s)}{R(s)} = \dfrac{G_1}{1+G_1 G_2}$
$R(s) \rightarrow + \ominus - \rightarrow \boxed{G_1} \rightarrow \boxed{G_2} \rightarrow C(s),\ \boxed{G_3}$	$G(s) = \dfrac{C(s)}{R(s)} = \dfrac{G_1 G_2}{1+G_1 G_2 G_3}$

06 제어기기의 종류

(1) 증폭용 제어기기의 종류

1) 전기식 제어기기

① 정지기 : SCR, 트랜지스터, 진공관 등

② 회전기 : 앰플리다인

※ 앰플리다인 : 정속도 운전하는 직류발전기로 작은 전력을 큰 전력으로 증폭하는 기기로서 입력과 출력이 모두 직류이고 견고성이 좋으며 토크가 에너지원이 된다.

2) 공기식 제어기기

노즐 플래퍼, 벨로즈 등

(2) 조작용 제어기기의 종류

① 기계식 : 다이어프램, 클러치 등

② 유압식 : 피스톤, 실린더, 플랜저 등

③ 전기식 : 솔레노이드, 서보전동기, 전동밸브, 전자밸브 등

(3) 변환요소의 종류

변화량	변환요소
압력 → 변위	**벨로즈, 다이어프램, 스프링**
변위 → 압력	**노즐 플래퍼**, 유압 분사관, 스프링
온도 → 임피던스	**측온저항계**, 정온식 감지선형 감지기
온도 → 전압	**열전대**, 방사온도계
변위 → 임피던스	**가변저항기**
변위 → 전압	**포텐셔미터**, 차동변압기, **전위차계**

CHAPTER

07

시퀀스 제어회로

01 시퀀스 제어회로의 기본 용어

미리 정해 놓은 순서에 따라 각 단계별로 순차적으로 진행시키는 제어회로를 시퀀스 제어회로라 한다.

(1) 0과 1의 의미

구분	내용	스위치 상태
0	스위치 개방상태 출력이 없는 상태	a접점
1	스위치 폐로상태 출력이 발생하는 상태	b접점

(2) (+) 와 (·)의 의미

구분	내용	종류	논리식	논리회로
+	병렬회로를 의미	OR 회로	$X = (A + B)$	A, B, X
·	직렬회로를 의미	AND 회로	$X = (A \cdot B)$	A, B, X

(3) 부정의 의미(NOT 회로)

입력과 출력이 반대로 되는 회로 : $A \circ\!\!-\!\!\triangleright\!\!-\!\!\circ X$

부정 전	0	1	+	·	A	$\overline{A}$
부정 후	1	0	·	+	$\overline{A}$	A

(4) a접점과 b접점의 의미

구분	평상시 상태	입력 발생 시 상태	심벌	주 용도
a접점	평상시 개방	입력 발생 시 폐로		자기유지 접점
b접점	평상시 폐로	입력 발생 시 개방		인터록 접점

(5) 접점의 심벌

출력신호		a접점			접점조작을 개로나 폐로로 손으로 넣고 끊는 것 (유지형)
	유지형 접점	b접점			
	수동조작 자동복귀	a접점			수동조작하면 폐로 또는 개로하지만 손을 떼면 스프링 등의 힘으로 복귀하는 접점 (누름형, 당김형)
		b접점			
	계전기 및 전자접촉기 보조접점	a접점			계전기나 전자접촉기의 보조 접점으로 전자코일에 전류가 흐르거나 그렇지 않음에 따라 개로 또는 폐로하는 점점
		b접점			
	한시동작	a접점			타이머 등 한시계전기의 접점으로 접점이 개로 또는 폐로하는 데 시간이 걸리는 접점
		b접점			
	전자접촉기 주 접점	a접점			전자접촉기의 주 접점
		b접점			
	수동복귀	a접점			열동 계전기 접점 (인위적으로 복귀되는 것, 전자석으로 복귀되는 것도 포함)
		b접점			

02 부울대수

(1) 부울대수의 기본 정리

항등법칙	$A+0=A,\ A+1=1$	$A\cdot1=A,\ A\cdot0=0$
동일법칙	$A+A=A$	$A\cdot A=A$
보원법칙	$A+\overline{A}=1$	$A\cdot\overline{A}=0$
다중부정	$\overline{\overline{A}}=A$	
교환법칙	$A+B=B+A$	$A\cdot B=B\cdot A$
결합법칙	$A+(B+C)=(A+B)+C$	$A\cdot(B\cdot C)=(A\cdot B)\cdot C$
분배법칙	$A\cdot(B+C)=AB+AC$	$A+B\cdot C=(A+B)\cdot(A+C)$
흡수법칙	$A+A\cdot B=A$	$A\cdot(A+B)=A$

(2) 드모르간의 정리

논리식의 전체 부정을 부분 부정으로, 부분 부정을 전체 부정으로 바꾸는 데 사용한다.

$$\overline{A+B}=\overline{A}\cdot\overline{B},\quad \overline{A\cdot B}=\overline{A}+\overline{B}$$

$$A+B=\overline{\overline{A}\cdot\overline{B}},\quad A\cdot B=\overline{\overline{A}+\overline{B}}$$

03 논리회로

(1) AND 회로

① 의미 : 입력신호 A, B가 동시에 1일 때만 출력신호가 1이 되는 회로

② 논리식 : $X=A\cdot B$ ③ 논리회로 :

④ 유접점 회로   ⑤ 진리표   ⑥ 무접점 회로

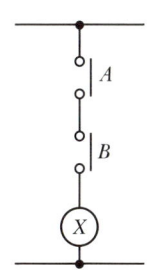

A	B	X
0	0	0
0	1	0
1	0	0
1	1	1

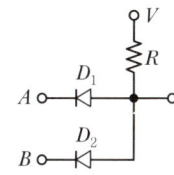

(2) OR 회로

① 의미 : 입력신호 A, B 중 어느 하나라도 1이면 출력신호가 1이 되는 회로

② 논리식 : $X = A + B$

③ 논리회로 :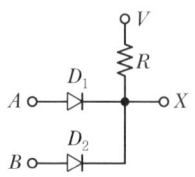

④ 유접점 회로

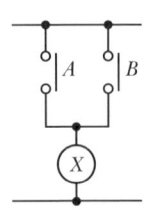

⑤ 진리표

A	B	X
0	0	0
0	1	1
1	0	1
1	1	1

⑥ 무접점 회로

(3) NAND 회로

① 의미 : AND 회로의 부정회로로서 입력신호 A, B가 동시에 1일 때만 출력신호가 0이 되는 회로

② 논리식 : $L = \overline{A \cdot B}$

③ 논리회로 : L

④ 유접점 회로

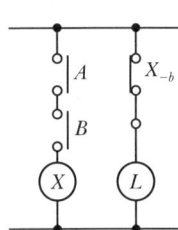

⑤ 진리표

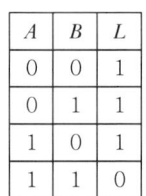

A	B	L
0	0	1
0	1	1
1	0	1
1	1	0

⑥ 무접점 회로

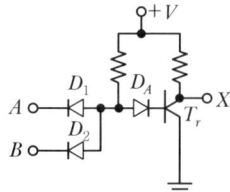

(4) NOR 회로

① 의미 : OR 회로의 부정회로로서 입력신호 A, B가 동시에 0일 때만 출력신호가 1이 되는 회로

② 논리식 : $L = \overline{A + B}$

③ 논리회로 : L

④ 유접점 회로

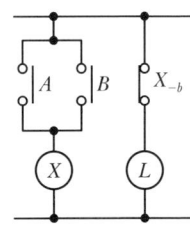

⑤ 진리표

A	B	L
0	0	1
0	1	0
1	0	0
1	1	0

⑥ 무접점 회로

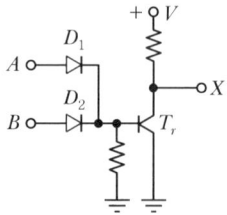

(5) NOT 회로

① 의미 : 입력신호 A가 0일 때 출력신호가 1이 되고, A가 1일 때 출력신호가 0이 되는 회로

② 논리식 : $L = \overline{A}$ ③ 논리회로 : 의 좌측 $A \longrightarrow \!\!\!\!\!\!\!\triangleright\!\circ\longrightarrow L$

④ 유접점 회로   ⑤ 진리표   ⑥ 무접점 회로

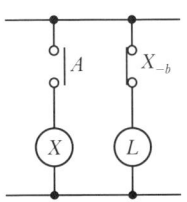

A	L
0	1
1	0

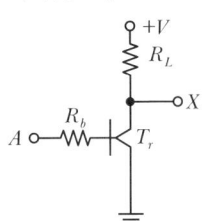

(6) 배타적 OR 회로(Exclusive OR)

① 의미 : 입력신호 A, B가 서로 다를 때만 출력신호가 1이 되는 회로

② 논리식 : $X = A \cdot \overline{B} + \overline{A} \cdot B$

③ 논리회로

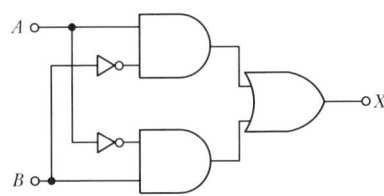

④ 유접점 회로   ⑤ 진리표

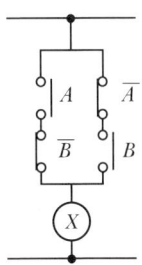

A	B	X
0	0	0
0	1	1
1	0	1
1	1	0

전자회로

01 전자소자

(1) 다이오드(PN접합)

1) 다이오드의 종류 및 특성

종류	심벌	용도 및 특성
정류용 다이오드 (Rectifier Diode)	▸⊢	한쪽 방향으로 전류가 흐르도록 제어
제너 다이오드 (Zener Diode)	▸⊦	**정전압 회로용으로 사용**
터널 다이오드 (Tunnel Diode)	▸⊐	**초고주파 발진, 증폭회로나 고속 스위칭회로에 사용**
바랙터 다이오드 (Varactor Diode)	▸⊣⊢	AFC회로나 FM회로 등에 사용
발광 다이오드 (LED)	▸⊢⤢	• 전류를 흘리면 빛을 방출하는 소자 • **발열이 작고, 응답속도가 좋다.** • **수명이 길고 효율이 좋다.** • 발광재료 : GaAs(비소화갈륨), GaP(인화갈륨)

2) 다이오드의 접속

① 다이오드의 직렬접속 : 과전압 방지

② 다이오드의 병렬접속 : 과전류 방지

(2) 트랜지스터(PNP, NPN접합)

1) 트랜지스터의 종류 및 특성

종류	심벌	용도 및 특성
바이폴라 트랜지스터 (BJT)	C B E NPN	• 반도체의 PN 접합을 이용하여 만든 트랜지스터 • PNP와 NPN이라는 2가지 접합 구조가 있다. • 수명이 길고 소형이며 소비전력이 작다. • 증폭기, 스위치, 논리회로 등을 구성하는 데 이용
전계효과 트랜지스터 (FET)	N MOS D G S	• J-FET와 MOS FET로 구분 • 단극성 트랜지스터이다. • 입력저항이 매우 크고 이득대역폭이 작다. • 집적도가 높다.
포토 트랜지스터 (Photo Transistor)	Collector C Base B E Emitter	광신호를 전기신호로 변환하기 위한 트랜지스터(광센서)

2) 트랜지스터의 전류 증폭률

① 전류 증폭률(β)(이미터 접지, NPN)

ㄱ 베이스에 전류가 흐르면 컬렉터에는 이에 비례하는 큰 전류가 흐른다.

ㄴ 작은 전류를 이용해 큰 전류를 제어하는 것을 증폭이라 한다.

ㄷ I_B가 흘렀을 때 I_C가 흐르는 비율을 전류 증폭률 β라 한다.

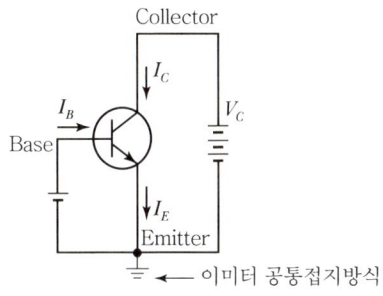

$$I_E = I_B + I_C \qquad \beta = \frac{I_C}{I_B} = \frac{I_C}{I_E - I_C}$$

여기서, β : 전류 증폭률

I_C : 컬렉터 전류

I_B : 베이스 전류

I_E : 이미터 전류

← 이미터 공통접지방식

예제 이미터 전류를 1[mA] 변화시켰더니 컬렉터 전류가 0.84[mA]이었다. 이 트랜지스터의 증폭률 β는?

① 5.25 ② 7.24
③ 8.96 ④ 10.42

풀이 전류 증폭률 $\beta = \dfrac{I_C}{I_B} = \dfrac{I_C}{I_E - I_C} = \dfrac{0.84}{1 - 0.84} = 5.25$

정답 : ①

② 전류 증폭률(α)(베이스 접지, PNP)

    ㉠ 이미터로 들어간 전류가 컬렉터에 도달하는 비율

    ㉡ α는 결코 1보다 클 수 없다.

    ㉢ 이상적인 경우 $\alpha = 1$이다.

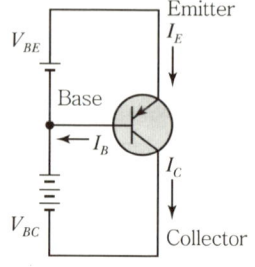

$$I_E = I_C + I_B \qquad \alpha = \frac{I_C}{I_E} = \frac{I_C}{I_C + I_B}$$

    여기서, α : 전류 증폭률, I_C : 컬렉터 전류

            I_B : 베이스 전류, I_E : 이미터 전류

③ α와 β 사이의 관계식

$$\frac{1}{\alpha} = \frac{I_E}{I_C} = \frac{I_C + I_B}{I_C} = 1 + \frac{I_B}{I_C} = 1 + \frac{1}{\beta} = \frac{\beta + 1}{\beta} \qquad \alpha = \frac{\beta}{\beta + 1}$$

예제 트랜지스터의 베이스와 컬렉터 사이의 전류 증폭률 $\beta = 60$이다. 이미터와 컬렉터 사이의 전류 증폭률 α는?

① 0.36   ② 0.95

③ 0.98   ④ 1.0

풀이 전류 증폭률 $\alpha = \dfrac{\beta}{\beta + 1} = \dfrac{60}{60 + 1} = 0.98$

정답 : ③

---

(3) 사이리스터(Thyristor)

1) 사이리스터의 종류 및 특성

종류	심벌	용도 및 특성
SCR (Silicon Controlled Rectifier)	Gate (G) Anode (A) — (K) Cathode	• 일반적으로 사이리스터를 지칭(PNPN 접합의 4층 구조) • 단방향 3단자 사이리스터 • 게이트에 신호를 가함으로써 턴온된다. • 소형이고 과전압에 약하다. • 대전력용 정류기에 사용
TRIAC(트라이액)	G (Gate) T_2 (Terminal 2) T_1 (Terminal 1)	• SCR 2개를 역 병렬로 연결한 전기적 등가구조 • 쌍방향성 스위칭 소자
GTO 사이리스터	Gate (G) Anode (A) Cathode (K)	게이트에 의해 제어 가능한 턴온 및 턴오프 능력을 갖도록 특별히 설계된 소자
DIAC(다이액)	T_2 (Terminal 2) T_1 (Terminal 1)	• 쌍방향 2단자 사이리스터 • 교류전원에서 직접 트리거 펄스를 얻는 회로 구성

2) SCR의 동작원리

① Turn-ON : 게이트에 펄스 신호를 인가하면 애노드와 캐소드가 턴온된다.

② Turn-OFF방법

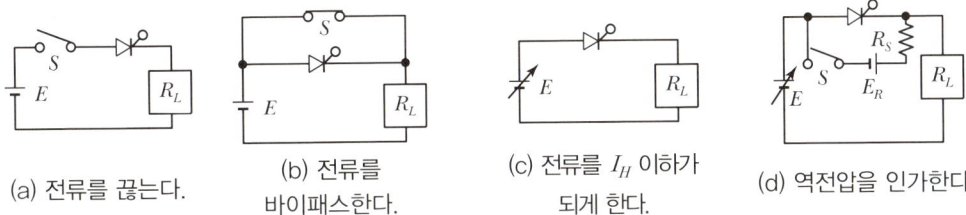

(a) 전류를 끊는다.　(b) 전류를 바이패스한다.　(c) 전류를 I_H 이하가 되게 한다.　(d) 역전압을 인가한다.

※ 래칭전류(Latching Current) : 트리거 신호가 제거된 직후에 SCR을 ON 상태로 유지하는 데 필요한 최소한의 양극전류를 말한다.

(4) 주요 반도체소자의 특성 및 용도

반도체의 종류	특성	용도
서미스터	온도가 높아지면 저항값이 감소하는 **부저항 온도계수의 특성** (NTC)	• 온도보상용 • 휘트스톤 브리지
바리스터	**서지전압을 흡수**하여 전자회로를 보호	• 개폐기의 불꽃 소거 • 서지전압 제거
SCR	**단방향 3단자** 사이리스터	• 대전류용 • 전동기 제어, 검출회로용
제너 다이오드	역방향의 전압이 가해질 때 정전압을 발생	**정전압 회로용**으로 사용
바랙터 다이오드	전압에 따라 커패시턴스를 가변할 수 있는 가변용량 다이오드	AFC 회로나 FM 회로 등에 사용
터널 다이오드	전압-전류는 부성저항형이며, 고주파 특성이 양호하다.	• 초고주파 발진회로 • 고속 스위칭 회로
발광 다이오드 (LED)	• 전류를 흘리면 빛을 방출하는 소자 • **발열이 작고, 응답속도가 좋다.** • **수명이 길고 효율이 좋다.** • 발광재료 : GaAs(비소화갈륨), GaP(인화갈륨)	• 조명설비 • 디스플레이 장치

전기설비 기술기준

01 전압의 구분

구분	저압	고압	특고압
교류	1,000[V] 이하	1,000[V] 초과 7,000[V] 이하	7,000[V] 초과
직류	1,500[V] 이하	1,500[V] 초과 7,000[V] 이하	7,000[V] 초과

02 저압전로의 절연내력시험

(1) 절연내력(전원부와 외함 사이)

① 정격전압이 150[V] 이하 : 1,000[V]의 실효전압
② 정격전압이 150[V] 초과 : 정격전압에 2를 곱하여 1,000[V]를 더한 실효전압을 가하는 시험에서 1분 이상 견디는 것으로 할 것

03 전압강하

(1) 정의

전류가 전선을 타고 이동할 때 전선의 저항에 의해 수전단의 전압이 낮아지는 현상, 즉 송전단 전압과 수전단 전압을 차를 전압강하라 한다.

(2) 전압강하(e)(단상교류, 직류2선식)

$$e = V_S - V_R = 2IR$$

여기서, V_S : 송전단 전압, V_R : 수전단 전압, I : 선로전류, R : 선로 1가닥의 저항

Fire Protection Engineer

(3) 전기방식별 전압강하와 전선의 굵기 산정

구분	전압강하	전선의 굵기
단상 2선식	$e = \dfrac{35.6LI}{1,000A}$	$A - \dfrac{35.0LI}{1,000e}$
3상 3선식	$e = \dfrac{30.8LI}{1,000A}$	$A = \dfrac{30.8LI}{1,000e}$
단상 3선식 3상 4선식	$e = \dfrac{17.8LI}{1,000A}$	$A = \dfrac{17.8LI}{1,000e}$

여기서, e : 전압강하[V], A : 전선의 굵기[mm^2], L : 거리[m], I : 전류[A]

(4) 전압강하율(ε)

$$\varepsilon = \frac{V_S - V_R}{V_R} \times 100 = \frac{e}{V_R} \times 100$$

여기서, V_S : 송전단 전압[V], V_R : 수전단 전압[V], e : 전압 강하[V]

04 동력설비

(1) 펌프의 동력계산

$$P[\text{kW}] = \frac{\gamma[\text{kg}_\text{f}/\text{m}^3]\ Q[\text{m}^3/\text{s}]\ H[\text{m}]}{102\eta}K \qquad P[\text{kW}] = \frac{\gamma[\text{N}/\text{m}^3]\ Q[\text{m}^3/\text{s}]\ H[\text{m}]}{1,000\eta}K$$

여기서, γ : 물의 비중량(1,000kg$_\text{f}$/m^3, 9,800N/m^3), Q : 유량[m^3/s]
H : 양정[m], η : 효율, K : 전달계수

(2) 송풍기의 동력계산

$$P[\text{kW}] = \frac{P_T\ Q}{102\eta}K$$

여기서, P_T : 전압[mmAq], Q : 유량[m^3/s], η : 효율, K : 전달계수

CHAPTER 09. 전기설비 기술기준 • **139**

P·a·r·t

03

소방관계법규

FIRE PROTECTION ENGINEER

CHAPTER

01

PART 03 소방관계법규

소방기본법, 시행령, 시행규칙

01 총칙

(1) 소방기본법의 제정 목적

① 화재를 예방 · 경계하거나 진압
② 화재, 재난 · 재해, 그 밖의 위급한 상황에서의 **구조 · 구급** 활동
③ 국민의 생명 · 신체 및 재산을 보호
④ 공공의 안녕 및 질서 유지와 복리증진에 이바지함

(2) 용어의 정의

1) 소방대상물

건축물, 차량, 선박(항구에 매어둔 것), 선박 건조 구조물, 산림, 그 밖의 인공 구조물 또는 물건

2) 관계지역

소방대상물이 있는 장소 및 그 이웃 지역으로서 화재의 예방 · 경계 · 진압, 구조 · 구급 등의 활동에 필요한 지역

3) 관계인

소방대상물의 소유자 · 관리자 · 점유자

4) 소방본부장

특별시 · 광역시 · 특별자치시 · 도 또는 특별자치도(이하 "시 · 도")에서 화재의 예방 · 경계 · 진압 · 조사 및 구조 · 구급 등의 업무를 담당하는 부서의 장

5) 소방대장

소방본부장 또는 소방서장 등 화재, 재난 · 재해, 그 밖의 위급한 상황이 발생한 현장에서 소방대를 지휘하는 사람

6) 소방대

화재를 진압하고 화재, 재난 · 재해, 그 밖의 위급한 상황에서 구조 · 구급 활동 등을 하기 위하여 다음 각 목의 사람으로 구성된 조직체로 **소방공무원, 의무소방원, 의용소방대원**

(3) 소방기관의 설치

1) 소방기관

시·도의 화재 예방·경계·진압 및 조사, 소방안전교육·홍보와 화재, 재난·재해, 그 밖의 위급한 상황에서의 구조·구급 등의 업무를 수행하는 기관

2) 소방업무를 수행하는 소방본부장 또는 소방서장의 지휘권자 : 시·도지사

(4) 종합상황실

1) 종합상황실 운영권자 : 소방청장, 소방본부장 및 소방서장

2) 종합상황실의 설치·운영에 필요한 사항 : 행정안전부령

3) 종합상황실의 설치장소 : 소방청, 소방본부, 소방서

4) 종합상황실의 실장이 서면·팩스 또는 컴퓨터통신 등으로 보고해야 하는 재해규모
  ① 사망자가 5인 이상 발생하거나 사상자가 10인 이상 발생한 화재
  ② 이재민이 100인 이상 발생한 화재
  ③ 재산피해액이 50억 원 이상 발생한 화재
  ④ 관공서·학교·정부미도정공장·문화재·지하철 또는 지하구의 화재
  ⑤ 관광호텔, 층수가 11층 이상인 건축물, 지하상가, 시장, 백화점, 지정수량의 3,000배 이상의 위험물의 제조소·저장소·취급소, 층수가 5층 이상이거나 객실이 30실 이상인 숙박시설, 층수가 5층 이상이거나 병상이 30개 이상인 종합병원·정신병원·요양소, 연면적 1만 5,000m² 이상인 공장 또는 화재예방강화지구에서 발생한 화재
  ⑥ 철도차량, 항구에 매어둔 총 톤수가 1,000톤 이상인 선박, 항공기, 발전소 또는 변전소에서 발생한 화재
  ⑦ 가스 및 화약류의 폭발에 의한 화재
  ⑧ 다중이용업소의 화재
  ⑨ 언론에 보도된 재난상황

(5) 소방박물관 등의 설립과 운영

구분	소방박물관	소방체험관
설립, 운영권자	소방청장	시·도지사
설립, 운영에 필요한 사항	행정안전부령	시·도의 조례

(6) 소방업무에 관한 종합계획의 수립 · 시행 등

 1) 종합계획의 수립 · 시행권자 : 소방청장

 2) 종합계획의 수립일 : 시행 전년도 10월 31일까지

 3) 종합계획의 수립 · 시행 기한 : 5년마다

 4) 종합계획의 시행에 필요한 세부계획 수립 : 시 · 도지사

 5) 세부계획 수립 : 시행 전년도 12월 31일까지 소방청장에게 제출

02 소방장비 및 소방용수시설 등

(1) 소방장비 등에 대한 국고보조

 1) 국가는 소방장비의 구입 등 시 · 도의 소방업무에 필요한 경비의 일부를 보조하고 보조 대상사업의 범위와 기준보조율을 정함 : 대통령령

 2) 소방활동장비 및 설비의 종류와 규격 : 행정안전부령

 3) 국고보조 대상사업의 범위
　　① 소방자동차
　　② 소방헬리콥터 및 소방정
　　③ 소방전용통신설비 및 전산설비
　　④ 그 밖에 방화복 등 소방활동에 필요한 소방장비
　　⑤ 소방관서용 청사의 건축

(2) 소방용수시설의 설치 및 관리

 1) 소방용수시설의 유지, 관리권자 : 시 · 도지사

 2) 소방용수시설과 비상소화장치의 설치기준 : 행정안전부령

 3) 소방용수시설의 종류 : 소화전, 급수탑, 저수조

 4) 비상소화장치
　소방자동차의 진입이 곤란한 지역 등 화재 발생 시에 초기 대응이 필요한 지역에서 소방호스 또는 호스 릴 등을 소방용수시설에 연결하여 화재를 진압하는 시설이나 장치

5) 소방용수시설의 설치기준

　① 공통기준

　　㉠ 주거지역 · 상업지역 · 공업지역 : 수평거리 100m 이하

　　㉡ 그 밖의 지역 : 수평거리 140m 이하

　② 소방용수시설별 설치기준

　　㉠ 소화전의 설치기준 : 상수도와 연결하여 지하식 또는 지상식의 구조로 하고, 소방용 호스
　　　와 연결하는 소화전의 연결금속구의 구경 : 65mm

　　㉡ 급수탑의 설치기준

　　　• 급수배관의 구경 : 100mm 이상

　　　• 개폐밸브의 높이 : 지상에서 1.5m 이상 1.7m 이하의 위치에 설치할 것

　　㉢ 저수조의 설치기준

　　　• 지면으로부터의 낙차 : 4.5m 이하

　　　• 흡수부분의 수심 : 0.5m 이상

　　　• 흡수관의 투입구가 사각형 : 한 변의 길이가 60cm 이상

　　　　흡수관의 투입구가 원형 : 지름이 60cm 이상

　　　• 소방펌프자동차가 쉽게 접근할 수 있을 것

　　　• 흡수에 지장이 없도록 토사 및 쓰레기 등을 제거할 수 있는 설비를 갖출 것

　　　• 저수조에 물을 공급하는 방법은 상수도에 연결하여 **자동으로 급수**되는 구조일 것

6) 소방용수시설 및 지리조사

　① 조사 실시권자 : **소방본부장 또는 소방서장**

　② 조사 횟수 : 월 1회 이상

　③ 조사 내용

　　㉠ 설치된 **소방용수시설**에 대한 조사

　　㉡ 소방대상물에 인접한 **도로의 폭 · 교통상황**, 도로주변의 토지의 고저 · 건축물의 개황

　　㉢ 그 밖의 소방활동에 필요한 **지리에 대한 조사**

　④ 조사결과의 보관기간 : 2년

(3) 소방업무의 응원

1) 소방본부장이나 소방서장은 소방활동을 할 때에 긴급한 경우에는 이웃한 소방본부장 또는 소방
　서장에게 소방업무의 응원을 요청할 수 있다.

2) 소방업무의 응원 요청을 받은 소방본부장 또는 소방서장은 정당한 사유 없이 그 요청을 거절하
　여서는 아 ㅣ 된다.

3) 소방업무의 응원을 위하여 파견된 소방대원은 응원을 요청한 소방본부장 또는 소방서장의 지휘에 따라야 한다.

4) 시·도지사는 소방업무의 응원을 요청하는 경우에 대비하여 출동 대상지역 및 규모와 필요한 경비의 부담 등에 관하여 필요한 사항을 이웃하는 시·도지사와 협의하여 미리 규약으로 정한다. : 행정안전부령

5) 소방업무의 상호응원협정 시 포함사항
    ① 다음의 소방활동에 관한 사항
        ㉠ 화재의 경계·진압활동
        ㉡ 구조·구급업무의 지원
        ㉢ 화재조사활동
    ② 응원출동대상지역 및 규모
    ③ 다음 각목의 소요경비의 부담에 관한 사항
        ㉠ 출동대원의 수당·식사 및 피복의 수선
        ㉡ 소방장비 및 기구의 정비와 연료의 보급
        ㉢ 그 밖의 경비
    ④ 응원출동의 요청방법
    ⑤ 응원출동훈련 및 평가

(4) 소방력의 동원

1) 소방청장은 해당 시·도의 소방력만으로는 소방활동을 효율적으로 수행하기 어려운 화재, 재난·재해, 그 밖의 구조·구급이 필요한 상황이 발생하거나 특별히 국가적 차원에서 소방활동을 수행할 필요가 인정될 때에는 각 시·도지사에게 행정안전부령으로 정하는 바에 따라 소방력을 동원할 것을 요청할 수 있다.

2) 요청을 받은 시·도지사는 정당한 사유 없이 요청을 거절하여서는 아니 된다.

3) 소방청장은 시·도지사에게 동원된 소방력을 화재, 재난·재해 등이 발생한 지역에 지원·파견하여 줄 것을 요청하거나 필요한 경우 직접 소방대를 편성하여 화재진압 및 인명구조 등 소방에 필요한 활동을 하게 할 수 있다.

4) 소방대원이 다른 시·도에 파견·지원되어 소방활동을 수행할 때에는 특별한 사정이 없으면 화재, 재난·재해 등이 발생한 지역을 관할하는 소방본부장 또는 소방서장의 지휘에 따라야 한다. 다만, 소방청장이 직접 소방대를 편성하여 소방활동을 하게 하는 경우에는 소방청장의 지휘에 따라야 한다.

03 소방활동 등

(1) 소방교육 · 훈련

1) 소방교육 · 훈련 실시권자 : 소방청장, 소방본부장, 소방서장

2) 교육 · 훈련의 종류 및 대상자, 그 밖에 교육 · 훈련의 실시에 필요한 사항 : 행정안전부령

3) 교육 · 훈련의 종류 및 교육 · 훈련을 받아야 할 대상자

교육 · 훈련의 종류	교육 · 훈련을 받아야 할 대상자
화재진압훈련	**화재진압업무를 담당하는** 소방공무원, 의무소방원, 의용소방대원
인명구조훈련	**구조업무를 담당하는** 소방공무원, 의무소방원, 의용소방대원
응급처치훈련	**구급업무를 담당하는** 소방공무원, 의무소방원, 의용소방대원
인명대피훈련	소방공무원, 의무소방원, 의용소방대원
현장지휘훈련	지방소방정, 지방소방령, 지방소방경, 지방소방위

4) 교육 · 훈련 횟수 및 기간

횟수	기간
2년마다 1회	2주 이상

(2) 소방안전교육사

1) 소방안전교육사 시험 실시권자 : 소방청장

2) 소방안전교육사 시험의 실시 횟수 : 2년마다 1회

3) 소방안전교육사의 업무
   소방안전교육의 기획 · 진행 · 분석 · 평가 및 교수업무

4) 소방안전교육사의 배치

배치대상	배치기준(단위 : 명)
소방청	2 이상
소방본부	2 이상
소방서	1 이상
한국소방안전원	• **본회** : 2 이상 • **지부** : 1 이상
한국소방산업기술원	2 이상

5) 소방안전교육사의 결격사유

① 피성년후견인

② 금고 이상의 **실형**을 **선고**받고 그 집행이 끝나거나 집행이 면제된 날부터 **2년**이 지나지 아니한 사람

③ 금고 이상의 형의 집행유예를 선고받고 그 유예기간 중에 있는 사람

④ 법원의 판결 또는 다른 법률에 따라 **자격**이 **정지되거나 상실**된 사람

(3) 소방신호

1) 소방신호의 종류 및 방법

① **경계신호** : 화재예방상 필요하다고 인정되거나 화재위험경보 시 발령

② **발화신호** : 화재가 발생한 때 발령

③ **해제신호** : 소화활동이 필요 없다고 인정되는 때 발령

④ **훈련신호** : 훈련상 필요하다고 인정되는 때 발령

2) 소방신호의 방법

종별＼신호방법	타종신호	사이렌신호
경계신호	1타와 연 2타를 반복	5초 간격을 두고 30초씩 3회
발화신호	**난타**	**5초 간격을 두고 5초씩 3회**
해제신호	상당한 간격을 두고 1타씩 반복	1분간 1회
훈련신호	연 3타 반복	10초 간격을 두고 1분씩 3회

(4) 화재 등의 통지

1) 화재 현장 또는 구조 · 구급이 필요한 사고 현장을 발견한 사람은 그 현장의 상황을 소방본부, 소방서 또는 관계 행정기관에 지체 없이 알려야 한다.

2) 화재로 오인할 만한 우려가 있는 불을 피우거나 연막(煙幕) 소독 시 반드시 관할 소방본부장 또는 소방서장에게 신고하여야 하는 지역

① 시장지역

② 공장 · 창고가 밀집한 지역

③ 목조건물이 밀집한 지역

④ 위험물의 저장 및 처리시설이 밀집한 지역

⑤ 석유화학제품을 생산하는 공장이 있는 지역

⑥ 그 밖에 시 · 도의 조례로 정하는 지역 또는 장소

3) 화재로 오인할 만한 우려가 있는 불을 피우거나 연막(煙幕) 소독 시 반드시 관할 소방본부장 또는 소방서장에게 신고하지 아니한 경우 : 20만 원 이하의 과태료

(5) 소방자동차의 우선통행 등

1) 모든 차와 사람은 소방자동차가 화재진압 및 구조 · 구급 활동을 위하여 출동을 할 때에는 이를 방해하여서는 아니 된다.

2) 소방자동차가 화재진압 및 구조 · 구급 활동을 위하여 출동하거나 훈련을 위하여 필요할 때에는 사이렌을 사용할 수 있다.

3) 모든 차와 사람은 소방자동차가 화재진압 및 구조 · 구급 활동을 위하여 사이렌을 사용하여 출동하는 경우에는 다음 각 호의 행위를 하여서는 아니 된다.
   ① 소방자동차에 진로를 양보하지 아니하는 행위
   ② 소방자동차 앞에 끼어들거나 소방자동차를 가로막는 행위
   ③ 그 밖에 소방자동차의 출동에 지장을 주는 행위

4) 제3)항의 경우를 제외하고 소방자동차의 우선 통행에 관하여는 「도로교통법」에서 정하는 바에 따른다.

(6) 소방자동차 전용구역 등

1) 소방자동차 전용구역 설치대상
   ① 공동주택 중 100세대 이상의 아파트
   ② 공동주택 중 3층 이상의 기숙사

2) 누구든지 전용구역에 차를 주차하거나 전용구역에의 진입을 가로막는 등의 방해 행위를 하여서는 아니 된다.

3) 공동주택의 건축주는 소방자동차가 접근하기 쉽고 소방활동이 원활하게 수행될 수 있도록 각 동별 전면 또는 후면에 소방자동차 전용구역을 1개소 이상 설치해야 한다.

(7) 소방활동구역

1) 화재, 재난 · 재해, 그 밖의 위급한 상황이 발생한 현장에 소방활동구역 설정

2) 소방활동구역 설정 및 출입제한을 할 수 있는 자 : 소방대장

3) 소방활동구역에 출입할 수 있는 사람
   ① 소방활동구역 안에 있는 소방대상물의 소유자 · 관리자 또는 점유자(관계인)

② 전기 · 가스 · 수도 · 통신 · 교통의 업무에 종사하는 사람으로서 원활한 소방활동을 위하여 필요한 사람

③ 의사 · 간호사 그 밖의 구조 · 구급업무에 종사하는 사람

④ 취재인력 등 **보도업무**에 종사하는 사람

⑤ 수사업무에 종사하는 사람

⑥ 그 밖에 소방대장이 소방활동을 위하여 출입을 허가한 사람

(8) 소방활동 종사 명령(소방본부장, 소방서장, 소방대장)

1) 화재, 재난 · 재해, 그 밖의 위급한 상황이 발생한 현장에서 소방활동을 위하여 필요한 때에는 그 관할구역에 사는 사람 또는 그 현장에 있는 사람으로 하여금 사람을 구출하는 일 또는 불을 끄거나 불이 번지지 아니하도록 하는 일을 하도록 명령할 수 있는 사람 : 소방본부장, 소방서장, 소방대장

2) 소방활동에 필요한 보호장구를 지급하는 등 안전을 위한 조치 : 소방본부장, 소방서장 또는 소방대장

3) 소방활동에 종사한 사람에게 비용지급 : 시 · 도지사

4) 소방활동에 종사한 후 비용을 지급받지 못하는 사람
① 소방대상물에 화재, 재난 · 재해, 그 밖의 위급한 상황이 발생한 경우 그 관계인
② 고의 또는 과실로 화재 또는 구조 · 구급 활동이 필요한 **상황**을 발생시킨 사람
③ 화재 또는 구조 · 구급 현장에서 **물건**을 가져간 사람

(9) 강제처분 등(소방본부장, 소방서장, 소방대장)

1) 소방본부장, 소방서장 또는 소방대장은 사람을 구출하거나 불이 번지는 것을 막기 위하여 필요할 때에는 화재가 발생하거나 불이 번질 우려가 있는 소방대상물 및 토지를 일시적으로 사용하거나 그 사용의 제한 또는 소방활동에 필요한 처분을 할 수 있다.

2) 소방본부장, 소방서장 또는 소방대장은 사람을 구출하거나 불이 번지는 것을 막기 위하여 긴급하다고 인정할 때에는 제1항에 따른 소방대상물 또는 토지 외의 소방대상물과 토지에 대하여 제1항에 따른 처분을 할 수 있다.

3) 소방본부장, 소방서장 또는 소방대장은 소방활동을 위하여 긴급하게 출동할 때에는 소방자동차의 통행과 소방활동에 방해가 되는 주차 또는 정차된 차량 및 물건 등을 제거하거나 이동시킬 수 있다.

4) 소방본부장, 소방서장 또는 소방대장은 소방활동에 방해가 되는 주차 또는 정차된 차량의 제거

나 이동을 위하여 관할 지방자치단체 등 관련 기관에 견인차량과 인력 등에 대한 지원을 요청할 수 있고, 요청을 받은 관련 기관의 장은 정당한 사유가 없으면 이에 협조하여야 한다.

5) 시 · 도지사는 제4항에 따라 견인차량과 인력 등을 지원한 자에게 시 · 도의 조례로 정하는 바에 따라 비용을 지급할 수 있다.

04 한국소방안전원

(1) 한국소방안전원의 인가(정관 변경) : 소방청장

(2) 한국소방안전원의 업무감독 : 소방청장

(3) 한국소방안전원의 사업계획 및 예산에 관한 승인 : 소방청장

(4) 한국소방안전원의 업무

① 소방기술과 안전관리에 관한 교육 및 조사 · 연구
② 소방기술과 안전관리에 관한 각종 간행물 발간
③ 화재 예방과 안전관리의식 고취를 위한 대국민 홍보
④ 소방업무에 관하여 행정기관이 위탁하는 업무
⑤ 소방안전에 관한 국제협력
⑥ 그 밖에 회원에 대한 기술지원 등 정관으로 정하는 사항

05 벌칙

(1) 5년 이하의 징역 또는 5000만 원 이하의 벌금

1) "출동한 소방대의 화재진압 및 인명구조 · 구급 등 소방활동을 방해하여서는 아니 된다"의 조항을 위반하여 다음 어느 하나에 해당하는 행위를 한 사람

① 위력을 사용하여 출동한 소방대의 화재진압 · 인명구조 또는 구급활동을 방해하는 행위
② 소방대가 화재진압 · 인명구조 또는 구급활동을 위하여 현장에 출동하거나 현장에 출입하는 것을 고의로 방해하는 행위
③ 출동한 소방대원에게 폭행 또는 협박을 행사하여 화재진압 · 인명구조 또는 구급활동을 방해하는 행위
④ 출동한 소방대의 소방장비를 파손하거나 그 효용을 해하여 화재진압 · 인명 구조 또는 구급활동을 방해하는 행위

2) 소방자동차의 출동을 방해한 사람

3) 사람을 구출하는 일 또는 불을 끄거나 불이 번지지 아니하도록 하는 일을 방해한 사람

4) 정당한 사유 없이 소방용수시설 또는 비상소화장치를 사용하거나 소방용수시설 또는 비상소화장치의 효용을 해치거나 그 정당한 사용을 방해한 사람

(2) 3년 이하의 징역 또는 3000만 원 이하의 벌금

[소방본부장, 소방서장 또는 소방대장은 사람을 구출하거나 불이 번지는 것을 막기 위하여 필요할 때에는 화재가 발생하거나 불이 번질 우려가 있는 소방대상물 및 토지를 일시적으로 사용하거나 그 사용의 제한 또는 소방활동에 필요한 처분을 할 수 있다.]의 조항에 따른 처분을 방해한 자 또는 정당한 사유 없이 그 처분에 따르지 아니한 자

(3) 300만 원 이하의 벌금

1) 사람을 구출하거나 불이 번지는 것을 막기 위하여 긴급하다고 인정할 때 소방대상물 또는 토지 외의 소방대상물과 토지에 대한 강제처분을 방해한 자 또는 그 처분에 따르지 아니한 자
2) 소방활동을 위하여 긴급하게 출동할 때 소방자동차의 통행과 소방활동에 방해가 되는 주차 또는 정차된 차량 및 물건 등을 제거 또는 이동을 방해한 자 또는 그 처분에 따르지 아니한 자

(4) 100만 원 이하의 벌금

1) 정당한 사유 없이 소방대의 생활안전활동을 방해한 자

2) 정당한 사유 없이 소방대가 현장에 도착할 때까지 사람을 구출하는 조치 또는 불을 끄거나 불이 번지지 아니하도록 하는 조치를 하지 아니한 사람

3) 피난 명령을 위반한 사람

4) 정당한 사유 없이 물의 사용이나 수도의 개폐장치의 사용 또는 조작을 하지 못하게 하거나 방해한 자

5) 화재 발생을 막거나 폭발 등으로 화재가 확대되는 것을 막기 위하여 가스·전기 또는 유류 등의 시설에 대하여 위험물질의 공급을 차단하는 조치를 정당한 사유 없이 방해한 자

06 소방기본법 위반 시 과태료

(1) 500만 원 이하의 과태료

1) 화재 또는 구조·구급이 필요한 상황을 거짓으로 알린 사람

2) 정당한 사유 없이 소방대상물의 화재, 재난·재해, 그 밖의 위급한 상황을 소방본부, 소방서 또는 관계 행정기관에 알리지 아니한 관계인

(2) 200만 원 이하의 과태료

1) 소방자동차의 출동에 지장을 준 자

2) 소방활동구역을 출입한 사람

3) 한국소방안전원 또는 이와 유사한 명칭을 사용한 자

4) 한국119청소년단 또는 이와 유사한 명칭을 사용한 자

(3) 100만 원 이하의 과태료

전용구역에 차를 주차하거나 전용구역에의 진입을 가로막는 등의 방해행위를 한 자

(4) 20만 원 이하의 과태료

다음 각 호의 지역 또는 장소에서 화재로 오인할 만한 우려가 있는 불을 피우거나 연막 소독을 함에 있어 신고를 하지 아니하여 소방자동차를 출동하게 한 자

① 시장지역
② 공장·창고가 밀집한 지역
③ 목조건물이 밀집한 지역
④ 위험물의 저장 및 처리시설이 밀집한 지역
⑤ 석유화학제품을 생산하는 공장이 있는 지역
⑥ 그 밖에 시·도의 조례로 정하는 지역 또는 장소

(5) 과태료 부과, 징수권자 : 소방본부장, 소방서장

01 총칙

(1) 제정목적

① 화재의 예방과 안전관리에 필요한 사항을 규정함
② 화재로부터 국민의 생명 · 신체 및 재산을 보호
③ 공공의 안전과 복리 증진에 이바지함

(2) 용어의 정의

1) 예방

화재의 위험으로부터 사람의 생명 · 신체 및 재산을 보호하기 위하여 화재발생을 사전에 제거하거나 방지하기 위한 모든 활동

2) 안전관리

화재로 인한 피해를 최소화하기 위한 예방, 대비, 대응 등의 활동

3) 화재안전조사

소방청장, 소방본부장 또는 소방서장(이하 "소방관서장")이 소방대상물, 관계지역 또는 관계인에 대하여 소방시설 등이 소방 관계 법령에 적합하게 설치 · 관리되고 있는지, 소방대상물에 화재의 발생 위험이 있는지 등을 확인하기 위하여 실시하는 현장조사 · 문서열람 · 보고요구 등을 하는 활동

4) 화재예방강화지구

특별시장 · 광역시장 · 특별자치시장 · 도지사 또는 특별자치도지사(이하 "**시 · 도지사**")가 화재발생 우려가 크거나 화재가 발생할 경우 피해가 클 것으로 예상되는 지역에 대하여 화재의 예방 및 안전관리를 강화하기 위해 지정 · 관리하는 지역

5) 화재예방안전진단

화재가 발생할 경우 사회 · 경제적으로 피해 규모가 클 것으로 예상되는 소방대상물에 대하여 화재위험요인을 조사하고 그 위험성을 평가하여 개선대책을 수립하는 것

02 화재의 예방 및 안전관리 기본계획의 수립·시행

(1) 화재의 예방 및 안전관리 기본계획 등의 수립·시행

1) 기본계획의 수립·시행권자 : 소방청장

2) 기본계획의 수립·시행 : 5년마다

3) 시행계획의 수립·시행 : 매년수립·시행하되 전년도 10월 31일까지 수립

(2) 기본계획의 포함내용

1) 화재예방정책의 기본목표 및 추진방향

2) 화재의 예방과 안전관리를 위한 법령·제도의 마련 등 기반 조성

3) 화재의 예방과 안전관리를 위한 대국민 교육·홍보

4) 화재의 예방과 안전관리 관련 기술의 개발·보급

5) 화재의 예방과 안전관리 관련 전문인력의 육성·지원 및 관리

6) 화재의 예방과 안전관리 관련 산업의 국제경쟁력 향상

7) 그 밖에 대통령령으로 정하는 화재의 예방과 안전관리에 필요한 사항

(3) 화재의 예방과 안전관리에 필요한 사항

1) 화재발생현황에 관한 사항

2) 소방대상물의 환경 및 화재위험특성 변화 주세 등 화재예방정책의 여건 변화에 관한 사항

3) 소방시설의 설치·관리 및 화재안전기준의 개선에 관한 사항

4) 화재안전 중점관리대상(특정소방대상물 중 다수의 인명피해 발생이 우려되는 시설로 화재예방 및 대응이 필요하여 소방본부장 또는 소방서장이 지정하는 대상을 말한다)의 선정 및 관리 등에 관한 사항

5) 계절별·시기별·소방대상물별 화재예방대책의 추진 및 평가·인증 등에 관한 사항

6) 그 밖에 화재의 예방과 안전관리에 관련하여 소방청장이 필요하다고 인정하는 사항

(4) 기본계획 및 시행계획의 수립 · 시행에 필요한 기초자료를 확보하기 위한 실태조사

1) 실태조사권자 : 소방청장

2) 실태조사 사항
① 소방대상물의 용도별 · 규모별 현황
② 소방대상물의 화재의 예방 및 안전관리 현황
③ 소방대상물의 소방시설 등 설치 · 관리 현황
④ 그 밖에 기본계획 및 시행계획의 수립 · 시행을 위하여 필요한 사항

3) 실태조사의 방법 및 절차 등
① 실태조사는 통계조사, 문헌조사 또는 현장조사 방법으로 하며, 정보통신망 또는 전자적인 방식을 사용할 수 있다.
② 소방청장은 실태조사를 실시하려는 경우 실태조사 시작 7일 전까지 조사 일시, 조사 사유 및 조사 내용 등 조사계획을 조사대상자에게 서면 또는 전자우편 등의 방법으로 미리 알려야 한다.
③ 실태조사 업무를 수행하는 관계 공무원 및 관계 전문가 등이 소방시설 등의 설치 및 관리 현황 등을 파악하기 위하여 소방대상물에 출입할 때에는 출입자의 성명, 출입일시, 출입목적 등이 표시된 문서를 관계인에게 보여주어야 한다.
④ 소방청장은 실태조사를 전문연구기관 · 단체나 관계 전문가에게 의뢰하여 실시할 수 있다.

03 화재안전조사

(1) 화재안전조사 실시권자

소방관서장(소방청장, 소방본부장 또는 소방서장)

(2) 화재안전조사를 할 수 있는 경우

1) 「소방시설 설치 및 관리에 관한 법률」에 따른 자체점검이 불성실하거나 불완전하다고 인정되는 경우

2) 화재예방강화지구 등 법령에서 화재안전조사를 하도록 규정되어 있는 경우

3) 화재예방안전진단이 불성실하거나 불완전하다고 인정되는 경우

4) 국가적 행사 등 주요 행사가 개최되는 장소 및 그 주변의 관계 지역에 대하여 소방안전관리 실태를 조사할 필요가 있는 경우

5) 화재가 자주 발생하였거나 발생할 우려가 뚜렷한 곳에 대한 조사가 필요한 경우

6) 재난예측정보, 기상예보 등을 분석한 결과 소방대상물에 화재의 발생 위험이 크다고 판단되는 경우

7) 화재, 그 밖의 긴급한 상황이 발생할 경우 인명 또는 재산 피해의 우려가 현저하다고 판단되는 경우

(3) 화재안전조사의 항목

1) 화재의 예방조치 등에 관한 사항

2) 소방안전관리업무 수행에 관한 사항

3) 소방훈련 및 교육에 관한 사항

4) 소방자동차 전용구역 등에 관한 사항

5) 소방기술자 및 감리원 배치 등에 관한 사항

6) 소방시설의 설치 및 관리 등에 관한 사항

7) 건설현장의 임시소방시설의 설치 및 관리에 관한 사항

8) 피난시설, 방화구획 및 방화시설의 관리에 관한 사항

9) 방염에 관한 사항

10) 소방시설 등의 자체점검에 관한 사항

11) 다중이용업소의 안전관리에 관한 사항

12) 위험물안전관리에 관한 사항

13) 초고층 및 지하연계 복합건축물의 안전관리에 관한 사항

(4) 화재안전조사의 방법 · 절차 등

1) 화재안전조사의 목적에 따른 분류
① 종합조사 : 화재안전조사 항목 전체에 대해 실시하는 조사
② 부분조사 : 소방대상물의 층 · 용도 · 시설 등 특정 부분을 선택하여 화재안전조사 항목 중 특정 항목 또는 특정 항목의 일부분에 한정하여 실시하는 조사

2) 화재안전조사를 실시하고자 하는 경우 조사대상, 조사기간 및 조사사유 등 조사계획을 인터넷 홈페이지나 전산시스템 등을 통해 사전에 공개하여야 한다. 이 경우 공개기간은 7일 이상으로 한다.

(5) 화재안전조사 계획을 사전에 공개하지 않아도 되는 경우

① 화재가 발생할 우려가 뚜렷하여 긴급하게 조사할 필요가 있는 경우
② 화재안전조사의 실시를 사전에 통지하거나 공개하면 조사목적을 달성할 수 없다고 인정되는 경우

(6) 화재안전조사를 연기

1) 연기신청 : 화재안전조사 시작 3일 전까지 소방청장, 소방본부장 또는 소방서장에게 제출

2) 화재안전조사를 연기할 수 있는 사유
① 국민의 생명ㆍ신체ㆍ재산과 국가에 피해를 주거나 줄 수 있는 **재난**이 발생한 경우
② 관계인의 질병, 사고, 장기출장 등의 경우
③ 권한 있는 기관에 자체점검기록부, 교육ㆍ훈련일지 등 화재안전조사에 필요한 장부ㆍ서류 등이 압수되거나 영치(領置)되어 있는 경우
④ 소방대상물의 **증축ㆍ용도변경** 또는 대수선 등의 공사로 화재안전조사를 실시하기 어려운 경우

(7) 화재안전조사단 편성ㆍ운영

1) 중앙화재안전조사단 편성ㆍ운영 : 소방청

2) 지방화재안전조사단 편성ㆍ운영 : 소방본부 및 소방서

3) 화재안전조사단의 구성 : 50명 이내의 단원으로 성별을 고려하여 구성

(8) 화재안전조사단원의 자격

① 소방공무원
② 소방업무와 관련된 단체 또는 연구기관 등의 임직원
③ 소방 관련 분야에서 전문적인 지식이나 경험이 풍부한 사람으로서 소방관서장이 인정하는 사람

(9) 화재안전조사위원회의 구성ㆍ운영 등

1) 화재안전조사위원회의 구성
① 위원장 : 소방관서장(소방청장, 소방본부장 또는소방서장)
② 구성인원 : 위원장 1명을 포함한 7명 이내의 위원으로 성별을 고려하여 구성

(10) 화재안전조사위원의 자격

1) 과장급 직위 이상의 소방공무원

2) 소방기술사

3) 소방시설관리사

4) 소방 관련 분야의 석사학위 이상을 취득한 사람

5) 소방 관련 법인 또는 단체에서 소방 관련 업무에 5년 이상 종사한 사람

6) 소방공무원 교육훈련기관, 학교 또는 연구소에서 소방과 관련한 교육 또는 연구에 5년 이상 종사한 사람

(11) 화재안전조사에의한 손실보상 : 소방청장 또는 시 · 도지사

04 화재의 예방조치 등

(1) 화재예방강화지구

1) 화재예방강화지구 지정권자 : 시 · 도지사

2) 화재예방강화지구 지정 요청권자 : 소방청장

3) 화재예방강화지구에 대한 화재안전조사와 교육 및 훈련

구분	화재안전조사	교육 및 훈련
실시권자	소방관서장	소방관서장
횟수	연 1회 이상	연 1회 이상
통보 등	7일 이상 계획을 공개	10일 전까지 통보
대상	소방대상물의 위치 · 구조 및 설비	관계인
연기	3일 전까지 신청	―

4) 화재예방강화지구
① 시장지역
② 공장 · 창고가 밀집한 지역
③ 목조건물이 밀집한 지역
④ 노후 · 불량건축물이 밀집한 지역
⑤ 위험물의 저장 및 처리 시설이 밀집한 지역
⑥ 석유화학제품을 생산하는 공장이 있는 지역
⑦ 산업단지, 물류단지

⑧ 소방시설·소방용수시설 또는 **소방출동로가 없는** 지역
⑨ 소방관서장이 화재예방강화지구로 지정할 필요가 있다고 인정하는 지역

(2) 화재의 예방조치 등

1) 화재의 예방방조치 : 소방청장, 소방본부장 또는소방서장

2) 화재예방강화지구에서 금지 행위
① 모닥불, 흡연 등 화기의 취급
② 풍등 등 소형열기구 날리기
③ 용접·용단 등 불꽃을 발생시키는 행위
④ 화재발생 위험이 있는 가연성·폭발성 물질을 안전조치 없이 방치하는 행위

(3) 화재발생위험이 있는 물건의 보관 등의 행위

1) 소속 공무원으로 하여금 그 물건을 옮기거나 보관하는 등 필요한 조치를 할 수 있는 경우
① 화재예방강화지구에서 해서는 안 되는 행위 중 어느 하나에 해당하는 행위의 금지 또는 제한
② 목재, 플라스틱 등 가연성이 큰 물건의 제거, 이격, 적재 금지 등
③ 소방차량의 통행이나 소화 활동에 지장을 줄 수 있는 물건의 이동

2) 옮긴 물건 등에 대한 보관기간 및 보관기간 경과 후 처리 등
① 게시판 공고기간 : 보관일로부터 **14일 동안** 소방청, 소방본부 또는 소방서의 인터넷 홈페이지에 그 사실을 공고
② **보관기간** : 소방관서 홈페이지에 공고하는 기간의 종료일 다음 날부터 7일
③ 보관기간의 종료 후 처리 : 매각 또른 폐기
④ 물건의 소유자가 보상을 요구하는 경우 : 협의 후 보상

(4) 보일러 등의 위치·구조 및 관리와 화재예방을 위하여 불의 사용에 있어서 지켜야 하는 사항

1) 보일러

종류	내용
보일러	1. **경유·등유 등 액체연료**를 사용하는 경우 가. 연료탱크는 보일러 본체로부터 수평거리 : 1m 이상 나. 연료를 차단할 수 있는 개폐밸브 : 연료탱크로부터 0.5m 이내 다. 연료탱크 또는 연료를 공급하는 배관 : **여과장치** 라. 사용이 허용된 연료 외의 것을 사용하지 않을 것 마. 연료탱크가 넘어지지 않도록 받침대를 설치하고, 연료탱크 및 연료탱크 받침대는 **불연재료**로 할 것

종류	내용
보일러	2. **기체연료**를 사용하는 경우 　가. 보일러를 설치하는 장소에는 환기구를 설치하는 등 가연성 가스가 머무르지 　　　아니하도록 할 것 　나. 연료를 공급하는 배관 : 금속관 　다. 긴급 시 연료를 차단할 수 있는 개폐밸브 : 연료용기로부터 0.5m 이내 　라. 보일러가 설치된 장소 : 가스누설경보기

2) 불꽃을 사용하는 용접 · 용단기구

종류	내용
불꽃을 사용하는 용접 · 용단기구	용접 또는 용단 작업장 1. 용접 또는 용단 작업자로부터 **반경 5m 이내**에 소화기를 갖추어 둘 것 2. 용접 또는 용단 작업장 주변 반경 **10m 이내**에는 가연물을 쌓아두거나 놓아두지 말 것

3) 음식조리를 위하여 설치하는 설비

종류	내용
음식조리를 위하여 설치하는 설비	일반음식점에서 조리를 위하여 불을 사용하는 설비 1. 주방설비에 부속된 배출덕트 : **0.5mm 이상**의 아연도금강판 2. 주방시설에는 동물 또는 식물의 기름을 제거할 수 있는 **필터**를 설치할 것 3. 열을 발생하는 조리기구 : 반자 또는 선반으로부터 **0.6m 이상** 4. 열을 발생하는 조리기구로부터 0.15m 이내의 거리에 있는 가연성 주요 구조부는 **석면판** 　또는 단열성이 있는 **불연재료**로 덮어씌울 것

(5) 특수가연물

1) 정의 : 화재 발생 시 불길이 빠르게 번지는 고무류 · 면화류 · 석탄 및 목탄 등 대통령령으로 정하는 물품

2) 특수가연물의 저장 및 취급의 기준
　① 특수가연물을 저장 또는 취급하는 장소의 표지

　　품명 · 최대수량 · 단위체적당 질량 · 관리책임자 성명 · 직책, 연락처 및 화기취급의 금지표시가 포함된 특수가연물 표지를 설치할 것

　② 다음의 기준에 따라 쌓아 저장할 것(석탄 · **목탄류를 발전용**으로 저장하는 경우는 제외)
　　㉠ **품명별로 구분**하여 쌓을 것
　　㉡ 실내에 쌓아 저장하는 경우
　　　주요 구조부는 내화구조이면서 불연재료이어야 하고, 다른 종류의 특수가연물과 동일 공간 내에서 보관하지 않을 것

ⓒ 실외에 쌓아 저장하는 경우

　쌓는 부분과 대지경계선, 도로 및 인접 건축물과 최소 6m 이상 간격을 둘 것(쌓는 높이보다 0.9미터 이상 높은 내화구조 벽체 설치 시 제외)

ⓔ 쌓는 부분의 사이 간격

　• 실내 : 1.2m 또는 쌓는 높이의 1/2 중 큰 값 이상

　• 실외 : 3m 또는 쌓는 높이 중 큰 값 이상

ⓜ 쌓는 높이 및 쌓는 부분의 바닥면적

구분	살수설비 또는 대형소화기가 없는 경우	살수설비 또는 대형소화기가 있는 경우
쌓는 높이	10m 이하	15m 이하
쌓는 부분의 바닥면적	50m² 이하 (석탄, 목탄 200m²)	200m² 이하 (석탄, 목탄 300m²)

3) 특수가연물의 표지

① 표지는 한 변의 길이가 0.3[m] 이상, 다른 한 변의 길이가 0.6[m] 이상인 직사각형으로 할 것

② 표지의 바탕은 백색으로, 문자는 흑색으로 할 것(화기엄금 부분 제외)

③ 화기엄금 표시부분의 바탕은 붉은색으로, 문자는 백색으로 할 것

④ 표지내용

　특수가연물을 저장 또는 취급하는 장소에는 품명, 최대저장수량, 단위부피당 질량 또는 단위체적당 질량, 관리책임자 성명·직책, 연락처 및 화기취급의 금지표시가 포함된 특수가연물 표지를 설치

특수가연물	
화기엄금	
품명	면화류
최대수량 (배수)	OOO [ton] (OO배)
단위부피당 질량	OOO [kg/m³]
관리책임자 (직책)	홍길동 팀장
연락처	02-OOO-OOOO

4) 특수가연물의 품명 및 수량

품명		수량
면화류		200kg 이상
나무껍질 및 대팻밥		400kg 이상
넝마 및 종이 부스러기		1,000kg 이상
사류(絲類)		1,000kg 이상
볏짚류		1,000kg 이상
가연성 고체류		3,000kg 이상
석탄 · 목탄류		10,000kg 이상
가연성 액체류		2m³ 이상
목재가공품 및 나무 부스러기		10m³ 이상
고무류 · 플라스틱류	발포시킨 것	20m³ 이상
	그 밖의 것	3,000kg 이상

05 소방대상물의 소방안전관리

(1) 소방안전관리자의 선임

① 소방안전관리자 선임 : 해당 사유 발생일로부터 30일 이내에 선임
② 소방안전관리자의 선임신고 : 선임한 날부터 14일 이내에 소방본부장, 소방서장에게 신고

(2) 소방안전관리자 선임 사유에 해당하는 날

① 신축 · 증축 · 개축 · 재축 · 대수선 또는 용도변경으로 해당 특정소방대상물의 소방안전관리자를 신규로 선임하여야 하는 경우 : 해당 특정소방대상물의 완공일
② 증축 또는 용도변경으로 인하여 특정소방대상물이 소방안전관리대상물로 된 경우 : 증축공사의 완공일 또는 용도변경 사실을 건축물관리대장에 기재한 날
③ 특정소방대상물을 양수하거나 관계인의 권리를 취득한 경우 : 해당 **권리를 취득한 날**
④ 소방안전관리자를 해임한 경우 : 소방안전관리자를 **해임한 날** 등

(3) 소방안전관리자의 업무

① 소방계획서의 작성 및 시행
② 자위소방대 및 초기대응체계의 구성 · 운영 · 교육
③ 피난시설, 방화구획 및 방화시설의 관리
④ 소방훈련 및 교육

⑤ 소방시설이나 그 밖의 소방 관련 시설의 관리

⑥ 화기 취급의 감독

⑦ 소방안전관리에 관한 업무수행에 관한 기록 · 유지(③, ④, ⑥의 업무)

(4) 소방안전관리자 강습 또는 실무교육

1) 강습 또는 실무교육 실시권자 : 소방청장(소방안전원에 위임)

2) 실무교육 기한 : 선임된 날부터 6개월 이내에 실무교육을 받아야 하며, 그 후에는 2년마다 1회 이상

3) 실무교육대상자 : 선임된 소방안전관리자 및 소방안전관리보조자

4) 강습교육 대상자
① 소방안전관리자의 자격을 인정받으려는 사람(특급, 1급, 2급, 3급 소방안전관리자)
② 소방안전관리자로 선임되고자 하는 사람

(5) 소방안전관리에 대한 관계인의 의무

① 특정소방대상물의 관계인은 그 특정소방대상물에 대하여 소방안전관리업무를 수행하여야 한다.
② 소방안전관리대상물의 관계인은 소방안전관리자가 소방안전관리업무를 성실하게 수행할 수 있도록 지도 · 감독하여야 한다.
③ 소방안전관리자는 인명과 재산을 보호하기 위하여 소방시설 · 피난시설 · 방화시설 및 방화구획 등이 법령에 위반된 것을 발견한 때에는 지체 없이 소방안전관리대상물의 관계인에게 소방대상물의 개수 · 이전 · 제거 · 수리 등 필요한 조치를 할 것을 요구하여야 하며, 관계인이 시정하지 아니하는 경우 소방본부장 또는 소방서장에게 그 사실을 알려야 한다.
④ 소방안전관리자로부터 제3항에 따른 조치요구 등을 받은 소방안전관리대상물의 관계인은 지체 없이 이에 따라야 하며, 이를 이유로 소방안전관리자를 해임하거나 보수(報酬)의 지급을 거부하는 등 불이익한 처우를 하여서는 아니 된다.

(6) 소방안전관리자 자격의 정지 및 취소

1) 자격의 취소
① 거짓이나 그 밖의 부정한 방법으로 소방안전관리자 자격증을 발급받은 경우
② 소방안전관리자 자격증을 다른 사람에게 빌려준 경우

2) 자격의 정지
① 소방안전관리업무를 게을리한 경우
② 실무교육을 받지 아니한 경우
③ 이 법 또는 이 법에 따른 명령을 위반한 경우

3) 자격의 재취득

소방안전관리자 자격이 취소된 사람은 취소된 날부터 2년간 소방안전관리자 자격증을 발급받을 수 없다.

(7) 소방안전관리자를 두어야 하는 선임대상물, 선임자격 및 선임인원

1) 특급 소방안전관리대상물

선임 대상물	1) **50층 이상(지하층 제외)**이거나 지상으로부터 높이가 **200m 이상인 아파트** 2) **30층 이상(지하층을 포함)**이거나 지상으로부터 높이가 **120m 이상인 특정소방대상물**(아파트 제외) 3) 연면적이 **10만m² 이상인 특정소방대상물**(아파트 제외)
선임자격	다음에 해당하는 사람으로서 **특급 소방안전관리자 자격증**을 발급받은 사람 1) **소방기술사 또는 소방시설관리사** 2) 소방설비기사의 자격을 취득한 후 **5년 이상 1급** 소방안전관리대상물의 소방안전관리자로 근무한 실무경력이 있는 사람 3) 소방설비산업기사의 자격을 취득한 후 **7년 이상 1급** 소방안전관리대상물의 소방안전관리자로 근무한 실무경력이 있는 사람 4) 소방공무원으로 **20년 이상** 근무한 경력이 있는 사람 5) 소방청장이 실시하는 특급 소방안전관리대상물의 소방안전관리에 관한 시험에 합격한 사람
선임인원	1명 이상

비고 : 동·식물원, 철강 등 불연성 물품을 저장·취급하는 창고, 위험물 저장 및 처리시설 중 위험물 제조소 등과 지하구는 **특급, 1급 소방안전관리대상물에서 제외**한다.

2) 1급 소방안전관리대상물

선임 대상물	1) **30층 이상(지하층 제외)**이거나 지상으로부터 높이가 **120m 이상인 아파트** 2) 연면적 **15,000m² 이상인 특정소방대상물**(아파트 및 연립주택 제외) 3) 층수가 **11층 이상인 특정소방대상물**(아파트 제외) 4) 가연성 가스를 **1,000톤 이상** 저장·취급하는 시설
선임자격	다음에 해당하는 사람으로서 **1급 소방안전관리자 자격증**을 발급받은 사람 또는 소방안전관리대상물의 소방안전관리자 자격증을 발급받은 사람 1) **소방설비기사 또는 소방설비산업기사**의 자격이 있는 사람 2) 소방공무원으로 **7년 이상** 근무한 경력이 있는 사람 3) 소방청장이 실시하는 1급 소방안전관리대상물의 소방안전관리에 관한 시험에 합격한 사람 4) 특급 소방안전관리대상물의 소방안전관리자 자격이 인정되는 사람
선임인원	1명 이상

3) 2급 소방안전관리대상물

선임 내상물	1) **옥내소화전설비, 스프링클러설비, 물분무등소화설비(호스릴 제외)**가 설치된 특정소방대상물 2) 가연성 가스를 **100톤 이상 1,000톤 미만** 저장·취급하는 시설 3) **지하구** 4) **공동주택**

	5) **보물** 또는 **국보**로 지정된 목조건축물
선임자격	다음에 해당하는 사람으로서 **2급 소방안전관리자 자격증**을 발급받은 사람 또는 특급, 1급 소방안전관리대상물의 소방안전관리자 자격증을 발급받은 사람 1) 위험물기능장 · 위험물산업기사 또는 위험물기능사 자격을 가진 사람 2) 소방공무원으로 **3년 이상** 근무한 경력이 있는 사람 3) 소방청장이 실시하는 2급 소방안전관리대상물의 소방안전관리에 관한 시험에 합격한 사람
선임인원	1명 이상

4) 3급 소방안전관리대상물

선임 대상물	**간이스프링클러설비** 또는 **자동화재탐지설비**를 설치하여야 하는 특정소방대상물
선임자격	다음에 해당하는 사람으로서 **3급 소방안전관리자 자격증**을 발급받은 사람 또는 특급, 1급, 2급 소방안전관리대상물의 소방안전관리자 자격증을 발급받은 사람 1) 소방공무원으로 **1년 이상** 근무한 경력이 있는 사람 2) 소방청장이 실시하는 3급 소방안전관리대상물의 소방안전관리에 관한 시험에 합격한 사람
선임인원	1명 이상

(8) 소방안전관리보조자

1) 소방안전관리보조자를 두어야 하는 특정소방대상물

① 아파트(300세대 이상인 아파트만 해당) : 기본 1명, 초과되는 300세대마다 1명 추가

② 연면적이 15,000m² 이상인 특정소방대상물(아파트 제외) : 기본 1명, 초과되는 연면적이 15,000m²마다 1명 추가

③ 공동주택 중 기숙사 : 1명

④ 의료시설 : 1명

⑤ 노유자시설 : 1명

⑥ 수련시설 : 1명

⑦ 숙박시설(숙박시설로 사용되는 바닥면적의 합계가 1,500m² 미만이고 관계인이 24시간 상시 근무하고 있는 숙박시설은 제외) : 1명

2) 소방안전관리보조자의 선임자격

① 특급, 1급, 2급, 3급 소방안전관리대상물의 소방안전관리자 자격이 있는 사람

② 건축, 기계제작, 기계장비설비 · 설치, 화공, 위험물, 전기, 안전관리에 해당하는 국가기술자격이 있는 사람

③ 공공기관의 소방안전관리에 관한 규정 따른 강습교육을 수료한 사람

④ 특급 , 1급, 2급, 3급 소방안전관리대상물의 소방안전관리에 대한 강습교육을 수료한 사람

⑤ 소방안전관리대상물에서 소방안전 관련 업무에 2년 이상 근무한 경력이 있는 사람

(9) 총괄소방안전관리자 선임 대상 건축물

1) 복합건축물(지하층을 제외한 층수가 11층 이상 또는 연면적 30,000m² 이상인 건축물)

2) 지하가(지하의 인공구조물 안에 설치된 상점 및 사무실, 그 밖에 이와 비슷한 시설이 연속하여 지하도에 접하여 설치된 것과 그 지하도를 합한 것)

3) 판매시설 중 도매시장, 소매시장 및 전통시장

(10) 소방안전관리업무의 대행

1) 소방안전관리 업무의 대행 대상
   ① 지상층의 층수가 11층 이상인 1급 소방안전관리대상물(연면적 15,000m² 이상인 특정소방대상물과 아파트는 제외)
   ② 2급 소방안전관리대상물
   ③ 3급 소방안전관리대상물

2) 소방안전관리 업무의 대행 업무
   ① 피난시설, 방화구획 및 방화시설의 관리
   ② 소방시설이나 그 밖의 소방 관련 시설의 관리

(11) 건설현장 소방안전관리대상물

1) 건설현장 소방안전관리자 배치기간
   소방시설공사 착공 신고일부터 건축물 사용승인일까지

2) 건설현장 소방안전관리대상물
   ① 신축 · 증축 · 개축 · 재축 · 이전 · 용도변경 또는 대수선을 하려는 부분의 연면적의 합계가 15,000m² 이상인 것
   ② 신축 · 증축 · 개축 · 재축 · 이전 · 용도변경 또는 대수선을 하려는 부분의 연면적이 5,000m² 이상인 것으로서 다음의 하나에 해당하는 것
      ㉠ 지하층의 층수가 2개층 이상인 것
      ㉡ 지상층의 층수가 11층 이상인 것
      ㉢ 냉동창고, 냉장창고 또는 냉동 · 냉장창고

(12) 소방안전관리대상물 근무자 및 거주자 등에 대한 소방훈련 등

1) 소방훈련 및 교육 : 관계인이 근무자 및 거주자에게 실시

2) 소방훈련 및 교육의 지도 · 감독 : 소방본부장 · 소방서장

3) 소방훈련 및 교육의 횟수 : 연 1회 이상

4) 소방훈련 및 교육결과 : 30일 이내에 소방본부장·소방서장에게 제출

5) 소방본부장·소방서장의 불시 소방훈련 실시 : 10일 전까지 서면 통보

6) 소방훈련 및 교육의 기록 보관 : 2년

06 특별관리시설물의 소방안전관리

(1) 소방안전 특별관리시설물

화재 등 재난이 발생할 경우 사회·경제적으로 피해가 클 것으로 예상되는 특정소방대상물

(2) 소방안전 특별관리시설물의 종류

1) 공항시설, 항만시설, 철도시설, 도시철도시설

2) 지정문화재인 시설, 산업기술단지, 석유비축시설

3) 초고층 건축물 및 지하연계 복합건축물

4) 수용인원 1,000명 이상인 영화상영관

5) 전력용 및 통신용 지하구

6) 천연가스 인수기지 및 공급망, 가스공급시설

7) 점포가 500개 이상인 전통시장

8) 발전사업자가 가동 중인 발전소

9) 물류창고로서 연면적 10만㎡ 이상인 것

(3) 화재예방안전진단

1) 화재예방안전진단의 시행기관
  ① 한국소방안전원
  ② 소방청장이 지정하는 화재예방안전진단기관

2) 진단기관의 지정취소 및 업무정지

① 지정취소
  - 거짓이나 그 밖이 부정한 방법으로 지정을 받은 경우
  - 업무정지기간에 화재예방안전진단 업무를 한 경우
② 업무정지
  - 화재예방안전진단 결과를 소방본부장 또는 소방서장, 관계인에게 제출하지 아니한 경우
  - 지정기준에 미달하게 된 경우

3) 화재예방안전진단의 대상이 되는 소방안전 특별관리시설물

① 공항시설 중 여객터미널의 연면적이 $1,000m^2$ 이상인 공항시설
② 철도시설 중 역 시설의 연면적이 $5,000m^2$ 이상인 철도시설
③ 도시철도시설 중 역사 및 역 시설의 연면적이 $5,000m^2$ 이상인 도시철도시설
④ 항만시설 중 여객이용시설 및 지원시설의 연면적이 $5,000m^2$ 이상인 항만시설
⑤ 전력용 및 통신용 지하구 중 「국토의 계획 및 이용에 관한 법률」 따른 공동구
⑥ 가스공급시설 중 가연성 가스 탱크의 저장용량의 합계가 100톤 이상이거나 저장용량이 30톤 이상인 탱크가 있는 가스공급시설
⑦ 발전소 중 연면적이 $5,000m^2$ 이상인 발전소

07 보칙

(1) 청문 대상

1) 소방안전관리자의 자격 취소

2) 진단기관의 지정 취소

(2) 벌칙

1) 3년 이하의 징역 또는 3천만 원 이하의 벌금
  ① 화재안전조사 결과에 따른 조치명령을 정당한 사유 없이 위반한 자
  ② 소방안전관리자 또는 소방안전관리보조자의 선임명령을 정당한 사유 없이 위반한 자
  ③ 소방안전 특별관리시설물에 대한 보수·보강 등 조치명령을 정당한 사유 없이 위반한 자
  ④ 거짓이나 그 밖의 부정한 방법으로 진단기관 지정을 받은 자

2) 1년 이하의 징역 또는 1천만 원 이하의 벌금

① 화재안전조사 업무를 수행하는 관계 공무원 및 관계 전문가가 관계인의 정당한 업무를 방해하거나, 조사업무를 수행하면서 취득한 자료나 알게 된 비밀을 다른 사람 또는 기관에게 제공 또는 누설하거나 목적 외의 용도로 사용한 자

② 소방안전관리자 자격증을 다른 사람에게 빌려 주거나 빌리거나 이를 알선한 자

③ 소방안전 특별관리시설물의 관계인이 진단기관으로부터 화재예방안전진단을 받지 아니한 자

3) 300만 원 이하의 벌금

① 화재안전조사를 정당한 사유 없이 거부·방해 또는 기피한 자

② 화재 발생 위험이 크거나 소화 활동에 지장을 줄 수 있다고 인정되는 행위나 물건에 대한 예방조치명령을 정당한 사유 없이 따르지 아니하거나 방해한 자

③ 소방안전관리자, 총괄소방안전관리자 또는 소방안전관리보조자를 선임하지 아니한 자

④ 소방시설·피난시설·방화시설 및 방화구획 등이 법령에 위반된 것을 발견하였음에도 필요한 조치를 할 것을 요구하지 아니한 소방안전관리자

⑤ 소방안전관리자에게 불이익한 처우를 한 관계인

⑥ 화재예방안전진단 업무에 종사하고 있거나 종사하였던 사람 또는 위탁받은 업무에 종사하고 있거나 종사하였던 사람이 업무를 수행하면서 알게 된 비밀을 이 법에서 정한 목적 외의 용도로 사용하거나 다른 사람 또는 기관에 제공하거나 누설한 자

(3) 과태료

1) 300만 원 이하의 과태료

① 정당한 사유 없이 화재예방강화지구에서 다음의 행위를 한 자

- 모닥불, 흡연 등 화기의 취급
- 풍등 등 소형열기구 날리기
- 용접·용단 등 불꽃을 발생시키는 행위

② 특급, 1급 소방안전관리대상물에서 다른 안전관리자와 소방안전관리자를 겸한 자

③ 소방안전관리업무를 하지 아니한 관계인 또는 소방안전관리대상물의 소방안전관리자

④ 소방안전관리자의 소방안전관리업무 지도·감독을 하지 아니한 자

⑤ 건설현장 소방안전관리대상물의 소방안전관리자의 업무를 하지 아니한 소방안전관리자

⑥ 소방안전관리대상물의 피난유도 안내정보를 제공하지 아니한 자

⑦ 소방안전관리대상물 근무자 및 거주자 등에 대한 소방훈련 및 교육을 하지 아니한 자

⑧ 안전원 또는 진단기관이 화재예방안전진단 결과를 소방본부장 또는 소방서장, 관계인제출하지 아니한 자

2) 200만 원 이하의 과태료

① 불을 사용할 때 지켜야 하는 사항 및 특수가연물의 저장 및 취급 기준을 위반한 자

② 화재예방강화지구이 예방강하를 위한 수방설비 등의 설치 명령을 정당한 사유 없이 따르지 아니한 자

③ 소방안전관리자 또는 소방안전관리보조자의 선임신고를 하지 아니하거나 소방안전관리자의 성명 등을 게시하지 아니한 자

④ 건설현장 소방안전관리자를 기간 내에 선임신고하지 아니한 자

⑤ 소방안전관리대상물 근무자 및 거주자 등에 대한 소방훈련 및 교육 결과를 기간 내에 제출하지 아니한 자

3) 100만 원 이하의 과태료

실무교육을 받지 아니한 소방안전관리자 및 소방안전관리보조자

4) 과태료 부과권자

시 · 도지사, 소방청장, 소방본부장 또는 소방서장

03 소방시설 설치 및 관리에 관한 법률, 시행령, 시행규칙 (약칭 : 소방시설법)

01 총칙

(1) 제정목적

① 소방시설 등의 설치 · 관리와 소방용품 성능관리에 필요한 사항을 규정
② 국민의 생명 · 신체 및 재산을 보호
③ 공공의 안전과 복리 증진에 이바지함

(2) 용어의 정의

1) 소방시설

소화설비, 경보설비, 피난구조설비, 소화용수설비, 그 밖에 소화활동설비로서 대통령령으로 정하는 것

2) 소방시설 등

소방시설과 비상구, 방화문 및 자동방화셔터

3) 특정소방대상물

건축물 등의 규모 · 용도 및 수용인원 등을 고려하여 소방시설을 설치하여야 하는 소방대상물로서 대통령령으로 정하는 것

4) 화재안전성능

화재를 예방하고 화재발생 시 피해를 최소화하기 위하여 소방대상물의 재료, 공간 및 설비 등에 요구되는 안전성능

5) 성능위주설계

건축물 등의 재료, 공간, 이용자, 화재 특성 등을 종합적으로 고려하여 공학적 방법으로 화재 위험성을 평가하고 그 결과에 따라 화재안전성능이 확보될 수 있도록 특정소방대상물을 설계하는 것

6) 화재안전기준

① 성능기준 : 화재안전 확보를 위하여 재료, 공간 및 설비 등에 요구되는 안전성능으로서 소방청장이 고시로 정하는 기준
② 기술기준 : 성능기준을 충족하는 상세한 규격, 특정한 수치 및 시험방법 등에 관한 기준으로서 행정안전부령으로 정하는 절차에 따라 소방청장의 승인을 받은 기준

7) 소방용품

소방시설 등을 구성하거나 소방용으로 사용되는 제품 또는 기기로서 대통령령으로 정하는 것

8) 무창층

지상층 중 다음의 요건을 모두 갖춘 개구부의 면적의 합계가 해당 층의 바닥면적의 1/30 이하가 되는 층

① 지름 50cm 이상의 원이 통과할 수 있을 것

② 바닥면으로부터 개구부 밑부분까지의 높이가 1.2m 이내일 것

③ 도로 또는 차량이 진입할 수 있는 빈터를 향할 것

④ 화재 시 건축물로부터 쉽게 피난할 수 있도록 **창살**이나 그 밖의 장애물이 설치되지 않을 것

⑤ 내부 또는 외부에서 쉽게 **부수거나** 열 수 있을 것

9) 피난층

곧바로 지상으로 갈 수 있는 출입구가 있는 층

02 건축허가 동의 등

(1) 소방시설의 설계, 시공, 감리업무 절차 흐름도

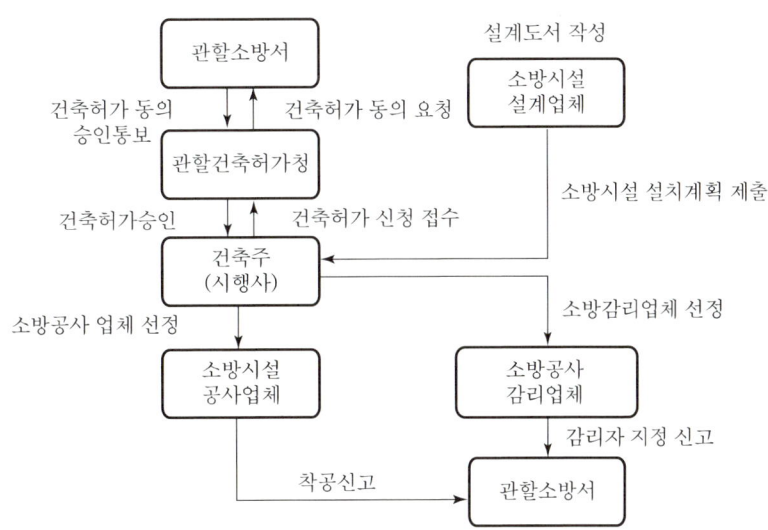

(2) 건축허가 동의

1) 건축허가 등의 동의권자 : 소방본부장 · 소방서장

2) 건축허가 동의사항

① 건축물의 신축 · 증축 · 개축 · 재축 · 이전 · 용도변경 또는 대수선의 허가 · 협의 및 사용승인 등의 권한이 있는 행정기관은 건축허가 등을 할 때 미리 그 건축물 등의 시공지 또는 소재지를 관할하는 **소방본부장이나 소방서장의 동의**를 받아야 한다.

② 건축물 등의 증축 · 개축 · 재축 · 용도변경 또는 대수선의 신고를 수리할 권한이 있는 행정기관은 그 신고를 수리하면 그 건축물 등의 시공지 또는 소재지를 관할하는 소방본부장이나 소방서장에게 지체 없이 그 사실을 알려야 한다.

③ 건축허가 등의 권한이 있는 행정기관 또는 신고를 수리할 권한이 있는 행정기관은 건축허가 등의 동의를 받거나 신고를 수리한 사실을 알릴 때 설계도서 중 건축물의 내부구조를 알 수 있는 설계도면을 제출하여야 한다.

3) 건축허가 동의 회신기간

① 건축허가 등의 동의요구서류를 접수한 날부터 5일

② 다음의 특급 소방안전관리대상물인 경우는 10일

ㄱ 50층 이상(지하층은 제외)이거나 높이가 200m 이상인 아파트

ㄴ 30층 이상(지하층을 포함)이거나 높이가 120m 이상인 특정소방대상물(아파트는 제외)

ㄷ 연면적이 10만m² 이상인 특정소방대상물(아파트는 제외)

4) 건축허가 동의요구서의 첨부서류

① 건축허가신청서 및 건축허가서 또는 건축 · 대수선 · 용도변경신고서 등의 사본

② 다음 각 목의 설계도서

ㄱ 건축물 관련 상세도면

* 건축개요 및 배치도
* 주단면도 및 입면도
* 층별 평면도(용도별 기준층 평면도를 포함)
* 방화구획도(창호도를 포함)
* 실내재료 마감표 등
* 소방자동차 진입 동선도 및 부서 공간 위치도(조경계획을 포함)

ㄴ 소방시설 등 관련 상세도면

* 소방시설의 층별 평면도 및 층별 계통도(시설별 계산서를 포함)
* 실내장식물 방염대상물품 설치 계획

ㄷ 소방시설의 내진설계 계통도 및 평면도 등 기본설계도면

③ 소방시설 설치계획표

④ 임시소방시설 설치계획서

⑤ 소방시설설계업등록증과 소방시설을 설계한 기술인력의 기술자격증 사본

⑥ 소방시설설계 계약서 사본 1부

5) 건축허가 동의요구서의 첨부서류 보완기간 : 4일 이내

6) 건축허가 등의 동의를 요구한 기관이 그 건축허가 등을 취소하였을 때
   7일 이내에 건축물 등의 시공지 또는 소재지를 관할하는 소방본부장 또는 소방서장에게 그 사실을 통보하여야 한다.

7) 건축허가 등의 동의대상물의 범위
   ① 연면적이 400m² 이상인 건축물
   ② 학교시설 : 100m² 이상
   ③ 노유자시설 및 수련시설 : 200m² 이상
   ④ 차고 · 주차장 : 바닥면적이 200m² 이상인 층이 있는 건축물이나 주차시설
   ⑤ 승강기 등 기계장치에 의한 주차시설 : 20대 이상
   ⑥ 지하층, 무창층 : 바닥면적이 150m²(공연장의 경우에는 100m²) 이상인 층
   ⑦ 정신의료기관, 장애인 의료재활시설 : 300m² 이상
   ⑧ 항공기격납고, 관망탑, 항공관제탑, 방송용 송수신탑
   ⑨ 의원(입원실이 있는 것) · 조산원 · 산후조리원, 위험물 저장 및 처리시설, 발전시설 중 풍력발전소 · 전기저장시설, 지하구, 공동주택
   ⑩ 층수가 6층 이상인 건축물

   ⑪ 노유자시설 중 다음 각 목의 어느 하나에 해당하는 시설
      ㉠ 노인주거복지시설 · 노인의료복지시설 및 재가노인복지시설, 학대피해노인 전용쉼터
      ㉡ 아동복지시설
      ㉢ 장애인 거주시설
      ㉣ 정신질환자 관련 시설(24시간 주거)
      ㉤ 노숙인 관련 시설 중 노숙인자활시설, 노숙인재활시설 및 노숙인요양시설
      ㉥ 결핵환자나 한센인이 24시간 생활하는 노유자시설

   ⑫ 요양병원
   ⑬ 보물 또는 국보로 지정된 목조건축물
   ⑭ 수량의 750배 이상의 특수가연물을 저장 · 취급하는 것
   ⑮ 지상에 노출된 탱크의 저장용량의 합계가 100톤 이상인 것

8) 건축허가 등의 동의 제외 대상물
   ① 특정소방대상물에 설치되는 소화기구, 자동소화장치, 누전경보기, 단독경보형 감지기, 가스누설경보기 및 피난구조설비(비상조명등은 제외)가 화재안전기준에 적합한 경우 해당 특정소방대상물

② 건축물의 증축 또는 용도변경으로 인하여 해당 특정소방대상물에 추가로 소방시설이 설치되지 아니하는 경우 그 특정소방대상물

③ 소방시설공사의 착공신고 대상에 해당하지 않는 경우 해당 특정소방대상물

(3) 내진설계를 하여야 하는 소방시설

① 옥내소화전설비

② 스프링클러설비

③ 물분무 등 소화설비

(4) 성능위주 설계

1) 성능위주설계를 해야 하는 특정소방대상물의 범위

① 연면적 20만㎡ 이상인 특정소방대상물(아파트 등 제외)

② 50층 이상(지하층 제외)이거나 지상으로부터 높이가 200m 이상인 아파트 등

③ 30층 이상(지하층 포함)이거나 지상으로부터 높이가 120m 이상인 특정소방대상물(아파트 등 제외)

④ 연면적 3만㎡ 이상인 특정소방대상물로서 철도 및 도시철도 시설, 공항시설

⑤ 창고시설 중 연면적 10만㎡ 이상인 것 또는 지하층의 층수가 2개층 이상이고 지하층의 바닥면적의 합이 3만㎡ 이상인 것

⑥ 하나의 건축물에 영화상영관이 10개 이상인 특정소방대상물

⑦ 지하연계 복합건축물에 해당하는 특정소방대상물

⑧ 터널 중 수저(水底)터널 또는 길이가 5,000m 이상인 것

2) 성능위주설계를 할 수 있는 자의 자격, 기술인력

성능위주설계자의 자격	기술인력
• 전문 소방시설설계업을 등록한 자 • 전문 소방시설설계업 등록기준에 따른 기술인력을 갖춘 자로서 소방청장이 정하여 고시하는 연구기관 또는 단체	소방기술사 2명 이상

(5) 주택에 설치하는 소방시설

주택의 종류	주택에 설치하는 소방시설의 종류
① 단독주택 ② 공동주택(아파트 및 기숙사는 제외)	① 소화기 ② 단독경보형 감지기

03 특정소방대상물에 설치하는 소방시설의 관리 등

(1) 소방시설의 종류

1) 소화설비 : 물 또는 그 밖의 소화약제를 사용하여 소화하는 기계·기구 또는 설비
 ① 소화기구
  ㉠ 소화기
  ㉡ 자동확산소화기
  ㉢ 간이소화용구 : 에어로졸식 소화용구, 투척용 소화용구, 소공간용 소화용구 및 소화약제
   외의 것을 이용한 간이소화용구(마른 모래, 팽창질석, 팽창진주암)

 ② 자동소화장치
  ㉠ 주거용 주방자동소화장치 ㉡ 상업용 주방자동소화장치
  ㉢ 캐비닛형 자동소화장치 ㉣ 가스자동소화장치
  ㉤ 분말자동소화장치 ㉥ 고체에어로졸자동소화장치

 ③ 옥내소화전설비(호스릴 포함)

 ④ 스프링클러설비 등
  ㉠ 스프링클러설비
  ㉡ 간이스프링클러설비(캐비닛형 간이스프링클러설비 포함)
  ㉢ 화재조기진압용 스프링클러설비

 ⑤ 물분무 등 소화설비
  ㉠ 물분무소화설비 ㉡ 미분무소화설비
  ㉢ 포소화설비 ㉣ 이산화탄소소화설비
  ㉤ 할론소화설비 ㉥ 할로겐화합물 및 불활성 기체소화설비
  ㉦ 분말소화설비 ㉧ 강화액소화설비
  ㉨ 고체에어로졸소화설비

 ⑥ 옥외소화전설비

2) 경보설비 : 화재발생 사실을 통보하는 기계·기구 또는 설비
 ① 단독경보형 감지기
 ② 비상경보설비
  ㉠ 비상벨설비
  ㉡ 자동식 사이렌설비

③ 자동화재탐지설비
④ 시각경보기
⑤ 화재알림설비
⑥ 비상방송설비
⑦ 자동화재속보설비
⑧ 통합감시시설
⑨ 누전경보기
⑩ 가스누설경보기

3) 피난구조설비 : 화재가 발생할 경우 피난하기 위하여 사용하는 기구 또는 설비
① 피난기구
ㄱ 피난교
ㄴ 구조대
ㄷ 피난용 트랩
ㄹ 미끄럼대
ㅁ 완강기
ㅂ 간이완강기
ㅅ 공기안전매트
ㅇ 피난사다리
ㅈ 다수인피난장비
ㅊ 승강식 피난기

② 인명구조기구
ㄱ 방열복, 방화복(안전헬멧, 보호장갑 및 안전화 포함)
ㄴ 공기호흡기
ㄷ 인공소생기

③ 유도등
ㄱ 피난구유도등
ㄴ 통로유도등
ㄷ 객석유도등
ㄹ 유도표지
ㅁ 피난유도선

④ 비상조명등 및 휴대용 비상조명등

4) 소화용수설비 : 화재를 진압하는 데 필요한 물을 공급하거나 저장하는 설비
① 상수도소화용수설비
② 소화수조 · 저수조, 그 밖의 소화용수설비

5) 소화활동설비 : 화재를 진압하거나 인명구조활동을 위하여 사용하는 설비
① 제연설비
② 연결송수관설비
③ 연결살수설비
④ 비상콘센트설비
⑤ 무선통신보조설비
⑥ 연소방지설비

(2) 특정소방대상물의 종류

1) 공동주택
① 아파트 등 : 주택으로 쓰는 층수가 5층 이상인 주택

② 연립주택, 다세대주택 : 주택으로 쓰는 1개 동의 바닥면적(2개 이상의 동을 지하주차장으로 연결하는 경우에는 각각의 동으로 본다) 합계가 660m²를 초과하고, 층수가 4개 층 이하인 주택

③ 기숙사 : 학교 또는 공장 등의 학생 또는 종업원 등을 위하여 쓰는 것으로서 1개 동의 공동취사시설 이용 세대 수가 전체의 50% 이상인 것

2) 근린생활시설

① 슈퍼마켓과 일용품등의 소매점 등 : 바닥면적의 합계 1,000m² 미만

② 휴게음식점, 제과점, 일반음식점, 기원, 노래연습장 및 **단란주점(150m² 미만)**

③ 이용원, 미용원, 목욕장, 세탁소, **독서실**, 사진관, 표구점, 장의사, 동물병원

④ **의원**, 치과의원, 한의원, 침술원, 접골원, 조산원, 산후조리원 및 안마원(안마시술소 포함)

⑤ 공연장(영화상영관, 연예장, 음악당),종교집회장 : 바닥면적의 합계 300m² 미만

⑥ 탁구장, 테니스장, 체육도장, 체력단련장, 에어로빅장, 볼링장, 당구장, 실내낚시터, 골프연습장, 물놀이형 시설 : 바닥면적의 합계 500m² 미만

⑦ 금융업소, 사무소, 부동산중개사무소 : 바닥면적의 합계 500m² 미만

⑧ 제조업소, 수리점 : 바닥면적의 합계가 500m² 미만

⑨ 청소년게임제공업 및 일반게임제공업의 시설 : 바닥면적의 합계 500m² 미만

⑩ 학원(**자동차학원 및 무도학원은 제외**), 고시원 : 바닥면적의 합계가 500m² 미만

3) 문화 및 집회시설

① **공연장**으로서 근린생활시설에 해당하지 않는 것(바닥면적 300m² 이상)

② **집회장** : 예식장, 공회당, 회의장, 마권장외 발매소, 마권 전화투표소, 그 밖에 이와 비슷한 것으로서 근린생활시설에 해당하지 않는 것(바닥면적 300m² 이상)

③ **관람장** : 경마장, 경륜장, 경정장, 자동차 경기장, 그 밖에 이와 비슷한 것과 체육관 및 운동장으로서 관람석의 바닥면적의 합계가 1천m² 이상인 것

④ **전시장** : 박물관, 미술관, 과학관, 문화관, 체험관, 기념관, 산업전시장, 박람회장, 견본주택, 그 밖에 이와 비슷한 것

⑤ **동 · 식물원** : 동물원, 식물원, 수족관, 그 밖에 이와 비슷한 것

4) 종교시설

① 종교집회장으로서 근린생활시설에 해당하지 않는 것(바닥면적 300m² 이상)

② 종교집회장에 설치하는 봉안당

5) 판매시설

① 도매시장, 소매시장, 전통시장

② 상점으로서 다음의 어느 하나에 해당하는 것

ㄱ 슈퍼마켓과 일용품 등의 소매점 등 : 바닥면적 합계가 1,000m² 이상인 것

ㄴ 게임제공업, 인터넷컴퓨터게임시설제공업 : 바닥면적 합계가 500m² 이상인 것

6) 운수시설

① 여객자동차터미널

② 철도 및 도시철도시설

③ 공항시설(항공관제탑을 포함)

④ 항만시설 및 종합여객시설

7) 의료시설

① 병원 : 종합병원, 병원, 치과병원, 한방병원, 요양병원

② 격리병원 : 전염병원, 마약진료소, 그 밖에 이와 비슷한 것

③ 정신의료기관

④ 장애인 의료재활시설

8) 교육연구시설

① 초등학교, 중학교, 고등학교, 특수학교 : 합숙소, 체육관, 교사

② 대학, 대학교 : 합숙소, 교사

③ 교육원(연수원, 그 밖에 이와 비슷한 것을 포함)

④ 직업훈련소

⑤ 학원(근린생활시설에 해당하는 것, **자동차운전학원 · 정비학원, 무도학원은 제외**)

⑥ 연구소(연구소에 준하는 시험소와 계량계측소를 포함)

⑦ 도서관

9) 노유자 시설

① **노인 관련 시설** : 노인주거복지시설, 노인의료복지시설, 노인여가복지시설, 노인보호전문기관, 노인일자리지원기관, 학대피해노인 전용쉼터

② **아동 관련 시설** : 아동복지시설, 어린이집, 유치원

③ **장애인 관련 시설** : 장애인 거주시설, 장애인 지역사회재활시설, 장애인 직업재활시설

④ **정신질환자 관련 시설** : 정신재활시설, 정신요양시설

⑤ **노숙인 관련 시설** : 노숙인복지시설, 노숙인종합지원센터

⑥ 결핵환자 또는 한센인 요양시설

10) 수련시설

① 생활권 수련시설 : 청소년수련관, 청소년문화의집, 청소년특화시설 등

② 자연권 수련시설 : 청소년수련원, 청소년야영장 등

③ 유스호스텔

11) 운동시설

① 탁구장, 체육도장, 테니스장, 체력단련장, 에어로빅장, 볼링장, 당구장, 실내낚시터, 골프연습장, 물놀이형 시설 : 500m² 이상

② 체육관으로서 관람석이 없거나 관람석의 바닥면적이 1,000m² 미만인 것

③ 운동장 : 육상장, 구기장, 볼링장, 수영장, 스케이트장, 롤러스케이트장, 승마장, 사격장, 궁도장, 골프장 등과 이에 딸린 건축물로서 관람석이 없거나 관람석의 바닥면적이 1,000m² 미만인 것

12) 업무시설

① 공공업무시설 : 국가 또는 지방자치단체의 청사 등의 건축물로서 근린생활시설에 해당하지 않는 것

② 일반업무시설 : 금융업소, 사무소, 신문사, **오피스텔** 등으로서 근린생활시설에 해당하지 않는 것

③ **주민자치센터**, 경찰서, 지구대, 파출소, 소방서, 119안전센터, 우체국, 보건소, 공공도서관, 국민건강보험공단

④ 마을회관, 마을공동작업소, 마을공동구판장

⑤ 변전소, 양수장, 정수장, 대피소, 공중화장실

13) 숙박시설

① 일반형 숙박시설 : 「공중위생관리법 시행령」 제4조 제1호 가목에 따른 숙박업의 시설

② 생활형 숙박시설 : 「공중위생관리법 시행령」 제4조 제1호 나목에 따른 숙박업의 시설

③ **고시원**[근린생활시설에 해당하지 않는 것(500m² 이상)]

14) 위락시설

① 단란주점으로서 근린생활시설에 해당하지 않는 것(150m² 이상)

② 유흥주점

③ 무도장 및 무도학원

④ 카지노영업소

15) 공장

물품의 제조·가공 또는 수리에 계속적으로 이용되는 건축물로서 근린생활시설, 위험물 저장 및 처리시설, 항공기 및 자동차 관련 시설, 자원순환 관련 시설, 묘지 관련 시설 등으로 따로 분류되지 않는 것

16) 창고시설(위험물 저장 및 처리시설 또는 그 부속용도에 해당하는 것은 제외)

① 창고(냉장·냉동 창고를 포함)

② 하역장

③ 물류터미널

④ 집배송시설

17) 위험물 저장 및 처리시설

① 위험물 제조소 등

② 가스시설

18) 항공기 및 자동차 관련 시설

① 항공기격납고

② 차고, 주차용 건축물, 철골 조립식 주차시설 및 기계장치에 의한 주차시설

③ 세차장, 폐차장

④ 자동차 매매장, 자동차 검사장

⑤ 자동차 정비공장

⑥ 운전학원 · 정비학원

⑦ 다음 건축물을 제외한 건축물 내부(필로티와 건축물 지하 포함)에 설치된 **주차장**

　ⓐ 단독주택

　ⓑ 공동주택 중 50세대 미만인 연립주택 또는 50세대 미만인 다세대주택

19) 동물 및 식물 관련 시설

① 축사(부화장 포함)

② 가축시설 : 가축용 운동시설, 인공수정센터, 가축용 창고, 가축시장, 동물검역소, 실험동물 사육시설, 그 밖에 이와 비슷한 것

③ 도축장

④ 도계장

⑤ 작물 재배사

⑥ 종묘배양시설

⑦ 화초 및 분재 등의 온실

⑧ 식물과 관련된 시설과 비슷한 것(동 · 식물원은 제외)

20) 자원순환 관련 시설

① 하수 등 처리시설

② 고물상

③ 폐기물재활용시설

④ 폐기물처분시설

⑤ 폐기물감량화시설

21) 교정 및 군사시설

① 보호감호소, 교도소, 구치소 및 그 지소

② 보호관찰소, 갱생보호시설

③ 치료감호시설, 유치장

④ 소년원 및 소년분류심사원

⑤ 「출입국관리법」에 따른 보호시설

⑥ 국방·군사시설

22) 방송통신시설

① 방송국, 촬영소

② 전신전화국, 통신용 시설, 데이터센터

23) 발전시설

① 원자력발전소

② 화력발전소

③ 수력발전소(조력발전소 포함)

④ 풍력발전소

⑤ **전기저장시설**[20(kWh)를 초과하는 리튬·나트륨·레독스플로우 계열의 2차 전지를 이용한 전기저장장치의 시설]

24) 묘지 관련 시설

① 화장시설, 봉안당

② 묘지와 자연장지에 부수되는 건축물

③ 동물화장시설, 동물건조장시설 및 동물 전용의 납골시설

25) 관광 휴게시설

① 야외음악당, 야외극장, **어린이회관**

② 관망탑, 휴게소

③ 공원·유원지 또는 관광지에 부수되는 건축물

26) 장례시설

① 장례식장

② 동물 전용의 장례식장

27) 지하상가

지하의 인공구조물 안에 설치되어 있는 상점, 사무실, 그 밖에 이와 비슷한 시설이 연속하여 지하도에 면하여 설치된 것과 그 지하도를 합한 것

27의2) 터널

① 차량 등의 통행을 목적으로 지하, 수저 또는 산을 뚫어서 만든 것

② 도로법에 따른 방음터널

28) 지하구

① 전력·통신용의 전선이나 가스·냉난방용의 배관 또는 이와 비슷한 것을 집합수용하기 위하여 설치한 지하 인공구조물로서 사람이 점검 또는 보수를 하기 위하여 출입이 가능한 것 중 다음의 어느 하나에 해당하는 것

㉠ 전력 또는 통신사업용 지하 인공구조물로서 전력구 또는 통신구 방식으로 설치된 것

㉡ ㉠항 외의 지하 인공구조물로서 폭이 1.8m 이상이고 높이가 2m 이상이며 길이가 50m 이상인 것

② 「국토의 계획 및 이용에 관한 법률」에 따른 공동구

29) 국가유산

① 지정문화유산 중 건축물

② 천연기념물 등 중 건축물

30) 복합건축물

① 하나의 건축물이 제1)호에서 제27)호까지의 것 중 둘 이상의 용도로 사용되는 것. 다만, 다음의 어느 하나에 해당하는 경우에는 복합건축물로 보지 않는다.

㉠ 주된 용도의 부수시설로서 그 설치를 의무화하고 있는 용도 또는 시설

㉡ 주택 안에 부대시설 또는 복리시설이 설치되는 특정소방대상물

㉢ 건축물의 주된 용도의 기능에 필수적인 용도로서 다음의 어느 하나에 해당하는 용도

- 건축물의 설비(제23)호의 ⑤의 전기저장시설을 포함), 대피 또는 위생을 위한용도, 그 밖에 이와 비슷한 용도
- 사무, 작업, 집회, 물품저장 또는 주차를 위한 용도, 그 밖에 이와 비슷한 용도
- 구내식당, 구내세탁소, 구내운동시설 등 종업원후생복리시설(기숙사는 제외) 또는 구내소각시설의 용도, 그 밖에 이와 비슷한 용도

② 하나의 건축물이 근린생활시설, 판매시설, 업무시설, 숙박시설 또는 위락시설의 용도와 주택의 용도로 함께 사용되는 것

(3) 건축물을 별개로 보는 경우와 하나로 보는 경우

1) 내화구조로 된 하나의 특정소방대상물이 개구부가 없는 내화구조의 바닥과 벽으로 구획되어 있는 경우에는 그 구획된 부분을 각각 별개의 특정소방대상물로 본다.

2) 둘 이상의 특정소방대상물이 다음에 해당되는 구조의 복도 또는 통로(연결통로)로 연결된 경우에는 이를 하나의 소방대상물로 본다.

① 내화구조로 된 연결통로가 다음의 어느 하나에 해당되는 경우

　　㉠ 벽이 없는 구조로서 그 길이가 6m 이하인 경우

　　㉡ 벽이 있는 구조로서 그 길이가 10m 이하인 경우

② 내화구조가 아닌 연결통로로 연결된 경우

③ 컨베이어로 연결되거나 플랜트설비의 배관 등으로 연결되어 있는 경우

④ 지하보도, 지하상가, 터널로 연결된 경우

⑤ 자동방화셔터 또는 60분＋ 방화문이 설치되지 않은 피트로 연결된 경우

⑥ 지하구로 연결된 경우

(4) 특정소방대상물의 관계인이 특정소방대상물의 규모ㆍ용도 및 수용인원 등을 고려하여 갖추어야 하는 소방시설의 종류

1) 소화설비

① 소화기구

　㉠ **연면적 33m² 이상**(노유자 시설의 경우 산정된 소화기 수량의 1/2 이상을 투척용 소화용구 등으로 설치할 수 있다.)

　㉡ 가스시설, 발전시설 중 전기저장시설, 국가유산

　㉢ 터널

　㉣ 지하구

② 자동소화장치

　㉠ 주거용 주방자동소화장치 : 아파트 등, 오피스텔의 모든 층

　㉡ 상업용 주방자동소화장치

　　• 판매시설 중 **대규모점포**에 입점해 있는 일반음식점

　　• 식품위생법에 따른 **집단급식소**

③ 옥내소화전설비

　㉠ 연면적 3,000m² 이상

　㉡ 지하층ㆍ무창층(축사 제외)으로서 바닥면적이 600m² 이상인 층이 있는 것

　㉢ 층수가 4층 이상인 것 중 바닥면적이 600m² 이상인 층이 있는 것

　㉣ 길이가 1,000m 이상인 터널

　㉤ 특수가연물 : 지정수량의 750배 이상

④ 스프링클러설비

　㉠ 층수가 **6층 이상**인 특정소방대상물의 경우에는 모든 층

　㉡ 기숙사 또는 복합건축물로서 언면적 **5,000㎡ 이상**인 경우에는 모든 층

ⓒ 문화 및 집회시설, 종교시설, 운동시설로서 다음에 해당하는 경우 모든 층

- 수용인원이 100명 이상인 것
- 영화상영관의 용도로 쓰는 층의 바닥면적이 지하층 또는 무창층인 경우에는 500m² 이상, 그 밖의 층의 경우에는 1,000m² 이상인 것
- 무대부가 지하층·무창층 또는 4층 이상의 층에 있는 경우에는 무대부의 면적이 300m² 이상인 것

ⓒ **창고시설**(물류터미널은 제외)로서 바닥면적 합계가 5,000m² 이상인 경우에는 모든 층

ⓜ 판매시설, 운수시설 및 창고시설(**물류터미널로 한정**)로서 바닥면적의 합계가 5,000m² 이상이거나 수용인원이 500명 이상인 경우에는 모든 층

ⓗ 다음에 해당하는 용도로 사용되는 시설의 바닥면적의 합계가 600m² 이상인 것 모든 층

- 근린생활시설 중 조산원 및 산후조리원
- 의료시설 중 정신의료기관
- 의료시설 중 종합병원, 병원, 치과병원, 한방병원 및 요양병원
- 노유자 시설
- 숙박이 가능한 수련시설
- 숙박시설

ⓢ 특정소방대상물의 **지하층·무창층**(축사는 제외) 또는 층수가 **4층 이상인 층**으로서 바닥면적이 1,000m² 이상인 층이 있는 경우에는 해당 층

ⓞ **지하상가**로서 연면적 1,000m² 이상인 것

ⓩ 발전시설 중 전기저장시설 등

⑤ 간이스프링클러설비

ⓐ 공동주택 중 **연립주택 및 다세대주택**(주택전용 간이스프링클러설비 설치)

ⓑ 근린생활시설 중 다음에 해당하는 것

- 근린생활시설로 사용하는 부분의 바닥면적 합계가 1,000m² 이상인 것은 모든 층
- 의원, 치과의원 및 한의원으로서 입원실이 있는 시설
- 조산원 및 산후조리원으로서 연면적 600m² 미만인 시설

ⓒ 의료시설 중 다음에 해당하는 시설

- 종합병원, 병원, 치과병원, 한방병원 및 요양병원(의료재활시설은 제외)으로 사용되는 바닥면적의 합계가 600m² 미만인 시설
- 정신의료기관 또는 의료재활시설로 사용되는 바닥면적의 합계가 300m² 이상 600m² 미만인 시설
- 정신의료기관 또는 의료재활시설로 사용되는 바닥면적의 합계가 300m² 미만이고, 창살이 설치된 시설

ⓓ 교육연구시설 내에 합숙소로서 연면적 100m² 이상인 경우에는 모든 층

ⓜ 노유자 시설로서 다음의 어느 하나에 해당하는 시설

- 노유자 생활시설
- 노유자 생활시설에 해당하지 않는 노유자 시설로 해당 시설로 사용하는 바닥면적의 합계가 300m² 이상 600m² 미만인 시설
- 노유자 생활시설에 해당하지 않는 노유자 시설로 해당 시설로 사용하는 바닥면적의 합계가 300m² 미만이고, 창살이 설치된 시설

ⓗ 숙박시설로 사용되는 바닥면적의 합계가 300m² 이상 600m² 미만인 시설

ⓢ 복합건축물로서 연면적 1,000m² 이상인 것은 모든 층

⑥ 물분무 등 소화설비

  ⓐ 항공기 및 자동차 관련 시설 중 **항공기격납고**

  ⓑ 차고, 주차용 건축물, 조립식 주차시설 : **연면적 800m² 이상**

  ⓒ 건축물 내부의 차고 또는 주차장 : 바닥면적이 200m² 이상인 층

  ⓓ 기계장치에 의한 주차시설 : **20대 이상**

  ⓔ 특정소방대상물에 설치된 **전기실 · 발전실 · 변전실 · 축전지실 · 통신기기실** 또는 **전산실** 등 : 바닥면적이 **300m² 이상**

  ⓕ 예상 교통량, 경사도 등 터널의 특성을 고려하여 행정안전부령으로 정하는 터널(물분무소화설비만 해당)

  ⓖ 지정문화재 중 소방청장이 문화재청장과 협의하여 정하는 것

⑦ 옥외소화전설비

  ⓐ 지상 1층 및 2층의 바닥면적의 합계가 9,000m² 이상

  ⓑ 보물 또는 국보로 지정된 목조건축물

  ⓒ 특수가연물 : 지정수량 750배 이상

2) 경보설비

  ① 비상경보설비

    ⓐ 연면적 400m² 이상

    ⓑ 지하층 또는 무창층의 바닥면적이 150m²(공연장의 경우 100m²) 이상

    ⓒ 터널로서 길이가 500m 이상

    ⓓ 50명 이상의 근로자가 작업하는 옥내작업장

  ② 단독경보형 감지기

    ⓐ 공동주택 중 연립주택 및 다세대주택

    ⓑ 교육연구시설 내에 있는 기숙사 또는 합숙소 : 연면적 2,000m² 미만인 것

    ⓒ 수련시설 내에 있는 기숙사 또는 합숙소 : 연면적 2,000m² 미만인 것

    ⓓ 숙박시설이 있는 수련시설로서 수용인원 100명 미만인 것

ⓜ 연면적 400m² 미만의 유치원

③ 비상방송설비
  ㉠ 연면적 3,500m² 이상인 것은 모든 층
  ㉡ 층수가 11층 이상인 것은 모든 층
  ㉢ 지하층의 층수가 3층 이상인 것은 모든 층

④ 자동화재탐지설비
  ㉠ 공동주택 중 아파트등·기숙사 및 숙박시설의 경우에는 모든 층
  ㉡ 층수가 6층 이상인 건축물은 모든 층
  ㉢ 근린생활시설(목욕장은 제외), 의료시설(정신의료기관 및 요양병원은 제외), 위락시설, 장례시설 및 복합건축물로서 연면적 600m² 이상인 경우에는 모든 층
  ㉣ 근린생활시설 중 목욕장, 문화 및 집회시설, 종교시설, 판매시설, 운수시설, 운동시설, 업무시설, 공장, 창고시설, 위험물 저장 및 처리 시설, 항공기 및 자동차 관련 시설, 교정 및 군사시설 중 국방·군사시설, 방송통신시설, 발전시설, 관광 휴게시설, 지하상가로서 연면적 1,000m² 이상인 경우에는 모든 층
  ㉤ 교육연구시설(기숙사 및 합숙소 포함), 수련시설(기숙사 및 합숙소를 포함), 동물 및 식물 관련 시설, 자원순환 관련 시설, 교정 및 군사시설 또는 묘지 관련 시설로서 연면적 2,000m² 이상인 경우에는 모든 층
  ㉥ 노유자 생활시설의 경우에는 모든 층
  ㉦ 노유자 생활시설에 해당하지 않는 노유자 시설로서 연면적 400m² 이상인 노유자 시설
  ㉧ 숙박시설이 있는 수련시설로서 수용인원 100명 이상인 경우에는 모든 층
  ㉨ 의료시설 중 정신의료기관 또는 요양병원으로서 다음에 해당하는 시설
    • 요양병원(의료재활시설은 제외)
    • 정신의료기관 또는 의료재활시설로 사용되는 바닥면적의 합계가 300m² 이상인 시설
    • 정신의료기관 또는 의료재활시설로 사용되는 바닥면적의 합계가 300m² 미만이고, 창살이 설치된 시설
  ㉩ 판매시설 중 전통시장, 지하구, 발전시설 중 전기저장시설
  ㉪ 터널로서 길이가 1,000m 이상인 것
  ㉫ 공장 및 창고시설로서 특수가연물을 500배 이상 저장·취급하는 것

⑤ 시각경보기
  ㉠ 근린생활시설, 문화 및 집회시설, 종교시설, 판매시설, 운수시설, 의료시설, 노유자 시설
  ㉡ 운동시설, 업무시설, 숙박시설, 위락시설, 창고시설 중 물류터미널, 발전시설, 장례시설
  ㉢ 교육연구시설 중 도서관, 방송통신시설 중 방송국
  ㉣ 지하상가

⑥ 자동화재속보설비

자동화재속보설비를 설치해야 하는 특정소방대상물은 다음에 해당하는 것으로 한다. 다만, 방재신 등 화재 수신기가 설치된 장수에 24시간 화재를 감시할 수 있는 사람이 근무하고 있는 경우에는 자동화재속보설비를 설치하지 않을 수 있다.

ㄱ. **노유자 생활시설**

ㄴ. 노유자 시설로서 바닥면적이 **500m² 이상**인 층이 있는 것

ㄷ. 수련시설(숙박시설이 있는 것)로서 바닥면적이 **500m² 이상**인 층이 있는 것

ㄹ. 보물 또는 국보로 지정된 목조건축물

ㅁ. 근린생활시설 중 다음에 해당하는 시설
- 의원, 치과의원 및 한의원으로서 **입원실이 있는 시설**
- 조산원 및 산후조리원

ㅂ. 의료시설 중 다음에 해당하는 것
- 종합병원, 병원, 치과병원, 한방병원 및 요양병원(의료재활시설은 제외)
- 정신병원 및 의료재활시설로 사용되는 바닥면적의 합계가 **500m² 이상**인 층이 있는 것

ㅅ. 판매시설 중 **전통시장**

⑦ **화재알림설비** : 판매시설 중 전통시장

⑧ **통합감시시설** : 지하구

⑨ 누전경보기

계약전류용량 100A를 초과하는 특정소방대상물(내화구조가 아닌 건축물로서 벽·바닥 또는 반자의 전부나 일부를 불연재료 또는 준불연재료가 아닌 재료에 철망을 넣어 만든 것만 해당)

⑩ 가스누설경보기

ㄱ. 문화 및 집회시설, 종교시설, 판매시설, 운수시설, 의료시설, 노유자 시설

ㄴ. 수련시설, 운동시설, 숙박시설, 창고시설 중 물류터미널, 장례시설

3) 피난구조설비

① 피난기구

피난층, 지상 1층, 지상 2층(노유자시설 중 피난층이 아닌 지상 1층과 피난층이 아닌 지상 2층은 제외) 및 층수가 11층 이상 층을 제외한 모든 층에 설치

② 인명구조기구

ㄱ. 방열복, 방화복(안전모, 보호장갑, 안전화 포함), 인공소생기, 공기호흡기

지하층을 포함하는 층수가 **7층 이상**인 것 중 관광호텔 용도로 사용하는 층

ㄴ. 방열복, 방화복(안전모, 보호장갑, 안전화 포함), 공기호흡기

지하층을 포함하는 층수가 **5층 이상**인 것 중 병원 용도로 사용하는 층

ⓒ 공기호흡기
- 수용인원 100명 이상인 문화 및 집회시설 중 영화상영관
- 판매시설 중 대규모점포
- 운수시설 중 지하역사
- **지하상가**
- 이산화탄소소화설비(호스릴이산화탄소소화설비는 제외)를 설치해야 하는 특정소방대상물

③ 유도등

㉠ 피난구유도등, 통로유도등 및 유도표지

동물 및 식물 관련 시설 중 **축사**로서 가축을 직접 가두어 사육하는 부분과 **터널**을 제외한 **모든 특정소방대상물**

㉡ 객석유도등
- 유흥주점영업시설(카바레, 나이트클럽)
- 문화 및 집회시설, 운동시설, 종교시설

④ 비상조명등

㉠ 지하층을 포함하는 층수가 5층 이상인 건축물로서 연면적 3,000m² 이상

㉡ 그 지하층 또는 무창층의 바닥면적이 450m² 이상인 경우에는 그 지하층 또는 무창층

㉢ 터널로서 그 길이가 500m 이상인 것

⑤ 휴대용 비상조명등

㉠ 수용인원 100명 이상의 **영화상영관**

㉡ **숙박시설**

㉢ 판매시설 중 **대규모점포**

㉣ 철도 및 도시철도시설 중 **지하역사, 지하상가**

4) 소화용수설비

① 상수도소화용수설비

㉠ 연면적 5,000m² 이상

㉡ 가스시설로서 지상에 노출된 탱크의 저장용량의 합계 : 100톤 이상

② 소화수조 또는 저수조

상수도소화용수설비를 설치하여야 하는 특정소방대상물의 대지경계선으로부터 180m 이내에 지름 75mm 이상인 상수도용 배수관이 설치되지 않은 지역

5) 소화활동설비

① 제연설비

㉠ 문화 및 집회시설, 운동시설, 종교시설로서 **무대부** : 바닥면적이 200m² 이상

ⓛ 문화 및 집회시설 중 **영화상영관** : 수용인원 100명 이상인 것

ⓒ **지하층**이나 **무창층**에 설치된 근린생활시설, 판매시설, 운수시설, 숙박시설, 위락시설, 의료시설, 노유자시설 또는 창고시설 : 바닥면적의 합계가 1,000m² 이상인 층

ⓔ 운수시설 중 시외버스정류장, 철도 및 도시철도시설, 공항시설 및 항만시설의 대합실 또는 휴게시설로서 **지하층 또는 무창층** : 바닥면적이 1,000m² 이상인 경우의 모든 층

ⓜ **지하상가** : 연면적 1,000m² 이상

ⓗ 예상 교통량, 경사도 등 터널의 특성을 고려하여 행정안전부령으로 정하는 터널

ⓢ 특별피난계단, 비상용 승강기의 승강장 또는 피난용 승강기의 승강장

② **연결송수관설비**

ⓐ 층수가 5층 이상으로서 연면적 6,000m² 이상인 경우에는 모든 층

ⓛ 지하층을 포함하는 층수가 7층 이상인 경우에는 모든 층

ⓒ 지하층의 층수가 3층 이상이고 지하층의 바닥면적의 합계가 1,000m² 이상인 경우에는 모든 층

ⓔ 터널로서 길이가 1,000m 이상

③ **연결살수설비**

ⓐ 판매시설, 운수시설, 창고시설 중 물류터미널 : 바닥면적의 합계가 1,000m² 이상

ⓛ 지하층 바닥면적의 합계 : 150m² 이상인 것

ⓒ 아파트 등의 지하층과 학교의 지하층 : 700m² 이상

ⓔ 가스시설 중 지상에 노출된 탱크의 용량 : 30톤 이상인 탱크시설

ⓜ 특정소방대상물에 부속된 연결통로

④ **비상콘센트설비**

ⓐ 층수가 11층 이상인 특정소방대상물의 경우에는 11층 이상의 층

ⓛ 지하층의 층수가 3층 이상이고 지하층의 바닥면적의 합계가 1,000m² 이상인 것은 지하층의 모든 층

ⓒ 터널로서 길이가 500m 이상인 것

⑤ **무선통신보조설비**

ⓐ **지하상가** : 연면적 1,000m² 이상

ⓛ 지하층의 바닥면적의 합계가 3,000m² 이상인 것

ⓒ 지하층의 층수가 3층 이상이고 지하층의 바닥면적의 합계가 1,000m² 이상인 것은 지하층의 모든 층

ⓔ **터널** : 500m 이상

ⓜ **지하구** 중 **공동구**

ⓗ 층수가 30층 이상인 것으로서 16층 이상 부분의 모든 층

⑥ 연소방지설비 : 지하구(전력 또는 통신사업용인 것만 해당)

(5) 소방시설기준 적용의 특례

대통령령 또는 화재안전기준이 변경되어 그 기준이 강화되는 경우 기존의 특정소방대상물의 소방시설에 대하여는 변경 전의 대통령령 또는 화재안전기준을 적용한다. 다만, 다음에 해당하는 소방시설의 경우에는 대통령령 또는 화재안전기준의 변경으로 **강화된 기준을 적용**할 수 있다.

1) 강화된 기준을 적용할 수 있는 소방시설
  ① 소화기구   ② 비상경보설비
  ③ 자동화재탐지설비   ④ 자동화재속보설비
  ⑤ 피난구조설비

2) 다음의 특정소방대상물에 설치하는 소방시설
  ① 전력 및 통신사업용 지하구, 공동구

    소화기, 자동소화장치, 자동화재탐지설비, 통합감시시설, 유도등 및 연소방지설비

  ② 노유자시설

    간이스프링클러설비, 자동화재탐지설비 및 단독경보형 감지기

  ③ 의료시설

    스프링클러설비, 간이스프링클러설비, 자동화재탐지설비 및 자동화재속보설비

(6) 특정소방대상물의 증축 시 소방시설기준 적용의 특례

소방본부장 또는 소방서장은 특정소방대상물이 증축되는 경우에는 기존 부분을 포함한 특정소방대상물의 전체에 대하여 증축 당시의 소방시설의 설치에 관한 대통령령 또는 화재안전기준을 적용해야 한다. 다만, 다음에 해당하는 경우 기존 부분에 대해서는 증축 당시의 소방시설의 설치에 관한 대통령령 또는 화재안전기준을 적용하지 않는다.

1) 기존 부분과 증축 부분이 내화구조로 된 바닥과 벽으로 구획된 경우

2) 기존 부분과 증축 부분이 자동방화셔터 또는 60분＋ 방화문으로 구획되어 있는 경우

3) 자동차 생산공장 등 화재 위험이 낮은 특정소방대상물 내부에 연면적 33m² 이하의 직원 휴게실을 증축하는 경우

4) 자동차 생산공장 등 화재 위험이 낮은 특정소방대상물에 캐노피(기둥으로 받치거나 매달아 놓은 덮개를 말하며, 3면 이상에 벽이 없는 구조의 것)를 설치하는 경우

(7) 특정소방대상물의 용도변경 시 소방시설기준 적용의 특례

소방본부장 또는 소방서장은 특정소방대상물이 용도변경되는 경우에는 용도변경되는 부분에 대해서만 용도변경 당시의 소방시설의 실치에 관한 대통령령 또는 화재안전기준을 적용한다. 다만, 다음 각 호에 해당하는 경우 특정소방대상물 전체에 대하여 용도변경 전에 해당 특정소방대상물에 적용되던 소방시설의 설치에 관한 대통령령 또는 화재안전기준을 적용한다.

1) 특정소방대상물의 구조·설비가 화재연소 확대 요인이 적어지거나 피난 또는 화재진압활동이 쉬워지도록 변경되는 경우

2) 용도변경으로 인하여 천장·바닥·벽 등에 고정되어 있는 가연성 물질의 양이 줄어드는 경우

(8) 소방시설 설치의 면제기준

설치가 면제되는 소방시설	설치면제 기준
자동소화장치	물분무등소화설비(주거용 주방자동소화장치 및 상업용 주방자동소화장치는 제외)
옥내소화전설비	호스릴 방식의 미분무소화설비 또는 옥외소화전설비
스프링클러설비	1) 적응성 있는 **자동소화장치** 또는 **물분무등소화설비**(전기저장시설은 제외) 2) 전기저장시설에 소화설비를 소방청장이 정하여 고시하는 방법에 따라 설치한 경우
간이스프링클러 설비	스프링클러설비, 물분무소화설비 또는 미분무소화설비
물분무등소화설비	**차고·주차장에 스프링클러설비**를 설치한 경우
옥외소화전설비	보물 또는 국보로 지정된 목조문화재에 **상수도소화용수설비**를 설치한 경우
비상경보설비	단독경보형 감지기를 **2개 이상의 단독경보형 감지기와 연동**하여 설치한 경우
비상경보설비 또는 단독경보형 감지기	**자동화재탐지설비 또는 화재알림설비**
자동화재탐지설비	자동화재탐지설비의 기능(감지·수신·경보기능)과 성능을 가진 화재알림설비, 스프링클러설비 또는 물분무등소화설비를 화재안전기준에 적합하게 설치한 경우에는 그 설비의 유효범위
화재알림설비	자동화재탐지설비
비상방송설비	**자동화재탐지설비 또는 비상경보설비와 같은 수준 이상의 음향**을 발하는 장치를 부설한 방송설비를 설치한 경우
자동화재속보설비	화재알림설비
비상조명등	**피난구유도등 또는 통로유도등**을 설치한 경우에는 그 유도등의 유효범위
상수도소화용수 설비	1) 특정소방대상물의 각 부분으로부터 수평거리 140m 이내에 공공의 소방을 위한 소화전이 설치되어 있는 경우 2) 소화수조 또는 저수조

연결살수설비	1) 송수구를 부설한 **스프링클러설비, 간이스프링클러설비, 물분무소화설비 또는 미분무소화설비**를 설치한 경우 2) 가스 관계 법령에 따라 설치되는 물분무장치 등에 소방대가 사용할 수 있는 연결송수구가 설치되거나 물분무장치 등에 6시간 이상 공급할 수 있는 수원이 확보된 경우
연소방지설비	스프링클러설비, 물분무소화설비 또는 미분무소화설비를 화재안전기준에 적합하게 설치한 경우

(9) 소방시설을 설치하지 아니할 수 있는 특정소방대상물 및 소방시설의 범위

구분	특정소방대상물	소방시설
화재 위험도가 낮은 특정소방대상물	석재, 불연성금속, 불연성 건축재료 등의 가공공장 · 기계조립공장 · 주물공장 또는 불연성 물품을 저장하는 창고	• 옥**외**소화전 • 연결**살**수설비
화재안전기준을 적용하기 어려운 특정소방대상물	펄프공장의 작업장, 음료수 공장의 세정 또는 충전을 하는 작업장	• **스**프링클러설비 • **상**수도소화용수설비 • 연결**살**수설비
	정수장, 수영장, 목욕장, 농예 · 축산 · 어류양식용 시설	• 자동화재**탐**지설비 • **상**수도소화용수설비 • 연결**살**수설비
화재안전기준을 달리 적용하여야 하는 특수한 용도의 특정소방대상물	원자력발전소, 중 · 저준위방사성폐기물의 저장시설	• 연결**송**수관설비 • 연결**살**수설비
자체소방대가 설치된 특정소방대상물	자체소방대가 설치된 위험물 제조소등에 부속된 사무실	• **옥**내소화전설비 • **소**화용수설비 • 연결**살**수설비 • 연결**송**수관설비

(10) 수용인원의 산정방법

1) 숙박시설이 있는 특정소방대상물

　① 침대가 있는 숙박시설 : 종사자 수+침대 수(2인용 침대는 2개)

　② 침대가 없는 숙박시설 : 종사자 수+바닥면적의 합계를 3m²로 나누어 얻은 수

2) 제1)호 외의 특정소방대상물

　① 강의실 · 교무 · 상담 · 실습 · 휴게실 용도로 쓰이는 특정소방대상물 : 바닥면적의 합계를 1.9m²로 나누어 얻은 수

　② 강당, 문화 및 집회시설, 운동시설, 종교시설 : 바닥면적의 합계를 4.6m²로 나누어 얻은 수

　③ 관람석이 있는 경우

　　㉠ 고정식 의자를 설치한 부분 : 의자 수

　　㉡ 긴 의자의 경우 : 의자의 정면너비를 0.45m로 나누어 얻은 수

3) 그 밖의 특정소방대상물

바닥면적의 합계를 3m²로 나누어 얻은 수(소수점 이하의 수는 반올림할 것)

(11) 임시소방시설

1) 인화성 물품을 취급하는 작업 등 대통령령으로 정하는 작업

① 인화성 · 가연성 · 폭발성 물질을 취급하거나 가연성가스를 발생시키는 작업

② 용접 · 용단 등 불꽃을 발생시키거나 화기를 취급하는 작업

③ 전열기구, 가열전선 등 열을 발생시키는 기구를 취급하는 작업

④ 알루미늄, 마그네슘 등을 취급하여 폭발성 부유분진을 발생시킬 수 있는 작업

⑤ 그 밖에 소방청장이 정하여 고시하는 작업

2) 임시소방시설의 종류

① 소화기

② 간이소화장치 : 물을 방사하여 화재를 진화할 수 있는 장치

③ 비상경보장치 : 화재가 발생한 경우 주변에 있는 작업자에게 화재 사실을 알릴 수 있는 장치

④ 가스누설경보기 : 가연성 가스가 누설되거나 발생된 경우 이를 탐지하여 경보하는 장치

⑤ 간이피난유도선 : 화재가 발생한 경우 피난구 방향을 안내할 수 있는 장치

⑥ 비상조명등 : 화재가 발생한 경우 안전하고 원활한 피난활동을 할 수 있도록 자동 점등되는 조명장치

⑦ 방화포 : 용접 · 용단 등의 작업 시 발생하는 불티로부터 가연물이 점화되는 것을 방지해주는 천 또는 불연성 물품

3) 임시소방시설을 설치해야 하는 공사의 종류와 규모

① 소화기

건축허가동의를 받아야 하는 특정소방대상물의 신축 · 증축 · 개축 · 재축 · 이전 · 용도변경 또는 대수선 등을 위한 공사 현장에 설치

② 간이소화장치

㉠ 연면적 3,000m² 이상

㉡ 지하층, 무창층 또는 4층 이상의 층. 이 경우 해당 층의 바닥면적이 600m² 이상인 경우만 해당

③ 비상경보장치

㉠ 연면적 400m² 이상

㉡ 지하층 또는 무창층 · 바닥면적이 150m² 이상

④ 가스누설경보기, 간이피난유도선, 비상조명등

바닥면적이 150m² 이상인 지하층 또는 무창층의 작업현장

⑤ 방화포

용접 · 용단 작업이 진행되는 작업현장

4) 임시소방시설과 기능 및 성능이 유사한 소방시설로서 임시소방시설을 설치한 것으로 보는 소방
시설

① 간이소화장치를 설치한 것으로 보는 소방시설

㉠ 대형소화기를 작업지점으로부터 25m 이내의 쉽게 보이는 장소에 6개 이상을 배치한 경우
(연결송수관설비의 방수구 인근에 설치한 경우로 한정)

㉡ 옥내소화전설비

② 비상경보장치를 설치한 것으로 보는 소방시설

비상방송설비 또는 자동화재탐지설비

③ 간이피난유도선을 설치한 것으로 보는 소방시설

피난유도선, 피난구유도등, 통로유도등 또는 비상조명등

(12) 소방기술심의위원회

1) 중앙소방기술심의위원회의 심의사항

① 화재안전기준에 관한 사항
② 소방시설의 구조 및 원리 등에서 공법이 특수한 설계 및 시공에 관한 사항
③ 소방시설의 설계 및 공사감리의 방법에 관한 사항
④ 소방시설공사의 하자를 판단하는 기준에 관한 사항
⑤ 신기술 · 신공법 등 검토 · 평가에 고도의 기술이 필요한 경우로서 중앙위원회에 심의를 요청
한 사항
⑥ 연면적 10만m² 이상의 특정소방대상물에 설치된 소방시설의 설계 · 시공 · 감리의 하자 유무
에 관한 사항
⑦ 새로운 소방시설과 소방용품 등의 도입 여부에 관한 사항
⑧ 그 밖에 소방기술과 관련하여 소방청장이 소방기술심의위원회의 심의에 부치는 사항

2) 지방소방기술심의위원회의 심의사항

① 소방시설에 하자가 있는지의 판단에 관한 사항
② 연면적 10만m² 미만의 특정소방대상물에 설치된 소방시설의 설계 · 시공 · 감리의 하자 유무
에 관한 사항

③ 소방본부장 또는 소방서장이 화재안전기준 또는 위험물 제조소 등의 시설기준의 적용에 관하여 기술검토를 요청하는 사항

④ 그 밖에 소방기술과 관련하여 **시·도지사**가 소방기술심의위원회의 심의에 부치는 사항

3) 중앙소방기술심의위원회 위원의 자격

① 과장급 직위 이상의 소방공무원

② 소방기술사

③ 소방시설관리사

④ 석사 이상의 소방 관련 학위를 소지한 사람

⑤ 소방 관련 법인·단체에서 소방 관련 업무에 5년 이상 종사한 사람

⑥ 소방공무원 교육기관, 대학교 또는 연구소에서 소방과 관련된 교육이나 연구에 5년 이상 종사한 사람

(13) 방염

1) 방염성능기준 이상의 실내장식물 등을 설치하여야 하는 특정소방대상물

① 근린생활시설 중 의원, 치과의원, 한의원, 조산원, 산후조리원, 체력단련장, 공연장 및 종교집회장

② 건축물의 옥내에 있는 시설로서 다음 각 목의 시설

   ㉠ 문화 및 집회시설, 운동시설(수영장은 제외)

   ㉡ 종교시설

③ 의료시설

④ 교육연구시설 중 합숙소

⑤ 노유자시설

⑥ 숙박이 가능한 수련시설

⑦ 숙박시설

⑧ 방송통신시설 중 방송국 및 촬영소

⑨ 다중이용업의 영업소

⑩ 층수가 11층 이상인 것(아파트는 제외)

2) 방염대상 물품

① 제조 또는 가공 공정에서 방염처리를 한 물품으로서 다음 각 목의 어느 하나에 해당하는 것

   ㉠ 창문에 설치하는 커튼류(블라인드를 포함)

   ㉡ 카펫, 두께가 2mm 미만인 벽지류(종이벽지는 제외)

   ㉢ 전시용 합판 또는 섬유판, 무대용 합판 또는 섬유판

ㄹ 암막 · 무대막

ㅁ 섬유류 또는 합성수지류 등을 원료로 하여 제작된 소파 · 의자(단란주점영업, 유흥주점영업 및 노래연습장업의 영업장에 설치하는 것만 해당)

② 건축물 내부의 천장이나 벽에 부착하거나 설치하는 것(실내장식물)으로서 다음 각 목의 어느 하나에 해당하는 것(가구류와 너비 10cm 이하인 반자돌림대는 제외)

ㄱ 종이류(두께 2mm 이상) · 합성수지류 또는 섬유류를 주원료로 한 물품

ㄴ 합판이나 목재

ㄷ 간이 칸막이

ㄹ 흡음재 또는 방음재

3) 방염성능기준

① 버너의 불꽃을 제거한 때부터 불꽃을 올리며 연소하는 상태가 그칠 때까지 시간은 20초 이내일 것(잔염시간)

② 버너의 불꽃을 제거한 때부터 불꽃을 올리지 아니하고 연소하는 상태가 그칠 때까지 시간은 30초 이내일 것(잔신시간)

③ 탄화한 면적은 50cm² 이내, 탄화한 길이는 20cm 이내일 것

④ 불꽃에 의하여 완전히 녹을 때까지 불꽃의 접촉 횟수는 3회 이상일 것

⑤ 발연량을 측정하는 경우 최대연기밀도는 400 이하일 것

(14) 연소 우려가 있는 건축물의 구조

① 건축물대장의 건축물 현황도에 표시된 대지경계선 안에 둘 이상의 건축물이 있는 경우

② 각각의 건축물이 다른 건축물의 외벽으로부터 수평거리가 1층의 경우에는 6m 이하, 2층 이상의 층의 경우에는 10m 이하인 경우

③ 개구부가 다른 건축물을 향하여 설치되어 있는 경우

04 소방시설 등의 자체점검

(1) 자체점검의 구분

1) 작동점검

소방시설 등을 인위적으로 조작하여 정상적으로 작동하는지를 소방시설 등 작동점검표에 따라 점검하는 것

2) 종합점검

소방시설 등의 **작동점검을 포함**하여 소방시설 등의 설비별 주요 구성 부품의 구조기준이 화재안전기준과 건축법 등 관련 법령에서 정하는 기준에 적합한지 여부를 소방시설 등 종합점검표에 따라 점검하는 것

① 최초점검 : 특정소방대상물의 소방시설 등이 신설된 경우로서 건축물을 사용할 수 있게 된 날부터 60일 이내에 하여야 하는 점검

② 그 밖의 종합점검(최초점검 제외)

(2) 점검대상 및 점검자의 자격

점검구분	점검 대상	점검자의 자격(주된 인력)
최초 점검	신축 · 증축 · 개축 · 재축 · 이전 · 용도변경 또는 대수선 등으로 소방시설이 신설된 특정소방대상물 중 소방공사 감리자가 지정되어 소방공사감리 결과보고서로 **완공검사**를 받은 특정소방대상물	• 소방시설관리업에 등록된 기술인력 중 **소방시설관리사** • 소방안전관리자로 선임된 **소방시설관리사 또는 소방기술사**
작동 점검	1) 간이스프링클러설비, 자동화재탐지설비가 설치된 특정소방대상물(3급 소방안전관리대상물)	• **관계인** • 소방안전관리자로 선임된 **소방시설관리사 또는 소방기술사** • 소방시설관리업에 등록된 기술인력 중 **소방시설관리사 또는 특급점검자**
작동 점검	2) "1) 또는 3)"에 해당하지 아니하는 특정소방대상물	• 소방시설관리업에 등록된 기술인력 중 **소방시설관리사** • 소방안전관리자로 선임된 **소방시설관리사 또는 소방기술사**
	3) 작동점검 제외 대상 　① 소방안전관리자를 선임하지 않는 대상물 　② 위험물 제조소 등 　③ 특급소방안전관리대상물	
종합 점검	1) **스프링클러설비**가 설치된 특정소방대상물 2) **물분무등소화설비**(**호스릴방식 제외**)가 설치된 연면적 **5,000m² 이상**인 특정소방대상물(위험물 제조소 등은 제외) 3) 다중이용업의 영업장이 설치된 특정소방대상물로서 연면적이 **2,000m² 이상**인 것 4) 제연설비가 설치된 터널 5) 공공기관 중 연면적이 **1,000m² 이상**인 것으로서 옥내소화전설비 또는 자동화재탐지설비가 설치된 것(소방대가 근무하는 공공기관 제외)	• 소방시설관리업에 등록된 기술인력 중 **소방시설관리사** • 소방안전관리자로 선임된 **소방시설관리사 또는 소방기술사**

(3) 점검 횟수 및 시기

점검구분	점검 횟수 및 점검 시기 등
최초점검	건축물의 사용승인을 받은 날 또는 소방시설 완공검사증명서를 받은 날로부터 60일 이내에 소방시설 등 (종합)점검표에 따라 실시
작동점검	작동점검은 **연 1회 이상** 실시하며, 점검시기 등은 다음과 같다. 1) 종합점검 대상은 종합점검을 받은 달부터 **6개월이 되는 달**에 실시 2) "1)"에 해당하지 않는 특정소방대상물은 특정소방대상물의 사용승인일이 속하는 달의 말일까지 실시 3) 소방시설 등 **(작동)점검표**에 따라 실시
종합점검	1) 건축물의 사용승인일이 속하는 달에 **연 1회 이상**(특급 소방안전관리대상물은 **반기에 1회 이상**) 실시 2) 소방본부장 또는 소방서장은 소방청장이 소방안전관리가 우수하다고 인정한 특정소방대상물에 대해서는 **3년의 범위**에서 소방청장이 고시하거나 정한 기간 동안 종합점검을 면제할 수 있다. 3) 다중이용업소에 따라 종합점검 대상에 해당하게 된 때에는 그 다음 해부터 실시 4) 소방시설 등 (종합)점검표에 따라 실시

비고 : 작동점검 및 종합점검은 건축물 사용승인 후 그 다음 해부터 실시

(4) 자체점검 시 인력 배치

1) 점검인력 1단위

소방시설관리사 또는 특급점검자 1명과 보조인력 2명

2) 점검인력 1단위가 하루 동안 점검할 수 있는 특정소방대상물의 연면적
① 종합점검 : $8,000m^2$
② 작동점검 : $10,000m^2$

(5) 소방시설 등의 자체점검 결과의 조치 등

1) 자체점검 결과 중대위반사항이 발견되어 지체 없이 수리 등 필요한 조치를 하여야 하는 경우
① 화재 수신기의 고장으로 화재경보음이 자동으로 울리지 않거나 화재 수신기와 연동된 소방시설의 작동이 불가능한 경우
② **소화펌프**(가압송수장치), **동력 · 감시 제어반** 또는 소방시설용 전원(비상전원을 포함)의 고장으로 소방시설이 작동되지 않는 경우
③ 소화배관 등이 **폐쇄 · 차단**되어 소화수 또는 소화약제가 자동 방출되지 않는 경우
④ **방화문** 또는 **자동방화셔터**가 훼손되거나 철거되어 본래의 기능을 못하는 경우

2) 소방시설 등의 자체점검 결과의 조치 등

① 관리업자 또는 소방안전관리자로 선임된 소방시설관리사 및 소방기술사는 점검이 끝난 날부터 10일 이내에 수방시설 등 자체점검 실시결과 보고서를 관계인에게 제출

② 자체점검 실시결과 보고서를 제출받거나 스스로 자체점검을 실시한 관계인은 자체점검이 끝난 날부터 15일 이내에 소방시설 등 자체점검 실시결과 보고서에 다음 각 호의 서류를 첨부하여 소방본부장 또는 소방서장에게 서면이나 소방청장이 지정하는 전산망을 통하여 보고해야 한다.

㉠ 점검인력 배치확인서(관리업자가 점검한 경우만 해당)

㉡ 소방시설 등의 자체점검 결과 이행계획서

③ 관계인은 그 점검결과를 점검이 끝난 날부터 2년간 자체 보관해야 한다.

05 소방시설관리사 및 소방시설관리업

(1) 소방시설관리사시험의 응시자격(2026년 12월 31일 까지 적용)

① 소방기술사・위험물기능장・건축사・건축기계설비기술사・건축전기설비기술사 또는 공조냉동기계기술사

② 소방설비기사 자격을 취득한 후 2년 이상 소방실무경력이 있는 사람

③ 소방설비산업기사 자격을 취득한 후 3년 이상 소방실무경력이 있는 사람

④ 위험물산업기사 또는 위험물기능사 자격을 취득한 후 3년 이상 소방실무경력이 있는 사람

⑤ 소방공무원으로 5년 이상 근무한 경력이 있는 사람

⑥ 소방안전 관련 학과의 학사학위를 취득한 후 3년 이상 소방실무경력이 있는 사람

⑦ 산업안전기사 자격을 취득한 후 3년 이상 소방실무경력이 있는 사람

⑧ 특급 소방안전관리대상물의 소방안전관리자로 2년 이상 근무한 실무경력이 있는 사람

⑨ 1급 소방안전관리대상물의 소방안전관리자로 3년 이상 근무한 실무경력이 있는 사람

⑩ 2급 소방안전관리대상물의 소방안전관리자로 5년 이상 근무한 실무경력이 있는 사람

⑪ 3급 소방안전관리대상물의 소방안전관리자로 7년 이상 근무한 실무경력이 있는 사람

⑫ 10년 이상 소방실무경력이 있는 사람

(2) 관리사의 결격사유

① 피성년후견인

② 금고 이상의 실형을 선고받고 그 집행이 끝나거나 집행이 면제된 날부터 2년이 지나지 아니한 사람

③ 금고 이상의 형의 집행유예를 선고받고 그 유예기간 중에 있는 사람

④ 자격이 취소된 날부터 2년이 지나지 아니한 사람

(3) 자격의 취소 · 정지

1) 자격의 취소

① 거짓이나 그 밖의 **부정한 방법**으로 시험에 합격한 경우

② 소방시설관리사증을 다른 사람에게 **빌려준 경우**

③ 동시에 둘 **이상의** 업체에 취업한 경우

④ **결격사유에 해당하게 된 경우**

2) 자격의 정지

① 소방안전관리업무를 대행하는 자가 대행인력의 배치기준 · 자격 · 방법 등 준수사항을 지키지 아니한 경우

② 점검을 하지 아니하거나 거짓으로 한 경우

③ 성실하게 자체점검 업무를 수행하지 아니한 경우

(4) 관리업의 등록

1) 관리업의 등록 및 변경신고 : 시 · 도지사

2) 소방시설관리업의 업종별 등록기준 및 영업범위

업종별 \ 기술인력 등	기술인력	영업범위
전문 소방시설관리업	1) 주된 기술인력 ① 소방시설관리사 : 실무경력이 5년 이상인 사람 1명 이상 ② 소방시설관리사 : 실무경력이 3년 이상인 사람 1명 이상 2) 보조 기술인력 ① 고급점검자 이상 : 2명 이상 ② 중급점검자 이상 : 2명 이상 ③ 초급점검자 이상 : 2명 이상	모든 특정소방대상물
일반 소방시설관리업	1) 주된 기술인력 소방시설관리사 : 실무경력이 1년 이상인 사람 1명 이상 2) 보조 기술인력 ① 중급점검자 이상 : 1명 이상 ② 초급점검자 이상 : 1명 이상	1급, 2급, 3급 소방안전관리대상물

3) 등록의 결격사유

① 피성년후견인

② 금고 이상의 실형을 선고받고 그 집행이 끝나거나 집행이 면제된 날부터 2년이 지나지 아니한 사람

③ 금고 이상의 형의 집행유예를 선고받고 그 **유예기간 중에** 있는 사람

④ 관리업의 등록이 취소된 날부터 2년이 지나지 아니한 자

⑤ 임원 중에 ①부터 ④까지의 어느 하나에 해당하는 사람이 있는 법인

(5) 등록사항의 변경신고

1) 등록사항의 변경신고 기한
등록사항 변경일부터 30일 이내에 시 · 도지사에게 제출

2) 등록사항 변경 대상 및 신고시 첨부서류
① 명칭 · 상호 또는 영업소소재지를 변경 : 소방시설관리업등록증 및 등록수첩

② 대표자를 변경 : 소방시설관리업등록증 및 등록수첩

③ 기술인력을 변경하는 경우
    ㉠ 소방시설관리업등록수첩
    ㉡ 변경된 기술인력의 기술자격증(자격수첩)
    ㉢ 기술인력연명부

(6) 관리업자의 지위승계

1) 지위승계신고 : 지위를 승계한 날부터 30일 이내에 시 · 도지사에게 제출

2) 지위승계신고 대상
① 관리업자가 사망한 경우 그 상속인

② 관리업자가 그 영업을 양도한 경우 그 양수인

③ 합병 후 존속하는 법인이나 합병으로 설립되는 법인

(7) 관리업자가 관계인에게 지체 없이 사실을 알려야 하는 경우
① 관리업자의 지위를 승계한 경우

② 관리업의 등록취소 또는 영업정지처분을 받은 경우

③ 관리업의 휴업 또는 폐업을 한 경우

(8) 등록의 취소 및 영업정지

1) 등록의 취소
① 거짓이나 그 밖의 부정한 방법으로 등록을 한 경우

② 등록의 결격사유에 해당하는 경우(결격사유에 해당하게 된 날부터 2개월 이내에 그 임원을 결격사유가 없는 임원으로 바꾸어 선임한 경우는 제외)

③ 등록증 또는 등록수첩을 빌려준 경우

2) 영업정지

① 점검을 하지 아니하거나 거짓으로 한 경우

② 등록기준에 미달하게 된 경우

③ 점검능력 평가를 받지 아니하고 자체점검을 한 경우

(9) 과징금

영업정지를 명하는 경우로서 그 영업정지가 이용자에게 불편을 주거나 그 밖에 공익을 해칠 우려
가 있을 때에는 영업정지처분을 갈음하여 부과

1) 과징금 징수권자 : 시 · 도지사

2) 과징금 금액한도 : 3000만 원 이하

06 소방용품의 품질관리

(1) 소방용품

1) 소방용품의 종류

① 소화설비를 구성하는 제품 또는 기기

  ㉠ 소화기구(소화약제 외의 간이소화용구는 제외)

  ㉡ 자동소화장치

  ㉢ 소화설비를 구성하는 소화전, 관창, 소방호스, 스프링클러헤드, 기동용 수압개폐장치, 유
  수제어밸브 및 가스관선택밸브

② 경보설비를 구성하는 제품 또는 기기

  ㉠ 누전경보기 및 가스누설경보기

  ㉡ 경보설비 중 발신기, 수신기, 중계기, 감지기 및 음향장치(경종만 해당)

③ 피난구조설비를 구성하는 제품 또는 기기

  ㉠ 피난사다리, 구조대, 완강기, 간이완강기

  ㉡ 공기호흡기

  ㉢ 피난구유도등, 통로유도등, 객석유도등, 예비 전원이 내장된 비상조명등

④ 소화용으로 사용하는 제품 또는 기기

  ㉠ 소화약제

  ㉡ 방염제(방염액 · 방염도료 및 방염성 물질)

2) 소방용품의 내용연수
　① 대상 : 분말형태의 소화약제
　② 내용연수 : 10년

(2) 소방용품의 형식승인 및 제품검사

1) 형식승인권자 : 소방청장

2) 형식승인 및 제품검사 대상 : 소방용품

3) 소방용품을 판매 또는 판매 목적으로 진열하거나 소방시설공사에 사용할 수 없는 경우
　① 형식승인을 받지 아니한 것
　② 형상 등을 임의로 변경한 것
　③ 제품검사를 받지 아니하거나 합격표시를 하지 아니한 것

(3) 우수품질에 대한 인증

1) 우수품질인증권자 : 소방청장

2) 우수품질인증대상 : 형식승인된 소방용품

3) 우수품질인증의 유효기간 : 5년

07 보칙

(1) 청문

1) 청문 실시권자 : 소방청장 또는 시 · 도지사

2) 청문 대상
　① 관리사 자격의 취소 및 정지
　② 관리업의 등록취소 및 영업정지
　③ 소방용품의 형식승인 취소 및 제품검사 중지
　④ 성능인증의 취소
　⑤ 우수품질인증의 취소
　⑥ 전문기관의 지정취소 및 업무정지

(2) 소방청장이 한국소방산업기술원에 권한을 위임, 위탁할 수 있는 경우

    ① 방염성능검사

    ② 형식승인 및 형식승인의 취소

    ③ 형식승인의 변경승인

    ④ 성능인증 및 성능인증의 취소

    ⑤ 성능인증의 변경인증

    ⑥ 우수품질인증 및 취소

08 벌칙

(1) 5년 이하의 징역 또는 5천만 원 이하의 벌금

소방시설에 폐쇄·차단 등의 행위를 한 자

(2) 7년 이하의 징역 또는 7천만 원 이하의 벌금

소방시설에 폐쇄·차단 등의 행위를 하여 사람을 상해에 이르게 한 때

(3) 10년 이하의 징역 또는 1억 원 이하의 벌금

소방시설에 폐쇄·차단 등의 행위를 하여 사람을 사망에 이르게 한 때

(4) 3년 이하의 징역 또는 3천만 원 이하의 벌금

1) 소방본부장이나 소방서장의 조치명령을 위반한 경우

2) 관리업의 등록을 하지 아니하고 영업을 한 자

3) 소방용품의 형식승인을 받지 아니하고 소방용품을 제조하거나 수입한 자 또는 거이나 그 밖의 부정한 방법으로 형식승인을 받은 자

4) 제품검사를 받지 아니한 자 또는 거짓이나 그 밖의 부정한 방법으로 제품검사를 받은 자

5) 소방용품을 판매·진열하거나 소방시설공사에 사용한 자

6) 거짓이나 그 밖의 부정한 방법으로 성능인증 또는 제품검사를 받은 자

7) 제품검사를 받지 아니하거나 합격표시를 하지 아니한 소방용품을 판매·진열하거나 소방시설공사에 사용한 자

8) 부정한 방법으로 제46조 제1항에 따른 전문기관으로 지정을 받은 자

(5) 1년 이하의 징역 또는 1천만 원 이하의 벌금

1) 소방시설 등에 대하여 스스로 점검을 하지 아니하거나 관리업자 등으로 하여금 정기적으로 점검하게 하지 아니한 자

2) 소방시설관리사증을 다른 사람에게 빌려주거나 빌리거나 이를 알선한 자

3) 동시에 둘 이상의 업체에 취업한 자

4) 자격정지처분을 받고 그 자격정지기간 중에 관리사의 업무를 한 자

5) 관리업의 등록증이나 등록수첩을 다른 자에게 빌려주거나 빌리거나 이를 알선한 자

6) 영업정지처분을 받고 그 영업정지기간 중에 관리업의 업무를 한 자

7) 제품검사에 합격하지 아니한 제품에 합격표시를 하거나 합격표시를 위조 또는 변조하여 사용한 자

8) 형식승인의 변경승인 또는 성능인증의 변경인증을 받지 아니한 자

9) 제품검사에 합격하지 아니한 소방용품에 성능인증을 받았다는 표시 또는 제품검사에 합격하였다는 표시를 하거나 성능인증을 받았다는 표시 또는 제품검사에 합격하였다는 표시를 위조 또는 변조하여 사용한 자

10) 우수품질인증을 받지 아니한 제품에 우수품질인증 표시를 하거나 우수품질인증 표 시를 위조하거나 변조하여 사용한 자

11) 관계 공무원이 관계인의 정당한 업무를 방해하거나 출입 · 검사 업무를 수행하면서 알게 된 비밀을 다른 사람에게 누설한 자

(6) 300만 원 이하의 벌금

1) 위탁받은 업무에 종사하고 있거나 종사하였던 사람이 업무를 수행하면서 알게 된 비밀을 이 법에서 정한 목적 외의 용도로 사용하거나 다른 사람 또는 기관에 제공하거나 누설한 자

2) 방염성능검사에 합격하지 아니한 물품에 합격표시를 하거나 합격표시를 위조하거나 변조하여 사용한 자

3) 방염성능검사를 할 때에 거짓 시료를 제출한 자

4) 중대위반사항에 대한 필요한 조치를 하지 아니한 관계인 또는 관계인에게 중대위반사항을 알리지 아니한 관리입자 등

(7) 300만 원 이하의 과태료

1) 소방시설을 화재안전기준에 따라 설치 · 관리하지 아니한 자

2) 공사 현장에 임시소방시설을 설치 · 관리하지 아니한 자

3) 피난시설, 방화구획 또는 방화시설의 폐쇄 · 훼손 · 변경 등의 행위를 한 자

4) 방염대상물품을 방염성능기준 이상으로 설치하지 아니한 자

5) 점검능력 평가를 받지 아니하고 점검을 한 관리업자

6) 관계인에게 점검 결과를 제출하지 아니한 관리업자 등

7) 점검인력의 배치기준 등 자체점검 시 준수사항을 위반한 자

8) 점검 결과를 보고하지 아니하거나 거짓으로 보고한 자

9) 이행계획을 기간 내에 완료하지 아니한 자 또는 이행계획 완료 결과를 보고하지 아니하거나 거짓으로 보고한 자

10) 점검기록표를 기록하지 아니하거나 특정소방대상물의 출입자가 쉽게 볼 수 있는 장소에 게시하지 아니한 관계인

11) 관리업 등록사항의 변경신고 또는 지위승계신고를 하지 아니하거나 거짓으로 신고한 자

12) 지위승계, 행정처분 또는 휴업 · 폐업의 사실을 특정소방대상물의 관계인에게 알리지 아니하거나 거짓으로 알린 관리업자

13) 소속 기술인력의 참여 없이 자체점검을 한 관리업자

14) 점검실적을 증명하는 서류 등을 거짓으로 제출한 자

15) 자료제출을 하지 아니하거나 거짓으로 보고 또는 자료제출을 한 자 또는 정당한 사유 없이 관계 공무원의 출입 또는 검사를 거부 · 방해 또는 기피한 자

CHAPTER

04

소방시설공사업법, 시행령, 시행규칙

01 총칙

(1) 소방시설공사업법 제정 목적

① 소방시설공사 및 소방기술의 관리에 필요한 사항을 규정함
② 소방시설업의 건전한 발전
③ 소방기술을 진흥시켜 화재로부터 공공의 안전을 확보
④ 국민경제에 이바지함

(2) 용어의 정의

1) 소방시설업의 분류

소방시설설계업, 소방시설공사업, 소방공사감리업, 방염처리업

2) 소방시설설계업

소방시설공사에 기본이 되는 공사계획, 설계도면, 설계 설명서, 기술계산서 및 이와 관련된 서류를 작성하는 영업

3) 소방시설공사업

설계도서에 따라 소방시설을 신설, 증설, 개설, 이전 및 정비하는 영업

4) 소방공사감리업

소방시설공사에 관한 발주자의 권한을 대행하여 소방시설공사가 설계도서와 관계 법령에 따라 적법하게 시공되는지를 확인하고, 품질·시공관리에 대한 기술지도를 하는 영업

5) 방염처리업

방염대상물품에 대하여 방염처리하는 영업

6) 소방기술자

① 소방기술 경력 등을 인정받은 사람(자격·학력 및 경력 인정)
② 소방시설관리사
③ 소방기술사, 소방설비기사, 소방설비산업기사, 위험물기능장, 위험물산업기사, 위험물기능사

02 소방시설업

(1) 소방시설업의 등록권자 : 시 · 도지사

(2) 소방시설업의 업종별 영업범위 : 대통령령

(3) 소방시설업의 등록신청과 등록증 · 등록수첩의 발급 · 재발급 신청, 그 밖에 소방시설업 등록에 필요한 사항 : 행정안전부령

(4) 소방시설업의 등록신청서에 첨부서류

  1) 신청인의 성명, 주민등록번호 및 주소지 등의 인적사항이 적힌 서류

  2) 다음 각목의 기술인력 증빙서류 중 어느 하나에 해당하는 것
    ① 국가기술자격증
    ② 소방기술 인정 자격수첩 또는 소방기술자 경력수첩

  3) 금융회사 또는 소방산업공제조합에 출자 · 예치 · 담보한 금액 확인서

  4) 90일 이내에 작성한 자산평가액 또는 기업진단 보고서

(5) 소방시설업 등록의 결격사유

  1) 피성년후견인

  2) 금고 이상의 실형을 선고받고 그 집행이 끝나거나 면제된 날부터 2년이 지나지 아니한 사람

  3) 금고 이상의 형의 집행유예를 선고받고 그 유예기간 중에 있는 사람

  4) 등록하려는 소방시설업 등록이 취소된 날부터 2년이 지나지 아니한 자

  5) 법인의 대표자가 제1)호부터 제4)호까지의 규정에 해당하는 경우 그 법인

  6) 법인의 임원이 제2)호부터 제4)호까지의 규정에 해당하는 경우 그 법인

(6) 등록사항 변경

  1) 등록사항의 변경신고사항
    ① 상호(명칭) 또는 영업소 소재지
    ② 대표자
    ③ 기술인력

2) 등록사항의 변경신고 시 제출서류

　　① 상호 또는 영업소 소재지가 변경된 경우 : 소방시설업 등록증 및 등록수첩

　　② 대표자가 변경된 경우

　　　　㉠ 소방시설업 등록증 및 등록수첩

　　　　㉡ 변경된 대표자의 성명, 주민등록번호 및 주소지 등의 인적사항이 적힌 서류

　　③ 기술인력이 변경된 경우

　　　　㉠ 소방시설업 등록수첩

　　　　㉡ 기술인력 증빙서류

3) 등록사항의 변경신고

　　변경일로부터 30일 이내에 시·도지사에게 신고

4) 소방시설업의 등록신청 서류의 보완 : 10일 이내

(7) 소방시설업자의 지위승계

1) 지위승계 할 수 있는 경우

　　① 소방시설업자가 **사망한 경우** 그 상속인

　　② 소방시설업자가 그 **영업을 양도한 경우** 그 양수인

　　③ 법인인 소방시설업자가 다른 법인과 **합병한 경우** 합병 후 존속하는 법인이나 합병으로 설립되는 법인

　　④ 폐업신고로 소방시설업 등록이 말소된 후 6개월 이내에 다시 소방시설업을 등록한 자

2) 지위승계 신고 : 시·도지사

　　지위를 승계한 날부터 30일 이내에 서류를 협회에 제출

3) 지위승계 신고 시 제출서류

　　① 소방시설업 지위승계신고서

　　② 소방시설업 등록증 및 등록수첩

　　③ 계약서 사본, 분할계획서 사본 또는 분할합병계약서 사본 등

　　④ 다음 각목의 기술인력 증빙서류 중 어느 하나에 해당하는 것

　　　　㉠ 국가기술자격증

　　　　㉡ 소방기술 인정 자격수첩 또는 소방기술자 경력수첩

(8) 휴업 · 폐업 등의 신고

휴업 · 폐업 또는 재개업일부터 30일 이내에 서류를 첨부하여 협회를 경유하여 시 · 도지사에게 제출

(9) 소방시설업의 운영

1) 영업정지처분이나 등록취소처분을 받은 소방시설업자는 그날부터 소방시설공사 등을 하여서는 아니 된다.(단, 다음 각 호의 경우 제외)

① 소방시설의 착공신고가 수리(受理)되어 공사를 하고 있는 자로서 도급계약이 해지되지 아니한 소방시설공사업자가 그 공사를 하는 동안

② 방염처리업자가 도급을 받아 방염 중인 것으로서 도급계약이 해지되지 아니한 상태에서 그 방염을 하는 동안에는 그러하지 아니하다.

2) 특정소방대상물의 관계인에게 지체 없이 그 사실을 알려야 하는 경우

① 소방시설업자의 지위를 승계한 경우

② 소방시설업의 등록취소처분 또는 영업정지처분을 받은 경우

③ 휴업하거나 폐업한 경우

(10) 등록취소와 영업정지

1) 등록취소와 영업정지권자 : 시 · 도지사

2) 등록취소를 할 수 있는 경우

① 거짓이나 그 밖의 부정한 방법으로 등록한 경우

② 등록 결격사유에 해당하게 된 경우

③ 영업정지 기간 중에 소방시설공사 등을 한 경우

3) 6개월 이내의 기간을 정하여 시정이나 그 영업의 정지

① 등록기준에 미달하게 된 후 30일이 경과한 경우

② 등록을 한 후 정당한 사유 없이 1년이 지날 때까지 영업을 시작하지 아니하거나 계속하여 1년 이상 휴업한 때

③ 다른 자에게 등록증 또는 등록수첩을 빌려준 경우

④ 지위승계, 등록취소처분 또는 영업정지처분, 휴업하거나 폐업한 경우 등을 위반하여 통지를 하지 아니하거나 하자보수 보증기간 동안 보관하여야 할 관계서류를 보관하지 아니한 경우

⑤ 화재안전기준 등에 적합하게 설계 · 시공을 하지 아니하거나, 적합하게 감리를 하지 아니한 경우

⑥ 소방기술자를 공사현장에 배치하지 아니하거나 거짓으로 한 경우

⑦ 착공신고를 하지 아니하거나 거짓으로 한 때 또는 완공검사를 받지 아니한 경우

⑧ 하자보수 기간 내에 하자보수를 하지 아니하거나 하자보수계획을 통보하지 아니한 경우

⑨ 인수 · 인계를 거부 · 방해 · 기피한 경우

⑩ 소속 감리원을 공사현장에 배치하지 아니하거나 거짓으로 한 경우

⑪ 제24조를 위반하여 시공과 감리를 함께 한 경우

(11) 과징금

1) 정의

영업정지가 그 이용자에게 불편을 주거나 그 밖에 공익을 해칠 우려가 있을 때에는 영업정지처분을 갈음하여 부과하는 돈

2) 과징금 부과권자 : 시 · 도지사

3) 과징금 : 2억 원 이하

03 소방시설업의 종류 등

(1) 소방시설설계업

1) 소방시설설계업의 업종별 등록기준 및 영업범위

업종별 \ 항목		기술인력	영업범위
전문 소방시설 설계업		• 주된 기술인력 : 소방기술사 1명 이상 • 보조기술인력 : 1명 이상	모든 특정소방대상물에 설치되는 소방시설의 설계
일반 소방 시설 설계업	기계 분야	• 주된 기술인력 : 소방기술사 또는 기계분야 소방설비기사 1명 이상 • 보조기술인력 : 1명 이상	• 아파트에 설치되는 기계분야 소방시설의 설계 (제연설비는 제외) • 연면적 30,000m² 미만의(공장은 10,000m² 미만) 특정소방대상물에 설치되는 기계분야 소방시설의 설계(제연설비가 설치되는 특정소방대상물은 제외) • 위험물제조소 등에 설치되는 기계분야 소방시설의 설계
	전기 분야	• 주된 기술인력 : 소방기술사 또는 전기분야 소방설비기사 1명 이상 • 보조기술인력 : 1명 이상	• 아파트에 설치되는 전기분야 소방시설의 설계 • 연면적 30,000m² 미만의(공장은 10,000m² 미만) 특정소방대상물에 설치되는 전기분야 소방시설의 설계 • 위험물제조소 등에 설치되는 전기분야 소방시설의 설계

2) 기계분야 및 전기분야의 대상이 되는 소방시설의 범위

① 기계분야

㉠ 소화기구, 자동소화장치, 옥내소화전설비, 스프링클러 등, 물분무 등 소화설비, 옥외소화전설비, 피난기구, 인명구조기구, 상수도소화용수설비, 소화수조, 저수조, 제연설비, 연결송수관설비, 연결살수설비 및 연소방지설비

㉡ 기계분야 소방시설을 작동하기 위하여 설치하는 화재감지기에 의한 화재감지장치 및 전기신호에 의한 소방시설의 작동장치, 비상전원, 동력회로, 제어회로는 제외

② 전기분야

㉠ 단독경보형 감지기, 비상경보설비, 비상방송설비, 누전경보기, 자동화재탐지설비, 시각경보기, 자동화재속보설비, 가스누설경보기, 통합감시시설, 유도등, 유도표지, 비상조명등, 휴대용비상조명등, 비상콘센트설비 및 무선통신보조설비

㉡ 기계분야 소방시설을 작동하기 위하여 설치하는 화재감지기에 의한 화재감지장치 및 전기신호에 의한 소방시설의 작동장치, 비상전원, 동력회로, 제어회로

3) 보조인력

① 소방기술사, 소방설비기사 또는 소방설비산업기사 자격을 취득한 사람

② 소방공무원으로 재직한 경력이 3년 이상인 사람으로서 자격수첩을 발급받은 사람

③ 자격·경력 및 학력을 갖춘 사람으로서 자격수첩을 발급받은 사람

(2) 소방시설공사업

소방시설공사업의 업종별 기술인력, 자본금 및 영업범위

업종별 \ 항목		기술인력	자본금 (자산평가액)	영업범위
전문 소방시설 공사업		• 주된 기술인력 　– 소방기술사 　– 기계분야와 전기분야의 소방설비기사 각 1명(기계분야 및 전기분야의 자격을 함께 취득한 사람 1명) 이상 • 보조기술인력 : 2명 이상	• 법인 : 1억 원 이상 • 개인 : 자산평가액 1억 원 이상	특정소방대상물에 설치되는 기계분야 및 전기분야 소방시설의 공사·개설·이전 및 정비
일반 소방 시설 공사업	기계 분야	• 주된 기술인력 : 소방기술사 또는 기계분야 소방설비기사 1명 이상 • 보조기술인력 : 1명 이상	• 법인 : 1억 원 이상 • 개인 : 자산평가액 1억 원 이상	• 연면적 10,000m² 미만의 특정소방대상물에 설치되는 기계분야 소방시설의 공사·개설·이전 및 정비 • 위험물제조소 등에 설치되는 기계분야 소방시설의 공사·개설·이전 및 정비

업종별 \ 항목		기술인력	자본금 (자산평가액)	영업범위
일반 소방 시설 공사업	전기 분야	• 주된 기술인력 : 소방기술사 또는 전기분야 소방설비 기사 1명 이상 • 보조기술인력 : 1명 이상	• 법인 : 1억 원 이상 • 개인 : 자산평가액 1억 원 이상	• 연면적 10,000m² 미만의 특정소방대상불에 설치되는 선기분야 소방시설의 공사 · 개설 · 이전 · 정비 • 위험물제조소 등에 설치되는 전기분야 소방시설의 공사 · 개설 · 이전 · 정비

(3) 소방공사감리업

소방공사감리업의 기술인력 및 영업범위

업종별 \ 항목		기술인력	영업범위
전문 소방공사 감리업		• 소방기술사 1명 이상 • 기계분야 및 전기분야의 특급 감리원 각 1명(기계분야 및 전기분야의 자격을 함께 가지고 있는 사람이 있는 경우에는 그에 해당하는 사람 1명) • 기계분야 및 전기분야의 고급 감리원 이상의 감리원 각 1명 이상 • 기계분야 및 전기분야의 중급 감리원 이상의 감리원 각 1명 이상 • 기계분야 및 전기분야의 초급 감리원 이상의 감리원 각 1명 이상	모든 특정소방대상물에 설치되는 소방시설공사 감리
일반 소방 공사 감리업	기계분야	• 기계분야 특급 감리원 1명 이상 • 기계분야 고급 감리원 또는 중급 감리원 이상의 감리원 1명 이상 • 기계분야 초급 감리원 이상의 감리원 1명 이상	• 아파트에 설치되는 기계분야 소방시설의 감리(제연설비는 제외) • 연면적 30,000m² 미만의(공장은 10,000m² 미만) 특정소방대상물에 설치되는 기계분야 소방시설의 감리(제연설비가 설치되는 특정소방대상물은 제외) • 위험물제조소 등에 설치되는 기계분야 소방시설의 감리
	전기분야	• 전기분야 특급 감리원 1명 이상 • 전기분야 고급 감리원 또는 중급 감리원 이상의 감리원 1명 이상 • 전기분야 초급 감리원 이상의 감리원 1명 이상	• 아파트에 설치되는 전기분야 소방시설의 감리 • 연면적 30,000m² 미만의(공장은 10,000m² 미만) 특정 소방대상물에 설치되는 전기분야 소방시설의 감리 • 위험물제조소 등에 설치되는 전기분야 소방시설의 감리

(4) 방염처리업

방염처리업의 종류 및 영업범위

항목 업종별	영업범위
섬유류 방염업	커튼 · 카펫 등 섬유류를 주된 원료로 하는 방염대상물품을 제조 또는 가공 공정에서 방염처리
합성수지류 방염업	합성수지류를 주된 원료로 하는 방염대상물품을 제조 또는 가공 공정에서 방염처리
합판 · 목재류 방염업	합판 또는 목재류를 제조 · 가공 공정 또는 설치 현장에서 방염처리

04 소방시설의 시공

(1) 소방기술자의 배치기준

소방기술자의 배치기준	소방시설공사 현장의 기준
특급기술자 (기계분야 및 전기분야)	• 연면적 20만m² 이상 • 지하층을 포함한 층수가 **40층** 이상
고급기술자 이상 (기계분야 및 전기분야)	• 연면적 3만m² 이상 20만m² 미만(아파트는 제외) • 지하층을 포함한 층수가 16층 이상 40층 미만
중급기술자 이상 (기계분야 및 전기분야)	• 물분무 등 소화설비(호스릴 제외) 또는 제연설비가 설치되는 공사 현장 • 연면적 5,000m² 이상 3만m² 미만(아파트는 제외) • 연면적 1만m² 이상 20만m² 미만인 아파트의 공사 현장
초급기술자 이상 (기계분야 및 전기분야)	• 연면적 1,000m² 이상 5,000m² 미만(아파트는 제외) • 연면적 1,000m² 이상 1만m² 미만인 아파트 • 지하구(地下溝)의 공사 현장
자격수첩을 발급받은 소방기술자	연면적 1,000m² 미만

(2) 1명의 소방기술자가 1개의 현장에만 배치하여야 하는 경우

1) 연면적 3만m² 이상의 특정소방대상물(아파트 제외)

2) 지하층을 포함한 층수가 16층 이상으로서 500세대 이상인 아파트에 대한 소방시설 공사

(3) 1명의 소방기술자가 2개의 공사현장을 초과하여 배치할 수 있는 경우

1) 건축물의 연면적이 5,000m² 미만인 공사 현장에만 배치하는 경우. 다만, 그 연면적의 합계는 2만m²를 초과해서는 안 된다.

2) 건축물의 연면적이 5,000m² 이상인 공사 현장 2개 이하와 5,000m² 미만인 공사 현장에 같이 배치하는 경우. 다만, 5,000m² 미만의 공사 현장의 연면적 합계는 1만m²를 초과해서는 안 된다.

(4) 착공신고

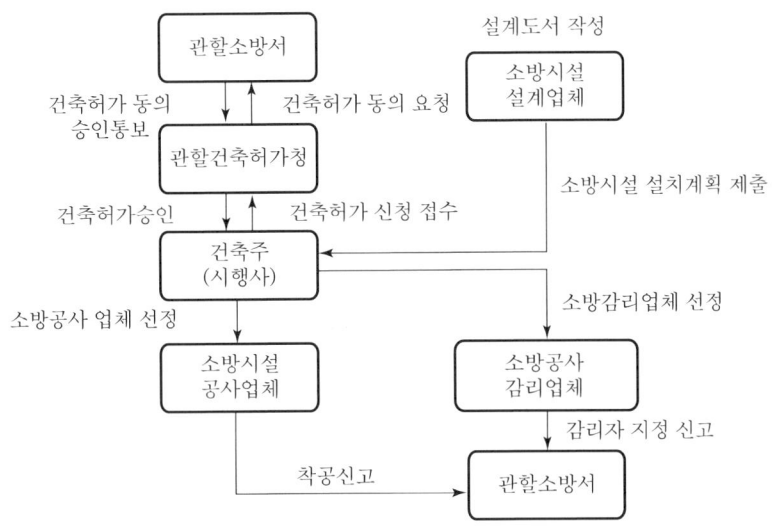

소방시설의 설계, 시공, 감리업무 절차 흐름도

1) 착공신고 및 착공변경신고 : 소방본부장이나 소방서장
    ① 착공신고 : 소방설비의 공사를 시작하기 전
    ② 착공변경신고 : 변경일부터 30일 이내

2) 소방시설공사의 착공신고 대상
    ① 특정소방대상물에 다음 각 목의 어느 하나에 해당하는 설비를 신설하는 공사
        ㉠ 옥내소화전설비(호스릴 옥내소화전설비를 포함), 옥외소화전설비, 스프링클러설비 · 간이스프링클러설비(캐비닛형 간이스프링클러설비를 포함) 및 화재조기진압용 스프링클러설비, 물분무소화설비 · 포소화설비 · 이산화탄소소화설비 · 할로젠화합물소화설비 · 할로젠화합물 및 불활성 기체 소화설비 · 미분무소화설비 · 강화액소화설비 및 분말소화설비, 연결송수관설비, 연결살수설비, 제연설비, 소화용수설비, 연소방지설비
        ㉡ 자동화재탐지설비, 비상경보설비, 비상방송설비, 비상콘센트설비, 무선통신보조설비, 화재알림설비
    ② 특정소방대상물에 다음 각 목의 어느 하나에 해당하는 설비 또는 구역 등을 증설하는 공사
        ㉠ 옥내 · 옥외소화전설비
        ㉡ 스프링클러설비 등 또는 물분무 등 소화설비의 방호 · 방수구역, 자동화재탐지설비 또는 화재알림설비의 경계구역, 제연설비의 제연구역, 연결살수설비의 살수구역, 연결송수관설

비의 송수구역, 비상콘센트설비의 전용회로, 연소방지설비의 살수구역

③ 다음의 소방시설 등을 구성하는 것의 전부 또는 일부를 개설, 이전 또는 정비하는 공사. 다만, 고장 또는 파손 등으로 인하여 작동시킬 수 없는 소방시설을 긴급히 교체하거나 보수하여야 하는 경우에는 신고하지 않을 수 있다.

㉠ 수신반
㉡ 소화펌프
㉢ 동력제어반
㉣ 감시제어반

3) 착공신고 시 첨부서류

① 소방시설공사업 등록증 사본 및 등록수첩 사본
② 기술인력의 기술등급을 증명하는 서류 사본
③ 소방시설공사 계약서 사본
④ 설계도서(건축허가 동의 시 제출된 설계도서가 변경된 경우만)
⑤ 소방시설공사 하도급통지서 사본(소방시설공사를 하도급하는 경우만)

(5) 완공검사

1) 완공검사 : 소방본부장 또는 소방서장
공사감리자가 지정되어 있는 경우에는 공사감리 결과보고서로 완공검사를 갈음

2) 완공검사를 위한 현장확인 대상 특정소방대상물의 범위 : 대통령령

① 문화 및 집회시설, 종교시설, 판매시설, 노유자시설, 수련시설, 운동시설, 숙박시설, 창고시설, 지하상가 및 다중이용업소

② 다음 각 목의 어느 하나에 해당하는 설비가 설치되는 특정소방대상물
㉠ 스프링클러설비 등
㉡ 물분무 등 소화설비(호스릴방식 제외)

③ 연면적 1만m² 이상이거나 11층 이상인 특정소방대상물(아파트는 제외)
④ 지상에 노출된 가연성 가스탱크의 저장용량 합계가 1,000톤 이상인 시설

3) 완공검사 및 부분완공검사에 필요한 사항 : 행정안전부령

(6) 공사의 하자보수 등

1) 공사업자가 하자발생 통보를 받은 후 하자를 보수하거나 보수 일정을 기록한 하자보수계획을 관계인에게 서면으로 알려야 하는 기간 : 3일 이내

2) 하자보수 대상 소방시설과 하자보수 보증기간

하자보수 대상 소방시설	하자보수 보증기간
피난기구, 유도등, 비상경보설비, 비상조명등, 비상방송설비 및 무선통신보조설비	2년
자동소화장치, 옥내소화전설비, 스프링클러설비 등, 물분무 등 소화설비, 옥외소화전설비, 자동화재탐지설비, 화재알림설비, 소화용수설비 및 소화활동설비(무선통신보조설비는 제외)	3년

05 소방공사 감리

(1) 소방공사 감리자의 업무

① 소방시설 등의 설치계획표의 적법성 검토

② 소방시설 등 설계도서의 적합성 검토

③ 소방시설 등 설계 변경사항의 적합성 검토

④ 소방용품의 위치 · 규격 및 사용 자재의 적합성 검토

⑤ 소방시설 등의 시공이 설계도서와 화재안전기준에 맞는지에 대한 지도 · 감독

⑥ 완공된 소방시설 등의 성능시험

⑦ 공사업자가 작성한 시공 상세 도면의 적합성 검토

⑧ 피난시설 및 방화시설의 적법성 검토

⑨ 실내장식물의 불연화와 방염 물품의 적법성 검토

(2) 감리의 종류, 방법 및 대상 : 대통령령

(3) 소방공사 감리의 종류, 방법 및 대상

종류	대상	방법
상주 공사 감리	• 연면적 3만m² 이상의 특정소방대상물에 대한 소방시설의 공사(아파트는 제외) • 지하층을 포함한 층수가 16층 이상으로서 500세대 이상인 아파트에 대한 소방시설의 공사	• 감리원은 행정안전부령으로 정하는 기간 동안 공사 현장에 상주하여 업무를 수행하고 감리일지에 기록해야 한다. 다만, 감리 업무는 행정안전부령으로 정하는 기간 동안 공사가 이루어지는 경우만 해당한다. • 감리원이 행정안전부령으로 정하는 기간 중 부득이한 사유로 1일 이상 현장을 이탈하는 경우에는 감리일지 등에 기록하여 발주청 또는 발주자의 확인을 받아야 한다. 이 경우 감리업자는 감리원의 업무를 대행할 사람을 감리현장에 배치하여 감리 업무에 지장이 없도록 해야 한다. • 감리업자는 감리원이 행정안전부령으로 정하는 기간 중 법에 따른 교육이나 「민방위기본법」 또는 「향토예비군 설치법」에 따른 교육을 받는 경우나 「근로기준법」에 따른 유급휴가로 현장을 이탈하게 되는 경우에는 감리업무에 지장이 없도록 감리원의 업무를 대행할 사람을 감리현장에 배치해야 한다.

종류	대상	방법
일반 공사 감리	상주 공사감리에 해당하지 않는 소방시설의 공사	• 감리원은 공사 현장에 배치되어 감리업무를 수행한다. 감리업무는 행정안전부령으로 정하는 기간 동안 공사가 이루어지는 경우만 해당한다. • 감리원은 행정안전부령으로 정하는 기간 중에는 주 1회 이상 공사 현장에 배치되어 감리업무를 수행하고 감리일지에 기록해야 한다. • 감리업자는 감리원이 부득이한 사유로 14일 이내의 범위에서 감리업무를 수행할 수 없는 경우에는 업무대행자를 지정하여 그 업무를 수행하게 해야 한다. • 지정된 업무대행자는 주 2회 이상 공사 현장에 배치되어 감리업무를 수행하며, 그 업무수행 내용을 감리원에게 통보하고 감리일지에 기록해야 한다.

(4) 소방공사 감리자의 지정신고 : 착공신고일까지(소방본부장, 소방서장)

① 소방공사 감리자의 배치신고 : 감리원 배치일부터 7일 이내
② 소방공사 감리결과의 보고 : 공사가 완료된 날부터 7일 이내

(5) 소방공사 감리자의 지정신고 시 첨부서류

① 소방공사감리업 등록증 및 등록수첩
② 소속 감리원의 감리원 등급을 증명하는 서류
③ 소방공사감리계획서 1부
④ 소방시설설계 계약서 및 소방공사감리 계약서

(6) 공사감리자 지정대상 특정소방대상물의 범위

소방설비	시공형태
옥내소화전설비, 옥외소화전설비	신설 · 개설 또는 증설할 때
스프링클러설비 등(캐비닛형 간이스프링클러설비는 제외)	신설 · 개설하거나 방호 · 방수 구역을 증설할 때
물분무 등 소화설비(호스릴 방식의 소화설비는 제외)	신설 · 개설하거나 방호 · 방수 구역을 증설할 때
자동화재탐지설비, 비상방송설비	신설 또는 개설할 때
통합감시시설, 화재알림설비	신설 또는 개설할 때
소화용수설비	신설 또는 개설할 때
제연설비	신설 · 개설하거나 제연구역을 증설할 때
연결송수관설비	신설 또는 개설할 때
연결살수설비	신설 · 개설하거나 송수구역을 증설할 때
비상콘센트설비	신설 · 개설하거나 전용회로를 증설할 때
무선통신보조설비	신설 또는 개설할 때
연소방지설비	신설 · 개설하거나 살수구역을 증설할 때

(7) 소방공사 감리원의 배치기준(소방시설공사업법 시행령[별표4])

감리원의 배치기준		소방시설공사 현장의 기준
책임감리원	**보조감리원**	
특급감리원 중 소방기술사	초급감리원 이상의 소방공사 감리원 (기계분야 및 전기분야)	• 연면적 20만㎡ 이상인 특정소방대상물의 공사 현장 • 지하층을 포함한 층수가 40층 이상인 특정소방대상물의 공사 현장
특급감리원 이상의 소방공사 감리원 (기계분야 및 전기분야)	초급감리원 이상의 소방공사 감리원 (기계분야 및 전기분야)	• 연면적 3만㎡ 이상 20만㎡ 미만인 특정소방대상물의 공사 현장(아파트는 제외) • **지하층을 포함한 층수가 16층 이상 40층 미만인 특정소방대상물의 공사 현장**
고급감리원 이상의 소방공사 감리원 (기계분야 및 전기분야)	초급감리원 이상의 소방공사 감리원 (기계분야 및 전기분야)	• 물분무 등 소화설비(호스릴 방식의 소화설비는 제외) 또는 제연설비가 설치되는 특정소방대상물의 공사 현장 • 연면적 3만㎡ 이상 20만㎡ 미만인 아파트의 공사 현장
중급감리원 이상의 소방공사 감리원 (기계분야 및 전기분야)		연면적 5,000㎡ 이상 3만㎡ 미만인 특정소방대상물의 공사 현장
초급감리원 이상의 소방공사 감리원 (기계분야 및 전기분야)		• 연면적 5,000㎡ 미만인 특정소방대상물의 공사 현장 • 지하구의 공사 현장

비고 : ① 책임감리원이란 해당 공사 전반에 관한 감리업무를 총괄하는 사람
② 보조감리원이란 책임감리원을 보좌하고 책임감리원의 지시를 받아 감리업무를 수행하는 사람
③ 소방시설공사 현장의 연면적 합계가 20만㎡ 이상인 경우에는 20만㎡를 초과하는 연면적에 대하여 10만㎡(연면적이 10만㎡에 미달하는 경우에는 10만㎡)마다 보조감리원 1명 이상을 추가로 배치해야 한다.
④ 상주 공사감리에 해당하지 않는 소방시설의 공사에는 보조감리원을 배치하지 않을 수 있다.

(8) 감리원의 세부 배치 기준

감리 대상	감리원의 자격
상주공사감리 대상	• 기계분야의 감리원 자격을 취득한 사람과 전기분야의 감리원 자격을 취득한 사람 각 1명 이상을 감리원으로 배치할 것. 다만, 기계분야 및 전기분야의 감리원 자격을 함께 취득한 사람이 있는 경우에는 그에 해당하는 사람 1명 이상을 배치 • 소방시설용 배관(전선관을 포함)을 설치하거나 매립하는 때부터 소방시설 완공검사증명서를 발급받을 때까지 소방공사감리현장에 감리원을 배치할 것
일반공사감리 대상	• 기계분야의 감리원 자격을 취득한 사람과 전기분야의 감리원 자격을 취득한 사람 각 1명 이상을 감리원으로 배치할 것. 다만, 기계분야 및 전기분야의 감리원 자격을 함께 취득한 사람이 있는 경우에는 그에 해당하는 사람 1명 이상을 배치 • 감리원은 주 1회 이상 소방공사감리현장에 배치되어 감리할 것 • 1명의 감리원이 담당하는 소방공사감리현장은 5개 이하(자동화재탐지설비 또는 옥내소화전설비 중 어느 하나만 설치하는 2개의 소방공사감리현장이 최단 차량주행거리로 30km 이내에 있는 경우에는 1개의 소방공사감리현장으로 본다)로서 감리현장 연면적의 총 합계가 10만㎡ 이하일 것. 다만, 일반 공사감리 대상인 아파트의 경우에는 연면적의 합계에 관계없이 1명의 감리원이 5개 이내의 공사현장을 감리힐 수 있다.

(9) 감리결과의 통보 및 보고

1) 감리결과의 통보 : 공사가 완료된 날부터 7일 이내
   관계인, 도급인, 공사를 감리한 건축사

2) 감리결과의 보고 : 공사가 완료된 날부터 7일 이내
   소방본부장 또는 소방서장

3) 감리결과 보고서의 첨부서류
   ① 소방시설 성능시험조사표 1부
   ② 착공신고 후 변경된 소방시설설계도면(변경사항이 있는 경우)
   ③ 소방공사 감리일지(소방본부장 또는 소방서장에게 보고하는 경우)
   ④ 특정소방대상물의 사용승인신청서 등 사용승인 신청을 증빙할 수 있는 서류 1부

06 소방시설공사업의 도급

(1) 하도급의 제한

1) 특정소방대상물의 관계인 또는 발주자는 소방시설공사 등을 도급할 때에는 해당 소방시설업자에게 도급하여야 한다.

2) 소방시설공사는 다른 업종의 공사와 분리하여 도급하여야 한다.

3) 소방시설공사를 도급을 받은 자는 소방시설의 설계, 시공, 감리를 제3자에게 하도급할 수 없다. 다만, 시공의 경우에는 대통령령으로 정하는 바에 따라 도급받은 소방시설공사의 일부를 다른 공사업자에게 하도급할 수 있다.

4) 하수급인은 하도급받은 소방시설공사를 제3자에게 다시 하도급할 수 없다.

(2) 한 번에 한해서 제3자에게 하도급할 수 있는 경우

소방시설공사업과 다음 의 어느 하나에 해당하는 사업을 함께 하는 공사업자가 소방시설공사와 해당 사업의 공사를 함께 도급받은 경우에는 도급받은 소방시설공사의 일부를 다른 공사업자에게 하도급할 수 있다.
① 「주택법」 제4조에 따른 주택건설사업
② 「건설산업기본법」 제9조에 따른 건설업
③ 「전기공사업법」 제4조에 따른 전기공사업
④ 「정보통신공사업법」 제14조에 따른 정보통신공사업

(3) 도급계약의 해지

① 소방시설업이 등록취소되거나 영업정지된 경우

② 소방시설업을 휴업하거나 폐업한 경우

③ 정당한 사유 없이 30일 이상 소방시설공사를 계속하지 아니하는 경우

④ 발주자의 요구에 정당한 사유 없이 따르지 아니하는 경우

(4) 소방시설에 대한 시공과 감리를 함께 할 수 없는 경우

① 공사업자와 감리업자가 같은 자인 경우

② 기업집단의 관계인 경우

③ 법인과 그 법인의 임직원의 관계인 경우

④ 친족관계인 경우

(5) 소방공사 분리 도급의 예외

① 재난의 발생으로 긴급하게 착공해야 하는 공사

② 국방 및 국가안보 등과 관련하여 기밀을 유지해야 하는 공사

③ 착공신고 대상 소방시설공사에 해당하지 않는 공사

④ 연면적 $1,000m^2$ 이하인 특정소방대상물에 비상경보설비를 설치하는 공사

(6) 시공능력평가

1) 시공능력평가 및 고시 : 소방청장

2) 시공능력평가의 방법

① 시공능력평가액 ＝ 실적평가액＋자본금평가액＋기술력평가액＋경력평가액±신인도평가액

② 연평균공사실적액 : 최근 3년간의 공사실적을 합산하여 3으로 나눈 금액

③ 자본금평가액 ＝ (실질자본금×실질자본금의 평점＋소방청장이 지정한 금융회사 또는 소방산업공제조합에 출자·예치·담보한 금액)×70/100

④ 경력평가액 ＝ 실적평가액×공사업 경영기간 평점×20/100

⑤ 신인도평가액 ＝ (실적평가액＋자본금평가액＋기술력평가액＋경력평가액)×신인도 반영비율 합계

07 소방기술자

(1) 소방기술자의 의무

① 다른 사람에게 자격증, 소방기술 인정 자격수첩과 소방기술자 경력수첩을 **빌려주어서는 아니**
   된다.

② 동시에 둘 이상의 업체에 취업하여서는 아니 된다. 다만, 소방기술자 업무에 영향을 미치지 아니하는 범위에서 근무시간 외에 소방시설업이 아닌 다른 업종에 종사하는 경우는 제외한다.

(2) 자격 취소 및 6개월 이상 2년 이하의 자격정지사항

① 거짓이나 그 밖의 **부정한 방법**으로 자격수첩 또는 경력수첩을 발급받은 경우(자격취소)
② 자격수첩 또는 경력수첩을 다른 사람에게 **빌려준 경우**(자격취소)
③ 위반하여 동시에 둘 이상의 업체에 취업한 경우
④ 이 법 또는 이 법에 따른 명령을 위반한 경우
⑤ 자격이 취소된 사람은 취소된 날부터 2년간 자격수첩 또는 경력수첩을 발급받을 수 없다.

(3) 실무교육

① 실무교육기관의 지정권자 : **소방청장**
② 실무교육기관의 지정방법 · 절차 · 기준 등에 필요한 사항 : 행정안전부령
③ 실무교육 기간 : **2년마다 1회 이상**
④ 실무교육 기관 : **한국소방안전원**
⑤ 교육의 통보 : **10일** 전까지

08 소방시설공사업법 위반 시의 벌칙

(1) 3년 이하의 징역 또는 3000만 원 이하의 벌금

소방시설업 등록을 하지 아니하고 영업을 한 자

(2) 1년 이하의 징역 또는 1000만 원 이하의 벌금

① 영업정지처분을 받고 그 영업정지 기간에 영업을 한 자
② 소방시설공사업법이나 화재안전기준을 위반하여 설계나 시공을 한 자
③ 소방시설 감리자의 업무범위를 위반하여 감리를 하거나 거짓으로 감리한 자
④ 소방시설감리업자가 공사감리자를 지정하지 아니한 자
⑤ 소방본부장이나 소방서장에게 보고를 거짓으로 한 자
⑥ 공사감리 결과의 통보 또는 공사감리 결과보고서의 제출을 거짓으로 한 자
⑦ 소방시설업자가 아닌 자에게 소방시설공사 등을 도급한 자
⑧ 하도급규정을 위반하여 제3자에게 소방시설공사 시공을 하도급한 자
⑨ 소방기술자가 소방시설공사업법 또는 명령을 따르지 아니하고 업무를 수행한 자

(3) 300만 원 이하의 벌금

① 등록증이나 등록수첩을 다른 자에게 빌려준 자

② 소방시설공사 현상에 감리원을 배치하지 아니한 자

③ 감리업자의 보완 요구에 따르지 아니한 자

④ 정당한 사유 없이 공사감리 계약을 해지하거나 대가 지급을 거부하거나 지연시키거나 불이익을 준 자

⑤ 자격수첩 또는 경력수첩을 빌려준 사람

⑥ 동시에 둘 이상의 업체에 취업한 사람

⑦ 관계인의 정당한 업무를 방해하거나 업무상 알게 된 비밀을 누설한 사람

⑧ 소방시설공사를 다른 업종의 공사와 분리하여 도급하지 아니한 자

(4) 100만 원 이하의 벌금

① 실무교육기관이나 소방 관련 단체, 협회 등이 관계공무원의 명령을 위반하여 보고 또는 자료제출을 하지 아니하거나 거짓으로 한 자

② 정당한 사유 없이 관계 공무원의 출입 또는 검사 · 조사를 거부 · 방해 또는 기피한 자

(5) 200만 원 이하의 과태료

① 등록사항, 휴업, 폐업, 지위승계, 착공신고, 감리자지정신고 등을 위반하여 신고를 하지 아니하거나 거짓으로 신고한 자

② 관계인에게 지위승계, 행정처분 또는 휴업 · 폐업의 사실을 거짓으로 알린 자

③ 하자보수 보증기간 동안 관계 서류를 보관하지 아니한 자

④ 소방기술자를 공사 현장에 배치하지 아니한 자

⑤ 완공검사를 받지 아니한 자

⑥ 3일 이내에 하자를 보수하지 아니하거나 하자보수계획을 관계인에게 거짓으로 알린 자

⑦ 감리 관계 서류를 인수 · 인계하지 아니한 자

⑧ 감리원의 배치통보 및 변경통보를 하지 아니하거나 거짓으로 통보한 자

⑨ 방염성능기준 미만으로 방염을 한 자

⑩ 방염처리에 따른 자료제출을 거짓으로 한 자

⑪ 관계인에게 하도급 등의 통지를 하지 아니한 자

⑫ 시공능력평가 자료제출을 거짓으로 한 자

01 총칙

(1) 목적

① 위험물의 저장 · 취급 및 운반과 이에 따른 안전관리에 관한 사항을 규정
② 위험물로 인한 위해를 방지
③ 공공의 안전을 확보함

(2) 용어의 정의(위험물안전관리법 제2조)

1) 위험물

인화성 또는 발화성 등의 성질을 가지는 것으로서 **대통령령**이 정하는 물품
(지정수량 미만인 위험물의 저장 · 취급 : 시 · 도의 조례)

2) 지정수량

위험물의 종류별로 위험성을 고려하여 **대통령령이 정하는 수량**으로서 제조소 등의 설치허가 등
에 있어서 최저의 기준이 되는 수량

3) 제조소

위험물을 제조할 목적으로 지정수량 이상의 위험물을 취급할 수 있도록 허가를 받은 장소

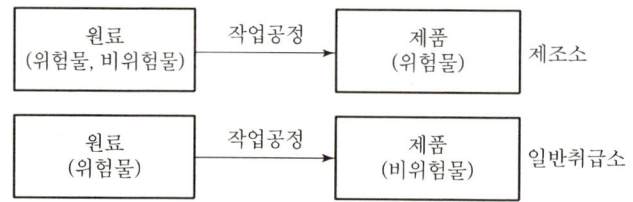

4) 저장소

지정수량 이상의 위험물을 **저장**하기 위한 대통령령이 정하는 장소

5) 취급소

지정수량 이상의 위험물을 제조 외의 목적으로 취급하기 위한 대통령령이 정하는 장소

6) 제조소 등 : 제조소, 저장소, 취급소

(3) 위험물의 저장 · 취급 및 운반에 있어서의 적용 제외

① 항공기
② 선박
③ 철도 및 궤도

(4) 위험물의 분류 및 지정수량

1) 제1류 위험물

① 성질 : 산화성고체
② 소화방법

    ㉠ 대량의 물을 주수하는 냉각소화

    ㉡ 무기과산화물 : 마른 모래, 팽창질석, 팽창진주암을 이용한 질식소화(주수소화 엄금)

③ 위험등급, 품명 및 지정수량

위험등급	품명	지정수량
I	아염소산염류	50kg
	염소산염류	
	과염소산염류	
	무기과산화물	
II	브로민산염류	300kg
	아이오딘산염류	
	질산염류	
III	과망가니즈산염류	1,000kg
	다이크로뮴산염류	

2) 제2류 위험물

① 성질 : 가연성고체
② 소화방법

    ㉠ 주수에 의한 냉각소화

    ㉡ 철분, 마그네슘, 금속분 : 마른 모래, 팽창질석, 팽창진주암을 이용한 질식소화(주수소화 엄금)

③ 위험등급, 품명 및 지정수량

위험등급	품명	지정수량
II	황화인	100kg
	적린	
	황(순도 60w% 이상)	

위험등급	품명	지정수량
Ⅲ	**철분** (철의 분말로서 53μm 의 표준체를 통과하는 것이 50w% 미만인 것은 제외)	500kg
	마그네슘 ① 2mm체를 통과하지 아니하는 덩어리 상태의 것은 제외 ② 직경 2mm 이상의 막대 모양의 것은 제외	
	금속분 ① 구리분 · 니켈분 제외 ② 150μm 체를 통과하는 것이 50w% 미만 제외	
	인화성 고체 (고형알코올 그 밖에 1기압에서 인화점이 섭씨 40℃ 미만인 고체)	1,000kg

3) 제3류 위험물

① 성질 : **자연발화성 및 금수성물질**

② 소화방법 : 마른 모래, 팽창질석, 팽창진주암을 이용한 질식소화(**주수소화 엄금**)

③ 위험등급, 품명 및 지정수량

위험등급	품명	지정수량
Ⅰ	칼륨	10kg
	나트륨	
	알킬알루미늄	
	알킬리튬	
	황린	20kg
Ⅱ	알칼리금속	50kg
	알칼리토금속	
	유기금속화합물	
Ⅲ	금속수소화합물	300kg
	금속인화합물	
	칼슘 또는 알루미늄의 탄화물	

4) 제4류 위험물

① 성질 : **인화성 액체**

② 소화방법

    ㉠ 이산화탄소, 할론, 분말 등에 의한 질식, 부촉매소화

    ㉡ 포 소화약제에 의한 질식, 냉각소화

③ 품명 및 지정수량

위험등급	품명		지정수량
I	**특수인화물** (다이에틸에터, 아세트알데하이드, 산화프로필렌, 이황화탄소) 1기압에서 발화점이 100℃ 이하인 것 또는 인화점이 −20℃ 이하이고 비점이 40℃ 이하인 것		50l
II	**제1석유류**(아세톤, 휘발유) 인화점 21℃ 미만	비수용성 액체	200l
		수용성 액체	400l
	알코올류 탄소원자의 수가 1~3개까지인 포화1가 알코올		400l
III	**제2석유류**(경유, 등유) 인화점이 21℃ 이상 70℃ 미만	비수용성 액체	1,000l
		수용성 액체	2,000l
	제3석유류(중유, 크레오소트유) 인화점이 70℃ 이상 200℃ 미만	비수용성 액체	2,000l
		수용성 액체	4,000l
	제4석유류(기어유, 실린더유) 인화점이 200℃ 이상 250℃ 미만		6,000l
	동·식물유류(건성유, 반건성유, 불건성유) 동물의 지육 등 또는 식물의 종자나 과육으로부터 추출한 것으로서 1기압에서 인화점이 250℃ 미만		10,000l

5) 제5류 위험물

① 성질 : 자기반응성물질

② 소화방법 : 주수에 의한 냉각소화

③ 품명 및 지정수량

품명	지정수량
질산에스터류	제1종 : 10[kg] 제2종 : 100[kg]
유기과산화물	
하이드록실아민	
하이드록실아민염류	
나이트로화합물	
나이트로소화합물	
아조화합물	
다이아조화합물	
하이드라진유도체	

6) 제6류 위험물

① 성질 : 산화성 액체

② 소화방법 : 대량의 물에 의한 희석소화

③ 품명 및 지정수량

위험등급	품명	지정수량
I	과염소산	300kg
	과산화수소(농도 36w% 이상)	
	질산(비중 1.49 이상)	

(5) 위험물 저장소의 구분

저장소의 구분	지정수량 이상의 위험물을 저장하기 위한 장소
옥내저장소	옥내에 저장하는 장소
옥외탱크저장소	옥외에 있는 탱크에 위험물을 저장하는 장소
옥내탱크저장소	옥내에 있는 탱크에 위험물을 저장하는 장소
지하탱크저장소	지하에 매설한 탱크에 위험물을 저장하는 장소
간이탱크저장소	간이탱크에 위험물을 저장하는 장소
이동탱크저장소	차량에 고정된 탱크에 위험물을 저장하는 장소
옥외저장소	옥외에 다 위험물을 저장하는 장소
암반탱크저장소	암반 내의 공간을 이용한 탱크에 액체의 위험물을 저장하는 장소

(6) 위험물 취급소의 구분

취급소의 구분	위험물을 제조 외의 목적으로 취급하기 위한 장소
주유취급소	고정된 주유설비에 의하여 자동차 · 항공기 또는 선박 등의 연료탱크에 직접 주유하기 위하여 위험물을 취급하는 장소
판매취급소	점포에서 위험물을 용기에 담아 판매하기 위하여 지정수량의 40배 이하의 위험물을 취급하는 장소
이송취급소	배관 및 이에 부속된 설비에 의하여 위험물을 이송하는 장소
일반취급소	제1호 내지 제3호 외의 장소

(7) 위험물의 저장 및 취급의 제한

1) 제조소 등이 아닌 장소에서 지정수량 이상의 위험물을 취급할 수 있는 경우

① 관할소방서장의 승인을 받아 지정수량 이상의 위험물을 90일 이내의 기간 동안 임시로 저장 또는 취급하는 경우

② 군부대가 지정수량 이상의 위험물을 군사목적으로 임시로 저장 또는 취급하는 경우

2) 임시로 저장 또는 취급하는 장소에서의 저장 또는 취급의 기준과 임시로 저장 또는 취급하는 장소의 위치 · 구조 및 설비의 기준 : 시 · 도의 조례

3) 둘 이상의 위험물을 같은 장소에서 저장 또는 취급하는 경우에 있어서 당해 장소에서 저장 또는 취급하는 각 위험물의 수량을 그 위험물의 지정수량으로 각각 나누어 얻은 수의 합계가 1 이상인 경우 당해 위험물은 지정수량 이상의 위험물로 본다.

$$지정수량의\ 배수 = \frac{저장량(1)}{지정수량(1)} + \frac{저장량(2)}{지정수량(2)} \cdots$$

4) 탱크의 용적 산정

$$탱크의\ 용량 = (탱크의\ 내용적) - (공간용적)$$

02 위험물시설의 설치 및 변경

(1) 제조소 등의 설치허가

1) 제조소 등의 설치허가권자 : 시 · 도지사(소방서장에 위임)

2) 제조소 등의 위치 · 구조 또는 설비의 변경 없이 당해 제조소 등에서 저장하거나 취급하는 위험물의 품명 · 수량 또는 지정수량의 배수를 변경하고자 하는 자는 변경하고자 할 때 : 1일 전까지 시 · 도지사에게 신고

3) 제조소 등의 허가를 받지 아니하고 당해 제조소 등을 설치하거나 그 위치 · 구조 또는 설비를 변경할 수 있으며, 신고를 하지 아니하고 위험물의 품명 · 수량 또는 지정수량의 배수를 변경할 수 있는 경우
   ① 주택의 난방시설(공동주택의 중앙난방 제외)을 위한 저장소 또는 취급소
   ② 농예용 · 축산용 또는 수산용으로 필요한 난방시설 또는 건조시설을 위한 지정수량 20배 이하의 저장소

(2) 위험물탱크 안전성능검사

1) 탱크 안전성능검사권자 : 시 · 도지사(소방서장, 한국소방산업기술원에 위임)

2) 탱크 안전성능검사의 종류 및 검사신청 시기
   ① 기초 · 지반검사 : 위험물탱크의 기초 및 지반에 관한 공사의 개시 전
   ② 충수 · 수압검사 : 위험물을 저장 또는 취급하는 탱크에 배관 그 밖의 부속설비를 부착하기 전
   ③ 용접부검사 : 탱크 본체에 관한 공사의 개시 전
   ④ 암반탱크검사 : 암반탱크의 본체에 관한 공사의 개시 전

(3) 제조소 등의 완공검사

1) 완공검사권자 : 시 · 도지사(소방서장, 한국소방산업기술원에 위임)

2) 완공검사의 신청시기
① 지하탱크가 있는 제조소 등의 경우 : 당해 지하탱크를 매설하기 전
② 이동탱크저장소의 경우 : 이동저장탱크를 완공하고 상치장소를 확보한 후
③ 이송취급소의 경우 : 이송배관 공사의 전체 또는 일부를 완료한 후. 다만, 매설하는 이송배관의 공사의 경우에는 이송배관을 매설하기 전
④ 그 밖의 제조소 등의 경우 : 제조소 등의 공사를 완료한 후

(4) 제조소 등 설치자의 지위승계

1) 지위 승계의 신고 : 행정안전부령이 정하는 바에 따라 승계한 날부터 30일 이내에 시 · 도지사에게 신고(소방서장에 위임)

2) 지위 승계를 할 수 있는 경우
① 제조소 등의 설치자가 사망한 때 그 상속인
② 제조소 등을 양도 · 인도한 때 그 상속인
③ 법인인 제조소 등의 설치자의 합병이 있는 때에는 그 상속인
④ 합병 후 존속하는 법인이나 합병에 의하여 설립되는 법인

(5) 제조소 등의 용도폐지

용도를 폐지한 날부터 14일 이내에 시 · 도지사에게 신고(소방서장에 위임)

(6) 과징금

1) 과징금 부과권자 : 시 · 도지사

2) 과징금 부과금액 : 2억 원 이하

03 위험물시설의 안전관리

(1) 위험물 안전관리자

1) 위험물 안전관리자 선임 : 30일 이내

2) 위험물 안전관리자 선임 신고 : 14일 이내(소방본부장, 소방서장)

3) 대리자의 직무대행 기간 : 30일 이내

4) 안전교육대상자

① 안전관리자로 선임된 자

② 탱크시험자의 기술인력으로 종사하는 자

③ 위험물운송자로 종사하는 자

(2) 위험물 취급자의 자격(취급소)

위험물 취급자격자의 구분	취급할 수 있는 위험물
위험물기능장, 위험물산업기사, 위험물기능사	모든 위험물
안전관리자교육이수자	제4류 위험물
소방공무원으로 근무한 경력이 3년 이상	제4류 위험물

(3) 탱크시험자의 등록 등

1) 탱크시험자의 등록 : 기술능력 · 시설 및 장비를 갖추어 시 · 도지사에게 등록

2) 탱크시험자의 등록사항 변경신고 : 30일 이내

3) 탱크시험자의 결격사유

① 피성년후견인

② 금고 이상의 실형의 선고를 받고 그 집행이 종료되거나 집행이 면제된 날부터 2년이 지나지 아니한 자

③ 금고 이상의 형의 집행유예 선고를 받고 그 유예기간 중에 있는 자

④ 탱크시험자의 등록이 취소된 날부터 2년이 지나지 아니한 자

⑤ 법인으로서 그 대표자가 제①호 내지 제④호의 1에 해당하는 경우

4) 등록을 취소하거나 6월 이내의 기간을 정하여 업무의 정지

① 허위 그 밖의 부정한 방법으로 등록을 한 경우(등록취소)

② 등록의 결격사유에 해당하게 된 경우(등록취소)

③ 등록증을 다른 자에게 빌려준 경우(등록취소)

④ 등록기준에 미달하게 된 경우

⑤ 탱크안전성능시험 또는 점검을 허위로 하거나 탱크시험자로서 적합하지 아니하다고 인정하는 경우

(4) 예방규정

1) 예방규정의 작성 : 관계인

2) 예방규정의 제출 : 사용 시작 전 시·도지사에게 제출

3) 관계인이 예방규정을 정하여야 하는 제조소 등
   ① 지정수량의 10배 이상의 위험물을 취급하는 제조소
   ② 지정수량의 100배 이상의 위험물을 저장하는 옥외저장소
   ③ 지정수량의 150배 이상의 위험물을 저장하는 옥내저장소
   ④ 지정수량의 200배 이상의 위험물을 저장하는 옥외탱크저장소
   ⑤ 암반탱크저장소
   ⑥ 이송취급소

(5) 정기점검 및 정기검사

1) 정기점검의 횟수 : 연 1회 이상

2) 정기점검의 대상인 제조소 등
   ① 예방규정을 정해야 하는 제조소 등
   ② 지하탱크저장소
   ③ 이동탱크저장소
   ④ 지하에 매설된 탱크가 있는 제조소·주유취급소 또는 일반취급소

3) 정기검사의 대상
   정기점검대상 중 액체위험물을 저장 또는 취급하는 50만ℓ 이상의 옥외탱크저장소

(6) 자체소방대

1) 자체소방대 설치대상
   ① 제4류 위험물을 취급하는 제조소 또는 일반취급소로서 지정수량의 3,000배 이상
   ② 제4류 위험물을 저장하는 옥외탱크저장소로서 지정수량의 50만 배 이상

2) 자체소방대에 두는 화학소방자동차 및 인원

사업소의 구분		화학소방자동차	자체소방대원의 수
제조소 또는 일반취급소	지정수량의 3천 배 이상 12만 배 미만	1대	5인
	지정수량의 12만 배 이상 24만 배 미만	2대	10인
	지정수량의 24만 배 이상 48만 배 미만	3대	15인
	지정수량의 48만 배 이상	4대	20인
옥외탱크저장소	지정수량의 50만 배 이상	2대	10인

3) 자체소방대의 설치 제외대상인 일반취급소

　① 보일러, 버너 그 밖에 이와 유사한 장치로 위험물을 소비하는 일반취급소

　② 이동저장탱크 그 밖에 이와 유사한 것에 위험물을 주입하는 일반취급소

　③ 용기에 위험물을 옮겨 담는 일반취급소

　④ 유압장치, 윤활유순환장치 그 밖에 이와 유사한 장치로 위험물을 취급하는 일반취급소

　⑤ 「광산안전법」의 적용을 받는 일반취급소

(7) 위험물 운송

1) 위험물 운송책임자의 자격

　① 국가기술자격을 취득하고 관련 업무에 1년 이상 종사한 경력이 있는 자

　② 위험물의 운송에 관한 안전교육을 수료하고 관련 업무에 2년 이상 종사한 경력이 있는 자

2) 운송책임자의 감독·지원을 받아 운송하여야 하는 위험물

　① 알킬알루미늄

　② 알킬리튬

(8) 청문

1) 청문실시권자 : 시·도지사, 소방본부장 또는 소방서장

2) 청문을 실시하여 처분하여야 하는 대상

　① 제조소 등 설치허가의 취소

　② 탱크시험자의 등록취소

04 벌칙

(1) 1년 이상 10년 이하의 징역

제조소 등에서 위험물을 유출·방출 또는 확산시켜 사람의 생명·신체 또는 재산에 대하여 위험을 발생시킨 자

(2) 무기 또는 3년 이상의 징역

제조소 등에서 위험물을 유출·방출 또는 확산시켜 상해에 이르게 한 자

(3) 무기 또는 5년 이상의 징역

제조소 등에서 위험물을 유출 · 방출 또는 확산시켜 사상에 이르게 한 자

(4) 7년 이하의 금고 또는 7000만 원 이하의 벌금

업무상 과실로 제조소 등에서 위험물을 유출 · 방출 또는 확산시켜 사람의 생명 · 신체 또는 재산에 대하여 위험을 발생시킨 자

(5) 10년 이하의 징역 또는 금고나 1억 원 이하의 벌금

업무상 과실로 제조소 등에서 위험물을 유출 · 방출 또는 확산시켜 사람을 사상에 이르게 한 자

(6) 5년 이하의 징역 또는 1억 원 이하의 벌금

제조소 등의 설치허가를 받지 아니하고 제조소 등을 설치한 자

(7) 3년 이하의 징역 또는 3000만 원 이하의 벌금

저장소 또는 제조소 등이 아닌 장소에서 지정수량 이상의 위험물을 저장 또는 취급한 자

(8) 1년 이하의 징역 또는 1000만 원 이하의 벌금

① 탱크시험자로 등록하지 아니하고 탱크시험자의 업무를 한 자
② 정기점검을 하지 아니하거나 점검기록을 허위로 작성한 관계인
③ 정기검사를 받지 아니한 관계인
④ 자체소방대를 두지 아니한 관계인
⑤ 운반용기에 대한 검사를 받지 아니하고 운반용기를 사용하거나 유통시킨 자
⑥ 긴급 사용정지 · 제한명령을 위반한 자

(9) 1000만 원 이하의 벌금

① 위험물의 취급에 관한 안전관리와 감독을 하지 아니한 자
② 안전관리자 또는 그 대리자가 참여하지 아니한 상태에서 위험물을 취급한 자
③ 위험물의 운반에 관한 중요기준에 따르지 아니한 자
④ 운송책임자의 감독 또는 지원을 받아 운송하여야 하는 규정을 위반한 위험물운송자
⑤ 관계인의 정당한 업무를 방해하거나 출입 · 검사 등을 수행하면서 알게 된 비밀을 누설한 자

05 제조소 등의 위치 · 구조 및 설비의 기준

(1) 위험물제조소

1) 제조소의 안전거리

건축물	안전거리
유형문화재, 지정문화재	50m 이상
수용인원 300명 이상(**학교**, 병원, 극장, 공연장, 영화상영관) 수용인원 20인 이상(아동복지시설, 노인복지시설, 장애인복지시설, 한부모가족복지시설, 어린이집, 성매매피해자 등을 위한 지원시설, 정신보건시설 등) 사용	30m 이상
고압**가스**, 액화석유가스, 도시가스를 저장 또는 취급하는 시설	20m 이상
주거용으로 사용되는 것(제조소가 설치된 부지 내에 있는 것 제외)	10m 이상
사용전압이 3만 5,000V를 초과하는 **특고압**가공전선	5m 이상
사용전압이 7,000V 초과 3만 5,000V 이하의 **특고압**가공전선	3m 이상

2) 제조소의 보유공지

취급하는 위험물의 최대수량	공지의 너비
지정수량의 10배 이하	3m 이상
지정수량의 10배 초과	5m 이상

3) 제조소의 표지 및 게시판
① 제조소의 보기 쉬운 곳에 "**위험물제조소**"라는 표시를 설치
  ㉠ 표지의 크기 : 한 변의 길이 0.3m 이상, 다른 한 변의 길이 0.6m 이상인 직사각형
  ㉡ 표지의 색상 : 백색 바탕에 흑색문자

② 주의사항을 표시한 게시판 설치

위험물의 종류	주의사항	게시판
제1류 위험물 중 알칼리금속의 과산화물 제3류 위험물 중 금수성물질	물기엄금	청색 바탕에 백색 문자
제2류 위험물(인화성 고체는 제외)	화기주의	적색 바탕에 백색 문자
제2류 위험물 중 인화성 고체 제3류 위험물 중 자연발화성 물질 제4류 위험물 제5류 위험물	화기엄금	적색 바탕에 백색 문자

4) 제조소 건축물의 구조
① 지하층이 없도록 할 것
② 벽 · 기둥 · 바닥 · 보 · 서까래 및 계단 : 불연재료

③ 지붕 : 폭발력이 위로 방출될 정도의 가벼운 불연재료

④ 출입구와 비상구 : 60분＋ 방화문 또는 30분 방화문을 설치

⑤ 창 및 출입구에 유리를 이용하는 경우에는 망입유리

⑥ 액체의 위험물을 취급하는 건축물의 바닥은 적당한 경사를 두고 그 최저부에 집유설비

5) 피뢰설비

지정수량의 10배 이상의 위험물을 취급하는 제조소(제6류 위험물을 취급하는 위험물제조소는 제외)

6) 위험물제조소의 옥외에 있는 위험물 취급탱크의 방유제 설치기준

① 탱크가 1개인 경우 방유제의 용량 : 당해 탱크용량의 50% 이상

② 탱크가 2개 이상인 경우 방유제 용량 : 당해 탱크 중 용량이 최대인 것의 50%에 나머지 탱크 용량 합계의 10%를 가산한 양 이상

(2) 위험물저장소

1) 옥외탱크저장소의 방유제 설치기준

① 방유제의 용량

탱크가 1개일 때	탱크가 2개 이상일 때
탱크용량의 110% 이상	탱크 중 용량이 **최대인 것의 용량**의 110% 이상

② 방유제의 높이 : 0.5m 이상 3m 이하, 두께 0.2m 이상, 지하매설깊이 1m 이상

③ 방유제 내의 면적 : 80,000m² 이하

④ 방유제 내에 설치하는 옥외저장탱크의 수는 10개 이하로 할 것

2) 옥외탱크저장소의 밸브 없는 통기관

① 직경 : 30mm 이상

② 통기관의 선단 : 수평면보다 45° 이상 구부려 빗물 등의 침투를 막는 구조

③ 가는 눈의 구리망 등으로 **인화방지장치**를 할 것

3) 간이탱크저장소의 설치기준

① 간이탱크 설치장소 : 옥외에 설치

② 하나의 간이탱크저장소에 설치하는 간이저장탱크의 수 : 3개 이하

③ 간이저장탱크의 용량 : 600L 이하

④ 간이저장탱크의 두께 : 3.2mm 이상의 강판

⑤ 통기관의 지름 : 25mm 이상

(3) 위험물 취급소

1) 취급소의 종류 : 주유취급소, 판매취급소, 일반취급소, 이송취급소

2) 수유취급소의 수유 공지 : 너비 15m 이상, 길이 6m 이상

3) 주유취급소의 표지 및 게시판
① 표지 : "위험물 주유취급소"(백색 바탕, 흑색 문자)
② 게시판 : 주유 중 엔진정지(황색 바탕, 흑색 문자)

4) 판매취급소의 종류 및 지정수량
① 제1종 판매취급소 : 지정수량의 20배 이하
② 제2종 판매취급소 : 지정수량의 40배 이하

5) 판매취급소의 위험물 배합실 기준
① 바닥면적 : 6m² 이상 15m² 이하일 것
② 벽의 구획 : 내화구조 또는 불연재료
③ 바닥의 구조 : 적당한 경사를 두고 **집유설비**를 할 것
④ 출입구의 문 : 자동폐쇄식의 60분＋ 방화문을 설치할 것
⑤ 출입구 문턱의 높이 : 바닥면으로부터 0.1m 이상

(4) 위험물의 혼재기준

위험물의 구분	제1류	제2류	제3류	제4류	제5류	제6류
제1류						○
제2류				○	○	
제3류				○		
제4류		○	○		○	
제5류		○		○		
제6류	○					

P·a·r·t

04

소방전기시설의 구조 및 원리

FIRE PROTECTION ENGINEER

CHAPTER

01 경보설비

경보설비 ─┬─ 비상경보설비 및 단독경보형 감지기
　　　　　├─ 비상방송설비
　　　　　├─ 자동화재탐지설비 및 시각경보장치
　　　　　├─ 자동화재속보설비
　　　　　├─ 누전경보기
　　　　　├─ 가스누설경보기
　　　　　└─ 통합감시시설

[경보설비의 분류]

01 비상경보설비

(1) 용어의 정의

① 비상벨설비 : 화재발생 상황을 경종으로 경보하는 설비

② 자동식 사이렌설비 : 화재발생 상황을 사이렌으로 경보하는 설비

③ 단독경보형 감지기 : 화재발생 상황을 단독으로 감지하여 자체에 내장된 음향장치로 경보하는 감지기

④ 발신기 : 화재발생 신호를 수신기에 수동으로 발신하는 장치

⑤ 수신기 : 발신기에서 발하는 화재신호를 직접 수신하여 화재의 발생을 표시 및 경보하여 주는 장치

(2) 비상경보설비의 설치대상

① 연면적 $400m^2$ 이상인 것

② 지하층 또는 무창층 : 바닥면적이 $150m^2$(공연장 $100m^2$) 이상

③ 터널 : 길이가 500m 이상

④ 옥내 작업장 : 50명 이상의 근로자가 작업

(3) 음향장치

① 특정소방대상물의 **층**마다 설치
② 각 부분으로부터 하나의 음향장치까지의 수평거리 : 25m 이하
③ 음향장치의 구조 및 성능
   ㉠ 음향장치는 정격전압의 80% 전압에서 음향을 발할 수 있도록 할 것
   ㉡ 음량은 부착된 음향장치의 중심으로부터 1m 떨어진 위치에서 90dB 이상

(4) 발신기

① 특정소방대상물의 **층**마다 설치
② 조작스위치 설치높이 : 바닥으로부터 0.8m 이상 1.5m 이하
③ 각 부분으로부터 하나의 발신기까지의 수평거리 : 25m 이하
   (다만, 복도 또는 별도로 구획된 실로서 보행거리가 40m 이상일 경우 추가 설치)
④ 발신기 위치표시등은 함의 상부에 설치할 것
⑤ 발신기 불빛은 부착면으로부터 15° 이상의 범위 안에서 부착지점으로부터 10m 이내의 어느
   곳에서도 쉽게 식별할 수 있는 **적색등**으로 할 것

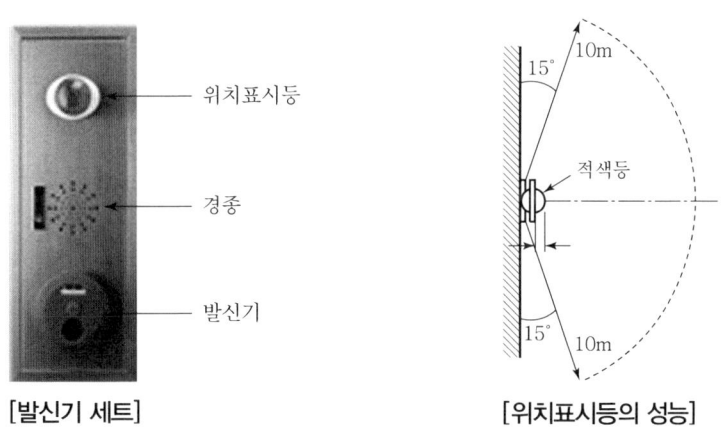

[발신기 세트]　　　[위치표시등의 성능]

(5) 상용전원

① 전원은 전기가 정상적으로 공급되는 축전지, 전기저장장치 또는 교류전압의 옥내 간선으로
   하고, 전원까지의 배선은 전용으로 할 것
② 개폐기에는 "비상벨설비 또는 자동식 사이렌설비용"이라고 표시한 표지를 할 것

(6) 예비전원

① 전원의 종류 : 축전지설비 또는 전기저장장치
② 전원의 성능 : 감시상태를 60분간 지속한 후 유효하게 10분 이상 경보

(7) 배선

① 전원회로의 배선 : 내화배선

그 밖의 배선 : 내화배선 또는 내열배선
② 절연저항 : 부속회로의 전로와 대지 사이 및 배선 상호 간을 직류 250V의 절연저항측정기로
측정하여 0.1MΩ 이상이 되도록 할 것
③ 배선은 다른 전선과 별도의 관·덕트·몰드 또는 풀박스 등에 설치할 것(60V 미만의 약전류
회로에 사용하는 전선으로서 각각의 전압이 같을 때는 제외)

(8) 단독경보형 감지기

1) 설치대상

① 공동주택 중 연립주택 및 다세대주택
② 교육연구시설 내에 있는 기숙사 또는 합숙소 : 연면적 2,000m² 미만인 것
③ 수련시설 내에 있는 기숙사 또는 합숙소 : 연면적 2,000m² 미만인 것
④ 숙박시설이 있는 수련시설로서 수용인원 100명 미만인 것
⑤ 연면적 400m² 미만의 유치원

2) 단독경보형 감지기의 설치기준

① 각 실마다 설치하되, 바닥면적이 150m²를 초과하는 경우에는 150m²마다 1개 이상 설치(각
실의 이웃하는 실내의 바닥면적이 각각 30m² 미만이고 벽체의 상부의 전부 또는 일부가 개방
되어 이웃하는 실내와 공기가 상호 유통되는 경우에는 이를 1개의 실로 본다)
② 최상층의 계단실의 천장(외기가 상통하는 계단실의 경우를 제외한다)에 설치할 것
③ 건전지를 주전원으로 사용하는 단독경보형 감지기는 정상적인 작동상태를 유지할 수 있도록
건전지를 교환할 것
④ 상용전원을 주전원으로 사용하는 단독경보형 감지기의 2차전지는 「소방시설법」 제40조에 따
라 제품검사에 합격한 것을 사용할 것

02 비상방송설비

(1) 용어의 정의

① 확성기 : 소리를 크게 하여 멀리까지 전달될 수 있도록 하는 장치(스피커)

② 음량조절기 : 가변저항을 이용하여 전류를 변화시켜 음량을 조절할 수 있는 장치

③ 증폭기 : 전압전류의 진폭을 늘려 감도를 좋게 하고 미약한 음성전류를 커다란 음성전류로 변화시켜 소리를 크게 하는 장치

(2) 설치대상

① 연면적 3,500m² 이상인 것

② 지하층을 제외한 층수가 11층 이상인 것

③ 지하층의 층수가 3층 이상인 것

(3) 비상방송설비 신호 흐름도

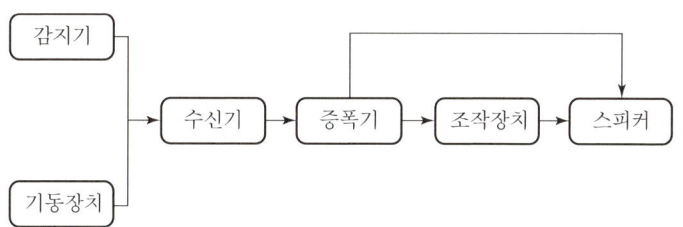

[화재발생에 따른 비상방송설비의 신호흐름]

(4) 음향장치

① 확성기의 음성입력 : 실외 3W(실내 1W), 아파트 등의 실내 2W 이상

② 확성기는 각 층마다 설치할 것

③ 그 층의 각 부분으로부터 하나의 확성기까지의 수평거리가 25m 이하가 되도록 하고, 해당 층의 각 부분에 유효하게 경보를 발할 수 있도록 설치할 것

④ 음량조정기를 설치하는 경우 음량조정기의 배선은 3선식으로 할 것

⑤ 음향장치의 구조 및 성능

    ㉠ 정격전압의 80% 전압에서 음향을 발할 수 있는 것으로 할 것

    ㉡ 자동화재탐지설비의 작동과 연동하여 작동할 수 있는 것으로 할 것

(5) 조작부 및 증폭기

① 조작부의 조작스위치 높이 : 바닥으로부터 0.8m 이상 1.5m 이하

② 조작부는 기동장치가 작동한 층 또는 구역을 표시할 수 있을 것

③ 증폭기 및 조작부는 수위실 등 상시 사람이 근무하는 장소로서 점검이 편리하고 방화상 유효한 곳에 설치할 것

④ 다른 방송설비와 공용하는 것에 있어서는 화재 시 비상경보 외의 방송을 차단할 수 있는 구조로 할 것

⑤ 다른 전기회로에 따라 유도장애가 생기지 아니하도록 할 것

⑥ 하나의 특정소방대상물에 2 이상의 조작부가 설치되어 있는 때에는 각각의 조작부가 있는 장소 상호 간에 동시통화가 가능한 설비를 설치하고, 어느 조작부에서도 해당 특정소방대상물의 전 구역에 방송을 할 수 있도록 할 것

(6) 화재감지 후 방송개시 소요시간

기동장치에 따른 화재신고를 수신한 후 필요한 음량으로 화재발생 상황 및 피난에 유효한 방송이 자동으로 개시될 때까지의 소요시간은 10초 이하로 할 것

(7) 발화층 · 직상층 우선경보방식

1) 대상

층수가 11층(공동주택의 경우에는 16층) 이상의 특정소방대상물

2) 경보방식

발화층	경보하여야 하는 층
2층 이상의 층	발화층 및 그 직상 4개 층
1층	발화층 · 그 직상 4개 층 및 지하층
지하층	발화층 · 그 직상층 및 기타의 지하층

(8) 배선

① 화재로 인하여 하나의 층의 확성기 또는 배선이 단락 또는 단선되어도 다른 층의 화재통보에 지장이 없도록 할 것

② 전원회로의 배선 : 내화배선

그 밖의 배선 : 내화배선 또는 내열배선

③ 절연저항 : 부속회로의 전로와 대지 사이 및 배선 상호 간을 직류 250V의 절연저항측정기로 측정하여 0.1MΩ 이상이 되도록 할 것

④ 배선은 다른 전선과 **별도**의 관·덕트·몰드 또는 풀박스 등에 설치할 것(60V 미만의 약전류 회로에 사용하는 전선으로서 각각의 전압이 같을 때는 제외)

(9) 상용전원

① 전원은 전기가 정상적으로 공급되는 **축전지, 전기저장장치** 또는 교류전압의 **옥내간선**으로 하고, 전원까지의 배선은 전용으로 할 것
② 개폐기에는 **"비상방송설비용"**이라고 표시한 표지를 할 것

(10) 예비전원

① 전원의 종류 : **축전지설비** 또는 **전기저장장치**
② 전원의 성능 : 감시상태를 **60분간** 지속한 후 유효하게 **10분** 이상 경보

03 자동화재탐지설비

(1) 용어의 정의

① 경계구역 : 화재신호를 발신하고 그 신호를 수신 및 유효하게 제어할 수 있는 구역
② 수신기 : 감지기나 발신기에서 발하는 화재신호를 직접 수신하거나 중계기를 통하여 수신하여 화재의 발생을 표시 및 경보하여 주는 장치
③ 중계기 : 감지기·발신기 또는 전기적접점 등의 작동에 따른 신호를 받아 이를 수신기의 제어반에 전송하는 장치
④ 감지기 : 화재 시 발생하는 열, 연기, 불꽃 또는 연소생성물을 자동적으로 감지하여 수신기에 발신하는 장치
⑤ 발신기 : 화재발생 신호를 수신기에 수동으로 발신하는 장치
⑥ 시각경보장치 : 자동화재탐지설비에서 발하는 화재신호를 시각경보기에 전달하여 청각장애인에게 점멸형태의 시각경보를 하는 것
⑦ 거실 : 거주·집무·작업·집회·오락 그 밖에 이와 유사한 목적을 위하여 사용하는 방
⑧ 유선식 : 화재신호 등을 배선으로 송·수신하는 방식
⑨ 무선식 : 화재신호 등을 전파에 의해 송·수신하는 방식
⑩ 유·무선식 : 유선식과 무선식을 겸용으로 사용하는 방식

(2) 설치대상

특정소방대상물	설치대상
노유자시설	연면적 400m² 이상
근린생활시설, 의료시설, 위락시설, 장례시설 및 복합건축물	연면적 600m² 이상
근린생활시설 중 목욕장, 문화 및 집회시설, 종교시설, 판매시설, 운수시설, 운동시설, 업무시설, 공장, 창고시설, 위험물 저장 및 처리시설, 항공기 및 자동차 관련 시설, 교정 및 군사시설 중 국방 · 군사시설, 방송통신시설, 발전시설, 관광 휴게시설, 지하상가	연면적 1,000m² 이상
교육연구시설, 수련시설, 동물 및 식물 관련 시설(기둥과 지붕만으로 구성되어 외부와 기류가 통하는 장소는 제외한다), 분뇨 및 쓰레기 처리시설, 교정 및 군사시설 또는 묘지 관련 시설	연면적 2,000m² 이상인 것
숙박시설이 있는 수련시설	수용인원 100명 이상인 것
터널	길이가 1,000m 이상인 것
공동주택 중 아파트등 · 기숙사, 숙박시설, 노유자생활시설, 지하구, 판매시설 중 전통시장, 층수가 6층 이상인 건축물, 산후조리원, 조산원	모든 층
특수가연물	500배 이상

(3) 경계구역

1) 층별, 면적별 경계구역 설정기준

① 하나의 경계구역이 2개 이상의 건축물에 미치지 아니하도록 할 것

② 하나의 경계구역이 2개 이상의 층에 미치지 아니하도록 할 것(다만, 500m² 이하의 범위 안에서는 2개의 층을 하나의 경계구역으로 할 수 있다)

③ 하나의 경계구역의 면적은 600m² 이하로 하고 한 변의 길이는 50m 이하로 할 것(다만, 주된 출입구에서 그 내부 전체가 보이는 것은 한 변의 길이가 50m의 범위 내에서 1,000m² 이하)

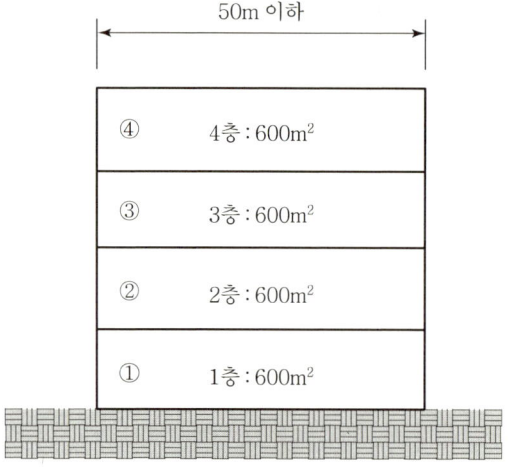

[경계구역 적용 예]

2) 수직구역의 경계구역 설정기준

① **별도의 경계구역 설정** : 계단, 경사로, 엘리베이터 승강로(권상기실이 있는 경우에는 권상기실), 린넨슈트, 파이프 피트, 파이프 덕트, 기타 이와 유사한 부분

② **하나의 경계구역 높이** : 45m 이하(계단 및 경사로에 한함)

③ 지하층의 계단 및 경사로는 별도로 하나의 경계구역으로 할 것(지하층의 층수가 1일 경우는 제외)

3) 기타 경계구역 설정

① 외기에 면하여 상시 개방된 부분이 있는 **차고 · 주차장 · 창고** 등에 있어서는 외기에 면하는 각 부분으로부터 **5m 미만의 범위** 안에 있는 부분은 경계구역의 면적에 산입하지 아니한다.

② 스프링클러설비 · 물분무등소화설비 또는 제연설비의 화재감지장치로서 화재감지기를 설치한 경우의 경계구역은 해당 소화설비의 방사구역 또는 제연구역과 동일하게 설정할 수 있다.

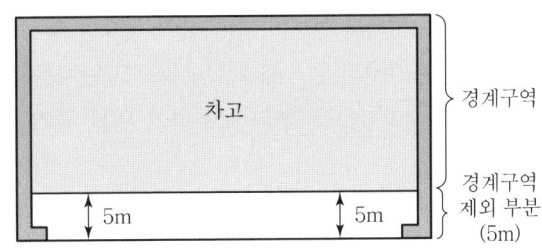

[차고의 경계구역 적용 예]

(4) 수신기

1) 수신기의 성능기준

① 경계구역을 각각 표시할 수 있는 회선수 이상의 수신기를 설치할 것

② 가스누설탐지설비가 설치된 경우에는 가스누설탐지설비로부터 가스누설신호를 수신하여 가스누설경보를 할 수 있는 수신기를 설치할 것(GP형, GR형 수신기)

2) 수신기의 설치기준

① 수위실 등 **상시 사람이 근무**하는 장소 또는 관계인이 쉽게 접근할 수 있고 관리가 용이한 장소에 설치할 것

② 수신기가 설치된 장소에는 **경계구역 일람도**를 비치할 것

③ 음향기구는 음량 및 음색이 다른 기기의 **소음** 등과 **명확히 구별**될 수 있을 것

④ 수신기는 감지기 · 중계기 또는 발신기가 작동하는 **경계구역을 표시**할 수 있을 것

⑤ 화재 · 가스 전기 등에 대한 **종합방재반**을 설치한 경우에는 해당 조작반에 수신기의 작동과 연동하여 감지기 · 중계기 또는 발신기가 작동하는 **경계구역을 표시**할 수 있는 것으로 할 것

⑥ 하나의 경계구역은 **하나의 표시등** 또는 **하나의 문자**로 표시되도록 할 것

⑦ 조작 스위치의 높이 : 바닥으로부터 0.8m 이상 1.5m 이하

⑧ 2 이상의 수신기를 설치하는 경우에는 수신기를 상호 연동하여 화재발생 상황을 각 수신기마다 확인할 수 있도록 할 것

⑨ 화재로 인하여 하나의 층의 지구음향장치 배선이 단락되어도 다른 층의 화재통보에 지장이 없도록 각 층 배선 상에 유효한 조치를 할 것

3) 축적기능이 있는 수신기 설치장소(화재신호 축적시간 : 5초 이상 60초 이내)

① 지하층·무창층 등으로서 환기가 잘되지 않는 장소

② 지하층·무창층 등으로서 실내면적이 40m² 미만인 장소

③ 감지기의 부착면과 실내바닥과의 거리가 2.3m 이하인 장소로서 일시적으로 발생한 열·연기 또는 먼지 등으로 인하여 감지기가 화재신호를 발신할 우려가 있는 때

4) 수신기의 구조 및 일반기능

① 극성이 있는 경우에는 오접속을 방지하기 위하여 필요한 조치를 하여야 한다.

② 정격전압이 60V를 넘는 기구의 금속제 외함에는 접지단자를 설치하여야 한다.

③ 예비전원회로에는 단락사고 등으로부터 보호하기 위한 퓨즈 등 과전류 보호장치를 설치하여야 한다.

④ 수신기는 2회선이 동시에 작동하여도 화재표시가 되어야 하며, 감지기의 감지 또는 발신기의 발신개시로부터 수신완료까지의 소요시간은 5초 이내이어야 한다.

⑤ 화재신호를 수신하는 경우 2 이상의 지구표시장치에 의하여 각각 화재를 표시할 수 있어야 한다.

⑥ 내부에 주전원의 양극을 동시에 개폐할 수 있는 전원스위치를 설치할 수 있다.

⑦ 수신기의 외부배선 연결용 단자에 있어서 공통신호선용 단자는 7개 회로마다 1개 이상 설치하여야 한다.

5) 수신기의 종류

① P형 1급 수신기

㉠ 정의 : 감지기 또는 발신기로부터 발하여지는 신호를 공통신호로서 수신하여 화재의 발생을 당해 소방대상물의 관계자에게 경보하는 수신기

㉡ 발신기 : P형 1급 발신기 사용

㉢ 표시등의 종류 : 화재표시등, 지구표시등, 전원표시등, 예비전원고장표시등, 발신기동작표시등, 스위치주의등, 회로단선표시등, 펌프기동표시등

㉣ 조작스위치의 종류 : 화재표시작동시험스위치, 복구스위치, 자동복구스위치, 도통시험스위치, 예비전원시험스위치, 주경종정지, 지구경종정지스위치 등

※ 조작스위치가 하나 이상 작동할 경우 스위치주의등이 점등된다.

② P형 2급 수신기

　　㉠ 회선수 : 5회선 이하

　　㉡ 발신기 : P형 2급 발신기 사용

③ R형 수신기

　　㉠ 정의 : 감지기 또는 발신기로부터 발하여지는 신호를 직접 또는 중계기를 통하여 고유신호
　　　　로서 수신하여 화재의 발생을 당해 소방대상물의 관계자에게 경보하는 수신기

　　㉡ 발신기 : P형 1급 발신기 사용

　　㉢ **실드선** : 전자파 방해를 방지하기 위해 사용(**R형 수신기, 아날로그식, 다신호식 감지기**)

　　㉣ 기록장치 : 화재신호, 고장신호 및 외부배선으로의 신호 등을 저장

④ GP형 수신기 : P형 수신기의 기능과 가스누설경보기의 수신부 기능을 겸한 것

⑤ GR형 수신기 : R형 수신기의 기능과 가스누설경보기의 수신부 기능을 겸한 것

6) 음향경보장치

① 주음향장치는 수신기의 내부 또는 그 직근에 설치할 것

② 특정소방대상물의 **층마다** 설치할 것

③ 각 부분으로부터 하나의 음향장치까지의 수평거리 : **25m 이하**

④ 음향장치의 구조 및 성능

　　㉠ 음향장치는 정격전압의 **80%** 전압에서 음향을 발할 수 있도록 할 것

　　㉡ 음량은 부착된 음향장치의 중심으로부터 **1m** 떨어진 위치에서 **90dB 이상**인 것으로 할 것

　　㉢ 감지기 및 발신기의 작동과 연동하여 작동할 수 있는 것으로 할 것

⑤ 기둥 또는 벽이 설치되지 아니한 대형공간의 경우 지구음향장치는 설치 대상 장소의 가장 가
　　까운 장소의 벽 또는 기둥 등에 설치할 것

⑥ 발화층 · 직상층 우선경보방식

　　㉠ 대상

　　　층수가 11층(공동주택의 경우에는 16층) 이상의 특정소방대상물은 발화층에 따라 경보하
　　　는 층을 달리하여 경보를 발할 수 있도록 할 것

　　㉡ 경보방식

발화층	경보하여야 하는 층
2층 이상의 층	발화층 및 그 직상 4개 층
1층	발화층 · 그 직상 4개 층 및 지하층
지하층	발화층 · 그 직상층 및 기타의 지하층

7) 전원

① 전원은 전기가 정상적으로 공급되는 **축전지, 전기저장장치** 또는 **교류전압**의 옥내 간선으로 하고, 전원까지의 배선은 **전용**으로 할 것

② 개폐기에는 "자동화재탐지설비용"이라고 표시한 표지를 할 것

③ 자동화재탐지설비에는 그 설비에 대한 **감시상태**를 60분간 지속한 후 유효하게 10분 이상 경보할 수 있는 축전지설비 또는 전기저장장치를 설치하여야 한다.

8) 예비전원

① 인출선 : 적당한 색깔에 의하여 쉽게 구분될 것

② 수신기의 예비전원종류 : 원통밀폐형 니켈카드뮴축전지 또는 무보수밀폐형 연축전지

③ 예비전원의 용량 : **감시상태를 60분간 계속한 후 10분 이상 경보**할 수 있을 것

④ 자동충전장치 및 전기적 기구에 의한 자동 과충전방지장치를 설치할 것

⑤ 예비전원을 병렬로 접속하는 경우는 **역충전 방지** 등의 조치를 강구할 것

9) 배선

① 전원회로의 배선 : **내화배선**

그 밖의 배선 : **내화배선 또는 내열배선**

② 감지기 상호 간 또는 감지기로부터 수신기에 이르는 감지기회로의 배선

㉠ 아날로그식, 다신호식 감지기 및 R형 수신기용 : 전자파 방해를 받지 아니하는 **실드선**

㉡ 그 밖의 일반배선 : **내화배선 또는 내열배선**

③ 감지기 사이의 회로의 배선은 **송배선식**으로 할 것

④ 절연저항 : 감지기 회로 및 부속회로의 전로와 대지 사이 및 배선 상호 간을 직류 250V의 절연저항측정기로 측정하여 0.1MΩ **이상**이 되도록 할 것

⑤ 자동화재탐지설비의 배선은 다른 전선과 **별도의 관·덕트·몰드** 또는 풀박스 등에 설치할 것 (다만, 60V 미만의 약전류회로에 사용하는 전선으로서 각각의 전압이 같을 때에는 제외)

⑥ P형 수신기 및 GP형 수신기의 감지기 회로 하나의 공통선에 접속할 수 있는 경계구역은 **7개 이하**로 할 것

⑦ 자동화재탐지설비의 감지기회로의 전로저항은 50Ω **이하**로 할 것

⑧ 종단 감지기에 접속되는 배선의 전압은 감지기 정격전압의 **80% 이상**일 것

10) 도통시험을 위한 종단저항의 설치기준

① **점검** 및 관리가 쉬운 장소에 설치할 것

② 전용함을 설치하는 경우 그 설치**높**이는 바닥으로부터 **1.5m 이내**로 할 것

③ 감지기 회로의 **끝부분**에 설치하며, 종단감지기에 설치할 경우에는 구별이 쉽도록 해당 감지기의 기판 및 감지기 외부 등에 **별도의 표시**를 할 것

11) 시각경보기 설치기준

① 복도 · 통로 · 청각장애인용 객실 및 공용으로 사용하는 거실에 설치할 것

② 공연장 · 집회장 · 관람장 등에 설치하는 경우에는 시선이 집중되는 **무대부 부분**에 설치할 것

③ 설치높이는 바닥으로부터 **2m 이상 2.5m 이하**의 장소에 설치할 것(다만, 천장의 높이가 2m 이하인 경우에는 천장으로부터 **0.15m 이내**의 장소에 설치)

④ 시각경보장치의 광원은 전용의 축전지설비 또는 전기저장장치에 의하여 점등되도록 할 것(다만, 형식승인을 얻은 수신기를 설치 한 경우 제외)

⑤ 시각경보기 점멸주기 : 매초당 1회 이상 3회 이내

(5) 중계기

1) 정의

감지기 · 발신기 또는 전기적 접점 등의 작동에 따른 신호를 받아 이를 수신기의 제어반에 전송하는 장치이다.

2) 중계기의 종류

구분	분산형	집합형
전원 전압	DC 24V	AC 220V
회로수용능력	5회로 미만	30~40회로
외형	소형	대형
설치장소	발신기함, 옥내소화전함, SVP, 수동조작함 등의 내부	2~3층당 1개씩 전기피트실 등에 설치

3) 중계기의 설치기준

① 수신기에서 직접 감지기회로의 도통시험을 행하지 아니하는 것에 있어서는 수신기와 감지기 사이에 설치할 것

② 조작 및 점검에 편리하고 화재 및 침수 등의 재해로 인한 피해를 받을 우려가 없는 장소에 설치할 것

③ 수신기에 따라 감시되지 아니하는 배선을 통하여 전력을 공급받는 것에 있어서는 전원입력 측의 배선에 과전류 차단기를 설치하고 해당 전원의 정전이 즉시 수신기에 표시되는 것으로 하며, 상용전원 및 예비전원의 시험을 할 수 있도록 할 것

4) 중계기의 예비전원

① 축전지를 직렬 또는 병렬로 사용하는 경우에는 용량이 균일한 축전지를 사용할 것

② 축전지의 충전시험 및 방전시험은 방전종지전압을 기준하여 시작할 것

    ※ 방전종지전압이라 함은 원통형니켈카드뮴축전지는 셀당 1.0V의 상태, 무보수밀폐형연축
       전지는 단전지당 1.75V의 상태

5) 중계기용 변압기

① 정격1차 전압은 300V 이하로 한다.

② 변압기의 외함에는 접지단자를 설치하여야 한다.

③ 용량은 최대 사용전류에 연속하여 견딜 수 있는 크기 이상이어야 한다.

6) 중계기의 반복시험횟수

설비	감지기, 속보기	중계기	발신기	누전경보기 수신부
반복시험횟수	1,000회	2,000회	5,000회	10,000회

(6) 발신기

1) 정의

화재발생 신호를 수신기에 수동으로 발신하는 장치이다.

2) 발신기의 종류

① P형 1급 발신기

    ㉠ P형 1급 수신기, R형 수신기에 사용

    ㉡ 구성 : 응답램프, 스위치

    ㉢ 배선내역 : 회로선, 공통선, 응답선

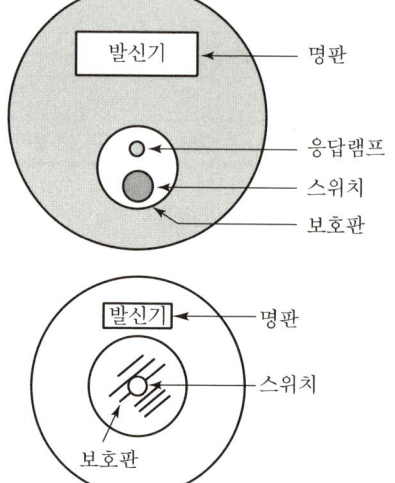

② P형 2급 발신기

    ㉠ P형 2급 수신기에 사용

    ㉡ 구성 : 발신기 스위치만 있는 구조

    ㉢ 배선내역 : 회로선, 공통선

3) 발신기 설치기준

① 특정소방대상물의 층마다 설치

② 조작스위치 설치높이 : 바닥으로부터 0.8m 이상 1.5m 이하

③ 각 부분으로부터 하나의 발신기까지의 수평거리 : 25m 이하(다만, 복도 또는 별도로 구획된
   실로서 보행거리가 40m 이상일 경우 추가 설치)

④ 발신기 위치표시등은 함의 상부에 설치할 것

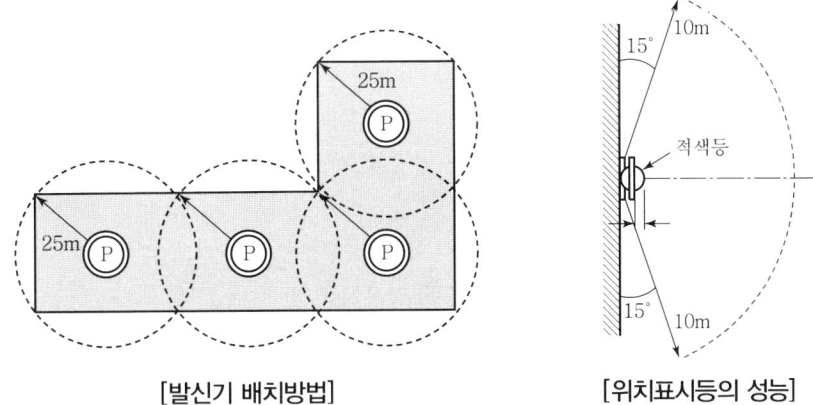

⑤ 발신기 불빛은 부착면으로부터 15° 이상의 범위 안에서 부착지점으로부터 10m 이내의 어느 곳에서도 쉽게 식별할 수 있는 **적색등**으로 할 것

[발신기 배치방법]　　**[위치표시등의 성능]**

4) 발신기의 작동기능(발신기의 형식승인 및 제품검사의 기술기준 제4조의2)

① 발신기의 조작부는 작동스위치의 동작방향으로 가하는 힘이 2kg을 초과하고 8kg 이하인 범위에서 확실하게 동작되어야 한다.

② 발신기는 조작부의 작동스위치가 작동되는 경우 화재신호를 전송하여야 하며, 발신기는 발신기의 확인장치에 화재신호가 전송되었음을 표기하여야 한다.

③ 발신기는 수신기와 통화가 가능한 장치를 설치할 수 있다. 이 경우 화재신호의 전송에 지장을 주지 아니하여야 한다.

(7) 감지기

1) 정의

화재 시 발생하는 열, 연기, 불꽃 또는 연소생성물을 자동적으로 감지하여 수신기에 발신하는 장치이다.

2) 감지기의 종류

① **열감지기**

　㉠ 차동식 스포트형 : 주위온도가 일정 상승률 이상이 되는 경우에 작동하는 것으로서 일국소에서의 열 효과에 의하여 작동되는 것

　㉡ 차동식 분포형 : 주위온도가 일정 상승률 이상이 되는 경우에 작동하는 것으로서 넓은 범위 내에서의 열 효과의 누적에 의하여 작동되는 것

　㉢ 정온식 감지선형 : 일국소의 주위온도가 일정한 온도 이상이 되는 경우에 작동하는 것으로서 외관이 전선으로 되어 있는 것

　㉣ 정온식 스포트형 : 일국소의 주위온도가 일정한 온도 이상이 되는 경우에 작동하는 것으로서 외관이 전선으로 되어 있지 아니한 것

ⓜ 보상식 스포트형 : 차동식과 정온식의 기능을 겸한 것으로서 차동식 또는 정온식 성능 중 어느 한 기능이 작동되면 작동신호를 발하는 것

② 연기감지기

ⓙ 이온화식 스포트형 : 주위의 공기가 일정한 농도의 연기를 포함하게 되는 경우에 작동하는 것으로서 일국소의 연기에 의하여 이온전류가 변화하여 작동하는 것

ⓛ 광전식 스포트형 : 주위의 공기가 일정한 농도의 연기를 포함하게 되는 경우에 작동하는 것으로서 일국소의 연기에 의하여 광전소자에 접하는 광량의 변화로 작동하는 것

ⓒ 광전식 분리형 : 발광부와 수광부로 구성된 구조로 발광부와 수광부 사이의 공간에 일정한 농도의 연기를 포함하게 되는 경우에 작동하는 것

ⓔ 공기흡입형 : 감지기 내부에 장착된 공기흡입장치로 감지하고자 하는 위치의 공기를 흡입하고 흡입된 공기에 일정한 농도의 연기가 포함된 경우 작동하는 것

③ 불꽃감지기

ⓙ 자외선식(UV) : 불꽃에서 방사되는 자외선의 변화가 일정량 이상 되었을 때 작동하는 것으로서 일국소의 자외선에 의하여 수광소자의 수광량 변화에 의해 작동하는 것

ⓛ 적외선식(IR) : 불꽃에서 방사되는 적외선의 변화가 일정량 이상 되었을 때 작동하는 것으로서 일국소의 적외선에 의하여 수광소자의 수광량 변화에 의해 작동하는 것

ⓒ 자외선 · 적외선 겸용식(UV/IR) : 불꽃에서 방사되는 불꽃의 변화가 일정량 이상 되었을 때 작동하는 것으로서 자외선 또는 적외선에 의한 수광소자의 수광량 변화에 의하여 1개의 화재신호를 발신하는 것

④ 복합형 감지기

ⓙ 열복합형 : 차동식과 정온식 두 가지 성능의 감지기능이 함께 작동될 때 화재신호를 발신하거나 또는 두 개의 화재신호를 각각 발신하는 것

ⓛ 연기복합형 : 광전식과 이온화식 두 가지 성능의 감지기능이 함께 작동될 때 화재신호를 발신하거나 또는 두 개의 화재신호를 각각 발신하는 것

ⓒ 열 · 연기 복합형 : 차동식과 광전식, 정온식과 광전식, 차동식과 이온화식, 정온식과 이온화식의 조합으로 두 가지 성능의 감지기능이 함께 작동될 때 화재신호를 발신하거나 또는 두 개의 화재신호를 각각 발신하는 것

⑤ 다신호식 감지기

ⓙ 각 서로 다른 종별 또는 감도 등의 기능을 갖춘 것으로서 일정시간 간격을 두고 각각 다른 2개 이상의 화재신호를 발하는 감지기

ⓛ 동일 종별 또는 감도를 갖는 2개 이상의 센서를 통해 감지하여 화재신호를 각각 발신하는 감지기

⑥ 아날로그식 감지기 : 주위의 온도 또는 연기량의 변화에 따라 각각 다른 전류치 또는 전압치 등의 출력을 발하는 방식의 감지기

3) 열감지기

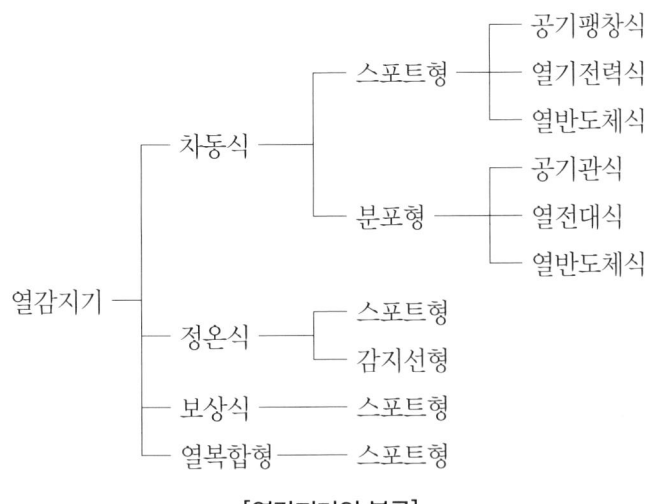

[열감지기의 분류]

① 차동식 스포트형 감지기
  ㉠ 공기팽창식 감지기

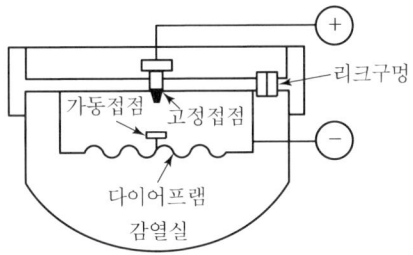

- 구성요소 : 감열실, 다이어프램, 고정접점, 가동접점, 리크구멍
  - 감열실 : 화재에 의한 열을 감지하는 공간
  - 다이어프램 : 감열실의 공기가 팽창하여 밀어 올리는 얇은 막
  - 고정접점 : 고정되어 있는 접점
  - 가동접점 : 다이어프램이 올라가면 고정접점과 단락되어 동작신호 전송
  - **리크구멍** : 감열 실내 온도가 서서히 상승하면 리크구멍으로 압력을 배출하여 **비화재보 방지**
- 동작순서 : 화재 발생 → 감열실 공기 팽창 → 다이어프램 상승 → 가동접점이 고정접점과 단락 → 수신기에 화재신호 전송
- 동작원리 : 공기의 부피 팽창

ⓛ **열기전력식 감지기**
- 구성요소 : 감열실, 반도체열전대, 고감도릴레이
  - 반도체열전대 : 온접점과 냉접점으로 구성되어 두접점 사이에 온도차가 발생하면 열기전력이 발생된다 [제벡(제베크) 효과].
  - 고감도릴레이 : 열기전력이 발생되면 고감도릴레이의 접점이 단락되어 화재신호 전송

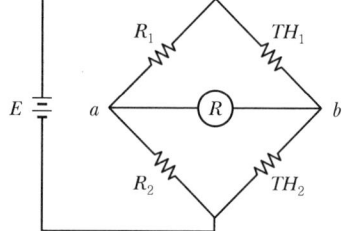

- 동작순서 : 화재 발생 → 온접점온도 상승, 냉접점온도 변화 적음 → 열기전력 발생 → 고감도 릴레이 동작 → 수신기에 화재신호 전송
- 온도가 완만하게 상승하면 온접점과 냉접점 사이의 온도차가 작게 발생하여 열기전력 또한 작게 발생하므로 감지기는 작동하지 않는다.
- 동작원리 : 열전대의 제벡(제베크) 효과

ⓒ **열반도체식 감지기(서미스터 방식)**
- 구성요소 : 서미스터, 저항, 릴레이
- 동작순서 : 화재 발생 → 외부 서미스터 저항 감소 → 내부 서미스터는 저항변화 적음 → 휘트스톤브리지의 평형 파괴 → 릴레이 동작 → 화재신호 전송
- 온도가 완만하게 상승하면 외부 서미스터와 내부 서미스터의 저항변화가 거의 같으므로 브리지의 평형이 지속되어 감지기가 작동하지 않는다.
- 동작원리 : 서미스터의 부온도 – 저항특성

② **차동식 분포형 감지기**
ⓛ **공기관식 감지기**
- 구성요소 : 공기관, 다이어프램, 리크구멍, 접점, 시험장치
- 동작순서 : 화재 발생 → 공기관 내부 공기 팽창 → 다이어프램 상승 → 접점 단락 → 화재신호 전송
- 온도가 완만하게 상승하면 리크구멍으로 공기압이 배출되어 오동작이 방지된다.

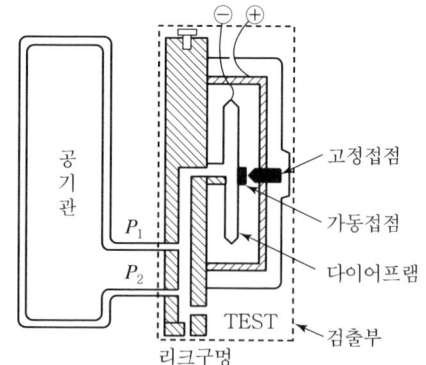

• 설치기준

구분	기준
공기관의 최소길이	20m 이상
공기관의 최대길이	100m 이하
공기관과 각 변의 거리	수평거리 1.5m 이하
공기관 상호 간 거리	6m(내화구조 9m) 이하
공기관의 분기	도중에서 분기하지 아니할 것
검출부의 경사	5° 이상 경사지지 아니할 것
검출부의 높이	0.8m 이상 1.5m 이하
공기관의 규격	두께 0.3mm 이상, 바깥지름 1.9mm 이상

ⓛ 열전대식 감지기

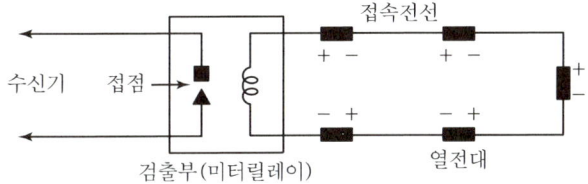

• 구성요소 : 열전대, 미터릴레이, 접속전선, 접점
• 동작순서 : 화재 발생 → 열전대부 온도 상승 → 열기전력 발생 → 미터릴레이 작동 → 화재신호 전송
• 온도가 완만하게 상승하면 열전대의 두 금속에 온도차가 거의 발생하지 않으므로 열기전력이 발생하지 않는다.
• 동작원리 : 열전대의 제벡 효과
• 설치기준

구분	기준
열전대의 수량	최소 4개 이상, 최대 20개 이하
열전대의 1개의 기준 면적	기타구조 : 18m² 내화구조 : 22m²

ⓒ 열반도체식 감지기

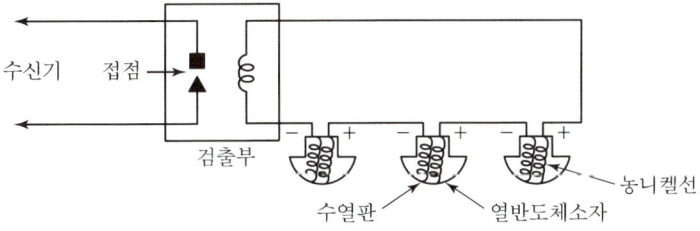

- 구성요소 : 열반도체, 동니켈선, 수열판, 미터릴레이
- 동작순서 : 화재 발생 → 수열판온도 상승 → 열반도체소자 열기전력 발생 → 미터릴레이 작동 → 화재신호 전송
- 온도가 완만하게 상승하면 열반도체의 온도차가 거의 발생하지 않으므로 열기전력이 발생하지 않는다.
- 동작원리 : 열전대의 제벡 효과
- 설치기준
  - **열반도체의 수량 : 최소 2개 이상 최대 15개 이하**
  - 열반도체감지기 1개의 기준면적

부착높이 및 소방대상물의 구분		감지기의 종류	
		1종	2종
8m 미만	내화구조	65m^2	36m^2
	기타구조	40m^2	23m^2
8m 이상 15m 미만	내화구조	50m^2	36m^2
	기타구조	30m^2	23m^2

③ 정온식 스포트형 감지기

　㉠ 종류

- 바이메탈을 이용하는 방식(바이메탈 활곡, 반전) : 팽창계수가 다른 두 금속을 서로 붙여 온도가 상승하면 팽창계수차에 의해 바이메탈이 구부러져서 접점을 동작시키는 방식
- 액체팽창을 이용하는 방식 : 액체가 기화되면서 팽창하여 그 힘에 의해 접점을 동작시키는 방식
- 반도체소자를 이용하는 방식 : 서미스터를 1개 사용하여 일정온도에 도달하면 검출하는 방식
- 가용절연물을 이용하는 방식(감지선형과 원리 동일)
- 금속의 팽창계수차를 이용하는 방식

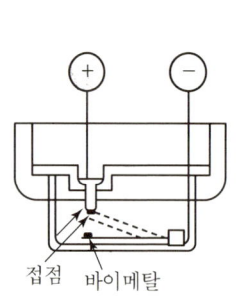

[바이메탈의 활곡을 이용한 것]

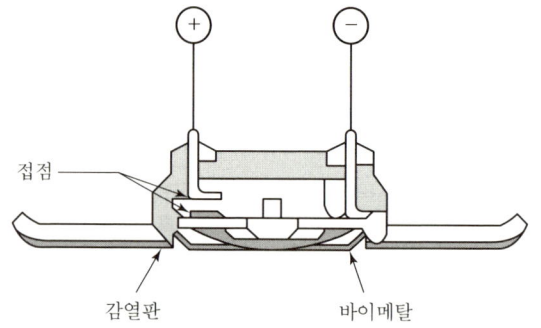

[바이메탈의 반전을 이용한 것]

© 설치기준

구분	기준
설치장소	**주방, 부일러실** 등으로서 다량의 화기를 **취급**하는 장소에 설치
공칭작동온도	최고 주위온도보다 20℃ 이상

④ 정온식 감지선형 감지기

㉠ **정의** : 일국소의 주위온도가 일정한 온도 이상이 되는 경우에 작동하는 것으로서 외관이 전선으로 되어 있는 것

㉡ **구성요소** : 피아노선, 가용절연전선, 보호테이프, 피복

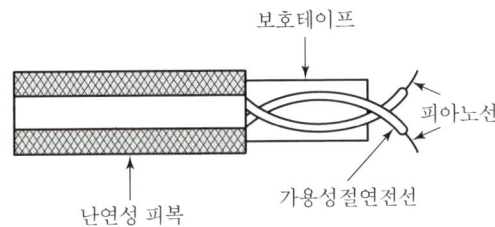

㉢ 동작순서 : 화재 발생 → 일정온도까지 온도 상승 → 가용성 절연전선 용융 → 피아노선 2선 단락 → 화재신호 전송

㉣ 공칭작동온도에 따른 피복색상

백색	청색	적색
80℃ 미만	80℃ 이상~120℃ 미만	120℃ 이상

㉤ 설치기준

구분	기준
감지선의 고정	보조선이나 고정금구를 사용할 것
단자부와 마감고정금구의 거리	10cm 이내로 할 것
감지선형 감지기의 굴곡반경	5cm 이상으로 할 것
창고의 천장 등에 지지물이 적당하지 않은 장소	보조선을 설치하고 그 보조선에 설치할 것
케이블트레이에 설치하는 경우	케이블트레이 받침대에 마감금구를 사용하여 설치할 것
분전반 내부에 설치하는 경우	접착제를 이용하여 돌기를 바닥에 고정하고 그곳에 설치할 것

㉥ 감지기와 감지구역 각 부분의 수평거리

구분	1종	2종
내화구조	4.5m 이하	3m 이하
기타구조	3m 이하	1m 이하

⑤ 보상식 스포트형 감지기

 ㉠ 사용목적 : 실보 또는 지연보의 방지

 ㉡ 동작원리 : (차동식) + (정온식) 중 어느 하나만
  동작하면 화재신호 전송

 ㉢ 정온점 : 감지기 주위의 평상시 최고온도보다
  20℃ 이상 높은 것으로 설치

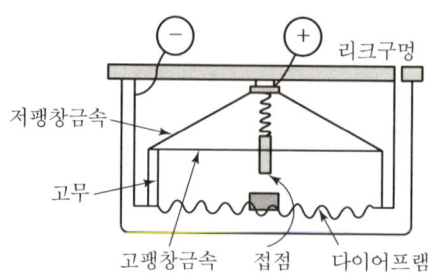

⑥ 열복합형 스포트형 감지기

 ㉠ 사용목적 : 비화재보의 방지

 ㉡ 동작원리 : (차동식)·(정온식) 두 가지 모두 동작하였을 때에만 화재신호 전송

⑦ 스포트형 감지기의 설치기준(공통사항)

 ㉠ 실내로의 공기유입구로부터 1.5m 이상 떨어진 위치에 설치

 ㉡ 천장 또는 반자의 옥내에 면하는 부분에 설치할 것

 ㉢ 45° 이상 경사되지 아니하도록 부착할 것

⑧ 차동식 스포트형, 보상식 스포트형, 정온식 스포트형 감지기의 부착높이 및 특정소방대상물에 따른 기준면적

(단위 : m²)

부착높이 및 특정소방대상물의 구분		감지기의 종류				
		차동식, 보상식		정온식		
		1종	2종	특종	1종	2종
4m 미만	내화구조	90	70	70	60	20
	기타구조	50	40	40	30	15
4m 이상 8m 미만	내화구조	45	35	35	30	–
	기타구조	30	25	25	15	–

4) 연기감지기

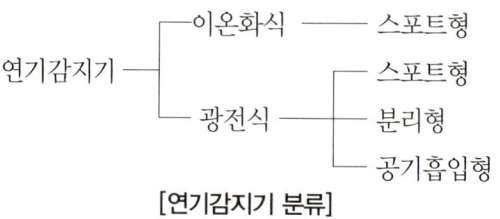

[연기감지기 분류]

① 이온화식 스포트형 감지기

 ㉠ 구성요소 : 내부 이온실, 외부 이온실, 신호증폭회로, 스위칭회로, 방사선원(Am^{241}) 등

 ㉡ 내부 이온실에 Am^{241}(아메리슘 241)이 설치되어 있고 평상시 내부 이온실과 외부 이온실
  은 전압평형을 이루며 공기는 이온화되어 있다.

ⓒ 동작순서 : 화재 발생 → 연기 침입 → 저항 증가 → 이온전류 감소 → 전압 증가 → 신호 증폭 → 스위칭 → 화재 경보

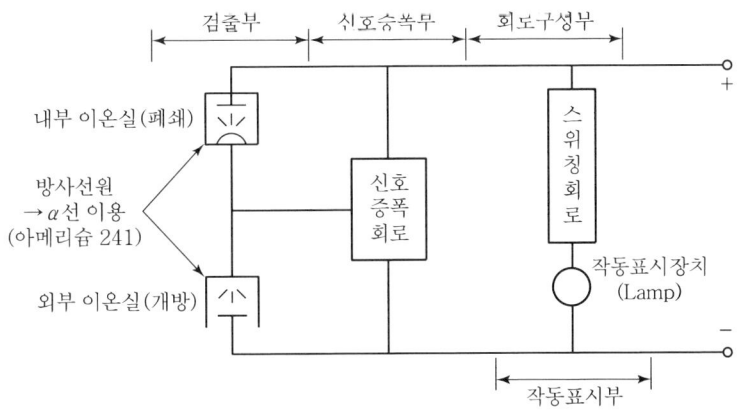

[이온화식 연기감지기의 구조]

② 광전식 스포트형 감지기

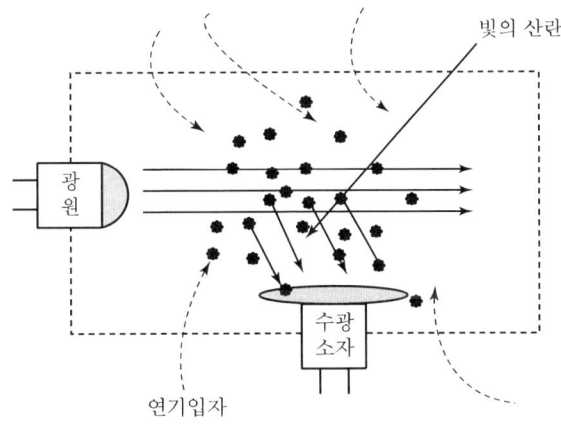

ⓐ 구성요소 : 송광부, 수광부, 신호증폭회로, 스위칭회로 등
ⓑ 동작원리 : 빛의 산란을 이용한 산란광식
ⓒ 동작순서 : 화재 발생 → 챔버 내 연기 침입 → 빛의 산란 → 수광량 증가 → 신호 증폭 → 스위칭 → 화재 경보

③ 광전식 분리형 감지기
ⓐ 구성요소 : 송광부, 수광부, 신호증폭회로, 신호변환회로 등
ⓑ 동작원리 : 빛의 감소한 양을 검출하는 감광식
ⓒ 동작순서 : 화재 발생 → 광축에 연기 투입 → 광량 감소 → 신호 증폭 → 화재 경보

ⓔ 설치기준

구분	기준
감지기의 수광면	햇빛을 직접 받지 않도록 설치할 것
광축과 나란한 벽과의 거리	0.6m 이상 이격하여 설치할 것
송광부, 수광부와 뒷벽과의 거리	1m 이내 위치에 설치할 것
광축의 높이	천장높이의 80% 이상할 것
광축의 길이	공칭감시거리 범위(5~100m 이하로 하여 5m 간격) 이내일 것

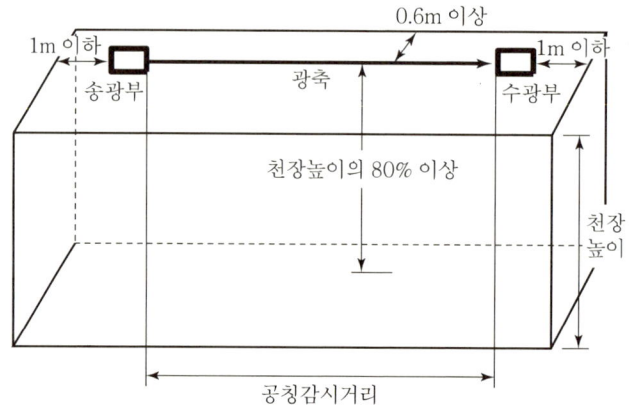

[광전식 분리형 감지기의 설치기준]

④ 광전식 공기흡입형

감지기 내부에 장착된 공기흡입장치로 감지하고자 하는 위치의 공기를 흡입하고 흡입된 공기에 일정한 농도의 연기가 포함된 경우 작동하는 것

⑤ 연기감지기 설치장소

ⓐ 계단·경사로 및 에스컬레이터 경사로

ⓑ 복도(30m 미만의 것을 제외)

ⓒ 엘리베이터 승강로(권상기실이 있는 경우에는 권상기실)·린넨슈트·파이프 피트 및 덕트, 기타 이와 유사한 장소

ⓓ 천장 또는 반자의 높이가 15m 이상 20m 미만의 장소

ⓔ 다음 각 목의 특정소방대상물의 취침·숙박·입원 등 이와 유사한 용도로 사용되는 거실

• 공동주택·오피스텔·숙박시설·노유자시설·수련시설

• 교육연구시설 중 합숙소

• 의료시설, 근린생활시설 중 입원실이 있는 의원·조산원

• 교정 및 군사시설

• 근린생활시설 중 고시원

⑥ 연기감지기 설치기준

㉠ 부착높이에 따른 감지기 1개의 기준면적

부착높이	감지기의 종류	
	1종, 2종	3종
4m 미만	150m^2	50m^2
4m 이상 20m 미만	75m^2	–

㉡ 설치장소에 따른 감지기 1개의 거리기준

설치장소	감지기의 종류	
	1종, 2종	3종
복도, 통로(보행거리)	30m	20m
계단, 경사로(수직거리)	15m	10m

㉢ 천장 또는 반자가 낮은 실내 또는 좁은 실내에 있어서는 출입구의 **가까운 부분**에 설치할 것
㉣ 천장 또는 반자부근에 배기구가 있는 경우에는 그 부근에 설치할 것
㉤ 감지기는 벽 또는 보로부터 **0.6m 이상** 떨어진 곳에 설치할 것
   ※ 연기감지기 감시 챔버 메시 크기 : 1.3±0.05[mm]

5) 불꽃감지기

① 불꽃감지기의 종류 : 자외선식(UV), 적외선식(IR), 자외선 · 적외선 겸용식(UV/IR)

② 불꽃감지기의 설치기준

㉠ **공칭감시거리** 및 **공칭시야각**은 형식승인 내용에 따를 것
㉡ 감지기는 **공칭감시거리**와 **공칭시야각**을 기준으로 **감시구역이 모두 포용**될 수 있을 것
㉢ 감지기는 화재감지를 유효하게 감지할 수 있는 **모서리 또는 벽** 등에 설치할 것
㉣ 감지기를 천장에 설치하는 경우에는 감지기는 **바닥을 향하여** 설치할 것
㉤ 수분이 많이 발생할 우려가 있는 장소에는 **방수형**으로 설치할 것

6) 특수감지기 설치장소 등

① 비화재보 우려장소

㉠ 지하층 · 무창층 등으로서 **환기**가 잘되지 않는 장소
㉡ 지하층 · 무창층 등으로서 실내면적이 **40m^2 미만**인 장소
㉢ 감지기의 부착면과 실내바닥과의 거리가 **2.3m 이하**인 장소로서 일시적으로 발생한 열 · 연기 또는 먼지 등으로 인하여 감지기가 화재신호를 발신할 우려가 있는 장소

② 비화재보 우려 장소에 설치할 수 있는 감지기

    ㉠ 축적방식 감지기   ㉤ 불꽃 감지기

    ㉡ 복합형 감지기   ㉥ 정온식 감지선형 감지기

    ㉢ 광전식 분리형 감지기   ㉦ 아날로그방식 감지기

    ㉣ 분포형 감지기   ㉧ 다신호방식 감지기

③ 축적기능이 없는 감지기를 설치하여야 하는 경우(실보 우려 장소)

    ㉠ 급속한 연소 확대가 우려되는 장소에 사용하는 감지기

    ㉡ 교차회로방식에 사용하는 감지기

    ㉢ 축적기능이 있는 수신기에 연결하여 사용하는 감지기

④ 지하구에 설치하는 감지기 : 위의 ②항 각 호의 감지기로서 먼지·습기 등의 영향을 받지 아니하고 발화지점(1m 단위)과 온도를 확인할 수 있는 감지기를 설치

⑤ 광전식 분리형 감지기, 불꽃감지기, 광전식 공기흡입형 감지기 설치장소

적응성 감지기	장소
광전식 분리형 감지기 또는 불꽃감지기	화학공장·격납고·제련소 등
광전식 공기흡입형 감지기	전산실 또는 반도체 공장 등

7) 부착높이별 적응성 감지기의 종류

부착높이	감지기의 종류
4m 미만	• 차동식(스포트형, 분포형) • 보상식 스포트형 • 정온식(스포트형, 감지선형) • 이온화식 또는 광전식(스포트형, 분리형, 공기흡입형) • 열복합형 • 연기복합형 • 열연기복합형 • 불꽃감지기
4m 이상 8m 미만	• 차동식(스포트형, 분포형) • 보상식 스포트형 • 정온식(스포트형, 감지선형) 특종 또는 1종 • 이온화식 1종 또는 2종 • 광전식(스포트형, 분리형, 공기흡입형) 1종 또는 2종 • 열복합형 • 연기복합형 • 열연기복합형 • 불꽃감지기

8m 이상 15m 미만	• **차동식 분포형** • **이온화식 1종 또는 2종** • **광전식(스포트형, 분리형, 공기흡입형) 1종 또는 2종** • **연기복합형** • **불꽃감지기**
15m 이상 20m 미만	• **이온화식 1종** • **광전식(스포트형, 분리형, 공기흡입형) 1종** • **연기복합형** • **불꽃감지기**
20m 이상	• **불꽃감지기** • **광전식(분리형, 공기흡입형) 중 아날로그방식**
비고	부착높이 20m 이상에 설치하는 광전식 중 아날로그방식의 감지기는 공칭감지농도 하한값이 **감광율 5%/m 미만**인 것으로 한다.

8) 감지기의 설치 제외

① 천장 또는 반자의 높이가 **20m 이상**인 장소

② 헛간 등 외부와 기류가 통하는 장소로서 화재발생을 유효하게 감지할 수 없는 장소

③ 부식성 가스가 체류하고 있는 장소

④ 고온도 및 저온도로서 감지기의 기능이 정지되기 쉽거나 감지기의 유지관리가 어려운 장소

⑤ 목욕실·욕조나 **샤워시설이** 있는 화장실·기타 이와 유사한 장소

⑥ 파이프덕트 등으로서 2개 층마다 방화구획된 것이나 수평단면적이 5m² 이하인 것

⑦ 먼지·가루 또는 수증기가 **다량으로 체류**하는 장소 또는 주방 등 평시에 연기가 발생하는 장소(연기감지기에 한함)

⑧ 프레스공장·주조공장 등 화재발생의 위험이 적고 감지기의 유지관리가 어려운 장소

04 자동화재속보설비

(1) 개요

수동작동 및 자동화재탐지설비 수신기의 화재신호와 연동으로 작동하여 관계인에게 화재발생을 경보함과 동시에 소방관서에 자동적으로 통신망을 통한 당해 화재발생 및 당해 소방대상물의 위치 등을 음성으로 통보하여 주는 장치이다.

(2) 자동화재속보설비의 종류

1) A형 자동화재속보설비

수신기로부터 화재신호를 수신하여 **20초 이내**에 소방관서에 통보하고 소방대상물의 위치를 **3회 이상** 소방관서에 통보할 수 있는 기능을 가진 장치이다.

2) B형 자동화재속보설비

수신기와 A형 자동화재속보설비의 성능을 복합한 것으로 감지기, 발신기 또는 중계기를 통해 송신된 신호를 소방대상물의 관계자에게 통보하고 20초 이내에 3회 이상 소방대상물의 위치를 소방관서에 자동적으로 통보하는 기능을 가진 장치이다.

(3) 설치기준

① 자동화재탐지설비와 연동으로 작동하여 자동적으로 화재발생 상황을 소방관서에 전달되는 것으로 할 것. 이 경우 부가적으로 특정소방대상물의 관계인에게 화재발생상황을 전달되도록 할 수 있다(A형).

② 조작스위치의 높이 : 바닥으로부터 0.8m 이상 1.5m 이하

③ 속보기는 소방관서에 통신망으로 통보하도록 하며, 데이터 또는 코드전송방식을 부가적으로 설치할 수 있다.

④ 문화재에 설치하는 자동화재속보설비는 속보기에 감지기를 직접 연결하는 방식(자동화재탐지설비 1개의 경계구역에 한함)으로 할 수 있다(B형).

⑤ 속보기는 소방청장이 정하여 고시한 「자동화재속보설비의 속보기의 성능인증 및 제품검사의 기술기준」에 적합한 것으로 설치하여야 한다.

(4) 속보기의 기능(자동화재속보설비의 속보기의 성능인증 및 제품검사의 기술기준 제5조)

① 작동신호를 수신하거나 수동으로 동작시키는 경우 20초 이내에 소방관서에 자동적으로 신호를 발하여 통보하되, 3회 이상 속보할 수 있어야 한다.

② 예비전원은 자동적으로 충전되어야 하며 자동 과충전 방지장치가 있어야 한다.

③ 연동 또는 수동으로 소방관서에 화재발생 음성정보를 속보 중인 경우에도 송수화장치를 이용한 통화가 우선적으로 가능하여야 한다.

④ 예비전원을 병렬로 접속하는 경우에는 역 충전 방지 등의 조치를 하여야 한다.

⑤ 예비전원은 감시상태를 60분간 지속한 후 10분 이상 동작이 지속될 수 있는 용량이어야 한다.

⑥ 속보기는 작동신호 또는 수동작동스위치에 의한 다이얼링 후 소방관서와 전화접속이 이루어지지 않는 경우에는 최초 다이얼링을 포함하여 10회 이상 반복적으로 접속을 위한 다이얼링이 이루어져야 한다. 이 경우 매회 다이얼링 완료 후 호출은 30초 이상 지속되어야 한다.

⑦ 속보기의 송수화장치가 정상위치가 아닌 경우에도 연동 또는 수동으로 속보가 가능하여야 한다.

⑧ 화재신호를 수신하거나 수동으로 동작시키는 경우 자동적으로 화재표시등이 점등되고 음향장치로 화재를 경보하여야 한다.

(5) 반복시험횟수

설비	감지기, 속보기	중계기	발신기	누전경보기 수신부
반복시험횟수	1,000회	2,000회	5,000회	10,000회

05 누전경보기

(1) 용어의 정의

① **누전경보기** : 내화구조가 아닌 건축물로서 벽, 바닥 또는 천장의 전부나 일부를 불연재료 또는 준불연재료가 아닌 재료에 철망을 넣어 만든 건물의 전기설비로부터 누설전류를 탐지하여 경보를 발하며 변류기와 수신부로 구성된 것
② **수신부** : 변류기로부터 검출된 신호를 수신하여 누전의 발생을 해당 특정소방대상물의 관계인에게 경보하여 주는 것(차단기구를 갖는 것을 포함)
③ **변류기** : 경계전로의 누설전류를 자동적으로 검출하여 이를 누전경보기의 수신부에 송신하는 것
④ **집합형 누전경보기의 수신부** : 2개 이상의 변류기를 연결하여 사용하는 수신부로서 하나의 전원장치 및 음향장치 등으로 구성된 것
⑤ **차단기구** : 누설전류가 발생하면 자동으로 누전된 회로를 차단하는 장치
⑥ **음향장치** : 누설전류가 발생하면 벨 또는 부저로 경보를 발하는 장치

(2) 설치대상

계약전류용량이 100A를 초과하는 특정소방대상물(내화구조가 아닌 건축물로서 벽·바닥 또는 반자의 전부나 일부를 불연재료 또는 준불연재료가 아닌 재료에 철망을 넣어 만든 것만 해당)에 설치하여야 한다.

(3) 구성요소 및 동작원리

1) 구성요소
수신부, 변류기, 차단기구, 음향장치

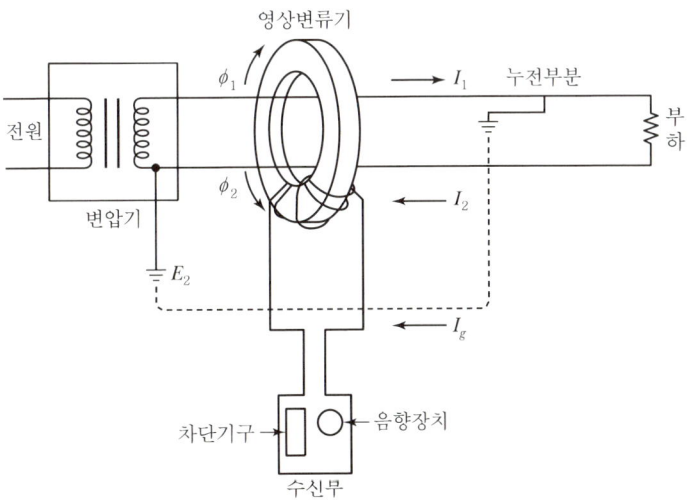

[누전경보기의 구성요소 및 동작원리]

2) 동작원리

① 유도기전력

$$e_2 = 4.44\, f\, n_2 \phi_g$$

여기서, f : 주파수, N_2 : 변류기 2차 권수, ϕ_g : 누설전류에 의한 자속

② 평상시 상태

$$I_1 = I_2 \qquad I_1 - I_2 = 0$$
$$\phi_1 = \phi_2 \qquad \phi_1 - \phi_2 = 0$$

자속이 0이므로 유도되는 기전력도 0이다.

③ 누전발생 시

$$I_1 = I_2 + I_g \qquad I_1 - I_2 = I_g$$
$$\phi_1 = \phi_2 + \phi_g \qquad \phi_1 - \phi_2 = \phi_g$$

자속 ϕ_g가 변류기 코일을 쇄교하여 유도기전력 발생

(4) 설치기준

① 경계전로의 정격전류에 의한 분류

경계전로의 정격전류	60A 초과	60A 이하
누전경보기 종류	1급	1급 또는 2급

② 변류기 : 옥외 인입선의 제1지점의 부하 측 또는 제2종 접지선 측의 점검이 쉬운 위치에 설치할 것
③ 변류기를 옥외의 전로에 설치하는 경우에는 옥외형으로 설치할 것

(5) 수신부

1) 구성요소

전원부, 증폭부, 제어부, 음향장치, 차단기구

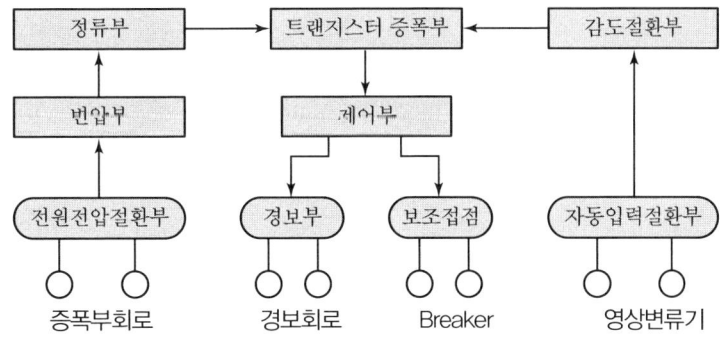

[누전경보기 집합형 수신부의 내부구조]

2) 증폭부의 증폭방식
① 매칭 트랜스와 트랜지스터를 조합하여 계전기를 동작시키는 방식
② 트랜지스터나 I.C로 증폭하여 계전기를 동작시키는 방식
③ 트랜지스터 또는 I.C와 미터릴레이를 증폭하여 계전기를 동작시키는 방식

3) 수신부의 구조(누전경보기의 형식승인 및 제품검사의 기술기준 제23조)
① 전원을 표시하는 장치를 설치할 것(2급 수신부는 제외)

② 수신부는 다음 회로에 단락이 생기는 경우에는 유효하게 보호되는 조치를 강구할 것
　　㉠ 전원 입력 측의 회로(2급 수신부는 제외)
　　㉡ 수신부에서 외부의 음향장치와 표시등에 대하여 직접 전력을 공급하도록 구성된 외부회로

③ 감도조정장치를 제외하고 감도조정부는 외함의 바깥쪽에 노출되지 아니할 것
④ 주전원의 양극을 동시에 개폐할 수 있는 전원스위치를 설치할 것
⑤ 전원 입력 측의 양선(1회선용은 1선 이상) 및 외부부하에 직접 전원을 송출하도록 구성된 회로에는 퓨즈 또는 브레이커 등을 설치할 것

4) 수신부 설치장소
① 옥내의 점검에 편리한 장소에 설치할 것
② 가연성의 증기·먼지 등이 체류할 우려가 있는 장소의 전기회로에는 해당 부분의 전기회로를 차단할 수 있는 차단기구를 가진 수신부를 설치할 것
③ 차단기구의 부분은 해당 장소 외의 안전한 장소에 설치할 것
④ 음향장치는 수위실 등 상시 사람이 근무하는 장소에 설치하여야 하며, 그 음량 및 음색은 다른 기기의 소음 등과 명확히 구별할 수 있는 것

5) 수신부 설치 제외 장소
① 가연성의 증기·먼지·가스 등이나 부식성의 증기·가스 등이 다량으로 체류하는 장소
② 화약류를 제조하거나 저장 또는 취급하는 장소

③ 습도가 높은 장소

④ 온도의 변화가 급격한 장소

⑤ 대전류회로 · 고주파 발생회로 등에 따른 영향을 받을 우려가 있는 장소

(6) 전원

① 전원 : 분전반으로부터 전용회로로 할 것

② 전원의 개폐 : 각 극에 개폐기 및 과전류차단기 15A 이하(배선용 차단기는 20A 이하)

③ 전원의 분기 : 다른 차단기에 따라 전원이 차단되지 아니하도록 할 것

④ 표지 : 전원의 개폐기에는 누전경보기용임을 표시한 표지를 할 것

(7) 누전경보기의 형식승인 및 제품검사의 기술기준

1) 정의

사용전압 600V 이하인 경계전로의 누설전류를 검출하여 당해 소방 대상물의 관계자에게 경보를 발하는 설비로서 변류기와 수신부로 구성된 것

2) 구조 및 기능

① 극성이 있는 경우에는 오접속을 방지하기 위하여 필요한 조치를 할 것

② 외부에서 쉽게 사람이 접촉할 우려가 있는 충전부는 충분히 보호되어야 할 것

③ 정격전압이 60V를 넘는 기구의 금속제 외함에는 접지단자를 설치할 것

④ 배선은 충분한 전류용량을 갖는 것으로 할 것

3) 음향장치의 구조 및 기능

① 사용전압의 80%인 전압에서 동작할 수 있을 것

② 음향장치의 중심으로부터 1m 떨어진 지점에서의 음압

구분	음압[dB]
누전경보기	70 이상
고장표시장치용	60 이상

4) 변압기의 구조 및 기능(기준 삭제됨)

5) 공칭작동 전류치 및 감도조절장치의 조정범위

구분	전류[mA]
공칭작동전류	200 이하
감도조절장치의 조정범위	1,000(1A) 이하

6) 전압강하

변류기는 경계전로에 정격전류를 흘리는 경우, 그 경계전로의 전압강하는 0.5V 이하이어야 한다.

7) 반복시험횟수

설비	감지기, 속보기	중계기	발신기	누전경보기 수신부
반복시험횟수	1,000회	2,000회	5,000회	10,000회

8) 절연저항시험

① 변류기 : DC 500V의 절연저항계로 다음 각 호의 시험을 하는 경우 5MΩ 이상

　　㉠ 절연된 1차 권선과 2차 권선 간의 절연저항

　　㉡ 절연된 1차 권선과 외부금속부 간의 절연저항

　　㉢ 절연된 2차 권선과 외부금속부 간의 절연저항

② 수신부 : DC 500V의 절연저항계로 다음 각 호의 시험을 하는 경우 5MΩ 이상

　　㉠ 절연된 충전부와 외함 간

　　㉡ 차단기구의 개폐부

　　　• 열린 상태에서는 같은 극의 전원단자와 부하 측 단자의 사이

　　　• 닫힌 상태에서는 충전부와 손잡이 사이

9) 변류기 기능검사 항목

① 온도특성시험　　　　　　　② 전로개폐시험

③ 단락전류강도시험　　　　　④ 과누전시험

⑤ 노화시험　　　　　　　　　⑥ 방수시험

⑦ 진동시험　　　　　　　　　⑧ 충격시험

⑨ 절연저항시험　　　　　　　⑩ 절연내력시험

⑪ 충격파내전압시험　　　　　⑫ 전압강하방지시험

10) 수신부 기능검사 항목

① 전원전압변동시험　　　　　② 온도특성시험

③ 과입력전압시험　　　　　　④ 개폐기조작시험

⑤ 반복시험　　　　　　　　　⑥ 진동시험

⑦ 충격시험　　　　　　　　　⑧ 절연저항시험

⑨ 절연내력시험　　　　　　　⑩ 충격파내전압시험

⑪ 전자파적합성시험

06 가스누설경보기

(1) 용어의 정의

① 가스누설경보기 : 가스시설이 설치된 장소에서 LPG, LNG, CO, CH_4, C_4H_{10}, H_2 등의 가연성 가스를 탐지하여 경보하는 것

② 탐지부 : 가스누설경보기 중 가스누설을 검지하여 중계기 또는 수신부에 가스누설의 신호를 발신하는 부분 또는 가스누설을 검지하여 이를 음향으로 경보하고 동시에 중계기 또는 수신부에 가스누설의 신호를 발신하는 부분

③ 수신부 : 경보기 중 탐지부에서 발하여진 가스누설신호를 직접 또는 중계기를 통하여 수신하고 이를 관계자에게 음향으로서 경보하여 주는 장치

④ 분리형 : 탐지부와 수신부가 분리되어 있는 형태의 경보기

⑤ 단독형 : 탐지부와 수신부가 1개의 상자에 넣어 일체로 되어 있는 형태의 경보기

(2) 설치대상(가스시설이 설치된 경우만 해당)

① 판매시설, 운수시설, 노유자시설, 숙박시설, 창고시설 중 물류터미널

② 문화 및 집회시설, 종교시설, 의료시설, 수련시설, 운동시설, 장례시설

(3) 가스누설경보기의 분류

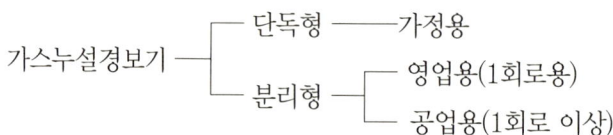

(4) 수신부의 구조 및 기능

① 가스누설표시등의 색상 : **황색**

② 전압계 최대눈금 : 정격전압의 **140% 이상 200% 이하**

(5) 표시등

① 전구는 2개 이상을 병렬로 접속하여야 한다. 다만, 방전등 또는 발광다이오드의 경우에는 그러하지 아니하다.

② 전구에는 적당한 보호 덮개를 설치하여야 한다. 다만, 발광다이오드의 경우에는 그러하지 아니하다.

③ 가스의 누설을 표시하는 표시등(누설등) 및 가스가 누설된 경계구역의 위치를 표시하는 표시등(지구등)은 등이 켜질 때 **황색**으로 표시되어야 한다.

④ 주위의 밝기가 300lx인 장소에서 측정하여 앞면으로부터 3m 떨어진 곳에서 켜진 등이 확실히 식별되어야 한다.

(6) 예비전원

1) 예비전원의 종류
알칼리계 2차 축전지, 리튬계 2차 축전지 또는 무보수밀폐형 연축전지

2) 예비전원의 용량

분류	용량
1회로용(단독형 포함)	감시상태를 20분간 계속한 후 유효하게 작동되어 10분간 경보
2회로 이상 용도	연결된 모든 회로에 대하여 감시상태를 10분간 계속한 후 2회선을 유효하게 작동시키고 10분간 경보를 발할 수 있는 용량

3) 예비전원의 설치기준
① 예비전원을 가스누설경보기의 주전원으로 사용하지 아니할 것
② 축전지를 병렬로 접속하는 경우에는 역충전 방지 등의 조치를 강구할 것
③ 앞면에 예비전원의 상태를 감시할 수 있는 장치를 설치할 것
④ 예비전원을 단락사고 등으로부터 보호하기 위한 퓨즈 등 과전류 보호 장치를 설치할 것

(7) 가스누설경보기의 음압

분류		음압[dB]
단독형(가정용)		70 이상
분리형	영업용	70 이상
	공업용	90 이상
고장표시용		60 이상

(8) 절연저항(DC 500V의 절연저항계로 측정한 값)

측정 위치	절연 저항치[MΩ]
절연된 충전부와 외함 간	5 이상
교류입력 측과 외함 간	20 이상
절연된 선로 간	20 이상

(9) 반복시험횟수

설비	간지기, 속보기	중계기	발신기, 스위치	가스누설경보기 수신부
반복시험횟수	1,000회	2,000회	5,000회	10,000회

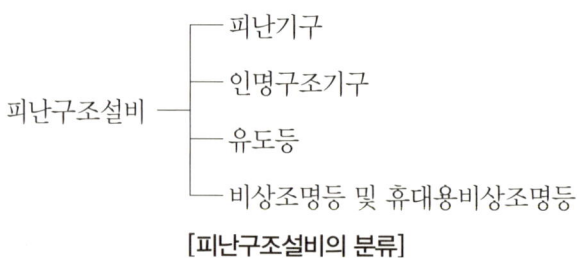

[피난구조설비의 분류]

01 피난기구

(1) 용어의 정의

① **피난사다리** : 화재 시 긴급대피를 위해 사용하는 사다리

② **완강기** : 사용자의 몸무게에 따라 자동적으로 내려올 수 있는 기구 중 사용자가 교대하여 연속적으로 사용할 수 있는 것

③ **간이완강기** : 사용자의 몸무게에 따라 자동적으로 내려올 수 있는 기구 중 사용자가 연속적으로 사용할 수 없는 것

④ **구조대** : 포지 등을 사용하여 자루형태로 만든 것으로서 화재 시 사용자가 그 내부에 들어가서 내려옴으로써 대피할 수 있는 것

⑤ **공기안전매트** : 사람이 외부로 긴급히 뛰어내릴 때 충격을 흡수하여 안전하게 지상에 도달할 수 있도록 포지에 공기 등을 주입하는 구조로 되어 있는 것

⑥ **다수인 피난장비** : 화재 시 2인 이상의 피난자가 동시에 해당 층에서 지상 또는 피난층으로 하강하는 피난기구

⑦ **승강식 피난기** : 사용자의 몸무게에 의하여 자동으로 하강하고, 내려서면 스스로 상승하여 연속적으로 사용할 수 있는 무동력 승강식 피난기

⑧ **하향식 피난구용 내림식 사다리** : 하향식 피난구 해치에 격납하여 보관하고 사용 시에는 사다리 등이 소방대상물과 접촉되지 아니하는 내림식 사다리

(2) 설치대상

1) 특정소방대상물의 모든 층에 화재안전기준에 적합한 것으로 설치할 것

2) 설치제외대상

① 피난층, 지상 1층, 지상 2층(노유자시설 중 피난층이 아닌 지상 1, 2층은 제외)

② 층수가 11층 이상인 층

③ 위험물 저장 및 처리시설 중 가스시설, 터널 및 지하구

(3) 피난기구의 종류

① 피난교   ② 구조대   ③ 피난용 트랩   ④ 미끄럼대

⑤ 완강기   ⑥ 간이완강기   ⑦ 공기안전매트   ⑧ 피난사다리

⑨ 다수인 피난장비   ⑩ 승강식 피난기

(4) 피난기구 설치개수 산정

① 특정소방대상물별 기준면적[m²]당 1개 이상 설치

특정소방대상물	기준면적[m²]
숙박시설 · 노유자시설 및 의료시설	그 층의 바닥면적 500m²마다
위락시설, 문화 및 집회시설, 운동시설, 판매시설, 복합용도의 층	그 층의 바닥면적 800m²마다
그 밖의 용도의 층	그 층의 바닥면적 1,000m²마다
계단실형 아파트	각 세대마다 1개 이상

② 추가 설치

㉠ 숙박시설(휴양콘도미니엄은 제외) : 객실마다 완강기 또는 2개 이상의 간이완강기 추가설치

㉡ 공동주택 : 공기안전매트 1개 이상 추가 설치

㉢ 4층 이상의 층에 설치된 노유자시설 중 장애인 관련 시설로서 주된 사용자 중 스스로 피난이 불가한 자가 있는 경우 : 층마다 구조대를 1개 이상 추가로 설치

(5) 피난기구의 설치기준

① 소화활동상 유효한 개구부에 고정하여 설치하거나 필요한 때에 신속하고 유효하게 설치할 수 있는 상태에 둘 것

② 유효한 개구부

㉠ 가로 0.5m 이상 세로 1m 이상인 것

㉡ 이 경우 개구부 하단이 바닥에서 1.2m 이상이면 발판 등을 설치할 것

㉢ 밀폐된 창문은 쉽게 파괴할 수 있는 파괴장치를 비치할 것

③ 피난기구를 설치하는 개구부는 서로 동일직선상이 아닌 위치에 있을 것(피난교 · 피난용 트랩 · 간이완강기 · 아파트에 설치되는 피난기구는 제외)

④ 피난기구는 소방대상물의 기둥·바닥·보, 기타 구조상 견고한 부분에 볼트조임·매입·용접, 기타의 방법으로 견고하게 부착할 것

⑤ 4층 이상의 층에 피난사다리를 설치하는 경우에는 **금속성 고정사다리**를 설치하고, 당해 고정사다리에는 쉽게 피난할 수 있는 구조의 **노대**를 설치할 것

⑥ 완강기는 강하 시 로프가 소방대상물과 **접촉하여 손상**되지 아니하도록 할 것

⑦ 완강기로프의 길이는 **피난상 유효한 착지 면까지의 길이**로 할 것

⑧ 미끄럼대는 안전한 강하속도를 유지하도록 하고, **전락방지를 위한 안전조치**를 할 것

⑨ 구조대의 길이는 피난상 지장이 없고 안정한 강하속도를 유지할 수 있는 길이로 할 것

(6) 다수인 피난장비의 설치기준

① 다수인 피난장비 보관실은 건물 **외측보다 돌출되지 아니하고**, 빗물·먼지 등으로부터 장비를 보호할 수 있는 구조일 것

② 사용 시에 보관실 외측 문이 먼저 열리고 탑승기가 외측으로 **자동으로 전개**될 것

③ 하강 시에 탑승기가 건물 외벽이나 돌출물에 충돌하지 않도록 설치할 것

④ 상·하층에 설치할 경우에는 탑승기의 하강경로가 중첩되지 않도록 할 것

⑤ 하강 시에는 안전하고 일정한 속도를 유지하도록 하고 전복, 흔들림, 경로이탈 방지를 위한 **안전조치**를 할 것

⑥ 보관실의 문에는 **오작동 방지조치**를 하고, 문 개방 시에는 당해 소방대상물에 설치된 경보설비와 연동하여 **유효한 경보음**을 발하도록 할 것

⑦ 피난층에는 해당 층에 설치된 피난기구가 착지에 지장이 없도록 **충분한 공간을 확보**할 것

(7) 승강식 피난기 및 하향식 피난구용 내림식 사다리의 설치기준

① 설치경로가 설치층에서 피난층까지 연계될 수 있는 구조로 설치할 것

② 대피실의 면적 : $2m^2$(2세대 이상일 경우에는 $3m^2$) 이상

③ 하강구(개구부) 규격 : 직경 60cm 이상

④ 대피실의 출입문 : 60분+ 방화문 또는 60분 방화문

⑤ 표지 : 피난방향에서 식별할 수 있는 위치에 "대피실" 표지판을 부착할 것

⑥ 착지점과 하강구의 간격 : 상호 수평거리 15cm 이상

⑦ 대피실 조명 : 비상조명등

⑧ 대피실 출입문이 개방되거나, 피난기구 작동 시 해당 층 및 직하 층 거실에 설치된 **표시등 및 경보장치**가 작동되고, 감시 제어반에서는 피난기구의 작동을 확인할 수 있어야 할 것

⑨ 하강구 내측에는 기구의 연결 금속구 등이 없어야 하며 전개된 피난기구는 하강구 수평투영면적 공간 내의 범위를 침범하지 않는 구조이어야 할 것

(8) 축광표지의 식별도시험 및 휘도시험

1) 식별도시험

200lx 밝기의 광원으로 20분간 조사시킨 상태에서 다시 주위조도를 0lx로 하여 60분간 발광시킨 후 직선거리 20m(축광위치표지 10m) 떨어진 위치에서 유도표지 또는 위치표지가 있다는 것이 식별되어야 하고, 유도표지는 직선거리 3m의 거리에서 표시면의 표시 중 주체가 되는 문자 또는 주체가 되는 화살표 등이 쉽게 식별되어야 한다.

2) 휘도시험

축광유도표지 및 축광위치표지의 표시면을 0lx 상태에서 1시간 이상 방치한 후 200lx 밝기의 광원으로 20분간 조사시킨 상태에서 다시 주위조도를 0lx로 하여 휘도시험을 실시하는 경우 60분간 발광시킨 후의 휘도는 $1m^2$당 7mcd 이상이어야 한다.

(9) 소방대상물의 설치장소별 피난기구의 적응성

설치장소별 구분 \ 층별	1층	2층	3층	4층 이상 10층 이하
노유자시설	미끄럼대 · 구조대 · 피난교 · 다수인 피난장비 · 승강식 피난기	미끄럼대 · 구조대 · 피난교 · 다수인 피난장비 · 승강식 피난기	미끄럼대 · 구조대 · 피난교 · 다수인 피난장비 · 승강식 피난기	구조대 · 피난교 · 다수인 피난장비 · 승강식 피난기
의료시설 · 근린생활시설 중 입원실이 있는 의원 · 접골원 · 조산원			미끄럼대 · 구조대 · 피난교 · 피난용 트랩 · 다수인 피난장비 · 승강식 피난기	구조대 · 피난교 · 피난용 트랩 · 다수인 피난장비 · 승강식 피난기
「다중이용업소의 안전관리에 관한 특별법 시행령」 제2조에 따른 다중이용업소로서 영업장의 위치가 4층 이하인 다중이용업소		미끄럼대 · 피난사다리 · 구조대 · 완강기 · 다수인 피난장비 · 승강식 피난기	미끄럼대 · 피난사다리 · 구조대 · 완강기 · 다수인 피난장비 · 승강식 피난기	미끄럼대 · 피난사다리 · 구조대 · 완강기 · 다수인 피난장비 · 승강식 피난기
그 밖의 것			미끄럼대 · 피난사다리 · 구조대 · 완강기 · 피난교 · 피난용 트랩 · 간이완강기 · 공기안전매트 · 다수인 피난장비 · 승강식 피난기	피난사다리 · 구조대 · 완강기 · 피난교 · 간이완강기 · 공기안전매트 · 다수인 피난장비 · 승강식 피난기

※ 비고
- 간이완강기의 적응성 : 숙박시설의 3층 이상에 있는 객실
- 공기안전매트의 적응성 : 공동주택
- 노유자시설 중 4층 이상에 설치된 구조대의 적응성 : 장애인 관련 시설로서 주된 사용자 중 스스로 피난이 불가한 자가 있는 경우 추가로 설치

02 유도등 및 유도표지

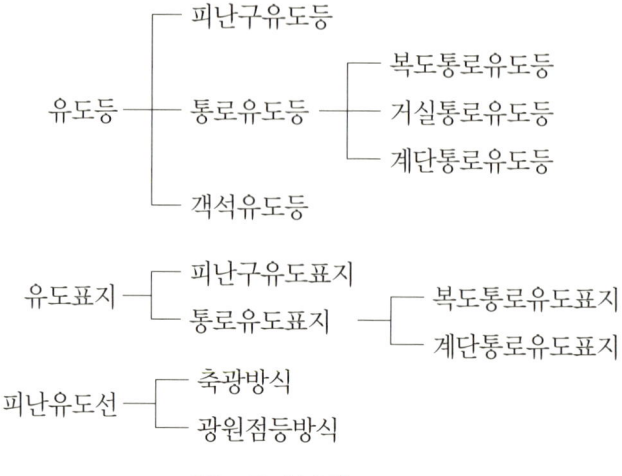

[유도등의 분류]

(1) 용어의 정의

① **유도등** : 화재 시에 피난을 유도하기 위한 등으로서 정상상태에서는 상용전원에 따라 켜지고 상용전원이 정전되는 경우에는 비상전원으로 자동전환되어 켜지는 등

② **피난구유도등** : 피난구 또는 피난경로로 사용되는 출입구를 표시하여 피난을 유도하는 등

③ **통로유도등** : 피난통로를 안내하기 위한 유도등으로 복도통로유도등, 거실통로유도등, 계단통로유도등

④ **복도통로유도등** : 피난통로가 되는 복도에 설치하는 통로유도등으로서 피난구의 방향을 명시하는 것

⑤ **거실통로유도등** : 거주, 집무, 작업, 집회, 오락 그 밖에 이와 유사한 목적을 위하여 사용하는 거실, 주차장 등 개방된 통로에 설치하는 유도등으로 피난의 방향을 명시하는 것

⑥ **계단통로유도등** : 피난통로가 되는 계단이나 경사로에 설치하는 통로유도등으로 바닥면 및 디딤 바닥면을 비추는 것

⑦ **객석유도등** : 객석의 통로, 바닥 또는 벽에 설치하는 유도등

⑧ **피난구유도표지** : 피난구 또는 피난경로로 사용되는 출입구를 표시하여 피난을 유도하는 표지

⑨ **통로유도표지** : 피난통로가 되는 복도, 계단 등에 설치하는 것으로서 피난구의 방향을 표시하는 유도표지

⑩ **피난유도선** : 햇빛이나 전등불에 따라 축광(축광방식)하거나 전류에 따라 빛을 발하는(광원점등방식) 유도체로서 어두운 상태에서 피난을 유도할 수 있도록 띠 형태로 설치되는 피난유도시설

⑪ **표시면** : 유도등에서 피난구나 피난방향을 안내하기 위한 문자 또는 부호등이 표시된 면

⑫ **조사면** : 유도등에 있어서 표시면외 조명에 사용되는 면을 말한다.

⑬ **입체형** : 유도등 표시면을 2면 이상으로 하고 각 면마다 피난유도표시가 있는 것

(2) 설치대상

1) 피난구유도등, 통로유도등 및 유도표지의 설치대상

모든 특정소방대상물(다만, 나음의 어느 하나에 해당하는 경우는 제외)

① 동물 및 식물 관련 시설 중 축사로서 가축을 직접 가두어 사육하는 부분

② 터널

2) 객석유도등의 설치대상

① 유흥주점영업시설(카바레, 나이트클럽)

② 문화 및 집회시설

③ 종교시설

④ 운동시설

(3) 특정소방대상물의 용도별로 설치하여야 할 유도등 및 유도표지

설치 장소	유도등 및 유도표지의 종류
공연장, 집회장, 관람장, 운동시설	• 대형피난구유도등 • 통로유도등 • 객석유도등
유흥주점영업시설(카바레, 나이트클럽)	
위락시설, 판매시설, 운수시설, 관광숙박업, 의료시설, 장례식장, 방송통신시설, 전시장, 지하상가, 지하철역사, 창고시설	• 대형피난구유도등 • 통로유도등
숙박시설(관광숙박업제외), 오피스텔	• 중형피난구유도등 • 통로유도등
그 밖의 건축물로서 지하층, 무창층, 11층 이상인 특정소방대상물	
근린생활시설, 노유자시설, 업무시설, 발전시설, 종교시설, 교육연구시설, 수련시설, 공장, 교정 및 군사시설, 자동차정비공장, 운전학원, 정비학원, 다중이용업소, 복합건축물, 공동주택	• 소형피난구유도등 • 통로유도등
그 밖의 것	• 피난구유도표지 • 통로유도표지

※ 비고 : 복합건축물과 아파트의 경우 세대 내에는 유도등을 설치하지 아니할 수 있다.

(4) 피난구유도등

1) 설치위치

① 피난구의 바닥으로부터 높이 1.5m 이상으로서 출입구에 인접하도록 설치할 것

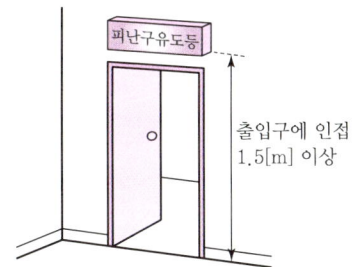

출입구에 인접
1.5[m] 이상

[피난구유도등 : 녹색 바탕에 백색 문자]

② 피난층으로 향하는 피난구의 위치를 안내할 수 있도록 출입구 인근 천장에 설치된 피난구유도 등의 면과 수직이 되도록 피난구유도등을 추가할 것. 다만, 설치된 피난구유도등이 입체형인 경우에는 그러하지 아니하다.

③ 추가로 설치하는 피난구유도등은 피난구의 식별이 용이하도록 피난구 방향의 화살표가 표시된 것으로 설치할 것

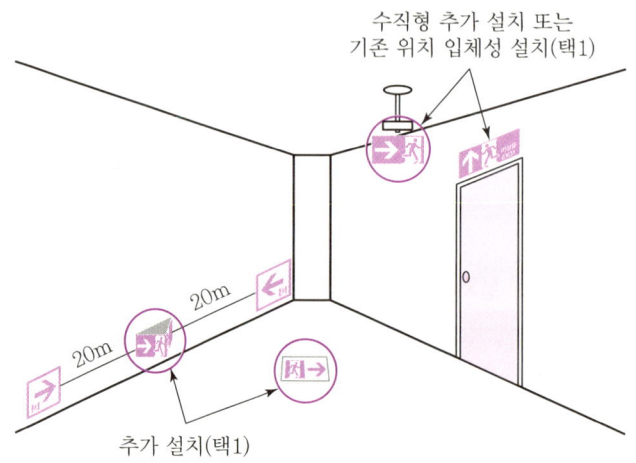

수직형 추가 설치 또는
기존 위치 입체성 설치(택1)

추가 설치(택1)

2) 설치장소

① 옥내로부터 **직접 지상으로 통하는 출입구** 및 그 부속실의 출입구

② **직통계단 · 직통계단의 계단실** 및 그 부속실의 출입구

③ ①과 ②에 따른 **출입구에 이르는 복도 또는 통로로 통하는 출입구**

④ **안전구획된 거실로 통하는 출입구**

3) 피난구유도등의 설치 제외

① 바닥면적이 1,000m² 미만인 층으로서 옥내로부터 직접 지상으로 통하는 출입구(외부의 식별이 용이한 경우에 한함)

② 대각선 길이가 15m 이내인 구획된 실의 출입구

③ 거실 각 부분으로부터 하나의 출입구에 이르는 보행거리가 20m 이하이고 **비상조명등**과 **유도 표지**가 설치된 거실의 출입구

④ 출입구가 3 이상 있는 거실로서 그 거실 각 부분으로부터 하나의 출입구에 이르는 보행거리가 30m 이하인 경우에는 주된 출입구 2개소 외의 출입구로서 **유도표지가 부착된 출입구**(다만, 공연장 · 집회장 · 관람장 · 전시장 · 판매시설 · 운수시설 · 숙박시설 · 노유자시설 · 의료시설 · 장례식장의 경우 제외)

(5) 통로유도등

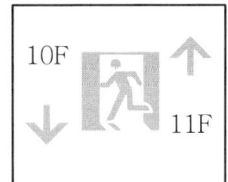

복도통로유도등　　　　　　계단통로유도등

[통로유도등 : 백색 바탕에 녹색 문자]

1) 통로유도등의 설치기준

① 복도통로유도등

ⓐ 복도에 설치하되 피난구유도등이 설치된 출입구의 맞은편 복도에는 입체형으로 설치하거나 바닥에 설치할 것

ⓑ 구부러진 모퉁이 및 통로유도등을 기점으로 보행거리 20m마다 설치할 것

ⓒ 바닥으로부터 높이 1m 이하의 위치에 설치할 것(단, 지하층 또는 무창층의 용도가 도매시장·소매시장·여객자동차터미널·지하역사 또는 지하상가인 경우에는 복도·통로 중앙부분의 바닥에 설치할 것)

ⓓ 바닥에 설치하는 통로유도등은 하중에 따라 파괴되지 아니하는 강도의 것으로 할 것

② 거실통로유도등

ⓐ 거실의 통로에 설치할 것. 다만, 거실의 통로가 벽체 등으로 구획된 경우에는 복도통로유도등을 설치할 것

ⓑ 구부러진 모퉁이 및 보행거리 20m마다 설치할 것

ⓒ 바닥으로부터 높이 1.5m 이상의 위치에 설치할 것(단, 거실통로에 기둥이 설치된 경우에는 기둥부분의 바닥으로부터 높이 1.5m 이하의 위치에 설치할 수 있다.)

③ 계단통로유도등

ⓐ 각 층의 **경사로참 또는 계단참**마다(1개 층에 경사로참 또는 계단참이 2 이상 있는 경우에는 2개의 계단참마다) 설치할 것

ⓑ 바닥으로부터 높이 1m 이하의 위치에 설치할 것

④ **통행에 지장이 없도록 설치할 것**

⑤ 주위에 이와 유사한 등화광고물·게시물 등을 설치하지 아니할 것

2) 통로유도등 설치 제외

① 구부러지지 아니한 복도 또는 통로로서 길이가 30m 미만인 복도 또는 통로

② ①에 해당하지 않는 복도 또는 통로로서 보행거리가 20m 미만이고 그 복도 또는 통로와 연결된 출입구 또는 그 부속실의 출입구에 피난구유도등이 설치된 복도 또는 통로

(6) 객석유도등

1) 설치기준

① 객석유도등의 설치위치 : 객석의 통로, 바닥, 벽

② 객석유도등의 수량산정(소수점 이하의 수는 1로 본다)

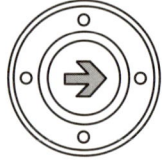

[객석유도등]

$$설치 개수 = \frac{객석 통로의 직선 부분의 길이(m)}{4} - 1$$

③ 객석 내의 통로가 옥외 또는 이와 유사한 부분에 있는 경우에는 해당 통로 전체에 미칠 수 있는 수의 유도등을 설치할 것

2) 설치제외

① 주간에만 사용하는 장소로서 **채광이 충분한 객석**

② 거실 등의 각 부분으로부터 하나의 거실출입구에 이르는 보행거리가 20m 이하인 객석의 통로로서 그 통로에 통로유도등이 설치된 객석

(7) 유도표지

1) 설치기준

① 복도통로유도표지의 설치위치

㉠ 복도 및 통로의 각 부분으로부터 유도표지까지의 보행거리가 15m 이하가 되는 곳

㉡ 구부러진 모퉁이의 벽에 설치할 것

② 설치높이

㉠ 피난구유도표지 : **출입구 상단**

㉡ 통로유도표지 : 바닥으로부터 높이 1m **이하**

③ 주위에는 이와 유사한 등화 · 광고물 · 게시물 등을 설치하지 아니할 것

④ 유도표지는 부착판 등을 사용하여 쉽게 떨어지지 아니하도록 설치할 것

⑤ 축광방식의 유도표지는 외광 또는 조명장치에 의하여 상시 조명이 제공되거나 비상조명등에 의한 조명이 제공되도록 설치할 것

2) 축광유도표지의 식별도시험 및 휘도시험

① 식별도시험

200lx 밝기의 광원으로 20분간 조사시킨 상태에서 다시 주위조도를 0lx로 하여 60분간 발광시킨 후 직선거리 20m(축광위치표지 10m) 떨어진 위치에서 유도표지 또는 위치표지가 있다는 것이 식별되어야 하고, 유도표지는 **직선거리 3m**의 거리에서 표시면의 표시 중 주체가 되는 문자 또는 주체가 되는 화살표 등이 쉽게 식별되어야 한다.

② 휘도시험

축광유도표지 및 축광위치표지의 표시면을 0lx 상태에서 1시간 이상 방치한 후 200lx 밝기의 광원으로 20분간 조사시킨 상태에서 다시 주위조도를 0lx로 하여 휘도시험을 실시하는 경우 60분간 발광시킨 후의 휘도는 $1m^2$당 7mcd 이상이어야 한다.

(8) 유도등의 종류별 설치위치 및 설치높이

유도등의 종류	설치위치	설치높이
피난구유도등	출입구 상단에 인접하게 설치	바닥으로부터 1.5m 이상
거실통로유도등	거실의 구부러진 모퉁이 및 보행거리 20m마다	바닥으로부터 1.5m 이상
복도통로유도등	복도의 구부러진 모퉁이 및 보행거리 20m마다	바닥으로부터 1.0m 이하
계단통로유도등	각 층의 계단참, 경사로참마다	바닥으로부터 1.0m 이하
통로유도표지	구부러진 모퉁이의 벽과 보행거리 15m마다	바닥으로부터 1.0m 이하
피난구유도표지	출입구 상단	–
객석유도등	객석의 통로, 바닥, 벽	–

(9) 피난유도선

1) 축광방식의 피난유도선의 설치기준

① 구획된 각 실로부터 주출입구 또는 비상구까지 설치할 것

② 바닥으로부터 높이 50cm 이하의 위치 또는 바닥 면에 설치할 것

③ 피난유도 표시부는 50cm 이내의 간격으로 연속되도록 설치할 것

④ 부착대에 의하여 견고하게 설치할 것

⑤ 외광 또는 조명장치에 의하여 상시 조명이 제공되거나 비상조명등에 의한 조명이 제공되도록 설치할 것

[축광방식의 피난유도선]

2) 광원점등방식 피난유도선의 설치기준

① 구획된 각 실로부터 주출입구 또는 비상구까지 설치할 것

② 피난유도 표시부는 바닥으로부터 높이 1m 이하의 위치 또는 바닥 면에 설치할 것

③ 피난유도 표시부는 50cm 이내의 간격으로 연속되도록 설치하되 실내장식물 등으로 설치가 곤란할 경우 1m 이내로 설치할 것

④ 수신기로부터의 화재신호 및 수동조작에 의하여 광원이 점등되도록 설치할 것

⑤ 피난유도 제어부는 조작 및 관리가 용이하도록 바닥으로부터 0.8m 이상 1.5m 이하의 높이에 설치할 것

(10) 유도등의 전원

1) 상용전원
① 전원의 종류
ㄱ 축전지
ㄴ 전기저장장치
ㄷ 교류전압의 옥내간선
② 전원까지의 배선 : **전용**으로 할 것
③ 유도등의 인입선과 옥내배선은 직접 연결할 것
④ 유도등은 전기회로에 점멸기를 설치하지 아니하고 항상 점등상태를 유지할 것

2) 비상전원
① 비상전원의 종류 : 축전지
② 비상전원의 용량 : 20분
③ 비상전원의 용량을 **60분 이상**으로 하여야 하는 특정소방대상물
ㄱ 지하층을 제외한 층수가 11층 이상의 층
ㄴ 지하층 또는 무창층으로서 용도가 **도매시장·소매시장·여객자동차터미널·지하역사** 또는 **지하상가**

3) 유도등의 배선
① 2선식 배선의 점등상태
ㄱ 평상시 : 점등
ㄴ 화재 시 : 점등

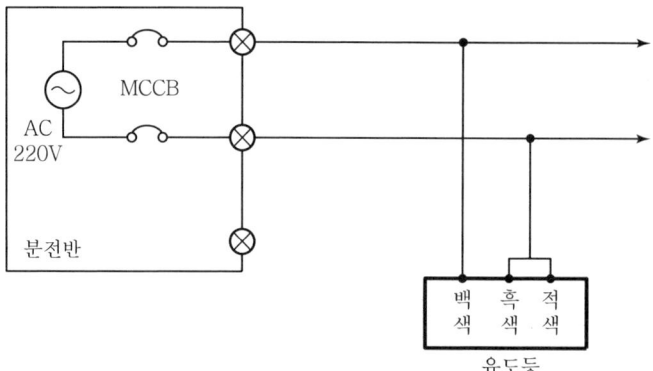

[유도등의 2선식 배선]

② 3선식 배선

　ㄱ 점등상태

　　• 평상시 : 소등

　　• 화재 시 : 점등

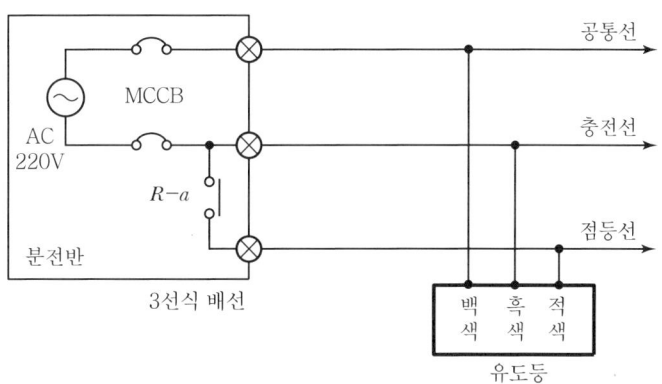

[유도등의 3선식 배선]

　ㄴ 3선식 배선이 가능한 장소

　　• 외부광에 따라 피난구 또는 피난방향을 쉽게 식별할 수 있는 장소

　　• 공연장, 암실(暗室) 등으로서 어두워야 할 필요가 있는 장소

　　• 특정소방대상물의 관계인 또는 종사원이 주로 사용하는 장소

　ㄷ 3선식 배선 시 점등되어야 하는 경우

　　• 자동화재탐지설비의 감지기 또는 발신기가 작동되는 때

　　• 비상경보설비의 발신기가 작동되는 때

　　• 상용전원이 정전되거나 전원선이 단선되는 때

　　• 방재업무를 통제하는 곳 또는 전기실의 배전반에서 수동으로 점등하는 때

　　• 자동소화설비가 작동되는 때

(11) 유도등의 형식승인 및 제품검사 기술기준

　1) 구조 및 기능

　　① 전선의 굵기 : 인출선은 단면적이 0.75mm² 이상

　　② 인출선의 길이 : 전선인출 부분으로부터 150mm 이상

　　③ 사용전압 : 300V 이하(충전부가 노출되지 않는 경우 300V 초과 가능)

　　④ 축전지에 배선 등을 직접 납땜하지 아니할 것

　　⑤ 유도등에는 점검용의 자동복귀형 점멸기를 설치할 것(바닥에 매립되는 복도통로유도등과 객
　　　석유도등 제외)

2) 예비전원

    ① 유도등의 주전원으로 사용하지 아니할 것

    ② 인출선을 사용하는 경우에는 적당한 색깔에 의하여 쉽게 구분할 수 있을 것

    ③ 예비전원의 종류 : 알칼리계 2차 축전지, 리튬계 2차 축전지, 콘덴서

    ④ 자동충전장치 및 자동과충전방지장치를 설치할 것

    ⑤ 예비전원을 병렬로 접속하는 경우는 역충전 방지 등의 조치를 할 것

3) 식별도 시험

    ① 피난구유도등 및 거실통로유도등

       ㉠ 상용전원으로 등을 켜는 경우에는 직선거리 30m의 위치에서

       ㉡ 비상전원으로 등을 켜는 경우에는 직선거리 20m의 위치에서

       ㉢ 각기 보통시력(시력 1.0에서 1.2의 범위)으로 피난유도표시에 대한 식별이 가능할 것

    ② 복도통로유도등

       ㉠ 상용전원으로 등을 켜는 경우에는 직선거리 20m의 위치에서

       ㉡ 비상전원으로 등을 켜는 경우에는 직선거리 15m의 위치에서

       ㉢ 보통시력에 의하여 표시면의 화살표가 쉽게 식별되어야 할 것

03 비상조명등 및 휴대용 비상조명등

(1) 비상조명등

1) 정의

    화재발생 등에 따른 정전 시에 안전하고 원활한 피난활동을 할 수 있도록 거실 및 피난통로 등에 설치되어 자동 점등되는 조명등이다.

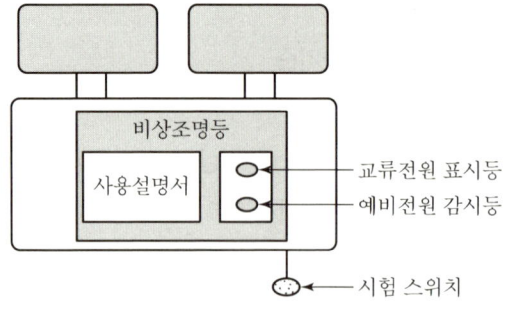

[비상조명등]

2) 설치대상

① 지하층을 포함하는 층수가 5층 이상인 건축물로서 연면적 3,000m² 이상인 것

② 지하층 또는 무창층의 바닥면적이 450m² 이상인 경우에는 그 지하층 또는 무창층

③ 터널로서 그 길이가 500m 이상인 것

3) 설치기준

① 각 거실과 그로부터 지상에 이르는 복도 · 계단 및 그 밖의 통로에 설치할 것

② 조도 : 각 부분의 바닥에서 1lx 이상

③ 예비전원을 내장하는 비상조명등

  ㉠ 평상시 점등여부를 확인할 수 있는 점검스위치를 설치할 것

  ㉡ 축전지와 예비전원 충전장치를 내장할 것

④ 예비전원을 내장하지 아니하는 비상조명등의 비상전원 : 자가발전설비, 축전지설비, 전기저장장치

⑤ 비상전원의 설치기준

  ㉠ 점검에 편리하고 화재 및 침수 등의 재해로 인한 피해 우려가 없는 곳에 설치할 것

  ㉡ 상용전원으로부터 전력의 공급이 중단된 때에는 자동으로 비상전원으로부터 전력을 공급받을 수 있도록 할 것

  ㉢ 비상전원의 설치장소는 다른 장소와 방화구획 할 것

  ㉣ 비상전원을 실내에 설치하는 때에는 그 실내에 비상조명등을 설치할 것

  ㉤ 비상조명등을 20분 이상 유효하게 작동시킬 수 있는 용량으로 할 것

4) 비상전원의 용량을 60분 이상으로 하여야 하는 특정소방대상물

① 지하층을 제외한 층수가 11층 이상의 층

② 지하층 또는 무창층으로서 용도가 도매시장 · 소매시장 · 여객자동차터미널 · 지하역사 또는 지하상가

5) 비상점등회로의 보호

비상점등을 위하여 비상전원으로 전환되는 경우 비상점등 회로로 정격전류의 1.2배 이상의 전류가 흐르거나 램프가 없는 경우에는 3초 이내에 예비전원으로부터의 비상전원 공급을 차단하여야 한다.

6) 비상조명등의 제외

① 거실의 각 부분으로부터 하나의 출입구에 이르는 보행거리가 15m 이내인 부분

② 의원 · 경기장 · 공동주택 · 의료시설 · 학교의 거실

(2) 휴대용 비상조명등

1) 정의
화재발생 등으로 정전 시 안전하고 원활한 피난을 위하여 피난자가 휴대할 수 있는 조명등이다.

2) 설치대상
① 숙박시설
② 수용인원 100명 이상의 영화상영관
③ 판매시설 중 대규모점포
④ 철도 및 도시철도 시설 중 지하역사, 지하상가

3) 설치장소 및 수량
① 숙박시설 또는 다중이용업소 : 객실 또는 영업장 안의 **구획된** 실마다 잘 보이는 곳에 1개 이상 설치(외부에 설치 시 출입문 손잡이로부터 1m 이내 부분)
② 대규모점포, 영화상영관 : 보행거리 50m 이내마다 3개 이상 설치
③ 지하상가 및 지하역사 : 보행거리 25m 이내마다 3개 이상 설치

4) 설치기준
① 설치높이는 바닥으로부터 0.8m 이상 1.5m 이하의 높이에 설치할 것
② 어둠 속에서 위치를 확인할 수 있도록 할 것
③ 사용 시 **자동으로 점등**되는 구조일 것
④ 외함은 **난연성능**이 있을 것
⑤ 건전지를 사용하는 경우에는 **방전방지조치**를 하여야 하고, 충전식 배터리의 경우에는 상시 충전되도록 할 것
⑥ 건전지 및 충전식 배터리의 용량은 **20분 이상** 유효하게 사용할 수 있는 것으로 할 것

5) 설치 제외
① 지상 1층 또는 피난층으로서 복도, 통로, 창문 등의 개구부를 통하여 피난이 용이한 경우
② 숙박시설로서 복도에 비상조명등을 설치한 경우

소화활동설비

소방전기분야 ── 비상콘센트
          └── 무선통신보조설비

소방기계분야 ── 제연설비
          ├── 연결송수관설비
          ├── 연결살수설비
          └── 연소방지설비

[소화활동설비의 분류]

01 비상콘센트설비

(1) 용어의 정의

① 비상콘센트설비 : 화재발생 시 필요한 전원을 전용회선으로 공급받기 위한 설비

② 전압의 분류

구분	저압	고압	특고압
교류	1,000V 이하	1,000V 초과 7,000V 이하	7,000V 초과
직류	1,500V 이하	1,500V 초과 7,000V 이하	7,000V 초과

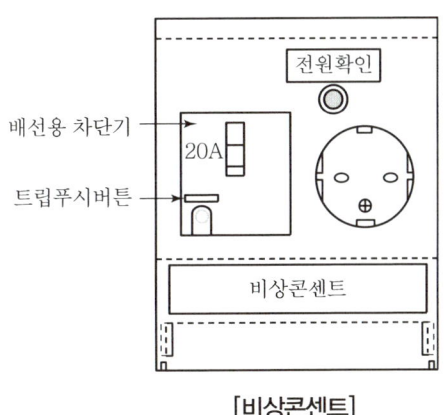

[비상콘센트]

(2) 설치대상

① 층수가 11층 이상인 특정소방대상물의 경우에는 11층 이상의 층

② 지하 3층 이상이고 지하층의 바닥면적의 합계가 1,000m² 이상인 것은 지하층의 모든 층

③ 터널로서 길이가 500m 이상인 것

(3) 비상콘센트의 전원

1) 상용전원회로의 배선

① 저압수전인 경우에는 인입개폐기의 직후

② 고압수전 또는 특고압수전인 경우에는 전력용 변압기 2차 측의 주차단기 1차 측 또는 2차 측에서 분기하여 전용배선으로 할 것

2) 비상전원

① 비상전원 설치대상

㉠ 지하층을 제외한 층수가 7층 이상으로서 연면적이 2,000m² 이상

㉡ 지하층의 바닥면적의 합계가 3,000m² 이상인 특정소방대상물

② 비상전원의 종류 : 자가발전설비, 축전지설비, 비상전원수전설비, 전기저장장치

③ 비상전원의 제외대상

㉠ 둘 이상의 변전소에서 전력을 동시에 공급받을 수 있는 경우

㉡ 하나의 변전소로부터 전력의 공급이 중단되는 때에는 자동으로 다른 변전소로부터 전력을 공급받을 수 있도록 상용전원을 설치한 경우

(4) 비상콘센트설비의 전원회로

① 비상콘센트설비의 전원회로는 단상교류 220V인 것으로서, 그 공급용량은 1.5kVA 이상인 것으로 할 것

② 전원회로는 각층에 2 이상이 되도록 설치할 것(다만, 설치하여야 할 층의 비상콘센트가 1개인 때에는 하나의 회로로 할 수 있다.)

③ 전원회로는 주배전반에서 전용회로로 할 것

④ 전원으로부터 각 층의 비상콘센트에 분기되는 경우에는 분기배선용 차단기를 보호함 안에 설치할 것

⑤ 콘센트마다 배선용 차단기를 설치하여야 하며, 충전부가 노출되지 아니하도록 할 것

⑥ 개폐기에는 "비상콘센트"라고 표시한 표지를 할 것

⑦ 비상콘센트용의 풀박스 등은 방청도장을 한 것으로서, 두께 1.6mm 이상의 철판으로 할 것

⑧ 하나의 전용회로에 설치하는 비상콘센트는 10개 이하로 할 것. 이 경우 전선의 용량은 각 비상콘센트(비상콘센트가 3개 이상인 경우에는 3개)의 공급용량을 합한 용량 이상의 것으로 할 것

(5) 비상콘센트의 플러그접속기

① 비상콘센트의 플러그접속기는 **접지형 2극 플러그접속기**를 사용할 것
② 비상콘센트의 플러그접속기의 칼받이의 접지극에는 접지공사를 할 것

(6) 비상콘센트 설치기준

1) 설치높이

바닥으로부터 0.8m 이상 1.5m 이하

2) 비상콘센트의 배치

아파트 또는 바닥면적이 1,000m² 미만인 층	바닥면적이 1,000m² 이상인 층
계단의 출입구로부터 5m 이내	각 계단의 출입구 또는 계단부속실의 출입구로부터 5m 이내

3) 비상콘센트로부터 그 층의 각 부분까지의 거리

① 지하상가 또는 지하층의 바닥면적의 합계가 3,000m² 이상인 것 : 수평거리 25m
② 그 밖의 것 : 수평거리 50m

(7) 비상콘센트설비의 절연저항 및 절연내력

1) 절연저항(전원부와 외함 사이)

500V 절연저항계로 측정할 때 20MΩ 이상일 것

2) 절연내력(전원부와 외함 사이)

① 정격전압 150V 이하 : **1,000V**의 **실효전압**을 가하여 1분 이상 견딜 것
② 정격전압 150V 초과 : '(정격전압×2)+1,000V' 실효전압을 가하는 시험에서 1분 이상 견딜 것

(8) 비상콘센트보호함

① 보호함의 문 : **쉽게 개폐**할 수 있는 문
② 보호함 표지 : 보호함 **표면**에 "**비상콘센트**" 표지
③ 보호함 표시등 : 상부에 **적색**의 **표시등**
    (단, 옥내소화전함 등의 표시등과 겸용 가능)

[비상콘센트함]

02 무선통신보조설비

(1) 용어의 정의

① 누설동축케이블 : 동축케이블의 외부도체에 가느다란 홈을 만들어서 전파가 외부로 새어나갈 수 있도록 한 케이블

② 분배기 : 신호의 전송로가 분기되는 장소에 설치하는 것으로 임피던스 매칭과 신호 균등분배를 위해 사용하는 장치

③ 분파기 : 서로 다른 주파수의 합성된 신호를 분리하기 위해서 사용하는 장치

④ 혼합기 : 두 개 이상의 입력신호를 원하는 비율로 조합한 출력이 발생하도록 하는 장치

⑤ 증폭기 : 신호 전송 시 신호가 약해져 수신이 불가능해지는 것을 방지하기 위해서 증폭하는 장치

⑥ 무선중계기 : 안테나를 통하여 수신된 무전기 신호를 증폭한 후 음영지역에 재방사하여 무전기 상호 간 송수신이 가능하도록 하는 장치

⑦ 옥외안테나 : 감시제어반 등에 설치된 무선중계기의 입력과 출력포트에 연결되어 송수신 신호를 원활하게 방사 · 수신하기 위해 옥외에 설치하는 장치

(2) 설치대상

① 지하상가 : 연면적 $1,000\text{m}^2$ 이상

② 지하층의 바닥면적의 합계가 $3,000\text{m}^2$ 이상인 것은 지하의 모든 층

③ 지하층의 층수가 3층 이상이고 지하층의 바닥면적의 합계가 $1,000\text{m}^2$ 이상인 것은 지하층의 모든 층

④ 터널 : 길이가 500m 이상

⑤ 지하구 중 공동구

⑥ 층수가 30층 이상인 것으로서 16층 이상 부분의 모든 층

(3) 누설동축케이블 등의 설치기준

① 소방전용 주파수대에서 전파의 전송 또는 복사에 적합한 것으로서 소방전용으로 할 것

② 케이블의 구성

　㉠ 누설동축케이블과 이에 접속하는 안테나

　㉡ 동축케이블과 이에 접속하는 안테나

③ 누설동축케이블 및 동축케이블은 불연 또는 난연성의 것으로서 습기에 따라 전기의 특성이 변질되지 아니하는 것으로 하고, 노출하여 설치한 경우에는 피난 및 통행에 장애가 없도록 할 것

④ 누설동축케이블은 및 동축케이블은 화재에 따라 해당 케이블의 피복이 소실된 경우에 케이블 본체가 떨어지지 아니하도록 4m 이내마다 금속제 또는 자기제 등의 지지금구로 벽 · 천장 ·

기둥 등에 견고하게 고정시킬 것. 다만, **불연재료로 구획된 반자** 안에 설치하는 경우에는 그러하지 아니하다.

⑤ 누설동축케이블 및 안테나는 금속판 등에 따라 전파의 복사 또는 특성이 현저하게 저하되지 아니하는 위치에 설치할 것

⑥ 누설동축케이블 및 안테나는 고압의 전로로부터 **1.5m 이상** 떨어진 위치에 설치할 것. 다만, 해당 전로에 **정전기 차폐장치**를 유효하게 설치한 경우에는 그러하지 아니하다.

⑦ 누설동축케이블의 끝부분에는 **무반사 종단저항**을 견고하게 설치할 것

⑧ 누설동축케이블 또는 동축케이블의 임피던스는 50Ω으로 할 것

(4) 옥외안테나의 설치기준

① 건축물, 지하가, 터널 또는 공동구의 출입구 및 출입구 인근에서 통신이 가능한 장소에 설치할 것

② 다른 용도로 사용되는 안테나로 인한 통신장애가 발생하지 않도록 설치할 것

③ 옥외안테나는 견고하게 설치하며 파손의 우려가 없는 곳에 설치하고 그 가까운 곳의 보기 쉬운 곳에 "무선통신보조설비 안테나"라는 표시와 함께 통신 가능 거리를 표시한 표지를 설치할 것

④ 수신기가 설치된 장소 등 사람이 상시 근무하는 장소에는 옥외안테나의 위치가 모두 표시된 옥외안테나 위치표시도를 비치할 것

(5) 분배기·분파기 및 혼합기 등의 설치기준

① 먼지·습기 및 부식 등에 따라 기능에 이상을 가져오지 아니하도록 할 것

② 임피던스는 50Ω의 것으로 할 것

③ 점검에 편리하고 화재 등의 재해로 인한 피해의 우려가 없는 장소에 설치할 것

(6) 증폭기 및 무선중계기 설치기준

1) 상용전원

① 상용전원의 종류 : 축전지, 전기저장장치, 교류전압 옥내간선

② 전원까지의 배선 : **전용**

2) 증폭기의 전면

표시등 및 **전압계**를 설치할 것

3) 증폭기의 비상전원 용량

무선통신보조설비를 유효하게 **30분 이상** 작동시킬 수 있는 것

4) 전파법에 따른 적합성평가를 받은 제품으로 설치하고 임의로 변경하지 않도록 할 것

5) **디지털 방식의 무전기**를 사용하는 데 지장이 없도록 설치할 것

(7) **무선통신보조설비 설치 제외**

① 지하층으로서 건축물의 바닥부분 2면 이상이 지표면과 동일한 경우 그 해당 층

② 지표면으로부터의 깊이가 1m 이하인 경우에는 해당 층

기타 설비

01 비상전원 수전설비

(1) 용어의 정의

① 수전설비 : 전력수급용 계기용 변성기, 주차단장치 및 그 부속기기

② 변전설비 : 전력용 변압기 및 그 부속장치

③ **전용큐비클식** : 소방회로용의 것으로 수전설비, 변전설비, 그 밖의 기기 및 배선을 금속제 외함에 수납한 것

④ 공용큐비클식 : 소방회로 및 일반회로 겸용의 것으로서 수전설비, 변전설비, 그 밖의 기기 및 배선을 금속제 외함에 수납한 것

⑤ **전용배전반** : 소방회로 전용의 것으로서 개폐기, 과전류차단기, 계기, 그 밖의 배선용기기 및 배선을 금속제 외함에 수납한 것

⑥ 공용배전반 : 소방회로 및 일반회로 겸용의 것으로서 개폐기, 과전류차단기, 계기, 그 밖의 배선용 기기 및 배선을 금속제 외함에 수납한 것

⑦ **전용분전반** : 소방회로 전용의 것으로서 분기 개폐기, 분기과전류차단기, 그 밖의 배선용 기기 및 배선을 금속제 외함에 수납한 것

⑧ 공용분전반 : 소방회로 및 일반회로 겸용의 것으로서 분기개폐기, 분기과전류차단기, 그 밖의 배선용 기기 및 배선을 금속제 외함에 수납한 것

(2) 특별고압 또는 고압으로 수전하는 경우의 비상전원수전설비

1) 방화구획형

① 전용의 방화구획 내에 설치할 것

② 소방회로배선은 일반회로배선과 불연성 격벽으로 구획할 것(단, 소방회로배선과 일반회로배선을 15cm 이상 떨어져 설치한 경우는 제외)

③ 일반회로에서 과부하, 지락사고 또는 단락사고가 발생한 경우에도 이에 영향을 받지 아니하고 계속하여 소방회로에 전원을 공급시켜 줄 수 있어야 할 것

④ 소방회로용 개폐기 및 과전류차단기에는 "소방시설용"이라 표시할 것

2) 옥외개방형

　① 건축물의 옥상에 설치하는 경우에는 그 건축물에 화재가 발생할 경우에도 화재로 인한 손상을 받지 않도록 설치할 것

　② 공지에 설치하는 경우에는 인접 건축물에 화재가 발생한 경우에도 화재로 인한 손상을 받지 않도록 설치할 것

　③ 그 밖의 옥외개방형의 설치에 관하여는 방화구획형의 ②~④항에 따를 것

3) 큐비클형

　① 전용큐비클 또는 공용큐비클식으로 설치할 것

　② 외함은 두께 2.3mm 이상의 강판과 이와 동등 이상의 강도와 내화성능이 있는 것으로 제작하여야 하며, 개구부에는 60분＋ 방화문, 60분 방화문 또는 30분 방화문을 설치할 것

　③ 외함은 건축물의 바닥 등에 견고하게 고정할 것

　④ 전선 인입구 및 인출구에는 금속관 또는 금속제 가요전선관을 쉽게 접속할 수 있도록 할 것

(3) 저압으로 수전하는 경우 비상전원설비

　① 전용배전반(1 · 2종)

　② 전용분전반(1 · 2종)

　③ 공용분전반(1 · 2종)

02 비상전원

(1) 비상전원의 종류

자가발전설비, 축전지설비, 비상전원수전설비, 전기저장장치

(2) 소방설비별 비상전원의 종류 및 용량

소방설비	비상전원의 종류	비상전원 용량
• 비상경보설비 　(비상벨설비 또는 자동식 사이렌설비) • 비상방송설비 • 자동화재탐지설비 • 자동화재속보설비	• 축전지설비 • 전기저장장치	60분 이상 감시상태 지속 10분 이상 경보
• 소화설비 • 제연설비 • 비상조명등	• 자가발전설비 • 축전지설비 • 전기저장장치	20분 이상

소방설비	비상전원의 종류	비상전원 용량
비상콘센트설비	• **자가발전설비** • **축전지설비** • **비상전원수전설비** • **전기저장장치**	20분 이상
유도등	축전지	
유도등 및 **비상조명등**이 설치된 장소로서 • **지하층을 제외한 층수가 11층 이상의 층** • 지하층 또는 무창층으로서 용도가 **도매시장 · 소매시장 · 여객자동차터미널 · 지하역사** 또는 지하상가	**유도등** • 축전지 **비상조명등** • 자가발전설비 • 축전지설비 • 전기저장장치	60분 이상
무선통신보조설비의 증폭기	축전지설비	30분 이상

(3) 자가발전설비

1) 자가발전기의 용량 산정

$$P_n > P \cdot X_d \left(\frac{1}{e} - 1 \right) [\text{kVA}]$$

여기서, P_n : 발전기의 정격용량[kVA], P : 기동용량[kVA],
X_d : 과도리액턴스, e : 허용전압강하[V]

2) 발전기용 차단기의 차단용량

$$P_s = \frac{P_n}{X_d} \times 1.25 [\text{kVA}]$$

여기서, P_s : 차단용량[kVA], P_n : 발전기의 정격용량[kVA],
X_d : 과도리액턴스

3) 비상전원의 설치기준

① **점검**에 편리하고 화재 및 침수 등의 재해로 인한 피해 우려가 없는 곳에 설치할 것
② 상용전원으로부터 전력의 공급이 중단된 때에는 **자동**으로 비상전원으로부터 전력을 공급받을 수 있도록 할 것
③ 비상전원의 설치장소는 다른 장소와 **방화구획** 할 것
④ 비상전원을 실내에 설치하는 때에는 그 실내에 **비상조명등**을 설치할 것
⑤ 비상조명등을 **20분 이상** 유효하게 작동시킬 수 있는 용량으로 할 것

(4) 축전지

1) 축전지 충전방식

① 보통충전 : 필요할 때마다 **표준 시간율로** 충전하는 방식

② 급속충전 : 단시간에 보통 충전전류의 2~3배의 전류로 충전하는 방식

③ 부동충전 : 전지의 자기방전을 보충함과 동시에 **상용부하에** 대한 전력공급은 **충전기가** 부담하고 일시적인 **대전류 부하는 축전지가** 부담하도록 하는 방식

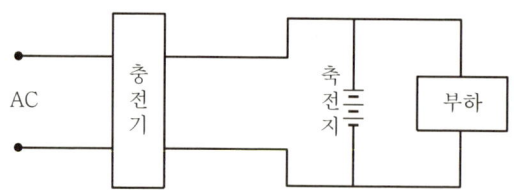

④ 균등충전 : 1~3개월마다 정전압으로 10~12시간 충전하여 **전체 셀의 전압을 균일**하게 하는 방식

⑤ 세류충전 : 항상 자기방전량만큼만 충전하는 방식

2) 축전지의 용량 산정

$$C = \frac{1}{L}KI\,[\text{Ah}]$$

여기서, C : 축전지용량, L : 용량저하율(보수율), K : 용량환산시간, I : 방전전류[A]

3) 부동충전 시 충전기의 2차 충전전류

$$I_2 = \frac{\text{축전지의 정격용량[Ah]}}{\text{축전지의 공칭용량[Ah]}} + \frac{\text{상시부하[W]}}{\text{표준전압[V]}}\,[\text{A}]$$

4) 연축전지와 알칼리축전지의 비교

구분	연축전지	알칼리축전지
공칭전압	2.0V	1.2V
공칭용량	10Ah	5Ah
수명	짧다.	길다.
종류	클래드식, 페이스트식	소결식, 포켓식

5) 예비전원의 구조 및 성능

① 예비전원을 병렬로 접속하는 경우는 역충전방지 등의 조치를 강구할 것

② 배선은 충분한 전류용량을 갖는 것으로서 배선의 접속에 적합할 것

③ 예비전원에 연결되는 배선의 양극은 적색, 음극은 청색 또는 흑색으로 하여 오접속 방지 조치를 할 것

과년도
기출문제

1과목　소방원론

01 공기와 접촉되었을 때 위험도(H)가 가장 큰 것은?

① 에테르　　　　② 수소
③ 에틸렌　　　　④ 부탄

해설 ⊕ ----------

위험도 $H = \dfrac{U-L}{L}$

　　여기서, H : 위험도, U : 연소 상한계[%]
　　　　　 L : 연소 하한계[%]

① 에테르 연소범위 : 1.9~48

　에테르 위험도 $H = \dfrac{48-1.9}{1.9} = 24.26$

② 수소 연소범위 : 4~75

　수소 위험도 $H = \dfrac{75-4}{4} = 17.75$

③ 에틸렌 연소범위 : 2.7~36

　에틸렌 위험도 $H = \dfrac{36-2.7}{2.7} = 12.33$

④ 부탄 연소범위 : 1.8~8.4

　부탄 위험도 $H = \dfrac{8.4-1.8}{1.8} = 3.67$

02 연면적이 1,000m² 이상인 목조건축물은 그 외벽 및 처마 밑의 연소할 우려가 있는 부분을 방화구조로 하여야 하는데 이때 연소우려가 있는 부분은?(단, 동일한 대지 안에 2동 이상의 건물이 있는 경우이며, 공원·광장·하천의 공지나 수면 또는 내화구조의 벽 기타 이와 유사한 것에 접하는 부분을 제외한다.)

① 상호의 외벽 간 중심선으로부터 1층은 3m 이내의 부분
② 상호의 외벽 간 중심선으로부터 2층은 7m 이내의 부분
③ 상호의 외벽 간 중심선으로부터 3층은 11m 이내의 부분
④ 상호의 외벽 간 중심선으로부터 4층은 13m 이내의 부분

해설 ⊕ ----------

① 연소의 우려가 있는 부분(건축물의 피난·방화구조 등의 기준에 관한 규칙 제22조)

연소의 우려가 있는 부분	건축물 상호의 외벽 간의 중심선(중앙)으로부터의 거리
1층	3m 이내
2층 이상 층	5m 이내

② 방화구조의 대상
　연면적이 1,000m² 이상인 목조의 건축물은 그 외벽 및 처마 밑의 연소할 우려가 있는 부분을 방화구조로 하여야 한다.

03 주요 구조부가 내화구조로 된 건축물에서 거실 각 부분으로부터 하나의 직통계단에 이르는 보행거리는 피난자의 안전상 몇 m 이하이어야 하는가?

① 50　　　　② 60
③ 70　　　　④ 80

해설 ⊕ ----------

거실 각 부분으로부터 하나의 직통계단에 이르는 보행거리 (건축법 시행령 제34조)

건축물의 구조	거실의 각 부분으로부터 하나의 직통계단에 이르는 보행거리
기타 구조	30미터 이하
내화구조 또는 불연재료로 된 건축물	50미터 이하
16층 이상인 공동주택	40미터 이하

04 제2류 위험물에 해당하지 않는 것은?

① 황
② 황화인
③ 적린
④ 황린

해설 ⊕

명칭	황	황화인	적린	황린
유별	제2류 위험물	제2류 위험물	제2류 위험물	제3류 위험물
지정수량	100kg	100kg	100kg	20kg

05 화재에 관련된 국제적인 규정을 제정하는 단체는?

① IMO(International Maritime Organization)
② SFPE(Society of Fire Protection)
③ NFPA(Nation Fire Protection Association)
④ ISO(International Organization for Standardi
　 −zation) TC 92

해설 ⊕

① IMO(International Maritime Organization) : 국제해
　 사기구
② SFPE(Society of Fire Protection) : 미국 소방 기술사회
③ NFPA(Nation Fire Protection Association) : 미국 화
　 재예방 협회
④ ISO(International Organization for Standardization)
　 TC 92 : 국제표준화기구 화재안전기술위원회

06 이산화탄소 소화약제의 임계온도로 옳은 것은?

① 24.4℃
② 31.1℃
③ 56.4℃
④ 78.2℃

해설 ⊕

이산화탄소의 상평형도

승화점 : −79℃, 삼중점 : −57℃, 임계온도 : 31.35℃

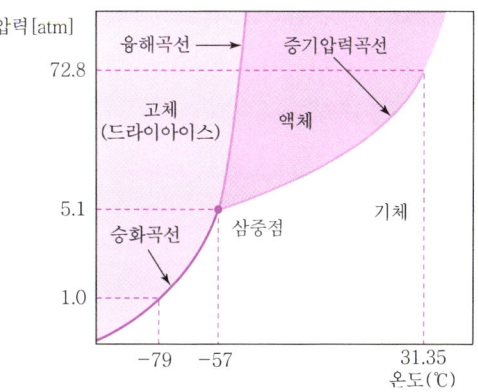

07 위험물안전관리법령상 위험물의 지정수량이 틀린 것은?

① 과산화나트륨 − 50kg
② 적린 − 100kg
③ 황린 − 20kg
④ 탄화알루미늄 − 400kg

해설 ⊕

명칭	과산화 나트륨	적린	황린	탄화 알루미늄
유별	제1류 위험물	제2류 위험물	제3류 위험물	제3류 위험물
지정수량	50kg	100kg	20kg	300kg

08 물질의 취급 또는 위험성에 대한 설명 중 틀린 것은?

① 융해열은 점화원이다.
② 질산은 물과 반응 시 발열 반응하므로 주의를 해야
　 한다.
③ 네온, 이산화탄소, 질소는 불연성 물질로 취급한다.
④ 암모니아를 충전하는 공업용 용기의 색상은 백색이다.

해설 ⊕

잠열

물질의 온도변화는 없이 상태변화에만 필요한 열량

1) 물의 융해잠열 : 80[cal/g], 80[kcal/kg]

　　1기압, 0℃에서의 얼음 1kg을 융해시키는 데 필요한 열량

2) 물의 증발잠열 : 539[cal/g], 539[kcal/kg]

　　1기압, 100℃에서의 물 1kg을 기화시키는 데 필요한 열량

$$Q = m \cdot r$$

여기서, Q : 잠열량(kcal)

　　　　m : 질량(kg)

　　　　r : 잠열(kcal/kg)

① 융해열은 점화원이다. → 융해열이나 기화열은 주위의 열을 흡수하여 상변화하는 것이므로 점화원이 될 수 없다.

09 인화점이 40℃ 이하인 위험물을 저장, 취급하는 장소에 설치하는 전기설비는 방폭구조로 설치하는데, 용기의 내부에 기체를 압입하여 압력을 유지하도록 함으로써 폭발성 가스가 침입하는 것을 방지하는 구조는?

① 압력방폭구조　　　　② 유입방폭구조

③ 안전증방폭구조　　　④ 본질안전방폭구조

해설 ⊕

1) 내압방폭구조 : 점화원이 될 수 있는 아크, 정전기, 불꽃 등의 발생 부분을 전폐구조의 기구에 넣고 그 내부에서 폭발 시 용기가 폭발압력에 견디어 화염이 용기 밖으로 분출하지 못하도록 만든 구조

2) 압력방폭구조 : 용기 내부에 보호기체를 압입시켜 내부 압력을 유지시킴으로써 폭발성 가스나 증기의 침입을 방지하는 구조

3) 유입방폭구조 : 불꽃, 아크발생 부분을 기름 속에 넣어 폭발성가스와의 접촉을 차단함으로써 폭발을 방지한 구조

4) 본질안전방폭구조 : 정상 및 사고 시 발생하는 불꽃, 아크, 고온 등에 의해 폭발성 가스가 본질적으로 점화되지 않도록 점화시험 등에 의해 확인된 구조

5) 안전증방폭구조 : 전기불꽃, 아크발생 등의 방지를 위해 특별히 안전도를 증가시킨 구조

10 화재의 분류방법 중 유류화재를 나타낸 것은?

① A급 화재　　　　　② B급 화재

③ C급 화재　　　　　④ D급 화재

해설 ⊕

화재의 분류

구분	화재의 종류	표시색	주된 소화효과
A급 화재	일반화재	백색	냉각소화
B급 화재	유류, 가스화재	황색	질식소화
C급 화재	전기화재(통전)	청색	질식소화
D급 화재	금속화재	무색	질식소화
K급 화재	주방화재	–	냉각, 질식소화

11 마그네슘의 화재에 주수하였을 때 물과 마그네슘의 반응으로 인하여 생성되는 가스는?

① 산소　　　　　　　② 수소

③ 일산화탄소　　　　④ 이산화탄소

해설 ⊕

1) 마그네슘과 물의 반응식

　　$Mg + 2H_2O \rightarrow Mg(OH)_2 + H_2$(수소 발생)

2) 마그네슘과 이산화탄소의 반응식

　　$2Mg + CO_2 \rightarrow 2MgO + C$(가연성 탄소 발생)

12 물의 기화열이 539.6cal/g인 것은 어떤 의미인가?

① 0℃의 물 1g이 얼음으로 변화하는 데 539.6cal의 열량이 필요하다.

② 0℃의 얼음이 1g이 물로 변화하는 데 539.6cal의 열량이 필요하다.

③ 0℃의 물 1g이 100℃의 물로 변화하는 데 539.6cal의 열량이 필요하다.

④ 100℃의 물 1g이 수증기로 변화하는 데 539.6cal의 열량이 필요하다.

정답 **09** ① **10** ② **11** ② **12** ④

해설 ➕

잠열

물질의 온도변화는 없이 상태변화에만 필요한 열량

1) 물의 융해잠열 : 80[cal/g], 80[kcal/kg]

   1기압, 0℃에서의 얼음 1kg을 융해시키는 데 필요한 열량

2) 물의 증발잠열 : 539[cal/g], 539[kcal/kg]

   1기압, 100℃에서의 물 1kg을 기화시키는 데 필요한 열량

$$Q = m \cdot r$$

여기서, Q : 잠열량(kcal)

m : 질량(kg)

r : 잠열(kcal/kg)

13 방화구획의 설치기준 중 스프링클러 기타 이와 유사한 자동식소화설비를 설치한 10층 이하의 층은 몇 m² 이내마다 구획하여야 하는가?

① 1,000
② 1,500
③ 2,000
④ 3,000

해설 ➕

면적별 방화구획의 기준

구획 층		구획방법	자동식 소화설비 설치 시
지상 10층 이하 (지하층 포함)		바닥면적 1,000m²마다 구획	바닥면적 3,000m²마다 구획
11층 이상	일반	바닥면적 200m²마다 구획	바닥면적 600m²마다 구획
	실내마감 불연재료	바닥면적 500m²마다 구획	바닥면적 1,500m²마다 구획

14 불활성 가스에 해당하는 것은?

① 수증기
② 일산화탄소
③ 아르곤
④ 아세틸렌

해설 ➕

불활성 가스

아르곤, 헬륨, 질소, 이산화탄소 등 다른 물질과 화합하지 않는 비휘발성 기체

15 이산화탄소의 질식 및 냉각효과에 대한 설명 중 틀린 것은?

① 이산화탄소의 증기비중이 산소보다 크기 때문에 가연물과 산소의 접촉을 방해한다.
② 액체 이산화탄소가 기화되는 과정에서 열을 흡수한다.
③ 이산화탄소는 불연성 가스로서 가연물의 연소반응을 방해한다.
④ 이산화탄소는 산소와 반응하며 이 과정에서 발생한 연소열을 흡수하므로 냉각효과를 나타낸다.

해설 ➕

이산화탄소 소화약제의 특성

1) 공기보다 비중이 1.52배 무거우므로 피복질식효과가 우수하다.
2) 독성은 없으나 질식의 우려가 있다.
3) 이산화탄소에 의한 지구온난화를 발생시킨다.
4) 무색무취의 기체로 화학적으로 안정하다.
5) 고압의 배관에서 대기 중으로 방사 시 줄–톰슨효과에 의한 냉각소화작용이 있다.
6) 약제방사 시 드라이아이스에 의해 시야가 제한되는 운무현상이 발생한다.
7) 소화 후 잔존물이 없고 전기적으로 비전도성이다.

④ 이산화탄소는 산소와 반응하며 → 반응이 완료된 물질로 산소와 반응하지 않는다.

16 분말소화약제 분말입도의 소화성능에 관한 설명으로 옳은 것은?

① 미세할수록 소화성능이 우수하다.
② 입도가 클수록 소화성능이 우수하다.
③ 입도와 소화성능과는 관련이 없다.
④ 입도가 너무 미세하거나 너무 커도 소화성능은 저하된다.

정답 **13** ④ **14** ③ **15** ④ **16** ④

해설⊕ ----------

분말소화약제의 특성

1) 최적의 소화효과를 나타내는 입도는 $20{\sim}25\,\mu m$이다.
2) 분말소화약제는 부촉매, 질식, 냉각, 복사열 차단효과 등이 복합적으로 나타남으로 인해 소화효과가 우수하다.
3) 분말소화약제는 유류화재와 전기화재에 적응성이 있는 BC분말과 일반화재, 유류, 전기화재까지 적응성이 있는 ABC분말로 분류된다.

17 화재하중에 대한 설명 중 틀린 것은?

① 화재하중이 크면 단위면적당의 발열량이 크다.
② 화재하중이 크다는 것은 화재구획의 공간이 넓다는 것이다.
③ 화재하중이 같더라도 물질의 상태에 따라 가혹도는 달라진다.
④ 화재하중은 화재구획실 내의 가연물 총량을 목재 중량당비로 환산하여 면적으로 나눈 수치이다.

해설⊕ ----------

1) 건축물의 화재하중
   ① 정의 : 화재구역의 단위면적당 가연물(목재로 환산한)의 양 [kg/m²]
   ② 화재하중의 계산

$$Q[\mathrm{kg/m^2}] = \frac{\sum G_t H_t}{HA} = \frac{\sum G_t H_t}{4,500\,A}$$

여기서, Q : 화재하중[kg/m²], G_t : 가연물의 양[kg]
H_t : 가연물의 단위중량당 발열량[kcal/kg]
H : 목재의 단위중량당 발열량(4,500[kcal/kg])
A : 바닥면적[m²]

2) 화재가혹도
   ① 화재강도가 커지면 화재 시 그 건축물의 최고온도가 상승한다.
   ② 화재하중이 커지면 화재의 지속시간이 길어지게 된다.
   ③ 화재가혹도는 최고온도가 지속되는 시간을 의미한다.

화재가혹도＝최고온도×지속시간

② 화재하중이 크다는 것 → 화재하중의 크기는 구획공간의 넓이 $A[\mathrm{m^2}]$에 반비례한다.

18 분말소화약제 중 A급, B급, C급 화재에 모두 사용할 수 있는 것은?

① Na_2CO_3
② $NH_4H_2PO_4$
③ $KHCO_3$
④ $NaHCO_3$

해설⊕ ----------

종별	분자식	착색	적응 화재	충전비 [l/kg]
제1종 분말	탄산수소나트륨 ($NaHCO_3$)	백색	BC급	0.8
제2종 분말	탄산수소칼륨 ($KHCO_3$)	담회색 (담자색)	BC급	1.0
제3종 분말	제1인산암모늄 ($NH_4H_2PO_4$)	담홍색	ABC급	1.0
제4종 분말	탄산수소칼륨＋요소 ($KHCO_3 + (NH_2)_2CO$)	회색	BC급	1.25

19 증기비중의 정의로 옳은 것은?(단, 분자, 분모의 단위는 모두 g/mol이다.)

① $\dfrac{분자량}{22.4}$
② $\dfrac{분자량}{29}$
③ $\dfrac{분자량}{44.8}$
④ $\dfrac{분자량}{100}$

해설⊕ ----------

1) 증기비중 $= \dfrac{분자량}{공기의\ 평균분자량(29)}$

2) 이산화탄소 증기비중 : $\dfrac{44}{29} = 1.52$, 공기보다 1.52배 정도 무겁다.

20 탄화칼슘의 화재 시 물을 주수하였을 때 발생하는 가스로 옳은 것은?

① C_2H_2
② H_2
③ O_2
④ C_2H_6

정답 **17** ② **18** ② **19** ② **20** ①

• 탄화칼슘과 물의 반응식

$CaC_2 + 2H_2O \rightarrow Ca(OH)_2 + C_2H_2$(아세틸렌 발생)

• 나트륨과 물의 반응식

$2Na + 2H_2O \rightarrow 2NaOH + H_2$(수소 발생)

2과목 소방전기일반

21 줄의 법칙에 관한 수식으로 틀린 것은?

① $H = I^2 Rt\,(\mathrm{J})$ ② $H = 0.24 I^2 Rt\,(\mathrm{cal})$

③ $H = 0.12\,VIt\,(\mathrm{J})$ ④ $H = \dfrac{1}{4.2} I^2 Rt\,(\mathrm{cal})$

줄의 법칙

① 저항체에서 발생하는 열량을 계산하는 식이다.

② 저항체에서 발생하는 열량은 전류의 제곱에 비례한다.

$$H = 0.24\,W = 0.24\,Pt = 0.24\,VIt = 0.24 I^2 Rt$$
$$= 0.24\frac{V^2}{R}t\,[\mathrm{cal}]$$

$1[\mathrm{J}] = 0.24[\mathrm{cal}],\ 1[\mathrm{cal}] = 4.2[\mathrm{J}]$

$H = 0.24 I^2 Rt\,[\mathrm{cal}] \times \dfrac{1[\mathrm{J}]}{0.24[\mathrm{cal}]} = I^2 Rt\,[\mathrm{J}]$

$H = \dfrac{1}{4.2} I^2 Rt\,[\mathrm{cal}] \fallingdotseq 0.24 I^2 Rt$

22 그림과 같은 회로에서 분류기의 배율은?(단, 전류계 A의 내부저항은 R_A이며 R_S는 분류기 저항이다.)

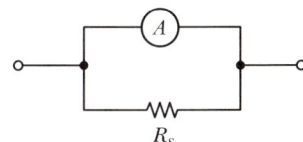

① $\dfrac{R_A}{R_A + R_S}$ ② $\dfrac{R_S}{R_A + R_S}$

③ $\dfrac{R_A + R_S}{R_S}$ ④ $\dfrac{R_A + R_S}{R_A}$

분류기($R_s[\Omega]$)

전류계의 측정범위를 확대하기 위해 내부저항이 $r_a[\Omega]$인 전류계에 병렬로 연결하는 저항

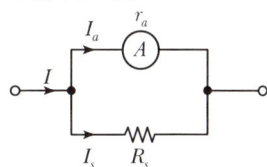

$I_a = \dfrac{R_s}{r_a + R_s} \times I$ $\dfrac{I}{I_a} = \dfrac{R_s + r_a}{R_s}$

$\dfrac{I}{I_a} = n$(분류기 배율)

1) 분류기 배율(n)

$$\dfrac{I}{I_a} = 1 + \dfrac{r_a}{R_s} \qquad n = 1 + \dfrac{r_a}{R_s}$$

2) 분류기저항(R_s)

$$R_s = \dfrac{r_a}{n-1}\,[\Omega]$$

여기서, I : 전체 전류[A], I_a : 전류계 회로의 전류[A]

r_a : 전류계의 내부저항[Ω], R_s : 분류기 저항[Ω]

23 SCR의 양극 전류가 10A일 때 게이트 전류를 반으로 줄이면 양극 전류는 몇 A인가?

① 20 ② 10 ③ 5 ④ 0.1

SCR의 동작원리

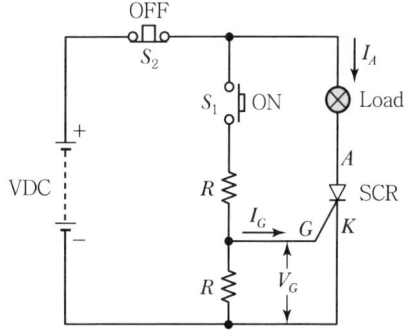

1) Turn-ON : 게이트에 펄스신호를 인가하면 애노드와 캐소드가 Turn-ON 된다.
2) SCR이 Turn-ON 된 이후 게이트 전류와 관계없이 Turn-ON 상태가 유지된다.
3) Turn-ON 상태가 유지되기 때문에 양극전류는 그대로 10A가 흐른다.

※ 래칭전류(Latching Current) : 트리거 신호가 제거된 직후에 SCR을 ON 상태로 유지하는 데 필요한 최소한의 양극전류를 말한다.

24 논리식 $\overline{X} + XY$를 간략화한 것은?

① $\overline{X} + Y$ ② $X + \overline{Y}$

③ $\overline{X}\,Y$ ④ $X\overline{Y}$

해설 ➕

1) $\overline{X} + XY = (\overline{X} + X) \cdot (\overline{X} + Y)$

여기서, $(\overline{X} + X) = 1$이므로

$\overline{X} + XY = \overline{X} + Y$

2) 부울대수의 기본 정리

항등법칙	$A + 0 = A$ $A + 1 = 1$	$A \cdot 1 = A$ $A \cdot 0 = 0$
동일법칙	$A + A = A$	$A \cdot A = A$
보원법칙	$A + \overline{A} = 1$	$A \cdot \overline{A} = 0$
다중부정	$\overline{\overline{A}} = A$	
교환법칙	$A + B = B + A$	$A \cdot B = B \cdot A$
결합법칙	$A + (B + C) =$ $(A + B) + C$	$A \cdot (B \cdot C) =$ $(A \cdot B) \cdot C$
분배법칙	$A \cdot (B + C) =$ $AB + AC$	$A + B \cdot C =$ $(A + B) \cdot (A + C)$
흡수법칙	$A + A \cdot B = A$	$A \cdot (A + B) = A$

25 공기 중에 2m의 거리에 $10\mu C$, $20\mu C$의 두 점 전하가 존재할 때 이 두 전하 사이에 작용하는 정전력은 약 몇 N인가?

① 0.45 ② 0.9 ③ 1.8 ④ 3.6

해설 ➕

쿨롱의 법칙

공기 중에서 두 전하 사이에 작용하는 힘 F[N]

$$F = \frac{1}{4\pi\varepsilon_0}\frac{Q_1 Q_2}{r^2} = 9 \times 10^9 \frac{Q_1 Q_2}{r^2} \text{[N]}$$

여기서, r : 두 전하 사이의 거리[m]

$Q_1\ Q_2$: 전하량[C]

[풀이]

$$F = 9 \times 10^9 \times \frac{(10 \times 10^{-6}) \cdot (20 \times 10^{-6})}{2^2} = 0.45 \text{[N]}$$

26 그림의 논리기호를 표시한 것으로 옳은 식은?

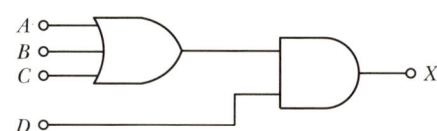

① $X = (A \cdot B \cdot C) \cdot D$

② $X = (A + B + C) \cdot D$

③ $X = (A \cdot B \cdot C) + D$

④ $X = A + B + C + D$

해설 ➕

1) $(+)$와 $(\cdot)$의 의미

+	병렬회로를 의미	OR 회로	$X = (A + B)$	
·	직렬회로를 의미	AND 회로	$X = (A \cdot B)$	

2) 입력 A, B, C는 OR 게이트의 입력이므로 OR 게이트의 출력은 $(A + B + C)$가 된다.
3) OR 게이트의 출력 $(A + B + C)$과 D는 AND 게이트의 입력이므로 출력 X는

$(A + B + C) \cdot D$가 된다.

∴ $X = (A + B + C) \cdot D$

정답 **24** ① **25** ① **26** ②

27 역률 80%, 유효전력 80kW일 때, 무효전력 (kVar)은?

① 10　　　　　　　　② 16

③ 60　　　　　　　　④ 64

해설⊕

1) 피상전력 P_a [VA] : 임피던스(Z)를 모두 고려한 전력

$$P_a = I^2 Z = VI = \frac{V^2}{Z} = \frac{P}{\cos\theta} = \frac{P_r}{\sin\theta}[\text{VA}]$$

$$P_a = \sqrt{P^2 + P_r^2}$$

2) 유효전력 P[W] : 저항(R)에서 소비되는 전력, 실제 일 한 전력, 소비전력

$$P = I^2 R = VI\cos\theta = \frac{V^2}{R} = P_a\cos\theta[\text{W}]$$

$$P = \sqrt{P_a^2 - P_r^2}$$

3) 무효전력 P_r [Var] : 리액턴스(X)에서 발생하는 전력

$$P_r = I^2 X = VI\sin\theta = \frac{V^2}{X} = P_a\sin\theta[\text{Var}]$$

$$P_r = \sqrt{P_a^2 - P^2}$$

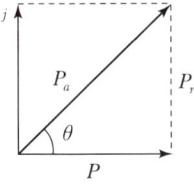

여기서, P_a : 피상전력, P : 유효전력, P_r : 무효전력

$\sin\theta$: 무효율, $\cos\theta$: 역률

[풀이]

1) P : 80[kW], $\cos\theta = 0.8$

2) $P = P_a\cos\theta$[kW]에서

$$P_a = \frac{P}{\cos\theta}, \ P_a = \frac{80}{0.8} = 100\,[\text{kVA}]$$

3) $P_r = \sqrt{100^2 - 80^2} = 60\,[\text{kVar}]$

28 두 콘덴서 C_1, C_2를 병렬로 접속하고 전압을 인가하였더니, 전체 전하량이 Q(C)이었다. C_2에 충전된 전하량은?

① $\dfrac{C_1}{C_1 + C_2} Q$　　　　② $\dfrac{C_1 + C_2}{C_1} Q$

③ $\dfrac{C_1 + C_2}{C_2} Q$　　　　④ $\dfrac{C_2}{C_1 + C_2} Q$

해설⊕

콘덴서의 병렬접속

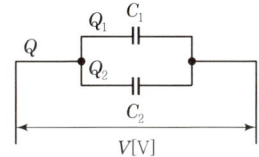

① 병렬연결에서는 전압이 일정하고, 전하량이 분배된다.

$V = V_1 = V_2$ [V]

$Q = Q_1 + Q_2$

$Q = C_1 V + C_2 V, \ Q = (C_1 + C_2) V$ [C]

② 합성 정전용량

$$C_o = \frac{Q}{V} = C_1 + C_2[\text{F}], \ C_o = C_1 + C_2 \,[\text{F}]$$

③ 전체 전압

$$V = \frac{Q}{C_o} = \frac{Q}{C_1 + C_2}[\text{V}], \ V = \frac{Q}{C_1 + C_2}[\text{V}]$$

④ 분배된 전하량

$$Q_1 = C_1 V = C_1 \times \frac{Q}{C_1 + C_2} = \frac{C_1}{C_1 + C_2} Q\,[\text{C}]$$

$$Q_1 = \frac{C_1}{C_1 + C_2} Q\,[\text{C}]$$

$$Q_2 = C_2 V = C_2 \times \frac{Q}{C_1 + C_2} = \frac{C_2}{C_1 + C_2} Q\,[\text{C}]$$

$$Q_2 = \frac{C_2}{C_1 + C_2} Q\,[\text{C}]$$

∴ 선하량(Q)은 정전용량에 비례하여 분배된다.

29 비례＋적분＋미분동작(PID동작)식을 바르게 나타낸 것은?

① $x_0 = K_p(x_i + \dfrac{1}{T_I}\int x_i dt + T_D \dfrac{dx_i}{dt})$

② $x_0 = K_p(x_i - \dfrac{1}{T_I}\int x_i dt - T_D \dfrac{dx_i}{dt})$

③ $x_0 = K_p(x_i + \dfrac{1}{T_I}\int x_i dt + T_D \dfrac{dt}{dx_i})$

④ $x_0 = K_p(x_i - \dfrac{1}{T_I}\int x_i dt - T_D \dfrac{dt}{dx_i})$

해설 ⊕

1) 비례＋적분＋미분동작은 비례, 적분, 미분의 각 동작을 조합한 것으로서 비례·적분동작이 가지고 있는 장점인 잔류편차를 없애고, 비례·미분동작에 의해 과도응답을 적게 하여 줌으로써 응답시간을 빠르게 한다.

2) 비례＋적분＋미분동작의 일반식

$$x_0 = K_p(x_i + \dfrac{1}{T_I}\int x_i dt + T_D \dfrac{dx_i}{dt})$$

30 PNPN 4층 구조로 되어 있는 소자가 아닌 것은?

① SCR
② TRIAC
③ Diode
④ GTO

해설 ⊕

사이리스터의 종류 및 특성(PNPN 4층 구조)

사이리스터의 종류	심벌	용도 및 특성
SCR (Silicon Controlled Rectifier)	Anode (A) —▶ Gate (G) (K) Cathode	• 일반적으로 사이리스터를 지칭(PNPN 접합) • 단방향 3단자 사이리스터 • 게이트에 신호를 가함으로써 턴온된다. • 소형이고 과전압에 약하다. • 대전력용 정류기에 사용
TRIAC (트라이액)	T_2 (Terminal 2) —▶◀— G(Gate) T_1 (Terminal 1)	• SCR 2개를 역병렬로 연결한 전기적 등가구조 • 쌍방향성 스위칭 소자
GTO 사이리스터	Anode (A) —▶ Gate (G) Cathode (K)	게이트에 의해 제어 가능한 턴온 및 턴오프 능력을 갖도록 특별히 설계된 소자
DIAC (다이액)	T_2 (Terminal 2) —▶◀— T_1 (Terminal 1)	• 쌍방향 2단자 사이리스터 • 교류전원에서 직접 트리거 펄스를 얻는 회로 구성

③ Diode는 PN 접합 2단자 반도체이다.

31 서보전동기는 제어기기의 어디에 속하는가?

① 검출부
② 조절부
③ 증폭부
④ 조작부

해설 ⊕

1) 제어량의 성질에 의한 분류
   ① 프로세스 제어(공정 제어) : 공업 공정의 상태를 제어량으로 하는 제어
   　例 온도, 유량, 압력, 밀도, 농도 등
   ② 서보기구 : 기계적인 변위량을 목푯값의 임의의 변화에 추종하도록 구성하는 제어
   　例 위치, 방위, 자세, 거리, 각도 등
   ③ 자동조정 : 전기적, 기계적 양의 제어
   　例 전압, 전류, 주파수, 회전속도 등
2) 서보전동기 : 서보계의 조작부에 사용

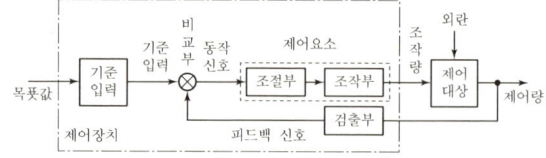

32 자동제어계를 제어목적에 의해 분류한 경우, 틀린 것은?

① 정치 제어 : 제어량을 주어진 일정목표로 유지시키기 위한 제어

② 추종 제어 : 목표치가 시간에 따라 변화하는 제어

③ 프로그램 제어 : 목표치가 프로그램대로 변하는 제어

④ 서보 제어 : 선박의 방향제어계인 서보제어는 정치제어와 같은 성질

해설 ⊕ -------------------

1) 목푯값의 성질에 의한 분류
  ① 프로그램 제어 : 목푯값의 변화가 미리 정해진 신호에 따라 동작
  ② 정치 제어 : 목푯값이 시간적으로 변화하지 않고 일정한 제어
  ③ 추종 제어 : 시간에 따라 변하는 목푯값에 제어량을 추종시키는 제어

2) 제어량의 성질에 의한 분류
  ① 프로세스 제어(공정 제어) : 공업 공정의 상태를 제어량으로 하는 제어
     예 온도, 유량, 압력, 밀도, 농도 등
  ② 서보기구 : 기계적인 변위량을 목푯값의 임의의 변화에 추종하도록 구성하는 제어
     예 위치, 방위, 자세, 거리, 각도 등
  ③ 자동조정 : 전기적, 기계적 양의 제어
     예 전압, 전류, 주파수, 회전속도 등

④ 서보 제어는 정치 제어와 같은 성질 → 추종 제어와 같은 성질

33 100V, 1kW의 니크롬선을 3/4의 길이로 잘라서 사용할 때 소비전력은 약 몇 W인가?

① 1,000
② 1,333
③ 1,430
④ 2,000

해설 ⊕ -------------------

1) $P = \dfrac{V^2}{R}$ 1,000[W] $= \dfrac{100^2 [\text{V}]}{\text{R}\,[\Omega]}$

   $R = \dfrac{10,000[\text{V}]}{1,000[\text{W}]} = 10[\Omega]$

2) 저항이 10[Ω]인 니크롬선을 3/4으로 잘랐을 때의 저항을 R_1이라 하면

   $R_1 = 10[\Omega] \times \dfrac{3}{4} = 7.5[\Omega]$

3) R_1에서 소비되는 전력을 P_1이라 하면

   $P_1 = \dfrac{100^2 [\text{V}]}{7.5[\Omega]} = 1,333[\text{W}]$

34 3상 유도전동기가 중부하로 운전되던 중 1선이 절단되면 어떻게 되는가?

① 전류가 감소한 상태에서 회전이 계속된다.

② 전류가 증가한 상태에서 회전이 계속된다.

③ 속도가 증가하고 부하전류가 급상승한다.

④ 속도가 감소하고 부하전류가 급상승한다.

해설 ⊕ -------------------

3상 유도전동기의 고장원인

1) 결상(1선 절단) : 3상 중 1상이 결상되어 운전하면 전동기의 회전토크가 감소하여 회전을 계속하지 못하고 정지하게 되며 건전상에 과도한 전류가 흐르게 되어 전동기가 소손된다.

2) 과부하 : 부하가 과중해지면 전동기에 열을 발생시키고 그 열에 의해 권선의 절연이 파괴되고 전동기가 소손된다.

3) 선간단락 : 전동기 권선의 열화로 인한 절연이 취약하게 되어 선간교차 부분에서 단락을 일으켜 전동기가 소손된다.

35 전자회로에서 온도보상용으로 많이 사용되고 있는 소자는?

① 저항
② 리액터
③ 콘덴서
④ 서미스터

해설 ⊕ -------------------

① 저항 : 전류의 흐름을 방해하는 작용을 하는 소자

② 리액터 : 코일을 감아 놓은 형태로서 전류의 흐름을 제어하는 소자

③ 콘덴서 : 두 개의 도체 사이에 유전체를 넣어 만든 것으로 전하를 축적하는 장치

반도체의 특성 및 용도

반도체의 종류	특성	용도
서미스터	온도가 높아지면 저항값이 감소하는 부저항 온도 계수의 특성(NTC)	• 온도보상용 • 휘트스톤브리지
바리스터	서지진압을 흡수하여 전자회로를 보호	• 개폐기의 불꽃 소거 • 서지전압 제거
SCR	단방향 3단자 사이리스터	• 대전류용 • 전동기 제어, 검출 회로용
제너 다이오드	역방향의 전압이 가해질 때 정전압을 발생	정전압 회로용으로 사용
바랙터 다이오드	전압에 따라 커패시턴스를 가변할 수 있는 가변용량 다이오드	AFC 회로나 FM 회로 등에 사용
터널 다이오드	전압-전류는 부성저항형이며, 고주파 특성이 양호하다.	• 초고주파 발진회로 • 고속 스위칭회로

36 변류기에 결선된 전류계가 고장이 나서 교체하는 경우 옳은 방법은?

① 변류기의 2차를 개방시키고 전류계를 교체한다.
② 변류기의 2차를 단락시키고 전류계를 교체한다.
③ 변류기의 2차를 접지시키고 전류계를 교체한다.
④ 변류기에 피뢰기를 연결하고 전류계를 교체한다.

해설⊕

1) 변류기 2차 측을 개방하면 철심이 자기포화되어 이 포화 자속으로 인해 2차 권선에 상당한 고전압이 유기된다.
2) 그러므로 변류기 2차 측의 전류계를 교체하는 경우 반드시 2차 권선을 단락시켜야 한다.

37 전기화재의 원인이 되는 누전전류를 검출하기 위해 사용되는 것은?

① 접지계전기
② 영상변류기
③ 계기용 변압기
④ 과전류계전기

해설⊕

1) 접지계전기 : 기기의 내부 또는 회로에 지락이 발생하는 경우 영상전류를 검출해서 동작하는 계전기
2) 영상변류기 : 경계전로의 누설전류를 자동적으로 검출하여 이를 누전경보기의 수신부에 송신하는 것
3) 계기용 변압기 : 고전압을 저전압으로 변환시키는 장치 (전압계, 전력계, 역률계 등의 전원으로 사용)
4) 과전류계전기 : 보호계전기의 한 종류로서 부하전류가 설정된 값을 초과할 때 동작하여 회로를 보호하는 기기

38 어떤 옥내배선에 380V의 전압을 가하였더니 0.2mA의 누설전류가 흘렀다. 이 배선의 절연저항은 몇 MΩ인가?

① 0.2　　② 1.9　　③ 3.8　　④ 7.6

해설⊕

옴의 법칙
전기회로에서 전류(I)는 전압(V)에 비례하고 저항(R)에 반비례한다.

$$I = \frac{V}{R}, \ 0.2 \times 10^{-3}[\text{A}] = \frac{380[\text{V}]}{\text{R}[\Omega]}$$

$$R = 1{,}900{,}000[\Omega], \ R = 1.9[\text{M}\Omega]$$

39 20Ω과 40Ω의 병렬회로에서 20Ω에 흐르는 전류가 10A라면, 이 회로에 흐르는 총 전류는 몇 A인가?

① 5　　② 10　　③ 15　　④ 20

해설⊕

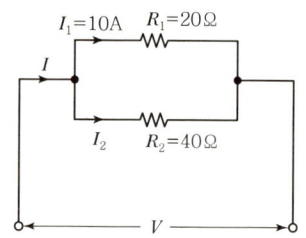

1) 각 저항에 분배되는 전류

$$I_1 = \frac{R_2}{R_1 + R_2} I \qquad I_2 = \frac{R_1}{R_1 + R_2} I$$

여기서, I_1 : R_1에 흐르는 전류[A]

I_2 : R_2에 흐르는 전류[A]

I : 전체 전류[A]

2) I_1 : R_1에 흐르는 전류[A]

$$10[\text{A}] = \frac{40[\Omega]}{20[\Omega] + 40[\Omega]} \times I[\text{A}]$$

3) I : 전체 전류[A]

$$I[\text{A}] = \frac{(20+40) \times 10}{40} = 15[\text{A}]$$

40 $R = 10\,\Omega$, $C = 33\,\mu\text{F}$, $L = 20\,\text{mH}$인 RLC 직렬회로의 공진주파수는 약 몇 Hz인가?

① 169　　　　　　② 176

③ 196　　　　　　④ 206

공진주파수

$$\omega L = \frac{1}{\omega C}, \quad \omega^2 = \frac{1}{LC}, \quad \omega = \frac{1}{\sqrt{LC}}$$

$$2\pi f = \frac{1}{\sqrt{LC}}, \quad f_0 = \frac{1}{2\pi\sqrt{LC}}[\text{Hz}]$$

$$f_0 = \frac{1}{2\pi\sqrt{(20\times10^{-3})\times(33\times10^{-6})}} = 195.91[\text{Hz}]$$

3과목　소방관계법규

41 화재의 예방 및 안전관리에 관한 법령상 소방본부장 또는 소방서장은 소방상 필요한 훈련 및 교육을 실시하고자 하는 때에는 화재예방강화지구 안의 관계인에게 훈련 또는 교육 며칠 전까지 그 사실을 통보하여야 하는가?

① 5　　　　　　　② 7

③ 10　　　　　　④ 14

1) 화재예방강화지구 지정권자 : 시·도지사

2) 화재예방강화지구 지정의 요청권자 : 소방청장

3) 화재예방강화지구에 대한 화재안전조사와 교육 및 훈련

구분	화재안전조사	교육 및 훈련
실시권자	소방관서장	소방관서장
횟수	연 1회 이상	연 1회 이상
통보 등	사전에 7일 이상 조사계획을 공개	10일 전까지 통보
대상	소방대상물의 위치·구조 및 설비	관계인
연기	3일 전까지 신청	–

42 특정소방대상물의 관계인이 소방안전관리자를 해임한 경우 재선임을 해야 하는 기준은?(단, 해임한 날부터를 기준일로 한다.)

① 10일 이내　　　　② 20일 이내

③ 30일 이내　　　　④ 40일 이내

소방안전관리자의 선임

1) 소방안전관리자 선임 : 해당 사유 발생일로부터 30일 이내에 선임

2) 소방안전관리자의 선임신고 : 선임한 날부터 14일 이내에 소방본부장, 소방서장에게 신고

43 소방용수시설 중 소화전과 급수탑의 설치기준으로 틀린 것은?

① 급수탑 급수배관의 구경은 100mm 이상으로 할 것

② 소화전은 상수도와 연결하여 지하식 또는 지상식의 구조로 할 것

③ 소방용호스와 연결하는 소화전의 연결금속구의 구경은 65mm로 할 것

④ 급수탑의 개폐밸브는 지상에서 1.5m 이상 1.8m 이하의 위치에 설치할 것

해설 ⊕

소방용수시설의 설치기준

1) 공통기준
   ① 주거지역 · 상업지역 · 공업지역 : 수평거리 100m 이하
   ② 그 밖의 지역 : 수평거리를 140m 이하

2) 소방용수시설별 설치기준
   ① 소화전의 설치기준
   • 상수도와 연결하여 지하식 또는 지상식의 구조로 할 것
   • 소방용 호스와 연결하는 소화전의 연결금속구의 구경 : 65mm
   ② 급수탑의 설치기준
   • 급수배관의 구경 : 100mm 이상
   • 개폐밸브의 높이 : 지상에서 1.5m 이상 1.7m 이하의 위치에 설치할 것
   ③ 저수조의 설치기준
   • 지면으로부터의 낙차 : 4.5m 이하
   • 흡수부분의 수심 : 0.5m 이상
   • 흡수관의 투입구가 사각형 : 한 변의 길이가 60cm 이상
   • 흡수관의 투입구가 원형 : 지름이 60cm 이상
   • 소방펌프자동차가 쉽게 접근할 수 있을 것
   • 흡수에 지장이 없도록 토사 및 쓰레기 등을 제거할 수 있는 설비를 갖출 것
   • 저수조에 물 공급은 상수도에 연결하여 자동으로 급수되는 구조일 것

④ 1.5m 이상 1.8m 이하 → 1.5m 이상 1.7m 이하

44 경유의 저장량이 2,000리터, 중유의 저장량이 4,000리터, 등유의 저장량이 2,000리터인 저장소에 있어서 지정수량의 배수는?

① 동일 ② 6배 ③ 3배 ④ 2배

해설 ⊕

1) 둘 이상의 위험물을 같은 장소에서 저장 또는 취급하는 경우에 있어서 당해 장소에서 저장 또는 취급하는 각 위험물의 수량을 그 위험물의 지정수량으로 각각 나누어 얻은 수의 합계가 1 이상인 경우 당해 위험물은 지정수량 이상의 위험물로 본다.

$$\text{지정수량의 배수} = \frac{\text{저장량}(1)}{\text{지정수량}(1)} + \frac{\text{저장량}(2)}{\text{지정수량}(2)} \cdots$$

2) 경유, 등유 : 제2석유류, 비수용성, 지정수량 1,000l
   중유 : 제3석유류, 비수용성, 지정수량 2,000l

3) 지정수량의 배수
$$= \frac{2,000\,l}{1,000\,l} + \frac{4,000\,l}{2,000\,l} + \frac{2,000\,l}{1,000\,l} = 6\text{배}$$

45 소방기본법상 명령권자가 소방본부장, 소방서장 또는 소방대장에게 있는 사항은?

① 소방활동을 할 때에 긴급한 경우에는 이웃한 소방본부장 또는 소방서장에게 소방업무의 응원을 요청할 수 있다.

② 화재, 재난 · 재해, 그 밖의 위급한 상황이 발생한 현장에서 소방활동을 위하여 필요할 때에는 그 관할구역에 사는 사람 또는 그 현장에 있는 사람으로 하여금 사람을 구출하는 일 또는 불을 끄거나 불이 번지지 아니하도록 하는 일을 하게 할 수 있다.

③ 수사기관이 방화 또는 실화의 혐의가 있어서 이미 피의자를 체포하였거나 증거물을 압수하였을 때에 화재조사를 위하여 필요한 경우에는 수사에 지장을 주지 아니하는 범위에서 그 피의자 또는 압수된 증거물에 대한 조사를 할 수 있다.

④ 화재, 재난 · 재해, 그 밖의 위급한 상황이 발생하였을 때에는 소방대를 현장에 신속하게 출동시켜 화재진압과 인명구조 · 구급 등 소방에 필요한 활동을 하게 하여야 한다.

해설 ⊕

① 소방업무의 응원을 할 수 있는 자 : 소방본부장 또는 소방서장

② 소방활동 종사명령 : 소방본부장, 소방서장 또는 소방대장

③ 수사기관에 체포된 사람에 대한 조사 : 소방청장, 소방본부장 또는 소방서장

④ 소방대의 화재진압 및 인명구조 · 구급 등 소방활동 : 소방청장, 소방본부장 또는 소방서장

46 화재가 발생하는 경우 인명 또는 재산의 피해가 클 것으로 예상되는 때 소방대상물의 개수·이전·제거, 사용금지 등의 필요한 조치를 명할 수 있는 자는?

① 시·도지사
② 의용소방대장
③ 기초자치단체장
④ 소방본부장 또는 소방서장

해설⊕

화재안전조사 결과에 따른 조치명령
① 조치명령권자 : 소방청장, 소방본부장 또는 소방서장
② 조치대상 : 소방대상물의 위치·구조·설비
③ 조치방법 : 관계인에게 그 소방대상물의 개수·이전·제거, 사용의 금지 또는 제한, 사용폐쇄, 공사의 정지 또는 중지 등

47 화재의 예방 및 안전관리에 관한 법령상 보일러, 난로, 건조설비, 가스·전기시설, 그 밖에 화재 발생 우려가 있는 설비 또는 기구 등의 위치·구조 및 관리와 화재 예방을 위하여 불을 사용할 때 지켜야 하는 사항은 무엇으로 정하는가?

① 소방청장고시   ② 대통령령
③ 시·도 조례   ④ 행정안전부령

해설⊕

불을 사용하는 설비 등의 관리
① 보일러, 난로, 건조설비, 가스·전기시설, 그 밖에 화재 발생 우려가 있는 설비 또는 기구 등의 위치·구조 및 관리와 화재 예방을 위하여 불을 사용할 때 지켜야 하는 사항 : 대통령령
② 보일러 등의 위치·구조 및 관리와 화재예방을 위하여 불의 사용에 있어서 지켜야 하는 사항

종류	내용
보일러	1. 가연성 벽·바닥 또는 천장과 접촉하는 증기기관 또는 연통의 부분 규조토·석면 등 난연성 단열재로 덮어씌울 것 2. 경유·등유 등 액체연료를 사용하는 경우 　가. 연료탱크는 보일러본체로부터 수평거리 : 1m 이상 　나. 연료를 차단할 수 있는 개폐밸브 : 연료탱크로부터 0.5m 이내 　다. 연료탱크 또는 연료를 공급하는 배관 : 여과장치 　라. 사용이 허용된 연료 외의 것을 사용하지 아니할 것 　마. 연료탱크에는 불연재료로 된 받침대를 설치하여 연료탱크가 넘어지지 아니하도록 할 것 3. 기체연료를 사용하는 경우 　가. 보일러를 설치하는 장소에는 환기구를 설치하는 등 가연성 가스가 머무르지 아니하도록 할 것 　나. 연료를 공급하는 배관 : 금속관 　다. 긴급시 연료를 차단할 수 있는 개폐밸브 : 연료용기로부터 0.5m 이내 　라. 보일러가 설치된 장소 : 가스누설경보기 4. 보일러와 벽·천장 사이의 거리 : 0.6m 이상 5. 보일러를 실내에 설치하는 경우에는 콘크리트바닥 또는 금속 외의 불연재료로 된 바닥 위에 설치하여야 한다.
불꽃을 사용하는 용접·용단 기구	용접 또는 용단 작업장 1. 용접 또는 용단 작업자로부터 반경 5m 이내에 소화기를 갖추어 둘 것 2. 용접 또는 용단 작업장 주변 반경 10m 이내에는 가연물을 쌓아두거나 놓아두지 말 것
음식조리를 위하여 설치하는 설비	일반음식점에서 조리를 위하여 불을 사용하는 설비 가. 주방설비에 부속된 배출덕트 : 0.5mm 이상의 아연도금강판 나. 주방시설에는 동물 또는 식물의 기름을 제거할 수 있는 필터를 설치할 것 다. 열을 발생하는 조리기구 : 반자 또는 선반으로부터 0.6미터 이상 라. 열을 발생하는 조리기구로부터 0.15m 이내의 거리에 있는 가연성 주요 구조부는 석면판 또는 단열성이 있는 불연재료로 덮어씌울 것

48 아파트로 층수가 20층인 특정소방대상물에서 스프링클러설비를 하여야 하는 층수는?(단, 아파트는 신축을 실시하는 경우이다.)

① 전층
② 15층 이상
③ 11층 이상
④ 6층 이상

해설⊕

스프링클러설비의 설치대상

1) 층수가 6층 이상인 특정소방대상물의 경우에는 모든 층
2) 기숙사 또는 복합건축물로서 연면적 5,000m² 이상인 경우에는 모든 층
3) 창고시설(물류터미널은 제외)로서 바닥면적 합계가 5,000m² 이상인 경우에는 모든 층
4) 판매시설, 운수시설 및 창고시설(물류터미널로 한정)로서 바닥면적의 합계가 5,000m² 이상이거나 수용인원이 500명 이상인 경우에는 모든 층
5) 다음에 해당하는 용도로 사용되는 시설의 바닥면적의 합계가 600m² 이상인 것 모든 층
   • 근린생활시설 중 조산원 및 산후조리원
   • 의료시설 중 정신의료기관
   • 의료시설 중 종합병원, 병원, 치과병원, 한방병원 및 요양병원
   • 노유자 시설
   • 숙박이 가능한 수련시설
   • 숙박시설
6) 특정소방대상물의 지하층 · 무창층(축사는 제외) 또는 층수가 4층 이상인 층으로서 바닥면적이 1,000m² 이상인 층이 있는 경우에는 해당 층
7) 지하상가로서 연면적 1,000m² 이상인 것

※ 아파트의 층수가 6층 이상이므로 전층에 스프링클러설비를 설치한다.

49 소방본부 종합상황실 실장이 소방청의 종합상황실에 서면 · 팩스 또는 컴퓨터통신 등으로 보고하여야 하는 화재의 기준에 해당하지 않는 것은?

① 항구에 매어둔 총 톤수가 1,000톤 이상인 선박에서 발생한 화재
② 연면적 15,000m² 이상인 공장 또는 화재예방강화지구에서 발생한 화재

③ 지정수량의 1,000배 이상의 위험물의 제조소 · 저장소 · 취급소에서 발생한 화재
④ 층수가 5층 이상이거나 병상이 30개 이상인 종합병원 · 정신병원 · 한방병원 · 요양소에서 발생한 화재

해설⊕

소방본부의 종합상황실 실장이 서면 · 팩스 또는 컴퓨터통신 등으로 소방청의 종합상황실에 보고하여야 하는 화재

1) 사망자가 5인 이상 발생하거나 사상자가 10인 이상 발생한 화재
2) 이재민이 100인 이상 발생한 화재
3) 재산피해액이 50억 원 이상 발생한 화재
4) 관공서 · 학교 · 정부미도정공장 · 문화재 · 지하철 또는 지하구의 화재
5) 관광호텔, 층수가 11층 이상인 건축물, 지하상가, 시장, 백화점, 지정수량의 3,000배 이상의 위험물의 제조소 · 저장소 · 취급소, 층수가 5층 이상이거나 객실이 30실 이상인 숙박시설, 층수가 5층 이상이거나 병상이 30개 이상인 종합병원 · 정신병원 · 요양소, 연면적 1만5천제곱미터 이상인 공장 또는 화재예방강화지구에서 발생한 화재
6) 철도차량, 항구에 매어둔 총 톤수가 1,000톤 이상인 선박, 항공기, 발전소 또는 변전소에서 발생한 화재
7) 가스 및 화약류의 폭발에 의한 화재
8) 다중이용업소의 화재
9) 언론에 보도된 재난상황

③ 지정수량의 1,000배 이상 → 지정수량의 3,000배 이상

50 소방시설 설치 및 관리에 관한 법률상 소방시설 등에 대하여 스스로 점검을 하지 아니하거나 관리업자 등으로 하여금 정기적으로 점검하게 하지 아니한 자에 대한 벌칙기준으로 옳은 것은?

① 1년 이하의 징역 또는 1000만 원 이하의 벌금
② 3년 이하의 징역 또는 1500만 원 이하의 벌금
③ 3년 이하의 징역 또는 3000만 원 이하의 벌금
④ 6개월 이하의 징역 또는 1000만 원 이하의 벌금

해설 ➕

1년 이하의 징역 또는 1000만 원 이하의 벌금(소방시설 설치 및 관리에 관한 법률)

1) 소방시설 등에 대하여 스스로 점검을 하지 아니하거나 관리업자 등으로 하여금 정기적으로 점검하게 하지 아니한 자
2) 소방시설관리사증을 다른 사람에게 빌려주거나 빌리거나 이를 알선한 자
3) 동시에 둘 이상의 업체에 취업한 자
4) 자격정지처분을 받고 그 자격정지기간 중에 관리사의 업무를 한 자
5) 관리업의 등록증이나 등록수첩을 다른 자에게 빌려주거나 빌리거나 이를 알선한 자
6) 영업정지처분을 받고 그 영업정지기간 중에 관리업의 업무를 한 자
7) 제품검사에 합격하지 아니한 제품에 합격표시를 하거나 합격표시를 위조 또는 변조하여 사용한 자
8) 형식승인의 변경승인 또는 성능인증의 변경인증을 받지 아니한 자
9) 제품검사에 합격하지 아니한 소방용품에 성능인증을 받았다는 표시 또는 제품검사에 합격하였다는 표시를 하거나 성능인증을 받았다는 표시 또는 제품검사에 합격하였다는 표시를 위조 또는 변조하여 사용한 자
10) 우수품질인증을 받지 아니한 제품에 우수품질인증 표시를 하거나 우수품질인증 표 시를 위조하거나 변조하여 사용한 자
11) 관계 공무원이 관계인의 정당한 업무를 방해하거나 출입·검사 업무를 수행하면서 알게 된 비밀을 다른 사람에게 누설한 자

51 화재의 예방 및 안전관리에 관한 법령상 특수가연물의 저장 및 취급 기준 중 석탄·목탄류를 발전용 외의 용도로 저장하는 경우 쌓는 부분의 바닥면적은 몇 m² 이하인가?(단, 살수설비를 설치하거나, 방사능력 범위에 해당 특수가연물이 포함되도록 대형수동식 소화기를 설치하는 경우이다.)

① 200 ② 250
③ 300 ④ 350

해설 ➕

특수가연물의 쌓는 높이 및 쌓는 부분의 바닥면적

구분	살수설비 또는 대형 소화기가 없는 경우	살수설비 또는 대형 소화기가 있는 경우
쌓는 높이	10m 이하	15m 이하
쌓는 부분의 바닥면적	50m² 이하 (석탄, 목탄 200m²)	200m² 이하 (석탄, 목탄 300m²)

52 제3류 위험물 중 금수성 물품에 적응성이 있는 소화약제는?

① 물 ② 강화액
③ 팽창질석 ④ 인산염류분말

해설 ➕

제3류 위험물
1) 성질 : 자연발화성 및 금수성 물질
2) 소화방법 : 마른 모래, 팽창질석, 팽창진주암을 이용한 질식소화(주수소화 엄금)
3) 위험등급, 품명 및 지정수량

위험등급	품명	지정수량
I	칼륨	10kg
	나트륨	
	알킬알루미늄	
	알킬리튬	
	황린	20kg
II	알칼리금속	50kg
	알칼리토금속	
	유기금속화합물	
III	금속수소화합물	300kg
	금속인화합물	
	칼슘 또는 알루미늄의 탄화물	

53 화재의 예방 및 안전관리에 관한 법령상 화재안전조사위원회의 위원의 자격에 해당하지 아니하는 사람은?

① 소방기술사
② 소방시설관리사
③ 소방 관련 분야의 석사학위 이상을 취득한 사람

④ 소방 관련 법인 또는 단체에서 소방 관련 업무에 3년 이상 종사한 사람

해설 ➕

화재안전조사위원회
1) 인원 : 위원장 1명을 포함한 7명 이내
2) 화재안전조사위원의 자격
　① 과장급 직위 이상의 소방공무원
　② 소방기술사
　③ 소방시설관리사
　④ 소방 관련 분야의 석사학위 이상을 취득한 사람
　⑤ 소방 관련 법인 또는 단체에서 소방 관련 업무에 5년 이상 종사한 사람
④ 3년 이상 종사한 사람 → 5년 이상 종사한 사람

54 화재안전조사 결과에 따른 조치명령으로 손실을 입어 손실을 보상하는 경우 그 손실을 입은 자는 누구와 손실보상을 협의하여야 하는가?

① 소방서장　　　　　② 시·도지사
③ 소방본부장　　　　④ 행정안전부장관

해설 ➕

1) 화재안전조사 결과에 따른 조치명령
　① 조치명령권자 : 소방청장, 소방본부장 또는 소방서장
　② 조치대상 : 소방대상물의 위치·구조·설비
　③ 조치방법 : 관계인에게 그 소방대상물의 개수·이전·제거, 사용의 금지 또는 제한, 사용폐쇄, 공사의 정지 또는 중지 등
2) 화재안전조사에 따른 손실보상
　손실보상권자 : 소방청장, 시·도지사

55 위험물 운송자 자격을 취득하지 아니한 자가 위험물 이동탱크저장소 운전 시의 벌칙으로 옳은 것은?

① 100만 원 이하의 벌금
② 300만 원 이하의 벌금
③ 500만 원 이하의 벌금
④ 1000만 원 이하의 벌금

해설 ➕

1천만 원 이하의 벌금
1) 위험물의 취급에 관한 안전관리와 감독을 하지 아니한 자
2) 안전관리자 또는 그 대리자가 참여하지 아니한 상태에서 위험물을 취급한 자
3) 위험물의 운반에 관한 자격을 취득 또는 교육을 수료하지 않고 위험물을 운반한 자
4) 운송책임자의 감독 또는 지원을 받아 운송하여야 하는 규정을 위반한 위험물 운송자
5) 관계인의 정당한 업무를 방해하거나 출입·검사 등을 수행하면서 알게 된 비밀을 누설한 자

56 1급 소방안전관리대상물이 아닌 것은?

① 15층인 특정소방대상물(아파트는 제외)
② 가연성 가스를 2,000톤 저장·취급하는 시설
③ 21층인 아파트로서 300세대인 것
④ 연면적 20,000m²인 문화집회 및 운동시설

해설 ➕

1급 소방안전관리대상물
(동·식물원, 철강 등 불연성 물품을 저장·취급하는 창고, 위험물 저장 및 처리 시설 중 위험물 제조소 등, 지하구를 제외)
① 30층 이상(지하층은 제외)이거나 지상으로부터 높이가 120m 이상인 아파트
② 연면적 1만5천m² 이상인 특정소방대상물(아파트 및 연립주택 제외)
③ 층수가 11층 이상인 특정소방대상물(아파트는 제외)
④ 가연성 가스를 1,000톤 이상 저장·취급하는 시설

※ 21층인 아파트는 29층 이하이므로 2급 소방안전관리대상물이다.

57 문화재보호법의 규정에 의한 유형문화재와 지정문화재에 있어서는 제조소 등과의 수평거리를 몇 m 이상 유지하여야 하는가?

① 20　　　　　　② 30
③ 50　　　　　　④ 70

정답　**54** ②　**55** ④　**56** ③　**57** ③

해설⊕

제조소의 안전거리

건축물	안전거리
유형문화재, 지정문화재	50m 이상
• 수용인원 300명 이상(학교, 병원, 극장, 공연장, 영화상영관) • 수용인원 20인 이상(아동복지시설, 노인복지시설, 장애인복지시설, 한부모가족복지시설, 어린이집, 성매매피해자 등을 위한 지원시설, 정신보건시설 등) 사용	30m 이상
고압가스, 액화석유가스, 도시가스를 저장 또는 취급하는 시설	20m 이상
주거용으로 사용되는 것(제조소가 설치된 부지 내에 있는 것 제외)	10m 이상
사용전압이 35,000V를 초과하는 특고압가공전선	5m 이상
사용전압이 7,000V 초과 35,000V 이하의 특고압가공전선	3m 이상

58 다음 중 중급기술자의 학력·경력자에 대한 기준으로 옳은 것은?(단, "학력·경력자"란 고등학교·대학 또는 이와 같은 수준 이상의 교육기관의 소방관련학과의 정해진 교육과정을 이수하고 졸업하거나 그 밖의 관계법령에 따라 국내 또는 외국에서 이와 같은 수준 이상의 학력이 있다고 인정되는 사람을 말한다.)

① 고등학교를 졸업 후 10년 이상 소방 관련 업무를 수행한 자

② 학사학위를 취득한 후 6년 이상 소방 관련 업무를 수행한 자

③ 석사학위를 취득한 후 2년 이상 소방 관련 업무를 수행한 자

④ 박사학위를 취득한 후 1년 이상 소방 관련 업무를 수행한 자

해설⊕

중급기술자의 학력·경력자에 대한 기준

① 박사학위를 취득한 사람

② 석사학위를 취득한 후 2년 이상 소방 관련 업무를 수행한 사람

③ 학사학위를 취득한 후 5년 이상 소방 관련 업무를 수행한 사람

④ 전문학사학위를 취득한 후 8년 이상 소방 관련 업무를 수행한 사람

⑤ 고등학교를 졸업한 후 12년 이상 소방 관련 업무를 수행한 사람

59 소방시설공사업법령상 상주 공사감리 대상기준 중 다음 ( ) 안에 들어갈 말로 알맞은 것은?

- 연면적 (㉠)[m^2] 이상인 특정소방대상물(아파트 제외)에 대한 소방시설의 공사
- 지하층을 포함한 층수가 (㉡)층 이상으로서 (㉢) 세대 이상인 아파트에 대한 소방시설의 공사

① ㉠ 10,000, ㉡ 11, ㉢ 600

② ㉠ 10,000, ㉡ 16, ㉢ 500

③ ㉠ 30,000, ㉡ 11, ㉢ 600

④ ㉠ 30,000, ㉡ 16, ㉢ 500

해설⊕

상주 공사감리 대상 건축물

1) 연면적 3만m^2 이상의 특정소방대상물에 대한 소방시설의 공사(아파트는 제외)

2) 지하층을 포함한 층수가 16층 이상으로서 500세대 이상인 아파트에 대한 소방시설의 공사

60 화재의 예방 및 안전관리에 관한 법률상 소방안전관리대상물의 소방안전관리자 업무가 아닌 것은?

① 소방시설의 공사

② 피난시설, 방화구획 및 방화시설의 유지·관리

③ 자위소방대 및 초기 대응체계의 구성·운영·교육

④ 피난계획에 관한 사항과 대통령령으로 정하는 사항이 포함된 소방계획서의 작성 및 시행

해설 ⊕--

소방안전관리자의 업무
① 소방계획서의 작성 및 시행
② 자위소방대 및 초기대응체계의 구성·운영·교육
③ 피난시설, 방화구획 및 방화시설의 관리
④ 소방훈련 및 교육
⑤ 소방시설이나 그 밖의 소방 관련 시설의 관리
⑥ 화기 취급의 감독
⑦ 소방안전관리에 관한 업무 수행에 관한 기록·유지(③, ④, ⑥의 업무)

4과목 **소방전기시설의 구조 및 원리**

61 정온식 감지선형 감지기에 관한 설명으로 옳은 것은?

① 일국소의 주위온도 변화에 따라서 차동 및 정온식의 성능을 갖는 것을 말한다.
② 일국소의 주위온도가 일정한 온도 이상이 되었을 때 작동하는 것으로서 외관이 전선으로 되어 있는 것을 말한다.
③ 그 주위온도가 일정한 온도상승률 이상이 되었을 때 작동하는 것으로서 일국소의 열효과에 의해서 동작하는 것을 말한다.
④ 그 주위온도가 일정한 온도상승률 이상이 되었을 때 작동하는 것으로서 광범위한 열효과의 누적에 의하여 동작하는 것을 말한다.

해설 ⊕--

열감지기의 종류
1) 차동식 스포트형 : 주위온도가 일정 상승률 이상이 되는 경우에 작동하는 것으로서 일국소에서의 열효과에 의하여 작동되는 것
2) 차동식 분포형 : 주위온도가 일정 상승률 이상이 되는 경우에 작동하는 것으로서 넓은 범위 내에서의 열효과의 누적에 의하여 작동되는 것
3) 정온식 감지선형 : 일국소의 주위온도가 일정한 온도 이상이 되는 경우에 작동하는 것으로서 외관이 전선으로 되어 있는 것

4) 정온식 스포트형 : 일국소의 주위온도가 일정한 온도 이상이 되는 경우에 작동하는 것으로서 외관이 전선으로 되어 있지 아니한 것
5) 보상식 스포트형 : 차동식과 정온식의 기능을 겸한 것으로서 차동식 또는 정온식 성능 중 어느 한 기능이 작동되면 작동신호를 발하는 것

62 비상콘센트설비의 화재안전기준에서 정하고 있는 저압의 정의는?

① 직류는 1,500V 이하, 교류는 1,000V 이하인 것
② 직류는 750V 이하, 교류는 380V 이하인 것
③ 직류는 750V를, 교류는 600V를 넘고 7,000V 이하인 것
④ 직류는 750V를, 교류는 380V를 넘고 7,000V 이하인 것

해설 ⊕--

전압의 분류

구분	저압	고압	특고압
교류	1,000V 이하	1,000V 초과 7,000V 이하	7,000V 초과
직류	1,500V 이하	1,500V 초과 7,000V 이하	7,000V 초과

63 무선통신보조설비의 화재안전기준에 따른 용어의 정의 중 감시제어반 등에 설치된 무선중계기의 입력과 출력포트에 연결되어 송수신 신호를 원활하게 방사·수신하기 위해 옥외에 설치하는 장치를 말하는 것은?

① 혼합기　　　　　② 분파기
③ 증폭기　　　　　④ 옥외안테나

해설 ⊕--

용어의 정의
1) 누설동축케이블 : 동축케이블의 외부도체에 가느다란 홈을 만들어서 전파가 외부로 새어나갈 수 있도록 한 케이블
2) 분배기 : 신호의 전송로가 분기되는 장소에 설치하는 것으로 임피던스 매칭과 신호 균등분배를 위해 사용하는 장치

3) 분파기 : 서로 다른 주파수의 합성된 신호를 분리하기 위해서 사용하는 장치

4) 혼합기 : 두 개 이상의 입력신호를 원하는 비율로 조합한 출력이 발생하도록 하는 장치

5) 증폭기 : 신호 전송 시 신호가 약해져 수신이 불가능해지는 것을 방지하기 위해서 증폭하는 장치

6) 무선중계기 : 안테나를 통하여 수신된 무전기 신호를 증폭한 후 음영지역에 재방사하여 무전기 상호 간 송수신이 가능하도록 하는 장치

7) 옥외안테나 : 감시제어반 등에 설치된 무선중계기의 입력과 출력포트에 연결되어 송수신 신호를 원활하게 방사·수신하기 위해 옥외에 설치하는 장치

64 비상벨설비 또는 자동식 사이렌설비에는 그 설비에 대한 감시상태를 몇 시간 지속한 후 유효하게 10분 이상 경보할 수 있는 축전지설비(수신기에 내장하는 경우를 포함한다.)를 설치하여야 하는가?

① 1시간 ② 2시간
③ 4시간 ④ 6시간

해설⊕

소방설비별 비상전원의 용량

소방 설비	비상전원 용량
• 비상경보설비(비상벨설비 또는 자동식 사이렌설비) • 비상방송설비 • 자동화재탐지설비 • 자동화재속보설비	60분 이상 감시상태 지속 10분 이상 경보
• 소화설비 • 유도등, 비상조명등 • 제연설비, 비상콘센트설비	20분 이상
유도등 및 비상조명등이 설치된 장소로서 • 지하층을 제외한 층수가 11층 이상의 층 • 지하층 또는 무창층으로서 용도가 도매시장·소매시장·여객자동차터미널·지하역사 또는 지하상가	60분 이상
무선통신보조설비의 증폭기	30분 이상

65 자동화재탐지설비의 수신기의 각 회로별 종단에 설치되는 감지기에 접속되는 배선의 전압은 감지기 정격전압의 최소 몇 % 이상이어야 하는가?

① 50 ② 60
③ 70 ④ 80

해설⊕

자동화재탐지설비의 배선 설치기준

1) 전원회로의 배선 : 내화배선
   그 밖의 배선 : 내화배선 또는 내열배선

2) 감지기 상호 간 또는 감지기로부터 수신기에 이르는 감지기회로의 배선
   ① 아날로그식, 다신호식 감지기나 R형 수신기용 : 전자파 방해를 받지 아니하는 실드선
   ② 그 밖의 일반배선 : 내화배선 또는 내열배선

3) 감지기 사이의 회로의 배선 송배선식으로 할 것

4) 절연저항 : 감지기 회로 및 부속회로의 전로와 대지 사이 및 배선 상호 간을 직류 250V의 절연저항측정기로 측정하여 0.1MΩ 이상이 되도록 할 것

5) 자동화재탐지설비의 배선 다른 전선과 별도의 관·덕트·몰드 또는 풀박스 등에 설치할 것(다만, 60V 미만의 약 전류회로에 사용하는 전선으로서 각각의 전압이 같을 때에는 제외)

6) P형 수신기 및 GP형 수신기의 감지기 회로 하나의 공통선에 접속할 수 있는 경계구역 : 7개 이하로 할 것

7) 자동화재탐지설비의 감지기회로의 전로저항 : 50Ω 이하

8) 종단 감지기에 접속되는 배선의 전압 : 감지기 정격전압의 80% 이상일 것

66 불꽃감지기의 설치기준으로 틀린 것은?

① 수분이 많이 발생할 우려가 있는 장소에는 방수형으로 설치할 것

② 감지기를 천장에 설치하는 경우에는 감지기는 천장을 향하여 설치할 것

③ 감지기는 화재감지를 유효하게 감지할 수 있는 모서리 또는 벽 등에 설치할 것

④ 감지기는 공칭감시거리와 공칭시야각을 기준으로 감시구역이 모두 포용될 수 있도록 설치할 것

해설➕

불꽃감지기의 설치기준
1) 공칭감시거리 및 공칭시야각은 형식승인 내용에 따를 것
2) 감지기는 공칭감시거리와 공칭시야각을 기준으로 감시구역이 모두 포용될 수 있을 것
3) 감지기는 화재감지를 유효하게 감지할 수 있는 모서리 또는 벽 등에 설치할 것
4) 감지기를 천장에 설치하는 경우에는 감지기는 바닥을 향하여 설치할 것
5) 수분이 많이 발생할 우려가 있는 장소에는 방수형으로 설치할 것

② 천장을 향하여 → 바닥을 향하여

67 자동화재속보설비의 설치기준으로 틀린 것은?
① 조작스위치는 바닥으로부터 1m 이상 1.5m 이하의 높이에 설치할 것
② 속보기는 소방관서에 통신망으로 통보하도록 하며, 데이터 또는 코드전송방식을 부가적으로 설치할 수 있다.
③ 자동화재탐지설비와 연동으로 작동하여 자동적으로 화재발생 상황을 소방관서에 전달되는 것으로 할 것
④ 속보기는 소방청장이 정하여 고시한 「자동화재속보설비의 속보기의 성능인증 및 제품검사의 기술기준」에 적합한 것으로 설치하여야 한다.

해설➕

자동화재속보설비의 설치기준
1) 자동화재탐지설비와 연동으로 작동하여 자동적으로 화재발생 상황을 소방관서에 전달되는 것으로 할 것. 이 경우 부가적으로 특정소방대상물의 관계인에게 화재발생 상황을 전달되도록 할 수 있다.(A형)
2) 조작스위치의 높이 : 바닥으로부터 0.8m 이상 1.5m 이하
3) 속보기는 소방관서에 통신망으로 통보하도록 하며, 데이터 또는 코드전송방식을 부가적으로 설치할 수 있다.
4) 문화재에 설치하는 자동화재속보설비는 속보기에 감지기를 직접 연결하는 방식(자동화재탐지설비 1개의 경계구역에 한함)으로 할 수 있다.(B형)

5) 속보기는 소방청장이 정하여 고시한 「자동화재속보설비의 속보기의 성능인증 및 제품검사의 기술기준」에 적합한 것으로 설치하여야 한다.

① 바닥으로부터 1m 이상 1.5m 이하 → 바닥으로부터 0.8m 이상 1.5m 이하

68 자동화재탐지설비의 화재안전기준에서 사용하는 용어가 아닌 것은?
① 중계기
② 경계구역
③ 시각경보장치
④ 단독경보형 감지기

해설➕

자동화재탐지설비의 화재안전기준
① 중계기 : 감지기·발신기 또는 전기적 접점 등의 작동에 따른 신호를 받아 이를 수신기의 제어반에 전송하는 장치
② 경계구역 : 화재신호를 발신하고 그 신호를 수신 및 유효하게 제어할 수 있는 구역
③ 시각경보장치 : 자동화재탐지설비에서 발하는 화재신호를 시각경보기에 전달하여 청각장애인에게 점멸형태의 시각경보를 하는 것

비상경보설비 및 단독경보형 감지기의 화재안전기준
④ 단독경보형 감지기 : 화재발생 상황을 단독으로 감지하여 자체에 내장된 음향장치로 경보하는 감지기

69 계단통로유도등은 각 층의 경사로참 또는 계단참마다 설치하도록 하고 있는데 1개 층에 경사로참 또는 계단참이 2 이상 있는 경우에는 몇 개의 계단참마다 계단통로유도등을 설치하여야 하는가?
① 2개
② 3개
③ 4개
④ 5개

해설➕

계단통로유도등
1) 각 층의 경사로참 또는 계단참마다(1개 층에 경사로참 또는 계단참이 2 이상 있는 경우에는 2개의 계단참마다) 설치할 것
2) 바닥으로부터 높이 1m 이하의 위치에 설치할 것

정답 **67** ① **68** ④ **69** ①

70 비상경보설비를 설치하여야 할 특정소방대상물로 옳은 것은?

① 터널로서 길이가 400m 이상인 것

② 30명 이상의 근로자가 작업하는 옥내작업장

③ 지하층 또는 무창층의 바닥면적이 150m²(공연장의 경우 100m²) 이상인 것

④ 연면적 300m²(터널 또는 사람이 거주하지 않거나 벽이 없는 축사 등 동·식물 관련 시설은 제외) 이상인 것

해설 ⊕

비상경보설비의 설치대상

1) 연면적 400m² 이상인 것

2) 지하층 또는 무창층 : 바닥면적이 150m²(공연장 100m²) 이상

3) 터널 : 길이가 500m 이상

4) 옥내 작업장 : 50명 이상의 근로자가 작업하는 옥내작업장

① 터널로서 길이가 400m 이상인 것 → 500m 이상인 것

② 30명 이상의 근로자가 작업하는 옥내작업장 → 50명 이상의

④ 연면적 300m²(터널 또는 사람이 거주하지 않거나 벽이 없는 축사 등 동·식물 관련 시설은 제외) 이상인 것 → 연면적 400m² 이상인 것

71 축전지의 자기방전을 보충함과 동시에 상용부하에 대한 전력공급은 충전기가 부담하도록 하되 충전기가 부담하기 어려운 일시적인 대전류 부하는 축전지로 하여금 부담하게 하는 충전방식은?

① 과충전방식   ② 균등충전방식

③ 부동충전방식   ④ 세류충전방식

해설 ⊕

축전지 충전방식의 종류

1) 보통충전 : 필요할 때마다 표준 시간율로 충전하는 방식

2) 급속충전 : 단시간에 보통 충전전류의 2~3배의 전류로 충전하는 방식

3) 부동충전 : 전지의 자기방전을 보충함과 동시에 상용부하에 대한 전력공급은 충전기가 부담하고 일시적인 대전류 부하는 축전지가 부담하도록 하는 방식

4) 균등충전 : 1~3개월마다 정전압으로 10~12시간 충전하여 전체 셀의 전압을 균일하게 하는 방식

5) 세류충전 : 항상 자기방전량만큼만 충전하는 방식

72 정온식 감지기의 설치 시 공칭작동온도가 최고주위온도보다 최소 몇 ℃ 이상 높은 것으로 설치하여야 하는가?

① 10   ② 20

③ 30   ④ 40

해설 ⊕

정온식 감지기 설치기준

구분	기준
설치장소	주방, 보일러실 등으로서 다량의 화기를 취급하는 장소에 설치
공칭작동온도	최고주위온도보다 20℃ 이상

73 누전경보기의 5~10회로까지 사용할 수 있는 집합형 수신기 내부결선도에서 구성요소가 아닌 것은?

① 제어부   ② 증폭부

③ 조작부   ④ 자동입력 절환부

해설 ⊕

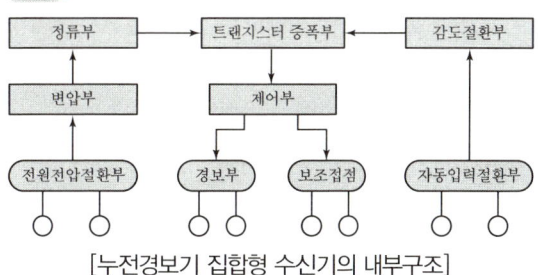

[누전경보기 집합형 수신기의 내부구조]

③ 조작부 : 피드백 제어계에서 조절부로부터 받은 신호를 조작량으로 바꾸어 제어 대상에 보내 주는 장치

74 휴대용비상조명등의 설치높이는?

① 0.8m~1.0m ② 0.8m~1.5m
③ 1.0m~1.5m ④ 1.0m~1.8m

해설⊕

휴대용비상조명등의 설치기준
1) 설치높이는 바닥으로부터 0.8m 이상 1.5m 이하의 높이에 설치할 것
2) 어둠 속에서 위치를 확인할 수 있도록 할 것
3) 사용 시 자동으로 점등되는 구조일 것
4) 외함은 난연성능이 있을 것
5) 건전지를 사용하는 경우에는 방전방지조치를 하여야 하고, 충전식 배터리의 경우에는 상시 충전되도록 할 것
6) 건전지 및 충전식 배터리의 용량은 20분 이상 유효하게 사용할 수 있는 것으로 할 것

75 단독경보형 감지기 중 연동식 감지기의 무선기능에 대한 설명으로 옳은 것은?

① 화재신호를 수신한 단독경보형 감지기는 60초 이내에 경보를 발해야 한다.
② 무선통신 점검은 단독경보형 감지기가 서로 송수신하는 방식으로 한다.
③ 작동한 단독경보형 감지기는 화재경보가 정지하기 전까지 100초 이내 주기마다 화재신호를 발신해야 한다.
④ 무선통신 점검은 168시간 이내에 자동으로 실시하고 이때 통신이상이 발생하는 경우에는 300초 이내에 통신이상 상태의 단독경보형 감지기를 확인할 수 있도록 표시 및 경보를 해야 한다.

해설⊕

단독경보형 감지기 중 연동식 감지기의 무선기능
1) 작동한 단독경보형 감지기는 화재경보가 정지하기 전까지 60초 이내 주기마다 화재신호를 발신할 것
2) 화재신호를 수신한 단독경보형 감지기는 10초 이내에 경보를 발할 것
3) 화재신호의 발신을 쉽게 확인할 수 있는 장치를 설치하여야 하고 화재신호를 수신하면 내장된 음향장치에 의하여 화재경보를 할 것

4) 무선통신 점검은 168시간 이내에 자동으로 실시하고 이때 통신이상이 발생하는 경우에는 200초 이내에 통신이상 상태의 단독경보형 감지기를 확인할 수 있도록 표시 및 경보를 할 것
5) 무선통신 점검은 단독경보형 감지기가 서로 송수신하는 방식으로 할 것

① 60초 → 10초
③ 100초 → 60초
④ 300초 → 200초

76 소화활동 시 안내방송에 사용하는 증폭기의 종류로 옳은 것은?

① 탁상형 ② 휴대형
③ Desk형 ④ Rack형

해설⊕

소화활동 시 안내방송에 사용하는 증폭기 : 휴대형

77 비상방송설비의 음향장치는 정격전압의 몇 % 전압에서 음향을 발할 수 있는 것으로 하여야 하는가?

① 80 ② 90
③ 100 ④ 110

해설⊕

비상방송설비 설치기준
1) 확성기의 음성입력 : 실외 3W(실내 1W), 아파트 등의 실내 2W 이상
2) 그 층의 각 부분으로부터 하나의 확성기까지의 수평거리 : 25m 이하
3) 음량조정기를 설치하는 경우 음량조정기의 배선 : 3선식
4) 화재신고 수신 후 방송개시 소요시간 : 10초 이하
5) 조작부의 조작스위치 높이 : 바닥으로부터 0.8m 이상 1.5m 이하
6) 정격전압의 80% 전압에서 음향을 발할 수 있는 것으로 할 것
7) 자동화재탐지설비의 작동과 연동하여 작동할 수 있는 것으로 할 것

정답 74 ② 75 ② 76 ② 77 ①

78 경계전로의 누설전류를 자동적으로 검출하여 이를 누전경보기의 수신부에 송신하는 것을 무엇이라고 하는가?

① 수신부　　　　② 확성기
③ 변류기　　　　④ 증폭기

해설 ⊕
① 수신부 : 변류기로부터 검출된 신호를 수신하여 누전의 발생을 해당 특정소방대상물의 관계인에게 경보하여 주는 장치(차단기구를 갖는 것을 포함)
② 확성기 : 소리를 크게 하여 멀리까지 전달될 수 있도록 하는 장치(스피커)
③ 변류기 : 경계전로의 누설전류를 자동적으로 검출하여 이를 누전경보기의 수신부에 송신하는 장치
④ 증폭기 : 전압전류의 진폭을 늘려 감도를 좋게 하고 미약한 음성전류를 커다란 음성전류로 변화시켜 소리를 크게 하는 장치

79 자가발전설비, 비상전원수전설비, 축전지설비 또는 전기저장장치(외부 전기에너지를 저장해 두었다가 필요한 때 전기를 공급하는 장치)를 비상콘센트설비의 비상전원으로 설치하여야 하는 특정소방대상물로 옳은 것은?

① 지하층을 제외한 층수가 4층 이상으로서 연면적 600m² 이상인 특정소방대상물
② 지하층을 제외한 층수가 5층 이상으로서 연면적 1,000m² 이상인 특정소방대상물
③ 지하층을 제외한 층수가 6층 이상으로서 연면적 1,500m² 이상인 특정소방대상물
④ 지하층을 제외한 층수가 7층 이상으로서 연면적 2,000m² 이상인 특정소방대상물

해설 ⊕
비상콘센트설비의 비상전원 설치대상
1) 지하층을 제외한 층수가 7층 이상으로서 연면적이 2,000m² 이상
2) 지하층의 바닥면적의 합계가 3,000m² 이상인 특정소방대상물

80 무선통신보조설비의 누설동축케이블의 설치기준으로 틀린 것은?

① 끝부분에는 반사 종단저항을 견고하게 설치할 것
② 고압의 전로로부터 1.5m 이상 떨어진 위치에 설치할 것
③ 금속판 등에 따라 전파의 복사 또는 특성이 현저하게 저하되지 아니하는 위치에 설치할 것
④ 누설동축케이블 및 동축케이블은 불연 또는 난연성의 것으로서 습기에 따라 전기의 특성이 변질되지 아니하는 것으로 설치할 것

해설 ⊕
누설동축케이블 등의 설치기준
1) 소방전용주파수대에서 전파의 전송 또는 복사에 적합한 것으로서 소방전용으로 할 것
2) 케이블의 구성
　① 누설동축케이블과 이에 접속하는 안테나
　② 동축케이블과 이에 접속하는 안테나
3) 누설동축케이블 및 동축케이블은 불연 또는 난연성의 것으로서 습기에 따라 전기의 특성이 변질되지 아니하는 것으로 하고, 노출하여 설치한 경우에는 피난 및 통행에 장애가 없도록 할 것
4) 누설동축케이블 및 동축케이블은 화재에 따라 해당 케이블의 피복이 소실된 경우에 케이블 본체가 떨어지지 아니하도록 4m 이내마다 금속제 또는 자기제 등의 지지금구로 벽·천장·기둥 등에 견고하게 고정시킬 것. 다만, 불연재료로 구획된 반자 안에 설치하는 경우에는 그러하지 아니하다.
5) 누설동축케이블 및 안테나는 금속판 등에 따라 전파의 복사 또는 특성이 현저하게 저하되지 아니하는 위치에 설치할 것
6) 누설동축케이블 및 안테나는 고압의 전로로부터 1.5m 이상 떨어진 위치에 설치할 것. 다만, 해당 전로에 정전기 차폐장치를 유효하게 설치한 경우에는 그러하지 아니하다.
7) 누설동축케이블의 끝부분에는 무반사 종단저항을 견고하게 설치할 것
8) 누설동축케이블 또는 동축케이블의 임피던스는 50Ω으로 할 것

① 반사 종단저항 → 무반사 종단저항

01 공기의 부피 비율이 질소 79%, 산소 21%인 전기실에 화재가 발생하여 이산화탄소 소화약제를 방출하여 소화하였다. 이때 산소의 부피농도가 14%이었다면 이 혼합공기의 분자량은 약 얼마인가?(단, 화재 시 발생한 연소가스는 무시한다.)

① 28.9
② 30.9
③ 33.9
④ 35.9

해설➕

1) CO_2의 농도[%]

$$CO_2[\%] = \frac{21 - O_2}{21} \times 100$$

여기서, $CO_2[\%]$: 방호구역에 방출된 소화가스의 농도[%]
O_2 : 소화가스 방출 후 방호구역의 산소농도[%]

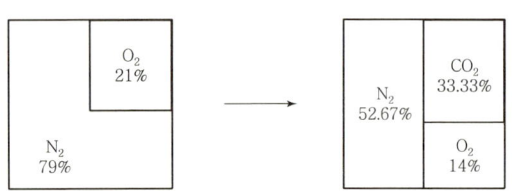

[방출 전]　　　　　[방출 후]

$$CO_2[\%] = \frac{21 - 14}{21} \times 100 = 33.33[\%]$$

2) CO_2 방출 후 N_2의 농도
$N_2 + CO_2 + O_2 = 100$, $N_2 = 100 - CO_2 - O_2$
$N_2 = 100 - 33.33 - 14 = 52.67[\%]$

3) 각 기체의 분자량
① N_2의 분자량 : $14 \times 2 = 28$
N_2의 비율에 따른 분자량 : $28 \times 0.5267 = 14.75$
② CO_2의 분자량 : $12 + 16 \times 2 = 44$
CO_2의 비율에 따른 분자량 : $44 \times 0.33 = 14.67$
③ O_2의 분자량 : $16 \times 2 = 32$
O_2의 비율에 따른 분자량 : $32 \times 0.14 = 4.48$

4) 혼합공기의 분자량 : $14.75 + 14.67 + 4.48 = 33.9$

02 탱크화재 시 발생되는 보일오버(Boil Over)의 방지방법으로 틀린 것은?

① 탱크 내용물의 기계적 교반
② 물의 배출
③ 과열방지
④ 위험물 탱크 내의 하부에 냉각수 저장

해설➕

보일오버(Boil Over)
1) 중질유를 저장하는 탱크의 하부에 물이 고여 있는 경우 발생
2) 중질유탱크의 상부에서 정전기, 낙뢰 등의 점화원에 의한 발화
3) 중질유 중 비점이 낮은 물질은 쉽게 올라와서 연소되고 비점이 높은 물질은 열을 머금고 탱크하부로 가라앉는다.
4) 서서히 내려앉는 고온은 물질이 탱크하부의 물과 접촉하면 물이 갑자기 증발하게 된다.
5) 하부의 물이 수증기로 변하면서 약 1,700배의 부피팽창을 하여 순간적으로 물과 기름이 비산, 분출하게 되는 현상

④ 위험물 탱크 내의 하부에 냉각수 저장 → 탱크 하부의 냉각수를 배출하여야 한다.

03 도장작업 공정에서의 위험도를 설명한 것으로 틀린 것은?

① 도장작업 그 자체 못지않게 건조공정도 위험하다.
② 도장작업에서는 인화성 용제가 쓰이지 않으므로 폭발의 위험이 없다.
③ 도장작업장은 폭발 시를 대비하여 지붕을 시공한다.
④ 도장실의 환기덕트를 주기적으로 청소하여 도료가 덕트 내에 부착되지 않게 한다.

해설 ✚ ------------------------------

② 도장작업에서는 인화성 용제가 많이 쓰이므로 인화성 증기에 의한 폭발위험이 있다.

04 화재 표면온도(절대온도)가 2배로 되면 복사에너지는 몇 배로 증가되는가?

① 2
② 4
③ 8
④ 16

해설 ✚ ------------------------------

1) 스테판–볼츠만 법칙(Stefan–Boltzmann's Law)

$$복사열\ 플럭스\ q = \sigma\,T^4[W/m^2]$$
$$복사열량\ Q = \sigma\,A\,T^4[W]$$

2) 복사에너지의 배수 $= \dfrac{q_2}{q_1} = \dfrac{\sigma\,T_2^4}{\sigma\,T_1^4}$

$$= \frac{T_2^4}{T_1^4} = \frac{2^4}{1^4} = 16배$$

05 목조 건축물의 화재 진행상황에 관한 설명으로 옳은 것은?

① 화원 – 발염착화 – 무염착화 – 출화 – 최성기 – 소화
② 화원 – 발염착화 – 무염착화 – 소화 – 연소낙하
③ 화원 – 무염착화 – 발염착화 – 출화 – 최성기 – 소화
④ 화원 – 무염착화 – 출화 – 발염착화 – 최성기 – 소화

해설 ✚ ------------------------------

목조건축물에서의 화재진행과정

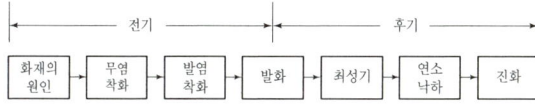

1) 무염착화 : 불꽃이 없는 착화현상
2) 발염착화 : 불꽃이 발생한 후의 착화현상
3) 발화에서 최성기까지의 시간 : 5~15분
4) 발화에서 연소낙하까지의 시간 : 13~25분

06 산불화재의 형태로 틀린 것은?

① 지중화 형태
② 수평화 형태
③ 지표화 형태
④ 수관화 형태

해설 ✚ ------------------------------

산불화재의 형태

1) 수관화(樹冠火) : 나뭇가지나 잎이 무성한 부분이 연소하는 것
2) 수간화(樹幹火) : 나무기둥, 줄기 부분이 연소하는 것
3) 지중화(地中火) : 땅속의 나무의 유기물이 연소하는 것
4) 지표화(地表火) : 지면의 잡초, 관목, 낙엽 등이 연소하는 것

07 다음 가연성 기체 1몰이 완전연소하는 데 필요한 이론공기량으로 틀린 것은?(단, 체적비로 계산하며 공기 중 산소의 농도를 21vol%로 한다.)

① 수소 – 약 2.38mol
② 메탄 – 약 9.52mol
③ 아세틸렌 – 약 16.91mol
④ 프로판 – 약 23.81mol

해설 ✚ ------------------------------

이론공기량

이론산소량 = 이론공기량 × 0.21

$$이론공기량 = \frac{이론산소량}{0.21}$$

① 수소 : $H_2 + 0.5O_2 \rightarrow H_2O$, O_2 몰수 : 0.5mol

$$수소의\ 이론공기량 = \frac{0.5}{0.21} = 2.38mol$$

② 메탄 : $CH_4 + 2O_2 \rightarrow CO_2 + 2H_2O$, O_2 몰수 : 2mol

$$메탄의\ 이론공기량 = \frac{2}{0.21} = 9.52mol$$

③ 아세틸렌 : $C_2H_2 + 2.5O_2 \rightarrow 2CO_2 + H_2O$

O_2 몰수 : 2.5mol

$$아세틸렌의\ 이론공기량 = \frac{2.5}{0.21} = 11.9mol$$

④ 프로판 : $C_3H_8 + 5O_2 \rightarrow 3CO_2 + 4H_2O$

O_2 몰수 : 5mol

$$프로판의\ 이론공기량 = \frac{5}{0.21} = 23.81mol$$

08 물의 소화능력에 관한 설명 중 틀린 것은?

① 다른 물질보다 비열이 크다.

② 다른 물질보다 융해잠열이 작다.

③ 다른 물질보다 증발잠열이 크다.

④ 밀폐된 장소에서 증발 가열되면 산소희석작용을 한다.

해설 ⊕

① 비열 : 물 1 g을 14.5℃에서 15.5℃까지 1℃ 올리는 데 필요한 열량

물의 비열 1[cal/g ℃], 1[kcal/kg ℃], 4.184[J/g ℃], 4.184 [kJ/kg ℃]

② 물의 융해잠열 : 80[cal/g], 80[kcal/kg]

③ 물의 증발잠열 : 539[cal/g], 539[kcal/kg]

④ 밀폐된 장소에서 증발 가열되면 수증기에 의한 산소희석 작용을 한다.

※ 물은 비열, 융해잠열, 증발잠열이 다른 물질보다 커서 냉각효과가 우수하다.

09 방호공간 안에서 화재의 세기를 나타내고 화재가 진행되는 과정에서 온도에 따라 변하는 것으로 온도−시간 곡선으로 표시할 수 있는 것은?

① 화재저항　　　　② 화재가혹도

③ 화재하중　　　　④ 화재플럼

해설 ⊕

화재가혹도

최고온도가 지속되는 시간을 의미한다.

$$화재가혹도 = 최고온도 \times 지속시간$$

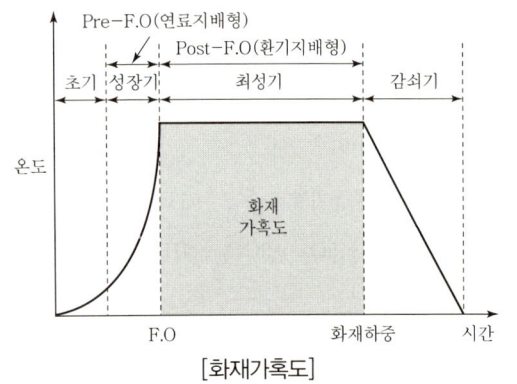

[화재가혹도]

10 연면적이 1,000m² 이상인 건축물에 설치하는 방화벽이 갖추어야 할 기준으로 틀린 것은?

① 내화구조로서 홀로 설 수 있는 구조일 것

② 방화벽의 양쪽 끝과 위쪽 끝을 건축물의 외벽면 및 지붕면으로부터 0.1m 이상 튀어나오게 할 것

③ 방화벽에 설치하는 출입문의 너비는 2.5m 이하로 할 것

④ 방화벽에 설치하는 출입문의 높이는 2.5m 이하로 할 것

해설 ⊕

방화벽의 설치기준

1) 내화구조로서 홀로 설 수 있는 구조일 것

2) 방화벽의 양쪽 끝과 위쪽 끝을 건축물의 외벽면 및 지붕면으로부터 0.5m 이상 튀어나오게 할 것

3) 방화벽에 설치하는 출입문의 너비 및 높이는 각각 2.5m 이하로 하고, 해당 출입문에는 60분＋방화문 또는 60분 방화문을 설치할 것

② 외벽면 및 지붕면으로부터 0.1m 이상 → 외벽면 및 지붕면으로부터 0.5m 이상

11 화재의 일반적 특성으로 틀린 것은?

① 확대성　　　　② 정형성

③ 우발성　　　　④ 불안정성

해설 ⊕

화재의 일반적인 특성

1) 우발성　　　　2) 확대성

3) 비정형성　　　4) 불안정성

② 정형성 → 비정형성

12 다음 중 동일한 조건에서 증발잠열(kJ/kg)이 가장 큰 것은?

① 질소　　　　　② 할론 1301

③ 이산화탄소　　④ 물

물질의 증발잠열

구분	액하질소	할론 1301	이산화탄소	물
증발잠열	200.5 [kJ/kg]	119 [kJ/kg]	576.5 [kJ/kg]	2,255 [kJ/kg] 539 [kcal/kg]

13 다음 중 가연물의 제거를 통한 소화 방법과 무관한 것은?

① 산불의 확산방지를 위하여 산림의 일부를 벌채한다.
② 화학반응기의 화재 시 원료 공급관의 밸브를 잠근다.
③ 전기실 화재 시 IG-541 약제를 방출한다.
④ 유류탱크 화재 시 주변에 있는 유류탱크의 유류를 다른 곳으로 이동시킨다.

해설 ✛

제거소화
1) 가연물을 제거하여 소화
2) 고체 가연물 : 가연물을 화재 현장으로부터 즉시 제거함 (산림화재 시 앞쪽에서 벌목하여 진화)
3) 액체 및 기체 : 가연성 물질을 누출시키는 용기의 밸브를 폐쇄
4) 전기화재 : 전원스위치를 차단하여 전기의 공급을 차단
5) 수용성 액체 : 다량의 물을 주입하여 농도를 연소범위 이하로 낮춤
③ 전기실 화재 시 IG-541 약제를 방출한다. → IG-541은 질식소화

14 화재실의 연기를 옥외로 배출시키는 제연방식으로 효과가 가장 적은 것은?

① 자연제연방식
② 스모크타워 제연방식
③ 기계식 제연방식
④ 냉난방설비를 이용한 제연방식

해설 ✛

제연방식의 종류
1) 자연제연방식 : 개구부를 통하여 연기를 자연적으로 배출하는 방식
2) 스모크타워 제연방식 : 루프모니터를 설치하여 세언하는 방식
3) 밀폐제연방식 : 불연재료로 구획된 화재실을 밀폐하여 인접실로의 연기유입을 방지하는 방식
4) 기계제연방식 : 송풍기를 이용하여 급·배기하는 방식

15 분말소화약제의 취급 시 주의사항으로 틀린 것은?

① 습도가 높은 공기 중에 노출되면 고화되므로 항상 주의를 기울인다.
② 충진 시 다른 소화약제와 혼합을 피하기 위하여 종별로 각각 다른 색으로 착색되어 있다.
③ 실내에서 다량 방사하는 경우 분말을 흡입하지 않도록 한다.
④ 분말소화약제와 수성막포를 함께 사용할 경우 포의 소포 현상을 발생시키므로 병용해서는 안 된다.

해설 ✛

CDC(Compatible Dry Chemical)
1) CDC는 포소화약제와 함께 사용할 수 있는 분말소화약제를 의미한다.
2) 분말소화약제 중 소포성이 가장 작은 제3종 분말소화약제를 사용한다.
3) 트윈 에이전트 시스템(Twin Agent System)
   ① 제3종 분말소화약제+수성막포
   ② 분말소화약제의 속소성과 포 소화약제의 안정성 등 장점만을 활용
④ 분말소화약제와 수성막포를 함께 사용할 경우 → 소화효과가 상승

16 건축물의 화재를 확산시키는 요인이라 볼 수 없는 것은?

① 비화(飛火)
② 복사열(輻射熱)
③ 자연빌화(自然發火)
④ 접염(接炎)

해설 +

건축물의 화재확산원인

구분	현상
접염	불꽃의 접촉에 의해 화재가 확산하는 현상
복사열	매질 없이 전자기파 형태로 열이 전달되는 현상
비화	불꽃이 먼 곳까지 날아가서 옮겨 붙는 현상

③ 자연발화(自然發火) : 발화의 원인이 되지만 화재확산과는 무관하다.

17 화재 시 CO_2를 방사하여 산소농도를 11vol%로 낮추어 소화하려면 공기 중 CO_2의 농도는 약 몇 vol%가 되어야 하는가?

① 47.6   ② 42.9
③ 37.9   ④ 34.5

해설 +

소화가스의 농도[%] 계산

$$CO_2[\%] = \frac{21 - O_2}{21} \times 100$$

여기서, $CO_2[\%]$: 방호구역에 방출된 소화가스의 농도[%]
O_2 : 소화가스 방출 후 방호구역의 산소농도[%]

$$CO_2[\%] = \frac{21 - 11}{21} \times 100 = 47.6[\%]$$

18 다음 위험물 중 특수인화물이 아닌 것은?

① 아세톤   ② 다이에틸에터
③ 산화프로필렌   ④ 아세트알데하이드

해설 +

특수인화물

1) 정의 : 1기압에서 발화점이 100℃ 이하인 것 또는 인화점이 - 20℃ 이하이고 비점이 40℃ 이하인 것
2) 종류 : 다이에틸에터, 아세트알데하이드, 산화프로필렌, 이황화탄소
3) 지정수량 : 50[l]

① 아세톤 → 제1석유류

19 물 소화약제를 어떠한 상태로 주수할 경우 전기화재의 진압에서도 소화능력을 발휘할 수 있는가?

① 물에 의한 봉상주수
② 물에 의한 적상주수
③ 물에 의한 무상주수
④ 어떤 상태의 주수에 의해서도 효과가 없다.

해설 +

물의 주수형태에 의한 소화

주수형태	내용	설비	소화효과
봉상주수	가늘고 긴 몽둥이모양으로 방사	옥내소화전	냉각
적상주수	물방울 형태로 방사	스프링클러	냉각
무상주수	안개형태로 방사	물분무소화설비	질식, 냉각, 유화, 희석

※ 물을 무상주수하면 전기화재에 적응성이 있다.

20 석유, 고무, 동물의 털, 가죽 등과 같이 황성분을 함유하고 있는 물질이 불완전연소될 때 발생하는 연소가스로 계란 썩는 듯한 냄새가 나는 기체는?

① 아황산가스   ② 시안화수소
③ 황화수소   ④ 암모니아

해설 +

1) 아황산가스(SO_2), 이산화황
  ① $S + O_2 \rightarrow SO_2$
  ② 황 화합물이 완전연소 시 발생되는 가스이다.

2) 시안화수소(HCN)
  ① 독성이 매우 높은 가스로서 석유제품, 유지, 플라스틱의 불완전연소 시 발생된다. 증기비중이 공기보다 가볍다.

    증기비중 : $\frac{27}{29} = 0.931$

  ② 중합폭발의 위험이 있다.

3) 황화수소(H_2S)
  ① 황 화합물이 불완전연소 시 발생된다.
  ② 달걀 썩는 냄새가 난다.

정답 **17** ① **18** ① **19** ③ **20** ③

4) 암모니아(NH₃)

   ① 질소를 함유한 가연물이 연소 시 발생되는 가스로 눈, 코, 인후 등에 매우 자극적이고 역한 냄새가 난다.

   ② 물에 잘 용해되고 냉동기의 냉매로 사용된다.

2과목 **소방전기일반**

21 그림과 같은 회로에서 $A - B$ 단자에 나타나는 전압은 몇 V인가?

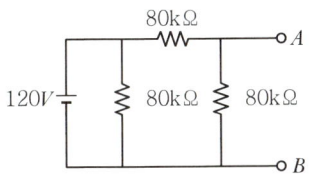

① 20   ② 40   ③ 60   ④ 80

해설⊕

1) 문제의 회로를 다시 그려보면 다음의 그림과 같다.

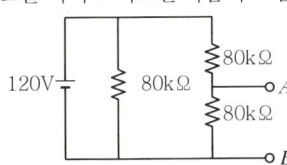

2) 회로의 우측 저항은 80[kΩ] 2개가 직렬로 연결되어 있다.

3) 80[kΩ] 2개가 직렬로 연결된 양단의 전압은 120[V]이다.

4) A, B 양단의 전압은 120[V]의 전압이 80[kΩ]의 저항에 똑같이 분배된다.

5) 직렬 연결된 저항에 분배되는 전압[V]

$$V_1 = \frac{R_1}{R_1 + R_2} \, V$$

$$V_{AB} = \frac{80[k\Omega]}{80[k\Omega] + 80[k\Omega]} \times 120[V] = 60[V]$$

22 부궤환 증폭기의 장점에 해당되는 것은?

① 전력이 절약된다.   ② 안정도가 증진된다.

③ 증폭도가 증가된다.   ④ 능률이 증대된다.

해설⊕

폐회로(부궤환) 제어계의 특징

1) 구조가 복잡하고 설비비용이 고가이다.

2) 외부조건변화에 대한 영향이 적다.

3) 대역폭이 증가한다.

4) 정확도, 안정도가 증가한다.

5) 전체 이득(입력 대 출력비)감도가 감소한다.

23 전기기기에서 생기는 손실 중 권선의 저항에 의하여 생기는 손실은?

① 철손   ② 동손

③ 표유부하손   ④ 히스테리시스손

해설⊕

① 철손 : 철심에서 나타나는 손실로, 자기장과 관련한 손실이다.

② 동손 : 구리선에 나타나는 손실로, 구리선에 존재하는 저항에 의해 열로 발생하는 손실이다.

③ 표유부하손 : 부하전류에 의해 권선 가까운 철심 등에 표유자속을 일으켜 그로 인하여 그 속에 와류손을 발생시킨다.

④ 히스테리시스손 : 철심 중에서 자속밀도가 교변하는 데 발생하는 손실이다.

24 그림과 같은 무접점회로는 어떤 논리회로인가?

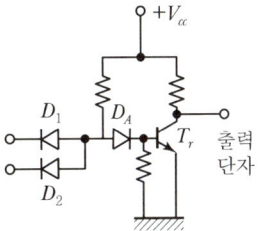

① NOR   ② OR   ③ NAND   ④ AND

해설⊕

NAND 회로

1) 의미 : AND 회로의 부정회로로서 입력신호 A, B가 동시에 1일 때만 출력신호가 0이 되는 회로

2) 논리식 : $L = \overline{A \cdot B}$

3) 논리회로 : $\begin{smallmatrix}A\\B\end{smallmatrix}$ ▷○— L

정답   **21** ③   **22** ②   **23** ②   **24** ③

4) 유접점 회로

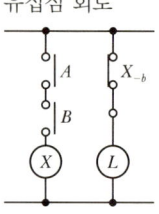

5) 진리표

A	B	L
0	0	1
0	1	1
1	0	1
1	1	0

6) 무접점 회로

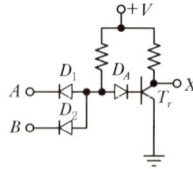

25 열감지기의 온도감지용으로 사용하는 소자는?

① 서미스터
② 바리스터
③ 제너 다이오드
④ 발광 다이오드

해설 ✚

반도체의 종류 및 특성

반도체의 종류	특성	용도
서미스터	온도가 높아지면 저항값이 감소하는 부저항 온도계수의 특성(NTC)	• 온도보상용 • 휘트스톤브리지
바리스터	서지전압을 흡수하여 전자회로를 보호	• 개폐기의 불꽃 소거 • 서지전압 제거
SCR	단방향 3단자 사이리스터	• 대전류용 • 전동기 제어, 검출회로용
제너 다이오드	역방향의 전압이 가해질 때 정전압을 발생	정전압 회로용으로 사용
바랙터 다이오드	전압에 따라 커패시턴스를 가변할 수 있는 가변용량 다이오드	AFC 회로나 FM 회로 등에 사용
터널 다이오드	전압–전류는 부성저항형이며, 고주파 특성이 양호하다.	• 초고주파 발진회로 • 고속 스위칭회로

반도체의 종류	특성	용도
발광 다이오드 (LED)	• 전류를 흘리면 빛을 방출하는 소자로서 발열이 작고, 응답속도가 좋다. • 수명이 길고 효율이 좋다. • 발광재료 : GaAs(비소화갈륨), GaP(인화갈륨)	• 조명설비 • 디스플레이 장치

26 그림과 같은 회로에서 각 계기의 지시값이 V는 180V, A는 5A, 720W라면 이 회로의 무효전력(Var)은?

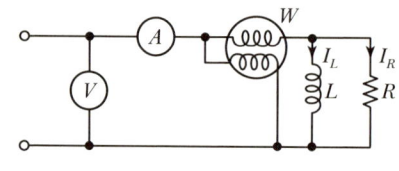

① 480
② 540
③ 960
④ 1,200

해설 ✚

1) 피상전력 : $P_a[\text{VA}] = VI$, $P_a = 180 \times 5 = 900[\text{VA}]$
2) 유효전력 : $P = 720[\text{W}]$: 저항(R)에서 소비되는 전력
3) 무효전력 $P_r[\text{Var}]$: 리액턴스(X)에서 발생하는 전력

$$P_a = \sqrt{P^2 + P_r^2} \text{ 에서 } P_r = \sqrt{P_a^2 - P^2}$$

$$P_r = \sqrt{900^2 - 720^2} = 540[\text{Var}]$$

27 정현파 신호 $\sin t$ 의 전달함수는?

① $\dfrac{1}{s^2 + 1}$
② $\dfrac{1}{s^2 - 1}$
③ $\dfrac{s}{s^2 + 1}$
④ $\dfrac{s}{s^2 + 1}$

해설 ✚

1) 주기함수의 라플라스 변환식

$f(t)$가 주기함수일 때 라플라스 변환(T : 주기)

$$\mathcal{L} f(t) = \frac{1}{1 - e^{-sT}} \int_0^T e^{-st} f(t)\, dt$$

2) $\sin t$의 함수는 주기가 2π인 함수이다.

$$\mathcal{L} f(t) = \frac{1}{1 - e^{-sT}} \int_0^T e^{-st} f(t)\, dt \text{에서 } f(t) \text{에 } \sin t$$

를 내입하면

$T = 2\pi$

$$\mathcal{L} \sin t = \frac{1}{1 - e^{-2\pi s}} \int_0^{2\pi} e^{-st} \sin t\, dt$$

$$\int_0^{2\pi} e^{-st} \sin t\, dt = \frac{1 - e^{2\pi s}}{s^2 + 1}$$

$$\therefore \frac{1}{1 - e^{-2\pi s}} \times \frac{1 - e^{-2\pi s}}{s^2 + 1} = \frac{1}{s^2 + 1}$$

28 제어량이 압력, 온도 및 유량 등과 같은 공업량일 경우의 제어는?

① 시퀀스 제어

② 프로세스 제어

③ 추종 제어

④ 프로그램 제어

해설⊕

1) 목푯값의 성질에 의한 분류
   ① 프로그램 제어 : 목푯값의 변화가 미리 정해진 신호에 따라 동작
   ② 정치 제어 : 목푯값이 시간적으로 변화하지 않고 일정한 제어
   ③ 추종 제어 : 시간에 따라 변하는 목푯값에 제어량을 추종시키는 제어

2) 제어량의 성질에 의한 분류
   ① 프로세스 제어(공정 제어) : 공업 공정의 상태를 제어량으로 하는 제어
      예 온도, 유량, 압력, 밀도, 농도 등
   ② 서보기구 : 기계적인 변위량을 목푯값의 임의의 변화에 추종하도록 구성하는 제어
      예 위치, 방위, 자세, 거리, 각도 등
   ③ 자동조정 : 전기적, 기계적 양의 제어
      예 전압, 전류, 주파수, 회전속도 등

29 SCR를 턴온 시킨 후 게이트 전류를 0으로 하여도 온(ON) 상태를 유지하기 위한 최소의 애노드전류를 무엇이라 하는가?

① 래칭 전류

② 스탠드 온 전류

③ 최대전류

④ 순시전류

해설⊕

SCR의 동작원리

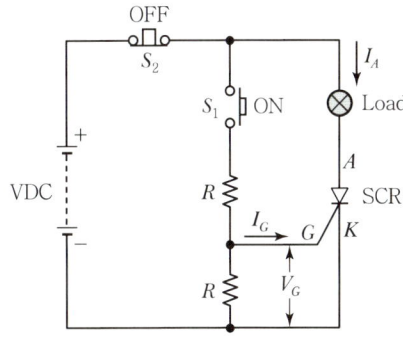

1) Turn-ON : 게이트에 펄스신호를 인가하면 애노드와 캐소드가 Turn-ON 된다.
2) SCR이 Turn-ON 된 이후 게이트 전류와 관계없이 Turn-ON 상태가 유지된다.
3) 래칭전류(Latching Current) : 트리거 신호가 제거된 직후에 SCR을 ON 상태로 유지하는 데 필요한 최소한의 양극전류를 말한다.

30 인덕턴스가 1H인 코일과 정전용량이 $0.2\mu F$인 콘덴서를 직렬로 접속할 때 이 회로의 공진주파수가 약 몇 Hz인가?

① 89   ② 178   ③ 267   ④ 356

해설⊕

공진주파수 $\omega L = \dfrac{1}{\omega C}$, $\omega^2 = \dfrac{1}{LC}$, $\omega = \dfrac{1}{\sqrt{LC}}$

$$2\pi f = \frac{1}{\sqrt{LC}}$$

$$f_0 = \frac{1}{2\pi \sqrt{LC}} [\text{Hz}] = \frac{1}{2\pi \sqrt{1 \times 0.2 \times 10^{-6}}}$$

$$= 355.88 [\text{Hz}]$$

31 단상 반파정류회로에서 교류 실효값 220V를 정류하면 직류 평균전압은 약 몇 V인가?(단, 정류기의 전압강하는 무시한다.)

① 58　　　　　　② 73
③ 88　　　　　　④ 99

해설 ⊕

반파정류 시 직류전압(평균값 V_{av}) E_d[V]

$$E_d = \frac{E_m}{\pi} = \frac{\sqrt{2}}{\pi} E = 0.45E$$

여기서, E_d : 직류전압[V], E_m : 최댓값[V], E : 실효값[V]

$$E_d = \frac{\sqrt{2}}{\pi} E = \frac{\sqrt{2}}{\pi} \times 220 = 99.03 [V]$$

32 논리식 $X + \overline{X} Y$를 간단히 하면?

① X　　　　　② $X\overline{Y}$
③ $\overline{X} Y$　　　　　④ $X + Y$

해설 ⊕

1) $X + \overline{X} Y = (X + \overline{X})(X + Y)$ 여기서, $(X + \overline{X}) = 1$
　　　　　　 $= X + Y$
2) 부울대수의 기본 정리

항등법칙	$A + 0 = A$ $A + 1 = 1$	$A \cdot 1 = A$ $A \cdot 0 = 0$
동일법칙	$A + A = A$	$A \cdot A = A$
보원법칙	$A + \overline{A} = 1$	$A \cdot \overline{A} = 0$
다중부정	$\overline{\overline{A}} = A$	
교환법칙	$A + B = B + A$	$A \cdot B = B \cdot A$
결합법칙	$A + (B + C) =$ $(A + B) + C$	$A \cdot (B \cdot C) =$ $(A \cdot B) \cdot C$
분배법칙	$A \cdot (B + C) =$ $AB + AC$	$A + B \cdot C =$ $(A + B) \cdot (A + C)$
흡수법칙	$A + A \cdot B = A$	$A \cdot (A + B) = A$

33 온도 $t\,℃$에서 저항이 R_1, R_2이고 저항의 온도계수가 각각 α_1, α_2인 두 개의 저항을 직렬로 접속했을 때 합성저항 온도계수는?

① $\dfrac{R_1 \alpha_2 + R_2 \alpha_1}{R_1 + R_2}$　　　② $\dfrac{R_1 \alpha_1 + R_2 \alpha_2}{R_1 R_2}$

③ $\dfrac{R_1 \alpha_1 + R_2 \alpha_2}{R_1 + R_2}$　　　④ $\dfrac{R_1 \alpha_2 + R_2 \alpha_1}{R_1 R_2}$

해설 ⊕

저항 : R_1, R_2, 온도 : $t\,℃$, R_1의 온도계수 : α_1,
R_2의 온도계수 : α_2

합성저항 온도계수 $= \dfrac{R_1 \alpha_1 + R_2 \alpha_2}{R_1 + R_2}$

34 단상전력을 간접적으로 측정하기 위해 3전압계법을 사용하는 경우 단상 교류전력 $P(W)$는?

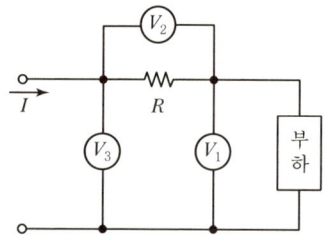

① $P = \dfrac{1}{2R}(V_3 - V_2 - V_1)^2$

② $P = \dfrac{1}{R}(V_3^2 - V_1^2 - V_2^2)$

③ $P = \dfrac{1}{2R}(V_3^2 - V_1^2 - V_2^2)$

④ $P = V_3 I \cos\theta$

해설 ⊕

3전압계법
전압계 3개를 이용하여 단상교류전력을 측정

$$P = \frac{1}{2R}(V_3^2 - V_1^2 - V_2^2)[W]$$

여기서, P : 유효전력[W], R : 저항[Ω]
　　　　V_1, V_2, V_3 : 전압계 지시값[V]

35 그림과 같은 $R-L$ 직렬회로에서 소비되는 전력은 몇 W인가?

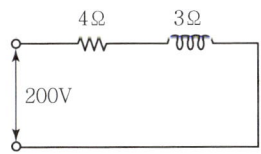

① 6,400
② 8,800
③ 10,000
④ 12,000

해설 ⊕ ---------------------------------------

유효전력 $P[W]$

저항(R)에서 소비되는 전력, 실제 일한 전력

$$P = I^2 R = VI\cos\theta = \frac{V^2}{R} = P_a\cos\theta[\text{W}],$$

$$P = \sqrt{P_a^2 - P_r^2}$$

1) 임피던스 : $Z = \sqrt{4^2 + 3^2} = 5[\Omega]$

2) 전류 : $I = \dfrac{V}{Z} = \dfrac{200}{5} = 40[\text{A}]$

3) 소비전력 : $P = I^2 R = 40^2 \times 4 = 6,400[\text{W}]$

36 선간전압 E(V)의 3상 평형전원에 대칭 3상 저항부하 R(Ω)이 그림과 같이 접속되었을 때, a, b 두 상 간에 접속된 전력계의 지시값이 W(W)라면 C상의 전류는?

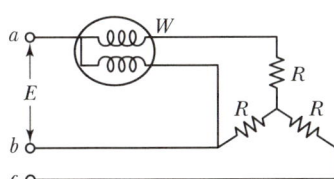

① $\dfrac{2W}{\sqrt{3}E}$
② $\dfrac{3W}{\sqrt{3}E}$
③ $\dfrac{W}{\sqrt{3}E}$
④ $\dfrac{\sqrt{3}W}{\sqrt{E}}$

해설 ⊕ ---------------------------------------

전력계법

구분	전력 P[W]	전류 I[A]
1전력계법	$P[\text{W}] = 2W$	$I = \dfrac{2W}{\sqrt{3}E}$
2전력계법	$P = W_1 + W_2$	$I = \dfrac{W_1 + W_2}{\sqrt{3}E}$
3전력계법	$P = W_1 + W_2 + W_3$	$I = \dfrac{W_1 + W_2 + W_3}{\sqrt{3}E}$

37 교류전력변환장치로 사용되는 인버터회로에 대한 설명으로 옳지 않은 것은?

① 직류전력을 교류전력으로 변환하는 장치를 인버터라고 한다.

② 전류형 인버터와 전압형 인버터로 구분할 수 있다.

③ 전류방식에 따라서 타려식과 자려식으로 구분할 수 있다.

④ 인버터의 부하장치에는 직류직권전동기를 사용할 수 있다

해설 ⊕ ---------------------------------------

인버터

1) 직류전력을 교류전력으로 변환하는 장치이다.

2) 전류형 인버터와 전압형 인버터로 구분할 수 있다.

3) 전류방식에 따라서 타려식과 자려식으로 구분할 수 있다.

4) 인버터의 부하장치에는 3상 농형 유도전동기나 동기전동기를 사용할 수 있다.

38 다이오드를 사용한 정류회로에서 과전압 방지를 위한 대책으로 가장 알맞은 것은?

① 다이오드를 직렬로 추가한다.

② 다이오드를 병렬로 추가한다.

③ 다이오드의 양단에 적당한 값의 저항을 추가한다.

④ 다이오드의 양단에 적당한 값의 콘덴서를 추가한다.

해설➕

다이오드의 접속

구분	직렬접속	병렬접속
목적	과전압 방지	과전류 방지
회로		

39 이미터 전류를 1mA 증가시켰더니 컬렉터 전류는 0.98mA 증가되었다. 이 트랜지스터의 증폭률 β는?

① 4.9 ② 19.8 ③ 49.0 ④ 98.0

해설➕

트랜지스터의 전류 증폭률

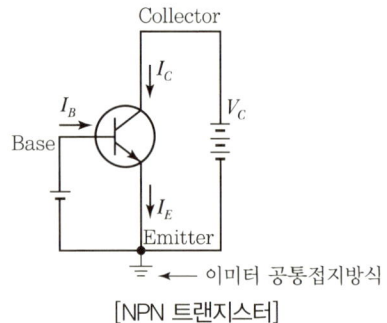

[NPN 트랜지스터]

$$\beta = \frac{I_C}{I_B} = \frac{I_C}{I_E - I_C}$$

여기서, β : 전류 증폭률, I_C : 컬렉터 전류
I_B : 베이스 전류, I_E : 이미터 전류

$$\beta = \frac{I_C}{I_B} = \frac{I_C}{I_E - I_C} = \frac{0.98}{1 - 0.98} = 49$$

40 저항이 4Ω, 인덕턴스가 8mH인 코일을 직렬로 연결하고 100V, 60Hz인 전압을 공급할 때 유효전력은 약 몇 kW인가?

① 0.8 ② 1.2 ③ 1.6 ④ 2.0

해설➕

유효전력 P[W]
저항(R)에서 소비되는 전력, 실제 일한 전력

$$P = I^2 R = VI\cos\theta = \frac{V^2}{R} = P_a\cos\theta[\text{W}],$$

$$P = \sqrt{P_a^2 - P_r^2}$$

1) 유도성 리액턴스 :
$$X_L = \omega L = 2\pi f L, \ X_L = 2\pi \times 60 \times 8 \times 10^{-3} \fallingdotseq 3[\Omega]$$

2) 임피던스 : $Z = \sqrt{4^2 + 3^2} = 5[\Omega]$

3) 전류 : $I = \dfrac{V}{Z} = \dfrac{100}{5} = 20[\text{A}]$

3) 소비전력 : $P = I^2 R = 20^2 \times 4 = 1{,}600[\text{W}], \ 1.6[\text{kW}]$

3과목 소방관계법규

41 지정수량의 최소 몇 배 이상의 위험물을 취급하는 제조소에는 피뢰침을 설치해야 하는가?(단, 제6류 위험물을 취급하는 위험물제조소는 제외하고, 제조소 주위의 상황에 따라 안전상 지장이 없는 경우도 제외한다.)

① 5배 ② 10배 ③ 50배 ④ 100배

해설➕

피뢰설비의 설치대상
지정수량의 10배 이상의 위험물을 취급하는 제조소(제6류 위험물을 취급하는 위험물제조소를 제외)

42 소방기본법령상 인접하고 있는 시·도 간 소방업무의 상호응원협정을 체결하고자 할 때, 포함되어야 하는 사항으로 틀린 것은?

① 소방교육·훈련의 종류에 관한 사항
② 화재의 경계·진압활동에 관한 사항
③ 출동대원의 수당·식사 및 피복의 수선의 소요경비의 부담에 관한 사항
④ 화재조사활동에 관한 사항

정답 **39** ③ **40** ③ **41** ② **42** ①

해설 ⊕

소방업무의 상호응원협정 시 포함사항
1) 다음의 소방활동에 관한 사항
    ① 화재의 경계 · 진압활동
    ② 구조 · 구급업무의 지원
    ③ 화재조사활동
2) 응원출동대상지역 및 규모
3) 다음 각 목의 소요경비의 부담에 관한 사항
    ① 출동대원의 수당 · 식사 및 피복의 수선
    ② 소방장비 및 기구의 정비와 연료의 보급
    ③ 그 밖의 경비
4) 응원출동의 요청방법
5) 응원출동훈련 및 평가

① 소방교육 · 훈련의 종류에 관한 사항 → 행정안전부령

43 제4류 위험물을 저장 · 취급하는 제조소에 "화기엄금"이란 주의사항을 표시하는 게시판을 설치할 경우 게시판의 색상은?

① 청색 바탕에 백색 문자
② 적색 바탕에 백색 문자
③ 백색 바탕에 적색 문자
④ 백색 바탕에 흑색 문자

해설 ⊕

주의사항을 표시한 게시판 설치

위험물의 종류	주의 사항	게시판
제1류 위험물 중 알칼리금속의 과산화물 제3류 위험물 중 금수성 물질	물기 엄금	청색 바탕에 백색 문자
제2류 위험물(인화성 고체는 제외)	화기 주의	적색 바탕에 백색 문자
제2류 위험물 중 인화성 고체 제3류 위험물 중 자연발화성 물질 제4류 위험물 제5류 위험물	화기 엄금	적색 바탕에 백색 문자

44 다음 중 300만 원 이하의 벌금에 해당되지 않는 것은?

① 등록수첩을 다른 자에게 빌려준 자
② 소방시설공사의 완공검사를 받지 아니한 자
③ 소방기술자가 동시에 둘 이상의 업체에 취업한 사람
④ 소방시설공사 현장에 감리원을 배치하지 아니한 자

해설 ⊕

300만 원 이하의 벌금(소방시설공사업법)
1) 등록증이나 등록수첩을 다른 자에게 빌려준 자
2) 소방시설공사 현장에 감리원을 배치하지 아니한 자
3) 감리업자의 보완 요구에 따르지 아니한 자
4) 정당한 사유 없이 공사감리 계약을 해지하거나 대가 지급을 거부하거나 지연시키거나 불이익을 준 자
5) 자격수첩 또는 경력수첩을 빌려준 사람
6) 동시에 둘 이상의 업체에 취업한 사람
7) 관계인의 정당한 업무를 방해하거나 업무상 알게 된 비밀을 누설한 사람
8) 소방시설공사를 다른 업종의 공사와 분리하여 도급하지 아니한 자

② 소방시설공사의 완공검사를 받지 아니한 자 → 200만 원 이하의 과태료

45 소방시설 설치 및 관리에 관한 법령상 특정소방대상물 중 오피스텔은 어느 시설에 해당하는가?

① 숙박시설   ② 일반업무시설
③ 공동주택   ④ 근린생활시설

해설 ⊕

업무시설
1) 공공업무시설 : 국가 또는 지방자치단체의 청사 등의 건축물로서 근린생활시설에 해당하지 않는 것
2) 일반업무시설 : 금융업소, 사무소, 신문사, 오피스텔 등으로서 근린생활시설에 해당하지 않는 것
3) 주민자치센터, 경찰서, 지구대, 파출소, 소방서, 119안전센터, 우체국, 보건소, 공공도서관, 국민건강보험공단
4) 마을회관, 마을공동작업소, 마을공동구판장
5) 변전소, 양수장, 정수장, 대피소, 공중화장실

46 소방대라 함은 화재를 진압하고 화재, 재난·재해 그 밖의 위급한 상황에서 구조·구급 활동 등을 하기 위하여 구성된 조직체를 말한다. 소방대의 구성원으로 틀린 것은?

① 소방공무원   ② 소방안전관리원
③ 의무소방원   ④ 의용소방대원

해설➕ ----------------------------------

소방대
화재를 진압하고 화재, 재난·재해, 그 밖의 위급한 상황에서 구조·구급 활동 등을 하기 위하여 다음의 사람으로 구성된 조직체

> 소방공무원 , 의무소방원, 의용소방대원

47 다음 중 품질이 우수하다고 인정되는 소방용품에 대하여 우수품질인증을 할 수 있는 자는?

① 산업통상자원부장관
② 시·도지사
③ 소방청장
④ 소방본부장 또는 소방서장

해설➕ ----------------------------------

우수품질에 대한 인증
1) 우수품질인증권자 : 소방청장
2) 우수품질인증대상 : 형식승인된 소방용품
3) 우수품질인증의 유효기간 : 5년

48 화재의 예방 및 관리에 관한 법령상 위험물 또는 물건의 보관기간은 소방관서의 홈페이지에 공고하는 기간의 종료일 다음 날부터 며칠로 하는가?

① 3   ② 5   ③ 7   ④ 10

해설➕ ----------------------------------

옮긴 물건 등에 대한 보관기간 및 보관기간 경과 후 처리 등
1) 공고기간 : 보관일로부터 14일 동안 소방청, 소방본부 또는 소방서의 인터넷 홈페이지에 그 사실을 공고
2) 보관기간 : 소방관서 홈페이지에 공고하는 기간의 종료일 다음 날부터 7일

3) 보관기간의 종료 후 처리 : 매각 또는 폐기
4) 물건의 소유자가 보상을 요구하는 경우 : 협의 후 보상

49 소방시설 설치 및 관리에 관한 법령상 건축허가 등의 동의를 요구한 기관이 그 건축허가 등을 취소하였을 때, 취소한 날부터 최대 며칠 이내에 건축물 등의 시공지 또는 소재지를 관할하는 소방본부장 또는 소방서장에게 그 사실을 통보하여야 하는가?

① 3일   ② 4일   ③ 7일   ④ 10일

해설➕ ----------------------------------

1) 건축허가 동의 회신기간
   ① 건축허가 등의 동의요구서류를 접수한 날부터 5일
   ② 다음의 특급 소방안전관리대상물인 경우는 10일
      ㉠ 50층 이상(지하층은 제외)이거나 높이가 200m 이상인 아파트
      ㉡ 30층 이상(지하층을 포함)이거나 높이가 120m 이상인 특정소방대상물(아파트는 제외)
      ㉢ 연면적이 10만m² 이상인 특정소방대상물(아파트는 제외)
2) 건축허가동의요구서의 첨부서류 보완기간 : 4일 이내
3) 건축허가 등의 동의 취소 : 7일 이내에 소방본부장 또는 소방서장에게 통보

50 소방시설 설치 및 관리에 관한 법령상, 종사자 수가 5명이고, 숙박시설이 모두 2인용 침대이며 침대수량은 50개인 청소년 시설에서 수용인원은 몇 명인가?

① 55   ② 75   ③ 85   ④ 105

해설➕ ----------------------------------

수용인원의 산정방법
1) 숙박시설이 있는 특정소방대상물
   ① 침대가 있는 숙박시설 : 종사자 수＋침대 수(2인용 침대는 2개)
   ② 침대가 없는 숙박시설 : 종사자 수＋바닥면적의 합계를 3m²로 나누어 얻은 수

정답 46 ② 47 ③ 48 ③ 49 ③ 50 ④

2) 1) 외의 특정소방대상물
　① 강의실·교무실·상담실·실습실·휴게실 용도로 쓰이는 특정소방대상물 : 바닥면적의 합계를 $1.9m^2$로 나누어 얻은 수
　② 강당, 문화 및 집회시설, 운동시설, 종교시설 : 바닥면적의 합계를 $4.6m^2$로 나누어 얻은 수
　③ 관람석이 있는 경우 고정식 의자를 설치한 부분 : 의자 수 긴 의자의 경우 : 의자의 정면너비를 $0.45m$로 나누어 얻은 수
3) 그 밖의 특정소방대상물 : 바닥면적의 합계를 $3m^2$로 나누어 얻은 수(소수점 이하의 수는 반올림할 것)

수용인원 산정
침대가 있는 숙박시설 : 종사자 수＋침대 수(2인용 침대는 2개)
＝5＋(50×2)＝105명

51 소방시설관리업자가 기술인력을 변경하는 경우, 시·도지사에게 제출하여야 하는 서류로 틀린 것은?

① 소방시설관리업 등록수첩
② 변경된 기술인력의 기술자격증(자격수첩)
③ 기술인력연명부
④ 사업자등록증 사본

해설 ➕
등록변경신고 시 첨부서류
1) 명칭·상호 또는 영업소소재지 변경 : 소방시설관리업등록증 및 등록수첩
2) 대표자 변경 : 소방시설관리업등록증 및 등록수첩
3) 기술인력 변경
　① 소방시설관리업등록수첩
　② 변경된 기술인력의 기술자격증(자격수첩)
　③ 기술인력연명부

52 소방활동구역의 출입자에 해당되지 않는 자는?

① 소방활동구역 안에 있는 소방대상물의 소유자·관리자 또는 점유자
② 전기·가스·수도·통신·교통의 업무에 종사하는 사람으로서 원활한 소방활동을 위하여 필요한 지

③ 화재건물과 관련 있는 부동산업자
④ 취재인력 등 보도업무에 종사하는 자

해설 ➕
소방활동구역에 출입할 수 있는 사람
1) 소방활동구역 안에 있는 소방대상물의 소유자·관리자 또는 점유자
2) 전기·가스·수도·통신·교통의 업무에 종사하는 사람으로서 원활한 소방활동을 위하여 필요한 사람
3) 의사·간호사 그 밖의 구조·구급업무에 종사하는 사람
4) 취재인력 등 보도업무에 종사하는 사람
5) 수사업무에 종사하는 사람
6) 그 밖에 소방대장이 소방활동을 위하여 출입을 허가한 사람

53 화재안전조사 결과 소방대상물의 위치·구조·설비 또는 관리의 상황이 화재나 재난·재해 예방을 위하여 보완될 필요가 있거나 화재가 발생하면 인명 또는 재산의 피해가 클 것으로 예상되는 때에 관계인에게 그 소방대상물의 개수·이전·제거, 사용의 금지 또는 제한, 사용폐쇄, 공사의 정지 또는 중지, 그 밖의 필요한 조치를 명할 수 있는 자로 틀린 것은?

① 시·도지사　　　　② 소방서장
③ 소방청장　　　　④ 소방본부장

해설 ➕
화재안전조사 결과에 따른 조치명령
1) 조치명령권자 : 소방청장, 소방본부장 또는 소방서장
2) 조치대상 : 소방대상물의 위치·구조·설비
3) 조치방법 : 관계인에게 그 소방대상물의 개수·이전·제거, 사용의 금지 또는 제한, 사용폐쇄, 공사의 정지 또는 중지 등

54 소방본부장 또는 소방서장은 건축허가 등의 동의요구 서류를 접수한 날부터 최대 며칠 이내에 건축허가 등의 동의 여부를 회신하여야 하는가?(단, 허가 신청한 건축물은 지상으로부터 높이가 200m인 아파트이다.)

① 5일　　　　　　② 7일
③ 10일　　　　　④ 15일

1) 건축허가 동의 회신기간
    ① 건축허가 등의 동의요구서류를 접수한 날부터 5일
    ② 다음의 특급 소방안전관리대상물인 경우는 10일
        ㉠ 50층 이상(지하층은 제외)이거나 높이가 200m 이상인 아파트
        ㉡ 30층 이상(지하층을 포함)이거나 높이가 120m 이상인 특정소방대상물(아파트는 제외)
        ㉢ 연면적이 10만m² 이상인 특정소방대상물(아파트는 제외)
2) 건축허가동의요구서의 첨부서류 보완기간 : 4일 이내
3) 건축허가 등의 동의 취소 : 7일 이내에 소방본부장 또는 소방서장에게 통보

55 소방기본법상 화재 현장에서의 피난 등을 체험할 수 있는 소방체험관의 설립·운영권자는?

① 시·도지사
② 행정안전부장관
③ 소방본부장 또는 소방서장
④ 소방청장

소방박물관 등의 설립과 운영

구분	소방박물관	소방체험관
설립·운영권자	소방청장	시·도지사
설립·운영에 필요한 사항	행정안전부령	시·도의 조례

56 위험물안전관리법상 청문을 실시하여 처분해야 하는 것은?

① 제조소 등 설치허가의 취소
② 제조소 등 영업정지 처분
③ 탱크시험자의 영업정지 처분
④ 과징금 부과 처분

1) 청문실시권자 : 시·도지사, 소방본부장 또는 소방서장
2) 청문을 실시하여 처분하여야 하는 대상
    ① 제조소 등 설치허가의 취소

② 탱크시험자의 등록취소

57 산화성 고체인 제1류 위험물에 해당되는 것은?

① 질산염류
② 특수인화물
③ 과염소산
④ 유기과산화물

제1류 위험물의 위험등급, 품명 및 지정수량

위험등급	품명	지정수량
I	아염소산염류	50[kg]
	염소산염류	
	과염소산염류	
	무기과산화물	
II	브로민산염류	300[kg]
	아이오딘산염류	
	질산염류	
III	과망가니즈산염류	1,000[kg]
	다이크로뮴산염류	

② 특수인화물 → 4류 위험물 중 특수인화물
③ 과염소산 → 6류 위험물
④ 유기과산화물 → 5류 위험물

58 다음 중 고급기술자에 해당하는 학력·경력기준으로 옳은 것은?

① 박사학위를 취득한 후 2년 이상 소방 관련 업무를 수행한 사람
② 석사학위를 취득한 후 6년 이상 소방 관련 업무를 수행한 사람
③ 학사학위를 취득한 후 8년 이상 소방 관련 업무를 수행한 사람
④ 고등학교 소방학과를 졸업 후 10년 이상 소방 관련 업무를 수행한 사람

고급기술자에 해당하는 학력·경력기준
1) 박사학위를 취득한 후 1년 이상 소방 관련 업무를 수행한 사람

2) 석사학위를 취득한 후 4년 이상 소방 관련 업무를 수행한 사람

3) 학사학위를 취득한 후 7년 이상 소방 관련 업무를 수행한 사람

4) 전문학사학위를 취득한 후 10년 이상 소방 관련 업무를 수행한 사람

5) 고등학교 소방학과를 졸업한 후 13년 이상 소방 관련 업무를 수행한 사람

59 소방시설을 구분하는 경우 소화설비에 해당되지 않는 것은?

① 스프링클러설비　　② 제연설비

③ 자동확산소화기　　④ 옥외소화전설비

해설 ➕

소화설비

소화기구, 자동소화장치, 옥내소화전설비, 스프링클러설비 등, 물분무 등 소화설비, 옥외소화전설비

② 제연설비 → 소화활동설비

60 소방시설 설치 및 관리에 관한 법령상 둘 이상의 특정소방대상물이 내화구조로 된 연결통로가 벽이 없는 구조로서 그 길이가 몇 m 이하인 경우 하나의 소방대상물로 보는가?

① 6　　　　② 9　　　　③ 10　　　　④ 12

해설 ➕

둘 이상의 특정소방대상물이 다음에 해당되는 구조의 복도 또는 통로(이하 "연결통로"라 한다)로 연결된 경우에는 이를 하나의 소방대상물로 본다.

1) 내화구조로 된 연결통로가 다음의 어느 하나에 해당되는 경우
　① 벽이 없는 구조로서 그 길이가 6m 이하인 경우
　② 벽이 있는 구조로서 그 길이가 10m 이하인 경우

2) 내화구조가 아닌 연결통로로 연결된 경우

3) 컨베이어로 연결되거나 플랜트설비의 배관 등으로 연결되어 있는 경우

4) 지하보도, 지하상가, 터널로 연결된 경우

5) 자동방화셔터 또는 60분＋ 방화문이 설치되지 않은 피트로 연결된 경우

6) 지하구로 연결된 경우

4과목 **소방전기시설의 구조 및 원리**

61 무선통신보조·설비의 증폭기에는 비상전원이 부착된 것으로 하고 비상전원의 용량은 무선통신보조설비를 유효하게 몇 분 이상 작동시킬 수 있는 것이어야 하는가?

① 10분　　② 20분　　③ 30분　　④ 40분

해설 ➕

소방설비별 비상전원의 종류 및 용량

소방 설비	비상전원의 종류	비상전원 용량
• 비상경보설비(비상벨설비 및 자동식 사이렌설비) • 비상방송설비 • 자동화재탐지설비 • 자동화재속보설비	• 축전지설비 • 전기저장장치	60분 이상 감시상태 지속 10분 이상 경보
• 소화설비 • 제연설비 • 비상조명등	• 자가발전설비 • 축전지설비 • 전기저장장치	
비상콘센트설비	• 자가발전설비 • 축전지설비 • 비상전원수전설비 • 전기저장장치	20분 이상
유도등	축전지	
유도등 및 비상조명등이 설치된 장소로서	• 유도등 • 축전지설비	
• 지하층을 제외한 층수가 11층 이상의 층 • 지하층 또는 무창층으로서 용도가 도매시장·소매시장·여객자동차터미널·지하역사 또는 지하상가	• 비상조명등 • 자가발전설비 • 축전지설비 • 전기저장장치	60분 이상
무선통신보조설비의 증폭기	축전지설비	30분 이상

62 비상방송설비의 배선에 대한 설치기준으로 틀린 것은?

① 배선은 다른 용도의 전선과 동일한 관, 덕트, 몰드 또는 풀박스 등에 설치할 것
② 전원회로의 배선은 옥내소화전설비의 화재안전기준에 따른 내화배선으로 설치할 것
③ 화재로 인하여 하나의 층의 확성기 또는 배선이 단락 또는 단선되어도 다른 층의 화재통보에 지장이 없도록 할 것
④ 부속회로의 전로와 대지 사이 및 배선 상호 간의 절연저항은 1경계구역마다 직류 250V의 절연저항측정기를 사용하여 측정한 절연저항이 0.1MΩ 이상이 되도록 할 것

해설 ➕

비상방송설비의 배선에 대한 설치기준
1) 화재로 인하여 하나의 층의 확성기 또는 배선이 단락 또는 단선되어도 다른 층의 화재통보에 지장이 없도록 할 것
2) 전원회로의 배선 : 내화배선
   그 밖의 배선 : 내화배선 또는 내열배선
3) 절연저항 : 부속회로의 전로와 대지 사이 및 배선 상호 간을 직류 250V의 절연저항측정기로 측정하여 0.1MΩ 이상이 되도록 할 것
4) 배선은 다른 전선과 별도의 관·덕트·몰드 또는 풀박스 등에 설치할 것60V 미만의 약전류회로에 사용하는 전선으로서 각각의 전압이 같을 때는 제외)

① 동일한 관, 덕트, 몰드 또는 풀박스 → 별도의 관·덕트·몰드 또는 풀박스

63 비상콘센트설비의 설치기준으로 틀린 것은?

① 개폐기에는 "비상콘센트"라고 표시한 표지를 할 것
② 하나의 전용회로에 설치하는 비상콘센트는 10개 이하로 할 것
③ 비상전원을 실내에 설치하는 때에는 그 실내에 비상조명등을 설치할 것
④ 비상전원은 비상콘센트설비를 유효하게 10분 이상 작동시킬 수 있는 용량으로 할 것

해설 ➕

비상콘센트설비의 전원회로 설치기준
1) 비상콘센트설비의 전원회로는 단상교류 220V인 것으로서, 그 공급용량은 1.5kVA 이상인 것으로 할 것
2) 전원회로는 각 층에 2 이상이 되도록 설치할 것. 다만, 설치하여야 할 층의 비상콘센트가 1개인 때에는 하나의 회로로 할 수 있다.
3) 전원회로는 주배전반에서 전용회로로 할 것
4) 전원으로부터 각 층의 비상콘센트에 분기되는 경우 분기배선용 차단기를 보호함 안에 설치할 것
5) 콘센트마다 배선용 차단기를 설치하여야 하며, 충전부가 노출되지 아니하도록 할 것
6) 개폐기에는 "비상콘센트"라고 표시한 표지를 할 것
7) 비상콘센트용의 풀박스 등은 방청도장을 한 것으로서, 두께 1.6mm 이상의 철판으로 할 것
8) 하나의 전용회로에 설치하는 비상콘센트는 10개 이하로 할 것. 이 경우 전선의 용량은 각 비상콘센트(비상콘센트가 3개 이상인 경우에는 3개)의 공급용량을 합한 용량 이상의 것으로 할 것

④ 비상전원은 비상콘센트설비를 유효하게 10분 이상 → 20분 이상

64 비상전원이 비상조명등을 60분 이상 유효하게 작동시킬 수 있는 용량으로 하지 않아도 되는 특정소방대상물은?

① 지하상가
② 숙박시설
③ 무창층으로서 용도가 소매시장
④ 지하층을 제외한 층수가 11층 이상의 층

해설 ➕

비상전원의 용량을 60분 이상으로 하여야 하는 특정소방대상물
1) 지하층을 제외한 층수가 11층 이상의 층
2) 지하층 또는 무창층으로서 용도가 도매시장·소매시장·여객자동차터미널·지하역사 또는 지하상가

정답 **62** ① **63** ④ **64** ②

65 일국소의 주위온도가 일정한 온도 이상이 되는 경우에 작동하는 것으로서 외관이 전선으로 되어 있는 감지기는 어떤 것인가?

① 공기흡입형
② 광전식 분리형
③ 차동식 스포트형
④ 정온식 감지선형

해설 ⊕ ----------------------

① 공기흡입형 : 감지기 내부에 장착된 공기흡입장치로 감지하고자 하는 위치의 공기를 흡입하고 흡입된 공기에 일정한 농도의 연기가 포함된 경우 작동하는 것
② 광전식 분리형 : 발광부와 수광부로 구성된 구조로 발광부와 수광부 사이의 공간에 일정한 농도의 연기를 포함하게 되는 경우에 작동하는 것
③ 차동식 스포트형 : 주위온도가 일정 상승률 이상이 되는 경우에 작동하는 것으로서 일국소에서의 열효과에 의하여 작동되는 것
④ 정온식 감지선형 : 일국소의 주위온도가 일정한 온도 이상이 되는 경우에 작동하는 것으로서 외관이 전선으로 되어 있는 것

66 비상콘센트를 보호하기 위한 비상콘센트 보호함의 설치기준으로 틀린 것은?

① 비상콘센트 보호함에는 쉽게 개폐할 수 있는 문을 설치하여야 한다.
② 비상콘센트 보호함 상부에 적색의 표시등을 설치하여야 한다.
③ 비상콘센트 보호함에는 그 내부에 "비상콘센트"라고 표시한 표지를 하여야 한다.
④ 비상콘센트 보호함을 옥내소화전함 등과 접속하여 설치하는 경우에는 옥내소화전함 등의 표시등과 겸용할 수 있다.

해설 ⊕ ----------------------

비상콘센트 보호함
1) 보호함의 문 : 쉽게 개폐할 수 있는 문
2) 보호함 표지 : 보호함 표면에 "비상콘센트" 표지
3) 보호함 표시등 : 상부에 적색의 표시등(단, 옥내소화전함 등의 표시등과 겸용 가능)
③ 비상콘센트 보호함에는 ⊐ 내부에 → 표면에

67 소방회로용의 것으로 수전설비, 변전설비 그 밖의 기기 및 배선을 금속제 외함에 수납한 것으로 정의되는 것은?

① 전용분진반
② 공용분전반
③ 공용큐비클식
④ 전용큐비클식

해설 ⊕ ----------------------

용어의 정의

① 전용분전반 : 소방회로 전용의 것으로서 분기개폐기, 분기과전류차단기 그 밖의 배선용 기기 및 배선을 금속제 외함에 수납한 것
② 공용분전반 : 소방회로 및 일반회로 겸용의 것으로서 분기개폐기, 분기과전류차단기 그 밖의 배선용 기기 및 배선을 금속제 외함에 수납한 것
③ 공용큐비클식 : 소방회로 및 일반회로 겸용의 것으로서 수전설비, 변전설비 그 밖의 기기 및 배선을 금속제 외함에 수납한 것
④ 전용큐비클식 : 소방회로용의 것으로 수전설비, 변전설비 그 밖의 기기 및 배선을 금속제 외함에 수납한 것

68 비상방송설비 음향장치에 대한 설치기준으로 옳은 것은?

① 다른 전기회로에 따라 유도장애가 생기지 않도록 한다.
② 음량조정기를 설치하는 경우 음량조정기의 배선은 2선식으로 한다.
③ 다른 방송설비와 공용하는 것에 있어서는 화재 시 비상경보 외의 방송을 차단하는 구조가 아니어야 한다.
④ 기동장치에 따른 화재신고를 수신한 후 필요한 음량으로 화재발생 상황 및 피난에 유효한 방송이 자동으로 개시될 때까지의 소요시간은 60초 이하로 한다.

해설 ⊕ ----------------------

② 음량조정기의 배선은 2선식 → 3선식
③ 비상경보 외의 방송을 차단하는 구조가 아니어야 한다. → 차단할 수 있는 구조로 할 것
④ 소요시간은 60초 이하 → 소요시간은 10초 이하

69 객석 내의 통로의 직선부분의 길이가 85m이다. 객석유도등을 몇 개 설치하여야 하는가?

① 17개　　② 19개　　③ 21개　　④ 22개

해설⊕

객석유도등의 수량 산정(소수점 이하의 수는 1로 본다)

$$설치개수 = \frac{객석\ 통로의\ 직선부분의\ 길이\,(m)}{4} - 1$$

$$설치개수 = \frac{85\,m}{4} - 1 = 20.25 \quad \therefore 21개$$

70 자동화재탐지설비의 감지기회로에 설치하는 종단저항의 설치기준으로 틀린 것은?

① 감지기회로 끝부분에 설치한다.

② 점검 및 관리가 쉬운 장소에 설치하여야 한다.

③ 전용함에 설치하는 경우 그 설치높이는 바닥으로부터 0.8m 이내에 설치하여야 한다.

④ 종단감지기에 설치할 경우에는 구별이 쉽도록 해당 감지기의 기판 및 감지기 외부 등에 별도의 표시를 하여야 한다.

해설⊕

도통시험을 위한 종단저항의 설치기준

1) 점검 및 관리가 쉬운 장소에 설치할 것

2) 전용함을 설치하는 경우 그 설치높이는 바닥으로부터 1.5m 이내로 할 것

3) 감지기 회로의 끝부분에 설치하며, 종단감지기에 설치할 경우에는 구별이 쉽도록 해당 감지기의 기판 및 감지기 외부 등에 별도의 표시를 할 것

71 비상경보설비의 축전지설비의 구조에 대한 설명으로 틀린 것은?

① 예비전원을 병렬로 접속하는 경우에는 역충전 방지 등의 조치를 하여야 한다.

② 내부에 주전원의 양극을 동시에 개폐할 수 있는 전원스위치를 설치하여야 한다.

③ 축전지설비는 접지전극에 교류전류를 통하는 회로방식을 사용하여서는 아니 된다.

④ 예비전원은 축전지설비용 예비전원과 외부부하 공급용 예비전원을 별도로 설치하여야 한다.

해설⊕

비상경보설비의 축전지설비의 구조(비상경보설비의 축전지의 성능인증 및 제품검사의 기술기준 제3조)

1) 예비전원은 축전지설비용 예비전원과 외부부하 공급용 예비전원을 별도로 설치하여야 한다.

2) 극성이 있는 배선을 접속하는 경우에는 오접속 방지를 위한 필요한 조치를 하여야 하며, 커넥터로 접속하는 방식은 구조적으로 오접속이 되지 않는 형태이어야 한다.

3) 전면에는 주전원 및 예비전원의 상태를 표시할 수 있는 장치와 작동 시 작동 여부를 표시하는 장치를 하여야 한다.

4) 내부에 주전원의 양극을 동시에 개폐할 수 있는 전원스위치를 설치하여야 한다.

5) 예비전원을 병렬로 접속하는 경우에는 역충전 방지 등의 조치를 하여야 한다.

6) 축전지설비는 접지전극에 직류전류를 통하는 회로방식을 사용하여서는 아니 된다.

③ 교류전류를 통하는 회로방식 → 직류전류를 통하는 회로방식

72 신호의 전송로가 분기되는 장소에 설치하는 것으로 임피던스 매칭과 신호 균등분배를 위해 사용되는 장치는?

① 혼합기　　② 분배기　　③ 증폭기　　④ 분파기

해설⊕

용어의 정의

1) 누설동축케이블 : 동축케이블의 외부도체에 가느다란 홈을 만들어서 전파가 외부로 새어나갈 수 있도록 한 케이블

2) 분배기 : 신호의 전송로가 분기되는 장소에 설치하는 것으로 임피던스 매칭과 신호 균등분배를 위해 사용하는 장치

3) 분파기 : 서로 다른 주파수의 합성된 신호를 분리하기 위해서 사용하는 장치

4) 혼합기 : 두 개 이상의 입력신호를 원하는 비율로 조합한 출력이 발생하도록 하는 장치

5) 증폭기 : 신호 전송 시 신호가 약해져 수신이 불가능해지는 것을 방지하기 위해서 증폭하는 장치

6) 무선중계기 : 안테나를 통하여 수신된 무전기 신호를 증폭한 후 음영지역에 재방사하여 무전기 상호 간 송수신이

가능하도록 하는 장치

7) 옥외안테나 : 감시제어반 등에 설치된 무선중계기의 입력과 출력포트에 연결되어 송수신 신호를 원활하게 방사·수신하기 위해 옥외에 설치하는 장치

73 부착높이가 3m, 바닥면적 50m³인 주요 구조부를 내화구조로 한 소방대상물에 1종 열반도체식 차동식 분포형 감지기를 설치하고자 할 때 감지부의 최소 설치개수는?

① 1개 ② 2개 ③ 3개 ④ 4개

해설⊕

열반도체감지기 1개의 기준면적

부착높이 및 소방대상물의 구분		감지기의 종류	
		1종	2종
8m 미만	내화구조	65[m²]	36[m²]
	기타구조	40[m²]	23[m²]
8m 이상 15m 미만	내화구조	50[m²]	36[m²]
	기타구조	30[m²]	23[m²]

감지부 수량 $= \dfrac{50\text{m}^2}{65\text{m}^2} = 0.77, \quad \therefore 1$개

74 3선식 배선에 따라 상시 충전되는 유도등의 전기회로에 점멸기를 설치하는 경우 유도등이 점등되어야 할 경우로 관계없는 것은?

① 제연설비가 작동한 때
② 자동소화설비가 작동한 때
③ 비상경보설비의 발신기가 작동한 때
④ 자동화재탐지기설비의 감지기가 작동한 때

해설⊕

3선식 배선 시 점등되어야 하는 경우
1) 자동화재탐지설비의 감지기 또는 발신기가 작동되는 때
2) 비상경보설비의 발신기가 작동되는 때
3) 상용전원이 정전되거나 전원선이 단선되는 때
4) 방재업무를 통제하는 곳 또는 전기실의 배전반에서 수동으로 점등하는 때
5) 자동소화설비가 작동되는 때

75 누전경보기의 전원은 분전반으로부터 전용회로로 하고 각 극에 개폐기와 몇 A 이하로 과전류차단기를 설치하여야 하는가?

① 15 ② 20 ③ 25 ④ 30

해설⊕

누전경보기의 전원 설치기준
1) 전원 : 분전반으로부터 전용회로로 할 것
2) 전원의 개폐 : 각 극에 개폐기 및 과전류차단기 15A 이하(배선용 차단기는 20A 이하)
3) 전원의 분기 : 다른 차단기에 따라 전원이 차단되지 아니하도록 할 것
4) 표지 : 전원의 개폐기에는 누전경보기용임을 표시한 표지를 할 것

76 자동화재속보설비의 설치기준으로 틀린 것은?

① 조작스위치는 바닥으로부터 0.8m 이상 1.5m 이하의 높이에 설치한다.
② 비상경보설비와 연동으로 작동하여 자동적으로 화재발생 상황을 소방관서에 전달하도록 한다.
③ 속보기는 소방관서에 통신망으로 통보하도록 하며, 데이터 또는 코드전송방식을 부가적으로 설치할 수 있다.
④ 속보기는 소방청장이 정하여 고시한 「자동화재속보설비의 속보기의 성능인증 및 제품검사의 기술기준」에 적합한 것으로 설치하여야 한다.

해설⊕

자동화재속보설비 설치기준
1) 자동화재탐지설비와 연동으로 작동하여 자동적으로 화재발생 상황을 소방관서에 전달되는 것으로 할 것. 이 경우 부가적으로 특정소방대상물의 관계인에게 화재발생 상황을 전달되도록 할 수 있다.(A형)
2) 조작스위치의 높이 : 바닥으로부터 0.8m 이상 1.5m 이하
3) 속보기는 소방관서에 통신망으로 통보하도록 하며, 데이터 또는 코드전송방식을 부가적으로 설치할 수 있다.
4) 문화재에 설치하는 자동화재속보설비는 속보기에 감지기를 직접 연결하는 방식(자동화재탐지설비 1개의 경계구역에 한함)으로 할 수 있다.(B형)

5) 속보기는 소방청장이 정하여 고시한 「자동화재속보설비의 속보기의 성능인증 및 제품검사의 기술기준」에 적합한 것으로 설치하여야 한다.

② 비상경보설비와 연동으로 → 자동화재탐지설비와 연동으로

77 다음 비상경보설비 및 비상방송설비에 사용되는 용어 설명 중 틀린 것은?

① 비상벨설비라 함은 화재발생 상황을 경종으로 경보하는 설비를 말한다.

② 증폭기라 함은 전압전류의 주파수를 늘려 감도를 좋게 하고 소리를 크게 하는 장치를 말한다.

③ 확성기라 함은 소리를 크게 하여 멀리까지 전달될 수 있도록 하는 장치로서 일명 스피커를 말한다.

④ 음량조절기라 함은 가변저항을 이용하여 전류를 변화시켜 음량을 크게 하거나 작게 조절할 수 있는 장치를 말한다.

해설 ➕

증폭기

전압전류의 진폭을 늘려 감도를 좋게 하고 미약한 음성전류를 커다란 음성전류로 변화시켜 소리를 크게 하는 장치이다.

② 전압전류의 주파수를 늘려 → 전압전류의 진폭을 늘려

78 다음 ( ) 안에 들어갈 내용으로 옳은 것은?

누전경보기란 ( ) 이하인 경계전로의 누설전류 또는 지락전류를 검출하여 당해 소방대상물의 관계인에게 경보를 발하는 설비로서 변류기와 수신부로 구성된 것을 말한다.

① 사용전압 220[V] ② 사용전압 380[V]
③ 사용전압 600[V] ④ 사용전압 750[V]

해설 ➕

누전경보기

사용전압 600V 이하인 경계전로의 누설전류를 검출하여 당해 소방 대상물의 관계자에게 경보를 발하는 설비로서 변류기와 수신부로 구성된 것을 말한다.

79 부착높이가 11m인 장소에 적응성 있는 감지기는?

① 차동식 분포형 ② 정온식 스포트형
③ 차동식 스포트형 ④ 정온식 감지선형

해설 ➕

부착높이별 적응성 감지기의 종류

부착높이	감지기의 종류
8[m] 이상 15[m] 미만	• 차동식 분포형 • 이온화식 1종 또는 2종 • 광전식(스포트형, 분리형, 공기흡입형) 1종 또는 2종 • 불꽃감지기, 연기복합형
15[m] 이상 20[m] 미만	• 이온화식 1종 • 광전식(스포트형, 분리형, 공기흡입형) 1종 • 연기복합형 • 불꽃감지기
20[m] 이상	• 불꽃감지기 • 광전식(분리형, 공기흡입형) 중 아날로그 방식

비고
부착높이 20m 이상에 설치되는 광전식 아날로그방식의 감지기는 공칭감지농도 하한값이 감광율 5%/m 미만인 것으로 한다.

80 비상콘센트설비 사용전원회로의 배선이 고압수전 또는 특고압수전인 경우의 설치기준은?

① 인입개폐기의 직전에서 분기하여 전용배선으로 할 것

② 인입개폐기의 직후에서 분기하여 전용배선으로 할 것

③ 전력용 변압기 1차 측의 주차단기 2차 측에서 분기하여 전용배선으로 할 것

④ 전력용 변압기 2차 측의 주차단기 1차 측 또는 2차 측에서 분기하여 전용배선으로 할 것

해설 ➕

상용전원회로의 배선
1) 저압수전인 경우에는 인입개폐기의 직후
2) 고압수전 또는 특고압수전인 경우에는 전력용 변압기 2차 측의 주차단기 1차 측 또는 2차 측에서 분기하여 전용배선으로 할 것

정답 **77** ② **78** ③ **79** ① **80** ④

01 프로판가스의 연소범위(vol%)에 가장 가까운 것은?

① 9.8~28.4 ② 2.5~81

③ 4.0~75 ④ 2.1~9.5

해설⊕

가연성 가스의 폭발범위(연소범위)

가연성 가스	연소하한계[%]	연소상한계[%]
아세틸렌(C_2H_2)	2.5	81
수소(H_2)	4.0	75
메탄(CH_4)	5.0	15
에탄(C_2H_6)	3.0	12.4
프로판(C_3H_8)	2.1	9.5
부탄(C_4H_{10})	1.8	8.4
일산화탄소(CO)	12.5	74
다이에틸에터 ($C_2H_5OC_2H_5$)	1.9	48
이황화탄소(CS_2)	1.2	44

02 화재의 지속시간 및 온도에 따라 목재건물과 내화건물을 비교했을 때, 목재건물의 화재성상으로 가장 적합한 것은?

① 저온장기형이다.

② 저온단기형이다.

③ 고온장기형이다.

④ 고온단기형이다.

해설⊕

목조건축물과 내화건축물의 화재특성 비교
1) 목조건축물 : 고온단기형
2) 내화건축물 : 저온장기형

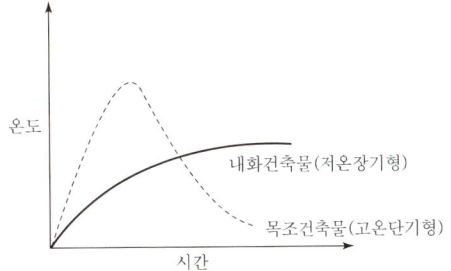

03 특정소방대상물(소방안전관리대상물은 제외)의 관계인과 소방안전관리대상물의 소방안전관리자의 업무가 아닌 것은?

① 화기 취급의 감독

② 자체소방대의 운용

③ 소방 관련 시설의 유지·관리

④ 피난시설, 방화구획 및 방화시설의 유지·관리

해설⊕

소방안전관리자의 업무
1) 소방계획서의 작성 및 시행
2) 자위소방대 및 초기대응체계의 구성·운영·교육
3) 피난시설, 방화구획 및 방화시설의 유지·관리
4) 소방훈련 및 교육
5) 소방시설이나 그 밖의 소방 관련 시설의 유지·관리
6) 화기 취급의 감독

② 자체소방대 → 자위소방대

04 가연물의 제거와 가장 관련이 없는 소화방법은?

① 유류화재 시 유류공급 밸브를 잠근다.

② 산불화재 시 나무를 잘라 없앤다.

③ 팽창진주암을 사용하여 진화한다.

④ 가스화재 시 중간밸브를 잠근다.

해설 ⊕

제거소화

1) 가연물을 제거하여 소화
2) 고체 가연물 : 가연물을 화재 현장으로부터 즉시 제거함
   (산림화재 시 앞쪽에서 벌목하여 진화)
3) 액체 및 기체 : 가연성 물질을 누출시키는 용기의 밸브를 폐쇄
4) 전기화재 : 전원스위치를 차단하여 전기의 공급을 차단
5) 수용성 액체 : 다량의 물을 주입하여 농도를 연소범위 이하로 낮춤

05 화재의 유형별 특성에 관한 설명으로 옳은 것은?

① A급 화재는 무색으로 표시하며, 감전의 위험이 있으므로 주수소화를 엄금한다.
② B급 화재는 황색으로 표시하며, 질식소화를 통해 화재를 진압한다.
③ C급 화재는 백색으로 표시하며, 가연성이 강한 금속의 화재이다.
④ D급 화재는 청색으로 표시하며, 연소 후에 재를 남긴다.

해설 ⊕

화재의 분류

구분	화재의 종류	표시색	주된 소화효과
A급 화재	일반화재	백색	냉각소화
B급 화재	유류, 가스화재	황색	질식소화
C급 화재	전기화재(통전)	청색	질식소화
D급 화재	금속화재	무색	질식소화
K급 화재	주방화재	–	냉각, 질식소화

06 다음 중 인명구조기구에 속하지 않는 것은?

① 방열복
② 공기안전매트
③ 공기호흡기
④ 인공소생기

해설 ⊕

1) 인명구조기구
   ① 방열복, 방화복(안전헬멧, 보호장갑 및 안전화를 포함)
   ② 공기호흡기
   ③ 인공소생기

2) 피난기구
   ① 피난교
   ② 구조대
   ③ 피난용 트랩
   ④ 미끄럼대
   ⑤ 완강기
   ⑥ 간이완강기
   ⑦ 공기안전매트
   ⑧ 피난사다리
   ⑨ 다수인 피난장비
   ⑩ 승강식 피난기

07 다음 중 전산실, 통신 기기실 등에서의 소화에 가장 적합한 것은?

① 스프링클러설비
② 옥내소화전설비
③ 분말소화설비
④ 할로젠화합물 및 불활성 기체 소화설비

해설 ⊕

① 스프링클러설비 → 주수소화하므로 C급 화재에 적응성이 없다.
② 옥내소화전설비 → 주수소화하므로 C급 화재에 적응성이 없다.
③ 분말소화설비 → C급 화재에 적응성이 있으나 약제방사 후 잔존물이 남는다.
④ 할로젠화합물 및 불활성 기체 소화설비 → 부촉매소화 또는 질식소화로 C급 화재에 가장 적합하다.

08 화재강도(Fire Intensity)와 관계가 없는 것은?

① 가연물의 비표면적
② 발화원의 온도
③ 화재실의 구조
④ 가연물의 발열량

해설 ⊕

1) 화재강도
   화재발생 시 그 실내에서 상승 가능한 최고온도를 의미한다.

2) 화재강도의 영향요소
   ① 가연물의 비표면적
   ② 가연물의 발열량
   ③ 화재실의 구조

② 발화원의 온도 → 화재 초기에 발화에 영향을 미치지만 화재성장 후 최고온도와는 무관하다.

정답 **05** ② **06** ② **07** ④ **08** ②

09 방화벽의 구조기준 중 다음 (   ) 안에 알맞은 것은?

> • 방화벽의 양쪽 끝과 위쪽 끝을 건축물의 외벽면 및 지붕면으로부터 (㉠)m 이상 튀어나오게 할 것
> • 방화벽에 설치하는 출입문의 너비 및 높이는 각각 (㉡)m 이하로 하고, 해당 출입문에는 60분＋방화문 또는 60분방화문을 설치할 것

① ㉠ 0.3, ㉡ 2.5   ② ㉠ 0.3, ㉡ 3.0
③ ㉠ 0.5, ㉡ 2.5   ④ ㉠ 0.5, ㉡ 3.0

해설➕

방화벽의 구조
1) 내화구조로서 홀로 설 수 있는 구조일 것
2) 방화벽의 양쪽 끝과 위쪽 끝을 건축물의 외벽면 및 지붕면으로부터 0.5m 이상 튀어나오게 할 것
3) 방화벽에 설치하는 출입문의 너비 및 높이는 각각 2.5m 이하로 하고, 해당 출입문에는 60분＋ 방화문 또는 60분 방화문을 설치할 것

10 BLEVE 현상을 설명한 것으로 가장 옳은 것은?

① 물이 뜨거운 기름 표면 아래에서 끓을 때 화재를 수반하지 않고 Over Flow 되는 현상
② 물이 연소유의 뜨거운 표면에 들어갈 때 발생되는 Over Flow 현상
③ 탱크 바닥에 물과 기름의 에멀션이 섞여 있을 때 물의 비등으로 인하여 급격하게 Over Flow 되는 현상
④ 탱크 주위 화재로 탱크 내 인화성 액체가 비등하고 가스 부분의 압력이 상승하여 탱크가 파괴되고 폭발을 일으키는 현상

해설➕

① 프로스오버(Froth Over) : 물이 점성이 있는 뜨거운 기름 표면 아래에서 끓을 때 화재를 수반하지 않고 용기가 넘치는 현상
② 슬롭오버(Slop Over) : 연소하고 있는 액면에 물이 뿌려지면 액면의 기름과 물이 함께 탱크 외부로 비산하는 현상
③ 보일오버(Boil Over) : 중질유 화재 시 탱크하부의 물이 팽창하여 물과 기름이 비산, 분출하는 현상

④ 블레비(BLEVE) : 탱크 주위 화재로 탱크 내 인화성 액체가 비등하고 가스 부분의 압력이 상승하여 탱크가 파괴되고 폭발을 일으키는 현상

11 화재발생 시 인명피해 방지를 위한 건물로 적합한 것은?

① 피난설비가 없는 건물
② 특별피난계단의 구조로 된 건물
③ 피난기구가 관리되고 있지 않은 건물
④ 피난구 폐쇄 및 피난구유도등이 미비되어 있는 건물

해설➕

특별피난계단의 구조
1) 건축물의 내부와 계단실은 노대를 통하여 연결하거나 외부를 향하여 열 수 있는 면적 1제곱미터 이상인 창문 또는 배연설비가 있는 면적 3제곱미터 이상인 부속실을 통하여 연결할 것
2) 계단실 · 노대 및 부속실은 창문 등을 제외하고는 내화구조의 벽으로 각각 구획할 것
3) 계단실 및 부속실의 실내에 접하는 부분의 마감은 불연재료로 할 것
4) 계단실에는 예비전원에 의한 조명설비를 할 것
5) 노대 및 부속실에는 계단실 외의 건축물의 내부와 접하는 창문 등을 설치하지 아니할 것
6) 건축물의 내부에서 노대 또는 부속실로 통하는 출입구에는 60분＋ 방화문 또는 60분 방화문을 설치하고, 노대 또는 부속실로부터 계단실로 통하는 출입구에는 60분＋ 방화문, 60분 방화문 또는 30분 방화문을 설치할 것
7) 계단은 내화구조로 하되, 피난층 또는 지상까지 직접 연결되도록 할 것
8) 출입구의 유효너비는 0.9미터 이상으로 하고 피난의 방향으로 열 수 있을 것

12 다음 중 인화점이 가장 낮은 물질은?

① 산화프로필렌   ② 이황화탄소
③ 메틸알코올   ④ 등유

해설⊕----------------

1) 제4류 위험물의 인화점

명칭	산화 프로필렌	이황화 탄소	메틸 알코올	등유
품명	특수 인화물	특수 인화물	알코올류	제2석유류
인화점	−37℃	−30℃	11℃	37~65℃

2) 특수인화물(인화점이 낮은 순)

명칭	다이에틸 에터	아세트 알데하이드	산화 프로필렌	이황화탄소
인화점	−45℃	−38℃	−37℃	−30℃

13 소화원리에 대한 설명으로 틀린 것은?

① 냉각소화 : 물의 증발잠열에 의해서 가연물의 온도
를 저하시키는 소화방법

② 제거소화 : 가연성 가스의 분출화재 시 연료공급을
차단시키는 소화방법

③ 질식소화 : 포 소화약제 또는 불연성 가스를 이용해
서 공기 중의 산소공급을 차단하여 소화하는 방법

④ 억제소화 : 불활성 기체를 방출하여 연소범위 이하
로 낮추어 소화하는 방법

해설⊕----------------

소화의 방법
1) 냉각소화
   ① 점화원을 발화점 이하로 냉각시켜 소화하는 방법
   ② 물의 현열과 증발잠열을 이용하는 방법이 가장 많이
   사용됨
2) 질식소화
   ① 공기 중의 산소농도를 15% 이하로 희박하게 하여 소
   화하는 방법
   ② 이산화탄소, 불활성 가스 등을 분사하여 산소농도를
   낮춤
3) 제거소화
   ① 가연물을 제거하여 소화
   ② 고체 가연물 : 가연물을 화재 현장으로부터 즉시 제거
   함(산림화재 시 앞쪽에서 벌목하여 진화)

③ 액체 및 기체 : 가연성 물질을 누출시키는 용기의 밸브를
폐쇄

④ 전기화재 : 전원스위치를 차단하여 전기의 공급을 차단

⑤ 수용성 액체 : 다량의 물을 주입하여 농도를 연소범위
이하로 낮춤

4) 억제소화(부촉매소화)
   ① 할론소화약제, 할로젠화합물소화약제, 분말소화약제
   등을 사용하여 소화
   ② 불꽃연소 시 발생하는 H^*, OH^* 활성라디칼을 포
   착하여 연쇄반응을 억제
   ③ 불꽃연소에 적응성이 뛰어나고 훈소에는 적응성이 거의
   없다.

14 CF₃Br 소화약제의 명칭을 옳게 나타낸 것은?

① 할론 1011
② 할론 1211
③ 할론 1301
④ 할론 2402

해설⊕----------------

1) 할론소화약제 명명법

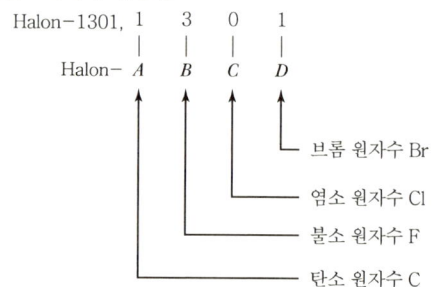

2) 할론소화약제의 물성

구분	Halon 1211	Halon 1301	Halon 2402	Halon 1011
화학식	CF_2ClBr	CF_3Br	$C_2F_4Br_2$	CH_2ClBr
분자량	165.4	148.9	259.8	129.4
증기비중	5.7	5.13	8.96	4.46
상온, 상압 에서 상태	기체	기체	액체	액체

15 에테르, 케톤, 에스터, 알데하이드, 카르복실산, 아민 등과 같은 가연성인 수용성 용매에 유효한 포 소화약제는?

① 단백포   ② 수성막포

③ 불화단백포   ④ 내알코올포

해설⊕

내알코올포 소화약제

1) 단백질의 가수분해 생성물과 합성세제 등을 주성분으로 제조하며 일반 포로서는 소화 작용이 어려운 수용성 액체 위험물의 소화에 적합

2) 알코올류, 에스터류, 케톤류 등의 수용성 액체의 화재에 적합

3) 종류 : 금속비누형, 고분자겔형, 불화단백형

16 독성이 매우 높은 가스로서 석유제품, 유지(油脂) 등이 연소할 때 생성되는 알데하이드 계통의 가스는?

① 시안화수소   ② 암모니아

③ 포스겐   ④ 아크롤레인

해설⊕

① 시안화수소(HCN) : 질소성분을 가지고 있는 합성수지, 동물의 털, 인조견 등의 섬유가 불완전 연소할 때 발생하는 맹독성 가스이다.

② 암모니아 : 질소를 함유한 가연물이 연소 시 발생되는 가스로 눈, 코, 인후 등에 매우 자극적이고 역한 냄새가 난다.

③ 포스겐 : 맹독성 가스로서 사염화탄소가 이산화탄소나 물, 산소 등과 결합 시 발생한다.

④ 아크롤레인 : 석유제품이나 유지류 등이 연소할 때 발생하는 맹독성 가스로서 독성, 자극성이 매우 크다.

17 물의 소화력을 증대시키기 위하여 첨가하는 첨가제 중 물의 유실을 방지하고 건물, 임야 등의 입체면에 오랫동안 잔류하게 하기 위한 것은?

① 증점제   ② 강화액

③ 침투제   ④ 유화제

해설⊕

증점제(Viscosity Agents)

1) 물의 점도를 증가시켜 가연물에 소화약제 부착을 용이하게 하기 위해 사용하는 것으로 산림화재에 적합하다.

2) 증점제의 종류

　① CMC(Sodium Carboxy Methyl Cellulose)

　② Gelgard

18 화재 시 이산화탄소를 방출하여 산소농도를 13vol%로 낮추어 소화하기 위한 공기 중 이산화탄소의 농도는 약 몇 vol%인가?

① 9.5   ② 25.8

③ 38.1   ④ 61.5

해설⊕

소화가스의 농도[%] 계산

$$CO_2[\%] = \frac{21 - O_2}{21} \times 100$$

여기서, $CO_2[\%]$: 방호구역에 방출된 소화가스의 농도[%]
　　　　O_2 : 소화가스 방출 후 방호구역의 산소농도[%]

$$CO_2[\%] = \frac{21 - 13}{21} \times 100 = 38.1[\%]$$

19 할로젠화합물 및 불활성 기체 소화약제는 일반적으로 열을 받으면 할로젠족이 분해되어 가연물질의 연소 과정에서 발생하는 활성종과 화합하여 연소의 연쇄반응을 차단한다. 연쇄반응의 차단과 가장 거리가 먼 것은?

① FC-3-1-10   ② HFC-125

③ IG-541   ④ FIC-13I1

해설 ⊕

할로젠화합물 및 불활성 기체 소화약제의 종류

1) 할로젠화합물 계열(부촉매소화, 냉각효과, 질식효과)

약제 분류	종류
FC 계열	FC-3-1-10
HFC 계열	HFC-23, HFC-125, HFC-227ea, HFC-236fa
HCFC 계열	HCFC-Blend A, HCFC-124
FIC 계열	FIC-13I1
기타	FK-5-1-12

2) 불활성 기체 계열 소화약제(질식효과)

약제 분류	성분비
IG-541	N_2(52%), Ar(40%), CO_2(8%)
IG-55	N_2(50%), Ar(50%)
IG-100	N_2(100%)
IG-01	Ar(100%)

20 불포화성 유지나 석탄에 자연발화를 일으키는 원인은?

① 분해열　　　　　② 산화열
③ 발효열　　　　　④ 중합열

해설 ⊕

자연발화의 형태

1) 산화열 : 건성유, 석탄분말, 금속분말 등
2) 분해열 : 나이트로셀룰로오스, 셀룰로이드 등
3) 흡착열 : 목탄, 활성탄 등
4) 중합열 : 시안화수소
5) 미생물에 의한 발화 : 먼지, 퇴비 등

21 다음 논리식 중 틀린 것은?

① $X + X = X$　　　② $X \cdot X = X$
③ $X + \overline{X} = 1$　　　④ $X \cdot \overline{X} = 1$

해설 ⊕

부울대수의 기본 정리

항등법칙	$A+0=A,\ A+1=1$	$A \cdot 1 = A,\ A \cdot 0 = 0$
동일법칙	$A+A=A$	$A \cdot A = A$
보원법칙	$A+\overline{A}=1$	$A \cdot \overline{A}=0$
다중부정	$\overline{\overline{A}}=A$	
교환법칙	$A+B=B+A$	$A \cdot B=B \cdot A$
결합법칙	$A+(B+C)=(A+B)+C$	$A \cdot (B \cdot C)=(A \cdot B) \cdot C$
분배법칙	$A \cdot (B+C)=AB+AC$	$A+B \cdot C=(A+B) \cdot (A+C)$
흡수법칙	$A+A \cdot B=A$	$A \cdot (A+B)=A$

④ $X \cdot \overline{X} = 1 \rightarrow X \cdot \overline{X} = 0$

22 다음과 같은 블록선도의 전체 전달함수는?

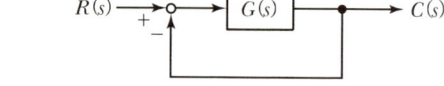

① $\dfrac{C(s)}{R(s)} = \dfrac{G(s)}{1+G(s)}$　　② $\dfrac{C(s)}{R(s)} = \dfrac{G(s)}{1-G(s)}$

③ $\dfrac{C(s)}{R(s)} = 1+G(s)$　　④ $\dfrac{C(s)}{R(s)} = 1-G(s)$

해설 ⊕

간이 전달함수법

$$G(s) = \frac{C(s)}{R(s)} = \frac{\text{순방향 경로의 곱}}{1 - \text{루프의 곱}}$$

여기서, $G(s)$: 전달함수, $R(s)$: 입력, $C(s)$: 출력

$$\frac{C(s)}{R(s)} = \frac{\text{순방향 경로의 곱}}{1 - \text{루프의 곱}}$$

$$= \frac{G(s)}{1 - (-G(s))} = \frac{G(s)}{1 + G(s)}$$

$$\frac{C(s)}{R(s)} = \frac{G(s)}{1 + G(s)}$$

23 바리스터(Varistor)의 용도는?

① 정전류 제어용

② 정전압 제어용

③ 과도한 전류로부터 회로 보호

④ 과도한 전압으로부터 회로 보호

해설⊕

반도체의 종류 및 특성

반도체의 종류	특성	용도
서미스터	온도가 높아지면 저항값이 감소하는 부저항 온도계수의 특성(NTC)	• 온도보상용 • 휘트스톤브리지
바리스터	서지전압을 흡수하여 전자회로를 보호	• 개폐기의 불꽃 소거 • 서지전압 제거
SCR	단방향 3단자 사이리스터	• 대전류용 • 전동기 제어, 검출회로용
제너 다이오드	역방향의 전압이 가해질 때 정전압을 발생	정전압 회로용으로 사용
바랙터 다이오드	전압에 따라 커패시턴스를 가변할 수 있는 가변용량 다이오드	AFC 회로나 FM 회로 등에 사용
터널 다이오드	전압−전류는 부성저항형이며, 고주파 특성이 양호하다.	• 초고주파 발진회로 • 고속 스위칭회로
발광 다이오드 (LED)	• 전류를 흘리면 빛을 방출하는 소자로서 발열이 작고, 응답속도가 좋다. • 수명이 길고 효율이 좋다. • 발광재료 : GaAs(비소화갈륨), GaP(인화갈륨)	• 조명설비 • 디스플레이 장치

24 SCR(Silicon−Controlled Rectifier)에 대한 설명으로 틀린 것은?

① PNPN 소자이다

② 스위칭 반도체 소자이다.

③ 양방향 사이리스터이다.

④ 교류의 전력제어용으로 사용된다.

해설⊕

사이리스터의 종류 및 특성(PNPN 4층 구조)

사이리스터의 종류	심벌	용도 및 특성
SCR (Silicon Controlled Rectifier)	Gate (G) Anode (A) ▸|◂ Cathode (K)	• 일반적으로 사이리스터를 지칭(PNPN 접합) • 단방향 3단자 사이리스터 • 게이트에 신호를 가함으로써 턴온된다. • 소형이고 과전압에 약하다. • 대전력용 정류기에 사용
TRIAC (트라이액)	G(Gate) T_2 (Terminal 2) ▸|◂ T_1 (Terminal 1)	• SCR 2개를 역병렬로 연결한 전기적 등가구조 • 쌍방향성 스위칭 소자
GTO 사이리스터	Gate (G) Anode (A) ▸|◂ Cathode (K)	게이트에 의해 제어 가능한 턴온 및 턴오프 능력을 갖도록 특별히 설계된 소자
DIAC (다이액)	T_2 (Terminal 2) ▸|◂ T_1 (Terminal 1)	• 쌍방향 2단자 사이리스터 • 교류전원에서 직접 트리거 펄스를 얻는 회로 구성

③ 양방향 사이리스터이다. → 단방향 사이리스터이다.

25 변압기의 내부 보호에 사용되는 계전기는?

① 비율차동계전기   ② 부족전압계전기

③ 역전류계전기   ④ 온도계전기

해설+

비율차동계전기(RDR : Ratio Differential Realy)
1) 총입력전류와 총출력전류 간의 차이가 총입력전류에 대하여 일정비율 이상으로 되었을 때 동작하는 계전기이다.
2) 많은 전력기기의 주된 보호계전기로 사용된다.
3) 변압기 내부회로 고장검출용으로 사용된다.

26 직류회로에서 도체를 균일한 체적으로 길이를 10배 늘이면 도체의 저항은 몇 배가 되는가?(단, 도체의 전체 체적은 변함이 없다.)

① 10
② 20
③ 100
④ 1,000

해설+

도선의 저항

$$R = \rho \frac{l}{A}[\Omega]$$

　여기서, R : 저항$[\Omega]$, A : 도선의 단면적$[\text{m}^2]$
　　　　ρ : 고유저항$[\Omega \cdot \text{m}]$, l : 도선의 길이$[\text{m}]$

1) 처음 도체의 저항 $R_1[\Omega]$

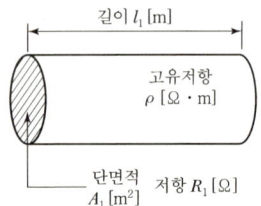

$$R_1 = \rho \frac{l_1}{A_1}[\Omega]$$

　여기서, R_1 : 처음 도체의 저항$[\Omega]$
　　　　l_1 : 처음 도체의 길이$[\text{m}]$
　　　　A_1 : 처음 도체의 단면적$[\text{m}^2]$
　　　　고유저항 $\rho = \rho_1 = \rho_2$

2) 도체의 길이를 10배로 늘였을 때의 저항 $R_2[\Omega]$

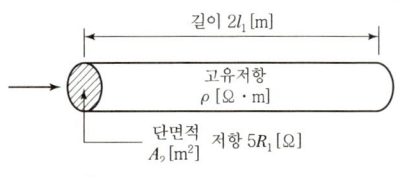

$$R_2 = \rho \frac{l_2}{A_2}[\Omega]$$

　여기서, R_2 : 10배로 늘였을 때의 저항$[\Omega]$
　　　　l_2 : 10배로 늘였을 때의 길이$[\text{m}]$($l_2 = 10\,l_1$)
　　　　A_2 : 10배로 늘였을 때의 단면적$[\text{m}^2]$
　　　　고유저항 $\rho = \rho_1 = \rho_2$

3) 도체길이를 10배로 늘였을 때 단면적 $A_2[\text{m}^2]$
　$V_1 = V_2$ (체적 일정)
　$A_1 l_1 = A_2 l_2$　여기서, $l_2 = 10\,l_1$
　$A_1 l_1 = A_2 \times 10\,l_1$
　$A_2 = \dfrac{1}{10}A_1 = 0.1A_1$
　$A_2 = 0.1A_1$

4) 처음 도체와 길이를 10배 늘였을 때 도체의 저항비

$$\frac{R_2}{R_1} = \frac{\rho \dfrac{l_2}{A_2}}{\rho \dfrac{l_1}{A_1}} = \frac{\rho \dfrac{10\,l_1}{0.1\,A_1}}{\rho \dfrac{l_1}{A_1}} = 100배$$

27 1W · s와 같은 것은?

① 1J
② 1kg · m
③ 1kWh
④ 860kcal

해설+

전력량
전기가 일정시간($t[\text{sec}]$, $t[\text{h}]$) 동안 한 일의 양 W$[\text{J}]$
$1[\text{J}] = 1[\text{W} \cdot \text{S}]$
$1[\text{W} \cdot \text{h}] = 1[\text{W}] \times 3,600[\text{s}] = 3,600[\text{W} \cdot \text{s}][\text{J}]$
$1[\text{kWh}] = 1,000[\text{W}] \times 3,600[\text{s}] = 3.6 \times 10^6[\text{J}]$
　　　　　 $= 3,600[\text{kJ}] = 860[\text{kcal}]$

28 가동철편형 계기의 구조 형태가 아닌 것은?

① 흡인형
② 회전자장형
③ 반발형
④ 반발흡입형

해설+

가동철편형 계기
1) 고정 코일에 흐르는 전류에 의해서 자기장이 생기고, 이 자기장 속에서 연철편을 흡입, 반발 또는 반발 · 흡인하는 힘을 구동 토크로 사용한 것이다.

—

2) 구동 토크의 발생 방법에 따라 흡인식, 반발식 또는 반발·흡인식이 있다.

3) 가동철편형 계기의 특징
   ① 구조기 간단히고 견고하며, 가격이 싸다.
   ② 분류기 없이 비교적 큰 전류까지 측정할 수 있다.
   ③ 눈금은 0 부근을 제외하고는 균등 눈금에 가깝게 할 수 있다.
   ④ 히스테리시스 오차 때문에 직류 측정은 곤란하고, 교류전용 계기로 사용된다.
   ⑤ 오차가 많은 결점이 있고, 감도가 높은 것은 제작이 곤란하다.
   ⑥ 고정 코일의 자기장이 적으므로 외부 자기장의 영향을 받기 쉽다.

29 교류전압계의 지침이 지시하는 전압은 다음 중 어느 것인가?

① 실효값　　② 평균값
③ 최댓값　　④ 순시값

지시계기의 종류 및 동작원리

종류	동작원리	사용회로	지시값
가동코일형	영구 자석의 자기장 내에 코일을 두고, 이 코일에 전류를 통과시켜 발생되는 힘을 이용	직류	평균값
가동철편형	전류에 의한 자기장이 연철편에 작용하는 힘을 사용	교류	실효값
유도형	회전 자기장 또는 이동 자기장과 이것에 의한 유도전류와의 상호작용을 이용	교류	실효값
전류력계형	전류 사용 간에 작용하는 힘을 이용	직류 교류	평균값 실효값
열전형	다른 종류의 금속체 사이에 발생되는 기전력을 이용	직류 교류	평균값 실효값
정류형	가동 코일형 계기 앞에 정류 회로를 삽입하여 교류전압만을 측정	교류	실효값
정전형	대전된 대전체 사이에 작용하는 정전력(흡인력 또는 반발력)을 이용	직류 교류	평균값 실효값

※ 교류전압의 시시값은 모두 실효값으로 표현힌다.

30 내부저항이 200Ω이며 직류 120mA인 전류계를 6A까지 측정할 수 있는 전류계로 사용하고자 한다. 어떻게 하면 되겠는가?

① 24Ω의 저항을 전류계와 직렬로 연결힌다.
② 12Ω의 저항을 전류계와 병렬로 연결한다.
③ 약 6.24Ω의 저항을 전류계와 직렬로 연결한다.
④ 약 4.08Ω의 저항을 전류계와 병렬로 연결한다.

분류기(R_s[Ω])

전류계의 측정범위를 확대하기 위해 내부저항이 r_a[Ω]인 전류계에 병렬로 연결하는 저항

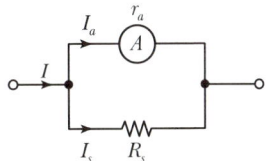

$$I_a = \frac{R_s}{r_a + R_s} \times I \qquad \frac{I}{I_a} = \frac{R_s + r_a}{R_s}$$

$$\frac{I}{I_a} = n(\text{분류기 배율})$$

1) 분류기 배율(n)

$$\frac{I}{I_a} = 1 + \frac{r_a}{R_s} \qquad n = 1 + \frac{r_a}{R_s}$$

2) 분류기저항(R_s)

$$R_s = \frac{r_a}{n-1}[\Omega]$$

여기서, I : 전체 전류[A]
I_a : 전류계 회로의 전류[A]
r_a : 전류계의 내부저항[Ω]
R_s : 분류기 저항[Ω]

[풀이]
1) $I : 6[A]$, $I_a : 120 \times 10^{-3}[A]$
   $r_a : 200[\Omega]$
   R_s : 분류기저항[Ω]

2) $\frac{I}{I_a} = 1 + \frac{r_a}{R_s}$　　$\frac{6}{120 \times 10^{-3}} = \frac{200}{1+R_s}$
   $(50-1)R_s = 200$
   $R_s = \frac{200}{49} = 4.08[\Omega]$

29 ① **30** ④

2019년 4회 • **355**

31 상순이 a, b, c인 경우 V_a, V_b, V_c 를 3상 불평형 전압이라 하면 정상분 전압은?(단, $a = e^{j2\pi/3} = 1\angle 120^\circ$)

① $\dfrac{1}{3}(V_a + V_b + V_c)$

② $\dfrac{1}{3}(V_a + a V_b + a^2 V_c)$

③ $\dfrac{1}{3}(V_a + a^2 V_b + a V_c)$

④ $\dfrac{1}{3}(V_a + a V_b + a V_c)$

해설 ⊕ ------------------

3상 불평형 전압의 대칭분

1) 영상분 : $V_0 = \dfrac{1}{3}(V_a + V_b + V_c)$

2) 정상분 : $V_1 = \dfrac{1}{3}(V_a + a V_b + a^2 V_c)$

3) 역상분 : $V_2 = \dfrac{1}{3}(V_a + a^2 V_b + a V_c)$

32 수신기에 내장된 축전지의 용량이 6Ah인 경우 0.4A의 부하전류로는 몇 시간 동안 사용할 수 있는가?

① 2.4시간 ② 15시간
③ 24시간 ④ 30시간

해설 ⊕ ------------------

축전지용량

$C[\text{Ah}] = I \cdot t$

여기서, C : 축전지용량[Ah]
I : 부하전류[A]
t : 시간[h]

$6 = 0.4 \times t$

$t = \dfrac{6}{0.4} = 15[\text{h}]$

33 변압기의 임피던스 전압을 구하기 위하여 행하는 시험은?

① 단락시험 ② 유도저항시험
③ 무부하 통전시험 ④ 무극성시험

해설 ⊕ ------------------

1) 변압기의 임피던스 전압 : 변압기의 임피던스는 누설자속에 의한 리액턴스분과 권선저항에 의한 저항분이 있으며, 이러한 임피던스는 변압기의 내부 전압강하를 생기게 하는데, 이것을 임피던스 전압이라고 한다.

2) 단락시험 : 임피던스 전압을 측정하기 위해서는 변압기의 한쪽 권선을 단락시키고 다른 쪽 권선에 전압을 인가해서 단락된 권선에 정격전류가 흐를 때 다른 쪽 권선에 인가된 전압을 측정하면 이것이 임피던스 전압이고, 이 임피던스 전압의 정격전압에 대한 비(%)를 퍼센트 임피던스라고 한다.

34 어떤 회로에 $v(t) = 150\sin wt\,[\text{V}]$의 전압을 가하니 $i(t) = 6\sin(wt - 30°)[\text{A}]$의 전류가 흘렀다. 이 회로의 소비전력(유효전력)은 약 몇 W인가?

① 390 ② 450
③ 780 ④ 900

해설 ⊕ ------------------

1) 유효전력

$P = VI\cos\theta$

여기서, P : 유효전력[W]
V : 전압의 실효값[V]
I : 전류의 실효값[A]
$\cos\theta$: 역률, θ : 위상차

2) $V = \dfrac{V_m}{\sqrt{2}}$, $V = \dfrac{150}{\sqrt{2}}[\text{V}]$

$I = \dfrac{I_m}{\sqrt{2}}$, $I = \dfrac{6}{\sqrt{2}}[\text{A}]$

$\theta = 0° - (-30°) = 30°$

[풀이]

$P = \dfrac{150}{\sqrt{2}} \times \dfrac{6}{\sqrt{2}} \times \cos 30°[\text{W}]$

$P \fallingdotseq 390[\text{W}]$

정답 **31** ② **32** ② **33** ① **34** ①

35 배선의 절연저항은 어떤 측정기를 사용하여 측정하는가?

① 전압계 ② 전류계
③ 메거 ④ 서미스터

해설 ⊕

계측기의 종류 및 용도

계측기의 종류	용도
켈빈 더블 브리지법	저저항 측정
휘트스톤 브리지	중저항 측정, 검류계의 내부저항
메거(절연저항계)	절연저항, 고저항측정
콜라우시 브리지법	접지저항, 전해액의 도전율, 전지의 내부저항
오실로스코프	펄스전압의 파형을 측정

36 50F의 콘덴서 2개를 직렬로 연결하면 합성 정전용량은 몇 F인가?

① 25 ② 50 ③ 100 ④ 1,000

해설 ⊕

콘덴서의 직렬접속

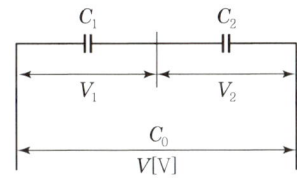

합성정전용량

$$C_0 = \frac{C_1 C_2}{C_1 + C_2}[\text{F}]$$

$$C_0 = \frac{50 \times 50}{50 + 50}[\text{F}] = 25[\text{F}]$$

37 반파 정류회로를 통해 정현파를 정류하여 얻은 반파정류파의 최댓값이 1일 때, 실효값과 평균값은?

① $\dfrac{1}{\sqrt{2}}$, $\dfrac{2}{\pi}$ ② $\dfrac{1}{2}$, $\dfrac{\pi}{2}$

③ $\dfrac{1}{\sqrt{2}}$, $\dfrac{\pi}{2\sqrt{2}}$ ④ $\dfrac{1}{2}$, $\dfrac{1}{\pi}$

해설 ⊕

정현파 및 정현반파의 최댓값, 실효값, 평균값

파형	최댓값 (V_m)	실효값 (V)	평균값 (V_{av})	파형률	파고율
정현파	V_m	$\dfrac{V_m}{\sqrt{2}}$	$\dfrac{2V_m}{\pi}$	1.11	1.414
정현반파	V_m	$\dfrac{V_m}{2}$	$\dfrac{V_m}{\pi}$	1.57	2

1) 반파 정류의 실효값

$V = \dfrac{V_m}{2}$, 문제의 조건에서 최댓값 $V_m = 1$이므로

$$V = \frac{1}{2}[\text{V}]$$

2) 반파 정류의 평균값

$V_{av} = \dfrac{V_m}{\pi}$, 문제의 조건에서 최댓값 $V_m = 1$이므로

$$V_{av} = \frac{1}{\pi}[\text{V}]$$

38 제연용으로 사용되는 3상 유도전동기를 Y−△ 기동 방식으로 하는 경우, 기동을 위해 제어회로에서 사용되는 것과 거리가 먼 것은?

① 타이머 ② 영상변류기
③ 전자접촉기 ④ 열동계전기

해설 ⊕

① 타이머 : Y기동 후 △운전까지의 시간지연요소
② 영상변류기 : 누전경보기의 구성요소로 전동기의 기동과는 무관
③ 전자접촉기 : 주회로의 주접점 및 보조회로의 보조접점 개폐
④ 열동계전기 : 과전류 발생 시 회로를 차단하여 전동기 보호

39 제어요소의 구성으로 옳은 것은?

① 조절부와 조작부 ② 비교부와 검출부
③ 설정부와 검출부 ④ 설정부와 비교부

해설⊕

피드백(폐회로) 제어의 구성

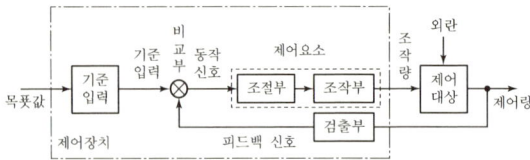

1) 목푯값 : 입력값으로 외부에서 제어장치에 주어지는 값
2) 기준입력요소 : 목푯값에 비례하는 기준 입력 신호를 발생시키는 장치
3) 동작신호 : 기준 입력과 피드백 신호와의 차이를 구하는 장치
4) 제어요소 : 동작 신호를 조작량으로 변환하는 요소(조절부+조작부)
5) 조절부 : 제어 요소가 동작하는 데 필요한 신호를 만들어 조작부에 보내는 장치
6) 조작부 : 조절부로부터 받은 신호를 조작량으로 바꾸어 제어 대상에 보내 주는 장치
7) 조작량 : 제어 요소가 제어 대상에 가하는 제어 신호로서 제어 요소의 출력신호, 제어 대상의 입력신호
8) 외란 : 제어량의 값을 교란시키려 하는 외부 신호
9) 제어대상 : 제어량을 발생시키는 장치로 제어계에서 직접 제어를 받는 장치
10) 검출부 : 제어량을 검출하고 입력과 출력을 비교하는 비교부가 반드시 필요
11) 제어량 : 제어를 받는 제어 대상의 출력

40 논리식 $X \cdot (X + Y)$를 간략화하면?

① X ② Y
③ $X + Y$ ④ $X \cdot Y$

해설⊕

$X \cdot (X + Y) = XX + XY$ 여기서, $XX = X$이므로
$X + XY$, 이 식을 X로 묶으면
$X(1 + Y)$ 여기서, $(1 + Y) = 1$이므로
$\therefore X \cdot (X + Y) = X$

3과목 소방관계법규

41 소방기본법상 소방대의 구성원에 속하지 않는 자는?

① 소방공무원법에 따른 소방공무원
② 의용소방대 설치 및 운영에 관한 법률에 따른 의용소방대원
③ 위험물안전관리법에 따른 자체소방대원
④ 의무소방대설치법에 따라 임용된 의무소방원

해설⊕

소방대

화재를 진압하고 화재, 재난·재해, 그 밖의 위급한 상황에서 구조·구급 활동 등을 하기 위하여 다음 각 목의 사람으로 구성된 조직체

> 소방공무원 , 의무소방원, 의용소방대원

※ 자체소방대
  제4류 위험물을 취급하는 제조소 또는 일반취급소로서 지정수량의 3,000배 이상인 경우, 제4류 위험물을 저장하는 옥외탱크저장소로서 지정수량의 50만 배 이상인 경우 설치

42 소방안전관리자 및 소방안전관리보조자에 대한 실무교육의 교육대상, 교육일정 등 실무교육에 필요한 계획을 수립하여 매년 누구의 승인을 얻어 교육을 실시하는가?

① 한국소방안전원장 ② 소방본부장
③ 소방청장 ④ 시·도지사

해설⊕

실무교육
1) 실무교육계획의 승인권자 : 소방청장
2) 실무교육 기간 : 선임된 날부터 6개월 이내에 실무교육을 받아야 하며, 그 후에는 2년마다 1회 이상
3) 실무교육 기관 : 한국소방안전원

정답 **40** ① **41** ③ **42** ③

43 소방기본법령상 소방활동구역의 출입자에 해당되지 않는 자는?

① 소방활동구역 안에 있는 소방대상물의 소유자 · 관리자 또는 점유자
② 전기 · 가스 · 수도 · 통신 · 교통의 업무에 종사하는 사람으로서 원활한 소방활동을 위하여 필요한 자
③ 화재건물과 관련 있는 부동산업자
④ 취재인력 등 보도업무에 종사하는 자

해설 ✚

소방활동구역에 출입할 수 있는 사람
1) 소방활동구역 안에 있는 소방대상물의 소유자 · 관리자 또는 점유자
2) 전기 · 가스 · 수도 · 통신 · 교통의 업무에 종사하는 사람으로서 원활한 소방활동을 위하여 필요한 사람
3) 의사 · 간호사 그 밖의 구조 · 구급업무에 종사하는 사람
4) 취재인력 등 보도업무에 종사하는 사람
5) 수사업무에 종사하는 사람
6) 그 밖에 소방대장이 소방활동을 위하여 출입을 허가한 사람

44 항공기격납고는 특정소방대상물 중 어느 시설에 해당하는가?

① 위험물 저장 및 처리 시설
② 항공기 및 자동차 관련 시설
③ 창고시설
④ 업무시설

해설 ✚

항공기 및 자동차 관련 시설
1) 항공기격납고
2) 차고, 주차용 건축물, 철골 조립식 주차시설 및 기계장치에 의한 주차시설
3) 세차장
4) 폐차장
5) 자동차 검사장
6) 자동차 매매장
7) 자동차 정비공장
8) 운전학원 · 정비학원

45 소방대상물의 방염 등과 관련하여 방염성능기준은 무엇으로 정하는가?

① 대통령령
② 행정안전부령
③ 소방청훈령
④ 소방청예규

해설 ✚

방염성능기준[소방시설 설치 · 및 관리에 관한 법률 시행령(대통령령)]
① 버너의 불꽃을 제거한 때부터 불꽃을 올리며 연소하는 상태가 그칠 때까지 시간은 20초 이내일 것(잔염시간)
② 버너의 불꽃을 제거한 때부터 불꽃을 올리지 아니하고 연소하는 상태가 그칠 때까지 시간은 30초 이내일 것(잔신시간)
③ 탄화한 면적은 50cm² 이내, 탄화한 길이는 20cm 이내일 것
④ 불꽃에 의하여 완전히 녹을 때까지 불꽃의 접촉 횟수는 3회 이상일 것
⑤ 발연량을 측정하는 경우 최대연기밀도는 400 이하일 것

46 위험물안전관리법령상 제조소 등의 관계인은 위험물의 안전관리에 관한 직무를 수행하게 하기 위하여 제조소 등마다 위험물의 취급에 관한 자격이 있는 자를 위험물안전관리자로 선임하여야 한다. 이 경우 제조소 등의 관계인이 지켜야 할 기준으로 틀린 것은?

① 제조소 등의 관계인은 안전관리자를 해임하거나 안전관리자가 퇴직한 때에는 해임하거나 퇴직한 날로부터 15일 이내에 다시 안전관리자를 선임하여야 한다.
② 제조소 등의 관계인이 안전관리자를 선임한 경우에는 선임한 날부터 14일 이내에 소방본부장 또는 소방서장에게 신고하여야 한다.
③ 제조소 등의 관계인은 안전관리자가 여행 · 질병 그 밖의 사유로 인하여 일시적으로 직무를 수행할 수 없는 경우에는 국가기술자격법에 따른 위험물의 취급에 관한 자격취득자 또는 위험물안전에 관한 기본지식과 경험이 있는 자를 대리자로 지정하여 그

직무를 대행하게 하여야 한다. 이 경우 대행하는 기간은 30일을 초과할 수 없다.

④ 안전관리자는 위험물을 취급하는 작업을 하는 때에는 작업자에게 안전관리에 관한 필요한 지시를 하는 등 위험물의 취급에 관한 안전관리와 감독을 하여야 하고, 제조소 등의 관계인은 안전관리자의 위험물 안전관리에 관한 의견을 존중하고 그 권고에 따라야 한다.

해설 ⊕

위험물 안전관리자
1) 위험물 안전관리자 선임 : 30일 이내
2) 위험물 안전관리자 선임 신고 : 14일 이내(소방본부장, 소방서장)
3) 대리자의 직무대행 기간 : 30일 이내
4) 안전교육대상자
   ① 안전관리자로 선임된 자
   ② 탱크시험자의 기술인력으로 종사하는 자
   ③ 위험물운송자로 종사하는 자

47 다음 중 상주 공사감리를 하여야 할 대상의 기준으로 옳은 것은?

① 지하층을 포함한 층수가 16층 이상으로서 300세대 이상인 아파트에 대한 소방시설의 공사
② 지하층을 포함한 층수가 16층 이상으로서 500세대 이상인 아파트에 대한 소방시설의 공사
③ 지하층을 포함하지 않은 층수가 16층 이상으로서 300세대 이상인 아파트에 대한 소방시설의 공사
④ 지하층을 포함하지 않은 층수가 16층 이상으로서 500세대 이상인 아파트에 대한 소방시설의 공사

해설 ⊕

소방공사 감리의 종류

종류	대상
상주 공사감리	• 연면적 3만m² 이상의 특정소방대상물에 대한 소방시설의 공사(아파트는 제외) • 지하층을 포함한 층수가 16층 이상으로서 500세대 이상인 아파트에 대한 소방시설의 공사

종류	대상
일반 공사감리	상주 공사감리에 해당하지 않는 소방시설의 공사

48 화재의 예방 및 안전관리에 관한 법령상 소방대상물의 개수·이전·제거·사용의 금지 또는 제한, 사용폐쇄, 공사의 정지 또는 중지, 그 밖의 필요한 조치로 인하여 손실을 받은 자가 손실보상청구서에 첨부하여야 하는 서류로 틀린 것은?

① 손실보상합의서
② 손실을 증명할 수 있는 사진
③ 손실을 증명할 수 있는 증빙자료
④ 소방대상물의 관계인임을 증명할 수 있는 서류(건축물대장은 제외)

해설 ⊕

손실보상청구 시 제출서류
1) 손실보상청구서
2) 손실보상청구서에 첨부하여야 하는 서류
   ① 소방대상물의 관계인임을 증명할 수 있는 서류(건축물대장은 제외)
   ② 손실을 증명할 수 있는 사진 그 밖의 증빙자료

49 제6류 위험물에 속하지 않는 것은?

① 질산
② 과산화수소
③ 과염소산
④ 과염소산염류

해설 ⊕

제6류 위험물
1) 성질 : 산화성 액체
2) 소화방법 : 대량의 물에 의한 희석소화
3) 품명 및 지정수량

위험등급	품명	지정수량
Ⅰ	과염소산 과산화수소(농도 36[w%] 이상) 질산(비중 1.49 이상)	300[kg]

④ 과염소산염류 → 1류위험물

정답 **47** ② **48** ① **49** ④

50 소방청장, 소방본부장 또는 소방서장은 관할구역에 있는 소방대상물에 대하여 화재안전조사를 실시할 수 있다. 화재안전조사 대상과 거리가 먼 것은?(단, 개인 주거에 대하여는 관계인의 승낙을 득한 경우이다.)

① 화재예방강화지구 등 법령에서 화재안전조사를 하도록 규정되어 있는 경우
② 소방시설 설치 및 관리에 관한 법률에 따른 자체점검이 불성실하거나 불완전하다고 인정되는 경우
③ 화재가 발생할 우려는 없으나 소방대상물의 정기점검이 필요한 경우
④ 국가적 행사 등 주요 행사가 개최되는 장소 및 그 주변의 관계 지역에 대하여 소방안전관리 실태를 조사할 필요가 있는 경우

해설 ➕
화재안전조사를 할 수 있는 경우
1) 소방시설 설치 및 관리에 관한 법률에 따른 자체점검이 불성실하거나 불완전하다고 인정되는 경우
2) 화재예방강화지구 등 법령에서 화재안전조사를 하도록 규정되어 있는 경우
3) 화재예방안전진단이 불성실하거나 불완전하다고 인정되는 경우
4) 국가적 행사 등 주요 행사가 개최되는 장소 및 그 주변의 관계 지역에 대하여 소방안전관리 실태를 조사할 필요가 있는 경우
5) 화재가 자주 발생하였거나 발생할 우려가 뚜렷한 곳에 대한 조사가 필요한 경우
6) 재난예측정보, 기상예보 등을 분석한 결과 소방대상물에 화재의 발생 위험이 크다고 판단되는 경우
7) 화재, 그 밖의 긴급한 상황이 발생할 경우 인명 또는 재산피해의 우려가 현저하다고 판단되는 경우

51 소방본부장 또는 소방서장은 화재예방강화지구 안의 관계인에 대하여 소방상 필요한 훈련 및 교육을 연 몇 회 이상 실시할 수 있는가?

① 1   ② 2
③ 3   ④ 4

해설 ➕
1) 화재예방강화지구 지정권자 : 시 · 도지사
2) 화재예방강화지구 지정의 요청권자 : 소방청장
3) 화재예방강화지구에 대한 화재안전조사와 교육 및 훈련

구분	화재안전조사	교육 및 훈련
실시권자	소방관서장	소방관서장
횟수	연 1회 이상	연 1회 이상
통보 등	사전에 7일 이상 조사계획을 공개	10일 전까지 통보
대상	소방대상물의 위치 · 구조 및 설비	관계인
연기	3일 전까지 신청	–

52 소방시설 설치 및 관리에 관한 법령상 소방시설 등의 자체점검 시 점검인력 배치기준 중 종합점검에 대한 점검인력 1단위가 하루 동안 점검할 수 있는 특정소방대상물의 연면적기준으로 옳은 것은?(단, 보조 인력을 추가하는 경우는 제외한다.)

① 3,500m²   ② 7,000m²
③ 8,000m²   ④ 10,000m²

해설 ➕
자체점검 시 인력 배치
1) 점검인력 1단위
   소방시설관리사 1명과 보조인력 2명
2) 점검인력 1단위가 하루 동안 점검할 수 있는 특정소방대상물의 연면적

종합점검	작동점검
8,000m²	10,000m²

53 다음 중 한국소방안전원의 업무에 해당하지 않는 것은?

① 소방용 기계 · 기구의 형식승인
② 소방업무에 관하여 행정기관이 위탁하는 업무
③ 화재 예방과 안전관리의식 고취를 위한 대국민 홍보
④ 소방기술과 안전관리에 관한 교육, 조사 · 연구 및 각종 간행물 발간

해설 ✚ -

한국소방안전원

1) 한국소방안전원의 인가(정관 변경) : 소방청장

2) 한국소방안전원의 업무감독 : 소방청장

3) 한국소방안전원의 사업계획 및 예산에 관한 승인 : 소방청장

4) 한국소방안전원의 업무
   ① 소방기술과 안전관리에 관한 교육 및 조사 · 연구
   ② 소방기술과 안전관리에 관한 각종 간행물 발간
   ③ 화재 예방과 안전관리의식 고취를 위한 대국민 홍보
   ④ 소방업무에 관하여 행정기관이 위탁하는 업무
   ⑤ 소방안전에 관한 국제협력
   ⑥ 그 밖에 회원에 대한 기술지원 등 정관으로 정하는 사항

① 소방용 기계 · 기구의 형식승인 → 한국소방산업기술원

54 소방기본법령상 국고보조 대상사업의 범위 중 소방활동장비와 설비에 해당하지 않는 것은?

① 소방자동차

② 소방헬리콥터 및 소방정

③ 소화용수설비 및 피난구조설비

④ 방화복 등 소방활동에 필요한 소방장비

해설 ✚ -

1) 소방력의 기준
   ① 소방업무에 필요한 인력과 장비 등에 관한 기준 : 행정안전부령
   ② 소방력을 확충하기 위하여 필요한 계획 수립 : 시 · 도지사

2) 소방장비 등에 대한 국고보조
   국가는 소방장비의 구입 등 시 · 도의 소방업무에 필요한 경비의 일부를 보조하고 보조 대상사업의 범위와 기준보조율 : 대통령령

3) 소방활동장비 및 설비의 종류와 규격 : 행정안전부령

4) 국고보조 대상사업의 범위
   ① 소방자동차
   ② 소방헬리콥터 및 소방정
   ③ 소방전용통신설비 및 전산설비
   ④ 그 밖에 방화복 등 소방활동에 필요한 소방장비
   ⑤ 소방관서용 청사의 건축

55 소방시설 설치 및 관리에 관한 법령상 간이스프링클러설비를 설치하여야 하는 특정소방대상물의 기준으로 옳은 것은?

① 근린생활시설로 사용하는 부분의 바닥면적 합계가 1,000m² 이상인 것은 모든 층

② 교육연구시설 내에 있는 합숙소로서 연면적 500m² 이상인 것

③ 정신병원과 의료재활시설을 제외한 요양병원으로 사용되는 바닥면적의 합계가 300m² 이상 600m² 미만인 시설

④ 정신의료기관 또는 의료재활시설로 사용되는 바닥면적의 합계가 600m² 미만인 시설

해설 ✚ -

간이스프링클러설비의 설치대상

1) 공동주택 중 연립주택 및 다세대주택(주택전용 간이스프링클러설비 설치)

2) 근린생활시설 중 다음에 해당하는 것
   ① 근린생활시설로 사용하는 부분의 바닥면적 합계가 1,000m² 이상인 것은 모든 층
   ② 의원, 치과의원 및 한의원으로서 입원실이 있는 시설
   ③ 조산원 및 산후조리원으로서 연면적 600m² 미만인 시설

3) 의료시설 중 다음에 해당하는 시설
   ① 종합병원, 병원, 치과병원, 한방병원 및 요양병원(의료재활시설은 제외한다)으로 사용되는 바닥면적의 합계가 600m² 미만인 시설
   ② 정신의료기관 또는 의료재활시설로 사용되는 바닥면적의 합계가 300m² 이상 600m² 미만인 시설
   ③ 정신의료기관 또는 의료재활시설로 사용되는 바닥면적의 합계가 300m² 미만이고, 창살이 설치된 시설

4) 교육연구시설 내에 합숙소로서 연면적 100m² 이상인 경우에는 모든 층

5) 숙박시설로 사용되는 바닥면적의 합계가 300m² 이상 600m² 미만인 시설

6) 복합건축물로서 연면적 1,000m² 이상인 것은 모든 층

- -

정답 **54** ③ **55** ①

56 제조소 등의 위치·구조 또는 설비의 변경 없이 당해 제조소 등에서 저장하거나 취급하는 위험물의 품명·수량 또는 지정수량의 배수를 변경하고자 할 때는 누구에게 신고해야 하는가?

① 국무총리
② 시·도지사
③ 관할소방서장
④ 행정안전부장관

해설⊕

1) 제조소 등의 위치·구조 또는 설비의 변경 없이 당해 제조소 등에서 저장하거나 취급하는 위험물의 품명·수량 또는 지정수량의 배수를 변경하고자 하는 자는 변경하고자 할 때 : 1일 전까지 시·도지사에게 신고

2) 제조소 등의 허가를 받지 아니하고 당해 제조소 등을 설치하거나 그 위치·구조 또는 설비를 변경할 수 있으며, 신고를 하지 아니하고 위험물의 품명·수량 또는 지정수량의 배수를 변경할 수 있는 경우
① 주택의 난방시설(공동주택의 중앙난방 제외)을 위한 저장소 또는 취급소
② 농예용·축산용 또는 수산용으로 필요한 난방시설 또는 건조시설을 위한 지정수량 20배 이하의 저장소

57 화재예방강화지구로 지정할 수 있는 대상이 아닌 것은?

① 시장지역
② 소방출동로가 있는 지역
③ 공장·창고가 밀집한 지역
④ 목조건물이 밀집한 지역

해설⊕

1) 화재예방강화지구 지정권자 : 시·도지사
2) 화재예방강화지구 지정의 요청권자 : 소방청장
3) 화재예방강화지구
① 시장지역
② 공장·창고가 밀집한 지역
③ 목조건물이 밀집한 지역
④ 노후·불량건축물이 밀집한 지역
⑤ 위험물의 저장 및 처리 시설이 밀집한 지역
⑥ 석유화학제품을 생산하는 공장이 있는 지역

⑦ 산업단지, 물류단지
⑧ 소방시설·소방용수시설 또는 소방출동로가 없는 지역
⑨ 소방관서장이 화재예방강화지구로 지정할 필요가 있다고 인정하는 지역

58 다음 조건을 참고하여 숙박시설이 있는 특정소방대상물의 수용인원 산정 수로 옳은 것은?

> 침대가 있는 숙박시설로서 1인용 침대의 수는 20개이고, 2인용 침대의 수는 10개이며, 종업원의 수는 3명이다.

① 33명
② 40명
③ 43명
④ 46명

해설⊕

수용인원의 산정방법

1) 숙박시설이 있는 특정소방대상물
① 침대가 있는 숙박시설 : 종사자 수＋침대 수(2인용 침대는 2개)
② 침대가 없는 숙박시설 : 종사자 수＋바닥면적의 합계를 $3m^2$로 나누어 얻은 수

2) 1) 외의 특정소방대상물
① 강의실·교무실·상담실·실습실·휴게실 용도로 쓰이는 특정소방대상물 : 바닥면적의 합계를 $1.9m^2$로 나누어 얻은 수
② 강당, 문화 및 집회시설, 운동시설, 종교시설 : 바닥면적의 합계를 $4.6m^2$로 나누어 얻은 수
③ 관람석이 있는 경우 고정식 의자를 설치한 부분 : 의자 수 긴 의자의 경우 : 의자의 정면너비를 0.45m로 나누어 얻은 수

3) 그 밖의 특정소방대상물 : 바닥면적의 합계를 $3m^2$로 나누어 얻은 수(소수점 이하의 수는 반올림할 것)

수용인원 계산
침대가 있는 숙박시설 : 종사자 수＋침대 수(2인용 침대는 2개)
수용인원 : 3명(종사자)＋20개(1인용)＋10개(2인용)×2＝43명

59 화재의 예방 및 안전관리에 관한 법률상 화재안전조사 결과에 따른 조치명령을 정당한 사유 없이 위반한 자에 대한 벌칙으로 옳은 것은?

① 100만 원 이하의 벌금
② 300만 원 이하의 벌금
③ 1년 이하의 징역 또는 1천만 원 이하의 벌금
④ 3년 이하의 징역 또는 3천만 원 이하의 벌금

해설 ✛
3년 이하의 징역 또는 3천만 원 이하의 벌금
① 화재안전조사 결과에 따른 조치명령을 정당한 사유 없이 위반한 자
② 소방안전관리자 또는 소방안전관리보조자의 선임명령을 정당한 사유 없이 위반한 자
③ 소방안전 특별관리시설물에 대산 보수·보강 등 조치명령을 정당한 사유 없이 위반한 관계인
④ 거짓이나 그 밖의 부정한 방법으로 진단기관 지정을 받은 자

60 위험물안전관리법령상 제조소 등이 아닌 장소에서 지정수량 이상의 위험물을 취급할 수 있는 기준 중 다음 (   ) 안에 알맞은 것은?

시·도의 조례가 정하는 바에 따라 관할 소방서장의 승인을 받아 지정수량 이상의 위험물을 (   )일 이내의 기간 동안 임시로 저장 또는 취급하는 경우

① 15   ② 30
③ 60   ④ 90

해설 ✛
위험물의 저장 및 취급의 제한
1) 제조소 등이 아닌 장소에서 지정수량 이상의 위험물을 취급할 수 있는 경우
   ① 관할소방서장의 승인을 받아 지정수량 이상의 위험물을 90일 이내의 기간동안 임시로 저장 또는 취급하는 경우
   ② 군부대가 지정수량 이상의 위험물을 군사목적으로 임시로 저장 또는 취급하는 경우
2) 임시로 저장 또는 취급하는 장소에서의 저장 또는 취급의 기준과 임시로 저장 또는 취급하는 장소의 위치·구조 및 설비의 기준 : 시·도의 조례

4과목 **소방전기시설의 구조 및 원리**

61 자동화재탐지설비 및 시각경보장치의 화재안전기준에 따른 경계구역에 관한 기준이다. 다음 (   )에 들어갈 내용으로 옳은 것은?

하나의 경계구역에 면적은 (㉠) 이하로 하고 한 변의 길이는 (㉡) 이하로 하여야 한다.

① ㉠ $600m^2$ ㉡ 50m   ② ㉠ $600m^2$ ㉡ 100m
③ ㉠ $1,200m^2$ ㉡ 50m   ④ ㉠ $1,200m^2$ ㉡ 100m

해설 ✛
자동화재탐지설비의 경계구역 설정기준
1) 층별, 면적별 경계구역
   ① 하나의 경계구역이 2개 이상의 건축물에 미치지 아니하도록 할 것
   ② 하나의 경계구역이 2개 이상의 층에 미치지 아니하도록 할 것.(다만, $500m^2$ 이하의 범위 안에서는 2개의 층을 하나의 경계구역으로 할 수 있다)
   ③ 하나의 경계구역의 면적은 $600m^2$ 이하로 하고 한 변의 길이는 50m 이하로 할 것.(다만, 주된 출입구에서 그 내부 전체가 보이는 것은 한 변의 길이가 50m의 범위 내에서 $1,000m^2$ 이하)
2) 수직구역의 경계구역
   ① 별도로 경계구역 설정 : 계단, 경사로, 엘리베이터 승강로, 권상기실, 린넨슈트, 파이프 피트, 파이프 덕트 기타 이와 유사한 부분
   ② 하나의 경계구역의 높이 : 45m 이하(계단 및 경사로에 한함)
   ③ 지하층의 계단 및 경사로는 별도로 하나의 경계구역으로 할 것(지하층의 층수가 1일 경우는 제외)
3) 기타 경계구역
   ① 외기에 면하여 상시 개방된 부분이 있는 차고·주차장·창고 등에 있어서는 외기에 면하는 각 부분으로부터 5m 미만의 범위 안에 있는 부분은 경계구역의 면적에 산입하지 아니한다.
   ② 스프링클러설비·물분무 등 소화설비 또는 제연설비의 화재감지장치로서 화재감지기를 설치한 경우의 경계구역은 해당 소화설비의 방사구역 또는 제연구역과 동일하게 설정할 수 있다.

정답 59 ④ **60** ④ **61** ①

62 차동식 분포형 감지기의 동작방식이 아닌 것은?

① 공기관식
② 열전대식
③ 연반도 체식
④ 불꽃 자외선식

해설⊕
1) 차동식 스포트형 감지기의 동작방식
　① 공기팽창식 감지기
　② 열기전력식 감지기
　③ 열반도체식 감지기

2) 차동식 분포형 감지기의 동작방식
　① 공기관식 감지기
　② 열전대식 감지기
　③ 열반도체식 감지기

63 비상방송설비의 화재안전기준에 따라 다음 (　)의 ㉠, ㉡에 들어갈 내용으로 옳은 것은?

> 비상방송설비에는 그 설비에 대한 감시상태를 (㉠) 분간 지속한 후 유효하게 (㉡)분 이상 경보할 수 있는 축전지설비(수신기에 내장하는 경우를 포함한다.)를 설치하여야 한다.

① ㉠ 30, ㉡ 5
② ㉠ 30, ㉡ 10
③ ㉠ 60, ㉡ 5
④ ㉠ 60, ㉡ 10

해설⊕
소방설비별 비상전원의 용량

소방 설비	비상전원 용량
• 비상경보설비(비상벨설비 또는 자동식 사이렌설비) • 비상방송설비 • 자동화재탐지설비 • 자동화재속보설비	60분 이상 감시상태 지속 10분 이상 경보
• 소화설비 • 유도등, 비상조명등 • 제연설비, 비상콘센트설비	20분 이상
유도등 및 비상조명등이 설치된 장소로서 • 지하층을 제외한 층수가 11층 이상의 층 • 지하층 또는 무창층으로서 용도가 도매시장·소매시장·여객자동차터미널·지하역사 또는 지하상가	60분 이상

소방 설비	비상전원 용량
무선통신보조설비의 증폭기	30분 이상

64 누전경보기의 형식승인 및 제품검사의 기술기준에 따라 누전경보기의 경보기구에 내장하는 음향장치는 사용전압의 몇 %인 전압에서 소리를 내어야 하는가?

① 40
② 60
③ 80
④ 100

해설⊕
경보기구에 내장하는 음향장치(누전경보기의 형식승인 및 제품검사의 기술기준 제4조)
1) 사용전압의 80%인 전압에서 소리를 낼 수 있을 것
2) 사용전압에서의 음압은 무향실 내에서 정위치에 부착된 음향장치의 중심으로부터 1m 떨어진 지점에서 누전경보기는 70dB 이상일 것. 다만, 고장표시장치용 등의 음압은 60dB 이상일 것
3) 사용전압으로 8시간 연속하여 울리게 하는 시험 또는 정격전압에서 3분 20초 동안 울리고 6분 40초 동안 정지하는 작동을 반복하여 통산한 울림시간이 20시간이 되도록 시험하는 경우 그 구조 또는 기능에 이상이 생기지 아니할 것

65 자동화재속보설비의 속보기의 성능인증 및 제품검사의 기술기준에 따라 자동화재속보설비의 속보기의 외함에 합성수지를 사용할 경우 외함의 최소 두께(mm)는?

① 1.2
② 3
③ 6.4
④ 7

해설⊕
속보기의 외함 두께(자동화재속보설비의 속보기의 성능인증 및 제품검사의 기술기준 제4조)
1) 강판 외함 : 1.2mm 이상
2) 합성수지 외함 : 3mm 이상

66 소방시설용 비상전원수전설비의 화재안전기준에 따라 일반전기사업자로부터 특고압 또는 고압으로 수전하는 비상전원 수전설비의 경우에 있어 소방회로배선과 일반회로배선을 몇 cm 이상 떨어져 설치하는 경우 불연성 격벽으로 구획하지 않을 수 있는가?

① 5 ② 10
③ 15 ④ 20

해설 +

특별고압 또는 고압으로 수전하는 경우의 비상전원수전설비 방화구획형
① 전용의 방화구획 내에 설치할 것
② 소방회로배선은 일반회로배선과 불연성 격벽으로 구획할 것(단, 소방회로배선과 일반회로배선을 15cm 이상 떨어져 설치한 경우는 제외)
③ 일반회로에서 과부하, 지락사고 또는 단락사고가 발생한 경우에도 이에 영향을 받지 아니하고 계속하여 소방회로에 전원을 공급시켜 줄 수 있어야 할 것
④ 소방회로용 개폐기 및 과전류차단기에는 "소방시설용"이라 표시할 것

67 비상콘센트설비의 화재안전기준에 따라 비상콘센트설비의 전원회로(비상콘센트에 전력을 공급하는 회로를 말한다.)에 대한 전압과 공급용량으로 옳은 것은?

① 전압 : 단상교류 110V, 공급용량 : 1.5kVA 이상
② 전압 : 단상교류 220V, 공급용량 : 1.5kVA 이상
③ 전압 : 단상교류 110V, 공급용량 : 3kVA 이상
④ 전압 : 단상교류 220V, 공급용량 : 3kVA 이상

해설 +

비상콘센트설비의 전원회로 설치기준
1) 비상콘센트설비의 전원회로는 단상교류 220V인 것으로서, 그 공급용량은 1.5kVA 이상인 것으로 할 것
2) 전원회로는 각 층에 2 이상이 되도록 설치할 것. 다만, 설치하여야 할 층의 비상콘센트가 1개인 때에는 하나의 회로로 할 수 있다.
3) 전원회로는 주배전반에서 전용회로로 할 것
4) 전원으로부터 각 층의 비상콘센트에 분기되는 경우 분기배선용 차단기를 보호함 안에 설치할 것

5) 콘센트마다 배선용 차단기를 설치하여야 하며, 충전부가 노출되지 아니하도록 할 것
6) 개폐기에는 "비상콘센트"라고 표시한 표지를 할 것
7) 비상콘센트용의 풀박스 등은 방청도장을 한 것으로서, 두께 1.6mm 이상의 철판으로 할 것
8) 하나의 전용회로에 설치하는 비상콘센트는 10개 이하로 할 것. 이 경우 전선의 용량은 각 비상콘센트(비상콘센트가 3개 이상인 경우에는 3개)의 공급용량을 합한 용량 이상의 것으로 할 것

68 비상콘센트설비의 화재안전기준에 따른 용어의 정의 중 옳은 것은?

① "저압"이란 직류는 1,500V 이하, 교류는 1,000V 이하인 것을 말한다.
② "저압"이란 직류는 700V 이하, 교류는 600V 이하인 것을 말한다.
③ "고압"이란 직류는 700V를, 교류는 600V를 초과하는 것을 말한다.
④ "고압"이란 직류는 750V를, 교류는 600V를 초과하는 것을 말한다.

해설 +

전압의 분류

구분	저압	고압	특고압
교류	1,000[V] 이하	1,000[V] 초과 7,000[V] 이하	7,000[V] 초과
직류	1,500[V] 이하	1,500[V] 초과 7,000[V] 이하	7,000[V] 초과

69 유도등 및 유도표지의 화재안전기준에 따른 통로유도등의 설치기준에 대한 설명으로 틀린 것은?

① 복도 · 거실통로유도등은 구부러진 모퉁이 및 보행거리 20m마다 설치
② 복도 · 계단통로유도등은 바닥으로부터 높이 1m 이하의 위치에 설치
③ 통로유도등은 녹색 바탕에 백색으로 피난방향을 표시한 등으로 할 것

④ 거실통로유도등은 바닥으로부터 높이 1.5m 이상의 위치에 설치

해설 ⊕

유도등의 색상

피난구유도등	통로유도등
녹색 바탕에 백색 문자	백색 바탕에 녹색 문자

70 유도등 및 유도표지의 화재안전기준에 따라 운동시설에 설치하지 아니할 수 있는 유도등은?

① 통로유도등
② 객석유도등
③ 대형피난구유도등
④ 중형피난구유도등

해설 ⊕

특정소방대상물의 용도별로 설치하여야 할 유도등 및 유도표지

설치 장소	유도등 및 유도표지의 종류
공연장, 집회장, 관람장, 운동시설	• 대형피난구유도등
유흥주점영업시설(카바레, 나이트 클럽)	• 통로유도등 • 객석유도등
위락시설, 판매시설, 운수시설, 관광숙박업, 의료시설, 장례식장, 방송통신시설, 전시장, 지하상가, 지하철역사, 창고시설	• 대형피난구유도등 • 통로유도등
숙박시설(관광숙박업 제외), 오피스텔	• 중형피난구유도등 • 통로유도등
그 밖의 건축물로서 지하층, 무창층, 11층 이상인 특정소방대상물	
근린생활시설, 노유자시설, 업무시설, 발전시설, 종교시설, 교육연구시설, 수련시설, 공장, 교정 및 군사시설, 자동차정비공장, 운전학원, 정비학원, 다중이용업소, 복합건축물, 공동주택	• 소형피난구유도등 • 통로유도등
그 밖의 것	• 피난구유도표지 • 통로유도표지

비고 : 복합건축물과 아파트의 경우 세대 내에는 유도등을 설치하지 아니할 수 있다.

71 자동화재탐지설비 및 시각경보장치의 화재안전기준에 따른 감지기의 설치기준으로 틀린 것은?

① 스포트형 감지기는 45° 이상 경사되지 아니하도록 부착할 것
② 감지기(차동식 분포형의 것을 제외한다.)는 실내로의 공기유입구로부터 1.5m 이상 떨어진 위치에 설치할 것
③ 보상식 스포트형 감지기는 정온점이 감지기 주위의 평상시 최고온도보다 10℃ 이상 높은 것으로 설치할 것
④ 정온식 감지기는 주방·보일러실 등으로서 다량의 화기를 취급하는 장소에 설치하되 공칭작동온도가 최고주위온도보다 20℃ 이상 높은 것으로 설치할 것

해설 ⊕

스포트형 감지기의 설치기준
1) 감지기는 실내로의 공기유입구로부터 1.5m 이상 떨어진 위치에 설치할 것
2) 감지기는 천장 또는 반자의 옥내에 면하는 부분에 설치할 것
3) 스포트형 감지기는 45° 이상 경사되지 아니하도록 부착할 것
4) 보상식 감지기의 정온점이 감지기 주위의 평상시 최고온도보다 20℃ 이상 높은 것으로 설치할 것

5) 정온식 감지기

구분	기준
설치장소	주방, 보일러실 등으로서 다량의 화기를 취급하는 장소에 설치
공칭작동온도	최고주위온도보다 20℃ 이상

72 무선통신보조설비의 화재안전기준에 따라 무선통신보조설비의 누설동축케이블의 설치기준으로 틀린 것은?

① 누설동축케이블 및 동축케이블은 불연 또는 난연성으로 할 것
② 누설동축케이블의 중간 부분에는 무반사 종단저항을 견고하게 설치할 것

③ 누설동축케이블 및 안테나는 고압의 전로로부터 1.5m 이상 떨어진 위치에 설치할 것

④ 누설동축케이블과 이에 접속하는 안테나 또는 동축케이블과 이에 접속하는 안테나로 구성할 것

해설 ⊕

누설동축케이블 등의 설치기준

1) 소방전용주파수대에서 전파의 전송 또는 복사에 적합한 것으로서 소방전용으로 할 것
2) 케이블의 구성
   ① 누설동축케이블과 이에 접속하는 안테나
   ② 동축케이블과 이에 접속하는 안테나
3) 누설동축케이블 및 동축케이블은 불연 또는 난연성의 것으로서 습기에 따라 전기의 특성이 변질되지 아니하는 것으로 하고, 노출하여 설치한 경우에는 피난 및 통행에 장애가 없도록 할 것
4) 누설동축케이블 및 동축케이블은 화재에 따라 해당 케이블의 피복이 소실된 경우에 케이블 본체가 떨어지지 아니하도록 4m 이내마다 금속제 또는 자기제등의 지지금구로 벽·천장·기둥 등에 견고하게 고정시킬 것. 다만, 불연재료로 구획된 반자 안에 설치하는 경우에는 그러하지 아니하다.
5) 누설동축케이블 및 안테나는 금속판 등에 따라 전파의 복사 또는 특성이 현저하게 저하되지 아니하는 위치에 설치할 것
6) 누설동축케이블 및 안테나는 고압의 전로로부터 1.5m 이상 떨어진 위치에 설치할 것. 다만, 해당 전로에 정전기 차폐장치를 유효하게 설치한 경우에는 그러하지 아니하다.
7) 누설동축케이블의 끝부분에는 무반사 종단저항을 견고하게 설치할 것
8) 누설동축케이블 또는 동축케이블의 임피던스는 50Ω으로 할 것

② 누설동축케이블의 중간 부분 → 끝부분에는 무반사 종단저항

73 누전경보기의 화재안전기준의 용어 정의에 따라 변류기로부터 검출된 신호를 수신하여 누전의 발생을 해당 특정소방대상물의 관계인에게 경보하여 주는 것은?

① 축전지 ② 수신부
③ 경보기 ④ 음향장치

해설 ⊕

누전경보기 용어의 정의

1) 누전경보기 : 내화구조가 아닌 건축물로서 벽, 바닥 또는 천장의 전부나 일부를 불연재료 또는 준불연재료가 아닌 재료에 철망을 넣어 만든 건물의 전기설비로부터 누설전류를 탐지하여 경보를 발하며 변류기와 수신부로 구성된 것
2) 수신부 : 변류기로부터 검출된 신호를 수신하여 누전의 발생을 해당 특정소방대상물의 관계인에게 경보하여 주는 것(차단기구를 갖는 것을 포함)
3) 변류기 : 경계전로의 누설전류를 자동적으로 검출하여 이를 누전경보기의 수신부에 송신하는 것
4) 집합형 누전경보기의 수신부 : 2개 이상의 변류기를 연결하여 사용하는 수신부로서 하나의 전원장치 및 음향장치 등으로 구성된 것
5) 차단기구 : 누설전류가 발생하면 자동으로 누전된 회로를 차단하는 장치
6) 음향장치 : 누설전류가 발생하면 벨 또는 부저로 경보를 발하는 장치

74 비상조명등의 화재안전기준에 따라 비상조명등의 비상전원을 설치하는 데 있어서 어떤 특정소방대상물의 경우에는 그 부분에서 피난층에 이르는 부분의 비상조명등을 60분 이상 유효하게 작동시킬 수 있는 용량으로 하여야 한다. 이 특정소방대상물에 해당하지 않는 것은?

① 무창층인 지하역사
② 무창층인 소매시장
③ 지하층인 관람시설
④ 지하층을 제외한 층수가 11층 이상의 층

해설 ⊕

소방설비별 비상전원의 용량

소방 설비	비상전원 용량
• 비상경보설비(비상벨설비 또는 자동식 사이렌설비) • 비상방송설비 • 자동화재탐지설비 • 자동화재속보설비	60분 이상 감시상태 지속 10분 이상 경보
• 소화설비 • 유도등, 비상조명등 • 제연설비, 비상콘센트설비	20분 이상
유도등 및 비상조명등이 설치된 장소로서 • 지하층을 제외한 층수가 11층 이상의 층 • 지하층 또는 무창층으로서 용도가 도매시장·소매시장·여객자동차터미널·지하역사 또는 지하상가	60분 이상
무선통신보조설비의 증폭기	30분 이상

75 자동화재탐지설비 및 시각경보장치의 화재안전기준에 따른 자동화재탐지설비의 수신기 설치기준에 관한 사항 중, 최소 몇 층 이상의 특정소방대상물에는 발신기와 전화통화가 가능한 수신기를 설치하여야 하는가?

① 3
② 4
③ 5
④ 7

해설 ⊕

수신기의 성능기준
1) 경계구역을 각각 표시할 수 있는 회선수 이상의 수신기를 설치할 것
2) 가스누설탐지설비가 설치된 경우에는 가스누설탐지설비로부터 가스누설신호를 수신하여 가스누설경보를 할 수 있는 수신기를 설치할 것(GP형, GR형 수신기)
3) 4층 이상의 특정소방대상물에는 발신기와 전화통화가 가능한 수신기를 설치할 것(2022년 해당 규정 삭제)

76 비상방송설비의 화재안전기준에 따라 비상방송설비 음향장치의 정격전압이 220V인 경우 최소 몇 V 이상에서 음향을 발할 수 있어야 하는가?

① 165
② 176
③ 187
④ 198

해설 ⊕

비상방송설비 설치기준
1) 확성기의 음성입력 : 실외 3W(실내 1W), 아파트 등의 실내 2W 이상
2) 그 층의 각 부분으로부터 하나의 확성기까지의 수평거리 : 25m 이하
3) 음량조정기를 설치하는 경우 음량조정기의 배선 : 3선식
4) 화재신고 수신 후 방송개시 소요시간 : 10초 이하
5) 조작부의 조작스위치 높이 : 바닥으로부터 0.8m 이상 1.5m 이하
6) 정격전압의 80% 전압에서 음향을 발할 수 있는 것으로 할 것
7) 자동화재탐지설비의 작동과 연동하여 작동할 수 있는 것으로 할 것

[풀이]
정격전압의 80% 전압에서 음향을 발할 수 있는 것으로 할 것
$220[V] \times 0.8 = 176[V]$

77 유도등 및 유도표지의 화재안전기준에 따라 광원점등방식 피난유도선의 설치기준으로 틀린 것은?

① 구획된 각 실로부터 주출입구 또는 비상구까지 설치할 것
② 피난유도 표시부는 바닥으로부터 높이 1m 이하의 위치 또는 바닥면에 설치할 것
③ 피난유도 제어부는 조작 및 관리가 용이하도록 바닥으로부터 0.8m 이상 1.5m 이하의 높이에 설치할 것
④ 피난유도 표시부는 50cm 이내의 간격으로 연속되도록 설치하되 실내장식물 등으로 설치가 곤란할 경우 2m 이내로 설치할 것

광원점등방식 피난유도선의 설치기준

1) 구획된 각 실로부터 주출입구 또는 비상구까지 설치할 것
2) 피난유도 표시부는 바닥으로부터 높이 1m 이하의 위치 또는 바닥면에 설치할 것
3) 피난유도 표시부는 50cm 이내의 간격으로 연속되도록 설치하되 실내장식물 등으로 설치가 곤란할 경우 1m 이내로 설치할 것
4) 수신기로부터의 화재신호 및 수동조작에 의하여 광원이 점등되도록 설치할 것
5) 피난유도 제어부는 조작 및 관리가 용이하도록 바닥으로부터 0.8m 이상 1.5m 이하의 높이에 설치할 것

④ 피난유도 표시부는 50cm 이내의 간격으로 연속되도록 설치하되 실내장식물 등으로 설치가 곤란할 경우 2m 이내
→ 1m 이내

78 예비전원의 성능인증 및 제품검사의 기술기준에 따라 다음의 ( )에 들어갈 내용으로 옳은 것은?

예비전원은 1/5C 이상 1C 이하로 전류로 역충전하는 경우 ( )시간 이내에 안전장치가 작동하여야 하며, 외관이 부풀어 오르거나 누액 등이 없어야 한다.

① 1   ② 3
③ 5   ④ 10

안전장치시험(자동화재속보설비의 속보기의 성능인증 및 제품검사의 기술기준 제6조)
예비전원은 1/5C 이상 1C 이하의 전류로 역충전하는 경우 5시간 이내에 안전장치가 작동하여야 하며, 외관이 부풀어 오르거나 누액 등이 생기지 아니하여야 한다.

79 비상경보설비 및 단독경보형 감지기의 화재안전기준에 따라 비상벨설비 또는 자동식 사이렌설비의 지구음향장치는 특정소방대상물의 층마다 설치하되, 해당 특정소방대상물의 각 부분으로부터 하나의 음향장치까지의 수평거리가 몇 m 이하가 되도록 하여야 하는가?

① 15   ② 25
③ 40   ④ 50

비상벨설비 음향장치

1) 특정소방대상물의 층마다 설치
2) 각 부분으로부터 하나의 음향장치까지의 수평거리 : 25m 이하
3) 음향장치의 구조 및 성능
   ① 음향장치는 정격전압의 80% 전압에서 음향을 발할 수 있도록 할 것
   ② 음량은 부착된 음향장치의 중심으로부터 1m 떨어진 위치에서 90dB 이상

80 무선통신보조설비의 화재안전기준에 따라 지하층으로부터 특정소방대상물의 바닥 부분 2면 이상이 지표면과 동일하거나 지표면으로부터의 깊이가 몇 m 이하인 경우에는 해당 층에 한하여 무선통신보조설비를 설치하지 않을 수 있는가?

① 0.5   ② 1.0
③ 1.5   ④ 2.0

무선통신보조설비 설치 제외

1) 지하층으로서 건축물의 바닥 부분 2면 이상이 지표면과 동일한 경우 그 해당 층
2) 지표면으로부터의 깊이가 1m 이하인 경우에는 해당 층

정답   **78** ③   **79** ②   **80** ②

1과목 소방원론

01 이산화탄소에 대한 설명으로 틀린 것은?

① 임계온도는 97.5℃이다.
② 고체의 형태로 존재할 수 있다.
③ 불연성 가스로 공기보다 무겁다.
④ 드라이아이스와 분자식이 동일하다.

해설 ✚

1) 이산화탄소 소화약제의 특성
  ① 공기보다 비중이 1.52배 무거우므로 피복질식효과가 우수하다.
  ② 독성은 없으나 질식의 우려가 있다.
  ③ 이산화탄소에 의한 지구온난화를 발생시킨다.
  ④ 무색무취의 기체로 화학적으로 안정하다.
  ⑤ 고압의 배관에서 대기 중으로 방사 시 줄-톰슨효과에 의한 냉각소화작용이 있다.
  ⑥ 약제방사 시 드라이아이스에 의해 시야가 제한되는 운무현상이 발생한다.
  ⑦ 소화 후 잔존물이 없고 전기적으로 비전도성이다.

2) 이산화탄소의 물성

구분	물성
화학식	CO_2
분자량	44
증기비중	1.52
삼중점	−57℃
임계온도	31.35℃
임계압력	73atm
승화점	−79℃

02 물질의 화재 위험성에 대한 설명으로 틀린 것은?

① 인화점 및 착화점이 낮을수록 위험
② 착화에너지가 작을수록 위험
③ 비점 및 융점이 높을수록 위험
④ 연소범위가 넓을수록 위험

해설 ✚

화재발생의 영향요소

화재 영향요소	화재 위험성
인화점, 착화점, 비점, 융점	낮을수록 위험
온도, 압력, 농도, 연소상한계	높을수록 위험
연소범위	넓을수록 위험
착화에너지, 활성화에너지	작을수록 위험
연소하한계	낮을수록 위험
증기압, 연소열	클수록 위험

03 다음 중 연소범위를 근거로 계산한 위험도 값이 가장 큰 물질은?

① 이황화탄소
② 메탄
③ 수소
④ 일산화탄소

해설 ✚

위험도(H)
$$H = \frac{UFL - LFL}{LFL}$$
  여기서, H : 위험도
        UFL : 연소상한계[%]
        LFL : 연소하한계[%]

① 이황화탄소의 연소범위 : 1.2~44%
$$H = \frac{44 - 1.2}{1.2} = 35.67$$

② 메탄의 연소범위 : 5.0~15%
$$H = \frac{15 - 5}{5} = 2$$

③ 수소의 연소범위 : 4~75%

$$H = \frac{75 - 4}{4} = 17.75$$

④ 일산화탄소의 연소범위 : 12.5~74%

$$H = \frac{74 - 12.5}{12.5} = 4.92$$

04 위험물안전관리법령상 제2석유류에 해당하는 것으로만 나열된 것은?

① 아세톤, 벤젠

② 중유, 아닐린

③ 에테르, 이황화탄소

④ 아세트산, 아크릴산

해설⊕

제4류 위험물

1) 성질 : 인화성 액체

2) 품명 및 지정수량

위험등급	품명		지정수량
I	특수인화물(다이에틸에터, 아세트알데하이드, 산화프로필렌, 이황화탄소) 1기압에서 발화점이 100℃ 이하인 것 또는 인화점이 -20℃ 이하이고 비점이 섭씨 40℃ 이하인 것		50[l]
II	제1석유류(아세톤, 휘발유) 인화점 21℃ 미만	비수용성 액체	200[l]
		수용성 액체	400[l]
	알코올류 탄소원자의 수가 1개부터 3개까지인 포화1가 알코올		400[l]
III	제2석유류(경유, 등유) 인화점이 21℃ 이상 70℃ 미만	비수용성 액체	1,000[l]
		수용성 액체	2,000[l]
	제3석유류(중유, 크레오소트유) 인화점이 70℃ 이상 200℃ 미만	비수용성 액체	2,000[l]
		수용성 액체	4,000[l]

위험등급	품명	지정수량
III	제4석유류(기어유, 실린더유) 인화점이 200℃ 이상 250℃ 미만	6,000[l]
	동ㆍ식물유류(건성유, 반건성유, 불건성유) 동물의 지육 등 또는 식물의 종자나 과육으로부터 추출한 것으로서 1기압에서 인화점이 250℃ 미만	10,000[l]

① 아세톤, 벤젠 → 제1석유류

② 중유, 아닐린 → 제3석유류

③ 에테르, 이황화탄소 → 특수인화물

④ 아세트산, 아크릴산 → 제2석유류

05 종이, 나무, 섬유류 등에 의한 화재에 해당하는 것은?

① A급 화재

② B급 화재

③ C급 화재

④ D급 화재

해설⊕

1) 일반화재(A급 화재, Ash)

① 가연물 : 종이, 목재, 섬유, 플라스틱 등의 일반가연물에 의한 화재

② 특징 : 타고난 후 재를 남김

③ 소화방법 : 대부분 물에 의한 냉각소화 가능

2) 화재의 분류

구분	화재의 종류	표시색	주된 소화효과
A급 화재	일반화재	백색	냉각소화
B급 화재	유류, 가스화재	황색	질식소화
C급 화재	전기화재(통전)	청색	질식소화
D급 화재	금속화재	무색	질식소화
K급 화재	주방화재	–	냉각, 질식소화

06 0℃, 1기압에서 44.8m³의 용적을 가진 이산화탄소를 액화하여 얻을 수 있는 액화 탄산가스의 무게는 약 몇 kg인가?

① 88 ② 44
③ 22 ④ 11

해설 ⊕

이상기체 상태방정식

$$PV = nRT \qquad PV = \frac{W}{M}RT$$

여기서, P : 절대압력[atm], V : 체적[m³]

n : 몰수$\left(n = \dfrac{W}{M}\right)$, W : 기체의 질량[kg]

M : 분자량[kg/kmol]

R : 기체상수(0.082[atm · m³/kmol · K])

T : 절대온도[K]

[풀이]

P : 1[atm], V : 44.8[m³], M : 44[kg/kmol]

R : 0.082[atm · m³/kmol · K], T : 273+0℃[K]

$1[\text{atm}] \times 44.8 [\text{m}^3]$

$= \dfrac{W[\text{kg}]}{44[\text{kg/kmol}]} \times 0.082[\text{atm · m}^3/\text{kmol · K}] \times 273[\text{K}]$

$W = \dfrac{1[\text{atm}] \times 44.8[\text{m}^3] \times 44[\text{kg/kmol}]}{0.082[\text{atm · m}^3/\text{kmol · K}] \times 273[\text{K}]}$

$= 88.06[\text{kg}]$

07 가연물이 연소가 잘 되기 위한 구비조건으로 틀린 것은?

① 열전도율이 클 것
② 산소와 화학적으로 친화력이 클 것
③ 표면적이 클 것
④ 활성화 에너지가 작을 것

해설 ⊕

가연물이 될 수 있는 조건
1) 발열량이 클 것
2) 산소와의 친화력이 좋을 것

3) 표면적이 넓을 것
4) 활성화에너지가 작을 것
5) 열전도도가 작을 것

08 다음 중 소화에 필요한 이산화탄소 소화약제의 최소 설계농도 값이 가장 높은 물질은?

① 메탄 ② 에틸렌
③ 천연가스 ④ 아세틸렌

해설 ⊕

가연성 액체 또는 가연성 가스의 소화에 필요한 설계농도

방호대상물	설계농도[%]
수소(Hydrogen)	75
아세틸렌(Acetylene)	66
일산화탄소(Carbon Monoxide)	64
산화에틸렌(Ethylene Oxide)	53
에틸렌(Ethylene)	49
에탄(Ethane)	40
석탄가스, 천연가스(Coal, Natural Gas)	37
사이클로 프로판(Cyclo Propane)	37
이소부탄(Iso Butane)	36
프로판(Propane)	36
부탄(Butane)	34
메탄(Methane)	34

09 이산화탄소의 증기비중은 약 얼마인가?(단, 공기의 분자량은 29이다.)

① 0.81 ② 1.52
③ 2.02 ④ 2.51

해설 ⊕

1) 증기비중 $= \dfrac{\text{분자량}}{\text{공기의 평균분자량}(29)}$

2) 이산화탄소 증기비중 : $\dfrac{44}{29} = 1.52$

∴ 공기보다 1.52배 정도 무겁다.

정답 **06** ① **07** ① **08** ④ **09** ②

10 유류탱크 화재 시 기름 표면에 물을 살수하면 기름이 탱크 밖으로 비산하여 화재가 확대되는 현상은?

① 슬롭오버(Slop Over)
② 플래시오버(Flash Over)
③ 프로스오버(Froth Over)
④ 블레비(BLEVE)

해설+

1) 슬롭오버(Slop Over)
   연소하고 있는 액면에 물이 뿌려지면 액면의 기름과 물이 함께 탱크 외부로 비산하는 현상
2) 플래시오버(Flash Over)
   건축물 화재 시 발생하는 현상으로 화재발생 후 일정시간이 경과하면 실내에 열과 가연성 가스가 축적되고 복사열에 의해 실 전체에 순간적으로 화재가 확산되는 현상
3) 프로스오버(Froth Over)
   물이 점성이 있는 뜨거운 기름 표면 아래에서 끓을 때 화재를 수반하지 않고 용기가 넘치는 현상
4) 블레비(BLEVE)
   탱크 주위 화재로 탱크 내 인화성 액체가 비등하고 가스 부분의 압력이 상승하여 탱크가 파괴되고 폭발을 일으키는 현상
5) 보일오버(Boil Over)
   중질유 화재 시 탱크하부의 물이 팽창하여 물과 기름이 비산, 분출하는 현상
6) 파이어볼(Fire Ball)
   강력한 폭발 발생 후 화염이 버섯구름 형태로 만들어진 후 공(Ball) 모양의 형태가 되는 현상

11 실내 화재 시 발생한 연기로 인한 감광계수(m^{-1})와 가시거리에 대한 설명 중 틀린 것은?

① 감광계수가 0.1일 때 가시거리는 20~30m이다.
② 감광계수가 0.3일 때 가시거리는 15~20m이다.
③ 감광계수가 1.0일 때 가시거리는 1~2m이다.
④ 감광계수가 10일 때 가시거리는 0.2~0.5m이다.

해설+

감광계수와 가시거리의 관계

감광계수 C_s[m⁻¹]	가시거리 d[m]	상황
0.1	20~30	연기감지기가 작동할 때의 농도
0.3	5	건물 내부에 익숙한 사람이 피난에 지장을 느낄 정도의 농도
0.5	3	어두컴컴함을 느낄 정도의 농도
1	1~2	앞이 거의 보이지 않을 정도의 농도
10	0.2~0.5	화재 최성기 때의 농도

12 $NH_4H_2PO_4$를 주성분으로 한 분말소화약제는 제 몇 종 분말소화약제인가?

① 제1종 ② 제2종
③ 제3종 ④ 제4종

해설+

분말소화약제의 종류

종별	분자식	착색	적응화재	충전비 [l/kg]
제1종 분말	탄산수소나트륨 ($NaHCO_3$)	백색	BC급	0.8
제2종 분말	탄산수소칼륨 ($KHCO_3$)	담회색 (담자색)	BC급	1.0
제3종 분말	제1인산암모늄 ($NH_4H_2PO_4$)	담홍색	ABC급	1.0
제4종 분말	탄산수소칼륨+요소 ($KHCO_3+(NH_2)_2CO$)	회색	BC급	1.25

13 다음 물질 중 연소하였을 때 시안화수소를 가장 많이 발생시키는 물질은?

① Polyethylene
② Polyurethane
③ Polyvinyl chloride
④ Polystyrene

해설 ➕

시안화수소(HCN)

1) 독성이 매우 높은 가스로서 석유제품, 유지, 플라스틱의 불완전연소 시 발생된다. 증기비중이 공기보다 가볍다.

2) 증기비중 : $\dfrac{27}{29} = 0.931$

3) 중합폭발의 위험이 있다.

4) 폴리우레탄(Polyurethane)은 100g당 300ppm 정도의 시안화수소를 발생시킨다.

14 다음 물질의 저장창고에서 화재가 발생하였을 때 주수소화를 할 수 없는 물질은?

① 부틸리튬   ② 질산에틸
③ 나이트로셀룰로오스   ④ 적린

해설 ➕

구분	부틸리튬	질산에틸	나이트로셀룰로오스	적린
유별	제3류위험물	제5류 위험물	제5류 위험물	제2류 위험물
성질	금수성 및 자연발화성 물질	자기반응성 물질	자기반응성 물질	가연성 고체
소화	질식소화 (주수소화 엄금)	주수소화	주수소화	주수소화

15 다음 중 상온, 상압에서 액체인 것은?

① 탄산가스   ② 할론 1301
③ 할론 2402   ④ 할론 1211

해설 ➕

1) 이산화탄소의 물성

구분	물성
화학식	CO_2
분자량	44
증기비중	1.52
삼중점	-57℃
임계온도	31.35℃
승화점	-79℃
상온, 상압에서 상태	기체

2) 할론소화약제의 물성

구분	Halon 1211	Halon 1301	Halon 2402	Halon 1011
화학식	CF_2ClBr	CF_3Br	$C_2F_4Br_2$	CH_2ClBr
분자량	165.4	148.9	259.8	129.4
증기비중	5.7	5.13	8.96	4.46
상온, 상압에서 상태	기체	기체	액체	액체

16 밀폐된 내화건물의 실내에 화재가 발생했을 때 그 실내의 환경변화에 대한 설명 중 틀린 것은?

① 기압이 급강하한다.
② 산소가 감소된다.
③ 일산화탄소가 증가한다.
④ 이산화탄소가 증가한다.

해설 ➕

내화구조 건축물의 화재 시 실내환경 변화

1) 실내의 압력 상승(온도 상승 → 부피 팽창 → 압력 상승)
2) 산소 감소(연소에 의한 산소 소모)
3) 일산화탄소 증가(불완전연소)
4) 이산화탄소 증가(완전연소)

17 제거소화의 예에 해당하지 않는 것은?

① 밀폐 공간에서의 화재 시 공기를 제거한다.

② 가연성 가스 화재 시 가스의 밸브를 닫는다.

③ 산림화재 시 확산을 막기 위하여 산림의 일부를 벌목한다.

④ 유류탱크 화재 시 연소되지 않은 기름을 다른 탱크로 이동시킨다.

해설 ⊕

제거소화

1) 가연물을 제거하여 소화

2) 고체 가연물 : 가연물을 화재 현장으로부터 즉시 제거함 (산림화재 시 앞쪽에서 벌목하여 진화)

3) 액체 및 기체 : 가연성 물질을 누출시키는 용기의 밸브를 폐쇄

4) 전기화재 : 전원스위치를 차단하여 전기의 공급을 차단

5) 수용성 액체 : 다량의 물을 주입하여 농도를 연소범위 이하로 낮춤

① 밀폐 공간에서의 화재 시 공기를 제거한다 → 질식소화

18 화재 시 나타나는 인간의 피난특성으로 볼 수 없는 것은?

① 어두운 곳으로 대피한다.

② 최초로 행동한 사람을 따른다.

③ 발화지점의 반대방향으로 이동한다.

④ 평소에 사용하던 문, 통로를 사용한다.

해설 ⊕

① 어두운 곳으로 대피한다. → 빛을 찾아 밝은곳으로 대피 (지광본능)

② 최초로 행동한 사람을 따른다.(추종본능)

③ 발화지점의 반대방향으로 이동한다.(퇴피본능)

④ 평소에 사용하던 문, 통로를 사용한다.(귀소본능)

화재발생 시 인간의 피난특성

피난특성	내용
추종본능	화재와 같은 급박한 상황에서는 먼저 행동한 사람을 따라 하는 특성

귀소본능	자주 이용하는 경로 및 원래 온 길로 돌아가려는 특성
퇴피본능	화재가 발생하면 반사적으로 화염, 열, 연기의 반대쪽으로 멀어지려는 특성
좌회본능	피난 시 시계반대방향으로 회전하려는 본능
지광본능	화재 시 빛을 찾아 외부로 빠져나오려는 특성

19 산소의 농도를 낮추어 소화하는 방법은?

① 냉각소화 ② 질식소화

③ 제거소화 ④ 억제소화

해설 ⊕

소화의 방법

1) 냉각소화

① 점화원을 발화점 이하로 냉각하여 소화하는 방법

② 물의 현열과 증발잠열을 이용하는 방법이 가장 많이 사용됨

2) 질식소화

① 공기 중의 산소농도를 15% 이하로 희박하게 하여 소화하는 방법

② 이산화탄소, 불활성가스 등을 분사하여 산소농도를 낮춤

3) 제거소화

① 가연물을 제거하여 소화

② 고체 가연물 : 가연물을 화재현장으로부터 즉시 제거함(산림화재 시 앞쪽에서 벌목하여 진화)

③ 액체 및 기체 : 가연성 물질을 누출시키는 용기의 밸브를 폐쇄

④ 전기화재 : 전원스위치를 차단하여 전기의 공급을 차단

⑤ 수용성 액체 : 다량의 물을 주입하여 농도를 연소범위 이하로 낮춤

4) 억제소화(부촉매소화)

① 할론소화약제, 할로젠화합물소화약제, 분말소화약제 등을 사용하여 소화

② 불꽃연소 시 발생하는 H^*, OH^* 활성라디칼을 포착하여 연쇄반응을 억제

③ 불꽃연소에 적응성이 뛰어나고 훈소에는 적응성이 거의 없다.

20 인화알루미늄의 화재 시 주수소화하면 발생하는 물질은?

① 수소
② 메탄
③ 포스핀
④ 아세틸렌

해설 ➕

3류 위험물 중 금수성 물질의 반응식
1) 나트륨과 물의 반응식
$$2Na + 2H_2O \rightarrow 2NaOH + H_2(수소 발생)$$
2) 칼륨과 물의 반응식
$$2K + 2H_2O \rightarrow 2KOH + H_2(수소 발생)$$
3) 탄화칼슘과 물의 반응식
$$CaC_2 + 2H_2O \rightarrow Ca(OH)_2 + C_2H_2(아세틸렌 발생)$$
4) 인화칼슘과 물의 반응식
$$Ca_3P_2 + 6H_2O \rightarrow 3Ca(OH)_2 + 2PH_3(포스핀가스 발생)$$
5) 인화알루미늄과 물의 반응식
$$AlP + 3H_2O \rightarrow Al(OH)_3 + PH_3(포스핀가스 발생)$$

2과목 **소방전기일반**

21 다음 중 직류전동기의 제동법이 아닌 것은?

① 회생제동
② 정상제동
③ 발전제동
④ 역전제동

해설 ➕

1) 발전제동 : 전동기의 전기자를 전원에서 끊고 전동기를 발전기로 동작시켜 운동에너지로 발생하는 전력을 그 단자에 접속한 저항에서 소비시키는 제동법
2) 역상제동(역전제동) : 전동기의 전원 접속을 바꾸어 역토크를 발생시켜 급정지시키는 방법
3) 회생제동 : 전동기에 전원을 접속한 상태에서 전동기에 유기되는 역기전력을 전원 전압보다 높게 하여 회전운동에너지로 변환하는 전력을 전원 측에 반환
4) 기계 제동 : 주로 마찰 제동 방식이 쓰이며 압축공기 유압 등으로 제동 편을 제동륜에 압착시켜 그사이의 마찰력으로 제동하는 방식

22 그림과 같은 유접점 회로의 논리식은?

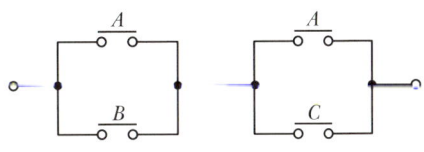

① $A + BC$
② $AB + C$
③ $B + AC$
④ $AB + BC$

해설 ➕

$(A+B)(A+C) = AA + AC + AB + BC$
여기서, $AA = A$이므로
$= A + AC + AB + BC$, A로 묶으면
$= A(1+C+B) + BC$, $(1+C+B) = 1$이므로
$= A + BC$

23 평형 3상 부하의 선간전압이 200V, 전류가 10A, 역률이 70.7%일 때 무효전력은 약 몇 Var인가?

① 2,880
② 2,450
③ 2,000
④ 1,410

해설 ➕

1) 피상전력 $P_a[VA]$
$$P_a = \sqrt{3}\ V_l I_l$$
$$= \sqrt{3} \times 200 \times 10 = 3,464.1[VA]$$

2) 유효전력 $P[W]$

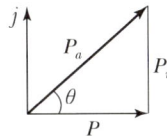

$$P = P_a \cos\theta = \sqrt{3}\ V_l I_l \cos\theta$$
$$= \sqrt{3} \times 200 \times 10 \times 0.707 = 2,449.12[W]$$

3) 무효전력 $P_r[Var]$
$$P_r = \sqrt{P_a^2 - P^2}$$
$$= \sqrt{3,464.1^2 - 2,449.12^2} = 2,449.86$$
$$\fallingdotseq 2,450[Var]$$

정답 **20** ③ **21** ② **22** ① **23** ②

24
최대 눈금 50mV, 내부저항 100Ω의 직류전압계에 1.2MΩ의 배율기를 접속하면 약 몇 V까지 측정할 수 있는 최대 전압은 약 몇 V인가?

① 3
② 60
③ 600
④ 1,200

해설 ⊕

배율기($R_m[\Omega]$)

전압계의 측정범위를 확대하기 위해 내부저항이 $r_v[\Omega]$인 전압계에 직렬로 연결하는 저항

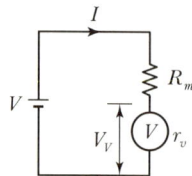

$$V_V = \frac{r_v}{R_m + r_v} \times V \qquad \frac{V}{V_V} = \frac{R_m + r_v}{r_v}$$

$$\frac{V}{V_V} = m (\text{배율기 배율})$$

$$\boxed{\frac{V}{V_V} = 1 + \frac{R_m}{r_v}}$$

여기서, V : 전체 전압[V]

V_V : 전압계에 걸리는 전압

r_v : 전압계 내부저항

R_m : 배율기 저항[Ω]

[풀이]

V : 최대 전압[V]

V_V : $50[\text{mV}] = 50 \times 10^{-3}[\text{V}]$

r_v : $100[\Omega]$

R_m : $1.2[\text{M}\Omega] = 1.2 \times 10^6[\Omega] = 1,200,000[\Omega]$

$$\frac{V}{V_V} = 1 + \frac{R_m}{r_v}$$

$$\frac{V}{50 \times 10^{-3}} = 1 + \frac{1,200,000}{100}$$

$$V = \left(1 + \frac{1,200,000}{100}\right) \times 50 \times 10^{-3} = 600.05[\text{V}]$$

25
복소수로 표시된 전압 $10 - j$[V]를 어떤 회로에 가하는 경우 $5 + j$[A]의 전류가 흘렀다면 이 회로의 저항은 약 몇 Ω인가?

① 1.88
② 3.6
③ 4.5
④ 5.46

해설 ⊕

임피던스 : $Z = \dfrac{V}{I}$

$Z = \dfrac{10 - j}{5 + j}$ 분모의 허수부를 없애기 위해 공액복소수를 분자, 분모에 곱한다.

$$Z = \frac{10 - j}{5 + j} \times \frac{5 - j}{5 - j} = \frac{50 - j10 - j5 - 1}{25 - j5 + j5 + 1} = \frac{49 - j15}{26}$$

$$= 1.88 - j0.58$$

여기서, 실수부는 저항이고, 허수부는 리액턴스이다.

$\therefore R = 1.88[\Omega]$, $X = 0.58[\Omega]$

※ 허수 : $j = \sqrt{-1}$, $j^2 = -1$

26
그림과 같은 블록선도에서 출력 $C(s)$는?

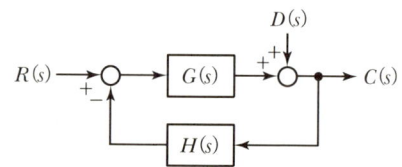

① $\dfrac{G(s)}{1 + G(s)H(s)} R(s) + \dfrac{G(s)}{1 + G(s)H(s)} D(s)$

② $\dfrac{1}{1 + G(s)H(s)} R(s) + \dfrac{1}{1 + G(s)H(s)} D(s)$

③ $\dfrac{G(s)}{1 + G(s)H(s)} R(s) + \dfrac{1}{1 + G(s)H(s)} D(s)$

④ $\dfrac{1}{1 + G(s)H(s)} R(s) + \dfrac{G(s)}{1 + G(s)H(s)} D(s)$

해설 ⊕

간이 전달함수법

$$\boxed{G(s) = \frac{C(s)}{R(s)} = \frac{\text{순방향 경로의 곱}}{1 - \text{루프의 곱}}}$$

여기서, $G(s)$: 전달함수, $R(s)$: 입력, $C(s)$: 출력

1) 입력이 $R(s)$일 때 출력 $C(s)$
  ① 전달함수
  $$\frac{C(s)}{R(s)} = \frac{G(s)}{1 + G(s)\,H(s)}$$
  ② 출력 : $C(s) = \frac{G(s)}{1 + G(s)\,H(s)}\,R(s)$

2) 입력이 $D(s)$일 때 출력 $C(s)$
  ① 전달함수
  $$\frac{C(s)}{D(s)} = \frac{1}{1 + G(s)\,H(s)}$$
  ② 출력 : $C(s) = \frac{1}{1 + G(s)H(s)}\,D(s)$

3) 입력 $R(s)$, $D(s)$가 동시에 들어갈 때의 출력 $C(s)$
  ① $C = C_1 + C_2$
  ② $C(s) = \frac{G(s)}{1 + G(s)\,H(s)}\,R(s) +$
  $\frac{1}{1 + G(s)H(s)}\,D(s)$

---

27 그림과 같이 전류계 A_1, A_2를 접속할 경우 A_1 은 25A, A_2는 5A를 지시하였다. 전류계 A_2의 내부 저항은 몇 Ω인가?

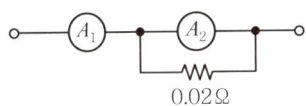

① 0.05 　　　　② 0.08
③ 0.12 　　　　④ 0.15

해설⊕

분류기(R_s[Ω])
전류계의 측정범위를 확대하기 위해 내부저항이 r_a[Ω]인 전류계에 병렬로 연결하는 저항

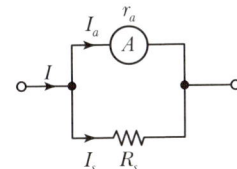

$$I_a = \frac{R_s}{r_a + R_s} \times I \qquad \frac{I}{I_a} = \frac{R_s + r_a}{R_s}$$

$$\frac{I}{I_a} = n(\text{분류기 배율})$$

$$\boxed{\frac{I}{I_a} = 1 + \frac{r_a}{R_s}}$$

여기서, I : 전체 전류[A]
　　　I_a : 전류계 회로의 전류[A]
　　　r_a : 전류계의 내부저항[Ω]
　　　R_s : 분류기 저항[Ω]

[풀이]
$$\frac{I}{I_a} = 1 + \frac{r_a}{R_s}$$
$$\frac{25}{5} = 1 + \frac{r_a}{0.02}$$
$$r_a = (5-1) \times 0.02 = 0.08[\Omega]$$

---

28 다음 회로에서 출력전압은 몇 V인가?(단, A =5V, B=0V인 경우이다.)

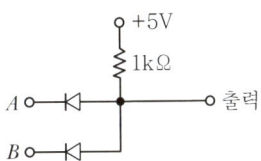

① 0 　　　　② 5
③ 10 　　　　④ 15

해설⊕

AND 회로
1) 의미 : 입력신호 A, B가 동시에 1일 때만 출력신호가 1 이 되는 회로
2) 논리식 : $X = A \cdot B$
3) 논리회로 :
4) 유접점 회로
5) 진리표

A	B	X
0	0	0
0	1	0
1	0	0
1	1	1

---

6) 무접점 회로

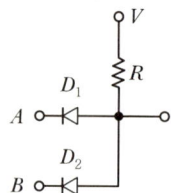

29 동기발전기의 병렬운전조건으로 틀린 것은?

① 기전력의 크기가 같을 것

② 기전력의 위상이 같을 것

③ 기전력의 주파수가 같을 것

④ 극수가 같을 것

해설⊕

병렬운전조건

동기발전기의 병렬운전조건	변압기의 병렬운전조건
• 기전력의 위상이 같을 것 • 기전력의 크기가 같을 것 • 기전력의 주파수가 같을 것 • 기전력의 파형 같을 것 • 상회전 방향이 같을 것	• 극성이 일치할 것 • 권수비 및 1, 2차 정격전압이 같을 것 • 각 변압기의 저항과 리액턴스비가 같을 것 • 각 변위가 같을 것 • 상회전 방향이 같을 것

30 수정, 전기석 등의 결정에 압력을 가하여 변형을 주면 변형에 비례하여 전압이 발생하는 현상을 무엇이라 하는가?

① 국부작용

② 전기분해

③ 압전현상

④ 성극작용

해설⊕

① 국부작용 : 전지의 전극과 불순물이 국부적인 하나의 회로를 구성하여 전지 내부에서 순환전류가 흘러 화학변화를 일으켜 기전력이 감소하는 현상

② 전기분해 : 전해질 용액에 전극을 담그고 직류전류를 흘려 주면 용액 속의 이온들이 각각 반대의 전하를 띤 전극 쪽으로 이동하며 산화·환원 반응을 일으키게 된다. 양이온은 음극 쪽으로, 음이온은 양극 쪽으로 이동하여 각각의 성분 물질로 나누어지는 현상

③ 압전현상 : 수정, 전기석 등의 결정에 압력을 가하여 변형을 주면 변형에 비례하여 전압이 발생하는 현상

④ 성극작용(분극작용) : 전지에 전류가 흐르면 양극의 표면에 수소가스가 발생하여 전류의 흐름을 방해함으로써 전지의 기전력을 저하시키는 현상

31 인덕턴스가 0.5H인 코일의 리액턴스가 753.6Ω일 때 주파수는 약 몇 Hz인가?

① 120

② 240

③ 360

④ 480

해설⊕

유도성 리액턴스

$$X_L = \omega L = 2\pi f L$$

여기서, X_L : 유도성 리액턴스[Ω]

ω : 각속도[rad/s]

L : 인덕턴스[H]

f : 주파수[Hz]

[풀이]

$\dot{X_L} = 2\pi f L$, $753.6[\Omega] = 2\pi f \times 0.5[H]$

$f = \dfrac{753.6}{2\pi \times 0.5} ≒ 240[Hz]$

32 메거(Megger)는 어떤 저항을 측정하기 위한 장치인가?

① 절연저항

② 접지저항

③ 전지의 내부저항

④ 궤도저항

해설⊕

용도별 계측기의 종류

1) 켈빈 더블 브리지법 : 저저항 측정

2) 휘트스톤 브리지 : 중저항 측정, 검류계의 내부저항 측정

3) 메거(절연저항계) : 절연저항, 고저항 측정

4) 콜라우시 브리지법 : 접지저항, 전해액의 도전율, 전지의 내부저항 측정

5) 오실로스코프 : 펄스전압의 파형 측정

6) 접지저항계 : 접지저항 측정

정답 29 ④ 30 ③ 31 ② 32 ①

33 제어대상에서 제어량을 측정하고 검출하여 주 궤환신호를 만드는 것은?

① 조작부   ② 출력부

③ 검출부   ④ 제어부

해설 ⊕

피드백(폐회로) 제어의 구성

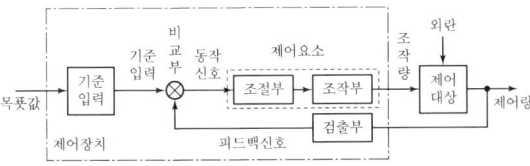

1) 목푯값 : 입력값으로 외부에서 제어장치에 주어지는 값

2) 기준입력요소 : 목푯값에 비례하는 기준입력신호를 발생 시키는 장치

3) 동작신호 : 기준입력과 피드백신호와의 차이를 구하는 장치

4) 제어요소 : 동작신호를 조작량으로 변환하는 요소(조절 부+조작부)

5) 조절부 : 제어요소가 동작하는 데 필요한 신호를 만들어 조작부에 보내는 장치

6) 조작부 : 조절부로부터 받은 신호를 조작량으로 바꾸어 제어대상에 보내 주는 장치

7) 조작량 : 제어요소가 제어대상에 가하는 제어신호로서 제어요소의 출력신호, 제어대상의 입력신호

8) 외란 : 제어량의 값을 교란시키려 하는 외부 신호

9) 제어대상 : 제어량을 발생시키는 장치로 제어계에서 직접 제어를 받는 장치

10) 검출부 : 제어량을 검출하고 입력과 출력을 비교하는 비교부가 반드시 필요

11) 제어량 : 제어를 받는 제어대상의 출력

34 다음 무접점회로의 논리식은?

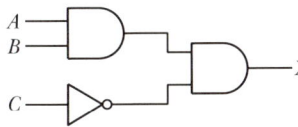

① $A \cdot B + \overline{C}$ ② $A + B + \overline{C}$

③ $(A + B) \cdot \overline{C}$ ④ $A \cdot B \cdot \overline{C}$

해설 ⊕

1) 입력이 A, B인 AND 게이트의 논리식 : $A \cdot B$

2) 입력이 C인 NOT 게이트의 논리식 : $\overline{C}$

3) 위 1)과 2)의 출력을 입력으로 하는 AND 게이트의 논리 식 : $X = A \cdot B \cdot \overline{C}$

35 단상변압기 권수비 $a = 80$이고, 1차 교류전압은 110V이다. 변압기 2차 전압을 단상 반파 정류회로를 이용하여 정류하였을 때 발생하는 직류전압의 평균치는 약 몇 V인가?

① 6.19   ② 6.29

③ 6.39   ④ 6.88

해설 ⊕

1) 권수비

$$a = \frac{N_1}{N_2} = \frac{V_1}{V_2} = \frac{I_2}{I_1} = \sqrt{\frac{Z_1}{Z_2}} = \sqrt{\frac{R_1}{R_2}}$$

2) 2차 정현파 교류전압의 실효값 $[V_2]$

$a = \dfrac{V_1}{V_2}$ 에서 $8 = \dfrac{110}{V_2}$, $V_2 = \dfrac{110}{8} = 13.75[\text{V}]$

3) 2차 정현파 교류전압의 최댓값 $[V_m]$

    =단상반파의 최댓값 $[V_m]$

$V_m = \sqrt{2} \, V = \sqrt{2} \times 13.75 = 19.45[\text{V}]$

4) 단상 반파의 평균값 $[V_{av}]$

$V_{av} = \dfrac{V_m}{\pi} = \dfrac{19.45}{\pi} = 6.19[\text{V}]$

36 평행한 왕복 전선에 10A의 전류가 흐를 때 전선 사이에 작용하는 전자력[N/m]은?(단, 전선의 간격은 40cm이다.)

① 5×10^{-5} N/m, 서로 반발하는 힘

② 5×10^{-5} N/m, 서로 흡인하는 힘

③ 7×10^{-5} N/m, 서로 반발하는 힘

④ 7×10^{-5} N/m, 서로 흡인하는 힘

해설➕

평행 도선 사이에 작용하는 힘(전자력)

1) 전류 방향이 동일 : 흡인력
2) 전류 방향이 반대 : 반발력
3) 단위길이당 작용하는 힘

$$F = \frac{2\,I_1 I_2}{r} \times 10^{-7} [\text{N/m}]$$

여기서, r : 두 도선 사이의 거리[m]
I : 전류[A]

4) 평행 도선 사이에 작용하는 힘은 두 도선 사이의 거리에 반비례한다.

[풀이]

$$F = \frac{2 \times 10 \times 10}{40 \times 10^{-2}} \times 10^{-7} = 5 \times 10^{-5} [\text{N/m}]$$

37 변위를 전압으로 변환시키는 장치가 아닌 것은?

① 포텐셔미터
② 차동변압기
③ 전위차계
④ 측온저항체

해설➕

변환요소의 종류

변환량	변환요소
압력 → 변위	벨로즈, 다이어프램, 스프링
변위 → 압력	노즐 플래퍼, 유압 분사관, 스프링
온도 → 임피던스	측온저항계, 정온식 감지선형 감지기
온도 → 전압	열전대, 방사온도계
변위 → 임피던스	가변저항기
변위 → 전압	포텐셔미터, 차동변압기, 전위차계

38 자동화재탐지설비의 감지기 회로의 길이가 500m이고, 종단에 8kΩ의 저항이 연결되어 있는 회로에 24V의 전압이 가해졌을 경우 도통시험 시 전류는 약 몇 mA인가?(단, 동선의 저항률은 1.69×10^{-8} Ω · m이며, 동선의 단면적은 2.5mm²이고, 접촉저항 등은 없다고 본다.)

① 2.4
② 3.0
③ 4.8
④ 6.0

해설➕

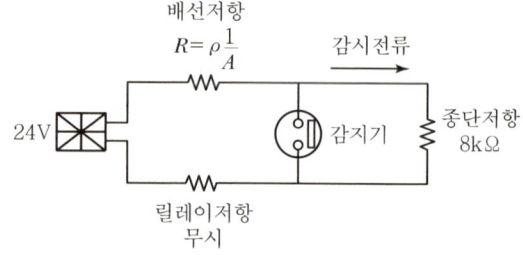

1) 도통시험 시 전류(감시전류)

$$I = \frac{24[\text{V}]}{\text{배선저항} + \text{종단저항}} [\text{A}]$$

2) 배선저항

$$R = \rho \frac{l}{A}$$

여기서, ρ : 고유저항[Ω · m]
A : 도체의 단면적[m²]
l : 도체의 길이[m]

$$R = 1.69 \times 10^{-8} \times \frac{500}{2.5 \times 10^{-6}} = 3.38[\Omega]$$

3) 도통시험 전류

$$I = \frac{24}{3.38 + 8,000} = 0.003[\text{A}] = 3[\text{mA}]$$

39 반지름 20cm, 권수 50회인 원형 코일에 2A의 전류를 흘려 주었을 때 코일 중심에서 자계(자기장)의 세기[AT/m]는?

① 70
② 100
③ 125
④ 250

해설➕

원형 코일 중심점의 자계의 세기

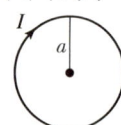

$$H = \frac{NI}{2a}[\text{AT/m}]$$

여기서, N : 권수[T], I : 전류[A], a : 반지름[m]

[풀이]

$$H = \frac{NI}{2a}, \; H = \frac{50 \times 2}{2 \times 20 \times 10^{-2}} = 250[\text{AT/m}]$$

40 전원전압을 일정하게 유지하기 위하여 사용하는 다이오드는?

① 쇼트키 다이오드

② 터널 다이오드

③ 제너 다이오드

④ 바랙터 다이오드

해설⊕

반도체의 종류 및 특성

반도체의 종류	특성	용도
서미스터	온도가 높아지면 저항값이 감소하는 부저항 온도계수의 특성(NTC)	• 온도보상용 • 휘트스톤 브리지
바리스터	서지전압을 흡수하여 전자회로를 보호	• 개폐기의 불꽃 소거 • 서지전압 제거
SCR	단방향 3단자 사이리스터	• 대전류용 • 전동기 제어, 검출회로용
제너 다이오드	역방향의 전압이 가해질 때 정전압을 발생	정전압 회로용으로 사용
바랙터 다이오드	전압에 따라 커패시턴스를 가변할 수 있는 가변용량 다이오드	AFC 회로나 FM 회로 등에 사용
터널 다이오드	전압-전류는 부성저항형이며, 고주파 특성이 양호하다.	• 초고주파 발진회로 • 고속 스위칭회로

3과목 **소방관계법규**

41 소방시설공사업법령에 따른 소방시설업 등록이 가능한 사람은?

① 피성년후견인

② 위험물안전관리법에 따른 금고 이상의 형의 집행유예를 선고받고 그 유예기간 중에 있는 사람

③ 등록하려는 소방시설업 등록이 취소된 날부터 3년이 지난 사람

④ 소방기본법에 따른 금고 이상의 실형을 선고받고 그 집행이 면제된 날부터 1년이 지난 사람

해설⊕

소방시설업 등록의 결격사유

1) 피성년후견인

2) 금고 이상의 실형을 선고받고 그 집행이 끝나거나 면제된 날부터 2년이 지나지 아니한 사람

3) 금고 이상의 형의 집행유예를 선고받고 그 유예기간 중에 있는 사람

4) 등록하려는 소방시설업 등록이 취소된 날부터 2년이 지나지 아니한 자

5) 법인의 대표자가 제1)호에서 제4)호까지의 규정에 해당하는 경우 그 법인

6) 법인의 임원이 제2)호부터 제4)호까지의 규정에 해당하는 경우 그 법인

42 방염성능기준 이상의 실내장식물 등을 설치해야 하는 특정소방대상물이 아닌 것은?

① 숙박이 가능한 수련시설

② 층수가 11층 이상인 아파트

③ 건축물 옥내에 있는 종교시설

④ 방송통신시설 중 방송국 및 촬영소

해설⊕

방염성능기준 이상의 실내장식물 등을 설치하여야 하는 특정소방대상물

1) 근린생활시설 중 의원, 치과의원, 한의원, 조산원, 산후조리원, 체력단련장, 공연장 및 종교집회장

---

2) 건축물의 옥내에 있는 시설로서 다음 각 목의 시설
   ① 문화 및 집회시설
   ② 종교시설
   ③ 운동시설(수영장은 제외)
3) 의료시설
4) 교육연구시설 중 합숙소
5) 노유자시설
6) 숙박이 가능한 수련시설
7) 숙박시설
8) 방송통신시설 중 방송국 및 촬영소
9) 다중이용업소
10) 층수가 11층 이상인 것(아파트는 제외)

43 소방시설공사업법령상 소방공사감리를 실시함에 있어 용도와 구조에서 특별히 안전성과 보안성이 요구되는 소방대상물로서 소방시설물에 대한 감리를 감리업자가 아닌 자가 감리할 수 있는 장소는?

① 정보기관의 청사
② 교도소 등 교정관련시설
③ 국방 관계시설 설치장소
④ 원자력안전법상 관계시설이 설치되는 장소

해설 ➕ -

감리업자가 아닌 자가 감리할 수 있는 보안성 등이 요구되는 소방대상물의 시공 장소(소방시설공사업법 시행령 제8조)
「원자력안전법」 제2조제10호에 따른 관계시설이 설치되는 장소
※ 관계시설 : 원자로의 안전에 관계되는 시설로서 대통령령으로 정하는 것

44 위험물안전관리법령상 다음의 규정을 위반하여 위험물의 운송에 관한 기준을 따르지 아니한 자에 대한 과태료기준은?

> 위험물운송자는 이동탱크저장소에 의하여 위험물을 운송하는 때에는 행정안전부령으로 정하는 기준을 준수하는 등 당해 위험물의 안전확보를 위하여 세심한 주의를 기울여야 한다.

① 100만 원 이하   ② 300만 원 이하
③ 500만 원 이하   ④ 700만 원 이하

해설 ➕ -

500만 원 이하의 과태료
1) 시·도의 조례가 정하는 바에 따라 관할소방서장의 승인을 받아 지정수량 이상의 위험물을 90일 이내의 기간 동안 임시로 저장 또는 취급하는 경우에서 승인을 받지 않은 경우
2) 제조소 등의 위치·구조 또는 설비의 변경 없이 당해 제조소 등에서 저장하거나 취급하는 위험물의 품명·수량 또는 지정수량의 배수를 변경하고자 하는 자는 변경하고자 하는 날의 1일 전까지 행정안전부령이 정하는 바에 따라 시·도지사에게 신고하여야 하는 조항을 위반하여 기간이내에 신고하지 아니한 자
3) 지위승계 신고를 30일 이내에 시·도지사에게 하지 아니한 자
4) 용도폐지 신고를 14일 이내에 시·도지사에게 하지 아니한 자
5) 위험물운송자는 이동탱크저장소에 의하여 위험물을 운송하는 때에는 행정안전부령으로 정하는 기준을 준수하는 등 당해 위험물의 안전확보를 위하여 세심한 주의를 기울여야 하는 조항을 위반한 자

45 다음 소방시설 중 경보설비가 아닌 것은?

① 통합감시시설
② 가스누설경보기
③ 비상콘센트설비
④ 자동화재속보설비

해설 ➕ -

경보설비
1) 정의
   화재발생 사실을 통보하는 기계·기구 또는 설비
2) 종류
   ① 단독경보형 감지기
   ② 비상경보설비
      ㉠ 비상벨설비
      ㉡ 자동식사이렌설비
   ③ 자동화재탐지설비
   ④ 시각경보기

정답   **43** ④   **44** ③   **45** ③

⑤ 화재알림설비
⑥ 비상방송설비
⑦ 자동화재속보설비
⑧ 통합감시시설
⑨ 누전경보기
⑩ 가스누설경보기

③ 비상콘센트설비 → 소화활동설비

46 소방기본법령에 따라 주거지역·상업지역 및 공업지역에 소방용수시설을 설치하는 경우 소방대상물과의 수평거리를 몇 m 이하가 되도록 해야 하는가?

① 50 　　　　　　② 100
③ 150 　　　　　　④ 200

해설 ⊕ ------------------------------------

소방용수시설의 설치기준
1) 공통기준
　① 주거지역 · 상업지역 · 공업지역 : 수평거리 100m 이하
　② 그 밖의 지역 : 수평거리 140m 이하
2) 소방용수시설별 설치기준
　① 소화전의 설치기준 : 상수도와 연결하여 지하식 또는 지상식의 구조로 하고, 소방용 호스와 연결하는 소화전의 연결금속구의 구경 : 65mm
　② 급수탑의 설치기준
　　• 급수배관의 구경 : 100mm 이상
　　• 개폐밸브의 높이 : 지상에서 1.5m 이상 1.7m 이하의 위치에 설치할 것
　③ 저수조의 설치기준
　　• 지면으로부터의 낙차 : 4.5m 이하
　　• 흡수부분의 수심 : 0.5m 이상
　　• 흡수관의 투입구가 사각형 : 한 변의 길이가 60cm 이상
　　• 흡수관의 투입구가 원형 : 지름이 60cm 이상
　　• 소방펌프자동차가 쉽게 접근할 수 있을 것
　　• 흡수에 지장이 없도록 토사 및 쓰레기 등을 제거할 수 있는 설비를 갖출 것
　　• 저수조에 물을 공급하는 방법은 상수도에 연결하여 자동으로 급수되는 구조일 것

47 소방기본법령상 정당한 사유 없이 소방대가 현장에 도착할 때까지 사람을 구출하는 조치 또는 불을 끄거나 불이 번지지 아니하도록 하는 조치를 하지 아니한 사람에 대한 벌칙은?

① 50만 원 이하의 벌금
② 100만 원 이하의 벌금
③ 300만 원 이하의 벌금
④ 500만 원 이하의 벌금

해설 ⊕ ------------------------------------

100만 원 이하의 벌금
1) 정당한 사유 없이 소방대의 생활안전활동을 방해한 자
2) 정당한 사유 없이 소방대가 현장에 도착할 때까지 사람을 구출하는 조치 또는 불을 끄거나 불이 번지지 아니하도록 하는 조치를 하지 아니한 사람
3) 피난 명령을 위반한 사람
4) 정당한 사유 없이 물의 사용이나 수도의 개폐장치의 사용 또는 조작을 하지 못하게 하거나 방해한 자
5) 화재 발생을 막거나 폭발 등으로 화재가 확대되는 것을 막기 위하여 가스 · 전기 또는 유류 등의 시설에 대하여 위험물질의 공급을 차단하는 조치를 정당한 사유 없이 방해한 자

48 불꽃을 사용하는 용접·용단기구의 용접 또는 용단 작업장에서 지켜야 하는 사항 중 다음 (　) 안에 알맞은 것은?

> • 용접 또는 용단 작업자로부터 반경 (㉠)m 이내에 소화기를 갖추어 둘 것
> • 용접 또는 용단 작업장 주변 반경 (㉡)m 이내에는 가연물을 쌓아두거나 놓아두지 말 것. 다만, 가연물의 제거가 곤란하여 방지포 등으로 방호조치를 한 경우는 제외한다.

① ㉠ 3, ㉡ 5 　　　② ㉠ 5, ㉡ 3
③ ㉠ 5, ㉡ 10 　　④ ㉠ 10, ㉡ 5

불의 사용에 있어서 지켜야 하는 사항

종류	내용
불꽃을 사용하는 용접·용단 기구	용접 또는 용단 작업장 • 용접 또는 용단 작업자로부터 반경 5m 이내에 소화기를 갖추어 둘 것 • 용접 또는 용단 작업장 주변 반경 10m 이내에는 가연물을 쌓아두거나 놓아두지 말 것
음식조리를 위하여 설치하는 설비	일반음식점에서 조리를 위하여 불을 사용하는 설비 • 주방설비에 부속된 배출덕트 : 0.5mm 이상의 아연도금강판 • 주방시설에는 동물 또는 식물의 기름을 제거할 수 있는 필터를 설치할 것 • 열을 발생하는 조리기구 : 반자 또는 선반으로부터 0.6미터 이상 • 열을 발생하는 조리기구로부터 0.15m 이내의 거리에 있는 가연성 주요 구조부는 석면판 또는 단열성이 있는 불연재료로 덮어씌울 것

49 소방기본법령상 소방업무 상호응원협정 체결 시 포함되어야 하는 사항이 아닌 것은?

① 응원출동의 요청방법
② 응원출동훈련 및 평가
③ 응원출동대상지역 및 규모
④ 응원출동 시 현장지휘에 관한 사항

소방업무의 상호응원협정 시 포함사항

1) 다음의 소방활동에 관한 사항
 ① 화재의 경계·진압활동
 ② 구조·구급업무의 지원
 ③ 화재조사활동
2) 응원출동대상지역 및 규모
3) 다음 각 목의 소요경비의 부담에 관한 사항
 ① 출동대원의 수당·식사 및 피복의 수선
 ② 소방장비 및 기구의 정비와 연료의 보급
 ③ 그 밖의 경비
4) 응원출동의 요청방법
5) 응원출동훈련 및 평가

50 위험물안전관리법령상 제조소 등의 경보설비 설치기준에 대한 설명으로 틀린 것은?

① 제조소 및 일반취급소의 연면적이 500m² 이상인 것에는 자동화재탐지설비를 설치한다.
② 자동신호장치를 갖춘 스프링클러설비 또는 물분무 등 소화설비를 설치한 제조소 등에 있어서는 자동화재탐지설비를 설치한 것으로 본다.
③ 경보설비는 자동화재탐지설비·자동화재속보설비·비상경보설비(비상벨장치 또는 경종 포함)·확성장치(휴대용확성기 포함) 및 비상방송설비로 구분한다.
④ 지정수량의 10배 이상의 위험물을 저장 또는 취급하는 제조소 등(이동탱크저장소를 포함한다)에는 화재발생 시 이를 알릴 수 있는 경보설비를 설치하여야 한다.

1) 제조소 등의 경보설비 설치기준
 ① 지정수량의 10배 이상의 위험물을 저장 또는 취급하는 제조소 등(이동탱크저장소를 제외)에는 화재발생 시 이를 알릴 수 있는 경보설비를 설치하여야 한다.
 ② 경보설비는 자동화재탐지설비·자동화재속보설비·비상경보설비(비상벨장치 또는 경종을 포함)·확성장치(휴대용 확성기를 포함) 및 비상방송설비로 구분한다.
 ③ 자동신호장치를 갖춘 스프링클러설비 또는 물분무 등 소화설비를 설치한 제조소 등에 있어서는 자동화재탐지설비를 설치한 것으로 본다.

2) 제조소 등별로 설치하여야 하는 경보설비의 종류
 ① 자동화재탐지설비
  ㉠ 제조소 및 일반취급소
   • 연면적 500m² 이상인 것
   • 옥내에서 지정수량의 100배 이상을 취급하는 것
  ㉡ 옥내저장소
   • 지정수량의 100배 이상을 저장 또는 취급하는 것
   • 저장창고의 연면적이 150m²를 초과하는 것
 ② 자동화재탐지설비·자동화재속보설비·비상경보설비·확성장치 또는 비상방송설비 중 1종 이상 지정수량의 10배 이상을 저장 또는 취급하는 것

51 위험물안전관리법령에 따라 위험물안전관리자를 해임하거나 퇴직한 때에는 해임하거나 퇴직한 날부터 며칠 이내에 다시 안전관리자를 선임하여야 하는가?

① 30일
② 35일
③ 40일
④ 55일

해설 ➕

위험물안전관리자
1) 위험물안전관리자 선임 : 30일 이내(관계인이 선임)
2) 위험물안전관리자 선임 신고 : 14일 이내(소방본부장, 소방서장)
3) 대리자의 직무대행 기간 : 30일 이내
4) 안전교육대상자
　① 안전관리자로 선임된 자
　② 탱크시험자의 기술인력으로 종사하는 자
　③ 위험물운송자로 종사하는 자

52 소방시설공사업법령에 따른 소방시설업의 등록권자는?

① 국무총리
② 소방서장
③ 시·도지사
④ 한국소방안전협회장

해설 ➕

소방시설업
1) 소방시설업의 등록권자 : 시 · 도지사
2) 소방시설업의 업종별 영업범위 : 대통령령
3) 소방시설업의 등록신청과 등록증 · 등록수첩의 발급 · 재발급 신청, 그 밖에 소방시설업 등록에 필요한 사항 : 행정안전부령

53 소방기본법령에 따른 소방용수시설 급수탑 개폐밸브의 설치기준으로 맞는 것은?

① 지상에서 1.0m 이상 1.5m 이하
② 지상에서 1.2m 이상 1.8m 이하
③ 지상에서 1.5m 이상 1.7m 이하
④ 지상에서 1.5m 이상 2.0m 이하

해설 ➕

소방용수시설의 설치기준
1) 공통기준
　① 주거지역 · 상업지역 · 공업지역 : 수평거리 100m 이하
　② 그 밖의 지역 : 수평거리 140m 이하
2) 소방용수시설별 설치기준
　① 소화전의 설치기준
　　• 상수도와 연결하여 지하식 또는 지상식의 구조로 할 것
　　• 소방용 호스와 연결하는 소화전의 연결금속구의 구경 : 65mm
　② 급수탑의 설치기준
　　• 급수배관의 구경 : 100mm 이상
　　• 개폐밸브의 높이 : 지상에서 1.5m 이상 1.7m 이하의 위치에 설치할 것
　③ 저수조의 설치기준
　　• 지면으로부터의 낙차 : 4.5m 이하
　　• 흡수부분의 수심 : 0.5m 이상
　　• 흡수관의 투입구가 사각형 : 한 변의 길이가 60cm 이상
　　• 흡수관의 투입구가 원형 : 지름이 60cm 이상
　　• 소방펌프자동차가 쉽게 접근할 수 있을 것
　　• 흡수에 지장이 없도록 토사 및 쓰레기 등을 제거할 수 있는 설비를 갖출 것
　　• 저수조에 물 공급은 상수도에 연결하여 자동으로 급수되는 구조일 것

54 위험물안전관리법령상 정기검사를 받아야 하는 특정·준특정옥외탱크저장소의 관계인은 특정·준특정옥외탱크저장소의 설치허가에 따른 완공검사필증을 발급받은 날부터 몇 년 이내에 정기검사를 받아야 하는가?

① 9
② 10
③ 11
④ 12

해설 ➕

정기검사의 시기(시행규칙 제70조)
1) 특정 · 준특정옥외탱크저장소의 설치허가에 따른 완공검사필증을 발급받은 날부터 12년
2) 최근의 정기검사를 받은 날부터 11년

정답　**51** ①　**52** ③　**53** ③　**54** ④

55 소방시설 설치 및 관리에 관한 법률상 소방시설 등에 대한 자체점검 중 종합점검 대상인 것은?

① 제연설비가 설치되지 않은 터널
② 스프링클러설비가 설치된 아파트
③ 물분무 등 소화설비가 설치된 연면적이 $5,000m^2$인 위험물제조소
④ 호스릴 방식의 물분무 등 소화설비만을 설치한 연면적 $3,000m^2$인 특정소방대상물

해설 ➕

종합점검

구분	기준
정의	소방시설 등의 작동점검을 포함하여 소방시설 등의 설비별 주요 구성 부품의 구조기준이 화재안전기준과 건축법 등 관련 법령에서 정하는 기준에 적합한지 여부를 점검하는 것
점검대상	• 스프링클러설비가 설치된 특정소방대상물 • 물분무 등 소화설비 : 연면적 $5,000m^2$ 이상 (호스릴 제외, 위험물제조소 등 제외) • 다중이용업의 영업장 : 연면적이 $2,000m^2$ 이상인 것 • 제연설비가 설치된 터널 • 공공기관 : 연면적이 $1,000m^2$ 이상인 것으로서 옥내소화전설비 또는 자동화재탐지설비가 설치된 것
점검자의 자격	• 소방시설관리업에 등록된 기술인력 중 소방시설관리사 • 소방안전관리자로 선임된 소방시설관리사 및 소방기술사
점검횟수	• 연 1회 이상 • 특급 소방안전관리대상물(반기당 1회 이상)

56 소방시설 설치 및 관리에 관한 법률상 소방용품의 형식승인을 받지 아니하고 소방용품을 제조하거나 수입한 자에 대한 벌칙기준은?

① 100만 원 이하의 벌금
② 300만 원 이하의 벌금
③ 1년 이하의 징역 또는 1천만 원 이하의 벌금
④ 3년 이하의 징역 또는 3천만 원 이하의 벌금

해설 ➕

3년 이하의 징역 또는 3천만 원 이하의 벌금
1) 소방본부장이나 소방서장의 조치명령을 위반한 경우
2) 관리업의 등록을 하지 아니하고 영업을 한 자
3) 소방용품의 형식승인을 받지 아니하고 소방용품을 제조하거나 수입한 자 또는 거짓이나 그 밖의 부정한 방법으로 형식승인을 받은 사
4) 제품검사를 받지 아니한 자 또는 거짓이나 그 밖의 부정한 방법으로 제품검사를 받은 자
5) 소방용품을 판매·진열하거나 소방시설공사에 사용한 자
6) 거짓이나 그 밖의 부정한 방법으로 성능인증 또는 제품검사를 받은 자
7) 제품검사를 받지 아니하거나 합격표시를 하지 아니한 소방용품을 판매·진열하거나 소방시설공사에 사용한 자
8) 부정한 방법으로 제46조 제1항에 따른 전문기관으로 지정을 받은 자

57 화재의 예방 및 안전관리에 관한 법령상 소방안전관리대상물의 소방안전관리자의 업무가 아닌 것은?

① 소방시설 공사
② 소방훈련 및 교육
③ 소방계획서의 작성 및 시행
④ 자위소방대의 구성·운영·교육

해설 ➕

소방안전관리자의 업무
① 소방계획서의 작성 및 시행
② 자위소방대 및 초기대응체계의 구성·운영·교육
③ 피난시설, 방화구획 및 방화시설의 관리
④ 소방훈련 및 교육
⑤ 소방시설이나 그 밖의 소방 관련 시설의 관리
⑥ 화기 취급의 감독
⑦ 소방안전관리에 관한 업무 수행에 관한 기록·유지(③, ④, ⑥의 업무)

58 소방기본법에 따라 화재 등 그 밖의 위급한 상황이 발생한 현장에서 소방활동을 위하여 필요한 때에는 그 관할구역에 사는 사람 또는 그 현장에 있는 사람으로 하여금 사람을 구출하는 일 또는 불을 끄는 등의 일을 하도록 명령할 수 있는 권한이 없는 사람은?

① 소방서장
② 소방대장
③ 시·도지사
④ 소방본부장

해설 ➕

소방활동 종사 명령
1) 화재, 재난·재해, 그 밖의 위급한 상황이 발생한 현장에서 소방활동을 위하여 필요할 때에는 그 관할구역에 사는 사람 또는 그 현장에 있는 사람으로 하여금 사람을 구출하는 일 또는 불을 끄거나 불이 번지지 아니하도록 하는 일을 하도록 명령할 수 있는 사람 : 소방본부장, 소방서장, 소방대장
2) 소방활동에 필요한 보호장구를 지급하는 등 안전을 위한 조치 : 소방본부장, 소방서장 또는 소방대장
3) 소방활동에 종사한 사람에게 비용지급 : 시·도지사
4) 소방활동에 종사 후 비용을 지급받지 못하는 사람
　① 소방대상물에 화재, 재난·재해, 그 밖의 위급한 상황이 발생한 경우 그 관계인
　② 고의 또는 과실로 화재 또는 구조·구급 활동이 필요한 상황을 발생시킨 사람
　③ 화재 또는 구조·구급 현장에서 물건을 가져간 사람

59 소방시설 설치 및 관리에 관한 법령상 펌프공장의 작업장, 음료수 공장의 충전을 하는 작업장 등과 같이 화재안전기준을 적용하기 어려운 특정소방대상물에 설치하지 아니할 수 있는 소방시설의 종류가 아닌 것은?

① 연결살수설비
② 스프링클러설비
③ 상수도소화용수설비
④ 연결송수관설비

해설 ➕

소방시설을 설치하지 아니할 수 있는 특정소방대상물 및 소방시설의 범위

구분	특정소방대상물	소방시설
화재안전기준을 적용하기 어려운 특정소방대상물	펄프공장의 작업장, 음료수 공장의 세정 또는 충전을 하는 작업장, 그 밖에 이와 비슷한 용도로 사용하는 것	스프링클러설비, 상수도소화용수설비 및 연결살수설비
	정수장, 수영장, 목욕장, 농예·축산·어류양식용 시설, 그 밖에 이와 비슷한 용도로 사용되는 것	자동화재탐지설비, 상수도소화용수설비 및 연결살수설비
화재안전기준을 달리 적용하여야 하는 특수한 용도의 특정소방대상물	원자력발전소, 중·저준위 방사성 폐기물의 저장시설	연결송수관설비 및 연결살수설비

60 소방시설 설치 및 관리에 관한 법령상 건축허가 등의 동의대상물이 아닌 것은?

① 항공기격납고
② 연면적이 300m²인 공연장
③ 바닥면적이 300m²인 차고
④ 연면적이 300m²인 노유자시설

해설 ➕

건축허가 등의 동의대상물의 범위
1) 연면적이 400m² 이상인 건축물
2) 학교시설 : 100m² 이상
3) 노유자시설 및 수련시설 : 200m² 이상
4) 차고·주차장 : 바닥면적이 200m² 이상인 층이 있는 건축물이나 주차시설
5) 승강기 등 기계장치에 의한 주차시설 : 20대 이상
6) 지하층, 무창층 : 바닥면적이 150m²(공연장의 경우에는 100m²) 이상인 층
7) 정신의료기관, 장애인 의료재활시설 : 300m² 이상
8) 항공기격납고, 관망탑, 항공관제탑, 방송용 송수신탑
9) 조산원, 산후조리원, 위험물 저장 및 처리시설, 발전시설 중 전기저장시설, 지하구, 공동주택
10) 층수가 6층 이상인 건축물

4과목 소방전기시설의 구조 및 원리

61 소방시설용 비상전원수전설비의 화재안전기준에 따라 소방시설용 비상전원수전설비에서 소방회로 및 일반회로 겸용의 것으로 수전설비, 변전설비 그 밖의 기기 및 배선을 금속제 외함에 수납한 것은?

① 공용분전반
② 전용배전반
③ 공용큐비클식
④ 전용큐비클식

해설+

용어의 정의
1) 전용분전반 : 소방회로 전용의 것으로서 분기개폐기, 분기과전류차단기 그 밖의 배선용 기기 및 배선을 금속제 외함에 수납한 것
2) 공용분전반 : 소방회로 및 일반회로 겸용의 것으로서 분기개폐기, 분기과전류차단기 그 밖의 배선용 기기 및 배선을 금속제 외함에 수납한 것
3) 공용큐비클식 : 소방회로 및 일반회로 겸용의 것으로서 수전설비, 변전설비 그 밖의 기기 및 배선을 금속제 외함에 수납한 것
4) 전용큐비클식 : 소방회로용의 것으로 수전설비, 변전설비 그 밖의 기기 및 배선을 금속제 외함에 수납한 것

62 비상조명등의 화재안전기준에 따른 비상조명등의 시설기준에 적합하지 않은 것은?

① 조도는 비상조명등이 설치된 장소의 각 부분의 바닥에서 0.5lx가 되도록 하였다.
② 특정소방대상물의 각 거실과 그로부터 지상에 이르는 복도·계단 및 그 밖의 통로에 설치하였다.
③ 예비전원을 내장하는 비상조명등에 평상시 점등 여부를 확인할 수 있는 점검스위치를 설치하였다.
④ 예비전원을 내장하는 비상조명등에 해당 조명등을 유효하게 작동시킬 수 있는 용량의 축전지와 예비전원 충전장치를 내장하도록 하였다.

해설+

비상조명등 설치기준
1) 각 거실과 그로부터 지상에 이르는 복도·계단 및 그 밖의 통로에 설치할 것
2) 조도 : 각 부분의 바닥에서 1lx 이상
3) 예비전원을 내장하는 비상조명등
  ① 평상시 점등 여부를 확인할 수 있는 점검스위치를 설치할 것
  ② 축전지와 예비전원 충전장치를 내장할 것
4) 예비전원을 내장하지 아니하는 비상조명등의 비상전원 자가발전설비, 축전지설비, 전기저장장치

63 자동화재탐지설비 및 시각경보장치의 화재안전기준에 따른 공기관식 차동식 분포형 감지기의 설치기준으로 틀린 것은?

① 검출부는 3° 이상 경사되지 아니하도록 부착할 것
② 공기관의 노출부분은 감지구역마다 20m 이상이 되도록 할 것
③ 하나의 검출부분에 접속하는 공기관의 길이는 100m 이하로 할 것
④ 공기관과 감지구역의 각 변과의 수평거리는 1.5m 이하가 되도록 할 것

해설+

공기관식 차동식 분포형 감지기 설치기준

구분	기준
공기관의 최소길이	20m 이상
공기관의 최대길이	100m 이하
공기관과 각 변의 거리	수평거리 1.5m 이하
공기관 상호 간 거리	6m(내화구조 9m) 이하
공기관의 분기	도중에서 분기하지 아니할 것
검출부의 경사	5° 이상 경사지지 아니할 것
검출부의 높이	0.8m 이상 1.5m 이하
공기관의 규격	두께 0.3mm 이상 바깥지름 1.9mm 이상

정답 **61** ③ **62** ① **63** ①

64 무선통신보조설비의 화재안전기준에 따라 무선통신보조설비의 주회로 전원이 정상인지 여부를 확인하기 위해 증폭기의 전면에 설치하는 것은?

① 상순계
② 전류계
③ 전압계 및 전류계
④ 표시등 및 전압계

해설 ⊕

무선통신보조설비의 증폭기의 설치기준
1) 상용전원
　① 상용전원의 종류 : 축전지, 전기저장장치, 교류전압 옥내간선
　② 전원까지의 배선 : 전용
2) 증폭기의 전면 : 표시등 및 전압계
3) 증폭기의 비상전원용량 : 무선통신보조설비를 유효하게 30분 이상 작동시킬 수 있는 것

65 유도등 및 유도표지의 화재안전기준에 따라 지하층을 제외한 층수가 11층 이상인 특정소방대상물의 유도등의 비상전원에 축전지로 설치한다면 피난층에 이르는 부분의 유도등을 몇 분 이상 유효하게 작동시킬 수 있는 용량으로 하여야 하는가?

① 10
② 20
③ 50
④ 60

해설 ⊕

소방설비별 비상전원의 용량

소방설비	비상전원용량
• 비상경보설비(비상벨설비 또는 자동식 사이렌설비) • 비상방송설비 • 자동화재탐지설비 • 자동화재속보설비	60분 이상 감시상태 지속 10분 이상 경보
• 소화설비 • 유도등, 비상조명등 • 제연설비, 비상콘센트설비	20분 이상

소방 설비	비상전원 용량
유도등 및 비상조명등이 설치된 장소로서 • 지하층을 제외한 층수가 11층 이상의 층 • 지하층 또는 무창층으로서 용도가 도매시장·소매시장·여객자동차터미널·지하역사 또는 지하상가	60분 이상
무선통신보조설비의 증폭기	30분 이상

66 비상경보설비 및 단독경보형 감지기의 화재안전기준에 따라 바닥면적이 450m²일 경우 단독경보형 감지기의 최소 설치개수는?

① 1개
② 2개
③ 3개
④ 4개

해설 ⊕

단독경보형 감지기의 설치기준
1) 각 실마다 설치하되, 바닥면적이 150m²마다 1개 이상 설치(각 실의 이웃하는 실내의 바닥면적이 각각 30m² 미만이고 벽체의 상부의 전부 또는 일부가 개방되어 이웃하는 실내와 공기가 상호 유통되는 경우에는 이를 1개의 실로 본다)
2) 최상층의 계단실의 천장(외기가 상통하는 계단실의 경우를 제외)에 설치할 것
3) 건전지를 주전원으로 사용하는 단독경보형 감지기는 정상적인 작동상태를 유지할 수 있도록 건전지를 교환할 것
4) 상용전원을 주전원으로 사용하는 단독경보형 감지기의 2차 전지는 법 제40조에 따라 제품검사에 합격한 것을 사용할 것
∴ 단독경보형 감지기의 최소 설치개수

$$N = \frac{450[\text{m}^2]}{150[\text{m}^2]} = 3\text{개}$$

67 비상방송설비의 배선공사 종류 중 합성수지관 공사에 대한 설명으로 틀린 것은?

① 금속관 공사에 비해 중량이 가벼워 시공이 용이하다.
② 절연성이 있어 누전의 우려가 없기 때문에 접지공사가 필요치 않다.
③ 열에 약하며, 기계적 충격 및 중량물에 의한 압력 등 외력에 약하나.

④ 내식성이 있어 부식성 가스가 체류하는 화학공장 등에 적합하며, 금속관과 비교하여 가격이 비싸다.

해설 ➕
합성수지관 공사의 장단점
1) 금속관 공사에 비해 중량이 가벼워 시공이 용이하다.
2) 일정한 조건을 갖춘 경우를 제외하고는 접지공사를 하여야 한다.
3) 열에 약하며, 기계적 충격 및 중량물에 의한 압력 등 외력에 약하다.
4) 내식성이 있어 부식성 가스가 체류하는 화학공장 등에 적합하며, 금속관과 비교하여 가격이 저렴하다.

68 자동화재탐지설비 및 시각경보장치의 화재안전기준에 따라 자동화재탐지설비에서 4층 이상의 특정소방대상물에는 어떤 기기와 전화통화가 가능한 수신기를 설치하여야 하는가?

① 발신기
② 감지기
③ 중계기
④ 시각경보장치

해설 ➕
수신기의 성능기준
1) 경계구역을 각각 표시할 수 있는 회선수 이상의 수신기를 설치할 것
2) 가스누설탐지설비가 설치된 경우에는 가스누설탐지설비로부터 가스누설신호를 수신하여 가스누설경보를 할 수 있는 수신기를 설치할 것(GP형, GR형 수신기)
3) 4층 이상의 특정소방대상물에는 발신기와 전화통화가 가능한 수신기를 설치할 것(2022년 해당 규정 삭제)

69 비상경보설비 및 단독경보형 감지기의 화재안전기준에 따라 비상경보설비의 발신기 설치 시 복도 또는 별도로 구획된 실로서 보행거리가 몇 m 이상일 경우에는 추가로 설치하여야 하는가?

① 25
② 30
③ 40
④ 50

해설 ➕
발신기의 설치기준
1) 특정소방대상물의 층마다 설치
2) 조작스위치 설치높이 : 바닥으로부터 0.8m 이상 1.5m 이하
3) 각 부분으로부터 하나의 발신기까지의 수평거리 : 25m 이하(다만, 복도 또는 별도로 구획된 실로서 보행거리가 40m 이상일 경우 추가 설치)
4) 발신기 위치표시등은 함의 상부에 설치할 것
5) 발신기 불빛은 부착면으로부터 15° 이상의 범위 안에서 부착지점으로부터 10m 이내의 어느 곳에서도 쉽게 식별할 수 있는 적색등으로 할 것

70 비상방송설비의 화재안전기준에 따라 비상방송설비에서 기동장치에 따른 화재신고를 수신한 후 필요한 음량으로 화재발생 상황 및 피난에 유효한 방송이 자동으로 개시될 때까지의 소요시간은 몇 초 이하로 하여야 하는가?

① 5
② 10
③ 15
④ 20

해설 ➕
비상방송설비 설치기준
1) 확성기의 음성입력 : 실외 3W(실내 1W), 아파트 등의 실내 2W 이상
2) 그 층의 각 부분으로부터 하나의 확성기까지의 수평거리 : 25m 이하
3) 음량조정기를 설치하는 경우 음량조정기의 배선 : 3선식
4) 화재신고 수신 후 방송개시 소요시간 : 10초 이하
5) 조작부의 조작스위치 높이 : 바닥으로부터 0.8m 이상 1.5m 이하
6) 정격전압의 80% 전압에서 음향을 발할 수 있는 것으로 할 것
7) 자동화재탐지설비의 작동과 연동하여 작동할 수 있는 것으로 할 것

정답 **68** 정답 없음 **69** ③ **70** ②

71 비상콘센트설비의 화재안전기준에 따른 비상콘센트의 시설기준에 적합하지 않은 것은?

① 바닥으로부터 높이 1.45m에 움직이지 않게 고정시켜 설치된 경우

② 바닥면적이 800m²인 층의 계단의 출입구로부터 4m에 설치된 경우

③ 바닥면적의 합계가 12,000m²인 지하상가의 수평거리 30m마다 추가 설치한 경우

④ 바닥면적의 합계가 2,500m²인 지하층의 수평거리 40m마다 추가로 설치된 경우

해설 ✚ -

1) 비상콘센트 설치높이 : 바닥으로부터 0.8~1.5m 이하

2) 비상콘센트의 배치

아파트 또는 바닥면적이 1,000m² 미만인 층	바닥면적이 1,000m² 이상인 층
계단의 출입구로부터 5m 이내	각 계단의 출입구 또는 계단 부속실의 출입구로부터 5m 이내

3) 비상콘센트로부터 그 층의 각 부분까지의 거리
　① 지하상가 또는 지하층의 바닥면적의 합계가 3,000m² 이상인 것 : 수평거리 25m
　② 그 밖의 것 : 수평거리 50m

72 누전경보기의 형식승인 및 제품검사의 기술기준에 따라 누전경보기의 수신부는 그 정격전압에서 몇 회의 누전작동시험을 실시하는가?

① 1,000회　　　　② 5,000회
③ 10,000회　　　④ 20,000회

해설 ✚ -

설비별 반복시험 횟수

구분	감지기, 속보기	중계기	발신기	누전경보기 수신부
반복시험 횟수	1,000회	2,000회	5,000회	10,000회

73 무선통신보조설비의 화재안전기준에 따라 서로 다른 주파수의 합성된 신호를 분리하기 위하여 사용하는 장치는?

① 분배기　　　　② 혼합기
③ 증폭기　　　　④ 분파기

해설 ✚ -

용어의 정의

1) 누설동축케이블 : 동축케이블의 외부도체에 가느다란 홈을 만들어서 전파가 외부로 새어나갈 수 있도록 한 케이블

2) 분배기 : 신호의 전송로가 분기되는 장소에 설치하는 것으로 임피던스 매칭과 신호 균등분배를 위해 사용하는 장치

3) 분파기 : 서로 다른 주파수의 합성된 신호를 분리하기 위해서 사용하는 장치

4) 혼합기 : 두 개 이상의 입력신호를 원하는 비율로 조합한 출력이 발생하도록 하는 장치

5) 증폭기 : 신호 전송 시 신호가 약해져 수신이 불가능해지는 것을 방지하기 위해서 증폭하는 장치

6) 무선중계기 : 안테나를 통하여 수신된 무전기 신호를 증폭한 후 음영지역에 재방사하여 무전기 상호 간 송수신이 가능하도록 하는 장치

7) 옥외안테나 : 감시제어반 등에 설치된 무선중계기의 입력과 출력포트에 연결되어 송수신 신호를 원활하게 방사·수신하기 위해 옥외에 설치하는 장치

74 비상콘센트설비의 화재안전기준에 따라 비상콘센트설비의 전원부와 외함 사이의 절연저항은 전원부와 외함 사이를 500V 절연저항계로 측정할 때 몇 MΩ 이상이어야 하는가?

① 20　　　② 30　　　③ 40　　　④ 50

해설 ✚ -

비상콘센트설비의 절연저항 및 절연내력

1) 절연저항(전원부와 외함 사이)
　500V 절연저항계로 측정할 때 20MΩ 이상일 것

2) 절연내력(전원부와 외함 사이)
　① 정격전압 150V 이하 : 1,000V의 실효전압을 가하여 1분 이상 견딜 것
　② 정격전압 150V 초과 : '(정격전압×2)+1,000V' 실효전압을 가하는 시험에서 1분 이상 견딜 것

75 비상경보설비의 구성요소로 옳은 것은?

① 기동장치, 경종, 화재표시등, 전원

② 전원, 경종, 기동장치, 위치표시등

③ 위치표시등, 경종, 화재표시등, 전원

④ 경종, 기동장치, 화재표시등, 위치표시등

해설 ➕

비상경보설비(발신기 세트)의 구성 및 설치기준

1) 특정소방대상물의 층마다 설치

2) 조작스위치(기동장치) 설치높이 : 바닥으로부터 0.8m 이상 1.5m 이하

3) 각 부분으로부터 하나의 발신기까지의 수평거리 : 25m 이하(다만, 복도 또는 별도로 구획된 실로서 보행거리가 40m 이상일 경우 추가 설치)

4) 발신기 위치표시등은 함의 상부에 설치할 것

5) 발신기 불빛은 부착면으로부터 15° 이상의 범위 안에서 부착지점으로부터 10m 이내의 어느 곳에서도 쉽게 식별할 수 있는 적색등으로 할 것

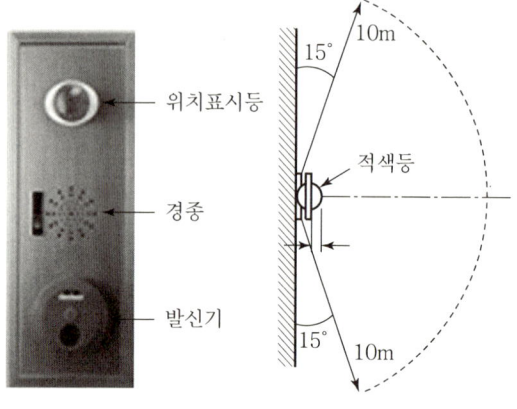

[발신기 세트]　[위치표시등의 성능]

76 수신기를 나타내는 소방시설 도시기호로 옳은 것은?

①

②

③

④

해설 ➕

① 배전반　② 수신기

③ 부수신기　④ 중계기

77 비상경보설비 및 단독경보형 감지기의 화재안전기준에 따른 비상벨설비 또는 자동식 사이렌설비에 대한 설명이다. 다음 ( )의 ㉠, ㉡에 들어갈 내용으로 옳은 것은?

> 비상벨설비 또는 자동식 사이렌설비에는 그 설비에 대한 감시상태를 (㉠)분간 지속한 후 유효하게 (㉡)분 이상 경보할 수 있는 축전지설비(수신기에 내장하는 경우를 포함한다) 또는 전기저장장치(외부 전기에너지를 저장해 두었다가 필요한 때 전기를 공급하는 장치)를 설치하여야 한다.

① ㉠ : 30, ㉡ : 10　② ㉠ : 60, ㉡ : 10

③ ㉠ : 30, ㉡ : 20　④ ㉠ : 60, ㉡ : 20

해설 ➕

소방설비별 비상전원의 용량

소방설비	비상전원용량
• 비상경보설비(비상벨설비 또는 자동식 사이렌설비) • 비상방송설비 • 자동화재탐지설비 • 자동화재속보설비	60분 이상 감시상태 지속 10분 이상 경보
• 소화설비 • 유도등, 비상조명등 • 제연설비, 비상콘센트설비	20분 이상
유도등 및 비상조명등이 설치된 장소로서 • 지하층을 제외한 층수가 11층 이상의 층 • 지하층 또는 무창층으로서 용도가 도매시장 · 소매시장 · 여객자동차터미널 · 지하역사 또는 지하상가	60분 이상
무선통신보조설비의 증폭기	30분 이상

정답　**75** 전항 정답　**76** ②　**77** ②

78 비상경보설비 및 단독경보형 감지기의 화재안전기준에 따라 비상벨설비 또는 자동식사이렌설비의 전원회로 배선 중 내열배선에 사용하는 전선의 종류가 아닌 것은?

① 버스덕트(Bus Duct)

② 600V 1종 비닐절연전선

③ 0.6/1kV EP 고무절연 클로로프렌 시스 케이블

④ 450/750V 저독성 난연 가교 폴리올레핀 절연 전선

해설⊕

내화배선, 내열배선으로 사용하는 전선의 종류
1) 450/750V 저독성 난연 가교 폴리올레핀 절연 전선
2) 0.6/1kV 가교 폴리에틸렌 절연 저독성 난연 폴리올레핀 시스 전력 케이블
3) 6/10kV 가교 폴리에틸렌 절연 저독성 난연 폴리올레핀 시스 전력용 케이블
4) 가교 폴리에틸렌 절연 비닐시스 트레이용 난연 전력 케이블
5) 0.6/1kV EP 고무절연 클로로프렌 시스 케이블
6) 300/500V 내열성 실리콘 고무 절연전선(180℃)
7) 내열성 에틸렌-비닐아세테이트 고무 절연 케이블
8) 버스덕트(Bus Duct)

79 자동화재탐지설비 및 시각경보장치의 화재안전기준에 따라 감지기회로의 도통시험을 위한 종단저항의 설치기준으로 틀린 것은?

① 동일층 발신기함 외부에 설치할 것

② 점검 및 관리가 쉬운 장소에 설치할 것

③ 전용함을 설치하는 경우 그 설치높이는 바닥으로부터 1.5m 이내로 할 것

④ 종단감지기에 설치할 경우에는 구별이 쉽도록 해당 감지기의 기판 등에 별도의 표시를 할 것

해설⊕

도통시험을 위한 종단저항의 설치기준
1) 점검 및 관리가 쉬운 장소에 설치할 것
2) 전용함을 설치하는 경우 그 설치높이는 바닥으로부터 1.5m 이내로 할 것
3) 감지기 회로의 끝부분에 설치하며, 종단감지기에 설치할 경우에는 구별이 쉽도록 해당 감지기의 기판 및 감지기 외부 등에 별도의 표시를 할 것

80 자동화재속보설비의 속보기의 성능인증 및 제품검사의 기술기준에 따른 자동화재속보설비의 속보기에 대한 설명이다. 다음 ( )의 ㉠, ㉡에 들어갈 내용으로 옳은 것은?

> 작동신호를 수신하거나 수동으로 동작시키는 경우 (㉠)초 이내에 소방관서에 자동적으로 신호를 발하여 통보하되, (㉡)회 이상 속보할 수 있어야 한다.

① ㉠ : 20, ㉡ : 3   ② ㉠ : 20, ㉡ : 4

③ ㉠ : 30, ㉡ : 3   ④ ㉠ : 30, ㉡ : 4

해설⊕

속보기의 기능(성능인증 및 제품검사의 기술기준 제5조)
1) 작동신호를 수신하거나 수동으로 동작시키는 경우 20초 이내에 소방관서에 자동적으로 신호를 발하여 통보하되, 3회 이상 속보할 수 있어야 한다.
2) 예비전원은 자동적으로 충전되어야 하며 자동과충전방지장치가 있어야 한다.
3) 연동 또는 수동으로 소방관서에 화재발생 음성정보를 속보 중인 경우에도 송수화장치를 이용한 통화가 우선적으로 가능하여야 한다.
4) 예비전원을 병렬로 접속하는 경우에는 역충전 방지 등의 조치를 하여야 한다.
5) 예비전원은 감시상태를 60분간 지속한 후 10분 이상 동작이 지속될 수 있는 용량이어야 한다.
6) 속보기는 작동신호 또는 수동작동스위치에 의한 다이얼링 후 소방관서와 전화접속이 이루어지지 않는 경우에는 최초 다이얼링을 포함하여 10회 이상 반복적으로 접속을 위한 다이얼링이 이루어져야 한다. 이 경우 매회 다이얼링 완료 후 호출은 30초 이상 지속되어야 한다.
7) 속보기의 송수화장치가 정상위치가 아닌 경우에도 연동 또는 수동으로 속보가 가능하여야 한다.
8) 화재신호를 수신하거나 수동으로 동작시키는 경우 자동적으로 화재표시등이 점등되고 음향장치로 화재를 경보하여야 한다.

1과목 소방원론

01 화재의 종류에 따른 분류가 틀린 것은?

① A급 : 일반화재

② B급 : 유류화재

③ C급 : 가스화재

④ D급 : 금속화재

해설 ⊕

화재의 분류

구분	화재의 종류	표시색	주된 소화효과
A급 화재	일반화재	백색	냉각소화
B급 화재	유류, 가스화재	황색	질식소화
C급 화재	전기화재(통전)	청색	질식소화
D급 화재	금속화재	무색	질식소화
K급 화재	주방화재	–	냉각, 질식소화

02 다음 중 고체 가연물이 덩어리보다 가루일 때 연소되기 쉬운 이유로 가장 적합한 것은?

① 발열량이 작아지기 때문이다.

② 공기와 접촉면이 커지기 때문이다.

③ 열전도율이 커지기 때문이다.

④ 활성에너지가 커지기 때문이다.

해설 ⊕

가연물이 될 수 있는 조건
1) 발열량이 클 것
2) 산소와의 친화력이 좋을 것
3) 표면적이 넓을 것(공기와 접촉면적이 커진다.)
4) 활성화에너지가 작을 것
5) 열전도도가 작을 것

03 위험물과 위험물안전관리법령에서 정한 지정 수량을 옳게 연결한 것은?

① 무기과산화물 – 300kg

② 황화인 – 500kg

③ 황린 – 20kg

④ 질산에스터류 – 200kg

해설 ⊕

구분	무기과 산화물	황화인	황린	질산 에스터류
유별	제1류 위험물	제2류 위험물	제3류 위험물	제5류 위험물
지정수량	50kg	100kg	20kg	10kg

04 다음 중 발화점이 가장 낮은 물질은?

① 휘발유 ② 이황화탄소

③ 적린 ④ 황린

해설 ⊕

구분	휘발유	이황화탄소	적린	황린
유별	제4류 위험물 중 1석유류	제4류 위험물 중 특수인화물	제2류 위험물	제3류 위험물
발화점	300℃	100℃	260℃	34℃

05 화재 시 발생하는 연소가스 중 인체에서 헤모글 로빈과 결합하여 혈액의 산소운반을 저해하고 두통, 근육조절의 장애를 일으키는 것은?

① CO_2 ② CO

③ HCN ④ H_2S

해설 ⊕

1) 일산화탄소(CO)
　① 탄소화합물이 불완전연소되면 발생한다.
　② 일산화탄소는 혈액의 헤모글로빈이 산소를 운반하는

것을 방해하여 체내의 산소부족을 유발한다.

③ 그 결과 두통, 어지럼증 등이 발생하고 심해지면 사망에 이른다.

2) 이산화탄소(CO_2)

① 가연성 가스와 산소의 완전연소에 의해 생성된다.

예 $C_3H_8 + 5O_2 \rightarrow 3CO_2 + 4H_2O$

② 증기비중

$\dfrac{44}{29} = 1.52$, 공기보다 1.52배 무겁다.

3) 시안화수소(HCN)

① 질소성분을 가지고 있는 합성수지, 동물의 털, 인조견 등의 섬유가 불완전연소할 때 발생하는 맹독성 가스이다. 증기비중이 공기보다 가볍다.

② 증기비중 : $\dfrac{27}{29} = 0.931$

③ 중합폭발의 위험이 있다.

4) 황화수소(H_2S)

① 황화합물이 불완전연소 시 발생된다.

② 달걀 썩는 냄새가 난다.

06 다음 원소 중 전기음성도가 가장 큰 것은?

① F
② Br
③ Cl
④ I

해설⊕

1) 할로젠원소의 전기음성도(결합력) 및 소화효과

① 전기음성도(결합력)의 크기 : F>Cl>Br>I

② 소화효과의 크기 : F<Cl<Br<I

2) 할론소화약제의 물성

구분	Halon 1211	Halon 1301	Halon 2402	Halon 1011
화학식	CF_2ClBr	CF_3Br	$C_2F_4Br_2$	CH_2ClBr
분자량	165.4	148.9	259.8	129.4
증기비중	5.7	5.13	8.96	4.46
상온, 상압에서 상태	기체	기체	액체	액체

07 탄화칼슘이 물과 반응 시 발생하는 가연성 가스는?

① 메탄
② 포스핀
③ 아세틸렌
④ 수소

해설⊕

1) 탄화알루미늄과 물의 반응식

$Al_4C_3 + 12H_2O \rightarrow 4Al(OH)_3 + 3CH_4$(메탄 발생)

2) 인화칼슘과 물의 반응식

$Ca_3P_2 + 6H_2O \rightarrow 3Ca(OH)_2 + 2PH_3$(포스핀가스 발생)

3) 탄화칼슘과 물의 반응식

$CaC_2 + 2H_2O \rightarrow Ca(OH)_2 + C_2H_2$(아세틸렌 발생)

4) 나트륨과 물의 반응식

$2Na + 2H_2O \rightarrow 2NaOH + H_2$(수소 발생)

08 공기의 평균분자량이 29일 때 이산화탄소 기체의 증기비중은 얼마인가?

① 1.44
② 1.52
③ 2.88
④ 3.24

해설⊕

1) 증기비중 $= \dfrac{분자량}{공기의 \ 평균분자량(29)}$

2) 이산화탄소 증기비중 : $\dfrac{44}{29} = 1.52$

∴ 공기보다 1.52배 정도 무겁다.

09 밀폐된 공간에 이산화탄소를 방사하여 산소의 체적농도를 12%가 되게 하려면 상대적으로 방사된 이산화탄소의 농도는 얼마가 되어야 하는가?

① 25.40%
② 28.70%
③ 38.35%
④ 42.86%

해설⊕

소화가스의 농도[%] 계산

$$CO_2[\%] = \dfrac{21 - O_2}{21} \times 100$$

여기서, CO_2 : 방호구역에 방출된 소화가스의 농도[%]

O_2 : 소화가스 방출 후 방호구역의 산소농도[%]

$$CO_2 = \frac{21-12}{21} \times 100 = 42.86[\%]$$

10 화재하중의 단위로 옳은 것은?

① kg/m^2

② $\mathbb{C}/m^2$

③ $kg \cdot L/m^3$

④ $\mathbb{C} \cdot L/m^3$

해설 ➕

건축물의 화재하중

1) 정의 : 화재구역의 단면적당 (목재로 환산한) 가연물의 양[kg/m^2]

2) 화재하중의 계산

$$Q[kg/m^2] = \frac{\sum G_t H_t}{HA} = \frac{\sum G_t H_t}{4,500\,A}$$

여기서, Q : 화재하중[kg/m^2]

G_t : 가연물의 양[kg]

H_t : 가연물의 단위중량당 발열량[kcal/kg]

H : 목재의 단위중량당 발열량(4,500[kcal/kg])

A : 바닥면적[m^2]

11 인화점이 20℃인 액체위험물을 보관하는 창고의 인화위험성에 대한 설명 중 옳은 것은?

① 여름철에 창고 안이 더워질수록 인화의 위험성이 커진다.

② 겨울철에 창고 안이 추워질수록 인화의 위험성이 커진다.

③ 20℃에서 가장 안전하고 20℃보다 높아지거나 낮아질수록 인화의 위험성이 커진다.

④ 인화의 위험성은 계절의 온도와는 상관없다.

해설 ➕

1) 가연성 가스의 연소범위

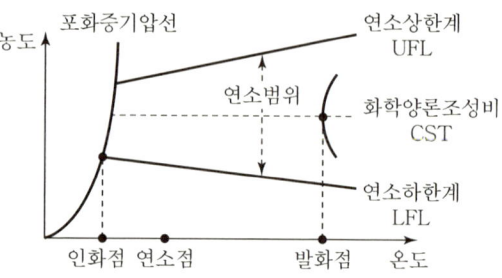

2) 인화점, 연소점, 발화점

① 인화점(Flash Point)

• 가연성 혼합기(연소범위)를 형성할 수 있는 최저온도를 인화점이라 한다.

• 인화점이 낮을수록 위험성은 크다.

• 인화점 이하에서는 점화원을 가하여도 불꽃연소는 발생하지 않는다.

② 연소점(Fire Point)

• 연소상태를 지속하기 위한 온도로서 인화점보다 5~10℃ 정도 높다.

• 인화점에서는 점화원을 제거하면 연소가 중단되나, 연소점에서는 점화원을 제거해도 연소가 지속된다.

③ 발화점(착화점, Ignition Point)

• 점화원을 가하지 않아도 스스로 착화될 수 있는 최저온도를 발화점이라 한다.

• 발화점이 낮을수록 위험성이 커진다.

④ 인화점 < 연소점 < 발화점 순으로 온도가 높다.

② 겨울철에 창고 안이 추워질수록 인화의 위험성이 커진다. → 작아진다.

③ 20℃에서 가장 안전하고 20℃보다 높아지거나 낮아질수록 인화의 위험성이 커진다. → 온도가 높아질수록 인화의 위험성은 커진다.

④ 인화의 위험성은 계절의 온도와는 상관없다. → 온도가 높은 여름철이 인화위험성이 크다.

12 소화약제인 IG-541의 성분이 아닌 것은?

① 질소 ② 아르곤
③ 헬륨 ④ 이산화탄소

해설 ⊕

할로젠화합물 및 불활성 기체 소화약제의 종류
1) 불활성 기체 계열 소화약제(질식효과)

약제 분류	성분비
IG-541	N_2(52%), Ar(40%), CO_2(8%)
IG-55	N_2(50%), Ar(50%)
IG-100	N_2(100%)
IG-01	Ar(100%)

2) 할로젠화합물 계열(부촉매소화, 냉각효과, 질식효과)

약제 분류	종류
FC 계열	FC-3-1-10
HFC 계열	HFC-23, HFC-125, HFC-227ea, HFC-236fa
HCFC 계열	HCFC-Blend A, HCFC-124
FIC 계열	FIC-13I1
기타	FK-5-1-12

13 이산화탄소 소화약제 저장용기의 설치장소에 대한 설명 중 옳지 않은 것은?

① 반드시 방호구역 내의 장소에 설치한다.
② 온도의 변화가 적은 곳에 설치한다.
③ 방화문으로 구획된 실에 설치한다.
④ 해당 용기가 설치된 곳임을 표시하는 표지를 한다.

해설 ⊕

이산화탄소 소화약제 저장용기의 설치장소기준
1) 방호구역 외의 장소에 설치할 것(단, 방호구역 내에 설치 시 피난구 부근에 설치)
2) 온도가 40℃ 이하이고, 온도변화가 적은 곳에 설치할 것
3) 직사광선 및 빗물이 침투할 우려가 없는 곳에 설치할 것
4) 방화문으로 구획된 실에 설치할 것
5) 용기의 설치장소에는 해당 용기가 설치된 곳임을 표시하는 표지를 할 것

6) 용기 간의 간격은 점검에 지장이 없도록 3cm 이상의 간격을 유지할 것
7) 저장용기와 집합관을 연결하는 연결배관에는 체크밸브를 설치한 것

14 화재의 소화원리에 따른 소화방법의 적용으로 틀린 것은?

① 냉각소화 : 스프링클러설비
② 질식소화 : 이산화탄소 소화설비
③ 제거소화 : 포소화설비
④ 억제소화 : 할로젠화합물 소화설비

해설 ⊕

제거소화
1) 가연물을 제거하여 소화
2) 고체 가연물 : 가연물을 화재 현장으로부터 즉시 제거함 (산림화재 시 앞쪽에서 벌목하여 진화)
3) 액체 및 기체 : 가연성 물질을 누출시키는 용기의 밸브를 폐쇄
4) 전기화재 : 전원스위치를 차단하여 전기의 공급을 차단
5) 수용성 액체 : 다량의 물을 주입하여 농도를 연소범위 이하로 낮춤

③ 제거소화 : 포소화설비 → 포소화설비는 질식냉각소화이다.

15 건축물의 내화구조에서 바닥의 경우에는 철근 콘크리트조의 두께가 몇 cm 이상이어야 하는가?

① 7 ② 10 ③ 12 ④ 15

해설 ⊕

내화구조의 기준(건축물의 피난ㆍ방화구조 등의 기준에 관한 규칙 제3조)

구조부의 구분	내화구조의 기준
벽	• 철근콘크리트조 또는 철골철근콘크리트조로서 두께가 10cm 이상인 것 • 골구를 철골조로 하고 그 양면을 두께 4cm 이상의 철망모르타르 또는 두께 5cm 이상의 콘크리트블록ㆍ벽돌 또는 석재로 덮은 것

벽	• 철재로 보강된 콘크리트블록조 · 벽돌조 또는 석조로서 철재에 덮은 콘크리트블록 등의 두께가 5cm 이상인 것 • 벽돌조로서 두께가 19cm 이상인 것
바닥	• 철근콘크리트조 또는 철골철근콘크리트조로서 두께가 10cm 이상인 것 • 철재로 보강된 콘크리트블록조 · 벽돌조 또는 석조로서 철재에 덮은 콘크리트블록 등의 두께가 5cm 이상인 것 • 철재의 양면을 두께 5cm 이상의 철망모르타르 또는 콘크리트로 덮은 것

16 소화효과를 고려하였을 경우 화재 시 사용할 수 있는 물질이 아닌 것은?

① 이산화탄소   ② 아세틸렌
③ Halon 1211   ④ Halon 1301

해설⊕
① 이산화탄소 → 질식소화
② 아세틸렌 → 가연성 가스로서 연소범위가 2.5~81%이다.
③ Halon 1211 → 부촉매소화
④ Halon 1301 → 부촉매소화

17 질식소화 시 공기 중의 산소농도는 일반적으로 약 몇 vol% 이하로 하여야 하는가?

① 25   ② 21
③ 19   ④ 15

해설⊕
소화방법
1) 질식소화
   ① 공기 중의 산소농도(21%)를 15% 이하로 희박하게 하여 소화하는 방법
   ② 이산화탄소, 불활성가스 등을 분사하여 산소농도를 낮춤
2) 냉각소화
   ① 점화원을 발화점이하로 냉각시켜 소화하는 방법
   ② 물의 현열과 증발잠열을 이용하는 방법이 가장 많이 사용됨

3) 제거소화
   ① 가연물을 제거하여 소화
   ② 고체 가연물 : 가연물을 화재 현장으로부터 즉시 제거함(산림화재 시 앞쪽에서 벌목하여 진화)
   ③ 액체 및 기체 : 가연성 물질을 누출시키는 용기의 밸브를 폐쇄
   ④ 전기화재 : 전원스위치를 차단하여 전기의 공급을 차단
   ⑤ 수용성 액체 : 다량의 물을 주입하여 농도를 연소범위 이하로 낮춤
4) 억제소화(부촉매소화)
   ① 할론소화약제, 할로젠화합물소화약제, 분말소화약제 등을 사용하여 소화
   ② 불꽃연소 시 발생하는 H^*, OH^* 활성라디칼을 포착하여 연쇄반응을 억제
   ③ 불꽃연소에 적응성이 뛰어나고 훈소에는 적응성이 거의 없다.

18 제1종 분말소화약제의 주성분으로 옳은 것은?

① $KHCO_3$ ② $NaHCO_3$
③ $NH_4H_2PO_4$ ④ $Al_2(SO_4)_3$

해설⊕
분말소화약제의 종류

종별	분자식	착색	적응 화재	충전비 [l/kg]
제1종 분말	탄산수소나트륨 ($NaHCO_3$)	백색	BC급	0.8
제2종 분말	탄산수소칼륨 ($KHCO_3$)	담회색 (담자색)	BC급	1.0
제3종 분말	제1인산암모늄 ($NH_4H_2PO_4$)	담홍색	ABC급	1.0
제4종 분말	탄산수소칼륨+요소 ($KHCO_3 + (NH_2)_2CO$)	회색	BC급	1.25

19 Halon1301의 분자식은?

① CH_3Cl ② CH_3Br
③ CF_3Cl ④ CF_3Br

해설 ⊕

1) 할론소화약제 명명법

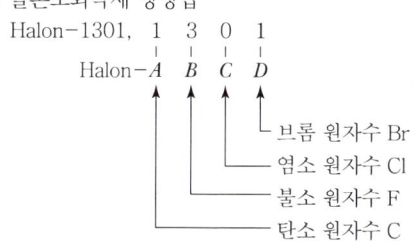

Halon-1301, 1 3 0 1
Halon-A B C D

- 브롬 원자수 Br
- 염소 원자수 Cl
- 불소 원자수 F
- 탄소 원자수 C

2) 할론소화약제의 물성

구분	Halon 1211	Halon 1301	Halon 2402	Halon 1011
화학식	CF_2ClBr	CF_3Br	$C_2F_4Br_2$	CH_2ClBr
분자량	165.4	148.9	259.8	129.4
증기비중	5.7	5.13	8.96	4.46
상온, 상압에서 상태	기체	기체	액체	액체

20 다음 중 연소와 가장 관련 있는 화학반응은?

① 중화반응
② 치환반응
③ 환원반응
④ 산화반응

해설 ⊕

1) 연소의 정의

가연물이 공기 중의 산소 또는 산화제와 반응하여 열과 빛을 발생시키면서 산화하는 현상으로, 빛과 열을 수반하는 급격한 산화반응이다.

2) 연소의 3요소 · 4요소

① 연소의 3요소 : 가연물, 산소, 점화원
② 연소의 4요소 : 가연물, 산소, 점화원, 순조로운 연쇄반응

2과목 **소방전기일반**

21 개루프 제어와 비교하여 폐루프 제어에서 반드시 필요한 장치는?

① 안정도를 좋게 하는 장치
② 제어대상을 조직하는 장치
③ 동작신호를 조절하는 장치
④ 기준입력신호와 주궤환신호를 비교하는 장치

해설 ⊕

피드백(폐회로) 제어의 구성

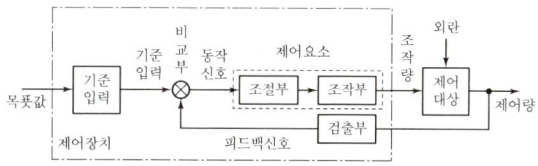

1) 목푯값 : 입력값으로 외부에서 제어장치에 주어지는 값
2) 기준입력요소 : 목푯값에 비례하는 기준입력신호를 발생시키는 장치
3) 동작신호 : 기준입력과 피드백신호와의 차이를 구하는 장치
4) 제어요소 : 동작신호를 조작량으로 변환하는 요소(조절부+조작부)
5) 조절부 : 제어요소가 동작하는 데 필요한 신호를 만들어 조작부에 보내는 장치
6) 조작부 : 조절부로부터 받은 신호를 조작량으로 바꾸어 제어대상에 보내 주는 장치
7) 조작량 : 제어요소가 제어대상에 가하는 제어신호로서 제어요소의 출력신호, 제어대상의 입력신호
8) 외란 : 제어량의 값을 교란시키려 하는 외부 신호
9) 제어대상 : 제어량을 발생시키는 장치로 제어계에서 직접 제어를 받는 장치
10) 검출부 : 제어량을 검출하고 입력과 출력을 비교하는 비교부가 반드시 필요
11) 제어량 : 제어를 받는 제어대상의 출력

---

22 3상 농형 유도전동기의 기동법이 아닌 것은?

① Y−△ 기동법

② 기동 보상기법

③ 2차 저항 기동법

④ 리액터 기동법

해설⊕

유도전동기의 기동방식

1) 단상 유도전동기
   - 반발 기동형
   - 반발 유도형
   - 콘덴서 기동형
   - 분상 기동형
   - 셰이딩 코일형

2) 3상 농형 유도전동기
   - 전전압 기동법(직입기동)
   - Y−△ 기동법
   - 리액터 기동법
   - 기동 보상기법

3) 3상 권선형 유도전동기
   - 2차 저항 기동법
   - 게르게스법

23 다음중 강자성체에 속하지 않는 것은?

① 니켈

② 알루미늄

③ 코발트

④ 철

해설⊕

자성체의 종류

1) 강자성체 : 자기장 안에 넣으면 자기장 방향으로 자화하고, 한번 자화가 일어나면 외부 자기장이 사라져도 잔류 자화가 남아 있는 물질
   예 철, 니켈, 코발트 등

2) 상자성체 : 자기장 안에 넣으면 자기장 방향으로 약하게 자화하고, 자기장이 제거되면 자화하지 않는 물질
   예 알루미늄, 백금, 주석 등

3) 반자성체 : 외부 자기장에 의해 반대 방향으로 자화되는 물질
   예 수소, 물, 납, 구리, 아연, 탄소 등

24 프로세스 제어의 제어량이 아닌 것은?

① 액위

② 유량

③ 온도

④ 자세

해설⊕

1) 제어량의 성질에 의한 분류
   ① 프로세스 제어(공정제어) : 공업 공정의 상태를 제어량으로 하는 제어
      예 온도, 유량, 압력, 밀도, 농도, 액위 등
   ② 서보기구 : 기계적인 변위량을 목푯값의 임의의 변화에 추종하도록 구성하는 제어
      예 위치, 방위, 자세, 거리, 각도 등
   ③ 자동조정 : 전기적, 기계적 양의 제어
      예 전압, 전류, 주파수, 회전속도 등

2) 목푯값의 성질에 의한 분류
   ① 프로그램 제어 : 목푯값의 변화가 미리 정해진 신호에 따라 동작
   ② 정치 제어 : 목푯값이 시간적으로 변화하지 않고 일정한 제어
   ③ 추종 제어 : 시간에 따라 변하는 목푯값에 제어량을 추종시키는 제어

25 100V, 500W의 전열선 2개를 같은 전압에서 직렬로 접속한 경우와 병렬로 접속한 경우에 각 전열선에서 소비되는 전력은 각각 몇 W인가?

① 직렬 : 250, 병렬 : 500

② 직렬 : 250, 병렬 : 1,000

③ 직렬 : 500, 병렬 : 500

④ 직렬 : 500, 병렬 : 1,000

해설⊕

전력 $P[\mathrm{W}]$

전기가 단위시간(1[sec]) 동안 한 일의 양

$$P = \frac{W}{t} = VI = I^2 R = \frac{V^2}{R}[\mathrm{W}]$$

1) 전열선의 저항
$$R = \frac{V^2}{P} = \frac{100^2}{500} = 20[\Omega]$$

정답 22 ③ 23 ② 24 ④ 25 ②

2) 직렬로 접속한 경우

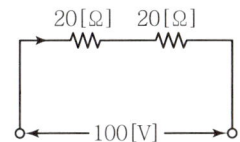

20[Ω] 20[Ω]

100[V]

① 저항을 직렬접속한 경우 각 저항에 흐르는 전류가 일정하므로

$P = I^2 R[\text{W}]$의 공식을 사용한다.

② 합성저항 : $R = 20 + 20 = 40[\Omega]$

③ 전류 : $I = \dfrac{V}{R} = \dfrac{100}{40} = 2.5[\text{A}]$

④ 직렬접속 시 전력 : $P = 2.5^2 \times 40 = 250[\text{W}]$

3) 병렬로 접속한 경우

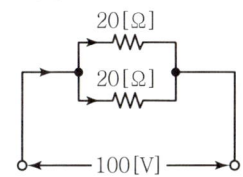

20[Ω]

20[Ω]

100[V]

① 저항을 병렬접속한 경우 각 저항에 걸리는 전압이 일정하므로

$P = \dfrac{V^2}{R}[\text{W}]$의 공식을 사용한다.

② 합성저항 : $R = \dfrac{R_1 R_2}{R_1 + R_2} = \dfrac{20 \times 20}{20 + 20} = 10[\Omega]$

③ 병렬 접속 시 전력 : $P = \dfrac{V^2}{R} = \dfrac{100^2}{10} = 1,000[\text{W}]$

26 열팽창식 온도계가 아닌 것은?

① 열전대 온도계   ② 유리 온도계

③ 바이메탈 온도계   ④ 압력식 온도계

해설 ⊕

열팽창식 온도계의 종류

1) 압력식 온도계

2) 바이메탈 온도계

3) 유리온도계(알코올식, 수은식)

① 열전대 온도계 → 열전효과를 이용한 온도계

27 그림과 같은 회로에서 전압계 ⓥ가 10V일 때 단자 $A - B$ 간의 전압은 몇 V인가?

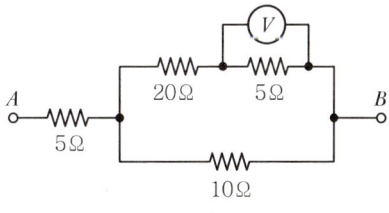

A 5Ω   20Ω   5Ω B

10Ω

① 50   ② 85

③ 100   ④ 135

해설 ⊕

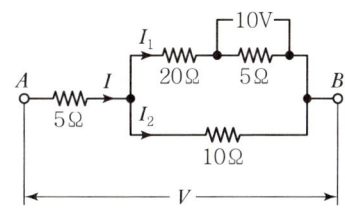

1) 분기된 전류 I_1

$$I_1 = \frac{10\text{V}}{5\,\Omega} = 2[\text{A}]$$

2) 전체 전류 I

$$I_1 = \frac{R_2}{R_1 + R_2} \times I\,[\text{A}]$$

여기서, $R_1 = (20[\Omega] + 5[\Omega])$, $R_2 = 10[\Omega]$

$$I_1 = 2[\text{A}]$$

$$2 = \frac{10}{(20 + 5) + 10} \times I$$

$$I = \frac{(20 + 5 + 10) \times 2}{10} = 7[\text{A}]$$

3) 합성저항 R_0

$$R_0 = R_3 + \frac{R_1 R_2}{R_1 + R_2}$$

여기서, $R_1 = (20[\Omega] + 5[\Omega])$, $R_2 = 10[\Omega]$

$$R_3 = 5[\Omega]$$

$$R_0 = 5 + \frac{(20 + 5) \times 10}{(20 + 5) + 10} = 12.14[\Omega]$$

4) 단자 $A - B$ 간의 전압 V

$$V = I R_0 [\text{V}]$$

$$V = 7 \times 12.14 = 85[\text{V}]$$

28 최대 눈금이 200mA, 내부저항이 0.8Ω인 전류계가 있다. 8mΩ의 분류기를 사용하여 전류계의 측정범위를 넓히면 몇 A까지 측정할 수 있는가?

① 19.6 ② 20.2
③ 21.4 ④ 22.8

해설⊕

분류기(R_s[Ω])

전류계의 측정범위를 확대하기 위해 내부저항이 r_a[Ω]인 전류계에 병렬로 연결하는 저항

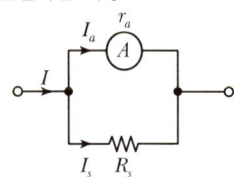

$$I_a = \frac{R_s}{r_a + R_s} \times I \qquad \frac{I}{I_a} = \frac{R_s + r_a}{R_s}$$

$$\frac{I}{I_a} = 1 + \frac{r_a}{R_s}$$

여기서, I : 전체 전류[A]
I_a : 전류계 회로의 전류[A]
r_a : 전류계의 내부저항[Ω]
R_s : 분류기 저항[Ω]

[풀이]

1) $I_a = 200 \times 10^{-3}$[A]

$r_a = 0.8$[Ω], $R_s = 8 \times 10^{-3}$[Ω]

2) $\frac{I}{I_a} = 1 + \frac{r_a}{R_s}$ $\frac{I}{200 \times 10^{-3}} = 1 + \frac{0.8}{8 \times 10^{-3}}$

$I = \left(1 + \frac{0.8}{8 \times 10^{-3}}\right) \times 200 \times 10^{-3}$

$I = 20.2$[A]

29 공기 중에서 50kW 방사전력이 안테나에서 사방으로 균일하게 방사될 때, 안테나에서 1km 거리에 있는 점에서의 전계의 실효값은 약 몇 V/m인가?

① 0.87 ② 1.22
③ 1.73 ④ 3.98

해설⊕

$$W = \frac{P}{4\pi r^2} = \frac{E^2}{377}$$

여기서, W : 구의 단위면적당 전력[W/m²]
P : 전력[W]
E : 전계의 실효값[V/m]
r : 안테나로부터의 거리[m]

$E^2 = \frac{377P}{4\pi r^2}$, $E = \sqrt{\frac{377P}{4\pi r^2}}$

$E = \sqrt{\frac{377 \times (50 \times 10^3)}{4\pi \times (1 \times 10^3)^2}} = 1.22$[V/m]

30 대칭 n상의 환상결선에서 선전류와 상전류(환상전류) 사이의 위상차는?

① $\frac{n}{2}\left(1 - \frac{2}{\pi}\right)$ ② $\frac{n}{2}\left(1 - \frac{\pi}{2}\right)$

③ $\frac{\pi}{2}\left(1 - \frac{2}{n}\right)$ ④ $\frac{\pi}{2}\left(1 - \frac{n}{2}\right)$

해설⊕

대칭 n상회로

1) 성형결선(상전류＝성형전류)
  ① 선간전압

$$E_l = 2E_P \sin\frac{\pi}{n}$$

  ② 선간전압과 상전압 사이의 위상차
  선간전압이 상전압보다 앞서고 크기는 다음과 같다.

$$\frac{\pi}{2}\left(1 - \frac{2}{n}\right)[\text{rad}]$$

2) 환상결선(선간전압＝상전압)
  ① 선전류

$$I_l = 2I_P \sin\frac{\pi}{n}$$

  ② 선전류와 상전류 사이의 위상차
  선전류가 상전류보다 뒤지고 크기는 다음과 같다.

$$\frac{\pi}{2}\left(1 - \frac{2}{n}\right)[\text{rad}]$$

31
지하 1층, 지상 2층, 연면적이 1,500m²인 기숙사에서 지상 2층에 설치된 차동식 스포트형 감지기가 작동하였을 때 전 층의 지구경종이 동작되었다. 각 층 지구경종의 정격전류가 60mA이고, 24V가 인가되고 있을 때 모든 지구경종에서 소비되는 총전력(W)은?

① 4.23
② 4.32
③ 5.67
④ 5.76

해설 ➕

1) 지구경종의 개수
   지하 1층, 지상 1층, 지상 2층에 각각 1개씩 총 3개 동작

2) 소비되는 총전력(W)
   $P = VI$
   ① $V = 24[V]$
   ② $I = 60[mA] \times 3개 = 180[mA] = 0.18[A]$
   ③ $P = 24 \times 0.18 = 4.32[W]$

32
역률이 0.8인 전동기에 200V의 교류전압을 가하였더니 10A의 전류가 흘렀다. 피상전력은 몇 VA인가?

① 1,000
② 1,200
③ 1,600
④ 2,000

해설 ➕

교류전력
1) 피상전력 $P_a[VA]$

임피던스(Z)를 모두 고려한 전력 $P_a = VI[VA]$
피상전력은 교류전압과 전류의 곱을 의미한다.

$$P_a = I^2 Z = VI = \frac{V^2}{Z}$$

2) 유효전력 $P[W]$: 저항(R)에서 소비되는 전력, 실제 일한 전력, 소비전력

$$P = I^2 R = VI\cos\theta = \frac{V^2}{R}$$

3) 무효전력 $P_r[Var]$: 리액턴스(X)에서 발생하는 전력

$$P_r = I^2 X = VI\sin\theta = \frac{V^2}{X}$$

여기서, P_a : 피상전력, P : 유효전력, P_r : 무효전력
$\sin\theta$: 무효율, $\cos\theta$: 역률

[풀이]
① 피상전력
   $P_a = VI[VA]$ 여기서, $V = 200[V]$, $I = 10[A]$
② $P_a = 200 \times 10 = 2,000[VA]$

33
50Hz의 3상 전압을 전파 정류하였을 때 리플(맥동) 주파수(Hz)는?

① 50
② 100
③ 150
④ 300

해설 ➕

여러 가지 정류회로의 맥동주파수와 출력전압

구분	단상 반파	단상 전파	3상 반파	3상 전파
맥동 주파수[Hz]	$f(60Hz)$	$2f$ (120Hz)	$3f$ (180Hz)	$6f$ (360Hz)
출력전압의 평균값	$\dfrac{\sqrt{2}\,V}{\pi}$ $= 0.45\,V$	$\dfrac{2\sqrt{2}\,V}{\pi}$ $= 0.90\,V$	$\dfrac{3\sqrt{6}\,V}{2\pi}$ $= 1.17E$	$1.35\,V$

[풀이]
① 3상 전파에서 맥동주파수 : $6f[Hz]$
② 맥동주파수 $= 6 \times 50[Hz] = 300[Hz]$

34
5Ω의 저항과 2Ω의 유도성 리액턴스를 직렬로 접속한 회로에 5A의 전류를 흘렸을 때 이 회로의 복소전력(VA)은?

① $25 + j10$
② $10 + j25$
③ $125 + j50$
④ $50 + j125$

해설 ➕

1) 임피던스 Z
   $Z = R + jX_L$ 여기서, $R = 5[\Omega]$, $X_L = 2[\Omega]$
   $= 5 + j2$

정답 **31** ② **32** ④ **33** ④ **34** ③

2) 복소전력

$P = I^2 Z[\text{VA}]$ 여기서, $I = 5[\text{A}]$, $Z = 5 + j2$
$= 5^2 \times (5 + j2)[\text{VA}]$
$= 125 + j50[\text{VA}]$

35 3상 유도전동기를 Y결선으로 기동할 때 전류의 크기($|I_Y|$)와 △결선으로 기동할 때 전류의 크기($|I_\triangle|$)의 관계로 옳은 것은?

① $|I_Y| = \dfrac{1}{3}|I_\triangle|$ ② $|I_Y| = \sqrt{3}\,|I_\triangle|$

③ $|I_Y| = \dfrac{1}{\sqrt{3}}|I_\triangle|$ ④ $|I_Y| = \dfrac{\sqrt{3}}{2}|I_\triangle|$

해설 ⊕

1) Y결선

$V_{lY} = \sqrt{3}\,V_{PY}$, $I_{lY} = I_{PY}$

여기서, V_{lY} : Y결선에서 선간전압
V_{PY} : Y결선에서 상전압
I_{lY} : Y결선에서 선간전류
I_{PY} : Y결선에서 상전류

① 상전류 : $I_{PY} = \dfrac{V_{PY}}{R}$

여기서, $V_{PY} = \dfrac{V_{lY}}{\sqrt{3}}$, $I_{lY} = I_{PY}$

② 선간전류 : $I_{lY} = \dfrac{V_l}{\sqrt{3}\,R}$

2) △결선

$V_{l\triangle} = V_{P\triangle}$, $I_{l\triangle} = \sqrt{3}\,I_{P\triangle}$

여기서, $V_{l\triangle}$: △결선에서 선간전압
$V_{P\triangle}$: △결선에서 상전압
$I_{l\triangle}$: △결선에서 선간전류
$I_{P\triangle}$: △결선에서 상전류

① 상전류 : $I_{P\triangle} = \dfrac{V_{P\triangle}}{R}$

여기서, $V_{l\triangle} = V_{P\triangle}$, $I_{P\triangle} = \dfrac{I_{l\triangle}}{\sqrt{3}}$ 이므로

② 선간전류 : $\dfrac{I_{l\triangle}}{\sqrt{3}} = \dfrac{V_{l\triangle}}{R}$, $I_{l\triangle} = \dfrac{\sqrt{3}\,V_l}{R}$

3) Y결선의 기동전류(I_Y)와 △결선의 기동전류($I_\triangle$)의 관계

$\dfrac{I_Y}{I_\triangle} = \dfrac{\dfrac{V_l}{\sqrt{3}\,R}}{\dfrac{\sqrt{3}\,V_l}{R}}$, $\dfrac{I_Y}{I_\triangle} = \dfrac{1}{3}$

$\therefore I_Y = \dfrac{1}{3}I_\triangle$

36 그림의 시퀀스 회로와 등가인 논리 게이트는?

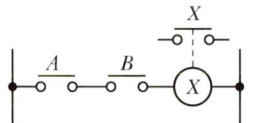

① OR 게이트   ② AND 게이트
③ NOT 게이트   ④ NOR 게이트

해설 ⊕

AND 회로

1) 의미 : 입력신호 A, B가 동시에 1일 때만 출력신호가 1이 되는 회로

2) 논리식 : $X = A \cdot B$

3) 논리회로 : $\begin{matrix} A \\ B \end{matrix}$⟩—$X$

4) 유접점 회로

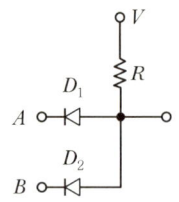

5) 진리표

A	B	X
0	0	0
0	1	0
1	0	0
1	1	1

6) 무접점 회로

37

진공 중에 놓인 $5\,\mu C$의 점전하에서 2m 되는 점에서의 전계는 몇 V/m인가?

① 11.25×10^3 　② 16.25×10^3

③ 22.25×10^3 　④ 28.25×10^3

해설 ⊕

1) 전계의 세기 $E[\mathrm{V/m}]$

임의의 전하 $Q[\mathrm{C}]$의 전기장 안에서 거리 $r[\mathrm{m}]$만큼 떨어진 위치에 $+1[\mathrm{C}]$의 단위 정전하를 놓았을 때 전하 간에 작용하는 힘의 세기

$$E[\mathrm{V/m}] = \frac{1}{4\pi\varepsilon_0}\frac{Q}{r^2} = 9\times10^9\frac{Q}{r^2}$$

여기서, ε_0 : 공기·진공 중의 유전율, Q : 전하량[C]

r : 두 전하 사이의 거리[m]

2) $E[\mathrm{V/m}] = 9\times10^9\dfrac{Q}{r^2}$

$Q = 5[\mu\mathrm{C}] = 5\times10^{-6}[\mathrm{C}]$

$r = 2[\mathrm{m}]$

$E[\mathrm{V/m}] = 9\times10^9 \times \dfrac{5\times10^{-6}}{2^2} = 11,250[\mathrm{V/m}]$

$= 11.25\times10^3[\mathrm{V/m}]$

38

전압이득이 60dB인 증폭기와 궤환율(β)이 0.01인 궤환회로를 부궤환 증폭기로 구성하였을 때 전체 이득은 약 몇 dB인가?

① 20　　② 40　　③ 60　　④ 80

해설 ⊕

1) 부궤환 증폭기의 기본구성

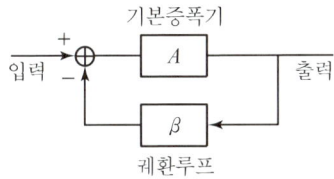

$$A_f = \frac{A}{1+A\beta},\ A\gg1\text{인 경우 } A_f \fallingdotseq \frac{1}{\beta}$$

여기서, A_f : 폐쇄루프 이득, A : 개방루프 이득

β : 궤환율, $A\beta$: 루프이득, $1+A\beta$: 궤환량

[풀이]

$A = 60[\mathrm{dB}]$, $A\gg1$이므로

① $A_f \fallingdotseq \dfrac{1}{\beta}$에서 $A_f \fallingdotseq \dfrac{1}{0.01}$

$A_f = 100$

② 전체 이득[dB]

$A_f[\mathrm{dB}] = 20\log A_f = 20\log100$

$= 40[\mathrm{dB}]$

39

그림과 같은 논리회로의 출력 Y는?

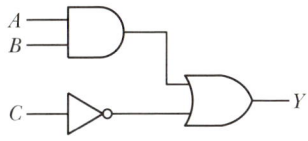

① $AB + \overline{C}$ 　　② $A + B + \overline{C}$

③ $(A+B)\overline{C}$ 　　④ $AB\overline{C}$

해설 ⊕

1) A와 B는 AND Gate로 결합되어 있으므로

$A \cdot B$

2) 출력 Y는 $(A \cdot B)$와 $\overline{C}$가 OR Gate로 결합되어 있으므로

$Y = (A \cdot B) + \overline{C} = AB + \overline{C}$

40

단상변압기 3대를 △결선하여 부하에 전력을 공급하고 있는 중 변압기 1대가 고장 나서 V결선으로 바꾼 경우에 고장 전과 비교하여 몇 % 출력을 낼 수 있는가?

① 50　　　　　　② 57.7

③ 70.7　　　　　④ 86.6

해설 ⊕

1) V결선 시 3상 출력비

$$\frac{\mathrm{V}결선\ 출력}{\triangle 결선\ 출력} = \frac{\sqrt{3}\,V_P\,I_P\cos\theta}{3\,V_P\,I_P\cos\theta} = \frac{\sqrt{3}}{3}$$

$= 0.577 = 57.7[\%]$

2) V결선 시 변압기 이용률

$$\frac{\text{V결선 허용용량}}{\text{2대 허용용량}} = \frac{\sqrt{3}\, V_P I_P}{2\, V_P I_P} = \frac{\sqrt{3}}{2} = 0.866$$
$$= 86.6[\%]$$

3과목 소방관계법규

41 다음 중 화재의 예방 및 안전관리에 관한 법령상 특수가연물에 해당하는 품명별 기준수량으로 틀린 것은?

① 사류 1,000kg 이상

② 면화류 200kg 이상

③ 나무껍질 및 대팻밥 400kg 이상

④ 넝마 및 종이부스러기 500kg 이상

해설⊕

특수가연물의 품명 및 수량

품명		수량
면화류		200kg 이상
나무껍질 및 대팻밥		400kg 이상
넝마 및 종이부스러기		1,000kg 이상
사류(絲類)		1,000kg 이상
볏짚류		1,000kg 이상
가연성 고체류		3,000kg 이상
석탄 · 목탄류		10,000kg 이상
가연성 액체류		2m³ 이상
목재가공품 및 나무부스러기		10m³ 이상
고무류 · 플라스틱류	발포시킨 것	20m³ 이상
	그 밖의 것	3,000kg 이상

④ 넝마 및 종이부스러기 500kg 이상 → 1,000kg 이상

42 다음 중 소방시설관리업을 등록할 수 있는 사람은?

① 피성년후견인

② 소방시설관리업의 등록이 취소된 날부터 2년이 경과된 사람

③ 금고 이상의 형의 집행유예를 선고받고 그 유예기간 중에 있는 사람

④ 금고 이상의 실형을 선고받고 그 집행이 면제된 날부터 2년이 지나지 아니한 사람

해설⊕

소방시설관리업 등록의 결격사유

1) 피성년후견인

2) 금고 이상의 실형을 선고받고 그 집행이 끝나거나 면제된 날부터 2년이 지나지 아니한 사람

3) 금고 이상의 형의 집행유예를 선고받고 그 유예기간 중에 있는 사람

4) 등록하려는 소방시설업 등록이 취소된 날부터 2년이 지나지 아니한 사람

5) 법인의 임원 중에 제1)호에서 제4)호까지의 어느 하나에 해당하는 사람이 있는 법인

43 위험물안전관리법령상 위험물취급소의 구분에 해당하지 않는 것은?

① 이송취급소

② 관리취급소

③ 판매취급소

④ 일반취급소

해설⊕

위험물취급소의 구분

취급소의 구분	위험물을 제조 외의 목적으로 취급하기 위한 장소
주유취급소	고정된 주유설비에 의하여 자동차 · 항공기 또는 선박 등의 연료탱크에 직접 주유하기 위하여 위험물을 취급하는 장소
판매취급소	점포에서 위험물을 용기에 담아 판매하기 위하여 지정수량의 40배 이하의 위험물을 취급하는 장소
이송취급소	배관 및 이에 부속된 설비에 의하여 위험물을 이송하는 장소
일반취급소	위 외의 장소

44 국민의 안전의식과 화재에 대한 경각심을 높이고 안전문화를 정착시키기 위한 소방의 날은 몇 월 며칠인가?

① 1월 19일 ② 10월 9일
③ 11월 9일 ④ 12월 19일

해설➕
소방의 날
1) 소방의 날 : 11월 9일
2) 제정목적 : 국민의 안전의식과 화재에 대한 경각심을 높이고 안전문화의 정착을 위함

45 화재의 예방 및 안전관리에 관한 법률상 화재안전조사 결과 소방대상물의 위치 상황이 화재예방을 위하여 보완될 필요가 있을 것으로 예상되는 때에 소방대상물의 개수·이전·제거, 그 밖의 필요한 조치를 관계인에게 명령할 수 있는 사람은?

① 소방서장 ② 경찰청장
③ 시·도지사 ④ 해당 구청장

해설➕
화재안전조사 결과에 따른 조치명령
1) 조치명령권자 : 소방청장, 소방본부장 또는 소방서장
2) 조치대상 : 소방대상물의 위치·구조·설비
3) 조치방법 : 관계인에게 그 소방대상물의 개수·이전·제거, 사용의 금지 또는 제한, 사용폐쇄, 공사의 정지 또는 중지 등

46 소방시설 설치 및 관리에 관한 법령상 터널로서 길이가 1천 미터일 때 설치하지 않아도 되는 소방시설은?

① 인명구조기구
② 옥내소화전설비
③ 연결송수관설비
④ 무선통신보조설비

해설➕
터널에 설치하는 소방설비의 종류
1) 터널길이 500m 이상
 ① 소화기(모든 터널) ② 비상경보설비
 ③ 비상조명등 ④ 비상콘센트설비
 ⑤ 무선통신보조설비
2) 터널길이 1000m 이상
 ① 옥내소화전설비 ② 자동화재탐지설비
 ③ 연결송수관설비
3) 예상 교통량, 경사도 등 터널의 특성을 고려하여 행정안전부령으로 정하는 터널
 ① 물분무소화설비 ② 제연설비

47 위험물안전관리법령상 허가를 받지 아니하고 당해 제조소 등을 설치하거나 그 위치·구조 또는 설비를 변경할 수 있으며, 신고를 하지 아니하고 위험물의 품명·수량 또는 지정수량의 배수를 변경할 수 있는 기준으로 옳은 것은?

① 축산용으로 필요한 건조시설을 위한 지정수량 40배 이하의 저장소
② 수산용으로 필요한 건조시설을 위한 지정수량 30배 이하의 저장소
③ 농예용으로 필요한 난방시설을 위한 지정수량 40배 이하의 저장소
④ 주택의 난방시설(공동주택의 중앙난방시설 제외)을 위한 저장소

해설➕
제조소 등의 설치허가
1) 제조소 등의 설치허가권자 : 시·도지사
2) 제조소 등의 위치·구조 또는 설비의 변경 없이 당해 제조소 등에서 저장하거나 취급하는 위험물의 품명·수량 또는 지정수량의 배수를 변경하고자 하는 자는 변경하고자 할 때 : 행정안전부령에 따라 1일 전까지 시·도지사에게 신고
3) 제조소 등의 허가를 받지 아니하고 당해 제조소 등을 설치하거나 그 위치·구조 또는 설비를 변경할 수 있으며, 신고를 하지 아니하고 위험물의 품명·수량 또는 지정수량의 배수를 변경할 수 있는 경우

① 주택의 난방시설(공동주택의 중앙난방 제외)을 위한 저장소 또는 취급소
② 농예용 · 축산용 또는 수산용으로 필요한 난방시설 또는 건조시설을 위한 지정수량 20배 이하의 저장소

48 시장지역에서 화재로 오인할 만한 우려가 있는 불을 피우거나 연막소독을 하려는 자가 신고를 하지 아니하여 소방자동차를 출동하게 한 자에 대한 과태료 부과 · 징수권자는?

① 국무총리
② 시 · 도지사
③ 행정안전부장관
④ 소방본부장 또는 소방서장

해설 ➕

1) 화재로 오인할 만한 우려가 있는 불을 피우거나 연막(煙幕) 소독 시 반드시 관할 소방본부장 또는 소방서장에게 신고하여야 하는 지역
① 시장지역
② 공장 · 창고가 밀집한 지역
③ 목조건물이 밀집한 지역
④ 위험물의 저장 및 처리시설이 밀집한 지역
⑤ 석유화학제품을 생산하는 공장이 있는 지역
⑥ 그 밖에 시 · 도의 조례로 정하는 지역 또는 장소
2) 화재로 오인할 만한 우려가 있는 불을 피우거나 연막(煙幕) 소독 시 반드시 관할 소방본부장 또는 소방서장에게 신고하지 아니한 경우 : 20만 원 이하의 과태료
3) 과태료 부과 · 징수권자 : 소방본부장 또는 소방서장

49 소방시설공사업법령상 공사감리자 지정대상 특정소방대상물의 범위가 아닌 것은?

① 제연설비를 신설 · 개설하거나 제연구역을 증설할 때
② 연소방지설비를 신설 · 개설하거나 살수구역을 증설할 때
③ 캐비닛형 간이스프링클러설비를 신설 · 개설하거나 방호 · 방수구역을 증설할 때
④ 물분무 등 소화설비(호스릴 방식의 소화설비 제외)를 신설 · 개설하거나 방호 · 방수구역을 증설할 때

해설 ➕

공사감리자 지정대상 특정소방대상물의 범위

소방설비	시공형태
옥내소화전설비, 옥외소화전설비	신설 · 개설 또는 증설할 때
스프링클러설비 등 (캐비닛형 간이스프링클러설비는 제외)	신설 · 개설하거나 방호 · 방수구역을 증설할 때
물분무 등 소화설비 (호스릴 방식의 소화설비는 제외)	
자동화재탐지설비, 비상방송설비	신설 또는 개설할 때
통합감시시설, 화재알림설비	
소화용수설비	
제연설비	신설 · 개설하거나 제연구역을 증설할 때
연결송수관설비	신설 또는 개설할 때
연결살수설비	신설 · 개설하거나 송수구역을 증설할 때
비상콘센트설비	신설 · 개설하거나 전용회로를 증설할 때
무선통신보조설비	신설 또는 개설할 때
연소방지설비	신설 · 개설하거나 살수구역을 증설할 때

50 소방기본법령상 소방대장의 권한이 아닌 것은?

① 화재 현장에 대통령령으로 정하는 사람 외에는 그 구역에 출입하는 것을 제한할 수 있다.
② 화재 진압 등 소방활동을 위하여 필요한 때에는 소방용수 외에 댐 · 저수지 등의 물을 사용할 수 있다.
③ 국민의 안전의식을 높이기 위하여 소방박물관 및 소방체험관을 설립하여 운영할 수 있다.
④ 불이 번지는 것을 막기 위하여 필요할 때에는 불이 번질 우려가 있는 소방대상물 및 토지를 일시적으로 사용할 수 있다.

해설 ➕

1) 소방대장
소방본부장 또는 소방서장 등 화재, 재난 · 재해, 그 밖의 위급한 상황이 발생한 현장에서 소방대를 지휘하는 사람

2) 소방대장의 권한
  ① 소방활동구역 설정 및 출입제한
  ② 소방활동 종사 명령(소방본부장, 소방서장, 소방대장)
    화재, 재난·재해, 그 밖의 위급한 상황이 발생한 현장에서 소방활동을 위하여 필요할 때에는 그 관할구역에 사는 사람 또는 그 현장에 있는 사람으로 하여금 사람을 구출하는 일 또는 불을 끄거나 불이 번지지 아니하도록 하는 일을 하도록 명령
  ③ 강제처분 등(소방본부장, 소방서장, 소방대장)
    사람을 구출하거나 불이 번지는 것을 막기 위하여 필요할 때에는 화재가 발생하거나 불이 번질 우려가 있는 소방대상물 및 토지를 일시적으로 사용하거나 그 사용의 제한 또는 소방활동에 필요한 처분 가능
  ④ 위험시설 등에 대한 긴급조치(소방본부장, 소방서장, 소방대장)
    화재 진압 등 소방활동을 위하여 필요할 때에는 소방용수 외에 댐·저수지 또는 수영장 등의 물을 사용하거나 수도의 개폐장치 등을 조작 가능

※ 소방박물관 등의 설립과 운영

구분	소방박물관	소방체험관
설립·운영권자	소방청장	시·도지사
설립·운영에 필요한 사항	행정안전부령	시·도의 조례

51
스프링클러설비를 설치하여야 하는 특정소방대상물의 기준으로 틀린 것은?(단, 위험물저장 및 처리시설 중 가스시설 또는 지하구는 제외한다.)

① 복합건축물로서 연면적 3,500m² 이상인 경우에는 모든 층
② 창고시설(물류터미널은 제외)로서 바닥면적 합계가 5,000m² 이상인 경우에는 모든 층
③ 숙박이 가능한 수련시설 용도로 사용되는 시설의 바닥면적의 합계가 600m² 이상의 것은 모든 층
④ 판매시설, 운수시설 및 창고시설(물류터미널에 한정)로서 바닥면적의 합계가 5,000m² 이상이거나 수용인원이 500명 이상인 경우에는 모든 층

해설 ⊕

스프링클러설비의 설치대상
1) 층수가 6층 이상인 특정소방대상물의 경우에는 모든 층
2) 기숙사 또는 복합건축물로서 연면적 5,000m² 이상인 경우에는 모든 층
3) 창고시설(물류터미널은 제외)로서 바닥면적 합계가 5,000m² 이상인 경우에는 모든 층
4) 판매시설, 운수시설 및 창고시설(물류터미널로 한정)로서 바닥면적의 합계가 5,000m² 이상이거나 수용인원이 500명 이상인 경우에는 모든 층
5) 다음에 해당하는 용도로 사용되는 시설의 바닥면적의 합계가 600m² 이상인 것 모든 층
  • 근린생활시설 중 조산원 및 산후조리원
  • 의료시설 중 정신의료기관
  • 의료시설 중 종합병원, 병원, 치과병원, 한방병원 및 요양병원
  • 노유자 시설
  • 숙박이 가능한 수련시설
  • 숙박시설
6) 특정소방대상물의 지하층·무창층(축사는 제외) 또는 층수가 4층 이상인 층으로서 바닥면적이 1,000m² 이상인 층이 있는 경우에는 해당 층
7) 지하상가로서 연면적 1,000m² 이상인 것

52
단독경보형 감지기를 설치하여야 하는 특정소방대상물의 기준으로 틀린 것은?

① 교육연구시설 내에 있는 기숙사 또는 합숙소로서 연면적 3,000m² 미만인 것
② 공동주택 중 연립주택 및 다세대주택
③ 수련시설 내에 있는 기숙사 또는 합숙소로서 연면적 2,000m² 미만인 것
④ 숙박시설이 있는 수련시설로서 수용인원 100명 미만인 것

해설 ⊕

단독경보형 감지기 설치대상
1) 공동주택 중 연립주택 및 다세대주택
2) 교육연구시설 내에 있는 기숙사 또는 합숙소 : 연면적 2,000m² 미만인 것

3) 수련시설 내에 있는 기숙사 또는 합숙소 : 연면적 2,000m² 미만인 것

4) 숙박시설이 있는 수련시설로서 수용인원 100명 미만인 것

5) 연면적 400m² 미만의 유치원

53 소방시설공사업법령상 소방시설공사의 하자보수 보증기간이 3년이 아닌 것은?

① 자동소화장치　　② 무선통신보조설비

③ 자동화재탐지설비　　④ 스프링클러설비 등

해설 ⊕

공사의 하자보수 등

1) 공사업자가 하자발생 통보를 받은 후 하자를 보수하거나 보수 일정을 기록한 하자보수 계획을 관계인에게 서면으로 알려야 하는 기간 : 3일 이내

2) 하자보수 대상 소방시설과 하자보수 보증기간

하자보수 대상 소방시설	하자보수 보증기간
피난기구, 유도등, 비상경보설비, 비상조명등, 비상방송설비 및 무선통신보조설비	2년
자동소화장치, 옥내소화전설비, 스프링클러설비 등, 물분무 등 소화설비, 옥외소화전설비, 자동화재탐지설비, 화재알림설비, 소화용수설비 및 소화활동설비(무선통신보조설비는 제외)	3년

54 위험물안전관리법령상 제조소의 기준에 따라 건축물의 외벽 또는 이에 상당하는 공작물의 외측으로부터 제조소의 외벽 또는 이에 상당하는 공작물의 외측까지의 안전거리 기준으로 틀린 것은?(단, 제6류 위험물을 취급하는 제조소를 제외하고, 건축물에 불연재료로 된 방화상 유효한 담 또는 벽을 설치하지 않은 경우이다.)

① 의료법에 의한 종합병원에 있어서는 30m 이상

② 도시가스사업법에 의한 가스공급시설에 있어서는 20m 이상

③ 사용전압 35,000V를 초과하는 특고압가공전선에 있어서는 5m 이상

④ 문화재보호법에 의한 유형문화재와 기념물 중 지정문화재에 있어서는 30m 이상

해설 ⊕

제조소의 안전거리

건축물	안전거리
유형문화재, 지정문화재	50m 이상
• 수용인원 300명 이상(학교, 병원, 극장, 공연장, 영화상영관) • 수용인원 20인 이상(아동복지시설, 노인복지시설, 장애인복지시설, 한부모가족복지시설, 어린이집, 성매매피해자 등을 위한 지원시설, 정신보건시설 등) 사용	30m 이상
고압가스, 액화석유가스, 도시가스를 저장 또는 취급하는 시설	20m 이상
주거용으로 사용되는 것(제조소가 설치된 부지 내에 있는 것 제외)	10m 이상
사용전압이 35,000V를 초과하는 특고압가공전선	5m 이상
사용전압이 7,000V 초과 35,000V 이하의 특고압가공전선	3m 이상

④ 지정문화재에 있어서는 30m 이상 → 50m 이상

55 소방기본법령상 소방활동구역의 출입자에 해당되지 않는 자는?

① 소방활동구역 안에 있는 소방대상물의 소유자 · 관리자 또는 점유자

② 화재건물과 관련 있는 부동산업자

③ 전기 · 가스 · 수도 · 통신 · 교통의 업무에 종사하는 사람으로서 원활한 소방활동을 위하여 필요한 자

④ 취재인력 등 보도업무에 종사하는 자

해설 ⊕

소방활동구역에 출입할 수 있는 사람

1) 소방활동구역 안에 있는 소방대상물의 소유자 · 관리자 또는 점유자

2) 전기 · 가스 · 수도 · 통신 · 교통의 업무에 종사하는 사람으로서 원활한 소방활동을 위하여 필요한 사람

3) 의사 · 간호사 그 밖의 구조 · 구급업무에 종사하는 사람

4) 취재인력 등 보도업무에 종사하는 사람

5) 수사업무에 종사하는 사람

6) 그 밖에 소방대장이 소방활동을 위하여 출입을 허가한 사람

56 시 · 도의 조례가 정하는 바에 따라 지정수량 이상의 위험물을 임시로 저장 · 취급할 수 있는 기간 (㉠)과 임시저장 승인권자 (㉡)는?

① ㉠ 30일 이내,   ㉡ 시 · 도지사

② ㉠ 60일 이내,   ㉡ 소방본부장

③ ㉠ 90일 이내,   ㉡ 관할소방서장

④ ㉠ 120일 이내,   ㉡ 소방청장

해설

위험물의 저장 및 취급의 제한

제조소 등이 아닌 장소에서 지정수량 이상의 위험물을 취급할 수 있는 경우

1) 관할소방서장의 승인을 받아 지정수량 이상의 위험물을 90일 이내의 기간 동안 임시로 저장 또는 취급하는 경우

2) 군부대가 지정수량 이상의 위험물을 군사목적으로 임시로 저장 또는 취급하는 경우

57 위험물안전관리법령상 위험물시설의 설치 및 변경 등에 관한 기준 중 다음 ( ) 안에 들어갈 내용으로 옳은 것은?

제조소 등의 위치 · 구조 또는 설비의 변경 없이 당해 제조소 등에서 저장하거나 취급하는 위험물의 품명 · 수량 또는 지정수량의 배수를 변경하고자 하는 자는 변경하고자 하는 날의 (㉠)일 전까지 (㉡)이 정하는 바에 따라 (㉢)에게 신고하여야 한다.

① ㉠ : 1, ㉡ : 대통령령, ㉢ : 소방본부장

② ㉠ : 1, ㉡ : 행정안전부령, ㉢ : 시 · 도지사

③ ㉠ : 14, ㉡ : 대통령령, ㉢ : 소방서장

④ ㉠ : 14, ㉡ : 행정안전부령, ㉢ : 시 · 도지사

해설

1) 제조소 등의 위치 · 구조 또는 설비의 변경 없이 당해 제조소 등에서 저장하거나 취급하는 위험물의 품명 · 수량 또는 지정수량의 배수를 변경하고자 하는 자는 변경하고자 할 때 : 1일 전까지 행정안전부령이 정하는 바에 따라 시 · 도지사에게 신고

2) 제조소 등의 허가를 받지 아니하고 당해 제조소 등을 설치하거나 그 위치 · 구조 또는 설비를 변경할 수 있으며, 신고를 하지 아니하고 위험물의 품명 · 수량 또는 지정수량의 배수를 변경할 수 있는 경우

① 주택의 난방시설(공동주택의 중앙난방 제외)을 위한 저장소 또는 취급소

② 농예용 · 축산용 또는 수산용으로 필요한 난방시설 또는 건조시설을 위한 지정수량 20배 이하의 저장소

58 소방시설 설치 및 관리에 관한 법령상 수용인원 산정방법 중 침대가 없는 숙박시설로서 해당 특정소방대상물의 종사자의 수는 5명, 복도, 계단 및 화장실의 바닥면적을 제외한 바닥면적이 $158m^2$인 경우의 수용인원은 약 몇 명인가?

① 37   ② 45

③ 58   ④ 84

해설

수용인원의 산정방법

1) 숙박시설이 있는 특정소방대상물

① 침대가 있는 숙박시설 : 종사자 수＋침대 수(2인용 침대는 2개)

② 침대가 없는 숙박시설 : 종사자 수＋바닥면적의 합계를 $3m^2$로 나누어 얻은 수

2) 1) 외의 특정소방대상물

① 강의실 · 교무실 · 상담실 · 실습실 · 휴게실 용도로 쓰이는 특정소방대상물 : 바닥면적의 합계를 $1.9m^2$로 나누어 얻은 수

② 강당, 문화 및 집회시설, 운동시설, 종교시설 : 바닥면적의 합계를 $4.6m^2$로 나누어 얻은 수

③ • 관람석이 있는 경우 고정식 의자를 설치한 부분 : 의자 수

• 긴 의자의 경우 : 의자의 정면너비를 0.45m로 나누어 얻은 수

3) 그 밖의 특정소방대상물 : 바닥면적의 합계를 $3m^2$로 나누어 얻은 수(소수점 이하의 수는 반올림할 것)

[풀이]

- 침대가 없는 숙박시설 : 종사자 수＋바닥면적의 합계를 $3m^2$로 나누어 얻은 수

- 수용인원 : 5명(종사자)＋$\dfrac{158[m^2]}{3[m^2]}=57.67$

  ∴ 58명

59 화재의 예방 및 안전관리에 관한 법령상 1급 소방안전관리대상물에 해당하는 건축물은?

① 지하구

② 층수가 15층인 공공업무시설

③ 연면적 15,000m^2 이상인 동물원

④ 층수가 20층이고, 지상으로부터 높이가 100미터인 아파트

해설⊕--

1급 소방안전관리대상물

동·식물원, 철강 등 불연성 물품을 저장·취급하는 창고, 위험물 저장 및 처리시설 중 위험물제조소 등, 지하구를 제외한다.

1) 30층 이상(지하층은 제외)이거나 지상으로부터 높이가 120m 이상인 아파트

2) 연면적 1만 5천m^2 이상인 특정소방대상물(아파트 및 연립주택 제외)

3) 층수가 11층 이상인 특정소방대상물(아파트는 제외)

4) 가연성 가스를 1,000톤 이상 저장·취급하는 시설

① 지하구 → 2급 소방안전관리대상물

③ 연면적 15,000m^2 이상인 동물원 → 동·식물원은 제외

④ 층수가 20층이고, 지상으로부터 높이가 100미터인 아파트 → 2급 소방안전관리대상물

60 소방시설 설치 및 관리에 관한 법령상 1년 이하의 징역 또는 1천만 원 이하의 벌금기준에 해당하는 경우는?

① 소방용품의 형식승인을 받지 아니하고 소방용품을 제조하거나 수입한 자 또는 거짓이나 그 밖의 부정한 방법으로 형식승인을 받은 자

② 제품검사를 받지 아니한 자 또는 거짓이나 그 밖의 부정한 방법으로 제품검사를 받은 자

③ 형식승인을 받지 않은 소방용품을 판매·진열하거나 소방시설공사에 사용한 자

④ 소방용품에 대하여 형상 등의 일부를 변경한 후 형식승인의 변경승인을 받지 아니한 자

해설⊕--

1) 1년 이하의 징역 또는 1천만 원 이하의 벌금

　① 소방시설 등에 대하여 스스로 점검을 하지 아니하거나 관리업자 등으로 하여금 정기적으로 점검하게 하지 아니한 자

　② 소방시설관리사증을 다른 사람에게 빌려주거나 빌리거나 이를 알선한 자

　③ 동시에 둘 이상의 업체에 취업한 자

　④ 자격정지처분을 받고 그 자격정지기간 중에 관리사의 업무를 한 자

　⑤ 관리업의 등록증이나 등록수첩을 다른 자에게 빌려주거나 빌리거나 이를 알선한 자

　⑥ 영업정지처분을 받고 그 영업정지기간 중에 관리업의 업무를 한 자

　⑦ 제품검사에 합격하지 아니한 제품에 합격표시를 하거나 합격표시를 위조 또는 변조하여 사용한 자

　⑧ 형식승인의 변경승인 또는 성능인증의 변경인증을 받지 아니한 자

　⑨ 제품검사에 합격하지 아니한 소방용품에 성능인증을 받았다는 표시 또는 제품검사에 합격하였다는 표시를 하거나 성능인증을 받았다는 표시 또는 제품검사에 합격하였다는 표시를 위조 또는 변조하여 사용한 자

　⑩ 우수품질인증을 받지 아니한 제품에 우수품질인증 표시를 하거나 우수품질인증 표시를 위조하거나 변조하여 사용한 자

　⑪ 관계 공무원이 관계인의 정당한 업무를 방해하거나 출입·검사 업무를 수행하면서 알게 된 비밀을 다른 사람에게 누설한 자

2) 3년 이하의 징역 또는 3천만 원 이하의 벌금
  ① 소방용품의 형식승인을 받지 아니하고 소방용품을 제조하거나 수입한 자 또는 거짓이나 그 밖의 부정한 방법으로 형식승인을 받은 자
  ② 제품검사를 받지 아니한 자 또는 거짓이나 그 밖의 부정한 방법으로 제품검사를 받은 자
  ③ 형식승인을 받지 않은 소방용품을 판매·진열하거나 소방시설공사에 사용한 자

4과목 소방전기시설의 구조 및 원리

61 비상조명등의 화재안전기준에 따라 조도는 비상조명등이 설치된 장소의 각 부분의 바닥에서 몇 lx 이상이 되도록 하여야 하는가?

① 1   ② 3   ③ 5   ④ 10

해설➕
비상조명등 설치기준
1) 각 거실과 그로부터 지상에 이르는 복도·계단 및 그 밖의 통로에 설치할 것
2) 조도 : 각 부분의 바닥에서 1lx 이상
3) 예비전원을 내장하는 비상조명등
  ① 평상시 점등 여부를 확인할 수 있는 점검스위치를 설치할 것
  ② 축전지와 예비전원 충전장치를 내장할 것
4) 예비전원을 내장하지 아니하는 비상조명등의 비상전원
  자가발전설비, 축전지설비, 전기저장장치

62 자동화재탐지설비 및 시각경보장치의 화재안전기준에 따라 지하층·무창층 등으로서 환기가 잘 되지 아니하거나 실내면적이 40m² 미만인 장소에 설치하여야 하는 적응성이 있는 감지기가 아닌 것은?

① 불꽃감지기
② 광전식 분리형 감지기
③ 정온식 스포트형 감지기
④ 아날로그방식의 감지기

해설➕
1) 비화재보 우려 장소
  ① 지하층·무창층 등으로서 환기가 잘되지 않는 장소
  ② 지하층·무창층 등으로서 실내면적이 40m² 미만인 장소
  ③ 감지기의 부착면과 실내바닥과의 거리가 2.3m 이하인 장소로서 일시적으로 발생한 열·연기 또는 먼지 등으로 인하여 감지기가 화재신호를 발신할 우려가 있는 장소
2) 비화재보 우려 장소에 설치할 수 있는 감지기
  ① 축적방식의 감지기
  ② 복합형 감지기
  ③ 광전식 분리형 감지기
  ④ 분포형 감지기
  ⑤ 불꽃감지기
  ⑥ 정온식 감지선형 감지기
  ⑦ 아날로그방식의 감지기
  ⑧ 다신호방식의 감지기
3) 축적기능이 없는 감지기를 설치하여야 하는 장소(실보 우려 장소)
  ① 급속한 연소 확대가 우려되는 장소에 사용하는 감지기
  ② 교차회로방식에 사용하는 감지기
  ③ 축적기능이 있는 수신기에 연결하여 사용하는 감지기

63 무선통신보조설비의 화재안전기준에 따른 용어의 정의 중 감시제어반 등에 설치된 무선중계기의 입력과 출력포트에 연결되어 송수신 신호를 원활하게 방사·수신하기 위해 옥외에 설치하는 장치를 말하는 것은?

① 혼합기   ② 분파기
③ 증폭기   ④ 옥외안테나

해설➕
용어의 정의
1) 누설동축케이블 : 동축케이블의 외부도체에 가느다란 홈을 만들어서 전파가 외부로 새어나갈 수 있도록 한 케이블
2) 분배기 : 신호의 전송로가 분기되는 장소에 설치하는 것으로 임피던스 매칭과 신호 균등분배를 위해 사용하는 장치
3) 분파기 : 서로 다른 주파수의 합성된 신호를 분리하기 위해서 사용하는 장치

4) 혼합기 : 두 개 이상의 입력신호를 원하는 비율로 조합한 출력이 발생하도록 하는 장치

5) 증폭기 : 신호 전송 시 신호가 약해져 수신이 불가능해지는 것을 방지하기 위해서 증폭하는 장치

6) 무선중계기 : 안테나를 통하여 수신된 무전기 신호를 증폭한 후 음영지역에 재방사하여 무전기 상호 간 송수신이 가능하도록 하는 장치

7) 옥외안테나 : 감시제어반 등에 설치된 무선중계기의 입력과 출력포트에 연결되어 송수신 신호를 원활하게 방사·수신하기 위해 옥외에 설치하는 장치

64 비상콘센트설비의 화재안전기준에 따라 비상콘센트용의 풀박스 등은 방청도장을 한 것으로서, 두께 몇 mm 이상의 철판으로 하여야 하는가?

① 1.2   ② 1.6

③ 2.0   ④ 2.4

해설 ⊕

비상콘센트설비의 전원회로 설치기준

1) 비상콘센트설비의 전원회로는 단상교류 220V인 것으로서, 그 공급용량은 1.5kVA 이상인 것으로 할 것

2) 전원회로는 각층에 2 이상이 되도록 설치할 것. 다만, 설치하여야 할 층의 비상콘센트가 1개인 때에는 하나의 회로로 할 수 있다.

3) 전원회로는 주배전반에서 전용회로로 할 것

4) 전원으로부터 각 층의 비상콘센트에 분기되는 경우 분기배선용 차단기를 보호함 안에 설치할 것

5) 콘센트마다 배선용 차단기를 설치하여야 하며, 충전부가 노출되지 아니하도록 할 것

6) 개폐기에는 "비상콘센트"라고 표시한 표지를 할 것

7) 비상콘센트용의 풀박스 등은 방청도장을 한 것으로서, 두께 1.6mm 이상의 철판으로 할 것

8) 하나의 전용회로에 설치하는 비상콘센트는 10개 이하로 할 것. 이 경우 전선의 용량은 각 비상콘센트(비상콘센트가 3개 이상인 경우에는 3개)의 공급용량을 합한 용량 이상의 것으로 할 것

65 무선통신보조설비의 화재안전기준에 따라 금속제 지지금구를 사용하여 무선통신보조설비의 누설동축케이블을 벽에 고정시키고자 하는 경우 몇 m 이내마다 고정시켜야 하는가?(단, 불연재료로 구획된 반자 안에 설치하는 경우는 제외한다.)

① 2   ② 3

③ 4   ④ 5

해설 ⊕

누설동축케이블 등의 설치기준

1) 소방전용주파수대에서 전파의 전송 또는 복사에 적합한 것으로서 소방전용으로 할 것

2) 케이블의 구성
   ① 누설동축케이블과 이에 접속하는 안테나
   ② 동축케이블과 이에 접속하는 안테나

3) 누설동축케이블 및 동축케이블은 불연 또는 난연성의 것으로서 습기에 따라 전기의 특성이 변질되지 아니하는 것으로 하고, 노출하여 설치한 경우에는 피난 및 통행에 장애가 없도록 할 것

4) 누설동축케이블 및 동축케이블은 화재에 따라 해당 케이블의 피복이 소실된 경우에 케이블 본체가 떨어지지 아니하도록 4m 이내마다 금속제 또는 자기제 등의 지지금구로 벽·천장·기둥 등에 견고하게 고정시킬 것. 다만, 불연재료로 구획된 반자 안에 설치하는 경우에는 그러하지 아니하다.

5) 누설동축케이블 및 안테나는 금속판 등에 따라 전파의 복사 또는 특성이 현저하게 저하되지 아니하는 위치에 설치할 것

6) 누설동축케이블 및 안테나는 고압의 전로로부터 1.5m 이상 떨어진 위치에 설치할 것. 다만, 해당 전로에 정전기 차폐장치를 유효하게 설치한 경우에는 그러하지 아니하다.

7) 누설동축케이블의 끝부분에는 무반사 종단저항을 견고하게 설치할 것

8) 누설동축케이블 또는 동축케이블의 임피던스는 50Ω으로 할 것

66 비상방송설비의 화재안전기준에 따른 음향장치의 구조 및 성능에 대한 기준이다. 다음 ( )에 들어갈 내용으로 옳은 것은?

> • 정격전압의 (㉠)% 전압에서 음향을 발할 수 있는 것으로 할 것
> • (㉡)의 작동과 연동하여 작동할 수 있는 것으로 할 것

① ㉠ 65, ㉡ 자동화재탐지설비
② ㉠ 80, ㉡ 자동화재탐지설비
③ ㉠ 65, ㉡ 단독경보형 감지기
④ ㉠ 80, ㉡ 단독경보형 감지기

해설⊕

비상방송설비 설치기준
1) 확성기의 음성입력 : 실외 3W(실내 1W), 아파트 등의 실내 2W 이상
2) 그 층의 각 부분으로부터 하나의 확성기까지의 수평거리 : 25m 이하
3) 음량조정기를 설치하는 경우 음량조정기의 배선 : 3선식
4) 화재신고 수신 후 방송개시 소요시간 : 10초 이하
5) 조작부의 조작스위치 높이 : 바닥으로부터 0.8m 이상 1.5m 이하
6) 정격전압의 80% 전압에서 음향을 발할 수 있는 것으로 할 것
7) 자동화재탐지설비의 작동과 연동하여 작동할 수 있는 것으로 할 것

67 예비전원의 성능인증 및 제품검사의 기술기준에 따른 예비전원의 구조 및 성능에 대한 설명으로 틀린 것은?

① 예비전원을 병렬로 접속하는 경우에는 역충전방지 등의 조치를 강구하여야 한다.
② 배선은 충분한 전류용량을 갖는 것으로서 배선의 접속이 적합하여야 한다.
③ 예비전원에 연결되는 배선의 경우 양극은 청색, 음극은 적색으로 오접속방지 조치를 하여야 한다.

④ 축전지를 직렬 또는 병렬로 사용하는 경우에는 용량(전압, 전류)이 균일한 축전지를 사용하여야 한다.

해설⊕

예비전원의 구조 및 성능
1) 예비전원을 병렬로 접속하는 경우는 역충전방지 등의 조치를 강구하여야 한다.
2) 배선은 충분한 전류용량을 갖는 것으로서 배선의 접속이 적합하여야 한다.
3) 예비전원에 연결되는 배선의 경우 양극은 적색, 음극은 청색 또는 흑색으로 오접속방지 조치를 하여야 한다.
4) 축전지를 직렬 또는 병렬로 사용하는 경우에는 용량(전압, 전류)이 균일한 축전지를 사용하여야 한다.
5) 외부에서 쉽게 접촉할 우려가 있는 충전부는 충분히 보호 되도록 하고 외함과 단자 사이는 절연물로 보호하여야 한다.
6) 충전장치의 이상 등에 의하여 내부가스압이 이상 상승할 우려가 있는 것은 안전조치를 강구하여야 한다.
7) 축전지에 배선 등을 직접 납땜하지 아니하여야 하며 축전지 개개의 연결부분은 스포트용접 등으로 확실하고 견고하게 접속하여야 한다.

③ 양극은 청색, 음극은 적색 → 양극은 적색, 음극은 청색 또는 흑색

68 비상경보설비 및 단독경보형 감지기의 화재안전기준에 따라 비상벨설비의 음향장치의 음량은 부착된 음향장치의 중심으로부터 1m 떨어진 위치에서 몇 dB 이상이 되는 것으로 하여야 하는가?

① 60　　　　② 70
③ 80　　　　④ 90

해설⊕

비상벨설비의 음향장치 설치기준
1) 특정소방대상물의 층마다 설치
2) 각 부분으로부터 하나의 음향장치까지의 수평거리 : 25m 이하
3) 음향장치의 구조 및 성능
　① 음향장치는 정격전압의 80% 전압에서 음향을 발할 수 있도록 할 것
　② 음량은 부착된 음향장치의 중심으로부터 1m 떨어진 위치에서 90dB 이상

69 자동화재탐지설비 및 시각경보장치의 화재 안전기준에 따른 중계기에 대한 시설기준으로 틀린 것은?

① 조작 및 점검에 편리하고 화재 및 침수 등의 재해로 인한 피해를 받을 우려가 없는 장소에 설치할 것
② 수신기에서 직접 감지기회로의 도통시험을 행하지 아니하는 것에 있어서는 수신기와 발신기 사이에 설치할 것
③ 수신기에 따라 감시되지 아니하는 배선을 통하여 전력을 공급받는 것에 있어서는 전원입력 측의 배선에 과전류 차단기를 설치할 것
④ 수신기에 따라 감시되지 아니하는 배선을 통하여 전력을 공급받는 것에 있어서는 해당 전원의 정전이 즉시 수신기에 표시되는 것으로 할 것

해설➕
중계기의 설치기준
1) 수신기에서 직접 감지기회로의 도통시험을 행하지 아니하는 것에 있어서는 수신기와 감지기 사이에 설치할 것
2) 조작 및 점검에 편리하고 화재 및 침수 등의 재해로 인한 피해를 받을 우려가 없는 장소에 설치할 것
3) 수신기에 따라 감시되지 아니하는 배선을 통하여 전력을 공급받는 것에 있어서는 전원입력 측의 배선에 과전류 차단기를 설치하고 해당 전원의 정전이 즉시 수신기에 표시되는 것으로 하며, 상용전원 및 예비전원의 시험을 할 수 있도록 할 것

70 비상방송설비의 화재안전기준에 따른 용어의 정의에서 소리를 크게 하여 멀리까지 전달될 수 있도록 하는 장치로서 일명 "스피커"를 말하는 것은?

① 확성기
② 증폭기
③ 사이렌
④ 음량조절기

해설➕
용어의 정의
1) 확성기(스피커) : 소리를 크게 하여 멀리까지 전달될 수 있도록 하는 장치

2) 음량조절기 : 가변저항을 이용하여 전류를 변화시켜 음량을 조절할 수 있는 장치
3) 증폭기 : 전압전류의 진폭을 늘려 감도를 좋게 하고 미약한 음성전류를 커다란 음성전류로 변화시켜 소리를 크게 하는 장치

71 누전경보기의 형식승인 및 제품검사의 기술기준에 따른 누전경보기 수신부의 기능검사 항목이 아닌 것은?

① 충격시험
② 진공가압시험
③ 과입력전압시험
④ 전원전압변동시험

해설➕
누전경보기 수신부의 기능검사 항목
① 충격시험   ② 온도특성시험
③ 과입력전압시험   ④ 전원전압변동시험
⑤ 반복시험   ⑥ 진동시험
⑦ 충격시험   ⑧ 절연저항시험
⑨ 절연내력시험

72 자동화재속보설비의 속보기의 성능인증 및 제품검사의 기술기준에 따라 교류입력 측과 외함 간의 절연저항은 직류 500V의 절연저항계로 측정한 값이 몇 MΩ 이상이어야 하는가?

① 5
② 10
③ 20
④ 50

해설➕
자동화재속보설비의 절연저항시험(직류 500V 절연저항계)

절연저항 측정부위	절연저항 측정값
절연된 충전부와 외함 간	5MΩ 이상
교류입력측과 외함 간	20MΩ 이상
절연된 선로 간	20MΩ 이상

정답   **69** ②   **70** ①   **71** ②   **72** ③

73 유도등 및 유도표지의 화재안전기준에 따른 피난구유도등의 설치장소로 틀린 것은?

① 직통계단
② 직통계단의 계단실
③ 안전구획된 거실로 통하는 출입구
④ 옥외로부터 직접 지하로 통하는 출입구

해설 ⊕

피난구유도등
1) 설치위치
   피난구의 바닥으로부터 높이 1.5m 이상으로서 출입구에 인접하도록 설치할 것

[피난구유도등(녹색 바탕에 백색 문자)]

2) 설치장소
   ① 옥내로부터 직접 지상으로 통하는 출입구 및 그 부속실의 출입구
   ② 직통계단·직통계단의 계단실 및 그 부속실의 출입구
   ③ ①과 ②에 따른 출입구에 이르는 복도 또는 통로로 통하는 출입구
   ④ 안전구획된 거실로 통하는 출입구

74 비상경보설비 및 단독경보형 감지기의 화재안전기준에 따른 발신기의 시설기준으로 틀린 것은?

① 발신기의 위치표시등은 함의 하부에 설치한다.
② 조작스위치는 바닥으로부터 0.8m 이상 1.5m 이하의 높이에 설치할 것
③ 복도 또는 별도로 구획된 실로서 보행거리가 40m 이상일 경우에는 추가로 설치하여야 한다.
④ 특정소방대상물의 층마다 설치하되, 해당 특정소방대상물의 각 부분으로부터 하나의 발신기까지의 수평거리가 25m 이하가 되도록 할 것

해설 ⊕

발신기 설치기준
1) 특정소방대상물의 층마다 설치
2) 조작스위치 설치높이 : 바닥으로부터 0.8m 이상 1.5m 이하
3) 각 부분으로부터 하나의 발신기까지의 수평거리 : 25m 이하(다만, 복도 또는 별도로 구획된 실로서 보행거리가 40m 이상일 경우 추가 설치)
4) 발신기 위치표시등은 함의 상부에 설치할 것
5) 발신기 불빛은 부착면으로부터 15° 이상의 범위 안에서 부착지점으로부터 10m 이내의 어느 곳에서도 쉽게 식별할 수 있는 적색등으로 할 것

① 발신기의 위치표시등은 함의 하부 → 함의 상부

75 소방시설용 비상전원수전설비의 화재안전기준에 따른 제1종 배전반 및 제1종 분전반의 시설기준으로 틀린 것은?

① 전선의 인입구 및 인출구는 외함에 노출하여 설치하면 아니 된다.
② 외함의 문은 2.3mm 이상의 강판과 이와 동등 이상의 강도와 내화성능이 있는 것으로 제작하여야 한다.
③ 공용배전반 및 공용분전반의 경우 소방회로와 일반회로에 사용하는 배선 및 배선용 기기는 불연재료로 구획되어야 한다.
④ 외함은 금속관 또는 금속제 가요전선관을 쉽게 접속할 수 있도록 하고, 당해 접속부분에는 단열조치를 하여야 한다.

해설 ⊕

제1종 배전반 및 제1종 분전반의 설치기준
1) 외함은 두께 1.6mm(전면판 및 문은 2.3mm) 이상의 강판과 이와 동등 이상의 강도와 내화성능이 있는 것으로 제작할 것
2) 외함의 내부는 외부의 열에 의해 영향을 받지 않도록 내열성 및 단열성이 있는 재료를 사용하여 단열할 것
3) 다음 각 목에 해당하는 것은 외함에 노출하여 설치할 수 있다.
   ① 표시등(불연성 또는 난연성 재료로 덮개를 설치한 것)
   ② 전선의 인입구 및 인출구

4) 외함은 금속관 또는 금속제 가요전선관을 쉽게 접속할 수 있도록 하고, 당해 접속부분에는 단열조치를 할 것

5) 공용배전반 및 공용분전반의 경우 소방회로와 일반회로에 사용하는 배선 및 배선용 기기는 불연재료로 구획되어야 할 것

① 전선의 인입구 및 인출구는 외함에 노출하여 설치하면 아니 된다. → 노출 가능

76 자동화재탐지설비 및 시각경보장치의 화재안전기준에 따른 배선의 시설기준으로 틀린 것은?

① 감지기 사이의 회로의 배선은 송배선식으로 할 것
② 자동화재탐지설비의 감지기회로의 전로저항은 50Ω 이하가 되도록 할 것
③ 수신기의 각 회로별 종단에 설치되는 감지기에 접속되는 배선의 전압은 감지기 정격전압의 80% 이상이어야 할 것
④ 피(P)형 수신기 및 지피(GP)형 수신기의 감지기 회로의 배선에 있어서 하나의 공통선에 접속할 수 있는 경계구역은 10개 이하로 할 것

해설 ➕

자동화재탐지설비의 배선
1) 전원회로의 배선 : 내화배선
   그 밖의 배선 : 내화배선 또는 내열배선
2) 감지기 상호 간 또는 감지기로부터 수신기에 이르는 감지기회로의 배선
   ① 아날로그식, 다신호식 감지기나 R형 수신기용 : 전자파 방해를 받지 아니하는 실드선
   ② 그 밖의 일반배선 : 내화배선 또는 내열배선
3) 감지기 사이의 회로의 배선은 송배선식으로 할 것
4) 절연저항 : 감지기 회로 및 부속회로의 전로와 대지 사이 및 배선 상호 간을 직류 250V의 절연저항측정기로 측정하여 $0.1M\Omega$ 이상이 되도록 할 것
5) 자동화재탐지설비의 배선은 다른 전선과 별도의 관·덕트·몰드 또는 풀박스 등에 설치할 것(다만, 60V 미만의 약 전류회로에 사용하는 전선으로서 각각의 전압이 같을 때에는 제외)

6) P형 수신기 감지기회로로 하나의 공통선에 접속할 수 있는 경계구역은 7개 이하로 할 것
7) 자동화재탐지설비의 감지기회로의 전로저항은 50Ω 이하
8) 종단 감지기에 접속되는 배선의 전압은 감지기 정격전압의 80% 이상일 것

④ 하나의 공통선에 접속할 수 있는 경계구역은 10개 이하로 할 것 → 7개 이하

77 유도등의 형식승인 및 제품검사의 기술기준에 따른 유도등의 일반구조에 대한 설명으로 틀린 것은?

① 축전지에 배선 등을 직접 납땜하지 아니하여야 한다.
② 충전부가 노출되지 아니한 것은 300V를 초과할 수 있다.
③ 예비전원을 직렬로 접속하는 경우는 역충전 방지 등의 조치를 강구하여야 한다.
④ 유도등에는 점멸, 음성 또는 이와 유사한 방식 등에 의한 유도장치를 설치할 수 있다.

해설 ➕

유도등의 일반구조(유도등의 형식승인 및 제품검사의 기술기준)
1) 축전지에 배선 등을 직접 납땜하지 아니하여야 한다.
2) 사용전압 : 300V 이하(충전부가 노출되지 아니한 것은 300V를 초과 가능)
3) 예비전원을 병렬로 접속하는 경우는 역충전 방지 등의 조치를 강구하여야 한다.
4) 유도등에는 점멸, 음성 또는 이와 유사한 방식 등에 의한 유도장치를 설치할 수 있다
5) 인출선은 단면적 $0.75mm^2$ 이상
6) 인출선의 길이 : 전선인출 부분으로부터 150mm 이상
7) 유도등에는 점검용의 자동복귀형 점멸기를 설치할 것(바닥에 매립하는 복도통로유도등과 객석유도등 제외)

③ 예비전원을 직렬로 접속하는 경우 → 병렬로 접속하는 경우

78 자동화재탐지설비 및 시각경보장치의 화재안전기준에 따라 외기에 면하여 상시 개방된 부분이 있는 차고 · 주차장 · 창고 등에 있어서는 외기에 면하는 각 부분으로부터 몇 m 미만의 범위 안에 있는 부분은 경계구역의 면적에 산입하지 아니하는가?

① 1
② 3
③ 5
④ 10

해설 ➕

자동화재탐지설비의 경계구역 설정기준
1) 층별, 면적별 경계구역
　① 하나의 경계구역이 2개 이상의 건축물에 미치지 아니하도록 할 것
　② 하나의 경계구역이 2개 이상의 층에 미치지 아니하도록 할 것(다만, 500m² 이하의 범위 안에서는 2개의 층을 하나의 경계구역으로 할 수 있다)
　③ 하나의 경계구역의 면적은 600m² 이하로 하고 한 변의 길이는 50m 이하로 할 것(다만, 주된 출입구에서 그 내부 전체가 보이는 것은 한 변의 길이가 50m의 범위 내에서 1,000m² 이하)

2) 수직구역의 경계구역
　① 별도로 경계구역 설정 : 계단, 경사로, 엘리베이터 승강로, 권상기실, 린넨슈트, 파이프 피트, 파이프 덕트 기타 이와 유사한 부분
　② 하나의 경계구역 높이 : 45m 이하(계단 및 경사로에 한함)
　③ 지하층의 계단 및 경사로는 별도로 하나의 경계구역으로 할 것(지하층의 층수가 1일 경우는 제외)

3) 기타 경계구역
　① 외기에 면하여 상시 개방된 부분이 있는 차고 · 주차장 · 창고 등에 있어서는 외기에 면하는 각 부분으로부터 5m 미만의 범위 안에 있는 부분은 경계구역의 면적에 산입하지 아니한다.
　② 스프링클러설비 · 물분무 등 소화설비 또는 제연설비의 화재감지장치로서 화재감지기를 설치한 경우의 경계구역은 해당 소화설비의 방사구역 또는 제연구역과 동일하게 설정할 수 있다.

79 누전경보기의 형식승인 및 제품검사의 기술기준에 따라 누전경보기의 변류기는 경계전로에 정격전류를 흘리는 경우, 그 경계전로의 전압강하는 몇 V 이하이어야 하는가?(단, 경계선로의 전선을 ㄱ 변류기에 관통시키는 것은 제외한다.)

① 0.3
② 0.5
③ 1.0
④ 3.0

해설 ➕

1) 누전경보기의 정의
　사용전압 600V 이하인 경계전로의 누설전류를 검출하여 당해 소방대상물의 관계자에게 경보를 발하는 설비로서 변류기와 수신부로 구성된 것
2) 변류기는 경계전로에 정격전류를 흘리는 경우, 그 경계전로의 전압강하는 0.5V 이하일 것
3) 공칭작동전류치 및 감도조정장치의 조정범위

구분	전류[mA]
공칭작동전류치	200 이하
감도조정장치	1,000(1A) 이하

80 비상콘센트설비의 성능인증 및 제품검사의 기술기준에 따라 비상콘센트설비에 사용되는 부품에 대한 설명으로 틀린 것은?

① 진공차단기는 KS C 8321(진공차단기)에 적합하여야 한다.
② 접속기는 KS C 8305(배선용 꽂음 접속기)에 적합하여야 한다.
③ 표시등의 소켓은 접속이 확실하여야 하며 쉽게 전구를 교체할 수 있도록 부착하여야 한다.
④ 단자는 충분한 전류용량을 갖는 것으로 하여야 하며 단자의 접속이 정확하고 확실하여야 한다.

해설 ➕

비상콘센트설비에 사용되는 부품
1) 배선용 차단기는 KS C 8321(배선용 차단기)에 적합하여야 한다.
2) 접속기는 KS C 8305(배선용 꽂음 접속기)에 적합하여야 한다.

3) 표시등의 구조 및 기능
  ① 전구는 사용전압의 130%인 교류전압을 20시간 연속
     하여 가하는 경우 단선, 현저한 광속변화, 흑화, 전류
     의 저하 등이 발생하지 아니할 것
  ② 소켓은 접속이 확실하여야 하며 쉽게 전구를 교체할
     수 있도록 부착할 것
  ③ 전구에는 적당한 보호커버를 설치할 것(발광다이오드
     는 제외)
  ④ 적색으로 표시되어야 하며 주위의 밝기가 300lx 이상
     인 장소에서 측정하여 앞면으로부터 3m 떨어진 곳에
     서 켜진 등이 확실히 식별될 수 있을 것
4) 단자는 충분한 전류용량을 갖는 것으로 하여야 하며 단자
   의 접속이 정확하고 확실하여야 한다.

정답

1과목 소방원론

01 피난 시 하나의 수단이 고장 등으로 사용이 불가능하더라도 다른 수단 및 방법을 통해서 피난할 수 있도록 하는 것으로 2방향 이상의 피난통로를 확보하는 피난대책의 일반원칙은?

① Risk Down 원칙
② Feed Back 원칙
③ Fool Proof 원칙
④ Fail Safe 원칙

해설 ⊕

피난계획의 일반원칙
1) Fail Safe : 하나의 피난수단이 실패하더라도 다른 피난수단에 의해 안전하게 피난할 수 있도록 2 이상의 피난수단이 확보되도록 설계하는 원칙
2) Fool Proof : 화재 시 패닉에 의해 판단능력이 저하되므로 누구나 알 수 있는 문자, 그림 등을 이용하여 피난이 가능하도록 설계하는 원칙

02 열분해에 의해 가연물 표면에 유리상의 메타인산 피막을 형성하여 연소에 필요한 산소의 유입을 차단하는 분말약제는?

① 요소
② 탄산수소칼륨
③ 제1인산암모늄
④ 탄산수소나트륨

해설 ⊕

제3종 분말소화약제($NH_4H_2PO_4$)
1) 소화효과
  ① A급, B급, C급의 어떤 화재에도 사용할 수 있기 때문에 ABC 분말소화약제라고도 함
  ② 열분해 시 흡열반응에 의한 냉각효과

③ 열분해 시 발생되는 불연성 가스(NH_3, H_2O 등)에 의한 질식효과
④ 반응 과정에서 생성된 메타인산(HPO_3)의 방진효과 (A급 화재에 적응성)
⑤ 열분해 시 유리된 $NH_4{}^+$에 의한 부촉매소화
⑥ 분말 운무에 의한 열방사의 차단효과

2) 열분해 반응식
  $NH_4H_2PO_4 \rightarrow NH_3 + H_2O + HPO_3$

03 공기 중의 산소의 농도는 약 몇 vol%인가?

① 10
② 13
③ 17
④ 21

해설 ⊕

질식소화
1) 공기 중의 산소농도(21%)를 15% 이하로 희박하게 하여 소화하는 방법
2) 이산화탄소, 불활성가스 등을 분사하여 산소농도를 낮춤

04 일반적인 플라스틱 분류상 열경화성 플라스틱에 해당하는 것은?

① 폴리에틸렌
② 폴리염화비닐
③ 페놀수지
④ 폴리스티렌

해설 ⊕

열가소성 수지, 열경화성 수지

구분	열가소성 수지	열경화성 수지
특성	열에 의해 쉽게 용융, 변형되는 특성을 가진 수지	열에 의해 용융되지 않고 바로 분해되는 특성을 가진 수지
종류	폴리에틸렌, 폴리스티렌, 폴리프로필렌, 폴리염화비닐(PVC) 등	멜라민수지, 페놀수지, 요소수지 등

05 자연발화 방지대책에 대한 설명 중 틀린 것은?

① 저장실의 온도를 낮게 유지한다.

② 저장실의 환기를 원활히 시킨다.

③ 촉매물질과의 접촉을 피한다.

④ 저장실의 습도를 높게 유지한다.

해설 ⊕

자연발화의 조건 및 방지법

자연발화의 조건	자연발화의 방지법
• 열전도율이 작을 것 • 발열량이 클 것 • 주위온도가 높을 것 • 비표면적이 클 것	• 통풍이 잘 되는 장소에 보관할 것 • 열 축적 방지(발열＜방열) • 저장실의 온도를 낮게 유지할 것 • 습도를 낮게 유지할 것(습기가 촉매로 작용)

06 공기 중에서 수소의 연소범위로 옳은 것은?

① 0.4～4vol% ② 1～12.5vol%

③ 4～75vol% ④ 67～92vol%

해설 ⊕

가연성 가스의 폭발범위(연소범위)

가연성 가스	연소하한계[%]	연소상한계[%]
아세틸렌(C_2H_2)	2.5	81
수소(H_2)	4.0	75
메탄(CH_4)	5.0	15
에탄(C_2H_6)	3.0	12.4
프로판(C_3H_8)	2.1	9.5
부탄(C_4H_{10})	1.8	8.4
일산화탄소(CO)	12.5	74
다이에틸에터 ($C_2H_5OC_2H_5$)	1.9	48
이황화탄소(CS_2)	1.2	44

07 탄산수소나트륨이 주성분인 분말소화약제는?

① 제1종 분말 ② 제2종 분말

③ 제3종 분말 ④ 제4종 분말

해설 ⊕

분말소화약제의 종류

종별	분자식	착색	적응 화재	충전비 [l/kg]
제1종 분말	탄산수소나트륨 ($NaHCO_3$)	백색	BC급	0.8
제2종 분말	탄산수소칼륨 ($KHCO_3$)	담회색 (담자색)	BC급	1.0
제3종 분말	제1인산암모늄 ($NH_4H_2PO_4$)	담홍색	ABC급	1.0
제4종 분말	탄산수소칼륨＋요소 ($KHCO_3$＋$(NH_2)_2CO$)	회색	BC급	1.25

08 불연성 기체나 고체 등으로 연소물을 감싸 산소 공급을 차단하는 소화방법은?

① 질식소화 ② 냉각소화

③ 연쇄반응차단소화 ④ 제거소화

해설 ⊕

소화방법

1) 질식소화

　① 공기 중의 산소농도를 15% 이하로 희박하게 하여 소화하는 방법

　② 이산화탄소, 불활성가스 등을 분사하여 산소농도를 낮춤

2) 냉각소화

　① 점화원을 발화점 이하로 냉각하여 소화하는 방법

　② 물의 현열과 증발잠열을 이용하는 방법이 가장 많이 사용됨

3) 제거소화

　① 가연물을 제거하여 소화

　② 고체 가연물 : 가연물을 화재현장으로부터 즉시 제거함(산림화재 시 앞쪽에서 벌목하여 진화)

　③ 액체 및 기체 : 가연성 물질을 누출시키는 용기의 밸브를 폐쇄

　④ 전기화재 : 전원스위치를 차단하여 전기의 공급을 차단

　⑤ 수용성 액체 : 다량의 물을 주입하여 농도를 연소범위 이하로 낮춤

4) 억제소화(부촉매소화)
① 할론소화약제, 할로겐화합물소화약제, 분말소화약제 등을 사용하여 소화
② 불꽃연소 시 발생히는 H^*, OH^* 활성라디칼을 포착하여 연쇄반응을 억제
③ 불꽃연소에 적응성이 뛰어나고 훈소에는 적응성이 거의 없다.

09 증발잠열을 이용하여 가연물의 온도를 떨어뜨려 화재를 진압하는 소화방법은?

① 제거소화
② 억제소화
③ 질식소화
④ 냉각소화

해설⊕
문제 8번 해설 참고

10 화재 발생 시 인간의 피난특성으로 틀린 것은?

① 본능적으로 평상시 사용하는 출입구를 사용한다.
② 최초로 행동을 개시한 사람을 따라서 움직인다.
③ 공포감으로 인해서 빛을 피하여 어두운 곳으로 몸을 숨긴다.
④ 무의식중에 발화장소의 반대쪽으로 이동한다.

해설⊕
화재발생 시 인간의 피난특성

피난특성	내용
추종본능	화재와 같은 급박한 상황에서는 먼저 행동한 사람을 따라 하는 특성
귀소본능	자주 이용하는 경로 및 원래 온 길로 돌아가려는 특성
퇴피본능	화재가 발생하면 반사적으로 화염, 열, 연기의 반대쪽으로 멀어지려는 특성
좌회본능	피난 시 시계반대방향으로 회전하려는 특성
지광본능	화재 시 빛을 찾아 외부로 빠져나오려는 특성

11 공기와 할론 1301의 혼합기체에서 할론 1301에 비해 공기의 확산속도는 약 몇 배인가?(단, 공기의 평균분자량은 29, 할론 1301의 분자량은 149이다.)

① 2.27배
② 3.85배
③ 5.17배
④ 6.46배

해설⊕
1) 기체의 확산속도
$$\frac{V_B}{V_A} = \sqrt{\frac{M_A}{M_B}}$$

여기서, V_A : A기체의 확산속도[m/s]
V_B : B기체의 확산속도[m/s]
M_A : A기체의 분자량
M_B : B기체의 분자량

2) 기체의 확산속도는 그 기체의 분자량의 제곱근에 반비례한다.

[풀이]
$$\frac{V_B}{V_A} = \sqrt{\frac{149}{29}}, \quad V_B = 2.27\,V_A$$

여기서, V_A : 할론 1301의 확산속도[m/s]
V_B : 공기의 확산속도[m/s]
M_A : 할론 1301의 분자량
M_B : 공기의 분자량

12 다음 원소 중 할로젠족 원소인 것은?

① Ne
② Ar
③ Cl
④ Xe

해설⊕
1) 할로젠족 원소의 종류
F(불소), Cl(염소), Br(브로민), I(아이오딘)

2) 할로젠원소의 전기음성도(결합력) 및 소화효과
① 전기음성도(결합력)의 크기 : F>Cl>Br>I
② 소화효과의 크기 : F<Cl<Br<I

3) 불활성 기체의 종류
He(헬륨), Ne(네온), Ar(아르곤), Kr(크립톤), Xe(제논)

13 건물 내 피난동선의 조건으로 옳지 않은 것은?

① 2개 이상의 방향으로 피난할 수 있어야 한다.

② 가급적 단순한 형태로 한다.

③ 통로의 말단은 안전한 장소이어야 한다.

④ 수직동선은 금하고 수평동선만 고려한다.

해설 ➕

피난동선의 특성

1) 수평동선과 수직동선으로 구분할 것

2) 어느 곳에서도 2개 이상의 방향으로 피난할 수 있으며, 그 말단은 화재로부터 안전한 장소일 것

3) 양방향 피난이 가능하고 상호 반대방향으로 다수의 출구와 연결될 수 있을 것

4) 가급적 단순 형태일 것

④ 수직동선 → 피난계단, 비상용 엘리베이터 등
   수평동선 → 복도, 통로 등

14 실내화재에서 화재의 최성기에 돌입하기 전에 다량의 가연성 가스가 동시에 연소되면서 급격한 온도상승을 유발하는 현상은?

① 패닉(Panic) 현상

② 스택(Stack) 현상

③ 파이어볼(Fire Ball) 현상

④ 플래시오버(Flash Over) 현상

해설 ➕

플래시오버(Flash Over)의 정의 및 특성

1) 화재발생 후 일정시간이 경과하면 실내에 열과 가연성 가스가 축적되고 복사열에 의해 실 전체에 순간적으로 화재가 확산되는 현상

2) 화재 성장기에서 발생하여 플래시오버 후 최성기로 전이된다.

3) 연료지배형 화재에서 환기지배형 화재로 전이된다.

4) 플래시오버 발생시간 : 화재발생 후 약 5~6분 정도

5) 플래시오버 발생 시 실내온도 : 약 800~900℃

① 패닉(Panic) 현상 → 갑작스러운 극심한 공포, 공황 등을 의미

② 스택(Stack) 현상(굴뚝효과) → 고층 건축물이나 굴뚝 등에서 부력에 의해 공기가 흐르는 현상

③ 파이어볼(Fire Ball) 현상 → 강력한 폭발 후 화염이 버섯구름 형태로 만들어진 후 공(Ball) 모양의 형태가 되는 현상

15 과산화수소와 과염소산의 공통성질이 아닌 것은?

① 산화성 액체이다.   ② 유기화합물이다.

③ 불연성 물질이다.   ④ 비중이 1보다 크다.

해설 ➕

제6류 위험물

1) 성질 : 산화성 액체

2) 품명 및 지정수량

위험등급	품명	지정수량
I	과염소산	300kg
	과산화수소(농도 36w% 이상)	
	질산(비중 1.49 이상)	

3) 특성

① 산화성 액체로 비중이 1보다 크며 물에 잘 녹는다.

② 부식성이 강하며 증기는 유독하다.

③ 불연성이지만 분자 내에 산소를 많이 함유하고 있어 다른 물질의 연소를 돕는 조연성 물질이다.

④ $HClO_4$, H_2O_2, HNO_3는 모두 탄소를 포함하지 않는 무기물이다.

16 화재를 소화하는 방법 중 물리적 방법에 의한 소화가 아닌 것은?

① 억제소화   ② 제거소화

③ 질식소화   ④ 냉각소화

해설 ➕

1) 물리적 소화

① 연소의 3요소 중 한 가지를 차단하여 소화하는 방법

② 점화원을 제거하는 냉각소화

③ 산소를 제거하는 질식소화

④ 가연물을 제거하는 제거소화

2) 화학적 소화

① 연소의 4요소인 연쇄반응을 억제하여 소화하는 방법

② 억제소화 또는 부촉매소화라고도 함

정답 13 ④ 14 ④ 15 ② 16 ①

17 물과 반응하여 가연성 기체를 발생하지 않는 것은?

① 칼륨
② 인화아연
③ 산화칼슘
④ 탄화알루미늄

해설⊕

① 칼륨
$$2K + 2H_2O \rightarrow 2KOH + H_2(\text{수소 발생})$$
② 인화아연
$$Zn_3P_2 + 6H_2O \rightarrow 3Zn(OH)_2 + 2PH_3(\text{포스핀 발생})$$
③ 산화칼슘
$$CaO + H_2O \rightarrow Ca(OH)_2(\text{수산화칼슘, 소석회 생성})$$
④ 탄화알루미늄
$$Al_4C_3 + 12H_2O \rightarrow 4Al(OH)_3 + 3CH_4(\text{메탄 발생})$$

18 목재건축물의 화재진행과정을 순서대로 나열한 것은?

① 무염착화 – 발염착화 – 발화 – 최성기
② 무염착화 – 최성기 – 발염착화 – 발화
③ 발염착화 – 발화 – 최성기 – 무염착화
④ 발염착화 – 최성기 – 무염착화 – 발화

해설⊕

목조건축물에서의 화재진행과정

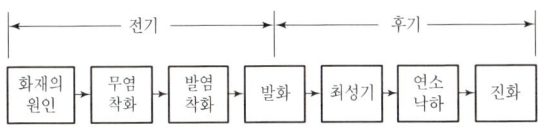

1) 무염착화 : 불꽃이 없는 착화현상
2) 발염착화 : 불꽃이 발생한 후의 착화현상
3) 발화에서 최성기까지의 시간 : 5~15분
4) 발화에서 연소낙하까지의 시간 : 13~25분

19 다음 물질을 저장하고 있는 장소에서 화재가 발생하였을 때 주수소화가 적합하지 않은 것은?

① 적린
② 마그네슘 분말
③ 과염소산칼륨
④ 황

해설⊕

1) 마그네슘과 물의 반응식
$$Mg + 2H_2O \rightarrow Mg(OH)_2 + H_2(\text{수소 발생})$$
2) 마그네슘과 이산화탄소이 반응시
$$2Mg + CO_2 \rightarrow 2MgO + C(\text{가연성 탄소 발생})$$

① 적린 : 제2류 위험물(가연성 고체) → 주수소화
③ 과염소산칼륨 : 제1류 위험물(산화성 고체) → 주수소화
④ 황 : 제2류 위험물(가연성 고체) → 주수소화

20 다음 중 가연성 가스가 아닌 것은?

① 일산화탄소
② 프로판
③ 아르곤
④ 메탄

해설⊕

① 일산화탄소 → 가연성 가스, 연소범위(12.5~74%)
② 프로판 → 가연성 가스, 연소범위(2.1~9.5%)
③ 아르곤 → 불활성 기체, 18족 원소
　　　　　　　(He, Ne, Ar, Kr, Xe 등)
④ 메탄 → 가연성 가스, 연소범위(5.0~15%)

2과목　**소방전기일반**

21 다음 중 쌍방향성 전력용 반도체 소자인 것은?

① SCR
② IGBT
③ TRIAC
④ DIODE

해설⊕

사이리스터의 종류 및 특성(PNPN 4층 구조)

사이리스터의 종류	심벌	용도 및 특성
SCR (Silicon Controlled Rectifier)	Gate (G) Anode (A) (K) Cathode	• 일반적으로 사이리스터를 지칭(PNPN 접합) • 단방향 3단자 사이리스터 • 게이트에 신호를 가함으로써 턴온된다. • 소형이고 과전압에 약하다. • 대전력용 정류기에 사용

사이리스터의 종류	심벌	용도 및 특성
TRIAC (트라이액)	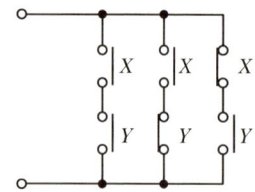 G (Gate) T2 (Terminal 2) — T1 (Terminal 1)	• SCR 2개를 역병렬로 연결한 전기적 등가구조 • 쌍방향성 스위칭 소자
GTO 사이리스터	G (Gate) Anode (A) — Cathode (K)	게이트에 의해 제어 가능한 턴온 및 턴오프 능력을 갖도록 특별히 설계된 소자
DIAC (다이액)	T2 (Terminal 2) — T1 (Terminal 1)	• 쌍방향 2단자 사이리스터 • 교류전원에서 직접 트리거 펄스를 얻는 회로 구성

22 그림의 시퀀스(계전기 접점) 회로를 논리식으로 표현하면?

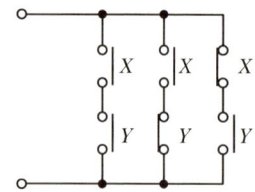

① $X+Y$

② $(XY)+(X\overline{Y})(\overline{X}Y)$

③ $(X+Y)(X+\overline{Y})(\overline{X}+Y)$

④ $(X+Y)+(X+\overline{Y})+(\overline{X}+Y)$

해설 ⊕

1) 직렬회로

  ① $X \cdot Y$ ② $X \cdot \overline{Y}$ ③ $\overline{X} \cdot Y$

2) 병렬회로

  ①, ②, ③이 병렬로 연결되어 있으므로

  $(X \cdot Y)+(X \cdot \overline{Y})+(\overline{X} \cdot Y)$

3) 위 논리식을 X로 묶으면

  $X(Y+\overline{Y})+\overline{X}Y$ 여기서, $Y+\overline{Y}=1$이므로

  $X+\overline{X}Y$ 이 식을 분배하면

  $(X+\overline{X})(X+Y)$

  여기서, $(X+\overline{X})=1$이므로 $X+Y$

23 그림의 블록선도와 같이 표현되는 제어시스템의 전달함수 $G(s)$는?

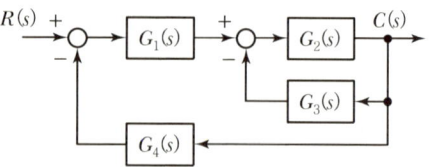

① $\dfrac{G_1(s)G_2(s)}{1+G_2(s)G_3(s)+G_1(s)G_2(s)G_4(s)}$

② $\dfrac{G_3(s)G_4(s)}{1+G_2(s)G_3(s)+G_1(s)G_2(s)G_4(s)}$

③ $\dfrac{G_1(s)G_2(s)}{1+G_1(s)G_2(s)+G_1(s)G_2(s)G_3(s)}$

④ $\dfrac{G_3(s)G_4(s)}{1+G_1(s)G_2(s)+G_1(s)G_2(s)G_3(s)}$

해설 ⊕

간이 전달함수법

$$G(s)=\frac{C(s)}{R(s)}=\frac{\text{순방향 경로의 곱}}{1-\text{루프의 곱}}$$

  여기서, $G(s)$: 전달함수, $R(s)$: 입력, $C(s)$: 출력

[풀이]

① 순방향 경로의 곱

  $G_1(s) \cdot G_2(s)$

② 루프의 곱(루프된 곳이 2군데이므로 루프 2개를 모두 계산한다)

  • 작은 루프의 곱

    $-G_2(s) \cdot G_3(s)$

  • 큰 루프의 곱

    $-G_1(s) \cdot G_2(s) \cdot G_4(s)$

  • 전달함수 $G(s)$

$$G(s)=\frac{C(s)}{R(s)}=\frac{\text{순방향 경로의 곱}}{1-\text{루프의 곱}}$$

$$=\frac{G_1(s)G_2(s)}{1-\left\{\begin{array}{c}(-G_2(s)G_3(s))+\\(-G_1(s)G_2(s)G_4(s))\end{array}\right\}}$$

$$G(s)=\frac{G_1(s)G_2(s)}{1+G_2(s)G_3(s)+G_1(s)G_2(s)G_4(s)}$$

24 조작기기는 직접 제어대상에 작용하는 장치이고 빠른 응답이 요구된다. 다음 중 전기식 조작기기가 아닌 것은?

① 서보전동기
② 전동밸브
③ 다이어프램밸브
④ 전자밸브

해설⊕

1) 조작용 제어기기의 종류
　① 기계식 : 다이어프램, 클러치 등
　② 유압식 : 피스톤, 실린더, 플랜저 등
　③ 전기식 : 솔레노이드, 서보전동기, 전동밸브, 전자밸브 등

2) 증폭용 제어기기의 종류
　① 전기식 제어기기
　　• 정지기 : SCR, 트랜지스터, 진공관 등
　　• 회전기 : 앰플리다인
　　※ 앰플리다인 : 정속도 운전하는 직류발전기로, 작은 전력을 큰 전력으로 증폭하는 기기로서 입력과 출력이 모두 직류이고 견고성이 좋으며 토크가 에너지원이 된다.
　② 공기식 제어기기 : 노즐플래퍼, 벨로즈 등

③ 다이어프램밸브 → 기계식

25 전기자 제어 직류 서보전동기에 대한 설명으로 옳은 것은?

① 교류 서보전동기에 비하여 구조가 간단하여 소형이고 출력이 비교적 낮다.
② 제어권선과 콘덴서가 부착된 여자권선으로 구성된다.
③ 전기적 신호를 계자권선의 입력전압으로 한다.
④ 계자권선의 전류가 일정하다.

해설⊕

서보전동기의 특징

DC 서보전동기	AC 서보전동기
브러시 모터	브러시리스 모터
기계적 구조로 기계적 구조복잡	전기적 구조로 제어구조 복잡
단상 제어	3상 제어
회전 전기자형	회전 계자형
직류전동기는 계자전류가 일정하다.	최대 속도가 높다.

26 절연저항을 측정할 때 사용하는 계기는?

① 전류계
② 전위차계
③ 메거
④ 휘트스톤 브리지

해설⊕

계측기의 종류 및 용도

계측기의 종류	용도
켈빈 더블 브리지	저저항 측정
휘트스톤 브리지	중저항, 검류계의 내부저항 측정
메거(절연저항계)	절연저항, 고저항 측정
콜라우시 브리지	접지저항, 전해액의 도전율, 전지의 내부저항 측정
오실로스코프	펄스전압의 파형 측정

27 $R=10\Omega$, $\omega L=20\Omega$인 직렬회로에 $220\angle0°\text{V}$의 교류전압을 가하는 경우 이 회로에 흐르는 전류는 약 몇 A인가?

① $24.5\angle-26.5°$
② $9.8\angle-63.4°$
③ $12.2\angle-13.2°$
④ $73.6\angle-79.6°$

해설 ⊕

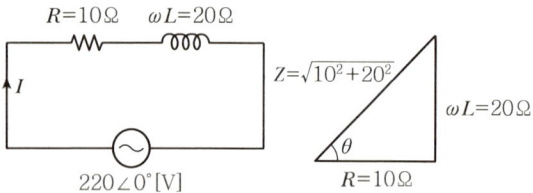

$R=10\Omega$ $\omega L=20\Omega$
$Z=\sqrt{10^2+20^2}$
$\omega L=20\Omega$
θ
$R=10\Omega$
I
$220\angle 0°[\text{V}]$

1) 전류의 크기

① 임피던스 : $Z=\sqrt{R^2+\omega L^2}=\sqrt{10^2+20^2}$

② 전압의 크기 : 220[V]

③ 전류의 크기

$$I=\frac{V}{Z}=\frac{220}{\sqrt{10^2+20^2}}=9.84[\text{A}]$$

2) 전류의 위상차

① $\tan\theta=\dfrac{\omega L}{R}$, $\theta=\tan^{-1}\dfrac{\omega L}{R}$

② $\theta=\tan^{-1}\dfrac{20}{10}=63.43°$

③ $R-L$ 직렬회로에서 전류는 전압보다 $63.43°$ 뒤지므로 $(-)$

$\theta=-63.43°$

3) 전류의 크기와 위상차

$I=9.84\angle-63.43°$

---

28 다음의 논리식 중 틀린 것은?

① $(\overline{A}+B)\cdot(A+B)=B$

② $(A+B)\cdot\overline{B}=A\overline{B}$

③ $\overline{AB+AC}+\overline{A}=\overline{A}+\overline{B}\,\overline{C}$

④ $\overline{(\overline{A}+B)+CD}=A\overline{B}(C+D)$

해설 ⊕

① $(\overline{A}+B)\cdot(A+B)=\overline{A}A+\overline{A}B+AB+BB$

여기서, $\overline{A}A=0$, $BB=B$

$=\overline{A}B+AB+B$, B로 묶으면

$=B(\overline{A}+A+1)$

여기서, $(\overline{A}+A+1)=1$이므로

$=B\cdot1=B$

② $(A+B)\cdot\overline{B}=A\overline{B}+B\overline{B}$

여기서, $B\overline{B}=0$이므로

$=A\overline{B}+0=A\overline{B}$

③ $\overline{AB+AC}+\overline{A}$

드모르간의 법칙으로 전체 부정을 부분 부정으로 변환하면

$=(\overline{A}+\overline{B})\cdot(\overline{A}+\overline{C})+\overline{A}$

$=\overline{A}\,\overline{A}+\overline{A}\,\overline{C}+\overline{A}\,\overline{B}+\overline{B}\,\overline{C}+\overline{A}$

여기서, $\overline{A}\,\overline{A}=\overline{A}$

$=\overline{A}+\overline{A}\,\overline{C}+\overline{A}\,\overline{B}+\overline{B}\,\overline{C}+\overline{A}$,

이 식을 $\overline{A}$로 묶으면

$=\overline{A}(1+\overline{C}+\overline{B}+1)+\overline{B}\,\overline{C}$

여기서, $(1+\overline{C}+\overline{B}+1)=1$이므로

$=\overline{A}+\overline{B}\,\overline{C}$

④ $\overline{(\overline{A}+B)+CD}$

드모르간의 법칙으로 전체 부정을 부분 부정으로 변환하면

$A\cdot\overline{B}\cdot(\overline{C}+\overline{D})=A\overline{B}(\overline{C}+\overline{D})$

---

29 $R=4\Omega$, $\dfrac{1}{\omega C}=9\Omega$인 RC 직렬회로에 전압 $e(t)$를 인가할 때, 제3고조파 전류의 실효값 크기는 몇 A인가?[단, $e(t)=50+10\sqrt{2}\sin\omega t+120\sqrt{2}\sin 3\omega t(\text{V})$]

① 4.4 ② 12.2 ③ 24 ④ 34

해설 ⊕

1) 제3고조파의 임피던스 Z_3

$$Z_3=\sqrt{R^2+\left(\frac{1}{3}X_C\right)^2}=\sqrt{R^2+\left(\frac{1}{3}\cdot\frac{1}{\omega C}\right)^2}$$

$$=\sqrt{4^2+\left(\frac{1}{3}\times 9\right)^2}=5[\Omega]$$

2) 제3고조파 전압의 실효값 V_3

$$V_3=\frac{V_{m3}}{\sqrt{2}}$$ 여기서, V_{m3} : 제3고조파의 최댓값

$$V_3=\frac{120\sqrt{2}}{\sqrt{2}}=120[\text{V}]$$

3) 제3고조파 전류의 실효값 I_3

$$I_3 = \frac{V_3}{Z_3} = \frac{120}{5} = 24[\text{A}]$$

30 분류기를 사용하여 전류를 측정하는 경우에 전류계의 내부저항이 0.28Ω이고 분류기의 저항이 0.07Ω이라면, 이 분류기의 배율은?

① 4 ② 5
③ 6 ④ 7

해설 ⊕

분류기($R_s[\Omega]$)

전류계의 측정범위를 확대하기 위해 내부저항이 $r_a[\Omega]$인 전류계에 병렬로 연결하는 저항

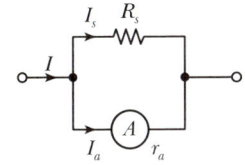

$$I_a = \frac{R_s}{r_a + R_s} \times I \qquad \frac{I}{I_a} = \frac{R_s + r_a}{R_s}$$

$$\frac{I}{I_a} = 1 + \frac{r_a}{R_s} \qquad \frac{I}{I_a} = n(\text{분류기 배율})$$

$$n = 1 + \frac{r_a}{R_s}$$

여기서, r_a : 전류계의 내부저항, R_s : 분류기 저항

[풀이]

$r_a = 0.28[\Omega]$, $R_s = 0.07[\Omega]$

$$n = 1 + \frac{r_a}{R_s} = 1 + \frac{0.28}{0.07} = 5\text{배}$$

31 옴의 법칙에 대한 설명으로 옳은 것은?

① 전압은 저항에 반비례한다.
② 전압은 전류에 비례한다.
③ 전압은 전류에 반비례한다.
④ 전압은 전류의 제곱에 비례한다.

해설 ⊕

옴의 법칙

1) 전기회로에서 전류(I)는 전압(V)에 비례하고 저항(R)에 반비례한다.

$$I = \frac{V}{R}[\text{A}]$$

2) 전기회로에서 전압(V)은 전류(I)와 저항(R)에 비례한다.

$$V = IR[\text{V}]$$

3) 전기회로에서 저항(R)은 전압(V)에 비례하고 전류(I)에 반비례한다.

$$R = \frac{V}{I}[\Omega]$$

32 3상 직권 정류자 전동기에서 고정자 권선과 회전자 권선 사이에 중간 변압기를 사용하는 주된 이유가 아닌 것은?

① 경부하 시 속도의 이상 상승 방지
② 철심을 포화시켜 회전자 상수를 감소
③ 중간 변압기의 권수비를 바꾸어서 전동기 특성을 조정
④ 전원전압의 크기에 관계없이 정류에 알맞은 회전자 전압 선택

해설 ⊕

3상 직권 정류자 전동기에서 중간 변압기를 사용하는 이유

1) 경부하 시 직권특성에 따른 속도 상승 억제
2) 중간 변압기의 권수비를 조정하여 전동기의 특성 조정
3) 전원전압의 크기에 관계없이 정류자 전압 조정
4) 회전자 상수의 증가

33 공기 중에 $10\mu C$과 $20\mu C$인 두 개의 점전하를 1m 간격으로 놓았을 때 발생되는 정전기력은 몇 N인가?

① 1.2   ② 1.8   ③ 2.4   ④ 3.0

해설 ➕

쿨롱의 법칙

1) 공기 중에서 두 전하 사이에 작용하는 힘(F[N])

$$F = \frac{1}{4\pi\varepsilon_0}\frac{Q_1 Q_2}{r^2} = 9\times 10^9 \frac{Q_1 Q_2}{r^2}[\text{N}]$$

여기서, r : 두 전하 사이의 거리[m]

$Q_1,\ Q_2$: 전하량[C]

[풀이]

$$F = 9\times 10^9 \times \frac{(10\times 10^{-6})\cdot(20\times 10^{-6})}{1^2} = 1.8[\text{N}]$$

34 교류회로에 연결되어 있는 부하의 역률을 측정하는 경우 필요한 계측기의 구성은?

① 전압계, 전력계, 회전계

② 상순계, 전력계, 전류계

③ 전압계, 전류계, 전력계

④ 전류계, 전압계, 주파수계

해설 ➕

1) 역률의 측정

① 전력 : $P = VI\cos\theta$

② 역률 : $\cos\theta = \dfrac{P}{VI}$

③ 전력(P)과 전압(V), 전류(I)를 알면 역률을 구할 수 있으므로 전력계, 전압계, 전류계가 필요하다.

2) 계측기의 종류 및 용도

계측기의 종류	측정 용도
훅온 미터(Hook On Meter)	전류[A] 측정
회로시험기(Multi Tester)	전압[V], 전류[A], 저항[Ω] 측정
메거(Megger)	절연저항[MΩ] 측정
어스 테스터(Earth Tester)	접지저항[Ω] 측정
전류계, 전압계, 전력계	역률 측정

35 평형 3상 회로에서 측정된 선간전압과 전류의 실효값이 각각 28.87V, 10A이고, 역률이 0.8일 때 3상 무효전력의 크기는 약 몇 Var인가?

① 400   ② 300
③ 231   ④ 173

해설 ➕

1) 피상전력

$$P_a = \sqrt{3}\ V_l I_l = \sqrt{3}\times 28.87\times 10 = 500[\text{VA}]$$

2) 유효전력

$$P = \sqrt{3}\ V_l I_l \cos\theta = \sqrt{3}\times 28.87\times 10\times 0.8$$
$$= 400[\text{W}]$$

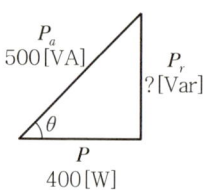

3) 무효전력

$$P_a{}^2 = P^2 + P_r{}^2,\ P_r{}^2 = P_a{}^2 - P^2$$
$$P_r = \sqrt{P_a{}^2 - P^2}$$
$$= \sqrt{500^2 - 400^2} = 300[\text{Var}]$$

36 회로에서 a, b 사이의 합성저항은 몇 요인가?

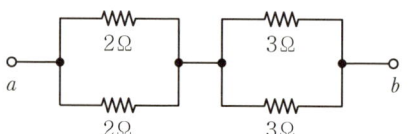

① 2.5   ② 5
③ 7.5   ④ 10

해설 ➕

합성저항

1) 저항의 직렬접속 시 합성저항

$R_0 = R_1 + R_2[\Omega]$

2) 저항의 병렬접속 시 합성저항

$$R_0 = \frac{R_1 R_2}{R_1 + R_2}[\Omega]$$

[풀이]

1) 2[Ω]의 저항 2개가 병렬로 연결된 경우의 합성저항

$$R_{01} = \frac{2 \times 2}{2 + 2} = 1[\Omega]$$

2) 3[Ω]의 저항 2개가 병렬로 연결된 경우의 합성저항

$$R_{02} = \frac{3 \times 3}{3 + 3} = 1.5[\Omega]$$

3) R_{01}과 R_{02}가 직렬로 연결되어 있으므로

$$R_0 = R_{01} + R_{02} = 1 + 1.5 = 2.5[\Omega]$$

37 60Hz의 3상 전압을 전파 정류하였을 때 맥동 주파수(Hz)는?

① 120　　　　　② 180

③ 360　　　　　④ 720

해설 ⊕

여러 가지 정류회로의 맥동주파수와 출력전압

구분	단상 반파	단상 전파	3상 반파	3상 전파
맥동 주파수[Hz]	$f(60Hz)$	$2f$ (120Hz)	$3f$ (180Hz)	$6f$ (360Hz)
출력전압의 평균값	$\dfrac{\sqrt{2}\,V}{\pi}$ $= 0.45\,V$	$\dfrac{2\sqrt{2}\,V}{\pi}$ $= 0.90\,V$	$\dfrac{3\sqrt{6}\,V}{2\pi}$ $= 1.17E$	$1.35\,V$

38 두 개의 입력신호 중 한 개의 입력만이 1일 때 출력신호가 1이 되는 논리게이트는?

① EXCLUSIVE NOR

② NAND

③ EXCLUSIVE OR

④ AND

해설 ⊕

배타적 OR 회로(EXCLUSIVE OR)

1) 의미 : 입력 A, B가 서로 다를 때만 출력신호가 1이 되는 회로

2) 논리식 : $X = A \cdot \overline{B} + \overline{A} \cdot B$

3) 논리회로

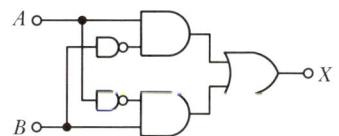

4) 유접점 회로

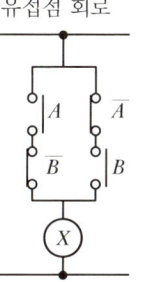

5) 진리표

A	B	X
0	0	0
0	1	1
1	0	1
1	1	0

39 진공 중 대전된 도체의 표면에 면전하밀도 σ (C/m^2)가 균일하게 분포되어 있을 때, 이 도체 표면에서의 전계의 세기 $E(V/m)$는?(단, ε_0는 진공의 유전율이다.)

① $E = \dfrac{\sigma}{\varepsilon_0}$ 　　　② $E = \dfrac{\sigma}{2\varepsilon_0}$

③ $E = \dfrac{\sigma}{2\pi\varepsilon_0}$ 　　④ $E = \dfrac{\sigma}{4\pi\varepsilon_0}$

해설 ⊕

1) 전속밀도(D) = 면전하밀도(σ)

① 진공 중의 전속밀도 : $D = \varepsilon_0 E [C/m^2]$

② 진공 중의 면전하밀도 : $\sigma = \varepsilon_0 E [C/m^2]$

2) 전계의 세기

$$E = \frac{\sigma}{\varepsilon_0}$$

여기서, E : 전계의 세기[V/m]

σ : 면전하밀도[C/m²]

ε_0 : 진공 중의 유전율[F/m]

40 3상 유도전동기의 출력이 25HP, 전압이 220V, 효율이 85%, 역률이 85%일 때, 이 전동기로 흐르는 전류는 약 몇 A인가?(단, 1HP=0.746kW)

① 40

② 45

③ 68

④ 70

해설➕ ----------

1) 3상 전동기의 전력

$P = \sqrt{3}\ VI\cos\theta[\text{W}]$

2) 효율

$\eta = \dfrac{\text{출력}}{\text{입력}} = \dfrac{P}{\sqrt{3}\ VI\cos\theta}$

3) 효율을 포함한 3상 전동기의 전력

$P = \sqrt{3}\ VI\cos\theta\,\eta[\text{W}]$

4) 마력[HP]을 [W]로 환산

$25\,[\text{HP}] \times \dfrac{746\,[\text{W}]}{1\,[\text{HP}]} = 18,650\,[\text{W}]$

5) 전동기로 흐르는 전류

$P = \sqrt{3}\ VI\cos\theta\,\eta[\text{W}]$

$18,650 = \sqrt{3} \times 220 \times I \times 0.85 \times 0.85\,[\text{W}]$

$I = \dfrac{18,650}{\sqrt{3} \times 220 \times 0.85 \times 0.85} = 67.74\,[\text{A}]$

| 3과목 | **소방관계법규** |

41 위험물안전관리법령상 위험물 중 제1석유류에 속하는 것은?

① 경유

② 등유

③ 중유

④ 아세톤

해설➕ ----------

제4류 위험물

1) 성질 : 인화성 액체

2) 소화방법

① 이산화탄소, 할론, 분말 등에 의한 질식, 부촉매소화

② 포소화약제에 의한 질식, 냉각소화

3) 품명 및 지정수량

위험 등급	품명		지정수량
I	특수인화물(다이에틸에터, 아세트알데하이드, 산화프로필렌, 이황화탄소) 1기압에서 발화점이 100℃ 이하인 것 또는 인화점이 −20℃ 이하이고 비점이 40℃ 이하인 것		50[l]
II	제1석유류(아세톤, 휘발유) 인화점 21℃ 미만	비수용성 액체	200[l]
		수용성 액체	400[l]
	알코올류 탄소원자의 수가 1개부터 3개까지인 포화1가 알코올		400[l]
III	제2석유류(경유, 등유) 인화점이 21℃ 이상 70℃ 미만	비수용성 액체	1,000[l]
		수용성 액체	2,000[l]
	제3석유류(중유, 크레오소트유) 인화점이 70℃ 이상 200℃ 미만	비수용성 액체	2,000[l]
		수용성 액체	4,000[l]
	제4석유류(기어유, 실린더유) 인화점이 200℃ 이상 250℃ 미만		6,000[l]
	동·식물유류(건성유, 반건성유, 불건성유) 동물의 지육 등 또는 식물의 종자나 과육으로부터 추출한 것으로서 1기압에서 인화점이 250℃ 미만		10,000[l]

42 소방시설 설치 및 관리에 관한 법령상 소방시설 등의 자체점검 중 종합점검을 받아야 하는 특정소방대상물 대상기준으로 틀린 것은?

① 제연설비가 설치된 터널

② 스프링클러설비가 설치된 특정소방대상물

③ 공공기관 중 연면적이 1,000m² 이상인 것으로서 옥내소화전설비 또는 자동화재탐지설비가 설치된 것(단, 소방대가 근무하는 공공기관은 제외한다)

④ 호스릴 방식의 물분무 등 소화설비만이 설치된 연

정답 **40** ③ **41** ④ **42** ④

면적 5,000m² 이상인 특정소방대상물(단, 위험물 제조소 등은 제외한다)

해설 ⊕
종합점검

구분	기준
정의	소방시설 등의 작동점검을 포함하여 소방시설 등의 설비별 주요 구성 부품의 구조기준이 화재안전기준과 건축법 등 관련 법령에서 정하는 기준에 적합한지 여부를 점검하는 것
점검대상	• 스프링클러설비가 설치된 특정소방대상물 • 물분무 등 소화설비 : 연면적 5,000m² 이상 (호스릴 제외, 위험물제조소 등 제외) • 다중이용업의 영업장 : 연면적이 2,000m² 이상인 것 • 제연설비가 설치된 터널 • 공공기관 : 연면적이 1,000m² 이상인 것으로서 옥내소화전설비 또는 자동화재탐지설비가 설치된 것
점검자의 자격	• 소방시설관리업에 등록된 기술인력 중 소방시설관리사 • 소방안전관리자로 선임된 소방시설관리사 및 소방기술사
점검횟수	• 연 1회 이상 • 특급 소방안전관리대상물(반기당 1회 이상)

43 소방시설 설치 및 관리에 관한 법령상 소방시설이 아닌 것은?

① 소화설비   ② 경보설비
③ 방화설비   ④ 소화활동설비

해설 ⊕
소방시설의 종류
1) 소화설비 : 물 또는 그 밖의 소화약제를 사용하여 소화하는 기계 · 기구 또는 설비
2) 경보설비 : 화재발생 사실을 통보하는 기계 · 기구 또는 설비
3) 피난구조설비 : 화재가 발생할 경우 피난하기 위하여 사용하는 기구 또는 설비
4) 소화용수설비 : 화재를 진압하는 데 필요한 물을 공급하거나 저장하는 설비
5) 소화활동설비 : 화재를 진압하거나 인명구조활동을 위하여 사용하는 설비

44 소방기본법상 소방대장의 권한이 아닌 것은?

① 소방활동을 할 때에 긴급한 경우에는 이웃한 소방본부장 또는 소방서장에게 소방업무의 응원을 요청할 수 있다.

② 화재, 재난 · 재해, 그 밖의 위급한 상황이 발생한 현장에서 소방활동을 위하여 필요할 때에는 그 관할구역에 사는 사람 또는 그 현장에 있는 사람으로 하여금 사람을 구출하는 일 또는 불을 끄거나 불이 번지지 아니하도록 하는 일을 하게 할 수 있다.

③ 사람을 구출하거나 불이 번지는 것을 막기 위하여 필요할 때에는 화재가 발생하거나 불이 번질 우려가 있는 소방대상물 및 토지를 일시적으로 사용하거나 그 사용의 제한 또는 소방활동에 필요한 처분을 할 수 있다.

④ 소방활동을 위하여 긴급하게 출동할 때에는 소방자동차의 통행과 소방활동에 방해가 되는 주차 또는 정차된 차량 및 물건 등을 제거하거나 이동시킬 수 있다.

해설 ⊕
① 소방업무의 응원요청 : 소방본부장, 소방서장
② 소방활동 종사명령 : 소방본부장, 소방서장, 소방대장
③ 강제처분 등 : 소방본부장, 소방서장, 소방대장
④ 강제처분 등 : 소방본부장, 소방서장, 소방대장

45 위험물안전관리법령상 제조소 등이 아닌 장소에서 지정수량 이상의 위험물을 취급할 수 있는 경우에 대한 기준으로 맞는 것은?(단, 시 · 도의 조례가 정하는 바에 따른다.)

① 관할 소방서장의 승인을 받아 지정수량 이상의 위험물을 60일 이내의 기간 동안 임시로 저장 또는 취급하는 경우

② 관할 소방대장의 승인을 받아 지정수량 이상의 위험물을 60일 이내의 기간 동안 임시로 저장 또는 취급하는 경우

③ 관할 소방서장의 승인을 받아 지정수량 이상의 위험물을 90일 이내의 기간 동안 임시로 저장 또는 취급하는 경우

④ 관할 소방대장의 승인을 받아 지정수량 이상의 위험물을 90일 이내의 기간 동안 임시로 저장 또는 취급하는 경우

해설 ⊕

제조소 등이 아닌 장소에서 지정수량 이상의 위험물을 취급할 수 있는 경우
1) 관할소방서장의 승인을 받아 지정수량 이상의 위험물을 90일 이내의 기간동안 임시로 저장 또는 취급하는 경우
2) 군부대가 지정수량 이상의 위험물을 군사목적으로 임시로 저장 또는 취급하는 경우

46 위험물안전관리법령상 제4류 위험물별 지정수량 기준의 연결이 틀린 것은?

① 특수인화물 − 50리터
② 알코올류 − 400리터
③ 동식물유류 − 1,000리터
④ 제4석유류 − 6,000리터

해설 ⊕

문제 41번 해설 참고
③ 동식물유류 − 10,000리터

47 화재예방강화지구의 지정권자는?

① 소방서장
② 시·도지사
③ 소방본부장
④ 행정안전부장관

해설 ⊕

1) 화재예방강화지구 지정권자 : 시·도지사
2) 화재예방강화지구 지정의 요청권자 : 소방청장
3) 화재예방강화지구
　① 시장지역
　② 공장·창고가 밀집한 지역
　③ 목조건물이 밀집한 지역
　④ 노후·불량건축물이 밀집한 지역
　⑤ 위험물의 저장 및 처리시설이 밀집한 지역
　⑥ 석유화학제품을 생산하는 공장이 있는 지역

⑦ 산업단지, 물류단지
⑧ 소방시설·소방용수시설 또는 소방출동로가 없는 지역
⑨ 소방관서장이 화재예방강화지구로 지정할 필요가 있다고 인정하는 지역

48 위험물안전관리법령상 관계인이 예방규정을 정하여야 하는 위험물을 취급하는 제조소의 지정수량 기준으로 옳은 것은?

① 지정수량의 10배 이상
② 지정수량의 100배 이상
③ 지정수량의 150배 이상
④ 지정수량의 200배 이상

해설 ⊕

예방규정을 정해야 하는 제조소 등
1) 지정수량의 10배 이상의 위험물을 취급하는 제조소, 일반취급소
2) 지정수량의 100배 이상의 위험물을 저장하는 옥외저장소
3) 지정수량의 150배 이상의 위험물을 저장하는 옥내저장소
4) 지정수량의 200배 이상의 위험물을 저장하는 옥외탱크저장소
5) 암반탱크저장소
6) 이송취급소

49 소방시설 설치 및 관리에 관한 법령상 비상경보설비를 설치하여야 할 특정소방대상물의 기준 중 옳은 것은?

① 연면적이 400m² 이상인 것
② 지하층 또는 무창층의 바닥면적이 50m² 이상인 것
③ 터널로서 길이가 300m 이상인 것
④ 30명 이상의 근로자가 작업하는 옥내작업장

해설 ⊕

비상경보설비의 설치대상
1) 연면적 400m² 이상
2) 지하층 또는 무창층의 바닥면적이 150m²(공연장의 경우 100m²) 이상
3) 터널로서 길이가 500m 이상
4) 50명 이상의 근로자가 작업하는 옥내작업장

정답　**46** ③　**47** ②　**48** ①　**49** ①

50 소방시설공사업법령상 정의된 업종 중 소방시설업의 종류에 해당되지 않는 것은?

① 수방시설설계업
② 소방시설공사업
③ 소방시설정비업
④ 소방공사감리업

해설 ⊕

소방시설업의 종류

1) 소방시설설계업 : 소방시설공사에 기본이 되는 공사계획, 설계도면, 설계설명서, 기술계산서 및 이와 관련된 서류를 작성하는 영업
2) 소방시설공사업 : 설계도서에 따라 소방시설을 신설, 증설, 개설, 이전 및 정비하는 영업
3) 소방공사감리업 : 소방시설공사에 관한 발주자의 권한을 대행하여 소방시설공사가 설계도서와 관계 법령에 따라 적법하게 시공되는지를 확인하고, 품질·시공관리에 대한 기술지도를 하는 영업
4) 방염처리업 : 방염대상물품에 대하여 방염처리하는 영업

51 소방시설 설치 및 관리에 관한 법령상 특정소방대상물로서 숙박시설에 해당되지 않는 것은?

① 오피스텔
② 일반형 숙박시설
③ 생활형 숙박시설
④ 근린생활시설에 해당하지 않는 고시원

해설 ⊕

숙박시설

1) 일반형 숙박시설 : 「공중위생관리법 시행령」 제4조제1호가목에 따른 숙박업의 시설
2) 생활형 숙박시설 : 「공중위생관리법 시행령」 제4조제1호나목에 따른 숙박업의 시설
3) 고시원(근린생활시설에 해당하지 않는 것)

① 오피스텔 → 업무시설

52 화재의 예방 및 안전관리에 관한 법령상 특수가연물의 저장 및 취급 기준을 위반한 경우 과태료 부과기준은?

① 200만 원   ② 300만 원
③ 500만 원   ④ 1000만 원

해설 ⊕

200만 원 이하의 과태료

① 불을 사용할 때 지켜야 하는 사항 및 특수가연물의 저장 및 취급 기준을 위반한 자
② 화재예방강화지구의 예방강화를 위한 소방설비 등의 설치 명령을 정당한 사유 없이 따르지 아니한 관계인
③ 소방안전관리자 또는 소방안전관리보조자의 선임신고를 하지 아니하거나 소방안전관리자의 성명 등을 게시하지 아니한 관계인
④ 건설현장 소방안전관리자를 기간 내에 선임신고를 하지 아니한 자
⑤ 소방안전관리대상물 근무자 및 거주자 등에 대한 소방훈련 및 교육 결과를 기간 내에 제출하지 아니한 자

53 소방시설 설치 및 관리에 관한 법령상 수용인원 산정방법 중 다음과 같은 시설의 수용인원은 몇 명인가?

> 숙박시설이 있는 특정소방대상물로서 종사자 수는 5명, 숙박시설은 모두 2인용 침대이며 침대수량은 50개이다.

① 55   ② 75
③ 85   ④ 105

해설 ⊕

수용인원의 산정방법

1) 숙박시설이 있는 특정소방대상물
   ① 침대가 있는 숙박시설 : 종사자 수＋침대 수(2인용 침대는 2개)
   ② 침대가 없는 숙박시설 : 종사자 수＋바닥면적의 합계를 3m²로 나누어 얻은 수

2) 1) 외의 특정소방대상물
　① 강의실·교무실·상담실·실습실·휴게실 용도로 쓰이는 특정소방대상물 : 바닥면적의 합계를 1.9m²로 나누어 얻은 수
　② 강당, 문화 및 집회시설, 운동시설, 종교시설 : 바닥면적의 합계를 4.6m²로 나누어 얻은 수
　③ • 관람석이 있는 경우 고정식 의자를 설치한 부분 : 의자 수
　　• 긴 의자의 경우 : 의자의 정면너비를 0.45m로 나누어 얻은 수

3) 그 밖의 특정소방대상물 : 바닥면적의 합계를 3m²로 나누어 얻은 수(소수점 이하의 수는 반올림할 것)

[풀이]
• 침대가 있는 숙박시설 : 종사자 수＋침대 수(2인용 침대는 2개)
• 수용인원 : 5명(종사자)＋50개(2인용)×2＝105명

54 소방시설 설치 및 관리에 관한 법률상 소방시설 등에 대하여 스스로 점검을 하지 아니하거나 관리업자 등으로 하여금 정기적으로 점검하게 하지 아니한 자에 대한 벌칙기준으로 옳은 것은?

① 6개월 이하의 징역 또는 1000만 원 이하의 벌금
② 1년 이하의 징역 또는 1000만 원 이하의 벌금
③ 3년 이하의 징역 도는 1500만 원 이하의 벌금
④ 3년 이하의 징역 또는 3000만 원 이하의 벌금

해설⊕

1년 이하의 징역 또는 1천만 원 이하의 벌금(소방시설 설치 및 관리에 관한 법률)
1) 소방시설 등에 대하여 스스로 점검을 하지 아니하거나 관리업자 등으로 하여금 정기적으로 점검하게 하지 아니한 자
2) 소방시설관리사증을 다른 사람에게 빌려주거나 빌리거나 이를 알선한 자
3) 동시에 둘 이상의 업체에 취업한 자
4) 자격정지처분을 받고 그 자격정지기간 중에 관리사의 업무를 한 자
5) 관리업의 등록증이나 등록수첩을 다른 자에게 빌려주거나 빌리거나 이를 알선한 자
6) 영업정지처분을 받고 그 영업정지기간 중에 관리업의 업무를 한 자
7) 제품검사에 합격하지 아니한 제품에 합격표시를 하거나 합격표시를 위조 또는 변조하여 사용한 자
8) 형식승인의 변경승인 또는 성능인증의 변경인증을 받지 아니한 자
9) 제품검사에 합격하지 아니한 소방용품에 성능인증을 받았다는 표시 또는 제품검사에 합격하였다는 표시를 하거나 성능인증을 받았다는 표시 또는 제품검사에 합격하였다는 표시를 위조 또는 변조하여 사용한 자
10) 우수품질인증을 받지 아니한 제품에 우수품질인증 표시를 하거나 우수품질인증 표시를 위조하거나 변조하여 사용한 자
11) 관계 공무원이 관계인의 정당한 업무를 방해하거나 출입·검사 업무를 수행하면서 알게 된 비밀을 다른 사람에게 누설한 자

55 화재예방강화지구의 지정대상이 아닌 것은? (단, 소방청장·소방본부장 또는 소방서장이 화재예방강화지구로 지정할 필요가 있다고 인정하는 지역은 제외한다.)

① 시장지역
② 농촌지역
③ 목조건물이 밀집한 지역
④ 공장·창고가 밀집한 지역

해설⊕

1) 화재예방강화지구 지정권자 : 시·도지사
2) 화재예방강화지구 지정의 요청권자 : 소방청장
3) 화재예방강화지구
　① 시장지역
　② 공장·창고가 밀집한 지역
　③ 목조건물이 밀집한 지역
　④ 노후·불량건축물이 밀집한 지역
　⑤ 위험물의 저장 및 처리시설이 밀집한 지역
　⑥ 석유화학제품을 생산하는 공장이 있는 지역
　⑦ 산업단지, 물류단지
　⑧ 소방시설·소방용수시설 또는 소방출동로가 없는 지역
　⑨ 소방관서장이 화재예방강화지구로 지정할 필요가 있다고 인정하는 지역

56 화재의 예방 및 안전관리에 관한 법령상 특수가연물의 품명과 지정수량 기준의 연결이 틀린 것은?

① 사류 − 1,000kg 이상
② 볏짚류 − 3,000kg 이상
③ 석탄·목탄류 − 10,000kg 이상
④ 고무류·플라스틱류 중 발포시킨 것 − 20m³ 이상

해설 ⊕

특수가연물의 품명 및 수량

품명		수량
면화류		200kg 이상
나무껍질 및 대팻밥		400kg 이상
넝마 및 종이부스러기		1,000kg 이상
사류(絲類)		1,000kg 이상
볏짚류		1,000kg 이상
가연성 고체류		3,000kg 이상
석탄·목탄류		10,000kg 이상
가연성 액체류		2m³ 이상
목재가공품 및 나무부스러기		10m³ 이상
고무류·플라스틱류	발포시킨 것	20m³ 이상
	그 밖의 것	3,000kg 이상

② 볏짚류 − 1,000kg 이상

57 소방기본법령상 소방안전교육사의 배치대상별 배치기준으로 틀린 것은?

① 소방청 : 2명 이상 배치
② 소방서 : 1명 이상 배치
③ 소방본부 : 2명 이상 배치
④ 한국소방안전원(본회) : 1명 이상 배치

해설 ⊕

소방안전교육사의 배치대상별 배치기준

배치대상	배치기준(명)
소방청	2 이상
소방본부	2 이상
소방서	1 이상
한국소방안전원	본회 : 2 이상, 지부 : 1 이상
한국소방산업기술원	2 이상

58 화재의 예방 및 안전관리에 관한 법령상 총괄소방안전관리자를 선임해야 하는 특정소방대상물이 아닌 것은?

① 판매시설 중 도매시장 및 소매시장
② 복합건축물로서 지하층을 제외한 층수가 11층 이상인 것
③ 지하층을 제외한 층수가 7층 이상인 고층건축물
④ 복합건축물로서 연면적이 30,000m² 이상인 것

해설 ⊕

총괄소방안전관리자 선임 대상 건축물
1) 복합건축물(지하층을 제외한 층수가 11층 이상 또는 연면적 30,000m² 이상인 건축물)
2) 지하가(지하의 인공구조물 안에 설치된 상점 및 사무실, 그 밖에 이와 비슷한 시설이 연속하여 지하도에 접하여 설치된 것과 그 지하도를 합한 것)
3) 판매시설 중 도매시장, 소매시장 및 전통시장

59 소방시설공사업법상 도급을 받은 자가 제3자에게 소방시설공사의 시공을 하도급한 경우에 대한 벌칙기준으로 옳은 것은?(단, 대통령령으로 정하는 경우는 제외한다.)

① 100만 원 이하의 벌금
② 300만 원 이하의 벌금
③ 1년 이하의 징역 또는 1000만 원 이하의 벌금
④ 3년 이하의 징역 또는 1500만 원 이하의 벌금

해설 ⊕

소방시설공사업법에 따른 1년 이하의 징역 또는 1000만 원 이하의 벌금
1) 영업정지처분을 받고 그 영업정지 기간에 영업을 한 자
2) 소방시설공사업법이나 화재안전기준을 위반하여 설계나 시공을 한 자
3) 소방시설감리자의 업무범위를 위반하여 감리를 하거나 거짓으로 감리한 자
4) 소방시설감리업자가 공사감리자를 지정하지 아니한 자
5) 소방본부장이나 소방서장에게 보고를 거짓으로 한 자
6) 공사감리 결과의 통보 또는 공사감리 결과보고서의 제출을 거짓으로 한 자

7) 소방시설업자가 아닌 자에게 소방시설공사 등을 도급한 자

8) 하도급규정을 위반하여 제3자에게 소방시설공사 시공을 하도급한 자

9) 소방기술자가 소방시설공사업법 또는 명령을 따르지 아니하고 업무를 수행한 자

60 소방시설 설치 및 관리에 관한 법령상 정당한 사유 없이 피난시설, 방화구획 및 방화시설의 유지·관리에 필요한 조치명령을 위반한 경우 이에 대한 벌칙기준으로 옳은 것은?

① 200만 원 이하의 벌금

② 300만 원 이하의 벌금

③ 1년 이하의 징역 또는 1000만 원 이하의 벌금

④ 3년 이하의 징역 또는 3000만 원 이하의 벌금

해설

3년 이하의 징역 또는 3000만 원 이하의 벌금

1) 정당한 사유 없이 피난시설, 방화구획 및 방화시설의 유지·관리에 필요한 소방본부장이나 소방서장의 조치명령을 위반한 경우

2) 관리업의 등록을 하지 아니하고 영업을 한 자

3) 소방용품의 형식승인을 받지 아니하고 소방용품을 제조하거나 수입한 자 또는 거짓이나 그 밖의 부정한 방법으로 형식승인을 받은 자

4) 제품검사를 받지 아니한 자 또는 거짓이나 그 밖의 부정한 방법으로 제품검사를 받은 자

5) 형식승인을 받지 않은 소방용품을 판매·진열하거나 소방시설공사에 사용한 자

6) 거짓이나 그 밖의 부정한 방법으로 성능인증 또는 제품검사를 받은 자

7) 제품검사를 받지 아니하거나 합격표시를 하지 아니한 소방용품을 판매·진열하거나 소방시설공사에 사용한 자

61 비상경보설비 및 단독경보형 감지기의 화재안전기준에 따라 화재신호 및 상태신호 등을 송수신하는 방식으로 옳은 것은?

① 자동식   ② 수동식

③ 반자동식   ④ 유·무선식

해설

화재신호 및 상태신호 등을 송수신하는 방식

1) 유선식 : 화재신호 등을 배선으로 송·수신하는 방식의 것

2) 무선식 : 화재신호 등을 전파에 의해 송·수신하는 방식의 것

3) 유·무선식 : 유선식과 무선식을 겸용으로 사용하는 방식의 것

62 감지기의 형식승인 및 제품검사의 기술기준에 따른 연기감지기의 종류로 옳은 것은?

① 연복합형   ② 공기흡입형

③ 차동식 스포트형   ④ 보상식 스포트형

해설

연기감지기의 구분

1) 이온화식 스포트형 : 주위의 공기가 일정한 농도의 연기를 포함하게 되는 경우에 작동하는 것으로서 일국소의 연기에 의하여 이온전류가 변화하여 작동하는 것

2) 광전식 스포트형 : 주위의 공기가 일정한 농도의 연기를 포함하게 되는 경우에 작동하는 것으로서 일국소의 연기에 의하여 광전소자에 접하는 광량의 변화로 작동하는 것

3) 광전식 분리형 : 발광부와 수광부로 구성된 구조로 발광부와 수광부 사이의 공간에 일정한 농도의 연기를 포함하게 되는 경우에 작동하는 것

4) 공기흡입형 : 감지기 내부에 장착된 공기흡입장치로 감지하고자 하는 위치의 공기를 흡입하고 흡입된 공기에 일정한 농도의 연기가 포함된 경우 작동하는 것

① 연복합형 → 복합형 감지기

③ 차동식 스포트형 → 열감지기

④ 보상식 스포트형 → 열감지기

정답   **60** ④   **61** ④   **62** ②

63 비상콘센트설비의 화재안전기준에 따른 비상콘센트설비의 전원회로(비상콘센트에 전력을 공급하는 회로를 말한다)의 시설기준으로 옳은 것은?

① 하나의 전용회로에 설치하는 비상콘센트는 12개 이하로 할 것
② 전원회로는 단상교류 220V인 것으로서, 그 공급용량은 1.0kVA 이상인 것으로 할 것
③ 비상콘센트용의 풀박스 등은 방청도장을 한 것으로서, 두께 1.2mm 이상의 철판으로 할 것
④ 전원으로부터 각 층의 비상콘센트에 분기되는 경우에는 분기배선용 차단기를 보호함 안에 설치할 것

해설 ⊕

비상콘센트설비의 전원회로 설치기준
1) 비상콘센트설비의 전원회로는 단상교류 220V인 것으로서, 그 공급용량은 1.5kVA 이상인 것으로 할 것
2) 전원회로는 각 층에 2 이상이 되도록 설치할 것. 다만, 설치하여야 할 층의 비상콘센트가 1개일 때에는 하나의 회로로 할 수 있다.
3) 전원회로는 주배전반에서 전용회로로 할 것
4) 전원으로부터 각 층의 비상콘센트에 분기되는 경우 분기배선용 차단기를 보호함 안에 설치할 것
5) 콘센트마다 배선용 차단기를 설치하여야 하며, 충전부가 노출되지 아니하도록 할 것
6) 개폐기에는 "비상콘센트"라고 표시한 표지를 할 것
7) 비상콘센트용의 풀박스 등은 방청도장을 한 것으로서, 두께 1.6mm 이상의 철판으로 할 것
8) 하나의 전용회로에 설치하는 비상콘센트는 10개 이하로 할 것. 이 경우 전선의 용량은 각 비상콘센트(비상콘센트가 3개 이상인 경우에는 3개)의 공급용량을 합한 용량 이상의 것으로 할 것

① 비상콘센트는 12개 이하 → 10개 이하
② 그 공급용량은 1.0kVA 이상 → 1.5kVA 이상
③ 두께 1.2mm 이상 → 두께 1.6mm 이상

64 비상방송설비의 화재안전기준에 따라 기동장치에 따른 화재신고를 수신한 후 필요한 음량으로 화재발생 상황 및 피난에 유효한 방송이 자동으로 개시될 때까지의 소요시간은 몇 초 이하로 하여야 하는가?

① 3   ② 5   ③ 7   ④ 10

해설 ⊕

비상방송설비 설치기준
1) 확성기의 음성입력 : 실외 3W(실내 1W), 아파트 등의 실내 2W 이상
2) 그 층의 각 부분으로부터 하나의 확성기까지의 수평거리 : 25m 이하
3) 음량조정기를 설치하는 경우 음량조정기의 배선 : 3선식
4) 화재신고 수신 후 방송개시 소요시간 : 10초 이하
5) 조작부의 조작스위치 높이 : 바닥으로부터 0.8m 이상 1.5m 이하
6) 정격전압의 80% 전압에서 음향을 발할 수 있는 것으로 할 것
7) 자동화재탐지설비의 작동과 연동하여 작동할 수 있는 것으로 할 것

65 비상조명등의 화재안전기준에 따른 휴대용 비상조명등의 설치기준이다. 다음 ( )에 들어갈 내용으로 옳은 것은?

지하상가 및 지하역사에는 보행거리(㉠)m 이내마다 (㉡)개 이상 설치할 것

① ㉠ 25, ㉡ 1   ② ㉠ 25, ㉡ 3
③ ㉠ 50, ㉡ 1   ④ ㉠ 50, ㉡ 3

해설 ⊕

휴대용 비상조명등의 설치장소 및 수량
1) 숙박시설 또는 다중이용업소 : 객실 또는 영업장 안의 구획된 실마다 잘 보이는 곳에 1개 이상 설치(외부에 설치 시 출입문 손잡이로부터 1m 이내 부분)
2) 대규모점포, 영화상영관 : 보행거리 50m 이내마다 3개 이상 설치
3) 지하상가 및 지하역사 : 보행거리 25m 이내마다 3개 이상 설치

66 자동화재탐지설비 및 시각경보장치의 화재안전기준에 따른 자동화재탐지설비의 중계기의 시설기준으로 틀린 것은?

① 조작 및 점검에 편리하고 화재 및 침수 등의 재해로 인한 피해를 받을 우려가 없는 장소에 설치할 것
② 수신기에서 직접 감지기회로의 도통시험을 행하지 아니하는 것에 있어서는 수신기와 감지기 사이에 설치할 것
③ 감지기에 따라 감시되지 아니하는 배선을 통하여 전력을 공급받는 것에 있어서는 전원입력 측의 배선에 누전경보기를 설치할 것
④ 수신기에 따라 감시되지 아니하는 배선을 통하여 전력을 공급받는 것에 있어서는 해당 전원의 정전이 즉시 수신기에 표시되는 것으로 할 것

해설 ⊕
중계기의 설치기준
1) 수신기에서 직접 감지기회로의 도통시험을 행하지 아니하는 것에 있어서는 수신기와 감지기 사이에 설치할 것
2) 조작 및 점검에 편리하고 화재 및 침수 등의 재해로 인한 피해를 받을 우려가 없는 장소에 설치할 것
3) 수신기에 따라 감시되지 아니하는 배선을 통하여 전력을 공급받는 것에 있어서는 전원입력 측의 배선에 과전류 차단기를 설치하고 해당 전원의 정전이 즉시 수신기에 표시되는 것으로 하며, 상용전원 및 예비전원의 시험을 할 수 있도록 할 것

③ 전원입력 측의 배선에 누전경보기 → 과전류 차단기를 설치할 것

67 자동화재탐지설비 및 시각경보장치의 화재안전기준에 따라 부착높이 8m 이상 15m 미만에 설치 가능한 감지기가 아닌 것은?

① 불꽃감지기
② 보상식 분포형 감지기
③ 차동식 분포형 감지기
④ 광전식 분리형 1종 감지기

해설 ⊕
부착높이별 적응성 감지기의 종류

부착높이	감지기의 종류
8m 이상 15m 미만	• 차동식 분포형 • 이온화식 1종 또는 2종 • 광전식(스포트형, 분리형, 공기흡입형) 1종 또는 2종 • 불꽃감지기, 연기복합형
15m 이상 20m 미만	• 이온화식 1종 • 광전식(스포트형, 분리형, 공기흡입형) 1종 • 연기복합형 • 불꽃감지기
20m 이상	• 불꽃감지기 • 광전식(분리형, 공기흡입형) 중 아날로그방식

비고
부착높이 20m 이상에 설치되는 광전식 아날로그방식의 감지기는 공칭감지농도 하한값이 감광율 5%/m 미만인 것으로 한다.

68 예비전원의 성능인증 및 제품검사의 기술기준에서 정의하는 "예비전원"에 해당하지 않는 것은?

① 리튬계 2차 축전지
② 알칼리계 2차 축전지
③ 용융염 전해질 연료전지
④ 무보수 밀폐형 연축전지

해설 ⊕
예비전원
1) 예비전원의 종류
   알카리계 2차 축전지, 리튬계 2차 축전지, 무보수 밀폐형 연축전지
2) 예비전원의 구조 및 성능
   ① 예비전원을 병렬로 접속하는 경우는 역충전방지 등의 조치를 강구하여야 한다.
   ② 배선은 충분한 전류용량을 갖는 것으로서 배선의 접속이 적합하여야 한다.
   ③ 예비전원에 연결되는 배선의 경우 양극은 적색, 음극은 청색 또는 흑색으로 오접속방지 조치를 하여야 한다.

정답 66 ③ 67 ② 68 ③

④ 축전지를 직렬 또는 병렬로 사용하는 경우에는 용량 (전압, 전류)이 균일한 축전지를 사용하여야 한다.

69 누전경보기의 형식승인 및 제품검사의 기술기준에 따른 누전경보기에서 사용되는 표시등에 대한 설명으로 틀린 것은?

① 지구등은 녹색으로 표시되어야 한다.

② 전구에는 적당한 보호덮개를 설치하여야 한다.(단, 발광다이오드 제외)

③ 주위의 밝기가 300lx인 장소에서 측정하여 앞면으로부터 3m 떨어진 곳에서 켜진 등이 확실히 식별되어야 한다.

④ 전구는 2개 이상을 병렬로 접속하여야 한다.(단, 방전등 또는 발광다이오드 제외)

해설 ⊕
표시등의 구조 및 기능(2024년 개정)
1) 전구는 2개 이상을 병렬로 접속하여야 한다.(단, 방전등 또는 발광다이오드 제외)
2) 전구에는 적당한 보호덮개를 설치하여야 한다.(단, 발광다이오드 제외)
3) 주위의 밝기가 300lx인 장소에서 측정하여 앞면으로부터 3m 떨어진 곳에서 켜진 등이 확실히 식별되어야 한다.
4) 누전화재의 발생을 표시하는 표시등(누전등) : 적색
5) 누전화재가 발생한 경계전로의 위치를 표시하는 표시등
   ① 지구등 : 적색
   ② 기타의 표시등 : 적색 외의 색

70 비상콘센트설비의 화재안전기준에 따라 아파트 또는 바닥면적이 1,000m² 미만인 층은 비상콘센트를 계단의 출입구로부터 몇 m 이내에 설치해야 하는가?(단, 계단의 부속실을 포함하며 계단이 2 이상 있는 경우에는 그중 1개의 계단을 말한다.)

① 10 ② 8
③ 5   ④ 3

해설 ⊕
비상콘센트 설치기준
1) 비상콘센트 설치 높이 : 바닥으로부터 0.8∼1.5m 이하
2) 비상콘센트의 배치

아파트 또는 바닥면적이 1,000m² 미만인 층	바닥면적이 1,000m² 이상인 층
계단의 출입구로부터 5m 이내	각 계단의 출입구 또는 계단 부속실의 출입구로부터 5m 이내

3) 비상콘센트로부터 그 층의 각 부분까지의 거리
   ① 지하상가 또는 지하층의 바닥면적의 합계가 3,000m² 이상인 것 : 수평거리 25m
   ② 그 밖의 것 : 수평거리 50m

71 무선통신보조설비의 화재안전기준에 따른 설치 제외에 대한 내용이다. 다음 (   )에 들어갈 내용으로 옳은 것은?

(㉠)으로서 특정소방대상물의 바닥부분 2면 이상이 지표면과 동일하거나 지표면으로부터의 깊이가 (㉡) m 이하인 경우에는 해당 층에 한하여 무선통신보조설비를 설치하지 아니할 수 있다.

① ㉠ 지하층, ㉡ 1 ② ㉠ 지하층, ㉡ 2
③ ㉠ 무창층, ㉡ 1 ④ ㉠ 무창층, ㉡ 2

해설 ⊕
무선통신보조설비 설치 제외
1) 지하층으로서 건축물의 바닥부분 2면 이상이 지표면과 동일한 경우 그 해당 층
2) 지표면으로부터의 깊이가 1m 이하인 경우에는 해당 층

72 비상방송설비의 화재안전기준에 따른 정의에서 가변저항을 이용하여 전류를 변화시켜 음량을 크게 하거나 작게 조절할 수 있는 장치를 말하는 것은?

① 증폭기 ② 변류기
③ 중계기 ④ 음량조절기

해설 ➕

용어의 정의

1) 확성기(스피커) : 소리를 크게 하여 멀리까지 전달될 수 있도록 하는 장치
2) 음량조절기 : 가변저항을 이용하여 전류를 변화시켜 음량을 조절할 수 있는 장치
3) 증폭기 : 전압전류의 진폭을 늘려 감도를 좋게 하고 미약한 음성전류를 커다란 음성전류로 변화시켜 소리를 크게 하는 장치

73 소방시설용 비상전원수전설비의 화재안전기준에 따라 큐비클형의 시설기준으로 틀린 것은?

① 전용큐비클 또는 공용큐비클식으로 설치할 것
② 외함은 건축물의 바닥 등에 견고하게 고정할 것
③ 자연환기구에 따라 충분히 환기할 수 없는 경우에는 환기설비를 설치할 것
④ 공용큐비클식의 소방회로와 일반회로에 사용되는 배선 및 배선용 기기는 난연재료로 구획할 것

해설 ➕

큐비클형 비상전원 수전설비의 설치기준

1) 전용큐비클 또는 공용큐비클식으로 설치할 것
2) 외함은 건축물의 바닥 등에 견고하게 고정할 것
3) 자연환기구에 따라 충분히 환기할 수 없는 경우에는 환기설비를 설치할 것
4) 공용큐비클식의 소방회로와 일반회로에 사용되는 배선 및 배선용 기기는 불연재료로 구획할 것
5) 환기구에는 금속망, 방화댐퍼 등으로 방화조치를 하고, 옥외에 설치하는 것은 빗물 등이 들어가지 않도록 할 것

74 비상경보설비 및 단독경보형 감지기의 화재안전기준에 따른 발신기의 시설기준에 대한 내용이다. 다음 (   )에 들어갈 내용으로 옳은 것은?

> 조작이 쉬운 장소에 설치하고, 조작스위치는 바닥으로부터 (㉠)m 이상 (㉡)m 이하의 높이에 설치할 것

① ㉠ 0.6, ㉡ 1.2
② ㉠ 0.8, ㉡ 1.5
③ ㉠ 1.0, ㉡ 1.8
④ ㉠ 1.2, ㉡ 2.0

해설 ➕

발신기 설치기준

1) 특정소방대상물의 층마다 설치
2) 조작스위치 설치높이 : 바닥으로부터 0.8m 이상 1.5m 이하
3) 각 부분으로부터 하나의 발신기까지의 수평거리 : 25m 이하(다만, 복도 또는 별도로 구획된 실로서 보행거리가 40m 이상일 경우 추가 설치)
4) 발신기 위치표시등은 함의 상부에 설치할 것
5) 발신기 불빛은 부착면으로부터 15° 이상의 범위 안에서 부착지점으로부터 10m 이내의 어느 곳에서도 쉽게 식별할 수 있는 적색등으로 할 것

75 누전경보기의 형식승인 및 제품검사의 기술기준에 따라 누전경보기에 차단기구를 설치하는 경우 차단기구에 대한 설명으로 틀린 것은?

① 개폐부는 정지점이 명확하여야 한다.
② 개폐부는 원활하고 확실하게 작동하여야 한다.
③ 개폐부는 KS C 8321(배선용 차단기)에 적합한 것이어야 한다.
④ 개폐부는 수동으로 개폐되어야 하며 자동적으로 복귀하지 아니하여야 한다.

해설 ➕

누전경보기의 차단기구

1) 개폐부는 원활하고 확실하게 작동하여야 하며 정지점이 명확하여야 한다.
2) 개폐부는 수동으로 개폐되어야 하며 자동적으로 복귀하지 아니하여야 한다.
3) 개폐부는 KS C 4613(누전차단기)에 적합한 것이어야 한다.

76 감지기의 형식승인 및 제품검사의 기술기준에 따른 단독경보형 감지기(주전원이 교류전원 또는 건전지인 것을 포함한다.)의 일반기능에 대한 설명으로 틀린 것은?

① 작동되는 경우 작동표시등에 의하여 화재의 발생을 표시할 수 있는 기능이 있어야 한다.

② 작동되는 경우 내장된 음향장치의 명동에 의하여 화재경보음을 발할 수 있는 기능이 있어야 한다.

③ 전원의 정상상태를 표시하는 전원표시등의 섬광주기는 3초 이내의 점등과 60초 이내의 소등으로 이루어져야 한다.

④ 자동복귀형 스위치(자동적으로 정위치에 복귀될 수 있는 스위치를 말한다)에 의하여 수동으로 작동시험을 할 수 있는 기능이 있어야 한다.

해설⊕
단독경보형 감지기의 일반기능
1) 자동복귀형 스위치(자동적으로 정위치에 복귀될 수 있는 스위치)에 의하여 수동으로 작동시험을 할 수 있는 기능이 있어야 한다.
2) 작동되는 경우 작동표시등에 의하여 화재의 발생을 표시하고, 내장된 음향장치의 명동에 의하여 화재경보음을 발할 수 있는 기능이 있어야 한다.
3) 주기적으로 섬광하는 전원표시등에 의하여 전원의 정상여부를 감시할 수 있는 기능이 있어야 하며, 전원의 정상상태를 표시하는 전원표시등의 섬광주기는 1초 이내의 점등과 30초에서 60초 이내의 소등으로 이루어져야 한다.
4) 화재경보음은 감지기로부터 1m 떨어진 위치에서 85dB 이상으로 10분 이상 계속하여 경보할 수 있어야 한다.

77 자동화재속보설비의 속보기의 성능인증 및 제품검사의 기술기준에 따라 자동화재속보설비의 속보기가 소방관서에 자동적으로 통신망을 통해 통보하는 신호의 내용으로 옳은 것은?

① 당해 소방대상물의 위치 및 규모
② 당해 소방대상물의 위치 및 용도

③ 당해 화재발생 및 당해 소방대상물의 위치
④ 당해 고장발생 및 당해 소방대상물의 위치

해설⊕
자동화재속보설비 정의
1) 정의
　수동 작동 및 자동화재 탐지설비 수신기의 화재신호와 연동으로 작동하여 관계인에게 화재발생을 경보함과 동시에 소방관서에 자동적으로 통신망을 통한 당해 화재발생 및 당해 소방대상물의 위치 등을 음성으로 통보하여 주는 장치를 말한다.

2) 설치기준
　① 자동화재탐지설비와 연동으로 작동하여 자동적으로 화재발생 상황을 소방관서에 전달되는 것으로 할 것. 이 경우 부가적으로 특정소방대상물의 관계인에게 화재발생상황을 전달되도록 할 수 있다.(A형)
　② 조작스위치의 높이 : 바닥으로부터 0.8m 이상 1.5m 이하
　③ 속보기는 소방관서에 통신망으로 통보하도록 하며, 데이터 또는 코드전송방식을 부가적으로 설치할 수 있다.
　④ 문화재에 설치하는 자동화재속보설비는 속보기에 감지기를 직접 연결하는 방식(자동화재탐지설비 1개의 경계구역에 한함)으로 할 수 있다.(B형)
　⑤ 속보기는 소방청장이 정하여 고시한 「자동화재속보설비의 속보기의 성능인증 및 제품검사의 기술기준」에 적합한 것으로 설치하여야 한다.

78 유도등의 우수품질인증 기술기준에 따른 유도등의 일반구조에 대한 내용이다. 다음 (　)에 들어갈 내용으로 옳은 것은?

> 전선의 굵기는 인출선인 경우에는 단면적이 (㉠)mm² 이상, 인출선 외의 경우에는 단면적이 (㉡)mm² 이상이어야 한다.

① ㉠ 0.75, ㉡ 0.5
② ㉠ 0.75, ㉡ 0.75
③ ㉠ 1.5, ㉡ 0.75
④ ㉠ 2.5, ㉡ 1.5

해설⊕

유도등의 구조 및 기능(유도등의 형식승인 및 제품검사 기술기준)

1) 전선의 굵기
   ① 인출선은 단면적이 0.75mm² 이상
   ② 인출선 외의 경우에는 단면적 0.5mm² 이상(해당 기준 삭제됨)
2) 인출선의 길이 : 전선인출 부분으로부터 150mm 이상
3) 사용전압 : 300V 이하(충전부가 노출되지 않는 경우 300V 초과 가능)
4) 축전지에 배선 등을 직접 납땜하지 아니할 것
5) 유도등에는 점검용의 자동복귀형 점멸기를 설치할 것(바닥에 매립하는 복도통로유도등과 객석유도등 제외)

79 유도등 및 유도표지의 화재안전기준에 따라 객석유도등을 설치하여야 하는 장소로 틀린 것은?

① 벽   ② 천장
③ 바닥   ④ 통로

해설⊕

객석통로유도등의 설치기준

1) 객석유도등의 설치장소 : 객석의 통로, 바닥, 벽
2) 객석유도등의 수량산정(소수점 이하의 수는 1로 본다)

$$설치개수 = \frac{객석\ 통로의\ 직선부분의\ 길이(m)}{4} - 1$$

80 무선통신보조설비의 화재안전기준에 따라 누설동축케이블 또는 동축케이블의 임피던스는 몇 Ω 인가?

① 5   ② 10
③ 30   ④ 50

해설⊕

누설동축케이블 등의 설치기준

1) 소방전용주파수대에서 전파의 전송 또는 복사에 적합한 것으로서 소방전용으로 할 것
2) 케이블의 구성
   ① 누설동축케이블과 이에 접속하는 안테나
   ② 동축케이블과 이에 접속하는 안테나
3) 누설동축케이블 및 동축케이블은 불연 또는 난연성의 것으로서 습기에 따라 전기의 특성이 변질되지 아니하는 것으로 하고, 노출하여 설치한 경우에는 피난 및 통행에 장애가 없도록 할 것
4) 누설동축케이블 및 동축케이블은 화재에 따라 해당 케이블의 피복이 소실된 경우에 케이블 본체가 떨어지지 아니하도록 4m 이내마다 금속제 또는 자기제 등의 지지금구로 벽·천장·기둥 등에 견고하게 고정시킬 것. 다만, 불연재료로 구획된 반자 안에 설치하는 경우에는 그러하지 아니하다.
5) 누설동축케이블 및 안테나는 금속판 등에 따라 전파의 복사 또는 특성이 현저하게 저하되지 아니하는 위치에 설치할 것
6) 누설동축케이블 및 안테나는 고압의 전로로부터 1.5m 이상 떨어진 위치에 설치할 것. 다만, 해당 전로에 정전기 차폐장치를 유효하게 설치한 경우에는 그러하지 아니하다.
7) 누설동축케이블의 끝부분에는 무반사 종단저항을 견고하게 설치할 것
8) 누설동축케이블 또는 동축케이블의 임피던스는 50Ω으로 할 것

소방원론

01 건축법령상 내력벽, 기둥, 바닥, 보, 지붕틀 및 주계단을 무엇이라 하는가?

① 내진구조부
② 건축설비부
③ 보조구조부
④ 주요 구조부

해설⊕

건축물의 주요 구조부

1) 내력벽
2) 보(작은 보 제외)
3) 지붕틀(차양 제외)
4) 바닥(최하층 바닥 제외)
5) 주계단(옥외계단 제외)
6) 기둥(사잇기둥 제외)

02 이산화탄소의 물성으로 옳은 것은?

① 임계온도 : 31.35℃, 증기비중 : 0.529
② 임계온도 : 31.35℃, 증기비중 : 1.529
③ 임계온도 : 0.35℃, 증기비중 : 1.529
④ 임계온도 : 0.35℃, 증기비중 : 0.529

해설⊕

이산화탄소

1) 이산화탄소의 상평형도

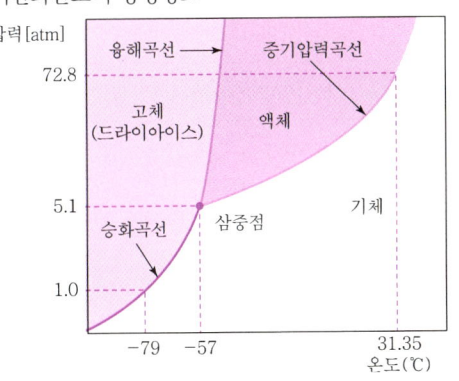

2) 이산화탄소의 물성

구분	물성
화학식	CO_2
분자량	44
증기비중	1.52
삼중점	−57℃
임계온도	31.35℃
임계압력	73atm
승화점	−79℃

03 소화약제로 사용하는 물의 증발잠열로 기대할 수 있는 소화효과는?

① 냉각소화
② 질식소화
③ 제거소화
④ 촉매소화

해설⊕

소화방법

1) 냉각소화
   ① 점화원을 발화점 이하로 냉각하여 소화하는 방법
   ② 물의 현열과 증발잠열을 이용하는 방법이 가장 많이 사용됨

2) 질식소화
   ① 공기 중의 산소농도를 15% 이하로 희박하게 하여 소화하는 방법
   ② 이산화탄소, 불활성 가스 등을 분사하여 산소농도를 낮춤

3) 제거소화
   ① 가연물을 제거하여 소화
   ② 고체 가연물 : 가연물을 화재현장으로부터 즉시 제거함(산림화재 시 앞쪽에서 벌목하여 진화)
   ③ 액체 및 기체 : 가연성 물질을 누출시키는 용기의 밸브를 폐쇄
   ④ 전기화재 : 전원스위치를 차단하여 전기의 공급을 차단
   ⑤ 수용성 액체 : 다량의 물을 주입하여 농도를 연소범위 이하로 낮춤

4) 억제소화(부촉매소화)
① 할론소화약제, 할로젠화합물소화약제, 분말소화약제 등을 사용하여 소화
② 불꽃연소 시 발생하는 H *, OH * 활성라디칼을 포착하여 연쇄반응을 억제
③ 불꽃연소에 적응성이 뛰어나고 훈소에는 적응성이 거의 없다.

04 블레비(BLEVE) 현상과 관계가 없는 것은?

① 핵분열
② 가연성 액체
③ 화구(Fire Ball)의 형성
④ 복사열의 대량 방출

해설 ➕

1) BLEVE(비등액체 팽창증기 폭발)
   BLEVE는 가연성 액화가스가 저장되어 있는 용기 주변에서 화재가 발생하여 탱크의 기체부분이 가열되어 강도가 약해지고 탱크가 파열되면 액화가스는 급격히 기화하고 급격한 부피팽창을 일으켜서 폭발하는 현상이다. 화학적 변화 없이 상변화에 의한 전형적인 물리적 폭발이다.

2) BLEVE 발생 과정
   ① 액화가스 저장용기 주변에서 화재발생
   ② 화재열에 의한 탱크가열, 탱크의 액체부분은 온도변화가 크지 않으나 기체부분은 온도상승
   ③ 탱크 내부 온도상승에 의한 압력상승, 탱크 설계압력 초과 시 탱크에 균열발생
   ④ 탱크균열로 인한 탱크 내부의 급격한 압력강하
   ⑤ 압력이 내려감에 따라 액화가스가 급격히 기화하며 부피팽창
   ⑥ 부피팽창에 의한 압력상승으로 탱크가 파손되며 가연성 가스 비산
   ⑦ 주위의 점화원에 의한 가연성 가스착화
   ⑧ 폭발적인 연소로 Fire Ball이 형성됨
   ⑨ 지상의 Fire Ball이 대량의 복사열 방출

05 할로젠화합물소화약제에 관한 설명으로 옳지 않은 것은?

① 연쇄반응을 차단하여 소화한다.
② 할로젠족 원소가 사용된다.
③ 전기에 도체이므로 전기화재에 효과가 있다.
④ 소화약제의 변질분해 위험성이 낮다.

해설 ➕

할로젠화합물소화약제의 특성
1) 할로젠족 원소를 사용하여 연쇄반응 억제에 의한 소화효과가 우수하다.
2) 소화효과가 할론소화약제에 비해 동등 이상이어야 한다.
3) 할로젠화합물은 최대 설계농도 이상이 되면 인체에 유해하다.
4) ODP, GWP가 0에 가깝다.
5) 소화 후 잔존물이 없고 전기적으로 비전도성이다.
6) 소화약제가 고가이다.

06 스테판-볼츠만의 법칙에 의해 복사열과 절대온도와의 관계를 옳게 설명한 것은?

① 복사열은 절대온도의 제곱에 비례한다.
② 복사열은 절대온도의 4제곱에 비례한다.
③ 복사열은 절대온도의 제곱에 반비례한다.
④ 복사열은 절대온도의 4제곱에 반비례한다.

해설 ➕

복사(Radiation)
1) 정의 : 열이 매질 없이 전자기파 형태로 전달되는 형태
2) 스테판-볼츠만 법칙(Stefan-Boltzmann's Law)
   복사열량은 절대온도의 4제곱에 비례한다.

$$복사열량\ Q = \sigma A T^4 [\text{W}]$$

여기서, T : 절대온도[K]
σ : 스테판-볼츠만 상수($5.67 \times 10^{-8} [\text{W/m}^2 \cdot \text{K}^4]$)
A : 열전달 면적[m^2]

07 분자식이 CF_2BrCl인 할론소화약제는?

① Halon 1301
② Halon 1211
③ Halon 2402
④ Halon 2021

해설 ⊕

할론소화약제의 물성

구분	Halon 1211	Halon 1301	Halon 2402	Halon 1011
화학식	CF_2ClBr	CF_3Br	$C_2F_4Br_2$	CH_2ClBr
분자량	165.4	148.9	259.8	129.4
증기비중	5.7	5.13	8.96	4.46
상온, 상압에서 상태	기체	기체	액체	액체

08 대두유가 침적된 기름걸레를 쓰레기통에 장시간 방치한 결과 자연발화에 의하여 화재가 발생한 경우 그 이유로 옳은 것은?

① 융해열 축적
② 산화열 축적
③ 증발열 축적
④ 발효열 축적

해설 ⊕

자연발화의 형태
1) 산화열 : 건성유, 석탄분말, 금속분말 등
2) 분해열 : 나이트로셀룰로오스, 셀룰로이드 등
3) 흡착열 : 목탄, 활성탄 등
4) 중합열 : 시안화수소
5) 미생물에 의한 발화 : 먼지, 퇴비 등

※ 건성유나 반건성유가 침적된 걸레를 밀폐공간에 방치하면 산화열이 축적되어 자연발화 한다.

09 조연성 가스에 해당하는 것은?

① 일산화탄소
② 산소
③ 수소
④ 부탄

해설 ⊕

1) 조연성 가스 : 산소, 공기, 오존, 불소, 염소 등
2) 가연성 가스의 폭발범위(연소범위)

가연성 가스	연소하한계[%]	연소상한계[%]
수소(H_2)	4.0	75
부탄(C_4H_{10})	1.8	8.4
일산화탄소(CO)	12.5	74

10 물에 저장하는 것이 안전한 물질은?

① 나트륨
② 수소화칼슘
③ 이황화탄소
④ 탄화칼슘

해설 ⊕

① 나트륨 : 물과 접촉 시 수소 발생
$2Na + 2H_2O \rightarrow 2NaOH + H_2$
② 수소화칼슘 : 물과 접촉 시 수소 발생
$CaH_2 + 2H_2O \rightarrow Ca(OH)_2 + 2H_2$
③ 이황화탄소(CS_2) : 물속에 보관
④ 탄화칼슘 : 물과 접촉 시 아세틸렌 발생
$CaC_2 + 2H_2O \rightarrow Ca(OH)_2 + C_2H_2$

11 다음 각 물질과 물이 반응하였을 때 발생하는 가스의 연결이 틀린 것은?

① 탄화칼슘 – 아세틸렌
② 탄화알루미늄 – 이산화황
③ 인화칼슘 – 포스핀
④ 수소화리튬 – 수소

해설 ⊕

① 탄화칼슘
$CaC_2 + 2H_2O \rightarrow Ca(OH)_2 + C_2H_2$(아세틸렌 발생)
② 탄화알루미늄
$Al_4C_3 + 12H_2O \rightarrow 4Al(OH)_3 + 3CH_4$(메탄 발생)
③ 인화칼슘
$Ca_3P_2 + 6H_2O \rightarrow 3Ca(OH)_2 + 2PH_3$(포스핀 발생)
④ 수소화리튬
$LiH + H_2O \rightarrow LiOH + H_2$(수소 발생)

12 건축물의 화재 시 피난자들의 집중으로 패닉 (Panic) 현상이 일어날 수 있는 피난방향은?

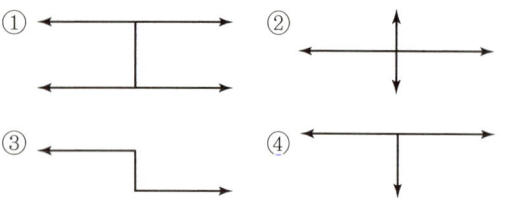

피난로의 구조 및 특징

구분	구조	피난로의 특징
X형	↔↕	양방향 피난으로 확실한 피난로 보장
T형	↕↔	피난방향을 확실하게 구분할 수 있는 형태
H형	↔↕↔	피난자들의 중앙집중으로 패닉의 우려가 있는 형태
Z형	↰↴	중앙복도형으로 양호한 양방향피난을 할 수 있는 형태

13 위험물별 저장방법에 대한 설명 중 틀린 것은?

① 황은 정전기가 축적되지 않도록 하여 저장한다.
② 적린은 화기로부터 격리하여 저장한다.
③ 마그네슘은 건조하면 부유하여 분진폭발의 위험이 있으므로 물에 적시어 보관한다.
④ 황화인은 산화제와 격리하여 저장한다.

해설➕

제2류 위험물
1) 황화인, 적린, 황
　① 지정수량 : 100[kg]
　② 보관방법 : 화기주의, 점화원 및 산화제 접촉금지
　③ 소화방법 : 물에 의한 냉각소화

2) 철분, 마그네슘, 금속분
　① 지정수량 : 500[kg]
　② 보관방법 : 물기엄금, 물과 접촉 시 가연성 가스 발생
　　$Mg + 2H_2O \rightarrow Mg(OH)_2 + H_2$(수소 발생)
　③ 소화방법 : 마른 모래, 팽창질석, 팽창진주암

14 전기화재의 원인으로 거리가 먼 것은?

① 단락
② 과전류
③ 누전
④ 절연 과다

해설➕

전기화재의 원인
1) 단락(합선) : 전선의 선간이 맞닿은 상태로, 아크와 동시에 고열이 발생하는 현상
2) 과전류 : 전선에 허용전류 이상의 전류가 흐르면 줄열이 발생하여 화재 발생
3) 누전 : 전선피복이 손상되어 건물의 철근이나 전기기계기구함 등의 금속부분을 통하여 전기가 흐르는 현상(전선피복의 절연이 감소됨을 의미)

④ 절연 과다 → 절연저항이 큰 것을 의미하므로 누전의 위험이 감소된다.

15 인화점이 낮은 것부터 높은 순서로 옳게 나열된 것은?

① 에틸알코올 < 이황화탄소 < 아세톤
② 이황화탄소 < 에틸알코올 < 아세톤
③ 에틸알코올 < 아세톤 < 이황화탄소
④ 이황화탄소 < 아세톤 < 에틸알코올

해설➕

특수인화물(인화점이 낮은 순)

명칭	다이에틸에터	아세트알데하이드	산화프로필렌	이황화탄소
인화점	−45℃	−38℃	−37℃	−30℃

• 아세톤 : 제1석유류, 인화점 −18℃
• 에틸알코올 : 알코올류, 인화점 13℃

16 가연성 가스이면서도 독성 가스인 것은?

① 질소　　　　　　② 수소
③ 염소　　　　　　④ 황화수소

해설 ⊕

황화수소(H_2S)

1) 황화합물이 불완전연소 시 발생된다.
2) 달걀 썩는 냄새가 난다.
3) 독성을 가지고 있기 때문에 주의해서 다루어야 한다.
4) 가연성 가스로서 발화점은 260℃이다.

① 질소(N_2) → 불연성, 무독성 가스
② 수소(H_2) → 가연성, 무독성 가스
③ 염소(Cl_2) → 조연성, 독성 가스

17 1기압 상태에서, 100℃ 물 1g이 모두 기체로 변할 때 필요한 열량은 몇 cal인가?

① 429
② 499
③ 539
④ 639

해설 ⊕

잠열

물질의 온도변화는 없이 상태변화에만 필요한 열량

1) 물의 융해잠열 : 80[cal/g], 80[kcal/kg]
   1기압, 0℃에서의 얼음 1kg을 융해시키는 데 필요한 열량
2) 물의 증발잠열 : 539[cal/g], 539[kcal/kg]
   1기압, 100℃에서의 물 1kg을 기화시키는 데 필요한 열량

$$Q = m \cdot r$$

여기서, Q : 잠열량[kcal]
   m : 질량[kg]
   r : 잠열[kcal/kg]

18 다음 물질 중 연소범위를 통해 산출한 위험도 값이 가장 높은 것은?

① 수소
② 에틸렌
③ 메탄
④ 이황화탄소

해설 ⊕

위험도(H)

$$H = \frac{UFL - LFL}{LFL}$$

여기서, H : 위험도, UFL : 연소상한계[%]
   LFL : 연소하한계[%]

① 수소의 연소범위 : 4~75%
$$H = \frac{75 - 4}{4} = 17.75$$
② 에틸렌의 연소범위 : 2.7~36%
$$H = \frac{36 - 2.7}{2.7} = 12.33$$
③ 메탄의 연소범위 : 5.0~15%
$$H = \frac{15 - 5}{5} = 2$$
④ 이황화탄소의 연소범위 : 1.2~44%
$$H = \frac{44 - 1.2}{1.2} = 35.67$$

19 일반적으로 공기 중 산소농도를 몇 vol% 이하로 감소시키면 연소속도의 감소 및 질식소화가 가능한가?

① 15　　② 21　　③ 25　　④ 31

해설 ⊕

소화의 방법

1) 질식소화
   ① 공기 중의 산소농도를 15% 이하로 희박하게 하여 소화하는 방법
   ② 이산화탄소, 불활성 가스 등을 분사하여 산소농도를 낮춤

2) 냉각소화
   ① 점화원을 발화점 이하로 냉각시켜 소화하는 방법
   ② 물의 현열과 증발잠열을 이용하는 방법이 가장 많이 사용됨

3) 제거소화
   ① 가연물을 제거하여 소화
   ② 고체 가연물 : 가연물을 화재현장으로부터 즉시 제거함(산림화재 시 앞쪽에서 벌목하여 진화)

③ 액체 및 기체 : 가연성 물질을 누출시키는 용기의 밸브를 폐쇄

④ 전기화재 : 전원스위치를 차단하여 전기의 공급을 차단

⑤ 수용성 액체 : 다량의 물을 주입하여 농도를 연소범위 이하로 낮춤

4) 억제소화(부촉매소화)

① 할론소화약제, 할로젠화합물소화약제, 분말소화약제 등을 사용하여 소화

② 불꽃연소 시 발생하는 H*, OH* 활성라디칼을 포착하여 연쇄반응을 억제

③ 불꽃연소에 적응성이 뛰어나고 훈소에는 적응성이 거의 없다.

20 가연물질의 구비조건으로 옳지 않은 것은?

① 화학적 활성이 클 것

② 열의 축적이 용이할 것

③ 활성화 에너지가 작을 것

④ 산소와 결합할 때 발열량이 작을 것

해설➕

가연물이 될 수 있는 조건

1) 발열량이 클 것   2) 산소와의 친화력이 좋을 것

3) 표면적이 넓을 것   4) 활성화 에너지가 작을 것

5) 열전도도가 작을 것

2과목   소방전기일반

21 논리식 $(X+Y)(X+\overline{Y})$을 간단히 하면?

① 1   ② XY ③ X ④ Y

해설➕

1) $(X+Y)(X+\overline{Y}) = XX + X\overline{Y} + XY + Y\overline{Y}$

     여기서, $XX = X$, $Y\overline{Y} = 0$이므로

   $= X + X\overline{Y} + XY$

     이 식을 X로 묶으면

   $= X(1 + \overline{Y} + Y)$

     여기서, $(1 + \overline{Y} + Y) = 1$이므로

   $= X$

2) 부울대수의 기본 정리

항등법칙	$A+0=A$ $A+1=1$	$A \cdot 1=A$ $A \cdot 0=0$
동일법칙	$A+A=A$	$A \cdot A=A$
보원법칙	$A+\overline{A}=1$	$A \cdot \overline{A}=0$
다중부정	$\overline{\overline{A}}=A$	
교환법칙	$A+B=B+A$	$A \cdot B=B \cdot A$
결합법칙	$A+(B+C)=$ $(A+B)+C$	$A \cdot (B \cdot C)=$ $(A \cdot B) \cdot C$
분배법칙	$A \cdot (B+C)=$ $AB+AC$	$A+B \cdot C=$ $(A+B) \cdot (A+C)$
흡수법칙	$A+A \cdot B=A$	$A \cdot (A+B)=A$

22 어떤 측정계기의 지시값을 M, 참값을 T라 할 때 보정률[%]은?

① $\dfrac{T-M}{M} \times 100\%$ ② $\dfrac{M}{M-T} \times 100\%$

③ $\dfrac{T-M}{T} \times 100\%$ ④ $\dfrac{T}{M-T} \times 100\%$

해설➕

오차율과 보정률

1) 오차율 : 참값에 대한 오차의 비율

$$오차율 = \frac{M-T}{T} \times 100 [\%]$$

     여기서, M : 측정값(Measured Value)

           T : 참값(True Value)

           $(M-T)$: 오차의 양

2) 보정률 : 측정값에 대한 보정량의 비율

$$보정률 = \frac{T-M}{M} \times 100 [\%]$$

     여기서, M : 측정값(Measured Value)

           T : 참값(True Value)

           $(T-M)$: 보정량

정답   20 ④   21 ③   22 ①

23 그림과 같이 반지름 r[m]인 원의 원주상 임의의 2점 a, b 사이에 전류 I[A]가 흐른다. 원의 중심에서의 자계의 세기는 몇 AT/m인가?

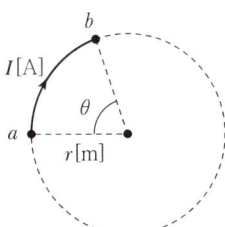

① $\dfrac{I\theta}{4\pi r}$ ② $\dfrac{I\theta}{4\pi r^2}$

③ $\dfrac{I\theta}{2\pi r}$ ④ $\dfrac{I\theta}{2\pi r^2}$

해설 ◐

1) 비오-사바르의 법칙

   전류에 의한 자계의 크기를 결정

$$dH = \frac{Idl}{4\pi r^2}\sin\theta\,[\text{AT/m}]$$

   여기서, dH : P점의 자계의 세기[AT/m]

   　　　 I : 도체의 전류[A]

   　　　 dl : 도체의 미소부분[m]

   　　　 r : 거리[m]

2) 원 중심에서의 자계의 세기(비오-사바르의 법칙을 적분)

   ① $H = \dfrac{Il}{4\pi r^2}\sin 90$

   　 여기서, θ는 원주상의 점과 원의 중심점이 이루는 각으로, $\theta = 90°$이므로 $\sin 90 = 1$이다.

   ② $H = \dfrac{Il}{4\pi r^2}$

   　 여기서, $a \sim b$ 호의 길이 $l = 2\pi r \times \dfrac{\theta}{2\pi} = r\theta$

   ③ $H = \dfrac{I}{4\pi r^2} \times r\theta = \dfrac{I\theta}{4\pi r}$

24 회로에서 a, b 간의 합성저항[Ω]은?(단, $R_1 = 3\Omega$, $R_2 = 9\Omega$이다.)

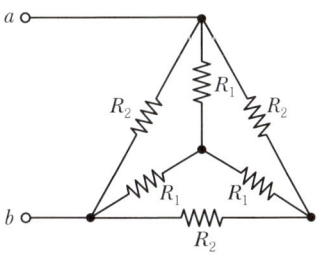

① 3 ② 4

③ 5 ④ 6

해설 ◐

1) Y결선되어 있는 R_1을 △결선으로 변환하면

   $R_\triangle = 3\,R_Y$ 이므로,

   $R_\triangle = 3 \times 3 = 9[\Omega]$

   △결선 안쪽의 Y결선 부분을 작은 크기로 △결선하여 다시 그리면 다음과 같다.

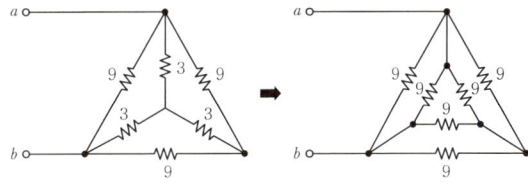

2) 9Ω으로 병렬연결된 3구역의 저항을 각각 계산하면

   $R = \dfrac{9 \times 9}{9 + 9} = 4.5[\Omega]$

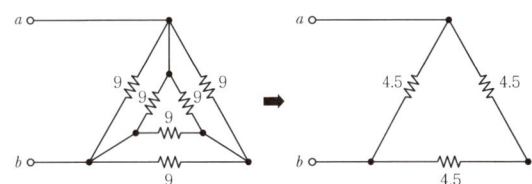

3) a, b 간의 합성저항[Ω]

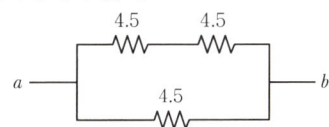

   $R_{ab} = \dfrac{4.5 \times (4.5 + 4.5)}{4.5 + (4.5 + 4.5)} = 3[\Omega]$

25 2차 제어시스템에서 무제동으로 무한 진동이 일어나는 감쇠율(Damping Ratio) δ는?

① $\delta = 0$　　　　② $\delta > 1$

③ $\delta = 1$　　　　④ $0 < \delta < 1$

해설⊕

2차 시스템의 감쇠율

$\delta = 0$	무제동(무한 진동 또는 완전 진동)
$\delta = 1$	임계 제동(임계 상태)
$\delta < 1$	부족 제동(감쇠 진동)
$\delta > 1$	과제동(비진동)

26 블록선도의 전달함수 ($\frac{C(s)}{R(s)}$)는?

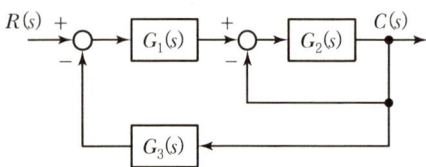

① $\dfrac{G_1(s)\,G_2(s)}{1 + G_1(s)\,G_2(s)\,G_3(s)}$

② $\dfrac{G_1(s)\,G_2(s)}{1 + G_1(s) + G_1(s)\,G_2(s)\,G_3(s)}$

③ $\dfrac{G_1(s)\,G_2(s)}{1 + G_2(s) + G_1(s)\,G_2(s)\,G_3(s)}$

④ $\dfrac{G_1(s)\,G_2(s)}{1 + G_3(s) + G_1(s)\,G_2(s)\,G_3(s)}$

해설⊕

간이 전달함수법

$$G(s) = \frac{C(s)}{R(s)} = \frac{\text{순방향 경로의 곱}}{1 - \text{루프의 곱}}$$

여기서, $G(s)$: 전달함수, $R(s)$: 입력, $C(s)$: 출력

[풀이]

1) 순방향 경로의 곱 $G_1(s) \cdot G_2(s)$

2) 루프의 곱(루프된 곳이 2군데이므로 루프 2개를 모두 계산한다.)

① 작은 루프의 곱

　－ $G_2(s)$

② 큰 루프의 곱

　－ $G_1(s) \cdot G_2(s) \cdot G_3(s)$

③ 전달함수 $G(s)$

$$G(s) = \frac{C(s)}{R(s)} = \frac{\text{순방향 경로의 곱}}{1 - \text{루프의 곱}}$$

$$= \frac{G_1(s)\,G_2(s)}{1 - \left\{ \begin{array}{c} (-G_2(s)) + \\ (-G_1(s)\,G_2(s)\,G_3(s)) \end{array} \right\}}$$

$$= \frac{G_1(s)\,G_2(s)}{1 + G_2(s) + G_1(s)\,G_2(s)\,G_3(s)}$$

27 3상 유도전동기의 특성에서 토크, 2차 입력, 동기속도의 관계로 옳은 것은?

① 토크는 2차 입력과 동기속도에 비례한다.

② 토크는 2차 입력에 비례하고 동기속도에 반비례한다.

③ 토크는 2차 입력에 반비례하고 동기속도에 비례한다.

④ 토크는 2차 입력의 제곱에 비례하고 동기속도의 제곱에 반비례한다.

해설⊕

1) 유도전동기의 기계적 출력

　$P_O = \omega\,\tau\,[\text{W}]$

2) 유도전동기의 전기적 입력

　$P_2 = I_2^2\,R\,[\text{W}]$

3) 유도전동기의 저항에서 발생한 전기적 출력이 기계적인 출력토크를 발생시키므로

　$P_2 = I_2^2\,R = \omega\,\tau,\qquad \therefore P_2 = \omega\,\tau$

　$P_2 = \omega\,\tau = 2\pi n\,\tau = 2\pi\,\dfrac{N}{60}\,\tau$

　　여기서, $\omega = 2\pi n,\qquad n[\text{rps}] = \dfrac{N[\text{rpm}]}{60}$

　$\therefore \tau = \dfrac{60}{2\pi N}\,P_2 = 9.55\,\dfrac{P_2}{N_S}\,[\text{N} \cdot \text{m}]$

　　여기서, τ : 토크$[\text{N} \cdot \text{m}]$, P_2 : 2차 입력$[\text{W}]$,

　　　　　N_S : 동기속도$[\text{rpm}]$

4) τ(토크)는 P_2(2차 입력)에 비례하고 N_S(동기속도)에 반비례한다.

28 어떤 회로에 $v(t) = 150\sin wt\,[\text{V}]$의 전압을 가하니 $i(t) = 12\sin(wt - 30°)\,[\text{A}]$의 전류가 흘렀다. 이 회로의 소비전력(유효전력)은 약 몇 [W]인가?

① 390
② 450
③ 780
④ 900

해설 ❸

1) 유효전력

$P = VI\cos\theta$

여기서, P : 유효전력[W]
V : 전압의 실효값[V]
I : 전류의 실효값[A]
$\cos\theta$: 역률, θ : 위상차

2) $V = \dfrac{V_m}{\sqrt{2}} = \dfrac{150}{\sqrt{2}}\,[\text{V}]$

$I = \dfrac{I_m}{\sqrt{2}} = \dfrac{12}{\sqrt{2}}\,[\text{A}]$

$\theta = 0° - (-30°) = 30°$

[풀이]

$P = \dfrac{150}{\sqrt{2}} \times \dfrac{12}{\sqrt{2}} \times \cos 30°\,[\text{W}]$

$P \fallingdotseq 780\,[\text{W}]$

29 평행한 두 도선 사이의 거리가 r 이고, 각 도선에 흐르는 전류에 의해 두 도선 간의 작용력이 F_1 일 때, 두 도선 사이의 거리를 $2r$ 로 하면 두 도선 간의 작용력 F_2는?

① $F_2 = \dfrac{1}{4}F_1$
② $F_2 = \dfrac{1}{2}F_1$
③ $F_2 = 2F_1$
④ $F_2 = 4F_1$

해설 ❸

평행 도선 사이에 작용하는 힘(전자력)
1) 전류 방향이 동일 : 흡인력
2) 전류 방향이 반대 : 반발력

3) 단위길이당 작용하는 힘

$$F = \frac{2I_1 I_2}{r} \times 10^{-7}\,[\text{N/m}]$$

여기서, r : 두 도선 사이의 거리[m]
I : 전류[A]

4) 평행 도선 사이에 작용하는 힘은 두 도선 사이의 거리에 반비례한다.

[풀이]

$F_1 : \dfrac{1}{r} = F_2 : \dfrac{1}{2r}$

$\dfrac{F_2}{r} = \dfrac{F_1}{2r}$

$F_2 = \dfrac{r}{2r}F_1 = \dfrac{1}{2}F_1$

$F_2 = \dfrac{1}{2}F_1$

30 200V의 교류전압에서 30A의 전류가 흐르는 부하가 4.8kW의 유효전력을 소비하고 있을 때 이 부하의 리액턴스[Ω]는?

① 6.6
② 5.3
③ 4.0
④ 3.3

해설 ❸

1) 피상전력 P_a

$P_a = VI = 200 \times 30 = 6{,}000\,[\text{VA}]$

2) 유효전력 P

$P = VI\cos\theta = 4.8\,[\text{kW}] = 4{,}800\,[\text{W}]$

3) 무효전력 P_r

$P_a = \sqrt{P^2 + P_r{}^2}$ 에서 $P_r = \sqrt{P_a{}^2 - P^2}$

$P_r = \sqrt{6{,}000^2 - 4{,}800^2} = 3{,}600\,[\text{Var}]$

4) 리액턴스 X

$P_r = I^2 X$ 에서, $X = \dfrac{P_r}{I^2}\,[\Omega]$

$X = \dfrac{3{,}600}{30^2} = 4.0\,[\Omega]$

31 정전용량이 $0.02\mu F$인 커패시터 2개와 정전용량이 $0.01\mu F$인 커패시터 1개를 모두 병렬로 접속하여 24V의 전압을 가하였다. 이 병렬회로의 합성 정전용량$[\mu F]$과 $0.01\mu F$의 커패시터에 축적되는 전하량$[C]$은?

① $0.05,\ 0.12\times10^{-6}$ ② $0.05,\ 0.24\times10^{-6}$

③ $0.03,\ 0.12\times10^{-6}$ ④ $0.03,\ 0.24\times10^{-6}$

해설 ➕

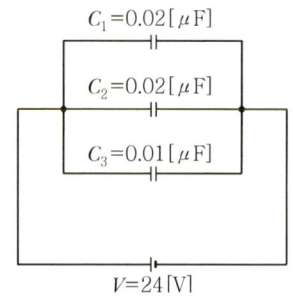

$C_1=0.02[\mu F]$
$C_2=0.02[\mu F]$
$C_3=0.01[\mu F]$
$V=24[V]$

1) 병렬접속 시 합성정전용량
$$C_0 = C_1 + C_2 + C_3 = 0.02+0.02+0.01 = 0.05\,[\mu F]$$

2) $0.01[\mu F]$ 콘덴서에 축적되는 전하량
$$Q_3 = C_3 \cdot V$$
$$Q_3 = 0.01\times10^{-6}[F]\times24[V] = 0.24\times10^{-6}[C]$$

32 그림과 같은 다이오드 회로에서 출력전압 V_0는? (단, 다이오드의 전압강하는 무시한다.)

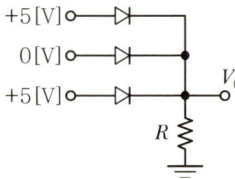

① $10[V]$ ② $5[V]$

③ $1[V]$ ④ $0[V]$

해설 ➕

1) 문제의 회로는 입력신호 A, B, C 중 어느 하나라도 1이면 출력신호가 1이 되는 OR 회로이다.
입력이 2개가 5[V]이므로 출력은 5[V]가 된다.

2) OR 회로
① 의미 : 입력신호 A, B 중 어느 하나라도 1이면 출력신호가 1이 되는 회로
② 논리식 : $X=A+B$
③ 논리회로 :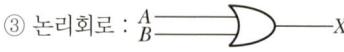
④ 유접점 회로   ⑤ 진리표

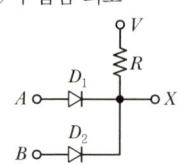

A	B	X
0	0	0
0	1	1
1	0	1
1	1	1

⑥ 무접점 회로

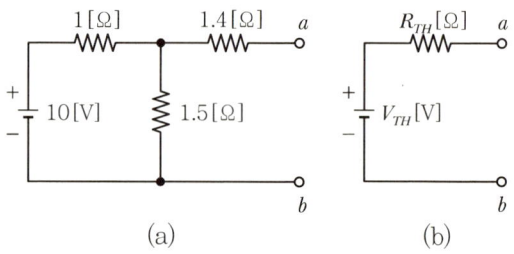

33 테브난의 정리를 이용하여 그림 (a)의 회로를 그림 (b)와 같은 등가회로로 만들고자 할 때 $V_{TH}[V]$와 $R_{TH}[\Omega]$은?

(a)　(b)

① $5[V],\ 2[\Omega]$

② $5[V],\ 3[\Omega]$

③ $6[V],\ 2[\Omega]$

④ $6[V],\ 3[\Omega]$

해설 ⊕

1) 테브난 전압

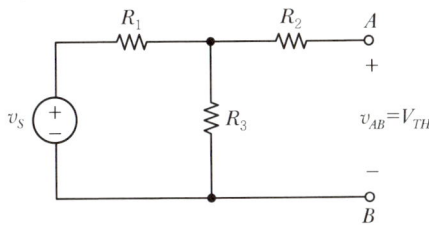

$$V_{TH} = \frac{R_3}{R_1 + R_3} \times v_s$$

$$V_{TH} = \frac{1.5}{1 + 1.5} \times 10 = 6[\text{V}]$$

2) 테브난 저항

$$R_{TH} = R_2 + \frac{R_1 R_3}{R_1 + R_3}[\Omega]$$

$$R_{TH} = 1.4 + \frac{1 \times 1.5}{1 + 1.5} = 2.0[\Omega]$$

34 $L - C$ 직렬 회로에 직류전압 E를 $t = 0(s)$에 인가했을 때 흐르는 전류 $I(t)$는?

① $\dfrac{E}{\sqrt{\dfrac{L}{C}}} \cos \dfrac{1}{\sqrt{LC}} t$

② $\dfrac{E}{\sqrt{\dfrac{L}{C}}} \sin \dfrac{1}{\sqrt{LC}} t$

③ $\dfrac{E}{\sqrt{\dfrac{C}{L}}} \cos \dfrac{1}{\sqrt{LC}} t$

④ $\dfrac{E}{\sqrt{\dfrac{C}{L}}} \sin \dfrac{1}{\sqrt{LC}} t$

해설 ⊕

$L - C$ 직렬 회로에서 직류전압을 인가하는 경우 초기 조건 $t = 0$ 에서 전류

$$i[\text{A}] = \frac{dq}{dt} = \omega CE \sin \omega t = \frac{E}{\sqrt{\dfrac{L}{C}}} \sin \frac{1}{\sqrt{LC}} t$$

35 다음 소자 중에서 온도 보상용으로 쓰이는 것은?

① 서미스터
② 바리스터
③ 제너다이오드
④ 터널다이오드

해설 ⊕

반도체의 종류 및 특성

반도체의 종류	특성	용도
서미스터	온도가 높아지면 저항값이 감소하는 부저항 온도계수의 특성(NTC)	• 온도보상용 • 휘트스톤브리지
바리스터	서지전압을 흡수하여 전자회로를 보호	• 개폐기의 불꽃 소거 • 서지전압 제거
SCR	단방향 3단자 사이리스터	• 대전류용 • 전동기 제어, 검출 회로용
제너다이오드	역방향의 전압이 가해질 때 정전압을 발생	정전압 회로용으로 사용
바랙터다이오드	전압에 따라 커패시턴스를 가변할 수 있는 가변용량 다이오드	AFC 회로나 FM 회로 등에 사용
터널다이오드	전압–전류는 부성저항형이며, 고주파 특성이 양호하다.	• 초고주파 발진회로 • 고속 스위칭회로

36 변위를 압력으로 변환하는 장치로 옳은 것은?

① 다이어프램
② 가변 저항기
③ 벨로즈
④ 노즐 플래퍼

해설 ⊕

변환요소의 종류

변화량	변환요소
압력 → 변위	벨로즈, 다이어프램, 스프링
변위 → 압력	노즐 플래퍼, 유압 분사관, 스프링
온도 → 임피던스	측온저항계, 정온식 감지선형 감지기
온도 → 전압	열전대, 방사온도계
변위 → 임피던스	가변저항기
변위 → 전압	포텐셔미터, 차동변압기, 전위차계

37 저항 $R_1[\Omega]$, 저항 $R_2[\Omega]$, 인덕턴스 $L[H]$의 직렬회로가 있다. 이 회로의 시정수[s]는?

① $-\dfrac{R_1+R_2}{L}$ ② $\dfrac{R_1+R_2}{L}$

③ $-\dfrac{L}{R_1+R_2}$ ④ $\dfrac{L}{R_1+R_2}$

해설

1) $R-L$ 직렬회로의 시정수

$$\tau = \frac{L}{R}$$

　여기서, τ : 시정수[s], R : 저항[Ω]
　　　　L : 인덕턴스[H]

2) $R-R-L$ 직렬회로의 시정수
　$\tau = \dfrac{L}{R_1+R_2}$

38 자기 인덕턴스 L_1, L_2가 각각 4mH, 9mH인 두 코일이 이상적인 결합이 되었다면 상호 인덕턴스는 몇 mH인가?(단, 결합계수는 1이다.)

① 6　　② 12　　③ 24　　④ 36

해설

상호 인덕턴스

$$M = k\sqrt{L_1 L_2}$$

　여기서, M : 상호 인덕턴스[H]
　　　　L : 자기인덕턴스[H]
　　　　K : 결합계수

[풀이]
$M = 1\sqrt{4[\mathrm{mH}] \times 9[\mathrm{mH}]} = 6[\mathrm{mH}]$

39 분류기를 사용하여 내부저항이 R_A인 전류계의 배율을 9로 하기 위한 분류기의 저항 $R_s[\Omega]$은?

① $R_s = \dfrac{1}{8}R_A$　　② $R_s = \dfrac{1}{9}R_A$

③ $R_s = 8R_A$　　④ $R_s = 9R_A$

해설

분류기 배율(n)

$$\frac{I}{I_a} = 1 + \frac{r_a}{R_s} \qquad n = 1 + \frac{r_a}{R_s}$$

　여기서, r_a : 전류계의 내부저항[Ω]
　　　　R_s : 분류기 저항[Ω]

$n = 1 + \dfrac{r_a}{R_s}$　　$9 = 1 + \dfrac{r_a}{R_s}$

$8 = \dfrac{r_a}{R_s}$　　$R_s = \dfrac{1}{8}r_a$

40 그림의 논리회로와 등가인 논리 게이트는?

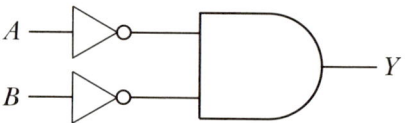

① NOR　　　　　　② NAND
③ NOT　　　　　　④ OR

해설

1) 그림의 논리회로를 논리식으로 만들면
　$Y = \overline{A} \cdot \overline{B}$

2) 드모르간의 정리로 부분 부정을 전체 부정으로 변환
　$Y = \overline{A} \cdot \overline{B} = \overline{A+B}$

3) $Y = \overline{A+B}$ 이므로 NOR 게이트가 된다.

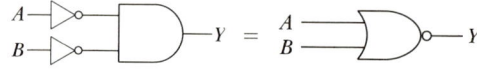

4) 드모르간의 정리
　논리식의 전체 부정을 부분 부정으로, 부분 부정을 전체 부정으로 바꾸는 데 사용한다.

　$\overline{A+B} = \overline{A} \cdot \overline{B}$　　$\overline{A \cdot B} = \overline{A} + \overline{B}$

　$A + B = \overline{\overline{A} \cdot \overline{B}}$　　$A \cdot B = \overline{\overline{A} + \overline{B}}$

3과목 소방관계법규

41 소방기본법령상 저수조의 설치기준으로 틀린 것은?

① 지면으로부터의 낙차가 4.5m 이상일 것
② 흡수부분의 수심이 0.5m 이상일 것
③ 흡수에 지장이 없도록 토사 및 쓰레기 등을 제거할 수 있는 설비를 갖출 것
④ 흡수관의 투입구가 사각형의 경우에는 한 변의 길이가 60cm 이상, 원형의 경우에는 지름이 60cm 이상일 것

해설⊕ -

소방용수시설의 설치기준

1) 공통기준
① 주거지역·상업지역·공업지역 : 수평거리 100[m] 이하
② 그 밖의 지역 : 수평거리 140[m] 이하

2) 소방용수시설별 설치기준
① 소화전
• 상수도와 연결하여 지하식 또는 지상식의 구조로 할 것
• 소방용 호스와 연결하는 소화전의 연결금속구의 구경 : 65[mm]
② 급수탑
• 급수배관의 구경 : 100[mm] 이상
• 개폐밸브의 높이 : 지상에서 1.5[m] 이상 1.7[m] 이하의 위치에 설치할 것
③ 저수조
• 지면으로부터의 낙차 : 4.5[m] 이하
• 흡수부분의 수심 : 0.5[m] 이상
• 흡수관의 투입구가 사각형 : 한 변의 길이가 60[cm] 이상
• 흡수관의 투입구가 원형 : 지름이 60[cm] 이상
• 소방펌프자동차가 쉽게 접근할 수 있을 것
• 흡수에 지장이 없도록 토사 및 쓰레기 등을 제거할 수 있는 설비를 갖출 것
• 저수조에 물 공급은 상수도에 연결하여 자동으로 급수되는 구조일 것

① 지면으로부터의 낙차가 4.5[m] 이상 → 이하

42 소방시설공사업법령상 소방시설업 등록을 하지 아니하고 영업을 한 자에 대한 벌칙은?

① 500만 원 이하의 벌금
② 1년 이하의 징역 또는 1000만 원 이하의 벌금
③ 3년 이하의 징역 또는 3000만 원 이하의 벌금
④ 5년 이하의 징역

해설⊕ -

1) 3년 이하의 징역 또는 3000만 원 이하의 벌금
   소방시설업 등록을 하지 아니하고 영업을 한 자

2) 1년 이하의 징역 또는 1000만 원 이하의 벌금
   ① 영업정지처분을 받고 그 영업정지 기간에 영업을 한 자
   ② 소방시설공사업법이나 화재안전기준을 위반하여 설계나 시공을 한 자
   ③ 소방시설 감리자의 업무범위를 위반하여 감리를 하거나 거짓으로 감리한 자
   ④ 소방시설감리업자가 공사감리자를 지정하지 아니한 자
   ⑤ 소방본부장이나 소방서장에게 보고를 거짓으로 한 자
   ⑥ 공사감리 결과의 통보 또는 공사감리 결과보고서의 제출을 거짓으로 한 자
   ⑦ 소방시설업자가 아닌 자에게 소방시설공사 등을 도급한 자
   ⑧ 하도급규정을 위반하여 제3자에게 소방시설공사 시공을 하도급한 자
   ⑨ 소방기술자가 소방시설공사업법 또는 명령을 따르지 아니하고 업무를 수행한 자

43 대통령령 또는 화재안전기준이 변경되어 그 기준이 강화되는 경우 기존 특정소방대상물의 소방시설 중 강화된 기준을 적용할 수 있는 소방시설은?

① 비상경보설비
② 비상방송설비
③ 비상콘센트설비
④ 옥내소화전설비

해설⊕ -

소방시설기준 적용의 특례

대통령령 또는 화재안전기준이 변경되어 그 기준이 강화되는 경우 기존의 특정소방대상물의 소방시설에 대하여는 변

경 전의 대통령령 또는 화재안전기준을 적용한다. 다만, 다음에 해당하는 소방시설의 경우에는 대통령령 또는 화재안전기준의 변경으로 강화된 기준을 적용할 수 있다.

1) 강화된 기준을 적용할 수 있는 소방시설
　　① 소화기구
　　② 비상경보설비
　　③ 자동화재탐지설비
　　④ 자동화재속보설비
　　⑤ 피난구조설비

2) 다음의 특정소방대상물에 설치하는 소방시설
　　① 전력 및 통신사업용 지하구, 공동구 : 소화기, 자동소화장치, 자동화재탐지설비, 통합감시시설, 유도등 및 연소방지설비
　　② 노유자시설 : 간이스프링클러설비, 자동화재탐지설비 및 단독경보형 감지기
　　③ 의료시설 : 스프링클러설비, 간이스프링클러설비, 자동화재탐지설비 및 자동화재속보설비

44 화재의 예방 및 안전관리에 관한 법률에 따른 화재예방강화지구의 관리기준 중 다음 (   ) 안에 들어갈 말로 알맞은 것은?

> • 소방본부장 또는 소방서장은 화재예방강화지구 안의 소방대상물의 위치·구조 및 설비 등에 대한 화재안전조사를 (㉠)회 이상 실시하여야 한다.
> • 소방본부장 또는 소방서장은 소방상 필요한 훈련 및 교육을 실시하고자 하는 때에는 화재예방강화지구 안의 관계인에게 훈련 또는 교육 (㉡)일 전까지 그 사실을 통보하여야 한다.

① ㉠ 연 1,　㉡ 7
② ㉠ 연 1,　㉡ 10
③ ㉠ 월 1,　㉡ 7
④ ㉠ 월 1,　㉡ 10

해설 ⊕
1) 화재예방강화지구 지정권자 : 시·도지사
2) 화재예방강화지구 지정의 요청권자 : 소방청장
3) 화재예방강화지구에 대한 화재안전조사와 교육 및 훈련

구분	화재안전조사	교육 및 훈련
실시권자	소방관서장	소방관서장
횟수	연 1회 이상	연 1회 이상
통보 등	사전에 7일 이상 조사계획을 공개	10일 전까지 통보
대상	소방대상물의 위치·구조 및 설비	관계인
연기	3일 전까지 신청	–

45 소방기본법령상 소방신호의 방법으로 틀린 것은?

① 타종에 의한 훈련신호는 연 3타 반복
② 사이렌에 의한 발화신호는 5초 간격을 두고, 10초씩 3회
③ 타종에 의한 해제신호는 상당한 간격을 두고 1타씩 반복
④ 사이렌에 의한 경계신호는 5초 간격을 두고, 30초씩 3회

해설 ⊕
1) 소방신호의 종류 및 방법
　　① 경계신호 : 화재예방상 필요하다고 인정되거나 화재위험경보 시 발령
　　② 발화신호 : 화재가 발생한 때 발령
　　③ 해제신호 : 소화활동이 필요 없다고 인정되는 때 발령
　　④ 훈련신호 : 훈련상 필요하다고 인정되는 때 발령

2) 소방신호의 방법

신호방법 / 종별	타종신호	사이렌신호
경계신호	1타와 연 2타를 반복	5초 간격을 두고 30초씩 3회
발화신호	난타	5초 간격을 두고 5초씩 3회
해제신호	상당한 간격을 두고 1타씩 반복	1분간 1회
훈련신호	연 3타 반복	10초 간격을 두고 1분씩 3회

46 화재의 예방 및 안전관리에 관한 법령상 특정소방대상물의 관계인이 수행하여야 하는 소방안전관리 업무가 아닌 것은?

① 소방훈련의 지도 · 감독
② 화기(火氣) 취급의 감독
③ 피난시설, 방화구획 및 방화시설의 유지 · 관리
④ 소방시설이나 그 밖의 소방 관련시설의 유지 · 관리

해설⊕

소방안전관리자의 업무
① 소방계획서의 작성 및 시행
② 자위소방대 및 초기대응체계의 구성 · 운영 · 교육
③ 피난시설, 방화구획 및 방화시설의 관리
④ 소방훈련 및 교육
⑤ 소방시설이나 그 밖의 소방 관련 시설의 관리
⑥ 화기 취급의 감독
⑦ 소방안전관리에 관한 업무 수행에 관한 기록 · 유지(③, ④, ⑥의 업무)

47 소방기본법에서 정의하는 소방대의 조직구성원이 아닌 것은?

① 의무소방원   ② 소방공무원
③ 의용소방대원   ④ 공항소방대원

해설⊕

용어의 정의(소방기본법)
1) 소방대상물 : 건축물, 차량, 선박(항구에 매어둔 것), 선박 건조 구조물, 산림, 그 밖의 인공 구조물 또는 물건
2) 관계지역 : 소방대상물이 있는 장소 및 그 이웃 지역으로서 화재의 예방 · 경계 · 진압, 구조 · 구급 등의 활동에 필요한 지역
3) 관계인 : 소방대상물의 소유자 · 관리자 · 점유자
4) 소방본부장 : 특별시 · 광역시 · 특별자치시 · 도 또는 특별자치도에서 화재의 예방 · 경계 · 진압 · 조사 및 구조 · 구급 등의 업무를 담당하는 부서의 장
5) 소방대장 : 소방본부장 또는 소방서장 등 화재, 재난 · 재해, 그 밖의 위급한 상황이 발생한 현장에서 소방대를 지휘하는 사람

6) 소방대 : 화재를 진압하고 화재, 재난 · 재해, 그 밖의 위급한 상황에서 구조 · 구급 활동 등을 하기 위하여 다음 각 목의 사람으로 구성된 조직체
   소방공무원, 의무소방원, 의용수방대원

48 위험물안전관리법령상 인화성 액체위험물(이황화탄소를 제외)의 옥외탱크저장소의 탱크 주위에 설치하여야 하는 방유제의 기준 중 틀린 것은?

① 방유제의 용량은 방유제 안에 설치된 탱크가 하나인 때에는 그 탱크용량의 110% 이상으로 할 것
② 방유제의 용량은 방유제 안에 설치된 탱크가 2기 이상인 때에는 그 탱크 중 용량이 최대인 것의 용량의 110% 이상으로 할 것
③ 방유제는 높이 1m 이상 2m 이하, 두께 0.2m 이상, 지하매설 깊이 0.5m 이상으로 할 것
④ 방유제 내의 면적은 80,000m² 이하로 할 것

해설⊕

옥외탱크 저장소의 방유제 설치기준
1) 방유제의 용량

탱크가 1개일 때	탱크가 2개 이상일 때
탱크용량의 110[%] 이상	탱크 중 용량이 최대인 것의 용량의 110[%] 이상

2) 방유제의 높이 : 0.5[m] 이상 3[m] 이하, 두께 : 0.2[m] 이상, 지하매설깊이 : 1[m] 이상
3) 방유제 내의 면적 : 80,000[m²] 이하
4) 방유제 내에 설치하는 옥외저장탱크의 수는 10개 이하로 할 것

49 위험물안전관리법상 시 · 도지사의 허가를 받지 아니하고 당해 제조소 등을 설치할 수 있는 기준 중 다음 (   ) 안에 알맞은 것은?

농예용 · 축산용 또는 수산용으로 필요한 난방시설 또는 건조시설을 위한 지정수량 (   )배 이하의 저장소

① 20   ② 30   ③ 40   ④ 50

해설 ⊕

제조소 등의 설치허가

1) 제조소 등의 설치허가권자 : 시 · 도지사
2) 제조소 등의 위치 · 구조 또는 설비의 변경 없이 당해 제조소 등에서 저장하거나 취급하는 위험물의 품명 · 수량 또는 지정수량의 배수를 변경하고자 하는 자는 변경하고자 할 때 : 행정안전부령에 따라 1일 전까지 시 · 도지사에게 신고
3) 제조소 등의 허가를 받지 아니하고 당해 제조소 등을 설치하거나 그 위치 · 구조 또는 설비를 변경할 수 있으며, 신고를 하지 아니하고 위험물의 품명 · 수량 또는 지정수량의 배수를 변경할 수 있는 경우
   ① 주택의 난방시설(공동주택의 중앙난방 제외)을 위한 저장소 또는 취급소
   ② 농예용 · 축산용 또는 수산용으로 필요한 난방시설 또는 건조시설을 위한 지정수량 20배 이하의 저장소

50 소방시설 설치 및 관리에 관한 법령상 건축허가 등의 동의대상물의 범위기준 중 틀린 것은?

① 건축 등을 하려는 학교시설 : 연면적 200m² 이상
② 노유자시설 : 연면적 200m² 이상
③ 정신의료기관(입원실이 없는 정신건강의학과 의원은 제외) : 연면적 300m² 이상
④ 장애인 의료재활시설 : 연면적 300m² 이상

해설 ⊕

건축허가 등의 동의대상물의 범위

1) 연면적이 400[m²] 이상인 건축물
2) 학교시설 : 100[m²] 이상
3) 노유자시설 및 수련시설 : 200[m²] 이상
4) 차고 · 주차장 : 바닥면적이 200[m²] 이상인 층이 있는 건축물이나 주차시설
5) 승강기 등 기계장치에 의한 주차시설 : 20대 이상
6) 지하층, 무창층 : 바닥면적이 150[m²](공연장의 경우에는 100[m²]) 이상인 층
7) 정신의료기관, 장애인 의료재활시설 : 300[m²] 이상
8) 항공기격납고, 관망탑, 항공관제탑, 방송용 송수신탑
9) 조산원, 산후조리원, 위험물 저장 및 처리시설, 발전시설 중 전기저장시설, 지하구, 공동주택
10) 층수가 6층 이상인 건축물

11) 노유자시설 중 다음 각 목의 어느 하나에 해당하는 시설
   ① 노인 관련 시설   ② 아동복지시설
   ③ 장애인 거주시설   ④ 정신질환자 관련 시설
   ⑤ 노숙인 관련 시설 중 노숙인자활시설, 노숙인재활시설 및 노숙인요양시설
   ⑥ 결핵환자나 한센인이 24시간 생활하는 노유자시설
① 학교시설 : 연면적 200[m²] 이상 → 100[m²] 이상

51 소방시설 설치 및 관리에 관한 법령상 지하상가는 연면적이 최소 몇 m² 이상이어야 스프링클러설비를 설치하여야 하는 특정소방대상물에 해당하는가?

① 100   ② 200
③ 1,000   ④ 2,000

해설 ⊕

스프링클러설비의 설치대상

1) 층수가 6층 이상인 특정소방대상물의 경우에는 모든 층
2) 기숙사 또는 복합건축물로서 연면적 5,000m² 이상인 경우에는 모든 층
3) 창고시설(물류터미널은 제외)로서 바닥면적 합계가 5,000m² 이상인 경우에는 모든 층
4) 판매시설, 운수시설 및 창고시설(물류터미널로 한정)로서 바닥면적의 합계가 5,000m² 이상이거나 수용인원이 500명 이상인 경우에는 모든 층
5) 다음에 해당하는 용도로 사용되는 시설의 바닥면적의 합계가 600m² 이상인 것 모든 층
   • 근린생활시설 중 조산원 및 산후조리원
   • 의료시설 중 정신의료기관
   • 의료시설 중 종합병원, 병원, 치과병원, 한방병원 및 요양병원
   • 노유자 시설
   • 숙박이 가능한 수련시설
   • 숙박시설
6) 특정소방대상물의 지하층 · 무창층(축사는 제외) 또는 층수가 4층 이상인 층으로서 바닥면적이 1,000m² 이상인 층이 있는 경우에는 해당 층
7) 지하상가로서 연면적 1,000m² 이상인 것

52 소방안전관리대상물의 소방계획서에 포함되어야 하는 사항이 아닌 것은?

① 소방시설 · 피난시설 및 방화시설의 점검 · 정비계획
② 위험물안전관리법에 따라 예방규정을 정하는 제조소 등의 위험물 저장 · 취급에 관한 사항
③ 특정소방대상물의 근무자 및 거주자의 자위소방대 조직과 대원의 임무에 관한 사항
④ 방화구획, 제연구획, 건축물의 내부마감재료(불연재료 · 준불연재료 또는 난연재료로 사용된 것) 및 방염물품의 사용현황과 그 밖의 방화구조 및 설비의 유지 · 관리계획

해설 ⊕

소방안전관리대상물의 소방계획서의 포함사항
1) 소방안전관리대상물의 위치 · 구조 · 연면적 · 용도 및 수용인원 등 일반 현황
2) 소방시설 · 방화시설, 전기시설 · 가스시설 및 위험물시설의 현황
3) 화재예방을 위한 자체점검계획 및 대응대책
4) 소방시설 · 피난시설 및 방화시설의 점검 · 정비계획
5) 피난층 및 피난시설의 위치와 피난경로의 설정, 화재안전취약자의 피난계획 등을 포함한 피난계획
6) 방화구획, 제연구획, 건축물의 내부 마감재료 및 방염물품의 사용현황과 그 밖의 방화구조 및 설비의 유지 · 관리계획
7) 소방훈련 및 교육에 관한 계획
8) 자위소방대 조직과 대원의 임무에 관한 사항
9) 화기 취급 작업에 대한 사전 안전조치 및 감독 등 공사 중 소방안전관리에 관한 사항
10) 관리의 권원이 분리된 특정소방대상물의 소방안전관리에 관한 사항
11) 소화와 연소 방지에 관한 사항
12) 위험물의 저장 · 취급에 관한 사항

53 위험물안전관리법상 업무상 과실로 제조소 등에서 위험물을 유출 · 방출 또는 확산시켜 사람의 생명 · 신체 또는 재산에 대하여 위험을 발생시킨 자에 대한 벌칙기준은?

① 5년 이하의 금고 또는 2000만 원 이하의 벌금
② 5년 이하의 금고 또는 7000만 원 이하의 벌금
③ 7년 이하의 금고 또는 2000만 원 이하의 벌금
④ 7년 이하의 금고 또는 7000만 원 이하의 벌금

해설 ⊕

벌칙(위험물안전관리법 제34조)
1) 7년 이하의 금고 또는 7천만 원 이하의 벌금
   업무상 과실로 제조소 등에서 위험물을 유출 · 방출 또는 확산시켜 사람의 생명 · 신체 또는 재산에 대하여 위험을 발생시킨 자
2) 10년 이하의 징역 또는 금고나 1억 원 이하의 벌금
   업무상 과실로 제조소 등에서 위험물을 유출 · 방출 또는 확산시켜 사람을 사상에 이르게 한 자

54 소방기본법령상 소방용수시설의 설치기준 중 급수탑의 급수배관의 구경은 최소 몇 mm 이상이어야 하는가?

① 100   ② 150   ③ 200   ④ 250

해설 ⊕

소방용수시설의 설치기준
1) 공통기준
   ① 주거지역 · 상업지역 · 공업지역 : 수평거리 100m 이하
   ② 그 밖의 지역 : 수평거리 140[m] 이하

2) 소방용수시설별 설치기준
   ① 소화전
      • 상수도와 연결하여 지하식 또는 지상식의 구조로 할 것
      • 소방용 호스와 연결하는 소화전의 연결금속구의 구경 : 65[mm]
   ② 급수탑
      • 급수배관의 구경 : 100[mm] 이상
      • 개폐밸브의 높이 : 지상에서 1.5[m] 이상 1.7[m] 이하의 위치에 설치할 것
   ③ 저수조
      • 지면으로부터의 낙차 : 4.5[m] 이하
      • 흡수부분의 수심 : 0.5[m] 이상
      • 흡수관의 투입구가 사각형 : 한 변의 길이가 60[cm] 이상
      • 흡수관의 투입구가 원형 : 지름이 60[cm] 이상

• 소방펌프자동차가 쉽게 접근할 수 있을 것
• 흡수에 지장이 없도록 토사 및 쓰레기 등을 제거할 수 있는 설비를 갖출 것
• 저수조에 물 공급은 상수도에 연결하여 자동으로 급수되는 구조일 것

55 소방시설공사업법령상 공사감리자 지정대상 특정소방대상물의 범위가 아닌 것은?

① 물분무 등 소화설비(호스릴 방식의 소화설비는 제외)를 신설·개설하거나 방호·방수 구역을 증설할 때
② 제연설비를 신설·개설하거나 제연구역을 증설할 때
③ 연소방지설비를 신설·개설하거나 살수구역을 증설할 때
④ 캐비닛형 간이스프링클러설비를 신설·개설하거나 방호·방수구역을 증설할 때

해설⊕

공사감리자 지정대상 특정소방대상물의 범위

소방설비	시공형태
옥내소화전설비, 옥외소화전설비	신설·개설 또는 증설할 때
스프링클러설비 등 (캐비닛형 간이스프링클러설비는 제외)	신설·개설하거나 방호·방수구역을 증설할 때
물분무 등 소화설비 (호스릴 방식의 소화설비는 제외)	
자동화재탐지설비, 비상방송설비	신설 또는 개설할 때
통합감시시설, 화재알림설비	
소화용수설비	
제연설비	신설·개설하거나 제연구역을 증설할 때
연결송수관설비	신설 또는 개설할 때
연결살수설비	신설·개설하거나 송수구역을 증설할 때
비상콘센트설비	신설·개설하거나 전용회로를 증설할 때
무선통신보조설비	신설 또는 개설할 때
연소방지설비	신설·개설하거나 살수구역을 증설할 때

56 소방시설 설치 및 관리에 관한 법령상 자동화재탐지설비를 설치하여야 하는 특정소방대상물에 대한 기준 중 ( ) 안에 알맞은 것은?

> 근린생활시설(목욕장 제외), 의료시설(정신의료기관 또는 요양병원 제외), 위락시설, 장례시설 및 복합건축물로서 연면적 ( )m² 이상인 것

① 400
② 600
③ 1,000
④ 3,500

해설⊕

자동화재탐지설비 설치대상

특정소방대상물	설치대상
노유자시설	연면적 400m² 이상
근린생활시설, 의료시설, 위락시설, 장례시설 및 복합건축물	연면적 600m² 이상
근린생활시설 중 목욕장, 문화 및 집회시설, 종교시설, 판매시설, 운수시설, 운동시설, 업무시설, 공장, 창고시설, 위험물 저장 및 처리시설, 항공기 및 자동차 관련 시설, 교정 및 군사시설 중 국방·군사시설, 방송통신시설, 발전시설, 관광휴게시설, 지하상가	연면적 1,000m² 이상
교육연구시설, 수련시설, 동물 및 식물 관련 시설(기둥과 지붕만으로 구성되어 외부와 기류가 통하는 장소는 제외한다), 분뇨 및 쓰레기 처리시설, 교정 및 군사시설 또는 묘지 관련 시설	연면적 2,000m² 이상인 것
숙박시설이 있는 수련시설	수용인원 100명 이상인 것
터널	길이가 1,000m 이상인 것
공동주택 중 아파트 등·기숙사, 숙박시설, 노유자생활시설, 지하구, 판매시설 중 전통시장, 층수가 6층 이상인 건축물, 산후조리원, 조산원	모든 층
특수가연물	500배 이상

57 소방시설 설치 및 관리에 관한 법령상 형식승인을 받지 아니한 소방용품을 판매하거나 판매목적으로 진열하거나 소방시설공사에 사용한 자에 대한 벌칙기준은?

① 3년 이하의 징역 또는 3000만 원 이하의 벌금
② 2년 이하의 징역 또는 1500만 원 이하의 벌금
③ 1년 이하의 징역 또는 1000만 원 이하의 벌금
④ 1년 이하의 징역 또는 500만 원 이하의 벌금

해설 ⊕

3년 이하의 징역 또는 3천만 원 이하의 벌금
1) 소방본부장이나 소방서장의 조치명령을 위반한 경우
2) 관리업의 등록을 하지 아니하고 영업을 한 자
3) 소방용품의 형식승인을 받지 아니하고 소방용품을 제조하거나 수입한 자 또는 거짓이나 그 밖의 부정한 방법으로 형식승인을 받은 자
4) 제품검사를 받지 아니한 자 또는 거짓이나 그 밖의 부정한 방법으로 제품검사를 받은 자
5) 형식승인을 받지 않은 소방용품을 판매ㆍ진열하거나 소방시설공사에 사용한 자
6) 거짓이나 그 밖의 부정한 방법으로 성능인증 또는 제품검사를 받은 자
7) 제품검사를 받지 아니하거나 합격표시를 하지 아니한 소방용품을 판매ㆍ진열하거나 소방시설공사에 사용한 자

58 소방기본법에서 정의하는 소방대상물에 해당하지 않는 것은?

① 산림   ② 차량
③ 건축물   ④ 항해 중인 선박

해설 ⊕

용어의 정의
1) 소방대상물 : 건축물, 차량, 선박(항구에 매어둔 것), 선박 건조 구조물, 산림, 그 밖의 인공 구조물 또는 물건
2) 관계지역 : 소방대상물이 있는 장소 및 그 이웃 지역으로서 화재의 예방ㆍ경계ㆍ진압, 구조ㆍ구급 등의 활동에 필요한 지역
3) 관계인 : 소방대상물의 소유자ㆍ관리자ㆍ점유자
④ 항해 중인 선박 → 항구에 매어둔 것만 해당

59 소방시설 설치 및 관리에 관한 법령상 특정소방대상물의 소방시설 설치의 면제기준 중 다음 (   ) 안에 알맞은 것은?

> 물분무 등 소화설비를 설치하여야 하는 차고ㆍ주차장에 (   )를 설치한 경우에는 그 설비의 유효범위에서 설치가 면제된다.

① 옥내소화전설비
② 스프링클러설비
③ 간이스프링클러설비
④ 할로젠화합물 및 불활성 기체 소화약제

해설 ⊕

소방시설 설치의 면제기준

설치가 면제되는 소방시설	설치 면제 조건이 되는 설비
스프링클러설비	물분무 등 소화설비
물분무 등 소화설비	스프링클러설비(차고, 주차장)
간이스프링 클러설비	스프링클러설비, 물분무소화설비 또는 미분무소화설비
연결살수설비	송수구를 부설한 스프링클러설비, 간이스프링클러설비, 물분무소화설비 또는 미분무소화설비를 설치한 경우
비상경보설비 또는 단독경보형 감지기	자동화재탐지설비 또는 화재알림설비
비상경보설비	단독경보형 감지기를 2개 이상의 단독경보형 감지기와 연동하여 설치하는 경우
비상조명등	피난구유도등 또는 통로유도등

60 위험물안전관리법령상 위험물의 유별 저장ㆍ취급의 공통기준 중 다음 (   ) 안에 알맞은 것은?

> (   ) 위험물은 산화제와의 접촉ㆍ혼합이나 불티ㆍ불꽃ㆍ고온체와의 접근 또는 과열을 피하는 한편, 철분ㆍ금속분ㆍ마그네슘 및 이를 함유한 것에 있어서는 물이나 산과의 접촉을 피하고 인화성 고체에 있어서는 함부로 증기를 발생시키지 아니하여야 한다.

① 제1류   ② 제2류
③ 제3류   ④ 제4류

해설 ⊕

위험물의 유별 저장 · 취급의 공통기준(중요기준)
1) 제1류 위험물 : 가연물과의 접촉 · 혼합이나 분해를 촉진하는 물품과의 접근 또는 과열 · 충격 · 마찰 등을 피하는 한편, 알카리금속의 과산화물 및 이를 함유한 것에 있어서는 물과의 접촉을 피하여야 한다.
2) 제2류 위험물 : 산화제와의 접촉 · 혼합이나 불티 · 불꽃 · 고온체와의 접근 또는 과열을 피하는 한편, 철분 · 금속분 · 마그네슘 및 이를 함유한 것에 있어서는 물이나 산과의 접촉을 피하고 인화성 고체에 있어서는 함부로 증기를 발생시키지 아니하여야 한다.
3) 제3류 위험물 중 자연발화성 물질 : 불티 · 불꽃 또는 고온체와의 접근 · 과열 또는 공기와의 접촉을 피하고, 금수성 물질에 있어서는 물과의 접촉을 피하여야 한다.
4) 제4류 위험물 : 불티 · 불꽃 · 고온체와의 접근 또는 과열을 피하고, 함부로 증기를 발생시키지 아니하여야 한다.
5) 제5류 위험물 : 불티 · 불꽃 · 고온체와의 접근이나 과열 · 충격 또는 마찰을 피하여야 한다.
6) 제6류 위험물 : 가연물과의 접촉 · 혼합이나 분해를 촉진하는 물품과의 접근 또는 과열을 피하여야 한다.

4과목 **소방전기시설의 구조 및 원리**

61 비상콘센트설비의 화재안전기준에 따라 하나의 전용회로에 단상교류 비상콘센트 6개를 연결하는 경우, 전선의 용량은 몇 kVA 이상이어야 하는가?

① 1.5   ② 3
③ 4.5   ④ 9

해설 ⊕

1) 전선의 용량
$P = 1.5[\text{kVA}] \times 3(\text{3개 이상은 3개}) = 4.5[\text{kVA}]$
2) 비상콘센트설비의 전원회로 설치기준
① 비상콘센트설비의 전원회로는 단상교류 220[V]인 것으로서, 그 공급용량은 1.5[kVA] 이상인 것으로 할 것

② 하나의 전용회로에 설치하는 비상콘센트는 10개 이하로 할 것. 이 경우 전선의 용량은 각 비상콘센트(비상콘센트가 3개 이상인 경우에는 3개)의 공급용량을 합한 용량 이상의 것으로 할 것
③ 전원회로는 주배전반에서 전용회로로 할 것
④ 전원으로부터 각 층의 비상콘센트에 분기되는 경우 분기배선용 차단기를 보호함 안에 설치할 것
⑤ 콘센트마다 배선용 차단기를 설치하여야 하며, 충전부가 노출되지 아니하도록 할 것
⑥ 개폐기에는 "비상콘센트"라고 표시한 표지를 할 것
⑦ 비상콘센트용의 풀박스 등은 방청도장을 한 것으로서, 두께 1.6[mm] 이상의 철판으로 할 것
⑧ 전원회로는 각 층에 2 이상이 되도록 설치할 것. 다만, 설치하여야 할 층의 비상콘센트가 1개인 때에는 하나의 회로로 할 수 있다.

62 무선통신보조설비의 화재안전기준에 따라 지표면으로부터의 깊이가 몇 m 이하인 경우에는 해당 층에 한하여 무선통신보조설비를 설치하지 아니할 수 있는가?

① 0.5   ② 1
③ 1.5   ④ 2

해설 ⊕

무선통신보조설비 설치 제외
1) 지하층으로서 건축물의 바닥부분 2면 이상이 지표면과 동일한 경우 그 해당 층
2) 지표면으로부터의 깊이가 1[m] 이하인 경우에는 해당 층

63 자동화재속보설비의 속보기의 성능인증 및 제품검사의 기술기준에 따른 속보기의 구조에 대한 설명으로 틀린 것은?

① 수동통화용 송수화장치를 설치하여야 한다.
② 접지전극에 직류전류를 통하는 회로방식을 사용하여야 한다.
③ 작동 시 그 작동시간과 작동횟수를 표시할 수 있는 장치를 하여야 한다.

---

④ 예비전원회로에는 단락사고 등을 방지하기 위한 퓨즈, 차단기 등과 같은 보호장치를 하여야 한다.

해설 ✚
속보기의 구조(속보기의 성능인증 및 제품검사의 기술기준 제3조)
1) 정격전압이 60[V]를 넘고 금속제 외함을 사용하는 경우에는 외함에 접지단자를 설치할 것
2) 예비전원 설치 : 알칼리계 또는 리튬계 2차축전지, 무보수밀폐형 축전지
3) 예비전원회로에는 단락사고 등을 방지하기 위한 퓨즈, 차단기등과 같은 보호장치를 할 것
4) 부식에 의하여 기계적 기능에 영향을 초래할 우려가 있는 부분은 칠, 도금 등으로 기계적 내식가공을 하거나 방청가공을 할 것
5) 작동 시 그 작동시간과 작동횟수를 표시할 수 있는 장치를 하여야 한다.
6) 수동통화용 송수화장치를 설치하여야 한다.
7) 표시등에 전구를 사용하는 경우에는 2개를 병렬로 설치하여야 한다. 다만, 발광다이오드의 경우에는 그러하지 아니하다.
8) 속보기는 다음 각 호의 회로방식을 사용하지 아니하여야 한다.
   ① 접지전극에 직류전류를 통하는 회로방식
   ② 수신기에 접속되는 외부배선과 다른 설비의 외부배선을 공용으로 하는 회로방식
② 접지전극에 직류전류를 통하는 회로방식을 사용하여야 한다. → 사용 불가

64 공기관식 차동식 분포형 감지기의 기능시험을 하였더니 검출기의 접점수고치가 규정 이상으로 되어 있었다. 이때 발생되는 장애로 볼 수 있는 것은?
① 작동이 늦어진다.
② 장애는 발생되지 않는다.
③ 동작이 전혀 되지 않는다.
④ 화재도 아닌데 작동하는 일이 있다.

해설 ✚
1) 접점수고시험
   다이어프램의 접점간격을 측정하여 감지기의 정상작동

여부를 판단한다.
2) 접점수고시험의 양부판단

접점수고치	규정치 이상	규정치 미만
접점간격	넓다.	가깝다.
감도	둔감하다.	민감하다.
발생현상	실보, 지연보 발생	비화재보 발생

65 경종의 형식승인 및 제품검사의 기술기준에 따라 경종은 전원전압이 정격전압의 ± 몇 % 범위에서 변동하는 경우 기능에 이상이 생기지 아니하여야 하는가?
① 5   ② 10   ③ 20   ④ 30

해설 ✚
경종의 전원전압 변동 시 기능
전원전압이 정격전압의 ±20[%] 범위에서 변동하는 경우 기능에 이상이 생기지 아니하여야 한다.

66 누전경보기의 화재안전기준에 따라 누전경보기의 수신부를 설치할 수 있는 장소는?(단, 해당 누전경보기에 대하여 방폭 · 방식 · 방습 · 방온 · 방진 및 정전기 차폐 등의 방호조치를 하지 않은 경우이다.)
① 습도가 낮은 장소
② 온도의 변화가 급격한 장소
③ 화약류를 제조하거나 저장 또는 취급하는 장소
④ 부식성의 증기 · 가스 등이 다량으로 체류하는 장소

해설 ✚
누전경보기 수신부 설치 제외 장소
1) 가연성의 증기 · 먼지 · 가스 등이나 부식성의 증기 · 가스 등이 다량으로 체류하는 장소
2) 화약류를 제조하거나 저장 또는 취급하는 장소
3) 습도가 높은 장소
4) 온도의 변화가 급격한 장소
5) 대전류 회로 · 고주파 발생회로 등에 따른 영향을 받을 우려가 있는 장소

67 자동화재탐지설비 및 시각경보장치의 화재안전기준에 따른 특정소방대상물 중 화재신호를 발신하고 그 신호를 수신 및 유효하게 제어할 수 있는 구역을 무엇이라 하는가?

① 방호구역
② 방수구역
③ 경계구역
④ 화재구역

해설⊕

용어의 정의
1) 경계구역 : 화재신호를 발신하고 그 신호를 수신 및 유효하게 제어할 수 있는 구역
2) 수신기 : 감지기나 발신기에서 발하는 화재신호를 직접 수신하거나 중계기를 통하여 수신하여 화재의 발생을 표시 및 경보하여 주는 장치
3) 중계기 : 감지기 · 발신기 또는 전기적 접점 등의 작동에 따른 신호를 받아 이를 수신기의 제어반에 전송하는 장치
4) 감지기 : 화재 시 발생하는 열, 연기, 불꽃 또는 연소생성물을 자동적으로 감지하여 수신기에 발신하는 장치
5) 발신기 : 화재발생 신호를 수신기에 수동으로 발신하는 장치
6) 시각경보장치 : 자동화재탐지설비에서 발하는 화재신호를 시각경보기에 전달하여 청각장애인에게 점멸형태의 시각경보를 하는 것
7) 거실 : 거주 · 집무 · 작업 · 집회 · 오락 그 밖에 이와 유사한 목적을 위하여 사용하는 방

68 소방시설용 비상전원수전설비의 화재안전기준 용어의 정의에 따라 수용장소의 조영물(토지에 정착한 시설물 중 지붕 및 기둥 또는 벽이 있는 시설물을 말한다.)의 옆면 등에 시설하는 전선으로서 그 수용장소의 인입구에 이르는 부분의 전선은 무엇인가?

① 인입선
② 내화배선
③ 열화배선
④ 인입구배선

해설⊕

1) 인입선
가공인입선[가공전선로의 지지물로부터 다른 지지물을 거치지 아니하고 수용장소의 붙임점에 이르는 가공전선(가공전선로의 전선)] 및 수용장소의 조영물(토지에 정착한 시설물 중 지붕 및 기둥 또는 벽이 있는 시설물)의 옆면 등에 시설하는 전선으로서 그 수용장소의 인입구에 이르는 부분의 전선
2) 연접 인입선
한 수용장소의 인입선에서 분기하여 지지물을 거치지 아니하고 다른 수용 장소의 인입구에 이르는 부분의 전선

69 비상콘센트설비의 성능인증 및 제품검사의 기술기준에 따른 표시등의 구조 및 기능에 대한 내용이다. 다음 (   )에 들어갈 내용으로 옳은 것은?

> 적색으로 표시되어야 하며 주위의 밝기가 (㉠)lx 이상인 장소에서 측정하여 앞면으로부터 (㉡)m 떨어진 곳에서 켜진 등이 확실히 식별되어야 한다.

① ㉠ 100, ㉡ 1
② ㉠ 300, ㉡ 3
③ ㉠ 500, ㉡ 5
④ ㉠ 1,000, ㉡ 10

해설⊕

비상콘센트설비에 사용되는 부품
1) 배선용 차단기는 KS C 8321(배선용 차단기)에 적합하여야 한다.
2) 접속기는 KS C 8305(배선용 꽂음 접속기)에 적합하여야 한다.
3) 표시등의 구조 및 기능
① 전구는 사용전압의 130[%]인 교류전압을 20시간 연속하여 가하는 경우 단선, 현저한 광속변화, 흑화, 전류의 저하 등이 발생하지 아니할 것
② 소켓은 접속이 확실하여야 하며 쉽게 전구를 교체할 수 있도록 부착할 것
③ 전구에는 적당한 보호커버를 설치할 것(발광다이오드는 제외)
④ 적색으로 표시되어야 하며 주위의 밝기가 300[lx] 이상인 장소에서 측정하여 앞면으로부터 3[m] 떨어진 곳에서 켜진 등이 확실히 식별될 수 있을 것
4) 단자는 충분한 전류용량을 갖는 것으로 하여야 하며 단자의 접속이 정확하고 확실하여야 한다.

70 감지기의 형식승인 및 제품검사의 기술기준에 따른 단독경보형 감지기의 일반기능에 대한 내용이다. 다음 (   )에 들어갈 내용으로 옳은 것은?

> 주기적으로 섬광하는 전원표시등에 의하여 전원의 정상여부를 감시할 수 있는 기능이 있어야 하며, 전원의 정상상태를 표시하는 전원표시등의 섬광주기는 (㉠)초 이내의 점등과 (㉡)초에서 (㉢)초 이내의 소등으로 이루어져야 한다.

① ㉠ 1, ㉡ 15, ㉢ 60
② ㉠ 1, ㉡ 30, ㉢ 60
③ ㉠ 2, ㉡ 15, ㉢ 60
④ ㉠ 2, ㉡ 30, ㉢ 60

해설 ⊕

단독경보형 감지기의 일반기능
1) 자동복귀형 스위치(자동적으로 정위치에 복귀될 수 있는 스위치)에 의하여 수동으로 작동시험을 할 수 있는 기능이 있어야 한다.
2) 작동되는 경우 작동표시등에 의하여 화재의 발생을 표시하고, 내장된 음향장치의 명동에 의하여 화재경보음을 발할 수 있는 기능이 있어야 한다.
3) 주기적으로 섬광하는 전원표시등에 의하여 전원의 정상여부를 감시할 수 있는 기능이 있어야 하며, 전원의 정상상태를 표시하는 전원표시등의 섬광주기는 1초 이내의 점등과 30초에서 60초 이내의 소등으로 이루어져야 한다.
4) 화재경보음은 감지기로부터 1[m] 떨어진 위치에서 85[dB] 이상으로 10분 이상 계속하여 경보할 수 있어야 한다.

71 일반적인 비상방송설비의 계통도이다. 다음의 (   )에 들어갈 내용으로 옳은 것은?

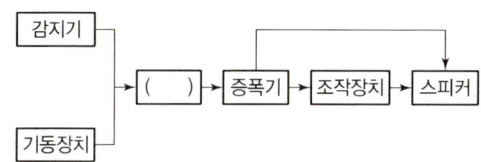

① 변류기
② 발신기
③ 수신기
④ 음향장치

해설 ⊕

비상방송설비 설치기준
1) 확성기의 음성입력 : 실외 3W(실내 1W), 아파트 등의 실내 2W 이상
2) 그 층의 각 부분으로부터 하나의 확성기까지의 수평거리 : 25[m] 이하
3) 음량조정기를 설치하는 경우 음량조정기의 배선 : 3선식
4) 화재신고 수신 후 방송개시 소요시간 : 10초 이하
5) 조작부의 조작스위치 높이 : 바닥으로부터 0.8[m] 이상 1.5[m] 이하
6) 정격전압의 80[%] 전압에서 음향을 발할 수 있는 것으로 할 것
7) 자동화재탐지설비의 작동과 연동하여 작동할 수 있는 것으로 할 것

③ 수신기 → 화재발생 시 감지기나 발신기의 신호를 받아 자동화재탐지설비의 수신기로 신호가 전달되고 이와 연동하여 비상방송설비가 작동된다.

72 자동화재탐지설비 및 시각경보장치의 화재안전기준에 따른 자동화재탐지설비의 주음향장치의 설치장소로 옳은 것은?

① 발신기의 내부
② 수신기의 내부
③ 누전경보기의 내부
④ 자동화재속보설비의 내부

해설 ⊕

자동화재탐지설비 음향장치 설치기준
1) 주음향장치는 수신기의 내부 또는 그 직근에 설치할 것
2) 특정소방대상물의 층마다 설치
3) 각 부분으로부터 하나의 음향장치까지의 수평거리 : 25[m] 이하
4) 음향장치의 구조 및 성능
  ① 음향장치는 정격전압의 80[%] 전압에서 음향을 발할 수 있도록 할 것
  ② 음량은 부착된 음향장치의 중심으로부터 1[m] 떨어진 위치에서 90[dB] 이상
  ③ 감지기 및 발신기의 작동과 연동하여 작동할 수 있는 것으로 할 것
5) 기둥 또는 벽이 설치되지 아니한 대형공간의 경우 지구음향장치는 설치 대상 장소의 가장 가까운 장소의 벽 또는 기둥 등에 설치할 것

73 비상조명등의 형식승인 및 제품검사의 기술기준에 따라 비상조명등의 일반구조로 광원과 전원부를 별도로 수납하는 구조에 대한 설명으로 틀린 것은?

① 전원함은 방폭구조로 할 것
② 배선은 충분히 견고한 것을 사용할 것
③ 광원과 전원부 사이의 배선길이는 1m 이하로 할 것
④ 전원함은 불연재료 또는 난연재료의 재질을 사용할 것

해설⊕-----------------------------
광원과 전원부를 별도로 수납하는 구조
1) 전원함은 불연재료 또는 난연재료의 재질을 사용할 것
2) 광원과 전원부 사이의 배선길이는 1[m] 이하로 할 것
3) 배선은 충분히 견고한 것을 사용할 것

74 누전경보기의 형식승인 및 제품검사의 기술기준에 따라 누전경보기에 사용되는 표시등의 구조 및 기능에 대한 설명으로 틀린 것은?

① 누전등이 설치된 수신부의 지구등은 적색 외의 색으로도 표시할 수 있다.
② 방전등 또는 발광다이오드의 경우 전구는 2개 이상을 병렬로 접속하여야 한다.
③ 주위의 밝기가 300 lx인 장소에서 측정하여 앞면으로부터 3m 떨어진 곳에서 켜진 등이 확실히 식별되어야 한다.
④ 누전등 및 지구등과 쉽게 구별할 수 있도록 부착된 기타의 표시등은 적색으로도 표시할 수 있다.

해설⊕-----------------------------
표시등의 구조 및 기능(2024년 개정)
1) 전구는 2개 이상을 병렬로 접속하여야 한다.(단, 방전등 또는 발광다이오드 제외)
2) 전구에는 적당한 보호덮개를 설치하여야 한다.(단, 발광다이오드 제외)
3) 주위의 밝기가 300 lx인 장소에서 측정하여 앞면으로부터 3m 떨어진 곳에서 켜진 등이 확실히 식별되어야 한다.
4) 누전화재의 발생을 표시하는 표시등(누전등) : 적색
5) 누전화재가 발생한 경계전로의 위치를 표시하는 표시등

① 지구등 : 적색(누전등이 설치된 수신부의 지구등은 적색 외의 색 가능)
② 기타의 표시등 : 적색 외의 색(누전등 및 지구등과 쉽게 구별할 수 있도록 부착된 기타의 표시등은 적색 가능)

75 유도등의 형식승인 및 제품검사의 기술기준에 따라 영상표시소자(LED, LCD 및 PDP 등)를 이용하여 피난유도표시 형상을 영상으로 구현하는 방식은?

① 투광식   ② 패널식
③ 방폭형   ④ 방수형

해설⊕-----------------------------
1) 투광식
   광원의 빛이 통과하는 투과면에 피난유도표시 형상을 인쇄하는 방식
2) 패널식
   영상표시소자(LED, LCD 및 PDP 등)를 이용하여 피난유도표시 형상을 영상으로 구현하는 방식
3) 방폭형
   폭발성 가스가 용기 내부에서 폭발하였을 때 용기가 그 압력에 견디거나 또는 외부의 폭발성 가스에 인화될 우려가 없도록 만들어진 형태의 제품
4) 방수형
   그 구조가 방수구조로 되어 있는 것

76 다음은 발신기의 형식승인 및 제품검사의 기술기준에 따른 발신기의 작동기능에 대한 내용이다. ( )에 들어갈 내용으로 옳은 것은?

> 발신기의 조작부는 작동스위치의 동작방향으로 가하는 힘이 (㉠)[kg]을 초과하고 (㉡)[kg] 이하인 범위에서 확실하게 동작되어야 하며, (㉠)[kg]의 힘을 가하는 경우 동작되지 아니하여야 한다. 이 경우 누름판이 있는 구조로서 손끝으로 눌러 작동하는 방식의 작동스위치는 누름판을 포함한다.

① ㉠ 2, ㉡ 8   ② ㉠ 3, ㉡ 7
③ ㉠ 2, ㉡ 7   ④ ㉠ 3, ㉡ 8

해설 ⊕

발신기의 작동기능(형식승인 및 제품검사의 기술기준 제4조의2)

1) 발신기의 조작부는 작동스위치외 동작방향으로 가하는 힘이 2[kg]을 초과하고 8[kg] 이하인 범위에서 확실하게 동작되어야 하며, 2[kg]의 힘을 가하는 경우 동작되지 아니하여야 한다.
2) 발신기는 조작부의 작동스위치가 작동되는 경우 화재신호를 전송하여야 하며, 발신기는 발신기의 확인장치에 화재신호가 전송되었음을 표기할 것
3) 발신기는 수신기와 통화가 가능한 장치를 설치할 것

77 유도등의 형식승인 및 제품검사의 기술기준에 따라 객석유도등은 바닥면 또는 디딤바닥면에서 높이 0.5m의 위치에 설치하고 그 유도등의 바로 밑에서 0.3m 떨어진 위치에서의 수평조도가 몇 lx 이상이어야 하는가?

① 0.1 ② 0.2
③ 0.5 ④ 1

해설 ⊕

객석통로유도등의 조도시험

바닥면 또는 디딤바닥면에서 높이 0.5[m]의 위치에 설치하고 그 유도등의 바로 밑에서 0.3[m] 떨어진 위치에서의 수평조도가 0.2[lx] 이상이어야 한다.

78 무선통신보조설비의 화재안전기준에 따른 무선통신보조설비의 주요 구성요소가 아닌 것은?

① 증폭기
② 분배기
③ 음향장치
④ 누설동축케이블

해설 ⊕

용어의 정의

1) 누설동축케이블 : 동축케이블의 외부도체에 가느다란 홈을 만들어서 전파가 외부로 새어나갈 수 있도록 한 케이블
2) 분배기 : 신호의 전송로가 분기되는 장소에 설치하는 것으로 임피던스 매칭과 신호 균등분배를 위해 사용하는 장치

3) 분파기 : 서로 다른 주파수의 합성된 신호를 분리하기 위해서 사용하는 장치
4) 혼합기 : 두 개 이상의 입력신호를 원하는 비율로 조합한 출력이 발생하도록 하는 장치
5) 증폭기 : 신호 전송 시 신호가 약해져 수신이 불가능해지는 것을 방지하기 위해서 증폭하는 장치

③ 음향장치 → 무선통신보조설비는 상호 간 무선통신을 원활하게 하기 위한 설비로서 음향장치는 필요하지 않다.

79 소방시설용 비상전원수전설비의 화재안전기준에 따라 일반전기사업자로부터 특별고압 또는 고압으로 수전하는 비상전원 수전설비로 큐비클형을 사용하는 경우의 시설기준으로 틀린 것은?(단, 옥내에 설치하는 경우이다.)

① 외함은 내화성능이 있는 것으로 제작할 것
② 전용큐비클 또는 공용큐비클식으로 설치할 것
③ 개구부에는 갑종방화문 또는 병종방화문을 설치할 것
④ 외함은 두께 2.3mm 이상의 강판과 이와 동등 이상의 강도를 가질 것

해설 ⊕

큐비클형 비상전원 수전설비의 설치기준

1) 전용큐비클 또는 공용큐비클식으로 설치할 것
2) 외함은 두께 2.3[mm] 이상의 강판과 이와 동등 이상의 강도와 내화성능이 있는 것으로 제작할 것
3) 개구부에는 60분＋방화문, 60분방화문 또는 30분방화문을 설치할 것
4) 공용큐비클식의 소방회로와 일반회로에 사용되는 배선 및 배선용 기기는 불연재료로 구획할 것
5) 환기구에는 금속망, 방화댐퍼 등으로 방화조치를 하고, 옥외에 설치하는 것은 빗물 등이 들어가지 않도록 할 것

③ 개구부에는 갑종방화문 또는 병종방화문 → 60분＋방화문, 60분방화문 또는 30분방화문

---

80 비상방송설비의 화재안전기준에 따른 비상방송설비의 음향장치에 대한 내용이다. 다음 (   )에 들어갈 내용으로 옳은 것은?

> 확성기는 각 층마다 설치하되, 그 층의 각 부분으로부터 하나의 확성기까지의 수평거리가 (   )[m] 이하가 되도록 하고, 해당 층의 각 부분에 유효하게 경보를 발할 수 있도록 설치할 것

① 10　　　　　　② 15

③ 20　　　　　　④ 25

해설⊕

비상방송설비 설치기준

1) 확성기의 음성입력 : 실외 3W(실내 1W), 아파트 등의 실내 2W 이상
2) 그 층의 각 부분으로부터 하나의 확성기까지의 수평거리 : 25[m] 이하
3) 음량조정기를 설치하는 경우 음량조정기의 배선 : 3선식
4) 화재신고 수신 후 방송개시 소요시간 : 10초 이하
5) 조작부의 조작스위치 높이 : 바닥으로부터 0.8[m] 이상 1.5[m] 이하
6) 정격전압의 80[%] 전압에서 음향을 발할 수 있는 것으로 할 것
7) 자동화재탐지설비의 작동과 연동하여 작동할 수 있는 것으로 할 것

1과목 **소방원론**

01 제3종 분말소화약제의 주성분은?

① 인산암모늄

② 탄산수소칼륨

③ 탄산수소나트륨

④ 탄산수소칼륨과 요소

해설 ➕

분말소화약제의 종류

종별	분자식	착색	적응 화재	충전비 [l/kg]
제1종 분말	탄산수소나트륨 ($NaHCO_3$)	백색	BC급	0.8
제2종 분말	탄산수소칼륨 ($KHCO_3$)	담회색 (담자색)	BC급	1.0
제3종 분말	제1인산암모늄 ($NH_4H_2PO_4$)	담홍색	ABC급	1.0
제4종 분말	탄산수소칼륨＋요소 ($KHCO_3＋(NH_2)_2CO$)	회색	BC급	1.25

02 화재발생 시 피난기구로 직접 활용할 수 없는 것은?

① 완강기   ② 무선통신보조설비

③ 피난사다리   ④ 구조대

해설 ➕

피난기구의 종류

1) 피난교   2) 구조대
3) 피난용 트랩   4) 미끄럼대
5) 완강기   6) 간이완강기
7) 공기안전매트   8) 피난사다리
9) 다수인 피난장비 10) 승강식 피난기

② 무선통신부조설비 → 소화활동설비

03 소화약제 중 HFC－125의 화학식으로 옳은 것은?

① CHF_2CF_3

② CHF_3

③ CF_3CHFCF_3

④ CF_3I

해설 ➕

할로젠화합물 소화약제의 명명법

HFC－125

1) C(탄소원자의 수)
   ① HFC－125에서 첫 번째 숫자에 ＋1을 한다.
   ② 1＋1＝2이므로 탄소는 C_2가 된다.

2) H(수소원자의 수)
   ① HFC－125에서 두 번째 숫자에 －1을 한다.
   ② 2－1＝1이므로 수소는 H_1(1은 생략 가능)이 된다.

3) F(불소원자의 수)
   ① HFC－125에서 세 번째 숫자에 ±0을 한다.
   ② 5±0＝5이므로 불소는 F_5가 된다.

4) 분자식 : C_2HF_5(펜타 플루오로 에탄)
   분자화합물 내 원자들의 종류 및 수의 비를 원소기호 및 아래첨자로 나타낸다.

5) 구조식
   원자들이 공간에서 배열되는 방식을 선으로 나타내어 보여준다.

$$\begin{array}{ccc} & F & F \\ & | & | \\ H- & C- & C-F \\ & | & | \\ & F & F \end{array}$$

6) 시성식(화학식) : CHF_2CF_3
   원자들이 어떻게 무리 짓는지 보여준다.

04 위험물안전관리법령상 제6류 위험물을 수납하는 운반용기의 외부에 주의사항을 표시하여야 할 경우, 어떤 내용을 표시하여야 하는가?

① 물기엄금
② 화기엄금
③ 화기주의 · 충격주의
④ 가연물 접촉주의

해설 +

수납하는 위험물에 따른 운반용기 외부에 표시하는 주의사항
1) 제1류 위험물
    ① 알칼리금속의 과산화물 또는 이를 함유한 것
       화기 · 충격주의, 물기엄금 및 가연물 접촉주의
    ② 그 밖의 것
       화기 · 충격주의 및 가연물 접촉주의

2) 제2류 위험물
    ① 철분 · 금속분 · 마그네슘 또는 이들 중 어느 하나 이상을 함유한 것
       화기주의 및 물기엄금
    ② 인화성 고체 : 화기엄금
    ③ 그 밖의 것 : 화기주의

3) 제3류 위험물
    ① 자연발화성 물질 : 화기엄금 및 공기접촉엄금
    ② 금수성 물질 : 물기엄금

4) 제4류 위험물 : 화기엄금
5) 제5류 위험물 : 화기엄금 및 충격주의
6) 제6류 위험물 : 가연물 접촉주의

05 분말소화약제 중 A급, B급, C급 화재에 모두 사용할 수 있는 것은?

① 제1종 분말
② 제2종 분말
③ 제3종 분말
④ 제4종 분말

해설 +

분말소화약제의 종류

종별	분자식	착색	적응화재	충전비 [l/kg]
제1종 분말	탄산수소나트륨 ($NaHCO_3$)	백색	BC급	0.8
제2종 분말	탄산수소칼륨 ($KHCO_3$)	담회색 (담자색)	BC급	1.0
제3종 분말	제1인산암모늄 ($NH_4H_2PO_4$)	담홍색	ABC급	1.0
제4종 분말	탄산수소칼륨+요소 ($KHCO_3 + (NH_2)_2CO$)	회색	BC급	1.25

06 열전도도(Thermal Conductivity)를 표시하는 단위에 해당하는 것은?

① $J/m^2 \cdot h$
② $kcal/h \cdot ℃^2$
③ $W/m \cdot K$
④ $J \cdot K/m^3$

해설 +

1) 전도(Conduction)
    ① 정의 : 분자 및 원자들 간의 직접 에너지 교환으로 열이 전달되는 현상
    ② 푸리에 전도법칙(Fourier's Law)

$$q[\text{W}] = \frac{k}{L} A \Delta T$$

여기서, k : 열전도도[$W/m \cdot K$], L : 물체의 두께[m]
A : 열전달 면적[m^2], ΔT : 온도차[K]

2) 열전도도(열전도율) : k[$W/m \cdot K$]
    ① 열전달을 나타내는 물질의 고유한 성질이다.
    ② 높은 열전도율을 가지는 물질은 열을 흡수하는 데 쓰이고, 낮은 열전도율을 가지는 물질은 절연에 쓰인다.

$$k = \frac{q \cdot L}{A \cdot \Delta T} \left[\frac{\text{W} \cdot \text{m}}{\text{m}^2 \cdot \text{K}} \right] [\text{W/m} \cdot \text{K}]$$

07 알킬알루미늄 화재에 적합한 소화약제는?

① 물
② 이산화탄소
③ 팽창질석
④ 할로젠화합물

해설 ➕

알킬알루미늄
1) 분류
① 유별 : 제3류 위험물(지정수량 10[kg])
② 종류 : 트리메틸알루미늄, 트리에틸알루미늄 등

2) 성상
① 자연발화성 및 금수성 물질
② 공기 중에 노출하면 자연발화한다.
③ 물과 접촉 시 심하게 반응하고 폭발한다.
④ 산, 할로젠, 알코올, 아민과 접촉하면 심하게 반응한다.

3) 소화방법
마른 모래, 팽창질석, 팽창진주암에 의한 질식소화

08 가연물질의 종류에 따라 화재를 분류하였을 때 섬유류 화재가 속하는 것은?

① A급 화재
② B급 화재
③ C급 화재
④ D급 화재

해설 ➕

화재의 분류

구분	화재의 종류	표시색	주된 소화효과
A급 화재	일반화재	백색	냉각소화
B급 화재	유류, 가스화재	황색	질식소화
C급 화재	전기화재(통전)	청색	질식소화
D급 화재	금속화재	무색	질식소화
K급 화재	주방화재	–	냉각, 질식소화

09 다음 연소생성물 중 인체에 독성이 가장 높은 것은?

① 이산화탄소
② 일산화탄소
③ 수증기
④ 포스겐

해설 ➕

1) 이산화탄소(CO_2)
독성은 없으나 농도에 따라 인체에 영향을 미친다.

2) 일산화탄소(CO)
혈액의 헤모글로빈이 산소를 운반하는 것을 방해하여 체내의 산소 부족을 유발한다. 그 결과 두통, 어지럼증 등이 발생하고 심해지면 사망에 이른다.

3) 포스겐($COCl_2$)
맹독성 가스로서 사염화탄소가 이산화탄소나 물, 산소 등과 결합 시 발생한다.

4) 아크롤레인(CH_2CHCHO)
석유제품이나 유지류 등이 연소할 때 발생하는 맹독성 가스로서 독성, 자극성이 매우 크다.

10 내화건축물과 비교한 목조건축물 화재의 일반적인 특징을 옳게 나타낸 것은?

① 고온, 단시간형
② 저온, 단시간형
③ 고온, 장시간형
④ 저온, 장시간형

해설 ➕

목조건축물과 내화건축물의 화재특성 비교
1) 목조건축물 : 고온단기형
2) 내화건축물 : 저온장기형

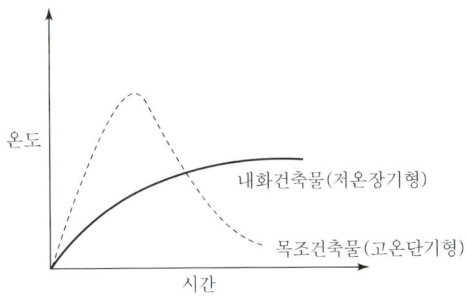

11 정전기에 의한 발화과정으로 옳은 것은?

① 방전 → 전하의 축적 → 전하의 발생 → 발화
② 전하의 발생 → 전하의 축적 → 방전 → 발화
③ 전하의 발생 → 방전 → 전하의 축적 → 발화
④ 전하의 축적 → 방전 → 전하의 발생 → 발화

해설⊕--------------------

정전기

1) 정의 : 전류가 흐르지 않고 축적되어 있는 전기로서 방전 현상을 일으킬 때 최소발화에너지 이상의 에너지를 방출하면 점화원으로 작용한다.

2) 정전기에 의한 화재발생 메커니즘
   전하의 발생 → 전하의 축적 → 방전 → 발화

3) 정전기 방지대책
   ① 접지 및 본딩한다.
   ② 상대습도를 70[%]이상 유지한다.
   ③ 공기를 이온화한다.

12 물리적 소화방법이 아닌 것은?

① 산소공급원 차단
② 연쇄반응 차단
③ 온도 냉각
④ 가연물 제거

해설⊕--------------------

1) 물리적 소화
   ① 연소의 3요소 중 1가지를 차단하여 소화하는 방법
   ② 점화원을 제거하는 냉각소화
   ③ 산소를 제거하는 질식소화
   ④ 가연물을 제거하는 제거소화

2) 화학적 소화
   ① 연소의 4요소인 연쇄반응을 억제하여 소화하는 방법
   ② 억제소화 또는 부촉매효과라 한다.

13 이산화탄소 소화기의 일반적인 성질에서 단점이 아닌 것은?

① 밀폐된 공간에서 사용 시 질식의 위험성이 있다.
② 인체에 직접 방출 시 동상의 위험성이 있다.
③ 소화약제의 방사 시 소음이 크다.
④ 전기가 잘 통하기 때문에 전기설비에 사용할 수 없다.

해설⊕--------------------

이산화탄소 소화약제의 특성

1) 공기보다 비중이 1.52배 무거우므로 피복질식효과가 우수하다.

2) 독성은 없으나 질식의 우려가 있다.

3) 이산화탄소에 의한 지구온난화를 발생시킨다.

4) 무색, 무취의 기체로 화학적으로 안정하다.

5) 고압의 배관에서 대기 중으로 방사 시 줄 – 톰슨효과에 의한 냉각소화작용이 있다.

6) 약제방사 시 드라이아이스에 의해 시야가 제한되는 운무현상이 발생한다.

7) 소화 후 잔존물이 없고 전기적으로 비전도성이다.

8) 고압설비가 필요하며 방사 시 소음이 크다.

④ 전기를 잘 통하기 때문에 전기설비에 사용할 수 없다. → 전기적으로 비전도성이므로 전기설비에 사용할 수 있다.

14 위험물안전관리법령상 위험물에 대한 설명으로 옳은 것은?

① 과염소산은 위험물이 아니다.
② 황린은 제2류 위험물이다.
③ 황화인의 지정수량은 100kg이다.
④ 산화성 고체는 제6류 위험물의 성질이다.

해설⊕--------------------

① 과염소산 → 제6류 위험물, 지정수량 300[kg]
② 황린 → 제3류 위험물, 지정수량 20[kg]
③ 황화인, 적린, 황 → 제2류 위험물, 지정수량 100[kg]
④ 산화성 고체 → 제1류 위험물

15 탄화칼슘이 물과 반응할 때 발생되는 기체는?

① 일산화탄소
② 아세틸렌
③ 황화수소
④ 수소

해설⊕--------------------

1) 탄화칼슘과 물의 반응식
   $CaC_2 + 2H_2O \rightarrow Ca(OH)_2 + C_2H_2$(아세틸렌 발생)

2) 인화칼슘과 물의 반응식
   $Ca_3P_2 + 6H_2O \rightarrow 3Ca(OH)_2 + 2PH_3$(포스핀 발생)

3) 칼륨과 물의 반응식
   $2K + 2H_2O \rightarrow 2KOH + H_2$(수소 발생)

4) 나트륨과 물의 반응식
   $2Na + 2H_2O \rightarrow 2NaOH + H_2$(수소 발생)

16 다음 중 증기비중이 가장 큰 것은?

① Halon 1301
② Halon 2402
③ Halon 1211
④ Halon 104

해설 ⊕

1) 증기비중 $= \dfrac{분자량}{공기의\ 평균분자량(29)}$

2) Halon 2402의 분자량

$C_2F_4Br_2 : 12 \times 2 + 19 \times 4 + 79.9 \times 2 = 259.8$

3) Halon 2402의 증기비중

증기비중 $= \dfrac{259.8}{29} \fallingdotseq 8.96$

할론소화약제의 물성

구분	Halon 1211	Halon 1301	Halon 2402	Halon 1011
화학식	CF_2ClBr	CF_3Br	$C_2F_4Br_2$	CH_2ClBr
분자량	165.4	148.9	259.8	129.4
증기비중	5.7	5.13	8.96	4.46
상온, 상압에서 상태	기체	기체	액체	액체

17 분자 내부에 나이트로기를 갖고 있는 TNT, 나이트로셀룰로오스 등과 같은 제5류 위험물의 연소형태는?

① 분해연소
② 자기연소
③ 증발연소
④ 표면연소

해설 ⊕

고체의 연소형태

① 분해연소 : 고체 가연물이 온도상승에 의해 열분해되어 가연성 기체를 발생시키고 공기와 혼합하여 가연성 혼합기를 형성한 후 점화원에 의해 연소하는 형태
  예 목재, 고무, 종이, 플라스틱 등

② 자기연소 : 가연물 스스로 산소공급원을 함유하고 있는 물질의 연소형태이다. 외부의 산소공급 없이도 연소가 진행될 수 있어 연소속도가 매우 빨라 폭발적으로 연소한다.
  예 질산에스터류, 셀룰로이드류, 나이트로화합물류 등(제5류 위험물)

③ 증발연소 : 고체 가연물이 승화 또는 액화 후 기화되어 그 기체가 공기와 혼합하여 가연성 혼합기를 형성한 후 점화원에 의해 연소하는 형태
  예 황, 나프탈렌, 파라핀, 왁스 등

④ 표면연소 : 고체의 표면에서 고체 자체가 연소하는 현상으로 가연성 기체가 발생되지 않아 불꽃이 없는 연소를 하는 형태(표면연소=응축연소=작열연소)
  예 숯, 목탄, 코크스, 금속분 등

18 IG-541이 15℃에서 내용적 50리터 압력용기에 $155\,kg_f/cm^2$로 충전되어 있다. 온도가 30℃가 되었다면 IG-541 압력은 약 몇 kg_f/cm^2가 되겠는가?(단, 용기의 팽창은 없다고 가정한다.)

① 78
② 155
③ 163
④ 310

해설 ⊕

보일-샤를의 법칙(Boyle-Charles's Law)

기체의 체적은 압력에 반비례하며, 절대온도에 비례한다.

$$\frac{P_1 V_1}{T_1} = \frac{P_2 V_2}{T_2}$$

여기서, P : 절대압력[atm]
  V : 체적[m^3]
  T : 절대온도[K]

[풀이]

$P_1 : 155[kg_f/cm^2]$

$P_2 : ?[kg_f/cm^2]$

$T_1 : 15 + 273 = 288[K]$

$T_2 : 30 + 273 = 303[K]$

탱크의 체적은 변함이 없으므로 $V_1 = V_2$

$\dfrac{P_1}{T_1} = \dfrac{P_2}{T_2}$ $\dfrac{155}{288} = \dfrac{P_2}{303}$

$P_2 = \dfrac{155}{288} \times 303 = 163.07[kg_f/cm^2]$

19 프로판 50vol%, 부탄 40vol%, 프로필렌 10vol%로 된 혼합가스의 폭발하한계는 약 몇 vol% 인가?(단, 각 가스의 폭발하한계는 프로판은 2.2vol%, 부탄은 1.9vol%, 프로필렌은 2.4vol%이다.)

① 0.83   ② 2.09
③ 5.05   ④ 9.44

해설 ➕

혼합가스의 연소범위
가연성 가스가 2종류 이상 혼합되어 있는 경우의 연소범위 계산

$$\frac{V_m}{L_m} = \frac{V_1}{L_1} + \frac{V_2}{L_2} + \frac{V_3}{L_3} \cdots\cdots$$

여기서, L_m : 혼합가스의 연소하한계
V_m : 각 가연성 가스의 부피[Vol%] 합
$(V_1 + V_2 + V_3\cdots)$
$V_1,\ V_2,\ V_3\cdots$: 각 가연성 가스의 부피[Vol%]
$L_1,\ L_2,\ L_3\cdots$: 각 가연성 가스의 연소하한계

[풀이]

$$\frac{100}{L_m} = \frac{50}{2.2} + \frac{40}{1.9} + \frac{10}{2.4}$$

$$\therefore\ L_m = 2.09[\%]$$

20 조연성 가스에 해당하는 것은?

① 수소   ② 일산화탄소
③ 산소   ④ 에탄

해설 ➕

1) 조연성 가스 : 산소, 공기, 오존, 불소, 염소 등
2) 가연성 가스의 폭발범위(연소범위)

가연성 가스	연소하한계[%]	연소상한계[%]
수소(H_2)	4.0	75
일산화탄소(CO)	12.5	74
에탄(C_2H_6)	3.0	12.4

2과목   소방전기일반

21 제어요소는 동작신호를 무엇으로 변환하는 요소인가?

① 제어량
② 비교량
③ 검출량
④ 조작량

해설 ➕

피드백(폐회로) 제어의 구성

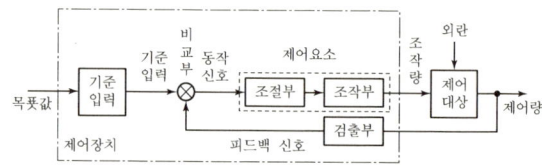

1) 목푯값 : 입력값으로 외부에서 제어장치에 주어지는 값
2) 기준입력요소 : 목푯값에 비례하는 기준입력신호를 발생시키는 장치
3) 동작신호 : 기준입력과 피드백신호와의 차이를 구하는 장치
4) 제어요소 : 동작신호를 조작량으로 변환하는 요소(조절부+조작부)
5) 조절부 : 제어요소가 동작하는 데 필요한 신호를 만들어 조작부에 보내는 장치
6) 조작부 : 조절부로부터 받은 신호를 조작량으로 바꾸어 제어 대상에 보내 주는 장치
7) 조작량 : 제어요소가 제어대상에 가하는 제어신호로서 제어요소의 출력신호, 제어대상의 입력신호
8) 외란 : 제어량의 값을 교란시키려 하는 외부신호
9) 제어대상 : 제어량을 발생시키는 장치로 제어계에서 직접 제어를 받는 장치
10) 검출부 : 제어량을 검출하고 입력과 출력을 비교하는 비교부가 반드시 필요
11) 제어량 : 제어를 받는 제어대상의 출력

22 빛이 닿으면 전류가 흐르는 다이오드로서 들어온 빛에 대해 직선적으로 전류가 증가하는 다이오드는?

① 제너 다이오드
② 터널 다이오드
③ 발광 다이오드
④ 포토 다이오드

해설⊕

다이오드의 종류 및 특성

다이오드의 종류	심벌	용도 및 특성
정류용 다이오드 (Rectifier Diode)	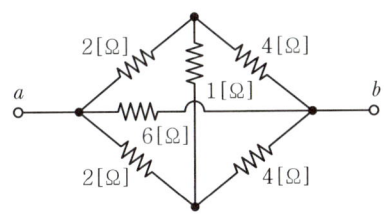	한쪽 방향으로 전류가 흐르도록 제어
제너 다이오드 (Zener Diode)		정전압 회로용으로 사용
터널 다이오드 (Tunnel Diode)		초고주파 발진, 증폭회로나 고속 스위칭회로
바랙터 다이오드 (Varactor)		AFC 회로나 FM 회로 등에 사용
포토 다이오드 (Photo Diode)		광신호를 전기신호로 변환하는 반도체 다이오드
발광 다이오드 (LED)		• 전류를 흘리면 빛을 방출하는 소자 • 발열이 작고, 응답속도가 좋다. • 수명이 길고 효율이 좋다. • 발광재료 : GaAs(비소화갈륨), GaP(인화갈륨)

23 그림과 같이 접속된 회로에서 a, b 사이의 합성저항은 몇 Ω인가?

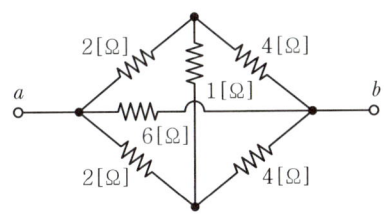

① 1   ② 2   ③ 3   ④ 4

해설⊕

1) 휘트스톤브리지
  ① 마주 보는 대각선 저항의 곱이 서로 같으므로 브리지가 평형이다.
  $$2[\Omega] \times 4[\Omega] = 2[\Omega] \times 4[\Omega]$$
  ② 브리지가 평형이므로 1[Ω]의 저항에는 전류가 흐르지 않는다.
  ③ 그러므로 1[Ω]의 저항은 단선된 상태와 같다.

2) 등가회로

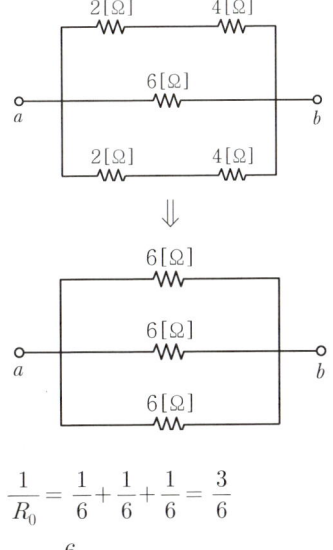

$$\frac{1}{R_0} = \frac{1}{6} + \frac{1}{6} + \frac{1}{6} = \frac{3}{6}$$

$$R_0 = \frac{6}{3} = 2[\Omega]$$

24 회로에서 저항 5Ω의 양단 전압 V_R[V]은?

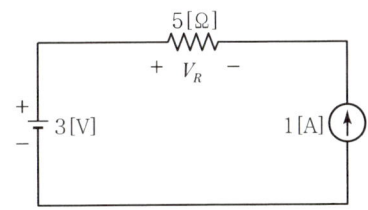

① −5   ② −2
③ 3   ④ 8

해설 ⊕

중첩의 원리

1) 여러 개의 전원을 갖는 회로에서 임의의 저항에 인가되는 전압과 흐르는 전류는 각 독립된 전원에 의한 전압과 전류의 대수적인 합과 같다.

2) 회로 해석에서 중첩 원리(Superposition)를 적용할 때 전압원은 단락(Short)시키고 전류원은 개방(Open)시켜서 해석한다.

[풀이]

1) 전압원 단락 시 저항 5[Ω]에 걸리는 전압

$V = I\,R = 1[\text{A}] \times 5[\Omega] = 5[\text{V}]$

전류원의 전류 방향과 저항에 걸리는 전압의 방향이 반대이므로 전류원에 의해 저항에 걸리는 전압은 $-5[\text{V}]$가 된다.

2) 전류원 개방 시 저항 5[Ω]에 걸리는 전압

전류원이 개방되면 회로가 개로되어 전류가 흐르지 않으므로 5[Ω]의 저항에는 전압이 걸리지 않는다. 0[V]

3) 전압원 단락 시와 전류원 개방 시 저항 5[Ω]에 걸리는 전압

$V = -5[\text{V}] + 0[\text{V}] = -5[\text{V}]$

25
그림과 같은 회로에 평형 3상 전압 200V를 인가한 경우 소비된 유효전력[kW]은?(단, $R = 20\Omega$, $X = 10\Omega$)

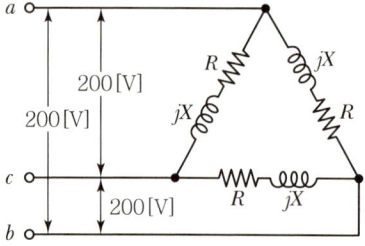

① 1.6   ② 2.4

③ 2.8   ④ 4.8

해설 ⊕

△결선에서 선간전압, 선간전류, 상전압, 상전류의 관계

$V_l = V_P$ $I_l = \sqrt{3}\,I_P$

여기서 V_l : 선간전압, V_P : 상전압
I_l : 선간전류, I_P : 상전류

[풀이]

1) 한 상의 임피던스

$$Z = \sqrt{R^2 + X^2} = \sqrt{20^2 + 10^2} = 22.36[\Omega]$$

2) 선간전압과 상전압

$$V_l = V_P = 200[\text{V}]$$

3) 상전류와 선간전류

① 상전류

$$I_P = \frac{V_P}{Z} = \frac{200[\text{V}]}{22.36[\Omega]} = 8.94[\text{A}]$$

② 선간전류

$$I_l = \sqrt{3}\,I_P = \sqrt{3} \times 8.94 = 15.48[\text{A}]$$

4) 역률

$$\cos\theta = \frac{R}{Z} = \frac{20}{22.36} = 0.894$$

5) 3상 유효전력

$$P = \sqrt{3}\,V_l I_l \cos\theta\,[\text{W}]$$
$$= \sqrt{3} \times 200 \times 15.48 \times 0.894 = 4794[\text{W}]$$
$$= 4.794[\text{kW}] \fallingdotseq 4.8[\text{kW}]$$

26
자기용량이 10kVA인 단권변압기를 그림과 같이 접속하였을 때 역률 80%의 부하에 몇 kW의 전력을 공급할 수 있는가?

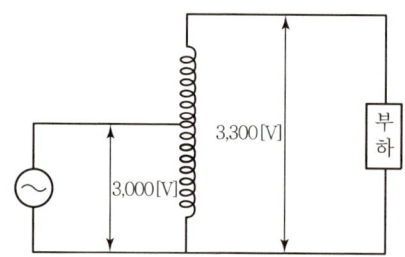

① 8

② 54

③ 80

④ 88

해설⊕

부하용량과 자기용량

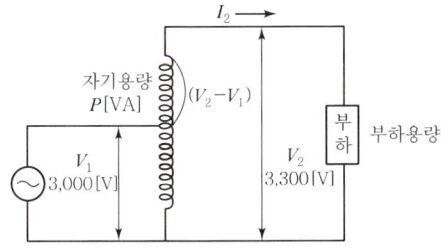

1) 부하용량 $P_L[\text{kVA}] = V_2 I_2$,
   자기용량 $P[\text{kVA}] = (V_2 - V_1) I_2$

2) $\dfrac{\text{자기용량}}{\text{부하용량}} = \dfrac{(V_2 - V_1)I_2}{V_2 I_2} = \dfrac{V_2 - V_1}{V_2}$

3) 부하용량 $= \dfrac{V_2}{V_2 - V_1} \times$ 자기용량

4) 부하용량 $= \dfrac{3,300}{3,300 - 3,000} \times 10 = 110\,[\text{kVA}]$

5) 유효전력
   $P[\text{kW}] = V I \cos\theta = 110 \times 0.8 = 88\,[\text{kW}]$

27 그림의 논리회로와 등가인 논리게이트는?

① NOR   ② NAND
③ NOT   ④ OR

해설⊕

1) 그림의 논리회로를 논리식으로 만들면
   $Y = \overline{A} + \overline{B}$

2) 드모르간의 정리로 부분 부정을 전체 부정으로 변환
   $Y = \overline{A} + \overline{B} = \overline{A \cdot B}$

3) $Y = \overline{A \cdot B}$ 이므로 NAND 게이트가 된다.

$\begin{matrix} A \\ B \end{matrix}$ ⟩∘— Y = $\begin{matrix} A \\ B \end{matrix}$ ⟩∘— Y

4) 드모르간의 정리
   논리식의 전체 부정을 부분 부정으로, 부분 부정을 전체 부정으로 바꾸는 데 사용한다.

$$\overline{A+B} = \overline{A} \cdot \overline{B}, \qquad \overline{A \cdot B} = \overline{A} + \overline{B}$$
$$A + B = \overline{\overline{A} \cdot \overline{B}}, \qquad A \cdot B = \overline{\overline{A} + \overline{B}}$$

28 정현파 교류전압의 최댓값이 V_m[V]이고, 평균값이 V_{av}[V]일 때 이 전압의 실효값 V_{rms}[V]는?

① $V_{rms} = \dfrac{\pi}{\sqrt{2}} V_m$

② $V_{rms} = \dfrac{\pi}{2\sqrt{2}} V_{av}$

③ $V_{rms} = \dfrac{\pi}{2\sqrt{2}} V_m$

④ $V_{rms} = \dfrac{1}{\pi} V_m$

해설⊕

정현파 및 정현반파의 최댓값, 실효값, 평균값, 파형률, 파고율

파형	최댓값 (V_m)	실효값 (V)	평균값 (V_{av})	파형률	파고율
정현파	V_m	$\dfrac{V_m}{\sqrt{2}}$	$\dfrac{2V_m}{\pi}$	1.11	1.414
정현반파	V_m	$\dfrac{V_m}{2}$	$\dfrac{V_m}{\pi}$	1.57	2

[풀이]

1) 실효값
$$V_{rms} = \frac{V_m}{\sqrt{2}} \quad \cdots\cdots\cdots\cdots\cdots ①$$

2) 평균값
$$V_{av} = \frac{2V_m}{\pi} \text{ 에서, } V_m = \frac{\pi V_{av}}{2} \quad \cdots\cdots ②$$

①식에 ②식을 대입하면
$$V_{rms} = \frac{\pi V_{av}}{2\sqrt{2}}$$

29 그림 (a)와 그림 (b)의 각 블록선도가 등가인 경우 전달함수 $G(s)$는?

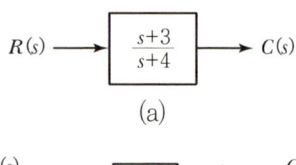

(a)

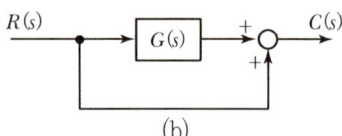

(b)

① $\dfrac{1}{s+4}$

② $\dfrac{2}{s+4}$

③ $\dfrac{-1}{s+4}$

④ $\dfrac{-2}{s+4}$

해설 ⊕

1) (a) 블록선도의 전달함수

$$\frac{C(s)}{R(s)} = \frac{s+3}{s+4}$$

2) (b) 블록선도의 전달함수

$$\frac{C(s)}{R(s)} = G(s) + 1$$

3) 두 개의 블록선도가 등가이므로

$$G(s) + 1 = \frac{s+3}{s+4}$$

$$G(s) = \frac{s+3}{s+4} - 1$$

$$= \frac{s+3}{s+4} - \frac{s+4}{s+4}$$

$$= \frac{-1}{s+4}$$

30 회로에서 a와 b 사이에 나타나는 전압 V_{ab}[V]는?

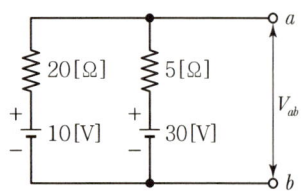

① 20   ② 23   ③ 26   ④ 28

해설 ⊕

중첩의 원리

1) 여러 개의 전원을 갖는 회로에서 임의의 저항에 인가되는 전압과 흐르는 전류는 각 독립된 전원에 의한 전압과 전류의 대수적인 합과 같다.

2) 회로 해석에서 중첩 원리(Superposition)를 적용할 때 전압원은 단락(Short)시키고 전류원은 개방(Open)시켜서 해석한다.

[풀이]

1) 10[V]의 전압원을 단락했을 때 $a-b$ 간 전압

$$V_{ab1} = \frac{20}{20+5} \times 30 = 24[\mathrm{V}]$$

2) 30[V]의 전압원을 단락했을 때 $a-b$ 간 전압

$$V_{ab2} = \frac{5}{20+5} \times 10 = 2[\mathrm{V}]$$

3) $V_{ab} = V_{ab1} + V_{ab2}$

$$= 24 + 2 = 26[\mathrm{V}]$$

31 단방향 대전류의 전력용 스위칭 소자로서 교류의 위상 제어용으로 사용되는 정류소자는?

① 서미스터   ② SCR

③ 제너 다이오드   ④ UJT

해설 ⊕

반도체의 종류 및 특성

반도체의 종류	특성	용도
서미스터	온도가 높아지면 저항값이 감소하는 부저항 온도계수의 특성(NTC)	• 온도보상용 • 휘트스톤브리지
바리스터	서지전압을 흡수하여 전자회로를 보호	• 개폐기의 불꽃 소거 • 서지전압 제거
SCR	단방향 3단자 사이리스터	• 대전류용 • 전동기 제어, 검출 회로용
제너 다이오드	역방향의 전압이 가해질 때 정전압을 발생	정전압 회로용으로 사용
바랙터 다이오드	전압에 따라 커패시턴스를 가변할 수 있는 가변용량 다이오드	AFC 회로나 FM 회로 등에 사용

반도체의 종류	특성	용도
터널 다이오드	전압-전류는 부성저항형이며, 고주파 특성이 양호하다.	• 초고주파 발진회로 • 고속 스위칭회로
발광 다이오드 (LED)	• 전류를 흘리면 빛을 방출하는 소자 • 발열이 작고, 응답속도가 좋다. • 수명이 길고 효율이 좋다. • 발광재료 : GaAs(비소화갈륨), GaP(인화갈륨)	• 조명설비 • 디스플레이 장치

32 입력이 $r(t)$이고, 출력이 $c(t)$인 제어시스템이 다음의 식과 같이 표현될 때 제어시스템의 전달함수 ($G(s) = \dfrac{C(s)}{R(s)}$)는?(단, 초기값은 0이다.)

$$2\frac{d^2c(t)}{dt^2} + 3\frac{dc(t)}{dt} + c(t) = 3\frac{dr(t)}{dt} + r(t)$$

① $\dfrac{3s+1}{2s^2+3s+1}$ ② $\dfrac{2s^2+3s+1}{s+3}$

③ $\dfrac{3s+1}{s^2+3s+2}$ ④ $\dfrac{s+3}{s^2+3s+2}$

해설 ✚ --------

1) 전달함수 $= \dfrac{출력신호}{입력신호}$, $G(s) = \dfrac{C(s)}{R(s)}$

2) $2\dfrac{d^2c(t)}{dt^2} + 3\dfrac{dc(t)}{dt} + c(t) = 3\dfrac{dr(t)}{dt} + r(t)$를 라플라스 변환하면

3) $2s^2C(s) + 3sC(s) + C(s) = 3sR(s) + R(s)$

4) $C(s)(2s^2+3s+1) = R(s)(3s+1)$

5) $\dfrac{C(s)}{R(s)} = \dfrac{3s+1}{2s^2+3s+1}$

6) 라플라스 변환 정리

$\mathcal{L}[c(t)] = C(s)$

$\mathcal{L}[r(t)] = R(s)$

$\mathcal{L}[\dfrac{d}{dt}c(t)] = sC(s) - c(0)$

$c(0) = 0$이면 $\mathcal{L}[\dfrac{d}{dt}c(t)] = sC(s)$

$\mathcal{L}[\dfrac{d^2}{dt^2}c(t)] = s^2C(s) - sc(0) - c(0)$

$c(0) = 0$이면 $\mathcal{L}[\dfrac{d^2}{dt^2}r(t)] = s^2R(s)$

33 직류전원이 연결된 코일에 10A의 전류가 흐르고 있다. 이 코일에 연결된 전원을 제거하는 즉시 저항을 연결하여 폐회로를 구성하였을 때 저항에서 소비된 열량이 24cal이었다. 이 코일의 인덕턴스는 약 몇 H인가?

① 0.1   ② 0.5   ③ 2.0   ④ 24

해설 ✚ --------

코일의 인덕턴스

코일에 축적되는 에너지 $W[\text{J}]$

$$W = \frac{1}{2}LI^2[\text{J}]$$

여기서, L : 인덕턴스[H], I : 전류[A]

[풀이]

1) 코일에 축적되는 에너지[J] = 저항에서 소비된 열량[cal]

$24[\text{cal}] \times \dfrac{1[\text{J}]}{0.24[\text{cal}]} = 100[\text{J}]$

여기서, $1[\text{J}] = 0.24[\text{cal}]$

2) 코일의 인덕턴스

$W = \dfrac{1}{2}LI^2$에서 $W = 100[\text{J}]$, $I = 10[\text{A}]$

$100 = \dfrac{1}{2} \times L \times 10^2$

$L = 2[\text{H}]$

34 60Hz, 4극의 3상 유도전동기가 정격출력일 때 슬립이 2%이다. 이 전동기의 동기속도[rpm]는?

① 1,200   ② 1,764

③ 1,800   ④ 1,836

정답   **32** ①   **33** ③   **34** ③

해설⊕

1) 전동기의 동기속도 N_S[rpm]

$$N_S = \frac{120f}{P} \text{[rpm]}$$

2) 전동기의 속도 N[rpm]

$$N = \frac{120f}{p}(1-S) \text{[rpm]}$$

여기서, p : 극수, f : 주파수, s : 슬립

[풀이]

$$N_S = \frac{120f}{P} = \frac{120 \times 60}{4} = 1,800 \text{[rpm]}$$

35 논리식 $A \cdot (A+B)$를 간단히 표현하면?

① A　　　　　　② B

③ $A \cdot B$　　　　④ $A+B$

해설⊕

1) $A \cdot (A+B) = AA + AB$

　　여기서, $AA = A$ 이므로

　$= A + AB$

　　여기서, A 로 묶으면

　$= A(1+B)$

　　여기서, $(1+B) = 1$ 이므로

　$= A$

2) 부울대수의 기본 정리

항등법칙	$A+0=A$ $A+1=1$	$A \cdot 1 = A$ $A \cdot 0 = 0$
동일법칙	$A+A=A$	$A \cdot A = A$
보원법칙	$A+\overline{A}=1$	$A \cdot \overline{A} = 0$
다중부정	$\overline{\overline{A}}=A$	
교환법칙	$A+B=B+A$	$A \cdot B = B \cdot A$
결합법칙	$A+(B+C)=$ $(A+B)+C$	$A \cdot (B \cdot C) =$ $(A \cdot B) \cdot C$
분배법칙	$A \cdot (B+C) =$ $AB+AC$	$A+B \cdot C =$ $(A+B) \cdot (A+C)$
흡수법칙	$A+A \cdot B = A$	$A \cdot (A+B) = A$

36 0℃에서 저항이 10Ω이고, 저항의 온도계수가 0.0043인 전선이 있다. 30℃에서 이 전선의 저항은 약 몇 Ω인가?

① 0.013　　　　② 0.68

③ 1.4　　　　　④ 11.3

해설⊕

도체의 온도가 T_1[℃]에서 R_1인 저항이 T_2[℃]로 상승 시 나중온도에서의 저항 R_2

$$R_2 = R_1 + \alpha_t R_1 (T_2 - T_1) = R_1[1 + \alpha_t(T_2 - T_1)]$$

여기서, $\alpha_t : \dfrac{1}{234.5 + t}$ (T_1[℃]에서 1[℃] 상승 시 저항의 증가계수)

[풀이]

$R_2 = R_1[1 + \alpha_t(T_2 - T_1)]$

$R_2 = 10[1 + 0.0043(30-0)] = 11.29 ≒ 11.3[\Omega]$

37 길이 1cm마다 감은 권선수가 50회인 무한장 솔레노이드에 500mA의 전류를 흘릴 때 솔레노이드 내부에서의 자계의 세기는 몇 AT/m인가?

① 1,250　　　　② 2,500

③ 12,500　　　④ 25,000

해설⊕

무한장 솔레노이드에 의한 자장의 세기

내부자계＝평등자계, 외부자계＝0

$$H = \frac{NI}{l} \text{[AT/m]}$$

여기서, N : 권수[T], I : 전류[A], l : 자로의 길이[m]

[풀이]

$N = 50 \text{[Turn]}$

$I = 500 \text{[mA]} = 0.5 \text{[A]}$

$l = 1 \text{[cm]} = 0.01 \text{[m]}$

$$H = \frac{NI}{l} = \frac{50 \text{[T]} \times 0.5 \text{[A]}}{0.01 \text{[m]}} = 2,500 \text{[AT/m]}$$

정답　**35** ①　**36** ④　**37** ②

38 회로의 전압과 전류를 측정하기 위한 계측기의 연결방법으로 옳은 것은?

① 전압계 : 부하와 직렬, 전류계 : 부하와 직렬
② 전압계 : 부하와 직렬, 전류계 : 부하와 병렬
③ 전압계 : 부하와 병렬, 전류계 : 부하와 직렬
④ 전압계 : 부하와 병렬, 전류계 : 부하와 병렬

해설 ⊕

전류계, 전압계의 연결

전압계	전류계
부하와 병렬	부하와 직렬

※ 분류기 배율기의 연결

배율기	분류기
전압계와 직렬	전류계와 병렬

39 최대 눈금이 150V이고, 내부저항이 30kΩ인 전압계가 있다. 이 전압계로 750V까지 측정하기 위해 필요한 배율기의 저항[kΩ]은?

① 120　　② 150　　③ 300　　④ 800

해설 ⊕

배율기($R_m[\Omega]$)

전압계의 측정범위를 확대하기 위해 내부저항이 $r_v[\Omega]$인 전압계에 직렬로 연결하는 저항

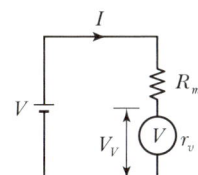

$$V_V = \frac{r_v}{R_m + r_v} \times V \qquad \frac{V}{V_V} = \frac{R_m + r_v}{r_v}$$

$$\frac{V}{V_V} = m \text{(배율기 배율)}$$

$$\boxed{\frac{V}{V_V} = 1 + \frac{R_m}{r_v} \qquad m = 1 + \frac{R_m}{r_v}}$$

　여기서, V : 전체 전압[V], V_V : 전압계에 걸리는 전압
　　　　　r_v : 전압계 내부저항, R_m : 배율기 저항[Ω]

[풀이]
1) $V : 750[V]$, $V_V : 150[V]$, $r_v : 30[k\Omega] = 30,000[\Omega]$

2) $$\frac{V}{V_V} = 1 + \frac{R_m}{r_v}$$

$$\frac{750}{150} = 1 + \frac{R_m}{30,000}$$

$$R_m = \left(\frac{750}{150} - 1\right) \times 30,000 = 120,000[\Omega] = 120[k\Omega]$$

40 내압이 1.0kV이고 정전용량이 각각 $0.01\mu F$, $0.02\mu F$, $0.04\mu F$인 3개의 커패시터를 직렬로 연결했을 때 전체 내압은 몇 V인가?

① 1,500　　② 1,750
③ 2,000　　④ 2,200

해설 ⊕

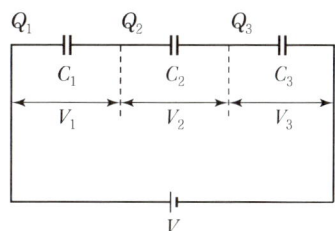

1) 콘덴서의 내압은 콘덴서가 견딜 수 있는 최대압력이다.

2) $V = \dfrac{Q}{C}$ 이므로, 직렬연결된 콘덴서에서 전압이 가장 많이 걸리는 콘덴서는 정전용량이 가장 작은 콘덴서인 C_1이다.

3) C_1콘덴서에 내압인 1.0[kV](1,000[V]) 이하가 걸리도록 해야 하므로 이것을 기준으로 전하량 Q를 계산한다.

[풀이]
1) 전하량
　　$Q = C V$, 　　　 $Q_1 = Q_2 = Q_3$
　　$Q_1 = C_1 V_1 = 0.01 \times 10^{-6}[F] \times 1,000[V]$
　　　 $= 0.00001[C]$

2) C_1콘덴서에 걸리는 전압 V_1
　　$V_1 = \dfrac{Q}{C_1} = \dfrac{0.00001}{0.01 \times 10^{-6}} = 1,000[V]$

전하량 Q는 일정하고 C_1의 크기가 가장 작으므로 C_1콘덴서에 가장 많은 전압이 분배된다. 이때 내압 1.0[kV]를 초과하면 콘덴서가 파손되므로 C_1콘덴서에 1.0[kV](1,000[V])가 걸리는 것으로 계산한다.

3) C_2콘덴서에 걸리는 전압 V_2

$$V_2 = \frac{Q}{C_2} = \frac{0.00001}{0.02 \times 10^{-6}} = 500[\text{V}]$$

4) C_3콘덴서에 걸리는 전압 V_3

$$V_3 = \frac{Q}{C_3} = \frac{0.00001}{0.04 \times 10^{-6}} = 250[\text{V}]$$

5) 전체 내압

$$V = V_1 + V_2 + V_3 = 1,000 + 500 + 250 = 1,750[\text{V}]$$

3과목 **소방관계법규**

41 소방시설공사업법령에 따른 완공검사를 위한 현장 확인 대상 특정소방대상물의 범위기준으로 틀린 것은?

① 연면적 1만 제곱미터 이상이거나 11층 이상인 특정소방대상물(아파트는 제외)
② 가연성 가스를 제조·저장 또는 취급하는 시설 중 지상에 노출된 가연성 가스탱크의 저장용량 합계가 1천 톤 이상인 시설
③ 호스릴 방식의 소화설비가 설치되는 특정소방대상물
④ 문화 및 집회시설, 종교시설, 판매시설, 노유자시설, 수련시설, 운동시설, 숙박시설, 창고시설, 지하상가

해설

완공검사를 위한 현장확인 대상 특정소방대상물의 범위 (대통령령)
1) 문화 및 집회시설, 종교시설, 판매시설, 노유자시설, 수련시설, 운동시설, 숙박시설, 창고시설, 지하상가 및 다중이용업소
2) 다음 각 목의 어느 하나에 해당하는 설비가 설치되는 특정소방대상물
   ① 스프링클러설비 등
   ② 물분무 등 소화설비(호스릴 방식 제외)

3) 연면적 10,000[m²] 이상이거나 11층 이상인 특정소방대상물(아파트는 제외)
4) 지상에 노출된 가연성 가스탱크의 저장용량 합계가 1,000톤 이상인 시설

③ 호스릴 방식의 소화설비 → 호스릴 방식은 제외된다.

42 화재의 예방 및 안전관리에 관한 법령에 따른 특수가연물의 기준 중 다음 (   ) 안에 알맞은 것은?

품명	수량
나무껍질 및 대팻밥	(㉠)[kg] 이상
면화류	(㉡)[kg] 이상

① ㉠ 200, ㉡ 400
② ㉠ 200, ㉡ 1,000
③ ㉠ 400, ㉡ 200
④ ㉠ 400, ㉡ 1,000

해설

특수가연물의 품명 및 수량

품명	수량
면화류	200[kg] 이상
나무껍질 및 대팻밥	400[kg] 이상
넝마 및 종이부스러기	1,000[kg] 이상
사류(絲類)	1,000[kg] 이상
볏짚류	1,000[kg] 이상
가연성 고체류	3,000[kg] 이상
석탄·목탄류	10,000[kg] 이상
가연성 액체류	2[m³] 이상
목재가공품 및 나무부스러기	10[m³] 이상
고무류·플라스틱류	발포시킨 것	20[m³] 이상
	그 밖의 것	3,000[kg] 이상

43 스프링클러설비를 설치하여야 할 특정소방대상물에 다음 중 어떤 소방시설을 화재안전기준에 적합하게 설치하면 면제받을 수 있는가?

① 포소화설비
② 물분무 등 소화설비
③ 간이스프링클러설비
④ 이산화탄소 소화설비

정답 **41** ③ **42** ③ **43** ②

④ 출동한 소방대의 소방장비를 파손하거나 그 효용을 해하여 화재진압 · 인명구조 또는 구급활동을 방해하는 행위

2) 소방자동차의 출동을 방해한 사람

3) 사람을 구출하는 일 또는 불을 끄거나 불이 번지지 아니하도록 하는 일을 방해한 사람

4) 정당한 사유 없이 소방용수시설 또는 비상소화장치를 사용하거나 소방용수시설 또는 비상소화장치의 효용을 해치거나 그 정당한 사용을 방해한 사람

해설⊕

소방시설 설치의 면제기준

설치가 면제되는 소방시설	설치 면제 조건이 되는 설비
스프링클러설비	물분무 등 소화설비
물분무 등 소화설비	스프링클러설비(차고, 주차장)
간이스프링 클러설비	스프링클러설비, 물분무소화설비 또는 미분무소화설비
연결살수설비	송수구를 부설한 스프링클러설비, 간이스프링클러설비, 물분무소화설비 또는 미분무소화설비를 설치한 경우
비상경보설비 또는 단독경보형 감지기	자동화재탐지설비 또는 화재알림설비
비상경보설비	단독경보형 감지기를 2개 이상의 단독경보형 감지기와 연동하여 설치하는 경우
비상조명등	피난구유도등 또는 통로유도등

44 소방기본법령상 출동한 소방대원에게 폭행 또는 협박을 행사하여 화재진압 · 인명구조 또는 구급활동을 방해한 사람에 대한 벌칙기준은?

① 500만 원 이하의 과태료

② 1년 이하의 징역 또는 1000만 원 이하의 벌금

③ 3년 이하의 징역 또는 3000만 원 이하의 벌금

④ 5년 이하의 징역 또는 5000만 원 이하의 벌금

해설⊕

5년 이하의 징역 또는 5천만 원 이하의 벌금

1) "출동한 소방대의 화재진압 및 인명구조 · 구급 등 소방활동을 방해하여서는 아니 된다."의 조항을 위반하여 다음 어느 하나에 해당하는 행위를 한 사람

① 위력을 사용하여 출동한 소방대의 화재진압 · 인명구조 또는 구급활동을 방해하는 행위

② 소방대가 화재진압 · 인명구조 또는 구급활동을 위하여 현장에 출동하거나 현장에 출입하는 것을 고의로 방해하는 행위

③ 출동한 소방대원에게 폭행 또는 협박을 행사하여 화재진압 · 인명구조 또는 구급활동을 방해하는 행위

45 위험물안전관리법령상 제조소 또는 일반취급소에서 취급하는 제4류 위험물의 최대수량의 합이 지정수량의 48만 배 이상인 사업소의 자체소방대에 두는 화학소방자동차 및 인원기준으로 다음 (   ) 안에 알맞은 것은?

화학소방자동차	자체소방대원의 수
(㉠)	(㉡)

① ㉠ 1대, ㉡ 5인   ② ㉠ 2대, ㉡ 10인

③ ㉠ 3대, ㉡ 15인   ④ ㉠ 4대, ㉡ 20인

해설⊕

자체소방대

1) 자체소방대 설치대상

① 제4류 위험물을 취급하는 제조소 또는 일반취급소로서 지정수량의 3,000배 이상

② 제4류 위험물을 저장하는 옥외탱크저장소로서 지정수량의 50만 배 이상

2) 자체소방대에 두는 화학소방자동차 및 인원

사업소의 구분		화학소방 자동차	자체소방 대원의 수
제조소 또는 일반 취급소	지정수량의 3천 배 이상 12만 배 미만	1대	5인
	지정수량의 12만 배 이상 24만 배 미만	2대	10인
	지정수량의 24만 배 이상 48만 배 미만	3대	15인
	지정수량의 48만 배 이상	4대	20인
옥외탱크 저장소	지정수량의 50만 배 이상	2대	10인

46 소방시설 설치 및 관리에 관한 법령상 펄프공장의 작업장, 음료수 공장의 충전을 하는 작업장 등과 같이 화재안전기준을 적용하기 어려운 특정소방대상물에 설치하지 아니할 수 있는 소방시설의 종류가 아닌 것은?

① 상수도소화용수설비   ② 스프링클러설비

③ 연결송수관설비   ④ 연결살수설비

해설 ⊕

소방시설을 설치하지 아니할 수 있는 특정소방대상물 및 소방시설의 범위

구분	특정소방대상물	소방시설
화재안전기준을 적용하기 어려운 특정소방대상물	펄프공장의 작업장, 음료수 공장의 세정 또는 충전을 하는 작업장, 그 밖에 이와 비슷한 용도로 사용하는 것	스프링클러설비, 상수도소화용수설비 및 연결살수설비
	정수장, 수영장, 목욕장, 농예·축산·어류양식용 시설, 그 밖에 이와 비슷한 용도로 사용되는 것	자동화재탐지설비, 상수도소화용수설비 및 연결살수설비
화재안전기준을 달리 적용하여야 하는 특수한 용도의 특정소방대상물	원자력발전소, 중·저준위 방사성 폐기물의 저장시설	연결송수관설비 및 연결살수설비

47 소방기본법의 정의상 소방대상물의 관계인이 아닌 자는?

① 감리자   ② 관리자

③ 점유자   ④ 소유자

해설 ⊕

용어의 정의
1) 소방대상물 : 건축물, 차량, 선박(항구에 매어둔 것), 선박 건조 구조물, 산림, 그 밖의 인공 구조물 또는 물건
2) 관계지역 : 소방대상물이 있는 장소 및 그 이웃 지역으로서 화재의 예방·경계·진압, 구조·구급 등의 활동에 필요한 지역
3) 관계인 : 소방대상물의 소유자·관리자·점유자

48 위험물안전관리법령상 위험물별 성질로서 틀린 것은?

① 제1류 : 산화성 고체

② 제2류 : 가연성 고체

③ 제4류 : 인화성 액체

④ 제6류 : 인화성 고체

해설 ⊕

위험물의 분류 및 성질

위험물의 분류	성질
제1류 위험물	산화성 고체
제2류 위험물	가연성 고체
제3류 위험물	자연발화성 및 금수성 물질
제4류 위험물	인화성 액체
제5류 위험물	자기반응성 물질
제6류 위험물	산화성 액체

49 소방시설 설치 및 관리에 관한 법령상 시·도지사가 소방시설 등의 자체점검을 하지 아니한 관리업자에게 영업정지를 명할 수 있으나, 이로 인해 국민에게 심한 불편을 줄 때에는 영업정지처분을 갈음하여 과징금 처분을 한다. 과징금의 기준은?

① 1000만 원 이하

② 2000만 원 이하

③ 3000만 원 이하

④ 5000만 원 이하

해설 ⊕

과징금
1) 정의 : 영업정지가 그 이용자에게 불편을 주거나 그 밖에 공익을 해칠 우려가 있을 때에는 영업정지처분을 갈음하여 부과하는 돈
2) 과징금 부과권자 : 시·도지사
3) 과징금 부과금액

소방시설관리업의 영업정지 갈음	소방시설업의 영업정지 갈음	위험물제조소의 사용정지 갈음
3천만 원 이하	2억 원 이하	2억 원 이하

50 소방기본법령상 소방대장은 화재, 재난·재해 그 밖의 위급한 상황이 발생한 현장에 소방활동구역을 정하여 소방 활동에 필요한 자로서 대통령령으로 정하는 사람 외에는 그 구역에의 출입을 제한할 수 있다. 다음 중 소방활동구역에 출입할 수 없는 사람은?

① 소방활동구역 안에 있는 소방대상물의 소유자·관리자 또는 점유자
② 전기·가스·수도·통신·교통의 업무에 종사하는 사람으로서 원활한 소방활동을 위하여 필요한 사람
③ 시·도지사가 소방 활동을 위하여 출입을 허가한 사람
④ 의사·간호사 그 밖의 구조·구급업무에 종사하는 사람

해설

소방활동구역
1) 화재, 재난·재해, 그 밖의 위급한 상황이 발생한 현장에 소방활동구역 설정
2) 소방활동구역 설정 및 출입을 제한할 수 있는 자 : 소방대장
3) 소방활동구역에 출입할 수 있는 사람
　① 소방활동구역 안에 있는 소방대상물의 소유자·관리자 또는 점유자
　② 전기·가스·수도·통신·교통의 업무에 종사하는 사람으로서 원활한 소방 활동을 위하여 필요한 사람
　③ 의사·간호사 그 밖의 구조·구급업무에 종사하는 사람
　④ 취재인력 등 보도업무에 종사하는 사람
　⑤ 수사업무에 종사하는 사람
　⑥ 그 밖에 소방대장이 소방 활동을 위하여 출입을 허가한 사람
③ 시·도지사가 → 소방대장이

51 위험물안전관리법령상 취급하는 위험물의 최대수량이 지정수량의 10배 이하인 경우 위험물제조소 보유공지의 너비 기준은?

① 2m 이하　　　　② 2m 이상
③ 3m 이하　　　　④ 3m 이상

해설

제조소의 보유공지

취급하는 위험물의 최대수량	공지의 너비
지정수량의 10배 이하	3[m] 이상
지정수량의 10배 초과	5[m] 이상

52 화재의 예방 및 안전관리에 관한 법률상 화재안전조사위원회의 위원의 자격에 해당하지 아니하는 사람은?

① 소방기술사
② 소방시설관리사
③ 소방 관련 분야의 석사학위 이상을 취득한 사람
④ 소방 관련 법인 또는 단체에서 소방 관련 업무에 3년 이상 종사한 사람

해설

화재안전조사위원회
1) 인원 : 위원장 1명을 포함한 7명 이내
2) 화재안전조사위원의 자격
　① 과장급 직위 이상의 소방공무원
　② 소방기술사
　③ 소방시설관리사
　④ 소방 관련 분야의 석사학위 이상을 취득한 사람
　⑤ 소방 관련 법인 또는 단체에서 소방 관련 업무에 5년 이상 종사한 사람
④ 3년 이상 종사한 사람 → 5년 이상 종사한 사람

53 화재의 예방 및 안전관리에 관한 법령상 특수가연물의 저장 및 취급기준이 아닌 것은?(단, 석탄·목탄류를 발전용으로 저장하는 경우는 제외)

① 품명별로 구분하여 쌓는다.
② 쌓는 높이는 20m 이하가 되도록 한다.
③ 실내에 쌓을 경우 쌓는 부분의 바닥면적 사이는 1.2m 또는 쌓는 높이의 1/2 중 큰 값이 되도록 한다.
④ 특수가연물을 저장 또는 취급하는 장소에는 품명·최대수량 및 화기취급의 금지 등의 표지를 설치해야 힌다.

정답　**50** ③　**51** ④　**52** ④　**53** ②

특수가연물의 저장 및 취급의 기준

1) 특수가연물을 저장 또는 취급하는 장소의 표지
   품명 · 최대수량 · 단위체적당 질량 · 관리책임자 성명 ·
   직책, 연락처 및 화기취급의 금지표시가 포함된 특수가연
   물 표지를 설치할 것
2) 다음의 기준에 따라 쌓아 저장할 것(석탄 · 목탄류를 발전
   용으로 저장하는 경우는 제외)
   ① 품명별로 구분하여 쌓을 것
   ② 실내에 쌓아 저장하는 경우 : 주요 구조부는 내화구조
     이면서 불연재료이어야 하고, 다른 종류의 특수가연
     물과 동일 공간 내에서 보관하지 않을 것
   ③ 실외에 쌓아 저장하는 경우 : 쌓는 부분과 대지경계
     선, 도로 및 인접 건축물과 최소 6m 이상 간격을 둘 것
     (쌓는 높이보다 0.9m 이상 높은 내화구조 벽체 설치
     시 제외)
   ④ 쌓는 부분의 사이 간격
     • 실내 : 1.2m 또는 쌓는 높이의 1/2 중 큰 값 이상
     • 실외 : 3m 또는 쌓는 높이 중 큰 값 이상
   ⑤ 쌓는 높이 및 쌓는 부분의 바닥면적

구분	살수설비 또는 대형 소화기가 없는 경우	살수설비 또는 대형 소화기가 있는 경우
쌓는 높이	10[m] 이하	15[m] 이하
쌓는 부분의 바닥면적	50[m²] 이하 (석탄, 목탄 200[m²])	200[m²] 이하 (석탄, 목탄 300[m²])

54 소방시설 설치 및 관리에 관한 법령상 소화설비
를 구성하는 제품 또는 기기에 해당하지 않는 것은?

① 가스누설경보기   ② 소방호스
③ 스프링클러헤드   ④ 분말자동소화장치

소방용품의 종류

1) 소화설비를 구성하는 제품 또는 기기
   ① 소화기구(소화약제 외의 간이소화용구는 제외)
   ② 자동소화장치
   ③ 소화설비를 구성하는 소화전, 관창, 소방호스, 스프링
     클러헤드, 기동용 수압개폐장치, 유수제어밸브 및 가
     스관선택밸브

2) 경보설비를 구성하는 제품 또는 기기
   ① 누전경보기 및 가스누설경보기
   ② 경보설비 중 발신기, 수신기, 중계기, 감지기 및 음향
     장치(경종만 해당)

3) 피난구조설비를 구성하는 제품 또는 기기
   ① 피난사다리, 구조대, 완강기, 간이완강기
   ② 공기호흡기
   ③ 피난구유도등, 통로유도등, 객석유도등 및 예비 전원
     이 내장된 비상조명등

4) 소화용으로 사용하는 제품 또는 기기
   ① 소화약제
   ② 방염제(방염액 · 방염도료 및 방염성 물질)

① 가스누설경보기 → 경보설비를 구성하는 제품 또는 기기

55 소방시설공사업법령상 하자보수를 하여야 하는
소방시설 중 하자보수 보증기간이 3년이 아닌 것은?

① 자동소화장치   ② 비상방송설비
③ 스프링클러설비   ④ 상수도소화용수설비

공사의 하자보수 등

1) 공사업자가 하자발생 통보를 받은 후 하자를 보수하거나
   보수 일정을 기록한 하자보수 계획을 관계인에게 서면으
   로 알려야 하는 기간 : 3일 이내
2) 하자보수 대상 소방시설과 하자보수 보증기간

하자보수 대상 소방시설	하자보수 보증기간
피난기구, 유도등, 비상경보설비, 비상조명등, 비상방송설비 및 무선통신보조설비	2년
자동소화장치, 옥내소화전설비, 스프링클러설비 등, 물분무 등 소화설비, 옥외소화전설비, 자동화재탐지설비, 화재알림설비, 소화용수설비 및 소화활동설비(무선통신보조설비는 제외)	3년

② 비상방송설비 → 2년

56 위험물안전관리법령상 소화난이도등급 I의 옥내탱크저장소에서 황만을 저장·취급할 경우 설치하여야 하는 소화설비로 옳은 것은?

① 물분무소화설비   ② 스프링클러설비
③ 포소화설비   ④ 옥내소화전설비

해설 --

소화난이도등급 I 의 제조소 등에 설치하여야 하는 소화설비

제조소 등의 구분		소화설비
옥내탱크저장소	황만을 저장 취급하는 것	물분무소화설비
	인화점 70℃ 이상의 제4류 위험물만을 저장 취급하는 것	물분무소화설비, 고정식 포소화설비, 이동식 이외의 불활성가스소화설비, 이동식 이외의 할로겐화합물소화설비 또는 이동식 이외의 분말소화설비
	그 밖의 것	고정식 포소화설비, 이동식 이외의 불활성가스소화설비, 이동식 이외의 할로겐화합물소화설비 또는 이동식 이외의 분말소화설비

57 대통령령 또는 화재안전기준이 변경되어 그 기준이 강화되는 경우 기존 특정소방대상물의 소방시설 중 강화된 기준을 적용할수 있는 것은?

① 제연설비
② 비상경보설비
③ 옥내소화전설비
④ 화재조기진압용 스프링클러설비

해설 --

소방시설기준 적용의 특례
대통령령 또는 화재안전기준이 변경되어 그 기준이 강화되는 경우 기존의 특정소방대상물의 소방시설에 대하여는 변경 전의 대통령령 또는 화재안전기준을 적용한다. 다만, 다음에 해당하는 소방시설의 경우에는 대통령령 또는 화재안전기준의 변경으로 강화된 기준을 적용할 수 있다.

1) 강화된 기준을 적용할 수 있는 소방시설
   ① 소화기구
   ② 비상경보설비

③ 자동화재탐지설비
④ 자동화재속보설비
⑤ 피난구조설비

2) 다음의 특정소방대상물에 설치하는 소방시설
   ① 전력 및 통신사업용 지하구, 공동구 : 소화기, 자동소화장치, 자동화재탐지설비, 통합감시시설, 유도등 및 연소방지설비
   ② 노유자시설 : 간이스프링클러설비, 자동화재탐지설비 및 단독경보형 감지기
   ③ 의료시설 : 스프링클러설비, 간이스프링클러설비, 자동화재탐지설비 및 자동화재속보설비

58 소방시설 설치 및 관리에 관한 법령상 소방시설 등의 종합점검 대상기준에 맞게 (   ) 안에 들어갈 내용으로 옳은 것은?

> 물분무 등 소화설비[호스릴 방식의 물분무 등 소화설비만을 설치한 경우는 제외]가 설치된 연면적 (   )m² 이상인 특정소방대상물(위험물제조소 등은 제외)

① 2,000   ② 3,000
③ 4,000   ④ 5,000

해설 --

종합점검

구분	기준
정의	소방시설 등의 작동점검을 포함하여 소방시설 등의 설비별 주요 구성 부품의 구조기준이 화재안전기준과 건축법 등 관련 법령에서 정하는 기준에 적합한지 여부를 점검하는 것
점검대상	• 스프링클러설비가 설치된 특정소방대상물 • 물분무 등 소화설비 : 연면적 5,000[m²] 이상 (호스릴 제외, 위험물제조소 등 제외) • 다중이용업의 영업장 : 연면적이 2,000[m²] 이상인 것 • 제연설비가 설치된 터널 • 공공기관 : 연면적이 1,000[m²] 이상인 것으로서 옥내소화전설비 또는 자동화재탐지설비가 설치된 것

구분	기준
점검자의 자격	• 소방시설관리업에 등록된 기술인력 중 소방시설관리사 • 소방안전관리자로 선임된 소방시설관리사 및 소방기술사
점검횟수	• 연 1회 이상 • 특급 소방안전관리대상물(반기당 1회 이상)

59 소방시설 설치 및 관리에 관한 법령상 건축허가 등의 동의대상물의 범위로 틀린 것은?

① 항공기 격납고

② 방송용 송 · 수신탑

③ 연면적이 400제곱미터 이상인 건축물

④ 지하층 또는 무창층이 있는 건축물로서 바닥면적이 50제곱미터 이상인 층이 있는 것

해설 ⊕

건축허가 등의 동의대상물의 범위
1) 연면적이 400[m²] 이상인 건축물
2) 학교시설 : 100[m²] 이상
3) 노유자시설 및 수련시설 : 200[m²] 이상
4) 차고 · 주차장 : 바닥면적이 200[m²] 이상인 층이 있는 건축물이나 주차시설
5) 승강기 등 기계장치에 의한 주차시설 : 20대 이상
6) 지하층, 무창층 : 바닥면적이 150[m²](공연장의 경우에는 100[m²]) 이상인 층
7) 정신의료기관, 장애인 의료재활시설 : 300[m²] 이상
8) 항공기격납고, 관망탑, 항공관제탑, 방송용 송수신탑
9) 조산원, 산후조리원, 위험물 저장 및 처리시설, 발전시설 중 전기저장시설, 지하구, 공동주택
10) 층수가 6층 이상인 건축물
11) 노유자시설 중 다음 각 목의 어느 하나에 해당하는 시설
　① 노인 관련 시설
　② 아동복지시설
　③ 장애인 거주시설
　④ 정신질환자 관련 시설
　⑤ 노숙인 관련 시설 중 노숙인자활시설, 노숙인재활시설 및 노숙인요양시설
　⑥ 결핵환자나 한센인이 24시간 생활하는 노유자시설

60 화재의 예방조치 등과 관련하여 모닥불, 흡연, 화기 취급, 그 밖에 화재예방상 위험하다고 인정되는 행위의 금지 또는 제한의 명령을 할 수 있는 사람이 아닌 것은?

① 시 · 도지사　　② 소방서장

③ 소방청장　　④ 소방본부장

해설 ⊕

화재의 예방조치 등
1) 화재의 예방조치 : 소방청장, 소방본부장 또는 소방서장
2) 화재예방강화지구에서 금지 행위
　① 모닥불, 흡연 등 화기의 취급
　② 풍등 등 소형열기구 날리기
　③ 용접 · 용단 등 불꽃을 발생시키는 행위
　④ 화재발생 위험이 있는 가연성 · 폭발성 물질을 안전조치 없이 방치하는 행위

4과목 **소방전기시설의 구조 및 원리**

61 소방시설용 비상전원수전설비의 화재안전기준에 따라 일반전기사업자로부터 특별고압 또는 고압으로 수전하는 비상전원수전설비의 종류에 해당하지 않는 것은?

① 큐비클형　　② 축전지형

③ 방화구획형　　④ 옥외개방형

해설 ⊕

특별고압 또는 고압으로 수전하는 비상전원수전설비
1) 방화구획형
　① 전용의 방화구획 내에 설치할 것
　② 소방회로배선은 일반회로배선과 불연성 격벽으로 구획할 것(단, 소방회로배선과 일반회로배선을 15[cm] 이상 떨어져 설치한 경우는 제외)
　③ 일반회로에서 과부하, 지락사고 또는 단락사고가 발생한 경우에도 이에 영향을 받지 아니하고 계속하여 소방회로에 전원을 공급시켜 줄 수 있어야 할 것
　④ 소방회로용 개폐기 및 과전류차단기에는 "소방시설용"이라 표시할 것

2) 옥외개방형
① 건축물의 옥상에 설치하는 경우에는 그 건축물에 화재가 발생할 경우에도 화재로 인한 손상을 받지 않도록 설치할 것
② 공지에 설치하는 경우에는 인접 건축물에 화재가 발생한 경우에도 화재로 인한 손상을 받지 않도록 설치할 것
③ 그 밖의 옥외개방형의 설치에 관하여는 방화구획형의 ②~④항에 따를 것

3) 큐비클형
① 전용큐비클 또는 공용큐비클식으로 설치할 것
② 외함은 두께 2.3[mm] 이상의 강판과 이와 동등 이상의 강도와 내화성능이 있는 것으로 제작하여야 하며, 개구부에는 60분+방화문, 60분방화문 또는 30분방화문을 설치할 것
③ 외함은 건축물의 바닥 등에 견고하게 고정할 것
④ 전선 인입구 및 인출구에는 금속관 또는 금속제 가요 전선관을 쉽게 접속할 수 있도록 할 것

3) 표시등의 구조 및 기능
① 전구는 사용전압의 130%인 교류전압을 20시간 연속하여 가하는 경우 단선, 현저한 광속변화, 흑화, 전류이 저하 등이 발생하지 아니한 것
② 소켓은 접속이 확실하여야 하며 쉽게 전구를 교체할 수 있도록 부착할 것
③ 전구에는 적당한 보호커버를 설치할 것(발광다이오드는 제외)
④ 적색으로 표시되어야 하며 주위의 밝기가 300[lx] 이상인 장소에서 측정하여 앞면으로부터 3[m] 떨어진 곳에서 켜진 등이 확실히 식별될 수 있을 것

4) 단자는 충분한 전류용량을 갖는 것으로 하여야 하며 단자의 접속이 정확하고 확실하여야 한다.

62 비상콘센트설비의 성능인증 및 제품검사의 기술기준에 따른 비상콘센트설비 표시등의 구조 및 기능에 대한 설명으로 틀린 것은?

① 발광다이오드에는 적당한 보호커버를 설치하여야 한다.
② 소켓은 접속이 확실하여야 하며 쉽게 전구를 교체할 수 있도록 부착하여야 한다.
③ 적색으로 표시되어야 하며 주위의 밝기가 300lx 이상인 장소에서 측정하여 앞면으로부터 3m 떨어진 곳에서 켜진 등이 확실히 식별되어야 한다.
④ 전구는 사용전압의 130%인 교류전압을 20시간 연속하여 가하는 경우 단선, 현저한 광속변화, 흑화, 전류의 저하 등이 발생하지 아니하여야 한다.

해설 ⊕
비상콘센트설비에 사용되는 부품
1) 배선용 차단기는 KS C 8321(배선용 차단기)에 적합하여야 한다.
2) 접속기는 KS C 8305(배선용 꽂음 접속기)에 적합하여야 한다.

63 비상방송설비의 화재안전기준에 따라 부속회로의 전로와 대지 사이 및 배선 상호 간의 절연저항은 1경계구역마다 직류 250V의 절연저항측정기를 사용하여 측정한 절연저항이 몇 MΩ 이상이 되도록 하여야 하는가?

① 0.1 ② 0.2
③ 10 ④ 20

해설 ⊕
비상방송설비의 배선에 대한 설치기준
1) 화재로 인하여 하나의 층의 확성기 또는 배선이 단락 또는 단선되어도 다른 층의 화재통보에 지장이 없도록 할 것
2) 전원회로의 배선 : 내화배선, 그 밖의 배선 : 내화배선 또는 내열배선
3) 절연저항 : 부속회로의 전로와 대지 사이 및 배선 상호 간을 직류 250[V]의 절연저항측정기로 측정하여 0.1[MΩ] 이상이 되도록 할 것
4) 배선은 다른 전선과 별도의 관·덕트·몰드 또는 풀박스 등에 설치할 것(단, 60[V] 미만의 약전류회로에 사용하는 전선으로서 각각의 전압이 같을 때는 제외)

64 자동화재탐지설비 및 시각경보장치의 화재안전기준에 따라 환경상태가 현저하게 고온으로 되어 연기감지기를 설치할 수 없는 건조실 또는 살균실 등에 적응성 있는 열감지기가 아닌 것은?

① 정온식 1종
② 정온식 특종
③ 열아날로그식
④ 보상식 스포트형 1종

해설 ➕

설치장소별 감지기 적응성(연기감지기를 설치할 수 없는 경우 적용)

설치장소		적응 열감지기									
환경 상태	적응 장소	차동식 스포트형		차동식 분포형		보상식 스포트형		정온식		열아 날로 그식	불꽃 감지 기
		1종	2종	1종	2종	1종	2종	특종	1종		
현저하게 고온으로 되는 장소	건조실, 살균실, 보일러실, 주조실, 영사실, 스튜디오	×	×	×	×	×	×	○	○	○	×

65 자동화재속보설비의 속보기의 성능인증 및 제품검사의 기술기준에서 정하는 데이터 및 코드전송 방식 신고부분 프로토콜 정의서에 대한 내용이다. 다음의 ( )에 들어갈 내용으로 옳은 것은?

119서버로부터 처리결과 메시지를 (㉠)초 이내 수신받지 못할 경우에는 (㉡)회 이상 재전송할 수 있어야 한다.

① ㉠ 10, ㉡ 5
② ㉠ 10, ㉡ 10
③ ㉠ 20, ㉡ 10
④ ㉠ 20, ㉡ 20

해설 ➕

자동화재속보설비의 속보기의 성능인증 및 제품검사의 기술기준(별표 1)
통신방식별 전송규칙 중 재전송 규약 119서버로부터 처리결과 메시지를 20초 이내 수신받지 못할 경우에는 10회 이상 재전송할 수 있어야 한다.

66 유도등 및 유도표지의 화재안전기준에 따른 객석유도등의 설치기준이다. 다음 ( )에 들어갈 내용으로 옳은 것은?

객석유도등은 객석의 (㉠), (㉡) 또는 (㉢)에 설치하여야 한다.

① ㉠ 통로, ㉡ 바닥, ㉢ 벽
② ㉠ 바닥, ㉡ 천장, ㉢ 벽
③ ㉠ 통로, ㉡ 바닥, ㉢ 천장
④ ㉠ 바닥, ㉡ 통로, ㉢ 출입구

해설 ➕

객석통로유도등의 설치기준
1) 객석유도등의 설치위치 : 객석의 통로, 바닥, 벽
2) 객석유도등의 수량산정(소수점 이하의 수는 1로 본다)

$$설치개수 = \frac{객석\ 통로의\ 직선부분의\ 길이[m]}{4} - 1$$

67 누전경보기의 형식승인 및 제품검사의 기술기준에 따라 외함은 불연성 또는 난연성 재질로 만들어져야 하며, 누전경보기 외함의 두께는 몇 mm 이상이어야 하는가?(단, 직접 벽면에 접하여 벽 속에 매립되는 외함의 부분은 제외한다.)

① 1
② 1.2
③ 2.5
④ 3

해설 ➕

누전경보기 외함의 구조 및 기능
1) 외함은 불연성 또는 난연성 재질로 만들어져야 한다.
2) 외함은 다음의 두께 이상이어야 한다.
　① 누전경보기의 외함은 1.0[mm] 이상
　② 직접 벽면에 접하여 벽 속에 매립되는 외함의 부분은 1.6[mm] 이상
3) 외함(누전화재표시창, 지구창, 조작부수납용 뚜껑, 스위치의 손잡이, 발광다이오드, 지시전기계기, 각종 표시명판 등은 제외)에 합성수지를 사용하는 경우에는 $(80\pm2)[℃]$의 온도에서 열로 인한 변형이 생기지 아니하여야 하며 자기소화성이 있는 재료이어야 한다.

68 비상콘센트설비의 화재안전기준에 따라 비상콘센트설비의 전원부와 외함 사이의 절연저항은 전원부와 외함 사이를 500V 절연저항계로 측정할 때 몇 MΩ 이상이어야 하는가?

① 10   ② 20
③ 30   ④ 50

해설 ⊕

비상콘센트설비의 절연저항 및 절연내력

1) 절연저항(전원부와 외함 사이)
    500[V] 절연저항계로 측정할 때 20[MΩ] 이상일 것

2) 절연내력(전원부와 외함 사이)
    ① 정격전압 150[V] 이하 : 1,000[V]의 실효전압을 가하여 1분 이상 견딜 것
    ② 정격전압 150[V] 초과 : (정격전압×2)+1,000[V] 실효전압을 가하는 시험에서 1분 이상 견딜 것

69 자동화재탐지설비 및 시각경보장치의 화재안전기준에 따라 자동화재탐지설비의 감지기 설치에 있어서 부착높이가 20m 이상일 때 적합한 감지기 종류는?

① 불꽃감지기   ② 연기복합형
③ 차동식 분포형   ④ 이온화식 1종

해설 ⊕

부착높이별 적응성 감지기의 종류

부착높이	감지기의 종류
8[m] 이상 15[m] 미만	• 차동식 분포형 • 이온화식 1종 또는 2종 • 광전식(스포트형, 분리형, 공기흡입형) 1종 또는 2종 • 불꽃감지기, 연기복합형
15[m] 이상 20[m] 미만	• 이온화식 1종 • 광전식(스포트형, 분리형, 공기흡입형) 1종 • 연기복합형 • 불꽃감지기
20[m] 이상	• 불꽃감지기 • 광전식(분리형, 공기흡입형) 중 아날로그방식

비고

부착높이 20[m] 이상에 설치되는 광전식 아날로그방식의 감지기는 공칭감지농도 하한값이 감광율 5[%/m] 미만인 것으로 한다.

70 비상경보설비 및 단독경보형 감지기의 화재안전기준에 따른 비상벨설비에 대한 설명으로 옳은 것은?

① 비상벨설비는 화재발생 상황을 사이렌으로 경보하는 설비를 말한다.
② 비상벨설비는 부식성 가스 또는 습기 등으로 인하여 부식의 우려가 없는 장소에 설치하여야 한다.
③ 음향장치의 음량은 부착된 음향장치의 중심으로부터 1m 떨어진 위치에서 60dB 이상이 되는 것으로 하여야 한다.
④ 특정소방대상물의 층마다 설치하되, 해당 특정소방대상물의 각 부분으로부터 하나의 발신기까지의 수평거리가 30m 이하가 되도록 하여야 한다.

해설 ⊕

1) 용어의 정의
    ① 비상벨설비 : 화재발생 상황을 경종으로 경보하는 설비
    ② 자동식 사이렌설비 : 화재발생 상황을 사이렌으로 경보하는 설비
    ③ 단독경보형 감지기 : 화재발생 상황을 단독으로 감지하여 자체에 내장된 음향장치로 경보하는 감지기
    ④ 발신기 : 화재발생 신호를 수신기에 수동으로 발신하는 장치
    ⑤ 수신기 : 발신기에서 발하는 화재신호를 직접 수신하여 화재의 발생을 표시 및 경보하여 주는 장치

2) 비상벨설비 또는 자동식 사이렌설비
    ① 비상벨설비 또는 자동식 사이렌설비는 부식성 가스 또는 습기 등으로 인하여 부식의 우려가 없는 장소에 설치하여야 한다.
    ② 지구음향장치는 특정소방대상물의 층마다 설치
    ③ 각 부분으로부터 하나의 음향장치까지의 수평거리 : 25[m] 이하
    ④ 음향장치의 구조 및 성능
        • 음향장치는 정격전압의 80[%] 전압에서 음향을 발할 수 있노록 할 것

• 음량은 부착된 음향장치의 중심으로부터 1[m] 떨어진 위치에서 90[dB] 이상

① 비상벨설비는 화재발생 상황을 사이렌으로 경보 → 경종으로 경보
③ 음향장치의 음량은 부착된 음향장치의 중심으로부터 1[m] 떨어진 위치에서 60[dB] 이상 → 90[dB] 이상
④ 특정소방대상물의 층마다 설치하되, 해당 특정소방대상물의 각 부분으로부터 하나의 발신기까지의 수평거리가 30[m] 이하 → 25[m] 이하

71
비상방송설비의 화재안전기준에 따라 비상방송설비가 기동장치에 따른 화재신고를 수신한 후 필요한 음량으로 화재발생 상황 및 피난에 유효한 방송이 자동으로 개시될 때까지의 소요시간은 몇 초 이하로 하여야 하는가?

① 5   ② 10
③ 20   ④ 30

해설 ➕
비상방송설비 설치기준
1) 확성기의 음성입력 : 실외 3W(실내 1W), 아파트 등의 실내 2W 이상
2) 그 층의 각 부분으로부터 하나의 확성기까지의 수평거리 : 25[m] 이하
3) 음량조정기를 설치하는 경우 음량조정기의 배선 : 3선식
4) 화재신고 수신 후 방송개시 소요시간 : 10초 이하
5) 조작부의 조작스위치 높이 : 바닥으로부터 0.8[m] 이상 1.5[m] 이하
6) 정격전압의 80[%] 전압에서 음향을 발할 수 있는 것으로 할 것
7) 자동화재탐지설비의 작동과 연동하여 작동할 수 있는 것으로 할 것

72
누전경보기의 형식승인 및 제품검사의 기술기준에 따라 감도조정장치를 갖는 누전경보기에 있어서 감도조정장치의 조정범위는 최대치가 몇 A이어야 하는가?

① 0.2   ② 1.0   ③ 1.5   ④ 2.0

해설 ➕
공칭작동 전류치 및 감도조절장치의 조정범위

구분	전류[mA]
공칭작동전류	200 이하
감도조절장치의 조정범위	1,000(1[A]) 이하

73
자동화재탐지설비 및 시각경보장치의 화재안전기준에 따른 배선의 시설기준으로 틀린 것은?

① 감지기 사이의 회로의 배선은 송배선식으로 할 것
② 감지기회로의 도통시험을 위한 종단저항은 감지기회로의 끝부분에 설치할 것
③ 피(P)형 수신기의 감지기 회로의 배선에 있어서 하나의 공통선에 접속할 수 있는 경계구역은 5개 이하로 할 것
④ 수신기의 각 회로별 종단에 설치되는 감지기에 접속되는 배선의 전압은 감지기 정격전압의 80% 이상이어야 할 것

해설 ➕
자동화재탐지설비의 배선 설치기준
1) 전원회로의 배선 : 내화배선, 그 밖의 배선 : 내화배선 또는 내열배선
2) 감지기 상호 간 또는 감지기로부터 수신기에 이르는 감지기회로의 배선
  ① 아날로그식, 다신호식 감지기나 R형 수신기용 : 전자파 방해를 받지 아니하는 실드선
  ② 그 밖의 일반배선 : 내화배선 또는 내열배선
3) 감지기 사이의 회로의 배선 : 송배선식으로 할 것
4) 절연저항 : 감지기 회로 및 부속회로의 전로와 대지 사이 및 배선 상호 간을 직류 250[V]의 절연저항측정기로 측정하여 0.1[MΩ] 이상이 되도록 할 것
5) 자동화재탐지설비의 배선 : 다른 전선과 별도의 관 · 덕트 · 몰드 또는 풀박스 등에 설치할 것(다만, 60[V] 미만의 약전류회로에 사용하는 전선으로서 각각의 전압이 같을 때에는 제외)
6) P형 수신기 및 GP형 수신기의 감지기 회로 하나의 공통선에 접속할 수 있는 경계구역 : 7개 이하로 할 것
7) 자동화재탐지설비의 감지기회로의 전로저항 : 50[Ω] 이하

⑧ 종단 감지기에 접속되는 배선의 전압 : 감지기 정격전압의 80[%] 이상일 것

③ 피(P)형 수신기의 감지기 회로의 배선에 있어서 하나의 공통선에 접속할 수 있는 경계구역은 5개 이하로 할 것
→ 7개 이하 일 것

74 무선통신보조설비의 화재안전기준에 따른 용어의 정의로 옳은 것은?

① "혼합기"는 신호의 전송로가 분기되는 장소에 설치하는 장치를 말한다.

② "분배기"는 서로 다른 주파수의 합성된 신호를 분리하기 위해서 사용하는 장치를 말한다.

③ "증폭기"는 두 개 이상의 입력신호를 원하는 비율로 조합한 출력이 발생되도록 하는 장치를 말한다.

④ "누설동축케이블"은 동축케이블의 외부도체에 가느다란 홈을 만들어서 전파가 외부로 새어나갈 수 있도록 한 케이블을 말한다.

해설 ⊕

용어의 정의

1) 누설동축케이블 : 동축케이블의 외부도체에 가느다란 홈을 만들어서 전파가 외부로 새어나갈 수 있도록 한 케이블
2) 분배기 : 신호의 전송로가 분기되는 장소에 설치하는 것으로 임피던스 매칭과 신호 균등분배를 위해 사용하는 장치
3) 분파기 : 서로 다른 주파수의 합성된 신호를 분리하기 위해서 사용하는 장치
4) 혼합기 : 두 개 이상의 입력신호를 원하는 비율로 조합한 출력이 발생하도록 하는 장치
5) 증폭기 : 신호 전송 시 신호가 약해져 수신이 불가능해지는 것을 방지하기 위해서 증폭하는 장치

75 비상조명등의 화재안전기준에 따라 비상조명등의 조도는 비상조명등이 설치된 장소의 각 부분의 바닥에서 몇 lx 이상이 되도록 하여야 하는가?

① 1   ② 3
③ 5   ④ 10

해설 ⊕

비상조명등 설치기준

1) 각 거실과 그로부터 지상에 이르는 복도·계단 및 그 밖의 통로에 설치할 것
2) 조도 : 각 부분의 바닥에서 1[lx] 이상
3) 예비전원을 내장하는 비상조명등
   ① 평상시 점등 여부를 확인할 수 있는 점검스위치를 설치할 것
   ② 축전지와 예비전원 충전장치를 내장할 것
4) 예비전원을 내장하지 아니하는 비상조명등의 비상전원
   자가발전설비, 축전지설비, 전기저장장치

76 화재안전기준에 따른 비상전원 및 건전지의 유효 사용시간에 대한 최소기준이 가장 긴 것은?

① 휴대용비상조명등의 건전지 용량

② 무선통신보조설비 증폭기의 비상전원

③ 지하층을 제외한 층수가 11층 미만의 층인 특정소방대상물에 설치되는 유도등의 비상전원

④ 지하층을 제외한 층수가 11층 미만의 층인 특정소방대상물에 설치되는 비상조명등의 비상전원

해설 ⊕

소방설비별 비상전원의 용량

소방설비	비상전원용량
• 비상경보설비(비상벨설비 또는 자동식 사이렌설비) • 비상방송설비 • 자동화재탐지설비 • 자동화재속보설비	60분 이상 감시 상태 지속 10분 이상 경보
• 소화설비 • 유도등, 비상조명등 • 제연설비, 비상콘센트설비	20분 이상
유도등 및 비상조명등이 설치된 장소로서 • 지하층을 제외한 층수가 11층 이상의 층 • 지하층 또는 무창층으로서 용도가 도매시장·소매시장·여객자동차터미널·지하역사 또는 지하상가	60분 이상
무선통신보조설비의 증폭기	30분 이상

①,③,④ 20분 이상
② 30분 이상

77 비상경보설비 및 단독경보형 감지기의 화재
안전기준에 따른 단독경보형 감지기의 시설기준에
대한 내용이다. 다음 (   )에 들어갈 내용으로 옳은
것은?

> 단독경보형 감지기는 바닥면적이 (㉠)m²를 초과하는
> 경우에는 (㉡)m² 마다 1개 이상을 설치하여야 한다.

① ㉠ 100, ㉡ 100
② ㉠ 100, ㉡ 150
③ ㉠ 150, ㉡ 150
④ ㉠ 150, ㉡ 200

해설➕

단독경보형 감지기의 설치기준
1) 각 실(이웃하는 실내의 바닥면적이 각각 30[m²] 미만이
   고 벽체의 상부의 전부 또는 일부가 개방되어 이웃하는
   실내와 공기가 상호 유통되는 경우에는 이를 1개의 실로
   본다)마다 설치하되, 바닥면적이 150[m²]를 초과하는
   경우에는 150[m²]마다 1개 이상 설치할 것
2) 최상층의 계단실의 천장(외기가 상통하는 계단실의 경우
   를 제외)에 설치할 것
3) 건전지를 주전원으로 사용하는 단독경보형 감지기는 정
   상적인 작동상태를 유지할 수 있도록 건전지를 교환할 것
4) 상용전원을 주전원으로 사용하는 단독경보형 감지기의 2
   차 전지는 법 제40조에 따라 제품검사에 합격한 것을 사
   용할 것

78 무선통신보조설비의 화재안전기준에 따라 무
선통신보조설비의 누설동축케이블 및 안테나는 고
압의 전로로부터 1.5m 이상 떨어진 위치에 설치해
야 하나 그렇게 하지 않아도 되는 경우는?

① 끝부분에 무반사 종단저항을 설치한 경우
② 불연재료로 구획된 반자 안에 설치한 경우
③ 해당 전로에 정전기 차폐장치를 유효하게 설치한
   경우
④ 금속제 등의 지지금구로 일정한 간격으로 고정한
   경우

해설➕

누설동축케이블 등의 설치기준
1) 소방전용주파수대에서 전파의 전송 또는 복사에 적합한
   것으로서 소방전용으로 할 것
2) 케이블의 구성
   ① 누설동축케이블과 이에 접속하는 안테나
   ② 동축케이블과 이에 접속하는 안테나
3) 누설동축케이블 및 동축케이블은 불연 또는 난연성의 것
   으로서 습기에 따라 전기의 특성이 변질되지 아니하는 것
   으로 하고, 노출하여 설치한 경우에는 피난 및 통행에 장
   애가 없도록 할 것
4) 누설동축케이블 및 동축케이블은 화재에 따라 해당 케이
   블의 피복이 소실된 경우에 케이블 본체가 떨어지지 아니
   하도록 4[m] 이내마다 금속제 또는 자기제 등의 지지금
   구로 벽 · 천장 · 기둥 등에 견고하게 고정시킬 것. 다만,
   불연재료로 구획된 반자 안에 설치하는 경우에는 그러하
   지 아니하다.
5) 누설동축케이블 및 안테나는 금속판 등에 따라 전파의 복
   사 또는 특성이 현저하게 저하되지 아니하는 위치에 설치
   할 것
6) 누설동축케이블 및 안테나는 고압의 전로로부터 1.5[m]
   이상 떨어진 위치에 설치할 것. 다만, 해당 전로에 정전기
   차폐장치를 유효하게 설치한 경우에는 그러하지 아니하다.
7) 누설동축케이블의 끝부분에는 무반사 종단저항을 견고
   하게 설치할 것
8) 누설동축케이블 또는 동축케이블의 임피던스는 50[Ω]으
   로 할 것

79 유도등 및 유도표지의 화재안전기준에 따라 유
도표지는 각 층마다 복도 및 통로의 각 부분으로부터
하나의 유도표지까지의 보행거리가 몇 m 이하가 되
는 곳과 구부러진 모퉁이의 벽에 설치하여야 하는
가?(단, 계단에 설치하는 것은 제외한다.)

① 5   ② 10
③ 15   ④ 25

해설 ⊕

유도표지의 설치기준

1) 복도통로유도표지의 설치위치
   ① 복도 및 통로의 각 부분으로부터 유도표지까지의 보행 거리가 15[m] 이하가 되는 곳
   ② 구부러진 모퉁이의 벽에 설치할 것
2) 설치높이
   ① 피난구유도표지 : 출입구 상단
   ② 통로유도표지 : 바닥으로부터 높이 1[m] 이하
3) 주위에는 이와 유사한 등화ㆍ광고물ㆍ게시물 등을 설치하지 아니할 것
4) 유도표지는 부착판 등을 사용하여 쉽게 떨어지지 아니하도록 설치할 것
5) 축광방식의 유도표지는 외광 또는 조명장치에 의하여 상시 조명이 제공되거나 비상조명등에 의한 조명이 제공되도록 설치할 것

※ 유도표지의 크기

1) 피난구축광유도표지 : 긴 변의 길이가 360[mm] 이상, 짧은 변의 길이가 120[mm] 이상
2) 통로축광유도표지 : 긴 변의 길이가 250[mm] 이상, 짧은 변의 길이가 85[mm] 이상

해설 ⊕

발신기 설치기준

1) 특정소방대상물의 층마다 설치
2) 조작스위치 설치높이 : 바닥으로부터 0.8[m] 이상 1.5[m] 이하
3) 각 부분으로부터 하나의 발신기까지의 수평거리 : 25[m] 이하(다만, 복도 또는 별도로 구획된 실로서 보행거리가 40[m] 이상일 경우 추가 설치)
4) 발신기 위치표시등은 함의 상부에 설치할 것
5) 발신기 불빛은 부착면으로부터 15° 이상의 범위 안에서 부착지점으로부터 10[m] 이내의 어느 곳에서도 쉽게 식별할 수 있는 적색등으로 할 것

80 자동화재탐지설비 및 시각경보장치의 화재안전기준에 따른 발신기의 시설기준에 대한 내용이다. 다음 (   )에 들어갈 내용으로 옳은 것은?

> 발신기의 위치를 표시하는 표시등은 함의 상부에 설치하되, 그 불빛은 부착면으로부터 (㉠)° 이상의 범위 안에서 부착지점으로부터 (㉡)[m] 이내의 어느 곳에서도 쉽게 식별할 수 있는 적색등으로 하여야 한다.

① ㉠ 10, ㉡ 10
② ㉠ 15, ㉡ 10
③ ㉠ 25, ㉡ 15
④ ㉠ 25, ㉡ 20

01 다음 중 피난자의 집중으로 패닉현상이 일어날 우려가 가장 큰 형태는?

① T형　　　　② X형
③ Z형　　　　④ H형

해설➕

피난로의 구조 및 특징

구분	구조	피난로의 특징
X형	←→↕	양방향 피난으로 확실한 피난로 보장
T형		피난방향을 확실하게 구분할 수 있는 형태
H형		피난자들의 중앙집중으로 패닉의 우려가 있는 형태
Z형		중앙복도형으로 양호한 양방향피난을 할 수 있는 형태

02 연기감지기가 작동할 정도이고 가시거리가 20~30m에 해당하는 감광계수는 얼마인가?

① 0.1m^{-1}　　　　② 1.0m^{-1}
③ 2.0m^{-1}　　　　④ 10m^{-1}

해설➕

감광계수와 가시거리와의 관계

감광계수 $C_s\,[\text{m}^{-1}]$	가시거리 [m]	상황
0.1	20~30	연기감지기가 작동할 때의 농도
0.3	5	건물 내부에 익숙한 사람이 피난에 지장을 느낄 정도의 농도
0.5	3	어두컴컴함을 느낄 정도의 농도
1	1~2	앞이 거의 보이지 않을 정도의 농도
10	0.2~0.5	화재 최성기 때의 농도

03 소화에 필요한 CO_2의 이론소화농도가 공기 중에서 37vol%일 때 한계산소농도는 약 몇 vol%인가?

① 13.2
② 14.5
③ 15.5
④ 16.5

해설➕

소화가스의 농도[%] 계산

$$CO_2[\%] = \frac{21 - O_2}{21} \times 100$$

여기서, $CO_2[\%]$: 방호구역에 방출된 소화가스의 농도[%]
　　　　O_2 : 소화가스 방출 후 방호구역의 산소농도[%]

[풀이]

$$37[\%] = \frac{21 - O_2}{21} \times 100$$

$$21 - O_2[\%] = \frac{37 \times 21}{100}$$

$$\therefore O_2 = 21 - 7.77 = 13.23[\%]$$

04 건물화재 시 패닉(Panic)의 발생원인과 직접적인 관계가 없는 것은?

① 연기에 의한 시계 제한
② 유독가스에 의한 호흡 장애
③ 외부와 단절되어 고립
④ 불연내장재의 사용

해설➕

화재발생 시 패닉의 발생원인
1) 유독가스에 의한 호흡 곤란
2) 연기에 의한 시계 제한
3) 외부와 단절되어 고립

④ 불연내장재의 사용 → 불연내장재를 사용하면 화재로부터 보호받을 수 있다.

정답　**01** ④　**02** ①　**03** ①　**04** ④

05 소화기구 및 자동소화장치의 화재안전기준에 따르면 소화기구(자동확산소화기 제외)는 거주자 등이 손쉽게 사용할 수 있는 장소에 바닥으로부터 높이 몇 m 이하의 곳에 비치하여야 하는가?

① 0.5 ② 1.0
③ 1.5 ④ 2.0

해설 ➕

소화기의 설치기준

1) 각 층마다 설치할 것
2) 소화기의 배치

소형소화기	대형소화기
보행거리 20m 이내마다 설치	보행거리 30m 이내마다 설치

3) 특정소방대상물의 각 층이 2 이상의 거실로 구획된 경우 바닥면적이 $33m^2$ 이상으로 구획된 각 거실(아파트의 경우에는 각 세대)에도 배치할 것
4) 소화기구는 바닥으로부터 높이 1.5m 이하의 곳에 비치할 것

06 물리적 폭발에 해당되는 것은?

① 분해폭발 ② 분진폭발
③ 증기운폭발 ④ 수증기폭발

해설 ➕

1) 물리적 폭발
   ① 물과 고온의 금속접촉에 의한 수증기폭발(증기폭발)
   ② 고압용기 파손에 의한 압력개방 폭발
   ③ 진공용기 파손에 의한 폭발
   ④ 전선에 허용전류를 초과하는 대전류인가로 인한 전선의 용해, 증발에 의한 전선폭발
   ⑤ 화산폭발, 운석충돌
2) 화학적 폭발
   ① 산화폭발 : 가연성 가스, 증기 등의 급격한 연소에 의한 폭발
   ② 분해폭발 : 나이트로셀룰로오스, 셀룰로이드, 아세틸렌 등이 분해연소하면서 폭발하는 현상
   ③ 중합폭발 : 시안화수소, 염화비닐 등의 단량체가 중합되면서 발생하는 폭발
   ④ 분해, 중합폭발 : 산화에틸렌
   ⑤ 분진폭발, 증기운폭발 등

07 소화약제로 사용되는 이산화탄소에 대한 설명으로 옳은 것은?

① 산수와 반응 시 흡열반응을 일으킨다.
② 산소와 반응하여 불연성 물질을 발생시킨다.
③ 산화하지 않으나 산소와는 반응한다.
④ 산소와 반응하지 않는다.

해설 ➕

이산화탄소의 물성

구분	물성
화학식	CO_2
분자량	44
증기비중	1.52
삼중점	$-57℃$
임계온도	$31.35℃$
임계압력	73atm
승화점	$-79℃$

이산화탄소는 $C + O_2 \rightarrow CO_2$ 반응이 완료된 물질로 더 이상 산소와 반응하지 않는다.

08 Halon 1211의 화학식에 해당하는 것은?

① CH_2BrCl
② CF_2ClBr
③ CH_2BrF
④ CF_2HBr

해설 ➕

할론소화약제의 물성

구분	Halon 1211	Halon 1301	Halon 2402	Halon 1011
화학식	CF_2ClBr	CF_3Br	$C_2F_4Br_2$	CH_2ClBr
분자량	165.4	148.9	259.8	129.4
증기비중	5.7	5.13	8.96	4.46
상온, 상압에서 상태	기체	기체	액체	액체

09 건축물 화재에서 플래시오버(Flash Over) 현상이 일어나는 시기는?

① 초기에서 성장기로 넘어가는 시기
② 성장에서 최성기로 넘어가는 시기
③ 최성기에서 감쇠기로 넘어가는 시기
④ 감쇠기에서 종기로 넘어가는 시기

해설 ⊕

플래시오버(Flash Over)의 정의 및 특성
1) 화재발생 후 일정시간이 경과하면 실내에 열과 가연성 가스가 축적되고 복사열에 의해 실 전체로 순간적으로 화재가 확산되는 현상
2) 화재 성장기에서 발생하여 플래시오버 후 최성기로 전이된다.
3) 연료지배형 화재에서 환기지배형 화재로 전이된다.
4) 플래시오버 발생시간 : 화재발생 후 약 5~6분 정도
5) 플래시오버 발생 시 실내온도 : 약 800~900℃

10 인화칼슘과 물이 반응할 때 생성되는 가스는?

① 아세틸렌
② 황화수소
③ 황산
④ 포스핀

해설 ⊕

1) 인화칼슘과 물의 반응식
$Ca_3P_2 + 6H_2O \rightarrow 3Ca(OH)_2 + 2PH_3$(포스핀가스 발생)
2) 탄화칼슘과 물의 반응식
$CaC_2 + 2H_2O \rightarrow Ca(OH)_2 + C_2H_2$(아세틸렌 발생)
3) 나트륨과 물의 반응식
$2Na + 2H_2O \rightarrow 2NaOH + H_2$(수소 발생)

11 위험물안전관리법상 자기반응성 물질의 품명에 해당하지 않는 것은?

① 나이트로화합물
② 할로젠간화합물
③ 질산에스터류
④ 하이드록실아민염류

해설 ⊕

1) 제5류 위험물
① 성질 : 자기반응성 물질
② 품명 및 지정수량

품명	지정수량
질산에스터류	
유기과산화물	
하이드록실아민	
하이드록실아민염류	
나이트로화합물	제1종 : 10[kg] 제2종 : 100[kg]
나이트로소화합물	
아조화합물	
다이아조화합물	
하이드라진유도체	

2) 제6류 위험물
① 성질 : 산화성 액체
② 품명 및 지정수량

위험등급	품명	지정수량
I	과염소산	300[kg]
	과산화수소	
	질산	
	그 밖에 행정안전부령으로 정하는 것	

③ 행정안전부령으로 정하는 것 : 할로젠간화합물
④ 할로젠간화합물의 종류
BrF_3(삼불화브로민), BrF_5(오불화브로민), IF_5(오불화아이오딘)

12 마그네슘의 화재에 주수하였을 때 물과 마그네슘의 반응으로 인하여 생성되는 가스는?

① 산소
② 수소
③ 일산화탄소
④ 이산화탄소

해설 ⊕

1) 마그네슘과 물의 반응식
$Mg + 2H_2O \rightarrow Mg(OH)_2 + H_2$(수소 발생)
2) 마그네슘과 이산화탄소의 반응식
$2Mg + CO_2 \rightarrow 2MgO + C$(가연성 탄소 발생)

정답 **09** ② **10** ④ **11** ② **12** ②

13 제2종 분말소화약제의 주성분으로 옳은 것은?

① NaH_2PO_4

② KH_2PO_4

③ $NaHCO_3$

④ $KHCO_3$

해설 ✛

분말소화약제의 종류

종별	분자식	착색	적응화재	충전비 [l/kg]
제1종 분말	탄산수소나트륨 ($NaHCO_3$)	백색	BC급	0.8
제2종 분말	탄산수소칼륨 ($KHCO_3$)	담회색 (담자색)	BC급	1.0
제3종 분말	제1인산암모늄 ($NH_4H_2PO_4$)	담홍색	ABC급	1.0
제4종 분말	탄산수소칼륨 + 요소 ($KHCO_3$ + $(NH_2)_2CO$)	회색	BC급	1.25

14 물과 반응하였을 때 가연성 가스를 발생시켜 화재의 위험성이 증가하는 것은?

① 과산화칼슘

② 메탄올

③ 칼륨

④ 과산화수소

해설 ✛

1) 과산화칼슘
   ① 유별 : 제1류 위험물 중 무기과산화물
   ② 물과 반응 : $2CaO_2 + 2H_2O \rightarrow 2Ca(OH)_2 + O_2$(조연성 가스)를 발생

2) 메탄올
   ① 유별 : 제4류 위험물 중 알코올류
   ② 물과 반응 : 수용성

3) 칼륨
   ① 유별 : 제3류 위험물
   ② 물과 반응 : $2K + 2H_2O \rightarrow 2KOH + H_2$(가연성 가스 발생)

4) 과산화수소
   ① 유별 : 제6류 위험물
   ② 물과 반응 : 수용성

15 물리적 소화방법이 아닌 것은?

① 연쇄반응의 억제에 의한 방법

② 냉각에 의한 방법

③ 공기와의 접촉 차단에 의한 방법

④ 가연물 제거에 의한 방법

해설 ✛

1) 물리적 소화
   ① 연소의 3요소 중 한 가지를 차단하여 소화하는 방법
   ② 점화원을 제거하는 냉각소화
   ③ 산소를 제거하는 질식소화
   ④ 가연물을 제거하는 제거소화

2) 화학적 소화
   ① 연소의 4요소인 연쇄반응을 억제하여 소화하는 방법
   ② 억제소화 또는 부촉매소화라 한다.

16 다음 중 착화온도가 가장 낮은 것은?

① 아세톤

② 휘발유

③ 이황화탄소

④ 벤젠

해설 ✛

착화온도(발화점)

물질	아세톤	휘발유	이황화탄소	벤젠
착화온도	465℃	300℃	90℃	498℃

17 화재의 분류방법 중 유류화재를 나타낸 것은?

① A급 화재

② B급 화재

③ C급 화재

④ D급 화재

해설 ✛

화재의 분류

구분	화재의 종류	표시색	주된 소화효과
A급 화재	일반화재	백색	냉각소화
B급 화재	유류, 가스화재	황색	질식소화
C급 화재	전기화재(통전)	청색	질식소화
D급 화재	금속화재	무색	질식소화
K급 화재	주방화재	–	냉각, 질식소화

18 소화약제로 사용되는 물에 관한 소화성능 및 물성에 대한 설명으로 틀린 것은?

① 비열과 증발잠열이 커서 냉각소화 효과가 우수하다.
② 물(15℃)의 비열은 약 1cal/g ℃이다.
③ 물(100℃)의 증발잠열은 439.6cal/g이다.
④ 물의 기화에 의해 팽창된 수증기는 질식소화 작용을 할 수 있다.

해설⊕

물의 소화성능 및 물성
1) 물의 비열 1[cal/g ℃], 1[kcal/kg ℃], 4.184[J/g ℃], 4.184[kJ/kg ℃]
   ※ 비열 : 물 1g을 14.5℃에서 15.5℃까지 1℃ 올리는 데 필요한 열량
2) 물의 융해잠열 : 80[cal/g], 80[kcal/kg]
3) 물의 증발잠열 : 539[cal/g], 539[kcal/kg]
4) 밀폐된 장소에서 증발 가열되면 수증기에 의한 질식소화 효과가 있다.

19 다음 중 공기에서의 연소범위를 기준으로 했을 때 위험도(H)값이 가장 큰 것은?

① 다이에틸에터   ② 수소
③ 에틸렌   ④ 부탄

해설⊕

위험도(H)

$$H = \frac{UFL - LFL}{LFL}$$

여기서, H : 위험도
   UFL : 연소상한계[%]
   LFL : 연소하한계[%]

① 다이에틸에터 연소범위 : 1.9~48

   다이에틸에터 위험도 $H = \dfrac{48 - 1.9}{1.9} = 24.26$

② 수소 연소범위 : 4~75

   수소 위험도 $H = \dfrac{75 - 4}{4} = 17.75$

③ 에틸렌 연소범위 : 2.7~36

   에틸렌 위험도 $H = \dfrac{36 - 2.7}{2.7} = 12.33$

④ 부탄 연소범위 : 1.8~8.4

   부탄 위험도 $H = \dfrac{8.4 - 1.8}{1.8} = 3.67$

20 조연성 가스로만 나열되어 있는 것은?

① 질소, 불소, 수증기
② 산소, 불소, 염소
③ 산소, 이산화탄소, 오존
④ 질소, 이산화탄소, 염소

해설⊕

조연성 가스
1) 정의 : 자신은 타지 않고 가연성 가스의 연소를 도와주는 가스
2) 종류 : 산소, 공기, 불소, 염소, 이산화질소 등

2과목 **소방전기일반**

21 단상 반파정류회로를 통해 평균 26V의 직류전압을 출력하는 경우, 정류 다이오드에 인가되는 역방향 최대 전압은 약 몇 V인가?[단, 직류 측에 평활회로(필터)가 없는 정류회로이고 다이오드의 순방향전압은 무시한다]

① 26   ② 37   ③ 58   ④ 82

해설⊕

정현파 및 정현반파의 최댓값, 실효값, 평균값

파형	최댓값 (V_m)	실효값 (V)	평균값 (V_{av})	파형률	파고율
정현파	V_m	$\dfrac{V_m}{\sqrt{2}}$	$\dfrac{2V_m}{\pi}$	1.11	1.414
정현반파	V_m	$\dfrac{V_m}{2}$	$\dfrac{V_m}{\pi}$	1.57	2

1) 반파정류회로의 직류전압=반파정류의 평균값 $V_{av} = 26$[V]
2) 반파정류에서 평균값과 최댓값의 관계

$$V_{av} = \frac{V_m}{\pi}$$

정답 **18** ③ **19** ① **20** ② **21** ④

3) 단상 반파정류회로의 역방향 최대전압

$$V_m = \pi \times V_{av}$$
$$\quad = \pi \times 26 = 81.68[\text{V}]$$

22 시퀀스회로를 논리식으로 표현하면?

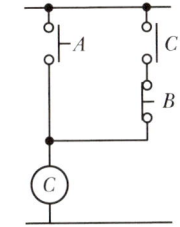

① $C = A + \overline{B} \cdot C$

② $C = A \cdot \overline{B} + C$

③ $C = A \cdot C + \overline{B}$

④ $C = A \cdot C + \overline{B} \cdot C$

해설⊕

1) (+)와 (•)의 의미

+	병렬회로를 의미	OR 회로	$X = (A+B)$	A B → X
•	직렬회로를 의미	AND 회로	$X = (A \cdot B)$	A B → X

2) $\overline{B}$와 C는 직렬회로이므로 $(\overline{B} \cdot C)$

　여기서, B 푸시버튼은 b접점이므로 $\overline{B}$로 표현한다.

3) A와 $(\overline{B} \cdot C)$가 병렬회로이므로 $A + (\overline{B} \cdot C)$

4) 출력 $C = A + (\overline{B} \cdot C)$

23 제어량에 따른 제어방식의 분류 중 온도, 유량, 압력 등의 공업 프로세스의 상태량을 제어량으로 하는 제어계로서 외란의 억제를 주목적으로 하는 제어방식은?

① 서보기구

② 자동조정

③ 추종 제어

④ 프로세스 제어

해설⊕

1) 목푯값의 성질에 의한 분류

　① 프로그램 제어 : 목푯값의 변화가 미리 정해진 신호에 따라 동작

　② 정치 제어 : 목푯값이 시간적으로 변화하지 않고 일정한 제어

　③ 추종 제어 : 시간에 따라 변하는 목푯값에 제어량을 추종시키는 제어

2) 제어량의 성질에 의한 분류

　① 프로세스 제어(공정 제어) : 공업 공정의 상태를 제어량으로 하는 제어

　　⑩ 온도, 유량, 압력, 밀도, 농도 등

　② 서보기구 : 기계적인 변위량을 목푯값의 임의의 변화에 추종하도록 구성하는 제어

　　⑩ 위치, 방위, 자세, 거리, 각도 등

　③ 자동조정 : 전기적, 기계적 양의 제어

　　⑩ 전압, 전류, 주파수, 회전속도 등

24 반도체를 사용한 화재감지기 중 서미스터 (Thermistor)는 무엇을 측정, 제어하기 위한 반도체 소자인가?

① 온도

② 연기 농도

③ 가스 농도

④ 불꽃의 스펙트럼 강도

해설⊕

반도체의 종류 및 특성

반도체의 종류	특성	용도
서미스터	온도가 높아지면 저항값이 감소하는 부저항 온도 계수의 특성(NTC)	• 온도보상용 • 휘트스톤브리지
바리스터	서지전압을 흡수하여 전자회로를 보호	• 개폐기의 불꽃 소거 • 서지전압 제거
SCR	단방향 3단자 사이리스터	• 대전류용 • 전동기 제어, 검출 회로용
제너 다이오드	역방향의 전압이 가해질 때 정전압을 발생	정전압 회로용으로 사용
바랙터 다이오드	전압에 따라 커패시턴스를 가변할 수 있는 가변용량 다이오드	AFC 회로나 FM 회로 등에 사용
터널 다이오드	전압－전류는 부성저항형이며, 고주파 특성이 양호하다.	• 초고주파 발진회로 • 고속 스위칭회로

반도체의 종류	특성	용도
발광 다이오드 (LED)	• 전류를 흘리면 빛을 방출하는 소자로서 발열이 작고, 응답속도가 좋다. • 수명이 길고 효율이 좋다. • 발광재료 : GaAs(비소 화갈륨), GaP(인화갈륨)	• 조명설비 • 디스플레이 장치

25 다음 그림에서 $a-b$ 간의 합성저항은 몇 Ω 인가?

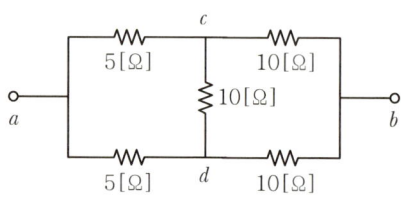

① 5Ω ② 7.5Ω
③ 15Ω ④ 30Ω

해설 ➕

1) 대각선의 저항의 곱이 서로 같으므로 위 회로는 평형이다.
2) 브리지가 평형이므로 $c-d$ 간에는 전류가 흐르지 않는다.
3) 전류가 흐르지 않으면 저항이 무한대이므로 $c-d$ 간의 10[Ω]의 저항은 무시한다.

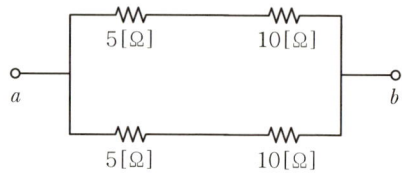

4) $R_{ab} = \dfrac{(5+10)(5+10)}{(5+10)+(5+10)} = 7.5[\Omega]$

26 1개의 용량이 25W인 객석유도등 10개가 연결되어 있다. 이 회로에 흐르는 전류는 약 몇 A인가? (단, 전원전압은 220V이고, 기타 손실은 무시한다)

① 0.88A   ② 1.14A
③ 1.25A   ④ 1.36A

해설 ➕

유효전력 P[W]
저항(R)에서 소비되는 전력, 실제 일한 전력, 소비전력

$$P = VI = I^2 R = \frac{V^2}{R}$$

유효전력 P : 25[W]×10개=250[W]
전압 : 220[V]
$P = VI$, $250 = 220 \times I$, $I = 1.14$[A]

27 PD(비례미분)제어동작의 특징으로 옳은 것은?

① 잔류편차 제거   ② 간헐현상 제거
③ 불연속 제어   ④ 응답 속응성 개선

해설 ➕

제어동작에 따른 제어계의 분류

제어동작		특징
불연속 동작	ON−OFF 제어	간헐 현상이 발생
P동작	비례 제어	잔류편차(offset) 발생
PI동작	비례적분 제어	잔류편차 제거, 지상보상 요소
PD동작	비례미분 제어	속응성 향상, 진동 제거, 진상보상요소
PID동작	비례적분미분 제어	속응성 향상, 잔류편차도 제거한 제어계로 가장 안정적인 제어계, 지상 및 진상보상요소

28 그림에서 저항 20Ω에 흐르는 전류는 몇 A인가?

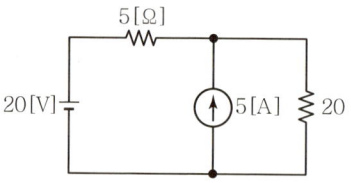

① 0.8A   ② 1.0A
③ 1.8A   ④ 2.8A

해설 ⊕

중첩의 원리

1) 여러 개의 전원을 갖는 회로에서 임의의 저항에 인가되는 전압과 흐르는 전류는 각 독립된 전원에 의한 전압과 전류의 대수적인 합과 같다.

2) 회로 해석에서 중첩 원리(Superposition)를 적용할 때 전압원은 단락(Short)시키고 전류원은 개방(Open)시켜서 해석한다.

[풀이]

1) 전류원 개방 시 저항 20Ω에 흐르는 전류

$$I_1 = \frac{V}{R} = \frac{20}{5+20} = 0.8[\text{A}]$$

2) 전압원 단락 시 저항 20Ω에 흐르는 전류

$$I_2 = \frac{R_1}{R_1 + R_2} I = \frac{5}{5+20} \times 5 = 1[\text{A}]$$

3) 전류원 개방 시와 전압원 단락 시 20Ω의 저항에 흐르는 전류 합

$$I_t = I_1 + I_2 = 0.8 + 1 = 1.8[\text{A}]$$

29 1cm의 간격을 둔 평행 왕복전선에 25A의 전류가 흐른다면 전선 사이에 작용하는 전자력은 몇 N/m이며, 이것은 어떤 힘인가?

① 2.5×10^{-2}, 반발력
② 1.25×10^{-2}, 반발력
③ 2.5×10^{-2}, 흡인력
④ 1.25×10^{-2}, 흡인력

해설 ⊕

평행 도선 사이에 작용하는 힘(전자력)

1) 전류 방향이 동일 : 흡인력
2) 전류 방향이 반대 : 반발력
3) 단위길이당 작용하는 힘

$$F = \frac{2 I_1 I_2}{r} \times 10^{-7} \ [\text{N/m}]$$

여기서, r : 두 도선 사이 거리[m], I : 전류[A]

4) 평행 도선 사이에 작용하는 힘은 두 도선 사이의 거리에 반비례한다.

① $F = \dfrac{2 I_1 I_2}{r} \times 10^{-7} = \dfrac{2 \times 25[\text{A}] \times 25[\text{A}]}{1 \times 10^{-2}[\text{m}]} \times 10^{-7}$
$\qquad = 0.0125[\text{N/m}]$
$\quad F = 1.25 \times 10^{-2}[\text{N/m}]$

② 왕복전선이므로 전류의 방향은 반대 : 반발력 작용

30 0.5kVA의 수신기용 변압기가 있다. 변압기의 철손이 7.5W, 전부하동손이 16W이다. 화재가 발생하여 처음 2시간은 전부하 운전되고, 다음 2시간은 1/2의 부하가 걸렸다고 한다. 이 4시간에 걸친 전손실전력량은 약 몇 Wh인가?

① 65　　② 70　　③ 75　　④ 80

해설 ⊕

1) 전손실동력

$$P_l = P_i + m^2 P_C[\text{W}]$$

여기서, P_l : 전손실동력[W], P_i : 철손(무부하손)[W]
$\qquad P_C$: 동손(부하손)[W], m : 부하율

2) 전손실전력량

$$W = P_i t + (m^2 P_C) t \ [\text{Wh}]$$
$$\quad = P_i t + (m_1^2 P_C) t_1 + (m_2^2 P_C) t_2 [\text{Wh}]$$

여기서, P_i : 철손(무부하손)[W]
$\qquad P_C$: 동손(부하손)[W]
$\qquad m$: 부하율
$\qquad m_1$: 처음 운전 시 부하율
$\qquad m_2$: 나중 운전 시 부하율
$\qquad t$: 총운전시간[h]
$\qquad t_1$: 처음 운전시간[h]
$\qquad t_2$: 나중 운전시간[h]

[풀이]

P_i : 7.5[W], P_C : 16[W], m_1 : 1(전부하), m_2 : $\dfrac{1}{2}$

t : 4[h], t_1 : 2[h], t_2 : 2[h]

$W = 7.5 \times 4[\text{h}] + 1^2 \times 16 \times 2[\text{h}] + \left(\dfrac{1}{2}\right)^2 \times 16 \times 2[\text{h}]$
$\quad = 70[\text{Wh}]$

31 테브난의 정리를 이용하여 그림 (a)의 회로를 그림 (b)와 같은 등가회로로 만들고자 할 때 V_{TH}[V] 와 R_{TH}[Ω]은?

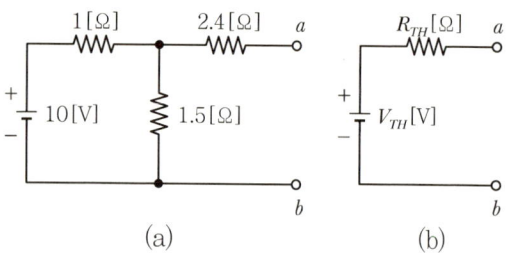

(a)   (b)

① 5V, 2Ω

② 5V, 3Ω

③ 6V, 2Ω

④ 6V, 3Ω

해설 ⊕

1) 테브난 전압

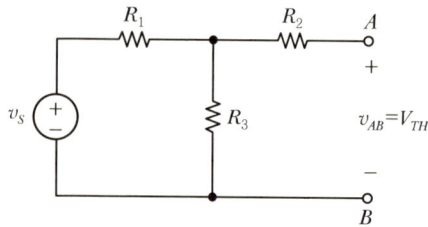

$$V_{TH} = \frac{R_3}{R_1 + R_3} \times v_s$$

$$= \frac{1.5}{1 + 1.5} \times 10 = 6[\text{V}]$$

2) 테브난 저항

$$R_{TH} = R_2 + \frac{R_1 R_3}{R_1 + R_3} [\Omega]$$

$$= 2.4 + \frac{1 \times 1.5}{1 + 1.5} = 3.0 [\Omega]$$

32 블록선도에서 외란 $D(s)$의 입력에 대한 출력 $C(s)$의 전달함수 $\left(\dfrac{C(s)}{D(s)} \right)$는?

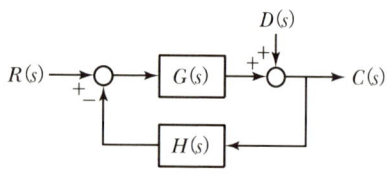

① $\dfrac{G(s)}{H(s)}$

② $\dfrac{1}{1 + G(s) H(s)}$

③ $\dfrac{H(s)}{G(s)}$

④ $\dfrac{G(s)}{1 + G(s) H(s)}$

해설 ⊕

간이 전달함수법

$$G(s) = \frac{C(s)}{R(s)} = \frac{\text{순방향 경로의 곱}}{1 - \text{루프의 곱}}$$

여기서, $G(s)$: 전달함수

$\quad\quad\quad R(s)$: 입력

$\quad\quad\quad C(s)$: 출력

1) $D(s)$의 입력에 대한 출력 $C(s)$의 전달함수

$$G(s) = \frac{C(s)}{D(s)} = \frac{1}{1 + G(s) H(s)}$$

2) $R(s)$의 입력에 대한 출력 $C(s)$의 전달함수

$$G(s) = \frac{C(s)}{R(s)} = \frac{G(s)}{1 + G(s) H(s)}$$

33 회로에서 전압계 Ⓥ가 지시하는 전압의 크기는 몇 V인가?

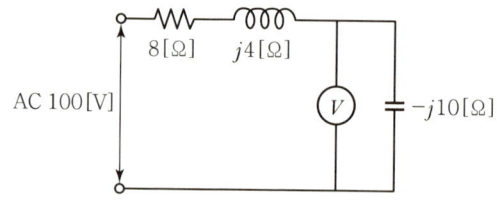

① 10

② 50

③ 80

④ 100

해설 ⊕

1) RLC 직렬회로에서의 임피던스

$$Z = \sqrt{R^2 + (X_L - X_C)^2} = \sqrt{8^2 + (4 - 10)^2} = 10[\Omega]$$

2) 전류

$$I = \frac{V}{Z} = \frac{100}{10} = 10[\text{A}]$$

3) 전압계(콘덴서)에 걸리는 전압

$$V = I \cdot X_C = 10 \times 10 = 100[\text{V}]$$

여기서, $(-)$는 위상을 나타내므로 전압의 크기만 나타낼 때는 생략할 수 있다.

34 지시계기에 대한 동작원리가 틀린 것은?

① 열전형 계기 – 대전된 도체 사이에 작용하는 정전력을 이용

② 가동 철편형 계기 – 전류에 의한 자기장이 연철편에 작용하는 힘을 이용

③ 전류력계형 계기 – 전류 상호 간에 작용하는 힘을 이용

④ 유도형 계기 – 회전 자기장 또는 이동 자기장과 이것에 의한 유도정류와의 상호작용을 이용

해설⊕

지시계기의 종류 및 동작원리

종류	동작원리	사용회로	지시값
가동 코일형	영구 자석의 자기장 내에 코일을 두고, 이 코일에 전류를 통과시켜 발생되는 힘을 이용	직류	평균값
가동 철편형	전류에 의한 자기장이 연철편에 작용하는 힘을 사용	교류	실효값
유도형	회전 자기장 또는 이동 자기장과 이것에 의한 유도전류와의 상호작용을 이용	교류	실효값
전류 력계형	전류 상호 간에 작용하는 힘을 이용	직류 교류	평균값 실효값
열전형	다른 종류의 금속체 사이에 발생되는 기전력을 이용	직류 교류	평균값 실효값
정류형	가동 코일형 계기 앞에 정류 회로를 삽입하여 교류전압만을 측정	교류	실효값
정전형	대전된 대전체 사이에 작용하는 정전력(흡인력 또는 반발력)을 이용	직류 교류	평균값 실효값

35 선간전압의 크기가 $100\sqrt{3}$ 인 대칭 3상 전원에 각 상의 임피던스가 $Z = 30 + j40\,\Omega$ 인 Y결선의 부하가 연결되었을 때 이 부하로 흐르는 선전류의 크기 [A]는?

① 2

② $2\sqrt{3}$

③ 5

④ $5\sqrt{3}$

해설⊕

1) Y 결선

$$V_l = \sqrt{3}\, V_P \qquad\qquad I_l = I_P$$

2) △결선

$$V_l = V_P \qquad\qquad I_l = \sqrt{3}\, I_P$$

여기서, V_P : 상전압[V], V_l : 선간전압[V]

I_P : 상전류[A], I_l : 선간전류[A]

[풀이]

1) Y결선된 1상의 임피던스 Z

$$Z = \sqrt{R^2 + X^2} = \sqrt{30^2 + 40^2} = 50\,[\Omega]$$

2) 상전압 V_P

$V_l = \sqrt{3}\, V_P$ 에서

$$V_P = \frac{V_l}{\sqrt{3}} = \frac{100\sqrt{3}}{\sqrt{3}} = 100\,[V]$$

3) 상전류 I_P

$$I_P = \frac{V_P}{Z} = \frac{100\,[V]}{50\,[\Omega]} = 2\,[A]$$

4) 선전류 I_l

Y결선에서 $I_l = I_P$ 이므로

$$I_l = I_P = 2\,[A]$$

36 자유공간에서 무한히 넓은 평면에 면전하밀도 $\sigma\,[C/m^2]$ 가 균일하게 분포되어있을 경우 전계의 세기(E)는 몇 V/m인가?(단, ε_0 는 진공의 유전율이다.)

① $E = \dfrac{\sigma}{\varepsilon_0}$

② $E = \dfrac{\sigma}{2\varepsilon_0}$

③ $E = \dfrac{\sigma}{2\pi\varepsilon_0}$

④ $E = \dfrac{\sigma}{4\pi\varepsilon_0}$

해설⊕

1) 면전하밀도 σ

전하량을 면적으로 나눈 값으로 단위면적당 전하량을 의미한다.

$$\sigma = \frac{Q}{S}\,[C/m^2]$$

2) 전기력선의 총수 Φ

$$\Phi = \frac{Q}{\varepsilon_0} = E\,S$$

여기서, Q : 전하량[C], ε_0 : 진공의 유전율[F/m],

E : 전계의 세기[V/m], S : 면적[m^2]

3) 전계의 세기

$$E = \frac{Q}{\varepsilon_0 S} = \frac{\sigma S}{\varepsilon_0 S} = \frac{\sigma}{\varepsilon_0}$$

4) 무한평면에서 전계의 세기

무한평면에서는 평면의 위쪽과 아래쪽으로 전기력선이 발산되므로 면적은 윗면과 아랫면의 면적인 $2S$가 된다.

$$\therefore E = \frac{Q}{\varepsilon_0 \times 2S} = \frac{\sigma S}{\varepsilon_0 \times 2S} = \frac{\sigma}{2\varepsilon_0}$$

37 50Hz의 주파수에서 유도성 리액턴스가 4Ω인 인덕터와 용량성 리액턴스가 1Ω인 커패시터와 4Ω의 저항이 모두 직렬로 연결되어 있다. 이 회로에 100V, 50Hz의 교류전압을 인가했을 때 무효전력[Var]은?

① 1,000 ② 1,200
③ 1,400 ④ 1,600

해설 ⊕

무효전력 P_r[Var]

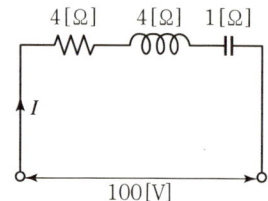

1) 임피던스

$$Z = \sqrt{R^2 + (X_L - X_C)^2} = \sqrt{4^2 + (4-1)^2} = 5\,[\Omega]$$

2) 전류

$$I = \frac{V}{Z} = \frac{100}{5} = 20\,[\mathrm{A}]$$

3) 무효전력

$$P_r = I^2\,X = I^2(X_L - X_C)$$

$$= 20^2 \times (4-1) = 1{,}200\,[\mathrm{Var}]$$

38 다음 단상 유도전동기 중 기동토크가 가장 큰 것은?

① 셰이딩 코일형
② 콘덴서 기동형
③ 분상 기동형
④ 반발 기동형

해설 ⊕

단상 유도전동기의 기동토크 크기 순서

반발 기동형 > 반발 유도형 > 콘덴서 기동형 > 분상 기동형 > 셰이딩 코일형

39 무한장 솔레노이드에서 자계의 세기에 대한 설명으로 틀린 것은?

① 솔레노이드 내부에서 자계의 세기는 전류의 세기에 비례한다.
② 솔레노이드 내부에서 자계의 세기는 코일의 권수에 비례한다.
③ 솔레노이드 내부에서 자계의 세기는 위치에 관계없이 일정한 평등자계이다.
④ 자계의 방향과 암페어 적분경로가 서로 수직인 경우 자계의 세기가 최대이다.

해설 ⊕

무한장 솔레노이드에 의한 자장의 세기

$$H = \frac{NI}{l}\,[\mathrm{AT/m}] \qquad H = n_0\,I\,[\mathrm{AT/m}]$$

여기서, N : 권수[T]

I : 전류[A]

l : 자로의 길이[m]

$$n_0 = \frac{\text{권선수}[N]}{1[\mathrm{m}]\text{당}}$$

1) 전류의 세기에 비례한다.
2) 코일의 권수에 비례한다.
3) 내부자계 = 평등자계
외부자계 = 0

정답 **37** ② **38** ④ **39** ④

40 다음의 논리식을 간소화하면?

$$Y = \overline{(A+B) \cdot \overline{B}}$$

① $Y = A + B$

② $Y = \overline{A} + B$

③ $Y = A + \overline{B}$

④ $Y = \overline{A} + \overline{B}$

해설⊕

드모르간의 정리

논리식의 전체 부정을 부분 부정으로, 부분 부정을 전체 부정으로 바꾸는 데 사용한다.

$$\overline{A+B} = \overline{A} \cdot \overline{B} \qquad \overline{A \cdot B} = \overline{A} + \overline{B}$$
$$A + B = \overline{\overline{A} \cdot \overline{B}} \qquad A \cdot B = \overline{\overline{A} + \overline{B}}$$

1) 드모르간의 정리를 이용하여 전체 부정을 부분 부정으로 정리

$$Y = \overline{(A+B) \cdot \overline{B}}$$
$$= (A \cdot \overline{B}) + B$$

2) 간소화

$$Y = (A \cdot \overline{B}) + B$$
$$= (A+B) \cdot (B + \overline{B}) \quad 여기서, (B + \overline{B}) = 1$$
$$= A + B$$

3과목 소방관계법규

41 다음 위험물안전관리법령의 자체소방대 기준에 대한 설명으로 틀린 것은?

> 다량의 위험물을 저장·취급하는 제조소 등으로서 <u>대통령령이 정하는 제조소 등</u>이 있는 동일한 사업소에서 <u>대통령령이 정하는 수량 이상의 위험물</u>을 저장 또는 취급하는 경우 당해 사업소의 관계인은 대통령령이 정하는 바에 따라 당해 사업소에 자체소방대를 설치하여야 한다.

① "대통령령이 정하는 제조소 등"은 제4류 위험물을 취급하는 제조소를 포함한다.

② "대통령령이 정하는 제조소 등"은 제4류 위험물을 취급하는 일반취급소를 포함한다.

③ "대통령령이 정하는 수량 이상의 위험물"은 제4류 위험물의 최대수량 합이 지정수량의 3천 배 이상인 것을 포함한다.

④ "대통령령이 정하는 제조소 등"은 보일러로 위험물을 소비하는 일반취급소를 포함한다.

해설⊕

자체소방대

1) 자체소방대 설치대상
　① 제4류 위험물을 취급하는 제조소 또는 일반취급소로서 지정수량의 3,000배 이상
　② 제4류 위험물을 저장하는 옥외탱크저장소로서 지정수량의 50만 배 이상

2) 자체소방대에 두는 화학소방자동차 및 인원

사업소의 구분		화학소방 자동차	자체소방 대원의 수
제조소 또는 일반 취급소	지정수량의 3천 배 이상 12만 배 미만	1대	5인
	지정수량의 12만 배 이상 24만 배 미만	2대	10인
	지정수량의 24만 배 이상 48만 배 미만	3대	15인
	지정수량의 48만 배 이상	4대	20인
옥외탱크 저장소	지정수량의 50만 배 이상	2대	10인

3) 자체소방대의 설치 제외대상인 일반취급소
　① 보일러, 버너 그 밖에 이와 유사한 장치로 위험물을 소비하는 일반취급소
　② 이동저장탱크 그 밖에 이와 유사한 것에 위험물을 주입하는 일반취급소
　③ 용기에 위험물을 옮겨 담는 일반취급소
　④ 유압장치, 윤활유순환장치 그 밖에 이와 유사한 장치로 위험물을 취급하는 일반취급소
　⑤ 「광산안전법」의 적용을 받는 일반취급소

42 위험물안전관리법령상 제조소 등에 설치해야 할 자동화재탐지설비의 설치기준 중 ( ) 안에 알맞은 내용은?(단, 광전식 분리형 감지기 설치는 제외한다)

> 하나의 경계구역의 면적은 (㉠)m² 이하로 하고 그 한 변의 길이는 (㉡)m 이하로 할 것. 다만, 당해 건축물 그 밖의 공작물의 주요한 출입구에서 그 내부의 전체를 볼 수 있는 경우에 있어서는 그 면적을 1,000m² 이하로 할 수 있다.

① ㉠ 300, ㉡ 20 ② ㉠ 400, ㉡ 30
③ ㉠ 500, ㉡ 40 ④ ㉠ 600, ㉡ 50

해설 ⊕

자동화재탐지설비의 설치기준(위험물안전관리법 시행규칙 별표 17)

1) 자동화재탐지설비의 경계구역은 건축물 그 밖의 공작물의 2 이상의 층에 걸치지 아니하도록 할 것. 다만, 하나의 경계구역의 면적이 500[m²] 이하이면서 당해 경계구역이 두 개의 층에 걸치는 경우이거나 계단·경사로·승강기의 승강로 그 밖에 이와 유사한 장소에 연기감지기를 설치하는 경우에는 그러하지 아니하다.

2) 하나의 경계구역의 면적은 600[m²] 이하로 하고 그 한 변의 길이는 50[m](광전식 분리형 감지기를 설치할 경우에는 100[m]) 이하로 할 것. 다만, 당해 건축물 그 밖의 공작물의 주요한 출입구에서 그 내부의 전체를 볼 수 있는 경우에 있어서는 그 면적을 1,000[m²] 이하로 할 수 있다.

3) 자동화재탐지설비의 감지기(옥외탱크저장소에 설치하는 자동화재탐지설비의 감지기는 제외한다)는 지붕(상층이 있는 경우에는 상층의 바닥) 또는 벽의 옥내에 면한 부분(천장이 있는 경우에는 천장 또는 벽의 옥내에 면한 부분 및 천장의 뒷부분)에 유효하게 화재의 발생을 감지할 수 있도록 설치할 것

43 소방시설공사업법령상 전문 소방시설공사업의 등록기준 및 영업범위의 기준에 대한 설명으로 틀린 것은?

① 법인인 경우 자본금은 최소 1억 원 이상이다.
② 개인인 경우 자산평가액은 최소 1억 원 이상이다.
③ 주된 기술인력 최소 1명 이상, 보조기술인력 최소 3명 이상을 둔다.
④ 영업범위는 특정소방대상물에 설치되는 기계분야 및 전기분야 소방시설의 공사·개설·이전 및 정비이다.

해설 ⊕

소방시설공사업의 업종별 기술인력, 자본금 및 영업범위

항목 / 업종별		기술인력	자본금 (자산평가액)	영업범위
전문 소방시설 공사업		• 주된 기술인력 – 소방기술사 – 기계분야와 전기분야의 소방설비기사 각 1명(기계분야 및 전기분야의 자격을 함께 취득한 사람 1명) 이상 • 보조기술인력 : 2명 이상	• 법인 : 1억 원 이상 • 개인 : 자산평가액 1억 원 이상	특정소방대상물에 설치되는 기계분야 및 전기분야 소방시설의 공사·개설·이전 및 정비
일반 소방시설 공사업	기계 분야	• 주된 기술인력 소방기술사 또는 기계분야 소방설비기사 1명 이상 • 보조기술인력 : 1명 이상	• 법인 : 1억 원 이상 • 개인 : 자산평가액 1억 원 이상	• 연면적 10,000m² 미만의 특정소방대상물에 설치되는 기계분야 소방시설의 공사·개설·이전 및 정비 • 위험물제조소 등에 설치되는 기계분야 소방시설의 공사·개설·이전 및 정비
	전기 분야	• 주된 기술인력 소방기술사 또는 전기분야 소방설비기사 1명 이상 • 보조기술인력 : 1명 이상	• 법인 : 1억 원 이상 • 개인 : 자산평가액 1억 원 이상	• 연면적 10,000m² 미만의 특정소방대상물에 설치되는 전기분야 소방시설의 공사·개설·이전·정비 • 위험물제조소 등에 설치되는 전기분야 소방시설의 공사·개설·이전·정비

③ 주된 기술인력 최소 1명 이상, 보조기술인력 최소 3명 이상 → 보조기술인력 최소 2명 이상

44 소방시설 설치 및 관리에 관한 법령상 특정소방대상물의 관계인이 특정소방대상물의 규모 · 용도 및 수용인원 등을 고려하여 갖추어야 하는 소방시설의 송류에 대한 기준 중 다음 (   ) 안에 알맞은 것은?

화재안전기준에 따라 소화기구를 설치하여야 하는 특정소방대상물은 연면적 (㉠)m² 이상인 것. 다만, 노유자시설의 경우에는 투척용 소화용구 등을 화재안전기준에 따라 산정된 소화기 수량의 (㉡) 이상으로 설치할 수 있다.

① ㉠ 33, ㉡ $\frac{1}{2}$

② ㉠ 33, ㉡ $\frac{1}{5}$

③ ㉠ 50, ㉡ $\frac{1}{2}$

④ ㉠ 50, ㉡ $\frac{1}{5}$

해설⊕

소화기구를 설치하여야 하는 특정소방대상물
1) 연면적 33[m²] 이상(노유자 시설의 경우 산정된 소화기 수량의 1/2 이상을 투척용 소화용구 등으로 설치할 수 있다.)
2) 가스시설, 발전시설 중 전기저장시설 및 국가유산
3) 터널
4) 지하구

45 화재의 예방 및 안전관리에 관한 법령상 천재지변 및 그 밖에 대통령령으로 정하는 사유로 화재안전조사를 받기 곤란하여 화재안전조사의 연기를 신청하려는 자는 화재안전조사 시작 최대 며칠 전까지 연기신청서 및 증명서류를 제출해야 하는가?

① 3   ② 5   ③ 7   ④ 10

해설⊕

화재안전조사

구분	화재안전조사
실시권자	소방청장, 소방본부장, 소방서장
통보 등	사전에 7일 이상 조사계획을 공개
연기신청	3일 전
조사사항	소방대상물의 위치 · 구조 및 설비

46 위험물안전관리법상 정기점검의 대상인 제조소 등의 기준으로 틀린 것은?

① 지하탱크저장소
② 이동탱크저장소
③ 지정수량의 10배 이상의 위험물을 취급하는 제조소
④ 지정수량의 20배 이상의 위험물을 저장하는 옥외탱크저장소

해설⊕

정기점검
1) 정기점검의 횟수 : 연 1회 이상

2) 정기점검의 대상인 제조소 등
  ① 예방규정을 정해야 하는 제조소 등
    • 지정수량의 10배 이상의 위험물을 취급하는 제조소
    • 지정수량의 100배 이상의 위험물을 저장하는 옥외저장소
    • 지정수량의 150배 이상의 위험물을 저장하는 옥내저장소
    • 지정수량의 200배 이상의 위험물을 저장하는 옥외탱크저장소
    • 암반탱크저장소
    • 이송취급소
  ② 지하탱크저장소
  ③ 이동탱크저장소
  ④ 지하에 매설된 탱크가 있는 제조소 · 주유취급소 또는 일반취급소

④ 지정수량의 20배 → 200배

47 위험물안전관리법상 제4류 위험물 중 경유의 지정수량은 몇 리터인가?

① 500
② 1,000
③ 1,500
④ 2,000

해설⊕

제4류 위험물의 품명 및 지정수량

위험 등급	품명		지정수량
I	특수인화물(다이에틸에터, 아세트알데하이드, 산화프로필렌, 이황화탄소) 1기압에서 발화점이 100℃ 이하인 것 또는 인화점이 −20℃ 이하이고 비점이 40℃ 이하인 것		50[l]
II	제1석유류(아세톤, 휘발유) 인화점 21℃ 미만	비수용성 액체	200[l]
		수용성 액체	400[l]
	알코올류 탄소원자의 수가 1개부터 3개까지인 포화 1가 알코올		400[l]
III	제2석유류(경유, 등유) 인화점이 21℃ 이상 70℃ 미만	비수용성 액체	1,000[l]
		수용성 액체	2,000[l]
	제3석유류(중유, 크레오소트유) 인화점이 70℃ 이상 200℃ 미만	비수용성 액체	2,000[l]
		수용성 액체	4,000[l]
	제4석유류(기어유, 실린더유) 인화점이 200℃ 이상 250℃ 미만		6,000[l]
	동·식물유류(건성유, 반건성유, 불건성유) 동물의 지육 등 또는 식물의 종자나 과육으로부터 추출한 것으로서 1기압에서 인화점이 250℃ 미만		10,000[l]

※ 경유, 등유 : 제4류 위험물 중 제2석유류로서 비수용성 액체

48 화재의 예방 및 안전관리에 관한 법령상 1급 소방안전관리대상물의 소방안전관리자 선임 대상 기준 중 ( ) 안에 알맞은 내용은?

소방공무원으로 ( ) 근무한 경력이 있는 사람

① 5년 이상
② 7년 이상
③ 8년 이상
④ 10년 이상

해설⊕

1급 소방안전관리대상물의 소방안전관리자
다음에 해당하는 사람으로서 1급 소방안전관리자 자격증을 발급받은 사람 또는 특급 소방안전관리대상물의 소방안전관리자 자격증을 발급받은 사람
1) 소방설비기사 또는 소방설비산업기사의 자격이 있는 사람
2) 소방공무원으로 7년 이상 근무한 경력이 있는 사람
3) 소방청장이 실시하는 1급 소방안전관리대상물의 소방안전관리에 관한 시험에 합격한 사람

49 소방시설 설치 및 관리에 관한 법령상 용어의 정의 중 다음 ( ) 안에 들어갈 말로 알맞은 것은?

특정소방대상물이란 소방시설을 설치하여야 하는 소방대상물로서 ( )으로 정하는 것을 말한다.

① 대통령령
② 국토교통부령
③ 행정안전부령
④ 고용노동부령

해설⊕

특정소방대상물의 종류(소방시설 설치 및 관리에 관한 법률 시행령 별표2)
시행령 = 대통령령

50 소방기본법 제1장 총칙에서 정하는 목적의 내용으로 거리가 먼 것은?

① 구조, 구급활동 등을 통하여 공공의 안녕 및 질서 유지
② 풍수해의 예방, 경계, 진압에 관한 계획, 예산지원 활동
③ 구조, 구급 활동 등을 통하여 국민의 생명, 신체, 재산보호
④ 화재, 재난, 재해 그 밖의 위급한 상황에서의 구조, 구급활동

해설 ⊕

소방기본법의 제정 목적

1) 화재를 예방 · 경계하거나 진압
2) 화재, 재난 · 재해 그 밖의 위급한 상황에서의 구조 · 구급 활동
3) 국민의 생명 · 신체 및 재산을 보호
4) 공공의 안녕 및 질서 유지와 복리증진에 이바지함

51 소방기본법령상 소방본부 종합상황실 실장이 서면 · 팩스 또는 컴퓨터통신 등으로 소방청의 종합상황실에 보고해야 하는 화재의 기준이 아닌 것은?

① 이재민이 100인 이상 발생한 화재
② 재산피해액이 50억 원 이상 발생한 화재
③ 사망자가 3인 이상 발생하거나 사상자가 5인 이상 발생한 화재
④ 층수가 5층 이상이거나 병상이 30개 이상인 종합병원에서 발생한 화재

해설 ⊕

소방본부의 종합상황실 실장이 서면 · 팩스 또는 컴퓨터통신 등으로 소방청의 종합상황실에 보고하여야 하는 화재

1) 사망자가 5인 이상 발생하거나 사상자가 10인 이상 발생한 화재
2) 이재민이 100인 이상 발생한 화재
3) 재산피해액이 50억 원 이상 발생한 화재
4) 관공서 · 학교 · 정부미도정공장 · 문화재 · 지하철 또는 지하구의 화재
5) 관광호텔, 층수가 11층 이상인 건축물, 지하상가, 시장, 백화점, 지정수량의 3,000배 이상의 위험물의 제조소 · 저장소 · 취급소, 층수가 5층 이상이거나 객실이 30실 이상인 숙박시설, 층수가 5층 이상이거나 병상이 30개 이상인 종합병원 · 정신병원 · 요양소, 연면적 1만 5천 제곱미터 이상인 공장 또는 화재예방강화지구에서 발생한 화재
6) 철도차량, 항구에 매어둔 총 톤수가 1,000톤 이상인 선박, 항공기, 발전소 또는 변전소에서 발생한 화재
7) 가스 및 화약류의 폭발에 의한 화재
8) 다중이용업소의 화재
9) 언론에 보도된 재난상황

52 소방시설 설치 및 관리에 관한 법령상 점검기록표를 기록하지 아니하거나 특정소방대상물의 출입자가 쉽게 볼 수 있는 장소에 게시하지 아니한 관계인에 대한 과태료 기준은?

① 100만 원 이하
② 200만 원 이하
③ 300만 원 이하
④ 500만 원 이하

해설 ⊕

300만 원 이하의 과태료

1) 소방시설을 화재안전기준에 따라 설치 · 관리하지 아니한 자
2) 공사 현장에 임시소방시설을 설치 · 관리하지 아니한 자
3) 피난시설, 방화구획 또는 방화시설의 폐쇄 · 훼손 · 변경 등의 행위를 한 자
4) 방염대상물품을 방염성능기준 이상으로 설치하지 아니한 자
5) 점검능력 평가를 받지 아니하고 점검을 한 관리업자
6) 관계인에게 점검 결과를 제출하지 아니한 관리업자등
7) 점검인력의 배치기준 등 자체점검 시 준수사항을 위반한 자
8) 점검 결과를 보고하지 아니하거나 거짓으로 보고한 자
9) 이행계획을 기간 내에 완료하지 아니한 자 또는 이행계획 완료 결과를 보고하지 아니하거나 거짓으로 보고한 자
10) 점검기록표를 기록하지 아니하거나 특정소방대상물의 출입자가 쉽게 볼 수 있는 장소에 게시하지 아니한 관계인
11) 관리업 등록사항의 변경신고 또는 지위승계신고를 하지 아니하거나 거짓으로 신고한 자
12) 지위승계, 행정처분 또는 휴업 · 폐업의 사실을 특정소방대상물의 관계인에게 알리지 아니하거나 거짓으로 알린 관리업자
13) 소속 기술인력의 참여 없이 자체점검을 한 관리업자
14) 점검실적을 증명하는 서류 등을 거짓으로 제출한 자
15) 자료제출을 하지 아니하거나 거짓으로 보고 또는 자료제출을 한 자 또는 정당한 사유 없이 관계 공무원의 출입 또는 검사를 거부 · 방해 또는 기피한 자

53 소방시설 설치 및 관리에 관한 법령상 분말형태의 소화약제를 사용하는 소화기의 내용연수로 옳은 것은?(단, 소방용품의 성능을 확인받아 그 사용기한을 연장하는 경우는 제외한다)

① 3년   ② 5년
③ 7년   ④ 10년

해설➕
1) 소방용품의 내용연수
  분말형태의 소화약제를 사용하는 소화기 : 10년
2) 사용연장
  성능확인 검사에 합격한 소방용품으로서
  ① 내용연수 경과 후 10년 미만 : 3년
  ② 내용연수 경과 후 10년 이상 : 1년

54 소방시설공사업법령상 소방시설공사업자가 소속 소방기술자를 소방시설공사 현장에 배치하지 않았을 경우의 과태료 기준은?

① 100만 원 이하
② 200만 원 이하
③ 300만 원 이하
④ 400만 원 이하

해설➕
200만 원 이하의 과태료
1) 등록사항, 휴업, 폐업, 지위승계, 착공신고, 감리자지정 신고 등을 위반하여 신고를 하지 아니하거나 거짓으로 신고한 자
2) 관계인에게 지위승계, 행정처분 또는 휴업·폐업의 사실을 거짓으로 알린 자
3) 하자보수 보증기간 동안 관계 서류를 보관하지 아니한 자
4) 소방기술자를 공사 현장에 배치하지 아니한 자
5) 완공검사를 받지 아니한 자
6) 3일 이내에 하자를 보수하지 아니하거나 하자보수계획을 관계인에게 거짓으로 알린 자
7) 감리 관계 서류를 인수·인계하지 아니한 자
8) 감리원의 배치통보 및 변경통보를 하지 아니하거나 거짓으로 통보한 자
9) 방염성능기준 미만으로 방염을 한 자
10) 방염처리에 따른 자료제출을 거짓으로 한 자
11) 관계인에게 하도급 등의 통지를 하지 아니한 자
12) 시공능력평가 자료제출을 거짓으로 한 자

55 화재의 예방 및 관리에 관한 법령상 위험물 또는 물건의 보관기간은 소방관서의 홈페이지에 공고하는 기간의 종료일 다음 날부터 며칠로 하는가?

① 3   ② 4
③ 5   ④ 7

해설➕
옮긴 물건 등에 대한 보관기간 및 보관기간 경과 후 처리 등
1) 공고기간 : 보관일로부터 14일 동안 소방청, 소방본부 또는 소방서의 인터넷 홈페이지에 그 사실을 공고
  ② 보관기간 : 소방관서 홈페이지에 공고하는 기간의 종료일 다음 날부터 7일
  ③ 보관기간의 종료 후 처리 : 매각 또는 폐기
  ④ 물건의 소유자가 보상을 요구하는 경우 : 협의 후 보상

56 소방기본법령상 소방활동장비와 설비의 구입 및 설치 시 국고보조 대상이 아닌 것은?

① 소방자동차
② 사무용 집기
③ 소방헬리콥터 및 소방정
④ 소방전용통신설비 및 전산설비

해설➕
소방장비 등에 대한 국고보조
1) 국가는 소방장비의 구입 등 시·도의 소방업무에 필요한 경비의 일부를 보조하고 보조 대상사업의 범위와 기준보조율 : 대통령령
2) 소방활동장비 및 설비의 종류와 규격 : 행정안전부령
3) 국고보조 대상사업의 범위(소방기본법 시행령 제2조)
  ① 소방자동차
  ② 소방헬리콥터 및 소방정
  ③ 소방전용통신설비 및 전산설비

정답   **53** ④   **54** ②   **55** ④   **56** ②

57 소방시설 설치 및 관리에 관한 법령상 특정소방
대상물의 관계인은 소방안전관리자를 기준일로부터
30일 이내에 선임하여야 한다. 다음 중 기준일로 틀
린 것은?

① 소방안전관리자를 해임한 경우 : 소방안전관리자
　를 해임한 날

② 특정소방대상물을 양수하거나 관계인의 권리를 취
　득한 경우 : 해당 권리를 취득한 날

③ 신축으로 해당 특정소방대상물의 소방안전관리자
　를 신규로 선임하여야 하는 경우 : 해당 특정소방
　대상물의 완공일

④ 증축으로 해당 특정소방대상물이 소방안전관리대
　상물이 된 경우 : 증축공사의 개시일

해설 ➕

1) 소방안전관리자의 선임
　① 소방안전관리자 선임 : 해당 사유 발생일로부터 30일
　　이내에 선임
　② 소방안전관리자의 선임신고 : 선임한 날부터 14일 이
　　내 소방본부장, 소방서장에 신고

2) 소방안전관리자 선임 사유에 해당하는 날
　① 신축ㆍ증축ㆍ개축ㆍ재축ㆍ대수선 또는 용도변경으로
　　해당 특정소방대상물의 소방안전관리자를 신규로 선
　　임하여야 하는 경우 : 해당 특정소방대상물의 완공일
　② 증축 또는 용도변경으로 인하여 특정소방대상물이 소
　　방안전관리대상물로 된 경우 : 증축공사의 완공일 또
　　는 용도변경 사실을 건축물관리대장에 기재한 날
　③ 특정소방대상물을 양수하거나 관계인의 권리를 취득
　　한 경우 : 해당 권리를 취득한 날
　④ 소방안전관리자를 해임한 경우 : 소방안전관리자를
　　해임한 날

④ 증축공사의 개시일 → 완공일

58 위험물안전관리법령상 위험물을 취급함에 있
어서 정전기가 발생할 우려가 있는 설비에 설치할 수
있는 정전기 제거설비 방법이 아닌 것은?

① 접지에 의한 방법

② 공기를 이온화하는 방법

③ 자동적으로 압력의 상승을 정지시키는 방법

④ 공기 중의 상대습도를 70% 이상으로 하는 방법

해설 ➕

정전기
1) 정의
　전류가 흐르지 않고 축적되어 있는 전기로서 방전현상을
　일으킬 때 최소발화에너지 이상의 에너지를 방출하면 점
　화원으로 작용한다.

2) 정전기 의한 화재발생 메커니즘
　전하의 발생 → 전하의 축적 → 방전 → 발화

3) 정전기 방지대책
　① 접지 및 본딩한다.
　② 상대습도를 70[%] 이상 유지한다.
　③ 공기를 이온화한다.

59 화재의 예방 및 안전관리에 관한 법령상 특수가
연물의 수량 기준으로 옳은 것은?

① 면화류 : 200kg 이상

② 가연성 고체류 : 500kg 이상

③ 나무껍질 및 대팻밥 : 300kg 이상

④ 넝마 및 종이부스러기 : 400kg 이상

해설 ➕

특수가연물의 품명 및 수량

품명		수량
면화류		200kg 이상
나무껍질 및 대팻밥		400kg 이상
넝마 및 종이부스러기		1,000kg 이상
사류(絲類)		1,000kg 이상
볏짚류		1,000kg 이상
가연성 고체류		3,000kg 이상
석탄ㆍ목탄류		10,000kg 이상
가연성 액체류		2m³ 이상
목재가공품 및 나무부스러기		10m³ 이상
고무류ㆍ플라스틱류	발포시킨 것	20m³ 이상
	그 밖의 것	3,000kg 이상

60 화재의 예방 및 안전관리에 관한 법령상 소방청장, 소방본부장 또는 소방서장이 화재안전조사를 하려면 관계인에게 조사대상, 조사기간 및 조사이유 등 조사계획을 인터넷 홈페이지나 전산시스템 등을 통해 사전에 며칠 이상 공개하여야 하는가?(단, 긴급하게 조사할 필요가 있는 경우와 사전에 통지하면 조사목적을 달성할 수 없다고 인정되는 경우는 제외한다.)

① 7   ② 10
③ 12   ④ 14

해설◑

화재안전조사

구분	화재안전조사
실시권자	소방청장, 소방본부장, 소방서장
통보 등	사전에 7일 이상 조사계획을 공개
연기신청	3일 전
조사사항	소방대상물의 위치·구조 및 설비

4과목 **소방전기시설의 구조 및 원리**

61 감지기의 형식승인 및 제품검사 기술기준에 따라 단독경보형 감지기를 스위치조작에 의하여 화재경보를 정지시킬 경우 화재경보 정지 후 몇 분 이내에 화재경보 정지기능이 자동적으로 해제되어 정상상태로 복귀되어야 하는가?

① 3   ② 5
③ 10   ④ 15

해설◑

단독경보형 감지기의 화재경보 정지기능

1) 화재경보 정지 후 15분 이내에 화재경보 정지기능이 자동적으로 해제되어 단독경보형 감지기가 정상상태로 복귀되어야 한다.
2) 화재경보 정지 표시등에 의하여 화재경보가 정지 상태임을 경고할 수 있어야 하며, 화재경보 정지기능이 해제된 경우에는 표시등의 경고도 함께 해제되어야 한다.

3) 화재경보 정지 표시등을 작동표시등과 겸용하고자 하는 경우에는 작동표시와 화재경보음 정지 표시가 표시등 색상에 의하여 구분될 수 있도록 하고 표시등 부근에 작동표시와 화재경보음 정지표시를 구분할 수 있는 안내표시를 하여야 한다.
4) 화재경보 정지 스위치는 전용으로 하거나 작동시험 스위치와 겸용하여 사용할 수 있다. 이 경우 스위치 부근에 스위치의 용도를 표시하여야 한다.

62 비상콘센트설비의 화재안전기준에 따라 하나의 전용회로에 설치하는 비상콘센트는 최대 몇 개 이하로 하여야 하는가?

① 2   ② 3
③ 10   ④ 20

해설◑

비상콘센트설비의 전원회로 설치기준

1) 비상콘센트설비의 전원회로는 단상교류 220[V]인 것으로서, 그 공급용량은 1.5[kVA] 이상인 것으로 할 것
2) 전원회로는 각 층에 2 이상이 되도록 설치할 것. 다만, 설치하여야 할 층의 비상콘센트가 1개인 때에는 하나의 회로로 할 수 있다.
3) 전원회로는 주배전반에서 전용회로로 할 것
4) 전원으로부터 각 층의 비상콘센트에 분기되는 경우에는 분기배선용 차단기를 보호함 안에 설치할 것
5) 콘센트마다 배선용 차단기를 설치하여야 하며, 충전부가 노출되지 아니하도록 할 것
6) 개폐기에는 "비상콘센트"라고 표시한 표지를 할 것
7) 비상콘센트용의 풀박스 등은 방청도장을 한 것으로서, 두께 1.6[mm] 이상의 철판으로 할 것
8) 하나의 전용회로에 설치하는 비상콘센트는 10개 이하로 할 것. 이 경우 전선의 용량은 각 비상콘센트(비상콘센트가 3개 이상인 경우에는 3개)의 공급용량을 합한 용량 이상의 것으로 할 것

정답   **60** ①   **61** ④   **62** ③

63 자동화재속보설비의 속보기의 성능인증 및 제품검사 기술기준에 따라 속보기는 작동신호를 수신하거나 수동으로 동작시키는 경우 20초 이내에 소방관서에 자동직으로 신호를 발하여 통보하되, 몇 회 이상 속보할 수 있어야 하는가?

① 1   ② 2   ③ 3   ④ 4

해설 ✚ -

속보기의 기능(성능인증 및 제품검사의 기술기준 제5조)
1) 작동신호를 수신하거나 수동으로 동작시키는 경우 20초 이내에 소방관서에 자동적으로 신호를 발하여 통보하되, 3회 이상 속보할 수 있어야 한다.
2) 예비전원은 자동적으로 충전되어야 하며 자동과충전방지장치가 있어야 한다.
3) 연동 또는 수동으로 소방관서에 화재발생 음성정보를 속보 중인 경우에도 송수화장치를 이용한 통화가 우선적으로 가능하여야 한다.
4) 예비전원을 병렬로 접속하는 경우에는 역충전 방지 등의 조치를 하여야 한다.
5) 예비전원은 감시상태를 60분간 지속한 후 10분 이상 동작이 지속될 수 있는 용량이어야 한다.
6) 속보기는 작동신호 또는 수동작동스위치에 의한 다이얼링 후 소방관서와 전화접속이 이루어지지 않는 경우에는 최초 다이얼링을 포함하여 10회 이상 반복적으로 접속을 위한 다이얼링이 이루어져야 한다. 이 경우 매회 다이얼링 완료 후 호출은 30초 이상 지속되어야 한다.
7) 속보기의 송수화장치가 정상위치가 아닌 경우에도 연동 또는 수동으로 속보가 가능하여야 한다.
8) 화재신호를 수신하거나 수동으로 동작시키는 경우 자동적으로 화재표시등이 점등되고 음향장치로 화재를 경보하여야 한다.

64 자동화재탐지설비 및 시각경보장치의 화재안전기준에 따른 감지기의 설치 제외 장소가 아닌 것은?

① 실내의 용적이 20m³ 이하인 장소
② 부식성 가스가 체류하고 있는 장소
③ 목욕실 · 욕조나 샤워시설이 있는 화장실 · 기타 이와 유사한 장소

④ 고온도 및 저온도로서 감지기의 기능이 정지되기 쉽거나 감지기의 유지관리가 어려운 장소

해설 ✚ -

감지기의 설치 제외
1) 천장 또는 반자의 높이가 20[m] 이상인 장소
2) 헛간 등 외부와 기류가 통하는 장소로서 화재발생을 유효하게 감지할 수 없는 장소
3) 부식성 가스가 체류하고 있는 장소
4) 고온도 및 저온도로서 감지기의 기능이 정지되기 쉽거나 감지기의 유지관리가 어려운 장소
5) 목욕실 · 욕조나 샤워시설이 있는 화장실 · 기타 이와 유사한 장소
6) 파이프덕트 등으로서 2개 층마다 방화구획된 것이나 수평단면적이 5[m²] 이하인 것
7) 먼지 · 가루 또는 수증기가 다량으로 체류하는 장소 또는 주방 등 평시에 연기가 발생하는 장소(연기감지기에 한함)
8) 프레스공장 · 주조공장 등 화재발생의 위험이 적고 감지기의 유지관리가 어려운 장소

① 실내의 용적이 20[m³] 이하인 장소 → 해당 항목 삭제됨 (2015년 1월)

65 비상콘센트의 배치와 설치에 대한 현장사항이 비상콘센트설비의 화재안전기준에 적합하지 않은 것은?

① 전원회로의 배선은 내화배선으로 되어 있다.
② 보호함에는 쉽게 개폐할 수 있는 문을 설치하였다.
③ 보호함 표면에 "비상콘센트"라고 표시한 표지를 붙였다.
④ 3상 교류 200볼트 전원회로에 대해 비접지형 3극 플러그접속기를 사용하였다.

해설 ✚ -

1) 비상콘센트설비의 전원회로
 ① 비상콘센트설비의 전원회로는 단상교류 220[V]인 것으로서, 그 공급용량은 1.5[kVA] 이상인 것으로 할 것
 ② 전원회로는 각 층에 2 이상이 되도록 설치할 것. 다만, 설치하여야 할 층의 비상콘센트가 1개인 때에는 하나의 회로로 할 수 있다.
 ③ 전원회로는 주배전반에서 전용힉로로 할 것

④ 전원으로부터 각 층의 비상콘센트에 분기되는 경우에는 분기배선용 차단기를 보호함 안에 설치할 것
⑤ 콘센트마다 배선용 차단기를 설치하여야 하며, 충전부가 노출되지 아니하도록 할 것
⑥ 개폐기에는 "비상콘센트"라고 표시한 표지를 할 것
⑦ 비상콘센트용의 풀박스 등은 방청도장을 한 것으로서, 두께 1.6[mm] 이상의 철판으로 할 것
⑧ 하나의 전용회로에 설치하는 비상콘센트는 10개 이하로 할 것. 이 경우 전선의 용량은 각 비상콘센트(비상콘센트가 3개 이상인 경우에는 3개)의 공급용량을 합한 용량 이상의 것으로 할 것

2) 비상콘센트의 플러그접속기
① 비상콘센트의 플러그접속기는 접지형 2극 플러그접속기를 사용할 것
② 비상콘센트의 플러그접속기의 칼받이의 접지극에는 접지공사를 할 것

66 자동화재탐지설비 및 시각경보장치의 화재안전기준에 따라 제2종 연기감지기를 부착높이 4m 미만인 장소에 설치 시 기준 바닥면적은?

① 30m² ② 50m²
③ 75m² ④ 150m²

해설 ⊕

연기감지기 설치기준
1) 부착높이에 따른 감지기 1개의 기준면적

부착높이	감지기의 종류	
	1종, 2종	3종
4m 미만	150m²	50m²
4m 이상 20m 미만	75m²	–

2) 설치장소에 따른 감지기 1개의 거리기준

설치장소	감지기의 종류	
	1종, 2종	3종
복도, 통로(보행거리)	30m	20m
계단, 경사로(수직거리)	15m	10m

3) 천장 또는 반자가 낮은 실내 또는 좁은 실내에는 출입구의 가까운 부분에 설치할 것

4) 천장 또는 반자 부근에 배기구가 있는 경우에는 그 부근에 설치할 것
5) 감지기는 벽 또는 보로부터 0.6[m] 이상 떨어진 곳에 설치할 것

67 다음 그림은 자동화재탐지설비의 배선도이다. 추가로 구획된 공간이 생겨 가, 나, 다, 라, 감지기를 증설했을 경우, 자동화재탐지설비 및 시각경보장치의 화재안전기준에 적합하게 설치한 것은?

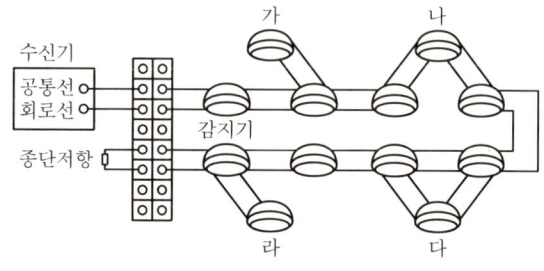

① 가 ② 나
③ 다 ④ 라

해설 ⊕

자동화재탐지설비의 배선 설치기준
1) 전원회로의 배선 : 내화배선, 그 밖의 배선 : 내화배선 또는 내열배선
2) 감지기 상호 간 또는 감지기로부터 수신기에 이르는 감지기회로의 배선
① 아날로그식, 다신호식 감지기나 R형 수신기용 : 전자파 방해를 받지 아니하는 실드선
② 그 밖의 일반배선 : 내화배선 또는 내열배선
3) 감지기 사이의 회로의 배선 : 송배선식으로 할 것
4) 절연저항 : 감지기 회로 및 부속회로의 전로와 대지 사이 및 배선 상호 간을 직류 250[V]의 절연저항측정기로 측정하여 0.1[MΩ] 이상이 되도록 할 것
5) 자동화재탐지설비의 배선 : 다른 전선과 별도의 관·덕트·몰드 또는 풀박스 등에 설치할 것(다만, 60[V] 미만의 약전류회로에 사용하는 전선으로서 각각의 전압이 같을 때에는 제외)
6) P형 수신기 및 GP형 수신기의 감지기 회로 하나의 공통선에 접속할 수 있는 경계구역 : 7개 이하로 할 것
7) 자동화재탐지설비의 감지기회로의 전로저항 : 50[Ω] 이하

8) 종단 감지기에 접속되는 배선의 전압 : 감지기 정격전압의 80[%] 이상일 것

② 나 → 송배선식

68 비상방송설비의 화재안전기준에 따라 비상방송설비 음향장치의 설치기준 중 다음 (   ) 안에 들어갈 내용으로 옳은 것은?

> 층수가 (㉠)층, 공동주택의 경우에는 (㉡)층 이상의 특정소방대상물의 1층에서 발화한 때에는 발화층·그 직상 4개 층 및 지하층에 경보를 발할 수 있도록 하여야 한다.

① ㉠ 3, ㉡ 5
② ㉠ 5, ㉡ 11
③ ㉠ 11, ㉡ 16
④ ㉠ 11, ㉡ 30

해설 ⊕ ------------------------------------

발화층·직상층 우선경보방식
1) 대상 : 층수가 11층(공동주택의 경우에는 16층) 이상의 특정소방대상물

2) 경보방식

발화층	경보하여야 하는 층
2층 이상의 층	발화층 및 그 직상 4개 층
1층	발화층·그 직상 4개 층 및 지하층
지하층	발화층·그 직상층 및 기타의 지하층

69 유도등의 형식승인 및 제품검사 기술기준에 따른 용어의 정의에서 "유도등에 있어서 표시면 외 조명에 사용되는 면"을 말하는 것은?

① 조사면
② 피난면
③ 조도면
④ 광속면

해설 ⊕ ------------------------------------

용어의 정의
1) 표시면 : 유도등에 있어서 피난구나 피난방향을 안내하기 위한 문자 또는 부호 등이 표시된 면

2) 조사면 : 유도등에 있어서 표시면 외 조명에 사용되는 면

3) 유도등 : 화재 시에 긴급대피를 안내하기 위하여 사용되는 등으로서 정상상태에서는 상용전원에 의하여 켜지고, 상용전원이 정전되는 경우에는 비상전원으로 자동 전환되어 켜지는 등

4) 피난구유도등 : 피난구 또는 피난경로로 사용되는 출입구가 있다는 것을 표시하는 녹색등화의 유도등

5) 통로유도등 : 피난통로를 안내하기 위한 유도등

6) 복도통로유도등 : 피난통로가 되는 복도에 설치하는 통로유도등으로서 피난구의 방향을 명시하는 것

7) 거실통로유도 : 집무, 작업, 집회, 오락 그 밖에 이와 유사한 목적을 위하여 계속적으로 사용하는 거실, 주차장등 개방된 복도에 설치하는 유도등으로 피난의 방향을 명시하는 것

8) 계단통로유도등 : 피난통로가 되는 계단이나 경사로에 설치하는 통로유도등으로 바닥면 및 디딤바닥면을 비추는 것

9) 객석유도등 : 객석의 통로, 바닥 또는 벽에 설치하는 유도등

70 자동화재탐지설비 및 시각경보장치의 화재안전기준에 따라 부착높이 20m 이상에 설치되는 광전식 중 아날로그방식의 감지기는 공칭감지농도 하한값이 감광율 몇 %/m 미만인 것으로 하는가?

① 3
② 5
③ 7
④ 10

해설 ⊕ ------------------------------------

부착높이별 적응성 감지기의 종류

부착높이	감지기의 종류
8[m] 이상 15[m] 미만	• 차동식 분포형 • 이온화식 1종 또는 2종 • 광전식(스포트형, 분리형, 공기흡입형) 1종 또는 2종 • 불꽃감지기, 연기복합형
15[m] 이상 20[m] 미만	• 이온화식 1종 • 광전식(스포트형, 분리형, 공기흡입형) 1종 • 연기복합형 • 불꽃감지기

부착높이	감지기의 종류
20[m] 이상	• 불꽃감지기 • 광전식(분리형, 공기흡입형) 중 아날로그 방식

비고

부착높이 20[m] 이상에 설치되는 광전식 아날로그방식의 감지기는 공칭감지농도 하한값이 감광율 5[%/m] 미만인 것으로 한다.

71 비상조명등의 우수품질인증 기술기준에 따라 인출선인 경우 전선의 굵기는 몇 mm² 이상이어야 하는가?

① 0.5　　② 0.75　　③ 1.5　　④ 2.5

해설 ➕

비상조명등의 우수품질인증 기술기준

1) 전선의 굵기 : 인출선은 단면적이 0.75[mm²] 이상
2) 인출선의 길이 : 전선인출 부분으로부터 150[mm] 이상
3) 사용전압 : 300[V] 이하(충전부가 노출되지 않는 경우 300[V] 초과 가능)
4) 축전지에 배선 등을 직접 납땜하지 아니할 것
5) 비상조명등에는 점검용의 자동복귀형 점멸기를 설치할 것

72 누전경보기의 형식승인 및 제품검사 기술기준에 따른 과누전시험에 대한 내용이다. 다음 ( )에 들어갈 내용으로 옳은 것은?

변류기는 1개의 전선을 변류기에 부착시킨 회로를 설치하고 출력단자에 부하저항을 접속한 상태로 당해 1개의 전선에 변류기의 정격전압의 (㉠)%에 해당하는 수치의 전류를 (㉡)분간 흘리는 경우 그 구조 또는 기능에 이상이 생기지 아니하여야 한다.

① ㉠ 20, ㉡ 5　　　② ㉠ 30, ㉡ 10
③ ㉠ 50, ㉡ 15　　　④ ㉠ 80, ㉡ 20

해설 ➕

변류기의 과누전시험

변류기는 1개의 전선을 변류기에 부착시킨 회로를 설치하고 출력단자에 부하저항을 접속한 상태로 당해 1개의 전선에

변류기의 정격전압의 20[%]에 해당하는 수치의 전류를 5분간 흘리는 경우 그 구조 또는 기능에 이상이 생기지 아니하여야 한다.

73 비상방송설비의 화재안전기준에 따른 비상방송설비의 음향장치에 대한 설치기준으로 틀린 것은?

① 다른 전기회로에 따라 유도장애가 생기지 아니하도록 할 것
② 음향장치는 자동화재속보설비의 작동과 연동하여 작동할 수 있는 것으로 할 것
③ 다른 방송설비와 공용하는 것에 있어서는 화재 시 비상경보 외의 방송을 차단할 수 있는 구조로 할 것
④ 증폭기 및 조작부는 수위실 등 상시 사람이 근무하는 장소로서 점검이 편리하고 방화상 유효한 곳에 설치할 것

해설 ➕

비상방송설비 설치기준

1) 확성기의 음성입력 : 실외 3W(실내 1W), 아파트 등의 실내 2W 이상
2) 그 층의 각 부분으로부터 하나의 확성기까지의 수평거리 : 25[m] 이하
3) 음량조정기를 설치하는 경우 음량조정기의 배선 : 3선식
4) 화재신고 수신 후 방송개시 소요시간 : 10초 이하
5) 조작부의 조작스위치 높이 : 바닥으로부터 0.8[m] 이상 1.5[m] 이하
6) 정격전압의 80[%] 전압에서 음향을 발할 수 있는 것으로 할 것
7) 자동화재탐지설비의 작동과 연동하여 작동할 수 있는 것으로 할 것
8) 다른 전기회로에 따라 유도장애가 생기지 아니하도록 할 것
9) 다른 방송설비와 공용하는 것에 있어서는 화재 시 비상경보 외의 방송을 차단할 수 있는 구조로 할 것
10) 증폭기 및 조작부는 수위실 등 상시 사람이 근무하는 장소로서 점검이 편리하고 방화상 유효한 곳에 설치할 것

② 음향장치는 자동화재속보설비 → 자동화재탐지설비

74 무선통신보조설비의 화재안전기준에 따른 용어의 정의 중 감시제어반 등에 설치된 무선중계기의 입력과 출력포트에 연결되어 송수신 신호를 원활하게 방사·수신하기 위해 옥외에 설치하는 장치를 말하는 것은?

① 혼합기 　　　　② 분파기
③ 증폭기 　　　　④ 옥외안테나

해설⊕

용어의 정의
1) 누설동축케이블 : 동축케이블의 외부도체에 가느다란 홈을 만들어서 전파가 외부로 새어나갈 수 있도록 한 케이블
2) 분배기 : 신호의 전송로가 분기되는 장소에 설치하는 것으로 임피던스 매칭과 신호 균등분배를 위해 사용하는 장치
3) 분파기 : 서로 다른 주파수의 합성된 신호를 분리하기 위해서 사용하는 장치
4) 혼합기 : 두 개 이상의 입력신호를 원하는 비율로 조합한 출력이 발생하도록 하는 장치
5) 증폭기 : 신호 전송 시 신호가 약해져 수신이 불가능해지는 것을 방지하기 위해서 증폭하는 장치
6) 무선중계기 : 안테나를 통하여 수신된 무전기 신호를 증폭한 후 음영지역에 재방사하여 무전기 상호 간 송수신이 가능하도록 하는 장치
7) 옥외안테나 : 감시제어반 등에 설치된 무선중계기의 입력과 출력포트에 연결되어 송수신 신호를 원활하게 방사·수신하기 위해 옥외에 설치하는 장치

75 무선통신보조설비의 화재안전기준에 따라 무선통신보조설비의 누설동축케이블 또는 동축케이블의 임피던스는 몇 Ω으로 하여야 하는가?

① 5Ω 　　　　② 10Ω
③ 50Ω 　　　　④ 100Ω

해설⊕

누설동축케이블 등의 설치기준
1) 소방전용주파수대에서 전파의 전송 또는 복사에 적합한 것으로서 소방전용으로 할 것
2) 케이블의 구성
　① 누설동축케이블과 이에 접속하는 안테나
　② 동축케이블과 이에 접속하는 안테나

3) 누설동축케이블 및 동축케이블은 불연 또는 난연성의 것으로서 습기에 따라 전기의 특성이 변질되지 아니하는 것으로 하고, 노출하여 설치한 경우에는 피난 및 통행에 장애가 없도록 할 것
4) 누설동축케이블 및 동축케이블은 화재에 따라 해당 케이블의 피복이 소실된 경우에 케이블 본체가 떨어지지 아니하도록 4[m] 이내마다 금속제 또는 자기제 등의 지지금구로 벽·천장·기둥 등에 견고하게 고정시킬 것. 다만, 불연재료로 구획된 반자 안에 설치하는 경우에는 그러하지 아니하다.
5) 누설동축케이블 및 안테나는 금속판 등에 따라 전파의 복사 또는 특성이 현저하게 저하되지 아니하는 위치에 설치할 것
6) 누설동축케이블 및 안테나는 고압의 전로로부터 1.5[m] 이상 떨어진 위치에 설치할 것. 다만, 해당 전로에 정전기 차폐장치를 유효하게 설치한 경우에는 그러하지 아니하다.
7) 누설동축케이블의 끝부분에는 무반사 종단저항을 견고하게 설치할 것
8) 누설동축케이블 또는 동축케이블의 임피던스는 50[Ω]으로 할 것

76 비상경보설비 및 단독경보형 감지기의 화재안전기준에 따른 단독경보형 감지기에 대한 내용이다. 다음 (　) 안에 알맞은 것은?

> 이웃하는 실내의 바닥면적이 각각 (　)m² 미만이고 벽체의 상부의 전부 또는 일부가 개방되어 이웃하는 공기가 상호 유통되는 경우에는 이를 1개의 실로 본다.

① 30 　　　　② 50
③ 100 　　　　④ 150

해설⊕

단독경보형 감지기의 설치기준
1) 각 실마다 설치하되, 바닥면적이 150[m²]마다 1개 이상 설치(각 실의 이웃하는 실내의 바닥면적이 각각 30[m²] 미만이고 벽체의 상부의 전부 또는 일부가 개방되어 이웃하는 실내와 공기가 상호 유통되는 경우에는 이를 1개의 실로 본다)
2) 최상층의 계단실의 천장(외기가 상통하는 계단실의 경우를 제외)에 설치할 것

3) 건전지를 주전원으로 사용하는 단독경보형 감지기는 정상적인 작동상태를 유지할 수 있도록 건전지를 교환할 것

4) 상용전원을 주전원으로 사용하는 단독경보형 감지기의 2차 전지는 법 제40조에 따라 제품검사에 합격한 것을 사용할 것

77 소방시설용 비상전원수전설비의 화재안전기준에 따른 용어의 정의에서 소방부하에 전원을 공급하는 전기회로를 말하는 것은?

① 수전설비
② 일반회로
③ 소방회로
④ 변전설비

해설 ➕
용어의 정의
1) 수전설비 : 전력수급용 계기용 변성기, 주차단장치 및 그 부속기기
2) 변전설비 : 전력용 변압기 및 그 부속장치
3) 전용큐비클식 : 소방회로용의 것으로 수전설비, 변전설비 그 밖의 기기 및 배선을 금속제 외함에 수납한 것
4) 공용큐비클식 : 소방회로 및 일반회로 겸용의 것으로서 수전설비, 변전설비 그 밖의 기기 및 배선을 금속제 외함에 수납한 것
5) 전용배전반 : 소방회로 전용의 것으로서 개폐기, 과전류차단기, 계기 그 밖의 배선용 기기 및 배선을 금속제 외함에 수납한 것
6) 공용배전반 : 소방회로 및 일반회로 겸용의 것으로서 개폐기, 과전류차단기, 계기 그 밖의 배선용 기기 및 배선을 금속제 외함에 수납한 것
7) 소방회로 : 소방부하에 전원을 공급하는 전기회로
8) 일반회로 : 소방회로 이외의 전기회로

78 누전경보기의 변류기는 직류 500V의 절연저항계로 절연된 1차 권선과 2차 권선 간을 절연저항시험을 할 때 몇 MΩ 이상이어야 하는가?

① 0.1
② 5
③ 10
④ 20

해설 ➕
누전경보기 절연저항시험
변류기 : DC 500[V]의 절연저항계로 다음 각 호의 시험을 하는 경우 5[MΩ] 이상
① 절연된 1차 권선과 2차 권선 간의 절연저항
② 절연된 1차 권선과 외부금속부 간의 절연저항
③ 절연된 2차 권선과 외부금속부 간의 절연저항

79 소방시설용 비상전원수전설비의 인입구 배선은 「옥내소화전의 화재안전기술기준」에 따른 어떤 배선으로 하여야 하는가?

① 나전선
② 내열배선
③ 내화배선
④ 차폐배선

해설 ➕
1) 인입선 및 인입구 배선의 시설
　① 인입선은 특정소방대상물에 화재가 발생할 경우에도 화재로 인한 손상을 받지 않도록 설치할 것
　② 인입구배선은 「옥내소화전설비의 화재안전기술기준」에 따른 내화배선으로 할 것

2) 특별고압 또는 고압으로 수전하는 경우
　① 방화구획형
　② 옥외개방형
　③ 큐비클(Cubicle)형

3) 저압으로 수전하는 경우
　① 전용배전반 (1 · 2종)
　② 전용분전반(1 · 2종)
　③ 공용분전반(1 · 2종)

정답　77 ③　**78** ②　**79** ③

80 유도표지는 계단에 설치하는 것을 제외하고는 각 층마다 복도 및 통로의 각 부분으로부터 하나의 유두표지까지의 보행거리가 몇 m 이하가 되는 곳과 구부러진 모퉁이의 벽에 설치하여야 하는가?

① 10 　　　　　② 15
③ 20 　　　　　④ 25

해설⊕

유도표지의 설치기준
1) 복도통로유도표지의 설치위치
　① 복도 및 통로의 각 부분으로부터 유도표지까지의 보행거리가 15[m] 이하가 되는 곳
　② 구부러진 모퉁이의 벽에 설치할 것

2) 설치높이
　① 피난구유도표지 : 출입구 상단
　② 통로유도표지 : 바닥으로부터 높이 1[m] 이하

3) 주위에는 이와 유사한 등화·광고물·게시물 등을 설치하지 아니할 것
4) 유도표지는 부착판 등을 사용하여 쉽게 떨어지지 아니하도록 설치할 것
5) 축광방식의 유도표지는 외광 또는 조명장치에 의하여 상시 조명이 제공되거나 비상조명등에 의한 조명이 제공되도록 설치할 것

1과목 소방원론

01 동식물유류에서 "아이오딘값이 크다."라는 의미를 옳게 설명한 것은?

① 불포화도가 높다. ② 불건성유이다.

③ 자연발화성이 낮다. ④ 산소와의 결합이 어렵다.

해설 ⊕

1) 아이오딘값
  ① 유지 100g에 부가되는 아이오딘의 g 수
  ② 아이오딘값이 클수록 불포화도가 크고, 자연발화가 용이하다.

2) 동식물유
  ① 건성유(아이오딘값이 130 이상인 것) : 아마인유, 들기름, 정어리기름, 동유, 해바라기기름 등
  ② 반건성유(아이오딘값이 100 이상 130 미만인 것) : 참기름, 옥수수기름, 청어기름, 콩기름, 면실유, 채종유 등
  ③ 불건성유(아이오딘값이 100 미만인 것) : 피마자유, 올리브유, 땅콩기름, 팜유, 야자유 등

02 화재에 관련된 국제적인 규정을 제정하는 단체는?

① IMO(International Maritime Organization)

② SFPE(Society of Fire Protection Engineers)

③ NFPA(Nation Fire Protection Association)

④ ISO(International Organization for Standardi－zation) TC 92

해설 ⊕

① IMO(International Maritime Organization) : 국제해사기구

② SFPE(Society of Fire Protection Engineers) : 미국 소방기술사회

③ NFPA(Nation Fire Protection Association) : 미국 화재예방협회

④ ISO(International Organization for Standardization) TC 92 : 국제표준화기구 화재안전기술위원회

03 위험물의 유별에 따른 분류가 잘못된 것은?

① 제1류 위험물 : 산화성 고체

② 제3류 위험물 : 자연발화성 물질 및 금수성 물질

③ 제4류 위험물 : 인화성 액체

④ 제6류 위험물 : 가연성 액체

해설 ⊕

위험물의 분류 및 성질

위험물의 분류	성질
제1류 위험물	산화성 고체
제2류 위험물	가연성 고체
제3류 위험물	자연발화성 및 금수성 물질
제4류 위험물	인화성 액체
제5류 위험물	자기반응성 물질
제6류 위험물	산화성 액체

04 상온·상압의 공기 중에서 탄화수소류의 가연물을 소화하기 위한 이산화탄소 소화약제의 농도는 약 몇 %인가?(단, 탄화수소류는 산소농도가 10%일 때 소화된다고 가정한다.)

① 28.57 ② 35.48

③ 49.56 ④ 52.38

해설 ⊕

소화가스의 농도[%] 계산

$$CO_2[\%] = \frac{21 - O_2}{21} \times 100$$

여기서, $CO_2[\%]$: 방호구역에 방출된 소화가스의 농도[%]
  O_2 : 소화가스 방출 후 방호구역의 산소농도[%]

$CO_2[\%] = \dfrac{21 - 10}{21} \times 100 = 52.38[\%]$

05 제연설비의 화재안전기준상 예상제연구역에 공기가 유입되는 순간의 풍속은 몇 m/s 이하가 되도록 하여야 하는가?

① 2   ② 3

③ 4   ④ 5

해설⊕

공기유입구

1) 바닥면적 400[m²] 미만의 거실의 공기유입구
   바닥 외의 장소에 설치하고 공기유입구와 배출구 간의 직선거리는 5[m] 이상 또는 장변의 1/2 이상으로 할 것
2) 바닥면적 400[m²] 이상의 거실의 공기유입구
   바닥으로부터 1.5[m] 이하의 높이에 설치하고 그 주변은 공기유입에 장애가 없도록 할 것
3) 공기가 유입되는 순간의 풍속 : 5[m/s] 이하
4) 유입구의 구조 : 유입공기를 상향으로 분출하지 않도록 설치할 것
5) 공기유입구의 크기 : 배출량 1[m³/min]에 대하여 35[cm²] 이상으로 하여야 한다.

06 상온에서 무색의 기체로서 암모니아와 유사한 냄새를 가지는 물질은?

① 에틸벤젠   ② 에틸아민

③ 산화프로필렌   ④ 사이클로프로판

해설⊕

① 에틸벤젠
   휘발유와 비슷한 냄새가 나는 가연성 무색 액체이다. 벤젠에 에틸기($-C_2H_5$)가 붙은 것으로서, 에틸렌과 벤젠으로부터 합성한 것이다.
② 에틸아민
   끓는점이 16~20℃로 해당 온도 이상에서 기체 상태를 유지하며 강한 암모니아와 같은 냄새를 가진 무색의 화합물이다.
③ 산화프로필렌
   무색, 투명한 자극성이 있는 액체이다. 구리(Cu), 마그네슘(Mg), 은(Ag), 수은(Hg)과 반응하면 아세틸라이드를 생성하므로 위험하다.

④ 사이클로프로판
   사이클로프로판은 C_3H_6의 화학식을 가져 분자에 탄소원자가 세 개인 사이클로알케인이다. 결합각이 60°여서 불안정하므로 첨가반응을 잘한다. 달콤한 향을 가졌으며 마취제로 사용되었다.

07 소화약제의 형식승인 및 제품검사의 기술기준상 강화액 소화약제의 응고점은 몇 ℃ 이하이어야 하는가?

① 0   ② -20

③ -25 ④ -30

해설⊕

강화액소화약제(소화약제의 형식승인 제6조)
1. 강화액소화약제는 다음에 적합한 알칼리 금속염류 등을 주성분으로 하는 수용액일 것
   ① 알칼리 금속염류의 수용액인 경우에는 알칼리성 반응을 나타내어야 한다.
   ② 강화액소화약제의 응고점은 -20[℃] 이하이어야 한다.

08 소화원리에 대한 설명으로 틀린 것은?

① 억제소화 : 불활성기체를 방출하여 연소범위 이하로 낮추어 소화하는 방법
② 냉각소화 : 물의 증발잠열을 이용하여 가연물의 온도를 낮추는 소화방법
③ 제거소화 : 가연성 가스의 분출화재 시 연료 공급을 차단시키는 소화방법
④ 질식소화 : 포소화약제 또는 불연성 기체를 이용해서 공기 중의 산소 공급을 차단하여 소화하는 방법

해설⊕

1) 억제소화(부촉매소화)
   ① 할론소화약제, 할로젠화합물소화약제, 분말소화약제 등을 사용하여 소화하는 방법이다.
   ② 불꽃연소 시 발생하는 H *, OH * 활성라디칼을 포착하여 연쇄반응을 억제한다.
   ③ 불꽃연소에 적응성이 뛰어나고 훈소에는 적응성이 거의 없다.

2) 냉각소화
① 점화원을 발화점 이하로 냉각하여 소화하는 방법이다.
② 물의 현열과 증발잠열을 이용하는 방법이 가장 많이 사용된다.

3) 제거소화
① 가연물을 제거하여 소화하는 방법이다.
② 고체 가연물 : 가연물을 화색 현장으로부터 즉시 제거한다(산림화재 시 앞쪽에서 벌목하여 진화).
③ 액체 및 기체 : 가연성 물질을 누출시키는 용기의 밸브를 폐쇄한다.
④ 전기화재 : 전원스위치를 차단하여 전기의 공급을 차단한다.
⑤ 수용성 액체 : 다량의 물을 주입하여 농도를 연소범위 이하로 낮춘다.

4) 질식소화
① 공기 중의 산소농도를 15% 이하로 희박하게 하여 소화하는 방법이다.
② 이산화탄소, 불활성 가스 등을 분사하여 산소농도를 낮춘다.

① 불활성기체를 방출하여 연소범위 이하로 낮추어 소화하는 방법 → 질식소화

09 단백포 소화약제의 특징이 아닌 것은?

① 내열성이 우수하다.
② 유류에 대한 유동성이 나쁘다.
③ 유류를 오염시킬 수 있다.
④ 변질의 우려가 없어 저장 유효기간의 제한이 없다.

해설 ➕

1) 단백포 소화약제
• 동물성 단백질의 가수분해물에 염화제1철염의 안정제를 첨가하여 제조한 소화약제이다.
• 변질의 우려가 있어 약제를 자주 교환해야 하며 냄새가 고약하다.
• 내열성은 우수하나 유동성은 좋지 않다.

2) 수성막포 소화약제(AFFF : Aqueous Film - Forming Foam)
• 미국의 3M 사가 개발한 소화약제로, 일명 Light Water 라고 한다.
• 불소계 계면활성제로 유류화재에 적응성이 높다.

• 내유성과 유동성은 좋지만 내열성은 좋지 않다.
• 연소하고 있는 액체 위에 얇은 수성막을 형성하여 공기를 차단함으로써 질식, 냉각소화한다.

3) 합성계면활성제포 소화약제
• 계면활성제가 주성분이며 안정제를 첨가한 소화약제이다.
• 저팽창포와 고팽창포에서 모두 사용 가능하다.

4) 불화단백포 소화약제
• 단백포와 유사한 약제에 불소계 계면활성제를 첨가한 소화약제이다.
• 내유성이 좋아 표면하 주입방식에 사용 가능하다.

5) 내알코올포 소화약제
단백질의 가수분해 생성물과 합성세제 등을 주성분으로 제조하며, 일반 포로서는 소화작용이 어려운 수용성 액체(알코올류, 에스터류, 케톤류 등) 위험물의 소화에 적합하다.

10 고층 건축물 내 연기 거동 중 굴뚝효과에 영향을 미치는 요소가 아닌 것은?

① 건물 내·외의 온도차 ② 화재실의 온도
③ 건물의 높이   ④ 층의 면적

해설 ➕

굴뚝효과

1) 정의 : 건물의 내부와 외부 공기의 온도 차이에 의한 압력차로 인하여 건물의 수직통로에서 급격한 연기의 이동이 발생하는 현상

2) 굴뚝효과의 크기
① 건물의 높이가 높을수록
② 건물 내부와 외부의 온도차가 클수록 커진다.

3) 굴뚝효과 관련 공식

$$\Delta P = 3,460 H \left(\frac{1}{T_o} - \frac{1}{T_i} \right)$$

여기서, ΔP : 압력차[Pa]
T_o : 건물 외부온도[K]
T_i : 건물 내부온도[K]
H : 중성대로부터의 높이[m]

④ 층의 면적 → 면적과는 무관하다.

정답 **09** ④ **10** ④

11 전기불꽃, 아크 등이 발생하는 부분을 기름 속에 넣어 폭발을 방지하는 방폭구조는?

① 내압방폭구조   ② 유입방폭구조
③ 안전증방폭구조   ④ 특수방폭구조

해설 ⊕

1) 내압방폭구조 : 점화원이 될 수 있는 아크, 정전기, 불꽃 등의 발생부분을 전폐구조의 기구에 넣고 그 내부에서 폭발 시 용기가 폭발압력에 견뎌 화염이 용기 밖으로 분출하지 못하도록 만든 구조
2) 압력방폭구조 : 용기 내부에 보호기체를 압입시켜 내부 압력을 유지시킴으로써 폭발성 가스나 증기의 침입을 방지하는 구조
3) 유입방폭구조 : 불꽃, 아크 발생 부분을 기름 속에 넣어 폭발성 가스와의 접촉을 차단함으로써 폭발을 방지하는 구조
4) 본질안전방폭구조 : 정상 및 사고 시 발생하는 불꽃, 아크, 고온 등에 의해 폭발성 가스가 본질적으로 점화되지 않도록 점화시험 등에 의해 확인된 구조
5) 안전증방폭구조 : 전기불꽃, 아크 발생 등의 방지를 위해 특별히 안전도를 증가시킨 구조

12 건축물의 피난·방화구조 등의 기준에 관한 규칙상 방화구획의 설치기준 중 스프링클러를 설치한 10층 이하의 층은 바닥면적 몇 m² 이내마다 방화구획을 구획하여야 하는가?

① 1,000   ② 1,500
③ 2,000   ④ 3,000

해설 ⊕

면적별 방화구획의 기준

구획 층		구획방법	자동식 소화설비 설치 시
지상 10층 이하 (지하층 포함)		바닥면적 1,000[m²]마다 구획	바닥면적 3,000[m²]마다 구획
11층 이상	일반	바닥면적 200[m²]마다 구획	바닥면적 600[m²]마다 구획
	실내마감 불연재료	바닥면적 500[m²]마다 구획	바닥면적 1,500[m²]마다 구획

13 과산화수소 위험물의 특성이 아닌 것은?

① 비수용성이다.
② 무기화합물이다.
③ 불연성 물질이다.
④ 비중은 물보다 무겁다.

해설 ⊕

제6류 위험물
1) 성질 : 산화성 액체
2) 소화방법 : 대량의 물에 의한 희석소화
3) 품명 및 지정수량

위험등급	품명	지정수량
Ⅰ	과염소산	300[kg]
	과산화수소(농도 36[w%] 이상)	
	질산(비중 1.49 이상)	

4) 특징
  ① 수용성이다.
  ② 무기화합물이다.
  ③ 불연성 물질이다.
  ④ 비중은 물보다 무겁다.

14 이산화탄소 소화약제의 임계온도는 약 몇 ℃인가?

① 24.4   ② 31.4   ③ 56.4   ④ 78.4

해설 ⊕

이산화탄소
1) 이산화탄소의 상평형도

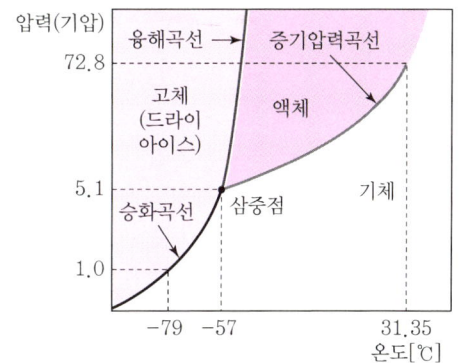

2) 이산화탄소의 물성

구분	물성
화학식	CO_2
분자량	44
증기비중	1.52
삼중점	$-57[℃]$
임계온도	$31.35[℃]$
임계압력	$73[atm]$
승화점	$-79[℃]$

15 이산화탄소 소화약제의 주된 소화효과는?

① 제거소화 ② 억제소화
③ 질식소화 ④ 냉각소화

해설⊕

이산화탄소 소화약제의 특성
1) 공기보다 비중이 1.52배 무거우므로 피복질식효과가 우수하다.
2) 독성은 없으나 질식의 우려가 있다.
3) 이산화탄소에 의한 지구온난화를 발생시킨다.
4) 무색무취의 기체로 화학적으로 안정하다.
5) 고압의 배관에서 대기 중으로 방사 시 줄-톰슨 효과에 의한 냉각소화작용이 있다.
6) 약제방사 시 드라이아이스에 의해 시야가 제한되는 운무현상이 발생한다.
7) 소화 후 잔존물이 없고 전기적으로 비전도성이다.

16 백열전구가 발열하는 원인이 되는 열은?

① 아크열 ② 유도열
③ 저항열 ④ 정전기열

해설⊕

전기적 열에너지원
1) 유도열 : 도체 주위에 변화하는 자장이 존재하거나 도체가 자장 사이를 통과하여 전위차가 발생하고 이 전위차에서 전류의 흐름이 일어나 도체의 저항에 의하여 발생하는 열
2) 유전열 : 누설전류에 의해 절연능력이 감소하여 발생하는 열

3) 저항열 : 도체에 전류를 흘리면 도체의 저항으로 인해 전기에너지가 열에너지로 변환되면서 발생하는 열(백열전구의 발열)
4) 아크열 : 통전된 선로의 개폐기의 개폐 시 발생하는 열
5) 정전기열 : 대전된 전하가 방전할 때 발생하는 열
6) 낙뢰에 의한 발열 : 번개에 의해 발생하는 열

17 화재의 정의로 옳은 것은?

① 가연성물질과 산소의 격렬한 산화반응이다.
② 사람의 과실로 인한 실화나 고의에 의한 방화로 발생하는 연소현상으로서 소화할 필요성이 있는 연소현상이다.
③ 가연물과 공기의 혼합물이 어떤 점화원에 의하여 활성화되어 열과 빛을 발하면서 일으키는 격렬한 발열반응이다.
④ 인류의 문화와 문명의 발달을 가져오게 한 근본 존재로서 인간의 제어수단에 의하여 컨트롤할 수 있는 연소현상이다.

해설⊕

① 가연성 물질과 산소의 격렬한 산화반응이다. → 연소의 정의
② 사람의 과실로 인한 실화나 고의에 의한 방화로 발생하는 연소현상으로서 소화할 필요성이 있는 연소 현상이다. → 화재의 정의
③ 가연물과 공기의 혼합물이 어떤 점화원에 의하여 활성화되어 열과 빛을 발하면서 일으키는 격렬한 발열반응이다. → 연소의 정의
④ 인류의 문화와 문명의 발달을 가져오게 한 근본 존재로서 인간의 제어수단에 의하여 컨트롤할 수 있는 연소현상이다. → 불의 정의

18 물에 황산을 넣어 묽은 황산을 만들 때 발생되는 열은?

① 연소열 ② 분해열
③ 용해열 ④ 자연발열

해설 ➕

① 연소열 : 어떤 물질 1[mol]이나 1[g]이 완전히 연소할 때 발생하는 열량이나 발열량

② 분해열 : 1[mol]의 화합물이 일정한 압력에서 그것을 이루고 있는 성분 원소들로 분해될 때 발생하는 열

③ 용해열 : 어떤 용질을 용매에 녹일 때 1[mol]당 출입하는 열

④ 자연발열(자연발화) : 어떤 물질이 외부로부터 에너지의 공급을 받지 않고 내부에서 발열하여 발화점 이상까지 온도가 상승하여 발화하는 현상(발열 > 방열)

19 자연발화의 방지방법이 아닌 것은?

① 통풍이 잘 되도록 한다.

② 퇴적 및 수납 시 열이 쌓이지 않게 한다.

③ 높은 습도를 유지한다.

④ 저장실의 온도를 낮게 한다.

해설 ➕

자연발화의 조건 및 방지법

자연발화의 조건	자연발화의 방지법
• 열전도율이 작을 것 • 발열량이 클 것 • 주위온도가 높을 것 • 비표면적이 클 것	• 통풍이 잘 되는 장소에 보관할 것 • 열 축적 방지(발열 < 방열) • 저장실의 온도를 낮게 유지할 것 • 습도를 낮게 유지할 것(습기가 촉매로 작용)

20 다음 중 분진폭발의 위험성이 가장 낮은 것은?

① 시멘트가루   ② 알루미늄분

③ 석탄분말   ④ 밀가루

해설 ➕

분진폭발

미세한 고체 분진이 공기 중에 부유하여 적당한 양으로 혼합되어 있을 때 점화원이 작용하여 폭발하는 현상

1) 분진폭발을 일으키는 물질 : 금속분진, 곡류의 분진, 플라스틱분진, 석탄분진 등

2) 분진폭발을 일으키지 않는 물질 : 생석회[CaO], 소석회[Ca(OH)$_2$], 시멘트, 팽창질석, 팽창진주암 등

---

21 그림과 같은 회로에서 단자 a, b 사이에 주파수 f(Hz)의 정현파 전압을 가했을 때 전류계 A_1, A_2의 값이 같았다. 이 경우 f, L, C 사이의 관계로 옳은 것은?

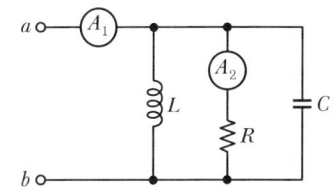

① $f = \dfrac{1}{LC}$ ② $f = \dfrac{1}{2\pi\sqrt{LC}}$

③ $f = \dfrac{1}{4\pi\sqrt{LC}}$ ④ $f = \dfrac{1}{\sqrt{2\pi^2 LC}}$

해설 ➕

1) $R - L - C$ 병렬회로의 공진

① 임피던스는 최대가 된다.

② 어드미턴스가 최소이다.

③ 전류는 최소가 된다.

④ 역률이 1이다.

2) $R - L - C$ 병렬회로의 공진주파수

$$\omega C = \frac{1}{\omega L}, \ \omega^2 = \frac{1}{LC}, \ \omega = \frac{1}{\sqrt{LC}}, 2\pi f = \frac{1}{\sqrt{LC}}$$

$$\boxed{f_0 = \frac{1}{2\pi\sqrt{LC}} \, [\text{Hz}]}$$

문제에서 "A_1, A_2의 값이 같았다"라는 것은 A_1에서 흘러들어오는 전류가 모두 저항 R로 흐른다는 것이며, 이는 L과 C의 임피던스가 최대가 된다는 것이다. 그러므로 이 회로는 병렬공진회로이다.

22 논리식 $Y = \overline{A}\,\overline{B}C + A\overline{B}\,\overline{C} + A\overline{B}C$를 간단히 표현한 것은?

① $\overline{A} \cdot (B+C)$ ② $\overline{B} \cdot (A+C)$

③ $\overline{C} \cdot (A+B)$ ④ $C \cdot (A+\overline{B})$

해설 ⊕

1) $Y = \overline{A}\,\overline{B}C + A\overline{B}\,\overline{C} + A\overline{B}C$ ($\overline{B}C$로 묶으면)

$= \overline{B}C(\overline{A}+A) + A\overline{B}\,\overline{C}$ ($\overline{A}+A=1$)

$= \overline{B}C + A\overline{B}\,\overline{C}$ ($\overline{B}$로 묶으면)

$= \overline{B}(C + A\overline{C})$ (괄호 안을 분배하면)

$= \overline{B}[(C+A) \cdot (C+\overline{C})]$ ($C+\overline{C}=1$)

$= \overline{B}(C+A)$ (위치를 교환하면)

$= \overline{B}(A+C)$

2) 부울대수의 기본 정리

항등법칙	$A+0=A$ $A+1=1$	$A \cdot 1=A$ $A \cdot 0=0$
동일법칙	$A+A=A$	$A \cdot A=A$
보원법칙	$A+\overline{A}=1$	$A \cdot \overline{A}=0$
다중부정	$\overline{\overline{A}}=A$	
교환법칙	$A+B=B+A$	$A \cdot B=B \cdot A$
결합법칙	$A+(B+C)=$ $(A+B)+C$	$A \cdot (B \cdot C)=$ $(A \cdot B) \cdot C$
분배법칙	$A \cdot (B+C)=$ $AB+AC$	$A+B \cdot C=$ $(A+B) \cdot (A+C)$
흡수법칙	$A+A \cdot B=A$	$A \cdot (A+B)=A$

23 회로에서 전류 I는 약 몇 A인가?

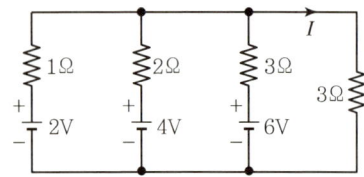

① 0.92   ② 1.125

③ 1.29   ④ 1.38

해설 ⊕

밀만의 정리

개별 회로의 전원과 저항이 직렬회로로 연결되어 있고 그 각각 개별 회로 전체가 병렬회로로 연결되어 있을 때 단자 전압을 쉽게 구할 수 있는 정리

[풀이]

① 단자전압(밀만의 정리)

$$V = \frac{\dfrac{V_1}{R_1} + \dfrac{V_2}{R_2} + \dfrac{V_3}{R_3} + \dfrac{V_4}{R_4}}{\dfrac{1}{R_1} + \dfrac{1}{R_2} + \dfrac{1}{R_3} + \dfrac{1}{R_4}} \, [\text{V}]$$

$$= \frac{\dfrac{2}{1} + \dfrac{4}{2} + \dfrac{6}{3} + \dfrac{0}{3}}{\dfrac{1}{1} + \dfrac{1}{2} + \dfrac{1}{3} + \dfrac{1}{3}} = \frac{6}{2.1667} = 2.769 \, [\text{V}]$$

② 3[Ω]의 저항에 흐르는 전류

$$I = \frac{V}{R} = \frac{2.769}{3} = 0.92 \, [\text{A}]$$

24 절연저항 시험에서 "전로의 사용전압이 500V 이하인 경우 1.0MΩ 이상"이란 뜻으로 가장 알맞은 것은?

① 누설전류가 0.5mA 이하이다.

② 누설전류가 5mA 이하이다.

③ 누설전류가 15mA 이하이다.

④ 누설전류가 30mA 이하이다.

해설 ⊕

누설전류 : $I = \dfrac{V}{R} [\text{A}]$

$I = \dfrac{500}{1.0 \times 10^6} = 0.0005 [\text{A}] = 0.5 [\text{mA}]$

여기서, $1[\text{M}\Omega] = 10^6 [\Omega]$

$1[\text{A}] = 10^3 [\text{mA}]$

25 권선수가 100회인 코일에 유도되는 기전력의 크기가 e_1이다. 이 코일의 권선수를 200회로 늘렸을 때 유도되는 기전력의 크기(e_2)는?

① $e_2 = \dfrac{1}{4}e_1$ ② $e_2 = \dfrac{1}{2}e_1$

③ $e_2 = 2e_1$ ④ $e_2 = 4e_1$

해설 ⊕

1) 전자유도현상에 의하여 발생하는 유도 기전력의 크기

$$e = -N\frac{d\phi}{dt} = -L\frac{di}{dt}[\text{V}]$$

여기서, e : 유도 기전력[V], N : 권수[T]

L : 인덕턴스[H], di : 전류 변화량[A]

$d\phi$: 자속변화량[Wb], dt : 시간 변화량[sec]

2) $e = -L\dfrac{di}{dt}$ [V]

① 코일에 일정한 전류를 흘릴 때 유도기전력은 인덕턴스에 비례한다.

② 유도기전력 : $e \propto LI$

③ 인덕턴스 : $L = \dfrac{\mu S N^2}{l}[\text{H}]$

④ $e \propto \dfrac{\mu S N^2}{l} I$

⑤ 유도기전력은 권선수의 제곱에 비례한다.

3) $e = -N\dfrac{d\phi}{dt}$

① 코일에 일정한 자속을 흘릴 때 유도기전력은 권선수에 비례한다.

② 유도기전력 : $e \propto N\phi$

여기서 2)번과 같이 전류와 유도기전력의 관계로 바꿔주기 위하여 자속에 관한 식을 정리한다.

③ 자속 : $\phi = \mu \dfrac{NI}{l} S$

④ $e \propto N \mu \dfrac{NI}{l} S$이므로

⑤ $e \propto N^2$

[풀이]

$e \propto N^2$

$\dfrac{e_2}{e_1} = \left(\dfrac{N_2}{N_1}\right)^2$

$e_2 = \left(\dfrac{200}{100}\right)^2 e_1 = 4e_1$

26 동일한 전류가 흐르는 두 평행 도선 사이에 작용하는 힘이 F_1이다. 두 도선 사이의 거리를 2.5배로 늘렸을 때 두 도선 사이 작용하는 힘 F_2는?

① $F_2 = \dfrac{1}{2.5}F_1$ ② $F_2 = \dfrac{1}{2.5^2}F_1$

③ $F_2 = 2.5F_1$ ④ $F_2 = 6.25F_1$

해설 ⊕

평행 도선 사이에 작용하는 힘(전자력)

1) 전류 방향이 동일 : 흡인력

2) 전류 방향이 반대 : 반발력

3) 단위길이당 작용하는 힘

$$F = \frac{2 I_1 I_2}{r} \times 10^{-7}[\text{N/m}]$$

여기서, r : 두 도선 사이의 거리[m]

I : 전류[A]

4) 평행 도선 사이에 작용하는 힘은 두 도선 사이의 거리에 반비례한다.

[풀이]

$F_1 : \dfrac{1}{r} = F_2 : \dfrac{1}{2.5\,r}$

$\dfrac{F_2}{r} = \dfrac{F_1}{2.5\,r}$

$F_2 = \dfrac{r}{2.5\,r} F_1$

$F_2 = \dfrac{1}{2.5} F_1$

27 그림의 회로에서 a와 C 사이의 합성저항은?

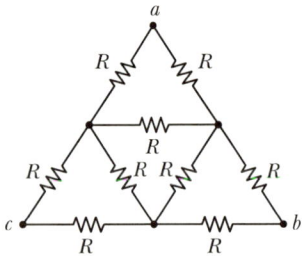

① $\dfrac{9}{10}R$

② $\dfrac{10}{9}R$

③ $\dfrac{7}{10}R$

④ $\dfrac{10}{7}R$

해설 ➕

1) a, b, c점을 각각 하나의 꼭짓점으로 하는 3개의 Δ 결선을 Y결선으로 변환한다.

$$R_Y = \frac{1}{3}R_\Delta$$

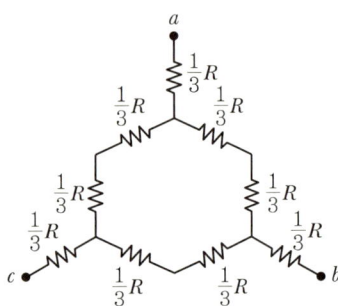

2) $a \sim c$ 간의 등가회로

① 등가회로 1

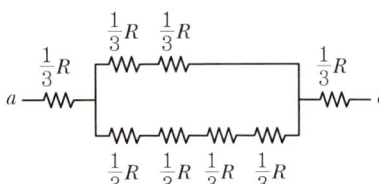

② 등가회로 2

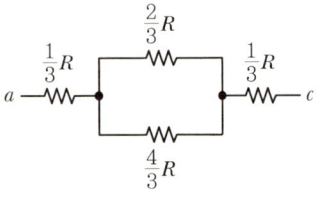

3) $a \sim c$ 간의 합성저항

$$R_{ac} = \frac{R}{3} + \frac{\dfrac{2R}{3} \times \dfrac{4R}{3}}{\dfrac{2R}{3} + \dfrac{4R}{3}} + \frac{R}{3}$$

$$= \frac{R}{3} + \frac{\dfrac{8R^2}{9}}{\dfrac{6R}{3}} + \frac{R}{3}$$

$$= \frac{2R}{3} + \frac{3 \times 8R^2}{9 \times 6R}$$

$$= \frac{2R}{3} + \frac{4R}{9}$$

$$= \frac{6R}{9} + \frac{4R}{9}$$

$$= \frac{10R}{9}$$

28 잔류편차가 있는 제어동작은?

① 비례제어

② 적분제어

③ 비례적분제어

④ 비례적분미분제어

해설 ➕

제어동작에 따른 제어계의 분류

제어동작		특징
불연속 동작	ON−OFF 제어	간헐 현상이 발생
P동작	비례 제어	잔류편차(offset) 발생
PI동작	비례적분 제어	잔류편차 제거, 지상보상 요소
PD동작	비례미분 제어	속응성 향상, 진동 제거, 진상보상요소
PID동작	비례적분미분 제어	속응성 향상, 잔류편차도 제거한 제어계로 가장 안정적인 제어계, 지상 및 진상보상요소

29 그림과 같은 정류회로에서 R에 걸리는 전압의 최댓값은 몇 V인가?(단, $v_2(t) = 20\sqrt{2}\sin wt$ 이다.)

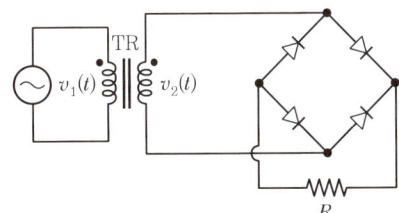

① 20

② $20\sqrt{2}$

③ 40

④ $40\sqrt{2}$

해설 ⊕

1) 전파정류의 입출력 파형

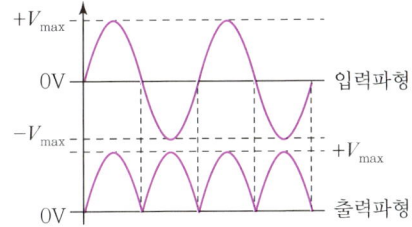

2) R에 걸리는 최댓값

① 전파정류의 최댓값은 입력전압의 +최댓값과 같다.

② 입력전압 $v_2(t) = 20\sqrt{2}\sin wt$에서 최댓값은 $V_m = 20\sqrt{2}$ [V]이다.

※ R에 걸리는 평균값

$$V_{av} = \frac{2V_m}{\pi} = \frac{2 \times 20\sqrt{2}}{\pi} = 18[V]$$

30 회로에서 저항 20Ω에 흐르는 전류[A]는?

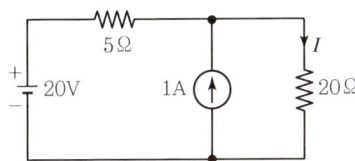

① 0.8

② 1.0

③ 1.8

④ 2.8

해설 ⊕

중첩의 원리

1) 여러 개의 전원을 갖는 회로에서 임의의 저항에 인가되는 전압과 흐르는 전류는 각 독립된 전원에 의한 전압과 전류의 대수석인 합과 같다.

2) 회로 해석에서 중첩의 원리(Superposition)를 적용할 때 전압원은 단락(Short)시키고 전류원은 개방(Open)시켜서 해석한다.

[풀이]

1) 전류원 개방 시 저항 20[Ω]에 흐르는 전류

$$I_1 = \frac{V}{R} = \frac{20}{5+20} = 0.8[A]$$

2) 전압원 단락 시 저항 20[Ω]에 흐르는 전류

$$I_2 = \frac{R_1}{R_1 + R_2}I = \frac{5}{5+20} \times 1 = 0.2[A]$$

3) 전류원 개방 시와 전압원 단락 시 20[Ω]의 저항에 흐르는 전류의 합

$$I_t = I_1 + I_2 = 0.8 + 0.2 = 1[A]$$

31 다음 내용이 설명하는 것으로 가장 알맞은 것은?

회로망 내 임의의 폐회로(Closed Circuit)에서, 그 폐회로를 따라 한 방향으로 일주하면서 생기는 전압강하의 합은 그 폐회로 내에 포함되어 있는 기전력의 합과 같다.

① 노튼의 정리

② 중첩의 원리

③ 키르히호프의 전압법칙

④ 패러데이의 법칙

해설 ⊕

키르히호프의 법칙

1) 제1법칙(전류법칙)

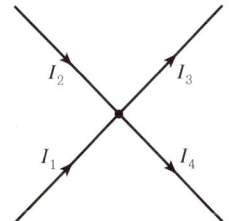

① 임의의 접속점에 유입하는 전류의 총합은 유출하는 전류의 총합과 같다.

$$I_1 + I_2 = I_3 + I_4$$

② 임의의 접속점에 출입하는 전류의 대수합은 0이다.

$$I_1 + I_2 - I_3 - I_4 = 0$$

2) 제2법칙(전압법칙)

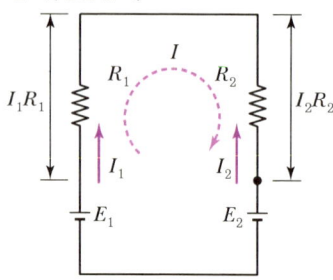

① 임의의 폐회로에서 기전력의 총합은 전압강하의 총합과 같다.

$$E_1 + (-E_2) = IR_1 + IR_2$$

② 임의의 폐회로에서 기전력과 전압강하의 대수합은 0이다.

$$E_1 - E_2 - IR_1 - IR_2 = 0$$

여기서, I : 전류[A], E : 기전력[V], R : 저항[Ω]

32 그림과 같은 논리회로의 출력 Y는?

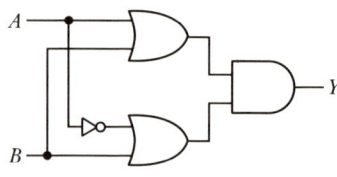

① AB
② A+B
③ A
④ B

해설 ⊕

1) 논리회로

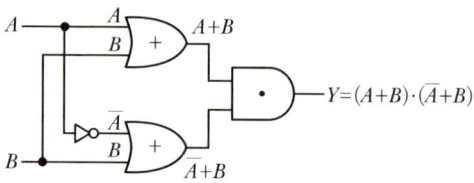

2) 간소화

$$Y = (A + B) \cdot (\overline{A} + B) \qquad \text{(식을 분배하면)}$$
$$= A \cdot \overline{A} + A \cdot B + \overline{A} \cdot B + B \cdot B$$
$$\qquad\qquad (A \cdot \overline{A} = 0, \ B \cdot B = B)$$
$$= A \cdot B + \overline{A} \cdot B + B \qquad (B\text{로 묶으면})$$
$$= B(A + \overline{A} + 1) \qquad (A + \overline{A} + 1) = 1$$
$$= B$$

33 3상 농형 유도전동기를 $Y - \Delta$ 기동방식으로 기동할 때의 전류 I_1(A)과 Δ 결선으로 직입(전전압) 기동할 때의 전류 I_2(A)의 관계는?

① $I_1 = \dfrac{1}{\sqrt{3}} I_2$ ② $I_1 = \dfrac{1}{3} I_2$

③ $I_1 = \sqrt{3} \, I_2$ ④ $I_1 = 3I_2$

해설 ⊕

1) Y결선

$$V_{lY} = \sqrt{3} \, V_{PY}, \ I_{lY} = I_{PY}$$

여기서, V_{lY} : Y결선에서 선간전압
V_{PY} : Y결선에서 상전압
I_{lY} : Y결선에서 선간전류
I_{PY} : Y결선에서 상전류

① 상전류 : $I_{PY} = \dfrac{V_{PY}}{R}$

여기서, $V_{PY} = \dfrac{V_{lY}}{\sqrt{3}}$, $I_{lY} = I_{PY}$

② 선간전류 : $I_{lY} = \dfrac{V_l}{\sqrt{3} \, R}$

2) △결선

$$V_{l\Delta} = V_{P\Delta}, \ I_{l\Delta} = \sqrt{3}\, I_{P\Delta}$$

여기서, $V_{l\Delta}$: △결선에서 선간전압

$V_{P\Delta}$: △결선에서 상선압

$I_{l\Delta}$: △결선에서 선간전류

$I_{P\Delta}$: △결선에서 상전류

① 상전류 : $I_{P\Delta} = \dfrac{V_{P\Delta}}{R}$

여기서, $V_{l\Delta} = V_{P\Delta}, \ I_{P\Delta} = \dfrac{I_{l\Delta}}{\sqrt{3}}$

② 선간전류 : $\dfrac{I_{l\Delta}}{\sqrt{3}} = \dfrac{V_{l\Delta}}{R}$

$$I_{l\Delta} = \dfrac{\sqrt{3}\, V_l}{R}$$

3) Y결선의 기동전류(I_Y)와 △결선의 기동전류(I_Δ)의 관계

$$\dfrac{I_Y}{I_\Delta} = \dfrac{\dfrac{V_l}{\sqrt{3}\,R}}{\dfrac{\sqrt{3}\,V_l}{R}}, \ \dfrac{I_Y}{I_\Delta} = \dfrac{1}{3}$$

$$I_Y = \dfrac{1}{3} I_\Delta$$

여기서, $I_Y = I_1, \ I_\Delta = I_2$

$$I_1 = \dfrac{1}{3} I_2$$

4) Y $-$ △ 기동방식은 기동 시 Y결선이고, 직입기동은 기동 시 △결선으로 기동한다.

---

34 유도전동기의 슬립이 5.6%이고 회전자 속도가 1,700rpm일 때, 이 유도전동기의 동기속도는 약 몇 rpm인가?

① 1,000   ② 1,200

③ 1,500   ④ 1,800

해설 ⊕ ----------

유도전동기의 속도 N[rpm]

$$N = N_S(1-S) \qquad N = \dfrac{120f}{p}(1-S)[\mathrm{rpm}]$$

여기서, N_S : 동기속도 $= \dfrac{120f}{p}[\mathrm{rpm}]$

p : 극수

f : 주파수

s : 슬립

[풀이]

$$N = N_s(1-S)$$

$$1,700 = N_s(1-0.056)$$

$$N_s = \dfrac{1,700}{1-0.056}$$

$$= 1,800[\mathrm{rpm}]$$

---

35 목푯값이 다른 양과 일정한 비율 관계를 가지고 변화하는 제어방식은?

① 정치 제어   ② 추종 제어

③ 프로그램 제어   ④ 비율 제어

해설 ⊕ ----------

1) 목푯값의 성질에 의한 분류

① 프로그램 제어 : 목푯값의 변화가 미리 정해진 신호에 따라 동작

② 정치 제어 : 목푯값이 시간적으로 변화하지 않고 일정한 제어

③ 추종 제어 : 시간에 따라 변하는 목푯값에 제어량을 추종시키는 제어

④ 비율 제어 : 목푯값이 다른 양과 일정한 비율 관계를 가지고 변화하는 제어

2) 제어량의 성질에 의한 분류

① 프로세스 제어(공정 제어) : 공업 공정의 상태를 제어량으로 하는 제어

   예 온도, 유량, 압력, 밀도, 농도 등

② 서보기구 : 기계적인 변위량을 목푯값의 임의의 변화에 추종하도록 구성하는 제어

   예 위치, 방위, 자세, 거리, 각도 등

③ 자동조정 : 전기적, 기계적 양의 제어

   예 전압, 전류, 주파수, 회전속도 등

36 축전지의 자기 방전을 보충함과 동시에 일반 부하로 공급하는 전력은 충전기가 부담하고, 충전기가 부담하기 어려운 일시적인 대전류는 축전지가 부담하는 충전방식은?

① 급속충전　　　　② 부동충전

③ 균등충전　　　　④ 세류충전

해설 ⊕

축전지 충전방식의 종류

1) 보통충전 : 필요할 때마다 표준 시간율로 충전하는 방식

2) 급속충전 : 단시간에 보통 충전전류의 2~3배의 전류로 충전하는 방식

3) 부동충전 : 전지의 자기 방전을 보충함과 동시에 상용부하에 대한 전력 공급은 충전기가 부담하고 일시적인 대전류 부하는 축전지가 부담하도록 하는 방식

4) 균등충전 : 1~3개월마다 정전압으로 10~12시간 충전하여 전체 셀의 전압을 균일하게 하는 방식

5) 세류충전 : 항상 자기방전량만큼만 충전하는 방식

37 각 상의 임피던스가 $Z = 6 + j8[\Omega]$인 $\triangle$결선의 평형 3상 부하에 선간전압이 220V인 대칭 3상 전압을 가했을 때 이 부하로 흐르는 선전류의 크기는 약 몇 A인가?

① 13　　　　　　② 22

③ 38　　　　　　④ 66

해설 ⊕

$\triangle$결선

$V_l = V_P$ 　　　$I_l = \sqrt{3}\, I_P$

여기서, V_P : 상전압[V], V_l : 선간전압[V]

$\quad\quad I_P$: 상전류[A], I_l : 선간전류[A]

1) 1상의 임피던스

$Z = \sqrt{R^2 + X^2} = \sqrt{6^2 + 8^2} = 10[\Omega]$

2) 1상의 상전류

$I_P = \dfrac{V_P}{Z} = \dfrac{V_\ell}{Z} = \dfrac{220[\text{V}]}{10[\Omega]} = 22[\text{A}]$

여기서, V_l(선간전압)$= V_P$(상전압)

3) 선전류

$I_l = \sqrt{3}\, I_P$

$\quad = \sqrt{3} \times 22 = 38.11[\text{A}]$

38 전기화재의 원인 중 하나인 누설전류를 검출하기 위해 사용되는 것은?

① 부족전압계전기　　② 영상변류기

③ 계기용 변압기　　　④ 과전류계전기

해설 ⊕

① 부족전압계전기(UVR : Under Voltage Relay)
전압의 크기가 일정치 이하로 되었을 때 동작하는 계전기이며 저전압계전기라고도 한다.

② 영상변류기(ZCT : Zero Current Transformer)
경계전로의 누설전류를 자동적으로 검출하여 이를 누전경보기의 수신부에 송신하는 것

③ 계기용 변압기(PT : Potential Transformer)
고전압을 저전압으로 변성하여 계측기나 계전기 전압 측정을 위해 사용하는 기기

④ 과전류계전기(OVR : Overcurrent Relay)
보호계전기의 한 종류로서 부하전류가 설정된 값을 초과할 때 동작하여 회로를 보호하는 기기

39 그림의 블록선도에서 $\dfrac{C(s)}{R(s)}$을 구하면?

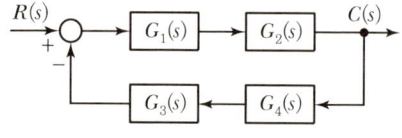

① $\dfrac{G_1(s) + G_2(s)}{1 + G_1(s)\,G_2(s) + G_3(s)\,G_4(s)}$

② $\dfrac{G_1(s)\,G_2(s)}{1 + G_1(s)\,G_2(s)\,G_3(s)\,G_4(s)}$

③ $\dfrac{G_3(s)\,G_4(s)}{1 + G_1(s)\,G_2(s)\,G_3(s)\,G_4(s)}$

④ $\dfrac{G_1(s)\,G_2(s)}{1 + G_1(s)\,G_2(s) + G_3(s)\,G_4(s)}$

정답　**36** ②　**37** ③　**38** ②　**39** ②

해설 ✚

간이 전달함수법

$$G(s) = \frac{C(s)}{R(s)} = \frac{\text{순방향 경로의 곱}}{1 - \text{루프의 곱}}$$

여기서, $G(s)$: 전달함수, $R(s)$: 입력, $C(s)$: 출력

1) 순방향 경로의 곱 : $G_1(s) \cdot G_2(s)$

2) 블록선도에서 루프된 곳의 곱
  $[-G_1(s) \cdot G_2(s) \cdot G_3(s) \cdot G_4(s)]$

3) 전달함수
$$\frac{C(s)}{R(s)} = \frac{G_1(s) \cdot G_2(s)}{1 - [-G_1(s) \cdot G_2(s) \cdot G_3(s) \cdot G_4(s)]}$$
$$= \frac{G_1(s)G_2(s)}{1 + G_1(s)G_2(s)G_3(s)G_4(s)}$$

40 한 변의 길이가 150mm인 정방형 회로에 1A의 전류가 흐를 때 회로 중심에서의 자계의 세기는 약 몇 AT/m인가?

① 5   ② 6
③ 9   ④ 21

해설 ✚

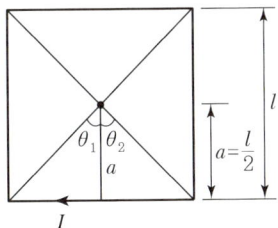

1) 유한장 직선전류에 의한 자계의 세기
$$H = \frac{I}{4\pi a}(\sin\theta_1 + \sin\theta_2)\,[\text{AT/m}]$$
$$= \frac{I}{4\pi \times \frac{l}{2}}(\sin 45 + \sin 45)\,[\text{AT/m}]$$

여기서, $I = 1\,[\text{A}]$, $\frac{l}{2} = \frac{0.15}{2} = 0.075\,[\text{m}]$
$$\sin 45 = \frac{1}{\sqrt{2}}$$

$$= \frac{1}{4\pi \times 0.075}\left(\frac{1}{\sqrt{2}} + \frac{1}{\sqrt{2}}\right) = 1.5\,[\text{AT/m}]$$

2) 정방형(정사각형) 중심에서의 자계의 세기
  ① 정사각형 한 변에 의한 자계의 세기 × 4변
  ② $H = 1.5 \times 4 = 6\,[\text{AT/m}]$

3과목 소방관계법규

41 소방시설업의 감독을 위하여 필요할 때에 소방시설업자나 관계인에게 필요한 보고나 자료 제출을 명할 수 있는 사람이 아닌 것은?

① 시 · 도지사   ② 119 안전센터장
③ 소방서장   ④ 소방본부장

해설 ✚

소방시설공사업법에 의한 감독

시 · 도지사, 소방본부장 또는 소방서장은 소방시설업의 감독을 위하여 필요할 때에는 소방시설업자나 관계인에게 필요한 보고나 자료 제출을 명할 수 있고, 관계 공무원으로 하여금 소방시설업체나 특정소방대상물에 출입하여 관계 서류와 시설 등을 검사하거나 소방시설업자 및 관계인에게 질문하게 할 수 있다.

42 소방시설업자가 소방시설 공사 등을 맡긴 특정소방대상물의 관계인에게 지체 없이 그 사실을 알려야 하는 경우가 아닌 것은?

① 소방시설업자의 지위를 승계한 경우
② 소방시설업의 등록취소 처분 또는 영업정지 처분을 받은 경우
③ 휴업하거나 폐업한 경우
④ 소방시설업의 주소지가 변경된 경우

해설 ✚

특정소방대상물의 관계인에게 지체 없이 그 사실을 알려야 하는 경우
1) 소방시설업자의 지위를 승계한 경우

2) 소방시설업의 등록취소 처분 또는 영업정지 처분을 받은 경우

3) 휴업하거나 폐업한 경우

43 이웃하는 다른 시·도지사와 소방업무에 관하여 시·도지사가 체결할 상호응원협정 사항이 아닌 것은?

① 화재조사활동
② 응원출동의 요청방법
③ 소방교육 및 응원출동훈련
④ 응원출동대상지역 및 규모

해설 ⊕
소방업무의 상호응원협정 시 포함사항
1) 다음의 소방활동에 관한 사항
　① 화재의 경계·진압활동
　② 구조·구급업무의 지원
　③ 화재조사활동
2) 응원출동대상지역 및 규모
3) 다음 각 목의 소요경비의 부담에 관한 사항
　① 출동대원의 수당·식사 및 피복의 수선
　② 소방장비 및 기구의 정비와 연료의 보급
　③ 그 밖의 경비
4) 응원출동의 요청방법
5) 응원출동훈련 및 평가

44 소방시설의 종류에 대한 설명으로 옳은 것은?

① 소화기구, 옥외소화전설비는 소화설비에 해당된다.
② 유도등, 비상조명등은 경보설비에 해당된다.
③ 소화수조, 저수조는 소화활동설비에 해당된다.
④ 연결송수관설비는 소화용수설비에 해당된다.

해설 ⊕
② 유도등, 비상조명등 → 피난구조설비
③ 소화수조, 저수조 → 소화용수설비
④ 연결송수관설비 → 소화활동설비

45 특정소방대상물의 소방시설 설치의 면제기준에 따라 연결살수설비를 설치 면제받을 수 있는 경우는?

① 송수구를 부설한 간이스프링클러설비를 설치하였을 때
② 송수구를 부설한 옥내소화전설비를 설치하였을 때
③ 송수구를 부설한 옥외소화전설비를 설치하였을 때
④ 송수구를 부설한 연결송수관설비를 설치하였을 때

해설 ⊕
소방시설 설치의 면제기준

설치가 면제되는 소방시설	설치 면제 조건이 되는 설비
스프링클러설비	물분무 등 소화설비
물분무 등 소화설비	스프링클러설비(차고, 주차장)
간이스프링클러설비	스프링클러설비, 물분무소화설비 또는 미분무소화설비
연결살수설비	송수구를 부설한 스프링클러설비, 간이스프링클러설비, 물분무소화설비 또는 미분무소화설비를 설치한 경우
비상경보설비 또는 단독경보형 감지기	자동화재탐지설비 또는 화재알림설비
비상경보설비	단독경보형 감지기를 2개 이상의 단독경보형 감지기와 연동하여 설치하는 경우
비상조명등	피난구유도등 또는 통로유도등

46 위험물 및 지정수량에 대한 기준 중 다음 (　) 안에 알맞은 것은?

> 금속분이라 함은 알칼리금속·알칼리토류금속·철 및 마그네슘 외의 금속의 분말을 말하고, 구리분·니켈분 및 (㉠)마이크로미터의 체를 통과하는 것이 (㉡)중량퍼센트 미만인 것은 제외한다.

① ㉠ 150, ㉡ 50　　② ㉠ 53, ㉡ 50
③ ㉠ 50, ㉡ 150　　④ ㉠ 50, ㉡ 530

정답 43 ③ 44 ① 45 ① 46 ①

해설 ⊕

제2류 위험등급, 품명 및 지정수량

위험 등급	품명	지정수량
II	황화인	100[kg]
	적린	
	황(순도 60[w%] 이상)	
III	철분(철의 분말로서 53[μm]의 표준체를 통과하는 것이 50[w%] 미만인 것은 제외)	500[kg]
	마그네슘 • 2[mm] 체를 통과하지 아니하는 덩어리 상태의 것은 제외 • 직경 2[mm] 이상의 막대 모양의 것은 제외	500[kg]
III	금속분 • 구리분 · 니켈분 제외 • 150[μm] 체를 통과하는 것이 50[w%] 미만인 것은 제외	500[kg]
	인화성 고체(고형알코올, 그 밖에 1기압에서 인화점이 섭씨 40도 미만인 고체)	1,000[kg]

47 제조소등의 관계인은 위험물의 안전관리에 관한 직무를 수행하게 하기 위하여 제조소 등마다 위험물의 취급에 관한 자격이 있는 자를 위험물안전관리자로 선임하여야 한다. 이 경우 제조소 등의 관계인이 지켜야 할 기준으로 틀린 것은?

① 제조소 등의 관계인은 안전관리자를 해임하거나 안전관리자가 퇴직한 때에는 해임하거나 퇴직한 날부터 15일 이내에 다시 안전관리자를 선임하여야 한다.

② 제조소 등의 관계인이 안전관리자를 선임한 경우에는 선임한 날부터 14일 이내에 소방본부장 또는 소방서장에게 신고하여야한다.

③ 제조소 등의 관계인은 안전관리자가 여행 · 질병 그 밖의 사유로 인하여 일시적으로 직무를 수행할 수 없는 경우에는 국가기술자격법에 따른 위험물의 취급에 관한 자격취득자 또는 위험물안전에 관한 기

본지식과 경험이 있는 자를 대리자로 지정하여 그 직무를 대행하게 하여야 한다. 이 경우 대행하는 기간은 30일을 초과할 수 없다.

④ 안전관리자는 위험물을 취급하는 작업을 하는 때에는 작업자에게 안전관리에 관한 필요한 지시를 하는 등 위험물의 취급에 관한 안전관리와 감독을 하여야 하고, 제조소 등의 관계인은 안전관리자의 위험물안전관리에 관한 의견을 존중하고 그 권고에 따라야 한다.

해설 ⊕

위험물 안전관리자

1) 위험물 안전관리자 선임 : 30일 이내
2) 위험물 안전관리자 선임 신고 : 14일 이내(소방본부장, 소방서장)
3) 대리자의 직무대행기간 : 30일 이내

4) 안전교육대상자
    ① 안전관리자로 선임된 자
    ② 탱크시험자의 기술인력으로 종사하는 자
    ③ 위험물 운송자로 종사하는 자

48 소방시설 감리업자는 소방시설공사가 설계도서 또는 화재안전기준에 적합하지 아니한 때에는 가장 먼저 누구에게 알려야 하는가?

① 감리업체 대표자 ② 시공자
③ 관계인 ④ 소방서장

해설 ⊕

위반사항에 대한 조치

1) 감리업자는 감리를 할 때 소방시설공사가 설계도서나 화재안전기준에 맞지 아니할 때에는 관계인에게 알리고, 공사업자에게 그 공사의 시정 또는 보완 등을 요구하여야 한다.
2) 감리업자는 공사업자가 1)에 따른 요구를 이행하지 아니하고 그 공사를 계속할 때에는 행정안전부령으로 정하는 바에 따라 소방본부장이나 소방서장에게 그 사실을 보고하여야 한다.
3) 관계인은 감리업자가 2)에 따라 소방본부장이나 소방서장에게 보고한 것을 이유로 감리계약을 해지하거나 감리 대가 지급을 거부, 지연시키거나 불이익을 주어서는 아니 된다.

49 2급 소방안전관리대상물의 소방안전관리자 선임 기준으로 틀린 것은?

① 위험물기능사 자격을 가진 사람
② 소방공무원으로 3년 이상 근무한 경력이 있는 사람
③ 의용소방대원으로 5년 이상 근무한 경력이 있는 사람
④ 위험물산업기사 자격을 가진 사람

해설⊕

2급 소방안전관리대상물의 소방안전관리자
다음에 해당하는 사람으로서 2급 또는 특급, 1급 소방안전관리자 자격증을 발급받은 사람
1) 위험물기능장 · 위험물산업기사 또는 위험물기능사 자격을 가진 사람
2) 소방공무원으로 3년 이상 근무한 경력이 있는 사람
3) 소방청장이 실시하는 2급 소방안전관리대상물의 소방안전관리에 관한 시험에 합격한 사람
③ 의용소방대원으로 3년 이상 경력이 있는 경우 2급 소방안전관리자 시험에 응시할 수 있는 자격만 주어짐

50 옥내주유취급소에 있어서 당해 사무소 등의 출입구 및 피난구와 당해 피난구로 통하는 통로 · 계단 및 출입구에 설치해야 하는 피난설비는?

① 유도등
② 구조대
③ 피난사다리
④ 완강기

해설⊕

피난설비(위험물안전관리법 시행규칙 별표17)
1) 주유취급소 중 건축물의 2층 이상의 부분을 점포 · 휴게음식점 또는 전시장의 용도로 사용하는 것에 있어서는 당해 건축물의 2층 이상으로부터 주유취급소의 부지 밖으로 통하는 출입구와 당해 출입구로 통하는 통로 · 계단 및 출입구에 유도등을 설치할 것
2) 옥내주유취급소에 있어서는 당해 사무소 등의 출입구 및 피난구와 당해 피난구로 통하는 통로 · 계단 및 출입구에 유도등을 설치할 것
3) 유도등에는 비상전원을 설치할 것

51 소방시설업 등록의 결격사유에 해당되지 않는 법인은?

① 법인의 대표자가 피성년후견인인 경우
② 법인의 임원이 피성년후견인인 경우
③ 법인의 대표자가 소방시설공사업법에 따라 소방시설업 등록이 취소된 지 2년이 지나지 아니한 자인 경우
④ 법인의 임원이 소방시설공사업법에 따라 소방시설업 등록이 취소된 지 2년이 지나지 아니한 자인 경우

해설⊕

소방시설업 등록의 결격사유
1) 피성년후견인
2) 금고 이상의 실형을 선고받고 그 집행이 끝나거나 면제된 날부터 2년이 지나지 아니한 사람
3) 금고 이상의 형의 집행유예를 선고받고 그 유예기간 중에 있는 사람
4) 등록하려는 소방시설업 등록이 취소된 날부터 2년이 지나지 아니한 자
5) 법인의 대표자가 제1)호부터 제4)호까지의 규정에 해당하는 경우 그 법인
6) 법인의 임원이 제2)호부터 제4)호까지의 규정에 해당하는 경우 그 법인

52 화재가 발생할 우려가 높거나 화재가 발생하는 경우 그로 인하여 피해가 클 것으로 예상되는 지역을 화재예방강화지구로 지정할 수 있는 자는?

① 한국소방안전협회장
② 소방시설관리사
③ 소방본부장
④ 시 · 도지사

해설⊕

1) 화재예방강화지구 지정권자 : 시 · 도지사
2) 화재예방강화지구
   ① 시장지역
   ② 공장 · 창고가 밀집한 지역
   ③ 목조건물이 밀집한 지역
   ④ 노후 · 불량건축물이 밀집한 지역

정답 **49** ③ **50** ① **51** ② **52** ④

⑤ 위험물의 저장 및 처리시설이 밀집한 지역

⑥ 석유화학제품을 생산하는 공장이 있는 지역

⑦ 산업단지, 물류단지

⑧ 소방시설·소방용수시설 또는 소방출동로가 없는 지역

⑨ 소방관서장이 화재예방강화지구로 지정할 필요가 있다고 인정하는 지역

53 건축허가 등을 할 때 미리 소방본부장 또는 소방서장의 동의를 받아야 하는 건축물 등의 범위가 아닌 것은?

① 연면적 200m² 이상인 노유자시설 및 수련시설

② 항공기 격납고, 관망탑

③ 차고·주차장으로 사용되는 바닥면적이 100m² 이상인 층이 있는 건축물

④ 지하층 또는 무창층이 있는 건축물로서 바닥면적이 150m² 이상인 층이 있는 것

해설⊕

건축허가 등의 동의대상물의 범위

1) 연면적이 400[m²] 이상인 건축물

2) 학교시설 : 100[m²] 이상

3) 노유자시설 및 수련시설 : 200[m²] 이상

4) 차고·주차장 : 바닥면적이 200[m²] 이상인 층이 있는 건축물이나 주차시설

5) 승강기 등 기계장치에 의한 주차시설 : 20대 이상

6) 지하층, 무창층 : 바닥면적이 150[m²](공연장의 경우에는 100[m²]) 이상인 층

7) 정신의료기관, 장애인 의료재활시설 : 300[m²] 이상

8) 항공기 격납고, 관망탑, 항공관제탑, 방송용 송수신탑

9) 조산원, 산후조리원, 위험물 저장 및 처리시설, 발전시설 중 전기저장시설, 지하구, 공동주택

10) 층수가 6층 이상인 건축물

11) 노유자시설 중 다음 각 목의 어느 하나에 해당하는 시설

① 노인 관련 시설

② 아동복지시설

③ 장애인 거주시설

④ 정신질환자 관련 시설

⑤ 노숙인 관련 시설 중 노숙인자활시설, 노숙인재활시설 및 노숙인요양시설

⑥ 결핵환자나 한센인이 24시간 생활하는 노유자시설

③ 차고·주차장으로 사용되는 바닥면적이 100[m²] 이상 → 200[m²] 이상

54 특정소방대상물의 수용인원 산정방법으로 옳은 것은?

① 침대가 없는 숙박시설은 해당 특정소방대상물의 종사자의 수에 숙박시설의 바닥면적 합계를 4.6m²로 나누어 얻은 수를 합한 수로 한다.

② 강의실로 쓰이는 특정소방대상물은 해당 용도로 사용하는 바닥면적의 합계를 4.6m²로 나누어 얻은 수로 한다.

③ 관람석이 없을 경우 강당, 문화 및 집회시설, 운동시설, 종교시설은 해당용도로 사용하는 바닥면적의 합계를 4.6m²로 나누어 얻은 수로 한다.

④ 백화점은 해당 용도로 사용하는 바닥면적의 합계를 4.6m²로 나누어 얻은 수로 한다.

해설⊕

수용인원의 산정방법

1) 숙박시설이 있는 특정소방대상물

① 침대가 있는 숙박시설 : 종사자 수＋침대 수(2인용 침대는 2개)

② 침대가 없는 숙박시설 : 종사자 수＋바닥면적의 합계를 3[m²]로 나누어 얻은 수

2) 1) 외의 특정소방대상물

① 강의실·교무실·상담실·실습실·휴게실 용도로 쓰이는 특정소방대상물 : 바닥면적의 합계를 1.9[m²]로 나누어 얻은 수

② 강당, 문화 및 집회시설, 운동시설, 종교시설 : 바닥면적의 합계를 4.6[m²]로 나누어 얻은 수

③ • 관람석이 있는 경우 고정식 의자를 설치한 부분 : 의자 수

• 긴 의자의 경우 : 의자의 정면너비를 0.45[m]로 나누어 얻은 수

3) 그 밖의 특정소방대상물 : 바닥면적의 합계를 3[m²]로 나누어 얻은 수(소수점 이하의 수는 반올림할 것)

55 일반음식점에서 음식 조리를 위해 불을 사용하는 설비를 설치하는 경우 지켜야 하는 사항으로 틀린 것은?

① 주방시설에는 동물 또는 식물의 기름을 제거할 수 있는 필터 등을 설치할 것

② 열을 발생하는 조리기구는 반자 또는 선반으로부터 0.6미터 이상 떨어지게 할 것

③ 주방설비에 부속된 배출덕트는 0.2밀리미터 이상의 아연도금강판으로 설치할 것

④ 열을 발생하는 조리기구로부터 0.15미터 이내의 거리에 있는 가연성 주요 구조부는 석면판 또는 단열성이 있는 불연재료로 덮어 씌울 것

해설 ⊕--------------------------------------

일반음식점에서 조리를 위하여 불을 사용하는 설비

종류	내용
음식 조리를 위하여 설치하는 설비	가. 주방설비에 부속된 배출덕트 : 0.5 [mm] 이상의 아연도금강판 나. 주방시설에는 동물 또는 식물의 기름을 제거할 수 있는 필터를 설치할 것 다. 열을 발생하는 조리기구 : 반자 또는 선반으로부터 0.6[m] 이상 라. 열을 발생하는 조리기구로부터 0.15[m] 이내의 거리에 있는 가연성 주요 구조부는 석면판 또는 단열성이 있는 불연재료로 덮어씌울 것

56 소방업무의 응원에 대한 설명 중 틀린 것은?

① 소방본부장이나 소방서장은 소방활동을 할 때에 긴급한 경우에는 이웃한 소방본부장 또는 소방서장에게 소방업무의 응원을 요청할 수 있다.

② 소방업무의 응원 요청을 받은 소방본부장 또는 소방서장은 정당한 사유 없이 그 요청을 거절하여서는 아니 된다.

③ 소방업무의 응원을 위하여 파견된 소방대원은 응원을 요청한 소방본부장 또는 소방서장의 지휘에 따라야 한다.

④ 시·도지사는 소방업무의 응원을 요청하는 경우를 대비하여 출동 대상지역 및 규모와 필요한 경비의 부담 등에 관하여 필요한 사항을 대통령령으로 정하는 바에 따라 이웃하는 시·도지사와 협의하여 미리 규약으로 정하여야 한다.

해설 ⊕--------------------------------------

소방업무의 응원

1) 소방본부장이나 소방서장은 소방활동을 할 때에 긴급한 경우에는 이웃한 소방본부장 또는 소방서장에게 소방업무의 응원을 요청할 수 있다.

2) 소방업무의 응원 요청을 받은 소방본부장 또는 소방서장은 정당한 사유 없이 그 요청을 거절하여서는 아니 된다.

3) 소방업무의 응원을 위하여 파견된 소방대원은 응원을 요청한 소방본부장 또는 소방서장의 지휘에 따라야 한다.

4) 시·도지사는 소방업무의 응원을 요청하는 경우를 대비하여 출동 대상지역 및 규모와 필요한 경비의 부담 등에 관하여 필요한 사항을 행정안전부령으로 정하는 바에 따라 이웃하는 시·도지사와 협의하여 미리 규약으로 정하여야 한다.

④ 대통령령으로 → 행정안전부령으로

57 소방공사감리업을 등록한 자가 수행하여야 할 업무가 아닌 것은?

① 완공된 소방시설 등의 성능시험

② 소방시설 등 설계 변경 사항의 적합성 검토

③ 소방시설 등의 설치계획표의 적법성 검토

④ 소방용품 형식승인 및 제품검사의 기술기준에 대한 적합성 검토

해설 ⊕--------------------------------------

소방공사감리자의 업무

1) 소방시설 등의 설치계획표의 적법성 검토

2) 소방시설 등 설계도서의 적합성 검토

3) 소방시설 등 설계 변경 사항의 적합성 검토

4) 소방용품의 위치·규격 및 사용 자재의 적합성 검토

5) 소방시설 등의 시공이 설계도서와 화재안전기준에 맞는지에 대한 지도·감독

6) 완공된 소방시설 등의 성능시험

7) 공사업자가 작성한 시공 상세 도면의 적합성 검토

8) 피난시설 및 방화시설의 적법성 검토
9) 실내장식물의 불연화와 방염 물품의 적법성 검토

58 소방시설업에 대한 행정처분기준에서 1차 행정처분 사항으로 등록취소에 해당하는 것은?

① 거짓이나 그 밖의 부정한 방법으로 등록한 경우
② 소방시설업자의 지위를 승계한 사실을 소방시설공사 등을 맡긴 특정소방대상물의 관계인에게 통지를 하지 아니한 경우
③ 화재안전기준 등에 적합하게 설계 · 시공을 하지 아니하거나, 법에 따라 적합하게 감리를 하지 아니한 경우
④ 등록을 한 후 정당한 사유 없이 1년이 지날 때까지 영업을 시작하지 아니하거나 계속하여 1년 이상 휴업한 때

해설 ➕

소방시설업에 대한 행정처분 기준

위반사항	행정처분 기준		
	1차	2차	3차
① 거짓이나 그 밖의 부정한 방법으로 등록한 경우	등록취소		
② 소방시설업자의 지위를 승계한 사실을 소방시설공사 등을 맡긴 특정소방대상물의 관계인에게 통지를 하지 아니한 경우	경고 (시정명령)	영업정지 1개월	등록취소
③ 화재안전기준 등에 적합하게 설계점시공을 하지 아니하거나, 적합하게 감리를 하지 아니한 경우	영업정지 1개월	영업정지 3개월	등록취소
④ 등록을 한 후 정당한 사유 없이 1년이 지날 때까지 영업을 시작하지 아니하거나 계속하여 1년 이상 휴업한 때	경고 (시정명령)	등록취소	
⑤ 등록 결격사유에 해당하게 된 경우	등록취소		
⑥ 영업정지 기간 중에 소방시설공사등을 한 경우	등록취소		

59 다음 중 한국소방안전원의 업무가 아닌 것은?

① 소방기술과 안전관리에 관한 교육 및 조사 · 연구
② 위험물탱크 성능시험
③ 소방기술과 안전관리에 관한 각종 간행물 발간
④ 화재 예방과 안전관리의식 고취를 위한 대국민 홍보

해설 ➕

한국소방안전원
1) 한국소방안전원의 인가(정관 변경) : 소방청장
2) 한국소방안전원의 업무감독 : 소방청장
3) 한국소방안전원의 사업계획 및 예산에 관한 승인 : 소방청장
4) 한국소방안전원의 업무
  ① 소방기술과 안전관리에 관한 교육 및 조사 · 연구
  ② 소방기술과 안전관리에 관한 각종 간행물 발간
  ③ 화재 예방과 안전관리의식 고취를 위한 대국민 홍보
  ④ 소방업무에 관하여 행정기관이 위탁하는 업무
  ⑤ 소방안전에 관한 국제협력
  ⑥ 그 밖에 회원에 대한 기술지원 등 정관으로 정하는 사항
② 위험물탱크 성능시험 → 한국소방산업기술원

60 제조소 등이 아닌 장소에서 지정수량 이상의 위험물 취급에 대한 설명으로 틀린 것은?

① 임시로 저장 또는 취급하는 장소에서의 저장 또는 취급의 기준은 시 · 도의 조례로 정한다.
② 필요한 승인을 받아 지정수량 이상의 위험물을 120일 이내의 기간 동안 임시로 저장 또는 취급하는 경우 제조소 등이 아닌 장소에서 지정수량 이상의 위험물을 취급할 수 있다.
③ 제조소 등이 아닌 장소에서 지정수량 이상의 위험물을 취급할 경우 관할소방서장의 승인을 받아야 한다.
④ 군부대가 지정수량 이상의 위험물을 군사목적으로 임시로 저장 또는 취급하는 경우 제조소 등이 아닌 장소에서 지정수량 이상의 위험물을 취급할 수 있다.

해설 ➕

1) 제조소 등이 아닌 장소에서 지정수량 이상의 위험물을 취급할 수 있는 경우

① 관할소방서장의 승인을 받아 지정수량 이상의 위험물을 90일 이내의 기간 동안 임시로 저장 또는 취급하는 경우

② 군부대가 지정수량 이상의 위험물을 군사목적으로 임시로 저장 또는 취급하는 경우

2) 임시로 저장 또는 취급하는 장소에서의 저장 또는 취급의 기준과 임시로 저장 또는 취급하는 장소의 위치 · 구조 및 설비의 기준 : 시 · 도의 조례

4과목 소방전기시설의 구조 및 원리

61 비상콘센트설비의 성능인증 및 제품검사의 기술기준에 따라 비상콘센트설비의 절연된 충전부와 외함 간의 절연내력은 정격전압 150V 이하의 경우 60Hz의 정현파에 가까운 실효전압 1,000V 교류전압을 가하는 시험에서 몇 분간 견디어야 하는가?

① 1 ② 5
③ 10 ④ 30

해설⊕

비상콘센트설비의 절연저항 및 절연내력

1) 절연저항(전원부와 외함 사이)
   500[V] 절연저항계로 측정할 때 20[MΩ] 이상일 것

2) 절연내력(전원부와 외함 사이)
   ① 정격전압 150[V] 이하 : 1,000[V]의 실효전압을 가하여 1분 이상 견딜 것
   ② 정격전압 150[V] 초과 : 정격전압에 2를 곱하여 1,000[V]를 더한 실효전압을 가하는 시험에서 1분 이상 견딜 것

62 누전경보기의 형식승인 및 제품검사의 기술기준에 따라 비호환형 수신부는 신호입력회로에 공칭작동전류치의 42%에 대응하는 변류기의 설계출력전압을 가하는 경우 몇 초 이내에 작동하지 아니하여야 하는가?

① 10초 ② 20초
③ 30초 ④ 60초

해설⊕

수신부의 기능

1) 비호환형 수신부
   신호입력회로에 공칭작동전류치의 42 %에 대응하는 변류기의 설계출력전압을 가하는 경우 30초 이내에 작동하지 아니하여야 하며, 공칭작동전류치에 대응하는 변류기의 설계출력전압을 가하는 경우 1초(차단기구가 있는 것은 0.2초)이내에 작동하여야 한다.

2) 호환형 수신부
   신호입력회로에 공칭작동전류치에 대응하는 변류기의 설계출력전압의 52 %인 전압을 가하는 경우 30초 이내에 작동하지 아니하여야 하며, 공칭작동전류치에 대응하는 변류기의 설계출력전압의 75 %인 전압을 가하는 경우 1초(차단기구가 있는 것은 0.2초)이내에 작동하여야 한다.

63 자동화재탐지설비 및 시각경보장치의 화재안전기준에 따른 감지기의 시설기준으로 옳은 것은?

① 스포트형 감지기는 15° 이상 경사되지 아니하도록 부착할 것

② 공기관식 차동식 분포형 감지기의 검출부는 45° 이상 경사되지 아니하도록 부착할 것

③ 보상식 스포트형 감지기는 정온점이 감지기 주위의 평상시 최고 온도보다 20℃ 이상 높은 것으로 설치할 것

④ 정온식 감지기는 주방 · 보일러실 등으로서 다량의 화기를 취급하는 장소에 설치하되, 공칭작동온도가 최고주위온도보다 30℃ 이상 높은 것으로 설치할 것

해설⊕

스포트형 감지기의 설치기준

1) 감지기는 실내로의 공기유입구로부터 1.5[m] 이상 떨어진 위치에 설치할 것

2) 감지기는 천장 또는 반자의 옥내에 면하는 부분에 설치할 것

3) 스포트형 감지기는 45° 이상 경사되지 아니하도록 부착할 것

4) 보상식 감지기의 정온점 : 감지기 주위의 평상시 최고온도보다 20[℃] 이상 높은 것으로 설치할 것

정답 **61** ① **62** ③ **63** ③

5) 정온식 감지기

구분	기준
설치장소	주방, 보일러실 등으로서 다량의 화기를 취급하는 상소에 실치
공칭작동온도	최고주위온도보다 20[℃] 이상

① 스포트형 감지기는 15° 이상 → 45° 이상
② 공기관식 차동식 분포형 감지기의 검출부는 45° 이상 → 5° 이상
④ 정온식 감지기는 주방 · 보일러실 등으로서 다량의 화기를 취급하는 장소에 설치하되, 공칭작동온도가 최고주위온도보다 30[℃] 이상 → 20[℃] 이상

64 누전경보기의 화재안전기준에 따라 경계전로의 누설전류를 자동적으로 검출하여 이를 누전경보기의 수신부에 송신하는 것은?

① 변류기
② 음향장치
③ 변압기
④ 과전류차단기

해설 ➕

누전경보기의 구성요소
1) 수신부 : 변류기로부터 검출된 신호를 수신하여 누전의 발생을 해당 특정소방대상물의 관계인에게 경보하여 주는 것(차단기구를 갖는 것을 포함)
2) 변류기 : 경계전로의 누설전류를 자동적으로 검출하여 이를 누전경보기의 수신부에 송신하는 것
3) 차단기구 : 누설전류가 발생하면 자동으로 누전된 회로를 차단하는 장치
4) 음향장치 : 누설전류가 발생하면 벨 또는 부저로 경보를 발하는 장치

65 비상방송설비의 화재안전기준에 따라 전원회로의 배선으로 사용할 수 없는 것은?

① 450/750V 비닐절연전선
② 0.6/1kV EP 고무절연 클로로프렌 시스 케이블
③ 450/750V 저독성 난연 가교 폴리올레핀 절연전선
④ 내열성 에틸렌－비닐 아세테이트 고무 절연 케이블

해설 ➕

내화배선, 내열배선으로 사용하는 전선의 종류
1) 450/750V 저독성 난연 가교 폴리올레핀 절연 전선
2) 0.6/1kV 가교 폴리에틸렌 절연 저독성 난연 폴리올레핀 시스 전력 케이블
3) 6/10kV 가교 폴리에틸렌 절연 저독성 난연 폴리올레핀 시스 전력용 케이블
4) 가교 폴리에틸렌 절연 비닐시스 트레이용 난연 전력 케이블
5) 0.6/1kV EP 고무절연 클로로프렌 시스 케이블
6) 300/500V 내열성 실리콘 고무 절연전선(180℃)
7) 내열성 에틸렌－비닐아세테이트 고무 절연 케이블
8) 버스덕트(Bus Duct)

66 층수가 11층(공동주택의 경우에는 16층) 이상인 특정소방대상물의 2층에서 발화한 때의 경보 기준으로 옳은 것은?

① 발화층에만 경보를 발할 것
② 발화층 및 그 직상 4개 층에 경보를 발할 것
③ 발화층 · 그 직상층 및 지하층에 경보를 발할 것
④ 발화층 · 그 직상 4개 층 및 기타의 지하층에 경보를 발할 것

해설 ➕

발화층 · 직상층 우선경보방식
1) 대상
   층수가 11층(공동주택의 경우에는 16층) 이상의 특정소방대상물

2) 경보기준

화재층	경보를 발하여야 하는 층
2층 이상 층	발화층 및 그 직상 4개 층
1층	발화층 · 그 직상 4개 층 및 지하층
지하층	발화층 · 그 직상층 및 기타의 지하층

67 자동화재탐지설비 및 시각경보장치의 화재안전기준에 따라 감지기회로의 도통시험을 위한 종단저항의 설치기준으로 틀린 것은?

① 감지기회로의 끝부분에 설치할 것

② 점검 및 관리가 쉬운 장소에 설치할 것

③ 전용함을 설치하는 경우 그 설치 높이는 바닥으로부터 2.0m 이내로 할 것

④ 종단감지기에 설치할 경우에는 구별이 쉽도록 해당 감지기의 기판 등에 별도의 표시를 할 것

해설⊕

도통시험을 위한 종단저항의 설치기준

1) 점검 및 관리가 쉬운 장소에 설치할 것

2) 전용함을 설치하는 경우 그 설치 높이는 바닥으로부터 1.5[m] 이내로 할 것

3) 감지기 회로의 끝부분에 설치하며, 종단감지기에 설치할 경우에는 구별이 쉽도록 해당 감지기의 기판 및 감지기 외부 등에 별도의 표시를 할 것

③ 전용함을 설치하는 경우 그 설치 높이는 바닥으로부터 2.0[m] 이내 → 1.5[m] 이내

68 경종의 우수품질인증 기술기준에 따른 기능시험에 대한 내용이다. 다음 ( )에 들어갈 내용으로 옳은 것은?

> 경종은 정격전압을 인가하여 경종의 중심으로부터 1m 떨어진 위치에서 (ⓐ)dB 이상이어야 하며, 최소청취거리에서 (ⓑ)dB을 초과하지 아니하여야 한다.

① ⓐ 90   ⓑ 110   ② ⓐ 90   ⓑ 130

③ ⓐ 110   ⓑ 90   ④ ⓐ 110   ⓑ 130

해설⊕

경종은 정격전압을 인가하여 다음에 적합할 것(경종의 기능시험)

1) 경종의 중심으로부터 1[m] 떨어진 위치에서 90[dB] 이상이어야 하며, 최소청취거리에서 110[dB]을 초과하지 아니하여야 한다.

2) 경종의 소비전류는 50[mA] 이하이어야 한다.

69 「유통산업발전법」 제2조 제3호에 따른 대규모점포(지하상가 및 지하역사는 제외한다)와 영화상영관에는 보행거리 몇 m 이내마다 휴대용 비상조명등을 3개 이상 설치하여야 하는가?(단, 비상조명등의 화재안전기준에 따른다.)

① 50   ② 60

③ 70   ④ 80

해설⊕

휴대용 비상조명등의 설치장소 및 수량

① 숙박시설 또는 다중이용업소 : 객실 또는 영업장 안의 구획된 실마다 잘 보이는 곳에 1개 이상 설치(외부에 설치 시 출입문 손잡이로부터 1[m] 이내 부분)

② 대규모점포, 영화상영관 : 보행거리 50[m] 이내마다 3개 이상 설치

③ 지하상가 및 지하역사 : 보행거리 25[m] 이내마다 3개 이상 설치

[참고] 대규모점포의 종류

1. 대형마트
매장면적의 합계가 3,000[m²] 이상인 점포의 집단으로서 식품·가전 및 생활용품을 중심으로 점원의 도움 없이 소비자에게 소매하는 점포의 집단

2. 전문점
매장면적의 합계가 3,000[m²] 이상인 점포의 집단으로서 의류·가전 또는 가정용품 등 특정 품목에 특화한 점포의 집단

3. 백화점
매장면적의 합계가 3,000[m²] 이상인 점포의 집단으로서 다양한 상품을 구매할 수 있도록 현대적 판매시설과 소비자 편익시설이 설치된 점포

4. 쇼핑센터
매장면적의 합계가 3,000[m²] 이상인 점포의 집단으로서 다수의 대규모점포 또는 소매점포와 각종 편의시설이 일체적으로 설치된 점포

5. 복합쇼핑몰
매장면적의 합계가 3,000[m²] 이상인 점포의 집단으로서 쇼핑, 오락 및 업무 기능 등이 한 곳에 집적되고, 문화·관광 시설로서의 역할을 하며, 1개의 업체가 개발·관리 및 운영하는 점포의 집단

70 자동화재탐지설비 및 시각경보장치의 화재안전기준에 따라 전화기기실, 통신기기실 등과 같은 훈소화재의 우려가 있는 장소에 적응성이 없는 감지기는?

① 광전식 스포트형
② 광전아날로그식 분리형
③ 광전아날로그식 스포트형
④ 이온아날로그식 스포트형

해설 ➕

설치장소별 감지기의 적응성

설치장소		적응 열감지기					적응 연기감지기						불꽃감지기
환경상태	적응장소	차동식 스포트형	차동식 분포형	보상식 스포트형	정온식	열아날로그식	이온화식 스포트형	광전식 스포트형	이온아날로그식 스포트형	광전아날로그식 스포트형	광전식 분리형	광전아날로그식 분리형	
훈소화재의 우려가 있는 장소	전화기기실 통신기기실 전산실 기계제어실							○		○	○	○	

71 자동화재속보설비의 속보기의 성능인증 및 제품검사의 기술기준에 따른 속보기의 기능에 대한 내용이다. 다음 ( )에 들어갈 내용으로 옳은 것은?

> 작동신호를 수신하거나 수동으로 동작시키는 경우 (ⓐ)초 이내에 소방관서에 자동적으로 신호를 발하여 통보하되, (ⓑ)회 이상 속보할 수 있어야 한다.

① ⓐ 10 ⓑ 3   ② ⓐ 10 ⓑ 5
③ ⓐ 20 ⓑ 3   ④ ⓐ 20 ⓑ 5

해설 ➕

속보기의 기능(성능인증 및 제품검사의 기술기준 제5조)
1) 작동신호를 수신하거나 수동으로 동작시키는 경우 20초 이내에 소방관서에 자동적으로 신호를 발하여 통보하되, 3회 이상 속보할 수 있어야 한다.

2) 예비전원은 자동적으로 충전되어야 하며 자동과충전방지장치가 있어야 한다.
3) 연동 또는 수동으로 소방관서에 화재발생 음성정보를 속보 중인 경우에도 송수화장치를 이용한 통화가 우선적으로 가능하여야 한다.
4) 예비전원을 병렬로 접속하는 경우에는 역충전 방지 등의 조치를 하여야 한다.
5) 예비전원은 감시상태를 60분간 지속한 후 10분 이상 동작이 지속될 수 있는 용량이어야 한다.
6) 속보기는 작동신호 또는 수동작동스위치에 의한 다이얼링 후 소방관서와 전화접속이 이루어지지 않는 경우에는 최초 다이얼링을 포함하여 10회 이상 반복적으로 접속을 위한 다이얼링이 이루어져야 한다. 이 경우 매회 다이얼링 완료 후 호출은 30초 이상 지속되어야 한다.
7) 속보기의 송수화장치가 정상위치가 아닌 경우에도 연동 또는 수동으로 속보가 가능하여야 한다.
8) 화재신호를 수신하거나 수동으로 동작시키는 경우 자동적으로 화재표시등이 점등되고 음향장치로 화재를 경보하여야 한다.

72 비상콘센트설비의 전원회로(비상콘센트에 전력을 공급하는 회로를 말한다)의 설치기준으로 틀린 것은?

① 전원회로는 주 배전반에서 전용회로로 할 것
② 전원회로는 각 층에 1 이상이 되도록 설치할 것
③ 콘센트마다 배선용 차단기(KS C 8321)를 설치하여야 하며, 충전부가 노출되지 아니하도록 할 것
④ 비상콘센트설비의 전원회로는 단상교류 220V인 것으로서, 그 공급용량은 1.5kVA 이상인 것으로 할 것

해설 ➕

비상콘센트설비의 전원회로 설치기준
1) 비상콘센트설비의 전원회로는 단상교류 220V인 것으로서, 그 공급용량은 1.5kVA 이상인 것으로 할 것
2) 전원회로는 각 층에 2 이상이 되도록 설치할 것. 다만, 설치하여야 할 층의 비상콘센트가 1개인 때에는 하나의 회로로 할 수 있다.
3) 전원회로는 주배전반에서 전용회로로 할 것

4) 전원으로부터 각 층의 비상콘센트에 분기되는 경우에는 분기배선용 차단기를 보호함 안에 설치할 것
5) 콘센트마다 배선용 차단기를 설치하여야 하며, 충전부가 노출되지 아니하도록 할 것
6) 개폐기에는 "비상콘센트"라고 표시한 표지를 할 것
7) 비상콘센트용의 풀박스 등은 방청도장을 한 것으로서, 두께 1.6mm 이상의 철판으로 할 것
8) 하나의 전용회로에 설치하는 비상콘센트는 10개 이하로 할 것. 이 경우 전선의 용량은 각 비상콘센트(비상콘센트가 3개 이상인 경우에는 3개)의 공급용량을 합한 용량 이상의 것으로 할 것

② 전원회로는 각 층에 1 이상 → 2 이상

73 무선통신보조설비의 분배기·분파기 및 혼합기 등의 임피던스는 몇 Ω의 것으로 하여야 하는가?

① 10　　② 20　　③ 50　　④ 75

해설⊕

분배기·분파기 및 혼합기 등의 설치기준
1) 먼지·습기 및 부식 등에 따라 기능에 이상을 가져오지 아니하도록 할 것
2) 임피던스는 50Ω의 것으로 할 것
3) 점검에 편리하고 화재 등의 재해로 인한 피해의 우려가 없는 장소에 설치할 것

74 광전식 분리형 감지기의 설치기준에 대한 설명으로 틀린 것은?

① 감지기의 수광면은 햇빛을 직접 받지 않도록 설치할 것
② 감지기의 송광부와 수광부는 설치된 뒷벽으로부터 1m 이내 위치에 설치할 것
③ 광축(송광면과 수광면의 중심을 연결한 선)은 나란한 벽으로부터 0.6m 이상 이격하여 설치할 것
④ 광축의 높이는 천장 등(천장의 실내에 면한 부분 또는 상층의 바닥하부면을 말한다) 높이의 70% 이상일 것

해설⊕

광전식 분리형 감지기의 설치기준

구분	기준
감지기의 수광면	햇빛을 직접 받지 않도록 설치
광축과 나란한 벽과의 거리	0.6m 이상 이격하여 설치
송광부, 수광부와 뒷벽과의 거리	1m 이내 위치에 설치
광축의 높이	천장 높이의 80% 이상
광축의 길이	공칭감시거리 범위 (5~100m 이하로 하여 5m 간격)

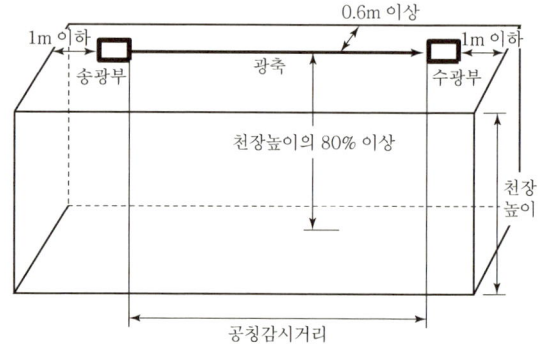

[광전식 분리형 감지기의 설치기준]

75 유도등의 형식승인 및 제품검사의 기술기준에 따라 유도등의 교류입력 측과 외함 사이, 교류입력 측과 충전부 사이 및 절연된 충전부와 외함 사이의 각 절연저항을 DC 500V의 절연저항계로 측정한 값이 몇 MΩ 이상이어야 하는가?

① 0.1　　② 5
③ 20　　④ 50

해설 ➕

설비별 절연저항

절연 저항계	설비	절연 서항	측정위치
직류 250[V]	• 비상경보설비 • 비상방송설비 • 자동화재탐지설비	0.1[MΩ] 이상	• 부속회로의 전로 와 대지 사이 • 배선 상호 간
직류 500[V]	누전경보기	5[MΩ] 이상	절연된 충전부와 외함 간
	유도등		교류입력 측과 외함 간
	비상콘센트설비	20[MΩ] 이상	전원부와 외함 사이

76 비상경보설비의 축전지의 성능인증 및 제품검사의 기술기준에 따른 축전지설비의 외함 두께는 강판인 경우 몇 mm 이상이어야 하는가?

① 0.7
② 1.2
③ 2.3
④ 3

해설 ➕

비상경보설비의 축전지설비 외함의 두께
1) 강판 외함 : 1.2[mm] 이상
2) 합성수지 외함 : 3[mm] 이상

77 객석 내 통로의 직선부분 길이가 85m인 경우 객석유도등을 몇 개 설치하여야 하는가?

① 17개
② 19개
③ 21개
④ 22개

해설 ➕

객석유도등의 수량 산정(소수점 이하의 수는 1로 본다)

$$설치 개수 = \frac{객석\ 통로의\ 직선부분의\ 길이[m]}{4} - 1$$

$$설치 개수 = \frac{85[m]}{4} - 1 = 20.25 \quad \therefore \ 21개$$

78 비상경보설비 및 단독경보형 감지기의 화재안전기준에 따른 용어에 대한 정의로 틀린 것은?

① 비상벨설비라 함은 화재발생 상황을 경종으로 경보하는 설비를 말한다.
② 자동식 사이렌설비라 함은 화재발생 상황을 사이렌으로 경보하는 설비를 말한다.
③ 수신기라 함은 발신기에서 발하는 화재신호를 간접 수신하여 화재의 발생을 표시 및 경보하여 주는 장치를 말한다.
④ 단독경보형 감지기라 함은 화재발생 상황을 단독으로 감지하여 자체에 내장된 음향장치로 경보하는 감지기를 말한다.

해설 ➕

용어의 정의
1) 비상벨설비 : 화재발생 상황을 경종으로 경보하는 설비를 말한다.
2) 자동식 사이렌설비 : 화재발생 상황을 사이렌으로 경보하는 설비를 말한다.
3) 수신기 : 발신기에서 발하는 화재신호를 직접 수신하여 화재의 발생을 표시 및 경보하여 주는 장치를 말한다.
4) 단독경보형 감지기 : 화재발생 상황을 단독으로 감지하여 자체에 내장된 음향장치로 경보하는 감지기를 말한다.
5) 발신기 : 화재발생 신호를 수신기에 수동으로 발신하는 장치를 말한다.

③ 수신기라 함은 발신기에서 발하는 화재신호를 간접 → 직접

79 다음의 무선통신보조설비 그림에서 ⓐ에 해당하는 것은?

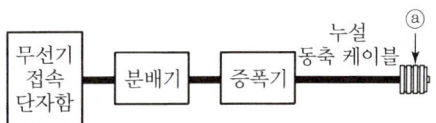

① 혼합기
② 옥외안테나
③ 무선중계기
④ 무반사종단저항

해설 ❶

무선통신보조설비

1) 무반사 종단저항
   ① 설치위치 : 누설동축케이블의 끝부분에는 무반사 종단저항을 견고하게 설치
   ② 설치목적 : 선로의 종단에서 신호가 반사되어 통신 신호를 왜곡하는 것을 방지

2) 혼합기 : 두 개 이상의 입력신호를 원하는 비율로 조합한 출력이 발생하도록 하는 장치

3) 옥외안테나 : 감시제어반 등에 설치된 무선중계기의 입력과 출력포트에 연결되어 송수신 신호를 원활하게 방사 · 수신하기 위해 옥외에 설치하는 장치

4) 무선중계기 : 안테나를 통하여 수신된 무전기 신호를 증폭한 후 음영지역에 재방사하여 무전기 상호 간 송수신이 가능하도록 하는 장치

5) 분배기 : 신호의 전송로가 분기되는 장소에 설치하는 것으로 임피던스 매칭과 신호 균등분배를 위해 사용하는 장치

6) 분파기 : 서로 다른 주파수의 합성된 신호를 분리하기 위해서 사용하는 장치

7) 증폭기 : 신호 전송 시 신호가 약해져 수신이 불가능해지는 것을 방지하기 위해서 증폭하는 장치

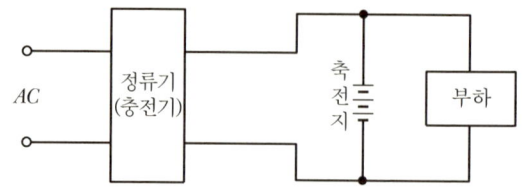

4) 균등충전 : 1~3개월마다 정전압으로 10~12시간 충전하여 전체 셀의 전압을 균일하게 하는 방식

5) 세류충전 : 항상 자기방전량만큼만 충전하는 방식

80 축전지의 자기방전을 보충함과 동시에 상용부하에 대한 전력공급은 충전기가 부담하도록 하되 충전기가 부담하기 어려운 일시적인 대전류 부하는 축전지로 하여금 부담하게 하 는 충전방식은?

① 보통충전방식   ② 균등충전방식
③ 부동충전방식   ④ 급속충전방식

해설 ❶

축전지 충전방식의 종류

1) 보통충전 : 필요할 때마다 표준 시간율로 충전하는 방식

2) 급속충전 : 단시간에 보통 충전전류의 2~3배의 전류로 충전하는 방식

3) 부동충전 : 전지의 자기방전을 보충함과 동시에 상용부하에 대한 전력공급은 충전기가 부담하고 일시적인 대전류 부하는 축전지가 부담하도록 하는 방식

정답 **80** ③

1과목 **소방원론**

01 목조건축물의 화재 특성으로 틀린 것은?

① 습도가 낮을수록 연소 확대가 빠르다.
② 화재 진행속도는 내화건축물보다 빠르다.
③ 화재 최성기의 온도는 내화건축물보다 낮다.
④ 화재 성장속도는 횡방향보다 종방향이 빠르다.

해설 ➕

목조건축물과 내화건축물의 화재 특성 비교
1) 목조건축물 : 고온단기형
2) 내화건축물 : 저온장기형

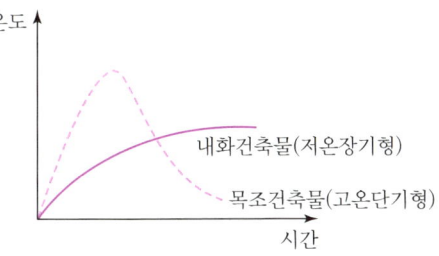

02 물이 소화약제로서 사용되는 장점이 아닌 것은?

① 가격이 저렴하다.
② 많은 양을 구할 수 있다.
③ 증발잠열이 크다.
④ 가연물과 화학반응이 일어나지 않는다.

해설 ➕

물소화약제
1) 장점
① 증발잠열에 의한 냉각효과가 커서 소화성능이 우수하다.
② 무상주수하면 질식, 냉각, 유화, 희석효과 등에 의해 소화효과가 우수하다.
③ 인체에 무해하며 환경영향성이 작다.
④ 가격이 저렴하고 장기간 보존이 가능하다.

2) 단점
① 0℃ 이하에서 동결의 우려가 있다.
② 전기화재에 적응성이 없다.
③ 물에 의한 2차 수손피해가 발생한다.
④ 유류화재 시 물을 방사하면 연소면 확대를 일으킬 수 있다.
⑤ 금수성 물질(Na, K 등)은 물과 반응하여 가연성 가스를 발생한다.

03 정전기로 인한 화재를 줄이고 방지하기 위한 대책 중 틀린 것은?

① 공기 중 습도를 일정 값 이상으로 유지한다.
② 기기의 전기 절연성을 높이기 위하여 부도체로 차단공사를 한다.
③ 공기 이온화 장치를 설치하여 가동시킨다.
④ 정전기 축적을 막기 위해 접지선을 이용하여 대지로 연결작업을 한다.

해설 ➕

정전기
1) 정의 : 전류가 흐르지 않고 축적되어 있는 전기로서 방전 현상을 일으킬 때 최소발화에너지 이상의 에너지를 방출하면 점화원으로 작용한다.
2) 정전기에 의한 화재 발생 메커니즘
전하의 발생 → 전하의 축적 → 방전 → 발화
3) 정전기 방지대책
① 접지 및 본딩한다.
② 상대습도를 70[%] 이상 유지한다.
③ 공기를 이온화한다.

04 프로판가스의 최소점화에너지는 일반적으로 약 몇 mJ 정도 되는가?

① 0.25
② 2.5
③ 25
④ 250

정답 **01** ③ **02** ④ **03** ② **04** ①

해설 ⊕

최소 발화에너지(MIE : Minimum Ignition Energy)

① 정의 : 가연성 가스가 공기와 혼합하여 가연성 혼합기를 형성하고 있을 때 점화원으로 작용하여 발화하기 위한 최소한의 에너지

② 주요 가연성 가스의 MIE

가연성 가스	최소 발화에너지[mJ]
아세틸렌(C_2H_2)	0.019
수소(H_2)	0.019
이황화탄소(CS_2)	0.019
에틸렌(C_2H_4)	0.096
메탄(CH_4)	0.28
프로판(C_3H_8)	0.25~0.3

05 목재 화재 시 다량의 물을 뿌려 소화할 경우 기대되는 주된 소화효과는?

① 제거효과
② 냉각효과
③ 부촉매효과
④ 희석효과

해설 ⊕

소화의 방법

1) 제거소화
　① 가연물을 제거하여 소화
　② 고체 가연물 : 가연물을 화재현장으로부터 즉시 제거함 (산림화재 시 앞쪽에서 벌목하여 진화)
　③ 액체 및 기체 : 가연성 물질을 누출시키는 용기의 밸브를 폐쇄
　④ 전기화재 : 전원스위치를 차단하여 전기의 공급을 차단
　⑤ 수용성 액체 : 다량의 물을 주입하여 농도를 연소범위 이하로 낮춤

2) 냉각소화
　① 점화원을 발화점 이하로 냉각시켜 소화하는 방법
　② 물의 현열과 증발잠열을 이용하는 방법이 가장 많이 사용됨

3) 억제소화(부촉매소화)
　① 할론소화약제, 할로젠화합물소화약제, 분말소화약제 등을 사용하여 소화
　② 불꽃연소 시 발생하는 H*, OH* 활성라디칼을 포착하여 연쇄반응을 억제

③ 불꽃연소에 적응성이 뛰어나고 훈소에는 적응성이 거의 없다.

4) 질식소화
　① 공기 중의 산소농도를 15[%] 이하로 희박하게 하여 소화하는 방법
　② 이산화탄소, 불활성가스 등을 분사하여 산소농도를 낮춤

06 물질의 연소 시 산소 공급원이 될 수 없는 것은?

① 탄화칼슘
② 과산화나트륨
③ 질산나트륨
④ 압축공기

해설 ⊕

① 탄화칼슘
　• 제3류 위험물(금수성 및 자연발화 성물질)
　• $CaC_2 + 2H_2O \rightarrow Ca(OH)_2 + C_2H_2$(아세틸렌 발생)
② 과산화나트륨
　• 제1류 위험물(산화성 고체)
　• $2Na_2O_2 + 2H_2O \rightarrow 4NaOH + O_2$(산소 발생)
③ 질산나트륨
　• 제1류 위험물(산화성 고체)
　• 380℃에서 산소를 방출하여 아질산나트륨이 된다.
　• $2NaNO_3 \rightarrow 2NaNO_2 + O_2$
④ 압축공기(공기 중 21%는 산소이다.)

07 다음 물질 중 공기 중에서의 연소범위가 가장 넓은 것은?

① 부탄
② 프로판
③ 메탄
④ 수소

해설 ⊕

가연성 가스의 연소범위

가연성 가스	연소하한계[%]	연소상한계[%]
아세틸렌(C_2H_2)	2.5	81
수소(H_2)	4.0	75
메탄(CH_4)	5.0	15
에탄(C_2H_6)	3.0	12.4
프로판(C_3H_8)	2.1	9.5
부탄(C_4H_{10})	1.8	8.4
일산화탄소(CO)	12.5	74

정답　05 ②　06 ①　07 ④

가연성 가스	연소하한계[%]	연소상한계[%]
다이에틸에터($C_2H_5OC_2H_5$)	1.9	48
이황화탄소(CS_2)	1.2	44

08 이산화탄소 20g은 약 몇 mol인가?

① 0.23

② 0.45

③ 2.2

④ 4.4

해설⊕

1) 몰수[mol] $= \dfrac{W}{M}$

　여기서, M : 분자량[g/mol]

　　　　 W : 기체의 질량[g]

2) 이산화탄소의 분자량

　CO_2에서 C의 원자량 : 12, O의 원자량 : 16

　CO_2의 분자량 : $12+(16 \times 2)=44$

3) CO_2 몰수[mol] $= \dfrac{20[g]}{44[g/mol]}=0.45[mol]$

09 플래시 오버(Flash Over)에 대한 설명으로 옳은 것은?

① 도시가스의 폭발적 연소를 말한다.

② 휘발유 등 가연성 액체가 넓게 흘러서 발화한 상태를 말한다.

③ 옥내 화재가 서서히 진행하여 열 및 가연성 기체가 축적되었다가 일시에 연소하여 화염이 크게 발생하는 상태를 말한다.

④ 화재층의 불이 상부층으로 올라가는 현상을 말한다.

해설⊕

플래시오버(Flash Over)의 정의 및 특성

1) 화재 발생 후 일정시간이 경과하면 실내에 열과 가연성 가스가 축적되고 복사열에 의해 실 전체에 순간적으로 화재가 확산되는 현상

2) 화재 성장기에서 발생하여 플래시오버 후 최성기로 전이된다.

3) 연료지배형 화재에서 환기지배형 화재로 전이된다.

4) 플래시오버 발생시간 : 화재 발생 후 약 5~6분 정도

5) 플래시오버 발생 시 실내온도 : 약 800~900[℃]

10 제4류 위험물의 성질로 옳은 것은?

① 가연성 고체

② 산화성 고체

③ 인화성 액체

④ 자기반응성 물질

해설⊕

위험물의 분류 및 성질

위험물의 분류	성질
제1류 위험물	산화성 고체
제2류 위험물	가연성 고체
제3류 위험물	자연발화성 및 금수성 물질
제4류 위험물	인화성 액체
제5류 위험물	자기반응성 물질
제6류 위험물	산화성 액체

11 할론 소화설비에서 Halon 1211 약제의 분자식은?

① CBr_2ClF

② CF_2BrCl

③ CCl_2BrF

④ BrC_2ClF

해설⊕

1) Halon 1211의 명명법

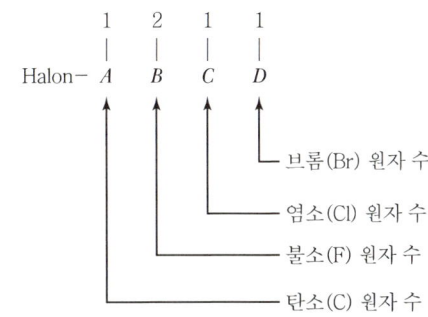

∴ 분자식(화학식) : CF_2ClBr

2) 할론 소화약제의 물성

구분	Halon 1211	Halon 1301	Halon 2402	Halon 1011
화학식	CF_2ClBr	CF_3Br	$C_2F_4Br_2$	CH_2ClBr
분자량	165.4	148.9	259.8	129.4
증기비중	5.7	5.13	8.96	4.46
상온, 상압에서 상태	기체	기체	액체	액체

12 다음 중 가연물의 제거를 통한 소화방법과 무관한 것은?

① 산불의 확산 방지를 위하여 산림의 일부를 벌채한다.
② 화학반응기의 화재 시 원료 공급관의 밸브를 잠근다.
③ 전기실 화재 시 IG-541 약제를 방출한다.
④ 유류탱크 화재 시 주변에 있는 유류탱크의 유류를 다른 곳으로 이동시킨다.

해설 ⊕

제거소화
1) 가연물을 제거하여 소화
2) 고체 가연물 : 가연물을 화재 현장으로부터 즉시 제거함 (산림화재 시 앞쪽에서 벌목하여 진화)
3) 액체 및 기체 : 가연성 물질을 누출시키는 용기의 밸브를 폐쇄
4) 전기화재 : 전원스위치를 차단하여 전기의 공급을 차단
③ 전기실 화재 시 IG-541 약제를 방출한다. → IG-541은 질식소화

13 건물화재의 표준시간-온도곡선에서 화재 발생 후 1시간이 경과할 경우 내부 온도는 약 몇 ℃인가?

① 125
② 325
③ 640
④ 925

해설 ⊕

내화건축물의 표준 온도-시간곡선

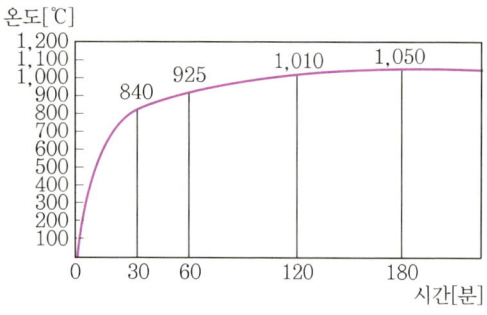

[표준 시간-온도 곡선]

14 위험물안전관리법령상 위험물로 분류되는 것은?

① 과산화수소
② 압축산소
③ 프로판가스
④ 포스겐

해설 ⊕

제6류 위험물
1) 성질 : 산화성 액체
2) 소화방법 : 대량의 물에 의한 희석소화
3) 품명 및 지정수량

위험등급	품명	지정수량
I	과염소산	300[kg]
	과산화수소(농도 36[w%] 이상)	
	질산(비중 1.49 이상)	

② 압축산소 → 조연성 기체
③ 프로판가스 → 액화석유가스(LPG)
④ 포스겐 → 독성 가스(허용농도 : 0.1[ppm])

15 연기에 의한 감광계수가 $0.1m^{-1}$, 가시거리가 20~30m일 때의 상황으로 옳은 것은?

① 건물 내부에 익숙한 사람이 피난에 지장을 느낄 정도
② 연기감지기가 작동할 정도
③ 어두운 것을 느낄 정도
④ 앞이 거의 보이지 않을 정도

해설 ⊕

감광계수와 가시거리의 관계

감광계수 $C_s[m^{-1}]$	가시거리 $d[m]$	상황
0.1	20~30	연기감지기가 작동할 때의 농도
0.3	5	건물 내부에 익숙한 사람이 피난에 지장을 느낄 정도의 농도
0.5	3	어두컴컴함을 느낄 정도의 농도
1	1~2	앞이 거의 보이지 않을 정도의 농도
10	0.2~0.5	화재 최성기 때의 농도

16 물질의 취급 또는 위험성에 대한 설명 중 틀린 것은?

① 융해열은 점화원이다.

② 질산은 물과 반응 시 발열 반응하므로 주의해야 한다.

③ 네온, 이산화탄소, 질소는 불연성 물질로 취급한다.

④ 암모니아를 충전하는 공업용 용기의 색상은 백색이다.

해설⊕

잠열

물질의 온도변화는 없이 상태변화에만 필요한 열량

1) 물의 융해잠열 : 80[cal/g], 80[kcal/kg]
1기압, 0[℃]에서의 얼음 1[kg]을 융해시키는 데 필요한 열량

2) 물의 증발잠열 : 539[cal/g], 539[kcal/kg]
1기압, 100[℃]에서의 물 1[kg]을 기화시키는 데 필요한 열량

$$Q = m \cdot r$$

여기서, Q : 잠열량[kcal]
m : 질량[kg]
r : 잠열[kcal/kg]

① 융해열은 점화원이다. → 융해열이나 기화열은 주위의 열을 흡수하여 상변화하는 것이므로 점화원이 될 수 없다.

17 Fourier 법칙(전도)에 대한 설명으로 틀린 것은?

① 이동열량은 전열체의 단면적에 비례한다.

② 이동열량은 전열체의 두께에 비례한다.

③ 이동열량은 전열체의 열전도도에 비례한다.

④ 이동열량은 전열체 내·외부의 온도차에 비례한다.

해설⊕

1) 전도(Conduction)
① 정의 : 분자 및 원자들 간의 직접적인 에너지 교환으로 열이 전달되는 현상
② 푸리에 전도법칙(Fourier's Law)

$$q[\mathrm{W}] = \frac{k}{L} A \Delta T$$

여기서, q : 전도에의해 이동한 열량[W]
k : 열전도도[W/m · K]
L : 물체의 두께[m]
A : 열전달 면적[m²]
ΔT : 온도차[K]

② 이동열량은 전열체의 두께에 비례 → 반비례한다.

18 자연발화가 일어나기 쉬운 조건이 아닌 것은?

① 열전도율이 클 것

② 적당량의 수분이 존재할 것

③ 주위의 온도가 높을 것

④ 표면적이 넓을 것

해설⊕

자연발화의 조건 및 방지법

자연발화의 조건	자연발화의 방지법
• 열전도율이 작을 것 • 발열량이 클 것 • 주위온도가 높을 것 • 비표면적이 클 것 • 적당량의 수분이 존재할 것	• 통풍이 잘 되는 장소에 보관할 것 • 열 축적 방지(발열<방열) • 저장실의 온도를 낮게 유지할 것 • 습도를 낮게 유지할 것(습기가 촉매로 작용)

19 분말소화약제 중 탄산수소칼륨($KHCO_3$)과 요소($(CO(NH_2)_2)$)의 반응물을 주성분으로 하는 소화약제는?

① 제1종 분말　　　　② 제2종 분말

③ 제3종 분말　　　　④ 제4종 분말

해설⊕

분말소화약제의 종류

종별	분자식	착색	적응 화재	충전비 [l/kg]
제1종 분말	탄산수소나트륨 ($NaHCO_3$)	백색	B, C급	0.8
제2종 분말	탄산수소칼륨 ($KHCO_3$)	담회색 (담자색)	B, C급	1.0

종별	분자식	착색	적응 화재	충전비 [l/kg]
제3종 분말	제1인산암모늄 ($NH_4H_2PO_4$)	담홍색	A, B, C급	1.0
제4종 분말	탄산수소칼륨 + 요소 ($KHCO_3$ + (NH_2)$_2$CO)	회색	B, C급	1.25

20 폭굉(Detonation)에 관한 설명으로 틀린 것은?

① 연소속도가 음속보다 느릴 때 나타난다.
② 온도의 상승은 충격파의 압력에 기인한다.
③ 압력 상승은 폭연의 경우보다 크다.
④ 폭굉의 유도거리는 배관의 지름과 관계가 있다.

해설 ➕

1) 폭굉(Detonation)
   ① 밀폐구조의 배관 등에서 폭발적으로 연소하여 온도, 압력, 부피가 급격히 상승하는 현상
   ② 화염전파속도 : 음속보다 빠름
   ③ 화염전파속도 : 1,000~3,500[m/s] 정도
   ④ 충격파가 미연소가스를 단열압축시켜 발화점 이상으로 온도가 상승하여 폭굉파 발생
2) 폭굉 유도거리
   ① 폭연에서 폭굉으로 전이되는 거리
   ② 폭굉 유도거리가 짧을수록 폭굉 발생이 용이함
3) 폭굉 유도거리가 짧아지는 요건
   ① 배관의 내면이 거칠거나 장애물이 있는 경우
   ② 배관 구경이 적정한 크기일 때(배관의 길이가 배관 직경의 10배 이상일 때)
   ③ 배관 내 미연소가스의 온도 및 압력이 높을수록
   ④ 가연성 가스의 연소속도가 빠르고 연소열이 클수록

① 연소속도가 음속보다 느릴 때 나타난다. → 폭연

21 정전용량이 각각 $1\mu F$, $2\mu F$, $3\mu F$이고, 내압이 모두 동일한 3개의 커패시터가 있다. 이 커패시터들을 직렬로 연결하여 양단에 전압을 인가한 후 전압을 상승시키면 가장 먼저 절연이 파괴되는 커패시터는?(단, 커패시터의 재질이나 형태는 모두 동일하다.)

① $1\mu F$ 　　　　② $2\mu F$
③ $3\mu F$ 　　　　④ 3개 모두

해설 ➕

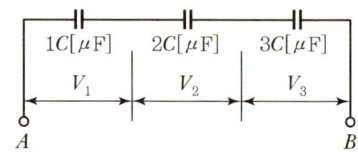

1) 콘덴서에 걸리는 전압

$$V = I\,X_C = \frac{I}{\omega C} \text{이므로 } V \propto \frac{1}{C}$$

$$\text{또는 } V = \frac{Q}{C} \text{에서 } V \propto \frac{1}{C}$$

2) 콘덴서에 걸리는 전압은 정전용량에 반비례하여 분배된다.

$$V_1 : V_2 : V_3 = \frac{1}{C_1} : \frac{1}{C_2} : \frac{1}{C_3}$$
$$= \frac{1}{1} : \frac{1}{2} : \frac{1}{3}$$
$$= 1 : 0.5 : 0.33$$

3) 분배되는 전압은 V_1이 가장 크므로 $1\,C$의 콘덴서가 가장 먼저 파괴된다.

---

22 그림과 같은 블록선도의 전달함수$\left(\dfrac{C(s)}{R(s)}\right)$는?

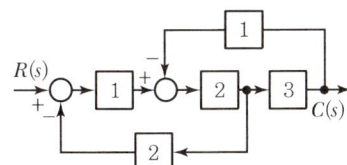

① $\dfrac{6}{23}$

② $\dfrac{6}{17}$

③ $\dfrac{6}{15}$

④ $\dfrac{6}{11}$

해설 ⊕ -

간이 전달함수법

$$G(s) = \frac{C(s)}{R(s)} = \frac{\text{순방향 경로의 곱}}{1-\text{루프의 곱}}$$

여기서, $G(s)$: 전달함수, $X(s)$: 입력, $Y(s)$: 출력

[풀이]

$$\frac{C(s)}{R(s)} = \frac{1 \times 2 \times 3}{1 - [-(1 \times 2 \times 2) - (2 \times 3 \times 1)]}$$

$$= \frac{6}{1-(-10)} = \frac{6}{11}$$

23 그림의 단상 반파 정류회로에서 R에 흐르는 전류의 평균값은 약 몇 A인가?

(단, $v(t) = 220\sqrt{2}\sin\omega t[\text{V}]$, $R = 16\sqrt{2}\,[\Omega]$, 다이오드의 전압강하는 무시한다.)

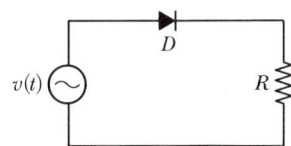

① 3.2

② 3.8

③ 4.4

④ 5.2

해설 ⊕ -

1) 정현파

① 전압의 최댓값 $V_m = 220\sqrt{2}\,[\text{V}]$

② 전압의 실효값 $V = \dfrac{220\sqrt{2}}{\sqrt{2}} = 220[\text{V}]$

2) 정현 반파

① 전압의 최댓값 : $V_m = 220\sqrt{2}\,[\text{V}]$(정현파의 최댓값 = 정현반파의 최댓값)

② 전압의 평균값(반파 직류전압)

$$V_{av} = \frac{V_m}{\pi} = \frac{220\sqrt{2}}{\pi} = 99.03[\text{V}]$$

③ 전류의 평균값(반파 직류전류)

$$I_{av} = \frac{V_{av}}{R} = \frac{99.03[\text{V}]}{16\sqrt{2}\,[\Omega]} = 4.38 ≒ 4.4[\text{A}]$$

24 3상 유도 전동기를 Y결선으로 운전했을 때 토크가 T_Y이었다. 이 전동기를 동일한 전원에서 Δ결선으로 운전했을 때 토크(T_Δ)는?

① $T_\Delta = 3T_Y$

② $T_\Delta = \sqrt{3}\,T_Y$

③ $T_\Delta = \dfrac{1}{3}T_Y$

④ $T_\Delta = \dfrac{1}{\sqrt{3}}T_Y$

해설 ⊕ -

구분	Y결선 → Δ결선	Δ결선 → Y결선
토크	$T_\Delta = 3T_Y$	$T_Y = \dfrac{1}{3}T_\Delta$
전류	$I_\Delta = 3I_Y$	$I_Y = \dfrac{1}{3}I_\Delta$
저항	$R_\Delta = 3R_Y$	$R_Y = \dfrac{1}{3}R_\Delta$

25 제어요소가 제어 대상에 가하는 제어 신호로 제어장치의 출력인 동시에 제어 대상의 입력이 되는 것은?

① 조작량

② 제어량

③ 기준입력

④ 동작신호

정답 **22** ④ **23** ③ **24** ① **25** ①

해설 ⊕

피드백(폐회로) 제어의 구성

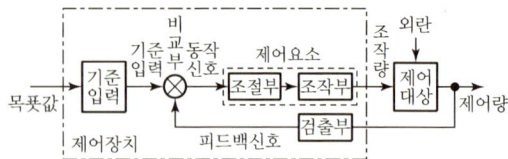

1) 목푯값 : 입력값으로 외부에서 제어장치에 주어지는 값
2) 기준입력요소 : 목푯값에 비례하는 기준입력신호를 발생시키는 장치
3) 동작신호 : 기준입력과 피드백신호의 차이를 구하는 장치
4) 제어요소 : 동작신호를 조작량으로 변환하는 요소(조절부＋조작부)
5) 조절부 : 제어요소가 동작하는 데 필요한 신호를 만들어 조작부에 보내는 장치
6) 조작부 : 조절부로부터 받은 신호를 조작량으로 바꾸어 제어대상에 보내 주는 장치
7) 조작량 : 제어요소가 제어대상에 가하는 제어신호로서 제어요소의 출력신호, 제어대상의 입력신호
8) 외란 : 제어량의 값을 교란시키려 하는 외부 신호
9) 제어대상 : 제어량을 발생시키는 장치로 제어계에서 직접 제어를 받는 장치
10) 검출부 : 제어량을 검출하고 입력과 출력을 비교하는 비교부가 반드시 필요
11) 제어량 : 제어를 받는 제어대상의 출력

26 어떤 코일의 임피던스를 측정하고자 한다. 이 코일에 30V의 직류전압을 가했을 때 300W가 소비되었고, 100V의 실효치 교류전압을 가했을 때 1,200W가 소비되었다. 이 코일의 리액턴스[Ω]는?

① 2
② 4
③ 6
④ 8

해설 ⊕

1) 코일에 직류전압을 가할 때
   ① 코일에는 저항성분과 유도성 리액턴스 성분이 존재한다. 코일에 직류전원을 공급하면 전력은 저항에서만 유효전력이 소모된다.
   ② 직류에서는 리액턴스가 발생되지 않으므로 리액턴스 성분에서의 무효전력은 발생하지 않는다.
   ③ 유효전력 $P[\mathrm{W}]$: 저항(R)에서 소비되는 전력, 실제 일한 전력, 소비전력

$$P = I^2 R = VI = \frac{V^2}{R}$$

$$P = \frac{V^2}{R} \qquad 300 = \frac{30^2}{R} \qquad R = 3[\Omega]$$

2) 코일에 교류전압을 가할 때
   ① 코일의 저항성분에서는 유효전력이 소모된다.
   ② 코일의 리액턴스 성분에서는 무효전력이 소모되고, 전체 임피던스 성분만큼 피상전력이 소모된다.
   ③ 유효전력 $P[\mathrm{W}]$

$$P = I^2 R = VI\cos\theta = \frac{V^2}{R} = P_a \cos\theta [\mathrm{W}]$$

$$P = I^2 R \qquad 1,200 = I^2 \times 3 \qquad I = 20[\mathrm{A}]$$

   ④ 임피던스(Z)

$$Z = \frac{V}{I} = \frac{100}{20} = 5[\Omega]$$

   ⑤ 리액턴스(X_L)

$$Z = \sqrt{R^2 + X_L^2}$$

$$5 = \sqrt{3^2 + X_L^2}$$

$$X_L = 4[\Omega]$$

27 적분 시간이 3sec이고, 비례 감도가 5인 PI(비례적분) 제어요소가 있다. 이 제어요소의 전달함수는?

① $\dfrac{5s+5}{3s}$
② $\dfrac{15s+5}{3s}$
③ $\dfrac{3s+5}{5s}$
④ $\dfrac{15s+3}{5s}$

해설 ⊕

$$G(s) = K_p\left(1 + \frac{1}{T_i s}\right)$$

$$= 5\left(1 + \frac{1}{3s}\right) = 5 + \frac{5}{3s}$$

$$= \frac{15s}{3s} + \frac{5}{3s} = \frac{15s+5}{3s}$$

제어동작	특징	전달함수
비례적분동작 (PI)	잔류편차 제거	$G(s) = K_p\left(1 + \dfrac{1}{T_i s}\right)$
비례미분동작 (PD)	속응성 향상	$G(s) = K_p(1 + T_d s)$
비례적분미분 동작(PID)	속응성 향상, 잔류편차 제거	$G(s) = K_p\left(1 + T_d s + \dfrac{1}{T_i s}\right)$

28 100V에서 500W를 소비하는 전열기가 있다. 이 전열기에 90V의 전압을 인가했을 때 소비되는 전력[W]은?

① 81 ② 90
③ 405 ④ 450

해설 ⊕

전력 P[W]
전기가 단위시간(1sec) 동안 한 일의 양

$$P = \frac{W}{t} = VI = I^2 R = \frac{V^2}{R}\,[\text{W}]$$

1) 전열선의 저항

$$R = \frac{V^2}{P} = \frac{100^2}{500} = 20\,[\Omega]$$

2) 90[V] 전압에서의 소비전력

$$P = \frac{V^2}{R} = \frac{90^2}{20} = 405\,[\text{W}]$$

29 4극 직류 발전기의 전기자 도체 수가 500개, 각 자극의 자속이 0.01Wb, 회전수가 1,800rpm일 때 이 발전기의 유도 기전력[V]은?(단, 전기자 권선법은 파권이다.)

① 100 ② 200
③ 300 ④ 400

해설 ⊕

직류발전기의 유도 기전력

$$E = \frac{PZ\phi N}{60a}\,[\text{V}]$$

여기서, P : 극수, Z : 총도체수, ϕ : 자속수
　　　　N : 회전수[rpm]
　　　　a : 병렬회로수(파권 : 2, 중권 : 극수)

[풀이]

$$E = \frac{PZ\phi N}{60a}$$

$$= \frac{4 \times 500 \times 0.01 \times 1,800}{60 \times 2} = 300\,[\text{V}]$$

30 진공 중에서 원점에 10^{-8}C의 전하가 있을 점 (1, 2, 2)m에서의 전계의 세기는 약 몇 V/m인가?

① 0.1 ② 1
③ 10 ④ 100

해설 ⊕

전계의 세기 E[V/m]
임의의 전하 Q[C]의 전기장 안에서 거리 r[m]만큼 떨어진 위치에 +1[C]의 단위 정전하를 놓았을 때 전하 간에 작용하는 힘의 세기

$$E[\text{V/m}] = \frac{1}{4\pi\varepsilon_0}\frac{Q}{r^2} = 9 \times 10^9 \frac{Q}{r^2}$$

여기서, ε_0 : 공기 · 진공 중의 유전율, Q : 전하량[C]
　　　　r : 두 전하 사이의 거리[m]

[풀이]
① $Q = 10^{-8}$[C]
② $\vec{r} = (1, 2, 2) - (0, 0, 0) = (1, 2, 2)$
　　$r = \sqrt{1^2 + 2^2 + 2^2} = 3$[m]
③ $E[\text{V/m}] = 9 \times 10^9 \dfrac{Q}{r^2}$

$$= 9 \times 10^9 \times \frac{10^{-8}}{3^2}$$

$$= 10\,[\text{V/m}]$$

31 정현파 교류전압 $e_1(t)$과 $e_2(t)$의 합($e_1(t) + e_2(t)$)은 몇 V인가?

$$e_1(t) = 10\sqrt{2}\sin\left(\omega t + \frac{\pi}{3}\right)[\text{V}]$$

$$e_2(t) = 20\sqrt{2}\cos\left(\omega t - \frac{\pi}{6}\right)[\text{V}]$$

① $30\sqrt{2}\sin\left(\omega t + \frac{\pi}{3}\right)$

② $30\sqrt{2}\sin\left(\omega t - \frac{\pi}{3}\right)$

③ $10\sqrt{2}\sin\left(\omega t + \frac{2\pi}{3}\right)$

④ $10\sqrt{2}\sin\left(\omega t + \frac{2\pi}{3}\right)$

해설⊕

1) 삼각함수법으로 변환

① $e_1(t) = 10\sqrt{2}\sin\left(\omega t + \frac{\pi}{3}\right)[\text{V}]$

여기서, $\frac{\pi}{3} = 60°$

$e_1(t) = 10(\cos 60° + j\sin 60°)$

② $e_2(t) = 20\sqrt{2}\cos\left(\omega t - \frac{\pi}{6}\right)[\text{V}]$

$$\cos\left(\omega t - \frac{\pi}{6}\right) = \sin\left(wt - \frac{\pi}{6} + \frac{\pi}{2}\right)$$

$$= \sin\left(wt - \frac{\pi}{6} + \frac{3\pi}{6}\right)$$

$$= \sin\left(wt + \frac{\pi}{3}\right)$$

$e_2(t) = 20\sqrt{2}\sin\left(\omega t + \frac{\pi}{3}\right)[\text{V}]$

$e_2(t) = 20(\cos 60° + j\sin 60°)$

2) $e_0 = e_1 + e_2$를 복소수법으로 나타내면

$e_0 = 10(\cos 60° + j\sin 60°) + 20(\cos 60° + j\sin 60°)$

$= 10 \times \frac{1}{2} + j10 \times \frac{\sqrt{3}}{2} + 20 \times \frac{1}{2} - j20 \times \frac{\sqrt{3}}{2}$

$= 5 + j5\sqrt{3} + 10 + j10\sqrt{3}$

$= 15 - j15\sqrt{3}$

3) 복소수를 극형식으로 나타내면

$$e_0 = \sqrt{15^2 + (15\sqrt{3})^2} \angle \tan^{-1}\frac{15\sqrt{3}}{15}$$

$$e_0 = 30 \angle 60$$

4) 극형식을 순시값으로 나타내면

$e_0 = 30\sqrt{2}\sin(\omega t + 60°)$ 　　　여기서, $60° = \frac{\pi}{3}$

$e_0 = 30\sqrt{2}\sin\left(\omega t + \frac{\pi}{3}\right)$

32 60Hz의 3상 전압을 반파 정류하였을 때 리플(맥동) 주파수[Hz]는?

① 60 　　　　　　② 120

③ 180 　　　　　④ 360

해설⊕

여러 가지 정류회로의 맥동주파수와 출력전압

구분	단상 반파	단상 전파	3상 반파	3상 전파
맥동 주파수[Hz]	f(60Hz)	$2f$ (120Hz)	$3f$ (180Hz)	$6f$ (360Hz)
출력전압의 평균값	$\dfrac{\sqrt{2}\,V}{\pi}$ $= 0.45\,V$	$\dfrac{2\sqrt{2}\,V}{\pi}$ $= 0.90\,V$	$\dfrac{3\sqrt{6}\,V}{2\pi}$ $= 1.17E$	$1.35\,V$

33 테브난의 정리를 이용하여 그림 (a)의 회로를 그림 (b)와 같은 등가회로로 만들고자 할 때 $V_{th}[\text{V}]$와 $R_{th}[\Omega]$은?

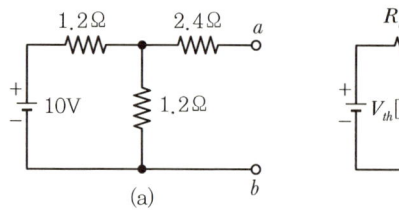

(a) 　　　　　　　　　　(b)

① 5V, 2Ω 　　　　② 5V, 3Ω

③ 6V, 2Ω 　　　　④ 6V, 3Ω

해설 ⊕

1) 테브난 전압

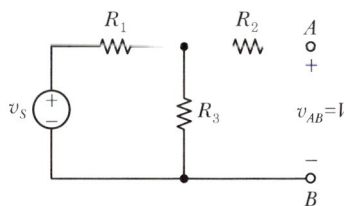

$$V_{TH} = \frac{R_3}{R_1 + R_3} \times v_s$$

$$= \frac{1.2}{1.2 + 1.2} \times 10 = 5[\text{V}]$$

2) 테브난 저항

$$R_{TH} = R_2 + \frac{R_1 R_3}{R_1 + R_3} [\Omega]$$

$$= 2.4 + \frac{1.2 \times 1.2}{1.2 + 1.2} = 3[\Omega]$$

34 어떤 전압계의 측정 범위를 12배로 하려고 할 때 배율기의 저항은 전압계 내부저항의 몇 배로 해야 하는가?

① 9   ② 10

③ 11   ④ 12

해설 ⊕

배율기($R_m [\Omega]$)

전압계의 측정범위를 확대하기 위해 내부저항이 $r_v [\Omega]$인 전압계에 직렬로 연결하는 저항

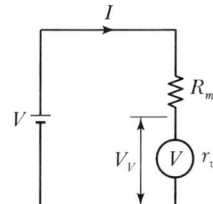

$$V_V = \frac{r_v}{R_m + r_v} \times V \qquad \frac{V}{V_V} = \frac{R_m + r_v}{r_v}$$

$$\frac{V}{V_V} = m \,(\text{배율기 배율})$$

$$m = \frac{r_v + R_m}{r_v} = 1 + \frac{R_m}{r_v}$$

여기서, V : 전체 전압[V], V_V : 전압계에 걸리는 전압

r_v : 전압계 내부저항, R_m : 배율기 저항[Ω]

[풀이]

$m = 1 + \dfrac{R_m}{r_v}$ $m : 12$배

$12 = 1 + \dfrac{R_m}{r_v}$ $12 - 1 = \dfrac{R_m}{r_v}$

$\therefore R_m = 11 r_v$

35 각 상의 임피던스가 $Z = 4 + j3[\Omega]$인 Δ 결선의 평형 3상 부하에 선간전압이 200V인 대칭 3상 전압을 가했을 때 이 부하로 흐르는 선전류의 크기는 몇 A 인가?

① $\dfrac{40}{3}$ ② $\dfrac{40}{\sqrt{3}}$

③ 40   ④ $40\sqrt{3}$

해설 ⊕

Δ 결선

$$V_l = V_P, \qquad I_l = \sqrt{3}\, I_P$$

여기서, V_P : 상전압[V], V_l : 선간전압[V]

I_P : 상전류[A], I_l : 선간전류[A]

1) 1상의 임피던스

$Z = \sqrt{R^2 + X^2} = \sqrt{4^2 + 3^2} = 5[\Omega]$

2) 1상의 상전류

$$I_P = \frac{V_P}{Z} = \frac{V_l}{Z} = \frac{200[\text{V}]}{5[\Omega]} = 40[\text{A}]$$

여기서, 전원전압 = 선간전압, $V_l = V_P$

3) 선전류

$I_l = \sqrt{3}\, I_P$

    $= \sqrt{3} \times 40 = 40\sqrt{3}\,[\text{A}]$

36 다음의 시퀀스회로를 논리식으로 표현하면?

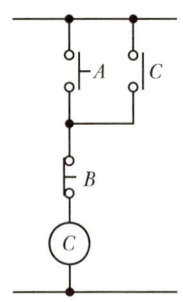

① $C = A + \overline{B} \cdot C$

② $C = A \cdot \overline{B} + C$

③ $C = A \cdot C + \overline{B}$

④ $C = (A + C) \cdot \overline{B}$

해설⊕ --------------------------

1) A와 C는 병렬회로이므로 OR회로이다 : $(A + C)$

2) $(A + C)$와 $\overline{B}$는 직렬회로이므로 AND회로이다 :
   $(A + C) \cdot \overline{B}$

3) 출력 $C = (A + C) \cdot \overline{B}$

   $(+)$와 $(\cdot)$의 의미

+	병렬회로를 의미	OR 회로	$X = (A + B)$	$\begin{smallmatrix}A\\B\end{smallmatrix} \!\!>\!\!\!- X$
·	직렬회로를 의미	AND 회로	$X = (A \cdot B)$	$\begin{smallmatrix}A\\B\end{smallmatrix} \!\!\square\!\!- X$

37 그림의 회로에서 $a - b$ 간에 $V_{ab}[\mathrm{V}]$를 인가했을 때 $c - d$ 간의 전압이 100V였다. 이때 $a - b$ 간에 인가한 전압(V_{ab})은 몇 V인가?

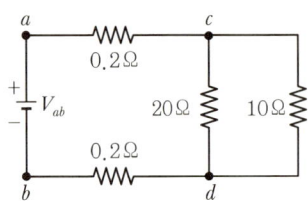

① 104
② 106
③ 108
④ 110

해설⊕ --------------------------

1) $c - d$ 간 합성저항

$$R_{cd} = \frac{20 \times 10}{20 + 10} = \frac{200}{30} = \frac{20}{3}[\Omega]$$

2) $c - d$ 간 전류

$$I = \frac{V}{R_{cd}} = \frac{100}{\frac{20}{3}} = \frac{300}{20} = \frac{30}{2}[\mathrm{A}]$$

3) 전체 회로의 합성저항

$$R_0 = 0.2 + \frac{20 \times 10}{20 + 10} + 0.2 = 7.0667[\Omega]$$

4) $a - b$ 간 전압

$$V = IR_0 = \frac{30}{2} \times 7.0667 = 106[\mathrm{V}]$$

38 균일한 자기장 내에서 운동하는 도체에 유도된 기전력의 방향을 나타내는 법칙은?

① 플레밍의 왼손 법칙
② 플레밍의 오른손 법칙
③ 암페어의 오른나사 법칙
④ 패러데이의 전자유도 법칙

해설⊕ --------------------------

전자기 관련 법칙

종류	내용
패러데이의 법칙	전자유도현상에 의한 기전력의 크기를 결정
렌츠의 법칙	전자유도현상에 의한 기전력의 방향을 결정
플레밍의 왼손법칙	• 자계 중에 도체에 전류를 흘릴 때 발생하는 전자력(힘)의 방향을 결정 • 전동기에서의 회전방향 결정
플레밍의 오른손법칙	• 자장 속의 도체가 운동할 때 유도 기전력의 방향을 결정 • 발전기에 적용
앙페르의 오른나사 법칙	전류에 의한 자계의 방향을 결정
비오-사바르의 법칙	전류에 의한 자계의 크기를 결정

39 회로에서 저항 5Ω의 양단 전압 V_R[V]은?

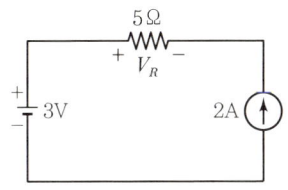

① -10

② -7

③ 7

④ 10

해설⊕

중첩의 원리

1) 여러 개의 전원을 갖는 회로에서 임의의 저항에 인가되는 전압과 흐르는 전류는 각 독립된 전원에 의한 전압과 전류의 대수적인 합과 같다.

2) 회로 해석에서 중첩의 원리(Superposition)를 적용할 때 전압원은 단락(Short)시키고 전류원은 개방(Open)시켜서 해석한다.

[풀이]

1) 전압원 단락 시 저항 5[Ω]에 걸리는 전압

$V = IR = 2[A] \times 5[\Omega] = 10[V]$

전류원의 전류 방향과 저항에 걸리는 전압의 방향이 반대이므로 전류원에 의해 저항에 걸리는 전압은 $-10[V]$가 된다.

2) 전류원 개방 시 저항 5[Ω]에 걸리는 전압

전류원이 개방되면 회로가 개로되어 전류가 흐르지 않으므로 5[Ω]의 저항에는 전압이 걸리지 않는다. 즉, 0[V]

3) 전압원 단락 시와 전류원 개방 시 저항 5[Ω]에 걸리는 전압

$V = -10[V] + 0[V] = -10[V]$

40 다음의 논리식을 간단히 표현한 것은?

$$Y = \overline{A}\,\overline{B}C + \overline{A}B\overline{C} + \overline{A}BC$$

① $\overline{A} \cdot (B + C)$

② $\overline{B} \cdot (A + C)$

③ $\overline{C} \cdot (A + B)$

④ $C \cdot (A + \overline{B})$

해설⊕

$Y = \overline{A}\,\overline{B}C + \overline{A}B\overline{C} + \overline{A}BC$ $\overline{A}B$로 묶으면

$\quad = \overline{A}\,\overline{B}C + \overline{A}B(\overline{C} + C)$ $(\overline{C} + C) = 1$

$\quad = \overline{A}\,\overline{B}C + \overline{A}B$ $\overline{A}$로 묶으면

$\quad = \overline{A}\,(\overline{B}C + B)$ 괄호 안을 분배하면

$\quad = \overline{A}\,[(B + \overline{B}) \cdot (B + C)]$ $(B + \overline{B}) = 1$

$\quad = \overline{A} \cdot (B + C)$

3과목   **소방관계법규**

41 다음은 소방본부에 대한 설명이다. ( )에 알맞은 내용은?

> 소방업무를 수행하기 위하여 (   ) 직속으로 소방본부를 둔다.

① 경찰서장

② 시 · 도지사

③ 행정안전부장관

④ 소방청장

해설⊕

소방기관의 설치

1) 소방업무를 수행하는 소방본부장 또는 소방서장은 그 소재지를 관할하는 특별시장 · 광역시장 · 특별자치시장 · 도지사 또는 특별자치도지사(이하 "시 · 도지사")의 지휘와 감독을 받는다.

2) 제1)에도 불구하고 소방청장은 화재 예방 및 대형 재난 등 필요한 경우 시 · 도 소방본부장 및 소방서장을 지휘 · 감독할 수 있다.

3) 시 · 도에서 소방업무를 수행하기 위하여 시 · 도지사 직속으로 소방본부를 둔다.

42 제4류 위험물을 저장 · 취급하는 제조소에 "화기엄금"이란 주의사항을 표시하는 게시판을 설치할 경우 게시판의 색상은?

① 청색 바탕에 백색 문자

② 적색 바탕에 백색 문자

③ 백색 바탕에 적색 문자

④ 백색 바탕에 흑색 문자

해설 ➕

1) 제조소의 보기 쉬운 곳에 "위험물제조소"라는 표지를 설치
    ① 표지의 크기 : 한 변의 길이 0.3[m] 이상, 다른 한 변의 길이 0.6[m] 이상인 직사각형
    ② 표지의 색상 : 백색 바탕에 흑색 문자

2) 주의사항을 표시한 게시판 설치

위험물의 종류	주의사항	게시판
제1류 위험물 중 알칼리금속의 과산화물 제3류 위험물 중 금수성 물질	물기엄금	청색 바탕에 백색 문자
제2류 위험물(인화성 고체는 제외)	화기주의	적색 바탕에 백색 문자
제2류 위험물 중 인화성 고체 제3류 위험물 중 자연발화성 물질 제4류 위험물 제5류 위험물	화기엄금	적색 바탕에 백색 문자

43 소방시설업의 등록을 하지 아니하고 영업을 한 자에 대한 벌칙기준으로 옳은 것은?

① 1년 이하의 징역 또는 1천만 원 이하의 벌금
② 2년 이하의 징역 또는 2천만 원 이하의 벌금
③ 3년 이하의 징역 또는 3천만 원 이하의 벌금
④ 5년 이하의 징역 또는 5천만 원 이하의 벌금

해설 ➕

1) 3년 이하의 징역 또는 3000만 원 이하의 벌금
    소방시설업 등록을 하지 아니하고 영업을 한 자

2) 1년 이하의 징역 또는 1000만 원 이하의 벌금
    ① 영업정지처분을 받고 그 영업정지 기간에 영업을 한 자
    ② 소방시설공사업법이나 화재안전기준을 위반하여 설계나 시공을 한 자
    ③ 소방시설 감리자의 업무범위를 위반하여 감리를 하거나 거짓으로 감리한 자
    ④ 소방시설감리업자가 공사감리자를 지정하지 아니한 자
    ⑤ 소방본부장이나 소방서장에게 보고를 거짓으로 한 자
    ⑥ 공사감리 결과의 통보 또는 공사감리 결과보고서의 제출을 거짓으로 한 자
    ⑦ 소방시설업자가 아닌 자에게 소방시설공사 등을 도급한 자

    ⑧ 하도급규정을 위반하여 제3자에게 소방시설공사 시공을 하도급한 자
    ⑨ 소방기술자가 소방시설공사업법 또는 명령을 따르지 아니하고 업무를 수행한 자

44 유별을 달리하는 위험물을 혼재하여 저장할 수 있는 것으로 짝지어진 것은?

① 제1류 - 제2류   ② 제2류 - 제3류
③ 제3류 - 제4류   ④ 제5류 - 제6류

해설 ➕

위험물의 혼재기준

위험물의 구분	제1류	제2류	제3류	제4류	제5류	제6류
제1류		×	×	×	×	○
제2류	×		×	○	○	×
제3류	×	×		○	×	×
제4류	×	○	○		○	×
제5류	×	○	×	○		×
제6류	○	×	×	×	×	

45 상업지역에 소방용수시설 설치 시 소방대상물과의 수평거리 기준은 몇 m 이하인가?

① 100   ② 120
③ 140   ④ 160

해설 ➕

소방용수시설의 설치기준

1) 공통기준
    ① 주거지역 · 상업지역 · 공업지역 : 수평거리 100[m] 이하
    ② 그 밖의 지역 : 수평거리 140[m] 이하

2) 소방용수시설별 설치기준
    ① 소화전의 설치기준
        • 상수도와 연결하여 지하식 또는 지상식의 구조로 할 것
        • 소방용 호스와 연결하는 소화전의 연결금속구의 구경 : 65[mm]
    ② 급수탑의 설치기준
        • 급수배관의 구경 : 100[mm] 이상

정답 **43** ③ **44** ③ **45** ①

- 개폐밸브의 높이 : 지상에서 1.5[m] 이상 1.7[m] 이하의 위치에 설치할 것
③ 저수조의 설치기준
- 지면으로부터의 낙차 : 4.5[m] 이하
- 흡수 부분의 수심 : 0.5[m] 이상
- 흡수관의 투입구가 사각형 : 한 변의 길이가 60[cm] 이상
- 흡수관의 투입구가 원형 : 지름이 60[cm] 이상
- 소방펌프자동차가 쉽게 접근할 수 있을 것
- 흡수에 지장이 없도록 토사 및 쓰레기 등을 제거할 수 있는 설비를 갖출 것
- 저수조에 물 공급은 상수도에 연결하여 자동으로 급수되는 구조일 것

46 종합점검 실시 대상이 되는 특정소방대상물의 기준 중 다음 (   ) 안에 알맞은 것은?

> 물분무등소화설비[호스릴(Hose Reel) 방식의 물분무등소화설비만을 설치한 경우는 제외한다]가 설치된 연면적 (   )m² 이상인 특정소방대상물(위험물 제조소등은 제외한다.)

① 2,000
② 3,000
③ 4,000
④ 5,000

해설 ➕

종합점검

구분	기준
정의	소방시설 등의 작동점검을 포함하여 소방시설 등의 설비별 주요 구성 부품의 구조기준이 화재안전기준과 건축법 등 관련 법령에서 정하는 기준에 적합한지 여부를 점검하는 것
점검대상	• 스프링클러설비가 설치된 특정소방대상물 • 물분무 등 소화설비 : 연면적 5,000[m²] 이상(호스릴 제외, 위험물제조소 등 제외) • 다중이용업의 영업장 : 연면적이 2,000[m²] 이상인 것 • 제연설비가 설치된 터널 • 공공기관 : 연면적이 1,000[m²] 이상인 것으로서 옥내소화전설비 또는 자동화재탐지설비가 설치된 것

구분	기준
점검자의 자격	• 소방시설관리업에 등록된 기술인력 중 소방시설관리사 • 소방안전관리자로 선임된 소방시설관리사 및 소방기술사
점검횟수	• 연 1회 이상 • 특급 소방안전관리대상물(반기당 1회 이상)

47 다음 용어 정의에 대한 설명 중 옳은 것은?

① 소방대상물이란 건축물, 차량, 선박(항구에 매어둔 선박은 제외) 등을 말한다.
② 관계인이란 소방대상물의 점유예정자를 포함한다.
③ 소방대란 소방공무원, 의무소방원, 의용소방대원으로 구성된 조직체이다.
④ 소방대장이란 화재, 재난·재해, 그 밖의 위급한 상황이 발생한 현장에서 소방대를 지휘하는 사람(소방서장은 제외)이다.

해설 ➕

용어의 정의
1) 소방대상물
건축물, 차량, 선박(항구에 매어둔 선박만 해당), 선박 건조 구조물, 산림, 그 밖의 인공 구조물 또는 물건을 말한다.

2) 관계인
소방대상물의 소유자·관리자 또는 점유자를 말한다.

3) 소방대
화재를 진압하고 화재, 재난·재해, 그 밖의 위급한 상황에서 구조·구급 활동 등을 하기 위하여 다음 각 목의 사람으로 구성된 조직체를 말한다.
① 소방공무원　　② 의무소방원
③ 의용소방대원

4) 소방대장
소방본부장 또는 소방서장 등 화재, 재난·재해, 그 밖의 위급한 상황이 발생한 현장에서 소방대를 지휘하는 사람을 말한다.

5) 소방본부장
특별시·광역시·특별자치시·도 또는 특별자치도(이하 "시·도")에서 화재의 예방·경계·진압·조사 및 구조·구급 등의 업무를 담당하는 부서의 장을 말한다.

48 총괄 소방안전관리자를 선임하여야 하는 특정소방대상물 중 복합 건축물은 지하층을 제외한 층수가 최소 몇 층 이상인 건축물이 해당되는가?

① 6층   ② 11층
③ 20층   ④ 30층

해설⊕
총괄소방안전관리자 선임 대상 건축물
1) 복합건축물(지하층을 제외한 층수가 11층 이상 또는 연면적 30,000[m²] 이상인 건축물)
2) 지하가(지하의 인공구조물 안에 설치된 상점 및 사무실, 그 밖에 이와 비슷한 시설이 연속하여 지하도에 접하여 설치된 것과 그 지하도를 합한 것)
3) 판매시설 중 도매시장, 소매시장 및 전통시장

49 특수가연물의 저장 및 취급의 기준 중 ( )에 들어갈 내용으로 옳은 것은?(단, 석탄 · 목탄류의 경우는 제외한다.)

쌓는 높이는 (㉠)m 이하가 되도록 하고, 쌓는 부분의 바닥면적은 (㉡)m² 이하가 되도록 할 것

① ㉠ 15, ㉡ 200   ② ㉠ 15, ㉡ 300
③ ㉠ 10, ㉡ 30   ④ ㉠ 10, ㉡ 50

해설⊕
특수가연물의 쌓는 높이 및 쌓는 부분의 바닥면적

구분	살수설비 또는 대형 소화기가 없는 경우	살수설비 또는 대형 소화기가 있는 경우
쌓는 높이	10[m] 이하	15[m] 이하
쌓는 부분의 바닥면적	50[m²] 이하 (석탄, 목탄 200m²)	200[m²] 이하 (석탄, 목탄 300m²)

50 자동화재탐지설비를 설치하여야 하는 특정소방대상물의 기준으로 틀린 것은?

① 공장 및 창고시설로서 지정수량의 500배 이상의 특수가연물을 저장 · 취급하는 것
② 지하상가로서 연면적 600m²이상인 것
③ 숙박시설이 있는 수련시설로서 수용인원 100명 이상인 것
④ 장례시설 및 복합건축물로서 연면적 600m² 이상인 것

해설⊕
자동화재탐지설비 설치대상

특정소방대상물	설치대상
노유자시설	연면적 400[m²] 이상
근린생활시설, 의료시설, 위락시설, 장례시설 및 복합건축물	연면적 600[m²] 이상
근린생활시설 중 목욕장, 문화 및 집회시설, 종교시설, 판매시설, 운수시설, 운동시설, 업무시설, 공장, 창고시설, 위험물 저장 및 처리시설, 항공기 및 자동차 관련 시설, 교정 및 군사시설 중 국방 · 군사시설, 방송통신시설, 발전시설, 관광 휴게시설, 지하상가	연면적 1,000[m²] 이상
교육연구시설, 수련시설, 동물 및 식물 관련 시설(기둥과 지붕만으로 구성되어 외부와 기류가 통하는 장소는 제외한다), 분뇨 및 쓰레기 처리시설, 교정 및 군사시설 또는 묘지 관련 시설	연면적 2,000[m²] 이상인 것
숙박시설이 있는 수련시설	수용인원 100명 이상인 것
터널	길이가 1,000[m] 이상인 것
공동주택 중 아파트 등 · 기숙사, 숙박시설, 노유자생활시설, 지하구, 판매시설 중 전통시장, 층수가 6층 이상인 건축물, 산후조리원, 조산원	모든 층
특수가연물	500배 이상

51 다음 중 제3류 위험물에 해당하는 것은?

① 나트륨
② 염소산염류
③ 무기과산화물
④ 유기과산화물

해설⊕

제3류 위험물
1) 성질 : 자연발화성 및 금수성 물질
2) 소화방법 : 마른 모래, 팽창질석, 팽창진주암을 이용한 질식소화(주수소화 엄금)
3) 위험등급, 품명 및 지정수량

위험등급	품명	지정수량
I	칼륨	10[kg]
	나트륨	
	알킬알루미늄	
	알킬리튬	
	황린	20[kg]
II	알칼리금속	50[kg]
	알칼리토금속	
	유기금속화합물	
III	금속수소화합물	300[kg]
	금속인화합물	
	칼슘 또는 알루미늄의 탄화물	

② 염소산염류 → 제1류 위험물
③ 무기과산화물 → 제1류 위험물
④ 유기과산화물 → 제5류 위험물

52 방염성능기준 이상의 실내장식물 등을 설치하여야 하는 특정소방대상물이 아닌 것은?

① 방송국
② 종합병원
③ 11층 이상의 아파트
④ 숙박이 가능한 수련시설

해설⊕

방염성능기준 이상의 실내장식물 등을 설치하여야 하는 특정소방대상물
1) 근린생활시설 중 의원, 치과의원, 한의원, 조산원, 산후조리원, 체력단련장, 공연장 및 종교집회장

2) 건축물의 옥내에 있는 시설로서 다음 각 목의 시설
　　① 문화 및 집회시설
　　② 종교시설
　　③ 운동시설(수영장은 제외)

3) 의료시설
4) 교육연구시설 중 합숙소
5) 노유자시설
6) 숙박이 가능한 수련시설
7) 숙박시설
8) 방송통신시설 중 방송국 및 촬영소
9) 다중이용업소
10) 층수가 11층 이상인 것(아파트는 제외)

53 무창층으로 판정하기 위한 개구부가 갖추어야 할 요건으로 틀린 것은?

① 크기는 반지름 30cm 이상의 원이 내접할 수 있을 것
② 해당 층의 바닥면으로부터 개구부 밑부분까지의 높이가 1.2m이내일 것
③ 도로 또는 차량이 진입할 수 있는 빈터를 향할 것
④ 화재 시 건축물로부터 쉽게 피난할 수 있도록 창살이나 그 밖의 장애물이 설치되지 아니할 것

해설⊕

무창층
지상층 중 다음의 요건을 모두 갖춘 개구부의 면적의 합계가 해당 층의 바닥면적의 1/30 이하가 되는 층
1) 지름 50cm 이상의 원이 통과할 수 있을 것
2) 바닥면으로부터 개구부 밑부분까지의 높이가 1.2[m] 이내일 것
3) 도로 또는 차량이 진입할 수 있는 빈터를 향할 것
4) 화재 시 건축물로부터 쉽게 피난할 수 있도록 창살이나 그 밖의 장애물이 설치되지 않을 것
5) 내부 또는 외부에서 쉽게 부수거나 열 수 있을 것

54 일반 소방시설 설계업(기계분야)의 영업범위에 대한 기준 중 (   )에 알맞은 내용은?(단, 공장의 경우는 제외한다.)

> 연면적 (   )m² 미만의 특정소방대상물(제연설비가 설치되는 특정소방대상물은 제외한다)에 설치되는 기계분야 소방시설의 설계

① 10,000 　　　　② 20,000
③ 30,000 　　　　④ 50,000

해설 ⊕

소방시설 설계업의 업종별 등록기준 및 영업범위

업종별＼항목		기술인력	영업범위
전문 소방시설 설계업		① 주된 기술인력 : 소방기술사 1명 이상 ② 보조기술인력 : 1명 이상	모든 특정소방대상물에 설치되는 소방시설의 설계
일반 소방 시설 설계업	기계 분야	① 주된 기술인력 : 소방기술사 또는 기계분야 소방설비기사 1명 이상 ② 보조기술인력 : 1명 이상	① 아파트에 설치되는 기계분야 소방시설의 설계(제연설비는 제외) ② 연면적 30,000[m²] 미만의(공장은 10,000[m²] 미만) 특정소방대상물에 설치되는 기계분야 소방시설의 설계(제연설비가 설치되는 특정소방대상물은 제외) ③ 위험물제조소 등에 설치되는 기계분야 소방시설의 설계
	전기 분야	① 주된 기술인력 : 소방기술사 또는 전기분야 소방설비기사 1명 이상 ② 보조기술인력 : 1명 이상	① 아파트에 설치되는 전기분야 소방시설의 설계 ② 연면적 30,000[m²] 미만의(공장은 10,000[m²] 미만) 특정소방대상물에 설치되는 전기분야 소방시설의 설계 ③ 위험물제조소 등에 설치되는 전기분야 소방시설의 설계

55 건축허가 등을 할 때 미리 소방본부장 또는 소방서장의 동의를 받아야 하는 건축물 등의 범위기준이 아닌 것은?

① 노유자시설 및 수련시설로서 연면적 100m² 이상인 건축물
② 지하층 또는 무창층이 있는 건축물로서 바닥면적이 150m² 이상인 층이 있는 것
③ 차고 · 주차장으로 사용되는 바닥면적이 200m² 이상인 층이 있는 건축물이나 주차시설
④ 장애인 의료재활시설로서 연면적 300m² 이상인 건축물

해설 ⊕

건축허가 등의 동의대상물 범위
1) 연면적이 400[m²] 이상인 건축물
2) 학교시설 : 100[m²] 이상
3) 노유자시설 및 수련시설 : 200[m²] 이상
4) 차고 · 주차장 : 바닥면적이 200[m²] 이상인 층이 있는 건축물이나 주차시설
5) 승강기 등 기계장치에 의한 주차시설 : 20대 이상
6) 지하층, 무창층 : 바닥면적이 150[m²](공연장의 경우에는 100[m²]) 이상인 층
7) 정신의료기관, 장애인 의료재활시설 : 300[m²] 이상
8) 항공기 격납고, 관망탑, 항공관제탑, 방송용 송수신탑
9) 조산원, 산후조리원, 위험물 저장 및 처리시설, 발전시설 중 전기저장시설, 지하구, 공동주택
10) 층수가 6층 이상인 건축물

정답 **54** ③ **55** ①

56 다음 중 화재예방상 필요하다고 인정되거나 화재위험 경보 시 발령하는 소방신호의 종류로 옳은 것은?

① 경계신호
② 발화신호
③ 경보신호
④ 훈련신호

해설➕

1) 소방신호의 종류 및 방법
① 경계신호 : 화재예방상 필요하다고 인정되거나 화재위험 경보 시 발령
② 발화신호 : 화재가 발생한 때 발령
③ 해제신호 : 소화활동이 필요 없다고 인정되는 때 발령
④ 훈련신호 : 훈련상 필요하다고 인정되는 때 발령

2) 소방신호의 방법

신호방법 종별	타종신호	사이렌신호
경계신호	1타와 연 2타를 반복	5초 간격을 두고 30초씩 3회
발화신호	난타	5초 간격을 두고 5초씩 3회
해제신호	상당한 간격을 두고 1타씩 반복	1분간 1회
훈련신호	연 3타 반복	10초 간격을 두고 1분씩 3회

57 보일러 등의 위치·구조 및 관리와 화재예방을 위하여 불의 사용에 있어서 지켜야 하는 사항 중 보일러에 경유·등유 등 액체연료를 사용하는 경우에 연료탱크는 보일러 본체로부터 수평거리 최소 몇 m 이상의 간격을 두어 설치해야 하는가?

① 0.5
② 0.6
③ 1
④ 2

해설➕

보일러 등의 위치·구조 및 관리와 화재예방을 위하여 불의 사용에 있어서 지켜야 하는 사항

종류	내용
보일러	1. 가연성 벽·바닥 또는 천장과 접촉하는 증기기관 또는 연통의 부분 규조토·석면 등 난연성 단열재로 덮어씌울 것 2. 경유·등유 등 액체연료를 사용하는 경우 　가. 연료탱크는 보일러 본체로부터 수평거리 : 1[m] 이상 　나. 연료를 차단할 수 있는 개폐밸브 : 연료탱크로부터 0.5[m] 이내 　다. 연료탱크 또는 연료를 공급하는 배관 : 여과장치 　라. 사용이 허용된 연료 외의 것을 사용하지 아니할 것 　마. 연료탱크에는 불연재료로 된 받침대를 설치하여 연료탱크가 넘어지지 아니하도록 할 것 3. 보일러와 벽·천장 사이의 거리 : 0.6[m] 이상 4. 보일러를 실내에 설치하는 경우에는 콘크리트 바닥 또는 금속 외의 불연재료로 된 바닥 위에 설치하여야 한다.

58 소방본부장 또는 소방서장은 소방안전관리대상물 중 불특정 다수인이 이용하는 대통령령으로 정하는 특정소방대상물의 근무자 등에게 불시에 소방훈련과 교육을 실시할 수 있다. 이 경우 며칠 전까지 서면통보하여야 하는가?

① 3일
② 5일
③ 7일
④ 10일

해설➕

소방안전관리대상물 근무자 및 거주자 등에 대한 소방훈련 등

1) 소방훈련 및 교육 : 관계인이 근무자 및 거주자에게 실시
2) 소방훈련 및 교육의 지도·감독 : 소방본부장·소방서장
3) 소방훈련 및 교육의 횟수 : 연 1회 이상
4) 소방훈련 및 교육결과 : 30일 이내에 소방본부장·소방서장에게 제출
5) 소방훈련 및 교육의 기록보관 : 2년
6) 소방본부장·소방서장의 불시 소방훈련 실시 : 10일 전까지 서면 통보
7) 불시 소방훈련 대상 특정소방대상물
① 의료시설

② 교육연구시설
③ 노유자시설
④ 화재 시 많은 인명피해의 발생이 예상되어 소방본부장 또는 소방서장이 지정하는 것

59 제조 또는 가공 공정에서 방염 처리를 한 물품 중 방염대상물품이 아닌 것은?

① 카펫
② 전시용 합판
③ 창문에 설치하는 커튼류
④ 두께가 2mm 미만인 종이벽지

해설 ⊕

방염대상물품
1) 창문에 설치하는 커튼류(블라인드 포함)
2) 카펫, 두께가 2[mm] 미만인 벽지류(종이벽지 제외)
3) 전시용 합판 또는 섬유판, 무대용 합판 또는 섬유판
4) 암막 · 무대막
5) 섬유류 또는 합성수지류 등을 원료로 하여 제작된 소파 · 의자(단란주점영업, 유흥주점영업 및 노래연습장업의 영업장에 설치하는 것만 해당)

60 관계인이 예방규정을 정하여야 하는 위험물 제조소 등에 해당하지 않는 것은?

① 지정수량 10배의 특수인화물을 취급하는 일반취급소
② 지정수량 20배의 휘발유를 고정된 탱크에 주입하는 일반취급소
③ 지정수량 40배의 제3석유류를 용기에 옮겨 담는 일반취급소
④ 지정수량 15배의 알코올을 버너에 소비하는 장치로 이루어진 일반취급소

해설 ⊕

관계인이 예방규정을 정하여야 하는 제조소 등
1. 지정수량의 10배 이상의 위험물을 취급하는 제조소
2. 지정수량의 100배 이상의 위험물을 저장하는 옥외저장소
3. 지정수량의 150배 이상의 위험물을 저장하는 옥내저장소

4. 지정수량의 200배 이상의 위험물을 저장하는 옥외탱크저장소
5. 암반탱크저장소
6. 이송취급소
7. 지정수량의 10배 이상의 위험물을 취급하는 일반취급소. 다만, 제4류 위험물(특수인화물을 제외)만을 지정수량의 50배 이하로 취급하는 일반취급소(제1석유류 · 알코올류의 취급량이 지정수량의 10배 이하인 경우)로서 다음 중 어느 하나에 해당하는 것은 제외한다.
   ① 보일러 · 버너 또는 이와 비슷한 것으로서 위험물을 소비하는 장치로 이루어진 일반취급소
   ② 위험물을 용기에 옮겨 담거나 차량에 고정된 탱크에 주입하는 일반취급소

4과목 | 소방전기시설의 구조 및 원리

61 소방시설용 비상전원수전설비에서 저압으로 수전하는 제1종 배전반 및 분전반의 외함 두께와 전면판(또는 문) 두께에 대한 설치기준으로 옳은 것은?

① 외함 : 1.0mm 이상
   전면판(또는 문) : 1.2mm 이상
② 외함 : 1.2mm 이상
   전면판(또는 문) : 1.5mm 이상
③ 외함 : 1.5mm 이상
   전면판(또는 문) : 2.0mm 이상
④ 외함 : 1.6mm 이상
   전면판(또는 문) : 2.3mm 이상

해설 ⊕

제1종 배전반 및 제1종 분전반의 설치기준
1) 외함은 두께 1.6mm(전면판 및 문은 2.3mm) 이상의 강판과 이와 동등 이상의 강도와 내화성능이 있는 것으로 제작할 것
2) 외함의 내부는 외부의 열에 의해 영향을 받지 않도록 내열성 및 단열성이 있는 재료를 사용하여 단열할 것
3) 다음 각 목에 해당하는 것은 외함에 노출하여 설치할 수 있다.
   ① 표시등(불연성 또는 난연성 재료로 덮개를 설치한 것)
   ② 전선의 인입구 및 인출구

정답 59 ④ 60 ③ 61 ④

4) 외함은 금속관 또는 금속제 가요전선관을 쉽게 접속할 수 있도록 하고, 당해 접속부분에는 단열조치를 할 것

5) 공용배전반 및 공용분전반의 경우 소방회로와 일반회로에 사용하는 배선 및 배선용 기기는 불연재료로 구획되이야 할 것

62 무선통신보조설비에서 분배기 · 분파기 및 혼합기 등의 임피던스는 몇 Ω의 것으로 하여야 하는가?

① 10 ② 30
③ 50 ④ 100

해설 ⊕

분배기 · 분파기 및 혼합기 등의 설치기준
1) 먼지 · 습기 및 부식 등에 따라 기능에 이상을 가져오지 아니하도록 할 것
2) 임피던스는 50[Ω]의 것으로 할 것
3) 점검에 편리하고 화재 등의 재해로 인한 피해의 우려가 없는 장소에 설치할 것

63 비상콘센트설비의 성능인증 및 제품검사의 기술기준에 따라 절연저항 시험부위의 절연내력은 정격전압 150V 이하의 경우 60Hz의 정현파에 가까운 실효전압 1,000V 교류전압을 가하는 시험에서 몇 분간 견디는 것이어야 하는가?

① 1 ② 10
③ 30 ④ 60

해설 ⊕

비상콘센트설비의 절연저항 및 절연내력
1) 절연저항(전원부와 외함 사이)
   500[V] 절연저항계로 측정할 때 20[MΩ] 이상일 것
2) 절연내력(전원부와 외함 사이)
   ① 정격전압 150[V] 이하 : 60[Hz]의 정현파에 가까운 실효전압 1,000[V] 교류전압을 가하는 시험에서 1분간 견디는 것
   ② 정격전압 150[V] 초과 : 그 정격전압에 2를 곱하여 1,000을 더한 값의 교류전압을 가하는 시험에서 1분간 견디는 것

64 다음은 누전경보기의 형식승인 및 제품검사의 기술기준에 따른 표시등에 대한 내용이다. (   )에 들어갈 내용으로 옳은 것은?

주위의 밝기가 (ⓐ) lx인 장소에서 측정하여 앞면으로부터 (ⓑ)m 떨어진 곳에서 켜진 등이 확실히 식별되어야 한다.

① ⓐ 150 ⓑ 3
② ⓐ 300 ⓑ 3
③ ⓐ 150 ⓑ 5
④ ⓐ 300 ⓑ 5

해설 ⊕

표시등의 구조 및 기능(2024년 개정)
1) 전구는 2개 이상을 병렬로 접속하여야 한다.(단, 방전등 또는 발광다이오드 제외)
2) 전구에는 적당한 보호덮개를 설치하여야 한다.(단, 발광다이오드 제외)
3) 주위의 밝기가 300lx인 장소에서 측정하여 앞면으로부터 3m 떨어진 곳에서 켜진 등이 확실히 식별되어야 한다.
4) 누전화재의 발생을 표시하는 표시등(누전등) : 적색
5) 누전화재가 발생한 경계전로의 위치를 표시하는 표시등
   ① 지구등 : 적색
   ② 기타의 표시등 : 적색 외의 색

65 무선통신보조설비의 누설동축케이블 및 동축케이블은 화재에 따라 해당 케이블의 피복이 소실된 경우에 케이블 본체가 떨어지지 아니하도록 몇 m 이내마다 금속제 또는 자기제 등의 지지금구로 벽 · 천장 · 기둥 등에 견고하게 고정시켜야 하는가? (단, 불연재료로 구획된 반자 안에 설치하지 않은 경우이다.)

① 1 ② 1.5
③ 2.5 ④ 4

해설 ⊕

누설동축케이블의 설치기준

1) 소방전용주파수대에서 전파의 전송 또는 복사에 적합한 것으로서 소방전용으로 할 것
2) 케이블의 구성
   ① 누설동축케이블과 이에 접속하는 안테나
   ② 동축케이블과 이에 접속하는 안테나

3) 누설동축케이블은 불연 또는 난연성의 것으로서 습기에 따라 전기의 특성이 변질되지 아니하는 것으로 하고, 노출하여 설치한 경우에는 피난 및 통행에 장애가 없도록 할 것
4) 누설동축케이블은 화재에 따라 해당 케이블의 피복이 소실된 경우에 케이블 본체가 떨어지지 아니하도록 4[m] 이내마다 금속제 또는 자기제 등의 지지금구로 벽·천장·기둥 등에 견고하게 고정시킬 것. 다만, 불연재료로 구획된 반자 안에 설치하는 경우에는 그러하지 아니하다.
5) 누설동축케이블 및 안테나는 금속판 등에 따라 전파의 복사 또는 특성이 현저하게 저하되지 아니하는 위치에 설치할 것
6) 누설동축케이블 및 안테나는 고압의 전로로부터 1.5[m] 이상 떨어진 위치에 설치할 것. 다만, 해당 전로에 정전기 차폐장치를 유효하게 설치한 경우에는 그러하지 아니하다.
7) 누설동축케이블의 끝부분에는 무반사 종단저항을 견고하게 설치할 것
8) 누설동축케이블 또는 동축케이블의 임피던스는 50[Ω]으로 할 것

66 비상콘센트용의 풀박스 등은 방청도장한 것으로서, 두께 몇 mm 이상의 철판으로 하여야 하는가?

① 1.0   ② 1.2
③ 1.5   ④ 1.6

해설 ⊕

비상콘센트설비의 전원회로 설치기준

1) 비상콘센트설비의 전원회로는 단상교류 220[V]인 것으로서, 그 공급용량은 1.5[kVA] 이상인 것으로 할 것
2) 전원회로는 각 층에 2 이상이 되도록 설치할 것. 다만, 설치하여야 할 층의 비상콘센트가 1개인 때에는 하나의 회로로 할 수 있다.

3) 전원회로는 주 배전반에서 전용회로로 할 것
4) 전원으로부터 각 층의 비상콘센트에 분기되는 경우 분기 배선용 차단기를 보호함 안에 설치할 것
5) 콘센트마다 배선용 차단기를 설치하여야 하며, 충전부가 노출되지 아니하도록 할 것
6) 개폐기에는 "비상콘센트"라고 표시한 표지를 할 것
7) 비상콘센트용의 풀박스 등은 방청도장을 한 것으로서, 두께 1.6[mm] 이상의 철판으로 할 것
8) 하나의 전용회로에 설치하는 비상콘센트는 10개 이하로 할 것. 이 경우 전선의 용량은 각 비상콘센트(비상콘센트가 3개 이상인 경우에는 3개)의 공급용량을 합한 용량 이상의 것으로 할 것

67 불꽃감지기의 시설기준으로 틀린 것은?

① 폭발의 우려가 있는 장소에는 방폭형으로 설치할 것
② 공칭감시거리 및 공칭시야각은 형식승인 내용에 따를 것
③ 감지기를 천장에 설치하는 경우에는 감지기는 바닥을 향하여 설치할 것
④ 감지기는 화재감지를 유효하게 감지할 수 있는 모서리 또는 벽 등에 설치할 것

해설 ⊕

불꽃감지기의 설치기준

1) 공칭감시거리 및 공칭시야각은 형식승인 내용에 따를 것
2) 감지기는 공칭감시거리와 공칭시야각을 기준으로 감시구역이 모두 포용될 수 있을 것
3) 감지기는 화재감지를 유효하게 감지할 수 있는 모서리 또는 벽 등에 설치할 것
4) 감지기를 천장에 설치하는 경우에는 감지기는 바닥을 향하여 설치할 것
5) 수분이 많이 발생할 우려가 있는 장소에는 방수형으로 설치할 것

---

68 다음은 비상조명등의 우수품질인증 기술기준에서 정하는 비상조명등의 상태를 자동적으로 점검하는 기능에 대한 내용이다. ( )에 들어갈 내용으로 옳은 것은?

> 자가점검시간은 (ⓐ)초 이상 (ⓑ)분 이하로 (ⓒ) 일마다 최소 한 번 이상 자동으로 수행하여야 한다.

① ⓐ 15　ⓑ 15　ⓒ 15
② ⓐ 15　ⓑ 20　ⓒ 30
③ ⓐ 30　ⓑ 30　ⓒ 30
④ ⓐ 30　ⓑ 45　ⓒ 60

해설+

자가점검 및 무선점검시험(비상조명등의 상태를 자동적으로 점검하는 기능)
1) 자가점검시간은 30초 이상 30분 이하로 30일마다 최소 한번 이상 자동으로 수행하여야 한다.
2) 자가점검결과 이상상태를 확인할 수 있는 표시 또는 점등 (점멸, 음향을 포함한다) 장치를 설치하여야 한다.
3) 자가점검기능은 비상전원 충전회로 고장, 예비전원 충전 용량 미달 등에 대하여 표시하여야 하며, 기타 제조사가 제시하는 기능을 표시할 수 있다.
4) 상용전원 및 비상전원의 상태를 무선으로 점검할 수 있는 장치를 설치할 수 있다. 이 경우 최대점검거리 및 시야각 등을 제시하여야 한다.

69 부착 높이가 4m 미만으로 연기감지기 3종을 설치할 때, 바닥면적 몇 m²마다 1개 이상 설치하여야 하는가?

① 50　　　　② 75
③ 100　　　④ 150

해설+

연기감지기 설치기준
1) 부착 높이에 따른 감지기 1개의 기준면적

부착높이	감지기의 종류	
	1종, 2종	3종
4[m] 미만	150[m²]	50[m²]
4[m] 이상 20[m] 미만	75[m²]	−

2) 설치장소에 따른 감지기 1개의 거리기준

설치장소	감지기의 종류	
	1종, 2종	3종
복도, 통로(보행거리)	30[m]	20[m]
계단, 경사로(수직거리)	15[m]	10[m]

3) 천장 또는 반자가 낮은 실내 또는 좁은 실내에는 출입구의 가까운 부분에 설치할 것
4) 천장 또는 반자 부근에 배기구가 있는 경우에는 그 부근에 설치할 것
5) 감지기는 벽 또는 보로부터 0.6[m] 이상 떨어진 곳에 설치할 것

70 비상방송설비와 자동화재탐지설비의 연동 시 동작 순서로 옳은 것은?

① 기동장치 → 증폭기 → 수신기 → 조작부 → 확성기
② 기동장치 → 조작부 → 증폭기 → 수신기 → 확성기
③ 기동장치 → 수신기 → 증폭기 → 조작부 → 확성기
④ 기동장치 → 증폭기 → 조작부 → 수신기 → 확성기

해설+

비상방송설비 신호 흐름도

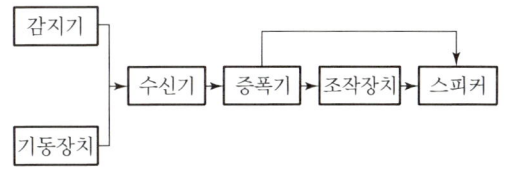

71 유도등의 우수품질인증 기술기준에서 정하는 유도등의 일반구조에 적합하지 않은 것은?

① 축전지에 배선 등은 직접 납땜하여야 한다.
② 충전부가 노출되지 아니한 것은 사용전압이 300V를 초과할 수 있다.
③ 외함은 기기 내의 온도 상승에 의하여 변형, 변색 또는 변질되지 아니하여야 한다.
④ 전선의 굵기는 인출선인 경우에는 단면적이 0.75mm² 이상이어야 한다.

정답　**68** ③　**69** ①　**70** ③　**71** ①

해설 ⊕

유도등의 일반구조

1) 축전지에 배선 등을 직접 납땜하지 아니하여야 한다.
2) 사용전압은 300[V] 이하이어야 한다. 다만, 충전부가 노출되지 아니한 것은 300[V]를 초과할 수 있다.
3) 외함은 기기내의 온도 상승에 의하여 변형, 변색 또는 변질되지 아니하여야 한다.
4) 전선의 굵기는 인출선인 경우에는 단면적이 0.75[mm²] 이상이어야 한다.
5) 주전원 및 비상전원을 단락사고 등으로부터 보호할 수 있는 퓨즈 등 과전류 보호장치를 설치하여야 한다. 다만, 객석유도등은 그러하지 아니하다.
6) 인출선의 길이는 전선 인출 부분으로부터 150[mm] 이상이어야 한다. 다만, 인출선으로 하지 아니할 경우에는 풀어지지 아니하는 방법으로 전선을 쉽고 확실하게 부착할 수 있도록 접속단자를 설치하여야 한다.

72 축광표지의 성능인증 및 제품검사의 기술기준에 따라 피난방향 또는 소방용품 등의 위치를 추가적으로 알려주는 보조역할을 하는 축광보조표지의 설치 위치로 틀린 것은?

① 바닥   ② 천장
③ 계단   ④ 벽면

해설 ⊕

용어의 정의

1) 축광표지
　화재발생 시 피난방향을 안내하거나 소방용품 등의 위치를 표시하기 위하여 사용되는 표지로서 외부의 전원을 공급받지 아니한 상태에서 축광(전등, 태양빛 등을 흡수하여 이를 축적시킨 상태에서 일정시간 동안 발광이 계속되는 것)에 의하여 어두운 곳에서도 도안·문자 등이 쉽게 식별될 수 있도록 된 것을 말하며 축광유도표지, 축광위치표지, 축광보조표지로 구분한다.

2) 축광유도표지
　화재발생 시 피난방향을 안내하기 위하여 사용되는 축광표지로서 피난구축광유도표지, 통로축광유도표지로 구분한다.

3) 축광위치표지
　옥내소화전설비의 함, 발신기, 피난기구(완강기, 간이완강기, 구조대, 금속제피난사다리), 소화기, 투척용 소화용구 및 연결송수관설비의 방수구 등 소방용품의 위치를 표시하기 위한 축광표지를 말한다.

4) 축광보조표지
　피난로 등의 바닥·계단·벽면 등에 설치함으로써 피난방향 또는 소방용품 등의 위치를 추가적으로 알려주는 보조역할을 하는 표지를 말한다.

73 시각경보장치의 성능인증 및 제품검사의 기술기준에 따라 시각경보장치의 전원부 양단자 또는 양선을 단락시킨 부분과 비충전부를 DC 500V의 절연저항계로 측정하는 경우 절연저항이 몇 MΩ 이상이어야 하는가?

① 0.1   ② 5
③ 10   ④ 20

해설 ⊕

각 설비별 절연저항시험

절연저항계	설비	절연저항	측정위치
직류 250[V]	• 비상경보설비 • 비상방송설비 • 자동화재탐지설비	0.1[MΩ] 이상	• 부속회로의 전로와 대지 사이 • 배선 상호 간
직류 500[V]	누전경보기	5[MΩ] 이상	절연된 충전부와 외함 간
	유도등	5[MΩ] 이상	• 교류입력 측과 외함 • 교류입력 측과 충전부 • 절연된 충전부와 외함 사이
	시각경보장치	5[MΩ] 이상	전원부 양단자 또는 양선을 단락시킨 부분과 비충전부
	비상콘센트설비	20[MΩ] 이상	전원부와 외함 사이

74 누전경보기의 형식승인 및 제품검사의 기술기준에서 정하는 누전경보기의 공칭작동전류치(누전경보기를 작동시키기 위하여 필요한 누설전류의 값으로서 제조자에 의하여 표시된 값을 말한다.)는 몇 mA 이하이어야 하는가?

① 50　　　② 100　　　③ 150　　　④ 200

해설⊕
공칭작동전류치 및 감도조정장치의 조정범위

구분	전류[mA]
공칭작동전류치	200 이하
감도조정장치	1,000(1A) 이하

75 다음은 자동화재속보설비의 속보기의 성능인증 및 제품검사의 기술기준에 따른 속보기에 대한 내용이다. ( )에 들어갈 내용으로 옳은 것은?

> 속보기는 작동신호 또는 수동작동스위치에 의한 다이얼링 후 소방관서와 전화접속이 이루어지지 않는 경우에는 최초 다이얼링을 포함하여 (ⓐ)회 이상 반복적으로 접속을 위한 다이얼링이 이루어져야 한다. 이 경우 매회 다이얼링 완료 후 호출은 (ⓑ)초 이상 지속되어야 한다.

① ⓐ 10, ⓑ 30　　　② ⓐ 15, ⓑ 30
③ ⓐ 10, ⓑ 60　　　④ ⓐ 15, ⓑ 60

해설⊕
속보기의 기능(성능인증 및 제품검사의 기술기준 제5조)
1) 작동신호를 수신하거나 수동으로 동작시키는 경우 20초 이내에 소방관서에 자동적으로 신호를 발하여 통보하되, 3회 이상 속보할 수 있어야 한다.
2) 예비전원은 자동적으로 충전되어야 하며 자동과충전방지장치가 있어야 한다.
3) 연동 또는 수동으로 소방관서에 화재발생 음성정보를 속보 중인 경우에도 송수화장치를 이용한 통화가 우선적으로 가능하여야 한다.
4) 예비전원을 병렬로 접속하는 경우에는 역충전 방지 등의 조치를 하여야 한다.

5) 예비전원은 감시상태를 60분간 지속한 후 10분 이상 동작이 지속될 수 있는 용량이어야 한다.
6) 속보기는 작동신호 또는 수동작동스위치에 의한 다이얼링 후 소방관서와 전화접속이 이루어지지 않는 경우에는 최초 다이얼링을 포함하여 10회 이상 반복적으로 접속을 위한 다이얼링이 이루어져야 한다. 이 경우 매회 다이얼링 완료 후 호출은 30초 이상 지속되어야 한다.
7) 속보기의 송수화장치가 정상위치가 아닌 경우에도 연동 또는 수동으로 속보가 가능하여야 한다.
8) 화재신호를 수신하거나 수동으로 동작시키는 경우 자동적으로 화재표시등이 점등되고 음향장치로 화재를 경보하여야 한다.

76 단독경보형 감지기에 대한 설명으로 틀린 것은?

① 단독경보형 감지기는 감지부, 경보장치, 전원이 개별로 구성되어 있다.
② 화재경보음은 감지기로부터 1m 떨어진 위치에서 85dB 이상으로 10분 이상 계속하여 경보할 수 있어야 한다.
③ 단독경보형 감지기는 수동으로 작동시험을 하고 자동복귀형 스위치에 의하여 자동으로 정위치에 복귀하여야 한다.
④ 작동되는 감지기는 작동표시등에 의하여 화재의 발생을 표시하고, 내장된 음향장치의 명동에 의하여 화재경보음을 발하여야 한다.

해설⊕
단독경보형 감지기의 일반기능
1) 화재경보음은 감지기로부터 1[m] 떨어진 위치에서 85[dB] 이상으로 10분 이상 계속하여 경보할 수 있어야 한다.
2) 자동복귀형 스위치(자동적으로 정위치에 복귀될 수 있는 스위치)에 의하여 수동으로 작동시험을 할 수 있는 기능이 있어야 한다.
3) 작동되는 경우 작동표시등에 의하여 화재의 발생을 표시하고, 내장된 음향장치의 명동에 의하여 화재경보음을 발할 수 있는 기능이 있어야 한다.
4) 주기적으로 섬광하는 전원표시등에 의하여 전원의 정상 여부를 감시할 수 있는 기능이 있어야 하며, 전원의 정상상태를 표시하는 전원표시등의 섬광주기는 1초 이내의 점등과 30초에서 60초 이내의 소등으로 이루어져야 한다.

5) 단독경보형 감지기에는 스위치 조작에 의하여 화재경보를 정지시킬 수 있는 기능을 설치할 수 있다. 이 경우 화재경보 정지기능은 다음 각 목에 적합하여야 한다.

① 화재경보 정지 후 15분 이내에 화재경보 정지기능이 자동적으로 해제되어 단독경보형 감지기가 정상상태로 복귀되어야 한다.

② 화재경보 정지 표시등에 의하여 화재경보가 정지 상태임을 경고할 수 있어야 하며, 화재경보 정지기능이 해제된 경우에는 표시등의 경고도 함께 해제되어야 한다.

③ 화재경보정지표시등을 작동표시등과 겸용하고자 하는 경우에는 작동표시와 화재경보음 정지 표시가 표시등 색상에 의하여 구분될 수 있도록 하고 표시등 부근에 작동표시와 화재경보음 정지표시를 구분할 수 있는 안내표시를 하여야 한다.

④ 화재경보 정지 스위치는 전용으로 하거나 작동시험 스위치와 겸용하여 사용할 수 있다. 이 경우 스위치 부근에 스위치의 용도를 표시하여야 한다.

77 비상방송설비의 음향장치는 정격전압의 몇 % 전압에서 음향을 발할 수 있는 것으로 하여야 하는가?

① 80　　　　　　② 90
③ 100　　　　　④ 110

해설 ➕ -

비상방송설비의 설치기준
1) 확성기의 음성입력 : 실외 3W(실내 1W), 아파트 등의 실내 2W 이상
2) 그 층의 각 부분으로부터 하나의 확성기까지의 수평거리 : 25[m] 이하
3) 음량조정기를 설치하는 경우 음량조정기의 배선 : 3선식
4) 화재신고 수신 후 방송개시 소요시간 : 10초 이하
5) 조작부의 조작스위치 높이 : 바닥으로부터 0.8[m] 이상 1.5[m] 이하
6) 정격전압의 80[%] 전압에서 음향을 발할 수 있는 것으로 할 것
7) 자동화재탐지설비의 작동과 연동하여 작동할 수 있는 것으로 할 것

78 소방회로배선은 일반회로배선과 불연성 격벽으로 구획하여야 하나, 소방회로배선과 일반회로배선을 몇 cm 이상 떨어져 설치한 경우는 그러하지 아니하는가?

① 5　　　　　　② 10
③ 15　　　　　④ 20

해설 ➕ -

특별고압 또는 고압으로 수전하는 경우
1) 전용의 방화구획 내에 설치할 것
2) 소방회로배선은 일반회로배선과 불연성 격벽으로 구획할 것. 다만, 소방회로배선과 일반회로배선을 15[cm] 이상 떨어져 설치한 경우는 그러하지 아니한다.
3) 일반회로에서 과부하, 지락사고 또는 단락사고가 발생한 경우에도 이에 영향을 받지 아니하고 계속하여 소방회로에 전원을 공급시켜 줄 수 있어야 할 것
4) 소방회로용 개폐기 및 과전류차단기에는 "소방시설용"이라 표시할 것

79 경종의 우수품질인증 기술기준에 따라 경종에 정격전압을 인가한 경우 경종의 소비전류는 몇 mA 이하이어야 하는가?

① 10　　　　　　② 30
③ 50　　　　　④ 100

해설 ➕ -

경종은 정격전압을 인가하여 다음에 적합하여야 한다.
1) 경종의 중심으로부터 1[m] 떨어진 위치에서 90[dB] 이상이어야 하며, 최소청취거리에서 110[dB]을 초과하지 아니하여야 한다.
2) 경종의 소비전류는 50[mA] 이하이어야 한다.

정답 　**77** ①　**78** ③　**79** ③

80 감지기 상호 간 또는 감지기로부터 수신기에 이르는 감지기 회로의 배선 중 전자파 방해를 받지 아니하는 실드선 등을 사용하지 않아도 되는 것은?

① R형 수신기용으로 사용되는 것
② 차동식 감지기
③ 다신호식 감지기
④ 아날로그식 감지기

해설 ⊕

자동화재탐지설비의 배선 설치기준

1) 전원회로의 배선 : 내화배선, 그 밖의 배선 : 내화배선 또는 내열배선
2) 감지기 상호 간 또는 감지기로부터 수신기에 이르는 감지기 회로의 배선
   ① 아날로그식, 다신호식 감지기나 R형 수신기용 : 전자파 방해를 받지 아니하는 실드선
   ② 그 밖의 일반배선 : 내화배선 또는 내열배선

3) 감지기 사이의 회로 배선 : 송배선식으로 할 것
4) 절연저항 : 감지기 회로 및 부속회로의 전로와 대지 사이 및 배선 상호 간을 직류 250[V]의 절연저항측정기로 측정하여 0.1[MΩ] 이상이 되도록 할 것
5) 자동화재탐지설비의 배선 : 다른 전선과 별도의 관·덕트·몰드 또는 풀박스 등에 설치할 것(다만, 60[V] 미만의 약전류회로에 사용하는 전선으로서 각각의 전압이 같을 때에는 제외)
6) P형 수신기 및 GP형 수신기의 감지기 회로 하나의 공통선에 접속할 수 있는 경계구역 : 7개 이하로 할 것
7) 자동화재탐지설비의 감지기회로의 전로저항 : 50[Ω] 이하
8) 종단 감지기에 접속되는 배선의 전압 : 감지기 정격전압의 80[%] 이상일 것

01 건축물의 주요 구조부에 해당되지 않는 것은?

① 주계단
② 작은 보
③ 지붕틀
④ 바닥

해설➕

건축물의 주요 구조부
1) 내력벽
2) 보(작은 보 제외)
3) 지붕틀(차양 제외)
4) 바닥(최하층 바닥 제외)
5) 주계단(옥외계단 제외)
6) 기둥(사잇기둥 제외)

02 건축물의 내화구조에서 바닥의 경우에는 철근 콘크리트조의 두께가 몇 cm 이상이어야 하는가?

① 7
② 10
③ 12
④ 15

해설➕

내화구조의 기준(건축물의 피난·방화구조 등의 기준에 관한 규칙 제3조)

구조부의 구분	내화구조의 기준
벽	• 철근콘크리트조 또는 철골철근콘크리트조로서 두께가 10cm 이상인 것 • 골구를 철골조로 하고 그 양면을 두께 4cm 이상의 철망모르타르 또는 두께 5cm 이상의 콘크리트블록·벽돌 또는 석재로 덮은 것 • 철재로 보강된 콘크리트블록조·벽돌조 또는 석조로서 철재에 덮은 콘크리트블록 등의 두께가 5cm 이상인 것 • 벽돌조로서 두께가 19cm 이상인 것
바닥	• 철근콘크리트조 또는 철골철근콘크리트조로서 두께가 10cm 이상인 것 • 철재로 보강된 콘크리트블록조·벽돌조 또는 석조로서 철재에 덮은 콘크리트블록 등의 두께가 5cm 이상인 것 • 철재의 양면을 두께 5cm 이상의 철망모르타르 또는 콘크리트로 덮은 것

03 표준상태에서 메탄가스의 밀도는 몇 g/L인가?

① 0.21
② 0.41
③ 0.71
④ 0.91

해설➕

이상기체 상태방정식

$$PV = nRT, \; PV = \frac{W}{M}RT \text{에서} \; \frac{W}{V} = \frac{PM}{RT}$$

밀도 $\rho = \dfrac{W}{V}$ [g/l]이므로 $\rho = \dfrac{PM}{RT}$ [g/l]

여기서, P : 절대압력[atm]

V : 체적[l]

n : 몰수 $\left(n = \dfrac{W}{M}\right)$

W : 기체의 질량[g]

M : 분자량

R : 기체상수(0.082[atm·l/mol·K])

T : 절대온도[K]

[풀이]

표준상태 : 온도 0[℃], 압력 1[atm]인 상태

P : 1[atm], M : 분자량(CH_4 분자량 : 16)

R : 0.082[atm·l/mol·K], T : (273+0)[K]

$$\therefore \; \rho = \frac{1 \times 16}{0.082 \times 273} = 0.71 [\text{g}/l]$$

---

04 이산화탄소 20g은 몇 mol인가?

① 0.23
② 0.45
③ 2.2
④ 4.4

해설 ⊕

1) 몰수[mol] $= \dfrac{W}{M}$

여기서, M : 분자량[g/mol]
W : 기체의 질량[g]

2) 이산화탄소의 분자량
CO_2에서 C의 원자량 : 12, O의 원자량 : 16
CO_2의 분자량 : $12 + (16 \times 2) = 44$

3) CO_2 몰수[mol] $= \dfrac{20[g]}{44[g/mol]} = 0.45[mol]$

05 분말소화약제 중 탄산수소칼륨($KHCO_3$)과 요소($CO(NH_2)_2$)의 반응물을 주성분으로 하는 소화약제는?

① 제1종 분말
② 제2종 분말
③ 제3종 분말
④ 제4종 분말

해설 ⊕

분말소화약제의 종류

종별	분자식	착색	적응화재	충전비 [l/kg]
제1종 분말	탄산수소나트륨 ($NaHCO_3$)	백색	B, C급	0.8
제2종 분말	탄산수소칼륨 ($KHCO_3$)	담회색 (담자색)	B, C급	1.0
제3종 분말	제1인산암모늄 ($NH_4H_2PO_4$)	담홍색	A, B, C급	1.0
제4종 분말	탄산수소칼륨+요소 ($KHCO_3 + (NH_2)_2CO$)	회색	B, C급	1.25

06 제2종 분말소화약제의 주성분으로 옳은 것은?

① NaH_2PO_4
② KH_2PO_4
③ $NaHCO_3$
④ $KHCO_3$

해설 ⊕

문제 05번 해설 참고

07 건축물의 피난동선에 대한 설명으로 틀린 것은?

① 피난동선은 가급적 단순한 형태가 좋다.
② 피난동선은 가급적 상호 반대방향으로 다수의 출구와 연결되는 것이 좋다.
③ 피난동선은 수평동선과 수직동선으로 구분된다.
④ 피난동선은 복도, 계단을 제외한 엘리베이터와 같은 피난전용의 통행구조를 말한다.

해설 ⊕

피난동선의 특성

1) 수평동선과 수직동선으로 구분할 것
2) 어느 곳에서도 2개 이상의 방향으로 피난할 수 있으며 그 말단은 화재로부터 안전한 장소일 것
3) 양방향 피난이 가능하고 상호 반대방향으로 다수의 출구와 연결될 수 있을 것
4) 가급적 단순형태일 것

④ 수평동선은 복도, 수직동선은 계단, 피난용 승강기와 비상용 승강기 등을 의미한다. 피난용 승강기와 비상용 승강기를 제외한 일반 엘리베이터는 피난동선에 속하지 않는다.

08 소화작용을 크게 4가지로 구분할 때 이에 해당하지 않는 것은?

① 질식소화
② 제거소화
③ 가압소화
④ 냉각소화

해설 ⊕

1) 물리적 소화
① 연소의 3요소 중 한 가지를 차단하여 소화하는 방법
② 점화원을 제거하는 냉각소화
③ 산소를 제거하는 질식소화
④ 가연물을 제거하는 제거소화

2) 화학적 소화
① 연소의 4요소인 연쇄반응을 억제하여 소화하는 방법
② 억제소화 또는 부촉매소화라 한다.

09 1kcal의 열은 약 몇 Joule에 해당하는?

① 5,262　　　② 4,186
③ 3,943　　　④ 3,330

열량과 일의 관계
1) 1[cal]=4.186[J]
2) 1[kcal]=4186[J]
3) 1[J]=0.24[cal]
　① 1[J]=1[W·sec]
　② 1[kJ]=1[kW·sec]

10 소화약제로 물을 사용하는 주된 이유는?

① 촉매 역할을 하기 때문에
② 증발잠열이 크기 때문에
③ 연소작용을 하기 때문에
④ 물의 현열이 크기 때문에

물소화약제의 장점
1) 증발잠열에 의한 냉각효과가 커서 소화성능이 우수하다.
2) 무상주수하면 질식, 냉각, 유화, 희석효과 등에 의해 소화효과가 우수하다.
3) 인체에 무해하며 환경영향성이 작다.
4) 가격이 저렴하고 장기간 보존이 가능하다.

11 가스 A가 40vol%, 가스 B가 60vol%로 혼합된 가스의 연소하한계는 몇 vol%인가?(단, 가스 A의 연소하한계는 4.9vol%이며, 가스 B의 연소하한계는 4.15vol%이다.)

① 1.82　　　② 2.02
③ 3.22　　　④ 4.42

혼합가스의 연소범위
가연성 가스가 2종류 이상 혼합되어 있는 경우의 연소범위 계산식은 다음과 같다.

$$\frac{V_m}{L_m}=\frac{V_1}{L_1}+\frac{V_2}{L_2}+\frac{V_3}{L_3}\cdots$$

여기서, L_m : 혼합가스의 연소하한계
V_m : 각 가연성 가스의 부피[Vol%] 합
　　　$(V_1+V_2+V_3\cdots)$
V_1, V_2, V_3 : 각 가연성 가스의 부피[Vol%]
L_1, L_2, L_3 : 각 가연성 가스의 연소하한계

[풀이]
$$\frac{100}{L_m}=\frac{40}{4.9}+\frac{60}{4.15},\quad \frac{100}{L_m}=22.62$$
$$L_m=4.42[\%]$$

12 위험물의 저장방법으로 틀린 것은?

① 금속나트륨 – 석유류에 저장
② 이황화탄소 – 수조 물탱크에 저장
③ 알킬알루미늄 – 벤젠액에 희석하여 저장
④ 산화프로필렌 – 구리 용기에 넣고 불연성 가스를 봉입하여 저장

④ 산화프로필렌, 아세트알데하이드 → 구리, 마그네슘, 은, 수은과 반응하여 아세틸라이드를 생성하므로 절대 구리 용기에 저장하여서는 안 된다.

13 촛불의 주된 연소형태에 해당하는 것은?

① 표면연소　　　② 분해연소
③ 증발연소　　　④ 자기연소

해설 ➕

고체의 연소형태

1) 표면연소 : 고체의 표면에서 고체 자체가 연소하는 현상으로 사언싱 기체가 빌생되지 않아 불꽃이 없는 연소를 하는 형태(표면연소＝응축연소＝작열연소)

　　예 숯, 목탄, 코크스, 금속분 등

2) 분해연소 : 고체 가연물이 온도상승에 의해 열분해되어 가연성 기체를 발생시키고 공기와 혼합하여 가연성 혼합기를 형성한 후 점화원에 의해 연소하는 형태

　　예 목재, 고무, 종이, 플라스틱 등

3) 증발연소 : 고체 가연물이 승화 또는 액화 후 기화되어 그 기체가 공기와 혼합하여 가연성 혼합기를 형성한 후 점화원에 의해 연소하는 형태

　　예 황, 나프탈렌, 파라핀, 왁스 등

4) 자기연소 : 가연물 스스로 산소공급원을 함유하고 있는 물질의 연소형태이다. 외부의 산소 공급 없이도 연소가 진행될 수 있어 연소속도가 매우 빨라 폭발적으로 연소한다.

　　예 질산에스터류, 셀룰로이드류, 나이트로화합물류 등
　　（제5류 위험물）

③ 증발연소 → 촛불(파라핀)

---

14 음속이 기체에서 340[m/s]일 때 다음 중 맞는 것은?

① 음속은 기체와 액체에서 동일하게 이동한다.

② 음속은 기체가 액체보다 빠르다.

③ 음속은 액체가 기체보다 빠르다.

④ 음속은 액체가 고체보다 빠르다.

해설 ➕

음속

1) 상온의 기체 : 340[m/s]

2) 물속(액체) : 1,500[m/s]

3) 고체 : 5,000[m/s]

음속은 고체＞액체＞기체 순으로 빠르다.

---

15 물리적 폭발에 해당되는 것은?

① 분해폭발　　　　② 분진폭발

③ 증기운폭발　　　④ 수증기폭발

해설 ➕

1) 물리적 폭발

　① 물과 고온의 금속 접촉에 의한 수증기폭발(증기폭발)

　② 고압용기 파손에 의한 압력개방 폭발

　③ 진공용기 파손에 의한 폭발

　④ 전선에 허용전류를 초과하는 대전류인가로 인한 전선의 용해, 증발에 의한 전선폭발

　⑤ 화산폭발, 운석충돌

2) 화학적 폭발

　① 산화폭발 : 가연성 가스, 증기 등의 급격한 연소에 의한 폭발

　② 분해폭발 : 나이트로셀룰로오스, 셀룰로이드, 아세틸렌 등이 분해연소하면서 폭발하는 현상

　③ 중합폭발 : 시안화수소, 염화비닐 등의 단량체가 중합되면서 발생하는 폭발

　④ 분해, 중합폭발 : 산화에틸렌

　⑤ 분진폭발, 증기운폭발 등

---

16 수소 1kg이 완전연소할 때 필요한 산소량은 몇 kg인가?

① 4　　　　　　　② 8

③ 16　　　　　　④ 32

해설 ➕

수소의 완전연소

[반응식]

① $H_2 + \dfrac{1}{2}O_2 \rightarrow H_2O$

② $2H_2 + O_2 \rightarrow 2H_2O$

③ 수소가 완전연소할 때 수소분자와 산소분자의 질량비

　수소 : $4kg(2\times1\times2)$, 산소 : $32kg(16\times2)$

　　여기서, 수소의 원자량 : 1, 산소의 원자량 : 16

④ 비례식을 세우면

　완전연소 시 수소질량 : 완전연소 시 산소질량

　＝수소질량 : 산소질량

　$4[kg] : 32[kg] = 1[kg] : O_2[kg]$

　$4 \times O_2 = 32$　∴ $O_2 = 8[kg]$

---

17 방호공간 안에서 화재의 세기를 나타내고 화재가 진행되는 과정에서 온도에 따라 변하는 것으로 온도-시간 곡선으로 표시할 수 있는 것은?

① 화재저항　　　② 화재가혹도
③ 화재하중　　　④ 화재플럼

해설 ⊕

화재가혹도

최고온도가 지속되는 시간을 의미한다.

$$화재가혹도 = 최고온도 \times 지속시간$$

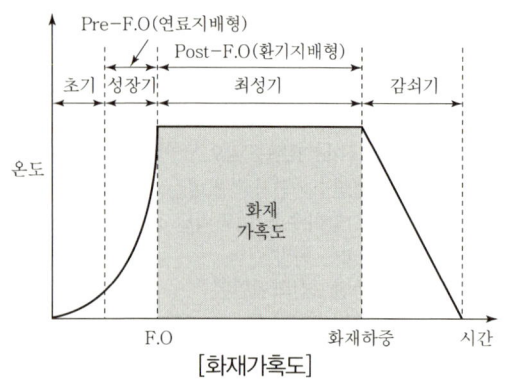

[화재가혹도]

18 연면적이 1,000m² 이상인 건축물에 설치하는 방화벽이 갖추어야 할 기준으로 틀린 것은?

① 내화구조로서 홀로 설 수 있는 구조일 것
② 방화벽의 양쪽 끝과 위쪽 끝을 건축물의 외벽면 및 지붕면으로부터 0.5m 이상 튀어나오게 할 것
③ 방화벽에 설치하는 출입문의 너비 및 높이는 각각 2.0m 이하로 할 것
④ 방화벽에 설치하는 출입문에는 60분＋방화문 또는 60분 방화문을 설치할 것

해설 ⊕

방화벽의 설치기준

1) 내화구조로서 홀로 설 수 있는 구조일 것
2) 방화벽의 양쪽 끝과 위쪽 끝을 건축물의 외벽면 및 지붕면으로부터 0.5[m] 이상 튀어나오게 할 것
3) 방화벽에 설치하는 출입문의 너비 및 높이는 각각 2.5[m] 이하로 하고, 해당 출입문에는 60분＋방화문 또는 60분 방화문을 설치할 것

19 건축물의 바닥이 지표면 아래에 있는 층으로서 바닥에서 지표면까지 평균높이가 해당 층 높이의 얼마 이상인 것을 지하층이라 하는가?

① 1/2　　② 1/3　　③ 1/4　　④ 1/5

해설 ⊕

지하층

건축물의 바닥이 지표면 아래에 있는 층으로서 바닥에서 지표면까지 평균높이가 해당 층 높이의 2분의 1 이상인 것을 말한다.

20 다음 각 물질과 물이 반응하였을 때 발생하는 가스의 연결이 틀린 것은?

① 탄화칼슘 - 아세틸렌
② 탄화알루미늄 - 이산화황
③ 인화칼슘 - 포스핀
④ 수소화리튬 - 수소

해설 ⊕

① 탄화칼슘
　$CaC_2 + 2H_2O \rightarrow Ca(OH)_2 + C_2H_2$(아세틸렌 발생)
② 탄화알루미늄
　$Al_4C_3 + 12H_2O \rightarrow 4Al(OH)_3 + 3CH_4$(메탄 발생)
③ 인화칼슘
　$Ca_3P_2 + 6H_2O \rightarrow 3Ca(OH)_2 + 2PH_3$(포스핀 발생)
④ 수소화리튬
　$LiH + H_2O \rightarrow LiOH + H_2$(수소 발생)

2과목 **소방전기일반**

21 60Hz, 4극의 3상 유도전동기가 정격출력일 때 슬립이 2%이다. 이 전동기의 동기속도[rpm]는?

① 1,200　② 1,764　③ 1,800　④ 1,836

해설 ⊕

1) 전동기의 동기속도 N_S[rpm]

$$N_S = \frac{120f}{P} \text{[rpm]}$$

정답　**17** ②　**18** ③　**19** ①　**20** ②　**21** ③

2) 전동기의 속도 N[rpm]

$$N = \frac{120f}{p}(1-S)[\text{rpm}]$$

여기서, p : 극수, f : 주파수, s : 슬립

[풀이]

$$N_S = \frac{120f}{P} = \frac{120 \times 60}{4} = 1,800[\text{rpm}]$$

22 인덕턴스가 0.5H인 코일의 리액턴스가 753.6 Ω일 때 주파수는 약 몇 Hz인가?

① 120
② 240
③ 360
④ 480

해설 ⊕

유도성 리액턴스

$$X_L = \omega L = 2\pi f L$$

여기서, X_L : 유도성 리액턴스[Ω], ω : 각속도[rad/s]
　　　　 L : 인덕턴스[H], f : 주파수[Hz]

[풀이]

$$X_L = 2\pi f L \qquad 753.6[\Omega] = 2\pi f \times 0.5[\text{H}]$$

$$f = \frac{753.6}{2\pi \times 0.5} = 240[\text{Hz}]$$

23 입력 $r(t)$, 출력 $c(t)$인 제어시스템에서 전달 함수 $G(s)$는?(단, 초기값은 0이다.)

$$\frac{d^2 c(t)}{dt^2} + 3\frac{dc(t)}{dt} + 2c(t) = \frac{dr(t)}{dt} + 3r(t)$$

① $\dfrac{3s+1}{2s^2+3s+1}$
② $\dfrac{s^2+3s+2}{s+3}$
③ $\dfrac{s+1}{s^2+3s+2}$
④ $\dfrac{s+3}{s^2+3s+2}$

해설 ⊕

1) 전달함수 $= \dfrac{출력신호}{입력신호}$, $G(s) = \dfrac{C(s)}{R(s)}$

2) $\dfrac{d^2 c(t)}{dt^2} + 3\dfrac{dc(t)}{dt} + 2c(t) = \dfrac{dr(t)}{dt} + 3r(t)$ 를 라플 라스 변환하면

3) $s^2 C(s) + 3s C(s) + 2C(s) = s R(s) + 3R(s)$

4) $C(s)(s^2 + 3s + 2) = R(s)(s+3)$

5) $\dfrac{C(s)}{R(s)} = \dfrac{s+3}{s^2+3s+2}$

라플라스 변환 정리

$\mathcal{L}[c(t)] = C(s),\ \mathcal{L}[r(t)] = R(s)$

$\mathcal{L}\left[\dfrac{d}{dt}c(t)\right] = s C(s) - c(0),\ c(0) = 0$이면

$\mathcal{L}\left[\dfrac{d}{dt}c(t)\right] = s C(s)$

$\mathcal{L}\left[\dfrac{d^2}{dt^2}c(t)\right] = s^2 C(s) - sc(0) - c(0)$

$c(0) = 0$이면 $\mathcal{L}\left[\dfrac{d^2}{dt^2}c(t)\right] = s^2 C(s)$

24 그림과 같은 계통의 전달함수는?

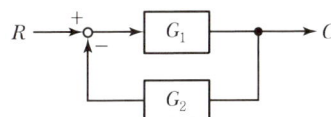

① $\dfrac{G_1}{1+G_2}$
② $\dfrac{G_2}{1+G_1}$
③ $\dfrac{G_1}{1+G_1 G_2}$
④ $\dfrac{G_2}{1+G_1 G_2}$

해설 ⊕

간이 전달함수법

$$G(s) = \frac{C(s)}{R(s)} = \frac{순방향\ 경로의\ 곱}{1 - 루프의\ 곱}$$

여기서, $G(s)$: 전달함수, $R(s)$: 입력, $C(s)$: 출력

$$\frac{C(s)}{R(s)} = \frac{순방향\ 경로의\ 곱}{1 - 루프의\ 곱}$$
$$= \frac{G_1}{1 - (G_1 \times -G_2)} = \frac{G_1}{1 + G_1 G_2}$$

25 어느 도선의 길이를 2배로 하고 전기저항을 5배로 하려면 도선의 단면적은 몇 배로 되는가?

① 10배 ② 0.4배

③ 2배 ④ 2.5배

해설⊕

도선의 저항

$$R = \rho\frac{l}{A} = \rho\frac{4l}{\pi D^2}[\Omega]$$

여기서, R : 저항[Ω], A : 도선의 단면적[m^2]

ρ : 고유저항[$\Omega \cdot m$], l : 도선의 길이[m]

D : 도선의 지름[m]

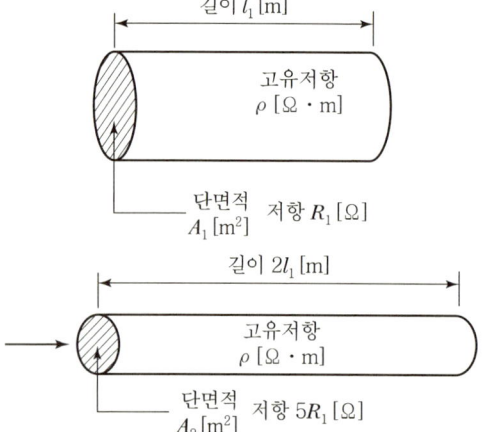

1) $R = \rho\dfrac{l}{A}[\Omega]$, $A = \dfrac{\rho l}{R}[m^2]$

2) $A_1 = \dfrac{\rho l_1}{R_1}$, $A_2 = \dfrac{\rho \times 2l_1}{5R_1}$

3) $\dfrac{A_2}{A_1} = \dfrac{\dfrac{\rho \times 2l_1}{5R_1}}{\dfrac{\rho l_1}{R_1}} = \dfrac{2}{5} = 0.4$배

26 자기 인덕턴스 L_1, L_2가 각각 4mH, 9mH인 두 코일이 이상적인 결합이 되었다면 상호 인덕턴스는 몇 mH인가?(단, 결합계수는 1이다.)

① 6 ② 12 ③ 24 ④ 36

해설⊕

상호 인덕턴스 $M = k\sqrt{L_1 L_2}$

여기서, M : 상호 인덕턴스[H]

L : 자기인덕턴스[H]

K : 결합계수

[풀이]

$M = 1\sqrt{4[mH] \times 9[mH]} = 6[mH]$

27 그림과 같은 회로에서 a, b단자에 흐르는 전류 I가 인가전압 E와 동위상이 되었다. 이때 L 값은?

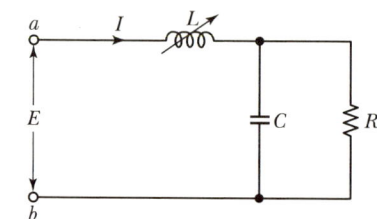

① $\dfrac{R}{1 + \omega CR}$ ② $\dfrac{R^2}{1 + (\omega CR)^2}$

③ $\dfrac{CR^2}{1 + \omega CR}$ ④ $\dfrac{CR^2}{1 + (\omega CR)^2}$

해설⊕

1) 전류 I와 전압 E가 동위상 → 공진조건 성립

2) 공진이 되면 임피던스의 허수부가 0이 된다.

3) 임피던스

$$Z = X_L + \frac{X_C \times R}{X_C + R} \quad X_L = j\omega L, \ X_C = \frac{1}{j\omega C}$$

$$Z = j\omega L + \frac{\dfrac{1}{j\omega C} \times R}{\dfrac{1}{j\omega C} + R} \ \text{분자, 분모에} \ j\omega C \text{를 곱하면}$$

$$Z = j\omega L + \frac{R}{1 + j\omega CR} \ \text{분자, 분모에 공액복소수}$$

$(1 - j\omega CR)$을 곱하면

$$= j\omega L + \frac{R(1 - j\omega CR)}{(1 + j\omega CR)(1 - j\omega CR)}$$

$$= j\omega L + \frac{R - j\omega CR^2}{1 - j\omega CR + j\omega CR + \omega^2 C^2 R^2}$$

$$= j\omega L + \frac{R - j\omega CR^2}{1 + \omega^2 C^2 R^2}$$

정답 **25** ② **26** ① **27** ④

$$= j\omega L + \frac{R}{1+\omega^2 C^2 R^2} - j\omega \frac{CR^2}{1+\omega^2 C^2 R^2}$$

$$Z = \frac{R}{1+\omega^2 C^2 R^2} + j\omega L - j\omega \frac{CR^2}{1+\omega^2 C^2 R^2}$$

허수부를 $j\omega$로 묶으면

$$Z = \frac{R}{1+\omega^2 C^2 R^2} + j\omega \left(L - \frac{CR^2}{1+\omega^2 C^2 R^2} \right)$$

4) 공진 조건 : 허수부$=0$

$$\left(L - \frac{CR^2}{1+\omega^2 C^2 R^2} \right) = 0, \ L = \frac{CR^2}{1+\omega^2 C^2 R^2}$$

$$L = \frac{CR^2}{1+(\omega CR)^2}$$

28 그림과 같이 전압계 V_1, V_2, V_3과 5Ω의 저항 R을 접속하였다. 전압계의 지시가 $V_1 = 20\text{V}$, $V_2 = 40\text{V}$, $V_3 = 50\text{V}$라면 부하전력은 몇 W인가?

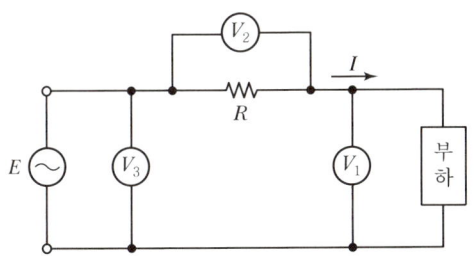

① 50   ② 100   ③ 150   ④ 200

해설⊕

3전압계법에 의한 교류전력 측정

$$P = \frac{1}{2R}(V_3^2 - V_1^2 - V_2^2)[\text{W}]$$

$$= \frac{1}{2 \times 5}(50^2 - 20^2 - 40^2) = 50[\text{W}]$$

29 저항 $R_1[\Omega]$, 저항 $R_2[\Omega]$, 인덕턴스 $L[\text{H}]$의 직렬회로가 있다. 이 회로의 시정수[s]는?

① $-\dfrac{R_1+R_2}{L}$ ② $\dfrac{R_1+R_2}{L}$

③ $-\dfrac{L}{R_1+R_2}$ ④ $\dfrac{L}{R_1+R_2}$

해설⊕

1) $R-L$ 직렬회로의 시정수

$$\tau = \frac{L}{R}$$

　　여기서, τ : 시정수[s]
　　　　　　R : 저항[Ω]
　　　　　　L : 인덕턴스[H]

2) $R-R-L$ 직렬회로의 시정수
　　$\tau = \dfrac{L}{R_1+R_2}$

30 다음 그림을 논리식으로 표현한 것은?

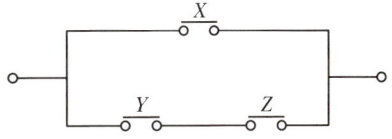

① $X(Y+Z)$ ② XYZ
③ $XY+ZY$ ④ $(X+Y)(X+Z)$

해설⊕

1) ($+$)와 ($\cdot$)의 의미

$+$	병렬회로를 의미	OR 회로	$X=(A+B)$	A, B → X
$\cdot$	직렬회로를 의미	AND 회로	$X=(A \cdot B)$	A, B → X

2) Y와 Z는 직렬회로 : $(Y \cdot Z)$

3) X와 $(Y \cdot Z)$는 병렬회로 : $X+(Y \cdot Z)$

4) 간소화
　　$X+(Y \cdot Z)$를 분배하면 $(X+Y) \cdot (X+Z)$

31 서보 기구에 있어서의 제어량은?

① 유량   ② 위치
③ 주파수   ④ 전압

해설 ➕

1) 목푯값의 성질에 의한 분류
  ① 프로그램 제어 : 목푯값의 변화가 미리 정해진 신호에 따라 동작
  ② 정치 제어 : 목푯값이 시간적으로 변화하지 않고 일정한 제어
  ③ 추종 제어 : 시간에 따라 변하는 목푯값에 제어량을 추종시키는 제어

2) 제어량의 성질에 의한 분류
  ① 프로세스 제어(공정 제어) : 공업 공정의 상태를 제어량으로 하는 제어
    예 온도, 유량, 압력, 밀도, 농도 등
  ② 서보기구 : 기계적인 변위량을 목푯값의 임의의 변화에 추종하도록 구성하는 제어
    예 위치, 방위, 자세, 거리, 각도 등
  ③ 자동조정 : 전기적, 기계적 양의 제어
    예 전압, 전류, 주파수, 회전속도 등

32 100Ω인 저항 3개를 같은 전원에 △결선으로 접속할 때와 Y결선으로 접속할 때, 선전류의 크기의 비는?

① 3
② 1/3
③ $\sqrt{3}$
④ $1/\sqrt{3}$

해설 ➕

1) △결선
  $V_{l\Delta} = V_{P\Delta}$, $I_{l\Delta} = \sqrt{3}\, I_{P\Delta}$
    여기서, $V_{l\Delta}$: △결선에서 선간전압
        $V_{P\Delta}$: △결선에서 상전압
        $I_{l\Delta}$: △결선에서 선간전류
        $I_{P\Delta}$: △결선에서 상전류
  ① 상전류 : $I_{P\Delta} = \dfrac{V_{P\Delta}}{R}$
    여기서, $V_{l\Delta} = V_{P\Delta}$, $I_{P\Delta} = \dfrac{I_{l\Delta}}{\sqrt{3}}$ 이므로
  ② 선간전류 : $\dfrac{I_{l\Delta}}{\sqrt{3}} = \dfrac{V_{l\Delta}}{R}$, $I_{l\Delta} = \dfrac{\sqrt{3}\, V_l}{R}$

2) Y결선
  $V_{lY} = \sqrt{3}\, V_{PY}$, $I_{lY} = I_{PY}$

여기서, V_{lY} : Y결선에서 선간전압
    V_{PY} : Y결선에서 상전압
    I_{lY} : Y결선에서 선간전류
    I_{PY} : Y결선에서 상전류

① 상전류 : $I_{PY} = \dfrac{V_{PY}}{R}$
  여기서, $V_{PY} = \dfrac{V_{lY}}{\sqrt{3}}$, $I_{lY} = I_{PY}$이므로
② 선간전류 : $I_{lY} = \dfrac{V_l}{\sqrt{3}\, R}$

3) △결선으로 접속할 때와 Y결선으로 접속할 때, 선전류의 크기의 비

$$\frac{I_{l\Delta}}{I_{lY}} = \frac{\dfrac{\sqrt{3}\, V_l}{R}}{\dfrac{V_l}{\sqrt{3}\, R}} = 3\text{배}$$

33 전지의 자기 방전을 보충함과 동시에 상용부하에 대한 전력 공급은 충전기가 부담하도록 하되, 충전기가 부담하기 어려운 일시적인 대전류부하는 축전지로 하여금 부담하게 하는 충전방식은?

① 급속충전
② 부동충전
③ 균등충전
④ 세류충전

해설 ➕

축전지 충전방식

1) 보통충전
  필요할 때마다 표준 시간율로 충전하는 방식

2) 급속충전
  단시간에 보통 충전전류의 2~3배의 전류로 충전하는 방식

3) 부동충전
  전지의 자기방전을 보충함과 동시에 상용부하에 대한 전력 공급은 충전기가 부담하고, 일시적인 대전류부하는 축전지가 부담하도록 하는 방식

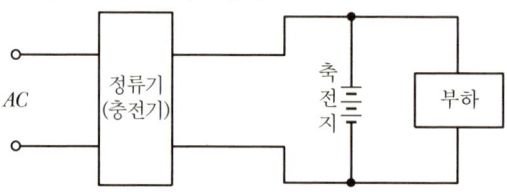

4) 균등충전

　　1~3개월마다 정전압으로 10~12시간 충전하여 전체 셀의 전압을 균일하게 하는 방식

5) 세류충진

　　항상 자기방전량만큼만 충전하는 방식

34 건물 내 부하 설비용량이 700[kVA]이며, 수용률이 95[%]인 경우 자가발전기의 용량은?

① 620[kVA]　　　　② 665[kVA]

③ 737[kVA]　　　　④ 770[kVA]

해설⊕

수용률

1) 수용설비가 동시에 사용되는 정도를 나타내며 변압기 등의 적정공급 설비용량을 파악하기 위하여 사용한다.

2) 수용률 $= \dfrac{\text{최대 수용전력[kVA]}}{\text{총부하 설비용량[kVA]}} \times 100$

3) 최대수용전력＝발전기의 용량

4) 발전기 용량

$$P[\text{kVA}] = \text{총부하 설비용량[kVA]} \times \frac{\text{수용률}}{100}$$

$$= 700 \times \frac{95}{100} = 665[\text{kVA}]$$

35 전압 $v = 50\sqrt{2}\sin(\omega t + \theta)$, 전류 $i = 10\sqrt{2}\sin\left(\omega t + \theta - \dfrac{\pi}{6}\right)$일 때 무효전력은?

① 100[Var]　　　　② 150[Var]

③ 200[Var]　　　　④ 250[Var]

해설⊕

1) 전압

- 순시값 : $v = 50\sqrt{2}\sin(\omega t + \theta)$
- 최댓값 : $V_m = 50\sqrt{2}\,[\text{V}]$
- 실효값 : $V = 50[\text{V}]$

2) 전류

- 순시값 : $i = 10\sqrt{2}\sin(\omega t + \theta - 30°)$

　여기서, $\dfrac{\pi}{6} = 30°$

- 최댓값 : $I_m = 10\sqrt{2}\,[\text{A}]$
- 실효값 : $I = 10[\text{A}]$

3) 전력

- 피상전력 : $P_a = VI$
- 유효전력 : $P = VI\cos\theta$
- 무효전력 : $P_r = VI\sin\theta$

[풀이]

$P_r = 50 \times 10 \times \sin 30° = 250[\text{Var}]$

36 코일의 감긴 수와 전류의 곱을 무엇이라 하는가?

① 기전력　　　　② 전자력

③ 기자력　　　　④ 보자력

해설⊕

1) 기자력($F[\text{AT}]$)

① 자속을 발생시키는 원천을 기자력이라 하며 전기회로와 대응되는 것을 기전력이라 한다.

② 철심에 코일을 N회 감고 전류 I를 흘리면 자속 ϕ가 발생하고 이 자속 ϕ는 권선수 N과 전류 I에 비례하고 자기저항 R에 반비례한다.

③ 여기서 권선수 N과 전류 I의 곱을 기자력이라 한다. 자기회로의 옴법칙 : $F = NI = R\phi[\text{AT}]$

2) 자기회로와 전기회로의 대응관계

자기회로	전기회로
기자력 $F = NI = R\phi[\text{A}]$	기전력 $E = IR[\text{V}]$
자속 $\phi = \dfrac{F}{R}[\text{Wb}]$	전류 $I = \dfrac{E}{R}[\text{A}]$
자기저항 $R = \dfrac{l}{\mu S}[\text{AT/Wb}]$	전기저항 $R = \rho\dfrac{l}{S}[\Omega]$
투자율 $\mu[\text{H/m}]$	유전율 $\varepsilon[\text{F/m}]$
자속밀도 $B = \dfrac{\phi}{S}[\text{Wb/m}^2]$	전류밀도 $J = \dfrac{I}{S}[\text{A/m}^2]$

37 차동식 스포트형 반도체식 감지기 회로의 일부이다. (가)의 명칭과 감시상태에서 A점의 전압은?

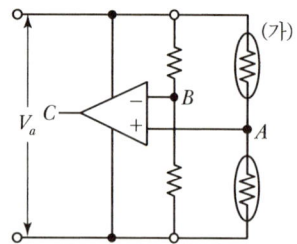

① 서미스터, $\frac{1}{2} V_a$

② 열전대, V_a

③ 백금측온저항체, $\frac{1}{2} V_a$

④ 광센서, V_a

해설 ⊕ -

차동식 스포트형 열반도체식 감지기 중 서미스터방식
1) (가)의 명칭은 서미스터이다.
2) 브리지가 평형인 상태에서 위쪽 서미스터와 아래쪽 서미스터의 저항치가 같기 때문에 A점의 전압은 V_a가 1/2씩 분배된다.

38 어떤 측정계기의 지시값을 M, 참값을 T라 할 때, 보정률은?

① $\dfrac{T-M}{M} \times 100[\%]$ ② $\dfrac{M}{M-T} \times 100[\%]$

③ $\dfrac{T-M}{T} \times 100[\%]$ ④ $\dfrac{T}{M-T} \times 100[\%]$

해설 ⊕ -

오차율과 보정률
1) 오차율 : 참값에 대한 오차의 비율

$$\text{오차율} = \frac{M-T}{T} \times 100[\%]$$

여기서, M : 측정값(Measured value)
T : 참값(True value)
$(M-T)$: 오차의 양

2) 보정률 : 측정값에 대한 보정량의 비율

$$\text{보정률} = \frac{T-M}{M} \times 100[\%]$$

여기서, M : 측정값(Measured value)
T : 참값(True value), $(T-M)$: 보정량

39 $L-C$ 직렬회로의 공진조건은?

① $\omega L = \dfrac{1}{\omega C}$ ② $\omega L = \omega C$

③ $\omega L + \omega C = 0$ ④ $\omega L + \omega C = 1$

해설 ⊕ -

1) 직렬공진의 조건
$X_L = X_C$ $\omega L = \dfrac{1}{\omega C}$

2) 직렬공진의 경우
① 임피던스 $Z = R$(최소)
② 전류 $I = \dfrac{V}{Z} = \dfrac{V}{R}[A]$(최대)
③ 역률 $\cos\theta = \dfrac{R}{Z} = \dfrac{R}{R} = 1$
④ 공진주파수 : $\omega L = \dfrac{1}{\omega C}$, $\omega^2 = \dfrac{1}{LC}$, $\omega = \dfrac{1}{\sqrt{LC}}$
$2\pi f = \dfrac{1}{\sqrt{LC}}$

$$f_0 = \frac{1}{2\pi\sqrt{LC}}[Hz]$$

여기서, f_0 : 공진주파수[Hz]
L : 인덕턴스[H]
C : 커패시턴스[F]

40 그림에서 1[Ω]의 저항 단자에 걸리는 전압의 크기는?

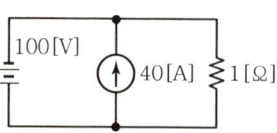

① 40[V]   ② 60[V]

③ 100[V]   ④ 140[V]

해설⊕

중첩의 원리

1) 여러 개의 전원을 갖는 회로에서 임의의 저항에 인가되는 전압과 흐르는 전류는 각 독립된 전원에 의한 전압과 전류의 대수적인 합과 같다.

2) 회로 해석에서 중첩의 원리(Superposition)를 적용할 때 전압원은 단락(Short)시키고 전류원은 개방(Open)시켜서 해석한다.

[풀이]

1) 전압원 단락

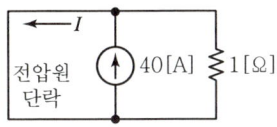

전압원 단락 시 1[Ω]의 저항에 걸리는 전압

$V = IR$, $V = 0[\text{A}] \times 1[\Omega] = 0[\text{V}]$

2) 전류원 개방

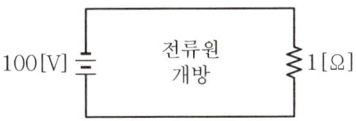

전류원 개방 시 1[Ω]의 저항에 걸리는 전압

$V = 100[\text{V}]$

3) 1[Ω]의 저항에 걸리는 전체 전압

$V = 0 + 100 = 100[\text{V}]$

3과목 **소방관계법규**

41 소방대원에게 실시할 교육·훈련의 종류 및 대상자로서 틀린 것은?

① 인명구조훈련 : 의무소방원

② 응급처치훈련 : 모든 소방공무원

③ 화재진압훈련 : 의용소방대원

④ 인명대피훈련 : 의무소방원

해설⊕

교육·훈련의 종류 및 교육·훈련을 받아야 할 대상자

종류	교육·훈련을 받아야 할 대상자
화재진압훈련	1) 화재진압업무를 담당하는 소방공무원 2) 의무소방원 3) 의용소방대원
인명구조훈련	1) 구조업무를 담당하는 소방공무원 2) 의무소방원 3) 의용소방대원
응급처치훈련	1) 구급업무를 담당하는 소방공무원 2) 의무소방원 3) 의용소방대원
인명대피훈련	1) 소방공무원 　　　2) 의무소방원 3) 의용소방대원
현장지휘훈련	소방공무원 중 다음의 계급에 있는 사람 1) 지방소방정 　　2) 지방소방령 3) 지방소방경 　　4) 지방소방위

42 소방대원에게 실시할 소방교육·훈련의 종류 등에 관한 설명으로 틀린 것은?

① 소방청장, 소방본부장 또는 소방서장은 소방안전교육훈련을 실시하려는 경우 매년 11월 31일까지 다음 해의 소방안전교육훈련 운영계획을 수립하여야 한다.

② 소방청장은 소방안전교육훈련 운영계획의 작성에 필요한 지침을 정하여 소방본부장과 소방서장에게 매년 10월 31일까지 통보하여야 한다.

③ 소방교육·훈련 횟수는 2년마다 1회 이상으로 한다.

④ 소방 교육·훈련기간은 2주 이상으로 한다.

해설⊕

소방대원에게 실시할 교육·훈련의 종류, 해당 교육·훈련을 받아야 할 대상자 및 교육·훈련기간 등

① 소방청장, 소방본부장 또는 소방서장은 소방안전교육훈련을 실시하려는 경우 매년 12월 31일까지 다음 해의 소방안전교육훈련 운영계획을 수립하여야 한다.

② 소방청장은 소방안전교육훈련 운영계획의 작성에 필요한 지침을 정하여 소방본부장과 소방서장에게 매년 10월 31일까지 통보하여야 한다.

③ 소방교육·훈련 횟수는 2년마다 1회 이상으로 한다.

④ 소방 교육·훈련기간은 2주 이상으로 한다.

---

43 위험물안전관리법령상 제조소 등에 설치해야 할 자동화재탐지설비의 설치기준 중 ( ) 안에 알맞은 내용은?(단, 광전식 분리형 감지기 설치는 제외한다.)

> 하나의 경계구역의 면적은 (㉠)m² 이하로 하고 그 한 변의 길이는 (㉡)m 이하로 할 것. 다만, 당해 건축물, 그 밖의 공작물의 주요한 출입구에서 그 내부의 전체를 볼 수 있는 경우에 있어서는 그 면적을 1,000m² 이하로 할 수 있다.

① ㉠ 300, ㉡ 20
② ㉠ 400, ㉡ 30
③ ㉠ 500, ㉡ 40
④ ㉠ 600, ㉡ 50

해설 ➕

자동화재탐지설비의 설치기준(위험물안전관리법 시행규칙 별표17)
1) 자동화재탐지설비의 경계구역은 건축물, 그 밖의 공작물의 2 이상의 층에 걸치지 아니하도록 할 것. 다만, 하나의 경계구역의 면적이 500[m²] 이하이면서 당해 경계구역이 두 개의 층에 걸치는 경우이거나 계단·경사로·승강기의 승강로 그 밖에 이와 유사한 장소에 연기감지기를 설치하는 경우에는 그러하지 아니하다.
2) 하나의 경계구역의 면적은 600[m²] 이하로 하고 그 한 변의 길이는 50[m](광전식 분리형 감지기를 설치할 경우에는 100[m]) 이하로 할 것. 다만, 당해 건축물 그 밖의 공작물의 주요한 출입구에서 그 내부의 전체를 볼 수 있는 경우에 있어서는 그 면적을 1,000[m²] 이하로 할 수 있다.
3) 자동화재탐지설비의 감지기(옥외탱크저장소에 설치하는 자동화재탐지설비의 감지기는 제외한다)는 지붕(상층이 있는 경우에는 상층의 바닥) 또는 벽의 옥내에 면한 부분(천장이 있는 경우에는 천장 또는 벽의 옥내에 면한 부분 및 천장의 뒷부분)에 유효하게 화재의 발생을 감지할 수 있도록 설치할 것

44 위험물안전관리법령상 제조소 또는 일반 취급소에서 취급하는 제4류 위험물의 최대 수량의 합이 지정수량의 24만 배 이상 48만 배 미만인 사업소의 관계인이 두어야 하는 화학소방자동차와 자체소방대원 수의 기준으로 옳은 것은?(단, 화재, 그 밖의 재난 발생 시 다른 사업소 등과 상호 응원에 관한 협정을 체결하고 있는 사업소는 제외한다.)

① 화학소방자동차 – 2대, 자체소방대원의 수 – 10인
② 화학소방자동차 – 3대, 자체소방대원의 수 – 10인
③ 화학소방자동차 – 3대, 자체소방대원의 수 – 15인
④ 화학소방자동차 – 4대, 자체소방대원의 수 – 20인

해설 ➕

자체소방대
1) 자체소방대 설치대상
  ① 제4류 위험물을 취급하는 제조소 또는 일반취급소로서 지정수량의 3,000배 이상
  ② 제4류 위험물을 저장하는 옥외탱크저장소로서 지정수량의 50만 배 이상
2) 자체소방대에 두는 화학소방자동차 및 인원

사업소의 구분		화학소방자동차	자체소방대원의 수
제조소 또는 일반 취급소	지정수량의 3천 배 이상 12만 배 미만	1대	5인
	지정수량의 12만 배 이상 24만 배 미만	2대	10인
	지정수량의 24만 배 이상 48만 배 미만	3대	15인
	지정수량의 48만 배 이상	4대	20인
옥외탱크 저장소	지정수량의 50만 배 이상	2대	10인

45 다음 중 방염대상물품이 아닌 것은?

① 카펫
② 무대용 합판
③ 창문에 설치하는 커튼
④ 두께 2mm 미만인 종이벽지

해설 ➕

방염대상물품
1) 창문에 설치하는 커튼류(블라인드 포함)
2) 카펫, 두께가 2[mm] 미만인 벽지류(종이벽지 제외)
3) 전시용 합판 또는 섬유판, 무대용 합판 또는 섬유판
4) 암막·무대막
5) 섬유류 또는 합성수지류 등을 원료로 하여 제작된 소파·의자(단란주점영업, 유흥주점영업 및 노래연습장업의 영업장에 설치하는 것만 해당)

46 방염성능기준 이상의 실내장식물 등을 설치하여야 하는 특정소방대상물에 속하지 않는 것은?

① 숙박시설
② 노유자시설
③ 운동시설로서 실내수영장
④ 의료시설

해설 ⊕

방염성능기준 이상의 실내장식물 등을 설치하여야 하는 특정소방대상물
1) 근린생활시설 중 의원, 치과의원, 한의원, 조산원, 산후조리원, 체력단련장, 공연장 및 종교집회장
2) 건축물의 옥내에 있는 시설로서 다음 각 목의 시설
　① 문화 및 집회시설
　② 종교시설
　③ 운동시설(수영장은 제외)
3) 의료시설
4) 교육연구시설 중 합숙소
5) 노유자시설
6) 숙박이 가능한 수련시설
7) 숙박시설
8) 방송통신시설 중 방송국 및 촬영소
9) 다중이용업소
10) 층수가 11층 이상인 것(아파트는 제외)

47 화재예방을 위하여 불꽃을 사용하는 용접·용단 기구의 용접 또는 용단 작업장에서 지켜야 하는 사항 중 다음 (　) 안에 알맞은 것은?

> • 용접 또는 용단 작업자로부터 (㉠) 이내에 소화기를 갖추어 둘 것
> • 용접 또는 용단 작업장 주변 반경 (㉡) 이내에는 가연물을 쌓아두거나 놓아두지 말 것. 다만, 가연물의 제거가 곤란하여 방지포 등으로 방호조치를 한 경우는 제외한다.

① ㉠ 3, ㉡ 5　　　　② ㉠ 5, ㉡ 3
③ ㉠ 5, ㉡ 10　　　④ ㉠ 10, ㉡ 5

해설 ⊕

화재예방을 위하여 불의 사용에 있어서 지켜야 하는 사항

불꽃을 사용하는 용접·용단기구	용접 또는 용단 작업장 1. 용접 또는 용단 작업자로부터 반경 5[m] 이내에 소화기를 갖추어 둘 것 2. 용접 또는 용단 작업장 주변 반경 10[m] 이내에는 가연물을 쌓아두거나 놓아두지 말 것

48 각 시·도의 소방업무에 필요한 경비의 일부를 국가가 보조하는 대상이 아닌 것은?

① 전산설비
② 소방헬리콥터
③ 소방관서용 청사 건축
④ 소방용수시설장비

해설 ⊕

소방장비 등에 대한 국고보조
1) 국가는 소방장비의 구입 등 시·도의 소방업무에 필요한 경비의 일부를 보조하고 보조 대상사업의 범위와 기준 보조율 : 대통령령

2) 소방활동장비 및 설비의 종류와 규격 : 행정안전부령

3) 국고보조 대상사업의 범위
　① 소방자동차
　② 소방헬리콥터 및 소방정
　③ 소방전용 통신설비 및 전산설비
　④ 그 밖에 방화복 등 소방 활동에 필요한 소방장비
　⑤ 소방관서용 청사의 건축

49 위험물안전관리법령에서 규정하는 제3류 위험물의 품명에 속하는 것은?

① 나트륨
② 염소산염류
③ 무기과산화물
④ 유기과산화물

해설⊕

제3류 위험물

1) 성질 : 자연발화성 및 금수성 물질
2) 소화방법 : 마른 모래, 팽창질석, 팽창진주암을 이용한 질식소화(주수소화 엄금)
3) 위험등급, 품명 및 지정수량

위험 등급	품명	지정수량
I	칼륨	10[kg]
	나트륨	
	알킬알루미늄	
	알킬리튬	
	황린	20[kg]
II	알칼리금속	50[kg]
	알칼리토금속	
	유기금속화합물	
III	금속수소화합물	300[kg]
	금속인화합물	
	칼슘 또는 알루미늄의 탄화물	

② 염소산염류 → 제1류 위험물
③ 무기과산화물 → 제1류 위험물
④ 유기과산화물 → 제5류 위험물

50 화재의 예방 및 안전관리에 관한 법률에 따른 화재예방강화지구의 관리기준 중 다음 (   ) 안에 들어갈 말로 알맞은 것은?

- 소방본부장 또는 소방서장은 화재예방강화지구 안의 소방대상물의 위치·구조 및 설비 등에 대한 화재안전조사를 (㉠)회 이상 실시하여야 한다.
- 소방본부장 또는 소방서장은 소방상 필요한 훈련 및 교육을 실시하고자 하는 때에는 화재예방강화지구 안의 관계인에게 훈련 또는 교육 (㉡)일 전까지 그 사실을 통보하여야 한다.

① ㉠ 월 1, ㉡ 7
② ㉠ 월 1, ㉡ 10
③ ㉠ 연 1, ㉡ 7
④ ㉠ 연 1, ㉡ 10

해설⊕

1) 화재예방강화지구 지정권자 : 시·도지사
2) 화재예방강화지구 지정 요청권자 : 소방청장
3) 화재예방강화지구에 대한 화재안전조사와 교육 및 훈련

구분	화재안전조사	교육 및 훈련
실시권자	소방관서장	소방관서장
횟수	연 1회 이상	연 1회 이상
통보 등	사전에 7일 이상 조사계획을 공개	10일 전까지 통보
대상	소방대상물의 위치·구조 및 설비	관계인
연기	3일 전까지 신청	-

51 소방기본법령상 소방신호의 방법으로 틀린 것은?

① 타종에 의한 훈련신호는 연 3타 반복
② 타종에 의한 경계신호는 1타와 연 3타를 반복
③ 타종에 의한 해제신호는 상당한 간격을 두고 1타씩 반복
④ 타종에 의한 발화신호는 난타

해설⊕

1) 소방신호의 종류 및 방법
  ① 경계신호 : 화재예방상 필요하다고 인정되거나 화재위험경보 시 발령
  ② 발화신호 : 화재가 발생한 때 발령
  ③ 해제신호 : 소화활동이 필요 없다고 인정되는 때 발령
  ④ 훈련신호 : 훈련상 필요하다고 인정되는 때 발령

2) 소방신호의 방법

종별 \ 신호방법	타종신호	사이렌신호
경계신호	1타와 연 2타를 반복	5초 간격을 두고 30초씩 3회
발화신호	난타	5초 간격을 두고 5초씩 3회
해제신호	상당한 간격을 두고 1타씩 반복	1분간 1회
훈련신호	연 3타 반복	10초 간격을 두고 1분씩 3회

52 소방기본법령상 출동한 소방대원에게 폭행 또는 협박을 행사하여 화재진압·인명구조 또는 구급활동을 방해한 사람에 대한 벌칙기준은?

① 500만 원 이하의 과태료
② 1년 이하의 징역 또는 1000만 원 이하의 벌금
③ 3년 이하의 징역 또는 3000만 원 이하의 벌금
④ 5년 이하의 징역 또는 5000만 원 이하의 벌금

해설

5년 이하의 징역 또는 5천만 원 이하의 벌금

1) "출동한 소방대의 화재진압 및 인명구조·구급 등 소방활동을 방해하여서는 아니 된다."의 조항을 위반하여 다음 어느 하나에 해당하는 행위를 한 사람
   ① 위력을 사용하여 출동한 소방대의 화재진압·인명구조 또는 구급활동을 방해하는 행위
   ② 소방대가 화재진압·인명구조 또는 구급활동을 위하여 현장에 출동하거나 현장에 출입하는 것을 고의로 방해하는 행위
   ③ 출동한 소방대원에게 폭행 또는 협박을 행사하여 화재진압·인명구조 또는 구급활동을 방해하는 행위
   ④ 출동한 소방대의 소방장비를 파손하거나 그 효용을 해하여 화재진압·인명구조 또는 구급활동을 방해하는 행위

2) 소방자동차의 출동을 방해한 사람
3) 사람을 구출하는 일 또는 불을 끄거나 불이 번지지 아니하도록 하는 일을 방해한 사람
4) 정당한 사유 없이 소방용수시설 또는 비상소화장치를 사용하거나 소방용수시설 또는 비상소화장치의 효용을 해치거나 그 정당한 사용을 방해한 사람

53 화재의 예방 및 안전관리에 관한 법령상 소방안전관리자를 선임하지 아니한 소방안전관리대상물의 관계인에 대한 벌칙은?

① 100만 원 이하의 벌금
② 300만 원 이하의 벌금
③ 1000만 원 이하의 벌금
④ 3000만 원 이하의 벌금

해설

300만 원 이하의 벌금

1) 화재안전조사를 정당한 사유 없이 거부·방해 또는 기피한 자
2) 화재 발생 위험이 크거나 소화 활동에 지장을 줄 수 있다고 인정되는 행위나 물건에 대한 예방조치명령을 정당한 사유 없이 따르지 아니하거나 방해한 자
3) 소방안전관리자, 총괄소방안전관리자 또는 소방안전관리보조자를 선임하지 아니한 자
4) 소방시설·피난시설·방화시설 및 방화구획 등이 법령에 위반된 것을 발견하였음에도 필요한 조치를 할 것을 요구하지 아니한 소방안전관리자
5) 소방안전관리자에게 불이익한 처우를 한 관계인
6) 화재예방안전진단 업무에 종사하고 있거나 종사하였던 사람 또는 위탁받은 업무에 종사하고 있거나 종사하였던 사람이 업무를 수행하면서 알게 된 비밀을 이 법에서 정한 목적 외의 용도로 사용하거나 다른 사람 또는 기관에 제공하거나 누설한 자

54 특정소방대상물의 근린생활시설에 해당되는 것은?

① 전시장   ② 기숙사
③ 유치원   ④ 의원

해설

근린생활시설

1) 슈퍼마켓, 의약품 판매소, 의료기기 판매소 및 자동차영업소 : 바닥면적의 합계가 1천 [m²] 미만
2) 휴게음식점, 일반음식점, 기원, 노래연습장
3) 단란주점 바닥면적의 합계가 150[m²] 미만
4) 이용원, 미용원, 목욕장, 세탁소
5) 의원, 치과의원, 한의원, 침술원, 접골원, 조산원, 안마시술소
6) 공연장, 종교집회장 : 바닥면적의 합계가 300[m²] 미만
7) 탁구장, 테니스장, 체육도장, 체력단련장, 에어로빅장, 볼링장, 당구장, 실내낚시터, 골프연습장 등 : 바닥면적의 합계가 500[m²] 미만인 것
8) 금융업소, 사무소, 그 밖에 이와 비슷한 것으로서 같은 건축물에 해당 용도로 쓰는 바닥면적의 합계가 500[m²] 미만인 것

9) 제조업소, 수리점, 그 밖에 이와 비슷한 것 : 바닥면적의 합계가 500[m²] 미만
10) 게임제공업, 인터넷컴퓨터게임시설제공업 : 바닥면적의 합계가 500[m²] 미만
11) 학원(자동차학원, 무도학원 제외) 독서실, 고시원 : 바닥면적의 합계 500[m²] 미만

① 전시장 → 문화 및 집회시설
② 기숙사 → 공동주택
③ 유치원 → 노유자시설

55 지하상가는 연면적이 최소 몇 m² 이상이어야 스프링클러설비를 설치하여야 하는 특정소방대상물에 해당하는가?

① 100   ② 200
③ 1,000   ④ 2,000

해설 ➕

스프링클러설비의 설치대상
1) 층수가 6층 이상인 특정소방대상물의 경우에는 모든 층
2) 기숙사 또는 복합건축물로서 연면적 5,000[m²] 이상인 경우에는 모든 층
3) 창고시설(물류터미널은 제외)로서 바닥면적 합계가 5,000 [m²] 이상인 경우에는 모든 층
4) 판매시설, 운수시설 및 창고시설(물류터미널로 한정)로서 바닥면적의 합계가 5,000[m²] 이상이거나 수용인원이 500명 이상인 경우에는 모든 층
5) 다음에 해당하는 용도로 사용되는 시설의 바닥면적의 합계가 600[m²] 이상인 것 모든 층
  • 근린생활시설 중 조산원 및 산후조리원
  • 의료시설 중 정신의료기관
  • 의료시설 중 종합병원, 병원, 치과병원, 한방병원 및 요양병원
  • 노유자 시설
  • 숙박이 가능한 수련시설
  • 숙박시설
6) 특정소방대상물의 지하층 · 무창층(축사는 제외) 또는 층수가 4층 이상인 층으로서 바닥면적이 1,000[m²] 이상인 층이 있는 경우에는 해당 층
7) 지하상가로서 연면적 1,000[m²] 이상인 것

56 소방안전 특별관리시설물의 대상기준 중 틀린 것은?

① 수련시설
② 항만시설
③ 전력용 및 통신용 지하구
④ 지정문화재인 시설(시설이 아닌 지정문화재를 보호하거나 소장하고 있는 시설을 포함)

해설 ➕

1) 소방안전 특별관리시설물
  화재 등 재난이 발생할 경우 사회 · 경제적으로 피해가 클 것으로 예상되는 특정소방대상물
2) 소방안전 특별관리시설물의 종류
  ① 공항시설, 항만시설
  ② 철도시설, 도시철도시설
  ③ 지정문화재인 시설
  ④ 산업기술단지
  ⑤ 초고층 건축물 및 지하연계 복합건축물
  ⑥ 수용인원 1,000명 이상인 영화상영관
  ⑦ 전력용 및 통신용 지하구
  ⑧ 석유비축시설
  ⑨ 천연가스 인수기지 및 공급망
  ⑩ 점포가 500개 이상인 전통시장 등

57 자체소방대 기준에 대한 설명으로 틀린 것은?

다량의 위험물을 저장 · 취급하는 제조소 등으로서 대통령령이 정하는 제조소 등이 있는 동일한 사업소에서 대통령령이 정하는 수량 이상의 위험물을 저장 또는 취급하는 경우 당해 사업소의 관계인은 대통령령이 정하는 바에 따라 당해 사업소에 자체소방대를 설치하여야 한다.

① "대통령령이 정하는 제조소 등"은 제4류 위험물을 취급하는 제조소를 포함한다.
② "대통령령이 정하는 제조소 등"은 제4류 위험물을 취급하는 일반취급소를 포함한다.
③ "대통령령이 정하는 수량 이상의 위험물"은 제4류 위험물의 최대수량 합이 지정수량의 3천 배 이상인 것을 포함한다.

④ "대통령령이 정하는 제조소 등"은 보일러로 위험물을 소비하는 일반취급소를 포함한다.

해설 ⊕

자체소방대

1) 자체소방대 설치대상
   ① 제4류 위험물을 취급하는 제조소 또는 일반취급소로서 지정수량의 3,000배 이상
   ② 제4류 위험물을 저장하는 옥외탱크저장소로서 지정수량의 50만 배 이상

2) 자체소방대에 두는 화학소방자동차 및 인원

사업소의 구분		화학소방 자동차	자체소방 대원의 수
제조소 또는 일반 취급소	지정수량의 3천 배 이상 12만 배 미만	1대	5인
	지정수량의 12만 배 이상 24만 배 미만	2대	10인
	지정수량의 24만 배 이상 48만 배 미만	3대	15인
	지정수량의 48만 배 이상	4대	20인
옥외탱크 저장소	지정수량의 50만 배 이상	2대	10인

3) 자체소방대의 설치 제외대상인 일반취급소
   ① 보일러, 버너, 그 밖에 이와 유사한 장치로 위험물을 소비하는 일반취급소
   ② 이동저장탱크, 그 밖에 이와 유사한 것에 위험물을 주입하는 일반취급소
   ③ 용기에 위험물을 옮겨 담는 일반취급소
   ④ 유압장치, 윤활유순환장치, 그 밖에 이와 유사한 장치로 위험물을 취급하는 일반취급소
   ⑤ 「광산안전법」의 적용을 받는 일반취급소

58 소방시설공사업법에 따라 감리업자가 감리원을 배치하였을 때에는 행정안전부령으로 정하는 바에 따라 소방본부장이나 소방서장에게 통보하여야 한다. 이를 위반할 경우 1차 위반 시 과태료 금액기준으로 옳은 것은?

① 300만 원　　　② 200만 원
③ 100만 원　　　④ 60민 원

해설 ⊕

소방시설공사업법의 과태료 부과기준

위반행위	과태료 금액(단위 : 만 원)		
	1차 위반	2치 위반	3차 이상 위반
등록사항의 변경신고, 휴·폐업신고를 하지 않거나 거짓으로 신고한 경우	60	100	200
관계인에게 지위승계, 행정처분 또는 휴업·폐업의 사실을 거짓으로 알린 경우	60	100	200
감리원의 배치통보 및 변경통보를 하지 않거나 거짓으로 통보한 경우	60	100	200

59 소방시설업 등록사항의 변경신고 사항이 아닌 것은?

① 상호　　　　　② 대표자
③ 보유설비　　　④ 기술인력

해설 ⊕

소방시설업 등록사항의 변경

1) 등록사항의 변경신고사항
   ① 상호(명칭) 또는 영업소 소재지
   ② 대표자
   ③ 기술인력

2) 등록사항의 변경신고 시 제출서류
   ① 상호 또는 영업소 소재지가 변경된 경우 : 소방시설업 등록증 및 등록수첩
   ② 대표자가 변경된 경우
      • 소방시설업 등록증 및 등록수첩
      • 변경된 대표자의 성명, 주민등록번호 및 주소지 등의 인적사항이 적힌 서류
   ③ 기술인력이 변경된 경우
      • 소방시설업 등록수첩
      • 기술인력 증빙서류

3) 등록사항의 변경신고
   변경일부터 30일 이내에 시·도지사에게 신고

4) 소방시설업의 등록신청 서류의 보완 : 10일 이내

60 다음 중 위험물별 성질로서 틀린 것은?

① 제1류 : 산화성 고체

② 제2류 : 가연성 고체

③ 제4류 : 인화성 액체

④ 제6류 : 인화성 고체

해설 ⊕

위험물의 분류 및 성질

위험물의 분류	성질
제1류 위험물	산화성 고체
제2류 위험물	가연성 고체
제3류 위험물	자연발화성 및 금수성 물질
제4류 위험물	인화성 액체
제5류 위험물	자기반응성 물질
제6류 위험물	산화성 액체

4과목 **소방전기시설의 구조 및 원리**

61 비상조명등을 60분 이상 유효하게 작동시킬 수 있는 용량의 비상전원을 확보하여야 하는 장소가 아닌 것은?

① 지하층을 제외한 층수가 11층 이상인 층

② 지하층으로 용도가 도매시장 · 소매시장인 경우

③ 무창층으로 용도가 무도장인 경우

④ 지하층으로 용도가 지하역사 또는 지하상가인 경우

해설 ⊕

소방설비별 비상전원의 용량

소방설비	비상전원 용량
• 비상경보설비(비상벨설비 또는 자동식 사이렌설비) • 비상방송설비 • 자동화재탐지설비 • 자동화재속보설비	60분 이상 감시상태 지속, 10분 이상 경보
• 소화설비 • 유도등, 비상조명등 • 제연설비, 비상콘센트설비	20분 이상

소방설비	비상전원 용량
유도등 및 비상조명등이 설치된 장소로서 • 지하층을 제외한 층수가 11층 이상의 층 • 지하층 또는 무창층으로서 용도가 도매시장 · 소매시장 · 여객자동차터미널 · 지하역사 또는 지하상가	60분 이상
무선통신보조설비의 증폭기	30분 이상

62 신호의 전송로가 분기되는 장소에 설치하는 것으로 임피던스 매칭과 신호 균등분배를 위해 사용되는 장치는?

① 분배기   ② 혼합기

③ 증폭기   ④ 분파기

해설 ⊕

1) 누설동축케이블 : 동축케이블의 외부도체에 가느다란 홈을 만들어서 전파가 외부로 새어나갈 수 있도록 한 케이블

2) 분배기 : 신호의 전송로가 분기되는 장소에 설치하는 것으로 임피던스 매칭과 신호 균등분배를 위해 사용하는 장치

3) 분파기 : 서로 다른 주파수의 합성된 신호를 분리하기 위해서 사용하는 장치

4) 혼합기 : 두 개 이상의 입력신호를 원하는 비율로 조합한 출력이 발생하도록 하는 장치

5) 증폭기 : 신호 전송 시 신호가 약해져 수신이 불가능해지는 것을 방지하기 위해서 증폭하는 장치

6) 무선중계기 : 안테나를 통하여 수신된 무전기 신호를 증폭한 후 음영지역에 재방사하여 무전기 상호 간 송수신이 가능하도록 하는 장치

7) 옥외안테나 : 감시제어반 등에 설치된 무선중계기의 입력과 출력포트에 연결되어 송수신 신호를 원활하게 방사 · 수신하기 위해 옥외에 설치하는 장치

63 객석 내의 통로가 경사로 또는 수평로로 되어 있는 부분에 설치하여야 하는 객석유도등의 설치개수 산출공식으로 옳은 것은?

① $\dfrac{\text{객석통로 직선부분의 길이[m]}}{3} - 1$

② $\dfrac{\text{객석통로 직선부분의 길이[m]}}{4} - 1$

③ $\dfrac{객석통로의\ 넓이\,[\text{m}^2]}{3}-1$

④ $\dfrac{객석통로의\ 넓이\,[\text{m}^2]}{4}-1$

객석통로유도등의 설치기준

1) 객석유도등의 설치위치 : 객석의 통로, 바닥, 벽
2) 객석유도등의 수량산정(소수점 이하의 수는 1로 본다)

$$설치개수 = \frac{객석\ 통로\ 직선부분의\ 길이\,(\text{m})}{4}-1$$

64 부착 높이 3m, 바닥면적 50m²인 주요 구조부를 내화구조로 한 소방대상물에 1종 열반도체식 차동식 분포형 감지기를 설치하고자 할 때 감지부의 최소 설치개수는?

① 1개　　② 2개　　③ 3개　　④ 4개

열반도체감지기 1개의 기준면적

부착 높이 및 소방대상물의 구분		감지기의 종류	
		1종	2종
8[m] 미만	내화구조	65[m²]	36[m²]
	기타 구조	40[m²]	23[m²]
8[m] 이상 15[m] 미만	내화구조	50[m²]	36[m²]
	기타 구조	30[m²]	23[m²]

감지부 수량 $= \dfrac{50\text{m}^2}{65\text{m}^2}=0.77$　∴ 1개

65 P형 수신기에 구성되어 있는 표시장치를 나열한 것이다. 옳지 않은 것은?

① 도통시험 스위치등 · 주경종등
② 화재표시등 · 지구표시등
③ 주전원등 · 예비전원 감시등
④ 발신기등 · 스위치 주의등

P형 1급 수신기

1) 정의 : 감지기 또는 발신기로부터 발하여지는 신호를 공통신호로서 수시하여 화재의 발생을 당해 소방대상물의 관계자에게 경보
2) 발신기 : P형 1급 발신기
3) 표시등의 종류
　　화재표시등, 지구표시등, 전원표시등, 예비전원고장표시등, 발신기동작표시등, 스위치주의등, 회로단선표시등, 펌프기동표시등
4) 조작스위치의 종류
　　화재표시작동시험스위치, 복구스위치, 자동복구스위치, 도통시험스위치, 예비전원시험스위치, 주경종정지, 지구경종정지스위치 등

※ 스위치주의등 : 조작스위치가 하나 이상 작동할 경우 점등된다.

66 누전경보기의 형식승인 및 제품검사의 기술기준에 따른 누전경보기 수신부의 기능검사 항목이 아닌 것은?

① 충격시험　　　　② 진공가압시험
③ 과입력전압시험　④ 전원전압변동시험

누전경보기 수신부의 기능검사 항목

① 충격시험　　　　② 온도특성시험
③ 과입력전압시험　④ 전원전압변동시험
⑤ 반복시험　　　　⑥ 진동시험
⑦ 충격시험　　　　⑧ 절연저항시험
⑨ 절연내력시험

67 비상경보설비의 축전지의 전원전압변동 범위로 알맞은 것은?

① 정격전압의 ±5%

② 정격전압의 ±10%

③ 정격전압의 ±15%

④ 정격전압의 ±20%

해설 ➕

비상경보설비의 축전지의 성능인증 및 제품검사의 기술기준
1) 축전지설비의 전원전압변동 범위
   정격전압의 90[%] 및 110[%]의 전압을 인가하는 경우 정상적인 기능을 발휘할 것

2) 주위온도 충방전시험
   무보수 밀폐형 연축전지는 방선종지전압 상태에서 0.1[C]으로 48시간 충전한 다음 1시간 방치하여 0.05[C]으로 방전시킬 때 정격용량의 95[%] 용량을 지속하는 시간이 30분 이상이어야 하며, 외관이 부풀어오르거나 누액 등이 생기지 아니할 것

3) 안전장치시험
   예비전원은 1/5[C] 이상 1[C] 이하의 전류로 역충전하는 경우 5시간 이내에 안전장치가 작동하여야 하며, 외관이 부풀어오르거나 누액 등이 생기지 아니할 것

68 비상콘센트설비의 화재안전기준에 따라 아파트 또는 바닥면적이 1,000m² 미만인 층은 비상콘센트를 계단의 출입구로부터 몇 m 이내에 설치해야 하는가?(단, 계단의 부속실을 포함하며 계단이 2 이상 있는 경우에는 그중 1개의 계단을 말한다.)

① 10
② 8
③ 5
④ 3

해설 ➕

비상콘센트 설치기준
1) 비상콘센트 설치 높이 : 바닥으로부터 0.8~1.5[m] 이하
2) 비상콘센트의 배치

아파트 또는 바닥면적이 1,000[m²] 미만인 층	바닥면적이 1,000[m²] 이상인 층
계단의 출입구로부터 5[m] 이내	각 계단의 출입구 또는 계단부속실의 출입구로부터 5[m] 이내

3) 비상콘센트로부터 그 층의 각 부분까지의 거리
   ① 지하상가 또는 지하층의 바닥면적의 합계가 3,000[m²] 이상인 것 : 수평거리 25[m]
   ② 그 밖의 것 : 수평거리 50[m]

69 자동화재탐지설비 중계기에 예비전원을 사용하는 경우 구조 및 기능기준 중 다음 (   ) 안에 알맞은 것은?

> 축전지의 충전시험 및 방전시험은 방전종지전압을 기준하여 시작한다. 이 경우 방전종지전압이라 함은 원통형 니켈카드뮴 축진지는 셀당 (㉠)[V]의 상태를, 무보수형 밀폐형 연축전지는 단전지당 (㉡)[V]의 상태를 말한다.

① ㉠ 1.0, ㉡ 1.5
② ㉠ 1.0, ㉡ 1.75
③ ㉠ 1.6, ㉡ 1.5
④ ㉠ 1.6, ㉡ 1.75

해설 ➕

중계기의 예비전원 구조 및 기능 기준(중계기의 형식승인 및 제품검사의 기술기준 제4조)
1) 축전지를 직렬 또는 병렬로 사용하는 경우에는 용량이 균일한 축전지를 사용할 것
2) 축전지의 충전시험 및 방전시험은 방전종지전압을 기준하여 시작한다. 이 경우 방전종지전압이라 함은 원통형 니켈카드뮴축전지는 셀당 1.0[V]의 상태를, 무보수밀폐형 연축전지는 단전지당 1.75[V]의 상태를 말한다.

70 유도등의 전선의 굵기는 인출선인 경우 단면적이 몇 mm² 이상이어야 하는가?

① 0.25mm²
② 0.5mm²
③ 0.75mm²
④ 1.25mm²

해설 ➕

유도등의 구조 및 기능(유도등의 형식승인 및 제품검사 기술기준)
1) 전선의 굵기 : 인출선은 단면적이 0.75[mm²] 이상
2) 인출선의 길이 : 전선인출 부분으로부터 150[mm] 이상
3) 사용전압 : 300[V] 이하(충전부가 노출되지 않는 경우 300[V] 초과 가능)
4) 축전지에 배선 등을 직접 납땜하지 아니할 것
5) 유도등에는 점검용의 자동복귀형 점멸기를 설치할 것(바닥에 매립하는 복도통로유도등과 객석유도등 제외)

71 비상경보설비 및 단독경보형 감지기의 화재안전기준에 따른 발신기의 시설기준에 대한 내용이다. 다음 ( )에 들어갈 내용으로 옳은 것은?

> 조작이 쉬운 장소에 설치하고, 조작스위치는 바닥으로부터 (㉠)m 이상 (㉡)m 이하의 높이에 설치할 것

① ㉠ 0.6, ㉡ 1.2 ② ㉠ 0.8, ㉡ 1.5
③ ㉠ 1.0, ㉡ 1.8 ④ ㉠ 1.2, ㉡ 2.0

해설⊕
발신기 설치기준
1) 특정소방대상물의 층마다 설치
2) 조작스위치 설치 높이 : 바닥으로부터 0.8[m] 이상 1.5[m] 이하
3) 각 부분으로부터 하나의 발신기까지의 수평거리 : 25[m] 이하(다만, 복도 또는 별도로 구획된 실로서 보행거리가 40[m] 이상일 경우 추가 설치)
4) 발신기 위치표시등은 함의 상부에 설치할 것
5) 발신기 불빛은 부착면으로부터 15° 이상의 범위 안에서 부착지점으로부터 10[m] 이내의 어느 곳에서도 쉽게 식별할 수 있는 적색등으로 할 것

72 비상콘센트설비의 화재안전기준에 따라 하나의 전용회로에 단상교류 비상콘센트 6개를 연결하는 경우, 전선의 용량은 몇 kVA 이상이어야 하는가?

① 1.5 ② 3 ③ 4.5 ④ 9

해설⊕
1) 전선의 용량
$P = 1.5[kVA] \times 3(3개 이상은 3개) = 4.5[kVA]$

2) 비상콘센트설비의 전원회로 설치기준
① 비상콘센트설비의 전원회로는 단상교류 220[V]인 것으로서, 그 공급용량은 1.5[kVA] 이상인 것으로 할 것
② 하나의 전용회로에 설치하는 비상콘센트는 10개 이하로 할 것. 이 경우 전선의 용량은 각 비상콘센트(비상콘센트가 3개 이상인 경우에는 3개)의 공급용량을 합한 용량 이상의 것으로 할 것

③ 전원회로는 주 배전반에서 전용회로로 할 것
④ 전원으로부터 각 층의 비상콘센트에 분기되는 경우 분기배선용 차단기를 보호함 안에 설치할 것
⑤ 콘센트마다 배선용 차단기를 설치하여야 하며, 충전부가 노출되지 아니하도록 할 것
⑥ 개폐기에는 "비상콘센트"라고 표시한 표지를 할 것
⑦ 비상콘센트용의 풀박스 등은 방청도장을 한 것으로서, 두께 1.6[mm] 이상의 철판으로 할 것
⑧ 전원회로는 각 층에 2 이상이 되도록 설치할 것. 다만, 설치하여야 할 층의 비상콘센트가 1개인 때에는 하나의 회로로 할 수 있다.

73 비상방송설비의 화재안전기준에 따른 용어의 정의에서 소리를 크게 하여 멀리까지 전달될 수 있도록 하는 장치로서 일명 "스피커"를 말하는 것은?

① 확성기 ② 증폭기
③ 사이렌 ④ 음량조절기

해설⊕
용어의 정의
1) 확성기(스피커) : 소리를 크게 하여 멀리까지 전달될 수 있도록 하는 장치
2) 음량조절기 : 가변저항을 이용하여 전류를 변화시켜 음량을 조절할 수 있는 장치
3) 증폭기 : 전압전류의 진폭을 늘려 감도를 좋게 하고 미약한 음성전류를 커다란 음성전류로 변화시켜 소리를 크게 하는 장치

74 화재안전기준에 따른 비상전원 및 건전지의 유효 사용시간에 대한 최소기준이 가장 긴 것은?

① 휴대용 비상조명등의 건전지 용량
② 무선통신보조설비 증폭기의 비상전원
③ 지하층을 제외한 층수가 11층 미만의 층인 특정소방대상물에 설치되는 유도등의 비상전원
④ 지하층을 제외한 층수가 11층 미만의 층인 특정소방대상물에 설치되는 비상조명등의 비상전원

해설 ⊕

소방설비별 비상전원의 용량

소방설비	비상전원용량
• 비상경보설비(비상벨설비 또는 자동식 사이렌설비) • 비상방송설비 • 자동화재탐지설비 • 자동화재속보설비	60분 이상 감시 상태 지속, 10분 이상 경보
• 소화설비 • 유도등, 비상조명등 • 제연설비, 비상콘센트설비	20분 이상
유도등 및 비상조명등이 설치된 장소로서 • 지하층을 제외한 층수가 11층 이상의 층 • 지하층 또는 무창층으로서 용도가 도매 시장 · 소매시장 · 여객자동차터미널 · 지하역사 또는 지하상가	60분 이상
무선통신보조설비의 증폭기	30분 이상

①, ③, ④ 20분 이상
② 30분 이상

75 자동화재속보설비 속보기의 기능에 대한 기준 중 틀린 것은?

① 작동신호를 수신하거나 수동으로 동작시키는 경우 30초 이내에 소방관서에 자동적으로 신호를 발하여 통보하되, 3회 이상 속보할 수 있어야 한다.

② 예비전원을 병렬로 접속하는 경우에는 역충전 방지 등의 조치를 하여야 한다.

③ 연동 또는 수동으로 소방관서에 화재발생 음성정보를 속보 중인 경우에도 송수화장치를 이용한 통화가 우선적으로 가능하여야 한다.

④ 속보기의 송수화장치가 정상위치가 아닌 경우에도 연동 또는 수동으로 속보가 가능하여야 한다.

해설 ⊕

속보기의 기능(성능인증 및 제품검사의 기술기준 제5조)
1) 작동신호를 수신하거나 수동으로 동작시키는 경우 20초 이내에 소방관서에 자동적으로 신호를 발하여 통보하되, 3회 이상 속보할 수 있어야 한다.
2) 예비전원은 자동적으로 충전되어야 하며 자동과충전방지장치가 있어야 한다.

3) 연동 또는 수동으로 소방관서에 화재발생 음성정보를 속보 중인 경우에도 송수화장치를 이용한 통화가 우선적으로 가능하여야 한다.
4) 예비전원을 병렬로 접속하는 경우에는 역충전 방지 등의 조치를 하여야 한다.
5) 예비전원은 감시상태를 60분간 지속한 후 10분 이상 동작이 지속될 수 있는 용량이어야 한다.
6) 속보기는 작동신호 또는 수동작동스위치에 의한 다이얼링 후 소방관서와 전화접속이 이루어지지 않는 경우에는 최초 다이얼링을 포함하여 10회 이상 반복적으로 접속을 위한 다이얼링이 이루어져야 한다. 이 경우 매회 다이얼링 완료 후 호출은 30초 이상 지속되어야 한다.
7) 속보기의 송수화장치가 정상위치가 아닌 경우에도 연동 또는 수동으로 속보가 가능하여야 한다.
8) 화재신호를 수신하거나 수동으로 동작시키는 경우 자동적으로 화재표시등이 점등되고 음향장치로 화재를 경보하여야 한다.

① 30초 이내에 → 20초 이내에

76 유도등 및 유도표지의 화재안전기준에 따라 유도표지는 각 층마다 복도 및 통로의 각 부분으로부터 하나의 유도표지까지의 보행거리가 몇 m 이하가 되는 곳과 구부러진 모퉁이의 벽에 설치하여야 하는가?(단, 계단에 설치하는 것은 제외한다.)

① 5　　② 10　　③ 15　　④ 25

해설 ⊕

유도표지의 설치기준
1) 복도통로유도표지의 설치위치
　① 복도 및 통로의 각 부분으로부터 유도표지까지의 보행거리가 15[m] 이하가 되는 곳
　② 구부러진 모퉁이의 벽에 설치할 것

2) 설치높이
　① 피난구유도표지 : 출입구 상단
　② 통로유도표지 : 바닥으로부터 높이 1[m] 이하

3) 주위에는 이와 유사한 등화 · 광고물 · 게시물 등을 설치하지 아니할 것
4) 유도표지는 부착판 등을 사용하여 쉽게 떨어지지 아니하도록 설치할 것

5) 축광방식의 유도표지는 외광 또는 조명장치에 의하여 상시 조명이 제공되거나 비상조명등에 의한 조명이 제공되도록 설치할 것

77 차동식 감지기에 리크 구멍을 이용하는 목적으로 가장 적합한 것은?

① 비화재보를 방지하기 위하여
② 완만한 온도 상승을 감지하기 위해서
③ 감지기의 감도를 예민하게 하기 위해서
④ 급격한 전류변화를 방지하기 위해서

해설 ⊕

차동식 스포트형 공기팽창식 감지기의 구성요소

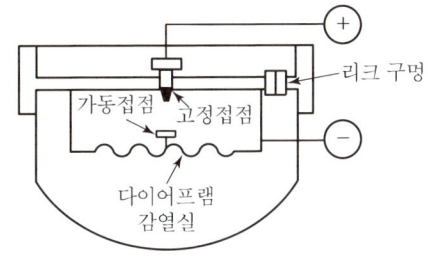

1) 감열실 : 화재에 의한 열을 감지하는 공간
2) 다이어프램 : 감열실의 공기가 팽창하여 밀어 올리는 얇은 막
3) 고정접점 : 고정되어 있는 접점
4) 가동접점 : 다이어프램이 올라가면 고정접점과 단락되어 동작신호 전송
5) 리크구멍 : 감열실 내 온도가 서서히 상승하면 리크 구멍으로 압력을 배출하여 비화재보 방지

78 비상콘센트설비의 화재안전기준에 따라 하나의 전용회로에 설치하는 비상콘센트는 최대 몇 개 이하로 하여야 하는가?

① 2   ② 3
③ 10   ④ 20

해설 ⊕

비상콘센트설비의 전원회로 설치기준
1) 비상콘센트설비의 전원회로는 단상교류 220[V]인 것으로서, 그 공급용량은 1.5[kVA] 이상인 것으로 할 것

2) 전원회로는 각 층에 2 이상이 되도록 설치할 것. 다만, 설치하여야 할 층의 비상콘센트가 1개인 때에는 하나의 회로로 할 수 있다.
3) 전원회로는 주배전반에서 전용회로로 할 것
4) 전원으로부터 각 층의 비상콘센트에 분기되는 경우에는 분기배선용 차단기를 보호함 안에 설치할 것
5) 콘센트마다 배선용 차단기를 설치하여야 하며, 충전부가 노출되지 아니하도록 할 것
6) 개폐기에는 "비상콘센트"라고 표시한 표지를 할 것
7) 비상콘센트용의 풀박스 등은 방청도장을 한 것으로서, 두께 1.6[mm] 이상의 철판으로 할 것
8) 하나의 전용회로에 설치하는 비상콘센트는 10개 이하로 할 것. 이 경우 전선의 용량은 각 비상콘센트(비상콘센트가 3개 이상인 경우에는 3개)의 공급용량을 합한 용량 이상의 것으로 할 것

79 누전경보기 수신부의 구조기준 중 틀린 것은?

① 2급 수신부에는 전원 입력 측의 회로에 단락이 생기는 경우에 유효하게 보호되는 조치를 강구하여야 한다.
② 주 전원의 양극을 동시에 개폐할 수 있는 전원스위치를 설치하여야 한다. 다만, 보수 시에 전원공급이 자동적으로 중단되는 방식은 그러지 아니하다.
③ 감도조정장치를 제외하고 감도조정부는 외함의 바깥쪽에 노출되지 아니하여야 한다.
④ 전원입력 측의 양선(1회선용은 1선 이상) 및 외부 부하에 직접 전원을 송출하도록 구성된 회로에는 퓨즈 또는 브레이커 등을 설치하여야 한다.

해설 ⊕

수신부의 구조(형식승인 및 제품검사의 기술기준 제23조)
1) 전원을 표시하는 장치를 설치할 것(2급 수신부는 제외)
2) 수신부는 다음 회로에 단락이 생기는 경우에는 유효하게 보호되는 조치를 강구할 것
    ① 전원 입력 측의 회로(2급 수신부는 제외)
    ② 수신부에서 외부의 음향장치와 표시등에 대하여 직접 전력을 공급하도록 구성된 외부회로
3) 감도조정장치를 제외하고 감도조정부는 외함의 바깥쪽에 노출되지 아니할 것

정답 77 ① 78 ③ 79 ①

4) 주 전원의 양극을 동시에 개폐할 수 있는 전원스위치를 설치할 것

5) 전원 입력 측의 양선(1회선용은 1선 이상) 및 외부부하에 직접 전원을 송출하도록 구성된 회로에는 퓨즈 또는 브레이커 등을 설치할 것

① 2급 수신부에는 → 2급 수신부는 제외

80 비상방송설비의 화재안전기준에 따라 비상방송설비 음향장치의 정격전압이 220V인 경우 최소 몇 V 이상에서 음향을 발할 수 있어야 하는가?

① 165
② 176
③ 187
④ 198

해설 ⊕

비상방송설비의 설치기준

1) 확성기의 음성입력 : 실외 3W(실내 1W), 아파트 등의 실내 2W 이상
2) 그 층의 각 부분으로부터 하나의 확성기까지의 수평거리 : 25[m] 이하
3) 음량조정기를 설치하는 경우 음량조정기의 배선 : 3선식
4) 화재신고 수신 후 방송개시 소요시간 : 10초 이하
5) 조작부의 조작스위치 높이 : 바닥으로부터 0.8[m] 이상 1.5[m] 이하
6) 정격전압의 80[%] 전압에서 음향을 발할 수 있는 것으로 할 것
7) 자동화재탐지설비의 작동과 연동하여 작동할 수 있는 것으로 할 것

[풀이]

정격전압의 80[%] 전압에서 음향을 발할 수 있는 것으로 할 것

$220[V] \times 0.8 = 176[V]$

1과목 **소방원론**

01 석유, 고무, 동물의 털, 가죽 등과 같이 황성분을 함유하고 있는 물질이 불완전연소될 때 발생하는 연소가스로 계란 썩는 듯한 냄새가 나는 기체는?

① 아황산가스   ② 시안화수소
③ 황화수소   ④ 암모니아

해설 ➕
1) 아황산가스(SO_2), 이산화황
   ① $S + O_2 \rightarrow SO_2$
   ② 황 화합물이 완전연소 시 발생되는 가스이다.
2) 시안화수소(HCN)
   ① 독성이 매우 높은 가스로서 석유제품, 유지, 플라스틱의 불완전연소 시 발생된다. 증기비중이 공기보다 가볍다.
     증기비중 : $\dfrac{27}{29} = 0.931$
   ② 중합폭발의 위험이 있다.
3) 황화수소(H_2S)
   ① 황 화합물이 불완전연소 시 발생된다.
   ② 달걀 썩는 냄새가 난다.
4) 암모니아(NH_3)
   ① 질소를 함유한 가연물이 연소 시 발생되는 가스로 눈, 코, 인후 등에 매우 자극적이고 역한 냄새가 난다.
   ② 물에 잘 용해되고 냉동기의 냉매로 사용된다.

02 연소의 4요소 중 자유활성기(free radical)의 생성을 저하시켜 연쇄반응을 중지시키는 소화방법은?

① 제거소화   ② 냉각소화
③ 질식소화   ④ 억제소화

해설 ➕
1) 물리적 소화
   ① 연소의 3요소 중 한 가지를 차단하여 소화하는 방법
   ② 점화원을 제거하는 냉각소화
   ③ 산소를 제거하는 질식소화
   ④ 가연물을 제거하는 제거소화
2) 화학적 소화
   ① 연소의 4요소인 연쇄반응을 억제(자유활성기의 생성 저하)하여 소화하는 방법
   ② 억제소화 또는 부촉매소화라 한다.

03 가연물이 연소가 잘 되기 위한 구비조건으로 틀린 것은?

① 열전도율이 클 것
② 산소와 화학적으로 친화력이 클 것
③ 표면적이 클 것
④ 활성화 에너지가 작을 것

해설 ➕
가연물이 될 수 있는 조건
1) 발열량이 클 것
2) 산소와의 친화력이 좋을 것
3) 표면적이 넓을 것
4) 활성화 에너지가 작을 것
5) 열전도도가 작을 것

04 다음 중 연소범위가 넓어지는 경우가 아닌 것은?

① 산소의 농도가 증가하는 경우
② 온도가 올라가는 경우
③ 압력이 올라가는 경우
④ 불활성가스의 농도가 증가하는 경우

해설

1) 가연성 가스의 연소범위

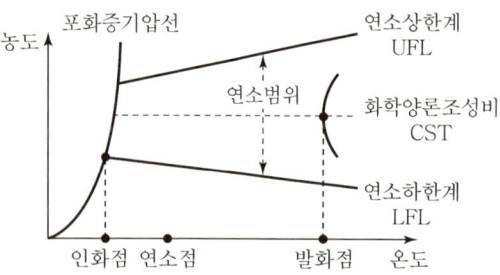

2) 가연성 가스의 연소범위
  ① 산소농도 : 산소농도가 증가하면 연소하한계는 거의 변화가 없지만 연소상한계는 넓어지므로 연소범위는 넓어진다.
  ② 온도 : 온도가 상승하면 분자의 운동이 활발해지므로 분자 간 유효충돌횟수가 증가하여 연소범위는 증가하게 된다.
  ③ 압력 : 압력이 상승하면 분자 간 평균거리가 작아지므로 유효충돌횟수가 증가하여 연소범위는 증가하게 된다.(예외 : 일산화탄소는 압력이 상승하면 연소범위는 좁아진다)
  ④ 가연성 가스의 농도 : 가연성 가스의 농도가 증가하면 연소상한계가 넓어지므로 연소범위는 넓어진다.
  ⑤ 불활성가스의 농도 : 불활성가스의 농도가 증가하면 산소의 농도가 저하되어 연소상한계가 낮아지므로 연소범위는 좁아진다.

05 가연성 액체가 개방된 상태에서 증기를 계속 발생시키면서 연소가 지속될 수 있는 최저온도를 무엇이라고 하는가?

① 인화점　　　　② 기화점
③ 발화점　　　　④ 연소점

해설

인화점, 연소점, 발화점
1) 인화점(Flash Point)
  ① 가연성 혼합기(연소범위)를 형성할 수 있는 최저온도를 인화점이라 한다.
  ② 인화점이 낮을수록 위험성은 크다.

  ③ 인화점 이하에서는 점화원을 가하여도 불꽃연소는 발생하지 않는다.
2) 연소점(Fire Point)
  ① 연소상태를 지속하기 위한 온도로서 인화점보다 5~10[℃] 정도 높다.
  ② 인화점에서는 점화원을 제거하면 연소가 중단되나 연소점에서는 점화원을 제거해도 연소가 지속된다.
3) 발화점(착화점, Ignition Point)
  ① 점화원을 가하지 않아도 스스로 착화될 수 있는 최저온도를 발화점이라 한다.
  ② 발화점은 낮을수록 위험성이 커진다.
4) 인화점 < 연소점 < 발화점 순으로 온도가 높다.

06 프로판가스의 연소범위(vol%)에 가장 가까운 것은?

① 9.8~28.4　　　　② 2.5~81
③ 4.0~75　　　　④ 2.1~9.5

해설

가연성 가스의 폭발범위(연소범위)

가연성 가스	연소하한계[%]	연소상한계[%]
아세틸렌(C_2H_2)	2.5	81
수소(H_2)	4.0	75
메탄(CH_4)	5.0	15
에탄(C_2H_6)	3.0	12.4
프로판(C_3H_8)	2.1	9.5
부탄(C_4H_{10})	1.8	8.4
일산화탄소(CO)	12.5	74
다이에틸에터 ($C_2H_5OC_2H_5$)	1.9	48
이황화탄소(CS_2)	1.2	44

07 프로판가스 1몰이 완전연소하는 데 필요한 이론공기량[mol]으로 맞는 것은?(단, 체적비로 계산하며 공기 중의 산소농도는 21vol%로 한다.)

① 2.38mol　　　　② 23.81mol
③ 16.91mol　　　　④ 9.52mol

해설➕

1) 프로판의 완전연소 반응식

$C_3H_8 + 5O_2 \rightarrow 3CO_2 + 4H_2O$

2) 프로판이 완전연소할 때 산소 몰수 : 5[mol]
3) 프로판이 완전연소할 때 공기 몰수
   ① 공기 중 산소농도는 21%이므로
      공기[mol]×0.21 = 산소[mol]
   ② 공기[mol] = 산소[mol]/0.21
   ③ 공기[mol] = 5[mol]/0.21 = 23.81[mol]

08 화재 시 발생하는 연소가스에 포함되어 이 가스의 화학적 작용에 의해 헤모글로빈(Hb)이 인체에서 혈액의 산소를 운반하는 것을 저해하여 사람을 질식·사망하게 하는 가스의 명칭은?

① CO_2 ② CO
③ HCN   ④ H_2S

해설➕

① 이산화탄소(CO_2)
  독성은 없으나 농도에 따라 인체에 영향을 미쳐 사망에 이를 수 있다.
② 일산화탄소(CO)
  혈액의 헤모글로빈이 산소를 운반하는 것을 방해하여 체내의 산소 부족을 유발한다. 그 결과 두통, 어지럼증 등이 발생하고 심해지면 사망에 이른다.
③ 시안화수소(HCN)
  독성이 매우 높은 가스로서 석유제품, 유지, 플라스틱의 불완전연소 시 발생된다. 증기비중이 공기보다 가볍다.
④ 황화수소(H_2S)
  황 화합물이 불완전연소 시 발생되며 달걀 썩는 냄새가 난다.

09 상온, 상압에서 액체인 물질은?

① CO_2
② Halon 1301
③ Halon 1211
④ Halon 2402

해설➕

할론소화약제의 물성

구분	Halon 1211	Halon 1301	Halon 2402	Halon 1011
화학식	CF_2ClBr	CF_3Br	$C_2F_4Br_2$	CH_2ClBr
분자량	165.4	148.9	259.8	129.4
증기비중	5.7	5.13	8.96	4.46
상온, 상압에서 상태	기체	기체	액체	액체

10 화재 최성기 때의 농도로 유도등이 보이지 않을 정도의 연기농도는?(단, 감광계수로 나타낸다.)

① $0.1m^{-1}$ ② $1m^{-1}$
③ $10m^{-1}$ ④ $30m^{-1}$

해설➕

감광계수와 가시거리의 관계

감광계수 $C_s[m^{-1}]$	가시거리 $d[m]$	상황
0.1	20~30	연기감지기가 작동할 때의 농도
0.3	5	건물 내부에 익숙한 사람이 피난에 지장을 느낄 정도의 농도
0.5	3	어두컴컴함을 느낄 정도의 농도
1	1~2	앞이 거의 보이지 않을 정도의 농도
10	0.2~0.5	화재 최성기 때의 농도

11 화재의 분류방법 중 유류화재를 나타낸 것은?

① A급 화재   ② B급 화재
③ C급 화재   ④ D급 화재

해설➕

화재의 분류

구분	화재의 종류	표시색	주된 소화효과
A급 화재	일반화재	백색	냉각소화
B급 화재	유류, 가스화재	황색	질식소화
C급 화재	전기화재(통전)	청색	질식소화
D급 화재	금속화재	무색	질식소화
K급 화재	주방화재	–	냉각, 질식소화

정답 **08** ② **09** ④ **10** ③ **11** ②

12 요리용 기름이나 지방질 기름의 화재 시 소화효과가 가장 우수한 분말소화약제는?

① 1종 분말소화약제

② 2종 분말소화약제

③ 3종 분말소화약제

④ 4종 분말소화약제

해설 ⊕

분말소화약제의 비누화 현상

제1종 분말소화약제(탄산수소나트륨 : $NaHCO_3$)를 지방이나 식용유의 화재에 사용하면 탄산수소나트륨의 Na^+이온과 기름의 지방산이 결합하여 비누거품을 형성하고 이 비누거품이 가연물을 덮어 산소공급을 차단하여 소화효과를 높이게 되는데, 이를 분말소화약제의 비누화 현상이라고 한다.

13 화재실 혹은 화재공간의 단위바닥면적에 대한 등가가연물량의 값을 화재하중이라 하며 식으로 표시할 경우에는 $Q = \sum (G_t \cdot H_t)/H \cdot A$와 같이 표현할 수 있다. 여기에서 H는 무엇을 나타내는가?

① 목재의 단위발열량

② 가연물의 단위발열량

③ 화재실 내 가연물의 전체 발열량

④ 목재의 단위발열량과 가연물의 단위발열량을 합한 것

해설 ⊕

건축물의 화재하중

1) 정의 : 화재구역의 단위면적당 (목재로 환산한) 가연물의 양 [kg/m²]

2) 화재하중의 계산

$$Q[\mathrm{kg/m^2}] = \frac{\sum G_t H_t}{HA} = \frac{\sum G_t H_t}{4,500A}$$

여기서, Q : 화재하중[kg/m²]

G_t : 가연물의 양[kg]

H_t : 가연물의 단위중량당 발열량[kcal/kg]

H : 목재의 단위중량당 발열량(4,500kcal/kg)

A : 바닥면적[m²]

14 건축물에 설치하는 방화구획의 설치기준 중 스프링클러설비를 설치한 11층 이상의 층은 바닥면적 몇 m² 이내마다 방화구획을 하여야 하는가?(단, 벽 및 반자의 실내에 접히는 부분의 마감은 불연재료가 아닌 경우이다.)

① 200 ② 600

③ 1,000 ④ 3,000

해설 ⊕

1) 방화구획의 대상

내화구조 또는 불연재료로 된 건축물로서 연면적이 1,000m²를 넘는 것

2) 방화구획의 종류

① 면적별 방화구획

② 층별 방화구획

③ 용도별 방화구획

3) 면적별 방화구획의 기준

구획 층		구획방법	자동식 소화설비 설치 시
지상 10층 이하 (지하층 포함)		바닥면적 1,000m²마다 구획	바닥면적 3,000m²마다 구획
11층 이상	일반	바닥면적 200m²마다 구획	바닥면적 600m²마다 구획
	실내마감 불연재료	바닥면적 500m²마다 구획	바닥면적 1,500m²마다 구획

4) 층별 방화구획

매 층마다 구획할 것(다만, 지하 1층에서 지상으로 연결하는 경사로 부위는 제외)

15 지정수량 500kg인 것으로 옳지 않은 것은?

① 마그네슘 ② 금속분

③ 철분 ④ 황

해설⊕

2류 위험물
1) 성질 : 가연성 고체
2) 품명 및 지정수량

위험등급	품명	지정수량
II	황화인	100kg
	적린	
	황(순도 60w% 이상)	
III	철분(철의 분말로서 53μm의 표준체를 통과하는 것이 50w% 미만인 것은 제외)	500kg
	마그네슘 • 2mm 체를 통과하지 아니하는 덩어리 상태의 것은 제외 • 직경 2mm 이상의 막대 모양의 것은 제외	
	금속분 • 구리분·니켈분 제외 • 150μm체를 통과하는 것이 50w% 미만 제외	
	인화성 고체(고형알코올 그 밖에 1기압에서 인화점이 섭씨 40도 미만인 고체)	1,000kg

16 다음 중 인화점이 가장 낮은 물질은?

① 메틸에틸케톤
② 벤젠
③ 에탄올
④ 다이에틸에터

해설⊕

1) 인화점(Flash Point)
   ① 가연성 혼합기(연소범위)를 형성할 수 있는 최저온도를 인화점이라 한다.
   ② 인화점이 낮을수록 위험성은 크다.
   ③ 인화점 이하에서는 점화원을 가하여도 불꽃연소는 발생하지 않는다.

2) 각 물질의 인화점

구분	메틸에틸케톤	벤젠	에탄올	다이에틸에터
제4류 위험물	1석유류	1석유류	알코올류	특수인화물
인화점	−9℃	−11℃	13℃	−45℃

17 액화가스 저장탱크의 누설로 부유 또는 확산된 액화가스가 착화원과 접촉하여 액화가스가 공기 중으로 확산, 폭발하는 현상은?

① Slop Over
② Froth Over
③ Boil Over
④ BLEVE

해설⊕

① 슬롭오버(Slop Over) : 연소하고 있는 액면에 물이 뿌려지면 액면의 기름과 물이 함께 탱크 외부로 비산하는 현상
② 프로스오버(Froth Over) : 물이 점성이 있는 뜨거운 기름 표면 아래에서 끓을 때 화재를 수반하지 않고 용기가 넘치는 현상
③ 보일오버(Boil Over) : 중질유 화재 시 탱크 하부의 물이 팽창하여 물과 기름이 비산, 분출하는 현상
④ 블레비(BLEVE) : 탱크 주위 화재로 탱크 내 인화성 액체가 비등하고 가스부분의 압력이 상승하여 탱크가 파괴되고 폭발을 일으키는 현상

18 1기압, 100℃에서의 물 1g의 기화잠열은 약 몇 cal인가?

① 425
② 539
③ 647
④ 734

해설⊕

잠열
물질의 온도변화는 없이 상태변화에만 필요한 열량
1) 물의 기화잠열 : 539[cal/g], 539[kcal/kg]
   1기압, 100℃에서의 물 1kg을 기화시키는 데 필요한 열량

$$Q = m \cdot \gamma$$

여기서, Q : 잠열량[kcal]
   m : 질량[kg]
   γ : 잠열[kcal/kg]

2) 물의 융해잠열 : 80[cal/g], 80[kcal/kg]
   1기압, 0℃에서의 얼음 1kg을 융해시키는 데 필요한 열량

19 다음 원소 중 수소와의 결합력이 가장 큰 것은?

① F　　　　　　　② Cl
③ Br　　　　　　　④ I

해설⊕

할로겐원소의 전기음성도(결합력) 및 소화효과
1) 전기음성도(결합력)의 크기 : F>Cl>Br>I
2) 소화효과의 크기 : F<Cl<Br<I

20 환기 · 난방 또는 냉방시설의 풍도가 방화구획을 관통하는 경우 그 관통부분 또는 이에 근접한 부분에 설치하는 방화댐퍼의 설명으로 틀린 것은?

① 화재로 인한 연기 또는 불꽃을 감지하여 자동적으로 닫히는 구조로 하여야 한다.
② 방화댐퍼는 내화성능시험 결과 비차열 1시간 이상의 성능을 확보하여야 한다.
③ 방화댐퍼의 방연시험 방법에서 규정한 방연성능을 확보하여야 한다.
④ 주방 등 연기가 항상 발생하는 부분에는 연기를 감지하여 자동적으로 닫히는 구조로 할 수 있다.

해설⊕

방화댐퍼
1) 정의
　　환기 · 난방 또는 냉방시설의 풍도가 방화구획을 관통하는 경우 그 관통부분 또는 이에 근접한 부분에 설치하여 방화구획을 형성하는 댐퍼
2) 방화댐퍼 성능기준 및 구성
　　① KS F 2257-1(건축부재의 내화시험)의 내화성능시험 결과 비차열 1시간 이상의 성능 확보
　　② KS F 2822(방화댐퍼의 방연시험 방법)에서 규정한 방연성능 확보
　　③ 화재로 인한 연기 또는 불꽃을 감지하여 자동적으로 닫히는 구조로 할 것
　　④ 주방 등 연기가 항상 발생하는 부분에는 온도를 감지하여 자동적으로 닫히는 구조로 할 수 있다.

21 그림과 같은 브리지 회로가 평형이 되기 위한 Z의 값은 몇 [Ω]인가?(단, 그림의 임피던스 단위는 모두 [Ω]이다.)

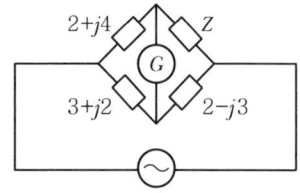

① $-3+j4$　　　　② $2-j4$
③ $4-j2$　　　　　④ $3+j2$

해설⊕

브리지의 평형조건
마주 보는 대각선의 임피던스의 곱은 같다.
1) $Z_1 = 2+j4$, $Z_2 = Z$, $Z_3 = 3+j2$, $Z_4 = 2-j3$라 하면
2) 브리지의 평형조건
$$Z_1 \times Z_4 = Z_2 \times Z_3$$
$$(2+j4)(2-j3) = Z(3+j2)$$
$$4-j6+j8+12 = Z(3+j2)$$
$$16+j2 = Z(3+j2)$$
$$Z = \frac{16+j2}{3+j2}, \text{ 분자, 분모에 공액복소수를 곱하면}$$
$$Z = \frac{(16+j2)(3-j2)}{(3+j2)(3-j2)} = \frac{48-j32+j6+4}{9-j6+j6+4}$$
$$= \frac{52-j26}{13} = 4-j2$$

22 인덕턴스가 0.5[H]인 코일의 리액턴스가 753.6 [Ω]일 때 주파수는 약 몇 [Hz]인가?

① 120　　　　　　② 240
③ 360　　　　　　④ 480

해설⊕

유도성 리액턴스

$$X_L = \omega L = 2\pi f L$$

여기서, X_L : 유도성 리액턴스[Ω], ω : 각속도[rad/s]

L : 인덕턴스[H], f : 주파수[Hz]

[풀이]

$X_L = 2\pi f L$, $753.6[\Omega] = 2\pi f \times 0.5[\text{H}]$

$f = \dfrac{753.6}{2\pi \times 0.5} \fallingdotseq 240[\text{Hz}]$

23 최대 눈금이 200[mA], 내부저항이 0.8[Ω]인 전류계가 있다. 8[mΩ]의 분류기를 사용하여 전류계의 측정범위를 넓히면 몇 [A]까지 측정할 수 있는가?

① 19.6　　　　② 20.2

③ 21.4　　　　④ 22.8

해설 ⊕

분류기(R_s[Ω])

전류계의 측정범위를 확대하기 위해 내부저항이 r_a[Ω]인 전류계에 병렬로 연결하는 저항

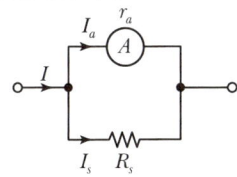

$I_a = \dfrac{R_s}{r_a + R_s} \times I$　　$\dfrac{I}{I_a} = \dfrac{R_s + r_a}{R_s}$

$$\dfrac{I}{I_a} = 1 + \dfrac{r_a}{R_s}$$

여기서, I : 전체 전류[A]

I_a : 전류계 회로의 전류[A]

r_a : 전류계의 내부저항[Ω]

R_s : 분류기 저항[Ω]

[풀이]

1) $I_a = 200 \times 10^{-3}[\text{A}]$

$r_a = 0.8[\Omega]$, $R_s = 8 \times 10^{-3}[\Omega]$

2) $\dfrac{I}{I_a} = 1 + \dfrac{r_a}{R_s}$　　$\dfrac{I}{200 \times 10^{-3}} = 1 + \dfrac{0.8}{8 \times 10^{-3}}$

$I = \left(1 + \dfrac{0.8}{8 \times 10^{-3}}\right) \times 200 \times 10^{-3}$

$I = 20.2[\text{A}]$

24 그림과 같은 트랜지스터를 사용한 정전압회로에서 Q_1의 역할로서 옳은 것은?

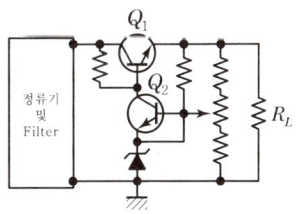

① 증폭용　　　　② 비교부용

③ 제어용　　　　④ 기준부용

해설 ⊕

1) Q_1 : 제어용 트랜지스터

2) Q_2 : 증폭용 트랜지스터

3) 제너 다이오드 : 정전압용 다이오드

4) R_L : 부하저항

25 그림은 비상시에 대비한 예비전원의 공급회로이다. 직류전압을 일정하게 유지하기 위하여 콘덴서를 설치한다면 그 위치로 적당한 곳은?

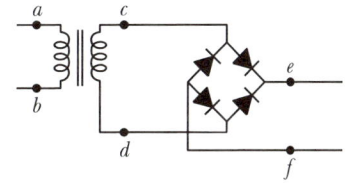

① a와 b 사이　　　　② c와 d 사이

③ e와 f 사이　　　　④ c와 e 사이

해설 ⊕

1) 정류회로의 구성

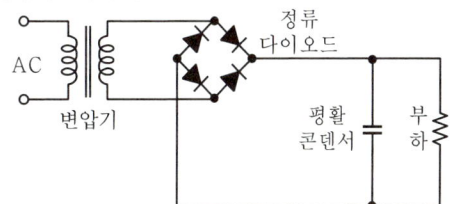

2) 정류회로의 구성요소

① 변압기 : 큰 교류전압을 작은 교류전압으로 강압한다.

② 정류다이오드 : 정류다이오드 4개를 결선(브리지)하여 교류를 직류로(전파정류) 만든다.

③ 평활콘덴서 : 전파정류된 파형을 일정하게 만들어 직류에 가까운 전압을 부하에 공급한다.

26 그림과 같은 회로에 교류전압 30[V]를 인가할 때 전전류는 몇 [A]인가?

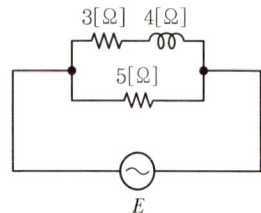

① $9.6 + j4.8$

② $9.6 + j9.6$

③ $9.6 - j4.8$

④ $9.6 - j9.6$

해설⊕

1) 합성 임피던스 Z_0

$$Z_0 = \frac{Z_1 \cdot Z_2}{Z_1 + Z_2}$$

여기서, $Z_1 = 3 + j4$, $Z_2 = 5$

$$= \frac{(3 + j4) \times 5}{(3 + j4) + 5} = \frac{15 + j20}{8 + j4}$$

[분자, 분모에 $(8 - j4)$를 곱한다.]

$$= \frac{(15 + j20)(8 - j4)}{(8 + j4)(8 - j4)}$$

$$= \frac{120 - j60 + j160 + 80}{64 - j32 + j32 + 16}$$

$$= \frac{200 + j100}{64 + 16} = \frac{200 + j100}{80}$$

$$= 2.5 + j1.25 \, [\Omega]$$

2) 전전류 I

$$I = \frac{E}{Z_0} = \frac{30}{2.5 + j1.25}$$

[분자, 분모에 $(2.5 - j1.25)$를 곱한다.]

$$= \frac{30(2.5 - j1.25)}{(2.5 + j1.25)(2.5 - j1.25)}$$

$$= \frac{75 - j37.5}{6.25 - j3.125 + j3.125 + 1.5625}$$

$$= \frac{75 - j37.5}{7.8125} = 9.6 - j4.8 \, [A]$$

27 100[V], 500[W]의 전열선 2개를 같은 전압에서 직렬로 접속한 경우와 병렬로 접속한 경우의 전력은 각각 몇 [W]인가?

① 직렬 : 250, 병렬 : 500

② 직렬 : 250, 병렬 : 1,000

③ 직렬 : 500, 병렬 : 500

④ 직렬 : 500, 병렬 : 1,000

해설⊕

전력 P[W]

전기가 단위시간(1sec) 동안 한 일의 양

$$P = \frac{W}{t} = VI = I^2 R = \frac{V^2}{R} \, [W]$$

1) 전열선의 저항

$$R = \frac{V^2}{P} = \frac{100^2}{500} = 20 \, [\Omega]$$

2) 직렬로 접속한 경우

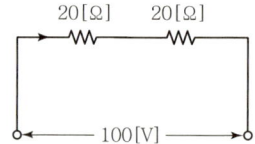

① 저항을 직렬접속한 경우 각 저항에 흐르는 전류가 일정하므로

$P = I^2 R$[W]의 공식을 사용한다.

② 합성저항 : $R = 20 + 20 = 40 \, [\Omega]$

③ 전류 : $I = \frac{V}{R} = \frac{100}{40} = 2.5 \, [A]$

④ 직렬접속 시 전력 : $P = 2.5^2 \times 40 = 250 \, [W]$

3) 병렬로 접속한 경우

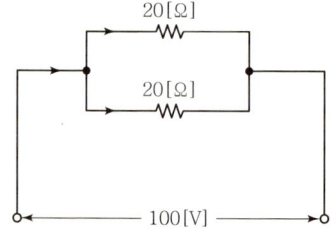

① 저항을 병렬접속한 경우 각 저항에 걸리는 전압이 일정하므로

$P = \dfrac{V^2}{R}$[W]의 공식을 사용한다.

② 합성저항 : $R = \dfrac{R_1 R_2}{R_1 + R_2} = \dfrac{20 \times 20}{20 + 20} = 10[\Omega]$

③ 병렬접속 시 전력 : $P = \dfrac{V^2}{R} = \dfrac{100^2}{10} = 1{,}000[W]$

28 어느 도선의 길이를 2배로 하고 전기저항을 5배로 하려면 도선의 단면적은 몇 배로 되는가?

① 10배
② 0.4배
③ 2배
④ 2.5배

해설 ⊕

도선의 저항

$$R = \rho \frac{l}{A} = \rho \frac{4l}{\pi D^2} [\Omega]$$

여기서, R : 저항[Ω], A : 도선의 단면적[m^2]
ρ : 고유저항[$\Omega \cdot m$], l : 도선의 길이[m]
D : 도선의 지름[m]

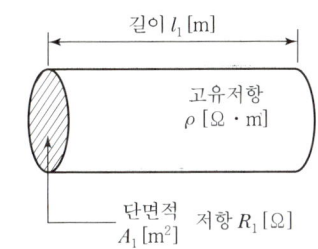

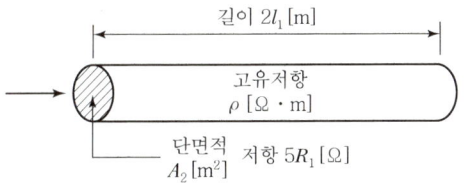

1) $R = \rho \dfrac{l}{A} [\Omega]$, $A = \dfrac{\rho l}{R} [m^2]$

2) $A_1 = \dfrac{\rho l_1}{R_1}$, $A_2 = \dfrac{\rho \times 2 l_1}{5 R_1}$

3) $\dfrac{A_2}{A_1} = \dfrac{\dfrac{\rho \times 2 l_1}{5 R_1}}{\dfrac{\rho l_1}{R_1}} = \dfrac{2}{5} = 0.4$배

29 어떤 회로에 $v(t) = 100 \sqrt{2} \sin \omega t \,[V]$의 전압을 가하니 $i(t) = 5 \sqrt{2} \sin \omega t \,[V]$의 전류가 흘렀다. 이 회로의 소비전력(유효전력)은 약 몇 [W]인가?

① 500
② 1,000
③ 2,000
④ 4,000

해설 ⊕

1) 유효전력
$P = VI \cos\theta$
여기서, P : 유효전력[W], V : 전압의 실효값[V]
I : 전류의 실효값[A], $\cos\theta$: 역률
θ : 위상차

2) $V = \dfrac{V_m}{\sqrt{2}} = \dfrac{100\sqrt{2}}{\sqrt{2}} = 100[V]$

$I = \dfrac{I_m}{\sqrt{2}} = \dfrac{5\sqrt{2}}{\sqrt{2}} = 5[A]$

3) 위상차 : 전압과 전류 위상은 모두 $\sin \omega t$이므로 위상차 $\theta = 0°$이다.

[풀이]
$P = VI \cos\theta = 100 \times 5 \times \cos 0° = 500[W]$

30 평행판 콘덴서의 양 극판의 간격을 1/2배로 하고 면적을 10배로 하면 정전용량은 처음의 몇 배가 되는가?

① 10
② 20
③ 25
④ 40

해설 +

평행판 콘덴서의 정전용량

$$C = \varepsilon \frac{S}{d}$$

여기서, C : 정전용량[F], d : 극판의 간격[m]
S : 극판의 면적[m²], ε : 유전율[F/m]

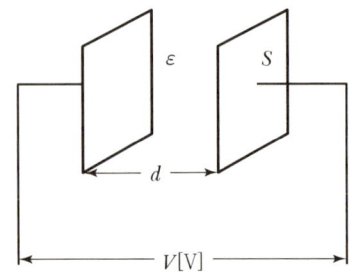

[풀이]

1) 처음 상태에서의 정전용량 C_1

$$C_1 = \varepsilon \frac{S_1}{d_1}[\text{F}]$$

2) 극판의 간격과 면적 변화 후 정전용량 C_2

$$C_2 = \varepsilon \frac{10 S_1}{\frac{1}{2} d_1} = 20 \times \varepsilon \frac{S}{d}[\text{F}]$$

$$C_2 = 20 C_1[\text{F}]$$

31 정속도 운전의 직류발전기로 작은 전력의 변화를 큰 전력의 변화로 증폭하는 발전기는?

① 앰플리다인
② 로젠베르크 발전기
③ 솔레노이드
④ 서보전동기

해설 +

1) 앰플리다인 : 정속도 운전하는 직류발전기로 작은 전력을 큰 전력으로 증폭하는 기기로서 입력과 출력이 모두 직류이고 견고성이 좋고 토크가 에너지원이 된다.

2) 증폭용 제어기기의 종류
   ① 전기식 제어기기
      • 정지기 : SCR, 트랜지스터, 진공관 등
      • 회전기 : 앰플리다인
   ② 공기식 제어기기 : 노즐플래퍼, 벨로즈 등

32 제어요소의 구성이 올바른 것은?

① 조절부와 조작부
② 비교부와 검출부
③ 설정부와 검출부
④ 설정부와 비교부

해설 +

피드백(폐회로) 제어의 구성

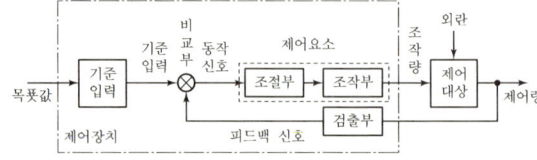

1) 목푯값 : 입력값으로 외부에서 제어장치에 주어지는 값
2) 기준입력요소 : 목푯값에 비례하는 기준 입력 신호를 발생시키는 장치
3) 동작신호 : 기준 입력과 피드백 신호와의 차이를 구하는 장치
4) 제어요소 : 동작 신호를 조작량으로 변환하는 요소(조절부+조작부)
5) 조절부 : 제어 요소가 동작하는 데 필요한 신호를 만들어 조작부에 보내는 장치
6) 조작부 : 조절부로부터 받은 신호를 조작량으로 바꾸어 제어 대상에 보내 주는 장치
7) 조작량 : 제어 요소가 제어 대상에 가하는 제어 신호로서 제어 요소의 출력신호, 제어 대상의 입력신호
8) 외란 : 제어량의 값을 교란시키려 하는 외부 신호
9) 제어대상 : 제어량을 발생시키는 장치로 제어계에서 직접 제어를 받는 장치
10) 검출부 : 제어량을 검출하고 입력과 출력을 비교하는 비교부가 반드시 필요
11) 제어량 : 제어를 받는 제어 대상의 출력

33 그림과 같은 시퀀스 제어회로에서 자기유지접점은?

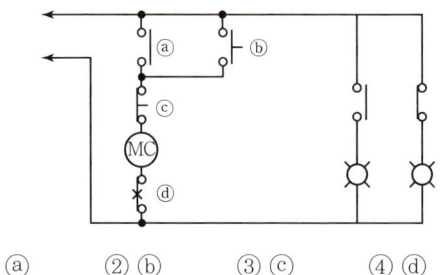

① ⓐ
② ⓑ
③ ⓒ
④ ⓓ

해설 ➕

ⓐ 자기유지 접점
ⓑ 푸시버튼 스위치 a접점(ON)
ⓒ 쑤시버튼 스위치 b섭섬(OFF)
ⓓ 열동계전기 수동복귀 b접점

34 논리식 $\overline{X} + XY$를 간략화한 것은?

① $\overline{X} + Y$
② $X + \overline{Y}$
③ $\overline{X}\,Y$
④ $X\overline{Y}$

해설 ➕

1) $\overline{X} + XY = (\overline{X} + X) \cdot (\overline{X} + Y)$

여기서, $(\overline{X} + X) = 1$ 이므로

$\overline{X} + XY = \overline{X} + Y$

2) 부울대수의 기본 정리

항등법칙	$A + 0 = A$ $A + 1 = 1$	$A \cdot 1 = A$ $A \cdot 0 = 0$
동일법칙	$A + A = A$	$A \cdot A = A$
보원법칙	$A + \overline{A} = 1$	$A \cdot \overline{A} = 0$
다중부정	$\overline{\overline{A}} = A$	
교환법칙	$A + B = B + A$	$A \cdot B = B \cdot A$
결합법칙	$A + (B + C) =$ $(A + B) + C$	$A \cdot (B \cdot C) =$ $(A \cdot B) \cdot C$
분배법칙	$A \cdot (B + C) =$ $AB + AC$	$A + B \cdot C =$ $(A + B) \cdot (A + C)$
흡수법칙	$A + A \cdot B = A$	$A \cdot (A + B) = A$

35 주로 정전압 회로용으로 사용되는 소자는?

① 터널 다이오드
② 포토 다이오드
③ 제너 다이오드
④ 매트릭스 다이오드

해설 ➕

반도체의 종류 및 특성

반도체의 종류	특성	용도
서미스터	온도가 높아지면 저항값이 감소하는 부저항 온도계수의 특성(NTC)	• 온도보상용 • 휘트스톤브리지
바리스터	서지전압을 흡수하여 전자회로를 보호	• 개폐기의 불꽃 소거 • 서지전압 제거
SCR	단방향 3단자 사이리스터	• 대전류용 • 전동기 제어, 검출회로용
제너 다이오드	역방향의 전압이 가해질 때 정전압을 발생	정전압 회로용으로 사용
바랙터 다이오드	전압에 따라 커패시턴스를 가변할 수 있는 가변용량 다이오드	AFC 회로나 FM 회로 등에 사용
터널 다이오드	전압-전류는 부성저항형이며, 고주파 특성이 양호하다.	• 초고주파 발진회로 • 고속 스위칭회로
발광 다이오드 (LED)	• 전류를 흘리면 빛을 방출하는 소자로서 발열이 작고, 응답속도가 좋다. • 수명이 길고 효율이 좋다. • 발광재료 : GaAs(비소화갈륨), GaP(인화갈륨)	• 조명설비 • 디스플레이 장치

36 다음 단상 유도전동기 중 기동토크가 가장 큰 것은?

① 셰이딩 코일형
② 콘덴서 기동형
③ 분상 기동형
④ 반발 기동형

해설 ➕

단상 유도전동기의 기동토크 크기 순서
반발 기동형 > 반발 유도형 > 콘덴서 기동형 > 분상 기동형 > 셰이딩 코일형

37 공기 중에서 20[cm] 거리에 있는 두 자극의 세기가 2×10^{-3}[Wb]와 4×10^{-3}[Wb]일 때, 두 자극 사이에 작용하는 힘은 약 몇 [N]인가?

① 2×10^{-8}　　　　② 2×10^{-2}

③ 12.66×10^{-4}　　④ 12.66

해설 ⊕

쿨롱의 법칙(F[N])

1) 자계에서의 쿨롱의 힘 : 두 자하 사이에 작용하는 힘
2) 두 자하의 극성이 같을 때 : 반발력
3) 두 자하의 극성이 다를 때 : 흡인력
4) 힘의 크기는 두 전하량의 곱에 비례하고 떨어진 거리의 제곱에 반비례한다.
5) 공기 중에서 두 자하 사이에 작용하는 힘(F[N])

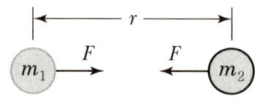

$$F[\text{N}] = \frac{1}{4\pi\mu_0} \frac{m_1\, m_2}{r^2} = 6.33 \times 10^4 \frac{m_1\, m_2}{r^2}$$

여기서, $m_1\ m_2$: 자속 또는 자하[Wb]

μ_0 : 진공, 공기의 투자율 $= 4\pi \times 10^{-7}$[H/m]

r : 두 자하 사이의 거리[m]

[풀이]

$$F[N] = 6.33 \times 10^4 \times \frac{2 \times 10^{-3} \times 4 \times 10^{-3}}{(20 \times 10^{-2})^2} = 12.66[\text{N}]$$

38 자동제어계에서 각 요소를 블록선도로 표시할 때 각 요소는 전달함수로 표시한다. 신호의 전달경로는 무엇으로 표현하는가?

① 접점　　　　② 점선

③ 화살표　　　④ 스위치

해설 ⊕

블록선도의 구성(4요소)

1) 전달요소 : 입력신호를 받아 변환된 출력신호를 만드는 신호 전달요소

$$R(s) \longrightarrow \boxed{G(s)} \longrightarrow C(s)$$

2) 화살표 : 신호의 흐름 방향을 표시하는 요소

3) 가산점 : 두 가지 이상의 신호가 있을 때 이들 신호의 합 (+)과 차(−)를 만드는 요소

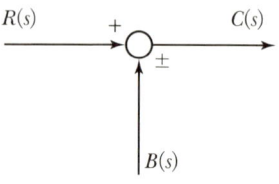

$$C(s) = R(s) \pm B(s)$$

여기서, $C(s)$: 출력, $R(s)$, $B(s)$: 입력

4) 인출점 : 하나의 신호 $R(s)$를 2개 이상의 계통으로 신호 분기하는 요소

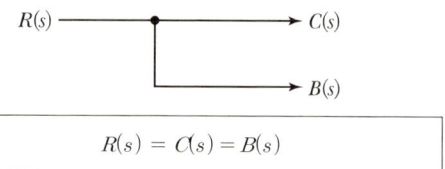

$$R(s) = C(s) = B(s)$$

39 커패시터가 직병렬로 접속된 회로에 180[V]의 직류전압이 인가되었을 때, 커패시터에 분담되는 전압 V_1, V_2, V_3는?

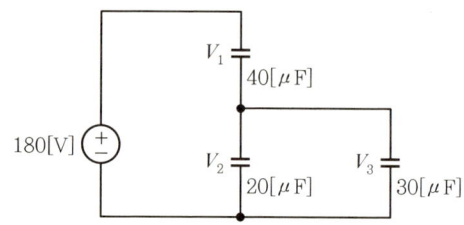

① $V_1 = 40[\text{V}]$,　$V_2 = 80[\text{V}]$,　$V_3 = 60[\text{V}]$

② $V_1 = 80[\text{V}]$,　$V_2 = 40[\text{V}]$,　$V_3 = 60[\text{V}]$

③ $V_1 = 80[\text{V}]$,　$V_2 = 100[\text{V}]$,　$V_3 = 100[\text{V}]$

④ $V_1 = 100[\text{V}]$,　$V_2 = 80[\text{V}]$,　$V_3 = 80[\text{V}]$

해설 ⊕

1) C_2와 C_3의 합성정전용량 C_{23}

$C_{23} = C_2 + C_3$

$\quad\quad = 20 + 30 = 50[\mu\text{F}]$

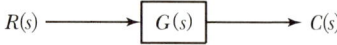

정답　**37** ④　**38** ③　**39** ④

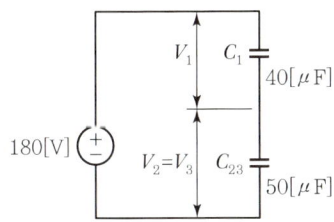

2) V_1 전압

$$V_1 = \frac{C_{23}}{C_1 + C_{23}} \times V$$

$$= \frac{50}{40 + 50} \times 180 = 100[\text{V}]$$

3) V_2, V_3 전압 ($V_2 = V_3$)

$$V_2 = \frac{C_1}{C_1 + C_{23}} \times V$$

$$= \frac{40}{40 + 50} \times 180 = 80[\text{V}]$$

40 평등전계 중에 5[C]의 전하를 전계의 반대방향으로 20cm 이동시키는 데 300[J]의 일이 필요하였다. 이 두 점 간의 전위차는 몇 [V]인가?

① 20
② 40
③ 60
④ 80

해설⊕

1) 전압 $V[\text{V}]$

① 전기적인 압력으로 어떠한 회로에서 임의의 두 점에서의 전위차를 의미한다.

② 단위 전하가 회로의 두 점 사이를 이동하면서 한 일로서 단위는 [V]이다.

$$V = \frac{W}{Q}[\text{V}][\text{J/C}] \qquad W = QV[\text{J}]$$

여기서, V : 전압[V], Q : 전하량[C], W : 일[J]

2) 풀이

$$V = \frac{W}{Q} = \frac{300[\text{J}]}{5[\text{C}]} = 60[\text{V}]$$

3과목 소방관계법규

41 소방시설관리사증 대여 또는 둘 이상의 업체에 동시에 취업한 사람에 대한 벌칙은?

① 1년 이하의 징역 또는 1000만 원 이하의 벌금
② 1년 이하의 징역 또는 3000만 원 이하의 벌금
③ 3년 이하의 징역 또는 3000만 원 이하의 벌금
④ 5년 이하의 징역 또는 5000만 원 이하의 벌금

해설⊕

1년 이하의 징역 또는 1000만 원 이하의 벌금

1) 관계 공무원이 관계인의 정당한 업무를 방해하거나, 조사 · 검사 업무를 수행하면서 알게 된 비밀을 제공 또는 누설하거나 목적 외의 용도로 사용한 자

2) 관리업의 등록증이나 등록수첩을 다른 자에게 빌려준 자

3) 영업정지처분을 받고 그 영업정지기간 중에 관리업의 업무를 한 자

4) 소방시설 등에 대하여 스스로 점검을 하지 아니하거나 관리업자 등으로 하여금 정기적으로 점검하게 하지 아니한 자

5) 소방시설관리사증을 다른 자에게 빌려주거나 동시에 둘 이상의 업체에 취업한 사람

6) 제품검사에 합격하지 아니한 제품에 합격표시를 하거나 위조, 변조하여 사용한 자

7) 형식승인의 변경승인을 받지 아니한 자

8) 성능인증의 변경인증을 받지 아니한 자

42 소방시설관리사가 성실하게 자체점검 업무를 수행하지 않은 경우 2차 위반에 대한 행정처분은?

① 경고
② 자격정지 3개월
③ 자격정지 6개월
④ 자격취소

해설⊕

소방시설관리사에 대한 행정처분기준

위반사항	행정처분기준		
	1차 위반	2차 위반	3차 이상 위반
1) 거짓이나 그 밖의 부정한 방법으로 시험에 합격한 경우	자격취소		

위반사항	행정처분기준		
	1차 위반	2차 위반	3차 이상 위반
2) 대행인력의 배치기준·자격· 방법 등 준수사항을 지키지 않은 경우	경고 (시정명령)	자격정지 6개월	자격취소
3) 점검을 하지 않은 경우	자격정지 1개월	자격정지 6개월	자격취소
4) 거짓으로 점검한 경우	경고 (시정명령)	자격정지 6개월	자격취소
5) 소방시설관리사증을 다른 사람에게 빌려준 경우	자격취소		
6) 결격사유에 해당하게 된 경우	자격취소		

43 소방시설 설치 및 관리에 관한 법률상 소방용품의 형식승인을 받지 아니하고 소방용품을 제조하거나 수입한 자에 대한 벌칙기준은?

① 100만 원 이하의 벌금
② 300만 원 이하의 벌금
③ 1년 이하의 징역 또는 1천만 원 이하의 벌금
④ 3년 이하의 징역 또는 3천만 원 이하의 벌금

해설 ⊕

3년 이하의 징역 또는 3천만 원 이하의 벌금
1) 소방본부장이나 소방서장의 조치명령을 위반한 경우
2) 관리업의 등록을 하지 아니하고 영업을 한 자
3) 소방용품의 형식승인을 받지 아니하고 소방용품을 제조하거나 수입한 자 또는 거짓이나 그 밖의 부정한 방법으로 형식승인을 받은 자
4) 제품검사를 받지 아니한 자 또는 거짓이나 그 밖의 부정한 방법으로 제품검사를 받은 자
5) 소방용품을 판매·진열하거나 소방시설공사에 사용한 자
6) 거짓이나 그 밖의 부정한 방법으로 성능인증 또는 제품검사를 받은 자
7) 제품검사를 받지 아니하거나 합격표시를 하지 아니한 소방용품을 판매·진열하거나 소방시설공사에 사용한 자
8) 부정한 방법으로 제46조 제1항에 따른 전문기관으로 지정을 받은 자

44 위험물안전관리법에 따라 시·도지사가 소방산업기술원에 업무를 위탁할 수 있는 경우가 아닌 것은?

① 용량이 50만 리터 이상인 액체위험물을 저장하는 탱크의 탱크안전성능검사
② 암반탱크의 탱크안전성능검사
③ 지정수량의 1천 배 이상의 위험물을 취급하는 제조소 또는 일반취급소의 설치 또는 변경에 따른 완공검사
④ 옥외탱크저장소(저장용량이 50만 리터 이상인 것만 해당) 또는 암반탱크저장소의 설치 또는 변경에 따른 완공검사

해설 ⊕

시·도지사가 소방산업기술원에 업무를 위탁할 수 있는 경우
1) 탱크안전성능검사 중 다음 각 목의 탱크에 대한 탱크안전성능검사
  ① 용량이 100만 리터 이상인 액체위험물을 저장하는 탱크
  ② 암반탱크
  ③ 지하탱크저장소의 위험물탱크 중 행정안전부령으로 정하는 액체위험물탱크

2) 다음 각 목의 완공검사
  ① 지정수량의 1천 배 이상의 위험물을 취급하는 제조소 또는 일반취급소의 설치 또는 변경(사용 중인 제조소 또는 일반취급소의 보수 또는 부분적인 증설은 제외)에 따른 완공검사(3천 배 → 1천 배로 개정)
  ② 옥외탱크저장소(저장용량이 50만 리터 이상인 것만 해당한다) 또는 암반탱크저장소의 설치 또는 변경에 따른 완공검사

3) 운반용기 검사

45 다음 중 특수가연물에 해당하지 않는 것은?

① 사류 1,000kg
② 낙엽 400kg
③ 나무껍질 및 대팻밥 400kg
④ 넝마 및 종이부스러기 1,000kg

해설 ➕

특수가연물의 품명 및 수량

품명		수량
면화류		200kg 이상
나무껍질 및 대팻밥		400kg 이상
넝마 및 종이부스러기		1,000kg 이상
사류(絲類)		1,000kg 이상
볏짚류		1,000kg 이상
가연성 고체류		3,000kg 이상
석탄·목탄류		10,000kg 이상
가연성 액체류		2m³ 이상
목재가공품 및 나무부스러기		10m³ 이상
합성수지류	발포시킨 것	20m³ 이상
	그 밖의 것	3,000kg 이상

46 특정소방대상물에 사용하는 물품으로 방염대상물품에 해당하지 않는 것은?

① 가구류
② 창문에 설치하는 커튼류
③ 무대용 합판
④ 종이벽지를 제외한 두께가 2mm 미만인 벽지류

해설 ➕

방염대상물품
1) 창문에 설치하는 커튼류(블라인드를 포함)
2) 카펫, 두께가 2mm 미만인 벽지류(종이벽지는 제외)
3) 전시용 합판 또는 섬유판, 무대용 합판 또는 섬유판
4) 암막·무대막
5) 섬유류 또는 합성수지류 등을 원료로 하여 제작된 소파·의자(단란주점영업, 유흥주점영업 및 노래연습장업의 영업장에 설치하는 것만 해당)

47 소방기본법령상 국고보조 대상사업의 범위 중 소방활동장비와 설비에 해당하지 않는 것은?

① 소방자동차
② 소방헬리콥터 및 소방정
③ 소화용수설비 및 피난구조설비
④ 방화복 등 소방활동에 필요한 소방장비

해설 ➕

1) 소방력의 기준
　① 소방업무에 필요한 인력과 장비 등에 관한 기준 : 행정안전부령
　② 소방력을 확충하기 위하여 필요한 계획 수립 : 시·도지사

2) 소방장비 등에 대한 국고보조
　국가는 소방장비의 구입 등 시·도의 소방업무에 필요한 경비의 일부를 보조하고 보조 대상사업의 범위와 기준보조율 : 대통령령

3) 소방활동장비 및 설비의 종류와 규격 : 행정안전부령

4) 국고보조 대상사업의 범위
　① 소방자동차
　② 소방헬리콥터 및 소방정
　③ 소방전용통신설비 및 전산설비
　④ 그 밖에 방화복 등 소방활동에 필요한 소방장비
　⑤ 소방관서용 청사의 건축

48 소방시설 설치 및 관리에 관한 법령상 비상경보설비를 설치하여야 할 특정소방대상물의 기준 중 옳은 것은?

① 연면적이 400m² 이상인 것
② 지하층 또는 무창층의 바닥면적이 50m² 이상인 것
③ 터널로서 길이가 300m 이상인 것
④ 30명 이상의 근로자가 작업하는 옥내작업장

해설 ➕

비상경보설비의 설치대상
1) 연면적 400m² 이상
2) 지하층 또는 무창층의 바닥면적이 150m²(공연장의 경우 100m²) 이상
3) 터널로서 길이가 500m 이상
4) 50명 이상의 근로자가 작업하는 옥내작업장

49 소방시설 설치 및 관리에 관한 법령상 특정소방대상물로서 운수시설에 해당되지 않는 것은?

① 여객자동차터미널
② 철도 및 도시철도시설
③ 항만시설 및 종합여객시설
④ 주차용 건축물

해설 ➕

1) 운수시설
   ① 여객자동차터미널
   ② 철도 및 도시철도시설
   ③ 공항시설(항공관제탑을 포함)
   ④ 항만시설 및 종합여객시설

2) 항공기 및 자동차 관련 시설
   ① 항공기격납고
   ② 차고, 주차용 건축물, 철골 조립식 주차시설 및 기계장치에 의한 주차시설
   ③ 세차장, 폐차장
   ④ 자동차 매매장, 자동차 검사장
   ⑤ 자동차 정비공장
   ⑥ 운전학원 · 정비학원
   ⑦ 다음 건축물을 제외한 건축물 내부(필로티와 건축물 지하 포함)에 설치된 주차장
      • 단독주택
      • 공동주택 중 50세대 미만인 연립주택 또는 50세대 미만인 다세대주택

50 위험물제조소 등에 자동화재탐지설비를 설치하여야 할 대상은?

① 옥내에서 지정수량 50배의 위험물을 저장 · 취급하고 있는 일반취급소
② 하루에 지정수량 50배의 위험물을 제조하고 있는 제조소
③ 지정수량의 100배의 위험물을 저장 · 취급하고 있는 옥내저장소
④ 연면적 100m² 이상의 제조소

해설 ➕

제조소 등별로 설치하여야 하는 경보설비의 종류

1) 자동화재탐지설비
   ① 제조소 및 일반취급소
      • 연면적 500m² 이상인 것
      • 옥내에서 지정수량의 100배 이상을 취급하는 것
   ② 옥내저장소
      • 지정수수량의 100배 이상을 저장 또는 취급하는 것
      • 저장창고의 연면적이 150m²를 초과하는 것

2) 자동화재탐지설비, 자동화재속보설비, 비상경보설비, 확성장치 또는 비상방송설비 중 1종 이상
   ① 지정수량의 10배 이상을 저장 또는 취급하는 것

51 소방기본법에서 정의하는 용어에 대한 설명으로 틀린 것은?

① "소방대상물"이란 건축물, 차량, 선박으로서 항구에 매어둔 선박만 해당), 선박 건조 구조물, 산림, 그 밖의 인공 구조물 또는 물건을 말한다.
② "관계지역"이란 소방대상물이 있는 장소 및 그 이웃 지역으로서 화재의 예방 · 경계 · 진압, 구조 · 구급 등의 활동에 필요한 지역을 말한다.
③ "소방본부장"이란 특별시 · 광역시 · 도 또는 특별자치도에서 화재의 예방 · 경계 · 진압 · 조사 및 구조 · 구급 등의 업무를 담당하는 부서의 장을 말한다.
④ "관계인"이란 소방대상물의 소유자 · 관리자 또는 취급자를 말한다.

해설 ➕

용어의 정의

1) 소방대상물 : 건축물, 차량, 선박(항구에 매어둔 것), 선박 건조 구조물, 산림, 그 밖의 인공 구조물 또는 물건
2) 관계지역 : 소방대상물이 있는 장소 및 그 이웃 지역으로서 화재의 예방 · 경계 · 진압, 구조 · 구급 등의 활동에 필요한 지역
3) 소방본부장 : 특별시 · 광역시 · 특별자치시 · 도 또는 특별자치도(이하 "시 · 도")에서 화재의 예방 · 경계 · 진압 · 조사 및 구조 · 구급 등의 업무를 담당하는 부서의 장
4) 관계인 : 소방대상물의 소유자 · 관리자 · 점유자

5) 소방대장 : 소방본부장 또는 소방서장 등 화재, 재난·재해, 그 밖의 위급한 상황이 발생한 현장에서 소방대를 지휘하는 사람
6) 소방대 : 화재를 진압하고 화재, 재난·재해, 그 밖의 위급한 상황에서 구조·구급 활동 등을 하기 위하여 다음 각 목의 사람으로 구성된 조직체
소방공무원, 의무소방원, 의용소방대원

52 소방시설공사업법상 소방시설업 등록신청 신청서 및 첨부서류는 누구에게 제출하여야 하는가?

① 소방본부장·서장 　　② 시·도지사
③ 소방청장 　　　　　　④ 소방대장

해설⊕

소방시설업
1) 소방시설업의 등록권자 : 시·도지사
2) 소방시설업의 업종별 영업범위 : 대통령령
3) 소방시설업 등록신청서의 첨부서류
　① 신청인의 성명, 주민등록번호 및 주소지 등의 인적사항이 적힌 서류
　② 다음 각 목의 기술인력 증빙서류 중 어느 하나에 해당하는 것
　　• 국가기술자격증
　　• 소방기술 인정 자격수첩 또는 소방기술자 경력수첩
　③ 금융회사 또는 소방산업공제조합에 출자·예치·담보한 금액 확인서
　④ 90일 이내에 작성한 자산평가액 또는 기업진단 보고서
4) 등록사항의 변경신고
　변경일부터 30일 이내에 시·도지사에게 신고
5) 소방시설업의 등록신청 서류의 보완 : 10일 이내

53 화재, 재난·재해, 그 밖의 위급한 상황으로부터 국민의 생명·신체 및 재산을 보호하기 위하여 소방업무에 관한 종합계획을 5년마다 수립·시행하여야 하는 사람은?

① 시·도지사 　　　　　② 소방청장
③ 행정안전부장관 　　　④ 소방본부장

해설⊕

소방업무에 관한 종합계획의 수립·시행 등
1) 소방청장
　① 화재, 재난·재해, 그 밖의 위급한 상황으로부터 국민의 생명·신체 및 재산을 보호하기 위하여 소방업무에 관한 종합계획을 5년마다 수립·시행하여야 하고, 이에 필요한 재원을 확보하도록 노력하여야 한다.
　② ①에 의해 수립된 종합계획을 관계 중앙행정기관의 장, 시·도지사에게 통보하여야 한다.
　③ 소방업무의 체계적 수행을 위하여 필요한 경우 시·도지사가 제출한 세부계획의 보완 또는 수정을 요청할 수 있다.
2) 시·도지사
관할 지역의 특성을 고려하여 종합계획의 시행에 필요한 세부계획을 매년 수립하여 소방청장에게 제출하여야 하며, 세부계획에 따른 소방업무를 성실히 수행하여야 한다.

54 소방기본법령상 소방안전교육사의 배치대상별 배치기준으로 틀린 것은?

① 소방청 : 2명 이상 배치
② 소방서 : 1명 이상 배치
③ 소방본부 : 2명 이상 배치
④ 한국소방안전원(본회) : 1명 이상 배치

해설⊕

소방안전교육사의 배치대상별 배치기준

배치대상	배치기준(명)
소방청	2 이상
소방본부	2 이상
소방서	1 이상
한국소방안전원	본회 : 2 이상, 지부 : 1 이상
한국소방산업기술원	2 이상

55 소방신호의 종류에 속하지 않는 것은?

① 경계신호
② 해제신호
③ 경보신호
④ 훈련신호

해설 ⊕

1) 소방신호의 종류 및 방법
　① 경계신호 : 화재예방상 필요하다고 인정되거나 화재위험 경보 시 발령
　② 발화신호 : 화재가 발생한 때 발령
　③ 해제신호 : 소화활동이 필요 없다고 인정되는 때 발령
　④ 훈련신호 : 훈련상 필요하다고 인정되는 때 발령

2) 소방신호의 방법

종별＼신호방법	타종신호	사이렌신호
경계신호	1타와 연 2타를 반복	5초 간격을 두고 30초씩 3회
발화신호	난타	5초 간격을 두고 5초씩 3회
해제신호	상당한 간격을 두고 1타씩 반복	1분간 1회
훈련신호	연 3타 반복	10초 간격을 두고 1분씩 3회

56 화재예방강화지구의 지정대상이 아닌 것은?

① 공장·창고가 밀집한 지역
② 목조건물이 밀집한 지역
③ 고층건축물이 밀집한 지역
④ 시장지역

해설 ⊕

1) 화재예방강화지구 지정권자 : 시·도지사
2) 화재예방강화지구 지정의 요청권자 : 소방청장
3) 화재예방강화지구
　① 시장지역
　② 공장·창고가 밀집한 지역
　③ 목조건물이 밀집한 지역
　④ 노후·불량건축물이 밀집한 지역
　⑤ 위험물의 저장 및 처리 시설이 밀집한 지역
　⑥ 석유화학제품을 생산하는 공장이 있는 지역

　⑦ 산업단지, 물류단지
　⑧ 소방시설·소방용수시설 또는 소방출동로가 없는 지역
　⑨ 소방관서장이 화재예방강화지구로 지정할 필요가 있다고 인정하는 지역

57 특정소방대상물의 관계인이 소방안전관리자를 해임한 경우 재선임해야 하는 기준은?(단, 해임한 날부터를 기준일로 한다.)

① 10일 이내
② 20일 이내
③ 30일 이내
④ 40일 이내

해설 ⊕

소방안전관리자의 선임
1) 소방안전관리자 선임 : 해당사유 발생일로부터 30일 이내에 선임
2) 소방안전관리자의 선임신고 : 선임한 날부터 14일 이내 소방본부장, 소방서장에게 신고

58 소방시설공사의 착공신고 대상이 아닌 것은?

① 무선통신보조설비의 증설공사
② 자동화재탐지설비의 경계구역이 증설되는 공사
③ 1개 이상의 옥외소화전을 증설하는 공사
④ 연결살수설비의 살수구역을 증설하는 공사

해설 ⊕

소방시설공사의 착공신고 대상
1) 특정소방대상물에 다음 각 목의 어느 하나에 해당하는 설비를 신설하는 공사
　① 옥내소화전설비(호스릴 옥내소화전설비를 포함), 옥외소화전설비, 스프링클러설비·간이스프링클러설비(캐비닛형 간이스프링클러설비를 포함) 및 화재조기진압용 스프링클러설비, 물분무소화설비·포소화설비·이산화탄소소화설비·할로젠화합물소화설비·할로젠화합물 및 불활성 기체 소화설비·미분무소화설비·강화액소화설비 및 분말소화설비, 연결송수관설비, 연결살수설비, 제연설비, 소화용수설비, 연소방지설비
　② 자동화재탐지설비, 비상경보설비, 비상방송설비, 비상콘센트설비, 무선통신보조설비

2) 특정소방대상물에 다음 각 목의 어느 하나에 해당하는 설비 또는 구역 등을 증설하는 공사
① 옥내·옥외소화전설비
② 스프링클러설비·간이스프링클러설비 또는 물분무 등 소화설비의 방호구역, 자동화재탐지설비의 경계구역, 제연설비의 제연구역, 연결살수설비의 살수구역, 연결송수관설비의 송수구역, 비상콘센트설비의 전용회로, 연소방지설비의 살수구역

3) 다음의 소방시설 등을 구성하는 것의 전부 또는 일부를 개설, 이전 또는 정비하는 공사. 다만, 고장 또는 파손 등으로 인하여 작동시킬 수 없는 소방시설을 긴급히 교체하거나 보수하여야 하는 경우에는 신고하지 않을 수 있다.
① 수신반
② 소화펌프
③ 동력제어반
④ 감시제어반

59 소방시설공사업법령상 하자보수를 하여야 하는 소방시설 중 하자보수 보증기간이 2년이 아닌 것은?

① 피난기구　　　② 자동화재탐지설비
③ 비상경보설비　　④ 비상방송설비

해설 ⊕

공사의 하자보수 등
1) 공사업자가 하자발생 통보를 받은 후 하자를 보수하거나 보수 일정을 기록한 하자보수 계획을 관계인에게 서면으로 알려야 하는 기간 : 3일 이내
2) 하자보수 대상 소방시설과 하자보수 보증기간

하자보수 대상 소방시설	하자보수 보증기간
피난기구, 유도등, 비상경보설비, 비상조명등, 비상방송설비 및 무선통신보조설비	2년
자동소화장치, 옥내소화전설비, 스프링클러설비 등, 물분무 등 소화설비, 옥외소화전설비, 자동화재탐지설비, 화재알림설비, 소화용수설비 및 소화활동설비(무선통신보조설비는 제외)	3년

60 옥외탱크저장소에 설치하는 방유제의 설치기준으로 옳지 않은 것은?

① 방유제 내의 면적은 80,000m² 이하로 할 것
② 방유제의 높이는 2m 이상 3m 이하로 할 것
③ 방유제 내의 옥외저장탱크의 수는 10 이하로 할 것
④ 방유제는 철근콘크리트 또는 흙으로 만들 것

해설 ⊕

옥외탱크저장소의 방유제 설치기준
1) 방유제의 용량

탱크가 1개일 때	탱크가 2개 이상일 때
탱크용량의 110[%] 이상	탱크 중 용량이 최대인 것의 용량의 110[%] 이상

2) 방유제의 높이 : 0.5[m] 이상 3[m] 이하, 두께 : 0.2[m] 이상, 지하매설깊이 : 1[m] 이상
3) 방유제 내의 면적 : 80,000[m²] 이하
4) 방유제 내에 설치하는 옥외저장탱크의 수는 10개 이하로 할 것
5) 방유제는 철근콘크리트로 하고, 방유제와 옥외저장탱크 사이의 지표면은 불연성과 불침윤성이 있는 구조(철근콘크리트 등)로 할 것. 다만, 누출된 위험물을 수용할 수 있는 전용유조 및 펌프 등의 설비를 갖춘 경우에는 방유제와 옥외저장탱크 사이의 지표면을 흙으로 할 수 있다.

② 방유제의 높이는 2m 이상 → 0.5m 이상

4과목 **소방전기시설의 구조 및 원리**

61 경종의 형식승인 및 제품검사의 기술기준에 따른 전원전압 변동 시의 기능에서 경종이 기능에 이상이 생기지 않아야 하는 전원전압의 범위로서 알맞은 것은?

① 정격전압의 ±5%
② 정격전압의 ±10%
③ 정격전압의 ±15%
④ 정격전압의 ±20%

해설 ◆

전원전압 변동 시의 기능(경종의 형식승인 및 제품검사의 기술기준 제4조)

경종은 전원전압이 정격전압의 ±20% 범위에서 변동하는 경우 기능에 이상이 생기지 않아야 한다. 다만, 경종에 내장된 건전지를 전원으로 하는 경종은 건전지의 전압이 건전지 교체전압 범위(제조사 설계값)의 하한값으로 낮아진 경우에도 기능에 이상이 없어야 한다.

62 경종의 우수품질인증 기술기준에 따라 경종에 정격전압을 인가한 경우 경종의 소비전류는 몇 mA 이하이어야 하는가?

① 10   ② 30   ③ 50   ④ 100

해설 ◆

경종은 정격전압을 인가하여 다음에 적합하여야 한다.
1) 경종의 중심으로부터 1[m] 떨어진 위치에서 90[dB] 이상이어야 하며, 최소청취거리에서 110[dB]을 초과하지 아니하여야 한다.
2) 경종의 소비전류는 50[mA] 이하이어야 한다.

63 누전경보기 음향장치의 설치위치로 옳은 것은?

① 옥내의 점검에 편리한 장소
② 옥외 인입선의 제1지점의 부하 측의 점검이 쉬운 위치
③ 수위실 등 상시 사람이 근무하는 장소
④ 옥외인입선의 제2종 접지선 측의 점검이 쉬운 위치

해설 ◆

수신부 설치장소
1) 옥내의 점검에 편리한 장소에 설치할 것
2) 가연성의 증기·먼지 등이 체류할 우려가 있는 장소의 전기회로에는 해당 부분의 전기회로를 차단할 수 있는 차단기구를 가진 수신부를 설치할 것
3) 차단기구의 부분은 해당 장소 외의 안전한 장소에 설치할 것
4) 음향장치는 수위실 등 상시 사람이 근무하는 장소에 설치하여야 하며, 그 음량 및 음색은 다른 기기의 소음 등과 명확히 구별할 수 있는 것

수신부 설치 제외 장소
1) 가연성의 증기·먼지·가스 등이나 부식성의 증기·가스 등이 다량으로 체류하는 장소

2) 화약류를 제조하거나 저장 또는 취급하는 장소
3) 습도가 높은 장소
4) 온도의 변화가 급격한 장소
5) 대전류회로·고주파 발생회로 등에 따른 영향을 받을 우려가 있는 장소

64 누전경보기 수신부의 구조기준 중 옳은 것은?

① 감도조정장치와 감도조정부는 외함의 바깥쪽에 노출되지 아니하여야 한다.
② 2급 수신부는 전원을 표시하는 장치를 설치하여야 한다.
③ 전원입력 측의 양선(1회선용은 1선 이상) 및 외부부하에 직접 전원을 송출하도록 구성된 회로에는 퓨즈 또는 브레이커 등을 설치하여야 한다.
④ 2급 수신부에는 전원입력 측의 회로에 단락이 생기는 경우에는 유효하게 보호되는 조치를 강구하여야 한다.

해설 ◆

수신부의 구조(형식승인 및 제품검사의 기술기준 제23조)
1) 전원을 표시하는 장치를 설치할 것(2급 수신부는 제외)
2) 수신부는 다음 회로에 단락이 생기는 경우에는 유효하게 보호되는 조치를 강구할 것
　① 전원입력 측의 회로(2급 수신부는 제외)
　② 수신부에서 외부의 음향장치와 표시등에 대하여 직접 전력을 공급하도록 구성된 외부회로
3) 감도조정장치를 제외하고 감도조정부는 외함의 바깥쪽에 노출되지 아니할 것
4) 주전원의 양극을 동시에 개폐할 수 있는 전원스위치를 설치할 것
5) 전원입력 측의 양선(1회선용은 1선 이상) 및 외부부하에 직접 전원을 송출하도록 구성된 회로에는 퓨즈 또는 브레이커 등을 설치하여야 한다.

① 감도조정장치와 감도조정부는 → 감도조정장치를 제외하고 감도조정부는
② 2급 수신부는 전원을 표시하는 장치를 설치하여야 한다. → 2급 수신부는 제외
④ 2급 수신부에는 전원입력 측의 회로에 단락이 생기는 경우 → 2급 수신부는 제외

정답   **62** ③   **63** ③   **64** ③

65 자동화재속보설비의 속보기는 자동화재탐지설비로부터 작동신호를 수신하여 몇 초 이내에 소방관서에 자동적으로 신호를 발하여 통보하여야 하는가?

① 10초
② 20초
③ 30초
④ 60초

해설 ➕

속보기의 기능(성능인증 및 제품검사의 기술기준 제5조)
1) 작동신호를 수신하거나 수동으로 동작시키는 경우 20초 이내에 소방관서에 자동적으로 신호를 발하여 통보하되, 3회 이상 속보할 수 있어야 한다.
2) 예비전원은 자동적으로 충전되어야 하며 자동과충전방지장치가 있어야 한다.
3) 연동 또는 수동으로 소방관서에 화재발생 음성정보를 속보 중인 경우에도 송수화장치를 이용한 통화가 우선적으로 가능하여야 한다.
4) 예비전원을 병렬로 접속하는 경우에는 역충전 방지 등의 조치를 하여야 한다.
5) 예비전원은 감시상태를 60분간 지속한 후 10분 이상 동작이 지속될 수 있는 용량이어야 한다.
6) 속보기는 작동신호 또는 수동작동스위치에 의한 다이얼링 후 소방관서와 전화접속이 이루어지지 않는 경우에는 최초 다이얼링을 포함하여 10회 이상 반복적으로 접속을 위한 다이얼링이 이루어져야 한다. 이 경우 매회 다이얼링 완료 후 호출은 30초 이상 지속되어야 한다.
7) 속보기의 송수화장치가 정상위치가 아닌 경우에도 연동 또는 수동으로 속보가 가능하여야 한다.
8) 화재신호를 수신하거나 수동으로 동작시키는 경우 자동적으로 화재표시등이 점등되고 음향장치로 화재를 경보하여야 한다.

66 비상벨설비의 설치기준 중 다음 ( ) 안에 알맞은 것은?

> 비상벨설비에는 그 설비에 대한 감시상태를 (㉠)분 간 지속한 후 유효하게 (㉡)분 이상 경보할 수 있는 축전지 설비 또는 전기저장장치를 설치하여야 한다.

① ㉠ 30, ㉡ 10
② ㉠ 10, ㉡ 30
③ ㉠ 60, ㉡ 10
④ ㉠ 10, ㉡ 60

해설 ➕

소방설비별 비상전원의 용량

소방설비	비상전원 용량
• 비상경보설비(비상벨설비 또는 자동식 사이렌설비) • 비상방송설비 • 자동화재탐지설비 • 자동화재속보설비	60분 이상 감시상태 지속 10분 이상 경보
• 소화설비 • 유도등, 비상조명등 • 제연설비, 비상콘센트설비	20분 이상
유도등 및 비상조명등이 설치된 장소로서 • 지하층을 제외한 층수가 11층 이상의 층 • 지하층 또는 무창층으로서 용도가 도매시장 · 소매시장 · 여객자동차터미널 · 지하역사 또는 지하상가	60분 이상
무선통신보조설비의 증폭기	30분 이상

67 비상방송설비의 배선에 대한 설치기준으로 틀린 것은?

① 배선은 다른 용도의 전선과 동일한 관, 덕트, 몰드 또는 풀박스 등에 설치할 것
② 전원회로의 배선은 옥내소화전설비의 화재안전기준에 따른 내화배선으로 설치할 것
③ 화재로 인하여 하나의 층의 확성기 또는 배선이 단락 또는 단선되어도 다른 층의 화재통보에 지장이 없도록 할 것
④ 부속회로의 전로와 대지 사이 및 배선 상호 간의 절연저항은 1경계구역마다 직류 250V의 절연저항측정기를 사용하여 측정한 절연저항이 0.1MΩ 이상이 되도록 할 것

해설 ➕

비상방송설비의 배선에 대한 설치기준
1) 화재로 인하여 하나의 층의 확성기 또는 배선이 단락 또는 단선되어도 다른 층의 화재통보에 지장이 없도록 할 것
2) 전원회로의 배선 : 내화배선
   그 밖의 배선 : 내화배선 또는 내열배선

3) 절연저항 : 부속회로의 전로와 대지 사이 및 배선 상호 간을 직류 250V의 절연저항측정기로 측정하여 0.1MΩ 이상이 되도록 할 것

4) 배선은 다른 전선과 별도의 관·덕트·몰드 또는 풀박스 등에 설치할 것(60V 미만의 약전류회로에 사용하는 전선으로서 각각의 전압이 같을 때는 제외)

① 동일한 관, 덕트, 몰드 또는 풀박스 → 별도의 관·덕트·몰드 또는 풀박스

68 화재발생 시 수신기에 경계구역을 표시하는 표시등은?

① 화재표시등
② 지구표시등
③ 전원표시등
④ 회로단선표시등

해설⊕

수신기의 화재표시

수신기는 화재신호를 수신하는 경우 적색의 화재표시등에 의하여 화재의 발생을 자동적으로 표시함과 동시에, 지구표시장치에 의하여 화재가 발생한 해당 경계구역을 자동적으로 표시하고, 주음향장치 및 지구음향장치가 울리도록 되어야 하며, 주음향장치는 스위치에 의하여 주음향장치의 울림이 정지된 상태에서도 새로운 경계구역의 화재신호를 수신하는 경우에는 자동적으로 주음향장치의 울림정지 기능을 해제하고 주음향장치가 울려야 한다.

① 화재표시등 : 화재신호를 수신하면 점등
② 지구표시등 : 화재가 발생한 경계구역을 표시
③ 전원표시등 : 전원의 정상여부 확인
④ 회로단선표시등 : 회로단선 시 단선상태 표시

69 유도등 예비전원의 종류로 옳은 것은?

① 알칼리계 2차 축전지
② 리튬계 1차 축전지
③ 리튬 이온계 2차 축전지
④ 수은계 1차 축전지

해설⊕

유도등 예비전원의 설치기준

1) 유도등의 주전원으로 사용하지 아니할 것
2) 인출선을 사용하는 경우에는 적당한 색깔에 의하여 쉽게 구분할 수 있을 것
3) 예비전원의 종류 : 알칼리계 2차 축전지, 리튬계 2차 축전지, 콘덴서
4) 자동충전장치 및 자동과충전방지장치를 설치할 것
5) 예비전원을 병렬로 접속하는 경우는 역충전 방지 등의 조치를 할 것

70 시각경보장치의 성능인증 및 제품검사의 기술기준에 따라 시각경보장치의 전원부 양단자 또는 양선을 단락시킨 부분과 비충전부를 DC 500V의 절연저항계로 측정하는 경우 절연저항이 몇 MΩ 이상이어야 하는가?

① 0.1
② 5
③ 10
④ 20

해설⊕

각 설비별 절연저항시험

절연저항계	설비	절연저항	측정위치
직류 250[V]	• 비상경보설비 • 비상방송설비 • 자동화재탐지설비	0.1[MΩ] 이상	• 부속회로의 전로와 대지 사이 • 배선 상호 간
직류 500[V]	누전경보기	5[MΩ] 이상	절연된 충전부와 외함 간
	유도등	5[MΩ] 이상	• 교류입력 측과 외함 • 교류입력 측과 충전부 • 절연된 충전부와 외함 사이
	시각경보장치	5[MΩ] 이상	전원부 양단자 또는 양선을 단락시킨 부분과 비충전부
	비상콘센트설비	20[MΩ] 이상	전원부와 외함 사이

정답　68 ②　69 ①　70 ②

71 지하상가 및 지하역사의 경우 휴대용비상조명등의 설치기준으로 알맞은 것은?

① 수평거리 25m 이내마다 5개 이상 설치
② 수평거리 50m 이내마다 5개 이상 설치
③ 보행거리 25m 이내마다 3개 이상 설치
④ 보행거리 50m 이내마다 3개 이상 설치

해설 ⊕

1) 휴대용비상조명등의 설치장소 및 수량
　① 숙박시설 또는 다중이용업소 : 객실 또는 영업장 안의 구획된 실마다 잘 보이는 곳에 1개 이상 설치(외부에 설치 시 출입문 손잡이로부터 1m 이내 부분)
　② 대규모점포, 영화상영관 : 보행거리 50m 이내마다 3개 이상 설치
　③ 지하상가 및 지하역사 : 보행거리 25m 이내마다 3개 이상 설치

2) 휴대용비상조명등의 설치기준
　① 설치높이는 바닥으로부터 0.8m 이상 1.5m 이하의 높이에 설치할 것
　② 어둠 속에서 위치를 확인할 수 있도록 할 것
　③ 사용 시 자동으로 점등되는 구조일 것
　④ 외함은 난연성능이 있을 것
　⑤ 건전지를 사용하는 경우에는 방전방지조치를 하여야 하고, 충전식 배터리의 경우에는 상시 충전되도록 할 것
　⑥ 건전지 및 충전식 배터리의 용량은 20분 이상 유효하게 사용할 수 있는 것으로 할 것

72 차동식 분포형 감지기는 그 기판면을 부착한 정위치로부터 몇 °를 경사시킨 경우 그 기능에 이상이 생기지 아니하여야 하는가?

① 5°
② 15°
③ 30°
④ 45°

해설 ⊕

공기관식 차동식 분포형 감지기 설치기준

구분	기준
공기관의 최소길이	20m 이상
공기관의 최대길이	100m 이하
공기관과 각 변이 거리	수평거리 1.5m 이하

구분	기준
공기관 상호 간 거리	6m(내화구조 9m) 이하
공기관의 분기	도중에서 분기하지 아니할 것
검출부의 경사	5° 이상 경사지시 아니할 것
검출부의 높이	0.8m 이상 1.5m 이하
공기관의 규격	두께 0.3mm 이상 바깥지름 1.9mm 이상

73 광전식 분리형 감지기의 경우 공칭감시거리는 5m 이상 100m 이하로 하며 몇 m 간격으로 하여야 하는가?

① 3
② 5
③ 10
④ 100

해설 ⊕

광전식 분리형 감지기의 설치기준

구분	기준
감지기의 수광면	햇빛을 직접 받지 않도록 설치
광축과 나란한 벽과의 거리	0.6m 이상 이격하여 설치
송광부, 수광부와 뒷벽과의 거리	1m 이내 위치에 설치
광축의 높이	천장 높이의 80% 이상
광축의 길이	공칭감시거리 범위 (5~100m 이하로 하여 5m 간격)

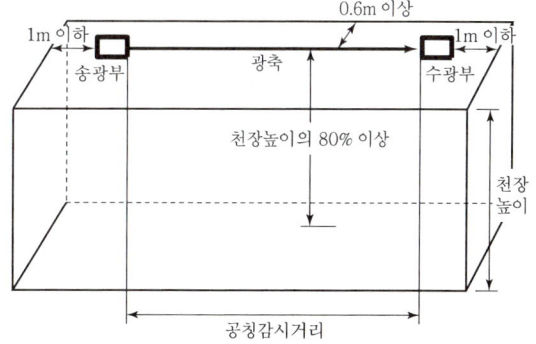

[광전식 분리형 감지기의 설치기준]

74 소형 피난구유도등의 1대1 표시면의 크기는 몇 mm 이상이어야 하는가?

① 100   ② 200
③ 250   ④ 400

해설 ◆
피난구유도등 및 통로유도등(계단통로유도등 제외)의 표시면의 크기

종별		1대1 표시면[mm]
피난구유도등	대형	250 이상
	중형	200 이상
	소형	100 이상
통로유도등	대형	400 이상
	중형	200 이상
	소형	130 이상

75 비상콘센트의 설치기준 중 다음 (   ) 안에 알맞은 것은?

하나의 전용회로에 설치하는 비상콘센트는 10개 이하로 할 것. 이 경우 전선의 용량은 각 비상콘센트(비상콘센트가 (   )개 이상인 경우에는 (   )개)의 공급용량을 합한 용량 이상의 것으로 하여야 한다.

① 3   ② 4
③ 5   ④ 10

해설 ◆
비상콘센트설비의 전원회로 설치기준
1) 비상콘센트설비의 전원회로는 단상교류 220V인 것으로서, 그 공급용량은 1.5kVA 이상인 것으로 할 것
2) 전원회로는 각 층에 2 이상이 되도록 설치할 것. 다만, 설치하여야 할 층의 비상콘센트가 1개인 때에는 하나의 회로로 할 수 있다.
3) 전원회로는 주배전반에서 전용회로로 할 것
4) 전원으로부터 각 층의 비상콘센트에 분기되는 경우 분기배선용 차단기를 보호함 안에 설치할 것
5) 콘센트마다 배선용 차단기를 설치하여야 하며, 충전부가 노출되지 아니하도록 할 것

6) 개폐기에는 "비상콘센트"라고 표시한 표지를 할 것
7) 비상콘센트용의 풀박스 등은 방청도장을 한 것으로서, 두께 1.6mm 이상의 철판으로 할 것
8) 하나의 전용회로에 설치하는 비상콘센트는 10개 이하로 할 것. 이 경우 전선의 용량은 각 비상콘센트(비상콘센트가 3개 이상인 경우에는 3개)의 공급용량을 합한 용량 이상의 것으로 할 것

76 비상콘센트설비의 정격전압이 110V인 경우 가하는 절연내력 실효전압은?

① 220V   ② 500V
③ 1,000V   ④ 1,440V

해설 ◆
비상콘센트설비의 절연저항 및 절연내력
1) 절연내력(전원부와 외함 사이)
   ① 정격전압 150[V] 이하 : 1,000[V]의 실효전압을 가하여 1분 이상 견딜 것
   ② 정격전압 150[V] 초과 : 정격전압에 2를 곱하여 1,000[V]를 더한 실효전압을 가하는 시험에서 1분 이상 견딜 것
2) 절연저항(전원부와 외함 사이)
   500[V] 절연저항계로 측정할 때 20[MΩ] 이상일 것

77 무선통신보조설비의 화재안전기준에 따라 지표면으로부터의 깊이가 몇 m 이하인 경우에는 해당 층에 한하여 무선통신보조설비를 설치하지 아니할 수 있는가?

① 0.5   ② 1
③ 1.5   ④ 2

해설 ◆
무선통신보조설비 설치 제외
1) 지하층으로서 건축물의 바닥부분 2면 이상이 지표면과 동일한 경우 그 해당 층
2) 지표면으로부터의 깊이가 1[m] 이하인 경우에는 해당 층

78 부착높이가 15m 이상 20m 미만에 적응성이 있는 감지기가 아닌 것은?

① 이온화식 1종 감지기 ② 연기복합형 감지기
③ 불꽃감지기 ④ 차동식 분포형 감지기

해설 ⊕

부착높이별 적응성 감지기의 종류

부착높이	감지기의 종류
8[m] 이상 15[m] 미만	• 차동식 분포형 • 이온화식 1종 또는 2종 • 광전식(스포트형, 분리형, 공기흡입형) 1종 또는 2종 • 불꽃감지기, 연기복합형
15[m] 이상 20[m] 미만	• 이온화식 1종 • 광전식(스포트형, 분리형, 공기흡입형) 1종 • 연기복합형 • 불꽃감지기
20[m] 이상	• 불꽃감지기 • 광전식(분리형, 공기흡입형) 중 아날로그 방식

비고
부착높이 20m 이상에 설치되는 광전식 아날로그방식의 감지기는 공칭감지농도 하한값이 감광율 5%/m 미만인 것으로 한다.

79 열반도체 감지기의 구성 부분이 아닌 것은?

① 수열관 ② 미터릴레이
③ 열반도체 소자 ④ 열전대

해설 ⊕

열반도체식 감지기
1) 구성요소 : 열반도체, 동 니켈선, 수열판, 미터릴레이
2) 동작순서 : 화재 발생 → 수열판 온도 상승 → 열반도체소자 열기전력 발생 → 미터릴레이 작동 → 화재신호전송

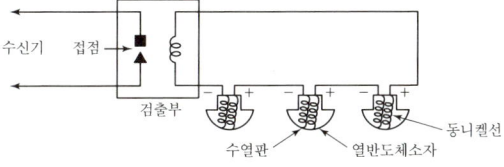

3) 온도가 완만하게 상승하면 열반도체의 온도차가 거의 발생하지 않으므로 열기전력이 발생하지 않는다.
4) 동작원리 : 열전대의 제벡(제베크) 효과

80 경계전로의 정격전류는 최대 몇 A를 초과할 때 1급 누전경보기를 설치해야 하는가?

① 30 ② 60
③ 90 ④ 120

해설 ⊕

1) 누전경보기 설치대상
계약전류용량이 100[A]를 초과하는 특정소방대상물(내화구조가 아닌 건축물로서 벽·바닥 또는 반자의 전부나 일부를 불연재료 또는 준불연재료가 아닌 재료에 철망을 넣어 만든 것만 해당)에 설치하여야 한다.

2) 경계전로의 정격전류에 의한 분류

경계전로의 정격전류	60[A] 초과	60[A] 이하
누전경보기 종류	1급	1급 또는 2급

소방원론

01 공기 중에서 가연성 증기의 농도가 연소하한계에 도달하는 최저온도를 무엇이라고 하는가?

① 발화점   ② 인화점
③ 연소점   ④ 착화점

해설 ➕

1) 가연성 가스의 연소범위

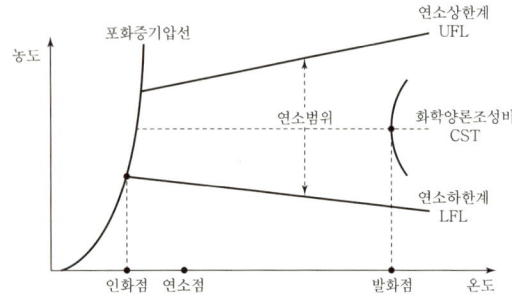

2) 인화점, 연소점, 발화점
① 인화점(Flash Point)
  • 가연성 혼합기(연소범위)를 형성할 수 있는 최저온도를 인화점이라 한다.
  • 인화점이 낮을수록 위험성이 커진다.
  • 인화점 이하에서는 점화원을 가하여도 불꽃연소는 발생하지 않는다.
② 연소점(Fire Point)
  • 연소상태를 지속하기 위한 온도로서 인화점보다 5~10[℃] 정도 높다.
  • 인화점에서는 점화원을 제거하면 연소가 중단되나 연소점에서는 점화원을 제거해도 연소가 지속된다.
③ 발화점(착화점, Ignition Point)
  • 점화원을 가하지 않아도 스스로 착화될 수 있는 최저온도를 발화점이라 한다.
  • 발화점이 낮을수록 위험성이 커진다.

02 프로판 50vol%, 부탄 40vol%, 프로필렌 10vol%로 된 혼합가스의 폭발하한계는 약 vol%인가?(단, 각 가스의 폭발하한계는 프로판은 2.2vol%, 부탄은 1.9vol% 프로필렌은 2.4vol%이다.)

① 0.83   ② 2.09   ③ 5.05   ④ 9.44

해설 ➕

혼합가스의 연소범위
가연성 가스가 2종류 이상 혼합되어 있는 경우의 연소범위 계산

$$\frac{V_m}{L_m} = \frac{V_1}{L_1} + \frac{V_2}{L_2} + \frac{V_3}{L_3} \cdots\cdots$$

여기서, L_m : 혼합가스의 연소하한계
V_m : 각 가연성 가스의 부피[vol%] 합
$(V_1 + V_2 + V_3 \cdots)$
V_1, V_2, $V_3 \cdots$: 각 가연성 가스의 부피[vol%]
L_1, L_2, $L_3 \cdots$: 각 가연성 가스의 연소하한계

[풀이]
$$\frac{100}{L_m} = \frac{50}{2.2} + \frac{40}{1.9} + \frac{10}{2.4}$$
$$\therefore L_m = 2.09[\%]$$

03 폭굉(Detonation)에 관한 설명으로 옳은 것은?

① 연소속도가 음속보다 느릴 때 나타난다.
② 온도의 상승과 충격파의 압력에 기인한다.
③ 압력상승은 폭연의 경우보다 작다.
④ 폭굉의 유도거리는 배관의 지름과 관계가 없다.

해설 ➕

1) 폭굉(Detonation)
① 밀폐구조의 배관 등에서 폭발적으로 연소하여 온도, 압력, 부피가 급격히 상승하는 현상
② 화염전파속도 : 음속보다 빠르다.

③ 화염전파속도 : 1,000~3,500[m/s] 정도
④ 충격파가 미연소가스를 단열압축시켜 발화점 이상으로 온도가 상승하여 폭굉파 발생

2) 폭굉 유도거리
① 폭연에서 폭굉으로 전이되는 거리
② 폭굉 유도거리가 짧을수록 폭굉 발생이 용이하다.

3) 폭굉 유도거리가 짧아지는 요건
① 배관의 내면이 거칠거나 장애물이 있는경우
② 배관 구경이 적정한 크기일 때(배관의 길이가 배관 직경의 10배 이상일 때)
③ 배관 내 미연소가스의 온도 및 압력이 높을수록
④ 가연성 가스의 연소속도가 빠르고 연소열이 클수록

04 프로판 가스 1몰이 완전연소하는 데 필요한 이론 공기량[mol]으로 맞는 것은?(단, 체적비로 계산하며 공기 중의 산소농도는 21vol%로 한다.)

① 2.38mol
② 23.81mol
③ 16.91mol
④ 9.52mol

해설 ✚ -

1) 프로판의 완전연소 반응식
$C_3H_8 + 5O_2 \rightarrow 3CO_2 + 4H_2O$
2) 프로판이 완전연소할 때 산소 몰수 : 5[mol]
3) 프로판이 완전연소할 때 공기 몰수
① 공기 중 산소농도는 21%이므로
공기[mol] × 0.21 = 산소[mol]
② 공기[mol] = 산소[mol]/0.21
③ 공기[mol] = 5[mol]/0.21 = 23.81[mol]

05 독성이 매우 높은 가스로서 석유제품, 유지(油脂) 등이 연소할 때 생성되는 알데하이드 계통의 가스는?

① 시안화수소
② 암모니아
③ 포스겐
④ 아크롤레인

해설 ✚ -

① 시안화수소(HCN) : 질소성분을 가지고 있는 합성수지, 동물의 털, 인조견 등의 섬유가 불완전 연소할 때 발생하는 맹독성 가스이다.

② 암모니아 : 질소를 함유한 가연물이 연소 시 발생되는 가스로 눈, 코, 인후 등에 매우 자극적이고 역한 냄새가 난다.
③ 포스겐 : 맹독성 가스로서 사염화탄소가 이산화탄소나 물, 산소 등과 결합 시 발생한다.
④ 아크롤레인 : 석유제품이나 유지류 등이 연소할 때 발생하는 맹독성 가스로서 독성, 자극성이 매우 크다.

06 다음 점화원 중 기계적인 원인에 해당되는 것은?

① 분해열
② 압축열
③ 연소열
④ 자연발화열

해설 ✚ -

1) 기계적 열에너지원
① 마찰열
② 충격 스파크
③ 압축열

2) 전기적 열에너지원
① 유도열
② 유전열
③ 저항열
④ 아크열
⑤ 정전기열
⑥ 낙뢰에 의한 발열

3) 화학적 열에너지원
① 연소열
② 분해열
③ 산화열
④ 중합열
⑤ 자연발열

07 Fourier 법칙(전도)에 대한 설명으로 틀린 것은?

① 이동열량은 전열체의 단면적에 비례한다.
② 이동열량은 전열체의 두께에 비례한다.
③ 이동열량은 전열체의 열전도도에 비례한다.
④ 이동열량은 전열체 내·외부의 온도차에 비례한다.

해설 ✚ -

푸리에 전도법칙(Fourier's Law)

$$q[W] = \frac{k}{L} A \Delta T$$

여기서, k : 열전도도[W/m · K], L : 물체의 두께[m]
A : 열전달 면적[m²], ΔT : 온도차[K]

② 이동열량은 전열체의 두께에 비례 → 반비례

08 화재의 종류에 따른 분류가 틀린 것은?

① A급 : 일반화재　　② B급 : 유류화재
③ C급 : 가스화재　　④ D급 : 금속화재

해설 ⊕

화재의 분류

구분	화재의 종류	표시색	주된 소화효과
A급 화재	일반화재	백색	냉각소화
B급 화재	유류, 가스화재	황색	질식소화
C급 화재	전기화재(통전)	청색	질식소화
D급 화재	금속화재	무색	질식소화
K급 화재	주방화재	–	냉각, 질식소화

09 경유화재가 발생했을 때 주수소화가 오히려 위험할 수 있는 이유는?

① 경유는 물과 반응하여 유독가스를 발생시키므로
② 경유의 연소열로 인하여 산소가 방출되어 연소를 돕기 때문에
③ 경유는 물보다 비중이 가벼워 화재면의 확대 우려가 있으므로
④ 경유가 연소할 때 수소가스를 발생하여 연소를 돕기 때문에

해설 ⊕

유류화재 시 주수소화가 불가한 이유

1) 4류 위험물은 대부분 물보다 가볍기 때문에 유류화재 시 주수하면 탱크 내에서 물은 가라앉고 기름은 뜨게 된다.
2) 이때 계속 주수하게 되면 기름이 탱크 밖으로 넘치게 되어 연소면이 확대된다.
3) 또한 슬롭오버에 의해 액면의 기름과 물이 탱크 외부로 비산하여 화염이 확산된다.

10 주요 구조부가 내화구조로 된 건축물에서 거실 각 부분으로부터 하나의 직통계단에 이르는 보행거리는 피난자의 안전상 몇 m 이하이어야 하는가?

① 50　　　　　　② 60
③ 70　　　　　　④ 80

해설 ⊕

거실 각 부분으로부터 하나의 직통계단에 이르는 보행거리(건축법 시행령 제34조)

건축물의 구조	거실의 각 부분으로부터 하나의 직통계단에 이르는 보행거리
기타 구조	30미터 이하
내화구조 또는 불연재료로 된 건축물	50미터 이하
16층 이상인 공동주택	40미터 이하

11 방화구획의 설치기준 중 스프링클러 기타 이와 유사한 자동식소화설비를 설치한 10층 이하의 층은 몇 m² 이내마다 구획하여야 하는가?

① 1,000　　② 1,500　　③ 2,000　　④ 3,000

해설 ⊕

면적별 방화구획의 기준

구획 층		구획방법	자동식 소화설비 설치 시
지상 10층 이하 (지하층 포함)		바닥면적 1,000m²마다 구획	바닥면적 3,000m²마다 구획
11층 이상	일반	바닥면적 200m²마다 구획	바닥면적 600m²마다 구획
	실내마감 불연재료	바닥면적 500m²마다 구획	바닥면적 1,500m²마다 구획

12 다음 중 제1류 위험물로 그 성질이 산화성 고체인 것은?

① 황린　　　　　② 아염소산염류
③ 금속분류　　　④ 황

해설 ⊕

구분	황린	아염소산염류	금속분류	황
유별	제3류 위험물	제1류 위험물	제2류 위험물	제2류 위험물
성질	자연발화성 물질	산화성 고체	가연성 고체	가연성 고체

정답　08 ③　09 ③　10 ①　11 ④　12 ②

13 위험물의 유별 성질이 자연발화성 및 금수성 물질은 제 몇 류 위험물인가?

① 제1류 위험물　　② 제2류 위험물
③ 제3류 위험물　　④ 제4류 위험류

해설⊕

위험물의 분류 및 성질

위험물의 분류	성질
제1류 위험물	산화성 고체
제2류 위험물	가연성 고체
제3류 위험물	자연발화성 및 금수성 물질
제4류 위험물	인화성 액체
제5류 위험물	자기반응성 물질
제6류 위험물	산화성 액체

14 물과 반응하여 가연성 기체를 발생시키지 않는 것은?

① 칼륨　　　　　② 인화아연
③ 산화칼슘　　　④ 탄화알루미늄

해설⊕

① 칼륨
$2K + 2H_2O \rightarrow 2KOH + H_2$(수소 발생)
② 인화아연
$Zn_3P_2 + 6H_2O \rightarrow 3Zn(OH)_2 + 2PH_3$(포스핀 발생)
③ 산화칼슘
$CaO + H_2O \rightarrow Ca(OH)_2$(수산화칼슘, 소석회 생성)
④ 탄화알루미늄
$Al_4C_3 + 12H_2O \rightarrow 4Al(OH)_3 + 3CH_4$(메탄 발생)

15 탄화칼슘이 물과 반응 시 발생하는 가연성 가스는?

① 메탄　　　　　② 포스핀
③ 아세틸렌　　　④ 수소

해설⊕

1) 탄화알루미늄과 물의 반응식
$Al_4C_3 + 12H_2O \rightarrow 4Al(OH)_3 + 3CH_4$(메탄 발생)

2) 인화칼슘과 물의 반응식
$Ca_3P_2 + 6H_2O \rightarrow 3Ca(OH)_2 + 2PH_3$(포스핀가스 발생)

3) 탄화칼슘과 물의 반응식
$CaC_2 + 2H_2O \rightarrow Ca(OH)_2 + C_2H_2$(아세틸렌 발생)

4) 나트륨과 물의 반응식
$2Na + 2H_2O \rightarrow 2NaOH + H_2$(수소 발생)

16 물 소화약제를 어떠한 상태로 주수할 경우 전기화재의 진압에서도 소화능력을 발휘할 수 있는가?

① 물에 의한 봉상주수
② 물에 의한 적상주수
③ 물에 의한 무상주수
④ 어떤 상태의 주수에 의해서도 효과가 없다.

해설⊕

물의 주수형태에 의한 소화

주수형태	내용	설비	소화효과
봉상주수	가늘고 긴 몽둥이모양으로 방사	옥내소화전	냉각
적상주수	물방울 형태로 방사	스프링클러	냉각
무상주수	안개형태로 방사	물분무소화설비	질식, 냉각, 유화, 희석

※ 물을 무상주수하면 전기화재에 적응성이 있다.

17 같은 원액으로 만들어진 포의 특성에 관한 설명으로 옳지 않은 것은?

① 발포배율이 커지면 환원시간은 짧아진다.
② 환원시간이 길면 내열성이 떨어진다.
③ 유동성이 좋으면 내열성이 떨어진다.
④ 발포배율이 작으면 유동성이 떨어진다.

해설⊕

1) 발포배율(팽창비) = 발포된 포의 체적[m³]/포 수용액의 체적[m³]

2) 환원시간 : 발포된 포가 원래의 수용액으로 돌아가는 데 걸리는 시간

3) 포의 특성
 ① 발포배율이 커지면 환원시간이 짧아진다.
 ② 환원시간이 길면 내열성이 우수하다.
 ③ 유동성이 좋으면 내열성이 떨어진다.
 ④ 발포배율이 작으면 유동성이 떨어진다.

18 할로젠원소의 소화효과가 큰 순서대로 배열된 것은?

① $I > Br > Cl > F$
② $Br > I > F > Cl$
③ $Cl > F > I > Br$
④ $F > Cl > Br > I$

해설 ✚

1) 할로젠원소
 F : 불소, Cl : 염소, Br : 브로민, I : 아이오딘

2) 할로젠원소의 전기음성도(결합력) 및 소화효과
 ① 전기음성도(결합력)의 크기 : $F > Cl > Br > I$
 ② 소화효과의 크기 : $F < Cl < Br < I$

19 분말소화약제 중 담홍색 또는 황색으로 착색하여 사용하는 것은?

① 탄산수소나트륨
② 탄산수소칼륨
③ 제1인산암모늄
④ 탄산수소칼륨과 요소와의 반응물

해설 ✚

분말소화약제의 종류

종별	분자식	착색	적응 화재	충전비 $[l/kg]$
제1종 분말	탄산수소나트륨 $(NaHCO_3)$	백색	BC급	0.8
제2종 분말	탄산수소칼륨 $(KHCO_3)$	담회색 (담자색)	BC급	1.0
제3종 분말	제1인산암모늄 $(NH_4H_2PO_4)$	담홍색	ABC급	1.0
제4종 분말	탄산수소칼륨＋요소 $(KHCO_3＋(NH_2)_2CO)$	회색	BC급	1.25

20 자동방화셔터의 구조 및 성능기준으로 틀린 것은?

① 피난이 가능한 60분＋ 방화문 또는 60분 방화문으로부터 3미터 이내에 별도로 설치할 것
② 불꽃감지기 또는 연기감지기 중 하나와 열감지기를 설치할 것
③ 불꽃이나 연기를 감지한 경우 일부 폐쇄되는 구조일 것
④ 열을 감지한 경우 완전 개방되는 구조일 것

해설 ✚

자동방화셔터의 구조 및 성능기준
1) 피난이 가능한 60분＋ 방화문 또는 60분 방화문으로부터 3미터 이내에 별도로 설치할 것
2) 전동방식이나 수동방식으로 개폐할 수 있을 것
3) 불꽃감지기 또는 연기감지기 중 하나와 열감지기를 설치할 것
4) 불꽃이나 연기를 감지한 경우 일부 폐쇄되는 구조일 것
5) 열을 감지한 경우 완전 폐쇄되는 구조일 것

④ 열을 감지한 경우 완전 개방 → 폐쇄

2과목 **소방전기일반**

21 다음과 같은 반도체 정류기 중에서 역방향 내전압이 가장 큰 것은?

① 실리콘 정류기
② 게르마늄 정류기
③ 셀렌 정류기
④ 아산화동 정류기

해설 ✚

정류기(다이오드)의 종류
1) 실리콘 정류기 : 실리콘판과 다른 금속판을 겹쳐서 열처리하여 만든 소자로서, 대전류용의 제작이 가능하며 역방향 내전압이 커서 정류기로서 적합하다.
2) 게르마늄 정류기 : 산화막(GeO_2)이 불안정해 전류 흐름을 제어하는 전극(게이트) 쪽에 사용할 수 없고 열처리에 취약하다는 점과 접합부분에서 높은 전류가 누설되는 문제가 있다.
3) 셀렌 정류기, 아산화동 정류기 : 1920년대 제품화되어 사용되기 시작한 원시적인 다이오드 형태이다.

정답 **18** ① **19** ③ **20** ④ **21** ①

22 3상 농형 유도전동기의 기동방식으로 옳은 것은?

① 분상 기동형 ② 콘덴서 기동형

③ 기동 보상기법 ④ 셰이딩 코일형

해설⊕

유도전동기의 기동방식

1) 단상 유도전동기

　① 반발 기동형 ② 반발 유도형

　③ 콘덴서 기동형 ④ 분상 기동형

　⑤ 셰이딩 코일형

2) 3상 농형 유도전동기

　① 전전압 기동법(직입기동) ② Y-△ 기동법

　③ 리액터 기동법 ④ 기동 보상기법

3) 3상 권선형 유도전동기

　① 2차 저항 기동법 ② 게르게스법

23 전기자 제어 직류 서보전동기에 대한 설명으로 옳은 것은?

① 교류 서보전동기에 비하여 구조가 간단하여 소형이고 출력이 비교적 낮다.

② 제어권선과 콘덴서가 부착된 여자권선으로 구성된다.

③ 전기적 신호를 계자권선의 입력전압으로 한다.

④ 계자권선의 전류가 일정하다.

해설⊕

서보전동기의 특징

DC 서보전동기	AC 서보전동기
브러시 모터	브러시리스 모터
기계적 구조로 기계적 구조가 복잡	전기적 구조로 제어구조가 복잡
단상 제어	3상 제어
회전 전기자형	회전 계자형
직류전동기는 계자전류가 일정하다.	최대 속도가 높다.

24 $i = 50\sin\omega t$인 교류전류의 평균값은 약 몇 A인가?

① 25 ② 31.8

③ 35.9 ④ 50

해설⊕

1) 정현파 전류의 순시값 $i = I_m \sin \omega t$

2) 정현파 전류의 최댓값 $I_m = 50[A]$

3) 정현파 전류의 평균값 $I_{av} = \dfrac{2\,I_m}{\pi} = \dfrac{2 \times 50}{\pi} = 31.8[A]$

25 공기 중에 2[A]의 전류가 흐르고 있는 무한 직선 도체로부터 1[m] 떨어진 곳에서의 자기장 세기는 약 몇 [AT/m]인가?

① $\dfrac{2}{\pi}$ ② $\dfrac{1}{\pi}$

③ $\dfrac{\pi}{2}$ ④ π

해설⊕

무한장 직선도체의 자계의 세기

$$H = \frac{I}{l} = \frac{I}{2\pi r} \ [\text{AT/m}]$$

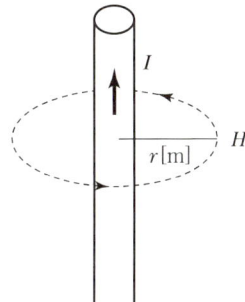

[풀이]

$$H = \frac{I}{2\pi r} = \frac{2[A]}{2 \times \pi \times 1[\text{m}]}$$

$$= \frac{1}{\pi} [\text{AT/m}]$$

26 대칭 3상 Y 부하에서 각 상의 임피던스가 $3+j4$ [Ω]이고, 부하전류가 20[A]일 때, 이 부하에서 소비되는 전 전력은?

① 1,400 ② 1,600
③ 1,800 ④ 3,600

해설 ⊕

3상 유효전력

$$P = 3I^2R\,[\text{W}]$$

여기서, P : 3상 유효전력[W]
I : 상전류[A], R : 저항[Ω]

[풀이]
$P = 3I^2R\,[\text{W}] = 3 \times 20^2 \times 3 = 3,600\,[\text{W}]$

27 다음에서 릴레이 자동접점 a접점은?

① ②
③ ④

해설 ⊕

1) 릴레이(계전기)
　① 동작원리 : 릴레이 내부의 코일에 전원이 인가되면 전자석이 되고 전자석이 접점을 이동시켜 회로를 구성하는 장치이다.
　② 접점의 구성
　　• a접점 : 평상시는 접점이 개로되어 있는 상태이고 전자석에 의해 접점이 폐로되는 접점
　　• b접점 : 평상시는 접점이 폐로되어 있는 상태이고 전자석에 의해 접점이 개로되는 접점

2) 접점의 심벌

유지형 접점	a 접점			접점조작을 개로나 폐로로 손으로 넣고 끊는 것(유지형)
	b 접점			

수동 조작 자동 복귀	a 접점			수동조작하면 폐로 또는 개로하지만 손을 떼면 스프링 등의 힘으로 복귀하는 접점(누름형, 당김형)
	b 접점			
계전기 및 전자 접촉기 보조 접점	a 접점			계전기나 전자접촉기의 보조 접점으로 전자코일에 전류가 흐르거나 그렇지 않음에 따라 개로 또는 폐로하는 접점
	b 접점			
한시 동작	a 접점			타이머 등 한시계전기의 접점으로 접점이 개로 또는 폐로하는 데 시간이 걸리는 접점
	b 접점			
기계적 접점	a 접점			기계적 움직임에 의해 일정한 위치에 이르면 작동하는 스위치의 접점(리미트 스위치)
	b 접점			

28 유도등선로의 절연저항을 측정하고자 한다. 이때 사용할 수 있는 기기 중 가장 타당한 것은?

① 메거(Megger)
② 어스테스터(Earth Tester)
③ CRO(Cathode Ray Oscilloscope)
④ 휘트스톤브리지(Wheatstone Bridge)

해설 ⊕

계측기의 종류 및 용도

계측기의 종류	용도
메거(Megger)	절연저항, 고저항 측정
어스테스터(Earth Tester)	접지저항 측정
CRO(Cathode Ray Oscilloscope)	전압의 파형 측정

계측기의 종류	용도
휘트스톤브리지 (Wheatstone Bridge)	중저항, 검류계의 내부저항 측정
콜라우시브리지법	전지의 내부저항, 접지저항, 전해액의 도전율 측정
회로시험기(Multi-Tester)	전류, 전압, 저항 측정
훅온미터(Hook On Meter)	교류 전류 측정

29 다음과 같은 회로에서 $a-b$ 간의 합성저항은 몇 [Ω]인가?

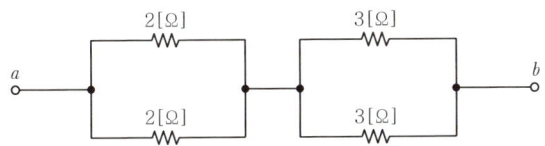

① 2.5   ② 5
③ 7.5   ③ 10

해설⊕

합성저항
1) 저항의 직렬접속 시 합성저항
$$R_0 = R_1 + R_2 [\Omega]$$

2) 저항의 병렬접속 시 합성저항
$$R_0 = \frac{R_1 R_2}{R_1 + R_2} [\Omega]$$

[풀이]
1) 2[Ω]의 저항 2개가 병렬로 연결된 경우의 합성저항
$$R_{01} = \frac{2 \times 2}{2 + 2} = 1 [\Omega]$$

2) 3[Ω]의 저항 2개가 병렬로 연결된 경우의 합성저항
$$R_{02} = \frac{3 \times 3}{3 + 3} = 1.5 [\Omega]$$

3) R_{01} 과 R_{02} 가 직렬로 연결되어 있으므로
$$R_0 = R_{01} + R_{02} = 1 + 1.5 = 2.5 [\Omega]$$

30 그림과 같은 회로 A, B 양단에 전압을 인가하여 서서히 상승시킬 때 제일 먼저 파괴되는 콘덴서는?(단, 유전체의 재질 및 두께는 동일한 것으로 한다.)

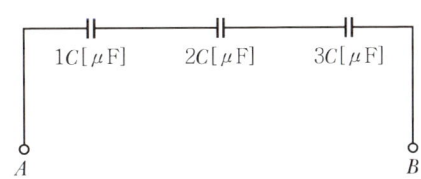

① $1C$ ② $2C$ ③ $3C$ ④ 모두

해설⊕

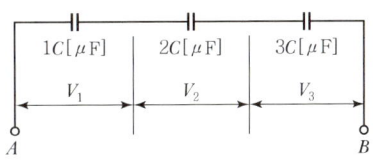

1) 콘덴서에 걸리는 전압
$$V = IX_C = \frac{I}{\omega C} 이므로 \ V \propto \frac{1}{C}$$

또는 $V = \dfrac{Q}{C}$ 에서 $V \propto \dfrac{1}{C}$

2) 콘덴서에 걸리는 전압은 정전용량에 반비례하여 분배된다.
$$V_1 : V_2 : V_3 = \frac{1}{C_1} : \frac{1}{C_2} : \frac{1}{C_3} = \frac{1}{1} : \frac{1}{2} : \frac{1}{3}$$
$$= 1 : 0.5 : 0.33$$

3) 분배되는 전압은 V_1이 가장 크므로 $1C$의 콘덴서가 가장 먼저 파괴된다.

31 정격전압에서 500[W] 전력을 소비하는 저항에 정격전압의 90[%] 전압을 가할 때의 전력은 몇 [W]인가?

① 350   ② 385   ③ 405   ④ 450

해설⊕

전력 P

$$P = VI = I^2 R = \frac{V^2}{R}$$

여기서, P : 전력[W], V : 전압[V]
I : 진류[A], R : 저항[Ω]

[풀이]

1) 처음 전력

$$P_1 = \frac{V_1^2}{R}, \quad 500 = \frac{V_1^2}{R}$$

2) 90[%] 전압을 가할 때의 전력

$$P_2 = \frac{V_2^2}{R}, \quad P_2 = \frac{(0.9\,V_1)^2}{R}$$

$$P_2 = \frac{0.9^2 \times V_1^2}{R}, \quad P_2 = 0.9^2 \times \frac{V_1^2}{R}$$

여기서, $\dfrac{V_1^2}{R} = 500$ 이므로

$$P_2 = 0.9^2 \times 500 = 405[\mathrm{W}]$$

32 정현파 교류의 실효값을 구하는 식이 잘못된 것은?

① $\sqrt{\dfrac{1}{T} \displaystyle\int_0^T i^2 dt}$

② 파고율 × 평균치

③ $\dfrac{최댓값}{\sqrt{2}}$

④ $\dfrac{\pi}{2\sqrt{2}} \times$ 평균치

해설 ➕

1) 실효값

직류가 한 일 = 교류가 한 일

$$I^2 RT = \int_0^T i^2 R dt, \quad I^2 = \frac{1}{T}\int_0^T i^2 dt$$

$$I = \sqrt{\frac{1}{T}\int_0^T i^2 dt} = \sqrt{1주기\ 동안의\ i^2의\ 평균}$$

2) 실효값

$$I = \frac{I_m}{\sqrt{2}} = 0.707 I_m[\mathrm{A}]$$

3) 실효값(I)과 평균값(I_{av})

① $I = \dfrac{I_m}{\sqrt{2}}$ ⋯⋯⋯⋯⋯⋯⋯⋯ ㉠

② $I_{av} = \dfrac{2}{\pi} I_m, \quad I_m = \dfrac{\pi}{2} I_{av}$ ⋯⋯⋯⋯ ㉡

③ ㉠식에 ㉡을 대입하면

$$I = \frac{1}{\sqrt{2}} \times \frac{\pi}{2} I_{av} = \frac{\pi}{2\sqrt{2}} I_{av}$$

33 AC 서보전동기의 전달함수는 어떻게 취급하면 되는가?

① 미분요소와 1차 요소의 직렬결합으로 취급한다.

② 적분요소와 2차 요소의 직렬결합으로 취급한다.

③ 미분요소와 2차 요소의 피드백접속으로 취급한다.

④ 적분요소와 1차 요소의 피드백접속으로 취급한다

해설 ➕

1) 서보전동기

서보기구의 조작부로서 제어신호에 의해 부하를 구동하는 장치

2) 서보전동기의 특징

① 저속이며 원활한 운전이 가능하다.

② 급가속 및 급감속이 용이한 것이어야 한다.

③ 원칙적으로 정역전이 가능해야 한다.

④ 직류용과 교류용이 있다.

34 전압 및 전류측정방법에 대한 설명 중 틀린 것은?

① 전압계를 저항 양단에 병렬로 접속한다.

② 전류계는 저항에 직렬로 접속한다.

③ 전압계의 측정범위를 확대하기 위하여 배율기는 전압계와 직렬로 접속한다.

④ 전류계의 측정범위를 확대하기 위하여 저항분류기는 전류계와 직렬로 접속한다.

해설 ➕

계측기기의 접속 방법

계측기 종류	접속 방법
전압계	부하 양단에 병렬로 접속
전류계	부하에 직렬로 접속
분류기	전류계에 병렬로 접속
배율기	전압계에 직렬로 접속

35 개루프 제어와 비교하여 폐루프 제어에서 반드시 필요한 장치는?

① 안정도를 좋게 하는 장치
② 제어대상을 조직하는 장치
③ 동작신호를 조절하는 장치
④ 기준입력신호와 주궤환신호를 비교하는 장치

해설⊕

피드백(폐회로) 제어의 구성

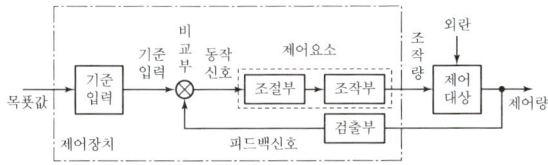

1) 목푯값 : 입력값으로 외부에서 제어장치에 주어지는 값
2) 기준입력요소 : 목푯값에 비례하는 기준입력신호를 발생시키는 장치
3) 동작신호 : 기준입력과 피드백신호와의 차이를 구하는 장치
4) 제어요소 : 동작신호를 조작량으로 변환하는 요소(조절부+조작부)
5) 조절부 : 제어요소가 동작하는 데 필요한 신호를 만들어 조작부에 보내는 장치
6) 조작부 : 조절부로부터 받은 신호를 조작량으로 바꾸어 제어대상에 보내 주는 장치
7) 조작량 : 제어요소가 제어대상에 가하는 제어신호로서 제어요소의 출력신호, 제어대상의 입력신호
8) 외란 : 제어량의 값을 교란시키려 하는 외부 신호
9) 제어대상 : 제어량을 발생시키는 장치로 제어계에서 직접 제어를 받는 장치
10) 검출부 : 제어량을 검출하고 입력과 출력을 비교하는 비교부가 반드시 필요
11) 제어량 : 제어를 받는 제어대상의 출력

36 다음 논리식 중 틀린 것은?

① $X + X = X$ ② $X \cdot X = X$
③ $X + \overline{X} = 1$ ④ $X \cdot \overline{X} = 1$

해설⊕

부울대수의 기본 정리

항등법칙	$A+0=A,\ A+1=1$	$A \cdot 1 = A,\ A \cdot 0 = 0$
동일법칙	$A+A=A$	$A \cdot A = A$
보원법칙	$A+\overline{A}=1$	$A \cdot \overline{A}=0$
다중부정	$\overline{\overline{A}}=A$	
교환법칙	$A+B=B+A$	$A \cdot B = B \cdot A$
결합법칙	$A+(B+C)=(A+B)+C$	$A \cdot (B \cdot C)=(A \cdot B) \cdot C$
분배법칙	$A \cdot (B+C)=AB+AC$	$A+B \cdot C=(A+B) \cdot (A+C)$
흡수법칙	$A+A \cdot B=A$	$A \cdot (A+B)=A$

④ $X \cdot \overline{X} = 1 \rightarrow X \cdot \overline{X} = 0$

37 그림과 같은 변압기 철심의 단면적 $A = 5[\text{cm}^2]$, 길이 $l = 50[\text{cm}]$, 비투자율 $\mu_s = 1,000$, 코일의 감은 횟수 $N = 200$이라 하고 1[A]의 전류를 흘렸을 때 자계에 축적되는 에너지는 몇 [J]인가?(단, 누설자속은 무시한다.)

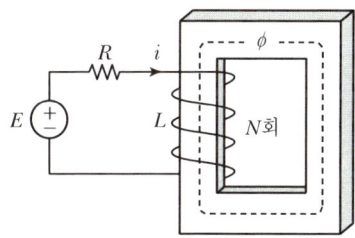

① $2\pi \times 10^{-3}$ ② $4\pi \times 10^{-3}$
③ $6\pi \times 10^{-3}$ ④ $8\pi \times 10^{-3}$

해설⊕

1) 코일에 축적되는 에너지($W[\text{J}]$)

$$W = \frac{1}{2}LI^2[\text{J}]$$

여기서, L : 인덕턴스[H]
I : 전류[A]

2) 코일의 인덕턴스(L[H])

$$L = \frac{\mu_0 \, \mu_s \, S N^2}{l}[\text{H}]$$

여기서, S : 철심의 단면적[m^2], N : 권수[T]
l : 자로의 길이[m]
μ_0 : 공기 중의 투자율[H/m]
μ_s : 비투자율

$S : 5 \times 10^{-4}[\text{m}^2]$, $N : 200[\text{T}]$, $l : 50 \times 10^{-2}[\text{m}]$
$\mu_0 : 4 \times 10^{-7}[\text{H/m}]$, $\mu_s : 1,000$

$$L = \frac{4\pi \times 10^{-7} \times 1,000 \times 5 \times 10^{-4} \times 200^2}{50 \times 10^{-2}}$$
$$= 16\pi \times 10^{-3}[\text{H}]$$

3) 자계에 축적되는 에너지

$$W = \frac{1}{2} \times 16\pi \times 10^{-3} \times 1^2 = 8\pi \times 10^{-3}[\text{J}]$$

38 그림과 같이 전압계 V_1, V_2, V_3와 5[Ω]의 저항 R을 접속하였다. 전압계의 지시가 $V_1 = 20[\text{V}]$, $V_2 = 40[\text{V}]$, $V_3 = 50[\text{V}]$라면 부하전력은 몇 [W]인가?

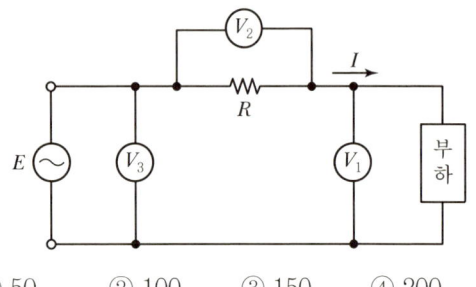

① 50 　　② 100 　　③ 150 　　④ 200

해설 ⊕ -

3전압계법 : 전압계 3개를 이용하여 단상교류전력을 측정

$$P = \frac{1}{2R}(V_3^2 - V_1^2 - V_2^2)[\text{W}]$$

여기서, P : 유효전력[W], R : 저항[Ω]
V_1, V_2, V_3 : 전압계 지시값[V]

[풀이]

$$P = \frac{1}{2 \times 5}(50^2 - 20^2 - 40^2) = 50[\text{W}]$$

39 두 종류의 금속으로 폐회로를 만들어 전류를 흘리면 양 접속점에서 한쪽은 온도가 올라가고 다른 쪽은 온도가 내려가는 현상은?

① 펠티에 효과 　　② 제벡 효과
③ 톰슨 효과 　　④ 홀 효과

해설 ⊕ -

열전효과의 종류

효과	설명
제벡 효과	서로 다른 두 종류의 금속으로 만들어진 폐회로의 두 접합 점의 온도를 달리하였을 때 열기전력이 발생하는 효과(열전대, 열전쌍)
펠티에 효과	서로 다른 두 종류의 금속으로 만들어진 폐회로에 전류를 흘리면 그 접합점에서 열이 흡수 또는 발생하는 효과
톰슨 효과	동일한 금속 접합부에 온도차를 주고 고온에서 저온으로 전류를 인가하면 열이 발생 또는 흡수하는 현상

40 $R = 9[\text{Ω}]$, $X_L = 10[\text{Ω}]$, $X_C = 5[\text{Ω}]$인 직렬부하회로에 220[V]의 정현파 전압을 인가시켰을 때의 유효전력은 약 몇 [kW]인가?

① 1.98 　　② 2.41 　　③ 2.77 　　④ 4.1

해설 ⊕ -

유효전력 P[W]
저항(R)에서 소비되는 전력, 실제 일한 전력, 소비전력

$$P = I^2 R = \frac{V^2}{R} = VI\cos\theta = P_a\cos\theta[\text{W}]$$
$$P = \sqrt{P_a^2 - P_r^2}$$

1) 임피던스
$$Z = \sqrt{R^2 + (X_L - X_C)^2}$$
$$= \sqrt{9^2 + (10-5)^2} = 10.30[\text{Ω}]$$

2) 전류 : $I = \dfrac{V}{Z} = \dfrac{220}{10.3} = 21.36[\text{A}]$

3) 소비전력
$$P = I^2 R = 21.36^2 \times 9 = 4,106.24[\text{W}] \doteqdot 4.1[\text{kW}]$$

정답　**38** ①　**39** ①　**40** ④

3과목 소방관계법규

41 소방본부장 또는 소빙서징 등이 화재현장에시 소방활동을 원활히 수행하기 위하여 규정하고 있는 사항으로 틀린 것은?

① 비상소화장치의 설치

② 강제처분

③ 소방활동 종사명령

④ 피난명령

해설➕

① 비상소화장치의 설치 및 유지 · 관리 : 시 · 도지사
    소방자동차의 진입이 곤란한 지역 등 화재발생 시에 초기 대응이 필요한 지역에 소방호스 또는 호스릴 등을 소방용수시설에 연결하여 화재를 진압하는 시설이나 장치를 설치하고 유지 · 관리

② 강제처분 : 소방본부장, 소방서장, 소방대장
    화재가 발생하거나 불이 번질 우려가 있는 소방대상물 및 토지를 일시적으로 사용하거나그 사용의 제한 또는 소방활동에 필요한 처분

③ 소방활동 종사명령 : 소방본부장, 소방서장, 소방대장
    사람을 구출하는 일 또는 불을 끄거나 불이 번지지 아니하도록 하는 일을 명령

④ 피난명령 : 소방본부장, 소방서장 또는 소방대장
    그 구역에 있는 사람에게 그 구역 밖으로 피난할 것을 명령

42 소방기본법령상 저수조의 설치기준으로 틀린 것은?

① 지면으로부터의 낙차가 4.5m 이하일 것

② 흡수부분의 수심이 0.5m 이상일 것

③ 흡수에 지장이 없도록 토사 및 쓰레기 등을 제거할 수 있는 설비를 갖출 것

④ 흡수관의 투입구가 사각형의 경우에는 한 변의 길이가 60cm 이하, 원형의 경우에는 지름이 60cm 이하일 것

해설➕

소방용수시설의 설치기준

1) 공통기준
    ① 주기지역 · 상업지역 공업지역 : 수평거리 100[m] 이하
    ② 그 밖의 지역 : 수평거리 140[m] 이하

2) 소방용수시설별 설치기준
    ① 소화전
        • 상수도와 연결하여 지하식 또는 지상식의 구조로 할 것
        • 소방용 호스와 연결하는 소화전의 연결금속구의 구경 : 65[mm]
    ② 급수탑
        • 급수배관의 구경 : 100[mm] 이상
        • 개폐밸브의 높이 : 지상에서 1.5[m] 이상 1.7[m] 이하의 위치에 설치할 것
    ③ 저수조
        • 지면으로부터의 낙차 : 4.5[m] 이하
        • 흡수부분의 수심 : 0.5[m] 이상
        • 흡수관의 투입구가 사각형 : 한 변의 길이가 60[cm] 이상
        • 흡수관의 투입구가 원형 : 지름이 60[cm] 이상
        • 소방펌프자동차가 쉽게 접근할 수 있을 것
        • 흡수에 지장이 없도록 토사 및 쓰레기 등을 제거할 수 있는 설비를 갖출 것
        • 저수조에 물 공급은 상수도에 연결하여 자동으로 급수되는 구조일 것

④ 60cm 이하 → 이상

43 소방청장, 소방본부장 또는 소방서장은 관할구역에 있는 소방대상물에 대하여 화재안전조사를 실시할 수 있다. 화재안전조사 대상과 거리가 먼 것은?(단, 개인 주거에 대하여는 관계인의 승낙을 득한 경우이다.)

① 화재예방강화지구 등 법령에서 화재안전조사를 하도록 규정되어 있는 경우

② 소방시설 설치 및 관리에 관한 법률에 따른 자체점검이 불성실하거나 불완전하다고 인정되는 경우

③ 화재가 발생할 우려는 없으나 소방대상물의 정기점검이 필요한 경우

④ 국가적 행사 등 주요 행사가 개최되는 장소 및 그 주변의 관계 지역에 대하여 소방안전관리 실태를 조사할 필요가 있는 경우

해설⊕

화재안전조사를 할 수 있는 경우
1) 소방시설 설치 및 관리에 관한 법률에 따른 자체점검이 불성실하거나 불완전하다고 인정되는 경우
2) 화재예방강화지구 등 법령에서 화재안전조사를 하도록 규정되어 있는 경우
3) 화재예방안전진단이 불성실하거나 불완전하다고 인정되는 경우
4) 국가적 행사 등 주요 행사가 개최되는 장소 및 그 주변의 관계 지역에 대하여 소방안전관리 실태를 조사할 필요가 있는 경우
5) 화재가 자주 발생하였거나 발생할 우려가 뚜렷한 곳에 대한 조사가 필요한 경우
6) 재난예측정보, 기상예보 등을 분석한 결과 소방대상물에 화재의 발생 위험이 크다고 판단되는 경우
7) 화재, 그 밖의 긴급한 상황이 발생할 경우 인명 또는 재산 피해의 우려가 현저하다고 판단되는 경우

44 성능위주설계를 실시하여야 하는 특정소방대상물의 범위 기준으로 틀린 것은?

① 연면적 200,000m² 이상인 특정소방대상물(아파트 등은 제외)
② 지하층을 포함한 층수가 30층 이상인 특정소방대상물(아파트 등은 제외)
③ 건축물의 높이가 120m 이상인 특정소방대상물(아파트 등은 제외)
④ 하나의 건축물에 영화상영관이 5개 이상인 특정소방대상물

해설⊕

성능위주설계를 해야 하는 특정소방대상물의 범위
1) 연면적 20만m² 이상인 특정소방대상물(아파트 등 제외)
2) 50층 이상(지하층 제외)이거나 지상으로부터 높이가 200m 이상인 아파트 등
3) 30층 이상(지하층 포함)이거나 지상으로부터 높이가 120m 이상인 특정소방대상물(아파트 등 제외)

4) 연면적 3만m² 이상인 특정소방대상물로서 철도 및 도시철도 시설, 공항시설
5) 창고시설 중 연면적 10만m² 이상인 것 또는 지하층의 층수가 2개층 이상이고 지하층의 바닥면적의 합이 3만m² 이상인 것
6) 하나의 건축물에 영화상영관이 10개 이상인 특정소방대상물
7) 지하연계 복합건축물에 해당하는 특정소방대상물
8) 터널 중 수저(水底)터널 또는 길이가 5,000m 이상인 것

④ 하나의 건축물에 영화상영관이 5개 이상 → 10개 이상

45 다음의 특정소방대상물 중 의료시설에 해당되는 것은?

① 동물병원 ② 치과병원
③ 의원 ④ 산후조리원

해설⊕

1) 의료시설
  ① 병원 : 종합병원, 병원, 치과병원, 한방병원, 요양병원
  ② 격리병원 : 전염병원, 마약진료소, 그 밖에 이와 비슷한 것
  ③ 정신의료기관
  ④ 장애인 의료재활시설

2) 근린생활시설
  ① 슈퍼마켓과 일용품등의 소매점 등 : 바닥면적의 합계 1,000m² 미만
  ② 휴게음식점, 제과점, 일반음식점, 기원, 노래연습장 및 단란주점(150m² 미만)
  ③ 이용원, 미용원, 목욕장, 세탁소, 독서실, 사진관, 표구점, 장의사, 동물병원
  ④ 의원, 치과의원, 한의원, 침술원, 접골원, 조산원, 산후조리원 및 안마원(안마시술소 포함) 등

46 다음 중 스프링클러설비를 의무적으로 설치하여야 하는 기준으로 틀린 것은?

① 층수가 6층 이상인 것
② 지하상가로 연면적이 1,000m² 이상인 것
③ 판매시설로 수용인원이 300인 이상인 것
④ 운동시설로 수용인원이 100인 이상인 것

해설 ⊕

스프링클러설비의 설치대상
1) 층수가 6층 이상인 특정소방대상물의 경우에는 모든 층
2) 지하상가로서 연면적 1,000m² 이상인 것
3) 판매시설, 운수시설 및 창고시설 : 바닥면적의 합계가 5,000m² 이상이거나 수용인원이 500명 이상인 경우에는 모든 층
4) 기숙사 또는 복합건축물로서 연면적 5,000m² 이상인 경우에는 모든 층
5) 문화 및 집회시설, 종교시설, 운동시설 : 수용인원이 100명 이상
6) 창고시설(물류터미널 제외) : 바닥면적 합계가 5,000m² 이상인 경우에는 모든 층
7) 지하층·무창층 또는 층수가 4층 이상인 층 : 바닥면적이 1,000m² 이상인 층
8) 특수가연물 : 지정수량 1,000배 이상

③ 판매시설로 수용인원이 300인 이상 → 500인 이상

47 자동화재탐지설비를 설치하여야 하는 특정소방대상물의 기준으로 틀린 것은?

① 지하구
② 터널로서 길이 500m 이상인 것
③ 교정시설로서 연면적 2,000m² 이상인 것
④ 복합건축물로서 연면적 600m² 이상인 것

해설 ⊕

자동화재탐지설비 설치대상

특정소방대상물	설치대상
노유자시설	연면적 400m² 이상
근린생활시설, 의료시설, 위락시설, 장례시설 및 복합건축물	연면적 600m² 이상
근린생활시설 중 목욕장, 문화 및 집회시설, 종교시설, 판매시설, 운수시설, 운동시설, 업무시설, 공장, 창고시설, 위험물 저장 및 처리시설, 항공기 및 자동차 관련 시설, 교정 및 군사시설 중 국방·군사시설, 방송통신시설, 발전시설, 관광휴게시설, 지하상가	연면적 1,000m² 이상

특정소방대상물	설치대상
교육연구시설, 수련시설, 동물 및 식물 관련 시설(기둥과 지붕만으로 구성되어 외부와 기류가 통하는 장소는 제외한다), 분뇨 및 쓰레기 처리시설, 교정 및 군사시설 또는 묘지 관련 시설	연면적 2,000m² 이상인 것
숙박시설이 있는 수련시설	수용인원 100명 이상인 것
터널	길이가 1,000m 이상인 것
공동주택 중 아파트 등·기숙사, 숙박시설, 노유자생활시설, 지하구, 판매시설 중 전통시장, 층수가 6층 이상인 건축물, 산후조리원, 조산원	모든 층
특수가연물	500배 이상

48 다음은 인명구조기구 중 공기호흡기를 설치해야 하는 특정소방대상물이다. ( ) 안에 알맞은 내용은?

- 수용인원 (㉠)명 이상인 문화 및 집회시설 중 영화상영관
- 판매시설 중 (㉡)
- 운수시설 중 지하역사
- 지하상가
- 화재안전기준에 따라 (㉢)소화설비를 설치해야 하는 특정소방대상물

① ㉠ 100 ㉡ 대규모점포 ㉢ 이산화탄소
② ㉠ 100 ㉡ 대규모점포 ㉢ 스프링클러
③ ㉠ 500 ㉡ 소규모점포 ㉢ 이산화탄소
④ ㉠ 500 ㉡ 소규모점포 ㉢ 스프링클러

해설 ⊕

인명구조기구를 설치해야 하는 특정소방대상물
1) 방열복 또는 방화복(안전모, 보호장갑 및 안전화 포함), 인공소생기 및 공기호흡기
   지하층을 포함 7층 이상인 관광호텔
2) 방열복 또는 방화복(안전모, 보호장갑 및 안전화 포함) 및 공기호흡기
   지하층을 포함 5층 이상인 병원

3) 공기호흡기
① 수용인원 100명 이상인 문화 및 집회시설 중 영화상
영관
② 판매시설 중 대규모점포
③ 운수시설 중 지하역사
④ 지하상가
⑤ 화재안전기준에 따라 이산화탄소소화설비(호스릴이
산화탄소소화설비 제외)를 설치해야 하는 특정소방대
상물

49 특정소방대상물의 소방시설 등에 대한 자체점검 기술자격자의 범위에서 '행정안전부령으로 정하는 기술자격자'는?

① 소방안전관리자로 선임된 소방설비산업기사
② 소방안전관리자로 선임된 소방설비기사
③ 소방안전관리자로 선임된 전기기사
④ 소방안전관리자로 선임된 소방시설관리사

해설⊕

종합점검

구분	기준
정의	소방시설 등의 작동점검을 포함하여 소방시설 등의 설비별 주요 구성 부품의 구조기준이 화재안전기준과 건축법 등 관련 법령에서 정하는 기준에 적합한지 여부를 점검하는 것
점검 대상	• 스프링클러설비가 설치된 특정소방대상물 • 물분무 등 소화설비 : 연면적 5,000m² 이상 (호스릴 제외, 위험물제조소 등 제외) • 다중이용업의 영업장 : 연면적이 2,000m² 이상인 것 • 제연설비가 설치된 터널 • 공공기관 : 연면적이 1,000m² 이상인 것으로서 옥내소화전설비 또는 자동화재탐지설비가 설치된 것
점검자의 자격	• 소방시설관리업에 등록된 기술인력 중 소방시설관리사 • 소방안전관리자로 선임된 소방시설관리사 및 소방기술사
점검횟수	• 연 1회 이상 • 특급 소방안전관리대상물(반기당 1회 이상)

50 소방시설관리업자가 기술인력을 변경하는 경우, 시·도지사에게 제출하여야 하는 서류로 틀린 것은?

① 소방시설관리업 등록수첩
② 변경된 기술인력의 기술자격증(자격수첩)
③ 기술인력연명부
④ 사업자등록증 사본

해설⊕

등록변경신고 시 첨부서류
1) 명칭·상호 또는 영업소재지 변경 : 소방시설관리업등록증 및 등록수첩
2) 대표자 변경 : 소방시설관리업등록증 및 등록수첩
3) 기술인력 변경
① 소방시설관리업등록수첩
② 변경된 기술인력의 기술자격증(자격수첩)
③ 기술인력연명부

51 소방시설 설치 및 관리에 관한 법률상 소방시설 등에 대하여 스스로 점검을 하지 아니하거나 관리업자 등으로 하여금 정기적으로 점검하게 하지 아니한 자에 대한 벌칙기준으로 옳은 것은?

① 6개월 이하의 징역 또는 1000만 원 이하의 벌금
② 1년 이하의 징역 또는 1000만 원 이하의 벌금
③ 3년 이하의 징역 도는 1500만 원 이하의 벌금
④ 3년 이하의 징역 또는 3000만 원 이하의 벌금

해설⊕

1년 이하의 징역 또는 1천만 원 이하의 벌금(소방시설 설치 및 관리에 관한 법률)
1) 소방시설 등에 대하여 스스로 점검을 하지 아니하거나 관리업자 등으로 하여금 정기적으로 점검하게 하지 아니한 자
2) 소방시설관리사증을 다른 사람에게 빌려주거나 빌리거나 이를 알선한 자
3) 동시에 둘 이상의 업체에 취업한 자
4) 자격정지처분을 받고 그 자격정지기간 중에 관리사의 업무를 한 자

5) 관리업의 등록증이나 등록수첩을 다른 자에게 빌려주거나 빌리거나 이를 알선한 자
6) 영업정지처분을 받고 그 영업정지기간 중에 관리업의 업무를 한 자
7) 제품검사에 합격하지 아니한 제품에 합격표시를 하거나 합격표시를 위조 또는 변조하여 사용한 자
8) 형식승인의 변경승인 또는 성능인증의 변경인증을 받지 아니한 자
9) 제품검사에 합격하지 아니한 소방용품에 성능인증을 받았다는 표시 또는 제품검사에 합격하였다는 표시를 하거나 성능인증을 받았다는 표시 또는 제품검사에 합격하였다는 표시를 위조 또는 변조하여 사용한 자
10) 우수품질인증을 받지 아니한 제품에 우수품질인증 표시를 하거나 우수품질인증 표시를 위조하거나 변조하여 사용한 자
11) 관계 공무원이 관계인의 정당한 업무를 방해하거나 출입·검사 업무를 수행하면서 알게 된 비밀을 다른 사람에게 누설한 자

52 소방시설의 하자가 발생한 경우 소방시설공사업자는 관계인으로부터 그 사실을 통보받은 날로부터 며칠 이내에 이를 보수하거나 보수일정을 기록한 하자보수 계획을 관계인에게 알려야 하는가?

① 3일 이내　　　　② 5일 이내
③ 7일 이내　　　　④ 14일 이내

해설 ✛
공사의 하자보수 등
1) 공사업자가 하자발생 통보를 받은 후 하자를 보수하거나 보수 일정을 기록한 하자보수 계획을 관계인에게 서면으로 알려야 하는 기간 : 3일 이내
2) 하자보수 대상 소방시설과 하자보수 보증기간

하자보수 대상 소방시설	하자보수 보증기간
피난기구, 유도등, 비상경보설비, 비상조명등, 비상방송설비 및 무선통신보조설비	2년
자동소화장치, 옥내소화전설비, 스프링클러설비 등, 물분무 등 소화설비, 옥외소화전설비, 자동화재탐지설비, 화재알림설비, 소화용수설비 및 소화활동설비(무선통신보조설비는 제외)	3년

53 소방시설공사업법상의 대통령령으로 정하는 특정소방대상물 소방시설공사의 완공검사를 위하여 소방본부장이나 소방서장의 현장확인 대상 범위가 아닌 것은?

① 문화 및 집회시설
② 스프링클러 소화설비가 설치되는 것
③ 연면적 10,000m² 이상이거나 11층 이상인 아파트
④ 물분무 (호스릴방식 제외) 소화설비가 설치되는 것

해설 ✛
완공검사를 위한 현장 확인 대상 특정소방대상물의 범위
1) 문화 및 집회시설, 종교시설, 판매시설, 노유자시설, 수련시설, 운동시설, 숙박시설, 창고시설, 지하상가 및 다중이용업소
2) 다음 각 목의 어느 하나에 해당하는 설비가 설치되는 특정소방대상물
　① 스프링클러설비 등
　② 물분무 등 소화설비(호스릴방식 제외)
3) 연면적 1만m² 이상이거나 11층 이상인 특정소방대상물 (아파트는 제외)
4) 지상에 노출된 가연성 가스탱크의 저장용량 합계가 1,000톤 이상인 시설
③ 연면적 10,000m² 이상이거나 11층 이상인 아파트 → 아파트는 제외

54 다음 소방시설 중 경보설비에 해당하는 것은?

① 비상방송설비　　　② 연결송수관설비
③ 비상콘센트설비　　④ 연결살수설비

해설 ✛
1) 경보설비의 종류
　① 단독경보형 감지기
　② 비상경보설비
　　• 비상벨설비
　　• 자동식사이렌설비
　③ 자동화재탐지설비　　④ 시각경보기
　⑤ 화재알림설비　　　　⑥ 비상방송설비
　⑦ 자동화재속보설비　　⑧ 통합감시시설
　⑨ 누전경보기　　　　　⑩ 가스누설경보기

2) 소화활동설비의 종류
   ① 제연설비   ② 연결송수관설비
   ③ 연결살수설비   ④ 비상콘센트설비
   ⑤ 무선통신보조설비   ⑥ 연소방지설비

55 위험물안전관리법에 대한 다음 (   ) 안에 알맞은 것은?

> "위험물"이라 함은 (㉠) 또는 (㉡) 등의 성질을 가지는 것으로서 (㉢)이 정하는 물품을 말한다.

① ㉠ 인화성   ㉡ 발화성   ㉢ 대통령령
② ㉠ 인화성   ㉡ 발화성   ㉢ 행정안전부령
③ ㉠ 가연성   ㉡ 발화성   ㉢ 대통령령
④ ㉠ 인화성   ㉡ 가연성   ㉢ 행정안전부령

해설⊕
1) 위험물 : 인화성 또는 발화성 등의 성질을 가지는 것으로서 대통령령이 정하는 물품
2) 지정수량 미만인 위험물의 저장·취급 : 시·도의 조례

56 연면적이 500m² 이상인 위험물제조소 및 일반취급소에 설치하여야 하는 경보설비는?

① 자동화재탐지설비   ② 확성장치
③ 비상경보설비   ④ 비상방송설비

해설⊕
제조소 등별로 설치하여야 하는 경보설비의 종류
1) 자동화재탐지설비
   ① 제조소 및 일반취급소
      • 연면적 500m² 이상인 것
      • 옥내에서 지정수량의 100배 이상을 취급하는 것
   ② 옥내저장소
      • 지정수량의 100배 이상을 저장 또는 취급하는 것
      • 저장창고의 연면적이 150m²를 초과하는 것
2) 자동화재탐지설비, 자동화재속보설비, 비상경보설비, 확성장치 또는 비상방송설비 중 1종 이상
   지정수량의 10배 이상을 저장 또는 취급하는 것

57 자동화재속보설비를 설치하여야 하는 특정소방대상물의 기준으로 틀린것은?

① 노유자 생활시설
② 판매시설 중 전통시장
③ 바닥면적이 1,000m² 이상인 층이 있는 수련시설
④ 바닥면적이 500m² 이상인 층이 있는 노유자시설

해설⊕
자동화재속보설비의 설치대상

특정소방대상물	적용기준
노유자 시설	바닥면적이 500m² 이상인 층이 있는 것
수련시설(숙박시설이 있는 것)	
정신병원 및 의료재활시설	
노유자 생활시설	전부
보물 또는 국보로 지정된 목조건축물	
의원, 치과의원 및 한의원으로서 입원실이 있는 시설	
조산원 및 산후조리원	
종합병원, 병원, 치과병원, 한방병원 및 요양병원	
판매시설 중 전통시장	

58 완공된 소방시설 등의 성능시험을 수행하는 자는?

① 소방시설공사업자   ② 소방공사감리업자
③ 소방시설설계업자   ④ 소방기구제조업자

해설⊕
소방공사감리자의 업무
1) 소방시설 등의 설치계획표의 적법성 검토
2) 소방시설 등 설계도서의 적합성 검토
3) 소방시설 등 설계 변경 사항의 적합성 검토
4) 소방용품의 위치·규격 및 사용 자재의 적합성 검토
5) 소방시설 등의 시공이 설계도서와 화재안전기준에 맞는지에 대한 지도·감독
6) 완공된 소방시설 등의 성능시험
7) 공사업자가 작성한 시공 상세 도면의 적합성 검토
8) 피난시설 및 방화시설의 적법성 검토
9) 실내장식물의 불연화와 방염 물품의 적법성 검토

정답   **55** ①   **56** ①   **57** ③   **58** ②

59 소방의 역사와 안전문화를 발전시키고 국민의 안전의식을 높이기 위하여 ⑦ 소방박물관과 ⓒ 소방체험관을 설립 및 운영할 수 있는 사람은?

① ⑦ : 소방정장   ⓒ : 소방본부장
② ⑦ : 소방청장   ⓒ : 시 · 도지사
③ ⑦ : 시 · 도지사   ⓒ : 시 · 도지사
④ ⑦ : 소방본부장   ⓒ : 시 · 도지사

해설 ◆

소방박물관 등의 설립과 운영

구분	소방박물관	소방체험관
설립 · 운영권자	소방청장	시 · 도지사
설립 · 운영에 필요한 사항	행정안전부령	시 · 도의 조례

60 소방시설공사업법령상 소방공사감리를 실시함에 있어 용도와 구조에서 특별히 안전성과 보안성이 요구되는 소방대상물로서 소방시설물에 대한 감리를 감리업자가 아닌 자가 감리할 수 있는 장소는?

① 정보기관의 청사
② 교도소 등 교정관련시설
③ 국방 관계시설 설치장소
④ 원자력안전법상 관계시설이 설치되는 장소

해설 ◆

감리업자가 아닌 자가 감리할 수 있는 보안성 등이 요구되는 소방대상물의 시공 장소(소방시설공사업법 시행령 제8조)
「원자력안전법」 제2조제10호에 따른 관계시설이 설치되는 장소
※ 관계시설 : 원자로의 안전에 관계되는 시설로서 대통령령으로 정하는 것

4과목 **소방전기시설의 구조 및 원리**

61 비상콘센트설비의 화재안전기준에 따른 용어의 정의 중 옳은 것은?

① "저압"이란 직류는 1kV 이하, 교류는 1.5kV 이하인 것을 말한다.
② "고압"이란 직류는 1kV를, 교류는 1.5kV를 초과하고, 7kV 이하인 것을 말한다.
③ "고압"이란 직류는 1.5kV를, 교류는 1kV를 초과하는 것을 말한다.
④ "특고압"이란 7kV를 초과하는 것을 말한다.

해설 ◆

전압의 분류

구분	저압	고압	특고압
교류	1kV 이하	1kV 초과 7kV 이하	7kV 초과
직류	1.5kV 이하	1.5kV 초과 7kV 이하	

62 소방시설용 비상전원수전설비의 화재안전기준에 따른 제1종 배전반 및 제1종 분전반의 시설기준으로 틀린 것은?

① 전선의 인입구 및 인출구는 외함에 노출하여 설치하면 아니 된다.
② 외함의 문은 2.3mm 이상의 강판과 이와 동등 이상의 강도와 내화성능이 있는 것으로 제작하여야 한다.
③ 공용배전반 및 공용분전반의 경우 소방회로와 일반회로에 사용하는 배선 및 배선용 기기는 불연재료로 구획되어야 한다.
④ 외함은 금속관 또는 금속제 가요전선관을 쉽게 접속할 수 있도록 하고, 당해 접속부분에는 단열조치를 하여야 한다.

소방설비	비상전원 용량
유도등 및 비상조명등이 설치된 장소로서 • 지하층을 제외한 층수가 11층 이상의 층 • 지하층 또는 무창층으로서 용도가 도매시장 · 소매시장 · 여객자동차터미널 · 지하역사 또는 지하상가	60분 이상
무선통신보조설비의 증폭기	30분 이상

해설⊕

제1종 배전반 및 제1종 분전반의 설치기준

1) 외함은 두께 1.6mm(전면판 및 문은 2.3mm) 이상의 강판과 이와 동등 이상의 강도와 내화성능이 있는 것으로 제작할 것
2) 외함의 내부는 외부의 열에 의해 영향을 받지 않도록 내열성 및 단열성이 있는 재료를 사용하여 단열할 것
3) 다음 각 목에 해당하는 것은 외함에 노출하여 설치할 수 있다.
   ① 표시등(불연성 또는 난연성 재료로 덮개를 설치한 것)
   ② 전선의 인입구 및 인출구
4) 외함은 금속관 또는 금속제 가요전선관을 쉽게 접속할 수 있도록 하고, 당해 접속부분에는 단열조치를 할 것
5) 공용배전반 및 공용분전반의 경우 소방회로와 일반회로에 사용하는 배선 및 배선용 기기는 불연재료로 구획되어야 할 것

① 전선의 인입구 및 인출구는 외함에 노출하여 설치하면 아니 된다. → 노출 가능

64 단독경보형 감지기에 대한 설명으로 틀린 것은?

① 단독경보형 감지기는 감지부, 경보장치, 전원이 개별로 구성되어 있다.
② 화재경보음은 감지기로부터 1m 떨어진 위치에서 85dB 이상으로 10분 이상 계속하여 경보할 수 있어야 한다.
③ 단독경보형 감지기는 수동으로 작동시험을 하고 자동복귀형 스위치에 의하여 자동으로 정위치에 복귀하여야 한다.
④ 작동되는 감지기는 작동표시등에 의하여 화재의 발생을 표시하고, 내장된 음향장치의 명동에 의하여 화재경보음을 발하여야 한다.

해설⊕

단독경보형 감지기의 일반기능

1) 화재경보음은 감지기로부터 1[m] 떨어진 위치에서 85[dB] 이상으로 10분 이상 계속하여 경보할 수 있어야 한다.
2) 자동복귀형 스위치(자동적으로 정위치에 복귀될 수 있는 스위치)에 의하여 수동으로 작동시험을 할 수 있는 기능이 있어야 한다.
3) 작동되는 경우 작동표시등에 의하여 화재의 발생을 표시하고, 내장된 음향장치의 명동에 의하여 화재경보음을 발할 수 있는 기능이 있어야 한다.
4) 주기적으로 섬광하는 전원표시등에 의하여 전원의 정상여부를 감시할 수 있는 기능이 있어야 하며, 전원의 정상상태를 표시하는 전원표시등의 섬광주기는 1초 이내의 점등과 30초에서 60초 이내의 소등으로 이루어져야 한다.
5) 단독경보형 감지기에는 스위치 조작에 의하여 화재경보를 정지시킬 수 있는 기능을 설치할 수 있다. 이 경우 화재경보 정지기능은 다음 각 목에 적합하여야 한다.

63 비상벨설비 또는 자동식 사이렌설비에는 그 설비에 대한 감시상태를 몇 시간 지속한 후 유효하게 10분 이상 경보할 수 있는 축전지설비(수신기에 내장하는 경우를 포함한다.)를 설치하여야 하는가?

① 1시간
② 2시간
③ 4시간
④ 6시간

해설⊕

소방설비별 비상전원의 용량

소방설비	비상전원 용량
• 비상경보설비(비상벨설비 또는 자동식 사이렌설비) • 비상방송설비 • 자동화재탐지설비 • 자동화재속보설비	60분 이상 감시상태 지속 10분 이상 경보
• 소화설비 • 유도등, 비상조명등 • 제연설비, 비상콘센트설비	20분 이상

① 화재경보 정지 후 15분 이내에 화재경보 정지기능이
자동적으로 해제되어 단독경보형 감지기가 정상상태
로 복귀되어야 한다.

② 화재경보 정지 표시등에 의하여 화재경보가 정지 상태
임을 경고할 수 있어야 하며, 화재경보 정지기능이 해
제된 경우에는 표시등의 경고도 함께 해제되어야 한다.

③ 화재경보정지표시등을 작동표시등과 겸용하고자 하
는 경우에는 작동표시와 화재경보음 정지 표시가 표시
등 색상에 의하여 구분될 수 있도록 하고 표시등 부근
에 작동표시와 화재경보음 정지표시를 구분할 수 있는
안내표시를 하여야 한다.

④ 화재경보 정지 스위치는 전용으로 하거나 작동시험 스
위치와 겸용하여 사용할 수 있다. 이 경우 스위치 부근
에 스위치의 용도를 표시하여야 한다.

65 비상방송설비의 화재안전기준에 따른 음향장
치의 구조 및 성능에 대한 기준이다. 다음 (   )에 들
어갈 내용으로 옳은 것은?

> • 정격전압의 (㉠)% 전압에서 음향을 발할 수 있는
> 것으로 할 것
> • (㉡)의 작동과 연동하여 작동할 수 있는 것으로
> 할 것

① ㉠ 65, ㉡ 자동화재탐지설비
② ㉠ 80, ㉡ 자동화재탐지설비
③ ㉠ 65, ㉡ 단독경보형 감지기
④ ㉠ 80, ㉡ 단독경보형 감지기

해설 ⊕

비상방송설비 설치기준

1) 확성기의 음성입력 : 실외 3W(실내 1W), 아파트 등의 실
내 2W 이상

2) 그 층의 각 부분으로부터 하나의 확성기까지의 수평거
리 : 25m 이하

3) 음량조정기를 설치하는 경우 음량조정기의 배선 : 3선식

4) 화재신고 수신 후 방송개시 소요시간 : 10초 이하

5) 조작부의 조작스위치 높이 : 바닥으로부터 0.8m 이상
1.5m 이하

6) 정격전압의 80% 전압에서 음향을 발할 수 있는 것으로
할 것

7) 자동화재탐지설비의 작동과 연동하여 작동할 수 있는 것
으로 할 것

66 비상콘센트설비의 성능인증 및 제품검사의 기
술기준에서 정하는 비상콘센트설비의 구조 및 기능
으로 적합하지 않은 것은?

① 충전부는 노출되지 아니하도록 하여야 한다.

② 비상콘센트설비의 각 접속기(콘센트를 말한다)마
다 배선용 차단기를 설치하여야 한다.

③ 외함의 전면 상단에 주전원을 감시하는 적색의 표
시등을 설치하여야 한다

④ 기기 내의 비상전원 공급용 배선은 내열배선으로,
그 밖의 배선은 내화배선 또는 내열배선으로 하여
야 하며, 배선의 접속이 정확하고 확실하여야 한다.

해설 ⊕

비상콘센트설비의 구조 및 기능

1) 작동이 확실하고 취급 점검이 쉬워야 하며 현저한 잡음이
나 장해전파를 발하지 아니하여야 한다.

2) 보수 및 부속품의 교체가 쉬워야 한다.

3) 부식에 의하여 기계적 기능에 영향을 초래할 우려가 있는
부분은 칠, 도금 등으로 유효하게 내식가공을 하거나 방
청가공을 하여야 하며 전기적 기능에 영향이 있는 단자,
나사 및 와셔 등은 동합금이나 이와 동등 이상의 내식성
능이 있는 재질을 사용하여야 한다.

4) 기기 내의 비상전원 공급용 배선은 내화배선으로, 그 밖
의 배선은 내화배선 또는 내열배선으로 하여야 하며, 배
선의 접속이 정확하고 확실하여야 한다.

5) 부품의 부착은 기능에 이상을 일으키지 아니하고 쉽게 풀
리지 아니하도록 하여야 한다.

6) 전선 이외의 전류가 흐르는 부분과 가동축 부분의 접촉력
이 충분하지 아니한 곳에는 접촉부의 접촉불량을 방지하
기 위한 적당한 조치를 하여야 한다.

7) 충전부는 노출되지 아니하도록 하여야 한다.

8) 비상콘센트설비의 각 접속기(콘센트를 말한다)마다 배선
용 차단기를 설치하여야 한다.

9) 외함(수납형의 부품 지지판을 포함한다)은 방청가공을
한 두께 1.6mm 이상의 강판, 두께 1.2mm 이상의 스테
인리스판 또는 두께 3mm 이상의 자기소화성이 있는 합
성수지를 사용하여야 한다.

10) 수납형이 아닌 비상콘센트설비는 외함에 쉽게 개폐할 수 있도록 문을 설치하여야 한다.

11) 외함에는 "비상콘센트설비"(수납형은 "비상콘센트설비 (수납형)")라고 표시한 표지를 하여야 한다.

12) 외함의 전면 상단에 주전원을 감시하는 적색의 표시등을 설치하여야 한다. 다만, 수납형의 경우에는 주전원을 감시하는 표시등을 접속할 수 있는 단자만을 설치할 수 있다.

13) 외함이 재질이 강판 등 금속재인 경우에는 접지단자를 설치하여야 한다.

67 비상방송설비의 화재안전기준에 따라 비상방송설비 음향장치의 설치기준 중 다음 (　　) 안에 들어갈 내용으로 옳은 것은?

> 층수가 (㉠)층, 공동주택의 경우에는 (㉡)층 이상의 특정소방대상물의 1층에서 발화한 때에는 발화층 · 그 직상 4개 층 및 지하층에 경보를 발할 수 있도록 하여야 한다.

① ㉠ 3, ㉡ 5
② ㉠ 5, ㉡ 11
③ ㉠ 11, ㉡ 16
④ ㉠ 11, ㉡ 30

해설 ➕
발화층 · 직상층 우선경보방식
1) 대상 : 층수가 11층(공동주택의 경우에는 16층) 이상의 특정소방대상물
2) 경보방식

발화층	경보하여야 하는 층
2층 이상의 층	발화층 및 그 직상 4개 층
1층	발화층 · 그 직상 4개 층 및 지하층
지하층	발화층 · 그 직상층 및 기타의 지하층

68 자동화재탐지설비 및 시각경보장치의 화재안전기술기준에서 정한 용어의 정의 중 (　　) 안에 알맞은 것은?

> (㉠)은 화재신호 등을 배선으로 송 · 수신하는 방식
> (㉡)은 화재신호 등을 전파에 의해 송 · 수신하는 방식

① ㉠ 무선식　　㉡ 유선식
② ㉠ 무선식　　㉡ 유 · 무선식
③ ㉠ 유선식　　㉡ 무선식
④ ㉠ 유선식　　㉡ 유 · 무선식

해설 ➕
1) 유선식 : 화재신호 등을 배선으로 송 · 수신하는 방식
2) 무선식 : 화재신호 등을 전파에 의해 송 · 수신하는 방식
3) 유 · 무선식 : 유선식과 무선식을 겸용으로 사용하는 방식
4) 경계구역 : 특정소방대상물 중 화재신호를 발신하고 그 신호를 수신 및 유효하게 제어할 수 있는 구역을 말한다.
5) 수신기 : 감지기나 발신기에서 발하는 화재신호를 직접 수신하거나 중계기를 통하여 수신하여 화재의 발생을 표시 및 경보하여 주는 장치를 말한다.
6) 중계기 : 감지기 · 발신기 또는 전기적인 접점 등의 작동에 따른 신호를 받아 이를 수신기에 전송하는 장치를 말한다.
7) 감지기 : 화재 시 발생하는 열, 연기, 불꽃 또는 연소생성물을 자동적으로 감지하여 수신기에 화재신호 등을 발신하는 장치를 말한다.
8) 발신기 : 수동누름버튼 등의 작동으로 화재 신호를 수신기에 발신하는 장치를 말한다.

69 자동화재탐지설비 및 시각경보장치의 화재안전기준에 따른 경계구역에 관한 기준이다. 다음 (　　)에 들어갈 내용으로 옳은 것은?

> 하나의 경계구역에 면적은 (㉠) 이하로 하고 한 변의 길이는 (㉡) 이하로 하여야 한다.

① ㉠ $600m^2$　　㉡ 50m
② ㉠ $600m^2$　　㉡ 100m
③ ㉠ $1,200m^2$　　㉡ 50m
④ ㉠ $1,200m^2$　　㉡ 100m

해설 ➕
자동화재탐지설비의 경계구역 설정기준
1) 층별, 면적별 경계구역
　① 하나의 경계구역이 2개 이상의 건축물에 미치지 아니하도록 할 것
　② 하나의 경계구역이 2개 이상의 층에 미치지 아니하도

록 할 것(다만, 500m² 이하의 범위 안에서는 2개의 층을 하나의 경계구역으로 할 수 있다)

③ 하나의 경계구역의 면적은 600m² 이하로 하고 한 변의 길이는 50m 이하로 할 것(다만, 주된 출입구에서 그 내부 전체가 보이는 것은 한 변의 길이가 50m의 범위 내에서 1,000m² 이하)

2) 수직구역의 경계구역
　① 별도로 경계구역 설정 : 계단, 경사로, 엘리베이터 승강로, 권상기실, 린넨슈트, 파이프 피트, 파이프 덕트 기타 이와 유사한 부분
　② 하나의 경계구역의 높이 : 45m 이하(계단 및 경사로에 한함)
　③ 지하층의 계단 및 경사로는 별도로 하나의 경계구역으로 할 것(지하층의 층수가 1일 경우는 제외)

3) 기타 경계구역
　① 외기에 면하여 상시 개방된 부분이 있는 차고 · 주차장 · 창고 등에 있어서는 외기에 면하는 각 부분으로부터 5m 미만의 범위 안에 있는 부분은 경계구역의 면적에 산입하지 아니한다.
　② 스프링클러설비 · 물분무 등 소화설비 또는 제연설비의 화재감지장치로서 화재감지기를 설치한 경우의 경계구역은 해당 소화설비의 방사구역 또는 제연구역과 동일하게 설정할 수 있다.

70 경종의 우수품질인증 기술기준에 따라 경종에 정격전압을 인가한 경우 다음 (　　) 안에 들어갈 내용으로 옳은 것은?

> 경종의 중심으로부터 1m 떨어진 위치에서 (㉠)dB 이상이어야 하며, 최소청취거리에서 (㉡)dB을 초과하지 아니하여야 한다.

① ㉠ 60, ㉡ 90　　　　② ㉠ 60, ㉡ 110
③ ㉠ 90, ㉡ 110　　　④ ㉠ 90, ㉡ 120

해설●
경종의 기능시험
경종은 정격전압을 인가하여 다음의 각 기능에 적합하여야 한다.
1) 경종의 중심으로부터 1m 떨어진 위치에서 90dB 이상이어야 하며, 최소청취거리에서 110dB을 초과하지 아니하

여야 한다.
2) 경종의 소비전류는 50mA 이하이어야 한다.

71 자동화재탐지설비 및 시각경보장치의 화재안전기준에 따른 배선의 시설기준으로 틀린 것은?

① 감지기 사이의 회로의 배선은 송배선식으로 할 것
② 감지기회로의 도통시험을 위한 종단저항은 감지기 회로의 끝부분에 설치할 것
③ 피(P)형 수신기의 감지기 회로의 배선에 있어서 하나의 공통선에 접속할 수 있는 경계구역은 5개 이하로 할 것
④ 수신기의 각 회로별 종단에 설치되는 감지기에 접속되는 배선의 전압은 감지기 정격전압의 80% 이상이어야 할 것

해설●
자동화재탐지설비의 배선 설치기준
1) 전원회로의 배선 : 내화배선, 그 밖의 배선 : 내화배선 또는 내열배선
2) 감지기 상호 간 또는 감지기로부터 수신기에 이르는 감지기회로의 배선
　① 아날로그식, 다신호식 감지기나 R형 수신기용 : 전자파 방해를 받지 아니하는 실드선
　② 그 밖의 일반배선 : 내화배선 또는 내열배선
3) 감지기 사이의 회로의 배선 : 송배선식으로 할 것
4) 절연저항 : 감지기 회로 및 부속회로의 전로와 대지 사이 및 배선 상호 간을 직류 250[V]의 절연저항측정기로 측정하여 0.1[MΩ] 이상이 되도록 할 것
5) 자동화재탐지설비의 배선 : 다른 전선과 별도의 관 · 덕트 · 몰드 또는 풀박스 등에 설치할 것(다만, 60[V] 미만의 약전류회로에 사용하는 전선으로서 각각의 전압이 같을 때에는 제외)
6) P형 수신기 및 GP형 수신기의 감지기 회로 하나의 공통선에 접속할 수 있는 경계구역 : 7개 이하로 할 것
7) 자동화재탐지설비의 감지기회로의 전로저항 : 50[Ω] 이하
8) 종단 감지기에 접속되는 배선의 전압 : 감지기 정격전압의 80[%] 이상일 것
③ 피(P)형 수신기의 감지기 회로의 배선에 있어서 하나의 공통선에 접속할 수 있는 경계구역은 5개 이하로 할 것 → 7개 이하일 것

---

72 부착높이가 6m이고 주요 구조부를 내화구조로 한 특정소방대상물 또는 그 부분에 정온식 스포트형 감지기 특종을 설치하고자 하는 경우 바닥면적 몇 m²마다 1개 이상 설치해야 하는가?

① 15 ② 25
③ 35 ④ 45

해설 ⊕

차동식, 보상식, 정온식 감지기의 부착높이 및 특정소방대상물에 따른 기준면적[m²]

부착높이 및 특정 소방대상물의 구분		감지기의 종류				
		차동식, 보상식		정온식		
		1종	2종	특종	1종	2종
4m 미만	내화구조	90	70	70	60	20
	기타 구조	50	40	40	30	15
4m 이상 8m 미만	내화구조	45	35	35	30	–
	기타 구조	30	25	25	15	–

73 불꽃감지기의 설치기준으로 틀린 것은?

① 폭발이 발생할 우려가 있는 장소에는 방수형으로 설치할 것
② 감지기를 천장에 설치하는 경우에는 감지기는 바닥을 향하여 설치할 것
③ 감지기는 화재감지를 유효하게 감지할 수 있는 모서리 또는 벽 등에 설치할 것
④ 감지기는 공칭감시거리와 공칭시야각을 기준으로 감시구역이 모두 포용될 수 있도록 설치할 것

해설 ⊕

불꽃감지기의 설치기준
1) 공칭감시거리 및 공칭시야각은 형식승인 내용에 따를 것
2) 감지기는 공칭감시거리와 공칭시야각을 기준으로 감시구역이 모두 포용될 수 있을 것
3) 감지기는 화재감지를 유효하게 감지할 수 있는 모서리 또는 벽 등에 설치할 것
4) 감지기를 천장에 설치하는 경우에는 감지기는 바닥을 향하여 설치할 것

5) 수분이 많이 발생할 우려가 있는 장소에는 방수형으로 설치할 것

① 폭발이 발생할 → 수분이 많이 발생할

74 다음은 자동화재속보설비의 속보기의 성능인증 및 제품검사의 기술기준에 따른 속보기에 대한 내용이다. ( )에 들어갈 내용으로 옳은 것은?

> 속보기는 작동신호 또는 수동작동스위치에 의한 다이얼링 후 소방관서와 전화접속이 이루어지지 않는 경우에는 최초 다이얼링을 포함하여 (㉠)회 이상 반복적으로 접속을 위한 다이얼링이 이루어져야 한다. 이 경우 매회 다이얼링 완료 후 호출은 (㉡)초 이상 지속되어야 한다.

① ㉠ 10, ㉡ 30 ② ㉠ 15, ㉡ 30
③ ㉠ 10, ㉡ 60 ④ ㉠ 15, ㉡ 60

해설 ⊕

속보기의 기능(성능인증 및 제품검사의 기술기준 제5조)
1) 작동신호를 수신하거나 수동으로 동작시키는 경우 20초 이내에 소방관서에 자동적으로 신호를 발하여 통보하되, 3회 이상 속보할 수 있어야 한다.
2) 예비전원은 자동적으로 충전되어야 하며 자동과충전방지장치가 있어야 한다.
3) 연동 또는 수동으로 소방관서에 화재발생 음성정보를 속보 중인 경우에도 송수화장치를 이용한 통화가 우선적으로 가능하여야 한다.
4) 예비전원을 병렬로 접속하는 경우에는 역충전 방지 등의 조치를 하여야 한다.
5) 예비전원은 감시상태를 60분간 지속한 후 10분 이상 동작이 지속될 수 있는 용량이어야 한다.
6) 속보기는 작동신호 또는 수동작동스위치에 의한 다이얼링 후 소방관서와 전화접속이 이루어지지 않는 경우에는 최초 다이얼링을 포함하여 10회 이상 반복적으로 접속을 위한 다이얼링이 이루어져야 한다. 이 경우 매회 다이얼링 완료 후 호출은 30초 이상 지속되어야 한다.
7) 속보기의 송수화장치가 정상위치가 아닌 경우에도 연동 또는 수동으로 속보가 가능하여야 한다.
8) 화재신호를 수신하거나 수동으로 동작시키는 경우 자동적으로 화재표시등이 점등되고 음향장치로 화재를 경보하여야 한다.

정답 72 ③ **73** ① **74** ①

75 누전경보기 전원의 설치기준 중 다음 ( ) 안에 알맞은 것은?

전원은 분전반으로부터 전용회로로 하고, 각 극에 개폐기 및 (㉠)[A] 이하의 과전류차단기(배선용 차단기에 있어서는 (㉡)[A] 이하의 것으로 각 극을 개폐할 수 있는 것)를 설치할 것

① ㉠ 15, ㉡ 30
② ㉠ 15, ㉡ 20
③ ㉠ 10, ㉡ 30
④ ㉠ 10, ㉡ 20

해설
누전경보기 전원의 설치기준
1) 전원 : 분전반으로부터 전용회로로 할 것
2) 전원의 개폐
   각 극에 개폐기 및 과전류차단기 15A 이하(배선용 차단기는 20A 이하)
3) 전원의 분기 : 다른 차단기에 따라 전원이 차단되지 아니하도록 할 것
4) 표지 : 전원의 개폐기에는 누전경보기용임을 표시한 표지를 할 것

76 누전경보기의 경보기구에 내장하는 음향장치는 사용전압에서의 음압이 무향실 내에서 정위치에 부착된 음향장치의 중심으로부터 1m 떨어진 지점에서 누전경보기는 몇 dB 이상이어야 하는가?

① 60   ② 70
③ 80   ④ 90

해설
경보기구에 내장하는 음향장치(누전경보기의 형식승인 및 제품검사의 기술기준 제4조)
1) 사용전압의 80%인 전압에서 소리를 낼 수 있을 것
2) 사용전압에서의 음압은 무향실 내에서 정위치에 부착된 음향장치의 중심으로부터 1m 떨어진 지점에서 누전경보기는 70dB 이상일 것. 다만, 고장표시장치용 등의 음압은 60dB 이상일 것

※ 설비별 음압

설비	음
자동화재탐지설비 등(경종)	90[dB]
단독경보형 감지기	85[dB]
누전경보기	70[dB]
고장표시장치용	60[dB]

77 복도통로유도등의 설치기준으로 틀린 것은?

① 복도에 설치하되 피난구유도등이 설치된 맞은편 복도에는 입체형으로 설치하거나 바닥에 설치할 것
② 구부러진 모퉁이 및 보행거리 20m마다 설치할 것
③ 바닥으로부터 높이 1.5m 이하의 위치에 설치할 것
④ 바닥에 설치하는 통로유도등은 하중에 따라 파괴되지 아니하는 강도의 것으로 할 것

해설
복도통로유도등의 설치기준
1) 복도에 설치하되 피난구유도등이 설치된 맞은편 복도에는 입체형으로 설치하거나 바닥에 설치할 것
2) 구부러진 모퉁이 및 보행거리 20m마다 설치할 것
3) 바닥으로부터 높이 1m 이하의 위치에 설치할 것(단, 지하층 또는 무창층의 용도가 도매시장·소매시장·여객자동차터미널·지하역사 또는 지하상가인 경우에는 복도·통로 중앙부분의 바닥에 설치할 것)
4) 바닥에 설치하는 통로유도등은 하중에 따라 파괴되지 아니하는 강도의 것으로 할 것

78 객석 통로의 직선부분의 길이가 25m인 영화관의 통로에 객석유도등을 설치하는 경우 최소 설치 개수는?

① 5   ② 6   ③ 7   ④ 8

해설
객석유도등의 수량 산정(소수점 이하의 수는 1로 본다)

$$설치개수 = \frac{객석\ 통로의\ 직선부분의\ 길이(m)}{4} - 1$$

설치개수 $= \dfrac{25\,\mathrm{m}}{4} - 1 = 5.25$ ∴ 6개

79 비상조명등의 화재안전기준에 따른 휴대용 비상조명등의 설치기준이다. 다음 (   )에 들어갈 내용으로 옳은 것은?

> 지하상가 및 지하역사에는 보행거리 (㉠)m 이내마다 (㉡)개 이상 설치할 것

① ㉠ 25, ㉡ 1
② ㉠ 25, ㉡ 3
③ ㉠ 50, ㉡ 1
④ ㉠ 50, ㉡ 3

해설 ➕
휴대용 비상조명등의 설치장소 및 수량
1) 숙박시설 또는 다중이용업소 : 객실 또는 영업장 안의 구획된 실마다 잘 보이는 곳에 1개 이상 설치(외부에 설치 시 출입문 손잡이로부터 1m 이내 부분)
2) 대규모점포, 영화상영관 : 보행거리 50m 이내마다 3개 이상 설치
3) 지하상가 및 지하역사 : 보행거리 25m 이내마다 3개 이상 설치

80 무선통신보조설비에서 분배기 · 분파기 및 혼합기 등의 임피던스는 몇 Ω의 것으로 하여야 하는가?

① 10
② 30
③ 50
④ 100

해설 ➕
분배기 · 분파기 및 혼합기 등의 설치기준
1) 먼지 · 습기 및 부식 등에 따라 기능에 이상을 가져오지 아니하도록 할 것
2) 임피던스는 50[Ω]의 것으로 할 것
3) 점검에 편리하고 화재 등의 재해로 인한 피해의 우려가 없는 장소에 설치할 것

1과목 소방원론

01 간이소화용구에 해당되지 않는 것은?

① 이산화탄소소화기
② 마른 모래
③ 팽창질석
④ 팽창진주암

해설 ➕

소화기구의 종류
1) 소화기
2) 간이소화용구 : 에어로졸식 소화용구, 투척용 소화용구, 소공간용 소화용구 및 소화약제 외의 것을 이용한 간이소화용구(마른 모래, 팽창질석, 팽창진주암)
3) 자동확산소화기

02 어떤 기체가 0℃, 1기압에서 부피가 11.2L, 기체질량이 22g이었다면 이 기체의 분자량은?(단, 이상기체로 가정한다.)

① 22
② 35
③ 44
④ 56

해설 ➕

이상기체 상태방정식

$$PV = nRT \qquad PV = \frac{W}{M}RT$$

여기서, P : 절대압력[atm], V : 체적[l]

n : 몰수$\left(n = \dfrac{W}{M}\right)$, W : 기체의 질량[g]

M : 분자량
R : 기체상수(0.082[atm · l / mol · K])
T : 절대온도[K]

[풀이]

P : 1[atm], V : 11.2[l], W : 22[g], M : 분자량

R : 0.082[atm · l / mol · K], T : 273+0℃[K]

$$1[\text{atm}] \times 11.2[l] = \frac{22[\text{g}]}{M} \times 0.082[\text{atm} \cdot l / \text{mol} \cdot \text{K}] \times 273[\text{K}]$$

$$M = \frac{22[\text{g}] \times 0.082[\text{atm} \cdot l / \text{mol} \cdot \text{K}] \times 273[\text{K}]}{1[\text{atm}] \times 11.2[l]} = 44$$

03 다음 중 위험물안전관리법령상 제1류 위험물에 해당하는 것은?

① 염소산나트륨
② 과염소산
③ 나트륨
④ 황린

해설 ➕

구분	염소산나트륨	과염소산	나트륨	황린
품명	제1류 위험물	제6류 위험물	제3류 위험물	제3류 위험물
지정수량	50kg	300kg	10kg	20kg

04 공기와 할론 1301의 혼합기체에서 할론 1301에 비해 공기의 확산속도는 약 몇 배인가?(단, 공기의 평균분자량은 29, 할론 1301의 분자량은 149이다.)

① 2.27배
② 3.85배
③ 5.17배
④ 6.46배

해설 ➕

1) 기체의 확산속도

$$\frac{V_B}{V_A} = \sqrt{\frac{M_A}{M_B}}$$

여기서, V_A : A기체의 확산속도[m/s]

V_B : B기체의 확산속도[m/s]

M_A : A기체의 분자량

M_B : B기체의 분자량

2) 기체의 확산속도는 그 기체의 분자량의 제곱근에 반비례한다.

[풀이]

$$\frac{V_B}{V_A} = \sqrt{\frac{149}{29}}, \ V_B = 2.27 V_A$$

여기서, V_A : 할론 1301의 확산속도[m/s]

V_B : 공기의 확산속도[m/s]

M_A : 할론 1301의 분자량

M_B : 공기의 분자량

05 위험물안전관리법상 위험물의 적재 시 혼재기준 중 혼재가 가능한 위험물로 짝지어진 것은?(단, 각 위험물은 지정수량의 10배로 가정한다.)

① 질산칼륨과 가솔린   ② 과산화수소와 황린

③ 철분과 유기과산화물   ④ 등유와 과염소산

해설 ⊕

위험물의 혼재기준

위험물의 구분	제1류	제2류	제3류	제4류	제5류	제6류
제1류		×	×	×	×	○
제2류	×		×	○	○	×
제3류	×	×		○	×	×
제4류	×	○	○		○	×
제5류	×	○	×	○		×
제6류	○	×	×	×	×	

※ ○ : 혼재 가능, × : 혼재 불가

① 질산칼륨(제1류)과 가솔린(제4류) : 혼재 불가
② 과산화수소(제6류)와 황린(제3류) : 혼재 불가
③ 철분(제2류)과 유기과산화물(제5류) : 혼재 가능
④ 등유(제4류)와 과염소산(제6류) : 혼재 불가

06 위험물에 관한 설명으로 틀린 것은?

① 유기금속화합물인 사에틸납은 물로 소화할 수 없다.
② 황린은 자연발화를 막기 위해 통상 물속에 저장한다.
③ 칼륨, 나트륨은 등유 속에 보관한다.
④ 황은 자연발화를 일으킬 가능성이 없다.

해설 ⊕

1) 사에틸납[$Pb(C_2H_5)_4$]

   ① 제3류 위험물 중 유기금속화합물이다.

   ② 대부분의 유기용매에 녹지만 물에는 녹지 않는다.

   ③ 주수소화가 가능하다.

2) 황린(P_4) : pH 9 정도의 약알칼리의 물속에 보관

3) 나트륨, 칼륨 : 경유, 등유, 유동파라핀 속에 보관

4) 황 : 제2류 위험물(가연성 고체)로서 자연발화의 위험성은 없다.

07 소화약제에 대한 내용으로 틀린 것은?

① 제3종 소화약제는 주차장에 사용할 수 없다.

② CDC는 포소화약제와 병용하여 사용할 수 있다.

③ 인산암모늄은 담홍색으로 착색되어 있다.

④ 제4종 소화약제는 $KHCO_3 + (NH_2)_2CO$이다.

해설 ⊕

① 주차장에는 A급, B급, C급 화재에 적응성이 있는 제3종 소화액제를 사용해야 한다.

② CDC(Compatible Dry Chemical)

   ㉠ CDC는 포소화약제와 함께 사용할 수 있는 분말소화약제를 의미한다.

   ㉡ 분말소화약제 중 소포성이 가장 작은 제3종 분말소화약제를 사용한다.

③, ④

종별	분자식	착색	적응화재
제1종 분말	탄산수소나트륨 ($NaHCO_3$)	백색	BC급
제2종 분말	탄산수소칼륨 ($KHCO_3$)	담회색(담자색)	BC급
제3종 분말	제1인산암모늄 ($NH_4H_2PO_4$)	담홍색	ABC급
제4종 분말	탄산수소칼륨 + 요소 ($KHCO_3 + (NH_2)_2CO$)	회색	BC급

08 폭굉(Detonation) 발생 시 화염전파속도는?

① 0.1~10m/s ② 100 ~340m/s
③ 1,000~3,500m/s ④ 10,000~35,000m/s

해설 ➕

1) 폭연(Deflagration)
   ① 화염전파속도 : 음속보다 느리다.
   ② 화염전파속도 : 0.1~10[m/s] 정도
   ③ 폭연과정 : 착화에서 압축파까지

2) 폭굉(Detonation)
   ① 밀폐구조의 배관 등에서 폭발적으로 연소하여 온도, 압력, 부피가 급격히 상승하는 현상
   ② 화염전파속도 : 음속보다 빠르다.
   ③ 화염전파속도 : 1,000~3,500[m/s] 정도
   ④ 충격파가 미연소가스를 단열압축시켜 발화점 이상 온도상승하여 폭굉파 발생

09 실내에서 화재가 발생하여 실내의 온도가 21℃에서 650℃로 되었다면, 공기의 팽창은 처음의 약 몇 배가 되는가?(단, 대기압은 공기가 유동하여 화재 전후가 같다고 가정한다.)

① 3.14 ② 4.27
③ 5.69 ④ 6.01

해설 ➕

샤를의 법칙(Charles's Law)
압력이 일정할 때 기체의 체적은 절대온도에 비례한다.

$$\frac{V_1}{T_1} = \frac{V_2}{T_2}$$

여기서, T : 절대온도[K], V : 체적[m³]

[풀이]
$T_1 : 21 + 273 = 294K$, $T_2 : 650 + 273 = 923K$
$P_1 = P_2$ (조건에서 대기압은 화재 전후가 같다)
$\dfrac{V_1}{294} = \dfrac{V_2}{923}$, $V_2 = \dfrac{923}{294} V_1$
$\therefore V_2 = 3.14 V_1$

10 화재 표면온도(절대온도)가 2배로 되면 복사에너지는 몇 배로 증가되는가?

① 2 ② 4
③ 8 ④ 16

해설 ➕

1) 스테판 – 볼츠만 법칙(Stefan – Boltzmann's Law)

$$복사열\ 플럭스\ q = \sigma T^4 [\text{W/m}^2]$$
$$복사열량\ Q = \sigma A T^4 [\text{W}]$$

2) 복사에너지의 배수 $= \dfrac{q_2}{q_1} = \dfrac{\sigma T_2^4}{\sigma T_1^4}$
$$= \dfrac{T_2^4}{T_1^4} = \dfrac{2^4}{1^4} = 16배$$

11 할로젠화합물 및 불활성 기체 소화약제 중 HCFC – 22를 82% 포함하고 있는 것은?

① IG – 541
② HFC – 227ea
③ IG – 55
④ HCFC BLEND A

해설 ➕

HCFC BLEND A(하이드로 클로로 플루오로 카본 혼화제)

소화약제	화학식
HCFC BLEND A (하이드로 클로로 플루오로 카본 혼화제)	HCFC – 123($CHCl_2CF_3$) : 4.75%
	HCFC – 22($CHClF_2$) : 82%
	HCFC – 124($CHClFCF_3$) : 9.5%
	$C_{10}H_{16}$: 3.75%

12 내화건축물의 화재에서 공기의 유통이 원활하면 연소는 급격히 진행되어 개구부에 진한 매연과 화염이 분출하고 실내는 순간적으로 화염이 충만하는 시기는?

① 초기 ② 성장기
③ 최성기 ④ 중기

해설⊕
내화건축물에서의 화재진행과정

[실제 화재 특성곡선]

1) 초기 : 발화단계로서 연소속도가 완만한 단계이다.
2) 성장기
   ① 발화열의 축적에 의해 연소가 급격히 진행되는 단계이다.
   ② 실내 전체가 화염에 휩싸이는 플래시오버 현상이 나타난다.
   ③ 실내의 산소는 충분하므로 가연물의 종류에 따라 화재크기가 지배되는 연료지배형 화재의 특성이 나타난다.
3) 최성기
   ① 최고온도가 지속되는 단계이다.
   ② 실내의 공기가 부족하게 되어 공기의 공급량에 따라 화재크기가 지배되는 환기지배형 화재의 특성이 나타난다.
4) 감쇠기
   ① 실내의 가연물이 거의 연소되어 화세는 약해지지만 실내는 상당 기간 고온으로 유지되고 연기의 농도는 서서히 낮아진다.
   ② 농연이 가득한 실내에 갑자기 신선한 공기를 공급하면 백드래프트가 발생한다.

13 내화구조에 대한 설명으로 옳지 않은 것은?

① 철근콘크리트조, 연와조, 기타 이와 유사한 구조
② 화재 시 쉽게 연소가 되지 않는 구조를 말한다.
③ 화재에 대하여 상당한 시간 동안 구조상 내력이 감소되지 않아야 한다.
④ 보통 방화구획 밖에서 진화되어 인접부분에 화기의 전달이 되어야 한다.

해설⊕
내화구조
1) 건축물의 구조부가 화재 시 일정 시간 동안 구조적으로 유해한 변형 없이 견딜 수 있는 성능을 가진 구조
2) 철근콘크리트 구조 · 철골콘크리트조 · 석조 · 연와조 · 벽돌조 등과 같이 일정 시간 동안 화재에 견딜 수 있는 성능을 가진 구조로서 국토교통부령으로 정하는 기준에 적합한 구조
3) 인접 화재로 인해 연소될 우려가 적고, 내부에서 화재가 발생해도 벽 · 기둥 · 들보 등 주요 구조부는 내력상 지장이 없어 간단한 수리로 그 건축물을 다시 사용할 수 있는 것

14 연면적이 1,000m² 이상인 건축물에 설치하는 방화벽이 갖추어야 할 기준으로 틀린 것은?

① 내화구조로서 홀로 설 수 있는 구조일 것
② 방화벽의 양쪽 끝과 위쪽 끝을 건축물의 외벽면 및 지붕면으로부터 0.1m 이상 튀어나오게 할 것
③ 방화벽에 설치하는 출입문의 너비는 2.5m 이하로 할 것
④ 방화벽에 설치하는 출입문의 높이는 2.5m 이하로 할 것

해설⊕
방화벽의 설치기준
1) 내화구조로서 홀로 설 수 있는 구조일 것
2) 방화벽의 양쪽 끝과 위쪽 끝을 건축물의 외벽면 및 지붕면으로부터 0.5m 이상 튀어나오게 할 것
3) 방화벽에 설치하는 출입문의 너비 및 높이는 각각 2.5m 이하로 하고, 해당 출입문에는 60분＋방화문 또는 60분 방화문을 설치할 것

② 외벽면 및 지붕면으로부터 0.1m 이상 → 외벽면 및 지붕면으로부터 0.5m 이상

15 화재 발생 시 주수소화가 적합하지 않은 물질은?

① 적린
② 마그네슘 분말
③ 과염소산칼륨
④ 황

해설 ➕

1) 마그네슘과 물의 반응식
$$Mg + 2H_2O \rightarrow Mg(OH)_2 + H_2 \text{(수소 발생)}$$

2) 마그네슘과 이산화탄소의 반응식
$$2Mg + CO_2 \rightarrow 2MgO + C \text{ (가연성 탄소 발생)}$$

① 적린 : 제2류 위험물(가연성 고체) → 주수소화
③ 과염소산칼륨 : 제1류 위험물(산화성 고체) → 주수소화
④ 황 : 제2류 위험물(가연성 고체) → 주수소화

16 화재하중 계산 시 목재의 단위발열량은 약 몇 kcal/kg인가?

① 3,000
② 4,500
③ 9,000
④ 12,000

해설 ➕

건축물의 화재하중

1) 정의 : 화재구역의 단위면적당 (목재로 환산한) 가연물의 양[kg/m²]

2) 화재하중의 계산

$$Q[\text{kg/m}^2] = \frac{\sum G_t H_t}{HA} = \frac{\sum G_t H_t}{4,500\,A}$$

여기서, Q : 화재하중[kg/m²]
G_t : 가연물의 양[kg]
H_t : 가연물의 단위중량당 발열량[kcal/kg]
H : 목재의 단위중량당 발열량(4,500kcal/kg)
A : 바닥면적[m²]

17 다음 위험물 중 자기반응성 물질은 어느 것인가?

① 황린
② 염소산염류
③ 알칼리토금속
④ 아조화합물

해설 ➕

제5류 위험물

1) 성질 : 자기반응성 물질
2) 소화방법 : 주수에 의한 냉각소화
3) 품명 및 지정수량

품명	지정수량
질산에스터류	
유기과산화물	
하이드록실아민	
하이드록실아민염류	
나이트로화합물	제1종 : 10[kg]
나이트로소화합물	제2종 : 100[kg]
아조화합물	
다이아조화합물	
하이드라진유도체	

① 황린 → 제3류 위험물(자연발화성 및 금수성 물질)
② 염소산염류 → 제1류 위험물(산화성 고체)
③ 알칼리토금속 → 제3류 위험물(자연발화성 및 금수성 물질)

18 건축물의 주요 구조부에 해당되지 않는 것은?

① 주계단
② 작은 보
③ 지붕틀
④ 바닥

해설 ➕

건축물의 주요 구조부

1) 내력벽
2) 보(작은 보 제외)
3) 지붕틀(차양 제외)
4) 바닥(최하층 바닥 제외)
5) 주계단(옥외계단 제외)
6) 기둥(사잇기둥 제외)

19 주요 구조부가 내화구조로 된 건축물에서 거실 각 부분으로부터 하나의 직통계단에 이르는 보행거리는 피난자의 안전상 몇 m 이하이어야 하는가?

① 50   ② 60

③ 70   ④ 80

해설⊕

거실 각 부분으로부터 하나의 직통계단에 이르는 보행거리 (건축법 시행령 제34조)

건축물의 구조	거실의 각 부분으로부터 하나의 직통계단에 이르는 보행거리
기타 구조	30미터 이하
내화구조 또는 불연재료로 된 건축물	50미터 이하
16층 이상인 공동주택	40미터 이하

20 화재의 유형별 특성에 관한 설명으로 옳은 것은?

① A급 화재는 무색으로 표시하며, 감전의 위험이 있으므로 주수소화를 엄금한다.

② B급 화재는 황색으로 표시하며, 질식소화를 통해 화재를 진압한다.

③ C급 화재는 백색으로 표시하며, 가연성이 강한 금속의 화재이다.

④ D급 화재는 청색으로 표시하며, 연소 후에 재를 남긴다.

해설⊕

화재의 분류

구분	화재의 종류	표시색	주된 소화효과
A급 화재	일반화재	백색	냉각소화
B급 화재	유류, 가스화재	황색	질식소화
C급 화재	전기화재(통전)	청색	질식소화
D급 화재	금속화재	무색	질식소화
K급 화재	주방화재	–	냉각, 질식소화

21 그림과 같은 회로에서 2[Ω]에 흐르는 전류는 몇 [A]인가?(단, 저항의 단위는 모두 [Ω]이다.)

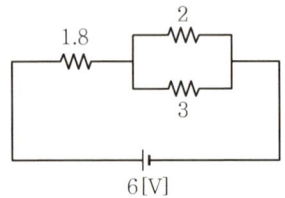

6[V]

① 0.8   ② 1.0

③ 1.2   ④ 2.0

해설⊕

1) 병렬회로의 합성저항

$$R_0 = \frac{R_1 R_2}{R_1 + R_2}[\Omega], \quad R_0 = \frac{2 \times 3}{2+3} = 1.2[\Omega]$$

2) 전체 저항 $R = 1.8 + 1.2 = 3[\Omega]$

3) 전체 전류 $I = \dfrac{V}{R} = \dfrac{6}{3} = 2[A]$

4) 2[Ω]에 흐르는 전류

$$I_1 = \frac{R_2}{R_1 + R_2} \times I = \frac{3}{2+3} \times 2 = 1.2[A]$$

22 $R - L - C$ 직렬회로의 임피던스는?

① $\dot{Z} = R + j(X_L + X_C)$

     $Z = \sqrt{R^2 + (X_L - X_C)^2}$

② $\dot{Z} = R + j(X_L + X_C)$

     $Z = \sqrt{R^2 + (X_L + X_C)^2}$

③ $\dot{Z} = R + j(X_L - X_C)$

     $Z = \sqrt{R^2 + (X_L - X_C)^2}$

④ $\dot{Z} = R + j(X_C - X_L)$

     $Z = \sqrt{R^2 + (X_C - X_L)^2}$

정답   **19** ①   **20** ②   **21** ③   **22** ③

해설 ⊕

$R-L-C$ 직렬회로의 임피던스

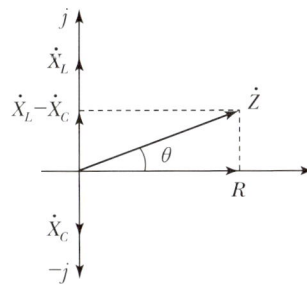

1) $\dot{Z} = R + j(X_L - X_C) = R + j(\omega L - \dfrac{1}{\omega C})$

2) $Z = \sqrt{R^2 + (X_L - X_C)^2}$
$= \sqrt{R^2 + (\omega L - \dfrac{1}{\omega C})^2}$

---

23 어떤 계를 표시하는 미분 방정식이 $5\dfrac{d^2}{dt^2}y(t)$ $+ 3\dfrac{d}{dt}y(t) - 2y(t) = x(t)$ 라고 한다. $x(t)$는 입력신호, $y(t)$는 출력신호라고 하면 이 계의 전달함수는?

① $\dfrac{1}{(s+1)(s-5)}$
② $\dfrac{1}{(s-1)(s+5)}$
③ $\dfrac{1}{(5s-1)(s+2)}$
④ $\dfrac{1}{(5s-2)(s+1)}$

해설 ⊕

1) 전달함수 $= \dfrac{\text{출력신호}}{\text{입력신호}}$, $G(s) = \dfrac{Y(s)}{X(s)}$

2) $5\dfrac{d^2}{dt^2}y(t) + 3\dfrac{d}{dt}y(t) - 2y(t) = x(t)$를 라플라스 변환하면

$5s^2 Y(s) + 3sY(s) - 2Y(s) = X(s)$, 좌변을 $Y(s)$로 묶으면

$Y(s)(5s^2 + 3s - 2) = X(s)$

$\dfrac{Y(s)}{X(s)} = \dfrac{1}{(5s^2 + 3s - 2)}$

$(5s^2 + 3s - 2)$를 인수분해하면

$\dfrac{Y(s)}{X(s)} = \dfrac{1}{(5s-2)(s+1)}$

---

3) 라플라스 변환 정리

$\mathcal{L}[y(t)] = Y(s)$, $\mathcal{L}[x(t)] = X(s)$

$\mathcal{L}[\dfrac{d}{dt}y(t)] = sY(s) - y(0)$, $y(0) = 0$이면

$\mathcal{L}[\dfrac{d}{dt}y(t)] = sY(s)$

$\mathcal{L}[\dfrac{d^2}{dt^2}y(t)] = s^2 Y(s) - sy(0) - y(0)$, $y(0) = 0$이면

$\mathcal{L}[\dfrac{d^2}{dt^2}y(t)] = s^2 Y(s)$

---

24 20[℃]의 물 2[*l*]를 64[℃]가 되도록 가열하기 위해 400[W]의 온수기를 20분 사용하였을 때 이 온수기의 효율은 약 몇 [%]인가?

① 27
② 59
③ 77
④ 89

해설 ⊕

1) 전열기의 입력

$H_i = 0.24Pt$ [kcal]

여기서, P : 전력[W], t : 시간[s]

P : 400[W], t : 20[min] $\times \dfrac{60[\text{s}]}{1[\text{min}]} = 1{,}200[\text{s}]$

$H = 0.24 \times 400 \times 1{,}200 = 115{,}200$ [cal]
$= 115.2$ [kcal]

2) 전열기의 출력

$H_o = m \cdot C \cdot \Delta T$ [kcal]

여기서, m : 질량[kg]
C : 비열[kcal/kg℃]
ΔT : 온도차[℃]

$m = 2[l] \times 1[\dfrac{\text{kg}}{l}] = 2$ [kg]

C : 물의 비열 1[kcal/kg℃]

$\Delta T = (64 - 20) = 44$℃

$H_o = 2 \times 1 \times 44 = 88$ [kcal]

3) 전열기의 효율[η]

$\eta = \dfrac{\text{출력}}{\text{입력}} \times 100$, $\eta = \dfrac{88}{115.2} \times 100 ≒ 77$ [%]

25 반도체에 빛을 쬐이면 전자가 방출되는 현상은?

① 홀효과　　　　　　② 광전효과

③ 펠티에효과　　　　④ 압전기효과

해설 ⊕
① 홀효과 : 도체 또는 반도체 내부에 흐르는 전하의 이동방향에 수직한 방향으로 자기장을 가하게 되면, 금속 내부에 전하 흐름에 수직한 방향으로 전위차가 형성되는 현상
② 광전효과 : 금속 등의 물질이 빛을 쬐이면 금속의 전자가 광자와 충돌하여 금속으로부터 튀어나오는 현상
③ 펠티에효과 : 서로 다른 두 종류의 금속으로 만들어진 폐회로에 전류를 흘리면 그 접합점에서 열이 흡수 또는 발생하는 효과
④ 압전기효과 : 물질에 압력을 가하면 표면에 전하가 발생하고, 내부에 전기장 발생

26 반지름이 30[cm]인 원판전극의 평행판 콘덴서가 있다. 전극의 간격이 0.2[cm]이며 전극 사이 유전체의 비유전율이 8.0이라면 이 콘덴서의 정전용량은 몇 [μF]인가?

① 0.04　　　　　　② 0.03

③ 0.02　　　　　　④ 0.01

해설 ⊕

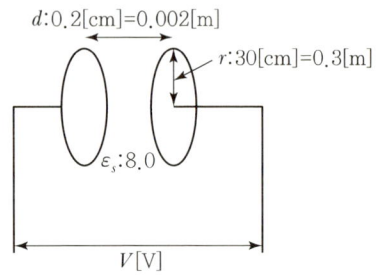

평행판 콘덴서의 정전용량

$$C = \varepsilon \frac{S}{d}$$

여기서, C : 정전용량[F], d : 극판의 간격[m]
S : 극판의 면적[m²], ε : 유전율[F/m]

[풀이]

1) 원판의 면적 $S[\text{m}^2]$

$$S = \pi r^2 = \pi \times 0.3^2 = 0.28274[\text{m}^2]$$

2) 유전율 $\varepsilon[\text{F/m}]$

$$\varepsilon = \varepsilon_0 \varepsilon_s = 8.855 \times 10^{-12} \times 8.0$$
$$= 7.084 \times 10^{-11}[\text{F/m}]$$

　여기서, ε_0 : 공기 또는 진공 중의 유전율
$$(8.855 \times 10^{-12}[\text{F/m}])$$
　　　　ε_s : 비유전율

3) 콘덴서의 정전용량

$$C = \varepsilon \frac{S}{d} = 7.084 \times 10^{-11} \times \frac{0.28274}{0.002}$$
$$= 0.00000001[\text{F}] = 0.01[\mu\text{F}]$$

27 정전용량 C[F]의 콘덴서에 W[J]의 에너지를 축적하려면 인가전압은 몇 [V]인가?

①　$\sqrt{\dfrac{W}{C}}$　　　　　② $\sqrt{\dfrac{W}{2C}}$

③　$\sqrt{\dfrac{2W}{C}}$　　　　④ $\sqrt{\dfrac{2C}{W}}$

해설 ⊕

1) 콘덴서에 축적되는 에너지 W[J]

$$W = \frac{1}{2}QV = \frac{1}{2}CV^2 = \frac{Q^2}{2C}[\text{J}]$$

　여기서, Q : 전하량[C]
　　　　V : 전압[V]
　　　　C : 정전용량[F]

2) 인가전압

$W = \dfrac{1}{2}CV^2$에서

$$V^2 = \frac{2W}{C}, \quad V = \sqrt{\frac{2W}{C}}[\text{V}]$$

28 반파 정류회로를 통해 정현파를 정류하여 얻은 반파정류파의 최댓값이 1일 때, 실효값과 평균값은?

① $\dfrac{1}{\sqrt{2}}$, $\dfrac{2}{\pi}$

② $\dfrac{1}{2}$, $\dfrac{\pi}{2}$

③ $\dfrac{1}{\sqrt{2}}$, $\dfrac{\pi}{2\sqrt{2}}$

④ $\dfrac{1}{2}$, $\dfrac{1}{\pi}$

해설 ➕

정현파 및 정현반파의 최댓값, 실효값, 평균값

파형	최댓값 (V_m)	실효값 (V)	평균값 (V_{av})	파형률	파고율
정현파	V_m	$\dfrac{V_m}{\sqrt{2}}$	$\dfrac{2V_m}{\pi}$	1.11	1.414
정현반파	V_m	$\dfrac{V_m}{2}$	$\dfrac{V_m}{\pi}$	1.57	2

1) 반파 정류의 실효값

$V = \dfrac{V_m}{2}$, 문제의 조건에서 최댓값 $V_m = 1$이므로

$V = \dfrac{1}{2}$ [V]

2) 반파 정류의 평균값

$V_{av} = \dfrac{V_m}{\pi}$, 문제의 조건에서 최댓값 $V_m = 1$이므로

$V_{av} = \dfrac{1}{\pi}$ [V]

29 교류에서 파형의 개략적인 모습을 알기 위해 사용하는 파고율과 파형률에 대한 설명으로 옳은 것은?

① 파고율 $= \dfrac{실효값}{평균값}$, 파형률 $= \dfrac{평균값}{실효값}$

② 파고율 $= \dfrac{최댓값}{실효값}$, 파형률 $= \dfrac{실효값}{평균값}$

③ 파고율 $= \dfrac{실효값}{최댓값}$, 파형률 $= \dfrac{평균값}{실효값}$

④ 파고율 $= \dfrac{최댓값}{평균값}$, 파형률 $= \dfrac{평균값}{실효값}$

해설 ➕

정현파의 파형률과 파고율

1) 파형률

교류의 전압 또는 전류의 실효값을 평균값으로 나눈 값

$$파형률 = \dfrac{실효값}{평균값} = \dfrac{\dfrac{V_m}{\sqrt{2}}}{\dfrac{2V_m}{\pi}} = \dfrac{\pi}{2\sqrt{2}} ≒ 1.111$$

2) 파고율

교류의 전압 또는 전류의 최댓값을 실효값으로 나눈 값

$$파고율 = \dfrac{최댓값}{실효값} = \dfrac{V_m}{\dfrac{V_m}{\sqrt{2}}} = \sqrt{2} ≒ 1.414$$

30 가동철편형 계기의 구조 형태가 아닌 것은?

① 흡인형

② 회전자장형

③ 반발형

④ 반발흡입형

해설 ➕

가동철편형 계기

1) 고정 코일에 흐르는 전류에 의해서 자기장이 생기고, 이 자기장 속에서 연철편을 흡인, 반발 또는 반발·흡인하는 힘을 구동 토크로 사용한 것이다.

2) 구동 토크의 발생 방법에 따라 흡인식, 반발식 또는 반발·흡인식이 있다.

3) 가동철편형 계기의 특징

① 구조가 간단하고 견고하며, 가격이 싸다.

② 분류기 없이 비교적 큰 전류까지 측정할 수 있다.

③ 눈금은 0 부근을 제외하고는 균등 눈금에 가깝게 할 수 있다.

④ 히스테리시스 오차 때문에 직류 측정은 곤란하고, 교류전용 계기로 사용된다.

⑤ 오차가 많은 결점이 있고, 감도가 높은 것은 제작이 곤란하다.

⑥ 고정 코일의 자기장이 적으므로 외부 자기장의 영향을 받기 쉽다.

31 저항만의 회로에서 전압과 전류 사이의 위상관계는?

① 전압과 전류는 동상이다.

② 전압은 전류보다 $\frac{\pi}{2}$ 만큼 앞선다.

③ 전압은 전류보다 π 만큼 앞선다.

④ 전압은 전류보다 $\frac{\pi}{2}$ 만큼 뒤진다.

해설◆

$R-L-C$ 회로의 위상관계

회로	전압과 전류의 위상관계
저항(R)만의 회로	전압과 전류는 동상이다.
코일(L)만의 회로	전압은 전류보다 $\frac{\pi}{2}$ (90°)만큼 앞선다.
콘덴서(C)만의 회로	전압은 전류보다 $\frac{\pi}{2}$ (90°)만큼 뒤진다.

32 역률이 0.8인 전동기에 200[V]의 교류전압을 가하였더니 10[A]의 전류가 흘렀다. 피상전력은 몇 [VA]인가?

① 1,000　　　　② 1,200

③ 1,600　　　　④ 2,000

해설◆

교류전력

1) 피상전력 P_a [VA]

임피던스(Z)를 모두 고려한 전력 $P_a = VI$[VA]

피상전력은 교류전압과 전류의 곱을 의미한다.

$$P_a = I^2 Z = VI = \frac{V^2}{Z}$$

2) 유효전력 P[W] : 저항(R)에서 소비되는 전력, 실제 일한 전력, 소비전력

$$P = I^2 R = VI\cos\theta = \frac{V^2}{R}$$

3) 무효전력 P_r[Var] : 리액턴스(X)에서 발생하는 전력

$$P_r = I^2 X = VI\sin\theta = \frac{V^2}{X}$$

여기서, P_a : 피상전력, P : 유효전력, P_r : 무효전력
$\sin\theta$: 무효율, $\cos\theta$: 역률

[풀이]

피상전력 $P_a = VI$ [VA]

여기서, $V = 200$[V], $I = 10$[A]

$P_a = 200 \times 10 = 2,000$[VA]

33 전기기기에서 생기는 손실 중 권선의 저항에 의하여 생기는 손실은?

① 철손　　　　　② 동손

③ 표유부하손　　④ 히스테리시스손

해설◆

① 철손 : 철심에서 나타나는 손실로, 자기장과 관련한 손실이다.

② 동손 : 구리선에 나타나는 손실로, 구리선에 존재하는 저항에 의해 열로 발생하는 손실이다.

③ 표유부하손 : 부하전류에 의해 권선 가까운 철심 등에 표유자속을 일으켜 그로 인하여 그 속에 와류손을 발생시킨다.

④ 히스테리시스손 : 철심 중에서 자속밀도가 교변하는 데 발생하는 손실이다.

34 입력신호와 출력신호가 모두 직류(DC)로서 출력이 최대 5[kW]까지로 견고성이 좋고 토크가 에너지원이 되는 전기식 증폭기기는?

① 계전기　　　　② SCR

③ 자기증폭기　　④ 앰플리다인

해설◆

앰플리다인

정속도 운전하는 직류발전기로 작은 전력을 큰 전력으로 증폭하는 기기로서 입력과 출력이 모두 직류이고 견고성이 좋고 토크가 에너지원이 된다.

1) 전기식 제어기기
  ① 정지기 : SCR, 트랜지스터, 진공관 등
  ② 회전기 : 앰플리다인

2) 공기식 제어기기 : 노즐플래퍼, 벨로즈 등

35 열처리로의 온도 제어는 어느 것에 속하는가?

① 프로그램 제어
② 정치제어
③ 추종제어
④ 비율제어

해설⊕

1) 열처리로는 컴퓨터 프로그램을 사용하여 온도를 제어한다.
2) 프로그램 제어는 미리 설정된 온도 값을 기반으로 열을 조절하며, 이를 통해 정확한 온도 제어가 가능하다.
3) 열처리로의 온도 제어는 "프로그램 제어"에 속한다.

36 논리식 $X + \overline{X}\,Y$를 간단히 하면?

① X
② $X\overline{Y}$
③ $\overline{X}\,Y$
④ $X + Y$

해설⊕

1) $X + \overline{X}\,Y = (X + \overline{X})(X + Y)$ 여기서, $(X + \overline{X}) = 1$
  $= X + Y$
2) 부울대수의 기본 정리

항등법칙	$A + 0 = A$ $A + 1 = 1$	$A \cdot 1 = A$ $A \cdot 0 = 0$
동일법칙	$A + A = A$	$A \cdot A = A$
보원법칙	$A + \overline{A} = 1$	$A \cdot \overline{A} = 0$
다중부정	$\overline{\overline{A}} = A$	
교환법칙	$A + B = B + A$	$A \cdot B = B \cdot A$
결합법칙	$A + (B + C) =$ $(A + B) + C$	$A \cdot (B \cdot C) =$ $(A \cdot B) \cdot C$
분배법칙	$A \cdot (B + C) =$ $AB + AC$	$A + B \cdot C =$ $(A + B) \cdot (A + C)$
흡수법칙	$A + A \cdot B = A$	$A \cdot (A + B) = A$

37 $v = 141\sin 377t\,[\mathrm{V}]$인 정현파 전압의 주파수는 몇 [Hz]인가?

① 50   ② 55   ③ 60   ④ 65

해설⊕

1) 순시값
  $$v = V_m \sin \omega t\,[\mathrm{V}]$$
    여기서, v : 전압의 순시값
      V_m : 전압의 최댓값($V_m = \sqrt{2}\,V$)
      $\omega[\mathrm{rad/sec}]$: 각속도, $f[\mathrm{Hz}]$: 주파수

2) $v = 141\sin 377t\,[\mathrm{V}]$에서
  $\omega = 377[\mathrm{rad/sec}]$, $\omega = 2\pi f$ 이므로 $377 = 2\pi f$
  $$f = \frac{377}{2\pi} = 60\,[\mathrm{Hz}]$$

38 국제 표준 연동 고유저항은 몇 [Ω · m]인가?

① 1.7241×10^{-9}
② 1.7241×10^{-8}
③ 1.7241×10^{-7}
④ 1.7241×10^{-6}

해설⊕

고유저항 $\rho[\Omega \cdot \mathrm{m}]$

전기 도체의 형상과 무관한 재료 고유의 전기 저항값

$$\rho = \frac{A}{l}R\,[\Omega \cdot \mathrm{m}]$$

  여기서, R : 저항[Ω]
    A : 도선의 단면적[m²]
    l : 도선의 길이[m]

$1[\Omega \cdot \mathrm{m}] = 10^6[\Omega \cdot \mathrm{mm}^2/\mathrm{m}]$

$1[\Omega \cdot \mathrm{mm}^2/\mathrm{m}] = 10^{-6}[\Omega \cdot \mathrm{m}]$

1) 연동선
  $$\rho_s = \frac{1}{58} \times 10^{-6}[\Omega \cdot \mathrm{m}] = \frac{1}{58}[\Omega \cdot \mathrm{mm}^2/\mathrm{m}]$$
2) 경동선
  $$\rho = \frac{1}{55} \times 10^{-6}[\Omega \cdot \mathrm{m}] = \frac{1}{55}[\Omega \cdot \mathrm{mm}^2/\mathrm{m}]$$

[풀이]

$$\rho_s = \frac{1}{58} \times 10^{-6}[\Omega \cdot \mathrm{m}] = 1.724 \times 10^{-8}[\Omega \cdot \mathrm{m}]$$

39 다음 그림과 같은 브리지 회로의 평형조건은?

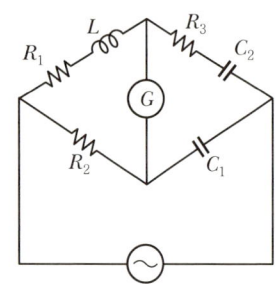

① $R_1 C_1 = R_2 C_2,\ R_2 R_3 = C_1 L$

② $R_1 C_1 = R_2 C_2,\ R_2 R_3 C_1 = L$

③ $R_1 C_2 = R_2 C_1,\ R_2 R_3 = C_1 L$

④ $R_1 C_2 = R_2 C_1,\ L = R_2 R_3 C_1$

해설 ⊕ -------

브리지의 평형조건

마주보는 대각선의 임피던스의 곱은 같다.

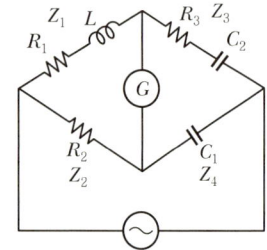

$Z_1 \times Z_4 = Z_2 \times Z_3$

$Z_1 = (R_1 + j\omega L),\ Z_2 = R_2,\ Z_3 = (R_3 + \dfrac{1}{j\omega C_2}),$

$Z_4 = \dfrac{1}{j\omega C_1}$ 라 하면

1) $(R_1 + j\omega L) \times \dfrac{1}{j\omega C_1} = R_2 \times (R_3 + \dfrac{1}{j\omega C_2})$

$\dfrac{R_1}{j\omega C_1} + \dfrac{j\omega L}{j\omega C_1} = R_2 R_3 + \dfrac{R_2}{j\omega C_2}$

$\dfrac{R_1}{j\omega C_1} + \dfrac{L}{C_1} = R_2 R_3 + \dfrac{R_2}{j\omega C_2}$

여기서, 먼저 실수부는 실수부끼리 허수부는 허수부끼리 묶는다.

2) $\dfrac{L}{C_1} = R_2 R_3,\ \ L = R_2 R_3 C_1$

3) $\dfrac{R_1}{j\omega C_1} = \dfrac{R_2}{j\omega C_2},\ \ \dfrac{R_1}{C_1} = \dfrac{R_2}{C_2},\ \ R_1 C_2 = R_2 C_1$

4) 그러므로 $R_1 C_2 = R_2 C_1,\ \ L = R_2 R_3 C_1$

40 논리식 $X = \overline{A \cdot B}$와 같은 것은?

① $X = \overline{A} + \overline{B}$　　　② $X = A + B$

③ $X = \overline{A} \cdot \overline{B}$　　　④ $X = A \cdot B$

해설 ⊕ -------

드모르간의 정리

논리식의 전체 부정을 부분 부정으로, 부분 부정을 전체 부정으로 바꾸는 데 사용한다.

$\overline{A + B} = \overline{A} \cdot \overline{B},\ \overline{A \cdot B} = \overline{A} + \overline{B}$

$A + B = \overline{\overline{A} \cdot \overline{B}},\ A \cdot B = \overline{\overline{A} + \overline{B}}$

3과목 **소방관계법규**

41 위험물안전관리법에서 정하는 용어의 정의에 대한 내용으로 알맞은 것은?

"위험물"이라 함은 (㉠) 또는 (㉡) 등의 성질을 가지는 것으로서 (㉢)이 정하는 물품을 말한다.

① ㉠ 가연성　　㉡ 발화성　　㉢ 행정안전부령

② ㉠ 인화성　　㉡ 발화성　　㉢ 행정안전부령

③ ㉠ 인화성　　㉡ 발화성　　㉢ 대통령령

④ ㉠ 가연성　　㉡ 발화성　　㉢ 대통령령

해설 ⊕ -------

용어의 정의

1) 위험물

인화성 또는 발화성 등의 성질을 가지는 것으로서 대통령령이 정하는 물품(지정수량 미만인 위험물의 저장 · 취급 : 시 · 도의 조례)

2) 지정수량

위험물의 종류별로 위험성을 고려하여 대통령령이 정하는 수량으로서 제조소 등의 설치허가 등에 있어서 최저의 기준이 되는 수량

3) 제조소

위험물을 제조할 목적으로 지정수량 이상의 위험물을 취급할 수 있도록 허가를 받은 장소

4) 저장소

지정수량 이상의 위험물을 저장하기 위한 대통령령이 정하는 장소

5) 취급소

지정수량 이상의 위험물을 제조 외의 목적으로 취급하기 위한 대통령령이 정하는 장소

6) 제조소 등 : 제조소, 저장소, 취급소

42 위험물안전관리법령상 취급하는 위험물의 최대수량이 지정수량의 10배 이하인 경우 공지의 너비 기준은?

① 2m 이하　　　　② 2m 이상

③ 3m 이하　　　　④ 3m 이상

해설 ⊕

제조소의 보유공지

취급하는 위험물의 최대수량	공지의 너비
지정수량의 10배 이하	3[m] 이상
지정수량의 10배 초과	5[m] 이상

43 화재의 예방 및 안전관리에 관한 법령상 특수가연물의 저장 및 취급의 기준 중 다음 (　　) 안에 들어갈 말로 알맞은 것은?(단, 석탄·목탄류를 발전용으로 저장하는 경우는 제외한다.)

살수설비를 설치하거나, 방사능력 범위에 해당 특수가연물이 포함되도록 대형수동식 소화기를 설치하는 경우에는 쌓는 높이를 (㉠)[m] 이하, 석탄·목탄류의 경우에는 쌓는 부분의 바닥면적을 (㉡)[m²] 이하로 할 수 있다.

① ㉠ 10, ㉡ 50　　　② ㉠ 10, ㉡ 200

③ ㉠ 15, ㉡ 200　　④ ㉠ 15, ㉡ 300

해설 ⊕

특수가연물의 쌓는 높이 및 쌓는 부분의 바닥면적

구분	살수설비 또는 대형 소화기가 없는 경우	살수설비 또는 대형 소화기가 있는 경우
쌓는 높이	10m 이하	15m 이하
쌓는 부분의 바닥면적	50m² 이하 (석탄, 목탄 200m²)	200m² 이하 (석탄, 목탄 300m²)

44 소방대상물의 관계인에 해당하지 않는 사람은?

① 소방대상물의 소유자

② 소방대상물의 점유자

③ 소방대상물의 관리자

④ 소방대상물을 검사 중인 소방공무원

해설 ⊕

용어의 정의

1) 소방대상물 : 건축물, 차량, 선박(항구에 매어둔 것), 선박 건조 구조물, 산림, 그 밖의 인공 구조물 또는 물건

2) 관계지역 : 소방대상물이 있는 장소 및 그 이웃 지역으로서 화재의 예방·경계·진압, 구조·구급 등의 활동에 필요한 지역

3) 관계인 : 소방대상물의 소유자·관리자·점유자

45 소방기본법상 소방대장의 권한이 아닌 것은?

① 공공의 소방 활동에 필요한 소화전·급수탑·저수조 등 소방용수시설의 설치 및 유지관리

② 화재, 재난·재해 그 밖의 위급한 상황이 발생한 현장에 소방활동구역을 정하여 소방활동에 필요한 사람으로서 대통령령으로 정하는 사람 외에는 그 구역에 출입하는 것을 제한

③ 사람을 구출하거나 불이 번지는 것을 막기 위하여 필요할 때에는 화재가 발생하거나 불이 번질 우려가 있는 소방대상물 및 토지를 일시적으로 사용하거나 그 사용의 제한 또는 소방활동에 필요한 처분

정답　**42** ④　**43** ④　**44** ④　**45** ①

④ 화재 진압 등 소방활동을 위하여 필요할 때에는 소방용수 외에 댐 · 저수지 또는 수영장 등의 물을 사용하거나 수도의 개폐장치 등을 조작

해설 ⊕

소방대장의 권한

1) 소방활동구역 설정 및 출입제한 : 대통령령으로 정하는 사람 외에는 그 구역에 출입하는 것을 제한
2) 소방활동 종사 명령 : 사람을 구출하는 일 또는 불을 끄거나 불이 번지지 아니하도록 하는 일을 명령
3) 강제처분 : 소방대상물 및 토지를 일시적으로 사용하거나 사용의 제한 또는 처분
4) 피난명령 : 그 구역에 있는 사람에게 그 구역 밖으로 피난할 것을 명령
5) 긴급조치 : 댐 · 저수지 또는 수영장 등의 물을 사용하거나 수도의 개폐장치
① 소방용수시설의 설치 및 유지관리 → 시 · 도지사

46 소방기본법령상 소방용수시설별 설치기준 중 틀린 것은?

① 급수탑 개폐밸브는 지상에서 1.5m 이상 1.7m 이하의 위치에 설치하도록 할 것
② 소화전은 상수도와 연결하여 지하식 또는 지상식의 구조로 하고, 소방용호스와 연결하는 소화전의 연결금속구의 구경은 100mm로 할 것
③ 저수조 흡수관의 투입구가 사각형의 경우에는 한 변의 길이가 60cm 이상, 원형의 경우에는 지름이 60cm 이상일 것
④ 저수조는 지면으로부터의 낙차가 4.5m 이하일 것

해설 ⊕

소방용수시설의 설치기준(소방기본법 시행규칙 별표3)

1) 공통기준
   ① 주거지역 · 상업지역 · 공업지역 : 수평거리 100m 이하
   ② 그 밖의 지역 : 수평거리 140m 이하

2) 소방용수시설별 설치기준
   ① 소화전
   • 상수도와 연결하여 지하식 또는 지상식의 구조로 할 것
   • 소방용호스와 연결하는 소화전의 연결금속구의 구경 : 65mm

   ② 급수탑
   • 급수배관의 구경 : 100mm 이상
   • 개폐밸브의 높이 : 지상에서 1.5m 이상 1.7m 이하의 위치에 설치할 것

   ③ 저수조
   • 지면으로부터의 낙차 : 4.5m 이하
   • 흡수부분의 수심 : 0.5m 이상
   • 흡수관의 투입구가 사각형 : 한 변의 길이가 60cm 이상
   • 흡수관의 투입구가 원형 : 지름이 60cm 이상
   • 소방펌프자동차가 쉽게 접근할 수 있을 것
   • 흡수에 지장이 없도록 토사 및 쓰레기 등을 제거할 수 있는 설비를 갖출 것
   • 저수조에 물 공급은 상수도에 연결하여 자동으로 급수되는 구조일 것

② 연결금속구의 구경은 100mm → 65mm

47 소방시설공사업법령에 따른 소방시설업 등록이 가능한 사람은?

① 피성년후견인
② 위험물안전관리법에 따른 금고 이상의 형의 집행유예를 선고받고 그 유예기간 중에 있는 사람
③ 등록하려는 소방시설업 등록이 취소된 날부터 3년이 지난 사람
④ 소방기본법에 따른 금고 이상의 실형을 선고받고 그 집행이 면제된 날부터 1년이 지난 사람

해설 ⊕

소방시설업 등록의 결격사유

1) 피성년후견인
2) 금고 이상의 실형을 선고받고 그 집행이 끝나거나 면제된 날부터 2년이 지나지 아니한 사람
3) 금고 이상의 형의 집행유예를 선고받고 그 유예기간 중에 있는 사람
4) 등록하려는 소방시설업 등록이 취소된 날부터 2년이 지나지 아니한 자
5) 법인의 대표자가 1)에서 4)까지의 규정에 해당하는 경우 그 법인
6) 법인의 임원이 제2)호부터 제4)호까지의 규정에 해당하는 경우 그 법인

48 소방기본법에서 정하는 소방안전원의 회원이 되려는 사람의 요건으로 틀린 것은?

① 소방시설 설치 및 관리에 관한 법률, 소방시설공사업법 또는 위험물안전관리법에 따라 등록을 하거나 허가를 받은 사람으로서 회원이 되려는 사람

② 소방안전관리자로 선임되거나 채용된 사람으로서 회원이 되려는 사람

③ 소방공무원으로 5년 이상 경력이 있는 사람으로서 회원이 되려는 사람

④ 위험물안전관리자로 선임되거나 채용된 사람으로서 회원이 되려는 사람

해설⊕
안전원은 소방기술과 안전관리 역량의 향상을 위하여 다음 각 호의 사람을 회원으로 관리할 수 있다.
1) 소방시설 설치 및 관리에 관한 법률, 소방시설공사업법 또는 위험물안전관리법에 따라 등록을 하거나 허가를 받은 사람으로서 회원이 되려는 사람
2) 화재의 예방 및 안전관리에 관한 법률, 소방시설공사업법 또는 위험물안전관리법에 따라 소방안전관리자, 소방기술자 또는 위험물안전관리자로 선임되거나 채용된 사람으로서 회원이 되려는 사람
3) 그 밖에 소방 분야에 관심이 있거나 학식과 경험이 풍부한 사람으로서 회원이 되려는 사람

49 피난시설, 방화구획 또는 방화시설을 폐쇄 · 훼손 · 변경 등의 행위를 3차 이상 위반한 경우에 대한 과태료 부과기준으로 옳은 것은?

① 200만 원 ② 300만 원
③ 500만 원 ④ 1000만 원

해설⊕

위반행위	과태료 금액(단위 : 만 원)		
	1차 위반	2차 위반	3차 이상
피난시설, 방화구획 또는 방화시설을 폐쇄 · 훼손 · 변경하는 등의 행위를 한 경우	100	200	300

50 소방기본법상의 벌칙으로 5년 이하의 징역 또는 5000만 원 이하의 벌금에 해당하지 않는 것은?

① 소방자동차가 화재진압 및 구조 · 구급활동을 위하여 출동할 때 그 출동을 방해한 자

② 사람을 구출하거나 불이 번지는 것을 막기 위하여 불이 번질 우려가 있는 소방대상물의 사용제한의 강제처분을 방해한 자

③ 출동한 소방대의 소방장비를 파손하거나 그 효용을 해하며 화재진압 · 인명구조 또는 구급활동을 방해한 자

④ 정당한 사유 없이 소방용수시설의 효용을 해치거나 그 정당한 사용을 방해한 자

해설⊕
5년 이하의 징역 또는 5천만 원 이하의 벌금
1) "출동한 소방대의 화재진압 및 인명구조 · 구급 등 소방활동을 방해하여서는 아니 된다."의 조항을 위반하여 다음 어느 하나에 해당하는 행위를 한 사람
  ① 위력을 사용하여 출동한 소방대의 화재진압 · 인명구조 또는 구급활동을 방해하는 행위
  ② 소방대가 화재진압 · 인명구조 또는 구급활동을 위하여 현장에 출동하거나 현장에 출입하는 것을 고의로 방해하는 행위
  ③ 출동한 소방대원에게 폭행 또는 협박을 행사하여 화재진압 · 인명구조 또는 구급활동을 방해하는 행위
  ④ 출동한 소방대의 소방장비를 파손하거나 그 효용을 해하여 화재진압 · 인명 구조 또는 구급활동을 방해하는 행위
2) 소방자동차의 출동을 방해한 사람
3) 사람을 구출하는 일 또는 불을 끄거나 불이 번지지 아니하도록 하는 일을 방해한 사람
4) 정당한 사유 없이 소방용수시설 또는 비상소화장치를 사용하거나 소방용수시설 또는 비상소화장치의 효용을 해치거나 그 정당한 사용을 방해한 사람

② 사람을 구출하거나 불이 번지는 것을 막기 위하여 불이 번질 우려가 있는 소방대상물의 사용제한의 강제처분을 방해한 자 → 3년 이하의 징역 또는 3천만 원 이하의 벌금

정답 **48** ③ **49** ② **50** ②

51 화재의 예방 및 안전관리에 관한 법령상 화재안전조사위원회의 위원의 자격에 해당하지 아니하는 사람은?

① 소방기술사

② 소방시설관리사

③ 소방 관련 분야의 석사학위 이상을 취득한 사람

④ 소방 관련 법인 또는 단체에서 소방 관련 업무에 3년 이상 종사한 사람

해설 ❶ --------------------

화재안전조사위원회

1) 인원 : 위원장 1명을 포함한 7명 이내

2) 화재안전조사위원의 자격

　① 과장급 직위 이상의 소방공무원

　② 소방기술사

　③ 소방시설관리사

　④ 소방 관련 분야의 석사학위 이상을 취득한 사람

　⑤ 소방 관련 법인 또는 단체에서 소방 관련 업무에 5년 이상 종사한 사람

④ 3년 이상 종사한 사람 → 5년 이상 종사한 사람

52 화재예방강화지구의 지정대상이 아닌 것은?

① 공장 · 창고가 밀집한 지역

② 목조건물이 밀집한 지역

③ 농촌지역

④ 시장지역

해설 ❶ --------------------

1) 화재예방강화지구 지정권자 : 시 · 도지사

2) 화재예방강화지구 지정의 요청권자 : 소방청장

3) 화재예방강화지구

　① 시장지역

　② 공장 · 창고가 밀집한 지역

　③ 목조건물이 밀집한 지역

　④ 노후 · 불량건축물이 밀집한 지역

　⑤ 위험물의 저장 및 처리 시설이 밀집한 지역

　⑥ 석유화학제품을 생산하는 공장이 있는 지역

　⑦ 산업단지, 물류단지

　⑧ 소방시설 · 소방용수시설 또는 소방출동로가 없는 지역

　⑨ 소방관서장이 화재예방강화지구로 지정할 필요가 있다고 인정하는 지역

53 신축 · 증축 · 개축 · 재축 · 대수선 또는 용도변경으로 해당 특정소방대상물의 소방안전관리자를 신규로 선임하는 경우 해당 특정소방대상물의 관계인은 특정소방대상물의 완공일로부터 며칠 이내에 소방안전관리자를 선임하여야 하는가?

① 7일　　　　　② 14일

③ 30일　　　　④ 60일

해설 ❶ --------------------

소방안전관리자의 선임

1) 소방안전관리자 선임 : 해당 사유 발생일로부터 30일 이내에 선임

2) 소방안전관리자의 선임신고 : 선임한 날부터 14일 이내 소방본부장, 소방서장에게 신고

54 총괄소방안전관리자를 선임하여야 할 특정소방대상물의 기준으로 틀린 것은?

① 지하가

② 복합건축물로서 지하층을 포함한 층수가 11층 이상인 건축물

③ 복합건축물로서 연면적 30,000m² 이상인 건축물

④ 판매시설 중 도매시장 또는 소매시장

해설 ❶ --------------------

총괄소방안전관리자 선임 대상 건축물

1) 복합건축물(지하층을 제외한 층수가 11층 이상 또는 연면적 30,000m² 이상인 건축물)

2) 지하가(지하의 인공구조물 안에 설치된 상점 및 사무실, 그 밖에 이와 비슷한 시설이 연속하여 지하도에 접하여 설치된 것과 그 지하도를 합한 것)

3) 판매시설 중 도매시장, 소매시장 및 전통시장

② 지하층을 포함한 → 지하층을 제외한 층수가 11층 이상인 건축물

정답　**51** ④　**52** ③　**53** ③　**54** ②

55 소방시설 설치 및 관리에 관한 법령상 간이스프링클러설비를 설치하여야 하는 특정소방대상물의 기쥬으로 옳은 것은?

① 근린생활시설로 사용하는 부분의 바닥면적 합계가 1,000m² 이상인 것은 모든 층
② 교육연구시설 내에 있는 합숙소로서 연면적 500m² 이상인 것
③ 정신병원과 의료재활시설을 제외한 요양병원으로 사용되는 바닥면적의 합계가 300m² 이상 600m² 미만인 시설
④ 정신의료기관 또는 의료재활시설로 사용되는 바닥면적의 합계가 600m² 미만인 시설

해설➕ -

간이스프링클러설비의 설치대상
1) 공동주택 중 연립주택 및 다세대주택(주택전용 간이스프링클러설비 설치)
2) 근린생활시설 중 다음에 해당하는 것
   ① 근린생활시설로 사용하는 부분의 바닥면적 합계가 1,000m² 이상인 것은 모든 층
   ② 의원, 치과의원 및 한의원으로서 입원실이 있는 시설
   ③ 조산원 및 산후조리원으로서 연면적 600m² 미만인 시설
3) 의료시설 중 다음에 해당하는 시설
   ① 종합병원, 병원, 치과병원, 한방병원 및 요양병원(의료재활시설은 제외한다)으로 사용되는 바닥면적의 합계가 600m² 미만인 시설
   ② 정신의료기관 또는 의료재활시설로 사용되는 바닥면적의 합계가 300m² 이상 600m² 미만인 시설
   ③ 정신의료기관 또는 의료재활시설로 사용되는 바닥면적의 합계가 300m² 미만이고, 창살이 설치된 시설
4) 교육연구시설 내에 합숙소로서 연면적 100m² 이상인 경우에는 모든 층
5) 숙박시설로 사용되는 바닥면적의 합계가 300m² 이상 600m² 미만인 시설
6) 복합건축물로서 연면적 1,000m² 이상인 것은 모든 층

56 소방시설 설치 및 관리에 관한 법령상 스프링클러설비를 설치하여야 하는 특정소방대상물의 기준 중 틀린 것은?(단, 위험물 저장 및 처리 시설 중 가스시설 또는 지하구는 제외한다.)

① 숙박이 가능한 수련시설 용도로 사용되는 시설의 바닥면적의 합계가 600m² 이상인 것은 모든 층
② 창고시설(물류터미널은 제외)로서 바닥면적 합계가 5,000m² 이상인 경우에는 모든 층
③ 판매시설, 운수시설 및 창고시설(물류터미널에 한정)로서 바닥면적의 합계가 5,000m² 이상이거나 수용인원이 500명 이상인 경우에는 모든 층
④ 복합건축물로서 연면적이 3,000m² 이상인 경우에는 모든 층

해설➕ -

스프링클러설비의 설치대상
1) 층수가 6층 이상인 특정소방대상물의 경우에는 모든 층
2) 기숙사 또는 복합건축물로서 연면적 5,000m² 이상인 경우에는 모든 층
3) 창고시설(물류터미널은 제외)로서 바닥면적 합계가 5,000m² 이상인 경우에는 모든 층
4) 판매시설, 운수시설 및 창고시설(물류터미널로 한정)로서 바닥면적의 합계가 5,000m² 이상이거나 수용인원이 500명 이상인 경우에는 모든 층
5) 다음에 해당하는 용도로 사용되는 시설의 바닥면적의 합계가 600m² 이상인 것 모든 층
   • 근린생활시설 중 조산원 및 산후조리원
   • 의료시설 중 정신의료기관
   • 의료시설 중 종합병원, 병원, 치과병원, 한방병원 및 요양병원
   • 노유자 시설
   • 숙박이 가능한 수련시설
   • 숙박시설
6) 특정소방대상물의 지하층 · 무창층(축사는 제외) 또는 층수가 4층 이상인 층으로서 바닥면적이 1,000m² 이상인 층이 있는 경우에는 해당 층
7) 지하상가로서 연면적 1,000m² 이상인 것

④ 복합건축물로서 연면적이 3,000m² 이상 → 5,000m² 이상

57 대통령령 또는 화재안전기준이 변경되어 그 기준이 강화되는 경우 기존 특정소방대상물의 소방시설 중 강화된 기준을 적용할 수 있는 소방시설은?

① 비상경보설비
② 비상방송설비
③ 비상콘센트설비
④ 옥내소화전설비

해설 ❶

소방시설기준 적용의 특례
대통령령 또는 화재안전기준이 변경되어 그 기준이 강화되는 경우 기존의 특정소방대상물의 소방시설에 대하여는 변경 전의 대통령령 또는 화재안전기준을 적용한다. 다만, 다음에 해당하는 소방시설의 경우에는 대통령령 또는 화재안전기준의 변경으로 강화된 기준을 적용할 수 있다.

1) 강화된 기준을 적용할 수 있는 소방시설
　① 소화기구
　② 비상경보설비
　③ 자동화재탐지설비
　④ 자동화재속보설비
　⑤ 피난구조설비

2) 다음의 특정소방대상물에 설치하는 소방시설
　① 전력 및 통신사업용 지하구, 공동구 : 소화기, 자동소화장치, 자동화재탐지설비, 통합감시시설, 유도등 및 연소방지설비
　② 노유자시설 : 간이스프링클러설비, 자동화재탐지설비 및 단독경보형 감지기
　③ 의료시설 : 스프링클러설비, 간이스프링클러설비, 자동화재탐지설비 및 자동화재속보설비

58 소방시설공사업법령상 소방공사감리를 실시함에 있어 용도와 구조에서 특별히 안전성과 보안성이 요구되는 소방대상물로서 소방시설물에 대한 감리를 감리업자가 아닌 자가 감리할 수 있는 장소는?

① 정보기관의 청사
② 교도소 등 교정관련시설
③ 국방 관계시설 설치장소
④ 원자력안전법상 관계시설이 설치되는 장소

해설 ❶

감리업자가 아닌 자가 감리할 수 있는 보안성 등이 요구되는 소방대상물의 시공 장소(소방시설공사업법 시행령 제8조)
「원자력안전법」제2조제10호에 따른 관계시설이 설치되는 장소
※ 관계시설 : 원자로의 안전에 관계되는 시설로서 대통령령으로 정하는 것

59 소방시설의 설치 및 관리에 관한 법률에서 정의하는 소방용품 중 소화설비를 구성하는 제품 및 기기가 아닌 것은?

① 소화전
② 누전경보기
③ 유수제어밸브
④ 기동용 수압개폐장치

해설 ❶

소방용품의 종류
1) 소화설비를 구성하는 제품 또는 기기
　① 소화기구(소화약제 외의 간이소화용구는 제외)
　② 자동소화장치
　③ 소화설비를 구성하는 소화전, 관창, 소방호스, 스프링클러헤드, 기동용 수압개폐장치, 유수제어밸브 및 가스관선택밸브

2) 경보설비를 구성하는 제품 또는 기기
　① 누전경보기 및 가스누설경보기
　② 경보설비 중 발신기, 수신기, 중계기, 감지기 및 음향장치(경종만 해당)

3) 피난구조설비를 구성하는 제품 또는 기기
　① 피난사다리, 구조대, 완강기, 간이완강기
　② 공기호흡기
　③ 피난구유도등, 통로유도등, 객석유도등 및 예비 전원이 내장된 비상조명등

4) 소화용으로 사용하는 제품 또는 기기
　① 소화약제
　② 방염제(방염액 · 방염도료 및 방염성 물질)

정답　**57** ①　**58** ④　**59** ②

60 위험물안전관리법령에 따른 정기점검의 대상인 제조소 등의 기준 중 틀린 것은?

① 지정수량의 10배 이상의 위험물을 취급하는 제조소
② 지정수량의 100배 이상의 위험물을 저장하는 옥외저장소
③ 지정수량의 150배 이상의 위험물을 저장하는 옥내저장소
④ 지정수량의 20배 이상의 위험물을 저장하는 옥외탱크저장소

해설⊕

정기점검
1) 정기점검의 횟수 : 연 1회 이상
2) 정기점검의 대상인 제조소 등
　① 예방규정을 정해야 하는 제조소 등
　　• 지정수량의 10배 이상의 위험물을 취급하는 제조소
　　• 지정수량의 100배 이상의 위험물을 저장하는 옥외저장소
　　• 지정수량의 150배 이상의 위험물을 저장하는 옥내저장소
　　• 지정수량의 200배 이상의 위험물을 저장하는 옥외탱크저장소
　　• 암반탱크저장소
　　• 이송취급소
　② 지하탱크저장소
　③ 이동탱크저장소
　④ 지하에 매설된 탱크가 있는 제조소 · 주유취급소 또는 일반취급소
④ 지정수량의 20배 이상→ 200배 이상

61 비상방송설비를 설치하여야 하는 특정소방대상물의 기준 중 틀린 것은?(단, 위험물 저장 및 처리 시설 중 가스시설, 사람이 거주하지 않는 동물 및 식물 관련 시설, 터널, 축사 및 지하구는 제외한다.)

① 연면적 3,500m² 이상인 것
② 지하층을 제외한 층수가 11층 이상인 것
③ 지하층의 층수가 3층 이상인 것
④ 50명 이상의 근로자가 작업하는 옥내작업장

해설⊕

비상방송설비 설치대상
1) 연면적 3,500m² 이상인 것
2) 지하층을 제외한 층수가 11층 이상인 것
3) 지하층의 층수가 3층 이상인 것

④ 50명 이상의 근로자가 작업하는 옥내작업장 → 비상경보설비의 설치대상이다.

62 비상콘센트설비의 화재안전기준에서 정하고 있는 저압의 정의는?

① 직류는 1,500V 이하, 교류는 1,000V 이하인 것
② 직류는 750V 이하, 교류는 380V 이하인 것
③ 직류는 750V를, 교류는 600V를 넘고 7,000V 이하인 것
④ 직류는 750V를, 교류는 380V를 넘고 7,000V 이하인 것

해설⊕

전압의 분류

구분	저압	고압	특고압
교류	1,000[V] 이하	1,000[V] 초과 7,000[V] 이하	7,000[V] 초과
직류	1,500[V] 이하	1,500[V] 초과 7,000[V] 이하	7,000[V] 초과

63 비상경보설비 및 단독경보형 감지기의 화재안전기술기준에 따른 비상벨설비 또는 자동식 사이렌설비에 대한 설명이다. 다음 (　　)의 ㉠, ㉡에 들어갈 내용으로 옳은 것은?

> 비상벨설비 또는 자동식 사이렌설비에는 그 설비에 대한 감시상태를 (㉠)분간 지속한 후 유효하게 (㉡)분 이상 경보할 수 있는 축전지설비(수신기에 내장하는 경우를 포함한다) 또는 전기저장장치(외부 전기에너지를 저장해 두었다가 필요한 때 전기를 공급하는 장치)를 설치하여야 한다.

① ㉠ : 30, ㉡ : 10　　② ㉠ : 60, ㉡ : 10

③ ㉠ : 30, ㉡ : 20　　④ ㉠ : 60, ㉡ : 20

해설⊕

소방설비별 비상전원의 용량

소방설비	비상전원용량
• 비상경보설비(비상벨설비 또는 자동식 사이렌설비) • 비상방송설비 • 자동화재탐지설비 • 자동화재속보설비	60분 이상 감시상태 지속 10분 이상 경보
• 소화설비 • 유도등, 비상조명등 • 제연설비, 비상콘센트설비	20분 이상
유도등 및 비상조명등이 설치된 장소로서 • 지하층을 제외한 층수가 11층 이상의 층 • 지하층 또는 무창층으로서 용도가 도매시장 · 소매시장 · 여객자동차터미널 · 지하역사 또는 지하상가	60분 이상
무선통신보조설비의 증폭기	30분 이상

64 비상경보설비의 구성요소로 옳은 것은?

① 기동장치, 경종, 위치표시등, 전원부

② 감지기, 경종, 기동장치, 전원부

③ 위치표시등, 감지기, 화재표시등, 전원부

④ 경종, 기동장치, 화재표시등, 감지기

해설⊕

비상경보설비의 구성

1) 기동장치, 음향장치, 표시등, 전원부, 배선으로 구성

2) 일반적으로 발신기 세트(발신기, 경종, 표시등)를 사용한다.

3) 기동장치는 발신기 세트의 누름스위치를 사용한다.

4) 감지기는 자동화재탐지설비의 구성요소로서 비상경보설비에서는 사용하지 않는다.

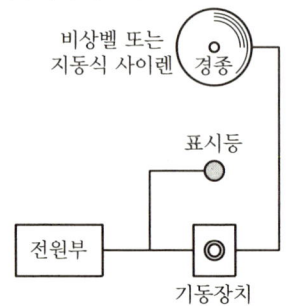

65 비상경보설비 및 단독경보형 감지기의 화재안전기술기준에 따라 비상벨설비 또는 자동식사이렌설비의 전원회로 배선 중 내열배선에 사용하는 전선의 종류가 아닌 것은?

① 버스덕트(Bus Duct)

② 600V 1종 비닐절연전선

③ 0.6/1kV EP 고무절연 클로로프렌 시스 케이블

④ 450/750V 저독성 난연 가교 폴리올레핀 절연 전선

해설⊕

내화배선, 내열배선으로 사용하는 전선의 종류

1) 450/750V 저독성 난연 가교 폴리올레핀 절연 전선

2) 0.6/1kV 가교 폴리에틸렌 절연 저독성 난연 폴리올레핀 시스 전력 케이블

3) 6/10kV 가교 폴리에틸렌 절연 저독성 난연 폴리올레핀 시스 전력용 케이블

4) 가교 폴리에틸렌 절연 비닐시스 트레이용 난연 전력 케이블

5) 0.6/1kV EP 고무절연 클로로프렌 시스 케이블

6) 300/500V 내열성 실리콘 고무 절연전선(180℃)

7) 내열성 에틸렌－비닐아세테이트 고무 절연 케이블

8) 버스덕트(Bus Duct)

66 무선통신보조설비에 사용되는 용어의 설명이 틀린 것은?

① 분배기 : 임피던스 매칭과 신호 균등분배를 위해 사용하는 장치

② 혼합기 : 두 개 이상의 입력신호를 원하는 비율로 조합한 출력이 발생하도록 하는 장치

③ 증폭기 : 신호 전송 시 신호가 약해져 수신이 불가능해지는 것을 방지하기 위해서 증폭하는 장치

④ 무선중계기 : 안테나를 통하여 수신된 무전기 신호를 증폭한 후 음영지역에 재방사하여 무전기 상호 간 송수신이 가능하도록 옥외에 설치하는 장치

해설 ⊕
용어의 정의
1) 누설동축케이블 : 동축케이블의 외부도체에 가느다란 홈을 만들어서 전파가 외부로 새어나갈 수 있도록 한 케이블
2) 분배기 : 신호의 전송로가 분기되는 장소에 설치하는 것으로 임피던스 매칭과 신호 균등분배를 위해 사용하는 장치
3) 분파기 : 서로 다른 주파수의 합성된 신호를 분리하기 위해서 사용하는 장치
4) 혼합기 : 두 개 이상의 입력신호를 원하는 비율로 조합한 출력이 발생하도록 하는 장치
5) 증폭기 : 신호 전송 시 신호가 약해져 수신이 불가능해지는 것을 방지하기 위해서 증폭하는 장치
6) 무선중계기 : 안테나를 통하여 수신된 무전기 신호를 증폭한 후 음영지역에 재방사하여 무전기 상호 간 송수신이 가능하도록 하는 장치
7) 옥외안테나 : 감시제어반 등에 설치된 무선중계기의 입력과 출력포트에 연결되어 송수신 신호를 원활하게 방사·수신하기 위해 옥외에 설치하는 장치

④ 옥외에 설치 → 옥내에 설치

67 수신기를 나타내는 소방시설 도시기호로 옳은 것은?

①  ②
③  ④

해설 ⊕
① 수신기
② 배전반
③ 부수신기
④ 중계기

68 자동화재탐지설비의 감지기 중 아날로그식, 다신호식 감지기나 R형 수신기용 감지기 배선의 전자파 방해를 방지하기 위해 사용하는 전선은?

① 반경동선 ② 리드용 1종 케이블
③ 실드선 ④ MI 케이블

해설 ⊕
R형 수신기
1) 정의 : 감지기 또는 발신기로부터 발하여지는 신호를 직접 또는 중계기를 통하여 고유신호로서 수신하여 화재의 발생을 당해 소방대상물의 관계자에게 경보하는 수신기
2) 발신기 : P형 1급 발신기 사용
3) 실드선 : 전자파 방해를 방지하기 위해 사용(R형 수신기, 아날로그식, 다신호식 감지기)
4) 기록장치 : 화재신호, 고장신호 및 외부배선으로의 신호 등을 저장

69 자동화재탐지설비 및 시각경보장치의 화재안전기술기준에 따른 중계기에 대한 시설기준으로 틀린 것은?

① 조작 및 점검에 편리하고 화재 및 침수 등의 재해로 인한 피해를 받을 우려가 없는 장소에 설치할 것

② 수신기에서 직접 감지기회로의 도통시험을 행하지 아니하는 것에 있어서는 수신기와 발신기 사이에 설치할 것

③ 수신기에 따라 감시되지 아니하는 배선을 통하여 전력을 공급받는 것에 있어서는 전원입력 측의 배선에 과전류 차단기를 설치할 것

④ 수신기에 따라 감시되지 아니하는 배선을 통하여 전력을 공급받는 것에 있어서는 해당 전원의 정전이 즉시 수신기에 표시되는 것으로 할 것

정답 66 ④ 67 ① 68 ③ 69 ②

해설➕
중계기의 설치기준
1) 수신기에서 직접 감지기회로의 도통시험을 행하지 아니하는 것에 있어서는 수신기와 감지기 사이에 설치할 것
2) 조작 및 점검에 편리하고 화재 및 침수 등의 재해로 인한 피해를 받을 우려가 없는 장소에 설치할 것
3) 수신기에 따라 감시되지 아니하는 배선을 통하여 전력을 공급받는 것에 있어서는 전원입력 측의 배선에 과전류 차단기를 설치하고 해당 전원의 정전이 즉시 수신기에 표시되는 것으로 하며, 상용전원 및 예비전원의 시험을 할 수 있도록 할 것

70 비상조명등의 형식승인 및 제품검사기술기준에 따른 예비전원의 구조 및 기능으로 틀린 것은?

① 축전지를 직렬 또는 병렬로 사용하는 경우에는 용량이 균일한 축전지를 사용하여야 한다.
② 알칼리계 2차 축전지의 방전종지전압은 셀당 1.0V이다.
③ 리튬계 2차 축전지의 방전종지전압은 셀당 2.75V이다.
④ 무보수밀폐형 연축전지의 방전종지전압은 단전지당 2.75V이다.

해설➕
비상조명등용 예비전원의 구조 및 기능
1) 축전지를 직렬 또는 병렬로 사용하는 경우에는 용량(전압, 전류)이 균일한 축전지를 사용하여야 한다.
2) 축전지의 충전시험 및 방전시험은 방전종지전압을 기준하여 시작한다. 이 경우 방전종지전압이라 함은 알칼리계 2차 축전지는 셀당 1.0V의 상태를, 리튬계 2차 축전지는 셀당 2.75V의 상태를, 무보수밀폐형 연축전지는 단전지당 1.75V의 상태를 말한다.
3) 예비전원의 안전장치시험은 1/5C 이상 1C 이하의 전류로 역충전하는 경우 5시간 이내에 안전장치가 작동하여야 하며, 외관이 부풀어오르거나 누액 등이 생기지 아니하여야 한다.

71 비상벨설비 또는 자동식 사이렌설비의 설치기준 중 틀린 것은?

① 전원은 전기가 정상적으로 공급되는 축전지, 전기저장장치 또는 교류전압의 옥내 간선으로 하고, 전원까지의 배선은 전용으로 설치하여야 한다.
② 비상벨설비 또는 자동식 사이렌설비에는 그 설비에 대한 감시상태를 60분간 지속한 후 유효하게 10분 이상 경보할 수 있는 축전지 설비(수신기에 내장하는 경우를 포함) 또는 전기저장장치를 설치하여야 한다.
③ 특정소방대상물의 층마다 설치하되, 해당 특정소방대상물의 각 부분으로부터 하나의 발신기까지의 수평거리가 25m 이하가 되도록 할 것. 다만, 복도 또는 별도로 구획된 실로서 보행거리가 50m 이상일 경우에는 추가로 설치하여야 한다.
④ 발신기의 위치표시등은 함의 상부에 설치하되, 그 불빛은 부착면으로부터 15° 이상의 범위 안에서 부착지점으로부터 10m 이내의 어느 곳에서도 쉽게 식별할 수 있는 적색등으로 설치하여야 한다.

해설➕
비상벨설비 또는 자동식 사이렌설비의 설치기준
1) 발신기
① 특정소방대상물의 층마다 설치
② 조작스위치 설치높이 : 바닥으로부터 0.8m 이상 1.5m 이하
③ 각 부분으로부터 하나의 발신기까지의 수평거리 : 25m 이하(다만, 복도 또는 별도로 구획된 실로서 보행거리가 40m 이상일 경우 추가 설치)
④ 발신기 위치표시등은 함의 상부에 설치할 것
⑤ 발신기 불빛은 부착면으로부터 15° 이상의 범위 안에서 부착지점으로부터 10m 이내의 어느 곳에서도 쉽게 식별할 수 있는 적색등으로 할 것

2) 상용전원
① 전원은 전기가 정상적으로 공급되는 축전지, 전기저장장치 또는 교류전압의 옥내 간선으로 하고, 전원까지의 배선은 전용으로 할 것
② 개폐기에는 "비상벨설비 또는 자동식사이렌설비용"이라고 표시한 표지를 할 것

3) 예비전원
　① 전원의 종류 : 축전지설비 또는 전기저장장치
　② 전원의 성능 : 감시상태를 60분간 지속한 후 유효하게 10분 이상 경보

4) 배선
　① 전원회로의 배선 : 내화배선
　　그 밖의 배선 : 내화배선 또는 내열배선
　② 절연저항 : 부속회로의 전로와 대지 사이 및 배선 상호 간을 직류 250V의 절연저항측정기로 측정하여 0.1MΩ 이상이 되도록 할 것
　③ 배선은 다른 전선과 별도의 관·덕트·몰드 또는 풀박스 등에 설치할 것(60V 미만의 약전류회로에 사용하는 전선으로서 각각의 전압이 같을 때는 제외)

③ 보행거리가 50m 이상 → 40m 이상

72 자동화재탐지설비 및 시각경보장치의 화재안전기술기준에 따라 지하층·무창층 등으로서 환기가 잘되지 아니하거나 실내면적이 40m² 미만인 장소에 설치하여야 하는 적응성이 있는 감지기가 아닌 것은?

① 불꽃감지기
② 광전식 분리형 감지기
③ 정온식 스포트형 감지기
④ 아날로그방식의 감지기

해설 ➕ -

1) 비화재보 우려 장소
　① 지하층·무창층 등으로서 환기가 잘되지 않는 장소
　② 실내면적이 40m² 미만인 장소
　③ 감지기의 부착면과 실내바닥과의 거리가 2.3m 이하인 장소로서 일시적으로 발생한 열·연기 또는 먼지 등으로 인하여 감지기가 화재신호를 발신할 우려가 있는 장소

2) 비화재보 우려 장소에 설치할 수 있는 감지기
　① 축적방식의 감지기
　② 복합형 감지기
　③ 광전식 분리형 감지기
　④ 분포형 감지기
　⑤ 불꽃감지기

　⑥ 정온식 감지선형 감지기
　⑦ 아날로그방식의 감지기
　⑧ 다신호방식의 감지기

3) 축적기능이 없는 감지기를 설치하여야 하는 장소(실보 우려 장소)
　① 급속한 연소 확대가 우려되는 장소에 사용하는 감지기
　② 교차회로방식에 사용하는 감지기
　③ 축적기능이 있는 수신기에 연결하여 사용하는 감지기

73 자동화재속보설비의 설치기준으로 틀린 것은?

① 조작스위치는 바닥으로부터 0.8m 이상 1.5m 이하의 높이에 설치한다.
② 문화재에 설치하는 자동화재속보설비는 속보기에 감지기를 직접 연결하는 방식(자동화재탐지설비 2개의 경계구역에 한함)으로 할 수 있다.
③ 속보기는 소방관서에 통신망으로 통보하도록 하며, 데이터 또는 코드전송방식을 부가적으로 설치할 수 있다.
④ 속보기는 소방청장이 정하여 고시한 「자동화재속보설비의 속보기의 성능인증 및 제품검사의 기술기준」에 적합한 것으로 설치하여야 한다.

해설 ➕ -

자동화재속보설비 설치기준
1) 자동화재탐지설비와 연동으로 작동하여 자동적으로 화재발생 상황을 소방관서에 전달되는 것으로 할 것. 이 경우 부가적으로 특정소방대상물의 관계인에게 화재발생 상황을 전달되도록 할 수 있다.(A형)
2) 조작스위치의 높이 : 바닥으로부터 0.8m 이상 1.5m 이하
3) 속보기는 소방관서에 통신망으로 통보하도록 하며, 데이터 또는 코드전송방식을 부가적으로 설치할 수 있다.
4) 문화재에 설치하는 자동화재속보설비는 속보기에 감지기를 직접 연결하는 방식(자동화재탐지설비 1개의 경계구역에 한함)으로 할 수 있다.(B형)
5) 속보기는 소방청장이 정하여 고시한 「자동화재속보설비의 속보기의 성능인증 및 제품검사의 기술기준」에 적합한 것으로 설치하여야 한다.

② 2개의 경계구역에 한함 → 1개의 경계구역에 한함

74 누전경보기의 화재안전기술기준에서 규정한 용어, 설치방법, 전원 등에 관한 설명으로 틀린 것은?

① 경계전로의 정격전류가 60A를 초과하는 전로에 있어서는 1급 누전경보기를 설치한다.

② 변류기는 옥외 인입선 제1지점의 전원 측에 설치한다.

③ 누전경보기 전원은 분전반으로부터 전용으로 하고, 각 극에 개폐기 및 15A 이하의 과전류차단기를 설치한다.

④ 누전경보기는 변류기와 수신부로 구성되어 있다.

해설⊕ --------------------------------

1) 누전경보기 설치기준
   ① 경계전로의 정격전류에 의한 분류

경계전로의 정격전류	60[A] 초과	60[A] 이하
누전경보기 종류	1급	1급 또는 2급

   ② 변류기 : 옥외 인입선의 제1지점의 부하 측 또는 제2종 접지선 측의 점검이 쉬운 위치에 설치할 것
   ③ 변류기를 옥외의 전로에 설치하는 경우에는 옥외형으로 설치할 것

2) 누전경보기의 전원
   ① 전원 : 분전반으로부터 전용회로로 할 것
   ② 전원의 개폐 : 각 극에 개폐기 및 과전류차단기 15A 이하(배선용 차단기는 20A 이하)
   ③ 전원의 분기 : 다른 차단기에 따라 전원이 차단되지 아니하도록 할 것
   ④ 표지 : 전원의 개폐기에는 누전경보기용임을 표시한 표지를 할 것

② 변류기는 옥외 인입선 제1지점의 전원 측 → 부하 측

75 광원점등방식 피난유도선의 설치기준 중 틀린 것은?

① 피난유도 표시부는 50cm 이내의 간격으로 연속되도록 설치하되 실내장식물 등으로 설치가 곤란할 경우 2m 이내로 설치할 것

② 피난유도 표시부는 바닥으로부터 높이 1m 이하의 위치 또는 바닥면에 설치할 것

③ 피난유도 제어부는 조작 및 관리가 용이하도록 바닥으로부터 0.8m 이상 1.5m 이하의 높이에 설치할 것

④ 구획된 각 실로부터 주 출입구 또는 비상구까지 설치할 것

해설⊕ --------------------------------

광원점등방식 피난유도선의 설치기준
1) 구획된 각 실로부터 주출입구 또는 비상구까지 설치할 것
2) 피난유도 표시부는 바닥으로부터 높이 1m 이하의 위치 또는 바닥면에 설치할 것
3) 피난유도 표시부는 50cm 이내의 간격으로 연속되도록 설치하되 실내장식물 등으로 설치가 곤란할 경우 1m 이내로 설치할 것
4) 수신기로부터의 화재신호 및 수동조작에 의하여 광원이 점등되도록 설치할 것
5) 피난유도 제어부는 조작 및 관리가 용이하도록 바닥으로부터 0.8m 이상 1.5m 이하의 높이에 설치할 것

① 피난유도 표시부는 50cm 이내의 간격으로 연속되도록 설치하되 실내장식물 등으로 설치가 곤란할 경우 2m 이내 → 1m 이내

76 무선통신보조설비를 설치하여야 하는 특정소방대상물의 기준 중 옳은 것은?(단, 위험물 저장 및 처리시설 중 가스시설은 제외한다.)

① 지하상가로서 연면적 500m² 이상인 것

② 터널로서 길이가 1,000m 이상인 것

③ 층수가 30층 이상인 것으로서 15층 이상 부분의 모든 층

④ 지하층의 층수가 3층 이상이고 지하층의 바닥면적의 합계가 1,000m² 이상인 것은 지하층의 모든 층

해설⊕ --------------------------------

무선통신보조설비의 설치대상
1) 지하상가 : 연면적 1,000m² 이상
2) 지하층의 바닥면적의 합계가 3,000m² 이상인 것은 지하의 모든 층
3) 지하층의 층수가 3층 이상이고 지하층의 바닥면적의 합계가 1,000m² 이상인 것은 지하층의 모든 층
4) 터널 : 길이가 500m 이상

정답 **74** ② **75** ① **76** ④

5) 공동구

6) 층수가 30층 이상인 것으로서 16층 이상 부분의 모든 층

① 지하상가로서 연면적 500m² → 1,000m² 이상

② 터널로서 길이가 1,000m → 500m 이상

③ 층수가 30층 이상인 것으로서 15층 → 16층 이상 부분의 모든 층

---

77 누전경보기의 형식승인 및 제품검사의 기술기준에서 정하는 누전경보기의 공칭작동전류치(누전경보기를 작동시키기 위하여 필요한 누설전류의 값으로서 제조자에 의하여 표시된 값을 말한다.)는 몇 mA 이하이어야 하는가?

① 50 　　　　　　② 100

③ 150 　　　　　　④ 200

해설 ⊕

공칭작동전류치 및 감도조정장치의 조정범위

구분	전류[mA]
공칭작동전류치	200 이하
감도조정장치	1,000(1A) 이하

---

78 비상경보설비를 설치하여야 할 특정소방대상물로 옳은 것은?

① 터널로서 길이가 400m 이상인 것

② 30명 이상의 근로자가 작업하는 옥내작업장

③ 지하층 또는 무창층의 바닥면적이 150m²(공연장의 경우 100m²) 이상인 것

④ 연면적 300m²(터널 또는 사람이 거주하지 않거나 벽이 없는 축사 등 동·식물 관련 시설은 제외) 이상인 것

해설 ⊕

비상경보설비의 설치대상

1) 연면적 400m² 이상인 것

2) 지하층 또는 무창층 : 바닥면적이 150m²(공연장 100m²) 이상

3) 터널 : 길이가 500m 이상

---

4) 옥내 작업장 : 50명 이상의 근로자가 작업하는 옥내작업장

① 터널로서 길이가 400m 이상인 것 → 500m 이상인 것

② 30명 이상의 근로자가 작업하는 옥내작업장 → 50명 이상의

④ 연면적 300m²(터널 또는 사람이 거주하지 않거나 벽이 없는 축사 등 동·식물 관련 시설은 제외) 이상인 것 → 연면적 400m² 이상인 것

---

79 각 실별 실내의 바닥면적이 25m²인 4개의 실에 단독경보형 감지기를 설치 시 몇 개의 실로 보아야 하는가?(단, 각 실은 이웃하고 있으며, 벽체 상부가 일부 개방되어 이웃하는 실내와 공기가 상호 유통되는 경우이다.)

① 1 　　　　　　② 2

③ 3 　　　　　　④ 4

해설 ⊕

단독경보형 감지기의 설치기준

1) 각 실마다 설치하되, 바닥면적이 150m²마다 1개 이상 설치 (각 실의 이웃하는 실내의 바닥면적이 각각 30m² 미만이고 벽체의 상부의 전부 또는 일부가 개방되어 이웃하는 실내와 공기가 상호 유통되는 경우에는 이를 1개의 실로 본다)

2) 최상층의 계단실의 천장(외기가 상통하는 계단실의 경우를 제외한다)에 설치할 것

3) 건전지를 주전원으로 사용하는 단독경보형 감지기는 정상적인 작동상태를 유지할 수 있도록 건전지를 교환할 것

4) 상용전원을 주전원으로 사용하는 단독경보형 감지기의 2차 전지는 법 제40조에 따라 제품검사에 합격한 것을 사용할 것

정답　**77** ④　**78** ③　**79** ①

80 통로유도등의 설치기준 중 틀린 것은?

① 거실의 통로가 벽체 등으로 구획된 경우에는 거실 통로유도등을 설치한다.

② 거실통로유도등은 거실통로에 기둥이 설치된 경우에는 기둥부분의 바닥으로부터 높이 1.5m 이하의 위치에 설치할 수 있다.

③ 복도통로유도등은 구부러진 모퉁이 및 보행거리 20m마다 설치한다.

④ 계단통로유도등은 바닥으로부터 높이 1m 이하의 위치에 설치한다.

해설 ⊕

통로유도등의 설치기준

1) 복도통로유도등
   ① 복도에 설치하되 피난구유도등이 설치된 출입구의 맞은편 복도에는 입체형으로 설치하거나 바닥에 설치할 것
   ② 구부러진 모퉁이 및 통로유도등을 기점으로 보행거리 20m마다 설치할 것
   ③ 바닥으로부터 높이 1m 이하의 위치에 설치할 것(단, 지하층 또는 무창층의 용도가 도매시장·소매시장·여객자동차터미널·지하역사 또는 지하상가인 경우에는 복도·통로 중앙부분의 바닥에 설치할 것)
   ④ 바닥에 설치하는 통로유도등은 하중에 따라 파괴되지 아니하는 강도의 것으로 할 것

2) 거실통로유도등
   ① 거실의 통로에 설치할 것. 다만, 거실의 통로가 벽체 등으로 구획된 경우에는 복도통로유도등을 설치할 것
   ② 구부러진 모퉁이 및 보행거리 20m마다 설치할 것
   ③ 바닥으로부터 높이 1.5m 이상의 위치에 설치할 것(단, 거실통로에 기둥이 설치된 경우에는 기둥부분의 바닥으로부터 높이 1.5m 이하의 위치에 설치할 수 있다)

3) 계단통로유도등
   ① 각 층의 경사로참 또는 계단참마다(1개 층에 경사로참 또는 계단참이 2 이상 있는 경우에는 2개의 계단참마다) 설치할 것
   ② 바닥으로부터 높이 1m 이하의 위치에 설치할 것

4) 통행에 지장이 없도록 설치할 것

5) 주위에 이와 유사한 등화광고물·게시물 등을 설치하지 아니할 것

① 거실의 통로가 벽체 등으로 구획된 경우에는 거실통로유도등 → 복도통로유도등을 설치

1과목 **소방원론**

01 철근콘크리트조로서 내화구조 벽의 기준은 두께 몇 cm 이상이어야 하는가?

① 10
② 15
③ 20
④ 25

해설 ⊕

내화구조의 기준(건축물의 피난 · 방화구조 등의 기준에 관한 규칙 제3조)

구조부의 구분	내화구조의 기준
벽	• 철근콘크리트조 또는 철골철근콘크리트조로서 두께가 10cm 이상인 것 • 골구를 철골조로 하고 그 양면을 두께 4cm 이상의 철망모르타르 또는 두께 5cm 이상의 콘크리트블록 · 벽돌 또는 석재로 덮은 것 • 철재로 보강된 콘크리트블록조 · 벽돌조 또는 석조로서 철재에 덮은 콘크리트블록 등의 두께가 5cm 이상인 것 • 벽돌조로서 두께가 19cm 이상인 것
바닥	• 철근콘크리트조 또는 철골철근콘크리트조로서 두께가 10cm 이상인 것 • 철재로 보강된 콘크리트블록조 · 벽돌조 또는 석조로서 철재에 덮은 콘크리트블록 등의 두께가 5cm 이상인 것 • 철재의 양면을 두께 5cm 이상의 철망모르타르 또는 콘크리트로 덮은 것

02 제1종 분말소화약제인 탄산수소나트륨은 어떤 색으로 착색되어 있는가?

① 담회색
② 담홍색
③ 회색
④ 백색

해설 ⊕

분말소화약제의 종류

종별	분자식	착색	적응 화재	충전비 [l/kg]
제1종 분말	탄산수소나트륨 ($NaHCO_3$)	백색	BC급	0.8
제2종 분말	탄산수소칼륨 ($KHCO_3$)	담회색 (담자색)	BC급	1.0
제3종 분말	제1인산암모늄 ($NH_4H_2PO_4$)	담홍색	ABC급	1.0
제4종 분말	탄산수소칼륨＋요소 ($KHCO_3 + (NH_2)_2CO$)	회색	BC급	1.25

03 포 소화약제 중 고팽창포로 사용할 수 있는 것은?

① 합성계면활성제포
② 불화단백포
③ 내알코올포
④ 단백포

해설 ⊕

포 소화약제의 종류

1) 수성막포 소화약제(AFFF : Aqueous Film－Forming Foam)
   ① 미국의 3M 사가 개발한 소화약제로 일명 Light Water라고 한다.
   ② 불소계 계면활성제로 유류화재에 적응성이 높다.
   ③ 내유성과 유동성은 좋지만 내열성은 좋지 않다.
   ④ 연소하고 있는 액체 위에 얇은 수성막을 형성하여 공기를 차단함으로써 질식, 냉각 소화한다.

2) 단백포 소화약제
   ① 동물성 단백질의 가수분해물에 염화제1철염의 안정제를 첨가하여 제조한 소화약제이다.
   ② 변질의 우려가 있어 약제를 자주 교환하여야 하고 냄새가 고약하다.

3) 합성계면활성제포 소화약제
  ① 계면활성제가 주성분이며 안정제를 첨가한 소화약제이다.
  ② 저팽창포와 고팽창포에서 모두 사용 가능하다.

4) 불화단백포 소화약제
  ① 단백포와 유사한 약제에 불소계 계면활성제를 첨가한 것
  ② 내유성이 좋아 표면하 주입방식에 사용 가능하다.

5) 내알코올포 소화약제
  ① 단백질의 가수분해 생성물과 합성세제 등을 주성분으로 제조하며 일반포로서는 소화작용이 어려운 수용성 액체(알코올류, 에스터류, 케톤류 등) 위험물의 소화에 적합
  ② 종류 : 금속비누형, 고분자겔형, 불화단백형

04 정전기에 의한 발화를 방지하기 위한 예방대책으로 옳지 않은 것은?

① 접지시설을 한다.
② 습도를 일정수준 이상으로 유지한다.
③ 공기를 이온화한다.
④ 부도체 물질을 사용한다.

해설⊕

정전기
1) 정의 : 전류가 흐르지 않고 축적되어 있는 전기로서 방전 현상을 일으킬 때 최소발화에너지 이상의 에너지를 방출하면 점화원으로 작용한다.
2) 정전기에 의한 화재 발생 메커니즘
  전하의 발생 → 전하의 축적 → 방전 → 발화
3) 정전기 방지대책
  ① 접지 및 본딩한다.
  ② 상대습도를 70% 이상 유지한다.
  ③ 공기를 이온화한다.

05 물은 100℃에서 기화될 때 체적이 증가하는데 다음 중 이로 인해 기대할 수 있는 가장 큰 소화효과는?

① 타격효과
② 촉매효과
③ 제거효과
④ 질식효과

해설⊕

물소화약제의 특징
1) 분자 간의 결합은 수소결합으로 증발잠열이 크다.
2) 증발잠열은 539cal/g으로 냉각효과가 우수하다.
3) 대기압하에서 100℃의 물이 액체에서 수증기로 바뀌면 체적은 약 1,700배 정도 증가하여 질식효과가 발생한다.
4) 무상주수하면 유화효과에 의해 중질유화재에 적응성이 있다.
5) 수손피해의 우려가 있다.

06 화씨 95도를 켈빈(Kelvin)온도로 나타내면 약 몇 K인가?

① 178
② 252
③ 308
④ 368

해설⊕

여러 가지 온도 단위
1) 섭씨[℃]
  1atm에서의 물의 어는점을 0도, 끓는점을 100도로 정한 온도 체계
2) 화씨[℉]
  물이 어는 온도는 32도(섭씨 0도)이며, 끓는 온도는 212도(섭씨 100도)이고, 이 사이의 온도는 180등분된다.
  $$℉ = \frac{9}{5} \times ℃ + 32$$
  여기서, ℉ : 화씨, ℃ : 섭씨
3) 켈빈온도[K]
  켈빈은 절대온도를 측정하는 단위이다. 0[K]은 절대 영도이며, 섭씨 0도는 273.15K에 해당한다.
  $$K = 273 + ℃$$
  여기서, K : 켈빈온도, ℃ : 섭씨
4) 랭킨온도[℉R]
  $$℉R = ℉ + 460$$
  여기서, ℉R : 랭킨온도, ℉ : 화씨

정답 **04** ④ **05** ④ **06** ③

[풀이]

1) 화씨를 섭씨로 변환

$$°F = \frac{9}{5} × °C + 32, \quad 95 = \frac{9}{5} × °C + 32$$

$$°C = (95-32) × \frac{5}{9} = 35[°C]$$

2) 섭씨를 켈빈온도로 변환

$$K = 273 + °C$$
$$= 273 + 35[°C] = 308[K]$$

07 다음 중 고체 가연물이 덩어리보다 가루일 때 연소되기 쉬운 이유로 가장 적합한 것은?

① 발열량이 작아지기 때문이다.

② 공기와 접촉면이 커지기 때문이다.

③ 열전도율이 커지기 때문이다.

④ 활성화 에너지가 커지기 때문이다.

해설⊕

가연물이 될 수 있는 조건

1) 발열량이 클 것

2) 산소와의 친화력이 좋을 것

3) 표면적이 넓을 것(공기와 접촉면적이 커진다.)

4) 활성화 에너지가 작을 것

5) 열전도도가 작을 것

08 다음 중 제2류 위험물에 해당하는 것은?

① 황   ② 질산칼륨

③ 칼륨   ④ 톨루엔

해설⊕

제2류 위험물

1) 성질 : 가연성 고체

2) 품명 및 지정수량

위험 등급	품명	지정수량
II	황화인	100[kg]
	적린	
	황(순도 60[w%] 이상)	

위험 등급	품명	지정수량
III	철분(철의 분말로서 53[μm]의 표준체를 통과하는 것이 50[w%] 미만인 것은 제외)	500[kg]
	마그네슘 • 2[mm]체를 통과하지 아니하는 덩어리 상태의 것은 제외 • 직경 2[mm] 이상의 막대 모양의 것은 제외	
	금속분 • 구리분·니켈분 제외 • 150[μm]체를 통과하는 것이 50[w%] 미만 제외	
	인화성 고체(고형알코올, 그 밖에 1기압에서 인화점이 섭씨 40도 미만인 고체)	1,000[kg]

② 질산칼륨 → 제1류 위험물

③ 칼륨 → 제3류 위험물

④ 톨루엔 → 제4류 위험물 중 제1석유류

09 연소점에 관한 설명으로 옳은 것은?

① 점화원 없이 스스로 불이 붙는 최저온도

② 산화하면서 발생된 열이 축적되어 불이 붙는 최저 온도

③ 점화원에 의해 불이 붙는 최저 온도

④ 인화 후 일정시간 이상 연소상태를 계속 유지할 수 있는 온도

해설⊕

1) 가연성 가스의 연소범위

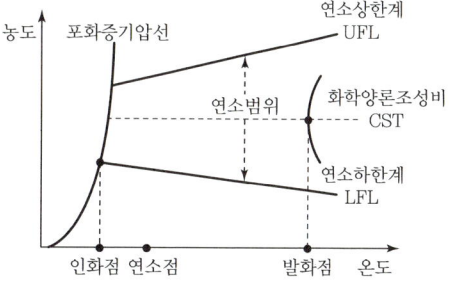

2) 인화점, 연소점, 발화점
① 인화점(Flash Point)
- 가연성 혼합기(연소범위)를 형성할 수 있는 최저온도를 인화점이라 한다.
- 인화점이 낮을수록 위험성이 커진다.
- 인화점 이하에서는 점화원을 가하여도 불꽃연소는 발생하지 않는다.
② 연소점(Fire Point)
- 연소상태를 지속하기 위한 온도로서 인화점보다 5~10[℃] 정도 높다.
- 인화점에서는 점화원을 제거하면 연소가 중단되나 연소점에서는 점화원을 제거해도 연소가 지속된다.
③ 발화점(착화점, Ignition Point)
- 점화원을 가하지 않아도 스스로 착화될 수 있는 최저온도를 발화점이라 한다.
- 발화점이 낮을수록 위험성이 커진다.

10 황의 주된 연소 형태는?

① 표면연소   ② 증발연소
③ 분해연소   ④ 자기연소

해설 ⊕ ------------------------------

고체의 연소형태
1) 표면연소 : 고체의 표면에서 고체 자체가 연소하는 현상으로 가연성 기체가 발생되지 않아 불꽃이 없는 연소를 하는 형태(표면연소＝응축연소＝작열연소)
예 숯, 목탄, 코크스, 금속분 등

2) 증발연소 : 고체 가연물이 승화 또는 액화 후 기화되어 그 기체가 공기와 혼합하여 가연성 혼합기를 형성한 후 점화원에 의해 연소하는 형태
예 황, 나프탈렌, 파라핀, 왁스 등

3) 분해연소 : 고체 가연물이 온도상승에 의해 열분해되어 가연성 기체를 발생시키고 공기와 혼합하여 가연성 혼합기를 형성한 후 점화원에 의해 연소하는 형태
예 목재, 고무, 종이, 플라스틱 등

4) 자기연소 : 가연물 스스로 산소공급원을 함유하고 있는 물질의 연소형태이다. 외부의 산소공급 없이도 연소가 진행될 수 있어 연소속도가 매우 빨라 폭발적으로 연소한다.
예 질산에스터류, 셀룰로이드류, 나이트로화합물류 등 (제5류 위험물)

11 'FM200'이라는 상품명을 가지며 오존파괴지수(ODP)가 0인 할론 대체 소화약제는 무슨 계열인가?

① HFC 계열   ② HCFC 계열
③ FC 계열   ④ Blend 계열

해설 ⊕ ------------------------------

HFC－227ea(헵타플로오로프로판)
1) 상품명 : FM200
2) 화학식 : CF_3CHFCF_3
3) HFC 계열의 소화약제로 ODP가 0이다.
4) ALT : 31~42년으로 대기권 잔존수명이 매우 짧다.
5) LC_{50} : 800ppm 이상으로 독성이 작다.

12 다음 중 연소와 가장 관계 깊은 화학반응은?

① 중화반응   ② 치환반응
③ 환원반응   ④ 산화반응

해설 ⊕ ------------------------------

1) 연소의 정의
가연물이 공기 중의 산소 또는 산화제와 반응하여 열과 빛을 발생시키면서 산화하는 현상으로, 빛과 열을 수반하는 급격한 산화반응이다.

2) 연소의 3요소·4요소
① 연소의 3요소 : 가연물, 산소, 점화원
② 연소의 4요소 : 가연물, 산소, 점화원, 순조로운 연쇄반응

13 화재의 소화원리에 따른 소화방법의 적용이 잘못된 것은?

① 냉각소화 : 스프링클러설비
② 질식소화 : 이산화탄소소화설비
③ 제거소화 : 포소화설비
④ 억제소화 : 할로젠화합물소화설비

해설 ⊕ ------------------------------

제거소화
1) 가연물을 제거하여 소화
2) 고체 가연물 : 가연물을 화재 현장으로부터 즉시 제거함 (산림화재 시 앞쪽에서 벌목하여 진화)

정답 10 ② 11 ① 12 ④ 13 ③

3) 액체 및 기체 : 가연성 물질을 누출시키는 용기의 밸브를 폐쇄
4) 전기화재 : 전원스위치를 차단하여 전기의 공급을 차단
5) 수용성 액체 : 다량의 물을 수입하여 농도를 연소범위 이하로 낮춤

③ 제거소화 : 포소화설비 → 포소화설비는 질식냉각소화이다.

14 동식물유류에서 "아이오딘값이 크다"라는 의미를 옳게 설명한 것은?

① 불포화도가 높다.
② 불건성유이다.
③ 자연발화성이 낮다.
④ 산소와의 결합이 어렵다.

해설⊕

1) 아이오딘값
   ① 유지 100g에 부가되는 아이오딘의 g 수
   ② 아이오딘값이 클수록 불포화도가 크고, 자연발화가 용이하다.

2) 동식물유
   ① 건성유(아이오딘값이 130 이상인 것) : 아마인유, 들기름, 정어리기름, 동유, 해바라기기름 등
   ② 반건성유(아이오딘값이 100 이상 130 미만인 것) : 참기름, 옥수수기름, 청어기름, 콩기름, 면실유, 채종유 등
   ③ 불건성유(아이오딘값이 100 미만인 것) : 피마자유, 올리브유, 땅콩기름, 팜유, 야자유 등

15 다음 중 인화점이 가장 낮은 것은?

① 경유　　　　　② 메틸알코올
③ 이황화탄소　　　④ 등유

해설⊕

1) 인화점(Flash Point)
   ① 가연성 혼합기(연소범위)를 형성할 수 있는 최저온도를 인화점이라 한다.
   ② 인화점이 낮을수록 위험성은 크다.
   ③ 인화점 이하에서는 점화원을 가하여도 불꽃연소는 발생하지 않는다.

2) 각 물질의 인화점

구분	경유	메틸알코올	이황화탄소	등유
제4류 위험물	제2 석유류	알코올류	특수 인화물	제2 석유류
인화점	55℃	11℃	−30℃	37~65℃

16 내화건축물과 비교한 목조건축물 화재의 일반적인 특징을 옳게 나타낸 것은?

① 고온, 단시간형
② 저온, 단시간형
③ 고온, 장시간형
④ 저온, 장시간형

해설⊕

목조건축물과 내화건축물의 화재특성 비교
1) 목조건축물 : 고온단기형
2) 내화건축물 : 저온장기형

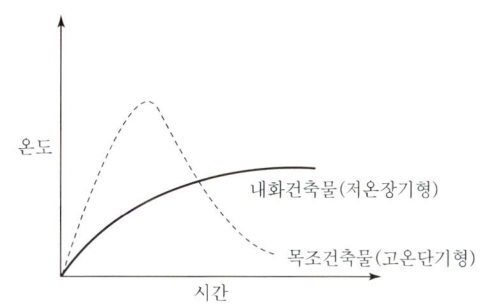

17 소방대상물의 방염 등과 관련하여 방염성능기준 중 버너의 불꽃을 제거한 때부터 불꽃을 올리지 아니하고 연소하는 상태가 그칠 때까지의 시간은?

① 방신시간　　　　② 방염시간
③ 잔신시간　　　　④ 잔염시간

해설⊕

방염성능기준[소방시설 설치 · 및 관리에 관한 법률 시행령(대통령령)]
① 버너의 불꽃을 제거한 때부터 불꽃을 올리며 연소하는 상태가 그칠 때까지 시간은 20초 이내일 것(잔염시간)

② 버너의 불꽃을 제거한 때부터 불꽃을 올리지 아니하고 연소하는 상태가 그칠 때까지 시간은 30초 이내일 것(잔신시간)

③ 탄화한 면적은 50cm² 이내, 탄화한 길이는 20cm 이내일 것

④ 불꽃에 의하여 완전히 녹을 때까지 불꽃의 접촉 횟수는 3회 이상일 것

⑤ 발연량을 측정하는 경우 최대연기밀도는 400 이하일 것

18 공기의 요동이 심하면 불꽃이 노즐에 정착하지 못하고 떨어지게 되어 꺼지는 현상을 무엇이라 하는가?

① 역화   ② 블로오프

③ 불완전연소   ④ 플래시오버

해설 ⊕

1) 선화(Lifting)
　① 정의 : 연료의 분출속도가 연소속도보다 빠를 때, 불꽃이 노즐에 붙지 못하고 일정한 간격을 두고 연소하는 현상
　② 선화의 원인
　　• 연료의 분출속도가 연소속도보다 큰 경우
　　• 노즐에서 연료의 방출압력이 큰 경우
　　• 연료의 방출량이 너무 많은 경우 등

2) 역화(Back Fire)
　① 정의 : 연료의 분출속도가 연소속도보다 느릴 때 불꽃이 노즐 내부로 들어가서 연소하는 현상
　② 역화의 원인
　　• 연료의 분출속도가 연소속도보다 작은 경우
　　• 노즐의 구멍이 큰 경우
　　• 노즐에서 연료의 방출압력이 낮은 경우
　　• 연료의 방출량이 적은 경우

3) 블로오프(Blow Off)
　Lifting 상태에서보다 연료의 분출속도가 더 큰 경우 불꽃이 노즐에서 연소하지 못하고 떨어지면서 꺼지는 현상

4) 황염 현상(Yellow Tip)
　노즐에서 연소 시 공기량의 조절이 적정하지 못하여 완전연소되지 않을 때 발생하는 현상으로 노란 불꽃이 발생한다.

19 인화점이 20℃인 액체위험물을 보관하는 창고의 인화위험성에 대한 설명 중 옳은 것은?

① 여름철에 창고 안이 더워질수록 인화의 위험성이 커진다.

② 겨울철에 창고 안이 추워질수록 인화의 위험성이 커진다.

③ 20℃에서 가장 안전하고 20℃보다 높아지거나 낮아질수록 인화의 위험성이 커진다.

④ 인화의 위험성은 계절의 온도와는 상관없다.

해설 ⊕

1) 가연성 가스의 연소범위

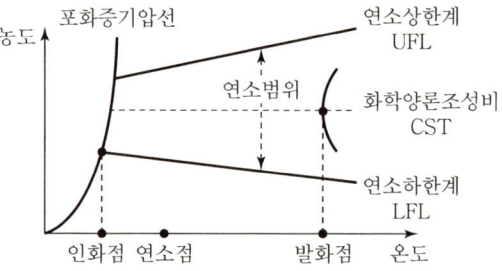

2) 인화점, 연소점, 발화점
　① 인화점(Flash Point)
　　• 가연성 혼합기(연소범위)를 형성할 수 있는 최저온도를 인화점이라 한다.
　　• 인화점이 낮을수록 위험성은 크다.
　　• 인화점 이하에서는 점화원을 가하여도 불꽃연소는 발생하지 않는다.
　② 연소점(Fire Point)
　　• 연소상태를 지속하기 위한 온도로서 인화점보다 5~10℃ 정도 높다.
　　• 인화점에서는 점화원을 제거하면 연소가 중단되나, 연소점에서는 점화원을 제거해도 연소가 지속된다.
　③ 발화점(착화점, Ignition Point)
　　• 점화원을 가하지 않아도 스스로 착화될 수 있는 최저온도를 발화점이라 한다.
　　• 발화점이 낮을수록 위험성이 커진다.
　④ 인화점 < 연소점 < 발화점 순으로 온도가 높다.

② 겨울철에 창고 안이 추워질수록 인화의 위험성이 커진다.
　→ 작아진다.

정답   **18** ②   **19** ①

③ 20℃에서 가장 안전하고 20℃보다 높아지거나 낮아질수록 인화의 위험성이 커진다. → 온도가 높아질수록 인화의 위험성은 커진다.

④ 인화의 위험성은 재질의 온도와는 상관없다. → 온도가 높은 여름철이 인화위험성이 크다.

20 이산화탄소에 대한 설명으로 틀린 것은?

① 무색, 무취의 기체이다.

② 비전도성이다.

③ 공기보다 가볍다.

④ 분자식은 CO_2이다.

해설 ⊕

이산화탄소 소화약제의 특성

1) 무색무취의 기체로 화학적으로 안정하다.

2) 소화 후 잔존물이 없고 전기적으로 비전도성이므로 C급 화재에도 적응성이 있다.

3) 공기보다 비중이 1.52배 무거우므로 피복질식효과가 우수하여 A급화재에 적응성이 있다.

4) 분자식은 CO_2이고, 분자량은 44g/mol이다.

5) 고압의 배관에서 대기 중으로 방사 시 줄-톰슨효과에 의한 냉각소화작용이 있다.

6) 약제방사 시 드라이아이스에 의해 시야가 제한되는 운무현상이 발생한다.

7) 독성은 없으나 질식에 의한 사망사고 우려가 있다.

8) 이산화탄소에 의한 지구온난화를 발생시킨다.

2과목 **소방전기일반**

21 다음 중 피드백 제어계에서 반드시 필요한 장치는?

① 증폭도를 향상시키는 장치

② 응답속도를 개선시키는 장치

③ 기어장치

④ 입력과 출력을 비교하는 장치

해설 ⊕

피드백(폐회로) 제어의 구성

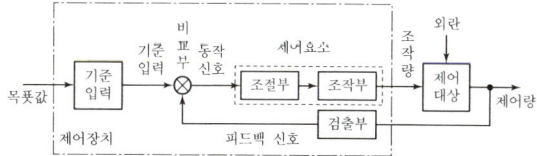

1) 목푯값 : 입력값으로 외부에서 제어장치에 주어지는 값

2) 기준입력요소 : 목푯값에 비례하는 기준 입력신호를 발생시키는 장치

3) 동작신호 : 기준 입력과 피드백 신호와의 차이를 구하는 장치

4) 제어요소 : 동작 신호를 조작량으로 변환하는 요소(조절부+조작부)

5) 조절부 : 제어 요소가 동작하는 데 필요한 신호를 만들어 조작부에 보내는 장치

6) 조작부 : 조절부로부터 받은 신호를 조작량으로 바꾸어 제어 대상에 보내 주는 장치

7) 조작량 : 제어 요소가 제어 대상에 가하는 제어 신호로서 제어 요소의 출력신호, 제어 대상의 입력신호

8) 외란 : 제어량의 값을 교란시키려 하는 외부 신호

9) 제어대상 : 제어량을 발생시키는 장치로 제어계에서 직접 제어를 받는 장치

10) 검출부 : 제어량을 검출하고 입력과 출력을 비교하는 비교부가 반드시 필요

11) 제어량 : 제어를 받는 제어 대상의 출력

22 절연저항시험에서 "전로의 사용전압이 500[V] 이하인 경우 1.0[MΩ] 이상"이란 뜻으로 가장 알맞은 것은?

① 누설전류가 0.5[mA] 이하이다.

② 누설전류가 5[mA] 이하이다.

③ 누설전류가 15[mA] 이하이다.

④ 누설전류가 30[mA] 이하이다.

해설 ⊕

누설전류 : $I = \dfrac{V}{R}[A]$

$I = \dfrac{500}{1.0 \times 10^6} = 0.0005[A] = 0.5[mA]$

여기서, $1[MΩ] = 10^6[Ω]$, $1[A] = 10^3[mA]$

---

23 반도체를 사용한 화재감지기 중 서미스터 (Thermistor)는 무엇을 측정, 제어하기 위한 반도체 소자인가?

① 연기 농도 ② 온도

③ 가스 농도 ④ 불꽃의 스펙트럼 강도

해설❶

반도체의 종류 및 특성

반도체의 종류	특성	용도
서미스터	온도가 높아지면 저항값이 감소하는 부저항 온도계수의 특성(NTC)	• 온도보상용 • 휘트스톤 브리지
바리스터	서지전압을 흡수하여 전자회로를 보호	• 개폐기의 불꽃 소거 • 서지전압 제거
SCR	단방향 3단자 사이리스터	• 대전류용 • 전동기 제어, 검출 회로용
제너 다이오드	역방향의 전압이 가해질 때 정전압을 발생	정전압 회로용으로 사용
바랙터 다이오드	전압에 따라 커패시턴스를 가변할 수 있는 가변용량 다이오드	AFC 회로나 FM 회로 등에 사용
터널 다이오드	전압-전류는 부성저항형이며, 고주파 특성이 양호하다.	• 초고주파 발진회로 • 고속 스위칭회로

24 $a-b$ 간의 합성저항은 $c-d$ 간의 합성저항보다 어떻게 되는가?

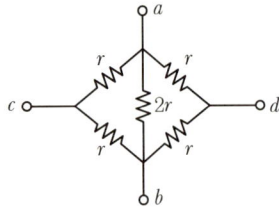

① 2/3로 된다. ② 1/2로 된다.

③ 동일하다. ④ 2배로 된다.

해설❶

1) $c-d$ 간의 합성저항

  ① 브리지 회로에서 대각선의 곱이 서로 같으므로 브리지는 평형이다.

  ② $r \cdot r = r \cdot r$, $r^2 = r^2$

  ③ 브리지 회로가 평형이므로 저항($2r$)에는 전류가 흐르지 않는다. 즉, 저항($2r$)은 단선된 상태와 동일하다.

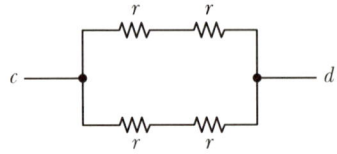

  ④ $c-d$ 간의 합성저항

  $$r_{cd} = \frac{(r+r) \cdot (r+r)}{(r+r)+(r+r)} = \frac{2r \cdot 2r}{2r+2r}$$

  $$= \frac{4r^2}{4r} = r[\Omega]$$

2) $a-b$ 간의 합성저항

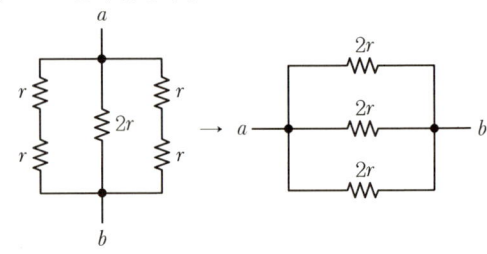

  $$r_{ab} = \frac{1}{\dfrac{1}{2r}+\dfrac{1}{2r}+\dfrac{1}{2r}} = \frac{1}{\dfrac{3}{2r}}$$

  $$= \frac{2r}{3}[\Omega]$$

  또는 $r_{ab} = \dfrac{R}{n} = \dfrac{2r}{3}[\Omega]$ (동일 저항의 병렬접속)

3) r_{cd}에 대한 r_{ab}의 값

  $$\frac{r_{ab}}{r_{cd}} = \frac{\dfrac{2r}{3}}{r} = \frac{2r}{3r} = \frac{2}{3}$$

정답 23 ② 24 ①

25 다음 그림과 같은 계통의 전달함수는?

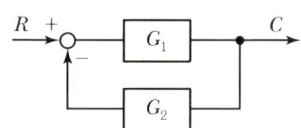

① $\dfrac{G_1}{1+G_2}$

② $\dfrac{G_2}{1+G_1}$

③ $\dfrac{G_2}{1+G_1G_2}$

④ $\dfrac{G_1}{1+G_1G_2}$

해설 ⊕

간이 전달함수법

$$G(s) = \frac{C(s)}{R(s)} = \frac{\text{순방향 경로의 곱}}{1 - \text{루프의 곱}}$$

여기서, $G(s)$: 전달함수, $R(s)$: 입력, $C(s)$: 출력

$\dfrac{C(s)}{R(s)} = \dfrac{\text{순방향 경로의 곱}}{1 - \text{루프의 곱}}$

$= \dfrac{G_1}{1 - (G_1 \times (-G_2))} = \dfrac{G_1}{1 + G_1 G_2}$

26 그림과 같은 $R-C$ 필터회로에서 리플 함유율을 가장 효과적으로 줄일 수 있는 방법은?

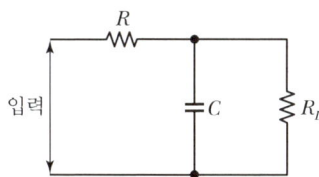

① C를 크게 한다.

② R을 크게 한다.

③ C와 R을 크게 한다.

④ C와 R을 작게 한다.

해설 ⊕

$R-C$ 필터회로

1) 신호원에 저항(R)과 커패시터(C)를 각각 직렬로 연결하고 C의 양단에서 출력을 뽑는다.

2) 주로 저역통과필터로 사용한다.

3) 여기서 전달함수 $G = \dfrac{\text{출력신호}}{\text{입력신호}} = \dfrac{1}{1+j\omega RC}$ 이다.

4) 전달함수와 리플 함유율이 비례하므로 C와 R을 크게 하면 리플이 줄어든다.

27 다음 중 3상 권선형 유도전동기의 기동법에 속하는 것은?

① 콘도르파 기동법

② Y $-$ △ 기동법

③ 2차 저항 기동법

④ 리액터 기동법

해설 ⊕

유도전동기의 기동방식

1) 단상 유도전동기
　① 반발 기동형
　② 반발 유도형
　③ 콘덴서 기동형
　④ 분상 기동형
　⑤ 셰이딩 코일형

2) 3상 농형 유도전동기
　① 전전압 기동법(직입기동)
　② Y $-$ △ 기동법
　③ 리액터 기동법
　④ 기동 보상기법(콘도르파 기동법)

3) 3상 권선형 유도전동기
　① 2차 저항 기동법
　② 게르게스법

28 그림과 같은 무접점회로는 어떤 논리회로인가?

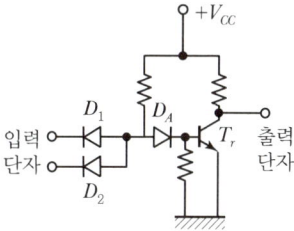

① NOR

② OR

③ NAND

④ AND

해설⊕

NAND 회로

1) 의미 : AND 회로의 부정회로로서 입력신호 A, B가 동시에 1일 때만 출력신호가 0이 되는 회로

2) 논리식 : $L = \overline{A \cdot B}$

3) 논리회로 :

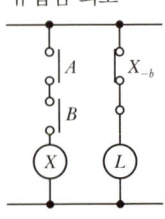

4) 유접점 회로

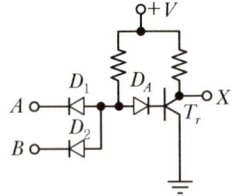

5) 진리표

A	B	L
0	0	1
0	1	1
1	0	1
1	1	0

6) 무접점 회로

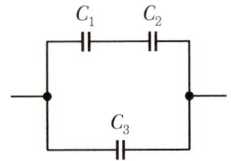

29 정전용량이 $1[\mu F]$의 콘덴서 3개가 있다. 1.5$[\mu F]$의 콘덴서 대신으로 사용하려면 어떻게 접속하면 되는가?

① 3개를 직렬로 접속한다.
② 3개를 병렬로 접속한다.
③ 2개는 병렬로, 1개는 직렬로 접속한다.
④ 2개는 직렬로, 1개는 병렬로 접속한다.

해설⊕

1) 콘덴서 직렬접속

$$C_a = \frac{C_1 C_2}{C_1 + C_2} [\mu F]$$

$$C_a = \frac{1 \times 1}{1 + 1} = \frac{1}{2} = 0.5 [\mu F]$$

2) 콘덴서 병렬접속

$$C_b = C_3 + C_a = 1 + 0.5 = 1.5 [\mu F]$$

30 두 벡터 $A_1 = 3 + j2$, $A_2 = 2 + j3$가 있다. $A = A_1 \times A_2$라고 할 때 A는?

① $13 \underline{/0°}$
② $13 \underline{/45°}$
③ $13 \underline{/90°}$
④ $13 \underline{/135°}$

해설⊕

1) 복소수를 극형식으로 변환

① 복소수 : $A_1 = 3 + j2$

• 절댓값 : $\sqrt{3^2 + 2^2} = 3.6056$

• 편각 : $\theta = \tan^{-1} \frac{2}{3} = 33.69°$

• 극형식 변환 : $A_1 = 3.6056 \angle 33.69$

② 복소수 : $A_2 = 2 + j3$

• 절댓값 : $\sqrt{2^2 + 3^2} = 3.6056$

• 편각 : $\theta = \tan^{-1} \frac{3}{2} = 56.31°$

• 극형식 변환 : $A_2 = 3.6056 \angle 56.31$

2) $A = A_1 \times A_2$
$= A_1 \cdot A_2 \angle \theta_1 + \theta_2$
$= (3.6056) \cdot (3.6056) \angle 33.69 + 56.31$
$= 13 \angle 90$

31 다음 중 온도를 전압으로 변화시키는 요소로 가장 알맞은 것은?

① 광전지
② 열전대
③ 측온저항체
④ 차동변압기

해설 ➕

변환요소의 종류

변화량	변환요소
압력 → 변위	벨로스, 다이어프램, 스프링
변위 → 압력	노즐 플래퍼, 유압 분사관, 스프링
온도 → 임피던스	측온저항계, 정온식 감지선형 감지기
온도 → 전압	열전대, 방사온도계
변위 → 임피던스	가변저항기
변위 → 전압	포텐셔미터, 차동변압기, 전위차계

32 100[V]로 500[W]의 전력을 소비하는 전열기가 있다. 이 전열기를 80[V]로 사용하면 소비전력은?

① 320[W] ② 360[W]
③ 400[W] ④ 440[W]

해설 ➕

전력 P[W]

전기가 단위시간(1sec) 동안 한 일의 양

$$P = \frac{W}{t} = VI = I^2 R = \frac{V^2}{R}\,[\text{W}]$$

1) 전열선의 저항

$$R = \frac{V^2}{P} = \frac{100^2}{500} = 20\,[\Omega]$$

2) 90[V] 전압에서의 소비전력

$$P = \frac{V^2}{R} = \frac{80^2}{20} = 320\,[\text{W}]$$

33 회로에서 R_1이 2[Ω]이고, R_2가 6[Ω]일 때 전류 I_1의 값은?

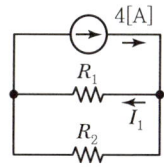

① 1 ② 2
③ 3 ④ 4

해설 ➕

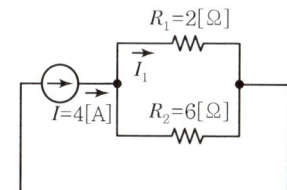

1) 전체 전류
   $I = 4[\text{A}]$

2) R_1에 흐르는 전류 I_1

$$I_1 = \frac{R_2}{R_1 + R_2} \cdot I = \frac{6}{2+6} \times 4 = 3\,[\text{A}]$$

34 $i = I_m \sin\left(\omega t - \dfrac{\pi}{3}\right)[\text{A}]$와

$v = V_m \sin\left(\omega t - \dfrac{\pi}{6}\right)[\text{V}]$의 위상차는?

① $\dfrac{\pi}{6}$ ② $\dfrac{\pi}{4}$

③ $\dfrac{\pi}{3}$ ④ $\dfrac{\pi}{2}$

해설 ➕

1) 순시값
   교류의 임의의 시간에 있어서 전압 또는 전류의 값
   $v = V_m \sin(\omega t \pm \theta)$

   여기서, v : 전압의 순시값[V]

   V_m : 전압의 최댓값[V] ($V_m = \sqrt{2}\,V$)

   V : 전압의 실효값[V] $\left(V = \dfrac{V_m}{\sqrt{2}}\right)$

   ω : 각속도[rad/sec]

   t : 시간[sec]

   θ : 위상[rad]

2) 위상차
   ① 주파수가 동일한 2 이상의 파형이 시작되는 시간적 차이

위상차 : $\theta = \theta_1 - \theta_2$

$$\theta = \left(-\frac{\pi}{3}\right) - \left(-\frac{\pi}{6}\right) = -\frac{\pi}{3} + \frac{\pi}{6}$$

$$= \frac{2\pi}{6} + \frac{\pi}{6} = -\frac{\pi}{6}$$

② 전류$\left(-\frac{\pi}{3} = -60°\right)$는 전압$\left(-\frac{\pi}{6} = -30°\right)$보다 $\frac{\pi}{6}(30°)$만큼 뒤진다.

③ 위상차에서 $(-)$는 위상이 뒤지는 것을 의미하고 $(+)$는 앞서는 것을 의미한다.

35 다음 중 계전기 접점의 불꽃을 소거할 목적으로 사용하는 것은?

① 바리스터
② 서미스터
③ 바랙터 다이오드
④ 터널 다이오드

해설➕

반도체의 종류 및 특성

반도체의 종류	특성	용도
서미스터	온도가 높아지면 저항값이 감소하는 부저항 온도 계수의 특성(NTC)	• 온도보상용 • 휘트스톤 브리지
바리스터	서지전압을 흡수하여 전자회로를 보호	• 개폐기의 불꽃 소거 • 서지전압 제거
SCR	단방향 3단자 사이리스터	• 대전류용 • 전동기 제어, 검출 회로용
제너 다이오드	역방향의 전압이 가해질 때 정전압을 발생	정전압 회로용으로 사용
바랙터 다이오드	전압에 따라 커패시턴스를 가변할 수 있는 가변용량 다이오드	AFC 회로나 FM 회로 등에 사용
터널 다이오드	전압-전류는 부성저항형이며, 고주파 특성이 양호하다.	• 초고주파 발진회로 • 고속 스위칭회로

36 논리식 $X = \overline{A \cdot B}$와 같은 것은?

① $X = \overline{A} + \overline{B}$
② $X = A + B$
③ $X = \overline{A} \cdot \overline{B}$
④ $X = A \cdot B$

해설➕

드모르간의 정리

논리식의 전체 부정을 부분 부정으로, 부분 부정을 전체 부정으로 바꾸는 데 사용한다.

$$\overline{A+B} = \overline{A} \cdot \overline{B}$$

$$\overline{A \cdot B} = \overline{A} + \overline{B}$$

$$A + B = \overline{\overline{A} \cdot \overline{B}}$$

$$A \cdot B = \overline{\overline{A} + \overline{B}}$$

37 같은 철심 위에 동일한 권수로 자기 인덕턴스 L[H]의 코일 2개를 접근해서 같은 방향으로 감고, 이것을 직렬로 접속했을 때 합성 인덕턴스는?(단, 결합계수는 0.5라고 한다.)

① $2L$[H]
② $3L$[H]
③ $4L$[H]
④ $5L$[H]

해설➕

1) 상호 인덕턴스
$$M = k\sqrt{L_1 L_2} = 0.5\sqrt{L \cdot L} = 0.5L$$

2) 합성 인덕턴스
같은 방향으로 직렬접속하였으므로 가동접속이다.

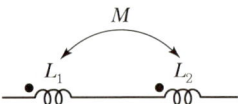

$$L = L_1 + L_2 + 2M$$
$$= L + L + (2 \times 0.5L)$$
$$= 3L$$

여기서, L : 합성 인덕턴스[H]

M : 상호 인덕턴스[H]

L_1, L_2 : 자기 인덕턴스[H]

k : 결합계수

38 다음 중에서 목푯값이 다른 양과 일정한 비율관계를 가지고 변화하는 경우의 제어는 무슨 제어방식인가?

① 정치 제어 ② 추종 제어
③ 프로그램 제어 ④ 비율 제어

1) 목푯값의 성질에 의한 분류
  ① 프로그램 제어 : 목푯값의 변화가 미리 정해진 신호에 따라 동작
  ② 정치 제어 : 목푯값이 시간적으로 변화하지 않고 일정한 제어
  ③ 추종 제어 : 시간에 따라 변하는 목푯값에 제어량을 추종시키는 제어
  ④ 비율 제어 : 목푯값이 다른 양과 일정한 비율관계를 유지하면서 변화하는 경우의 제어로서 추종제어의 일종이다.

2) 제어량의 성질에 의한 분류
  ① 프로세스 제어(공정 제어) : 공업 공정의 상태를 제어량으로 하는 제어
    예 온도, 유량, 압력, 밀도, 농도 등
  ② 서보기구 : 기계적인 변위량을 목푯값의 임의의 변화에 추종하도록 구성하는 제어
    예 위치, 방위, 자세, 거리, 각도 등
  ③ 자동조정 : 전기적, 기계적 양의 제어
    예 전압, 전류, 주파수, 회전속도 등

39 어떤 측정계기의 참값을 T, 지시값을 M이라 할 때 보정률과 오차율이 옳은 것은?

① 보정률 $= \dfrac{T-M}{T}$, 오차율 $= \dfrac{M-T}{M}$

② 보정률 $= \dfrac{M-T}{M}$, 오차율 $= \dfrac{T-M}{T}$

③ 보정률 $= \dfrac{T-M}{M}$, 오차율 $= \dfrac{M-T}{T}$

④ 보정률 $= \dfrac{M-T}{T}$, 오차율 $= \dfrac{T-M}{M}$

오차율과 보정률

1) 오차율 : 참값에 대한 오차의 비율

$$\text{오차율} = \frac{M-T}{T} \times 100\,[\%]$$

  여기서, M : 측정값(Measured Value)
    T : 참값(True Value)
    $(M-T)$: 오차의 양

2) 보정률 : 측정값에 대한 보정량의 비율

$$\text{보정률} = \frac{T-M}{M} \times 100\,[\%]$$

  여기서, M : 측정값(Measured Value)
    T : 참값(True Value)
    $(T-M)$: 보정량

40 0[℃]에서 저항이 10[Ω]이고, 저항의 온도계수가 0.0043인 전선이 있다. 30[℃]에서 이 전선의 저항은 약 몇 [Ω]인가?

① 0.013 ② 0.68
③ 1.4 ④ 11.3

도체의 온도가 $T_1[℃]$에서 R_1인 저항이 $T_2[℃]$로 상승 시 나중온도에서의 저항 R_2

$$R_2 = R_1 + \alpha_t R_1 (T_2 - T_1) = R_1[1 + \alpha_t(T_2 - T_1)]$$

  여기서, $\alpha_t : \dfrac{1}{234.5 + t}$
    ($T_1[℃]$에서 1[℃] 상승 시 저항의 증가계수)

[풀이]
$R_2 = R_1[1 + \alpha_t(T_2 - T_1)]$
$R_2 = 10[1 + 0.0043(30 - 0)] = 11.29 ≒ 11.3\,[\Omega]$

3과목 소방관계법규

41 소방시설공사업 등록신청 시 첨부하여야 할 자산평가액 또는 기업진단보고서는 신청일 전 최근 며칠 이내에 작성한 것이어야 하는가?

① 90일
② 120일
③ 150일
④ 180일

해설 +

소방시설업의 등록신청서에 첨부서류
1) 신청인의 성명, 주민등록번호 및 주소지 등의 인적사항이 적힌 서류
2) 다음 각 목의 기술인력 증빙서류 중 어느 하나에 해당하는 것
 ① 국가기술자격증
 ② 소방기술 인정 자격수첩 또는 소방기술자 경력수첩
3) 금융회사 또는 소방산업공제조합에 출자·예치·담보한 금액 확인서
4) 90일 이내에 작성한 자산평가액 또는 기업진단 보고서

42 다음의 건축물 중에서 건축허가 등을 함에 있어 미리 소방본부장 또는 소방서장의 동의를 받아야 하는 범위에 속하는 것은?

① 바닥면적 100m²로 주차장 층이 있는 시설
② 연면적 100m²로 청소년시설이 있는 건축물
③ 바닥면적 100m²인 무창층에 공연장이 있는 건축물
④ 연면적 100m²의 노유자시설이 있는 건축물

해설 +

건축허가 등의 동의대상물 범위
1) 연면적이 400m² 이상인 건축물
2) 학교시설 : 100m² 이상
3) 노유자시설 및 수련시설 : 200m² 이상
4) 차고·주차장 : 바닥면적이 200m² 이상인 층이 있는 건축물이나 주차시설
5) 승강기 등 기계장치에 의한 주차시설 : 20대 이상
6) 지하층, 무창층 : 바닥면적이 150m²(공연장의 경우에는 100m²) 이상인 층
7) 정신의료기관, 장애인 의료재활시설 : 300m² 이상

8) 항공기 격납고, 관망탑, 항공관제탑, 방송용 송수신탑
9) 조산원, 산후조리원, 위험물 저장 및 처리시설, 발전시설 중 전기저장시설, 지하구, 공동주택
10) 층수가 6층 이상인 건축물

43 연소 우려가 있는 구조에 대한 기준 중 다음 ( ) 안에 알맞은 것은?

> 건축물대장의 건축물 현황도에 표시된 대지 경계선 안에 2 이상의 건축물이 있는 경우로서 각각의 건축물이 다른 건축물의 외벽으로부터 수평거리가 1층의 경우에는 (㉠)[m] 이하, 2층 이상의 층의 경우에는 (㉡)[m] 이하이고 개구부가 다른 건축물을 향하여 설치된 구조를 말한다.

① ㉠ 3, ㉡ 5
② ㉠ 5, ㉡ 8
③ ㉠ 6, ㉡ 8
④ ㉠ 6, ㉡ 10

해설 +

연소 우려가 있는 건축물의 구조
1) 건축물대장의 대지경계선 안에 둘 이상의 건축물이 있는 경우
2) 각각의 건축물이 다른 건축물의 외벽으로부터 수평거리가 1층의 경우에는 6미터 이하, 2층 이상의 층의 경우에는 10미터 이하인 경우
3) 개구부가 다른 건축물을 향하여 설치되어 있는 경우

44 소방자동차의 우선통행에 관한 사항으로 다음 중 옳지 않은 것은?

① 소방자동차가 화재진압 및 구조·구급활동을 위하여 출동할 때에는 사이렌을 사용할 수 있다.
② 소방자동차가 소방훈련을 위하여 필요한 때에는 사이렌을 사용할 수 있다.
③ 소방자동차의 우선통행에 관하여는 소방청장이 정하는 바에 따른다.
④ 모든 차와 사람은 소방자동차가 화재진압 및 구조·구급 활동을 위하여 출동을 할 때에는 이를 방해하여서는 아니 된다.

정답 41 ① 42 ③ 43 ④ 44 ③

해설 ➕

소방자동차의 우선통행 등

1) 모든 차와 사람은 소방자동차가 화재진압 및 구조 · 구급 활동을 위하여 출동을 할 때에는 이를 방해하여서는 아니 된다.
2) 소방자동차가 화재진압 및 구조 · 구급 활동을 위하여 출동하거나 훈련을 위하여 필요할 때에는 사이렌을 사용할 수 있다.
3) 모든 차와 사람은 소방자동차가 화재진압 및 구조 · 구급 활동을 위하여 사이렌을 사용하여 출동하는 경우에는 다음 각 호의 행위를 하여서는 아니 된다.
   ① 소방자동차에 진로를 양보하지 아니하는 행위
   ② 소방자동차 앞에 끼어들거나 소방자동차를 가로막는 행위
   ③ 그 밖에 소방자동차의 출동에 지장을 주는 행위
4) 제3)항의 경우를 제외하고 소방자동차의 우선 통행에 관하여는 「도로교통법」에서 정하는 바에 따른다.

③ 소방자동차의 우선통행에 관하여는 소방청장 → 도로교통법

45 신축 · 증축 · 개축 · 재축 · 대수선 또는 용도변경으로 해당 특정소방대상물의 소방안전관리자를 신규로 선임하는 경우 해당 특정소방대상물의 관계인은 특정소방대상물의 완공일로부터 며칠 이내에 소방안전관리자를 선임하여야 하는가?

① 7일　　　　　　　② 14일
③ 30일　　　　　　④ 60일

해설 ➕

소방안전관리자의 선임

1) 소방안전관리자 선임 : 해당 사유 발생일로부터 30일 이내에 선임
2) 소방안전관리자의 선임신고 : 선임한 날부터 14일 이내 소방본부장, 소방서장에게 신고

46 자동화재탐지설비 등 대통령령으로 정하는 소방시설에 하자가 있을 때, 관계인에 의해 하자발생에 관한 통보를 받은 공사업자는 며칠 이내에 이를 보수하거나 보수일정을 기록한 하자보수계획을 관계인에게 서면으로 알려야 하는가?

① 1일　　② 3일　　③ 5일　　④ 7일

해설 ➕

공사의 하자보수 등

1) 공사업자가 하자발생 통보를 받은 후 하자를 보수하거나 보수 일정을 기록한 하자보수계획을 관계인에게 서면으로 알려야 하는 기간 : 3일 이내
2) 하자보수 대상 소방시설과 하자보수 보증기간

하자보수 대상 소방시설	하자보수 보증기간
피난기구, 유도등, 비상경보설비, 비상조명등, 비상방송설비 및 무선통신보조설비	2년
자동소화장치, 옥내소화전설비, 스프링클러설비 등, 물분무 등 소화설비, 옥외소화전설비, 자동화재탐지설비, 화재알림설비, 소화용수설비 및 소화활동설비(무선통신보조설비는 제외)	3년

47 화재의 예방조치 등을 위해 옮긴 위험물 또는 물건의 보관기간은 규정에 따라 소방관서 홈페이지에 공고한 후 어느 기간까지 보관하여야 하는가?

① 공고기간 종료일 다음 날로부터 5일
② 공고기간 종료일로부터 5일
③ 공고기간 종료일 다음 날부터 7일
④ 공고기간 종료일부터 7일

해설 ➕

옮긴 물건 등에 대한 보관기간 및 보관기간 경과 후 처리 등

1) 공고기간 : 보관일로부터 14일 동안 소방청, 소방본부 또는 소방서의 인터넷 홈페이지에 그 사실을 공고
2) 보관기간 : 소방관서 홈페이지에 공고하는 기간의 종료일 다음 날부터 7일
3) 보관기간의 종료 후 처리 : 매각 또는 폐기
4) 물건의 소유자가 보상을 요구하는 경우 : 협의 후 보상

정답　**45** ③　**46** ②　**47** ③

48 소방시설공사업법상의 대통령령으로 정하는 특정소방대상물 소방시설공사의 완공검사를 위하여 소방본부장이나 소방서장의 현장확인 대상 범위가 아닌 것은?

① 문화 및 집회시설

② 수계 소화설비가 설치되는 것

③ 연면적 10,000㎡ 이상이거나 11층 이상인 특정소방대상물(아파트는 제외)

④ 가연성 가스를 제조 · 저장 또는 취급하는 시설 중 지상에 노출된 가연성 가스탱크의 저장용량의 합계가 1,000톤 이상인 시설

해설⊕

완공검사를 위한 현장 확인 대상 특정소방대상물의 범위

1) 문화 및 집회시설, 종교시설, 판매시설, 노유자시설, 수련시설, 운동시설, 숙박시설, 창고시설, 지하상가 및 다중이용업소

2) 다음 각 목의 어느 하나에 해당하는 설비가 설치되는 특정소방대상물
   ① 스프링클러설비 등
   ② 물분무 등 소화설비(호스릴방식 제외)

3) 연면적 1만㎡ 이상이거나 11층 이상인 특정소방대상물(아파트는 제외)

4) 지상에 노출된 가연성 가스탱크의 저장용량 합계가 1,000톤 이상인 시설

49 소방기본법상의 벌칙으로 5년 이하의 징역 또는 5,000만 원 이하의 벌금에 해당하지 않는 것은?

① 소방자동차가 화재진압 및 구조 · 구급활동을 위하여 출동할 때 그 출동을 방해한 자

② 사람을 구출하거나 불이 번지는 것을 막기 위하여 불이 번질 우려가 있는 소방대상물의 사용제한의 강제처분을 방해한 자

③ 출동한 소방대의 소방장비를 파손하거나 그 효용을 해하며 화재진압 · 인명구조 또는 구급활동을 방해한 자

④ 정당한 사유 없이 소방용수시설의 효용을 해치거나 그 정당한 사용을 방해한 자

해설⊕

5년 이하의 징역 또는 5천만 원 이하의 벌금

1) "출동한 소방대의 화재진압 및 인명구조 · 구급 등 소방활동을 방해하여서는 아니 된다."의 조항을 위반하여 다음 어느 하나에 해당하는 행위를 한 사람
   ① 위력을 사용하여 출동한 소방대의 화재진압 · 인명구조 또는 구급활동을 방해하는 행위
   ② 소방대가 화재진압 · 인명구조 또는 구급활동을 위하여 현장에 출동하거나 현장에 출입하는 것을 고의로 방해하는 행위
   ③ 출동한 소방대원에게 폭행 또는 협박을 행사하여 화재진압 · 인명구조 또는 구급활동을 방해하는 행위
   ④ 출동한 소방대의 소방장비를 파손하거나 그 효용을 해하여 화재진압 · 인명 구조 또는 구급활동을 방해하는 행위

2) 소방자동차의 출동을 방해한 사람

3) 사람을 구출하는 일 또는 불을 끄거나 불이 번지지 아니하도록 하는 일을 방해한 사람

4) 정당한 사유 없이 소방용수시설 또는 비상소화장치를 사용하거나 소방용수시설 또는 비상소화장치의 효용을 해치거나 그 정당한 사용을 방해한 사람

② 사람을 구출하거나 불이 번지는 것을 막기 위하여 불이 번질 우려가 있는 소방대상물의 사용제한의 강제처분을 방해한 자 → 3년 이하의 징역 또는 3천만 원 이하의 벌금

50 화재의 예방 및 안전관리에 관한 법률상 화재안전조사 결과 소방대상물의 위치 상황이 화재예방을 위하여 보완될 필요가 있을 것으로 예상되는 때에 소방대상물의 개수 · 이전 · 제거, 그 밖의 필요한 조치를 관계인에게 명령할 수 있는 사람은?

① 소방서장   ② 경찰청장

③ 시 · 도지사   ④ 해당 구청장

해설⊕

화재안전조사 결과에 따른 조치명령

1) 조치명령권자 : 소방청장, 소방본부장 또는 소방서장

2) 조치대상 : 소방대상물의 위치 · 구조 · 설비

3) 조치방법 : 관계인에게 그 소방대상물의 개수 · 이전 · 제거, 사용의 금지 또는 제한, 사용폐쇄, 공사의 정지 또는 중지 등

51 소방기본법에서 정의하는 소방대의 조직구성원이 아닌 것은?

① 소방공무원　　　　② 의무소방원
③ 자위소방대원　　　④ 의용소방대원

해설⊕

1) 용어의 정의(소방기본법)
　① 소방대 : 화재를 진압하고 화재, 재난·재해, 그 밖의 위급한 상황에서 구조·구급 활동 등을 하기 위하여 다음 각 목의 사람으로 구성된 조직체
　　소방공무원, 의무소방원, 의용소방대원
　② 소방대상물 : 건축물, 차량, 선박(항구에 매어둔 것), 선박 건조 구조물, 산림, 그 밖의 인공 구조물 또는 물건
　③ 관계인 : 소방대상물의 소유자·관리자·점유자
　④ 소방본부장 : 특별시·광역시·특별자치시·도 또는 특별자치도에서 화재의 예방·경계·진압·조사 및 구조·구급 등의 업무를 담당하는 부서의 장
　⑤ 소방대장 : 소방본부장 또는 소방서장 등 화재, 재난·재해, 그 밖의 위급한 상황이 발생한 현장에서 소방대를 지휘하는 사람

2) 자위소방대(화재예방법)
　소방안전관리대상물의 소방안전관리자는 자위소방대를 다음 각 호의 기능을 효율적으로 수행할 수 있도록 편성·운영하되, 소방안전관리대상물의 규모·용도 등의 특성을 고려하여 응급구조 및 방호안전기능 등을 추가하여 수행할 수 있도록 편성할 수 있다.
　① 화재 발생 시 비상연락, 초기소화 및 피난유도
　② 화재 발생 시 인명·재산피해 최소화를 위한 조치

52 소방기본법상 소방활동구역의 설정권자로 옳은 것은?

① 소방본부장　　　　② 소방서장
③ 소방대장　　　　　④ 시·도지사

해설⊕

소방활동구역
1) 화재, 재난·재해, 그 밖의 위급한 상황이 발생한 현장에 소방활동구역 설정
2) 소방활동구역 설정 및 출입을 제한할 수 있는 자 : 소방대장

3) 소방활동구역에 출입할 수 있는 사람
　① 소방활동구역 안에 있는 소방대상물의 소유자·관리자 또는 점유자
　② 전기·가스·수도·통신·교통의 업무에 종사하는 사람으로서 원활한 소방활동을 위하여 필요한 사람
　③ 의사·간호사 그 밖의 구조·구급업무에 종사하는 사람
　④ 취재인력 등 보도업무에 종사하는 사람
　⑤ 수사업무에 종사하는 사람
　⑥ 그 밖에 소방대장이 소방활동을 위하여 출입을 허가한 사람

53 소방안전관리업무를 수행하지 아니한 특정소방대상물의 관계인에 대한 벌칙기준은?

① 100만 원 이하의 과태료
② 200만 원 이하의 벌금
③ 300만 원 이하의 과태료
④ 500만 원 이하의 벌금

해설⊕

300만 원 이하의 과태료
1) 정당한 사유 없이 화재예방강화지구에서 다음의 행위를 한 자
　① 모닥불, 흡연 등 화기의 취급
　② 풍등 등 소형열기구 날리기
　③ 용접·용단 등 불꽃을 발생시키는 행위
2) 특급, 1급 소방안전관리대상물에서 다른 안전관리자와 소방안전관리자를 겸한 자
3) 소방안전관리업무를 하지 아니한 관계인 또는 소방안전관리대상물의 소방안전관리자
4) 소방안전관리자의 소방안전관리업무 지도·감독을 하지 아니한 자
5) 건설현장 소방안전관리대상물의 소방안전관리자의 업무를 하지 아니한 소방안전관리자
6) 소방안전관리대상물의 피난유도 안내정보를 제공하지 아니한 자
7) 소방안전관리대상물 근무자 및 거주자 등에 대한 소방훈련 및 교육을 하지 아니한 자
8) 안전원 또는 진단기관이 화재예방안전진단 결과를 소방본부장 또는 소방서장, 관계인에게 제출하지 아니한 자

54 소방본부장 또는 소방서장은 연면적 20,000m²인 건축물의 건축허가 등의 동의요구서를 접수한 날부터 며칠 이내에 건축허가 등의 동의 여부를 회신하여야 하는가?

① 3일 이내　　　② 5일 이내
③ 7일 이내　　　④ 10일 이내

해설 ➕

건축허가 등의 동의
1) 건축허가 동의 회신기간 : 건축허가 등의 동의요구서류를 접수한 날부터 5일, 다음의 특급 소방안전관리대상물의 경우는 10일
　① 50층 이상(지하층은 제외)이거나 높이가 200m 이상인 아파트
　② 30층 이상(지하층을 포함)이거나 높이가 120m 이상인 특정소방대상물(아파트는 제외)
　③ 연면적이 20만m² 이상인 특정소방대상물(아파트는 제외)
2) 건축허가동의요구서의 첨부서류 보완기간 : 4일 이내
3) 건축허가 등의 동의 취소 : 7일 이내에 소방본부장 또는 소방서장에게 통보

55 소방시설공사 착공신고 후 소방시설의 종류를 변경한 경우에 조치사항으로 적정한 것은?

① 건축주는 변경일로부터 30일 이내에 소방본부장 또는 소방서장에게 신고하여야 한다.
② 소방시설공사업자는 변경일부터 30일 이내에 소방본부장 또는 소방서장에게 신고하여야 한다.
③ 건축주는 변경일로부터 7일 이내에 소방본부장 또는 소방서장에게 신고하여야 한다.
④ 소방시설공사업자는 변경일로부터 7일 이내에 소방본부장 또는 소방서장에게 신고하여야 한다.

해설 ➕

1) 착공신고 및 착공변경신고 : 소방본부장이나 소방서장
　① 착공신고 : 소방설비의 공사를 시작하기 전
　② 착공변경신고 : 변경일부터 30일 이내

2) 착공신고 시 첨부서류
　① 소방시설공사업 등록증 사본 및 등록수첩 사본
　② 기술인력의 기술등급을 증명하는 서류 사본
　③ 소방시설공사 계약서 사본
　④ 설계도서(건축허가 동의 시 제출된 설계도서가 변경된 경우만)
　⑤ 소방시설공사 하도급통지서 사본(소방시설공사를 하도급하는 경우만)

56 둘 이상의 위험물을 같은 장소에서 저장 또는 취급하는 경우에 있어서 당해 장소에서 저장 또는 취급하는 각 위험물의 수량을 그 위험물의 지정수량으로 각각 나누어 얻은 수의 합계가 얼마 이상인 경우 해당 위험물은 지정수량 이상의 위험물로 보는가?

① 0.5　　　② 1
③ 2　　　④ 3

해설 ➕

지정수량의 배수 산정
둘 이상의 위험물을 같은 장소에서 저장 또는 취급하는 경우에 있어서 당해 장소에서 저장 또는 취급하는 각 위험물의 수량을 그 위험물의 지정수량으로 각각 나누어 얻은 수의 합계가 1 이상인 경우 당해 위험물은 지정수량 이상의 위험물로 본다.

57 소방본부장 또는 소방서장은 원활한 소방활동을 위하여 소방용수시설 및 지리조사 등을 실시하여야 한다. 실시기간 및 조사횟수가 옳은 것은?

① 1년 1회 이상
② 6월 1회 이상
③ 3월 1회 이상
④ 1월 1회 이상

해설 ➕

소방용수시설 및 지리조사
1) 소방용수시설 및 지리조사권자 : 소방본부장 또는 소방서장
2) 소방용수시설 및 지리조사기간 및 횟수 : 월 1회 이상

정답　54 ②　55 ②　56 ②　57 ④

3) 조사내용
　① 소방용수시설(소화전 · 급수탑 · 저수조)에 대한 조사
　② 소방대상물에 인접한 도로의 폭 · 교통상황, 도로주변
　　의 토지의 고저 건축물의 개황, 그 밖의 소방활동에
　　필요한 지리에 대한 조사

4) 조사결과의 보관기간 : 2년

58 공공의 소방활동에 필요한 소화전 · 급수탑 · 저수조는 누가 설치하고 유지 · 관리하여야 하는가?

① 소방청장
② 행정안전부장관
③ 시 · 도지사
④ 소방본부장

해설 ⊕

1) 소방용수시설의 설치 및 관리
　① 소방용수시설의 유지 · 관리권자 : 시 · 도지사
　② 소방용수시설과 비상소화장치의 설치기준 : 행정안
　　전부령
　③ 소방용수시설의 종류 : 소화전, 급수탑, 저수조

2) 소방용수시설 및 지리조사
　① 조사 실시권자 : 소방본부장 또는 소방서장
　② 조사 횟수 : 월 1회 이상
　③ 조사 내용
　　• 설치된 소방용수시설에 대한 조사
　　• 소방대상물에 인접한 도로의 폭 · 교통상황, 도로주
　　　변의 토지의 고저 · 건축물의 개황, 그 밖의 소방활
　　　동에 필요한 지리에 대한 조사

59 위험물 중 성질이 인화성 액체로서 기어유, 실린더유, 그 밖에 1기압에서 인화점이 200℃ 이상 250℃ 미만의 것은?

① 제1석유류　　　② 제2석유류
③ 제3석유류　　　④ 제4석유류

해설 ⊕

제4류 위험물

1) 성질 : 인화성 액체

2) 소화방법
　① 이산화탄소, 할론, 분말 등에 의한 질식, 부촉매소화
　② 포소화약제에 의한 질식, 냉각소화

3) 품명 및 지정수량

위험 등급	품명		지정수량
I	특수인화물(다이에틸에터, 아세트알데하이드, 산화프로필렌, 이황화탄소) 1기압에서 발화점이 100℃ 이하인 것 또는 인화점이 −20℃ 이하이고 비점이 40℃ 이하인 것		50[*l*]
II	제1석유류(아세톤, 휘발유) 인화점 21℃ 미만	비수용성 액체	200[*l*]
		수용성 액체	400[*l*]
	알코올류 탄소원자의 수가 1개부터 3개까지인 포화1가 알코올		400[*l*]
III	제2석유류(경유, 등유) 인화점이 21℃ 이상 70℃ 미만	비수용성 액체	1,000[*l*]
		수용성 액체	2,000[*l*]
	제3석유류(중유, 크레오소트유) 인화점이 70℃ 이상 200℃ 미만	비수용성 액체	2,000[*l*]
		수용성 액체	4,000[*l*]
	제4석유류(기어유, 실린더유) 인화점이 200℃ 이상 250℃ 미만		6,000[*l*]
	동 · 식물유류(건성유, 반건성유, 불건성유) 동물의 지육 등 또는 식물의 종자나 과육으로부터 추출한 것으로서 1기압에서 인화점이 250℃ 미만		10,000[*l*]

60 인화성 액체인 제4류 위험물의 품명별 지정수량이다. 다음 중 옳지 않은 것은?

① 특수인화물 50L
② 제1석유류 중 비수용성 액체는 200L, 수용성 액체는 400L
③ 알코올류 300L
④ 제4석유류 6000L

해설 ⊕
문제 59번 해설 참고

4과목 **소방전기시설의 구조 및 원리**

61 유도등의 전원 및 배선 기준 중 틀린 것은?

① 비상전원은 축전지로 할 것
② 유도등의 전기회로에는 점멸기를 설치하고 항상 점등상태를 유지할 것
③ 유도등의 인입선과 옥내배선은 직접 연결할 것
④ 유도등의 전원은 축전지 또는 교류전압의 옥내간선으로 하고, 전원까지의 배선은 전용으로 할 것

해설 ⊕
유도등의 전원
1) 상용전원
  ① 전원의 종류
    • 축전지
    • 전기저장장치
    • 교류전압의 옥내간선
  ② 전원까지의 배선 : 전용으로 할 것
  ③ 유도등의 인입선과 옥내배선은 직접 연결할 것
  ④ 유도등은 전기회로에 점멸기를 설치하지 아니하고 항상 점등상태를 유지할 것
2) 비상전원
  ① 비상전원의 종류 : 축전지
  ② 비상전원의 용량 : 20분
  ③ 비상전원의 용량을 60분 이상으로 하여야 하는 특정소방대상물

• 지하층을 제외한 층수가 11층 이상의 층
• 지하층 또는 무창층으로서 용도가 도매시장 · 소매시장 · 여객자동차터미널 · 지하역사 또는 지하상가

② 유도등의 전기회로에는 점멸기를 설치하고 → 점멸기 설치 불가

62 비상조명등에 사용하는 광원으로 비상전원에 의하여 점등되는 백열전구의 설치기준으로 옳은 것은?

① 백열전구는 2개 이상 직렬로 설치
② 백열전구는 2개 이상 병렬로 설치
③ 백열전구는 3개 이상 직렬 및 병렬로 설치
④ 백열전구는 4개 이상 직렬 및 병렬로 설치

해설 ⊕
비상조명등에 사용하는 광원
1) 광원용 램프를 형광램프로 하는 경우에는 산업표준화법에 의한 KS규격표시품, 전기용품안전관리법에 의한 안전인증품 등 공인규격품이어야 한다.
2) 광원용 램프를 백열전구로 하는 경우에는 2중 코일전구이어야 한다. 다만, 2개 이상의 백열전구를 병렬로 설치하여 점등하는 방식의 경우에는 단일코일전구로 할 수 있다.

63 다음 중 휴대용비상조명등의 설치기준으로 알맞은 것은?

① 영화상영관에는 수평거리 25m 이내마다 2개 이상 설치할 것
② 지하역사에는 보행거리 50m 이내마다 3개 이상 설치할 것
③ 건전지의 용량은 20분 이상 유효하게 사용할 수 있는 것으로 할 것
④ 대규모점포에는 수평거리 25m 이내마다 3개 이상 설치할 것

정답 **60** ③ **61** ② **62** ② **63** ③

해설 ⊕

1) 휴대용비상조명등의 설치장소 및 수량
   ① 숙박시설 또는 다중이용업소 : 객실 또는 영업장 안의 구획된 실마다 잘 보이는 곳에 1개 이상 설치(외부에 설치 시 출입문 손잡이로부터 1m 이내 부분)
   ② 대규모점포, 영화상영관 : 보행거리 50m 이내마다 3개 이상 설치
   ③ 지하상가 및 지하역사 : 보행거리 25m 이내마다 3개 이상 설치

2) 휴대용비상조명등의 설치기준
   ① 설치높이는 바닥으로부터 0.8m 이상 1.5m 이하의 높이에 설치할 것
   ② 어둠 속에서 위치를 확인할 수 있도록 할 것
   ③ 사용 시 자동으로 점등되는 구조일 것
   ④ 외함은 난연성능이 있을 것
   ⑤ 건전지를 사용하는 경우에는 방전방지조치를 하여야 하고, 충전식 배터리의 경우에는 상시 충전되도록 할 것
   ⑥ 건전지 및 충전식 배터리의 용량은 20분 이상 유효하게 사용할 수 있는 것으로 할 것

64 1급 및 2급 누전경보기를 모두 설치할 수 있는 경우 경계전로의 정격전류는 몇 [A]인가?

① 60[A] 초과
② 60[A] 이하
③ 100[A] 초과
④ 100[A] 이하

해설 ⊕

1) 누전경보기 설치대상
   계약전류용량이 100[A]를 초과하는 특정소방대상물(내화구조가 아닌 건축물로서 벽·바닥 또는 반자의 전부나 일부를 불연재료 또는 준불연재료가 아닌 재료에 철망을 넣어 만든 것만 해당)에 설치하여야 한다.

2) 경계전로의 정격전류에 의한 분류

경계전로의 정격전류	60[A] 초과	60[A] 이하
누전경보기 종류	1급	1급 또는 2급

65 비상콘센트설비 전원회로의 설치기준 중 옳은 것은?

① 전원회로는 단상교류 220[V]인 것으로서, 그 공급용량은 3.0[kVA] 이상인 것으로 할 것
② 비상콘센트용의 풀박스 등은 방청도장을 한 것으로, 두께 2.0[mm] 이상의 철판으로 할 것
③ 하나의 전용회로에 설치하는 비상콘센트는 8개 이하로 할 것
④ 전원으로부터 각 층의 비상콘센트에 분기되는 경우에는 분기배선용 차단기를 보호함 안에 설치할 것

해설 ⊕

비상콘센트설비의 전원회로 설치기준

1) 비상콘센트설비의 전원회로는 단상교류 220[V]인 것으로서, 그 공급용량은 1.5[kVA] 이상인 것으로 할 것
2) 전원회로는 각 층에 2 이상이 되도록 설치할 것. 다만, 설치하여야 할 층의 비상콘센트가 1개인 때에는 하나의 회로로 할 수 있다.
3) 전원회로는 주배전반에서 전용회로로 할 것
4) 전원으로부터 각 층의 비상콘센트에 분기되는 경우에는 분기배선용 차단기를 보호함 안에 설치할 것
5) 콘센트마다 배선용 차단기를 설치하여야 하며, 충전부가 노출되지 아니하도록 할 것
6) 개폐기에는 "비상콘센트"라고 표시한 표지를 할 것
7) 비상콘센트용의 풀박스 등은 방청도장을 한 것으로서, 두께 1.6[mm] 이상의 철판으로 할 것
8) 하나의 전용회로에 설치하는 비상콘센트는 10개 이하로 할 것. 이 경우 전선의 용량은 각 비상콘센트(비상콘센트가 3개 이상인 경우에는 3개)의 공급용량을 합한 용량 이상의 것으로 할 것

① 그 공급용량은 3.0[kVA] 이상 → 1.5[kVA] 이상
② 방청도장을 한 것으로, 두께 2.0[mm] 이상 → 두께 1.6[mm] 이상
③ 하나의 전용회로에 설치하는 비상콘센트는 8개 이하로 할 것 → 10개 이하

66 무선통신보조설비의 화재안전기준에서 사용하는 용어의 정의에 대한 설명 중 맞는 것은?

① 분파기는 신호의 전송로가 분기되는 장소에 설치하는 것이다.
② 분배기는 서로 다른 주파수의 합성된 신호를 분리하기 위해서 사용하는 장치를 말한다.
③ 누설동축케이블은 동축케이블 외부도체에 홈을 만들어서 전파가 외부로 나가도록 한 것이다.
④ 증폭기는 두 개 이상의 입력신호를 원하는 비율로 조합한 출력이 발생되도록 하는 장치이다.

해설 ⊕

용어의 정의
1) 누설동축케이블 : 동축케이블의 외부도체에 가느다란 홈을 만들어서 전파가 외부로 새어나갈 수 있도록 한 케이블
2) 분배기 : 신호의 전송로가 분기되는 장소에 설치하는 것으로 임피던스 매칭과 신호 균등분배를 위해 사용하는 장치
3) 분파기 : 서로 다른 주파수의 합성된 신호를 분리하기 위해서 사용하는 장치
4) 혼합기 : 두 개 이상의 입력신호를 원하는 비율로 조합한 출력이 발생하도록 하는 장치
5) 증폭기 : 신호 전송 시 신호가 약해져 수신이 불가능해지는 것을 방지하기 위해서 증폭하는 장치

67 감도조정장치를 갖는 누전경보기에 있어서 감도조정장치의 조정범위의 최대치는 몇 [A]이어야 하는가?

① 0.2[A]
② 0.5[A]
③ 1.0[A]
④ 2.0[A]

해설 ⊕

공칭작동 전류치 및 감도조절장치의 조정범위

구분	전류[mA]
공칭작동전류	200 이하
감도조절장치의 조정범위	1,000(1A) 이하

68 축광위치표지의 식별도시험에 관련한 기준에서 ( ) 안에 알맞은 것은?

> 축광위치표지는 200lx 밝기의 광원으로 20분간 조사시킨 상태에서 다시 주위조도를 0lx로 하여 60분간 발광시킨 후 직선거리 ( )m 떨어진 위치에서 위치표지가 있다는 것이 식별되어야 한다.

① 20
② 10
③ 5
④ 3

해설 ⊕

축광표지의 식별도시험 및 휘도시험
1) 식별도시험 : 200lx 밝기의 광원으로 20분간 조사시킨 상태에서 다시 주위조도를 0lx로 하여 60분간 발광시킨 후 직선거리 20m(축광위치표지 10m) 떨어진 위치에서 유도표지 또는 위치표지가 있다는 것이 식별되어야 하고, 유도표지는 직선거리 3m의 거리에서 표시면의 표시 중 주체가 되는 문자 또는 주체가 되는 화살표 등이 쉽게 식별되어야 한다.
2) 휘도시험 : 축광유도표지 및 축광위치표지의 표시면을 0lx 상태에서 1시간 이상 방치한 후 200lx 밝기의 광원으로 20분간 조사시킨 상태에서 다시 주위조도를 0lx로 하여 휘도시험을 실시하는 경우 60분간 발광시킨 후의 휘도는 1m²당 7mcd 이상이어야 한다.

69 비상경보설비의 설치기준으로 옳은 것은?

① 음향장치는 정격전압의 90% 이상의 전압에서 음향을 발할 수 있도록 할 것
② 음향장치의 음량은 부착된 음향장치의 중심으로부터 1m 떨어진 위치에서 80dB 이상이 되는 것으로 할 것
③ 발신기는 소방대상물의 층마다 설치하되, 발신기의 수평거리가 15m 이하가 되도록 할 것
④ 발신기는 조작이 쉬운 장소에 설치하고 조작스위치는 바닥으로부터 0.8m 이상 1.5m 이하의 높이에 설치할 것

해설➕

1) 음향장치의 구조 및 성능
   ① 음향장치는 정격전압의 80% 전압에서 음향을 발할 수 있도록 할 것
   ② 음량은 부착된 음향장치의 중심으로부터 1m 떨어진 위치에서 90dB 이상

2) 발신기 설치기준
   ① 특정소방대상물의 층마다 설치할 것
   ② 조작스위치 설치높이 : 바닥으로부터 0.8m 이상 1.5m 이하의 높이에 설치할 것
   ③ 각 부분으로부터 하나의 발신기까지의 수평거리 : 25m 이하(다만, 복도 또는 별도로 구획된 실로서 보행거리가 40m 이상일 경우 추가 설치)가 되도록 할 것
   ④ 발신기 위치표시등은 함의 상부에 설치할 것
   ⑤ 발신기 불빛은 부착면으로부터 15° 이상의 범위 안에서 부착지점으로부터 10m 이내의 어느 곳에서도 쉽게 식별할 수 있는 적색등으로 할 것

70 어느 공연장에 객석유도등을 설치하려고 한다. 객석통로의 직선부분의 길이가 37m일 때 객석유도등의 설치 개수로 알맞은 것은?

① 4개　　　　② 8개
③ 9개　　　　④ 10개

해설➕

객석유도등의 수량 산정(소수점 이하의 수는 1로 본다)

$$설치개수 = \frac{객석\ 통로의\ 직선부분의\ 길이(m)}{4} - 1$$

$$설치개수 = \frac{37}{4} - 1 = 8.25$$

∴ 9개

71 무선통신보조설비의 증폭기 전면에 주회로의 전원이 정상인지의 여부를 표시할 수 있도록 설치하는 것으로 옳은 것은?

① 전력계 및 전류계　　② 전류계 및 전압계
③ 표시등 및 전압계　　④ 표시등 및 전력계

해설➕

무선통신보조설비의 증폭기의 설치기준

1) 상용전원
   ① 상용전원의 공급 : 축전지, 전기저장장치, 교류전압 옥내간선
   ② 전원까지의 배선 : 전용

2) 증폭기의 전면 : 표시등 및 전압계

3) 증폭기의 비상전원 용량 : 무선통신보조설비를 유효하게 30분 이상 작동시킬 수 있는 것

72 비상조명등의 설치기준으로 옳지 않은 것은?

① 소방대상물의 각 거실로부터 지상으로 통하는 복도·계단·통로에 설치한다.
② 설치된 장소의 바닥에서 조도는 0.5lx 이상 되어야 한다.
③ 예비전원 내장 시에는 점등 여부를 확인할 수 있는 점검스위치를 설치한다.
④ 예비전원을 내장하지 아니한 때에는 자가발전설비, 축전지설비, 전기저장장치를 설치한다.

해설➕

비상조명등 설치기준

1) 각 거실과 그로부터 지상에 이르는 복도·계단 및 그 밖의 통로에 설치할 것
2) 조도 : 각 부분의 바닥에서 1lx 이상일 것
3) 예비전원을 내장하는 비상조명등
   ① 평상시 점등 여부를 확인할 수 있는 점검스위치를 설치할 것
   ② 축전지와 예비전원 충전장치를 내장할 것
4) 예비전원을 내장하지 아니하는 비상조명등의 비상전원 자가발전설비, 축전지설비, 전기저장장치

73 발신기의 위치를 표시하는 표시등으로 알맞은 것은?

① 황색등　　　　② 적색등
③ 청색등　　　　④ 황색 점멸등

해설 ⊕

발신기 설치기준

1) 특정소방대상물의 층마다 설치
2) 조작스위치 설치높이 : 바닥으로부터 0.8m 이상 1.5m 이하
3) 각 부분으로부터 하나의 발신기까지의 수평거리 : 25m 이하(다만, 복도 또는 별도로 구획된 실로서 보행거리가 40m 이상일 경우 추가 설치)
4) 발신기 위치표시등은 함의 상부에 설치할 것
5) 발신기 불빛은 부착면으로부터 15° 이상의 범위 안에서 부착지점으로부터 10m 이내의 어느 곳에서도 쉽게 식별할 수 있는 적색등으로 할 것

74 시각경보장치의 전원 입력 단자에 사용정격전압을 인가한 뒤, 신호장치에서 작동신호를 보내어 약 1분간 점멸횟수를 측정하는 경우 매초당 점멸주기는?

① 1회 이상 3회 이내
② 1회 이상 5회 이내
③ 1회 이상 10회 이내
④ 1회 이상 20회 이내

해설 ⊕

시각경보장치의 기능

1) 시각경보장치에 작동신호를 보내어 약 1분간 점멸횟수를 측정하는 경우 점멸주기는 매초당 1회 이상 3회 이내이어야 한다.
2) 광원은 투명 또는 흰색이어야 하며 최대 1,000칸델라를 초과하지 않아야 한다.
3) 시각경보장치에 작동신호를 보내는 경우 3초 이내 경보를 발하여야 하며, 정지신호를 받았을 경우에는 3초 이내 정지되어야 한다.

75 비상방송설비의 화재안전기준에 따라 비상방송설비가 기동장치에 따른 화재신고를 수신한 후 필요한 음량으로 화재발생 상황 및 피난에 유효한 방송이 자동으로 개시될 때까지의 소요시간은 몇 초 이하로 하여야 하는가?

① 5   ② 10   ③ 20   ④ 30

해설 ⊕

비상방송설비 설치기준

1) 확성기의 음성입력 : 실외 3W(실내 1W), 아파트 등의 실내 2W 이상
2) 그 층의 각 부분으로부터 하나의 확성기까지의 수평거리 : 25m 이하
3) 음량조정기를 설치하는 경우 음량조정기의 배선 : 3선식
4) 화재신고 수신 후 방송개시 소요시간 : 10초 이하
5) 조작부의 조작스위치 높이 : 바닥으로부터 0.8m 이상 1.5m 이하
6) 정격전압의 80% 전압에서 음향을 발할 수 있는 것으로 할 것
7) 자동화재탐지설비의 작동과 연동하여 작동할 수 있는 것으로 할 것

76 비상콘센트 설비의 전원부와 외함 사이의 절연저항 및 절연내력을 확인한 결과이다. 화재안전기술기준에 적합하지 않은 것은?

① 절연저항을 500[V] 절연저항계로 전원부와 외함 사이를 측정한 결과 19[MΩ]이 나타났다.
② 정격전압이 100[V]인 전원부의 절연내력을 확인하기 위해 전원부와 외함 사이에 1,000[V] 실효전압을 가하였다.
③ 정격전압이 220[V]인 전원부의 절연내력을 확인하기 위해 전원부와 외함 사이에 1,440[V]의 실효전압을 가하였다.
④ 절연내력을 확인하기 위한 시험에서 1분 이상 견디는 것으로 나타났다.

해설 ⊕

비상콘센트설비의 절연저항 및 절연내력

1) 절연저항(전원부와 외함 사이)을 500[V] 절연저항계로 측정할 때 20[MΩ] 이상일 것

2) 절연내력(전원부와 외함 사이)
① 정격전압 150[V] 이하 : 60[Hz]의 정현파에 가까운 실효전압 1,000[V] 교류전압을 가하는 시험에서 1분간 견디는 것

정답 **74** ① **75** ② **76** ①

② 정격전압 150[V] 초과 : 그 정격전압에 2를 곱하여 1,000을 더한 값의 교류전압을 가하는 시험에서 1분간 견디는 것

① 절연저항을 500[V] 절연저항계로 전원부와 외함 사이를 측정한 결과 19[MΩ] → 20[MΩ] 이상이어야 한다.

77 정온식 감지선형 감지기의 설치기준으로 틀린 것은?

① 단자부와 마감고정금구와의 설치간격은 10cm 이상으로 설치할 것
② 감지선형 감지기의 굴곡반경은 5cm 이상으로 할 것
③ 지하구나 창고의 천장 등에 지지물이 적당하지 않는 장소에서는 보조선을 설치하고 그 보조선에 설치할 것
④ 케이블트레이에 감지기를 설치하는 경우 케이블트레이 받침대에 마감금구를 사용하여 설치할 것

해설 ➕

정온식 감지선형 감지기
1) 정의
  일국소의 주위온도가 일정한 온도 이상이 되는 경우에 작동하는 것으로서 외관이 전선으로 되어 있는 것
2) 정온식 감지선형 감지기의 설치기준

구분	기준
감지선의 고정	보조선이나 고정금구를 사용할 것
단자부와 마감고정 금구의 거리	10cm 이내로 할 것
감지선형 감지기의 굴곡반경	5cm 이상으로 할 것
창고의 천장 등에 설치 시	보조선을 설치하고 그 보조선에 설치할 것
케이블트레이에 설치하는 경우	케이블트레이 받침대에 마감금구를 사용하여 설치할 것
분전반 내부에 설치하는 경우	접착제를 이용하여 돌기를 바닥에 고정하고 그곳에 설치할 것

① 단자부와 마감고정금구와의 설치간격은 10cm 이상 → 이내

78 자동화재탐지설비의 화재안전기술기준에서 사용하는 용어의 정의로 틀린 것은?

① 발신기라 함은 화재발생 신호를 수신기에 자동으로 발신하는 것을 말한다.
② 경계구역이라 함은 소방대상물 중 화재신호를 발신하고 그 신호를 수신 및 유효하게 제어할 수 있는 구역을 말한다.
③ 거실이라 함은 거주, 집무, 작업, 집회, 오락, 그 밖에 이와 유사한 목적을 위하여 사용하는 방을 말한다.
④ 중계기라 함은 감지기·발신기 또는 전기적 접점 등의 작동에 따른 신호를 받아 이를 수신기의 제어반에 전송하는 장치를 말한다.

해설 ➕

용어의 정의
1) 발신기 : 화재발생 신호를 수신기에 수동으로 발신하는 장치
2) 경계구역 : 화재신호를 발신하고 그 신호를 수신 및 유효하게 제어할 수 있는 구역
3) 거실 : 거주, 집무, 작업, 집회, 오락, 그 밖에 이와 유사한 목적을 위하여 사용하는 방
4) 중계기 : 감지기·발신기 또는 전기적 접점 등의 작동에 따른 신호를 받아 이를 수신기의 제어반에 전송하는 장치
5) 수신기 : 감지기나 발신기에서 발하는 화재신호를 직접 수신하거나 중계기를 통하여 수신하여 화재의 발생을 표시 및 경보하여 주는 장치
6) 감지기 : 화재 시 발생하는 열, 연기, 불꽃 또는 연소생성물을 자동적으로 감지하여 수신기에 발신하는 장치
7) 시각경보장치 : 자동화재탐지설비에서 발하는 화재신호를 시각경보기에 전달하여 청각장애인에게 점멸형태의 시각경보를 하는 것

① 발신기라 함은 화재발생 신호를 수신기에 자동으로 → 수동으로

79 비상방송설비의 음량조정기를 설치하는 경우 음량조정기의 배선방식은?

① 5선식
② 4선식
③ 3선식
④ 2선식

해설⊕

비상방송설비 설치기준

1) 확성기의 음성입력 : 실외 3W(실내 1W), 아파트 등의 실내 2W 이상
2) 그 층의 각 부분으로부터 하나의 확성기까지의 수평거리 : 25m 이하
3) 음량조정기를 설치하는 경우 음량조정기의 배선 : 3선식
4) 화재신고 수신 후 방송개시 소요시간 : 10초 이하
5) 조작부의 조작스위치 높이 : 바닥으로부터 0.8m 이상 1.5m 이하
6) 정격전압의 80% 전압에서 음향을 발할 수 있는 것으로 할 것
7) 자동화재탐지설비의 작동과 연동하여 작동할 수 있는 것으로 할 것

소방설비	비상전원의 종류	비상전원 용량
유도등 및 비상조명등이 설치된 장소로서 • 지하층을 제외한 층수가 11층 이상의 층 • 지하층 또는 무창층으로서 용도가 도매시장·소매시장·여객자동차터미널·지하역사 또는 지하상가	• 유도등 • 축전지설비	60분 이상
	• 비상조명등 • 자가발전설비 • 축전지설비 • 전기저장장치	
무선통신보조설비의 증폭기	축전지설비	30분 이상

80 무선통신보조설비의 증폭기에는 비상전원이 부착된 것으로 하고 비상전원의 용량은 무선통신보조설비를 유효하게 몇 분 이상 작동시킬 수 있는 것이어야 하는가?

① 10분　　　　② 20분
③ 30분　　　　④ 40분

해설⊕

소방설비별 비상전원의 종류 및 용량

소방설비	비상전원의 종류	비상전원 용량
• 비상경보설비(비상벨설비 및 자동식 사이렌설비) • 비상방송설비 • 자동화재탐지설비 • 자동화재속보설비	• 축전지설비 • 전기저장장치	60분 이상 감시상태 지속 10분 이상 경보
• 소화설비 • 제연설비 • 비상조명등	• 자가발전설비 • 축전지설비 • 전기저장장치	
비상콘센트설비	• 자가발전설비 • 축전지설비 • 비상전원수전설비 • 전기저장장치	20분 이상
유도등	축전지	

정답　80 ③

1과목 소방원론

01 건축물 내부에 설치하는 피난계단의 구조로서 옳지 않은 것은?

① 계단실은 창문·출입구 기타 개구부를 제외한 당해 건축물의 다른 부분과 내화구조의 벽으로 구획할 것
② 계단실의 실내에 접하는 부분의 마감은 불연재료로 할 것
③ 계단실에는 예비전원에 의한 조명설비를 할 것
④ 계단은 피난층 또는 지상까지 직접 연결되지 않도록 할 것

해설 ⊕

건축물의 내부에 설치하는 피난계단의 구조
1) 계단실은 창문·출입구 기타 개구부를 제외한 당해 건축물의 다른 부분과 내화구조의 벽으로 구획할 것
2) 계단실의 실내에 접하는 부분(바닥 및 반자 등 실내에 면한 모든 부분)의 마감은 불연재료로 할 것
3) 계단실에는 예비전원에 의한 조명설비를 할 것
4) 계단실의 바깥쪽과 접하는 창문 등(망이 들어 있는 유리의 붙박이창으로서 그 면적이 각각 $1m^2$ 이하인 것을 제외)은 당해 건축물의 다른 부분에 설치하는 창문 등으로부터 2m 이상의 거리를 두고 설치할 것
5) 건축물의 내부와 접하는 계단실의 창문 등(출입구 제외)은 망이 들어 있는 유리의 붙박이창으로서 그 면적을 각각 $1m^2$ 이하로 할 것
6) 건축물의 내부에서 계단실로 통하는 출입구의 유효너비는 0.9m 이상으로 하고, 그 출입구에는 피난의 방향으로 열 수 있는 것으로서 언제나 닫힌 상태를 유지하거나 화재로 인한 연기 또는 불꽃을 감지하여 자동적으로 닫히는 구조로 된 60+ 방화문 또는 60분방화문을 설치할 것. 다만, 연기 또는 불꽃을 감지하여 자동적으로 닫히는 구조로 할 수 없는 경우에는 온도를 감지하여 자동적으로 닫히는 구조로 할 수 있다.
7) 계단은 내화구조로 하고 피난층 또는 지상까지 직접 연결되도록 할 것

02 위험물안전관리법령상 위험물을 취급함에 있어서 정전기가 발생할 우려가 있는 설비에 설치할 수 있는 정전기 제거설비 방법이 아닌 것은?

① 접지에 의한 방법
② 공기를 이온화하는 방법
③ 자동적으로 압력의 상승을 정지시키는 방법
④ 공기 중의 상대습도를 70% 이상으로 하는 방법

해설 ⊕

정전기
1) 정의 : 전류가 흐르지 않고 축적되어 있는 전기로서 방전현상을 일으킬 때 최소발화에너지 이상의 에너지를 방출하면 점화원으로 작용한다.

2) 정전기 의한 화재발생 메커니즘
  전하의 발생 → 전하의 축적 → 방전 → 발화

3) 정전기 방지대책
  ① 접지 및 본딩한다.
  ② 상대습도를 70% 이상 유지한다.
  ③ 공기를 이온화한다.

03 다음 중 연소 현상과 관계가 없는 것은?

① 부탄가스 라이터에 불을 붙였다.
② 황린을 공기 중에 방치했더니 불이 붙었다.
③ 알코올 램프에 불을 붙였다.
④ 공기 중에 노출된 쇠못이 붉게 녹이 슬었다.

해설 ⊕

1) 연소의 정의
  가연물이 공기 중의 산소 또는 산화제와 반응하여 열과 빛을 발생시키면서 산화하는 현상으로, 빛과 열을 수반하는 급격한 산화반응이다.

2) 연소의 3요소·4요소
  ① 연소의 3요소 : 가연물, 산소, 점화원
  ② 연소의 4요소 : 가연물, 산소, 점화원, 순조로운 연쇄반응

04 건축물 화재에서 플래시오버(Flash Over) 현상이 일어나는 시기는?

① 초기에서 성장기로 넘어가는 시기
② 성장에서 최성기로 넘어가는 시기
③ 최성기에서 감쇠기로 넘어가는 시기
④ 감쇠기에서 종기로 넘어가는 시기

해설⊕

플래시오버(Flash Over)의 정의 및 특성
1) 화재발생 후 일정시간이 경과하면 실내에 열과 가연성 가스가 축적되고 복사열에 의해 실 전체에 순간적으로 화재가 확산되는 현상
2) 화재 성장기에서 발생하여 플래시오버 후 최성기로 전이된다.
3) 연료지배형 화재에서 환기지배형 화재로 전이된다.
4) 플래시오버 발생시간 : 화재발생 후 약 5~6분 정도
5) 플래시오버 발생 시 실내온도 : 약 800~900℃

05 다음 중 알킬알루미늄 화재 시 가장 적합한 소화방법은?

① 물을 주수하여 냉각소화한다.
② 이산화탄소를 방사하여 질식소화한다.
③ 팽창질석으로 질식소화한다.
④ 할로젠화합물 약제를 사용하여 억제소화한다.

해설⊕

1) 알킬알루미늄과 물의 반응식
   ① 트리메틸알루미늄
   $(CH_3)_3Al + 3H_2O \rightarrow Al(OH)_3 + 3CH_4$(메탄 발생)
   ② 트리에틸알루미늄
   $(C_2H_5)_3Al + 3H_2O \rightarrow Al(OH)_3 + 3C_2H_6$(에탄 발생)

2) 금수성 물질에 적응성 있는 소화약제
   마른 모래, 팽창질석, 팽창진주암

06 자연발화의 예방을 위한 대책으로 옳지 않은 것은?

① 열의 축적을 방지한다.
② 주위 온도를 낮게 유지한다.
③ 열전도성을 나쁘게 한다.
④ 산소와의 접촉을 차단한다.

해설⊕

자연발화의 조건 및 방지법

자연발화의 조건	자연발화의 방지법
• 열전도율이 작을 것 • 발열량이 클 것 • 주위온도가 높을 것 • 비표면적이 클 것	• 통풍이 잘 되는 장소에 보관할 것 • 열 축적 방지(발열<방열) • 저장실의 온도를 낮게 유지할 것 • 습도를 낮게 유지할 것(습기가 촉매로 작용)

07 다음의 물질 중 공기에서의 위험도(H) 값이 가장 큰 것은?

① 에테르   ② 수소
③ 에틸렌   ④ 부탄

해설⊕

위험도 $H = \dfrac{U-L}{L}$

여기서, H : 위험도
U : 연소상한계[%]
L : 연소하한계[%]

① 에테르 연소범위 : 1.9~48
   에테르 위험도 $H = \dfrac{48-1.9}{1.9} = 24.26$

② 수소 연소범위 : 4~75
   수소 위험도 $H = \dfrac{75-4}{4} = 17.75$

③ 에틸렌 연소범위 : 2.7~36
   에틸렌 위험도 $H = \dfrac{36-2.7}{2.7} = 12.33$

④ 부탄 연소범위 : 1.8~8.4
   부탄 위험도 $H = \dfrac{8.4-1.8}{1.8} = 3.67$

08 물의 점도를 증가시켜 가연물에 소화약제 부착을 용이하게 하기 위해 사용하는 첨가제는?

① 증점제
② 강화액
③ 침투제
④ 유화제

해설 ◆

① 증점제 : 물의 점도를 증가시켜 가연물에 소화약제 부착을 용이하게 하기 위해 사용하며, 산림화에 적합하다.
② 강화액 : 물에 탄산칼륨(K_2CO_3), 방청제 및 안정제 등을 첨가하여 −20℃에서도 응고하지 않도록 하며 물의 침투능력을 배가시킨 소화약제이다.
③ 침투제 : 물의 표면장력을 감소시켜 가연물에 침투성을 증가시킨 소화약제로 합성계면활성제를 사용한다.
④ 유화제 : 물과 기름과 같이 서로 잘 혼합되지 않는 두 종류의 액체를 안정하게 혼합시켜 장시간 유화상태를 유지하기 위해 사용하는 물질이다.

증점제의 종류
1) CMC(Sodium Carboxy Methyl Cellulose)
2) Gelgard

09 화재 시에 발생하는 연소생성물을 크게 4가지로 분류할 수 있다. 이에 해당되지 않는 것은?

① 연기
② 화염
③ 열
④ 산소

해설 ◆

1) 연소생성물의 종류
   화염, 열, 연기, 빛, 연소가스 등
2) 연소생성물에 의한 인체의 피해
   ① 열적 손상 : 대류와 복사열을 통한 화상과 열응력
   ② 비열적 손상 : 독성, 자극성, 마취성 가스 등과 연기의 흡입
3) 연소생성물 흡입 시 판단능력, 방향감각 상실 및 패닉 현상에 의해 피난이 늦어지고 결국 사망에 이르게 된다.

10 가연성 가스이면서도 독성 가스인 것은?

① 질소
② 수소
③ 염소
④ 황화수소

해설 ◆

황화수소(H_2S)
1) 황화합물이 불완전연소 시 발생된다.
2) 달걀 썩는 냄새가 난다.
3) 독성을 가지고 있기 때문에 주의해서 다루어야 한다.
4) 가연성 가스로서 발화점은 260℃이다.

① 질소(N_2) → 불연성, 무독성 가스
② 수소(H_2) → 가연성, 무독성 가스
③ 염소(Cl_2) → 조연성, 독성 가스

11 목재건축물의 화재진행과정을 순서대로 나열한 것은?

① 무염착화 − 발염착화 − 발화 − 최성기
② 무염착화 − 최성기 − 발염착화 − 발화
③ 발염착화 − 발화 − 최성기 − 무염착화
④ 발염착화 − 최성기 − 무염착화 − 발화

해설 ◆

목조건축물에서의 화재진행과정

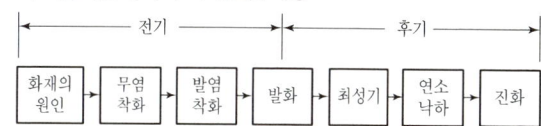

1) 무염착화 : 불꽃이 없는 착화현상
2) 발염착화 : 불꽃이 발생한 후의 착화현상
3) 발화에서 최성기까지의 시간 : 5~15분
4) 발화에서 연소낙하까지의 시간 : 13~25분

12 다음 중 증기비중이 가장 큰 것은?

① Halon 1301
② Halon 2402
③ Halon 1211
④ Halon 104

해설 ➕

1) 증기비중 $= \dfrac{분자량}{공기의~평균분자량(29)}$

2) Halon 2402의 분자량

$C_2F_4Br_2 : 12 \times 2 + 19 \times 4 + 79.9 \times 2 = 259.8$

3) Halon 2402의 증기비중

증기비중 $= \dfrac{259.8}{29} ≒ 8.96$

할론소화약제의 물성

구분	Halon 1211	Halon 1301	Halon 2402	Halon 1011
화학식	CF_2ClBr	CF_3Br	$C_2F_4Br_2$	CH_2ClBr
분자량	165.4	148.9	259.8	129.4
증기비중	5.7	5.13	8.96	4.46
상온, 상압에서 상태	기체	기체	액체	액체

13 다음 중 인화성 액체의 화재에 해당되는 것은?

① A급 화재
② B급 화재
③ C급 화재
④ D급 화재

해설 ➕

화재의 분류

구분	화재의 종류	표시색	주된 소화효과
A급 화재	일반화재	백색	냉각소화
B급 화재	유류, 가스화재	황색	질식소화
C급 화재	전기화재(통전)	청색	질식소화
D급 화재	금속화재	무색	질식소화
K급 화재	주방화재	–	냉각, 질식소화

14 분말소화약제의 소화효과로 가장 거리가 먼 것은?

① 방사열의 차단효과
② 부촉매효과
③ 제거효과
④ 질식효과

해설 ➕

분말소화약제의 특성

1) 최적의 소화효과를 나타내는 입도는 20~25m이다.
2) 분말소화약제는 부촉매, 질식, 냉각, 복사열 차단효과 등이 복합적으로 나타남으로 인해 소화효과가 우수하다.
3) 분말소화약제는 유류화재와 전기화재에 적응성이 있는 BC 분말과 일반화재, 유류, 전기화재까지 적응성이 있는 ABC 분말로 분류된다.

15 다음 물질 중 공기 중에서의 연소범위가 가장 넓은 것은?

① 부탄
② 프로판
③ 메탄
④ 수소

해설 ➕

가연성 가스의 연소범위

가연성 가스	연소하한계[%]	연소상한계[%]
아세틸렌(C_2H_2)	2.5	81
수소(H_2)	4.0	75
메탄(CH_4)	5.0	15
에탄(C_2H_6)	3.0	12.4
프로판(C_3H_8)	2.1	9.5
부탄(C_4H_{10})	1.8	8.4
일산화탄소(CO)	12.5	74
다이에틸에터 ($C_2H_5OC_2H_5$)	1.9	48
이황화탄소(CS_2)	1.2	44

16 다음 중 착화온도가 가장 낮은 것은?

① 에틸알코올
② 톨루엔
③ 등유
④ 가솔린

해설 ➕

착화온도(발화점)

물질	에틸알코올	톨루엔	등유	가솔린
착화온도	423℃	552℃	210℃	300℃

17 증기비중의 정의로 옳은 것은?(단, 분자, 분모의 단위는 모두 g/mol이다.)

① $\dfrac{분자량}{22.4}$　　② $\dfrac{분자량}{29}$

③ $\dfrac{분자량}{44.8}$　　④ $\dfrac{분자량}{100}$

해설 ⊕

1) 증기비중 $= \dfrac{분자량}{공기의\ 평균분자량\,(29)}$

2) 이산화탄소 증기비중 : $\dfrac{44}{29} = 1.52$, 공기보다 1.52배 정도 무겁다.

18 제1종 분말소화약제의 주성분으로 옳은 것은?

① $KHCO_3$　　② $NaHCO_3$

③ $NH_4H_2PO_4$　　④ $Al_2(SO_4)_3$

해설 ⊕

분말소화약제의 종류

종별	분자식	착색	적응화재	충전비 [l/kg]
제1종 분말	탄산수소나트륨 ($NaHCO_3$)	백색	BC급	0.8
제2종 분말	탄산수소칼륨 ($KHCO_3$)	담회색 (담자색)	BC급	1.0
제3종 분말	제1인산암모늄 ($NH_4H_2PO_4$)	담홍색	ABC급	1.0
제4종 분말	탄산수소칼륨＋요소 ($KHCO_3 + (NH_2)_2CO$)	회색	BC급	1.25

19 피난계획의 일반원칙 중 Fool Proof 원칙에 대한 설명으로 옳은 것은?

① 1가지가 고장이 나도 다른 수단을 이용하는 원칙
② 2방향의 피난동선을 항상 확보하는 원칙
③ 피난수단을 이동식 시설로 하는 원칙
④ 피난수단을 조작이 간편한 원시적 방법으로 하는 원칙

해설 ⊕

피난계획의 일반원칙

1) Fool Proof : 화재 시 패닉에 의해 판단능력이 저하되므로 누구나 알 수 있는 문자·그림 등을 이용하여 피난이 가능하도록 설계하는 원칙
2) Fail Safe : 하나의 피난수단이 실패하더라도 다른 피난수단에 의해 안전하게 피난할 수 있도록 둘 이상의 피난수단이 확보되도록 설계하는 원칙

① 1가지가 고장이 나도 다른 수단을 이용하는 원칙 → Fail Safe
② 2방향의 피난동선을 항상 확보하는 원칙 → Fail Safe
③ 피난수단을 이동식 시설 → 고정식

20 위험물안전관리법령상 제6류 위험물을 수납하는 운반용기의 외부에 주의사항을 표시하여야 할 경우, 어떤 내용을 표시하여야 하는가?

① 가연물 접촉주의
② 화기주의·충격주의
③ 물기엄금
④ 화기엄금

해설 ⊕

수납하는 위험물에 따른 운반용기 외부에 표시하는 주의사항

1) 제1류 위험물
　① 알칼리금속의 과산화물 또는 이를 함유한 것 : 화기·충격주의, 물기엄금 및 가연물 접촉주의
　② 그 밖의 것 : 화기·충격주의 및 가연물 접촉주의

2) 제2류 위험물
　① 철분·금속분·마그네슘 또는 이들 중 어느 하나 이상을 함유한 것 : 화기주의 및 물기엄금
　② 인화성 고체 : 화기엄금
　③ 그 밖의 것 : 화기주의

3) 제3류 위험물
　① 자연발화성 물질 : 화기엄금 및 공기접촉엄금
　② 금수성 물질 : 물기엄금

4) 제4류 위험물 : 화기엄금
5) 제5류 위험물 : 화기엄금 및 충격주의
6) 제6류 위험물 : 가연물 접촉주의

2과목 소방전기일반

21 온도, 압력, 농도, 유량, 액면 등과 같은 생산 공정 중의 상태량의 제어는?

① 프로세스 제어
② 정치 제어
③ 시퀀스 제어
④ 연속 제어

해설 ⊕

1) 제어량의 성질에 의한 분류
　① 프로세스 제어(공정 제어) : 공업 공정의 상태를 제어량으로 하는 제어
　　예 온도, 유량, 압력, 밀도, 농도 등
　② 서보기구 : 기계적인 변위량을 목푯값의 임의의 변화에 추종하도록 구성하는 제어
　　예 위치, 방위, 자세, 거리, 각도 등
　③ 자동조정 : 전기적, 기계적 양의 제어
　　예 전압, 전류, 주파수, 회전속도 등
2) 목푯값의 성질에 의한 분류
　① 프로그램 제어 : 목푯값의 변화가 미리 정해진 신호에 따라 동작
　② 정치 제어 : 목푯값이 시간적으로 변화하지 않고 일정한 제어
　③ 추종 제어 : 시간에 따라 변하는 목푯값에 제어량을 추종시키는 제어

22 역률 80[%], 유효전력 80[kW]일 때 무효전력은?

① 10[kVar]
② 16[kVar]
③ 60[kVar]
④ 64[kVar]

해설 ⊕

1) 피상전력 P_a[VA] : 임피던스(Z)를 모두 고려한 전력

$$P_a = I^2 Z = VI = \frac{V^2}{Z} = \frac{P}{\cos\theta} = \frac{P_r}{\sin\theta}[\text{VA}]$$

$$P_a = \sqrt{P^2 + P_r^2}$$

2) 유효전력 P[W] : 저항(R)에서 소비되는 전력, 실제 일한 전력, 소비전력

$$P = I^2 R = VI\cos\theta = \frac{V^2}{R} = P_a\cos\theta[\text{W}]$$

$$P = \sqrt{P_a^2 - P_r^2}$$

3) 무효전력 P_r[Var] : 리액턴스(X)에서 발생하는 전력

$$P_r = I^2 X = VI\sin\theta = \frac{V^2}{X} = P_a\sin\theta[\text{Var}]$$

$$P_r = \sqrt{P_a^2 - P^2}$$

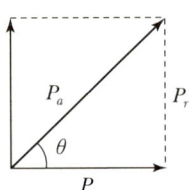

여기서, P_a : 피상전력
　　　　P : 유효전력
　　　　P_r : 무효전력
　　　　$\sin\theta$: 무효율
　　　　$\cos\theta$: 역률

[풀이]
1) P : 80[kW], $\cos\theta = 0.8$
2) $P = P_a\cos\theta$[kW]에서

$$P_a = \frac{P}{\cos\theta} = \frac{80}{0.8} = 100[\text{kVA}]$$

3) $P_r = \sqrt{100^2 - 80^2} = 60[\text{kVar}]$

23 기전력 1.5[V], 내부저항 0.1[Ω]인 전지 10개를 직렬로 연결하고 2[Ω]의 저항을 가진 전구에 연결할 때 전구에 흐르는 전류는 몇 [A]인가?

① 0.5[A]
② 5[A]
③ 7.5[A]
④ 10[A]

해설 ➕

전지의 직렬연결(n개)

$$E_0 = nE \qquad r_0 = nr \qquad R_0 = nr + R$$

$$I = \frac{E_0}{R_0} = \frac{nE}{nr + R}$$

여기서, E_0 : 전지 전체 기전력

r_0 : 전지 전체 내부저항

R_0 : 회로의 전체 합성저항

1) 합성저항

$$R_0 = nr + R$$
$$= 10[개] \times 0.1[\Omega] + 2[\Omega]$$
$$= 3[\Omega]$$

2) 직렬연결된 전지의 기전력

$$E_0 = nE = 10[개] \times 1.5[V] = 15[V]$$

3) 전구에 흐르는 전류

$$I = \frac{E_0}{R_0} = \frac{15}{3} = 5[A]$$

24 바리스터(Varistor)의 용도는?

① 전압 충족

② 정전압

③ 과도전압에 대한 회로 보호

④ 전류특성을 갖는 4단자 반도체 장치에 사용

해설 ➕

반도체의 종류 및 특성

반도체의 종류	특성	용도
서미스터	온도가 높아지면 저항값이 감소하는 부저항 온도계수의 특성(NTC)	• 온도보상용 • 휘트스톤브리지
바리스터	서지전압을 흡수하여 전자회로를 보호	• 개폐기의 불꽃 소거 • 서지전압 제거
SCR	단방향 3단자 사이리스터	• 대전류용 • 전동기 제어, 검출회로용
제너 다이오드	역방향의 전압이 가해질 때 정전압을 발생	정전압 회로용으로 사용

반도체의 종류	특성	용도
바랙터 다이오드	전압에 따라 커패시턴스를 기변할 수 있는 가변용량 다이오드	AFC 회로나 FM 회로 등에 사용
터널 다이오드	전압-전류는 부성저항형이며, 고주파 특성이 양호하다.	• 초고주파 발진회로 • 고속 스위칭회로
발광 다이오드 (LED)	• 전류를 흘리면 빛을 방출하는 소자로서 발열이 작고, 응답속도가 좋다. • 수명이 길고 효율이 좋다. • 발광재료 : GaAs(비소화갈륨), GaP(인화갈륨)	• 조명설비 • 디스플레이 장치

25 $v = V_m \sin \omega t$ [V]로 표현되는 교류전압을 가하면 전력 P[W]를 소비하는 저항이 있다. 이 저항의 값[Ω]은?

① $\dfrac{V_m^2}{2P}$ [Ω]

② $\dfrac{V_m^2}{P}$ [Ω]

③ $\dfrac{2V_m^2}{P}$ [Ω]

④ $\dfrac{4V_m^2}{P}$ [Ω]

해설 ➕

1) 유효전력 P[W] : 저항(R)에서 소비되는 전력, 실제 일한 전력, 소비전력

$$P = I^2 R = VI\cos\theta = \frac{V^2}{R}$$

여기서, P : 유효전력[W]

V : 전압의 실효값[V]

I : 전류의 실효값[A]

R : 저항[Ω], $\cos\theta$: 역률

2) 순시값

$$v = V_m \sin \omega t [V]$$

여기서, v : 전압의 순시값

V_m : 전압의 최댓값($V_m = \sqrt{2}\,V$)

ω : 각속도[rad/sec]

f : 주파수[Hz]

정답 24 ③ **25** ①

3) 저항

$$P = \frac{V^2}{R} \text{ 에서 } R = \frac{V^2}{P}$$

$$V = \frac{V_m}{\sqrt{2}}$$

여기서, V : 실효값

V_m : 최댓값

$$R = \frac{V^2}{P} = \frac{\left(\frac{V_m}{\sqrt{2}}\right)^2}{P} = \frac{\frac{V_m^2}{2}}{P} = \frac{V_m^2}{2P}$$

$$R = \frac{V_m^2}{2P}$$

26 전자유도현상에서 코일에 생기는 유도기전력의 방향을 정의한 법칙은?

① 플레밍의 오른손법칙

② 플레밍의 왼손법칙

③ 렌츠의 법칙

④ 패러데이의 법칙

해설⊕

전자기 관련 법칙

종류	내용
패러데이의 법칙	전자유도현상에 의한 기전력의 크기를 결정
렌츠의 법칙	전자유도현상에 의한 기전력의 방향을 결정
플레밍의 왼손법칙	• 자계 중에 도체에 전류를 흘릴 때 발생하는 전자력(힘)의 방향을 결정 • 전동기에서의 회전방향 결정
플레밍의 오른손법칙	• 자장 속의 도체가 운동할 때 유도기전력의 방향을 결정 • 발전기에 적용
앙페르의 오른나사 법칙	전류에 의한 자계의 방향을 결정
비오-사바르의 법칙	전류에 의한 자계의 크기를 결정

27 트랜지스터의 베이스와 컬렉터 사이의 전류 증폭률 $\beta = 60$이다. 이미터와 컬렉터 사이의 전류 증폭률 α는?

① 0.36 ② 0.95

③ 0.98 ④ 1.0

해설⊕

1) 전류 증폭률(α) (베이스 접지, PNP)

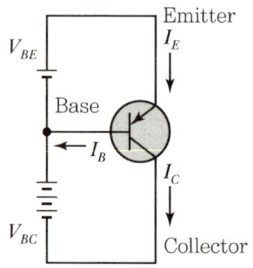

① 이미터로 들어간 전류가 컬렉터에 도달하는 비율

② α는 결코 1보다 클 수 없다.

③ 이상적인 경우 $\alpha = 1$이다.

$$I_E = I_C + I_B \qquad \alpha = \frac{I_C}{I_E} = \frac{I_C}{I_C + I_B}$$

여기서, α : 전류 증폭률

I_C : 컬렉터 전류

I_B : 베이스 전류

I_E : 이미터 전류

2) α와 β 사이의 관계식

$$\frac{1}{\alpha} = \frac{I_E}{I_C} = \frac{I_C + I_B}{I_C} = 1 + \frac{I_B}{I_C} = 1 + \frac{1}{\beta} = \frac{\beta + 1}{\beta}$$

$$\alpha = \frac{\beta}{\beta + 1}$$

3) 전류 증폭률

$$\alpha = \frac{\beta}{\beta + 1} = \frac{60}{60 + 1} = 0.98$$

정답 **26** ③ **27** ③

28 그림의 회로에 흐르는 전류 I는 몇 [A]인가?

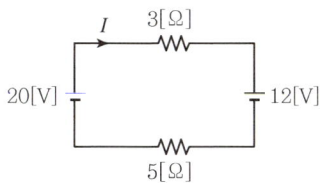

① 1[A] ② 2[A]
③ 4[A] ④ 8[A]

해설 ➕

1) 합성저항
   3[Ω]과 5[Ω]이 직렬로 연결되어 있으므로
   $R_0 = 3[Ω] + 5[Ω] = 8[Ω]$

2) 기전력(키르히호프의 제2법칙)
   임의의 폐회로에서 기전력의 총합은 전압강하의 총합과 같다.
   $E = 20[V] + (-12[V]) = 8[V]$
   기전력의 방향이 반대이므로 $(-)$가 된다.

3) 전류
   $I = \dfrac{E}{R_0} = \dfrac{8[V]}{8[Ω]} = 1[A]$

29 그림과 같은 블록선도에서 C는?

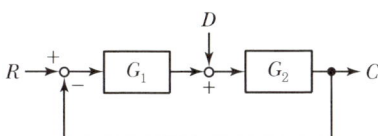

① $C = \dfrac{G_1 G_2}{1 + G_1 G_2} R + \dfrac{G_1}{1 + G_1 G_2} D$

② $C = \dfrac{G_1 G_2}{1 + G_1 G_2} R + \dfrac{G_1 G_2}{1 - G_1 G_2} D$

③ $C = \dfrac{G_1 G_2}{1 + G_1 G_2} R + \dfrac{G_1 G_2}{1 + G_1 G_2} D$

④ $C = \dfrac{G_1 G_2}{1 + G_1 G_2} R + \dfrac{G_2}{1 + G_1 G_2} D$

해설 ➕

간이 전달함수법

$$G(s) = \frac{C(s)}{R(s)} = \frac{\text{순방향 경로의 곱}}{1 - \text{루프의 곱}}$$

여기서, $G(s)$: 전달함수
   $R(s)$: 입력
   $C(s)$: 출력

1) 입력이 R일 때 출력을 C_1이라 하면

   ① 전달함수 : $G(s) = \dfrac{C_1}{R} = \dfrac{G_1 G_2}{1 + G_1 G_2}$

   ② 출력 : $C_1 = \dfrac{G_1 G_2}{1 + G_1 G_2} R$

2) 입력이 D일 때 출력을 C_2라 하면

   ① 전달함수 : $G(s) = \dfrac{C_2}{D} = \dfrac{G_2}{1 + G_1 G_2}$

   ② 출력 : $C_2 = \dfrac{G_2}{1 + G_1 G_2} D$

3) 입력 R과 D가 동시에 들어갈 때의 출력 C
   ① $C = C_1 + C_2$
   ② $C = \dfrac{G_1 G_2}{1 + G_1 G_2} R + \dfrac{G_2}{1 + G_1 G_2} D$

30 자동화재탐지설비의 감지기회로의 길이가 500[m]이고, 종단에 8[kΩ]의 저항이 연결되어 있는 회로에 24[V]의 전압이 가해졌을 경우 도통시험 시 전류는 약 몇 [mA]인가?(단, 동선의 저항률은 1.69×10^{-8} [Ω·m]이며, 동선의 단면적은 2.5[mm²]이고, 접촉저항 등은 없다고 본다.)

① 2.4 ② 3.0
③ 4.8 ④ 6.0

해설 ⊕

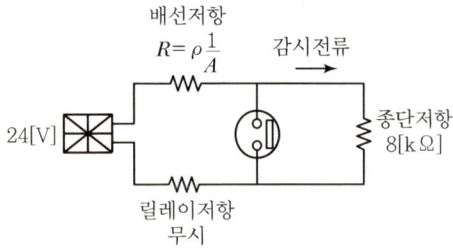

1) 도통시험 시 전류(감시전류)

$$I = \frac{24[\mathrm{V}]}{배선저항 + 종단저항}[\mathrm{A}]$$

2) 배선저항

$$R = \rho\frac{l}{A}$$

여기서, ρ : 고유저항[$\Omega \cdot$ m]

A : 도체의 단면적[m^2]

l : 도체의 길이[m]

$$R = 1.69 \times 10^{-8} \times \frac{500}{2.5 \times 10^{-6}} = 3.38[\Omega]$$

$$\therefore I = \frac{24}{3.38 + 8,000} = 0.003[\mathrm{A}] = 3[\mathrm{mA}]$$

31 콘덴서와 코일에서 실제적으로 급격히 변화할 수 없는 것은?

① 코일에서 전압, 콘덴서에서 전류

② 코일에서 전류, 콘덴서에서 전압

③ 코일, 콘덴서 모두 전압

④ 코일, 콘덴서 모두 전류

해설 ⊕

1) 코일에 축적되는 에너지

　① 자기 인덕턴스가 L[H]인 회로에 전류 I[A]가 흐르고 있을 때 이 회로에 축적되는 에너지

　② $W = \dfrac{1}{2}LI^2$[J]

　　　여기서, L : 인덕턴스[H]

　　　　　　I : 전류[A]

　③ 코일만의 회로에서는 흐르는 전류에 의해 에너지가 축적되므로 전류는 급격히 변화할 수 없다.

2) 콘덴서에 축적되는 에너지 W[J]

　① 정전용량이 C[F]인 콘덴서에 전압 V[V]를 인가할 때 이 회로에 축적되는 에너지

　② $W = \dfrac{1}{2}CV^2$[J]

　　　여기서, C : 정전용량[F]

　　　　　　V : 전압[V]

　③ 콘덴서만의 회로에서는 인가된 전압에 의해 에너지가 축적되므로 전압은 급격히 변화할 수 없다.

32 다음의 논리식을 간소화하면?

$$Y = \overline{(\overline{A} + B) \cdot \overline{B}}$$

① $Y = A + B$　　　② $Y = \overline{A} + B$

③ $Y = A + \overline{B}$　　　④ $Y = \overline{A} + \overline{B}$

해설 ⊕

드모르간의 정리

논리식의 전체 부정을 부분 부정으로, 부분 부정을 전체 부정으로 바꾸는 데 사용한다.

$$\overline{A + B} = \overline{A} \cdot \overline{B} \qquad \overline{A \cdot B} = \overline{A} + \overline{B}$$

$$A + B = \overline{\overline{A} \cdot \overline{B}} \qquad A \cdot B = \overline{\overline{A} + \overline{B}}$$

1) 드모르간의 정리를 이용하여 전체 부정을 부분 부정으로 정리

$$Y = \overline{(\overline{A} + B) \cdot \overline{B}}$$
$$= (A \cdot \overline{B}) + B$$

2) 간소화

$$Y = (A \cdot \overline{B}) + B$$
$$= (A + B) \cdot (B + \overline{B}) \quad 여기서, (B + \overline{B}) = 1$$
$$= A + B$$

33 $I = 20\sqrt{2}\sin(\omega t + 10) + 5\sqrt{2}\sin(3\omega t - 30) + 3\sqrt{2}\sin(5\omega t + 90)$[mA]인 비정현파 전류의 실효값은 약 몇 [mA]인가?

① 20.8[mA]　　　② 28.1[mA]

③ 29.5[mA]　　　④ 39.6[mA]

정답 **31** ②　**32** ①　**33** ①

해설⊕

1) 비정현파의 구성

비정현파＝직류분＋기본파＋고조파

2) 비정현파 교류의 실효값

$$
I = \sqrt{I_0^2 + \left(\frac{I_{m1}}{\sqrt{2}}\right)^2 + \left(\frac{I_{m2}}{\sqrt{2}}\right)^2 \cdots\cdots + \left(\frac{I_{mn}}{\sqrt{2}}\right)^2}
$$

$$
= \sqrt{I_0^2 + I_1^2 + I_2^2 \cdots\cdots + I_n^2}
$$

$$
I = \sqrt{20^2 + 5^2 + 3^2} = 20.83[\mathrm{mA}]
$$

34 커패시터가 직병렬로 접속된 회로에 180[V]의 직류전압이 인가되었을 때, 커패시터에 분담되는 전압 V_1, V_2, V_3는?

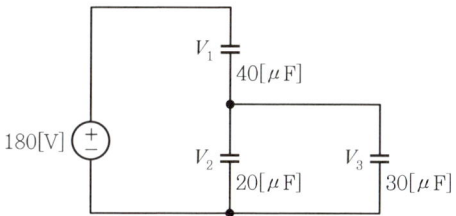

① $V_1 = 40[\mathrm{V}]$, $V_2 = 80[\mathrm{V}]$, $V_3 = 60[\mathrm{V}]$

② $V_1 = 80[\mathrm{V}]$, $V_2 = 40[\mathrm{V}]$, $V_3 = 60[\mathrm{V}]$

③ $V_1 = 80[\mathrm{V}]$, $V_2 = 100[\mathrm{V}]$, $V_3 = 100[\mathrm{V}]$

④ $V_1 = 100[\mathrm{V}]$, $V_2 = 80[\mathrm{V}]$, $V_3 = 80[\mathrm{V}]$

해설⊕

1) C_2와 C_3의 합성정전용량 C_{23}

$$
C_{23} = C_2 + C_3
$$

$$
= 20 + 30 = 50[\mu\mathrm{F}]
$$

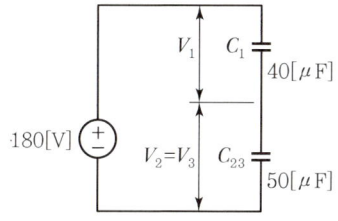

2) V_1 전압

$$
V_1 = \frac{C_{23}}{C_1 + C_{23}} \times V
$$

$$
= \frac{50}{40 + 50} \times 180 = 100[\mathrm{V}]
$$

3) V_2, V_3 전압($V_2 = V_3$)

$$
V_2 = \frac{C_1}{C_1 + C_{23}} \times V
$$

$$
= \frac{40}{40 + 50} \times 180 = 80[\mathrm{V}]
$$

35 그림과 같은 회로에서 임피던스 상수 Z_{22}는?

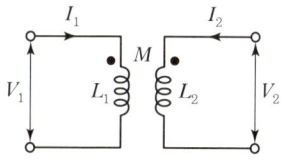

① $j\omega L_1$　　　　　② $j\omega L_2$

③ $j\omega L_1 L_2$　　　　④ $j\omega M$

해설⊕

1) 아래 회로에서 점($\bullet$)이 있는 방향으로 전류 I_1과 I_2가 유입되므로 두 코일은 가동접속이 되어 있다.

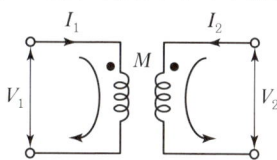

2) 변압기 회로를 T형 등가회로로 나타내면 아래와 같다.

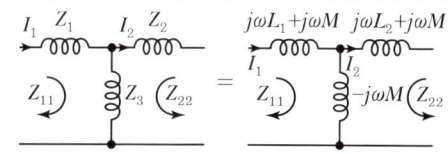

① $Z_1 = j\omega L_1 + j\omega M$

② $Z_2 = j\omega L_2 + j\omega M$

③ $Z_3 = -j\omega M$

3) 임피던스 상수

$$
Z_{11} = Z_1 + Z_3 = (j\omega L_1 + j\omega M) + (-j\omega M) = j\omega L_1
$$

$$
Z_{22} = Z_2 + Z_3 = (j\omega L_2 + j\omega M) + (-j\omega M) = j\omega L_2
$$

정답　**34** ④　**35** ②

36 대칭 3상 Y부하에서 각 상의 임피던스는 20[Ω]이고, 부하전류가 8[A]일 때 부하의 선간전압은 약 몇 [V]인가?

① 160[V] ② 226[V]
③ 277[V] ④ 480[V]

해설 ⊕

Y결선에서 선간전압과 상전압, 선간전류와 상전류와의 관계

$$V_l = \sqrt{3}\, V_P \qquad I_l = I_P$$

여기서, V_P : 상전압[V], V_l : 선간전압[V]
I_P : 상전류[A], I_l : 선간전류[A]

1) 상전압 : $V_P = I_P Z = 8 \times 20 = 160[V]$
   여기서, 부하전류는 선간전류를 의미하고, Y결선에서 $I_l = I_P$ 이므로 선간전류는 상전류가 된다.

2) 선간전압 : $V_l = \sqrt{3}\, V_P = \sqrt{3} \times 160 = 277.13[V]$

37 제연용으로 사용되는 3상 유도전동기를 Y–△ 기동 방식으로 하는 경우, 기동을 위해 제어회로에서 사용되는 것과 거리가 먼 것은?

① 타이머 ② 영상변류기
③ 전자접촉기 ④ 열동계전기

해설 ⊕

① 타이머 : Y기동 후 △운전까지의 시간지연요소
② 영상변류기 : 누전경보기의 구성요소로 전동기의 기동과는 무관
③ 전자접촉기 : 주회로의 주접점 및 보조회로의 보조접점 개폐
④ 열동계전기 : 과전류 발생 시 회로를 차단하여 전동기 보호

38 그림과 같은 게이트의 명칭은?

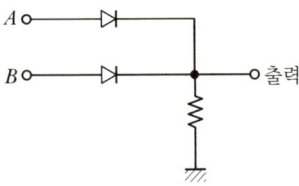

① AND ② OR
③ NOR ④ NAND

해설 ⊕

OR 회로

1) 의미 : 입력신호 A, B 중 어느 하나라도 1이면 출력신호가 1이 되는 회로

2) 논리식 : $X = A + B$

3) 논리회로 :

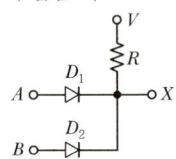

4) 유접점 회로

5) 진리표

A	B	X
0	0	0
0	1	1
1	0	1
1	1	1

6) 무접점 회로

39 피드백 제어에 대한 설명으로 가장 적절한 것은?

① 이 제어회로는 개회로로 구성되어 있다.
② 입력과 출력을 비교하는 장치가 없는 것이 단점이다.
③ 대역폭이 감소한다.
④ 오차를 자동적으로 정정하게 하는 제어방식이다.

해설 ⊕

피드백(폐루프) 제어계

1) 정의 : 출력값이 항상 목푯값과 일치하는가를 비교하여 그 오차에 비례하는 동작신호가 제어계에 다시 보내져서 오차를 수정할 수 있도록 피드백 경로를 가지고 있는 제어계이다.

2) 피드백 제어계의 특징
   ① 제어회로는 폐회로로 구성되어 있다.
   ② 입력과 출력을 비교하는 장치가 있는 것이 장점이다.

정답 **36** ③ **37** ② **38** ② **39** ④

③ 대역폭이 증가한다.
④ 피드백 신호에 의해 오차를 자동적으로 정정하여 정확도, 안정도가 증가한다.
⑤ 전체 이득(입력 대 출력비)감도가 감소한다.
⑥ 발진을 일으키는 경향이 있다.
⑦ 구조가 복잡하고 설비비용이 고가이다.
⑧ 외부 조건변화에 대한 영향이 적다.

40 어떤 코일의 임피던스를 측정하고자 직류전압 30[V]를 가했더니 300[W]가 소비되고, 교류전압 100[V]를 가했더니 1,200[W]가 소비되었다. 이 코일의 리액턴스는 몇 [Ω]인가?

① 2 　　　　　　② 4
③ 6 　　　　　　④ 8

해설⊕

1) 코일에 직류전압을 가할 때
　① 코일에는 저항성분과 유도성 리액턴스 성분이 존재한다. 코일에 직류전원을 공급하면 전력은 저항에서만 유효전력이 소모된다.
　② 직류에서는 리액턴스가 발생되지 않으므로 리액턴스 성분에서의 무효전력은 발생하지 않는다.
　③ 유효전력 P[W] : 저항(R)에서 소비되는 전력, 실제 일한 전력, 소비전력

$$P = I^2R = VI = \frac{V^2}{R}$$

$$P = \frac{V^2}{R}, \quad 300 = \frac{30^2}{R}, \quad R = 3[\Omega]$$

2) 코일에 교류전압을 가할 때
　① 코일의 저항성분에서는 유효전력이 소모된다.
　② 코일의 리액턴스 성분에서는 무효전력이 소모되고, 전체 임피던스 성분만큼 피상전력이 소모된다.
　③ 유효전력 P[W]
　　$P = 1,200[W]$, $R = 3[\Omega]$
　　여기서, R값은 직류에서 구한 값과 같다.

$$P = I^2R = VI\cos\theta = \frac{V^2}{R} = P_a\cos\theta[W]$$

$$P = \sqrt{P_a^2 - P_r^2}$$

$$P = I^2R, \ 1,200 = I^2 \times 3, \ I = 20[A]$$

④ 임피던스(Z)

$$Z = \frac{V}{I}, \ Z = \frac{100}{20} = 5[\Omega]$$

⑤ 리액턴스(X_L)

$$Z = \sqrt{R^2 + X_L^2}, \ 5 = \sqrt{3^2 + X_L^2}, \ X_L = 4[\Omega]$$

3과목 **소방관계법규**

41 위험물안전관리법상 제6류 위험물은?

① 황 　　　　　　② 칼륨
③ 황린 　　　　　　④ 질산

해설⊕

제6류 위험물
1) 성질 : 산화성 액체
2) 소화방법 : 대량의 물에 의한 희석소화
3) 품명 및 지정수량

위험 등급	품명	지정 수량
I	과염소산	300[kg]
	과산화수소(농도 36[w%] 이상)	
	질산(비중 1.49 이상)	

① 황 → 제2류 위험물, 지정수량 100[kg]
② 칼륨 → 제3류 위험물, 지정수량 10[kg]
③ 황린 → 제3류 위험물, 지정수량 20[kg]

42 탱크시험자의 등록취소 처분을 하고자 하는 경우에 청문실시권자가 아닌 것은?

① 시 · 도지사 　　　　② 소방서장
③ 소방본부장 　　　　④ 소방청장

해설⊕

1) 청문실시권자 : 시 · 도지사, 소방본부장 또는 소방서장
2) 청문을 실시하여 처분하여야 하는 대상
　① 제조소 등 설치허가의 취소
　② 탱크시험자의 등록취소

43 화재가 발생하는 경우 인명 또는 재산의 피해가 클 것으로 예상되는 때 소방대상물의 개수·이전·제거, 사용금지 등의 필요한 조치를 명할 수 있는 자는?

① 시·도지사
② 의용소방대장
③ 기초자치단체장
④ 소방본부장 또는 소방서장

해설 ⊕

화재안전조사 결과에 따른 조치명령
1) 조치명령권자 : 소방청장, 소방본부장 또는 소방서장
2) 조치대상 : 소방대상물의 위치·구조·설비
3) 조치방법 : 관계인에게 그 소방대상물의 개수·이전·제거, 사용의 금지 또는 제한, 사용폐쇄, 공사의 정지 또는 중지 등

44 위험물제조소 등의 관계인이 화재 등 재해발생 시의 비상조치를 위하여 정하여야 하는 예방규정에 관한 설명으로 바른 것은?

① 위험물안전관리자가 선임되지 아니하였을 경우에 정하여 시행한다.
② 제조소 등을 사용하기 시작한 후 30일 이내에 예방규정을 정하여 시행한다.
③ 예방규정을 정하여 한국소방안전원의 검토를 받아 시행한다.
④ 예방규정을 정하고 당해 제조소 등의 사용을 시작하기 전에 시·도지사에게 제출한다.

해설 ⊕

예방규정(위험물안전관리법 제17조)
1) 제조소 등의 관계인은 해당 제조소 등의 화재예방과 화재 등 재해발생 시의 비상조치를 위하여 행정안전부령으로 정하는 바에 따라 예방규정을 정하여 해당 제조소 등의 사용을 시작하기 전에 시·도지사에게 제출하여야 한다. 예방규정을 변경한 때에도 또한 같다.

2) 시·도지사는 1)에 따라 제출한 예방규정이 기준에 적합하지 아니하거나 화재예방이나 재해발생 시의 비상조치를 위하여 필요하다고 인정하는 때에는 이를 반려하거나 그 변경을 명할 수 있다.
3) 제조소 등의 관계인과 그 종업원은 예방규정을 충분히 잘 익히고 준수하여야 한다.
4) 소방청장은 대통령령으로 정하는 제조소 등에 대하여 행정안전부령으로 정하는 바에 따라 예방규정의 이행 실태를 정기적으로 평가할 수 있다.

45 소방시설공사업법령상 하자보수를 하여야 하는 소방시설 중 하자보수 보증기간이 3년이 아닌 것은?

① 자동소화장치
② 비상방송설비
③ 스프링클러설비
④ 소화용수설비

해설 ⊕

공사의 하자보수 등
1) 공사업자가 하자발생 통보를 받은 후 하자를 보수하거나 보수 일정을 기록한 하자보수 계획을 관계인에게 서면으로 알려야 하는 기간 : 3일 이내
2) 하자보수 대상 소방시설과 하자보수 보증기간

하자보수 대상 소방시설	하자보수 보증기간
피난기구, 유도등, 비상경보설비, 비상조명등, 비상방송설비 및 무선통신보조설비	2년
자동소화장치, 옥내소화전설비, 스프링클러설비 등, 물분무 등 소화설비, 옥외소화전설비, 자동화재탐지설비, 화재알림설비, 소화용수설비 및 소화활동설비(무선통신보조설비는 제외)	3년

② 비상방송설비 → 2년

46 특정소방대상물에 사용하는 물품으로 방염대상물품에 해당되지 않는 것은?

① 암막 · 무대막

② 창문에 설치하는 커텐류

③ 무대용 합판

④ 두께가 2mm 미만인 종이벽지

해설 ➕

방염대상물품

1) 창문에 설치하는 커튼류(블라인드를 포함)

2) 카펫, 두께가 2mm 미만인 벽지류(종이벽지는 제외)

3) 전시용 합판 또는 섬유판, 무대용 합판 또는 섬유판

4) 암막 · 무대막

5) 섬유류 또는 합성수지류 등을 원료로 하여 제작된 소파 · 의자(단란주점영업, 유흥주점영업 및 노래연습장업의 영업장에 설치하는 것만 해당)

47 지하상가로서 연면적이 1,500m²인 경우 설치하지 않아도 되는 소방시설은?

① 비상방송설비

② 스프링클러설비

③ 무선통신보조설비

④ 제연설비

해설 ➕

1) 비상방송설비의 설치대상

  ① 연면적 3,500m² 이상인 것

  ② 지하층을 제외한 층수가 11층 이상인 것

  ③ 지하층의 층수가 3층 이상인 것

2) 스프링클러설비

  지하상가로서 연면적 1,000m² 이상인 것에 설치

3) 무선통신보조설비

  지하상가로서 연면적 1,000m² 이상인 것에 설치

4) 제연설비

  지하상가로서 연면적 1,000m² 이상인 것에 설치

48 소방시설업자가 소방시설 공사 등을 맡긴 특정소방대상물의 관계인에게 지체 없이 그 사실을 알려야 하는 경우가 아닌 것은?

① 소방시설업자의 지위를 승계한 경우

② 소방시설업의 등록취소 처분 또는 영업정지 처분을 받은 경우

③ 휴업하거나 폐업한 경우

④ 소방시설업의 주소지가 변경된 경우

해설 ➕

특정소방대상물의 관계인에게 지체 없이 그 사실을 알려야 하는 경우

1) 소방시설업자의 지위를 승계한 경우

2) 소방시설업의 등록취소 처분 또는 영업정지 처분을 받은 경우

3) 휴업하거나 폐업한 경우

49 소방시설 중 연결살수설비는 어떤 설비에 속하는가?

① 소화설비

② 피난구조설비

③ 소화용수설비

④ 소화활동설비

해설 ➕

소화활동설비

1) 정의

  화재를 진압하거나 인명구조 활동을 위하여 사용하는 설비

2) 종류

  ① 제연설비

  ② 연결송수관설비

  ③ 연결살수설비

  ④ 비상콘센트설비

  ⑤ 무선통신보조설비

  ⑥ 연소방지설비

정답 **46** ④ **47** ① **48** ④ **49** ④

50 소방기본법상 소방대의 구성원에 속하지 않는 자는?

① 소방공무원법에 따른 소방공무원
② 의용소방대 설치 및 운영에 관한 법률에 따른 의용소방대원
③ 위험물안전관리법에 따른 자체소방대원
④ 의무소방대설치법에 따라 임용된 의무소방원

해설➕

소방대

화재를 진압하고 화재, 재난·재해, 그 밖의 위급한 상황에서 구조·구급 활동 등을 하기 위하여 다음 각 목의 사람으로 구성된 조직체

소방공무원 , 의무소방원, 의용소방대원

※ 자체소방대

제4류 위험물을 취급하는 제조소 또는 일반취급소로서 지정수량의 3,000배 이상인 경우, 제4류 위험물을 저장하는 옥외탱크저장소로서 지정수량의 50만 배 이상인 경우 설치

51 소방시설 등의 점검 및 관리를 업으로 하려는 자 또는 소방안전관리업무의 대행을 하려는 자는 누구에게 등록하여야 하는가?

① 한국소방안전원장   ② 소장서장
③ 소방청장   ④ 시·도지사

해설➕

소방시설관리업의 등록 등

1) 소방시설등의 점검 및 관리를 업으로 하려는 자 또는 「화재의 예방 및 안전관리에 관한 법률」 제25조에 따른 소방안전관리업무의 대행을 하려는 자는 대통령령으로 정하는 업종별로 시·도지사에게 소방시설관리업 등록을 하여야 한다.
2) 업종별 기술인력 등 관리업의 등록기준 및 영업범위 등에 필요한 사항은 대통령령으로 정한다.
3) 관리업의 등록신청과 등록증·등록수첩의 발급·재발급 신청, 그 밖에 관리업의 등록에 필요한 사항은 행정안전부령으로 정한다.

52 소방시설 설치 및 관리에 관한 법령상 특정소방대상물로서 운수시설에 해당되지 않는 것은?

① 항만시설 및 종합여객시설
② 철도 및 도시철도시설
③ 공항시설
④ 항공기격납고

해설➕

1) 운수시설
  ① 여객자동차터미널
  ② 철도 및 도시철도시설
  ③ 공항시설(항공관제탑을 포함)
  ④ 항만시설 및 종합여객시설

2) 항공기 및 자동차 관련 시설
  ① 항공기격납고
  ② 차고, 주차용 건축물, 철골 조립식 주차시설 및 기계장치에 의한 주차시설
  ③ 세차장, 폐차장
  ④ 자동차 매매장, 자동차 검사장
  ⑤ 자동차 정비공장
  ⑥ 운전학원·정비학원
  ⑦ 다음 건축물을 제외한 건축물 내부(필로티와 건축물 지하 포함)에 설치된 주차장
    • 단독주택
    • 공동주택 중 50세대 미만인 연립주택 또는 50세대 미만인 다세대주택

53 소방기본법령에 따른 소방용수시설 급수탑 개폐밸브의 설치기준으로 맞는 것은?

① 지상에서 1.0m 이상 1.5m 이하
② 지상에서 1.2m 이상 1.8m 이하
③ 지상에서 1.5m 이상 1.7m 이하
④ 지상에서 1.5m 이상 2.0m 이하

해설➕

소방용수시설의 설치기준

1) 공통기준
  ① 주거지역·상업지역·공업지역 : 수평거리 100m 이하
  ② 그 밖의 지역 : 수평거리 140m 이하

정답   **50** ③   **51** ④   **52** ④   **53** ③

2) 소방용수시설별 설치기준

① 소화전의 설치기준
- 상수도와 연결하여 지하식 또는 지상식의 구조로 할 것
- 소방용 호스와 연결하는 소화전의 연결금속구의 구경 : 65mm

② 급수탑의 설치기준
- 급수배관의 구경 : 100mm 이상
- 개폐밸브의 높이 : 지상에서 1.5m 이상 1.7m 이하의 위치에 설치할 것

③ 저수조의 설치기준
- 지면으로부터의 낙차 : 4.5m 이하
- 흡수부분의 수심 : 0.5m 이상
- 흡수관의 투입구가 사각형 : 한 변의 길이가 60cm 이상
- 흡수관의 투입구가 원형 : 지름이 60cm 이상
- 소방펌프자동차가 쉽게 접근할 수 있을 것
- 흡수에 지장이 없도록 토사 및 쓰레기 등을 제거할 수 있는 설비를 갖출 것
- 저수조에 물 공급은 상수도에 연결하여 자동으로 급수되는 구조일 것

54 경보설비 중 단독경보형 감지기를 설치해야 하는 특정소방대상물의 기준으로 틀린 것은?

① 공동주택 중 연립주택 및 다세대주택
② 연면적 2,000m² 미만의 수련시설 내에 있는 기숙사 또는 합숙소
③ 숙박시설이 있는 수련시설로서 수용인원 100명 미만인 것
④ 교육연구시설 내에 있는 연면적 3,000m² 미만의 합숙소

해설 ✚ ----------------------------------

단독경보형 감지기 설치대상
1) 공동주택 중 연립주택 및 다세대주택
2) 교육연구시설 내에 있는 기숙사 또는 합숙소 : 연면적 2,000m² 미만인 것
3) 수련시설 내에 있는 기숙사 또는 합숙소 : 연면적 2,000m² 미만인 것

4) 숙박시설이 있는 수련시설로서 수용인원 100명 미만인 것
5) 연면적 400m² 미만의 유치원

55 소방시설공사업법령상 전문 소방시설공사업의 등록기준 및 영업범위의 기준에 대한 설명으로 틀린 것은?

① 법인인 경우 자본금은 최소 1억 원 이상이다.
② 개인인 경우 자산평가액은 최소 1억 원 이상이다.
③ 주된 기술인력 최소 1명 이상, 보조기술인력 최소 3명 이상을 둔다.
④ 영업범위는 특정소방대상물에 설치되는 기계분야 및 전기분야 소방시설의 공사·개설·이전 및 정비이다.

해설 ✚ ----------------------------------

소방시설공사업의 업종별 기술인력, 자본금 및 영업범위

항목 업종별		기술인력	자본금 (자산평가액)	영업범위
전문 소방시설 공사업		• 주된 기술인력 　- 소방기술사 　- 기계분야와 전기분야의 소방설비기사 각 1명 　(기계분야 및 전기분야의 자격을 함께 취득한 사람 1명) 이상 • 보조기술인력 : 2명 이상	• 법인 : 1억원 이상 • 개인 : 자산평가액 1억원 이상	특정소방대상물에 설치되는 기계분야 및 전기분야 소방시설의 공사·개설·이전 및 정비
일반소방시설공사업	기계분야	• 주된 기술인력 소방기술사 또는 기계분야 소방설비기사 1명 이상 • 보조기술인력 : 1명 이상	• 법인 : 1억원 이상 • 개인 : 자산평가액 1억원 이상	• 연면적 10,000m² 미만의 특정소방대상물에 설치되는 기계분야 소방시설의 공사·개설·이전 및 정비 • 위험물제조소 등에 설치되는 기계분야 소방시설의 공사·개설·이전 및 정비

항목 업종별		기술인력	자본금 (자산평가액)	영업범위
일반소방시설공사업	전기분야	• 주된 기술인력 소방기술사 또는 전기분야 소방설비 기사 1명 이상 • 보조기술인력 : 1명 이상	• 법인 : 1억 원 이상 • 개인 : 자산 평가액 1억 원 이상	• 연면적 10,000m² 미만의 특정소방대 상물에 설치되는 전 기분야 소방시설의 공사 · 개설 · 이전 · 정비 • 위험물제조소 등에 설치되는 전기분야 소방시설의 공사 · 개설 · 이전 · 정비

③ 주된 기술인력 최소 1명 이상, 보조기술인력 최소 3명 이상 → 보조기술인력 최소 2명 이상

56 액체위험물을 저장 또는 취급하는 옥외탱크저장소 중 몇 리터 이상의 옥외탱크저장소는 정기검사의 대상이 되는가?

① 1만리터 이상
② 10만리터 이상
③ 50만리터 이상
④ 1,000만리터 이상

해설 ✚
정기점검 및 정기검사
1) 정기점검의 횟수 : 연 1회 이상
2) 정기점검의 대상인 제조소 등
  ① 예방규정을 정해야 하는 제조소 등
  ② 지하탱크저장소
  ③ 이동탱크저장소
  ④ 지하에 매설된 탱크가 있는 제조소 · 주유취급소 또는 일반취급소
3) 정기검사의 대상 : 정기점검대상 중 액체위험물을 저장 또는 취급하는 50만L 이상의 옥외탱크저장소

57 다음은 소방시설공사업자의 시공능력평가액 산정을 위한 산식이다. ( )에 들어갈 내용으로 알맞은 것은?

시공능력평가액 = 실적평가액 + 자본금평가액 + 기술력평가액 + ( ) ± 신인도평가액

① 기술개발평가액
② 경력평가액
③ 자본투자평가액
④ 평균공사실적평가액

해설 ✚
시공능력평가
1) 시공능력평가 및 고시 : 소방청장
2) 시공능력평가의 방법
  ① 시공능력평가액 = 실적평가액 + 자본금평가액 + 기술력평가액 + 경력평가액 ± 신인도평가액
  ② 연평균 공사실적액 : 최근 3년간의 공사실적을 합산하여 3으로 나눈 금액
  ③ 자본금평가액 = (실질자본금 × 실질자본금의 평점 + 소방청장이 지정한 금융회사 또는 소방산업공제조합에 출자 · 예치 · 담보한 금액) × 70/100
  ④ 경력평가액 = 실적평가액 × 공사업 경영기간 평점 × 20/100
  ⑤ 신인도평가액 = (실적평가액 + 자본금평가액 + 기술력평가액 + 경력평가액) × 신인도 반영비율 합계

58 방염업 등록을 한 후 정당한 사유 없이 1년이 지날 때까지 영업을 시작하지 아니하거나 계속하여 1년 이상 휴업한 때의 2차 행정처분 기준은?

① 경고(시정명령)
② 영업정지 3월
③ 영업정지 6월
④ 등록 취소

해설 ✚
소방시설업에 대한 행정처분 기준

위반사항	행정처분 기준		
	1차	2차	3차
① 거짓이나 그 밖의 부정한 방법으로 등록한 경우	등록 취소		
② 소방시설업자의 지위를 승계한 사실을 소방시설공사 등을 맡긴 특정소방대상물의 관계인에게 통지를 하지 아니한 경우	경고 (시정 명령)	영업 정지 1개월	등록 취소
③ 화재안전기준 등에 적합하게 설계점시공을 하지 아니하거나, 적합하게 감리를 하지 아니한 경우	영업 정지 1개월	영업 정지 3개월	등록 취소

위반사항	행정처분 기준		
	1차	2차	3차
④ 등록을 한 후 정당한 사유 없이 1년이 지날 때까지 영업을 시작하지 아니하거나 계속하여 1년 이상 휴업한 때	경고 (시정명령)	등록 취소	
⑤ 등록 결격사유에 해당하게 된 경우	등록 취소		
⑥ 영업정지 기간 중에 소방시설공사 등을 한 경우	등록 취소		

59 다음은 소방기본법의 목적을 기술한 것이다. ( )에 들어갈 내용으로 알맞은 것은?

화재를 (㉠)·(㉡)하거나 (㉢)하고 화재, 재난·재해, 그 밖의 위급한 상황에서의 구조·구급 활동 등을 통하여 국민의 생명·신체 및 재산을 보호함으로써 공공의 안녕 및 질서 유지와 복리증진에 이바지함을 목적으로 한다.

① ㉠ 예방, ㉡ 경계, ㉢ 복구
② ㉠ 경보, ㉡ 소화, ㉢ 복구
③ ㉠ 예방, ㉡ 경계, ㉢ 진압
④ ㉠ 경계, ㉡ 통제, ㉢ 진압

해설 ⊕
소방기본법의 제정 목적
1) 화재를 예방·경계하거나 진압
2) 화재, 재난·재해, 그 밖의 위급한 상황에서의 구조·구급 활동
3) 국민의 생명·신체 및 재산을 보호
4) 공공의 안녕 및 질서 유지와 복리증진에 이바지함

60 소방기본법상 소방활동에 필요한 소화전·급수탑·저수조를 설치하고 유지·관리하여야 하는 자는?

① 관계인
② 소방대장
③ 시·도지사
④ 소방청장

해설 ⊕
1) 소방용수시설의 설치 및 관리
　① 소방용수시설의 유지, 관리권자 : 시·도지사
　② 소방용수시설과 비상소화장치의 설치기준 : 행정안전부령
　③ 소방용수시설의 종류 : 소화전, 급수탑, 저수조

2) 소방용수시설 및 지리조사
　① 조사 실시권자 : 소방본부장 또는 소방서장
　② 조사 횟수 : 월 1회 이상
　③ 조사 내용·설치된 소방용수시설에 대한 조사·소방대상물에 인접한 도로의 폭·교통상황, 도로주변의 토지의 고저·건축물의 개황·그 밖의 소방활동에 필요한 지리에 대한 조사

4과목 소방전기시설의 구조 및 원리

61 비호환형 누전경보기의 수신부는 신호입력회로에 공칭동작전류치의 42%에 대응하는 변류기의 설계출력전압을 인가하는 경우 몇 초 이내에 작동하지 아니하여야 하는가?

① 30초
② 20초
③ 10초
④ 1초

해설 ⊕
수신부의 기능
1) 비호환형 수신부
　신호입력회로에 공칭작동전류치의 42%에 대응하는 변류기의 설계출력전압을 가하는 경우 30초 이내에 작동하지 아니하여야 하며, 공칭작동전류치에 대응하는 변류기의 설계출력전압을 가하는 경우 1초(차단기구가 있는 것은 0.2초) 이내에 작동하여야 한다.

2) 호환형 수신부
　신호입력회로에 공칭작동전류치에 대응하는 변류기의 설계출력전압의 52%인 전압을 가하는 경우 30초 이내에 작동하지 아니하여야 하며, 공칭작동전류치에 대응하는 변류기의 설계출력전압의 75%인 전압을 가하는 경우 1초(차단기구가 있는 것은 0.2초) 이내에 작동하여야 한다.

62 자동화재탐지설비 감지기의 구조 및 기능에 대한 설명으로 틀린 것은?

① 차동식 분포형 감지기는 그 기판면을 부착한 정위치로 45°를 경사시킨 경우 그 기능에 이상이 생기지 않아야 한다.
② 연기를 감지하는 감지기는 감시챔버로 1.3±0.05 mm 크기의 물체가 침입할 수 없는 구조이어야 한다.
③ 방사성 물질을 사용하는 감지기는 그 방사성 물질을 밀봉선원으로 하여 외부에서 직접 접촉할 수 없도록 하여야 한다.
④ 차동식 분포형 감지기로서 공기관식 공기관의 두께는 0.3mm 이상, 바깥지름은 1.9mm 이상이어야 한다.

해설
① 차동식 분포형 감지기는 그 기판면을 부착한 정위치로 45°를 경사시킨 경우 그 기능에 이상이 생기지 않아야 한다.
→ 차동식 스포트형 감지기 45°, 차동식 분포형 감지기의 검출부 5°

63 비상벨설비 또는 자동식사이렌설비에는 그 설비에 대한 감시상태를 60분간 지속한 후 유효하게 몇 분 이상 경보할 수 있는 축전지설비 또는 전기저장장치를 설치하여야 하는가?

① 10분 ② 20분
③ 60분 ④ 120분

해설
비상벨설비 또는 자동식 사이렌설비의 설치기준
1) 발신기
 ① 특정소방대상물의 층마다 설치
 ② 조작스위치 설치높이 : 바닥으로부터 0.8m 이상 1.5m 이하
 ③ 각 부분으로부터 하나의 발신기까지의 수평거리 : 25m 이하(다만, 복도 또는 별도로 구획된 실로서 보행거리가 40m 이상일 경우 추가 설치)
 ④ 발신기 위치표시등은 함의 상부에 설치할 것

⑤ 발신기 불빛은 부착면으로부터 15° 이상의 범위 안에서 부착지점으로부터 10m 이내의 어느 곳에서도 쉽게 식별할 수 있는 적색등으로 할 것

2) 상용전원
 ① 전원은 전기가 정상적으로 공급되는 축전지, 전기저장장치 또는 교류전압의 옥내 간선으로 하고, 전원까지의 배선은 전용으로 할 것
 ② 개폐기에는 "비상벨설비 또는 자동식사이렌설비용"이라고 표시한 표지를 할 것

3) 예비전원
 ① 전원의 종류 : 축전지설비 또는 전기저장장치
 ② 전원의 성능 : 감시상태를 60분간 지속한 후 유효하게 10분 이상 경보

4) 배선
 ① 전원회로의 배선 : 내화배선
   그 밖의 배선 : 내화배선 또는 내열배선
 ② 절연저항 : 부속회로의 전로와 대지 사이 및 배선 상호 간을 직류 250[V]의 절연저항측정기로 측정하여 0.1[MΩ] 이상이 되도록 할 것
 ③ 배선은 다른 전선과 별도의 관·덕트·몰드 또는 풀박스 등에 설치할 것(60[V] 미만의 약전류회로에 사용하는 전선으로서 각각의 전압이 같을 때는 제외)

64 다음 ( ) 안에 들어갈 내용으로 옳은 것은?

누전경보기란 ( ) 이하인 경계전로의 누설전류 또는 지락전류를 검출하여 당해 소방대상물의 관계인에게 경보를 발하는 설비로서 변류기와 수신부로 구성된 것을 말한다.

① 사용전압 220[V] ② 사용전압 380[V]
③ 사용전압 600[V] ④ 사용전압 750[V]

해설
누전경보기
사용전압 600[V] 이하인 경계전로의 누설전류를 검출하여 당해 소방 대상물의 관계자에게 경보를 발하는 설비로서 변류기와 수신부로 구성된 것을 말한다.

65 소방회로배선은 일반회로배선과 불연성 격벽으로 구획하여야 하나, 소방회로배선과 일반회로배선을 몇 cm 이상 떨어져 설치한 경우는 그러하지 아니하는가?

① 5   ② 10
③ 15   ④ 20

해설 ⊕

특별고압 또는 고압으로 수전하는 경우
1) 전용의 방화구획 내에 설치할 것
2) 소방회로배선은 일반회로배선과 불연성 격벽으로 구획할 것. 다만, 소방회로배선과 일반회로배선을 15cm 이상 떨어져 설치한 경우는 그러하지 아니한다.
3) 일반회로에서 과부하, 지락사고 또는 단락사고가 발생한 경우에도 이에 영향을 받지 아니하고 계속하여 소방회로에 전원을 공급시켜 줄 수 있어야 할 것
4) 소방회로용 개폐기 및 과전류차단기에는 "소방시설용"이라 표시할 것

66 지하 4층, 지상 11층인 소방대상물(공동주택은 제외)에 비상방송설비를 설치하였다. 지하 3층에서 발화한 경우 우선적으로 경보를 하여야 할 층은?

① 지하 2층 · 지하 3층
② 지하 1층 · 지하 2층 · 지하 3층
③ 지하 1층 · 지하 2층 · 지하 3층 · 지하 4층
④ 지하 1층 · 지하 2층 · 지하 3층 · 지하 4층, 지상 1층

해설 ⊕

발화층 · 직상층 우선경보방식
1) 대상
   층수가 11층(공동주택의 경우에는 16층) 이상의 특정소방대상물
2) 경보기준

화재층	경보를 발하여야 하는 층
2층 이상 층	발화층 및 그 직상 4개 층
1층	발화층 · 그 직상 4개 층 및 지하층
지하층	발화층 · 그 직상층 및 기타의 지하층

67 누전경보기에 대한 설명으로 틀린 것은?

① 누전화재의 발생을 표시하는 표시등은 적색으로 표시되어야 한다.
② 감도조정장치를 갖는 누전경보기의 감도조정장치의 조정범의는 최대치가 1[A]이어야 한다.
③ 누전경보기의 공칭작동전류치는 200[mA] 이하이어야 한다.
④ 정격전압이 50[V]를 넘은 기구의 급속제 외함에는 접지단자를 설치하여야 한다.

해설 ⊕

① 누전화재의 발생을 표시하는 표시등이 설치된 것은 등이 켜질 때 적색으로 표시되어야 하며, 누전화재가 발생한 경계전로의 위치를 표시하는 표시등(지구등)과 기타의 표시등은 다음과 같아야 한다.
  • 지구등은 적색으로 표시되어야 한다. 이 경우 누전등이 설치된 수신부의 지구등은 적색 외의 색으로도 표시할 수 있다.
  • 기타의 표시등은 적색 외의 색으로 표시되어야 한다. 다만, 누전등 및 지구등과 쉽게 구별할 수 있도록 부착된 기타의 표시등은 적색으로도 표시할 수 있다.

②, ③ 공칭작동전류치 및 감도조정장치의 조정범위

구분	전류[mA]
공칭작동전류치	200 이하
감도조정장치	1,000(1A) 이하

④ 정격전압이 60[V]를 넘는 기구의 금속제 외함에는 접지단자를 설치하여야 한다.

68 비상방송설비의 배선에서 부속회로의 전로와 대지 사이 및 배선 상호 간의 절연저항은 1경계구역마다 직류 250[V]의 절연저항측정기를 사용하여 측정한 절연저항이 몇 [MΩ] 이상이 되도록 하여야 하는가?

① 0.1[MΩ]   ② 0.2[MΩ]
③ 10[MΩ]   ④ 20[MΩ]

해설⊕

비상방송설비의 배선에 대한 설치기준

1) 화재로 인하여 하나의 층의 확성기 또는 배선이 단락 또는 단선되어도 다른 층의 화재통보에 지장이 없도록 할 것
2) 전원회로의 배선 : 내화배선, 그 밖의 배선 : 내화배선 또는 내열배선
3) 절연저항 : 부속회로의 전로와 대지 사이 및 배선 상호 간을 직류 250[V]의 절연저항측정기로 측정하여 0.1[MΩ] 이상이 되도록 할 것
4) 배선은 다른 전선과 별도의 관·덕트·몰드 또는 풀박스 등에 설치할 것(단, 60[V] 미만의 약전류회로에 사용하는 전선으로서 각각의 전압이 같을 때는 제외)

69 정온식 감지선형 감지기의 설치기준으로 틀린 것은?

① 단자부와 마감 고정금구와의 설치간격은 10cm 이상으로 설치할 것
② 감지선형 감지기의 굴곡반경은 5cm 이상으로 할 것
③ 지하구나 창고의 천장 등에 지지물이 적당하지 않는 장소에서는 보조선을 설치하고 그 보조선에 설치할 것
④ 케이블 트레이에 감지기를 설치하는 경우 케이블트레이 받침대에 마감 금구를 사용하여 설치할 것

해설⊕

정온식 감지선형 감지기

1) 정의
   일국소의 주위온도가 일정한 온도 이상이 되는 경우에 작동하는 것으로서 외관이 전선으로 되어 있는 것
2) 정온식 감지선형 감지기의 설치기준

구분	기준
감지선의 고정	보조선이나 고정금구를 사용할 것
단자부와 마감고정 금구의 거리	10cm 이내로 할 것
감지선형 감지기의 굴곡반경	5cm 이상으로 할 것
참고의 천장 등에 설치 시	보조선을 설치하고 그 보조선에 설치할 것

구분	기준
케이블트레이에 설치하는 경우	케이블트레이 받침대에 마감금구를 사용하여 설치할 것
분전반 내부에 설치하는 경우	접착제를 이용하여 돌기를 바닥에 고정하고 그 곳에 설치할 것

① 단자부와 마감 고정금구와의 설치간격은 10cm 이상 → 이내

70 소방시설용 비상전원수전설비에서 전력수급용 계기용 변성기·주차단장치 및 그 부속기기로 정의되는 것은?

① 수전설비　　② 변전설비
③ 큐비클설비　④ 배전반설비

해설⊕

용어의 정의

1) 수전설비 : 전력수급용 계기용 변성기, 주차단장치 및 그 부속기기
2) 변전설비 : 전력용 변압기 및 그 부속장치
3) 전용큐비클식 : 소방회로용의 것으로 수전설비, 변전설비, 그 밖의 기기 및 배선을 금속제 외함에 수납한 것
4) 공용큐비클식 : 소방회로 및 일반회로 겸용의 것으로서 수전설비, 변전설비, 그 밖의 기기 및 배선을 금속제 외함에 수납한 것
5) 전용배전반 : 소방회로 전용의 것으로서 개폐기, 과전류차단기, 계기, 그 밖의 배선용 기기 및 배선을 금속제 외함에 수납한 것
6) 공용배전반 : 소방회로 및 일반회로 겸용의 것으로서 개폐기, 과전류차단기, 계기, 그 밖의 배선용 기기 및 배선을 금속제 외함에 수납한 것

71 비상방송설비의 음향조정장치에 있어서 기동장치에 따른 화재신고를 수신한 후 필요한 음량으로 화재발생 상황 및 피난에 유효한 방송이 자동으로 개시될 때까지의 소요시간은?

① 30초 이하　　② 20초 이하
③ 10초 이하　　④ 5초 이하

정답 **69** ① **70** ① **71** ③

해설 ⊕

비상방송설비 설치기준

1) 확성기의 음성입력 : 실외 3W(실내 1W), 아파트 등의 실내 2W 이상
2) 그 층의 각 부분으로부터 하나의 확성기까지의 수평거리 : 25m 이하
3) 음량조정기를 설치하는 경우 음량조정기의 배선 : 3선식
4) 화재신고 수신 후 방송개시 소요시간 : 10초 이하
5) 조작부의 조작스위치 높이 : 바닥으로부터 0.8m 이상 1.5m 이하
6) 정격전압의 80% 전압에서 음향을 발할 수 있는 것으로 할 것
7) 자동화재탐지설비의 작동과 연동하여 작동할 수 있는 것으로 할 것

72 휴대용 비상조명등에 대한 기준을 설명한 것으로 틀린 것은?

① 어둠 속에서 위치를 확인할 수 있을 것
② 사용 시 자동으로 점등되는 구조일 것
③ 외함은 난연성능이 있을 것
④ 전원으로 충전식 배터리 이외의 건전지를 사용하지 말 것

해설 ⊕

휴대용 비상조명등의 설치기준

1) 설치높이는 바닥으로부터 0.8m 이상 1.5m 이하의 높이에 설치할 것
2) 어둠 속에서 위치를 확인할 수 있도록 할 것
3) 사용 시 자동으로 점등되는 구조일 것
4) 외함은 난연성능이 있을 것
5) 건전지를 사용하는 경우에는 방전방지조치를 하여야 하고, 충전식 배터리의 경우에는 상시 충전되도록 할 것
6) 건전지 및 충전식 배터리의 용량은 20분 이상 유효하게 사용할 수 있는 것으로 할 것

73 감지기 회로에 종단저항을 설치하는 이유는?

① 소모 전력을 측정하기 위하여
② 도통시험을 원활하게 하기 위하여
③ 절연저항을 측정하기 위하여
④ 동시작동시험을 하기 위하여

해설 ⊕

도통시험을 위한 종단저항의 설치기준

1) 점검 및 관리가 쉬운 장소에 설치할 것
2) 전용함을 설치하는 경우 그 설치높이는 바닥으로부터 1.5m 이내로 할 것
3) 감지기 회로의 끝부분에 설치하며, 종단감지기에 설치할 경우에는 구별이 쉽도록 해당 감지기의 기판 및 감지기 외부 등에 별도의 표시를 할 것

74 자동화재속보설비의 속보기 기능에 대한 설명으로 틀린 것은?

① 연동 또는 수동으로 소방관서에 화재발생 음성정보를 속보 중인 경우에도 송수화장치를 이용한 통화가 우선적으로 가능하여야 한다.
② 속보기의 송수화장치가 정상위치인 경우에 연동 또는 수동으로 속보가 가능하여야 한다.
③ 자동화재탐지설비로부터 화재신호를 수신하거나 수동으로 동작시키는 경우 자동적으로 화재표시등이 점등되고 음향장치로 화재를 경보하여야 한다.
④ 작동신호를 수신하거나 수동으로 동작시키는 경우 20초 이내에 소방관서에 자동적으로 신호를 발하여 통보하되, 3회 이상 속보할 수 있어야 한다.

해설 ⊕

속보기의 기능(성능인증 및 제품검사의 기술기준 제5조)

1) 작동신호를 수신하거나 수동으로 동작시키는 경우 20초 이내에 소방관서에 자동적으로 신호를 발하여 통보하되, 3회 이상 속보할 수 있어야 한다.
2) 예비전원은 자동적으로 충전되어야 하며 자동과충전방지장치가 있어야 한다.
3) 연동 또는 수동으로 소방관서에 화재발생 음성정보를 속보 중인 경우에도 송수화장치를 이용한 통화가 우선적으로 가능하여야 한다.

정답 **72** ④ **73** ② **74** ②

4) 예비전원을 병렬로 접속하는 경우에는 역충전 방지 등의 조치를 하여야 한다.

5) 예비전원은 감시상태를 60분간 지속한 후 10분 이상 동작이 지속될 수 있는 용량이어야 한다.

6) 속보기는 작동신호 또는 수동작동스위치에 의한 다이얼링 후 소방관서와 전화접속이 이루어지지 않는 경우에는 최초 다이얼링을 포함하여 10회 이상 반복적으로 접속을 위한 다이얼링이 이루어져야 한다. 이 경우 매회 다이얼링 완료 후 호출은 30초 이상 지속되어야 한다.

7) 속보기의 송수화장치가 정상위치가 아닌 경우에도 연동 또는 수동으로 속보가 가능하여야 한다.

8) 화재신호를 수신하거나 수동으로 동작시키는 경우 자동적으로 화재표시등이 점등되고 음향장치로 화재를 경보하여야 한다.

② 속보기의 송수화장치가 정상위치인 경우에 → 정상위치가 아닌 경우에도

75 무선통신보조설비의 화재안전기술기준에 따라 무선통신보조설비의 누설동축케이블 또는 동축케이블의 임피던스는 몇 [Ω]으로 하여야 하는가?

① 5[Ω] 　　　　　　　② 10[Ω]

③ 50[Ω] 　　　　　　　④ 100[Ω]

해설 ⊕ --------------------------------

누설동축케이블 등의 설치기준

1) 소방전용주파수대에서 전파의 전송 또는 복사에 적합한 것으로서 소방전용으로 할 것

2) 케이블의 구성
　① 누설동축케이블과 이에 접속하는 안테나
　② 동축케이블과 이에 접속하는 안테나

3) 누설동축케이블 및 동축케이블은 불연 또는 난연성의 것으로서 습기에 따라 전기의 특성이 변질되지 아니하는 것으로 하고, 노출하여 설치한 경우에는 피난 및 통행에 장애가 없도록 할 것

4) 누설동축케이블 및 동축케이블은 화재에 따라 해당 케이블의 피복이 소실된 경우에 케이블 본체가 떨어지지 아니하도록 4[m] 이내마다 금속제 또는 자기제 등의 지지금구로 벽·천장·기둥 등에 견고하게 고정시킬 것. 다만, 불연재료로 구획된 반자 안에 설치하는 경우에는 그러하지 아니하다.

5) 누설동축케이블 및 안테나는 금속판 등에 따라 전파의 복사 또는 특성이 현저하게 저하되지 아니하는 위치에 설치할 것

6) 누설동축케이블 및 안테나는 고압의 전로로부터 1.5[m] 이상 떨어진 위치에 설치할 것. 다만, 해당 전로에 정전기 차폐장치를 유효하게 설치한 경우에는 그러하지 아니하다.

7) 누설동축케이블의 끝부분에는 무반사 종단저항을 견고하게 설치할 것

8) 누설동축케이블 또는 동축케이블의 임피던스는 50[Ω]으로 할 것

76 자동화재탐지설비의 중계기의 기능에서 수신개시로부터 발신개시까지의 시간은 몇 초 이내이어야 하는가?

① 1초 　　　　　　　② 5초

③ 20초 　　　　　　　④ 30초

해설 ⊕ --------------------------------

중계기의 구조 및 기능

1) 작동이 확실하고, 취급·점검이 쉬워야 하며, 현저한 잡음이나 장해전파를 발하지 않아야 한다. 또한 먼지, 습기, 곤충 등에 의하여 기능에 영향을 받지 아니하여야 한다.

2) 기기 내의 배선은 충분한 전류용량을 갖는 것으로 하여야 하며, 배선의 접속이 정확하고 확실하여야 한다.

3) 극성이 있는 경우에는 오접속을 방지하기 위하여 필요한 조치를 하여야 한다.

4) 전선 이외의 전류가 흐르는 부분과 가동축부분의 접촉력이 충분하지 않은 곳에는 접촉부의 접촉불량을 방지하기 위한 적당한 조치를 하여야 한다.

5) 정격전압이 60[V]를 넘는 중계기의 강판 외함에는 접지단자를 설치하여야 한다.

6) 예비전원회로에는 단락사고 등으로부터 보호하기 위한 퓨즈 등 과전류 보호장치를 설치하여야 한다.

7) 수신개시로부터 발신개시까지의 시간이 5초 이내이어야 한다.

8) 예비전원은 원통밀폐형 니켈카드뮴축전지 또는 무보수 밀폐형 연축전지로서 그 용량은 감시상태를 60분간 계속한 후, 자동화재탐지설비용은 최대소비전류로 10분간 계속 흘릴 수 있는 용량이어야 한다.

9) 예비전원을 병렬로 접속하는 경우는 역충전 방지 등의 조치를 마련하여야 한다.

77 단독경보형 감지기의 일반기능에 대한 설명으로 틀린 것은?

① 자동복귀형 스위치에 의하여 자동으로 작동시험을 할 수 있는 기능이 있어야 한다.
② 전원의 정상상태를 표시하는 전원표시등의 섬광 주기는 1초 이내의 점등과 30초에서 60초 이내의 소등으로 이루어져야 한다.
③ 작동되는 경우 작동표시등에 의하여 화재의 발생을 표시하고, 내장된 음향장치에 의하여 화재경보음을 발할 수 있는 기능이 있어야 한다.
④ 화재경보음은 감지기로부터 1m 떨어진 위치에서 85dB 이상으로 10분 이상 계속하여 경보할 수 있어야 한다.

해설 ➕
단독경보형 감지기의 일반기능
1) 자동복귀형 스위치(자동적으로 정위치에 복귀할 수 있는 스위치)에 의하여 수동으로 작동시험을 할 수 있는 기능이 있어야 한다.
2) 주기적으로 섬광하는 전원표시등에 의하여 전원의 정상 여부를 감시할 수 있는 기능이 있어야 하며, 전원의 정상상태를 표시하는 전원표시등의 섬광 주기는 1초 이내의 점등과 30초에서 60초 이내의 소등으로 이루어져야 한다.
3) 작동되는 경우 작동표시등에 의하여 화재의 발생을 표시하고, 내장된 음향장치에 의하여 화재경보음을 발할 수 있는 기능이 있어야 한다.
4) 화재경보음은 감지기로부터 1m 떨어진 위치에서 85dB 이상으로 10분 이상 계속하여 경보할 수 있어야 한다.
5) 건전지를 주전원으로 하는 감지기는 건전지의 성능이 저하되어 건전지의 교체가 필요한 경우에는 음성안내를 포함한 음향 및 표시등에 의하여 72시간 이상 경보할 수 있어야 한다. 이 경우 음향경보는 1m 떨어진 거리에서 70dB(음성안내는 60dB) 이상이어야 한다.

① 자동복귀형 스위치에 의하여 자동으로 → 수동으로

78 햇빛이나 전등불에 따라 축광하거나 전류에 따라 빛을 발하는 유도체로서 어두운 상태에서 피난을 유도할 수 있도록 띠 형태로 설치되는 피난유도시설은?

① 통로유도표지   ② 피난유도선
③ 피난구유도표시   ④ 피난구조대

해설 ➕
용어의 정의
1) 유도등 : 화재 시에 피난을 유도하기 위한 등으로서 정상상태에서는 상용전원에 따라 켜지고 상용전원이 정전되는 경우에는 비상전원으로 자동전환되어 켜지는 등
2) 피난구유도등 : 피난구 또는 피난경로로 사용되는 출입구를 표시하여 피난을 유도하는 등
3) 통로유도등 : 피난통로를 안내하기 위한 유도등으로 복도통로유도등, 거실통로유도등, 계단통로유도등
4) 복도통로유도등 : 피난통로가 되는 복도에 설치하는 통로유도등으로서 피난구의 방향을 명시하는 것
5) 거실통로유도등 : 거주, 집무, 작업, 집회, 오락, 그 밖에 이와 유사한 목적을 위하여 사용하는 거실, 주차장 등 개방된 통로에 설치하는 유도등으로 피난의 방향을 명시하는 것
6) 계단통로유도등 : 피난통로가 되는 계단이나 경사로에 설치하는 통로유도등으로 바닥면 및 디딤 바닥면을 비추는 것
7) 객석유도등 : 객석의 통로, 바닥 또는 벽에 설치하는 유도등
8) 피난구유도표지 : 피난구 또는 피난경로로 사용되는 출입구를 표시하여 피난을 유도하는 표지
9) 통로유도표지 : 피난통로가 되는 복도, 계단 등에 설치하는 것으로서 피난구의 방향을 표시하는 유도표지
10) 피난유도선 : 햇빛이나 전등불에 따라 축광(축광방식)하거나 전류에 따라 빛을 발하는(광원점등방식) 유도체로서 어두운 상태에서 피난을 유도할 수 있도록 띠 형태로 설치되는 피난유도시설

79 무선통신보조설비의 주요 구성요소가 아닌 것은?

① 옥외안테나   ② 증폭기

③ 분배기   ④ 전등

해설 ➕

1) 누설동축케이블 : 동축케이블의 외부도체에 가느다란 홈을 만들어서 전파가 외부로 새어나갈 수 있도록 한 케이블
2) 분배기 : 신호의 전송로가 분기되는 장소에 설치하는 것으로 임피던스 매칭과 신호 균등분배를 위해 사용하는 장치
3) 분파기 : 서로 다른 주파수의 합성된 신호를 분리하기 위해서 사용하는 장치
4) 혼합기 : 두 개 이상의 입력신호를 원하는 비율로 조합한 출력이 발생하도록 하는 장치
5) 증폭기 : 신호 전송 시 신호가 약해져 수신이 불가능해지는 것을 방지하기 위해서 증폭하는 장치
6) 무선중계기 : 안테나를 통하여 수신된 무전기 신호를 증폭한 후 음영지역에 재방사하여 무전기 상호 간 송수신이 가능하도록 하는 장치
7) 옥외안테나 : 감시제어반 등에 설치된 무선중계기의 입력과 출력포트에 연결되어 송수신 신호를 원활하게 방사·수신하기 위해 옥외에 설치하는 장치

80 거실로 사용되는 실의 출입구가 3개 이상 있는 경우 그 거실의 각 부분으로부터 하나의 출입구에 이르는 보행거리가 몇 m 이하이면 주된 출입구 2개소 외의 출입구(유도표지가 부착된 출입구)에 피난구유도등을 설치하지 않아도 되는가?

① 10m   ② 20m

③ 30m   ④ 50m

해설 ➕

피난구유도등의 설치 제외
1) 바닥면적이 $1,000m^2$ 미만인 층으로서 옥내로부터 직접 지상으로 통하는 출입구(외부의 식별이 용이한 경우에 한함)
2) 대각선의 길이가 15m 이내인 구획된 실의 출입구
3) 거실 각 부분으로부터 하나의 출입구에 이르는 보행거리가 20m 이하이고 비상조명등과 유도표지가 설치된 거실의 출입구

4) 출입구가 3 이상 있는 거실로서 그 거실 각 부분으로부터 하나의 출입구에 이르는 보행거리가 30m 이하인 경우에는 주된 출입구 2개소 외의 출입구로서 유도표지가 부착된 출입구(다만, 공연장·집회장·관람장·전시장·판매시설·운수시설·숙박시설·노유자시설·의료시설·장례식장의 경우 제외)

1과목 소방원론

01 소화약제로 사용될 수 없는 물질은?

① 탄산수소나트륨
② 인산암모늄
③ 다이크로뮴산나트륨
④ 탄산수소칼륨

해설 ⊕

분말소화약제의 종류

종별	분자식	착색	적응화재
제1종분말	탄산수소나트륨 ($NaHCO_3$)	백색	BC급
제2종분말	탄산수소칼륨 ($KHCO_3$)	담회색 (담자색)	BC급
제3종분말	제1인산암모늄 ($NH_4H_2PO_4$)	담홍색	ABC급
제4종분말	탄산수소칼륨 + 요소 ($KHCO_3 + (NH_2)_2CO$)	회색	BC급

③ 다이크로뮴산나트륨 → 제1류 위험물, 지정수량 1,000kg

02 화재 시 계단실 내 수직방향의 연기상승 속도범위는 일반적으로 몇 m/s의 범위에 있는가?

① 2~3
② 3~5
③ 0.5~1.0
④ 0.05~0.1

해설 ⊕

1) 연기의 정의
   가연물이 연소할 때 발생하는 고체, 액체의 미립자이다. 가연물이 불완전연소에 의해 발생하는 농연 및 독성 가스로 인해 인체에 흡입 시 치명적 결과를 초래한다.
2) 연기의 이동속도

구분	수평방향	수직방향	계단
연기속도	0.5~1.0 [m/s]	2.0~3.0 [m/s]	3.0~5.0 [m/s]

03 가연물의 제거와 가장 관련이 없는 소화방법은?

① 촛불을 입김으로 불어서 끈다.
② 산불 화재 시 나무를 잘라 없앤다.
③ 팽창 진주암을 사용하여 진화한다.
④ 가스화재 시 중간밸브를 잠근다.

해설 ⊕

제거소화
1) 가연물을 제거하여 소화
2) 고체 가연물 : 가연물을 화재 현장으로부터 즉시 제거함 (산림화재 시 앞쪽에서 벌목하여 진화)
3) 액체 및 기체 : 가연성 물질을 누출시키는 용기의 밸브를 폐쇄
4) 전기화재 : 전원스위치를 차단하여 전기의 공급을 차단
5) 수용성 액체 : 다량의 물을 주입하여 농도를 연소범위 이하로 낮춤

③ 팽창 진주암을 사용하여 진화한다. → 질식소화

04 가연물이 연소가 잘 되기 위한 구비조건으로 틀린 것은?

① 열전도율이 클 것
② 산소와 화학적으로 친화력이 클 것
③ 표면적이 클 것
④ 활성화 에너지가 작을 것

해설 ⊕

가연물이 될 수 있는 조건
1) 발열량이 클 것
2) 산소와의 친화력이 좋을 것
3) 표면적이 넓을 것
4) 활성화 에너지가 작을 것
5) 열전도도가 작을 것

05 CF₃Br 소화약제의 명칭을 옳게 나타낸 것은?

① 할론 1011 ② 할론 1211
③ 할론 1301 ④ 할론 2402

해설 ⊕

1) 할론소화약제 명명법

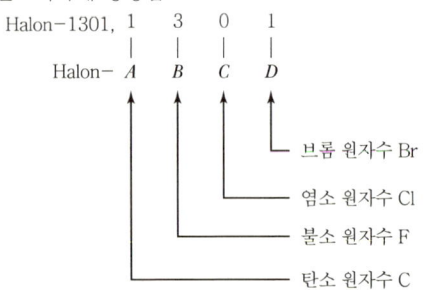

$$Halon-1301, \quad 1 \quad 3 \quad 0 \quad 1$$
$$Halon- \quad A \quad B \quad C \quad D$$

브롬 원자수 Br
염소 원자수 Cl
불소 원자수 F
탄소 원자수 C

2) 할론소화약제의 물성

구분	Halon 1211	Halon 1301	Halon 2402	Halon 1011
화학식	CF_2ClBr	CF_3Br	$C_2F_4Br_2$	CH_2ClBr
분자량	165.4	148.9	259.8	129.4
증기비중	5.7	5.13	8.96	4.46
상온, 상압에서 상태	기체	기체	액체	액체

06 플래시오버(Flash Over)에 대한 설명으로 옳은 것은?

① 건물 화재에서 가연물이 착화하여 연소하기 시작하는 단계이다.
② 축적된 가연성 가스가 일시에 인화하여 화염이 확대되는 단계이다.
③ 건물 화재에서 화재가 쇠퇴기에 이른 단계이다.
④ 건물 화재에서 가연물의 연소가 끝난 단계이다.

해설 ⊕

플래시오버(Flash Over)의 정의 및 특성
1) 화재발생 후 일정시간이 경과하면 실내에 열과 가연성 가스가 축적되고 복사열에 의해 실 전체에 순간적으로 화재가 확산되는 현상
2) 화재 성장기에서 발생하여 플래시오버 후 최성기로 전이된다.

3) 연료지배형 화재에서 환기지배형 화재로 전이된다.
4) 플래시오버 발생시간 : 화재발생 후 약 5~6분 정도
5) 플래시오버 발생 시 실내온도 : 약 800~900℃

07 건물 내 피난동선의 조건으로 옳지 않은 것은?

① 2개 이상의 방향으로 피난할 수 있어야 한다.
② 가급적 단순한 형태로 한다.
③ 통로의 말단은 안전한 장소이어야 한다.
④ 수직동선은 금하고 수평동선만 고려한다.

해설 ⊕

피난동선의 특성
1) 수평동선과 수직동선으로 구분할 것
2) 어느 곳에서도 2개 이상의 방향으로 피난할 수 있으며, 그 말단은 화재로부터 안전한 장소일 것
3) 양방향 피난이 가능하고 상호 반대방향으로 다수의 출구와 연결될 수 있을 것
4) 가급적 단순 형태일 것

④ 수직동선 → 피난계단, 비상용 엘리베이터 등
수평동선 → 복도, 통로 등

08 분말소화기의 소화약제로 사용하는 탄산수소나트륨이 열분해하여 발생하는 가스는?

① 일산화탄소 ② 이산화탄소
③ 사염화탄소 ④ 산소

해설 ⊕

분말소화약제 열분해 반응식

구분	약제명	열분해 반응식
1종 분말	탄산수소나트륨	$2NaHCO_3$ $\rightarrow Na_2CO_3 + H_2O + CO_2$
2종 분말	탄산수소칼륨	$2KHCO_3$ $\rightarrow K_2CO_3 + H_2O + CO_2$
3종 분말	제1인산암모늄	$NH_4H_2PO_4$ $\rightarrow NH_3 + H_2O + HPO_3$
4종 분말	탄산수소칼륨+요소	$2KHCO_3+(NH_2)_2CO$ $\rightarrow K_2CO_3 + 2NH_3 + 2CO_2$

09 열전도율을 표시하는 단위에 해당하는 것은?

① $[kcal/m^2 \cdot h \cdot ℃]$ ② $[kcal \cdot m^2/h \cdot ℃]$

③ $[W/m \cdot K]$ ④ $[J/m^3 \cdot K]$

해설➕ ------------------------------------

1) 전도(Conduction)
   ① 정의 : 분자 및 원자들 간의 직접 에너지 교환으로 열이 전달되는 현상
   ② 푸리에 전도법칙(Fourier's Law)

$$q[W] = \frac{k}{L} A \, \Delta T$$

여기서, k : 열전도도$[W/m \cdot K]$
L : 물체의 두께$[m]$
A : 열전달 면적$[m^2]$
ΔT : 온도차$[K]$

2) 열전도도(열전도율) : $k[W/m \cdot K]$
   ① 열전달을 나타내는 물질의 고유한 성질이다.
   ② 높은 열전도율을 가지는 물질은 열을 흡수하는 데 쓰이고, 낮은 열전도율을 가지는 물질은 절연에 쓰인다.

$$k = \frac{q \cdot L}{A \cdot \Delta T} \left[\frac{W \cdot m}{m^2 \cdot K} \right] [W/m \cdot K]$$

10 화재 시 이산화탄소를 사용하여 화재를 진압하려고 할 때 산소의 농도를 13vol%로 낮추어 화재를 진압하려면 공기 중 이산화탄소의 농도는 약 몇 vol%가 되어야 하는가?

① 18.1 ② 28.1

③ 38.1 ④ 48.1

해설➕ ------------------------------------

소화가스의 농도[%] 계산

$$CO_2[\%] = \frac{21 - O_2}{21} \times 100$$

여기서, CO_2 : 방호구역에 방출된 소화가스의 농도[%]
O_2 : 소화가스 방출 후 방호구역의 산소농도[%]

$$CO_2[\%] = \frac{21 - 13}{21} \times 100 = 38.1[\%]$$

11 건축물의 주요 구조부가 아닌 것은?

① 최하층 바닥 ② 내력벽

③ 주계단 ④ 지붕틀

해설➕ ------------------------------------

건축물의 주요 구조부

1) 내력벽
2) 보(작은 보 제외)
3) 지붕틀(차양 제외)
4) 바닥(최하층 바닥 제외)
5) 주계단(옥외계단 제외)
6) 기둥(사잇기둥 제외)

12 다음 물질 중 인화점이 가장 낮은 것은?

① 다이에틸에터 ② 아세트알데하이드

③ 산화프로필렌 ④ 이황화탄소

해설➕ ------------------------------------

1) 인화점(Flash Point)
   ① 가연성 혼합기(연소범위)를 형성할 수 있는 최저온도를 인화점이라 한다.
   ② 인화점이 낮을수록 위험성은 크다.
   ③ 인화점 이하에서는 점화원을 가하여도 불꽃연소는 발생하지 않는다.

2) 제4류 위험물 중 특수인화물의 인화점

구분	다이에틸에터	아세트알데하이드	산화프로필렌	이황화탄소
제4류 위험물	특수인화물	특수인화물	특수인화물	특수인화물
인화점	-45℃	-38℃	-37℃	-30℃

13 황린과 적린이 서로 동소체라는 것을 증명하는 데 가장 효과적인 실험은?

① 비중을 비교한다.
② 착화점을 비교한다.
③ 유기용제에 대한 용해도를 비교한다.
④ 연소생성물을 확인한다.

해설 ➕

1) 동소체

한 종류의 원자로만 이루어졌으나 그 원자들의 배열순서나 배열구조가 다르기에 그 성질이 다른 여러 가지인 물질

2) 동소체의 증명

① 물질을 연소시켜 연소생성물이 같으면 동소체이다.

② 황린(P_4)과 적린(P)이 연소하면 둘 다 오산화인(P_2O_5)이 발생하므로 황린과 적린은 동소체이다.

③ 인이 연소할 때 발생하는 흰 연기가 오산화인이다.

• 황린 : $P_4 + 5O_2 \rightarrow 2P_2O_5$

• 적린 : $4P + 5O_2 \rightarrow 2P_2O_5$

14 화재에 대한 설명으로 옳지 않은 것은?

① 인간이 제어하여 인류의 문화, 문명의 발달을 가져오게 한 근본적인 존재를 말한다.

② 불을 사용하는 사람의 부주의와 불안정한 상태에서 발생되는 것을 말한다.

③ 불로 인하여 사람의 신체, 생명 및 재산상의 손실을 가져다주는 재앙을 말한다.

④ 실화, 방화로 발생하는 연소 현상을 말하며 사람에게 유익하지 못한 해로운 불을 말한다.

해설 ➕

화재의 정의

1) 불이 인간의 통제를 벗어난 연소 확대 현상

2) 불이 사람의 의도에 반하거나 고의로 인해 발생하여 인명 및 재산의 피해를 주는 것

3) 불이 그 사용목적을 넘어 다른 곳으로 연소하여 사람들에게 예기치 않은 경제상의 손해를 발생시키는 현상

4) 불이 소화의 필요성이 있는 것

① 인간이 제어하여 인류의 문화, 문명의 발달을 가져오게 한 근본적인 존재 → 불의 정의

15 목재의 상태를 기준으로 했을 때 다음 중 연소속도가 가장 느린 것은?

① 거칠고 얇은 것

② 각이 있고 얇은 것

③ 매끄럽고 둥근 것

④ 수분이 적고 거친 것

해설 ➕

목재의 상태에 따른 연소속도

연소속도 목재의 상태	빠르다	느리다
두께	얇은 것	두꺼운 것
외형	거칠고 각진 것	매끄럽고 둥근 것
수분함량	적은 것	많은 것
표면적	큰 것	작은 것
열전도도	작은 것	큰 것
밀도	작은 것	큰 것

16 유류 저장탱크에 화재발생 시 열유층에 의해 탱크 하부에 고인 물 또는 에멀션이 비점 이상으로 가열되어 부피가 팽창하면서 유류를 탱크 외부로 분출시켜 화재를 확대시키는 현상은?

① 보일오버

② 롤오버

③ 백드래프트

④ 플래시오버

해설 ➕

보일오버(Boil Over)

1) 중질유를 저장하는 탱크의 하부에 물이 고여 있는 경우 발생

2) 중질유탱크의 상부에서 정전기, 낙뢰 등의 점화원에 의한 발화

3) 중질유 중 비점이 낮은 물질은 쉽게 올라와서 연소되고 비점이 높은 물질은 열을 머금고 탱크 하부로 가라앉는다.

4) 서서히 내려앉는 고온물질이 탱크 하부의 물과 접촉하면 물이 갑자기 증발하게 된다.

5) 하부의 물이 수증기로 변하면서 약 1,700배의 부피팽창을 하여 순간적으로 물과 기름이 비산, 분출하게 되는 현상

17 다음 중 제3류 위험물로서 자연발화성만 있고 금수성이 없기 때문에 물속에 보관하는 물질은?

① 염소산암모늄

② 황린

③ 칼륨

④ 질산

해설 ➕

1) 황린
   ① 발화점 : 34℃
   ② 보관 . pH 9 정도의 약일킬리의 물속에 보관

2) 나트륨, 칼륨 : 경유, 등유, 유동파라핀 속에 보관

18 다음 원소 중 할로젠족 원소인 것은?

① Ne
② Ar
③ Cl
④ Xe

해설 ➕

1) 할로젠족 원소의 종류
   F(불소), Cl(염소), Br(브로민), I(아이오딘)

2) 할로젠 원소의 전기음성도(결합력) 및 소화효과
   ① 전기음성도(결합력)의 크기 : F>Cl>Br>I
   ② 소화효과의 크기 : F<Cl<Br<I

3) 불활성 기체의 종류
   He(헬륨), Ne(네온), Ar(아르곤), Kr(크립톤), Xe(제논)

19 목재 화재 시 다량의 물을 뿌려 소화하고자 한다. 이때 가장 큰 소화효과는?

① 제거소화효과
② 냉각소화효과
③ 부촉매소화효과
④ 희석소화효과

해설 ➕

소화의 방법
1) 제거소화
   ① 가연물을 제거하여 소화
   ② 고체 가연물 : 가연물을 화재현장으로부터 즉시 제거함
      (산림화재 시 앞쪽에서 벌목하여 진화)
   ③ 액체 및 기체 : 가연성 물질을 누출시키는 용기의 밸브를 폐쇄
   ④ 전기화재 : 전원스위치를 차단하여 전기의 공급을 차단
   ⑤ 수용성 액체 : 다량의 물을 주입하여 농도를 연소범위 이하로 낮춤

2) 냉각소화
   ① 점화원을 발화점 이하로 냉각시켜 소화하는 방법

② 물의 현열과 증발잠열을 이용하는 방법이 가장 많이 사용됨

3) 억제소화(부촉매소화)
   ① 할론소화약제, 할로젠화합물소화약제, 분말소화약제 등을 사용하여 소화
   ② 불꽃연소 시 발생하는 H^*, OH^* 활성라디칼을 포착하여 연쇄반응을 억제
   ③ 불꽃연소에 적응성이 뛰어나고 훈소에는 적응성이 거의 없다.

4) 질식소화
   ① 공기 중의 산소농도를 15[%] 이하로 희박하게 하여 소화하는 방법
   ② 이산화탄소, 불활성 가스 등을 분사하여 산소농도를 낮춤

20 고층 건축물 내 연기거동 중 굴뚝효과에 영향을 미치는 요소가 아닌 것은?

① 건물 내·외의 온도차
② 화재실의 온도
③ 건물의 높이
④ 층의 면적

해설 ➕

굴뚝효과
1) 정의 : 건물의 내부와 외부 공기의 온도 차이에 의한 압력차로 인하여 건물의 수직통로에서 급격한 연기의 이동이 발생하는 현상

2) 굴뚝효과의 크기
   ① 건물의 높이가 높을수록 커진다.
   ② 건물 내부와 외부의 온도차가 클수록 커진다.

3) 굴뚝효과 관련 공식
$$\Delta P = 3,460 H \left(\frac{1}{T_o} - \frac{1}{T_i} \right)$$
   여기서, ΔP : 압력차[Pa]
   T_o : 건물 외부온도[K]
   T_i : 건물 내부온도[K]
   H : 중성대로부터의 높이[m]

④ 층의 면적 → 면적과는 무관하다.

2과목 소방전기일반

21
$V = 4 + j3$[V]의 전압을 부하에 걸었더니 $I = 5 - j2$[A]의 전류가 흘렀다. 부하에서의 소비전력은 몇 [W]인가?

① 14 ② 23
③ 26 ④ 35

해설 ➕

1) 복소전력

$$P = V\overline{I}$$

여기서, P : 복소전력[VA]
V : 전압[V]
$\overline{I}$: 전류의 켤레복소수[A]

2) 전압 $V = 4 + j3$[V]
3) 전류 $I = 5 - j2$[A]
전류의 켤레복소수 $\overline{I} = 5 + j2$[A]
(전류의 켤레복소수는 허수부의 부호 (−)를 (+)로 바꾸어 주면 된다.)

4) 복소전력
$$P = V\overline{I} = (4 + j3)(5 + j2)$$
$$= 20 + j8 + j15 - 6$$
$$= 14 + j23$$

5) 유효전력, 무효전력
복소전력 $P = 14 + j23$ 에서 실수부는 유효전력(소비전력)이 되고 허수부는 무효전력이 된다.
∴ 유효전력 $P = 14$[W]
무효전력 $P_r = 23$[Var]

22
불연속 제어에 속하는 것은?

① ON−OFF 제어
② 비례 제어
③ 미분 제어
④ 적분 제어

해설 ➕

제어동작에 따른 제어계의 분류

제어동작		특징
불연속 동작	ON−OFF 제어	간헐 현상이 발생
P동작	비례 제어	잔류편차(offset) 발생
PI동작	비례적분 제어	잔류편차 제거, 지상보상 요소
PD동작	비례미분 제어	속응성 향상, 진동 제거, 진상보상요소
PID동작	비례적분미분 제어	속응성 향상, 잔류편차도 제거한 제어계로 가장 안정적인 제어계, 지상 및 진상보상요소

23
유도전동기의 회전력은?

① 단자전압에 비례한다.
② 단자전압에 반비례한다.
③ 단자전압의 제곱에 비례한다.
④ 단자전압의 제곱에 반비례한다.

해설 ➕

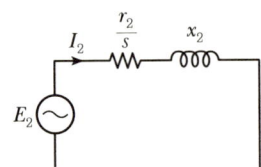

1) 토크(τ)는 2차 입력(P_2)과 같다.
① $\tau = P_2$
② $P_2 = VI\cos\theta = E_2 I_2 \cos\theta = I_2^2 \dfrac{r_2}{s}$

③ $\cos\theta = \dfrac{R}{Z} = \dfrac{\dfrac{r_2}{s}}{\sqrt{\left(\dfrac{r_2}{s}\right)^2 + x_2^2}}$

2) 유도전동기의 회전력(토크 τ)
$\tau = E_2 I_2 \cos\theta$

$\tau = E_2 \cdot \dfrac{E_2}{\sqrt{\left(\dfrac{r_2}{s}\right)^2 + x_2^2}} \cdot \dfrac{\dfrac{r_2}{s}}{\sqrt{\left(\dfrac{r_2}{s}\right)^2 + x_2^2}}$

$$\tau = E_2 \cdot E_2 \cdot \frac{\dfrac{r_2}{s}}{\left(\dfrac{r_2}{s}\right)^2 + r_2^{\,2}}$$

$$\tau = \frac{\dfrac{r_2}{s}}{\left(\dfrac{r_2}{s}\right)^2 + x_2^{\,2}} E_2^{\,2}$$

$\therefore \tau \propto E_2^{\,2}$ 토크는 전압의 제곱에 비례한다.

24 다음 중 피드백 제어계의 일반적인 특성으로 옳은 것은?

① 계의 정확성이 떨어진다.
② 계의 특성변화에 대한 입력 대 출력비의 감도가 감소된다.
③ 비선형과 왜형에 대한 효과가 증대된다.
④ 대역폭이 감소된다.

해설 ⊕

피드백(폐루프) 제어계

1) 정의 : 출력값이 항상 목푯값과 일치하는가를 비교하여 그 오차에 비례하는 동작신호가 제어계에 다시 보내져서 오차를 수정할 수 있도록 피드백 경로를 가지고 있는 제어계이다.

2) 피드백 제어계의 특징
   ① 구조가 복잡하고 설비비용이 고가이다.
   ② 외부 조건변화에 대한 영향이 적다.
   ③ 대역폭이 증가한다.
   ④ 정확도, 안정도가 증가한다.
   ⑤ 전체 이득(입력 대 출력비)감도가 감소한다.
   ⑥ 발진을 일으키는 경향이 있다.

25 극성을 가지고 있어 교류회로에 사용할 수 없는 것은?

① 마이카 콘덴서
② 전해 콘덴서
③ 세라믹 콘덴서
④ 마일러 콘덴서

해설 ⊕

전해 콘덴서

유전체를 얇게 할 수 있어 작은 크기에도 큰 용량을 얻을 수 있다는 장점이 있고, 양극성(긴 선이 +)이 있으며, 극성, 전압, 용량 등이 콘덴서 표면에 적혀 있고, 주로 전원의 안정화, 저주파 바이패스 등에 활용된다.

1) 구조 : 양극용 고순도 알루미늄박 표면에 형성된 산화피막을 유전체로 하여 음극용 알루미늄박, 전해액, 세퍼레이터로 구성된다.
2) 정전용량범위 : 마이크로패럿[μF]에서 밀리패럿[mF]까지의 범위에서 사용된다.
3) 정격전압 : 수백 볼트에서 수킬로볼트까지 사용된다.
4) 극성 : 극성이 있어 DC 회로에서만 사용되고 AC 회로에서는 사용할 수 없다.
5) 수명 : 일반적으로 수천 시간 정도의 수명을 가지고 있어 수명이 제한적이다.

26 수신기에 내장하는 전지를 쓰지 않고 오래 두면 못 쓰게 되는 이유는 어떠한 작용 때문인가?

① 충전작용
② 분극작용
③ 국부작용
④ 전해작용

해설 ⊕

1) 국부작용
   전지의 전극과 불순물이 국부적인 하나의 회로를 구성하여 전지 내부에서 순환 전류가 흘러 화학변화를 일으켜 기전력이 감소하는 현상

2) 분극작용(성극작용)
   전지에 전류가 흐르면 양극의 표면에 수소가스가 발생하여 전류의 흐름을 방해함으로써 전지의 기전력을 저하시키는 현상

3) 전해작용
   수용액이나 용융상태의 화합물에 전극을 넣고 전류를 통하여, 양이온, 음이온이 각각 양극과 음극 위에서 방전되어 각 전극에서 성분이 추출되는 작용

27 권선수 10회의 코일에 자속이 10초 사이에 10[Wb]에서 20[Wb]로 변화하였다면 이때 코일에 유기되는 기전력은 몇 [V]인가?

① 0.1[V] ② 1.0[V]
③ 10[V] ④ 100[V]

해설➕

1) 코일에 유기되는 유기기전력

$$e = -N\frac{d\phi}{dt} = -L\frac{di}{dt}$$

여기서, e : 유기기전력[V]
N : 코일의 권선수
L : 자기 인덕턴스[H]
di : 전류변화율[A]
dt : 시간변화율[sec]
$d\phi$: 자속변화율[Wb]

2) 유기기전력

$$e = -10 \cdot \frac{20-10[\text{Wb}]}{10[\text{s}]} = -10[\text{V}]$$

여기서 (−)는 기전력의 방향을 나타내므로 기전력의 크기를 나타낼 때는 무시한다.

28 30[Ω]의 저항과 R[Ω]의 저항이 병렬로 접속되어 있고 30[Ω]에 흐르는 전류가 6[A]이고, R[Ω]에 흐르는 전류가 2[A]라면 저항 R[Ω]은?

① 5[Ω] ② 215[Ω]
③ 90[Ω] ④ 180[Ω]

해설➕

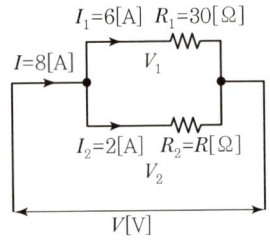

1) 병렬회로이므로
$$V = V_1 = V_2$$

2) $V_1 = I_1 R_1 = 6[\text{A}] \cdot 30[\Omega] = 180[\text{V}]$
$V_2 = I_2 R_2 = 2[\text{A}] \cdot R[\Omega] = 180[\text{V}]$

3) $V_1 = V_2$ 이므로
$$6[\text{A}] \cdot 30[\Omega] = 2[\text{A}] \cdot R[\Omega]$$
$$R = \frac{6 \cdot 30}{2} = \frac{180}{2} = 90[\Omega]$$

29 다음은 타이머 코일을 사용한 접점과 그의 타임 차트(Time Chart)를 나타낸다. 이 접점은?(단, t는 타이머의 설정값이다.)

구분	기호	타임 차트
타이머 코일	─(T)─	무여자 · 여자 · 무여자
접점	○○○ ○ ○○	off · on · L off

① 한시동작 순시복귀 a접점
② 순시동작 한시복귀 a접점
③ 한시동작 순시복귀 b접점
④ 순시동작 한시복귀 b접점

해설➕

1) 타이머 접점의 명칭 및 심벌

명칭	심벌	
	a접점	b접점
한시동작 순시복귀접점		
순시동작 한시복귀접점		

2) 접점의 의미
① 한시동작 순시복귀 a접점
타이머 코일에 전원이 공급되면 설정된 시간 후에 접점이 폐로되고 타이머 코일에 전원이 차단되면 그 즉시 접점이 복귀(개로)되는 접점

정답 27 ③ 28 ③ 29 ②

② 한시동작 순시복귀 b접점

　　타이머 코일에 전원이 공급되면 설정된 시간 후에 접점이 개로되고 타이머 코일에 전원이 차단되면 그 즉시 접점이 복귀(폐로)되는 접점

③ 순시동작 한시복귀 a접점

　　타이머 코일에 전원이 공급되면 그 즉시 접점이 폐로되고 타이머 코일에 전원이 차단되면 설정시간 후에 복귀(개로)되는 접점

④ 순시동작 한시복귀 b접점

　　타이머 코일에 전원이 공급되면 그 즉시 접점이 개로되고 타이머 코일에 전원이 차단되면 설정시간 후에 복귀(폐로)되는 접점

3) 문제의 타임차트 설명

　　타임차트에서 타이머 코일이 무여자 상태에서 여자(전원공급)되면 그 즉시 접점도 on(폐로)되고 타이머 코일이 무여자(전원차단) 상태가 되면 접점은 L초 후에 off(개로)된다. 그러므로 이 접점은 순시동작 한시복귀 a접점임을 알 수 있다.

30 그림과 같은 다이오드 회로에서 출력전압 V_0는?(단, 다이오드의 전압강하는 무시한다.)

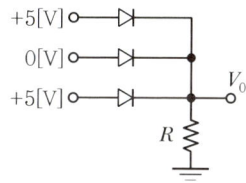

① 10[V]　　　　② 5[V]
③ 1[V]　　　　④ 0[V]

해설 ⊕

1) 문제의 회로는 입력신호 A, B, C 중 어느 하나라도 1이면 출력신호가 1이 되는 OR 회로이다.
　입력 2개가 5[V]이므로 출력은 5[V]가 된다.

2) OR 회로

　① 의미 : 입력신호 A, B 중 어느 하나라도 1이면 출력신호가 1이 되는 회로

　② 논리식 : $X = A + B$

　③ 논리회로 :

④ 유접점 회로　　　　⑤ 진리표

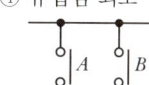

A	B	X
0	0	0
0	1	1
1	0	1
1	1	1

⑥ 무접점 회로

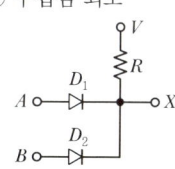

31 AC 서보전동기의 전달함수는 어떻게 취급하면 되는가?

① 미분요소와 1차 요소의 직렬결합으로 취급한다.
② 적분요소와 2차 요소의 직렬결합으로 취급한다.
③ 미분요소와 2차 요소의 병렬결합으로 취급한다.
④ 적분요소와 1차 요소의 병렬결합으로 취급한다.

해설 ⊕

1) 서보전동기

　서보기구의 조작부로서 제어신호에 의해 부하를 구동하는 장치

2) 서보전동기의 특징

　① 저속이며 원활한 운전이 가능하다.
　② 급가속 및 급감속이 용이한 것이어야 한다.
　③ 원칙적으로 정역전이 가능해야 한다.
　④ 직류용과 교류용이 있다.

32 빛이 닿으면 전류가 흐르는 다이오드로 광량의 변화를 전류값으로 대치하므로 광센서에 주로 사용하는 다이오드는?

① 제너 다이오드
② 터널 다이오드
③ 발광 다이오드
④ 포토 다이오드

해설⊕

다이오드의 종류 및 특성

다이오드의 종류	심벌	용도 및 특성
정류용 다이오드 (Rectifier Diode)	▸⊢	한쪽 방향으로 전류가 흐르도록 제어
제너 다이오드 (Zener Diode)	▸⊦	정전압 회로용으로 사용
터널 다이오드 (Tunnel Diode)	▸⊢	초고주파 발진, 증폭회로나 고속 스위칭회로
바랙터 다이오드 (Varactor)	▸⊢⊣	AFC 회로나 FM 회로 등에 사용
포토 다이오드 (Photo Diode)	↯▸⊢	광신호를 전기신호로 변환하는 반도체 다이오드
발광 다이오드 (LED)	▸⊢↗	• 전류를 흘리면 빛을 방출하는 소자 • 발열이 작고, 응답속도가 좋다. • 수명이 길고 효율이 좋다. • 발광재료 : GaAs(비소화갈륨), GaP(인화갈륨)

33 어떤 부하의 유효전력을 측정하였더니 $1,200$ [W]이고, 무효전력은 400[Var]이었다. 이 부하의 역률은?

① 0.98 ② 0.95

③ 0.88 ④ 0.85

해설⊕

역률($\cos \beta$) : 피상전력에 대한 유효전력의 비

$$\cos \beta = \frac{P}{P_a} = \frac{R}{Z}$$

1) 피상전력

$$P_a = \sqrt{P^2 + P_r^2}\,[\text{VA}]$$
$$= \sqrt{1,200^2 + 400^2} = 1,264.91\,[\text{VA}]$$

여기서, P_a : 피상전력[VA]

P : 유효전력[W]

P_r : 무효전력[Var]

2) 역률

$$\cos \theta = \frac{P}{P_a} = \frac{1,200}{1,264.91} = 0.9486 ≒ 0.95$$

34 변압기의 전부하 효율을 나타낸 식으로 틀린 것은?

① $\dfrac{\text{변압기용량} \times \text{부하역률}}{\text{변압기용량} \times \text{부하역률} + \text{철손} + \text{동손}} \times 100\%$

② $\dfrac{\text{변압기출력}}{\text{변압기출력} + \text{무부하손} + \text{부하손}} \times 100\%$

③ $\dfrac{\text{변압기용량} \times \text{부하역률} + \text{부하손}}{\text{변압기용량} \times \text{부하역률} + \text{무부하손}} \times 100\%$

④ $\dfrac{\text{출력}}{\text{출력} + \text{손실}} \times 100\%$

해설⊕

변압기의 효율

1) 효율

$$\eta = \frac{\text{출력}}{\text{입력}} \times 100\,[\%]$$
$$= \frac{\text{출력[kW]}}{\text{출력[kW]} + \text{손실[kW]}} \times 100\,[\%]$$

2) 변압기 효율

$$\eta = \frac{VI\cos\theta}{VI\cos\theta + (P_i + P_c)} \times 100\,[\%]$$

여기서, VI : 변압기 1대의 용량[kVA]

$\cos\theta$: 부하역률

P_i : 철손(무부하손)[kW]

P_c : 동손(부하손)[kW]

3) 변압기의 출력 : $P = VI\cos\theta\,[\text{kW}]$

4) 변압기의 손실 = (부하손 + 무부하손)[kW]

① 부하손 : 부하전류에 의한 동선의 저항손
(부하손＝동손 P_c)

② 무부하손 : 2차 단자를 개방하고, 1차 단자에 정격전압을 인가 시 발생하는 손실로 철손이나 여자전류에 의한 권선의 저항손 및 절연물 안에서 일어나는 유전체손을 포함하지만 저항손 및 유전체손은 아주 작아 무시할 수 있다.(무부하손＝철손 P_i)

35 내부저항이 200[Ω]이며 직류 120[mA]인 전류계를 6[A]까지 측정할 수 있는 전류계로 사용하고자 한다. 어떻게 하면 되겠는가?

① 24[Ω]의 저항을 전류계와 직렬로 연결한다.

② 12[Ω]의 저항을 전류계와 병렬로 연결한다.

③ 약 6.24[Ω]의 저항을 전류계와 직렬로 연결한다.

④ 약 4.08[Ω]의 저항을 전류계와 병렬로 연결한다.

해설 ➕ -------------

분류기(R_s[Ω])

전류계의 측정범위를 확대하기 위해 내부저항이 r_a[Ω]인 전류계에 병렬로 연결하는 저항

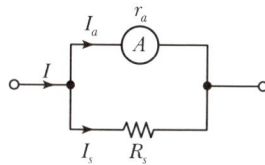

$$I_a = \frac{R_s}{r_a + R_s} \times I \qquad \frac{I}{I_a} = \frac{R_s + r_a}{R_s}$$

$$\frac{I}{I_a} = n(\text{분류기 배율})$$

1) 분류기 배율(n)

$$\frac{I}{I_a} = 1 + \frac{r_a}{R_s} \qquad n = 1 + \frac{r_a}{R_s}$$

2) 분류기 저항(R_s)

$$R_s = \frac{r_a}{n-1}[\Omega]$$

여기서, I : 전체 전류[A]

I_a : 전류계 회로의 전류[A]

r_a : 전류계의 내부저항[Ω]

R_s : 분류기 저항[Ω]

[풀이]

1) I : 6[A], I_a : 120×10^{-3}[A]

r_a : 200[Ω]

R_s : 분류기저항[Ω]

2) $\dfrac{I}{I_a} = 1 + \dfrac{r_a}{R_s}$ $\qquad \dfrac{6}{120 \times 10^{-3}} = 1 + \dfrac{200}{R_s}$

$(50-1)R_s = 200$

$R_s = \dfrac{200}{49} = 4.08[\Omega]$

36 A급 싱글 전력증폭기에 관한 설명으로 옳지 않은 것은?

① 바이어스점은 부하선이 거의 가운데인 중앙점에 취한다.

② 회로의 구성이 매우 복잡하다.

③ 출력용의 트랜지스터가 1개이다.

④ 찌그러짐이 적다.

해설 ➕ -------------

A급 싱글 전력증폭기의 특징

1) 바이어스점은 부하선이 거의 가운데인 중앙점에 취한다.

2) 회로의 구성이 매우 간단하다.

3) 출력용의 트랜지스터가 1개이다.

4) 찌그러짐이 적다.

5) 이미터 접지를 사용하고 출력단이 컬렉터이다.

6) 스피커와 임피던스를 맞추기 위해 변성기를 사용한다.

37 공기 중에서 3×10^{-4}[Wb]와 5×10^{-3}[Wb]의 두 극 사이에 작용하는 힘이 13[N]이었다. 두 극 사이의 거리는 약 몇 [cm]인가?

① 4.3   ② 8.5

③ 13   ④ 17

해설 ➕ -------------

쿨롱의 법칙(F[N])

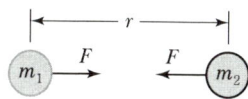

1) 자계에서의 쿨롱의 힘 : 두 자하 사이에 작용하는 힘

2) 두 자하의 극성이 같을 때 : 반발력

3) 두 자하의 극성이 다를 때 : 흡인력

4) 힘의 크기는 두 전하량의 곱에 비례하고 떨어진 거리의 제곱에 반비례한다.

5) 공기 중에서 두 자하 사이에 작용하는 힘(F[N])

$$F[\text{N}] = \frac{1}{4\pi\mu_0}\frac{m_1 m_2}{r^2} = 6.33\times10^4\frac{m_1 m_2}{r^2}$$

여기서, m_1, m_2 : 자속 또는 자하[Wb]

μ_0 : 진공, 공기의 투자율 $= 4\pi\times10^{-7}$[H/m]

r : 두 자하 사이의 거리[m]

[풀이]

$$13[\text{N}] = 6.33\times10^4\times\frac{3\times10^{-4}\times5\times10^{-3}}{r^2}$$

$$r^2 = \frac{6.66\times10^4\times3\times10^{-4}\times5\times10^{-3}}{13} = 0.0073$$

$$r = \sqrt{0.0073} = 0.085[\text{m}] = 8.5[\text{cm}]$$

38 축전지의 내부저항을 측정하는 데 가장 적합한 것은?

① 휘트스톤 브리지　② 미끄럼줄 브리지

③ 콜라우시 브리지　④ 켈빈 더블 브리지

해설

계측기의 종류 및 용도

계측기의 종류	용도
켈빈 더블 브리지	저저항 측정
휘트스톤 브리지	중저항, 검류계의 내부저항 측정
메거(절연저항계)	절연저항, 고저항 측정
콜라우시 브리지	접지저항, 전해액의 도전율, 전지의 내부저항 측정
오실로스코프	펄스전압의 파형 측정

39 다이오드를 여러 개 병렬로 접속하는 경우에 대한 설명으로 다음 중 가장 알맞은 것은?

① 과전류로부터 보호할 수 있다.

② 과전압으로부터 보호할 수 있다.

③ 부하 측의 맥동률을 감소시킬 수 있다.

④ 정류기의 역방향 전류를 감소시킬 수 있다.

해설

다이오드의 접속

구분	직렬접속	병렬접속
목적	과전압 방지	과전류 방지
회로		

40 $R-L-C$ 직렬공진회로에서 제n차 고조파의 공진주파수(f_n)는?

① $\dfrac{1}{2\pi n\sqrt{LC}}$　　② $\dfrac{1}{\pi n\sqrt{LC}}$

③ $\dfrac{1}{2\pi\sqrt{nLC}}$　　④ $\dfrac{n}{2\pi\sqrt{LC}}$

해설

정현파의 공진주파수

$$\omega L = \frac{1}{\omega C},\ \omega^2 = \frac{1}{LC},\ \omega = \frac{1}{\sqrt{LC}},\ 2\pi f = \frac{1}{\sqrt{LC}}$$

$$f_0 = \frac{1}{2\pi\sqrt{LC}}[\text{Hz}]$$

여기서, f_0 : 공진주파수[Hz]

L : 인덕턴스[H]

C : 커패시턴스[F]

n차 고조파의 공진주파수

n차 고조파는 정현파의 주파수 f의 n배의 주파수를 갖는 파형을 의미한다.

$$2\pi\times n\times f = \frac{1}{\sqrt{LC}}\qquad f_n = \frac{1}{2\pi n\sqrt{LC}}[\text{Hz}]$$

여기서, f_n : 제n차 고조파의 공진주파수[Hz]

L : 인덕턴스[H]

C : 커패시턴스[F]

n : 고조파의 차수

정답　**38** ③　**39** ①　**40** ①

3과목 소방관계법규

41 소방시설 실치 및 관리에 관한 법령상 특정소방대상물의 관계인이 특정소방대상물의 규모·용도 및 수용인원 등을 고려하여 갖추어야 하는 소방시설의 종류에 대한 기준 중 다음 (   ) 안에 알맞은 것은?

> 화재안전기준에 따라 소화기구를 설치하여야 하는 특정소방대상물은 연면적 (㉠)m² 이상인 것. 다만, 노유자시설의 경우에는 투척용 소화용구 등을 화재안전기준에 따라 산정된 소화기 수량의 (㉡) 이상으로 설치할 수 있다.

① ㉠ 33, ㉡ $\frac{1}{2}$ ② ㉠ 33, ㉡ $\frac{1}{5}$

③ ㉠ 50, ㉡ $\frac{1}{2}$ ④ ㉠ 50, ㉡ $\frac{1}{5}$

해설 ⊕

소화기구를 설치하여야 하는 특정소방대상물
1) 연면적 33m² 이상(노유자 시설의 경우 산정된 소화기 수량의 1/2 이상을 투척용 소화용구 등으로 설치할 수 있다.)
2) 가스시설, 발전시설 중 전기저장시설 및 국가유산
3) 터널
4) 지하구

42 소방기본법령상 소방대장은 화재, 재난·재해, 그 밖의 위급한 상황이 발생한 현장에 소방활동구역을 정하여 소방활동에 필요한 자로서 대통령령으로 정하는 사람 외에는 그 구역에의 출입을 제한할 수 있다. 다음 중 소방활동구역에 출입할 수 없는 사람은?

① 소방활동구역 안에 있는 소방대상물의 소유자·관리자 또는 점유자
② 전기·가스·수도·통신·교통의 업무에 종사하는 자로서 원활한 소방활동을 위하여 필요한 자
③ 의사·간호사, 그 밖의 구조·구급업무에 종사하는 자와 취재인력 등 보도업무에 종사하는 자
④ 시·도지사가 소방활동을 위하여 출입을 허가한 사람

해설 ⊕

소방활동구역
1) 화재, 재난·재해, 그 밖의 위급한 상황이 발생한 현장에 소방활동구역 실징
2) 소방활동구역 설정 및 출입을 제한할 수 있는 자 : 소방대장
3) 소방활동구역에 출입할 수 있는 사람
   ① 소방활동구역 안에 있는 소방대상물의 소유자·관리자 또는 점유자
   ② 전기·가스·수도·통신·교통의 업무에 종사하는 사람으로서 원활한 소방 활동을 위하여 필요한 사람
   ③ 의사·간호사, 그 밖의 구조·구급업무에 종사하는 사람
   ④ 취재인력 등 보도업무에 종사하는 사람
   ⑤ 수사업무에 종사하는 사람
   ⑥ 그 밖에 소방대장이 소방 활동을 위하여 출입을 허가한 사람

④ 시·도지사가 → 소방대장이

43 소방시설의 종류 중 피난구조설비에 속하지 않는 것은?

① 제연설비 ② 공기안전매트
③ 유도등 ④ 공기호흡기

해설 ⊕

피난구조설비
화재가 발생할 경우 피난하기 위하여 사용하는 기구 또는 설비

1) 피난기구
   ① 피난교 ② 구조대
   ③ 피난용 트랩 ④ 미끄럼대
   ⑤ 완강기 ⑥ 간이완강기
   ⑦ 공기안전매트 ⑧ 피난사다리
   ⑨ 다수인피난장비 ⑩ 승강식 피난기

2) 인명구조기구
   ① 방열복, 방화복(안전헬멧, 보호장갑 및 안전화 포함)
   ② 공기호흡기
   ③ 인공소생기

3) 유도등
   ① 피난구유도등
   ② 통로유도등

③ 객석유도등

④ 유도표지

⑤ 피난유도선

4) 비상조명등 및 휴대용 비상조명등

① 제연설비 → 소화활동설비

44 지정수량의 몇 배 이상의 위험물을 취급하는 제조소에는 화재예방을 위한 예방규정을 정하여야 하는가?

① 10배　　　　② 20배

③ 30배　　　　④ 50배

해설 ⊕

예방규정을 정해야 하는 제조소 등

1) 지정수량의 10배 이상의 위험물을 취급하는 제조소

2) 지정수량의 100배 이상의 위험물을 저장하는 옥외저장소

3) 지정수량의 150배 이상의 위험물을 저장하는 옥내저장소

4) 지정수량의 200배 이상의 위험물을 저장하는 옥외탱크저장소

5) 암반탱크저장소

6) 이송취급소

45 화재의 예방 및 안전관리에 관한 법령상 소방안전관리자를 선임하지 아니한 소방안전관리대상물의 관계인에 대한 벌칙은?

① 100만 원 이하의 벌금

② 300만 원 이하의 벌금

③ 1000만 원 이하의 벌금

④ 3000만 원 이하의 벌금

해설 ⊕

300만 원 이하의 벌금

1) 화재안전조사를 정당한 사유 없이 거부·방해 또는 기피한 자

2) 화재 발생 위험이 크거나 소화 활동에 지장을 줄 수 있다고 인정되는 행위나 물건에 대한 예방조치명령을 정당한 사유 없이 따르지 아니하거나 방해한 자

3) 소방안전관리자, 총괄소방안전관리자 또는 소방안전관리보조자를 선임하지 아니한 자

4) 소방시설·피난시설·방화시설 및 방화구획 등이 법령에 위반된 것을 발견하였음에도 필요한 조치를 할 것을 요구하지 아니한 소방안전관리자

5) 소방안전관리자에게 불이익한 처우를 한 관계인

6) 화재예방안전진단 업무에 종사하고 있거나 종사하였던 사람 또는 위탁받은 업무에 종사하고 있거나 종사하였던 사람이 업무를 수행하면서 알게 된 비밀을 이 법에서 정한 목적 외의 용도로 사용하거나 다른 사람 또는 기관에 제공하거나 누설한 자

46 소방시설공사업법령상 하자를 보수하여야 하는 소방시설과 소방시설별 하자보수 보증기간으로 옳은 것은?

① 유도등 : 1년

② 자동소화장치 : 3년

③ 자동화재탐지설비 : 2년

④ 소화용수설비 : 2년

해설 ⊕

공사의 하자보수 등

1) 공사업자가 하자발생 통보를 받은 후 하자를 보수하거나 보수 일정을 기록한 하자보수 계획을 관계인에게 서면으로 알려야 하는 기간 : 3일 이내

2) 하자보수 대상 소방시설과 하자보수 보증기간

하자보수 대상 소방시설	하자보수 보증기간
피난기구, 유도등, 비상경보설비, 비상조명등, 비상방송설비 및 무선통신보조설비	2년
자동소화장치, 옥내소화전설비, 스프링클러설비 등, 물분무 등 소화설비, 옥외소화전설비, 자동화재탐지설비, 화재알림설비, 소화용수설비 및 소화활동설비(무선통신보조설비는 제외)	3년

47 소방기본법상 소방대상물의 소유자·관리자 또는 점유자로 정의되는 자는?

① 관리인　　　　② 관계인
③ 사용자　　　　④ 등기자

해설⊕

용어의 정의
1) 관계인 : 소방대상물의 소유자·관리자·점유자
2) 소방대상물 : 건축물, 차량, 선박(항구에 매어둔 것), 선박 건조 구조물, 산림, 그 밖의 인공 구조물 또는 물건
3) 관계지역 : 소방대상물이 있는 장소 및 그 이웃 지역으로서 화재의 예방·경계·진압, 구조·구급 등의 활동에 필요한 지역

48 특정소방대상물의 소방안전관리자의 업무가 아닌 것은?

① 소방시설이나 그 밖의 소방 관련 시설의 관리
② 의용소방대의 조직
③ 피난시설, 방화구획 및 방화시설의 관리
④ 화기 취급의 감독

해설⊕

1) 소방안전관리자의 업무
① 소방계획서의 작성 및 시행
② 자위소방대 및 초기대응체계의 구성·운영·교육
③ 피난시설, 방화구획 및 방화시설의 관리
④ 소방훈련 및 교육
⑤ 소방시설이나 그 밖의 소방 관련 시설의 관리
⑥ 화기 취급의 감독
⑦ 소방안전관리에 관한 업무 수행에 관한 기록·유지 (③, ④, ⑥의 업무)

2) 의용소방대의 설치
① 특별시장·광역시장·특별자치시장·도지사·특별자치도지사(시·도지사) 또는 소방서장은 재난현장에서 소방업무를 보조하기 위하여 의용소방대를 설치할 수 있다.
② 의용소방대는 특별시·광역시·특별자치시·도·특별자치도 시·읍 또는 면에 둔다.
③ 시·도지사 또는 소방서장은 필요한 경우 관할 구역을 따로 정하여 그 지역에 의용소방대를 설치할 수 있다.

④ 시·도지사 또는 소방서장은 필요한 경우 의용소방대를 화재진압 등을 전담하는 의용소방대(전담의용소방대)로 운영할 수 있다.

49 위험물시설의 설치 및 변경, 안전관리에 대한 설명으로 옳지 않은 것은?

① 제조소 등의 설치자의 지위를 승계한 자는 승계한 날부터 30일 이내에 시·도지사에게 신고하여야 한다.
② 제조소 등의 용도를 폐지한 때에는 폐지한 날부터 30일 이내에 시·도지사에게 신고하여야 한다.
③ 위험물안전관리자가 퇴직한 때에는 퇴직한 날부터 30일 이내에 다시 위험물안전관리자를 선임하여야 한다.
④ 위험물안전관리자를 선임한 때에는 선임한 날부터 14일 이내에 소방본부장 또는 소방서장에게 신고하여야 한다.

해설⊕

1) 제조소 등 설치자의 지위승계
① 지위승계의 신고 : 행정안전부령이 정하는 바에 따라 승계한 날부터 30일 이내에 시·도지사에게 신고(소방서장에 위임)
② 지위승계를 할 수 있는 경우
• 제조소 등의 설치자가 사망한 때 그 상속인
• 제조소 등을 양도·인도한 때 그 상속인
• 법인인 제조소 등의 설치자의 합병이 있는 때에는 그 상속인
• 합병 후 존속하는 법인이나 합병에 의하여 설립되는 법인

2) 제조소 등의 용도폐지
용도를 폐지한 날부터 14일 이내에 시·도지사에게 신고 (소방서장에 위임)

3) 위험물안전관리자
① 위험물안전관리자 선임 : 30일 이내
② 위험물안전관리자 선임 신고 : 14일 이내(소방본부장, 소방서장)

정답 **47** ② **48** ② **49** ②

50 소방시설 설치 및 관리에 관한 법령상 특정소방대상물로서 숙박시설에 해당되지 않는 것은?

① 호텔
② 모텔
③ 휴양콘도미니엄
④ 오피스텔

해설 ✚

숙박시설

손님이 잠을 자고 머물 수 있도록 시설 및 설비 등의 서비스를 제공하는 영업

1) 일반형 숙박시설 : 「공중위생관리법 시행령」 제4조제1호가목에 따른 숙박업의 시설
2) 생활형 숙박시설 : 「공중위생관리법 시행령」 제4조제1호나목에 따른 숙박업의 시설
3) 고시원(근린생활시설에 해당하지 않는 것)

④ 오피스텔 → 업무시설

51 다음 중 화재를 진압하거나 인명구조 활동을 위하여 사용하는 소화활동설비에 포함되지 않는 것은?

① 비상콘센트설비
② 무선통신보조설비
③ 연소방지설비
④ 자동화재속보설비

해설 ✚

1) 소화활동설비의 종류
　① 제연설비
　② 연결송수관설비
　③ 연결살수설비
　④ 비상콘센트설비
　⑤ 무선통신보조설비
　⑥ 연소방지설비

2) 경보설비의 종류
　① 단독경보형 감지기
　② 비상경보설비 · 비상벨설비 · 자동식 사이렌설비
　③ 자동화재탐지설비
　④ 시각경보기
　⑤ 화재알림설비
　⑥ 비상방송설비
　⑦ 자동화재속보설비
　⑧ 통합감시시설
　⑨ 누전경보기
　⑩ 가스누설경보기

52 제4류 인화성 액체 위험물 중 품명 및 지정수량이 맞게 짝지어진 것은?

① 제1석유류(수용성 액체) − 100리터
② 제2석유류(수용성 액체) − 500리터
③ 제3석유류(수용성 액체) − 1,000리터
④ 제4석유류 − 6,000리터

해설 ✚

제4류 위험물

1) 성질 : 인화성 액체

2) 소화방법
　① 이산화탄소, 할론, 분말 등에 의한 질식, 부촉매소화
　② 포 소화약제에 의한 질식, 냉각소화

3) 품명 및 지정수량

위험 등급	품명		지정수량
I	특수인화물(다이에틸에터, 아세트알데하이드, 산화프로필렌, 이황화탄소) 1기압에서 발화점이 100℃ 이하인 것 또는 인화점이 −20℃ 이하이고 비점이 40℃ 이하인 것		50[l]
II	제1석유류(아세톤, 휘발유) 인화점 21℃ 미만	비수용성 액체	200[l]
II		수용성 액체	400[l]
II	알코올류 탄소원자의 수가 1개부터 3개까지인 포화1가 알코올		400[l]
III	제2석유류(경유, 등유) 인화점이 21℃ 이상 70℃ 미만	비수용성 액체	1,000[l]
III		수용성 액체	2,000[l]
III	제3석유류(중유, 크레오소트유) 인화점 70℃ 이상 200℃ 미만	비수용성 액체	2,000[l]
III		수용성 액체	4,000[l]
III	제4석유류(기어유, 실린더유) 인화점이 200℃ 이상 250℃ 미만		6,000[l]

위험등급	품명	지정수량
III	동·식물유류(건성유, 반건성유, 불건성유) 동물의 지육 등 또는 식물의 종자나 과육으로부터 추출한 것으로서 1기압에서 인화점이 250℃ 미만	10,000[l]

③ 행정안전부령으로 정하는 것 : 할로젠간화합물

④ 할로젠간화합물의 종류

　　BrF_3(삼불화브로민), BrF_5(오불화브로민), IF_5(오불화아이오딘)

53 위험물안전관리법상 자기반응성 물질의 품명에 해당하지 않는 것은?

① 나이트로화합물　　② 할로젠간화합물

③ 질산에스터류　　④ 하이드록실아민염류

해설⊕

1) 제5류 위험물

　① 성질 : 자기반응성 물질

　② 품명 및 지정수량

품명	지정수량
질산에스터류	제1종 : 10[kg] 제2종 : 100[kg]
유기과산화물	
하이드록실아민	
하이드록실아민염류	
나이트로화합물	
나이트로소화합물	
아조화합물	
다이아조화합물	
하이드라진유도체	

2) 제6류 위험물

　① 성질 : 산화성 액체

　② 품명 및 지정수량

위험등급	품명	지정수량
I	과염소산	300[kg]
	과산화수소	
	질산	
	그 밖에 행정안전부령으로 정하는 것	

54 특수가연물의 품명과 수량기준이 바르게 짝지어진 것은?

① 면화류 − 200kg 이상

② 나무껍질 및 대팻밥 − 300kg 이상

③ 가연성 고체류 − 1,000kg 이상

④ 넝마 및 종이부스러기 − 400kg 이상

해설⊕

특수가연물의 품명 및 수량

품명		수량
면화류		200kg 이상
나무껍질 및 대팻밥		400kg 이상
넝마 및 종이부스러기		1,000kg 이상
사류(絲類)		1,000kg 이상
볏짚류		1,000kg 이상
가연성 고체류		3,000kg 이상
석탄·목탄류		10,000kg 이상
가연성 액체류		2m³ 이상
목재가공품 및 나무부스러기		10m³ 이상
고무류·플라스틱류	발포시킨 것	20m³ 이상
	그 밖의 것	3,000kg 이상

55 소방시설 설치 및 관리에 관한 법률상 중앙소방기술심의위원회의 심의사항이 아닌 것은?

① 화재안전기준에 관한 사항

② 소방시설의 설계 및 공사감리의 방법에 관한 사항

③ 소방시설에 하자가 있는지의 판단에 관한 사항

④ 소방시설공사의 하자를 판단하는 기준에 관한 사항

해설 ✚ -

1) 중앙소방기술심의위원회의 심의사항
   ① 화재안전기준에 관한 사항
   ② 소방시설의 구조 및 원리 등에서 공법이 특수한 설계 및 시공에 관한 사항
   ③ 소방시설의 설계 및 공사감리의 방법에 관한 사항
   ④ 소방시설공사의 하자를 판단하는 기준에 관한 사항
   ⑤ 신기술·신공법 등 검토·평가에 고도의 기술이 필요한 경우로서 중앙위원회에 심의를 요청한 사항
   ⑥ 연면적 10만m² 이상의 특정소방대상물에 설치된 소방시설의 설계·시공·감리의 하자 유무에 관한 사항
   ⑦ 새로운 소방시설과 소방용품 등의 도입 여부에 관한 사항

2) 지방소방기술심의위원회의 심의사항
   ① 소방시설에 하자가 있는지의 판단에 관한 사항
   ② 연면적 10만m² 미만의 특정소방대상물에 설치된 소방시설의 설계·시공·감리의 하자 유무에 관한 사항
   ③ 소방본부장 또는 소방서장이 화재안전기준 또는 위험물 제조소 등의 시설기준의 적용에 관하여 기술검토를 요청하는 사항

③ 소방시설에 하자가 있는지의 판단에 관한 사항 → 소방시설공사의 하자를 판단하는 기준에 관한 사항

---

56 자동화재탐지설비의 설치면제 요건에 관한 사항이다. (   )에 들어갈 내용으로 알맞은 것은?

> 자동화재탐지설비의 기능(감지·수신·경보기능을 말한다)과 성능을 가진 화재알림설비, (   ) 또는 물분무등소화설비를 화재안전기준에 적합하게 설치한 경우에는 그 설비의 유효범위에서 설치가 면제된다.

① 비상경보설비
② 연소방지설비
③ 비상방송설비
④ 스프링클러설비

해설 ✚ -

특정소방대상물의 소방시설 설치의 면제기준

설치가 면제되는 소방시설	설치가 면제되는 기준
간이스프링클러설비	간이스프링클러설비를 설치해야 하는 특정소방대상물에 스프링클러설비, 물분무소화설비 또는 미분무소화설비를 화재안전기준에 적합하게 설치한 경우에는 그 설비의 유효범위에서 설치가 면제된다.
물분무 등 소화설비	물분무 등 소화설비를 설치해야 하는 차고·주차장에 스프링클러설비를 화재안전기준에 적합하게 설치한 경우에는 그 설비의 유효범위에서 설치가 면제된다.
비상경보설비	비상경보설비를 설치해야 할 특정소방대상물에 단독경보형 감지기를 2개 이상의 단독경보형 감지기와 연동하여 설치한 경우에는 그 설비의 유효범위에서 설치가 면제된다.
비상경보설비 또는 단독경보형 감지기	비상경보설비 또는 단독경보형 감지기를 설치해야 하는 특정소방대상물에 자동화재탐지설비 또는 화재알림설비를 화재안전기준에 적합하게 설치한 경우에는 그 설비의 유효범위에서 설치가 면제된다.
자동화재탐지설비	자동화재탐지설비의 기능(감지·수신·경보기능을 말한다)과 성능을 가진 화재알림설비, 스프링클러설비 또는 물분무 등 소화설비를 화재안전기준에 적합하게 설치한 경우에는 그 설비의 유효범위에서 설치가 면제된다.
비상방송설비	비상방송설비를 설치해야 하는 특정소방대상물에 자동화재탐지설비 또는 비상경보설비와 같은 수준 이상의 음향을 발하는 장치를 부설한 방송설비를 화재안전기준에 적합하게 설치한 경우에는 그 설비의 유효범위에서 설치가 면제된다.
연소방지설비	연소방지설비를 설치해야 하는 특정소방대상물에 스프링클러설비, 물분무소화설비 또는 미분무소화설비를 화재안전기준에 적합하게 설치한 경우에는 그 설비의 유효범위에서 설치가 면제된다.

57 소방시설공사업자가 소방시설공사를 하고자 할 때, 다음 중 옳은 것은?

① 건축허가 동의만 받으면 된다.
② 시공 후 완공검사만 받으면 된다.
③ 소방시설 착공신고를 하여야 한다.
④ 건축허가만 받으면 된다.

해설 ➕ -

① 건축허가 동의만 받으면 된다. → 소방설계업자가 관할 소방서장에게
② 시공 후 완공검사만 받으면 된다. → 소방시설공사업자가 관할소방서장에게
③ 소방시설 착공신고를 하여야 한다. → 소방시설공사업자가 관할소방서장에게
④ 건축허가만 받으면 된다. → 건축주(시행사)가 관할건축 허가청에

착공신고 및 착공변경신고 : 소방시설공사업자가 소방본부장이나 소방서장에게 신고
1) 착공신고 : 소방설비의 공사를 시작하기 전
2) 착공변경신고 : 변경일부터 30일 이내

58 근린생황시설 중 일반목욕장인 경우 연면적 몇 m² 이상이면 자동화재탐지설비를 설치해야 하는가?

① 500 　　　　　② 1,000
③ 1,500 　　　　④ 2,000

해설 ➕ -

자동화재탐지설비 설치대상

특정소방대상물	설치대상
노유자시설	연면적 400m² 이상
근린생활시설, 의료시설, 위락시설, 장례시설 및 복합건축물	연면적 600m² 이상
근린생활시설 중 목욕장, 문화 및 집회시설, 종교시설, 판매시설, 운수시설, 운동시설, 업무시설, 공장, 창고시설, 위험물 저장 및 처리시설, 항공기 및 자동차 관련 시설, 교정 및 군사시설 중 국방·군사시설, 방송통신시설, 발전시설, 관광 휴게시설, 지하상가	연면적 1,000m² 이상

특정소방대상물	설치대상
교육연구시설, 수련시설, 동물 및 식물 관련 시설(기둥과 지붕만으로 구성되어 외부와 기류가 통하는 장소는 제외한다), 분뇨 및 쓰레기 처리시설, 교정 및 군사시설 또는 묘지 관련 시설	연면적 2,000m² 이상인 것
숙박시설이 있는 수련시설	수용인원 100명 이상인 것
터널	길이가 1,000m 이상인 것
공동주택 중 아파트 등·기숙사, 숙박시설, 노유자생활시설, 지하구, 판매시설 중 전통시장, 층수가 6층 이상인 건축물, 산후조리원, 조산원	모든 층
특수가연물	500배 이상

59 특정소방대상물의 관계인이 소방안전관리자를 선임한 날부터 며칠 이내에 소방본부장 또는 소방서장에게 신고하여야 하는 기간은?

① 7일 이내
② 14일 이내
③ 20일 이내
④ 30일 이내

해설 ➕ -

소방안전관리자의 선임
1) 소방안전관리자 선임 : 해당 사유 발생일로부터 30일 이내에 선임
2) 소방안전관리자의 선임신고 : 선임한 날부터 14일 이내 소방본부장, 소방서장에게 신고

60 소방대상물이 공장이 아닌 경우 일반 소방시설 설계업의 영업범위는 연면적 몇 제곱미터 미만인 경우인가?

① 5,000
② 10,000
③ 20,000
④ 30,000

- -

정답 **57** ③ **58** ② **59** ② **60** ④

해설⊕
소방시설 설계업의 업종별 등록기준 및 영업범위

업종별 \ 항목	기술인력	영업범위
전문 소방시설 설계업	• 주된 기술인력 : 소방기술사 1명 이상 • 보조기술인력 : 1명 이상	모든 특정소방대상물에 설치되는 소방시설의 설계
일반 소방시설 설계업 — 기계분야	• 주된 기술인력 : 소방기술사 또는 기계분야 소방설비기사 1명 이상 • 보조기술인력 : 1명 이상	• 아파트에 설치되는 기계분야 소방시설의 설계(제연설비는 제외) • 연면적 $30,000m^2$ 미만의(공장은 $10,000m^2$ 미만) 특정소방대상물에 설치되는 기계분야 소방시설의 설계(제연설비가 설치되는 특정소방대상물은 제외) • 위험물제조소 등에 설치되는 기계분야 소방시설의 설계
일반 소방시설 설계업 — 전기분야	• 주된 기술인력 : 소방기술사 또는 전기분야 소방설비기사 1명 이상 • 보조기술인력 : 1명 이상	• 아파트에 설치되는 전기분야 소방시설의 설계 • 연면적 $30,000m^2$ 미만의(공장은 $10,000m^2$ 미만) 특정소방대상물에 설치되는 전기분야 소방시설의 설계 • 위험물제조소 등에 설치되는 전기분야 소방시설의 설계

4과목 소방전기시설의 구조 및 원리

61 비상콘센트설비의 전원회로에서 하나의 전용회로에 설치하는 비상콘센트는 몇 개 이하로 하여야 하는가?

① 2개 ② 3개
③ 10개 ④ 20개

해설⊕
비상콘센트설비의 전원회로 설치기준
1) 비상콘센트설비의 전원회로는 단상교류 220[V]인 것으로서, 그 공급용량은 1.5[kVA] 이상인 것으로 할 것
2) 전원회로는 각 층에 2 이상이 되도록 설치할 것. 다만, 설치하여야 할 층의 비상콘센트가 1개인 때에는 하나의 회로로 할 수 있다.
3) 전원회로는 주배전반에서 전용회로로 할 것
4) 전원으로부터 각 층의 비상콘센트에 분기되는 경우에는 분기배선용 차단기를 보호함 안에 설치할 것
5) 콘센트마다 배선용 차단기를 설치하여야 하며, 충전부가 노출되지 아니하도록 할 것
6) 개폐기에는 "비상콘센트"라고 표시한 표지를 할 것
7) 비상콘센트용의 풀박스 등은 방청도장을 한 것으로서, 두께 1.6[mm] 이상의 철판으로 할 것
8) 하나의 전용회로에 설치하는 비상콘센트는 10개 이하로 할 것. 이 경우 전선의 용량은 각 비상콘센트(비상콘센트가 3개 이상인 경우에는 3개)의 공급용량을 합한 용량 이상의 것으로 할 것

62 지하층을 제외한 층수가 11층 이상인 소방대상물에 유도등의 전원 중 비상전원을 축전지로 설치하였다. 몇 분 이상 유효하게 작동시킬 수 있는 용량으로 하여야 하는가?

① 10분 이상
② 20분 이상
③ 30분 이상
④ 60분 이상

해설⊕
소방설비별 비상전원의 용량

소방설비	비상전원용량
• 비상경보설비(비상벨설비 또는 자동식 사이렌설비) • 비상방송설비 • 자동화재탐지설비 • 자동화재속보설비	60분 이상 감시상태 지속 10분 이상 경보
• 소화설비 • 유도등, 비상조명등 • 제연설비, 비상콘센트설비	20분 이상

소방설비	비상전원용량
유도등 및 비상조명등이 설치된 장소로서 • 지하층을 제외한 층수가 11층 이상의 층 • 지하층 또는 무창층으로서 용도가 도매시장·소매시장·여객자동차터미널·지하역사 또는 지하상가	60분 이상
무선통신보조설비의 증폭기	30분 이상

63 부착높이가 4m 미만으로 연기감지기 3종을 설치할 때 바닥면적 몇 m²마다 1개 이상을 설치하여야 하는가?

① 150m²
② 100m²
③ 75m²
④ 50m²

해설 ⊕

연기감지기 설치기준
1) 부착높이에 따른 감지기 1개의 기준면적

부착높이	감지기의 종류	
	1종, 2종	3종
4m 미만	150m²	50m²
4m 이상 20m 미만	75m²	–

2) 설치장소에 따른 감지기 1개의 거리기준

설치장소	감지기의 종류	
	1종, 2종	3종
복도, 통로(보행거리)	30m	20m
계단, 경사로(수직거리)	15m	10m

3) 천장 또는 반자가 낮은 실내 또는 좁은 실내에는 출입구의 가까운 부분에 설치할 것
4) 천장 또는 반자 부근에 배기구가 있는 경우에는 그 부근에 설치할 것
5) 감지기는 벽 또는 보로부터 0.6m 이상 떨어진 곳에 설치할 것

64 자동화재탐지설비 감지기 회로 및 부속회로의 전로와 대지 사이 및 배선 상호 간의 절연저항기준은?

① DC 250[V], 0.1[MΩ] 이상
② DC 250[V], 0.2[MΩ] 이상
③ DC 500[V], 0.1[MΩ] 이상
④ DC 500[V], 0.2[MΩ] 이상

해설 ⊕

자동화재탐지설비의 배선 설치기준
1) 전원회로의 배선 : 내화배선
   그 밖의 배선 : 내화배선 또는 내열배선
2) 감지기 상호 간 또는 감지기로부터 수신기에 이르는 감지기회로의 배선
   ① 아날로그식, 다신호식 감지기나 R형 수신기용 : 전자파 방해를 받지 아니하는 실드선
   ② 그 밖의 일반배선 : 내화배선 또는 내열배선
3) 감지기 사이의 회로의 배선은 송배선식으로 할 것
4) 절연저항은 감지기 회로 및 부속회로의 전로와 대지 사이 및 배선 상호 간을 직류 250[V]의 절연저항측정기로 측정하여 0.1[MΩ] 이상이 되도록 할 것
5) 자동화재탐지설비의 배선은 다른 전선과 별도의 관·덕트·몰드 또는 풀박스 등에 설치할 것(다만, 60[V] 미만의 약전류회로에 사용하는 전선으로서 각각의 전압이 같을 때에는 제외)
6) P형 수신기 및 GP형 수신기의 감지기 회로 하나의 공통선에 접속할 수 있는 경계구역은 7개 이하로 할 것
7) 자동화재탐지설비의 감지기 회로의 전로저항은 50[Ω] 이하로 할 것
8) 종단 감지기에 접속되는 배선의 전압은 감지기 정격전압의 80[%] 이상일 것

65 화재발생 시 사람이 건축물 내에서 외부로 긴급히 뛰어내릴 때 충격을 흡수하여 안전하게 지상에 도달할 수 있도록 포지에 공기 등을 주입하는 구조로 되어 있는 것은?

① 구조대
② 완강기
③ 승강식 피난기
④ 공기안전매트

해설⊕

용어의 정의

1) 피난사다리 : 화재 시 긴급대피를 위해 사용하는 사다리

2) 완강기 : 사용자의 몸무게에 따라 자동적으로 내려올 수 있는 기구 중 사용자가 교대하여 연속적으로 사용할 수 있는 것

3) 간이완강기 : 사용자의 몸무게에 따라 자동적으로 내려올 수 있는 기구 중 사용자가 연속적으로 사용할 수 없는 것

4) 구조대 : 포지 등을 사용하여 자루형태로 만든 것으로서 화재 시 사용자가 그 내부에 들어가서 내려옴으로써 대피할 수 있는 것

5) 공기안전매트 : 사람이 외부로 긴급히 뛰어내릴 때 충격을 흡수하여 안전하게 지상에 도달할 수 있도록 포지에 공기 등을 주입하는 구조로 되어 있는 것

6) 다수인피난장비 : 화재 시 2인 이상의 피난자가 동시에 해당 층에서 지상 또는 피난층으로 하강하는 피난기구

7) 승강식 피난기 : 사용자의 몸무게에 의하여 자동으로 하강하고 내려서면 스스로 상승하여 연속적으로 사용할 수 있는 무동력 승강식 피난기

8) 하향식 피난구용 내림식 사다리 : 하향식 피난구 해치에 격납하여 보관하고 사용 시에는 사다리 등이 소방대상물과 접촉되지 아니하는 내림식 사다리

66 자동화재탐지설비의 경계구역 설정기준으로 옳은 것은?

① 하나의 경계구역이 3개 이상의 건축물에 미치지 아니하도록 하여야 한다.

② 하나의 경계구역의 면적은 $500m^2$ 이하로 하고 한 변의 길이는 60m 이하로 하여야 한다.

③ $500m^2$ 이하의 범위 안에서는 2개의 층을 하나의 경계구역으로 할 수 있다.

④ 특정소방대상물의 주된 출입구에서 그 내부 전체가 보이는 것에 있어서는 한 변의 길이가 100m의 범위 내에서 $1,500m^2$ 이하로 할 수 있다.

해설⊕

자동화재탐지설비의 경계구역 설정기준

1) 층별, 면적별 경계구역

　① 하나의 경계구역이 2개 이상의 건축물에 미치지 아니하도록 할 것

　② 하나의 경계구역이 2개 이상의 층에 미치지 아니하도록 할 것(다만, $500m^2$ 이하의 범위 안에서는 2개의 층을 하나의 경계구역으로 할 수 있다)

　③ 하나의 경계구역의 면적은 $600m^2$ 이하로 하고 한 변의 길이는 50m 이하로 할 것(다만, 주된 출입구에서 그 내부 전체가 보이는 것은 한 변의 길이가 50m의 범위 내에서 $1,000m^2$ 이하)

2) 수직구역의 경계구역

　① 별도로 경계구역 설정 : 계단, 경사로, 엘리베이터 승강로, 권상기실, 린넨슈트, 파이프 피트, 파이프 덕트, 기타 이와 유사한 부분

　② 하나의 경계구역의 높이 : 45m 이하(계단 및 경사로에 한함)

　③ 지하층의 계단 및 경사로는 별도로 하나의 경계구역으로 할 것(지하층의 층수가 1일 경우는 제외)

3) 기타 경계구역

　① 외기에 면하여 상시 개방된 부분이 있는 차고 · 주차장 · 창고 등에 있어서는 외기에 면하는 각 부분으로부터 5m 미만의 범위 안에 있는 부분은 경계구역의 면적에 산입하지 아니한다.

　② 스프링클러설비 · 물분무 등 소화설비 또는 제연설비의 화재감지장치로서 화재감지기를 설치한 경우의 경계구역은 해당 소화설비의 방사구역 또는 제연구역과 동일하게 설정할 수 있다.

67 누전경보기의 화재안전기술기준에 따라 경계전로의 누설전류를 자동적으로 검출하여 이를 누전경보기의 수신부에 송신하는 것은?

① 변류기　　　　　② 음향장치

③ 변압기　　　　　④ 과전류차단기

누전경보기의 구성요소

1) 수신부 : 변류기로부터 검출된 신호를 수신하여 누전의 발생을 해당 특정소방대상물의 관계인에게 경보하여 주는 것(차단기구를 갖는 것을 포함)
2) 변류기 : 경계전로의 누설전류를 자동적으로 검출하여 이를 누전경보기의 수신부에 송신하는 것
3) 차단기구 : 누설전류가 발생하면 자동으로 누전된 회로를 차단하는 장치
4) 음향장치 : 누설전류가 발생하면 벨 또는 부저로 경보를 발하는 장치

68 다음 중 대형피난구유도등을 설치하지 않아도 되는 장소는?

① 위락시설　　　　　② 판매시설
③ 지하철역사　　　　④ 창고시설

특정소방대상물의 용도별로 설치하여야 할 유도등 및 유도표지

설치 장소	유도등 및 유도표지의 종류
공연장, 집회장, 관람장, 운동시설 유흥주점영업시설(카바레, 나이트 클럽)	• 대형피난구유도등 • 통로유도등 • 객석유도등
위락시설, 판매시설, 운수시설, 관광숙박업, 의료시설, 장례식장, 방송통신시설, 전시장, 지하상가, 지하철역사, 창고시설	• 대형피난구유도등 • 통로유도등
숙박시설(관광숙박업 제외), 오피스텔 그 밖의 건축물로서 지하층, 무창층, 11층 이상인 특정소방대상물	• 중형피난구유도등 • 통로유도등
근린생활시설, 노유자시설, 업무시설, 발전시설, 종교시설, 교육연구시설, 수련시설, 공장, 교정 및 군사시설, 자동차정비공장, 운전학원, 정비학원, 다중이용업소, 복합건축물, 공동주택	• 소형피난구유도등 • 통로유도등
그 밖의 것	• 피난구유도표지 • 통로유도표지
비고 : 복합건축물과 아파트의 경우 세대 내에는 유도등을 설치하지 아니할 수 있다.	

69 터널은 그 길이가 몇 m 이상일 경우 비상조명등을 설치하여야 하는가?

① 500m　　　　　② 600m
③ 700m　　　　　④ 1,000m

1) 비상조명등의 설치대상
　① 지하층을 포함하는 층수가 5층 이상인 건축물로서 연면적 3,000m² 이상
　② 그 지하층 또는 무창층의 바닥면적이 450m² 이상인 경우에는 그 지하층 또는 무창층
　③ 터널로서 그 길이가 500m 이상인 것

2) 터널에 설치하는 소방설비의 종류
　① 터널길이 500m 이상
　　• 소화기(모든 터널)　• 비상경보설비
　　• 비상조명등　　　　• 비상콘센트설비
　　• 무선통신보조설비
　② 터널길이 1,000m 이상
　　• 옥내소화전설비
　　• 자동화재탐지설비
　　• 연결송수관설비
　③ 예상 교통량, 경사도 등 터널의 특성을 고려하여 행정안전부령으로 정하는 터널
　　• 물분무소화설비
　　• 제연설비

70 비상방송설비의 음량조정기가 설치된 경우 배선 방식은?

① 교차회로방식　　　② 송배선방식
③ 3선식　　　　　　④ 2선식

비상방송설비 설치기준

1) 확성기의 음성입력 : 실외 3W(실내 1W), 아파트 등의 실내 2W 이상
2) 그 층의 각 부분으로부터 하나의 확성기까지의 수평거리 : 25m 이하
3) 음량조정기를 설치하는 경우 음량조정기의 배선 : 3선식
4) 화재신고 수신 후 방송개시 소요시간 : 10초 이하

정답　**68** ④　**69** ①　**70** ③

5) 조작부의 조작스위치 높이 : 바닥으로부터 0.8m 이상 1.5m 이하
6) 정격전압의 80% 전압에서 음향을 발할 수 있는 것으로 할 것
7) 자동화재탐지설비의 작동과 연동하여 작동할 수 있는 것으로 할 것

※ 음량조정기가 설치되지 않으면 2선식이고 설치되면 무조건 3선식 배선이다.

---

71 자동화재탐지설비의 감지기 중 연기를 감지하는 감지기는 감시챔버로 몇 mm 크기의 물체가 침입할 수 없는 구조이어야 하는가?

① (1.3 ± 0.05)[mm] ② (1.5 ± 0.05)[mm]
③ (1.8 ± 0.05)[mm] ④ (2.0 ± 0.05)[mm]

해설⊕
감지기의 구조 및 기능
1) 작동이 확실하고, 취급·점검이 쉬워야 하며, 현저한 잡음이나 장해전파를 발하지 아니하여야 한다. 또한, 먼지·습기·곤충 등에 의하여 기능에 영향을 받지 않아야 한다.
2) 기기 내의 배선은 충분한 전류용량을 갖는 것으로 하여야 하며, 배선의 접속이 정확하고 확실하여야 한다.
3) 극성이 있는 경우에는 오접속을 방지하기 위하여 필요한 조치를 하여야 한다.
4) 전선 이외의 전류가 흐르는 부분과 가동축 부분의 접촉력이 충분하지 않은 곳에는 접촉부의 접촉불량을 방지하기 위한 적당한 조치를 하여야 한다.
5) 차동식 분포형 감지기 공기관식의 공기관 두께는 0.3mm 이상, 바깥지름은 1.9mm 이상이어야 한다.
6) 연기를 감지하는 감지기는 감시챔버로 (1.3 ± 0.05)mm 크기의 물체가 침입할 수 없는 구조이어야 한다.

---

72 소방시설용 비상전원수전설비에서 전력수급용 계기용 변성기·차단장치 및 그 부속기기로 정의되는 것은?

① 수전설비 ② 변전설비
③ 큐비클설비 ④ 배전반설비

해설⊕
용어의 정의
1) 수전설비 : 전력수급용 계기용 변성기, 주차단장치 및 그 부속기기
2) 변전설비 : 전력용 변압기 및 그 부속장치
3) 전용큐비클식 : 소방회로용의 것으로 수전설비, 변전설비, 그 밖의 기기 및 배선을 금속제 외함에 수납한 것
4) 공용큐비클식 : 소방회로 및 일반회로 겸용의 것으로서 수전설비, 변전설비, 그 밖의 기기 및 배선을 금속제 외함에 수납한 것
5) 전용배전반 : 소방회로 전용의 것으로서 개폐기, 과전류차단기, 계기, 그 밖의 배선용 기기 및 배선을 금속제 외함에 수납한 것
6) 공용배전반 : 소방회로 및 일반회로 겸용의 것으로서 개폐기, 과전류차단기, 계기, 그 밖의 배선용 기기 및 배선을 금속제 외함에 수납한 것

---

73 단독경보형 감지기의 설치기준에 대한 설명으로 옳지 않은 것은?

① 건전지를 주전원으로 사용하는 경우 정상적으로 작동할 수 있도록 건전지를 교환할 것
② 각 실마다 설치하되, 바닥면적이 150m²마다 1개 이상 설치할 것
③ 상용전원을 주전원으로 사용하는 경우 2차 전지는 관련법 규정에 따른 성능시험에 합격한 것을 사용할 것
④ 외기가 상통하는 계단실의 경우 최상층의 계단실의 천장에 설치할 것

해설⊕
단독경보형 감지기의 설치기준
1) 각 실마다 설치하되, 바닥면적이 150m²마다 1개 이상 설치(각 실의 이웃하는 실내의 바닥면적이 각각 30m² 미만이고 벽체의 상부의 전부 또는 일부가 개방되어 이웃하는 실내와 공기가 상호 유통되는 경우에는 이를 1개의 실로 본다)
2) 최상층의 계단실의 천장(외기가 상통하는 계단실의 경우를 제외)에 설치할 것
3) 건전지를 주전원으로 사용하는 단독경보형 감지기는 정상적인 작동상태를 유지할 수 있도록 건전지를 교환할 것

---

4) 상용전원을 주전원으로 사용하는 단독경보형 감지기의 2차 전지는 법 제40조에 따라 제품검사에 합격한 것을 사용할 것

74
자동화재탐지설비 및 시각경보장치의 화재안전기술기준에 따라 외기에 면하여 상시 개방된 부분이 있는 차고·주차장·창고 등에 있어서는 외기에 면하는 각 부분으로부터 몇 m 미만의 범위 안에 있는 부분은 경계구역의 면적에 산입하지 아니하는가?

① 1 　　② 3 　　③ 5 　　④ 10

해설 ➕
기타 경계구역 설정
1) 외기에 면하여 상시 개방된 부분이 있는 차고·주차장·창고 등에 있어서는 외기에 면하는 각 부분으로부터 5m 미만의 범위 안에 있는 부분은 경계구역의 면적에 산입하지 아니한다.
2) 스프링클러설비·물분무 등 소화설비 또는 제연설비의 화재감지장치로서 화재감지기를 설치한 경우의 경계구역은 해당 소화설비의 방사구역 또는 제연구역과 동일하게 설정할 수 있다.

75
자동화재속보설비의 속보기는 작동신호 또는 수동작동스위치에 의한 다이얼링 후 소방관서와 전화접속이 이루어지지 않는 경우에는 최초 다이얼링을 포함하여 몇 회 이상 반복접속을 위한 다이얼링이 이루어져야 하는가?

① 3회 　　② 5회 　　③ 10회 　　④ 20회

해설 ➕
속보기의 기능(성능인증 및 제품검사의 기술기준 제5조)
1) 작동신호를 수신하거나 수동으로 동작시키는 경우 20초 이내에 소방관서에 자동적으로 신호를 발하여 통보하되, 3회 이상 속보할 수 있어야 한다.
2) 예비전원은 자동적으로 충전되어야 하며 자동과충전방지장치가 있어야 한다.
3) 연동 또는 수동으로 소방관서에 화재발생 음성정보를 속보 중인 경우에도 송수화장치를 이용한 통화가 우선적으로 가능하여야 한다.

4) 예비전원을 병렬로 접속하는 경우에는 역충전 방지 등의 조치를 하여야 한다.
5) 예비전원은 감시상태를 60분간 지속한 후 10분 이상 동작이 지속될 수 있는 용량이어야 한다.
6) 속보기는 작동신호 또는 수동작동스위치에 의한 다이얼링 후 소방관서와 전화접속이 이루어지지 않는 경우에는 최초 다이얼링을 포함하여 10회 이상 반복적으로 접속을 위한 다이얼링이 이루어져야 한다. 이 경우 매회 다이얼링 완료 후 호출은 30초 이상 지속되어야 한다.
7) 속보기의 송수화장치가 정상위치가 아닌 경우에도 연동 또는 수동으로 속보가 가능하여야 한다.
8) 화재신호를 수신하거나 수동으로 동작시키는 경우 자동적으로 화재표시등이 점등되고 음향장치로 화재를 경보하여야 한다.

76
누전경보기의 형식승인 및 제품검사의 기술기준에 따라 감도조정장치를 갖는 누전경보기에 있어서 감도조정장치의 조정범위는 최대치가 몇 [A]이어야 하는가?

① 0.2 　　② 1.0 　　③ 1.5 　　④ 2.0

해설 ➕
공칭작동 전류치 및 감도조절장치의 조정범위

구분	전류[mA]
공칭작동전류	200 이하
감도조절장치의 조정범위	1,000(1A) 이하

77
유도등 및 유도표지의 화재안전기준에 따라 객석유도등을 설치하여야 하는 장소로 틀린 것은?

① 벽 　　　　② 천장
③ 바닥 　　　④ 통로

해설 ➕
객석통로유도등의 설치기준
1) 객석유도등의 설치장소 : 객석의 통로, 바닥, 벽
2) 객석유도등의 수량산정(소수점 이하의 수는 1로 본다)

$$설치개수 = \frac{객석\ 통로의\ 직선부분의\ 길이(m)}{4} - 1$$

78 자동화재탐지설비의 감지기 회로에 설치하는 종단저항의 설치기준으로 옳지 않은 것은?

① 점검 및 관리가 쉬운 장소에 설치하여야 한다.

② 감지기 회로 끝부분에 설치한다.

③ 전용함에 설치하는 경우 그 설치높이는 바닥으로부터 1.5m 이내에 설치하여야 한다.

④ 종단감지기에 설치할 경우에는 구별이 쉽도록 해당 감지기의 내부에 별도의 표시를 하여야 한다.

해설⊕

도통시험을 위한 종단저항의 설치기준

1) 점검 및 관리가 쉬운 장소에 설치할 것

2) 전용함을 설치하는 경우 그 설치높이는 바닥으로부터 1.5m 이내로 할 것

3) 감지기 회로의 끝부분에 설치하며, 종단감지기에 설치할 경우에는 구별이 쉽도록 해당 감지기의 기판 및 감지기외부 등에 별도의 표시를 할 것

④ 종단감지기에 설치할 경우에는 구별이 쉽도록 해당 감지기의 내부 → 외부

79 자동화재탐지설비의 발신기 설치기준으로 옳지 않은 것은?

① 특정소방대상물의 층마다 설치한다.

② 조작스위치는 바닥으로부터 0.8m 이상 1.5m 이하의 높이에 설치한다.

③ 복도 또는 별도로 구획된 실로서 보행거리가 50m 이상일 경우에는 추가로 설치한다.

④ 발신기 불빛은 부착면으로부터 15° 이상의 범위 안에서 부착지점으로부터 10m 이내의 어느 곳에서도 쉽게 식별할 수 있는 적색등으로 한다.

해설⊕

발신기 설치기준

1) 특정소방대상물의 층마다 설치

2) 조작스위치 설치높이 : 바닥으로부터 0.8m 이상 1.5m 이하

3) 각 부분으로부터 하나의 발신기까지의 수평거리 : 25m 이하(다만, 복도 또는 별도로 구획된 실로서 보행거리가 40m 이상일 경우 추가 설치)

4) 발신기 위치표시등은 함의 상부에 설치할 것

5) 발신기 불빛은 부착면으로부터 15° 이상의 범위 안에서 부착지점으로부터 10m 이내의 어느 곳에서도 쉽게 식별할 수 있는 적색등으로 할 것

80 비상콘센트설비의 전원회로에 대한 공급용량이 바르게 표기된 것은?

① 단상교류 110[V], 1.0[kVA] 이상

② 단상교류 220[V], 1.5[kVA] 이상

③ 단상교류 110[V], 3.0[kVA] 이상

④ 단상교류 220[V], 3.0[kVA] 이상

해설⊕

비상콘센트설비의 전원회로 설치기준

1) 비상콘센트설비의 전원회로는 단상교류 220[V]인 것으로서, 그 공급용량은 1.5[kVA] 이상인 것으로 할 것

2) 전원회로는 각 층에 2 이상이 되도록 설치할 것. 다만, 설치하여야 할 층의 비상콘센트가 1개인 때에는 하나의 회로로 할 수 있다.

3) 전원회로는 주배전반에서 전용회로로 할 것

4) 전원으로부터 각 층의 비상콘센트에 분기되는 경우 분기 배선용 차단기를 보호함 안에 설치할 것

5) 콘센트마다 배선용 차단기를 설치하여야 하며, 충전부가 노출되지 아니하도록 할 것

6) 개폐기에는 "비상콘센트"라고 표시한 표지를 할 것

7) 비상콘센트용의 풀박스 등은 방청도장을 한 것으로서, 두께 1.6[mm] 이상의 철판으로 할 것

8) 하나의 전용회로에 설치하는 비상콘센트는 10개 이하로 할 것. 이 경우 전선의 용량은 각 비상콘센트(비상콘센트가 3개 이상인 경우에는 3개)의 공급용량을 합한 용량 이상의 것으로 할 것

1과목 소방원론

01 BLEVE 현상을 설명한 것으로 가장 옳은 것은?

① 물이 뜨거운 기름 표면 아래에서 끓을 때 화재를 수반하지 않고 Over Flow되는 현상
② 물이 연소유의 뜨거운 표면에 들어갈 때 발생되는 Over Flow 현상
③ 탱크 바닥에 물과 기름의 에멀션이 섞여 있을 때 물의 비등으로 인하여 급격하게 Over Flow되는 현상
④ 탱크 주위 화재로 탱크 내 인화성 액체가 비등하고 가스 부분의 압력이 상승하여 탱크가 파괴되고 폭발을 일으키는 현상

해설 ⊕

① 프로스오버(Froth Over) : 물이 점성이 있는 뜨거운 기름 표면 아래에서 끓을 때 화재를 수반하지 않고 용기가 넘치는 현상
② 슬롭오버(Slop Over) : 연소하고 있는 액면에 물이 뿌려지면 액면의 기름과 물이 함께 탱크 외부로 비산하는 현상
③ 보일오버(Boil Over) : 중질유 화재 시 탱크하부의 물이 팽창하여 물과 기름이 비산, 분출하는 현상
④ 블레비(BLEVE) : 탱크 주위 화재로 탱크 내 인화성 액체가 비등하고 가스 부분의 압력이 상승하여 탱크가 파괴되고 폭발을 일으키는 현상

02 제1종 분말소화약제의 열분해 반응식으로 옳은 것은?

① $2NaHCO_3 \rightarrow Na_2CO_3 + H_2O + CO_2$
② $2NaHCO_3 \rightarrow Na_2CO_3 + H_2O + 2CO_2$
③ $2KHCO_3 \rightarrow K_2CO_3 + H_2O + CO_2$
④ $2KHCO_3 \rightarrow K_2CO_3 + H_2O + 2CO_2$

해설 ⊕

분말소화약제 열분해 반응식

구분	약제명	열분해 반응식
1종 분말	탄산수소나트륨	$2NaHCO_3$ $\rightarrow Na_2CO_3 + H_2O + CO_2$
2종 분말	탄산수소칼륨	$2KHCO_3$ $\rightarrow K_2CO_3 + H_2O + CO_2$
3종 분말	제1인산암모늄	$NH_4H_2PO_4$ $\rightarrow NH_3 + H_2O + HPO_3$
4종 분말	탄산수소칼륨 + 요소	$2KHCO_3 + (NH_2)_2CO$ $\rightarrow K_2CO_3 + 2NH_3 + 2CO_2$

03 소화방법 중 제거소화에 해당되지 않는 것은?

① 산불이 발생하면 화재의 진행방향을 앞질러 벌목
② 방 안에서 화재가 발생하면 이불이나 담요로 덮음
③ 가스 화재 시 밸브를 잠가 가스흐름을 차단
④ 불타지 않는 장작더미 속에서 아직 타지 않은 것을 안전한 곳으로 운반

해설 ⊕

제거소화
1) 가연물을 제거하여 소화
2) 고체 가연물 : 가연물을 화재 현장으로부터 즉시 제거함 (산림화재 시 앞쪽에서 벌목하여 진화)
3) 액체 및 기체 : 가연성 물질을 누출시키는 용기의 밸브를 폐쇄
4) 전기화재 : 전원스위치를 차단하여 전기의 공급을 차단
5) 수용성 액체 : 다량의 물을 주입하여 농도를 연소범위 이하로 낮춤

② 방 안에서 화재가 발생하면 이불이나 담요로 덮음 → 질식소화

04 자연발화가 원인이 되는 열의 발생 형태가 다른 것은?

① 기름종이
② 고무분말
③ 석탄
④ 퇴비

해설➕

자연발화

1) 정의

어떤 물질이 외부로부터 에너지의 공급을 받지 않고 내부에서 발열하여 발화점 이상까지 온도가 상승하여 발화하는 현상(발열 > 방열)

2) 자연발화의 형태

① 산화열 : 건성유, 석탄, 금속분말, 고무분말 등
② 분해열 : 나이트로셀룰로오스, 셀룰로이드 등
③ 흡착열 : 목탄, 활성탄 등
④ 중합열 : 시안화수소
⑤ 미생물에 의한 발화 : 먼지, 퇴비 등

05 가연물의 주된 연소형태를 틀리게 나타낸 것은?

① 목재 : 표면연소
② 섬유 : 분해요소
③ 황 : 증발연소
④ 피크린산 : 자기연소

해설➕

고체의 연소형태

1) 표면연소 : 고체의 표면에서 고체 자체가 연소하는 현상으로 가연성 기체가 발생되지 않아 불꽃이 없는 연소를 하는 형태(표면연소=응축연소=작열연소)

예 숯, 목탄, 코크스, 금속분 등

2) 분해연소 : 고체 가연물이 온도상승에 의해 열분해되어 가연성 기체를 발생시키고 공기와 혼합하여 가연성 혼합기를 형성한 후 점화원에 의해 연소하는 형태

예 목재, 고무, 종이, 플라스틱 등

3) 증발연소 : 고체 가연물이 승화 또는 액화 후 기화되어 그 기체가 공기와 혼합하여 가연성 혼합기를 형성한 후 점화원에 의해 연소하는 형태

예 황, 나프탈렌, 파라핀, 왁스 등

4) 자기연소 : 가연물 스스로 산소공급원을 함유하고 있는 물질의 연소형태이다. 외부의 산소공급 없이도 연소가 진행될 수 있어 연소속도가 매우 빨라 폭발적으로 연소한다.

예 질산에스터류, 셀룰로이드류, 나이트로화합물류 등 (제5류 위험물)

① 목재 → 분해연소

06 화재의 소화원리에 따른 소화방법의 적용으로 틀린 것은?

① 냉각소화 : 스프링클러설비
② 질식소화 : 이산화탄소 소화설비
③ 제거소화 : 포소화설비
④ 억제소화 : 할로젠화합물 소화설비

해설➕

제거소화

1) 가연물을 제거하여 소화
2) 고체 가연물 : 가연물을 화재 현장으로부터 즉시 제거함 (산림화재 시 앞쪽에서 벌목하여 진화)
3) 액체 및 기체 : 가연성 물질을 누출시키는 용기의 밸브를 폐쇄
4) 전기화재 : 전원스위치를 차단하여 전기의 공급을 차단
5) 수용성 액체 : 다량의 물을 주입하여 농도를 연소범위 이하로 낮춤

③ 제거소화 : 포소화설비 → 포소화설비는 질식냉각소화이다.

07 화재발생 시 피난기구로 직접 활용할 수 없는 것은?

① 완강기
② 공기호흡기
③ 피난사다리
④ 구조대

해설➕

1) 피난기구

① 피난교
② 구조대
③ 피난용 트랩
④ 미끄럼대
⑤ 완강기
⑥ 간이완강기
⑦ 공기안전매트
⑧ 피난사다리
⑨ 다수인피난장비
⑩ 승강식 피난기

2) 인명구조기구

① 방열복, 방화복(안전헬멧, 보호장갑 및 안전화 포함)
② 공기호흡기
③ 인공소생기

정답 04 ④ 05 ① 06 ③ 07 ②

08 이산화탄소에 대한 설명으로 틀린 것은?

① 불연성 가스로서 공기보다 무겁다.

② 임계온도는 97.5℃이다.

③ 고체의 형태로 존재할 수 있다.

④ 상온, 상압에서 기체 상태로 존재한다.

해설⊕

1) 이산화탄소 소화약제의 특성
   ① 불연성 가스로서 공기보다 비중이 1.52배 무겁다.
   ② 독성은 없으나 질식의 우려가 있다.
   ③ 승화점 이하에서는 고체상태(드라이아이스)로 존재한다.
   ④ 상온, 상압에서 무색무취의 기체로 화학적으로 안정하다.
   ⑤ 고압의 배관에서 대기 중으로 방사 시 줄-톰슨효과에 의한 냉각소화작용이 있다.
   ⑥ 약제방사 시 드라이아이스에 의해 시야가 제한되는 운무현상이 발생한다.
   ⑦ 소화 후 잔존물이 없고 전기적으로 비전도성이다.

2) 이산화탄소의 물성

구분	물성
화학식	CO_2
분자량	44
증기비중	1.52
삼중점	−57℃
임계온도	31.35℃
임계압력	73atm
승화점	−79℃

09 고층건축물에서 연기의 제어 및 피난은 중요한 문제이다. 연기제어의 기본방법이 아닌 것은?

① 희석　　　　　② 차단

③ 배기　　　　　④ 복사

해설⊕

제연방식의 종류

1) 자연제연방식 : 개구부를 통하여 연기를 자연적으로 배출하는 방식

2) 스모크타워 제연방식 : 루프모니터를 설치하여 제연하는 방식

3) 밀폐제연방식 : 불연재료로 구획된 화재실을 밀폐하여 인접실로의 연기유입을 방지하는 방식

4) 기계제연방식 : 송풍기를 이용하여 급·배기하는 방식

④ 복사 : 매질 없이 전자기파 형태로 열이 전달되는 현상

10 화재의 일반적 특성이 아닌 것은?

① 확대성　　　　② 정형성

③ 우발성　　　　④ 불안정성

해설⊕

화재의 일반적인 특성

1) 우발성　　　　　2) 확대성
3) 비정형성　　　　4) 불안정성

11 건물화재 시 패닉(Panic)의 발생원인과 직접적인 관계가 없는 것은?

① 연기에 의한 시계 제한

② 유독가스에 의한 호흡 장애

③ 외부와 단절되어 고립

④ 건물의 불연내장재 사용

해설⊕

화재발생 시 패닉의 발생원인

1) 유독가스에 의한 호흡 곤란

2) 연기에 의한 시계 제한

3) 외부와 단절되어 고립

④ 불연내장재 사용 → 불연내장재를 사용하면 화재로부터 보호받을 수 있다.

12 다음 연소생성물 중 인체에 가장 독성이 높은 것은?

① 황화수소　　　　② 일산화탄소

③ 이산화탄소　　　④ 포스겐

정답　**08** ②　**09** ④　**10** ②　**11** ④　**12** ④

해설 ⊕

1) 황화수소(H_2S)
   황 화합물이 불완전연소 시 생성되는 가스로 달걀 썩는 냄새가 난다.

2) 일산화탄소(CO)
   혈액의 헤모글로빈이 산소를 운반하는 것을 방해하여 체내의 산소 부족을 유발한다. 그 결과 두통, 어지럼증 등이 발생하고 심해지면 사망에 이른다.

3) 이산화탄소(CO_2)
   독성은 없으나 농도에 따라 인체에 영향을 미친다.

4) 포스겐($COCl_2$)
   맹독성 가스로서 사염화탄소가 이산화탄소나 물, 산소 등과 결합 시 발생한다.

5) 아크롤레인(CH_2CHCHO)
   석유제품이나 유지류 등이 연소할 때 발생하는 맹독성 가스로서 독성, 자극성이 매우 크다.

13 다음 중 인화점이 가장 낮은 물질은?

① 산화프로필렌
② 이황화탄소
③ 메틸알코올
④ 등유

해설 ⊕

1) 제4류 위험물의 인화점

구분	산화 프로필렌	이황화 탄소	메틸 알코올	등유
품명	특수인화물	특수인화물	알코올류	제2석유류
인화점	−37℃	−30℃	11℃	37~65℃

2) 특수인화물(인화점이 낮은 순)

명칭	다이에틸 에터	아세트 알데 하이드	산화 프로필렌	이황화 탄소
인화점	−45℃	−38℃	−37℃	−30℃

14 화재에 관한 설명으로 옳은 것은?

① PVC 저장창고에서 발생한 화재는 D급 화재이다.
② PVC 저장창고에서 발생한 화재는 B급 화재이다.
③ 연소의 색상과 온도와의 관계를 고려할 때 일반적으로 암적색보다는 휘적색의 온도가 높다.
④ 연소의 색상과 온도와의 관계를 고려할 때 일반적으로 휘백색보다는 휘적색의 온도가 높다.

해설 ⊕

1) PVC 저장창고에서 발생한 화재는 A급 화재이다.
2) 연소의 색과 온도

색상	암적색	휘적색	황적색	백적색	휘백색
온도(℃)	700	950	1,100	1,300	1,500

15 황린에 대한 설명으로 틀린 것은?

① 발화점이 매우 낮아 자연발화의 위험이 높다.
② 자연발화 방지를 위해 강알칼리수용액에 저장한다.
③ 독성이 강하고 지정수량이 20kg이다.
④ 연소 시 오산화인의 흰 연기를 낸다.

해설 ⊕

1) 황린(P_4)
   ① 발화점이 34℃로서 자연발화위험이 매우 높다.
   ② pH 9 정도의 약알칼리의 물속에 보관한다.
   ③ 독성이 강하므로 인체노출을 피하여야 한다.
   ④ 제3류 위험물로서 지정수량 20kg이다.

2) 황린(P_4)과 적린(P)이 연소하면 둘 다 오산화인(P_2O_5)이 발생하므로 황린과 적린은 동소체이다.
   ① 황린 : $P_4 + 5O_2 \rightarrow 2P_2O_5$
   ② 적린 : $4P + 5O_2 \rightarrow 2P_2O_5$

16 화재강도(Fire Intensity)와 관계가 없는 것은?

① 가연물의 비표면적
② 발화원의 온도
③ 화재실의 구조
④ 가연물의 발열량

정답 **13** ① **14** ③ **15** ② **16** ②

해설 ⊕

1) 화재강도
　① 화재강도는 그 실에서 상승할 수 있는 최고온도를 의미한다.
　② 단위시간당 열축적률[kW][J/s]로 표현된다.

2) 화재강도의 영향요소
　① 가연물의 연소열 : 화재강도와 비례
　② 가연물의 비표면적 : 화재강도와 비례
　③ 공기의 공급 : 화재강도와 비례
　④ 화재실의 단열성 : 화재강도와 비례

② 발화원의 온도 → 화재초기의 영향요소로서 최고온도와는 무관하다.

17 제1종 분말소화약제가 요리용 기름이나 지방질 기름의 화재 시 소화효과가 탁월한 이유에 대한 설명으로 가장 옳은 것은?

① 비누화 반응을 일으키기 때문이다.
② 아이오딘화 반응을 일으키기 때문이다.
③ 브로민화 반응을 일으키기 때문이다.
④ 질화 반응을 일으키기 때문이다.

해설 ⊕

분말소화약제의 비누화 현상
제1종 분말소화약제(탄산수소나트륨 : $NaHCO_3$)를 지방이나 식용유의 화재에 사용하면 탄산수소나트륨의 Na^+이온과 기름의 지방산이 결합하여 비누거품을 형성하고 이 비누거품이 가연물을 덮어 산소공급을 차단하여 소화효과를 높이게 되는데, 이를 분말소화약제의 비누화 현상이라고 한다.

18 목재건물의 화재성상은 내화건물에 비하여 어떠한가?

① 저온장기형이다.
② 저온단기형이다.
③ 고온장기형이다.
④ 고온단기형이다.

해설 ⊕

목조건축물과 내화건축물의 화재특성 비교
1) 목조건축물 : 고온단기형
2) 내화건축물 : 저온장기형

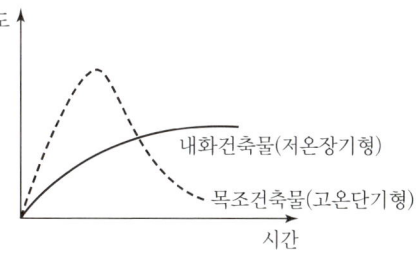

19 불연성 기체나 고체 등으로 연소물을 감싸 산소공급을 차단하는 소화방법은?

① 제거소화　　② 연쇄반응 억제소화
③ 냉각소화　　④ 질식소화

해설 ⊕

소화방법
1) 질식소화
　① 공기 중의 산소농도를 15% 이하로 희박하게 하여 소화하는 방법
　② 이산화탄소, 불활성가스 등을 분사하여 산소농도를 낮춤

2) 연쇄반응 억제소화(부촉매소화)
　① 할론소화약제, 할로젠화합물소화약제, 분말소화약제 등을 사용하여 소화
　② 불꽃연소 시 발생하는 H*, OH* 활성라디칼을 포착하여 연쇄반응을 억제
　③ 불꽃연소에 적응성이 뛰어나고 훈소에는 적응성이 거의 없음

3) 냉각소화
　① 점화원을 발화점 이하로 냉각하여 소화하는 방법
　② 물의 현열과 증발잠열을 이용하는 방법이 가장 많이 사용됨

4) 제거소화
　① 가연물을 제거하여 소화
　② 고체 가연물 : 가연물을 화재현장으로부터 즉시 제거함(산림화재 시 앞쪽에서 벌목하여 진화)

③ 액체 및 기체 : 가연성 물질을 누출시키는 용기의 밸브를 폐쇄

④ 전기화재 : 전원스위치를 차단하여 전기의 공급을 차단

⑤ 수용성 액체 : 다량의 물을 주입하여 농도를 연소범위 이하로 낮춤

20 물리적 방법에 의한 소화라고 볼 수 없는 것은?

① 부촉매의 연쇄반응 억제작용에 의한 방법

② 냉각에 의한 방법

③ 공기와의 접촉 차단에 의한 방법

④ 가연물 제거에 의한 방법

해설 ⊕

1) 물리적 소화

연소의 3요소 중 한 가지를 차단하여 소화하는 방법

① 점화원을 제거하는 냉각소화

② 산소의 접촉을 차단하는 질식소화

③ 가연물을 제거하는 제거소화

2) 화학적 소화

① 연소의 4요소인 연쇄반응을 억제하여 소화하는 방법

② 억제소화 또는 부촉매소화라 한다.

2과목 **소방전기일반**

21 단상변압기 3대를 △결선으로 운전하는 도중에 1대의 변압기가 고장 나서 V결선으로 운전하는 경우 고장 전에 비해 출력은 어떻게 되는가?

① 3

② $\sqrt{3}$

③ $\dfrac{1}{\sqrt{3}}$

④ 2

해설 ⊕

1) V결선 시 3상 출력비

$$\dfrac{\text{V결선 출력}}{\Delta\text{결선 출력}} = \dfrac{\sqrt{3}\,V_P\,I_P\cos\theta}{3\,V_P\,I_P\cos\theta} = \dfrac{\sqrt{3}}{3} = \dfrac{1}{\sqrt{3}}$$

$$= 0.577 = 57.7[\%]$$

2) V결선 시 변압기 이용률

$$\dfrac{\text{V결선 허용용량}}{2\text{대 허용용량}} = \dfrac{\sqrt{3}\,V_P\,I_P}{2\,V_P\,I_P} = \dfrac{\sqrt{3}}{2}$$

$$= 0.866 = 86.6[\%]$$

22 0.5[kVA]의 수신기용 변압기가 있다. 변압기의 철손이 7.5, 전부하동손이 16[W]이다. 화재가 발생하여 처음 2시간은 전부하 운전되고, 다음 2시간은 1/2의 부하가 걸렸다고 한다. 이 4시간에 걸친 전손실전력량은 약 몇 [Wh]인가?

① 70

② 76

③ 82

④ 94

해설 ⊕

1) 전손실동력

$$P_l = P_i + m^2 P_C[\text{W}]$$

여기서, P_l : 전손실동력[W]

P_i : 철손(무부하손)[W]

P_C : 동손(부하손)[W]

m : 부하율

2) 전손실전력량

$$W = P_i\,t + (m^2 P_C)\,t\,[\text{Wh}]$$

$$= P_i\,t + (m_1^2 P_C)\,t_1 + (m_2^2 P_C)\,t_2[\text{Wh}]$$

여기서, P_i : 철손(무부하손)[W]

P_C : 동손(부하손)[W]

m : 부하율

m_1 : 처음 운전 시 부하율

m_2 : 나중 운전 시 부하율

t : 총운전시간[h]

t_1 : 처음 운전시간[h]

t_2 : 나중 운전시간[h]

[풀이]

$P_i = 7.5[\text{W}]$, $P_C = 16\,[\text{W}]$, $m_1 = 1$(전부하), $m_2 = \dfrac{1}{2}$

$t = 4[\text{h}]$, $t_1 = 2[\text{h}]$, $t_2 = 2[\text{h}]$

$$W = 7.5 \times 4\,[\text{h}] + 1^2 \times 16 \times 2\,[\text{h}] + \left(\dfrac{1}{2}\right)^2 \times 16 \times 2\,[\text{h}]$$
$$= 70[\text{Wh}]$$

23 50[V]를 가하여 30[C]의 전기량을 3초 동안 이동시켰다. 이때의 전력은 몇 [kW]인가?

① 0.5
② 1
③ 1.5
④ 2

해설⊕

1) 전류 $I[\text{A}]$
   ① 전자의 흐름을 전류라 하는데, 전류는 전자의 흐름과 반대방향으로 흐른다.
   ② 어떤 도선의 단면을 1[초] 동안에 1[C]의 전하가 통과하였을 때 흐르는 전류를 1[A]라고 정한 것이다.
   ③ 이 도선에 흘러간 전체 전하량은 전류와 시간의 곱이 된다.

$$I = \frac{Q}{t}[\text{A}][\text{C/sec}] \qquad Q = I \cdot t\,[\text{C}][\text{A} \cdot \text{sec}]$$

여기서, Q : 전하량[C], I : 전류[A], t : 시간[s]

2) 전력 $P[\text{W}]$
   전기가 단위시간(1sec) 동안 한 일의 양

$$P = \frac{W}{t}[\text{J/s}][\text{W}]$$

$$P = VI = I^2 R = \frac{V^2}{R}[\text{W}]$$

여기서, P : 전력[W], W : 일[J], t : 시간[s]
V : 전압[V], I : 전류[A], R : 저항[Ω]

[풀이]

$I = \dfrac{Q}{t} = \dfrac{30}{3} = 10[\text{C/s}] = 10[\text{A}]$

$P = VI = 50 \times 10 = 500[\text{W}] = 0.5[\text{kW}]$

24 전류변환형 센서가 아닌 것은?

① 광전자 방출현상을 이용한 센서
② 전리현상에 의한 전리형 센서
③ 전기화학형(안트로메트리형) 센서
④ 광전형센서

해설⊕

① 광전자 방출현상을 이용한 센서
   빛에너지를 받아 물질에서 전자가 방출되어 전류가 발생하는 원리를 이용(빛 → 전류)
② 전리현상에 의한 전리형 센서
   방사선 등이 기체를 전리시켜 생성된 이온과 전자의 이동으로 전류가 발생하는 원리를 이용(이온화 물질 → 전류)
③ 전기화학형(안트로메트리형) 센서
   특정 물질의 전기화학 반응 시 발생하는 전자의 이동으로 전류가 발생하는 원리를 이용(화학 물질 → 전류)
④ 광전형 센서
   포토다이오드, 포토트랜지스터 등 빛의 밝기에 따라 저항이 변하는 소자를 이용하여 빛의 유무나 밝기를 감지한다. 이는 빛의 세기를 전류로 변환하는 것이 아니라 빛의 존재 여부를 감지하는 센서이므로 전류변환형으로 볼 수 없다.

25 피드백 제어장치에 속하지 않는 요소는?

① 조작부
② 검출부
③ 조절부
④ 전달부

해설⊕

피드백(폐회로) 제어의 구성

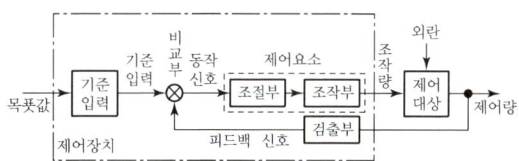

1) 제어요소 : 동작신호를 조작량으로 변환하는 요소이고, 조절부와 조작부로 구성된다.
2) 제어대상 : 제어량을 발생시키는 장치로 제어계에서 직접 제어를 받는 장치이다.
3) 제어량 : 제어를 받는 제어 대상의 출력이다.
4) 제어장치 : 제어를 하기 위해 제어대상에 부착되는 장치이고, 조절부, 조작부, 설정부, 검출부 등이 이에 해당된다.

26 시퀀스 제어계의 신호전달 계통도이다. 빈칸에 알맞은 용어는?

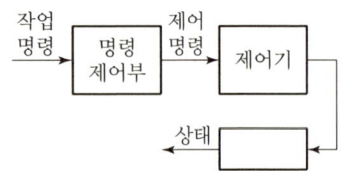

① 제어대상   ② 제어장치
③ 제어요소   ④ 제어량

해설⊕

문제 25번 해설 참고

27 지시계기에 대한 동작원리가 옳지 않은 것은?

① 열전형 계기 – 정전 작용
② 유도형 계기 – 회전 자장 및 이동 자장
③ 전류력계형 계기 – 코일의 자계에 의한 힘
④ 가동철편형 – 자기장이 연철편에 작용하는 힘

해설⊕

지시계기의 종류 및 동작원리

종류	동작원리	사용 회로	지시값
가동 코일형	영구 자석의 자기장 내에 코일을 두고, 이 코일에 전류를 통과시켜 발생되는 힘을 이용	직류	평균값
가동 철편형	전류에 의한 자기장이 연철편에 작용하는 힘을 사용	교류	실효값
유도형	회전 자기장 또는 이동 자기장과 이것에 의한 유도전류와의 상호 작용을 이용	교류	실효값
전류력 계형	전류 상호 간에 작용하는 힘을 이용	직류 교류	평균값 실효값
열전형	다른 종류의 금속체 사이에 발생되는 기전력을 이용(열전대형)	직류 교류	평균값 실효값
정류형	가동 코일형 계기 앞에 정류 회로를 삽입하여 교류전압만을 측정	교류	실효값
정전형	대전된 대전체 사이에 작용하는 정전력(흡인력 또는 반발력)을 이용	직류 교류	평균값 실효값

28 직류전동기 속도제어 중 전압제어 방식이 아닌 것은?

① 워드 레오너드 방식
② 일그너 방식
③ 직병렬법
④ 정출력제어 방식

해설⊕

직류전동기의 속도제어 방법

1) 전기자 전압 제어 방식

전동기의 전기자에 공급되는 전압을 조절하여 속도를 제어하는 방식

① 워드 레오너드 방식 : 유도전동기 또는 다른 원동기로 직류발전기를 구동하고, 이 발전기의 계자 전류를 조절하여 발전기 출력 전압을 변화시킨다. 이렇게 얻어진 가변 직류 전압을 제어하려는 직류전동기의 전기자에 공급하여 속도를 제어한다.

② 일그너 방식 : 워드 레오너드 방식에 대형 플라이휠을 추가하여, 부하 변동이 매우 크고 단속적인 경우에 전원 계통에 미치는 충격을 완화하고 안정적인 운전을 도모하는 직류전동기 속도제어 시스템

③ 직병렬법 : 여러 대의 직류직권전동기를 사용하는 전기 철도 차량(전동차, 전기 기관차 등)에서 출발 시 큰 견인력을 얻고, 단계적으로 속도를 효율적으로 높이기 위해 사용되는 속도제어 방식

2) 계자제어 방식

전동기의 계자 권선에 흐르는 전류를 조절하여 자속의 크기를 변화시켜 전동기의 회전 속도를 제어하는 방식

① 정출력제어 방식 : 자속을 줄여 속도를 올리면서 출력을 일정하게 유지하는 제어 방식

29 3상 농형 유도전동기의 기동방식으로 옳은 것은?

① 분상 기동형
② 콘덴서 기동형
③ 기동 보상기법
④ 셰이딩 코일형

해설⊕

유도전동기의 기동방식

1) 단상 유도전동기
　　① 반발 기동형
　　② 반발 유도형
　　③ 콘덴서 기동형
　　④ 분상 기동형
　　⑤ 셰이딩 코일형

2) 3상 농형 유도전동기
　　① 전전압 기동법(직입기동)
　　② Y−Δ 기동법
　　③ 리액터 기동법
　　④ 기동 보상기법

3) 3상 권선형 유도전동기
　　① 2차 저항 기동법
　　② 게르게스법

30 제어량이 온도, 압력, 유량 및 액면 등과 같은 일반공업량일 때의 제어는?

① 공정 제어　　　　② 프로그램 제어
③ 시퀀스 제어　　　④ 추종 제어

해설⊕

1) 목푯값의 성질에 의한 분류
　　① 프로그램 제어 : 목푯값의 변화가 미리 정해진 신호에 따라 동작
　　② 정치 제어 : 목푯값이 시간적으로 변화하지 않고 일정한 제어
　　③ 추종 제어 : 시간에 따라 변하는 목푯값에 제어량을 추종시키는 제어

2) 제어량의 성질에 의한 분류
　　① 프로세스 제어(공정 제어) : 공업 공정의 상태를 제어량으로 하는 제어
　　　　예 온도, 유량, 압력, 밀도, 농도 등
　　② 서보기구 : 기계적인 변위량을 목푯값의 임의의 변화에 추종하도록 구성하는 제어
　　　　예 위치, 방위, 자세, 거리, 각도 등
　　③ 자동조정 : 전기적, 기계적 양의 제어
　　　　예 전압, 전류, 주파수, 회전속도 등

31 그림과 같은 교류 브리지의 평형조건으로 옳은 것은?

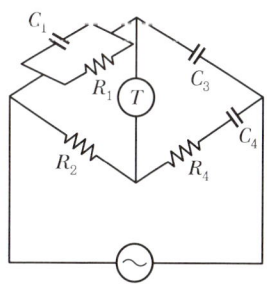

① $R_2 C_4 = R_1 C_3, \ R_2 C_1 = R_4 C_3$
② $R_1 C_1 = R_4 C_4, \ R_2 C_3 = R_1 C_1$
③ $R_2 C_4 = R_4 C_3, \ R_1 C_3 = R_2 C_1$
④ $R_1 C_1 = R_4 C_4, \ R_2 C_3 = R_1 C_4$

해설⊕

브리지의 평형조건
마주 보는 대각선의 임피던스의 곱은 같다.

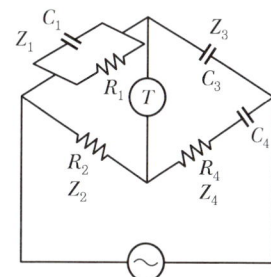

1) R_1, C_1 병렬회로의 임피던스

$$Z_1 = \left(\frac{1}{\frac{1}{R_1} + j\omega C_1} \right)$$

2) $Z_2 = R_{2,} \ Z_3 = \frac{1}{j\omega C_3}$

3) R_4, C_4 직렬회로의 임피던스

$$Z_4 = \left(R_4 + \frac{1}{j\omega C_4} \right)$$

4) 브리지의 평형조건 : $Z_1 \cdot Z_4 = Z_2 \cdot Z_3$

$$\left(\frac{1}{\frac{1}{R_1} + j\omega C_1} \right) \cdot \left(R_4 + \frac{1}{j\omega C_4} \right) = R_2 \cdot \left(\frac{1}{j\omega C_3} \right)$$

$$\left(R_4 + \frac{1}{j\omega C_4}\right) \cdot j\omega C_3 = R_2 \cdot \left(\frac{1}{R_1} + j\omega C_1\right)$$

$$(R_4 \cdot j\omega C_3) + \frac{j\omega C_3}{j\omega C_4} = \frac{R_2}{R_1} + (R_2 \cdot j\omega C_1)$$

$$(R_4 \cdot j\omega C_3) + \frac{C_3}{C_4} = \frac{R_2}{R_1} + (R_2 \cdot j\omega C_1)$$

① 실수부끼리 모으면

$$\frac{C_3}{C_4} = \frac{R_2}{R_1}, \qquad R_2 C_4 = R_1 C_3$$

② 허수부끼리 모으면

$$(R_4 \cdot j\omega C_3) = (R_2 \cdot j\omega C_1), \qquad \frac{R_4}{R_2} = \frac{j\omega C_1}{j\omega C_3}$$

$$\frac{R_4}{R_2} = \frac{C_1}{C_3}, \qquad R_2 C_1 = R_4 C_3$$

32 그림과 같은 정류회로에서 부하 R에 흐르는 직류전류의 크기는 약 몇 [A]인가?(단, $V = 200$[V], $R = 20\sqrt{2}$ [Ω]이다.)

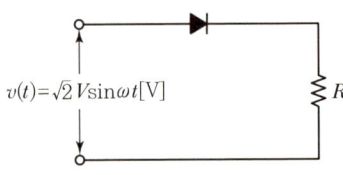

$v(t) = \sqrt{2}\,V\sin\omega t$[V] R

① 3.2   ② 3.8
③ 4.4   ④ 5.2

해설 ⊕

1) 정현파
　① 전압의 실효값 $V = 200$[V]
　② 전압의 최댓값 $V_m = 200\sqrt{2}$ [V]

2) 정현반파
　① 전압의 최댓값 : $V_m = 200\sqrt{2}$ [V]
　　(정현파의 최댓값=정현반파의 최댓값)
　② 전압의 평균값(반파 직류전압)

$$V_{av} = \frac{V_m}{\pi} = \frac{200\sqrt{2}}{\pi} = 90.03 \text{[V]}$$

　③ 전류의 평균값(반파 직류전류)

$$I_{av} = \frac{V_{av}}{R} = \frac{90.03\text{[V]}}{20\sqrt{2}\text{[Ω]}} = 3.183 \fallingdotseq 3.2\text{[A]}$$

33 반파 정류파형의 최댓값이 1일 때, 실효값과 평균값은?

① $\dfrac{1}{\sqrt{2}},\ \dfrac{\pi}{2}$ ② $\dfrac{1}{2},\ \dfrac{\pi}{2}$

③ $\dfrac{1}{\sqrt{2}},\ \dfrac{\pi}{\sqrt[2]{2}}$ ④ $\dfrac{1}{2},\ \dfrac{1}{\pi}$

해설 ⊕

정현파 및 정현반파의 최댓값, 실효값, 평균값

파형	최댓값 (V_m)	실효값 (V)	평균값 (V_{av})	파형률	파고율
정현파	V_m	$\dfrac{V_m}{\sqrt{2}}$	$\dfrac{2V_m}{\pi}$	1.11	1.414
정현반파	V_m	$\dfrac{V_m}{2}$	$\dfrac{V_m}{\pi}$	1.57	2

1) 반파정류 실효값

$$V = \frac{V_m}{2},\ \text{문제의 조건에서 최댓값 } V_m = 1\text{이므로}$$

$$V = \frac{1}{2}\text{[V]}$$

2) 반파정류 평균값

$$V_{av} = \frac{V_m}{\pi},\ \text{문제의 조건에서 최댓값 } V_m = 1\text{이므로}$$

$$V_{av} = \frac{1}{\pi}\text{ [V]}$$

34 42.5[mH]의 코일에 60[Hz], 100[V]의 교류를 가할 때 유도 리액턴스[Ω]는?

① 16   ② 20   ③ 32   ④ 43

해설 ⊕

유도성 리액턴스

$$X_L = \omega L = 2\pi f L$$

여기서, X_L : 유도성 리액턴스[Ω], ω : 각속도[rad/s]
　　　　L : 인덕턴스[H], f : 주파수[Hz]

[풀이]
$$X_L = 2\pi \times 60 \times 42.5 \times 10^{-3} = 16\text{[Ω]}$$

정답　**32** ①　**33** ④　**34** ①

35 일정한 저항에 가해지고 있는 전압을 3배로 하면 소비전력은?

① 1/3 ② 3
③ 6 ④ 9

해설⊕

전력 P[W]

전기가 단위시간(1sec) 동안 한 일의 양

$$P = \frac{W}{t} = VI = I^2R = \frac{V^2}{R}\,[\text{W}]$$

1) 저항, 전압, 소비전력의 관계식

$$P = \frac{V^2}{R}\,[\text{W}]$$

2) 초기상태

$$P_1 = \frac{V_1^2}{R_1}\,[\text{W}]$$

3) 전압을 3배로 하였을 때 소비전력

$$P_2 = \frac{V_2^2}{R_2} = \frac{(3V_1)^2}{R_1} = 9\,\frac{V_1^{\,2}}{R_1}\,[\text{W}]$$

여기서, P_2 : 상태변화 후 소비전력[W]

$R_2 = R_1$: 저항 일정

$V_2 = 3V_1$: 전압을 3배

36 논리식 $A(A+B)$를 간단히 하면?

① A ② B
③ $A+B$ ④ $A \cdot B$

해설⊕

1) $A(A+B) = AA + AB$ 여기서, $AA = A$ 이므로

$ = A + AB$ 여기서, A로 묶으면

$ = A(1+B)$ 여기서, $(1+B) = 1$ 이므로

$ = A$

2) 부울대수의 기본 정리

항등법칙	$A+0=A$ $A+1=1$	$A \cdot 1 = A$ $A \cdot 0 = 0$
동일법칙	$A+A=A$	$A \cdot A = A$
보원법칙	$A+\overline{A}=1$	$A \cdot \overline{A} = 0$
다중부정	$\overline{\overline{A}} = A$	
교환법칙	$A+B=B+A$	$A \cdot B = B \cdot A$
결합법칙	$A+(B+C) =$ $(A+B)+C$	$A \cdot (B \cdot C) =$ $(A \cdot B) \cdot C$
분배법칙	$A \cdot (B+C) =$ $AB+AC$	$A+B \cdot C =$ $(A+B) \cdot (A+C)$
흡수법칙	$A+A \cdot B = A$	$A \cdot (A+B) = A$

37 다이오드를 사용한 정류회로에서 과대한 부하전류에 의하여 다이오드가 파손될 우려가 있을 경우의 적당한 대책은?

① 다이오드를 직렬로 추가한다.
② 다이오드를 병렬로 추가한다.
③ 다이오드는 양단에 적당한 값의 저항을 추가한다.
④ 다이오드의 양단에 적당한 값의 콘덴서를 추가한다.

해설⊕

다이오드의 접속

구분	직렬접속	병렬접속
목적	과전압 방지	과전류 방지
회로		

38 직류발전기의 자극수 4, 전기자 도체 수 500, 각 자극의 유효자속 수 0.01[Wb], 회전수 900[rpm]인 경우 유기 기전력은 얼마인가?(단, 전기자 권수는 파권)

① 130[V] ② 140[V]
③ 150[V] ④ 160[V]

해설⊕

직류발전기의 유도 기전력

$$E = \frac{PZ\phi N}{60a}[\text{V}]$$

여기서, P : 극수, Z : 총도체수, ϕ : 자속수

N : 회전수[rpm]

a : 병렬회로수(파권 : 2, 중권 : 극수)

[풀이]

$$E = \frac{PZ\phi N}{60a} = \frac{4 \times 500 \times 0.01 \times 900}{60 \times 2} = 150[\text{V}]$$

39 SCR(Silicon−Controlled Rectifier)에 대한 설명으로 틀린 것은?

① PNPN 소자이다.

② 스위칭 반도체 소자이다.

③ 양방향 사이리스터이다.

④ 교류의 전력제어용으로 사용된다.

해설⊕

사이리스터의 종류 및 특성(PNPN 4층 구조)

사이리스터의 종류	심벌	용도 및 특성
SCR (Silicon Controlled Rectifier)	Gate (G) Anode (A) Cathode (K)	• 일반적으로 사이리스터를 지칭(PNPN 접합) • 단방향 3단자 사이리스터 • 게이트에 신호를 가함으로써 턴온된다. • 소형이고 과전압에 약하다. • 대전력용 정류기에 사용
TRIAC (트라이액)	G(Gate) T_2 (Terminal 2) T_1 (Terminal 1)	• SCR 2개를 역병렬로 연결한 전기적 등가구조 • 쌍방향성 스위치 소자
GTO 사이리스터	Gate(G) Anode (A) Cathode (K)	게이트에 의해 제어 가능한 턴온 및 턴오프 능력을 갖도록 특별히 설계된 소자

사이리스터의 종류	심벌	용도 및 특성
DIAC (다이액)	T_2 (Terminal 2) T_1 (Terminal 1)	• 쌍방향 2단자 사이리스터 • 교류전원에서 직접 트리거 펄스를 얻는 회로 구성

③ 양방향 사이리스터이다. → 단방향 사이리스터이다.

40 역률을 개선하기 위한 진상용 콘덴서의 설치 개소로 가장 알맞은 것은?

① 수전점

② 고압모선

③ 변압기 2차 측

④ 부하와 병렬

해설⊕

1) 전력용(진상용) 콘덴서 결선도

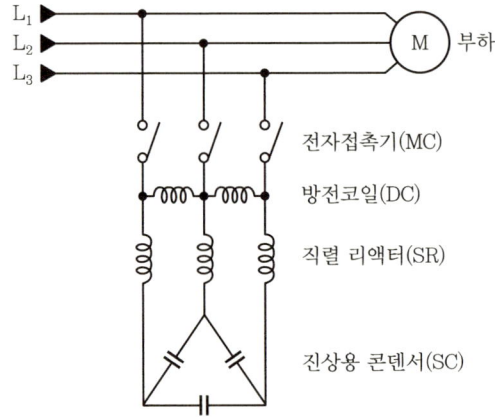

2) 전력용 콘덴서의 역할

① 콘덴서를 부하와 병렬로 연결하면, 콘덴서가 진상 무효전력을 공급하여 부하의 무효전력을 줄여 역률을 개선한다.

② 진상 무효전력을 공급하여 유도성 부하가 발생시키는 지상 무효전력을 상쇄시킨다.

③ 역률이 개선되면 전력 손실이 감소하고, 전력 사용 효율이 높아진다.

3) 직렬 리액터의 역할
  ① 제5고조파 제거
  ② 콘덴서 투입 시 돌입전류 제한
4) 방전코일의 역할 : 콘덴서에 축적된 잔류전하 방전

3과목 소방관계법규

41 소방시설 설치 및 관리에 관한 법률에서 정하는 용어의 정의 중 옳은 것은?

① "소방시설"이란 소화설비, 경보설비, 피난구조설비, 소화용수설비, 그 밖에 소화활동설비로서 대통령령으로 정하는 것을 말한다.

② "소방시설 등"이라 함은 소방시설과 비상구 그 밖에 소방 관련 시설로서 행정안전부령이 정하는 것을 말한다.

③ "특정소방대상물"이라 함은 소방시설을 설치하여야 하는 소방대상물로서 소방청장이 고시로 정하는 것을 말한다.

④ "소방용품"이란 소방시설 등을 구성하거나 소방용으로 사용되는 제품 또는 기기로서 행정안전부령으로 정하는 것을 말한다.

해설 ⊕
용어의 정의(소방시설 설치 및 관리에 관한 법률 제2조)
1) "소방시설"이란 소화설비, 경보설비, 피난구조설비, 소화용수설비, 그 밖에 소화활동설비로서 대통령령으로 정하는 것을 말한다.
2) "소방시설 등"이란 소방시설과 비상구(非常口), 그 밖에 소방 관련 시설로서 대통령령으로 정하는 것을 말한다.
3) "특정소방대상물"이란 건축물 등의 규모·용도 및 수용인원 등을 고려하여 소방시설을 설치하여야 하는 소방대상물로서 대통령령으로 정하는 것을 말한다.
4) "소방용품"이란 소방시설 등을 구성하거나 소방용으로 사용되는 제품 또는 기기로서 대통령령으로 정하는 것을 말한다.
5) "화재안전기준"이란 소방시설 설치 및 관리를 위한 다음 각 목의 기준을 말한다.

① 성능기준 : 화재안전 확보를 위하여 재료, 공간 및 설비 등에 요구되는 안전성능으로서 소방청장이 고시로 정하는 기준
② 기술기준 : 가목에 따른 성능기준을 충족하는 상세한 규격, 특정한 수치 및 시험방법 등에 관한 기준으로서 행정안전부령으로 정하는 절차에 따라 소방청장의 승인을 받은 기준

42 화재의 예방 및 안전관리에 관한 법령에서 정하는 특급 소방안전관리대상물에 대한 기준이 아닌 것은?(단, 동·식물원, 철강 등 불연성 물품을 저장·취급하는 창고, 위험물 저장 및 처리 시설 중 위험물제조소 등, 지하구를 제외한다.)

① 아파트를 제외한 연면적 100,000m² 이상인 특정소방대상물

② 가연성 가스를 1,000톤 이상 저장·취급하는 시설

③ 지하층을 제외한 층수가 50층 이상이거나 지상으로부터 높이가 200m 이상인 아파트

④ 지하층을 포함한 층수가 30층 이상이거나 지상으로부터 높이가 120m 이상인 특정소방대상물(아파트는 제외한다)

해설 ⊕
1) 특급 소방안전관리대상물(동·식물원, 철강 등 불연성 물품을 저장·취급하는 창고, 위험물 저장 및 처리 시설 중 위험물제조소 등, 지하구를 제외)
  ① 50층 이상(지하층 제외)이거나 지상으로부터 높이가 200m 이상인 아파트
  ② 30층 이상(지하층을 포함)이거나 지상으로부터 높이가 120m 이상인 특정소방대상물(아파트 제외)
  ③ 연면적이 10만m² 이상인 특정소방대상물(아파트 제외)

2) 1급 소방안전관리대상물(동·식물원, 철강 등 불연성 물품을 저장·취급하는 창고, 위험물 저장 및 처리 시설 중 위험물제조소 등, 지하구를 제외)
  ① 30층 이상(지하층은 제외)이거나 지상으로부터 높이가 120m 이상인 아파트
  ② 연면적 1만5천m² 이상인 특정소방대상물(아파트 및 연립주택 제외)

정답 **41** ① **42** ②

③ 층수가 11층 이상인 특정소방대상물(아파트는 제외)
④ 가연성 가스를 1,000톤 이상 저장·취급하는 시설

43 소방기본법에 따른 용어의 정의 중 소방대상물에 속하지 아니하는 것은?

① 산림
② 선박 건조 구조물
③ 항해 중인 선박
④ 차량

해설⊕

용어의 정의(소방기본법 제2조)
1) 소방대상물 : 건축물, 차량, 선박(항구에 매어둔 것), 선박 건조 구조물, 산림, 그 밖의 인공 구조물 또는 물건
2) 관계지역 : 소방대상물이 있는 장소 및 그 이웃 지역으로서 화재의 예방·경계·진압, 구조·구급 등의 활동에 필요한 지역
3) 관계인 : 소방대상물의 소유자·관리자·점유자
4) 소방본부장 : 특별시·광역시·특별자치시·도 또는 특별자치도에서 화재의 예방·경계·진압·조사 및 구조·구급 등의 업무를 담당하는 부서의 장
5) 소방대장 : 소방본부장 또는 소방서장 등 화재, 재난·재해, 그 밖의 위급한 상황이 발생한 현장에서 소방대를 지휘하는 사람
6) 소방대 : 화재를 진압하고 화재, 재난·재해, 그 밖의 위급한 상황에서 구조·구급 활동 등을 하기 위하여 다음 각 목의 사람으로 구성된 조직체
소방공무원, 의무소방원, 의용소방대원

44 소방시설 설치 및 관리에 관한 법률에 따라 특정소방대상물의 증축 또는 용도변경 시의 소방시설기준 적용의 특례에 관한 설명 중 옳지 않은 것은?

① 증축되는 경우에는 기존 부분을 포함한 전체에 대하여 증축 당시의 소방시설 등의 설치에 관한 대통령령 또는 화재안전기준을 적용한다.
② 증축 시 기존 부분과 증축되는 부분이 내화구조로 된 바닥과 벽으로 구획되어 있는 경우에는 기존 부분에 대하여는 증축 당시의 소방시설 등의 설치에 관한 대통령령 또는 화재안전기준을 적용하지 아니한다.

③ 용도 변경되는 경우에는 기존 부분을 포함할 전체에 대하여 용도 변경 당시의 소방시설 등의 설치에 관한 대통령령 또는 화재안전기준을 적용한다.
④ 용도변경 시 특정소방대상물의 구조·설비가 화재연소 확대 요인이 적어지거나 피난 또는 화재진압활동이 쉬워지도록 용도변경되는 경우에는 전체에 용도변경되기 전의 소방시설 등의 설치에 관한 대통령령 또는 화재안전기준을 적용한다.

해설⊕

특정소방대상물의 증축 또는 용도변경 시의 소방시설기준 적용의 특례
1) 소방본부장 또는 소방서장은 특정소방대상물이 증축되는 경우에는 기존 부분을 포함한 특정소방대상물의 전체에 대하여 증축 당시의 소방시설의 설치에 관한 대통령령 또는 화재안전기준을 적용해야 한다. 다만, 다음에 해당하는 경우에는 기존 부분에 대해서는 증축 당시의 소방시설의 설치에 관한 대통령령 또는 화재안전기준을 적용하지 않는다.
① 기존 부분과 증축 부분이 내화구조로 된 바닥과 벽으로 구획된 경우
② 기존 부분과 증축 부분이 자동방화셔터 또는 60분+ 방화문으로 구획되어 있는 경우
③ 자동차 생산공장 등 화재 위험이 낮은 특정소방대상물 내부에 연면적 $33m^2$ 이하의 직원 휴게실을 증축하는 경우
④ 자동차 생산공장 등 화재 위험이 낮은 특정소방대상물에 캐노피(기둥으로 받치거나 매달아 놓은 덮개를 말하며, 3면 이상에 벽이 없는 구조의 것)를 설치하는 경우
2) 소방본부장 또는 소방서장은 특정소방대상물이 용도변경되는 경우에는 용도변경되는 부분에 대해서만 용도변경 당시의 소방시설의 설치에 관한 대통령령 또는 화재안전기준을 적용한다. 다만, 다음에 해당하는 경우에는 특정소방대상물 전체에 대하여 용도변경 전에 해당 특정소방대상물에 적용되던 소방시설의 설치에 관한 대통령령 또는 화재안전기준을 적용한다.
① 특정소방대상물의 구조·설비가 화재연소 확대 요인이 적어지거나 피난 또는 화재진압활동이 쉬워지도록 변경되는 경우
② 용도변경으로 인하여 천장·바닥·벽 등에 고정되어 있는 가연성 물질의 양이 줄어드는 경우

정답 43 ③ 44 ③

45 위험물안전관리법령상 제4류 위험물 중 제1석유류인 수용성 액체의 지정수량은 몇 L인가?

① 100 ② 200
③ 300 ④ 400

해설 ✚

제4류 위험물의 품명 및 지정수량

위험등급	품명		지정수량
I	특수인화물(다이에틸에터, 아세트알데하이드, 산화프로필렌, 이황화탄소) 1기압에서 발화점이 100℃ 이하인 것 또는 인화점이 −20℃ 이하이고 비점이 40℃ 이하인 것		50[l]
II	제1석유류(아세톤, 휘발유) 인화점 21℃ 미만	비수용성 액체	200[l]
		수용성 액체	400[l]
	알코올류 탄소원자의 수가 1개부터 3개까지인 포화 1가 알코올		400[l]
III	제2석유류(경유, 등유) 인화점이 21℃ 이상 70℃ 미만	비수용성 액체	1,000[l]
		수용성 액체	2,000[l]
	제3석유류(중유, 크레오소트유) 인화점이 70℃ 이상 200℃ 미만	비수용성 액체	2,000[l]
		수용성 액체	4,000[l]
	제4석유류(기어유, 실린더유) 인화점이 200℃ 이상 250℃ 미만		6,000[l]
	동·식물유류(건성유, 반건성유, 불건성유) 동물의 지육 등 또는 식물의 종자나 과육으로부터 추출한 것으로서 1기압에서 인화점이 250℃ 미만		10,000[l]

46 소방시설 설치 및 관리에 관한 법령상 소방용품이 아닌 것은?

① 소화약제 외의 것을 이용한 간이소화용구
② 자동소화장치
③ 가스누설경보기
④ 소화용으로 사용하는 방염제

해설 ✚

소방용품의 종류

1) 소화설비를 구성하는 제품 또는 기기
　① 소화기구(소화약제 외의 간이소화용구는 제외)
　② 자동소화장치
　③ 소화설비를 구성하는 소화전, 관창, 소방호스, 스프링클러헤드, 기동용 수압개폐장치, 유수제어밸브 및 가스관선택밸브
2) 경보설비를 구성하는 제품 또는 기기
　① 누전경보기 및 가스누설경보기
　② 경보설비 중 발신기, 수신기, 중계기, 감지기 및 음향장치(경종만 해당)
3) 피난구조설비를 구성하는 제품 또는 기기
　① 피난사다리, 구조대, 완강기, 간이완강기
　② 공기호흡기
　③ 피난구유도등, 통로유도등, 객석유도등 및 예비 전원이 내장된 비상조명등
4) 소화용으로 사용하는 제품 또는 기기
　① 소화약제
　② 방염제(방염액·방염도료 및 방염성 물질)

47 소방시설 설치 및 관리에 관한 법률상 특정소방대상물 중 근린생활시설과 가장 거리가 먼 것은?

① 안마시술소 ② 목욕장
③ 한의원 ④ 무도학원

해설 ✚

1) 근린생활시설
　① 슈퍼마켓, 의약품 판매소, 의료기기 판매소 및 자동차영업소 : 바닥면적의 합계가 1천m² 미만
　② 휴게음식점, 일반음식점, 기원, 노래연습장
　③ 단란주점 : 바닥면적의 합계가 150m² 미만
　④ 이용원, 미용원, 목욕장, 세탁소
　⑤ 의원, 치과의원, 한의원, 침술원, 접골원, 조산원, 안마시술소
　⑥ 공연장, 종교집회장 : 바닥면적의 합계가 300m² 미만
　⑦ 탁구장, 테니스장, 체육도장, 체력단련장, 에어로빅장, 볼링장, 당구장, 실내낚시터, 골프연습장 등 : 바닥면적의 합계가 500m² 미만

⑧ 금융업소, 사무소, 그 밖에 이와 비슷한 것으로서 같은 건축물에 해당 용도로 쓰는 바닥면적의 합계가 500m² 미만

⑨ 제조업소, 수리점, 그 밖에 이와 비슷한 것 : 바닥면적의 합계가 500m² 미만

⑩ 게임제공업, 인터넷컴퓨터게임시설제공업 : 바닥면적의 합계가 500m² 미만

⑪ 학원(자동차학원, 무도학원 제외), 독서실, 고시원 : 바닥면적의 합계 500m² 미만

2) 위락시설

① 단란주점 : 바닥면적의 합계가 150m² 이상

② 유흥주점, 그 밖에 이와 비슷한 것

③ 관광진흥법에 따른 유원시설업의 시설

④ 무도장 및 무도학원

⑤ 카지노영업소

48 소방시설 설치 및 관리에 관한 법률상의 소방시설 중 소화활동설비가 아닌 것은?

① 제연설비

② 연결송수관설비

③ 비상방송설비

④ 연소방지설비

해설⊕

1) 소화활동설비의 종류

① 제연설비 ② 연결송수관설비

③ 연결살수설비 ④ 비상콘센트설비

⑤ 무선통신보조설비 ⑥ 연소방지설비

2) 경보설비의 종류

① 단독경보형 감지기

② 비상경보설비

• 비상벨설비

• 자동식 사이렌설비

③ 자동화재탐지설비 ④ 시각경보기

⑤ 화재알림설비 ⑥ 비상방송설비

⑦ 자동화재속보설비 ⑧ 통합감시시설

⑨ 누전경보기 ⑩ 가스누설경보기

49 소방시설 설치 및 관리에 관한 법률상 소방시설 관리업을 등록할 수 있는 사람은?

① 피성년후견인

② 소방시설관리업의 등록이 취소된 날부터 2년이 지난 사람

③ 금고 이상의 형의 집행유예를 선고받고 그 유예기간 중에 있는 사람

④ 금고 이상의 실형을 선고받고 그 집행이 면제된 날부터 2년이 지나지 아니한 사람

해설⊕

소방시설관리업 등록의 결격사유

1) 피성년후견인

2) 금고 이상의 실형을 선고받고 그 집행이 끝나거나 면제된 날부터 2년이 지나지 아니한 사람

3) 금고 이상의 형의 집행유예를 선고받고 그 유예기간 중에 있는 사람

4) 관리업의 등록이 취소된 날부터 2년이 지나지 아니한 사람

5) 법인의 임원 중에 1)에서 4)까지의 어느 하나에 해당하는 사람이 있는 법인

50 화재의 예방 및 안전관리에 관한 법률상 화재예방강화지구의 지정대상이 아닌 것은?

① 공장 · 창고가 밀집한 지역

② 목조건물이 밀집한 지역

③ 소방출동로가 있는 지역

④ 시장지역

해설⊕

1) 화재예방강화지구 지정권자 : 시 · 도지사

2) 화재예방강화지구 지정의 요청권자 : 소방청장

3) 화재예방강화지구

① 시장지역

② 공장 · 창고가 밀집한 지역

③ 목조건물이 밀집한 지역

④ 노후 · 불량건축물이 밀집한 지역

⑤ 위험물의 저장 및 처리 시설이 밀집한 지역

⑥ 석유화학제품을 생산하는 공장이 있는 지역

⑦ 산업단지, 물류단지

⑧ 소방시설 · 소방용수시설 또는 소방출동로가 없는 지역

⑨ 소방관서장이 화재예방강화지구로 지정할 필요가 있다고 인정하는 지역

51 소방기본법령상 이웃하는 시 · 도 간 소방업무에 관해 상호응원협정을 체결하고자 할 때 포함되어야 할 사항이 아닌 것은?

① 응원출동의 요청방법

② 소방신호방법의 통일

③ 소요경비의 부담에 관한 사항

④ 응원출동 대상지역 및 규모

해설 ⊕

소방업무의 상호응원협정 시 포함사항

1) 다음의 소방활동에 관한 사항
   ① 화재의 경계 · 진압활동
   ② 구조 · 구급업무의 지원
   ③ 화재조사활동
2) 응원출동대상지역 및 규모
3) 다음 각 목의 소요경비의 부담에 관한 사항
   ① 출동대원의 수당 · 식사 및 피복의 수선
   ② 소방장비 및 기구의 정비와 연료의 보급
   ③ 그 밖의 경비
4) 응원출동의 요청방법
5) 응원출동훈련 및 평가

52 소방시설 설치 및 관리에 관한 법률상 주거용 주방자동소화장치를 설치하여야 하는 특정소방대상물은?

① 아파트 등   ② 지하구

③ 가스시설   ④ 국가유산

해설 ⊕

1) 소화기구의 설치대상
   ① 연면적 33m² 이상(노유자 시설의 경우 산정된 소화기 수량의 1/2 이상을 투척용 소화용구 등으로 설치할 수 있다.)
   ② 가스시설, 발전시설 중 전기저장시설, 국가유산

③ 터널

④ 지하구

2) 자동소화장치의 설치대상
   ① 주거용 주방자동소화장치 : 아파트 등, 오피스텔의 모든 층
   ② 상업용 주방자동소화장치
      • 판매시설 중 대규모점포에 입점해 있는 일반음식점
      • 식품위생법에 따른 집단급식소

53 화재의 예방 및 안전관리에 관한 법령상 소방안전관리대상물의 관계인이 그 장소에 근무하거나 거주하는 사람 등에게 소화 · 통보 · 피난 등의 훈련과 소방안전관리에 필요한 교육을 하지 않은 경우 1차 위반 시 과태료 금액기준으로 옳은 것은?

① 20만 원   ② 50만 원

③ 100만 원   ④ 200만 원

해설 ⊕

소방안전관리대상물의 관계인이 소방훈련 및 교육을 하지 않은 경우의 과태료

위반행위	과태료 금액		
	1차 위반	2차 위반	3차 이상
소방훈련 및 교육을 하지 않은 경우	100만 원	200만 원	300만 원

54 위험물안전관리법령상 위험물 간이저장탱크 설비기준에 대한 설명으로 맞는 것은?

① 통기관은 지름 최소 40mm 이상으로 한다.

② 용량은 600L 이하이어야 한다.

③ 탱크의 주위에 너비는 최소 1.5m 이상의 공지를 두어야 한다.

④ 수압시험은 50kPa의 압력으로 10분간 실시하여 새거나 변형되지 아니하여야 한다.

해설 ⊕

간이탱크저장소의 설치기준

1) 간이탱크 설치장소 : 옥외에 설치
2) 하나의 간이탱크저장소에 설치하는 간이저장탱크의 수 : 3개 이하
3) 간이저장탱크의 용량 : 600L 이하
4) 간이저장탱크의 두께 : 3.2mm 이상의 강판
5) 통기관의 지름 : 25mm 이상
6) 수압시험 : 70kPa의 압력으로 10분간 수압시험을 실시하여 새거나 변형되지 아니할 것
7) 옥외에 설치하는 간이저장탱크의 공지 : 탱크의 주위에 너비 1m 이상

55 소방기본법상 관계인의 소방활동을 위반하여 정당한 사유 없이 소방대가 현장에 도착할 때까지 사람을 구출하는 조치 또는 불을 끄거나 불이 번지지 아니하도록 하는 조치를 하지 아니한 사람에 대한 벌칙기준으로 옳은 것은?

① 100만 원 이하의 벌금
② 200만 원 이하의 벌금
③ 300만 원 이하의 벌금
④ 400만 원 이하의 벌금

해설 ⊕

100만 원 이하의 벌금

1) 정당한 사유 없이 소방대의 생활안전활동을 방해한 사람
2) 정당한 사유 없이 소방대가 현장에 도착할 때까지 사람을 구출하는 조치 또는 불을 끄거나 불이 번지지 아니하도록 하는 조치를 하지 아니한 사람
3) 피난 명령을 위반한 사람
4) 정당한 사유 없이 물의 사용이나 수도의 개폐장치의 사용 또는 조작을 하지 못하게 하거나 방해한 사람
5) 화재 발생을 막거나 폭발 등으로 화재가 확대되는 것을 막기 위하여 가스·전기 또는 유류 등의 시설에 대하여 위험물질의 공급을 차단하는 조치를 정당한 사유 없이 방해한 사람

56 소방시설공사업법상 소방시설공사업자는 소방시설공사 결과 소방시설에 하자가 있는 경우 하자보수를 하여야 한다. 다음 중 하자보수를 하여야 하는 소방시설과 소방시설별 하자보수 보증기간이 잘못 나열된 것은?

① 유도등 : 2년
② 자동화재탐지설비 : 3년
③ 스프링클러설비 등 : 3년
④ 무선통신보조설비 : 3년

해설 ⊕

공사의 하자보수 등

1) 공사업자가 하자발생 통보를 받은 후 하자를 보수하거나 보수 일정을 기록한 하자보수 계획을 관계인에게 서면으로 알려야 하는 기간 : 3일 이내

2) 하자보수 대상 소방시설과 하자보수 보증기간

하자보수 대상 소방시설	하자보수 보증기간
피난기구, 유도등, 비상경보설비, 비상조명등, 비상방송설비 및 무선통신보조설비	2년
자동소화장치, 옥내소화전설비, 스프링클러설비 등, 물분무 등 소화설비, 옥외소화전설비, 자동화재탐지설비, 화재알림설비, 소화용수설비 및 소화활동설비(무선통신보조설비는 제외)	3년

57 화재의 예방 및 안전관리에 관한 법률상 2급 소방안전관리대상물의 소방안전관리자 선임 기준으로 틀린 것은?

① 위험물기능사 자격을 가진 사람
② 소방공무원으로 3년 이상 근무한 경력이 있는 사람
③ 의용소방대원으로 5년 이상 근무한 경력이 있는 사람
④ 위험물산업기사 자격을 가진 사람

해설 ⊕

2급 소방안전관리대상물의 소방안전관리자
다음에 해당하는 사람으로서 2급 또는 특급, 1급 소방안전관리자 자격증을 발급받은 사람

1) 위험물기능장 · 위험물산업기사 또는 위험물기능사 자격을 가진 사람
2) 소방공무원으로 3년 이상 근무한 경력이 있는 사람
3) 소방청장이 실시하는 2급 소방안전관리대상물의 소방안전관리에 관한 시험에 합격한 사람
③ 의용소방대원으로 3년 이상 경력이 있는 경우 2급 소방안전관리자 시험에 응시할 수 있는 자격만 주어짐

58 위험물안전관리법상 위험물안전관리자로 선임할 수 있는 위험물취급자격자가 취급할 수 있는 위험물 기준으로 틀린 것은?

① 위험물기능장 자격 취득자 : 모든 위험물
② 안전관리자 교육이수자 : 위험물 중 제4류 위험물
③ 소방공무원으로 근무한 경력이 3년 이상인 자 : 위험물 중 제4류 위험물
④ 위험물산업기사 자격 취득자 : 위험물 중 제4류 위험물

해설 ➕

위험물 취급자의 자격

위험물취급자격자의 구분	취급할 수 있는 위험물
위험물기능장, 위험물산업기사, 위험물기능사	모든 위험물
안전관리자 교육이수자	제4류 위험물
소방공무원으로 근무한 경력이 3년 이상	

59 소방시설 설치 및 관리에 관한 법령에 따른 특정소방대상물의 소방시설 설치의 면제기준 중 다음 ( ) 안에 알맞은 것은?

비상경보설비 또는 단독경보형 감지기를 설치하여야 하는 특정소방대상물에 ( )(을)를 화재안전기준에 적합하게 설치한 경우에는 그 설비의 유효범위에서 설치가 면제된다.

① 자동화재탐지설비　　② 무선통신보조설비
③ 비상조명등　　　　　④ 스프링클러설비

해설 ➕

소방시설 설치의 면제기준

설치가 면제되는 소방시설	설치 면제 조건이 되는 설비
스프링클러설비	물분무 등 소화설비
물분무 등 소화설비	스프링클러설비(차고, 주차장)
간이스프링클러설비	스프링클러설비, 물분무소화설비 또는 미분무소화설비
연결살수설비	송수구를 부설한 스프링클러설비, 간이스프링클러설비, 물분무소화설비 또는 미분무소화설비를 설치한 경우
비상경보설비 또는 단독경보형 감지기	자동화재탐지설비 또는 화재알림설비
비상경보설비	단독경보형 감지기를 2개 이상의 단독경보형 감지기와 연동하여 설치하는 경우
비상조명등	피난구유도등 또는 통로유도등

60 소방시설공사업법령에 따라 자동화재탐지설비의 일반 공사감리기간으로 포함시켜 산정할 수 있는 항목은?

① 고정금속구를 설치하는 기간
② 전선관의 매립을 하는 공사기간
③ 공기유입구의 설치기간
④ 소화약제 저장용기 설치기간

해설 ➕

일반 공사감리기간(소방시설공사업법 시행규칙 별표3)
자동화재탐지설비 · 시각경보기 · 비상경보설비 · 비상방송설비 · 통합감시시설 · 유도등 · 비상콘센트설비 및 무선통신보조설비의 경우 : 전선관의 매립, 감지기 · 유도등 · 조명등 및 비상콘센트의 설치, 증폭기의 접속, 누설동축케이블 등의 부설, 무선기기의 접속단자 · 분배기 · 증폭기의 설치 및 동력전원의 접속공사를 하는 기간

① 고정금속구를 설치하는 기간 → 피난기구
③ 공기유입구의 설치기간 → 제연설비
④ 소화약제 저장용기 설치기간 → 가스계 소화설비

4과목 소방전기시설의 구조 및 원리

61 유도등 및 유도표지의 화재안전기술기준에 따른 운동시설에 설치하지 아니할 수 있는 유도등은?

① 대형피난구유도등 ② 중형피난구유도등
③ 통로유도등 ④ 객석유도등

해설⊕
특정소방대상물의 용도별로 설치하여야 할 유도등 및 유도표지

설치장소	유도등 및 유도표지의 종류
공연장, 집회장, 관람장, 운동시설	• 대형피난구유도등
유흥주점영업시설(카바레, 나이트 클럽)	• 통로유도등 • 객석유도등
위락시설, 판매시설, 운수시설, 관광숙박업, 의료시설, 장례식장, 방송통신시설, 전시장, 지하상가, 지하철역사, 창고시설	• 대형피난구유도등 • 통로유도등
숙박시설(관광숙박업 제외), 오피스텔	• 중형피난구유도등
그 밖의 건축물로서 지하층, 무창층, 11층 이상인 특정소방대상물	• 통로유도등
근린생활시설, 노유자시설, 업무시설, 발전시설, 종교시설, 교육연구시설, 수련시설, 공장, 교정 및 군사시설, 자동차정비공장, 운전학원, 정비학원, 다중이용업소, 복합건축물, 공동주택	• 소형피난구유도등 • 통로유도등
그 밖의 것	• 피난구유도표지 • 통로유도표지

비고 : 복합건축물과 아파트의 경우 세대 내에는 유도등을 설치하지 아니할 수 있다.

62 자동화재탐지설비의 화재안전기술기준에서 정하는 감지기 설치기준에 적합하지 않은 것은?

① 감지기(차동식 분포형의 것 및 특수한 것은 제외한다)는 실내로의 공기유입구로부터 3m 이상 떨어진 위치에 설치한다.
② 감지기는 천장 또는 반자의 옥내에 면하는 부분에 설치한다.

③ 차동식 스포트형 감지기는 45° 이상 경사되지 않도록 부착한다.
④ 공기관식 차동식 분포형 감지기 설치 시 공기관은 도중에서 분기하지 아니하도록 부착한다.

해설⊕
1) 스포트형 감지기의 설치기준
　① 감지기는 실내로의 공기유입구로부터 1.5m 이상 떨어진 위치에 설치할 것
　② 감지기는 천장 또는 반자의 옥내에 면하는 부분에 설치할 것
　③ 스포트형 감지기는 45° 이상 경사되지 아니하도록 부착할 것

2) 공기관식 차동식 분포형 감지기 설치기준

구분	기준
공기관의 최소길이	20m 이상
공기관의 최대길이	100m 이하
공기관과 각 변의 거리	수평거리 1.5m 이하
공기관 상호 간 거리	6m(내화구조 9m) 이하
공기관의 분기	도중에서 분기하지 아니할 것
검출부의 경사	5° 이상 경사지지 아니할 것
검출부의 높이	0.8m 이상 1.5m 이하
공기관의 규격	두께 0.3mm 이상 바깥지름 1.9mm 이상

63 무선통신보조설비의 화재안전기술기준에서 사용하는 용어의 정의로 올바른 것은?

① "분파기"는 신호의 전송로가 분기되는 장소에 설치하는 장치를 말한다.
② "분배기"는 서로 다른 주파수의 합성된 신호를 분리하시 위해서 사용하는 장치를 말한다.
③ "누설동축케이블"은 동축케이블 외부도체에 가느다란 홈을 만들어서 전파가 외부로 새어나갈 수 있도록 한 케이블을 말한다.
④ "증폭기"는 두개 이상의 입력 신호를 원하는 비율로 조합한 출력이 발생되도록 하는 장치를 말한다.

정답　**61** ②　**62** ①　**63** ③

해설⊕

용어의 정의

1) 누설동축케이블 : 동축케이블의 외부도체에 가느다란 홈을 만들어서 선파가 외부로 새어나길 수 있도록 한 케이블
2) 분배기 : 신호의 전송로가 분기되는 장소에 설치하는 것으로 임피던스 매칭과 신호 균등분배를 위해 사용하는 장치
3) 분파기 : 서로 다른 주파수의 합성된 신호를 분리하기 위해서 사용하는 장치
4) 혼합기 : 두 개 이상의 입력신호를 원하는 비율로 조합한 출력이 발생하도록 하는 장치
5) 증폭기 : 신호 전송 시 신호가 약해져 수신이 불가능해지는 것을 방지하기 위해서 증폭하는 장치
6) 무선중계기 : 안테나를 통하여 수신된 무전기 신호를 증폭한 후 음영지역에 재방사하여 무전기 상호 간 송수신이 가능하도록 하는 장치
7) 옥외안테나 : 감시제어반 등에 설치된 무선중계기의 입력과 출력포트에 연결되어 송수신 신호를 원활하게 방사·수신하기 위해 옥외에 설치하는 장치

64 누전경보기의 화재안전기술기준에 따른 누전경보기의 설치방법으로 옳지 않은 것은?

① 경계전로의 정격전류가 60A를 초과하는 전로에 있어서는 1급 누전경보기를 설치할 것
② 경계전로의 전격전류가 60A 이하의 전로에 있어서는 2급 또는 3급 누전경보기를 설치할 것
③ 변류기를 옥외의 전로에 설치하는 경우에는 옥외형의 것을 설치할 것
④ 변류기는 소방대상물의 형태, 인입선의 시설방법 등에 따라 옥외 인입선의 제1지점 부하 측의 점검이 쉬운 위치에 설치할 것

해설⊕

1) 누전경보기 설치기준
   ① 경계전로의 정격전류에 의한 분류

경계전로의 정격전류	60A 초과	60A 이하
누전경보기 종류	1급	1급 또는 2급

   ② 변류기 : 옥외 인입선의 제1지점의 부하 측 또는 제2종 접지선 측의 점검이 쉬운 위치에 설치할 것

③ 변류기를 옥외의 전로에 설치하는 경우에는 옥외형으로 설치할 것

2) 누전경보기의 전원
   ① 전원 : 분전반으로부터 건용 회로로 할 것
   ② 전원의 개폐 : 각 극에 개폐기 및 과전류차단기 15A 이하(배선용 차단기는 20A 이하)
   ③ 전원의 분기 : 다른 차단기에 따라 전원이 차단되지 아니하도록 할 것
   ④ 표지 : 전원의 개폐기에는 누전경보기용임을 표시한 표지를 할 것

65 자동화재탐지설비의 화재안전기술기준에서 정하는 부착높이별 적응성 감지기의 종류에서 부착높이가 20m 이상에 설치할 수 있는 감지기는?

① 광전식 1종 또는 2종
② 연기복합형
③ 이온화식 1종 또는 2종
④ 불꽃감지기

해설⊕

부착높이별 적응성 감지기의 종류

부착높이	감지기의 종류
8m 이상 15m 미만	• 차동식 분포형 • 이온화식 1종 또는 2종 • 광전식(스포트형, 분리형, 공기흡입형) 1종 또는 2종 • 불꽃감지기, 연기복합형
15m 이상 20m 미만	• 이온화식 1종 • 광전식(스포트형, 분리형, 공기흡입형) 1종 • 연기복합형 • 불꽃감지기
20m 이상	• 불꽃감지기 • 광전식(분리형, 공기흡입형) 중 아날로그방식

비고
부착높이 20m 이상에 설치되는 광전식 아날로그방식의 감지기는 공칭감지농도 하한값이 감광율 5%/m 미만인 것으로 한다.

66 무선통신보조설비의 화재안전기술기준에 따른 무선통신보조설비 증폭기의 비상전원 용량은 무선통신보조설비를 유효하게 몇 분 이상 작동시킬 수 있는 것으로 설치하여야 하는가?

① 10
② 20
③ 30
④ 60

해설 ⊕

소방설비별 비상전원의 용량

소방설비	비상전원 용량
• 비상경보설비(비상벨설비 또는 자동식 사이렌설비) • 비상방송설비 • 자동화재탐지설비 • 자동화재속보설비	60분 이상 감시상태 지속 10분 이상 경보
• 소화설비 • 유도등, 비상조명등 • 제연설비, 비상콘센트설비	20분 이상
유도등 및 비상조명등이 설치된 장소로서 • 지하층을 제외한 층수가 11층 이상의 층 • 지하층 또는 무창층으로서 용도가 도매시장 · 소매시장 · 여객자동차터미널 · 지하역사 또는 지하상가	60분 이상
무선통신보조설비의 증폭기	30분 이상

67 유도등 및 유도표지의 화재안전기술기준에서 정하는 통로유도등 설치기준으로 옳지 않은 것은?

① 계단통로유도등은 바닥으로부터 높이 1.5m 이하의 위치에 설치한다.
② 복도통로유도등을 지하상가에 설치하는 경우에는 복도 · 통로 중앙부분의 바닥에 설치한다.
③ 복도통로유도등은 구부러진 모퉁이 및 보행거리 20m마다 설치한다.
④ 거실통로유도등을 거실통로에 기둥이 설치된 장소에 설치하는 경우 기둥부분의 바닥으로부터 높이 1.5m 이하의 위치에 설치할 수 있다.

해설 ⊕

통로유도등의 설치기준
1) 복도통로유도등
   ① 복도에 설치하되 피난구유도등이 설치된 출입구의 맞은편 복도에는 입체형으로 설치하거나 바닥에 설치할 것
   ② 구부러진 모퉁이 및 통로유도등을 기점으로 보행거리 20m마다 설치할 것
   ③ 바닥으로부터 높이 1m 이하의 위치에 설치할 것(단, 지하층 또는 무창층의 용도가 도매시장 · 소매시장 · 여객자동차터미널 · 지하역사 또는 지하상가인 경우에는 복도 · 통로 중앙부분의 바닥에 설치할 것)
   ④ 바닥에 설치하는 통로유도등은 하중에 따라 파괴되지 아니하는 강도의 것으로 할 것

2) 거실통로유도등
   ① 거실의 통로에 설치할 것. 다만, 거실의 통로가 벽체 등으로 구획된 경우에는 복도통로유도등을 설치할 것
   ② 구부러진 모퉁이 및 보행거리 20m마다 설치할 것
   ③ 바닥으로부터 높이 1.5m 이상의 위치에 설치할 것(단, 거실통로에 기둥이 설치된 경우에는 기둥부분의 바닥으로부터 높이 1.5m 이하의 위치에 설치할 수 있다)

3) 계단통로유도등
   ① 각 층의 경사로참 또는 계단참마다(1개 층에 경사로참 또는 계단참이 2 이상 있는 경우에는 2개의 계단참마다) 설치할 것
   ② 바닥으로부터 높이 1m 이하의 위치에 설치할 것

68 자동화재탐지설비 및 시각경보장치의 화재안전기술기준에 따른 감지기의 설치장소별 적응성에서 불을 사용하는 설비의 불꽃이 노출되는 장소에 적응성이 있는 감지기는 어느 것인가?

① 차동식 분포형 감지기
② 보상식 스포트형 감지기
③ 정온식 감지기
④ 불꽃감지기

해설⊕

감지기의 설치장소별 적응성

설치장소		적응열감지기								불꽃감지기
환경상태	적응장소	차동식 스포트형		차동식 분포형		보상식 스포트형		정온식		열아날로그식
		1종	2종	1종	2종	1종	2종	특종	1종	
연기가 다량으로 유입할 우려가 있는 장소	음식물배급실, 주방전실, 주방내 식품저장실, 음식물 운반용 엘리베이터, 주방주변의 복도 및 통로, 식당 등	○	○	○	○	○	○	○	○	○	×
불을 사용하는 설비로서 불꽃이 노출되는 장소	유리공장, 용선로가 있는 장소, 용접실, 주방, 작업장, 주방, 주조실 등	×	×	×	×	×	×	○	○	○	×

69 자동화재속보설비의 속보기는 자동화재 탐지설비로부터 작동신호를 수신하여 몇 초 이내에 소방관서에 자동적으로 신호를 발하여 통보하여야 하는가?

① 10초   ② 20초   ③ 30초   ④ 60초

해설⊕

속보기의 기능(성능인증 및 제품검사의 기술기준 제5조)
1) 작동신호를 수신하거나 수동으로 동작시키는 경우 20초 이내에 소방관서에 자동적으로 신호를 발하여 통보하되, 3회 이상 속보할 수 있어야 한다.
2) 예비전원은 자동적으로 충전되어야 하며 자동과충전방지장치가 있어야 한다.
3) 연동 또는 수동으로 소방관서에 화재발생 음성정보를 속보 중인 경우에도 송수화장치를 이용한 통화가 우선적으로 가능하여야 한다.

4) 예비전원을 병렬로 접속하는 경우에는 역충전 방지 등의 조치를 하여야 한다.
5) 예비전원은 감시상태를 60분간 지속한 후 10분 이상 동작이 지속될 수 있는 용량이어야 한다.
6) 속보기는 작동신호 또는 수동작동스위치에 의한 다이얼링 후 소방관서와 전화접속이 이루어지지 않는 경우에는 최초 다이얼링을 포함하여 10회 이상 반복적으로 접속을 위한 다이얼링이 이루어져야 한다. 이 경우 매회 다이얼링 완료 후 호출은 30초 이상 지속되어야 한다.
7) 속보기의 송수화장치가 정상위치가 아닌 경우에도 연동 또는 수동으로 속보가 가능하여야 한다.
8) 화재신호를 수신하거나 수동으로 동작시키는 경우 자동적으로 화재표시등이 점등되고 음향장치로 화재를 경보하여야 한다.

70 소방시설용 비상전원 수전설비의 화재안전기술기준에 따라 일반전기사업자로부터 특별고압 또는 고압으로 수전하는 비상전원 수전설비로 큐비클형을 사용하는 경우 외함의 두께와 재질로서 알맞은 것은?

① 1mm 이상 강판
② 1.2mm 이상 강판
③ 2.3mm 이상 강판
④ 3.2mm 이상 강판

해설⊕

큐비클형 비상전원 수전설비의 설치기준
1) 전용큐비클 또는 공용큐비클식으로 설치할 것
2) 외함은 두께 2.3mm 이상의 강판과 이와 동등 이상의 강도와 내화성능이 있는 것으로 제작할 것
3) 개구부에는 60분+ 방화문, 60분 방화문 또는 30분 방화문을 설치할 것
4) 공용큐비클식의 소방회로와 일반회로에 사용되는 배선 및 배선용 기기는 불연재료로 구획할 것
5) 환기구에는 금속망, 방화댐퍼 등으로 방화조치를 하고, 옥외에 설치하는 것은 빗물 등이 들어가지 않도록 할 것

71 자동화재탐지설비 및 시각경보장치의 화재안전기술기준에 따른 음향장치 설치기준 중 맞는 것은?

① 지구음향장치는 당해 소방대상물의 각 부분으로부터 하나의 음향장치까지의 수평거리가 25m 이하가 되도록 한다.

② 정격전압의 70% 전압에서 음향을 발할 수 있어야 한다.

③ 음량은 부착된 음향장치의 중심으로부터 1m 떨어진 위치에서 80dB 이상이 되도록 하여야 한다.

④ 층수가 11층(공동주택의 경우에는 16층) 이상의 특정소방대상물에 있어서는 2층 이상의 층에서 발화 시 발화층 및 직하 4개 층에 경보를 발하여야 한다.

해설

자동화재탐지설비의 음향경보장치 설치기준

1) 주음향장치는 수신기의 내부 또는 그 직근에 설치할 것
2) 특정소방대상물의 층마다 설치할 것
3) 각 부분으로부터 하나의 음향장치까지의 수평거리 : 25m 이하
4) 음향장치의 구조 및 성능
   ① 음향장치는 정격전압의 80% 전압에서 음향을 발할 수 있도록 할 것
   ② 음량은 부착된 음향장치의 중심으로부터 1m 떨어진 위치에서 90dB 이상인 것으로 할 것
   ③ 감지기 및 발신기의 작동과 연동하여 작동할 수 있는 것으로 할 것
5) 기둥 또는 벽이 설치되지 아니한 대형공간의 경우 지구음향장치는 설치 대상 장소의 가장 가까운 장소의 벽 또는 기둥 등에 설치할 것
6) 발화층 · 직상층 우선경보방식
   ① 대상 : 층수가 11층(공동주택의 경우에는 16층) 이상의 특정소방대상물
   ② 경보방식

발화층	경보하여야 하는 층
2층 이상의 층	발화층 및 그 직상 4개 층
1층	발화층 · 그 직상 4개 층 및 지하층
지하층	발화층 · 그 직상층 및 기타의 지하층

72 비상방송설비의 화재안전기술기준에 따라 음향장치의 음량조정기를 설치하는 경우 음량조정기의 배선은?

① 단선식　　② 2선식
③ 3선식　　④ 4선식

해설

비상방송설비 설치기준

1) 확성기의 음성입력 : 실외 3W(실내 1W), 아파트 등의 실내 2W 이상
2) 그 층의 각 부분으로부터 하나의 확성기까지의 수평거리 : 25m 이하
3) 음량조정기를 설치하는 경우 음량조정기의 배선 : 3선식
4) 화재신고 수신 후 방송개시 소요시간 : 10초 이하
5) 조작부의 조작스위치 높이 : 바닥으로부터 0.8m 이상 1.5m 이하
6) 정격전압의 80% 전압에서 음향을 발할 수 있는 것으로 할 것
7) 자동화재탐지설비의 작동과 연동하여 작동할 수 있는 것으로 할 것

73 누전경보기의 형식승인 및 제품검사 기술기준에 따른 누전경보기 수신부의 절연된 충전부와 외함 간의 절연저항은 최소 몇 MΩ 이상이어야 하는가?

① 0.1　② 3　③ 5　④ 20

해설

누전경보기 절연저항시험

1) 수신부 : DC 500V의 절연저항계로 다음 각 호의 시험을 하는 경우 5MΩ 이상
   ① 절연된 충전부와 외함 간
   ② 차단기구의 개폐부
      • 열린 상태에서는 같은 극의 전원단자와 부하 측 단자와의 사이
      • 닫힌 상태에서는 충전부와 손잡이 사이
2) 변류기 : DC 500V의 절연저항계로 다음 각 호의 시험을 하는 경우 5MΩ 이상
   ① 절연된 1차 권선과 2차 권선 간의 절연저항
   ② 절연된 1차 권선과 외부금속부 간의 절연저항
   ③ 절연된 2차 권선과 외부금속부 간의 절연저항

74 비상조명등의 화재안전기술기준에 따라 예비전원을 내장하는 비상조명등에는 평상시 점등 여부를 확인할 수 있도록 반드시 설치하여야 하는 것은?

① 축전기
② 점검스위치
③ 예비전원 충전장치
④ 자가발전설비

해설 ⊕

비상조명등 설치기준
1) 각 거실과 그로부터 지상에 이르는 복도 · 계단 및 그 밖의 통로에 설치할 것
2) 조도 : 각 부분의 바닥에서 1lx 이상
3) 예비전원을 내장하는 비상조명등
　① 평상시 점등 여부를 확인할 수 있는 점검스위치를 설치할 것
　② 축전지와 예비전원 충전장치를 내장할 것
4) 예비전원을 내장하지 아니하는 비상조명등의 비상전원
　자가발전설비, 축전지설비, 전기저장장치

75 비상경보설비 및 단독경보형 감지기의 화재안전기술 기준에 따라 단독경보형 감지기를 설치할 경우 바닥면적이 450m²라면 최소 설치 개수는?

① 1개
② 2개
③ 3개
④ 4개

해설 ⊕

단독경보형 감지기의 설치기준
1) 각 실마다 설치하되, 바닥면적이 150m²마다 1개 이상 설치 (각 실의 이웃하는 실내의 바닥면적이 각각 30m² 미만이고 벽체의 상부의 전부 또는 일부가 개방되어 이웃하는 실내와 공기가 상호 유통되는 경우에는 이를 1개의 실로 본다)
2) 최상층의 계단실의 천장(외기가 상통하는 계단실의 경우를 제외한다)에 설치할 것
3) 건전지를 주전원으로 사용하는 단독경보형 감지기는 정상적인 작동상태를 유지할 수 있도록 건전지를 교환할 것
4) 상용전원을 주전원으로 사용하는 단독경보형 감지기의 2차 전지는 법 제40조에 따라 제품검사에 합격한 것을 사용할 것

∴ 단독경보형 감지기의 최소 설치개수

$$N = \frac{450[m^2]}{150[m^2]} = 3개$$

76 유도표지는 각층마다 복도 및 통로의 각 부분으로부터 하나의 유도표지까지의 보행거리가 몇 m마다 설치하여야 하는가?(단, 계단에 설치하는 것은 제외한다.)

① 5m 이하
② 10m 이하
③ 15m 이하
④ 20m 이하

해설 ⊕

유도표지의 설치기준
1) 복도통로유도표지의 설치위치
　① 복도 및 통로의 각 부분으로부터 유도표지까지의 보행거리가 15m 이하가 되는 곳
　② 구부러진 모퉁이의 벽에 설치할 것
2) 설치높이
　① 피난구유도표지 : 출입구 상단
　② 통로유도표지 : 바닥으로부터 높이 1m 이하
3) 주위에는 이와 유사한 등화 · 광고물 · 게시물 등을 설치하지 아니할 것
4) 유도표지는 부착판 등을 사용하여 쉽게 떨어지지 아니하도록 설치할 것
5) 축광방식의 유도표지는 외광 또는 조명장치에 의하여 상시 조명이 제공되거나 비상조명등에 의한 조명이 제공되도록 설치할 것

77 수신기의 형식승인 및 제품검사의 기술기준에서 정하는 일반적인 구조 및 기능 중에서 옳은 것은?

① 예비전원회로에는 단락사고 등으로부터 보호하기 위한 누전차단기를 설치하여야 한다.
② 주전원의 양극을 각각 개폐할 수 있는 전원스위치를 설치하여야 한다.
③ 외함은 단단한 가연성 재질을 사용하여 제작하여야 한다.
④ 정격전압이 60V를 넘는 금속제 외함에는 접지단자를 설치하여야 한다.

해설⊕

수신기의 구조 및 일반기능

1) 예비전원회로에는 단락사고 등으로부터 보호하기 위한 퓨즈 등 과전류 보호장치를 설치하여야 한다.
2) 내부에 주전원의 양극을 동시에 개폐할 수 있는 전원스위치를 설치할 수 있다.
3) 외함은 불연성 또는 난연성 재질로 만들어져야 한다.
4) 정격전압이 60V를 넘는 기구의 금속제 외함에는 접지단자를 설치하여야 한다.
5) 극성이 있는 경우에는 오접속을 방지하기 위하여 필요한 조치를 하여야 한다.
6) 수신기는 2회선이 동시에 작동하여도 화재표시가 되어야 하며, 감지기의 감지 또는 발신기의 발신개시로부터 수신완료까지의 소요시간은 5초 이내이어야 한다.
7) 수신기의 외부배선 연결용 단자에 있어서 공통신호선용 단자는 7개 회로마다 1개 이상 설치하여야 한다.

78 감지기의 형식승인 및 제품검사의 기술기준에 따른 감지기의 종별이 옳지 않은 것은?

① 보상식 스포트형 감지기는 차동식 스포트형 감지기와 정온식 스포트형 감지기의 성능을 겸한 것
② 보상식 스포트형 감지기는 차동식 스포트형 감지기 또는 정온식 스포트형 감지기의 성능 중 어느 한 기능이 작동되면 작동신호를 발하는 것
③ 이온화식 스포트형 김지기는 주위의 공기가 일정한 온도를 포함하게 되는 경우에 작동하는 것
④ 이온화식 스포트형 감지기는 일국소의 연기에 의하여 이온전류가 변화하여 작동하는 것

해설⊕

1) 보상식 스포트형 : 차동식과 정온식의 기능을 겸한 것으로서 차동식 또는 정온식 성능 중 어느 한 기능이 작동되면 작동신호를 발하는 것
2) 이온화식 스포트형 : 주위의 공기가 일정한 농도의 연기를 포함하게 되는 경우에 작동하는 것으로서 일국소의 연기에 의하여 이온전류가 변화하여 작동하는 것

79 무선통신보조설비의 화재안전기술기준에 따라 무선통신보조설비의 주회로 전원이 정상인지 여부를 확인하기 위해 증폭기 전면에 설치하는 것은?

① 전압계 및 전류계
② 전압계 및 표시등
③ 회로시험계
④ 전류계

해설⊕

무선통신보조설비의 증폭기의 설치기준

1) 상용전원
   ① 상용전원의 종류 : 축전지, 전기저장장치, 교류전압 옥내간선
   ② 전원까지의 배선 : 전용
2) 증폭기의 전면 : 표시등 및 전압계
3) 증폭기의 비상전원용량 : 무선통신보조설비를 유효하게 30분 이상 작동시킬 수 있는 것

80 피난기구의 화재안전기술기준에서 정하는 피난기구 설치개수의 기준 중 다음 (   ) 안에 알맞은 것은?

층마다 설치하되, 숙박시설·노유자시설 및 의료시설로 사용되는 층에 있어서는 그 층의 바닥면적 (㉠)m²마다, 위락시설·판매시설로 사용되는 층 또는 복합용도의 층에 있어서는 그 층의 바닥면적 (㉡)m²마다, 계단실형 아파트에 있어서는 각 세대마다, 그 밖의 용도의 층에 있어서는 그 층의 바닥면적 (㉢)m²마다 1개 이상 설치할 것

① ㉠ 300, ㉡ 800, ㉢ 1,000
② ㉠ 500, ㉡ 800, ㉢ 1,000
③ ㉠ 500, ㉡ 800, ㉢ 1,500
④ ㉠ 500, ㉡ 1,000, ㉢ 1,500

정답 78 ③ **79** ② **80** ②

해설 ⊕

피난기구의 설치기준

특정소방대상물별 기준면적[m²]당 피난기구 1개 이상 설치

특정소방대상물	기준 면적[m²]
숙박시설 · 노유자시설 및 의료시설	그 층의 바닥면적 500m²마다
위락시설, 문화 및 집회시설, 운동시설, 판매시설, 복합용도의 층	그 층의 바닥면적 800m²마다
그 밖의 용도의 층	그 층의 바닥면적 1,000m²마다
계단실형 아파트	각 세대마다 1개 이상

※ 추가 설치

1) 숙박시설(휴양콘도미니엄을 제외) : 객실마다 완강기 또는 2개 이상의 간이완강기 추가 설치

2) 공동주택 : 공기안전매트 1개 이상 추가 설치

01 정전기 발생 방지 방법으로 적합하지 않은 것은?

① 접지를 한다.
② 습도를 높인다.
③ 공기 중의 산소농도를 높인다.
④ 공기를 이온화한다.

해설⊕

정전기
1) 정의 : 전류가 흐르지 않고 축적되어 있는 전기로서 방전 현상을 일으킬 때 최소발화에너지 이상의 에너지를 방출하면 점화원으로 작용한다.
2) 정전기에 의한 화재발생 메커니즘
  전하의 발생 → 전하의 축적 → 방전 → 발화
3) 정전기 방지대책
  ① 접지 및 본딩한다.
  ② 상대습도를 70% 이상 유지한다.
  ③ 공기를 이온화한다.

02 건축물의 방재계획 중에서 공간적 대응 계획에 해당되지 않는 것은?

① 도피성 대응   ② 대항성 대응
③ 회피성 대응   ④ 소방시설방재 대응

해설⊕

건축물의 방화계획
1) 공간적 대응

공간적 대응	대응방법
대항성	내화구조, 방화구획, 방연성능 등 화재에 직접 대응
회피성	불연화, 난연화, 내장재의 제한 등 화재의 발생 억제
도피성	피난통로, 피난시설 등 화재발생 시 안전하게 피난할 수 있는 공간 확보

2) 설비적 대응
  화재에 능동적으로 대응하는 소화설비, 제연설비, 경보 설비, 피난설비 등

03 위험물의 유별에 따른 대표적인 성질의 연결이 틀린 것은?

① 제1류－산화성 고체   ② 제2류－가연성 고체
③ 제4류－인화성 액체   ④ 제5류－산화성 액체

해설⊕

위험물의 분류 및 성질

위험물의 분류	성질
제1류 위험물	산화성 고체
제2류 위험물	가연성 고체
제3류 위험물	자연발화성 및 금수성 물질
제4류 위험물	인화성 액체
제5류 위험물	자기반응성 물질
제6류 위험물	산화성 액체

04 실내 화재 시 발생한 연기로 인한 감광계수(m^{-1})와 가시거리에 대한 설명 중 틀린 것은?

① 감광계수가 0.1일 때 가시거리는 20~30m이다.
② 감광계수가 0.3일 때 가시거리는 15~20m이다.
③ 감광계수가 1.0일 때 가시거리는 1~2m이다.
④ 감광계수가 10일 때 가시거리는 0.2~0.5m이다.

해설⊕

감광계수와 가시거리의 관계

감광계수 $C_s[m^{-1}]$	가시거리 $d[m]$	상황
0.1	20~30	연기감지기가 작동할 때의 농도
0.3	5	건물 내부에 익숙한 사람이 피난에 지장을 느낄 정도의 농도

정답 **01** ③ **02** ④ **03** ④ **04** ②

감광계수 $C_s[m^{-1}]$	가시거리 $d[m]$	상황
0.5	3	어두컴컴함을 느낄 정도의 농도
1	1~2	앞이 거의 보이지 않을 정도의 농도
10	0.2~0.5	화재 최성기 때의 농도

05 경유화재가 발생했을 때 주수소화가 오히려 위험할 수 있는 이유는?

① 경유는 물보다 비중이 가벼워 화재면의 확대 우려가 있으므로

② 경유는 물과 반응하여 유독가스를 발생하므로

③ 경유의 연소열로 인하여 산소가 방출되어 연소를 돕기 때문에

④ 경유가 연소할 때 수소가스를 발생하여 연소를 돕기 때문에

해설 ⊕

유류화재 시 주수소화가 불가한 이유

1) 제4류 위험물은 대부분 물보다 가볍기 때문에 유류화재 시 주수하면 탱크 내에서 물은 가라앉고 기름은 뜨게 된다.

2) 이때 계속 주수하면 기름이 탱크 밖으로 넘치게 되어 연소면이 확대된다.

3) 슬롭오버에 의해 액면의 기름과 물이 탱크 외부로 비산하여 화염이 확산된다.

06 다음 중 기계적 점화원으로만 되어 있는 것은?

① 마찰열, 기화열　　② 용해열, 연소열

③ 압축열, 마찰열　　④ 정전기열, 연소열

해설 ⊕

1) 기계적 열에너지원
　① 마찰열　　　　② 충격 스파크
　③ 압축열
2) 전기적 열에너지원
　① 유도열　　　　② 유전열
　③ 저항열　　　　④ 아크열
　⑤ 정전기열　　　⑥ 낙뢰에 의한 발열

3) 화학적 열에너지원
　① 연소열　　　　② 분해열
　③ 산화열　　　　④ 중합열
　⑤ 자연발열

07 위험물안전관리법령상 지정된 동식물유류의 성질에 대한 설명으로 틀린 것은?

① 아이오딘가가 작을수록 자연발화의 위험성이 크다.

② 상온에서 모두 액체이다.

③ 물에는 불용성이지만 에테르 및 벤젠 등의 유기용매에는 잘 녹는다.

④ 인화점은 1기압하에서 250℃ 미만이다.

해설 ⊕

동식물유

동물의 지육 등 또는 식물의 종자나 과육으로부터 추출한 것으로서 1기압에서 인화점이 250℃ 미만

1) 건성유(아이오딘값이 130 이상인 것) : 아마인유, 들기름, 정어리기름, 동유, 해바라기기름 등

2) 반건성유(아이오딘값이 100 이상 130 미만인 것) : 참기름, 옥수수기름, 청어기름, 콩기름, 면실유, 채종유 등

3) 불건성유(아이오딘값이 100 미만인 것) : 피마자유, 올리브유, 땅콩기름, 팜유, 야자유 등

① 아이오딘가가 작을수록 → 클수록
아이오딘값이 클수록 불포화도도 크고 건성유가 되어 자연발화 위험성이 커진다.

08 다음 중 내화구조의 건축물이라고 할 수 없는 것은?

① 철골조의 계단

② 철근콘크리트조의 지붕

③ 철근콘크리트조로서 두께 10cm 이상의 벽

④ 철골철근콘크리트조로서 두께 5cm 이상의 바닥

해설⊕
내화구조의 기준(건축물의 피난 · 방화구조 등의 기준에 관한 규칙 제3조)

구조부의 구분	내화구조의 기준
벽	• 철근콘크리트조 또는 철골철근콘크리트조로서 두께가 10cm 이상인 것 • 골구를 철골조로 하고 그 양면을 두께 4cm 이상의 철망모르타르 또는 두께 5cm 이상의 콘크리트블록 · 벽돌 또는 석재로 덮은 것 • 철재로 보강된 콘크리트블록조 · 벽돌조 또는 석조로서 철재에 덮은 콘크리트블록 등의 두께가 5cm 이상인 것 • 벽돌조로서 두께가 19cm 이상인 것
바닥	• 철근콘크리트조 또는 철골철근콘크리트조로서 두께가 10cm 이상인 것 • 철재로 보강된 콘크리트블록조 · 벽돌조 또는 석조로서 철재에 덮은 콘크리트블록 등의 두께가 5cm 이상인 것 • 철재의 양면을 두께 5cm 이상의 철망모르타르 또는 콘크리트로 덮은 것
계단	• 철근콘크리트조 또는 철골철근콘크리트조 • 무근콘크리트조 · 콘크리트블록조 · 벽돌조 또는 석조 • 철재로 보강된 콘크리트블록조 · 벽돌조 또는 석조 • 철골조
지붕	• 철근콘크리트조 또는 철골철근콘크리트조 • 철재로 보강된 콘크리트블록조 · 벽돌조 또는 석조 • 철재로 보강된 유리블록 또는 망입유리(두꺼운 판유리에 철망을 넣은 것을 말한다)로 된 것

09 햇볕에 장시간 노출된 기름걸레가 자연 발화하였다. 그 원인으로 가장 적당한 것은?

① 산소의 결핍　　② 산화열 축적
③ 단열압축　　　④ 정전기 발생

해설⊕
자연발화의 형태
1) 산화열 : 건성유, 석탄분말, 금속분말 등
2) 분해열 : 나이트로셀룰로오스, 셀룰로이드 등
3) 흡착열 : 목탄, 활성탄 등
4) 중합열 : 시안화수소
5) 미생물에 의한 발화 : 먼지, 퇴비 등

※ 건성유나 반건성유가 침적된 걸레를 밀폐공간에 방치하면 산화열이 축적되어 자연발화한다.

10 위험물안전관리법령상 위험물에 해당하지 않는 물질은?

① 과산화수소　　② 과염소산
③ 황산　　　　　④ 질산

해설⊕
제6류 위험물
1) 성질 : 산화성 액체
2) 품명 및 지정수량

위험등급	품명	지정수량
I	과염소산	300kg
	과산화수소(농도 36w% 이상)	
	질산(비중 1.49 이상)	

제6류 위험물의 특성
1) 산화성 액체로 비중이 1보다 크며 물에 잘 녹는다.
2) 부식성이 강하며 증기는 유독하다.
3) 불연성이지만 분자 내에 산소를 많이 함유하고 있어 다른 물질의 연소를 돕는 조연성 물질이다.
4) $HClO_4$, H_2O_2, HNO_3는 모두 탄소를 포함하지 않는 무기물이다.

11 다음 중 소화약제로 물을 사용하는 주된 이유는?

① 산화반응을 하기 때문에
② 융해잠열이 크기 때문에
③ 연소작용을 하기 때문에
④ 증발잠열이 크기 때문에

해설⊕
1) 물소화약제의 장점
　① 증발잠열에 의한 냉각효과가 커서 소화성능이 우수하다.
　② 무상주수하면 질식, 냉각, 유화, 희석효과 등에 의해 소화효과가 우수하다.

정답　**09** ②　**10** ③　**11** ④

③ 인체에 무해하며 환경영향성이 작다.

④ 가격이 저렴하고 장기간 보존이 가능하다.

2) 물의 증발잠열 : 539cal/g, 539kcal/kg

1기압, 100℃에서의 물 1kg을 기화시키는 데 필요한 열량

3) 물의 융해잠열 : 80cal/g, 80kcal/kg

1기압, 0℃에서의 얼음 1kg을 융해시키는 데 필요한 열량

12 유류탱크에 화재 시 발생하는 슬롭오버(Slop Over) 현상에 관한 설명으로 틀린 것은?

① 소화 시 외부에서 방사하는 포에 의해 발생한다.

② 연소유가 비산되어 탱크 외부까지 화재가 확산된다.

③ 탱크의 바닥에 고인 물의 비등 팽창에 의해 발생한다.

④ 연소면의 온도가 100℃ 이상일 때 물을 주수하면 발생된다.

해설➕

1) 슬롭오버(Slop Over) : 연소하고 있는 액면에 물이 뿌려지면 액면의 기름과 물이 함께 탱크 외부로 비산하는 현상

2) 블레비(BLEVE) : 탱크 주위 화재로 탱크 내 인화성 액체가 비등하고 가스 부분의 압력이 상승하여 탱크가 파괴되고 폭발을 일으키는 현상

3) 보일오버(Boil Over) : 중질유 화재 시 탱크하부의 물이 팽창하여 물과 기름이 비산, 분출하는 현상

4) 파이어볼(Fire Ball) : 강력한 폭발 발생 후 화염이 버섯구름 형태로 만들어진 후 공(Ball) 모양의 형태가 되는 현상

5) 프로스오버(Froth Over) : 물이 점성이 있는 뜨거운 기름 표면 아래에서 끓을 때 화재를 수반하지 않고 용기가 넘치는 현상

③ 탱크의 바닥에 고인 물의 비등 팽창에 의해 발생한다.
→ 보일오버

13 화재 시 불티가 바람에 날리거나 상승하는 열기류에 휩쓸려 멀리 있는 가연물에 착화되는 현상은?

① 비화　　　　② 전도

③ 대류　　　　④ 복사

해설➕

열의 이동

구분	현상
전도	분자 및 원자들 간의 직접 에너지 교환으로 열이 전달되는 현상
대류	입자들 간의 직접 에너지 교환이 아니라 유체의 운동에 의해 에너지를 가진 입자가 공간상을 이동하는 과정
복사	열이 매질 없이 전자기파 형태로 열이 전달되는 현상
비화	불꽃이 먼 곳까지 날아가서 옮겨 붙는 현상

14 제2석유류에 해당하는 것으로만 나열된 것은?

① 다이에틸에터, 이황화탄소

② 아세톤, 벤젠

③ 아세트산, 아크릴산

④ 중유, 아닐린

해설➕

1) 아세트산
① 제4류 위험물 중 제2석유류이다.
② 식초의 주성분으로 신맛이 난다.
③ 수용성이고 부식성이 강하다.

2) 아크릴산
① 제4류 위험물 중 제2석유류이다.
② 자극적인 냄새가 나는 무색의 액체이다.
③ 물과 유기 용매에 잘 녹는다.

① 다이에틸에터, 이황화탄소 → 특수인화물

② 아세톤, 벤젠 → 제1석유류

④ 중유, 아닐린 → 제3석유류

15 가연물의 주된 연소형태를 잘못 연결한 것은?

① 자기연소 - 석탄

② 분해연소 - 목재

③ 증발연소 - 황

④ 표면연소 - 숯

해설 ➕

고체의 연소형태

1) 표면연소 : 고체의 표면에서 고체 자체가 연소하는 현상으로 가연성 기체가 발생되지 않아 불꽃이 없는 연소를 하는 형태(표면연소＝응축연소＝작열연소)
   예 숯, 목탄, 코크스, 금속분 등

2) 분해연소 : 고체 가연물이 온도상승에 의해 열분해되어 가연성 기체를 발생시키고 공기와 혼합하여 가연성 혼합기를 형성한 후 점화원에 의해 연소하는 형태
   예 목재, 고무, 종이, 플라스틱 등

3) 증발연소 : 고체 가연물이 승화 또는 액화 후 기화되어 그 기체가 공기와 혼합하여 가연성 혼합기를 형성한 후 점화원에 의해 연소하는 형태
   예 황, 나프탈렌, 파라핀, 왁스 등

4) 자기연소 : 가연물 스스로 산소공급원을 함유하고 있는 물질의 연소형태이다. 외부의 산소공급 없이도 연소가 진행될 수 있어 연소속도가 매우 빨라 폭발적으로 연소한다.
   예 질산에스터류, 셀룰로이드류, 나이트로화합물류 등 (제5류 위험물)

16 다음 중 분진폭발의 위험성이 가장 낮은 것은?

① 알루미늄분　　　② 황
③ 팽창질석　　　　④ 소맥분

해설 ➕

분진폭발

미세한 고체 분진이 공기 중에 부유하여 적당한 양으로 혼합되어 있을 때 점화원이 작용하여 폭발하는 현상

1) 분진폭발을 일으키는 물질 : 금속분진, 곡류의 분진, 플라스틱분진, 석탄분진 등
2) 분진폭발을 일으키지 않는 물질 : 생석회[CaO], 소석회[$Ca(OH)_2$], 시멘트, 팽창질석, 팽창진주암 등

17 스테판-볼츠만의 법칙에 의해 복사열과 절대온도와의 관계를 옳게 설명한 것은?

① 복사열은 절대온도의 제곱에 비례한다.
② 복사열은 절대온도의 4제곱에 비례한다.

③ 복사열은 절대온도의 제곱에 반비례한다.
④ 복사열은 절대온도의 4제곱에 반비례한다.

해설 ➕

스테판-볼츠만 법칙(Stefan-Boltzmann's Law)

$$\text{복사열 플럭스 } q = \sigma T^4 [\text{W/m}^2]$$
$$\text{복사열량 } Q = \sigma A T^4 [\text{W}]$$

여기서, T : 절대온도[K]
　　　　σ : 스테판-볼츠만 상수(5.67×10^{-8}[W/m² · K⁴])
　　　　A : 열전달 면적[m²]

18 연소확대 방지를 위한 방화구획과 관계없는 것은?

① 일반 승강기의 승강장 구획
② 층 또는 면적별 구획
③ 용도별 구획
④ 방화댐퍼

해설 ➕

방화구획의 종류

1) 면적별 방화구획
2) 층별 방화구획
3) 용도별 방화구획

① 일반 승강기의 승강장 구획 → 비상용 승강기의 승강장 구획
④ 방화댐퍼 : 방화구획의 벽을 덕트가 관통할 경우에 천장 속의 덕트와 연결 설치되어 화재발생 시 연돌효과(Stack Effect)에 의해 다른 방화구획으로 급속하게 확산되는 화염이나 연기의 흐름을 자동적으로 차단시키는 기구

19 화재 시 나타나는 인간의 피난특성으로 볼 수 없는 것은?

① 최초로 행동한 사람을 따른다.
② 발화지점의 반대방향으로 이동한다.
③ 평소에 사용하던 문, 통로를 사용한다.
④ 어두운 곳으로 대피한다.

정답 　16 ③　17 ②　18 ①　19 ④

해설 ⊕

화재발생 시 인간의 피난특성

피난특성	내용
추종본능	화재와 같은 급박한 상황에서는 먼저 행동한 사람을 따라 하는 특성
귀소본능	자주 이용하는 경로 및 원래 온 길로 돌아가려는 특성
퇴피본능	화재가 발생하면 반사적으로 화염, 열, 연기의 반대쪽으로 멀어지려는 특성
좌회본능	피난 시 시계반대방향으로 회전하려는 특성
지광본능	화재 시 빛을 찾아 외부로 빠져나오려는 특성

20 다음 중 열전도율이 가장 작은 것은?

① 알루미늄 　　　　　② 철재

③ 은 　　　　　④ 암면(광물섬유)

해설 ⊕

1) 열전도율[W/m · K]

일정한 시간 동안 뜨거운 면에서 차가운 면으로 전달되는 에너지의 양

2) 20℃에서 물질의 열전도율[W/m · K]

알루미늄	철	은	암면
237	80	429	0.048

2과목 　소방전기일반

21 각속도 $\omega = 376.8$[rad/s]인 정현파 교류의 주파수는 몇 [Hz]인가?

① 50[Hz] 　　　　　② 60[Hz]

③ 100[Hz] 　　　　　④ 120[Hz]

해설 ⊕

각속도(ω)

1초 동안 회전한 각도를 각속도 또는 각주파수라 한다.

$$\omega = 2\pi f[\text{rad/sec}]$$

여기서, ω : 각속도[rad/sec], f : 주파수[Hz]

[풀이]

$\omega = 2\pi f$에서

$$f = \frac{\omega}{2\pi} = \frac{376.8}{2\pi} = 59.97 \fallingdotseq 60[\text{Hz}]$$

22 직류전압을 측정할 수 없는 계기는?

① 가동코일형 계기 　　　　　② 정전형 계기

③ 유도형 계기 　　　　　④ 열전형 계기

해설 ⊕

지시계기의 종류 및 동작원리

종류	동작원리	사용회로	지시값
가동코일형	영구 자석의 자기장 내에 코일을 두고, 이 코일에 전류를 통과시켜 발생되는 힘을 이용	직류	평균값
가동철편형	전류에 의한 자기장이 연철편에 작용하는 힘을 사용	교류	실효값
유도형	회전 자기장 또는 이동 자기장과 이것에 의한 유도전류와의 상호작용을 이용	교류	실효값
전류력계형	전류 사용 간에 작용하는 힘을 이용	직류 교류	평균값 실효값
열전형	다른 종류의 금속체 사이에 발생되는 기전력을 이용	직류 교류	평균값 실효값
정류형	가동 코일형 계기 앞에 정류 회로를 삽입하여 교류전압만을 측정	교류	실효값
정전형	대전된 대전체 사이에 작용하는 정전력(흡인력 또는 반발력)을 이용	직류 교류	평균값 실효값

23 목푯값이 미리 정해진 시간적 변화를 하는 경우 제어량을 그것에 추종시키기 위한 제어는?

① 프로그램 제어

② 정치 제어

③ 비율 제어

④ 추종 제어

해설⊕

1) 목푯값의 성질에 의한 분류
   ① 프로그램 제어 : 목푯값의 변화가 미리 정해진 신호에 따라 동작
   ② 정치 제어 : 목푯값이 시간적으로 변화하지 않고 일정한 제어
   ③ 추종 제어 : 시간에 따라 변하는 목푯값에 제어량을 추종시키는 제어
   ④ 비율 제어 : 목푯값이 다른 양과 일정한 비율관계를 유지하면서 변화하는 경우의 제어로서 추종 제어의 일종이다.

2) 제어량의 성질에 의한 분류
   ① 프로세스 제어(공정 제어) : 공업 공정의 상태를 제어량으로 하는 제어
      예 온도, 유량, 압력, 밀도, 농도 등
   ② 서보기구 : 기계적인 변위량을 목푯값의 임의의 변화에 추종하도록 구성하는 제어
      예 위치, 방위, 자세, 거리, 각도 등
   ③ 자동조정 : 전기적, 기계적 양의 제어
      예 전압, 전류, 주파수, 회전속도 등

24 그림과 같은 시퀀스회로는 어떤 회로인가?

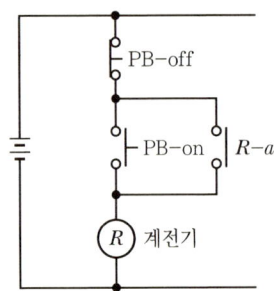

① 수동복귀회로　　② 인터록회로
③ 자기유지회로　　④ 타이머회로

해설⊕

시퀀스회로 동작
1) 푸시버튼 스위치 PB-on을 누른다.
2) R 계전기가 여자되어 $R-a$ 접점이 폐로된다.
3) PB-on 스위치에서 손을 떼도 $R-a$ 접점으로 전류가 흐르기 때문에 R 릴레이는 계속 동작한다.

4) 푸시버튼 스위치에서 손을 떼도 계속 전류를 흐르게 해주는 접점 $R-a$를 자기유지회로라 한다.
5) 자기유지회로 $R-a$는 PB-on과 병렬로 구성한다.
6) PB-off를 누르면 R 계전기가 소자되어 원상태로 복귀한다.

25 평형 3상 △결선된 부하를 Y결선으로 바꾸면 소비전력은 어떻게 되는가?(단, 선간전압은 일정하다.)

① △결선의 3배로 됨　　② △결선의 1/3로 됨
③ △결선의 9배로 됨　　④ △결선의 1/9로 됨

해설⊕

1) Y결선

$$V_{lY} = \sqrt{3}\ V_{PY} \qquad I_{lY} = I_{PY}$$

   여기서, V_{lY} : Y결선에서 선간전압
   　　　　 V_{PY} : Y결선에서 상전압
   　　　　 I_{lY} : Y결선에서 선간전류
   　　　　 I_{PY} : Y결선에서 상전류

   ① 상전류 : $I_{PY} = \dfrac{V_{PY}}{R}$

   　여기서, $V_{PY} = \dfrac{V_{lY}}{\sqrt{3}}$, $I_{lY} = I_{PY}$이므로

   ② 선간전류 : $I_{lY} = \dfrac{V_l}{\sqrt{3}\,R}$

2) △결선

$$V_{l\Delta} = V_{P\Delta} \qquad I_{l\Delta} = \sqrt{3}\ I_{P\Delta}$$

   여기서, $V_{l\Delta}$: △결선에서 선간전압
   　　　　 $V_{P\Delta}$: △결선에서 상전압
   　　　　 $I_{l\Delta}$: △결선에서 선간전류
   　　　　 $I_{P\Delta}$: △결선에서 상전류

   ① 상전류 : $I_{P\Delta} = \dfrac{V_{P\Delta}}{R}$

   　여기서, $V_{l\Delta} = V_{P\Delta}$, $I_{P\Delta} = \dfrac{I_{l\Delta}}{\sqrt{3}}$ 이므로

   ② 선간전류 : $\dfrac{I_{l\Delta}}{\sqrt{3}} = \dfrac{V_{l\Delta}}{R}$, $I_{l\Delta} = \dfrac{\sqrt{3}\ V_l}{R}$

3) Y결선의 기동전류(I_Y)와 Δ결선의 기동전류(I_Δ)의 관계

$$\frac{I_Y}{I_\Delta} = \frac{\dfrac{V_l}{\sqrt{3}\,R}}{\dfrac{\sqrt{3}\,V_l}{R}}, \quad \frac{I_Y}{I_\Delta} = \frac{1}{3}, \quad I_Y = \frac{1}{3}\,I_\Delta$$

26 저항 R_1[Ω], 저항 R_2[Ω], 인덕턴스 L[H]의 직렬회로가 있다. 이 회로의 시정수[s]는?

① $\dfrac{L}{R_1 + R_2}$ 　　② $-\dfrac{L}{R_1 + R_2}$

③ $\dfrac{R_1 + R_2}{L}$ 　　④ $-\dfrac{R_1 + R_2}{L}$

해설➕ -

1) $R-L$ 직렬회로의 시정수

$$\tau = \frac{L}{R}$$

　　여기서, τ : 시정수[s]

　　　　　R : 저항[Ω]

　　　　　L : 인덕턴스[H]

2) $R-R-L$ 직렬회로의 시정수

$$\tau = \frac{L}{R_1 + R_2}$$

27 다음 중 단상변압기의 병렬운전조건에 필요하지 않은 것은?

① 용량이 같을 것

② %임피던스 강하가 같을 것

③ 극성이 같을 것

④ 권수비가 같을 것

해설➕ -

단상변압기의 병렬운전조건

1) 극성이 같을 것 : 극성이 다르면 2차 권선에 큰 순환전류가 흘러 권선이 소손될 수 있다.

2) 정격전압(권수비)이 같을 것 : 정격전압이나 권수비가 다르면 순환전류가 발생해 권선이 과열된다.

3) %임피던스 강하가 같을 것 : %임피던스 강하가 다르면 부하 분담의 균형이 깨진다.

4) 내부 저항과 누설 리액턴스의 비(X/R 비)가 같을 것 : X/R 비가 다르면 가 변압기의 전류에 위상차가 생겨 동손이 증가한다.

28 그림과 같은 회로에서 전류 I는 5[A]이고, 컨덕턴스 G는 5[℧], G_L은 8[℧]일 때 G_L에서 소비되는 전력은 약 몇 [W]인가?

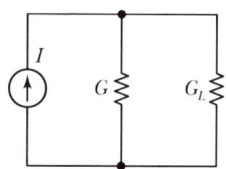

① 1.18[W] 　　② 2.36[W]

③ 3.54[W] 　　④ 4.74[W]

해설➕ -

1) 컨덕턴스 : 저항의 역수 $G = \dfrac{1}{R}$[℧]

2) 컨덕턴스의 병렬 연결 : $G_{total} = G_1 + G_2 + G_3 + \cdots$

3) 전류 분배

　　① $I_1 = \dfrac{G_1}{G_1 + G_2} \times I_{total}$

　　② $I_2 = \dfrac{G_2}{G_1 + G_2} \times I_{total}$

4) 전력 : $P = I^2 R = I^2 \times \dfrac{1}{G} = \dfrac{I^2}{G}$[W]

[풀이]

1) G_L에 흐르는 전류 I_{GL}

$$I_{GL} = \frac{G_L}{G + G_L} \times I = \frac{8}{5 + 8} \times 5 = 3.0769\text{[A]}$$

2) G_L에서 소비되는 전력 P_{GL}

$$P_{GL} = \frac{I_{CL}^2}{G_L} = \frac{3.0769^2}{8} = 1.18\text{[W]}$$

29 다음 중 발광다이오드(LED)에 대한 설명으로 옳은 것은?

① 응답속도가 매우 빠르다.
② PNP 접합에 역방향 전류를 흘려서 발광시킨다.
③ 전구에 비해 수명이 길고 진동에 약하다.
④ 발광다이오드 재료로는 Cu, Ag 등이 사용된다.

해설 ⊕

다이오드의 종류 및 특성

다이오드의 종류	심벌	용도 및 특성
정류용 다이오드 (Rectifier Diode)	▷|	한쪽 방향으로 전류가 흐르도록 제어
제너 다이오드 (Zener Diode)	▷|-	정전압 회로용으로 사용
터널 다이오드 (Tunnel Diode)	▷|-	초고주파 발진, 증폭회로나 고속 스위칭회로
바랙터 다이오드 (Varactor)	▷|←	AFC 회로나 FM 회로 등에 사용
포토 다이오드 (Photo Diode)	↗↗▷|	광신호를 전기신호로 변환하는 반도체 다이오드
발광 다이오드 (LED)	▷|↗↗	• 전류를 흘리면 빛을 방출하는 소자 • 발열이 작고, 응답속도가 좋다. • 수명이 길고 효율이 좋다. • 발광재료 : GaAs(비소화갈륨), GaP(인화갈륨)

30 권선수를 1회 감은 코일에 지나가는 자속이 1/100[sec] 동안에 0.3[Wb]에서 0.5[Wb]로 증가하였다면 유도되는 기전력은 몇 [V]가 되는가?

① 5.0[V]　　② 10[V]
③ 20[V]　　④ 40[V]

해설 ⊕

1) 코일에 유기되는 유기기전력

$$e = -N\frac{d\phi}{dt} = -L\frac{di}{dt}$$

여기서, e : 유기기전력[V], N : 코일의 권선수
$\quad\quad\quad$ L : 자기 인덕턴스[H], di : 전류변화율[A]
$\quad\quad\quad$ dt : 시간변화율[sec], $d\phi$: 자속변화율[Wb]

2) 유기기전력

$$e = -1 \times \frac{0.5 - 0.3[\text{Wb}]}{(1/100)[\text{s}]} = -20[\text{V}]$$

여기서 (−)는 기전력의 방향을 나타내므로 기전력의 크기를 나타낼 때는 무시한다.

31 SCR의 동작상태 중 래칭전류(Latching Current)에 대한 설명으로 옳은 것은?

① 사이리스터의 게이트를 개방한 상태에서 전압을 상승하면 급히 증가하게 되는 순전류
② 트리거 신호가 제거된 직후에 사이리스터를 ON 상태로 유지하는 데 필요로 하는 최소한의 주전류
③ 사이리스터가 ON 상태를 유지하다가 OFF 상태로 전환하는 데 필요로 하는 최소한의 전류
④ 게이트를 개방한 상태에서 사이리스터가 도통상태를 유지하기 위한 최소의 순전류

해설 ⊕

SCR의 동작원리

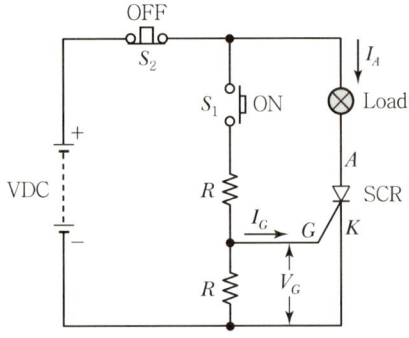

1) Turn-on : 게이트에 펄스신호를 인가하면 애노드와 캐소드가 Turn-on된다.
2) SCR이 Turn-on된 이후 게이트 전류와 관계없이 Turn-on 상태가 유지된다.
3) 래칭전류(Latching Current) : 트리거 신호가 제거된 직후에 SCR을 ON 상태로 유지하는 데 필요한 최소한의 양극전류를 말한다.

정답 **29** ① **30** ③ **31** ②

32 1[kWh]의 전력량은 몇 [J]인가?

① 1[J]　　　　　② 60[J]

③ 1,000[J]　　　④ 3.6×10^6[J]

해설 ⊕

1) 전력 P[W]

전기가 단위 시간(1[sec]) 동안 한 일의 양

$$P = \frac{W}{t}[\text{J/s}][\text{W}]$$

여기서, P : 전력[W], W : 일[J], t : 시간[s]

2) 전력량 W[J]

전기가 일정시간(t[sec], t[h]) 동안 한 일의 양

$$W = Pt[\text{J}][\text{W} \cdot \text{sec}]$$

여기서, P : 전력[W], W : 일[J], t : 시간[s]
　　　　I : 전류[A], V : 전압[V], R : 저항[Ω]

[풀이]

전력량 $W = 1[\text{kW} \cdot \text{h}] = 1,000[\text{W}] \times 3,600[\text{sec}]$
　　　　　$= 3,600,000[\text{W} \cdot \text{sec}]$
　　　　　$= 3.6 \times 10^6[\text{W} \cdot \text{sec}][\text{J}]$

33 그림에서 저항 20[Ω]에 흐르는 전류는 몇 [A]인가?

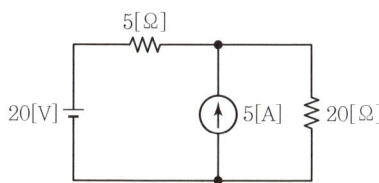

① 2.8[A]　　　　② 1.8[A]

③ 1.0[A]　　　　④ 0.8[A]

해설 ⊕

중첩의 원리

1) 여러 개의 전원을 갖는 회로에서 임의의 저항에 인가되는 전압과 흐르는 전류는 각 독립된 전원에 의한 전압과 전류의 대수적인 합과 같다.

2) 회로 해석에서 중첩 원리(Superposition)를 적용할 때 전압원은 단락(Short)시키고 전류원은 개방(Open)시켜서 해석한다.

[풀이]

1) 전류원 개방 시 저항 20[Ω]에 흐르는 전류

$$I_1 = \frac{V}{R} = \frac{20}{5+20} = 0.8[\text{A}]$$

2) 전압원 단락 시 저항 20[Ω]에 흐르는 전류

$$I_2 = \frac{R_1}{R_1 + R_2}I = \frac{5}{5+20} \times 5 = 1[\text{A}]$$

3) 전류원 개방 시와 전압원 단락 시 20[Ω]의 저항에 흐르는 전류 합

$$I_t = I_1 + I_2 = 0.8 + 1 = 1.8[\text{A}]$$

34 그림과 같은 정현파에서 $v = V_m \sin(\omega t + \theta)$의 주기 T로 옳은 것은?

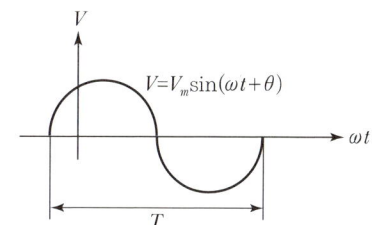

① $\dfrac{2\pi}{\omega}$　　　　② $\dfrac{4\pi}{\omega}$

③ $\dfrac{\omega^2}{2\pi}$　　　　④ $4\pi f^2$

해설 ⊕

정현파의 순시값 : $v = V_m \sin(\omega t + \theta)$

1) 각속도 : $\omega = 2\pi f[\text{rad/s}]$

2) 주파수 : $f = \dfrac{\omega}{2\pi}[\text{Hz}]$

3) 주기 : $T = \dfrac{1}{f}$, $T = \dfrac{1}{\dfrac{\omega}{2\pi}} = \dfrac{2\pi}{\omega}$

35 논리식 $X = \overline{A+B}$와 같은 것은?

① $X = A + B$ 　② $X = A \cdot B$

③ $X = \overline{A} + \overline{B}$ 　④ $X = \overline{A} \cdot \overline{B}$

해설⊕

드모르간의 정리

논리식의 전체 부정을 부분 부정으로, 부분 부정을 전체 부정으로 바꾸는 데 사용한다.

$$\overline{A+B} = \overline{A} \cdot \overline{B} \qquad \overline{A \cdot B} = \overline{A} + \overline{B}$$

$$A + B = \overline{\overline{A} \cdot \overline{B}} \qquad A \cdot B = \overline{\overline{A} + \overline{B}}$$

36 그림 (a)와 그림 (b)의 각 블록선도가 등가인 경우 전달함수 $G(s)$는?

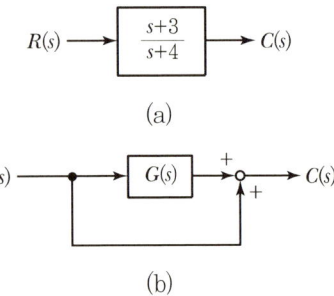

(a)

(b)

① $\dfrac{1}{s+4}$ 　② $\dfrac{2}{s+4}$

③ $\dfrac{-1}{s+4}$ 　④ $\dfrac{-2}{s+4}$

해설⊕

1) (a) 블록선도의 전달함수

$$\frac{C(s)}{R(s)} = \frac{s+3}{s+4}$$

2) (b) 블록선도의 전달함수

$$\frac{C(s)}{R(s)} = G(s) + 1$$

3) 두 개의 블록선도가 등가이므로

$$G(s) + 1 = \frac{s+3}{s+4}$$

$$G(s) = \frac{s+3}{s+4} - 1 = \frac{s+3}{s+4} - \frac{s+4}{s+4} = \frac{-1}{s+4}$$

37 최대 눈금 50[mV], 내부저항 100[Ω]의 직류 전압계에 1.2[MΩ]의 배율기를 접속하면 측정할 수 있는 최대 전압은 약 몇 [V]인가?

① 3 　② 60

③ 600 　④ 1,200

해설⊕

배율기(R_m[Ω])

전압계의 측정범위를 확대하기 위해 내부저항이 r_v[Ω]인 전압계에 직렬로 연결하는 저항

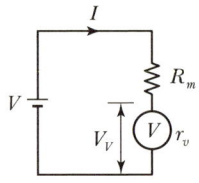

$$V_V = \frac{r_v}{R_m + r_v} \times V \qquad \frac{V}{V_V} = \frac{R_m + r_v}{r_v}$$

$$\frac{V}{V_V} = m \,(\text{배율기 배율})$$

$$\boxed{\frac{V}{V_V} = 1 + \frac{R_m}{r_v}}$$

여기서, V : 전체 전압[V]

V_V : 전압계에 걸리는 전압

r_v : 전압계 내부저항

R_m : 배율기 저항[Ω]

[풀이]

V : 최대 전압[V]

V_V : 50[mV] = 50×10^{-3}[V]

r_v : 100[Ω]

R_m : 1.2[MΩ] = 1.2×10^6[Ω] = 1,200,000[Ω]

$$\frac{V}{V_V} = 1 + \frac{R_m}{r_v}$$

$$\frac{V}{50 \times 10^{-3}} = 1 + \frac{1,200,000}{100}$$

$$V = \left(1 + \frac{1,200,000}{100}\right) \times 50 \times 10^{-3} = 600.05[\text{V}]$$

정답 **35** ④ **36** ③ **37** ③

38 다음 중 회로의 단락과 같이 이상 상태에서 자동적으로 회로를 차단하여 피해를 최소화하는 기능을 가진 것은?

① 나이프 스위치
② 금속함 개폐기
③ 컷아웃 스위치
④ 서킷 브레이커

해설 ⊕

① 나이프 스위치 : 칼날과 칼받이로 구성되어 전로의 개폐에 사용하는 스위치
② 금속함 개폐기 : 개폐기를 금속함 속에 수납한 형태의 개폐기
③ 컷아웃 스위치(COS) : 변압기 1차 측에 설치하여 과전류 발생 시 변압기를 보호하거나 개폐를 위해 사용하는 스위치
④ 서킷 브레이커(CB) : 단락, 과부하, 단로, 누전 등의 발생 시 자동적으로 회로를 차단하여 보호하는 안전장치

39 단방향 대전류의 전력용 스위칭 소자로서 교류의 위상 제어용으로 사용되는 정류소자는?

① 서미스터   ② 바리스터
③ 제너 다이오드   ④ SCR

해설 ⊕

반도체의 종류 및 특성

반도체의 종류	특성	용도
서미스터	온도가 높아지면 저항값이 감소하는 부저항 온도계수의 특성(NTC)	• 온도보상용 • 휘트스톤브리지
바리스터	서지전압을 흡수하여 전자회로를 보호	• 개폐기의 불꽃 소거 • 서지전압 제거
제너 다이오드	역방향 전압이 가해질 때 정전압을 발생	정전압회로용으로 사용
SCR	단방향 3단자 사이리스터	• 대전류용 • 전동기 제어, 검출회로용 • 교류의 위상 제어용

40 10[μF]인 콘덴서를 60[Hz] 전원에 사용할 때 용량 리액턴스는 약 몇 [Ω]인가?

① 265.3   ② 285.5
③ 350.5   ④ 465.3

해설 ⊕

용량성 리액턴스

$$X_C = \frac{1}{\omega C} = \frac{1}{2\pi f C}$$

여기서, ω : 각속도[rad/s]
$\quad\quad\quad C$: 정전용량[F]
$\quad\quad\quad f$: 주파수[Hz]

$$X_C = \frac{1}{2\pi f C} = \frac{1}{2\pi \times 60 \times 10 \times 10^{-6}} = 265.26[\Omega]$$

3과목 **소방관계법규**

41 화재의 예방 및 안전관리에 관한 법률에 따른 화재예방강화지구의 관리기준 중 다음 (   ) 안에 들어갈 말로 알맞은 것은?

• 소방본부장 또는 소방서장은 화재예방강화지구 안의 소방대상물의 위치·구조 및 설비 등에 대한 화재안전조사를 (㉠)회 이상 실시하여야 한다.
• 소방본부장 또는 소방서장은 소방상 필요한 훈련 및 교육을 실시하고자 하는 때에는 화재예방강화지구 안의 관계인에게 훈련 또는 교육 (㉡)일 전까지 그 사실을 통보하여야 한다.

① ㉠ 월 1, ㉡ 7
② ㉠ 월 1, ㉡ 10
③ ㉠ 연 1, ㉡ 7
④ ㉠ 연 1, ㉡ 10

해설 ⊕

1) 화재예방강화지구 지정권자 : 시·도지사
2) 화재예방강화지구 지정 요청권자 : 소방청장
3) 화재예방강화지구에 대한 화재안전조사와 교육 및 훈련

구분	화재안전조사	교육 및 훈련
실시권자	소방관서장	소방관서장
횟수	연 1회 이상	연 1회 이상
통보 등	사전에 7일 이상 조사계획을 공개	10일 전까지 통보
대상	소방대상물의 위치·구조 및 설비	관계인
연기	3일 전까지 신청	–

42 소방시설공사업법령상 공사감리자 지정대상 특정소방대상물의 범위가 아닌 것은?

① 스프링클러설비 등(캐비닛형 간이스프링클러설비는 제외)을 신설·개설하거나 방호·방수 구역을 증설할 때
② 호스릴 방식의 물분무 등 소화설비를 신설·개설하거나 방호·방수 구역을 증설할 때
③ 제연설비를 신설·개설하거나 제연구역을 증설할 때
④ 연소방지설비를 신설·개설하거나 살수구역을 증설할 때

해설⊕ -
공사감리자 지정대상 특정소방대상물의 범위

소방설비	시공형태
옥내소화전설비, 옥외소화전설비	신설·개설 또는 증설할 때
스프링클러설비 등 (캐비닛형 간이스프링클러설비는 제외)	신설·개설하거나 방호·방수구역을 증설할 때
물분무 등 소화설비 (호스릴 방식의 소화설비는 제외)	
자동화재탐지설비, 비상방송설비	신설 또는 개설할 때
통합감시시설, 화재알림설비	
소화용수설비	
제연설비	신설·개설하거나 제연구역을 증설할 때
연결송수관설비	신설 또는 개설할 때
연결살수설비	신설·개설하거나 송수구역을 증설할 때

소방설비	시공형태
비상콘센트설비	신설·개설하거나 전용회로를 증설할 때
무선통신보조설비	신설 또는 개설할 때
연소방지설비	신설·개설하거나 살수구역을 증설할 때

43 소방시설 설치 및 관리에 관한 법률상 형식승인을 얻어야 할 소방용품이 아닌 것은?

① 감지기
② 휴대용 비상조명등
③ 소화기
④ 방염액

해설⊕ -
소방용품의 종류
1) 소화설비를 구성하는 제품 또는 기기
  ① 소화기구(소화약제 외의 간이소화용구는 제외)
  ② 자동소화장치
  ③ 소화설비를 구성하는 소화전, 관창, 소방호스, 스프링클러헤드, 기동용 수압개폐장치, 유수제어밸브 및 가스관선택밸브

2) 경보설비를 구성하는 제품 또는 기기
  ① 누전경보기 및 가스누설경보기
  ② 경보설비 중 발신기, 수신기, 중계기, 감지기 및 음향장치(경종만 해당)

3) 피난구조설비를 구성하는 제품 또는 기기
  ① 피난사다리, 구조대, 완강기, 간이완강기
  ② 공기호흡기
  ③ 피난구유도등, 통로유도등, 객석유도등 및 예비 전원이 내장된 비상조명등

4) 소화용으로 사용하는 제품 또는 기기
  ① 소화약제
  ② 방염제(방염액·방염도료 및 방염성 물질)

44 화재의 예방 및 안전관리에 관한 법령상 음식 조리를 위하여 불을 사용하는 설비를 설치하는 경우 지켜야 하는 사항 중 다음 (   ) 안에 들어갈 말로 알맞은 것은?

- 주방설비에 부속된 배출덕트는 (㉠)mm 이상의 아연도금강판 또는 이와 동등 이상의 내식성 불연재료로 설치할 것
- 열을 발생하는 조리기구로부터 (㉡)m 이내의 거리에 있는 가연성 주요 구조부는 석면판 또는 단열성이 있는 불연재료로 덮어씌울 것

① ㉠ 0.5, ㉡ 0.15   ② ㉠ 0.5, ㉡ 0.6
③ ㉠ 0.6, ㉡ 0.15   ④ ㉠ 0.6, ㉡ 0.5

해설⊕

음식조리를 위하여 설치하는 설비
1) 주방설비에 부속된 배출덕트 : 0.5mm 이상의 아연도금강판
2) 주방시설에는 동물 또는 식물의 기름을 제거할 수 있는 필터를 설치할 것
3) 열을 발생하는 조리기구 : 반자 또는 선반으로부터 0.6m 이상
4) 열을 발생하는 조리기구로부터 0.15m 이내의 거리에 있는 가연성 주요 구조부는 석면판 또는 단열성이 있는 불연재료로 덮어씌울 것

45 소방시설 설치 및 관리에 관한 법률에 따라 자체점검 실시결과 보고서를 제출받거나 스스로 자체점검을 실시한 관계인은 점검이 끝난 날부터 며칠 이내에 소방시설 등 자체점검 실시결과 보고서에 소방시설 등의 자체점검결과 이행계획서를 첨부하여 소방본부장 또는 소방서장에게 보고해야 하는가?

① 5   ② 7
③ 10   ④ 15

해설⊕

소방시설 등의 자체점검 결과의 조치 등
1) 관리업자 또는 소방안전관리자로 선임된 소방시설관리사 및 소방기술사는 자체점검을 실시한 경우에 그 점검이

끝난 날부터 10일 이내에 소방시설 등 자체점검 실시결과 보고서에 소방청장이 정하여 고시하는 소방시설 등 점검표를 첨부하여 관계인에게 제출해야 한다.
2) 자체점검 실시결과 보고서를 제출받거나 스스로 자체점검을 실시한 관계인은 자체점검이 끝난 날부터 15일 이내에 소방시설 등 자체점검 실시결과 보고서에 다음 각 호의 서류를 첨부하여 소방본부장 또는 소방서장에게 서면이나 소방청장이 지정하는 전산망을 통하여 보고해야 한다.
   ① 점검인력 배치확인서(관리업자가 점검한 경우만 해당)
   ② 소방시설 등의 자체점검 결과 이행계획서
3) 소방본부장 또는 소방서장에게 자체점검 실시결과 보고를 마친 관계인은 소방시설 등 자체점검 실시결과 보고서(소방시설 등 점검표를 포함)를 점검이 끝난 날부터 2년간 자체 보관해야 한다.
4) 소방시설 등의 자체점검 결과 이행계획서를 보고받은 소방본부장 또는 소방서장은 다음 각 호의 구분에 따라 이행계획의 완료 기간을 정하여 관계인에게 통보해야 한다.
   ① 소방시설 등을 구성하고 있는 기계·기구를 수리하거나 정비하는 경우 : 보고일부터 10일 이내
   ② 소방시설 등의 전부 또는 일부를 철거하고 새로 교체하는 경우 : 보고일부터 20일 이내
5) 완료기간 내에 이행계획을 완료한 관계인은 이행을 완료한 날부터 10일 이내에 소방시설 등의 자체점검 결과 이행완료 보고서에 다음 각 호의 서류를 첨부하여 소방본부장 또는 소방서장에게 보고해야 한다.
   ① 이행계획 건별 전·후 사진 증명자료
   ② 소방시설공사 계약서

46 소방시설 설치 및 관리에 관한 법령에서 정하는 무창층에서 개구부라 함은 해당 층의 바닥면으로부터 개구부 밑부분까지의 높이가 몇 m 이내를 말하는가?

① 1.0m 이내   ② 1.2m 이내
③ 1.5m 이내   ④ 1.7m 이내

해설⊕

무창층
지상층 중 다음의 요건을 모두 갖춘 개구부의 면적의 합계가 해당 층의 바닥면적의 1/30 이하가 되는 층
1) 지름 50cm 이상의 원이 통과할 수 있을 것
2) 바닥면으로부터 개구부 밑부분까지의 높이가 1.2m 이내일 것

3) 도로 또는 차량이 진입할 수 있는 빈터를 향할 것
4) 화재 시 건축물로부터 쉽게 피난할 수 있도록 창살이나 그 밖의 장애물이 설치되지 않을 것
5) 내부 또는 외부에서 쉽게 부수거나 열 수 있을 것

47 화재의 예방 및 안전관리에 관한 법률에 따라 소방청장, 소방본부장 또는 소방서장은 관할구역에 있는 소방대상물에 대하여 화재안전조사를 실시할 수 있다. 화재안전조사 대상과 거리가 먼 것은?(단, 개인 주거에 대하여는 관계인의 승낙을 득한 경우이다.)

① 화재예방강화지구 등 법령에서 화재안전조사를 하도록 규정되어 있는 경우
② 소방시설 설치 및 관리에 관한 법률에 따른 자체점검이 불성실하거나 불완전하다고 인정되는 경우
③ 화재가 발생할 우려는 없으나 소방대상물의 정기점검이 필요한 경우
④ 국가적 행사 등 주요 행사가 개최되는 장소 및 그 주변의 관계 지역에 대하여 소방안전관리 실태를 조사할 필요가 있는 경우

해설 ✚

화재안전조사를 할 수 있는 경우
1) 소방시설 설치 및 관리에 관한 법률에 따른 자체점검이 불성실하거나 불완전하다고 인정되는 경우
2) 화재예방강화지구 등 법령에서 화재안전조사를 하도록 규정되어 있는 경우
3) 화재예방안전진단이 불성실하거나 불완전하다고 인정되는 경우
4) 국가적 행사 등 주요 행사가 개최되는 장소 및 그 주변의 관계 지역에 대하여 소방안전관리 실태를 조사할 필요가 있는 경우
5) 화재가 자주 발생하였거나 발생할 우려가 뚜렷한 곳에 대한 조사가 필요한 경우
6) 재난예측정보, 기상예보 등을 분석한 결과 소방대상물에 화재의 발생 위험이 크다고 판단되는 경우
7) 화재, 그 밖의 긴급한 상황이 발생할 경우 인명 또는 재산 피해의 우려가 현저하다고 판단되는 경우

48 소방시설 설치 및 관리에 관한 법령에서 정하는 소방시설의 종류에 대한 설명으로 옳은 것은?

① 옥내 · 외소화전설비는 소화활동설비에 해당된다.
② 유도등, 비상조명등설비는 경보설비에 해당된다.
③ 소화수조, 저수조는 소화설비에 해당된다.
④ 연결송수관설비는 소화활동설비에 해당된다.

해설 ✚

① 옥내 · 외소화전설비 → 소화설비
② 유도등, 비상조명등 → 피난구조설비
③ 소화수조, 저수조 → 소화용수설비

49 화재의 예방 및 안전관리에 관한 법령상 소방안전관리대상물의 소방계획서에 포함되어야 하는 사항이 아닌 것은?

① 예방규정을 정하는 제조소 등의 위험물 저장 · 취급에 관한 사항
② 소방시설 · 피난시설 및 방화시설의 점검 · 정비계획
③ 소방안전관리대상물의 근무자 및 거주자의 자위소방대 조직과 대원의 임무에 관한 사항
④ 방화구획, 제연구획, 건축물의 내부 마감재료 및 방염대상품의 사용 현황과 그 밖의 방화구조 및 설비의 유지 · 관리계획

해설 ✚

소방안전관리대상물의 소방계획서의 포함사항
1) 소방안전관리대상물의 위치 · 구조 · 연면적 · 용도 및 수용인원 등 일반 현황
2) 소방안전관리대상물에 설치한 소방시설, 방화시설, 전기시설, 가스시설 및 위험물시설의 현황
3) 화재 예방을 위한 자체점검계획 및 대응대책
4) 소방시설 · 피난시설 및 방화시설의 점검 · 정비계획
5) 피난층 및 피난시설의 위치와 피난경로의 설정, 화재안전취약자의 피난계획 등을 포함한 피난계획
6) 방화구획, 제연구획, 건축물의 내부 마감재료 및 방염대상품의 사용 현황과 그 밖의 방화구조 및 설비의 유지 · 관리계획
7) 관리의 권원이 분리된 특정소방대상물의 소방안전관리에 관한 사항

정답 47 ③ **48** ④ **49** ①

8) 소방훈련 · 교육에 관한 계획

9) 소방안전관리대상물의 근무자 및 거주자의 자위소방대 조직과 대원의 임무에 관한 사항

10) 화기 취급 직업에 대한 사진 안진조지 및 김독 등 공사 중 소방안전관리에 관한 사항

11) 소화에 관한 사항과 연소 방지에 관한 사항

12) 위험물의 저장 · 취급에 관한 사항(위험물안전관리법에 따라 예방규정을 정하는 제조소 등은 제외)

13) 소방안전관리에 대한 업무수행에 관한 기록 및 유지에 관한 사항

14) 화재발생 시 화재경보, 초기소화 및 피난유도 등 초기대 응에 관한 사항

50 소방기본법령상 주거지역 · 상업지역 및 공업 지역 이외에 있어서 소방용수 시설을 설치하고자 하 는 경우 소방대상물과의 수평거리는 몇 m 이하가 되 도록 하여야 하는가?

① 100m ② 140m
③ 180m ④ 200m

해설➕
소방용수시설의 설치기준
1) 공통기준
 ① 주거지역 · 상업지역 · 공업지역 : 수평거리 100m 이하
 ② 그 밖의 지역 : 수평거리 140m 이하
2) 소방용수시설별 설치기준
 ① 소화전
  • 상수도와 연결하여 지하식 또는 지상식의 구조로 할 것
  • 소방용 호스와 연결하는 소화전의 연결금속구의 구 경 : 65mm
 ② 급수탑
  • 급수배관의 구경 : 100mm 이상
  • 개폐밸브의 높이 : 지상에서 1.5m 이상 1.7m 이하 의 위치에 설치할 것
 ③ 저수조
  • 지면으로부터의 낙차 : 4.5m 이하
  • 흡수부분의 수심 : 0.5m 이상
  • 흡수관의 투입구가 사각형 : 한 변의 길이가 60cm 이상
  • 흡수관익 투입구가 원형 : 지름이 60cm 이상

• 소방펌프자동차가 쉽게 접근할 수 있을 것
• 흡수에 지장이 없도록 토사 및 쓰레기 등을 제거할 수 있는 설비를 갖출 것
• 서수소에 물 공급은 상수노에 녀결하여 자농으로 급 수되는 구조일 것

51 위험물 안전관리법령에서 정하는 위험물의 지 정수량으로 옳지 않은 것은?

① 질산염류 50kg ② 황린 20kg
③ 알킬알루미늄 10kg ④ 과염소산 300kg

해설➕

구분	질산염류	황린	알킬알루미늄	과염소산
품명	제1류 위험물	제3류 위험물	제3류 위험물	제6류 위험물
지정수량	300kg	20kg	10kg	300kg

52 소방시설공사업법에 따라 소방시설공사업자가 소방대상물의 일부분에 대한 공사를 마친 경우로서 전체 시설의 준공 전에 부분 사용이 필요한 때에 그 일부분에 대하여 소방본부장 또는 소방서장에게 신 청하는 검사를 무엇이라 하는가?

① 부분용도검사 ② 부분완공검사
③ 부분사용검사 ④ 부분준공검사

해설➕
완공검사
1) 공사업자는 소방시설공사를 완공하면 소방본부장 또는 소방서장의 완공검사를 받아야 한다. 다만, 공사감리자 가 지정되어 있는 경우에는 공사감리 결과보고서로 완공 검사를 갈음하되, 대통령령으로 정하는 특정소방대상물 의 경우에는 소방본부장이나 소방서장이 소방시설공사 가 공사감리 결과보고서대로 완공되었는지를 현장에서 확인할 수 있다.
2) 공사업자가 소방대상물 일부분의 소방시설공사를 마친 경우로서 전체 시설이 준공되기 전에 부분적으로 사용할 필요가 있는 경우에는 그 일부분에 대하여 소방본부장이 나 소방서장에게 완공검사(이하 "부분완공검사"라 한다)

를 신청할 수 있다. 이 경우 소방본부장이나 소방서장은 그 일부분의 공사가 완공되었는지를 확인하여야 한다.

3) 소방본부장이나 소방서장은 완공검사나 부분완공검사를 하였을 때에는 완공검사증명서나 부분완공검사증명서를 발급하여야 한다.

4) 완공검사 및 부분완공검사의 신청과 검사증명서의 발급, 그 밖에 완공검사 및 부분완공검사에 필요한 사항은 행정 안전부령으로 정한다.

53 위험물안전관리법령에 따른 위험물제조소의 옥외에 있는 위험물취급탱크 용량이 $100m^3$ 및 $180m^3$ 인 2개의 취급탱크 주위에 하나의 방유제를 설치하는 경우 방유제의 최소 용량은 몇 m^3이어야 하는가?

① 100
② 140
③ 180
④ 280

해설 ⊕ -

위험물제조소의 옥외에 있는 위험물 취급탱크의 방유제 설치기준

1) 탱크가 1개인 경우 방유제의 용량 : 당해 탱크용량의 50% 이상

2) 탱크가 2개 이상인 경우 방유제 용량 : 당해 탱크 중 용량이 최대인 것의 50%에 나머지 탱크용량 합계의 10%를 가산한 양 이상

[풀이]

① 최대탱크용량의 50% : $180[m^3] \times 0.5 = 90[m^3]$

② 나머지 탱크용량 합계의 10% : $100[m^3] \times 0.1 = 10[m^3]$

③ 방유제 용량 : $90 + 10 = 100[m^3]$

※ 옥외탱크저장소의 방유제 설치기준

1) 방유제의 용량

탱크가 1개일 때	탱크가 2개 이상일 때
탱크용량의 110% 이상	탱크 중 용량이 최대인 것의 용량의 110% 이상

2) 방유제의 높이 : 0.5m 이상 3m 이하, 두께 : 0.2m 이상, 지하매설깊이 : 1m 이상

3) 방유제 내의 면적 : $80,000m^2$ 이하

4) 방유제 내에 설치하는 옥외저장탱크의 수는 10개 이하로 할 것

54 소방시설 설치 및 관리에 관한 법률에 따라 성능위주설계를 하여야 하는 특정소방대상물의 범위 기준으로 옳지 않은 것은?

① 연면적 3만m^2 이상인 특정소방대상물로서 철도 및 도시철도 시설, 공항시설

② 아파트 등을 제외한 연면적 20만m^2 이상인 특정소방대상물

③ 아파트 등을 포함한 건축물로서 지상으로부터 높이가 120m 이상인 특정소방대상물

④ 하나의 건축물에 영화상영관이 10개 이상인 특정소방대상물

해설 ⊕ -

성능위주설계를 해야 하는 특정소방대상물의 범위

1) 연면적 20만m^2 이상인 특정소방대상물(아파트 등 제외)

2) 50층 이상(지하층 제외)이거나 지상으로부터 높이가 200m 이상인 아파트 등

3) 30층 이상(지하층 포함)이거나 지상으로부터 높이가 120m 이상인 특정소방대상물(아파트 등 제외)

4) 연면적 3만m^2 이상인 특정소방대상물로서 철도 및 도시철도 시설, 공항시설

5) 창고시설 중 연면적 10만m^2 이상인 것 또는 지하층의 층수가 2개층 이상이고 지하층의 바닥면적의 합이 3만m^2 이상인 것

6) 하나의 건축물에 영화상영관이 10개 이상인 특정소방대상물

7) 지하연계 복합건축물에 해당하는 특정소방대상물

8) 터널 중 수저(水底)터널 또는 길이가 5,000m 이상인 것

55 소방시설 설치 및 관리에 관한 법령상 소방시설 등의 자체점검 시 점검인력 배치기준 중 종합점검에 대한 점검인력 1단위가 하루 동안 점검할 수 있는 특정소방대상물의 연면적 기준으로 옳은 것은?(단, 보조 인력을 추가하는 경우는 제외한다.)

① 3,500m^2
② 7,000m^2
③ 8,000m^2
④ 10,000m^2

해설 ⊕

자체점검 시 인력 배치

1) 점검인력 1단위 : 주된 점검인력(특급점검자) 1명과 보조인력 2명

2) 점검인력 1단위가 하루 동안 점검할 수 있는 특정소방대상물의 연면적

종합점검	작동점검
8,000m²	10,000m²

3) 특급점검자
   ① 소방시설관리사
   ② 소방기술사(소방안전관리자로 선임된 경우에 한함)
   ③ 소방설비기사 자격을 취득한 후 8년 이상 소방 관련 업무를 수행한 사람(3급 소방안전관리대상물에 한함)
   ④ 소방설비산업기사 자격을 취득한 후 소방시설관리업체에서 10년 이상 점검업무를 수행한 사람(3급 소방안전관리대상물에 한함)

56 소방시설 설치 및 관리에 관한 법령에 따른 임시소방시설 중 간이소화장치를 설치하여야 하는 공사의 작업현장의 규모의 기준 중 다음 ( ) 안에 들어갈 말로 알맞은 것은?

- 연면적 (㉠)m² 이상
- 지하층, 무창층 또는 (㉡)층 이상의 층. 이 경우 해당 층의 바닥면적이 (㉢)m² 이상인 경우만 해당

① ㉠ 1,000, ㉡ 6, ㉢ 150
② ㉠ 1,000, ㉡ 6, ㉢ 600
③ ㉠ 3,000, ㉡ 4, ㉢ 150
④ ㉠ 3,000, ㉡ 4, ㉢ 600

해설 ⊕

임시소방시설을 설치해야 하는 공사의 종류와 규모

1) 소화기 : 건축허가동의를 받아야 하는 특정소방대상물의 신축·증축·개축·재축·이전·용도변경 또는 대수선 등을 위한 공사 현장에 설치

2) 간이소화장치
   ① 연면적 3,000m² 이상
   ② 지하층, 무창층 또는 4층 이상의 층. 이 경우 해당 층의 바닥면적이 600m² 이상인 경우만 해당

3) 비상경보장치
   ① 연면적 400m² 이상
   ② 지하층 또는 무창층 : 바닥면적이 150m² 이상

4) 가스누설경보기, 간이피난유도선, 비상조명등 : 바닥면적이 150m² 이상인 지하층 또는 무창층의 작업현장

5) 방화포 : 용접·용단 작업이 진행되는 작업현장

57 소방시설공사업법상 소방시설업의 반드시 등록 취소에 해당하는 경우는?

① 거짓이나 그 밖의 부정한 방법으로 등록한 경우
② 다른 자에게 등록증 또는 등록수첩을 빌려준 경우
③ 소속 소방기술자를 공사현장에 배치하지 아니하거나 거짓으로 한 경우
④ 등록을 한 후 정당한 사유 없이 1년이 지날 때까지 영업을 시작하지 아니하거나 계속하여 1년 이상 휴업한 경우

해설 ⊕

소방시설업의 등록취소

1) 등록취소와 영업정지권자 : 시·도지사

2) 등록취소를 할 수 있는 경우
   ① 거짓이나 그 밖의 부정한 방법으로 등록한 경우
   ② 등록 결격사유에 해당하게 된 경우
   ③ 영업정지 기간 중에 소방시설공사 등을 한 경우

① 1차 : 등록취소
② 1차 : 영업정지 6개월, 2차 : 등록취소
③ 1차 : 경고, 2차 : 영업정지 1개월, 3차 : 등록취소
④ 1차 : 경고, 2차 : 등록취소

58 위험물안전관리법령상 위험물시설의 설치 및 변경 등에 관한 기준 중 제조소 등의 위치·구조 또는 설비의 변경 없이 당해 제조소 등에서 저장하거나 취급하는 위험물의 품명·수량 또는 지정수량의 배수를 변경하고자 하는 자는 변경하고자 하는 날의 며칠 전까지 행정안전부령이 정하는 바에 따라 시·도지사에게 신고하여야 하는가?

① 1일   ② 10일

③ 14일   ④ 30일

해설⊕

1) 제조소 등의 위치 · 구조 또는 설비의 변경 없이 당해 제조소 등에서 저장하거나 취급하는 위험물의 품명 · 수량 또는 지정수량의 배수를 변경하고자 하는 자는 변경하고자 할 때 : 1일 전까지 행정안전부령이 정하는 바에 따라 시 · 도지사에게 신고

2) 제조소 등의 허가를 받지 아니하고 당해 제조소 등을 설치하거나 그 위치 · 구조 또는 설비를 변경할 수 있으며, 신고를 하지 아니하고 위험물의 품명 · 수량 또는 지정수량의 배수를 변경할 수 있는 경우
   ① 주택의 난방시설(공동주택의 중앙난방 제외)을 위한 저장소 또는 취급소
   ② 농예용 · 축산용 또는 수산용으로 필요한 난방시설 또는 건조시설을 위한 지정수량 20배 이하의 저장소

---

59 소방시설 설치 및 관리에 관한 법령상 스프링클러설비를 설치하여야 하는 특정소방대상물의 기준 중 옳지 않은 것은?(단, 위험물 저장 및 처리 시설 중 가스시설 또는 지하구는 제외한다.)

① 숙박이 가능한 수련시설 용도로 사용되는 시설의 바닥면적의 합계가 600m² 이상인 것은 모든 층

② 창고시설(물류터미널은 제외)로서 바닥면적 합계가 5,000m² 이상인 경우에는 모든 층

③ 판매시설, 운수시설 및 창고시설(물류터미널에 한정)로서 바닥면적의 합계가 5,000m 이상이거나 수용인원이 500명 이상인 경우에는 모든 층

④ 복합건축물로서 연면적이 3,000m² 이상인 경우에는 모든 층

해설⊕

스프링클러설비의 설치대상

1) 층수가 6층 이상인 특정소방대상물의 경우에는 모든 층

2) 기숙사 또는 복합건축물로서 연면적 5,000m² 이상인 경우에는 모든 층

3) 창고시설(물류터미널은 제외)로서 바닥면적 합계가 5,000m² 이상인 경우에는 모든 층

4) 판매시설, 운수시설 및 창고시설(물류터미널로 한정)로서 바닥면적의 합계가 5,000m² 이상이거나 수용인원이 500명 이상인 경우에는 모든 층

5) 다음에 해당하는 용도로 사용되는 시설의 바닥면적의 합계가 600m² 이상인 것 모든 층
   ① 근린생활시설 중 조산원 및 산후조리원
   ② 의료시설 중 정신의료기관
   ③ 의료시설 중 종합병원, 병원, 치과병원, 한방병원 및 요양병원
   ④ 노유자시설
   ⑤ 숙박시설

6) 특정소방대상물의 지하층 · 무창층(축사는 제외) 또는 층수가 4층 이상인 층으로서 바닥면적이 1,000m² 이상인 층이 있는 경우에는 해당 층

7) 지하상가로서 연면적 1,000m² 이상인 것

④ 복합건축물로서 연면적이 3,000m² 이상 → 5,000m² 이상

---

60 위험물안전관리법상 업무상 과실로 제조소 등에서 위험물을 유출 · 방출 또는 확산시켜 사람의 생명 · 신체 또는 재산에 대하여 위험을 발생시킨 자에 대한 벌칙기준은?

① 7년 이하의 금고 또는 5,000만 원 이하의 벌금

② 7년 이하의 금고 또는 7,000만 원 이하의 벌금

③ 10년 이하의 금고 또는 7,000만 원 이하의 벌금

④ 10년 이하의 금고 또는 1억 원 이하의 벌금

해설⊕

벌칙(위험물안전관리법 제34조)

1) 7년 이하의 금고 또는 7천만 원 이하의 벌금
   업무상 과실로 제조소 등에서 위험물을 유출 · 방출 또는 확산시켜 사람의 생명 · 신체 또는 재산에 대하여 위험을 발생시킨 자

2) 10년 이하의 징역 또는 금고나 1억 원 이하의 벌금
   업무상 과실로 제조소 등에서 위험물을 유출 · 방출 또는 확산시켜 사람을 사상에 이르게 한 자

정답 **59** ④ **60** ②

4과목 소방전기시설의 구조 및 원리

61 자동화재탐지설비 및 시각경보장치의 화재안전기술기준에 따라 연기감지기를 설치하지 않아도 되는 장소는?

① 반자의 높이가 15m 이상 20m 미만인 장소
② 길이가 15m인 복도
③ 계단 및 에스컬레이터 경사로
④ 엘리베이터 권상기실·린넨슈트·파이프 피트 및 덕트 기타 이와 유사한 장소

해설 +

연기감지기 설치장소
1) 계단·경사로 및 에스컬레이터 경사로
2) 복도(30m 미만의 것을 제외)
3) 엘리베이터 승강로(권상기실이 있는 경우에는 권상기실)·린넨슈트·파이프 피트 및 덕트 기타 이와 유사한 장소
4) 천장 또는 반자의 높이가 15m 이상 20m 미만의 장소
5) 다음 각 목의 특정소방대상물의 취침·숙박·입원 등 이와 유사한 용도로 사용되는 거실
　① 공동주택·오피스텔·숙박시설·노유자시설·수련시설
　② 교육연구시설 중 합숙소
　③ 의료시설, 근린생활시설 중 입원실이 있는 의원·조산원
　④ 교정 및 군사시설
　⑤ 근린생활시설 중 고시원

② 길이가 15m인 복도 → 복도의 길이가 30m 미만의 것은 연기감지기를 제외할 수 있다(감지기 자체를 제외하는 것이 아니므로 열감지기를 설치하여야 한다).

62 비상방송설비의 화재안전기술기준에서 정하는 비상방송설비의 확성기의 음성입력은 실내에 설치할 경우 얼마 이상이어야 하는가?

① 1W
② 3W
③ 10W
④ 30W

해설 +

비상방송설비 설치기준
1) 확성기의 음성입력 : 실외 3W(실내 1W), 아파트 등의 실내 2W 이상
2) 그 층의 각 부분으로부터 하나의 확성기까지의 수평거리 : 25m 이하
3) 음량조정기를 설치하는 경우 음량조정기의 배선 : 3선식
4) 화재신고 수신 후 방송개시 소요시간 : 10초 이하
5) 조작부의 조작스위치 높이 : 바닥으로부터 0.8m 이상 1.5m 이하
6) 정격전압의 80% 전압에서 음향을 발할 수 있는 것으로 할 것
7) 자동화재탐지설비의 작동과 연동하여 작동할 수 있는 것으로 할 것

63 비상콘센트설비의 화재안전기술기준에서 정하는 전원회로의 설치기준에 대한 설명으로 옳지 않은 것은?

① 전원회로는 단상교류 220V인 것으로서, 그 공급용량은 3kVA 이상인 것으로 하여야 한다.
② 전원회로는 각 층에 2 이상이 되도록 설치하여야 하나 설치하여야 할 층의 비상콘센트가 1개인 때에는 하나의 회로로 할 수 있다.
③ 전원회로는 주배전반에서 전용회로로 하여야 하나 다른 설비의 회로의 사고에 따른 영향을 받지 아니하도록 되어 있는 것에 있어서는 그러하지 아니하다.
④ 전원으로부터 각 층의 비상콘센트에 분기되는 경우에는 분기배선용 차단기를 보호함 안에 설치하여야 한다.

해설 +

비상콘센트설비의 전원회로 설치기준
1) 비상콘센트설비의 전원회로는 단상교류 220V인 것으로서, 그 공급용량은 1.5kVA 이상인 것으로 할 것
2) 전원회로는 각 층에 2 이상이 되도록 설치할 것. 다만, 설치하여야 할 층의 비상콘센트가 1개인 때에는 하나의 회로로 할 수 있다.
3) 전원회로는 주배전반에서 전용회로로 할 것. 다만, 다른 설비회로의 사고에 따른 영향을 받지 않도록 되어 있는

것은 그렇지 않다.

4) 전원으로부터 각 층의 비상콘센트에 분기되는 경우 분기배선용 차단기를 보호함 안에 설치할 것

5) 콘센트마다 배선용 차단기를 설치하여야 하며, 충전부가 노출되지 아니하도록 할 것

6) 개폐기에는 "비상콘센트"라고 표시한 표지를 할 것

7) 비상콘센트용의 풀박스 등은 방청도장을 한 것으로서, 두께 1.6mm 이상의 철판으로 할 것

8) 하나의 전용회로에 설치하는 비상콘센트는 10개 이하로 할 것. 이 경우 전선의 용량은 각 비상콘센트(비상콘센트가 3개 이상인 경우에는 3개)의 공급용량을 합한 용량 이상의 것으로 할 것

64 비상전원으로 사용되는 알칼리축전지 1개당의 공칭전압은 몇 V이며, 이것의 기계적 강도는 연축전지에 비하여 어떠한가?

① 1.2, 약하다.　　② 1.2, 강하다.

③ 1.5, 약하다.　　④ 1.5, 강하다.

해설⊕

연축전지와 알칼리축전지의 비교

구분	연축전지	알칼리축전지
공칭전압	2.0V	1.2V
공칭용량	10Ah	5Ah
수명	짧다	길다
기계적 강도	약하다	강하다
종류	클래드식, 페이스트식	소결식, 포켓식

65 유도등의 형식승인 및 제품검사 기술기준에 따른 복도통로유도등의 식별도 기준 중 다음 (　) 안에 알맞은 것은?

복도통로유도등에 있어서 상용전원으로 등을 켜는 경우에는 직선거리 (　⊙　)m의 위치에서, 비상전원으로 등을 켜는 경우에는 직선거리 (　ⓒ　)m의 위치에서 보통시력에 의하여 표시면의 화살표가 쉽게 식별되어야 한다.

① ⊙ 15, ⓒ 20　　② ⊙ 30, ⓒ 20

③ ⊙ 30, ⓒ 15　　④ ⊙ 20, ⓒ 15

해설⊕

식별도 시험

1) 복도통로유도등
　① 상용전원으로 등을 켜는 경우에는 직선거리 20m의 위치에서
　② 비상전원으로 등을 켜는 경우에는 직선거리 15m의 위치에서
　③ 보통시력에 의하여 표시면의 화살표가 쉽게 식별되어야 할 것

2) 피난구유도등 및 거실통로유도등
　① 상용전원으로 등을 켜는 경우에는 직선거리 30m의 위치에서
　② 비상전원으로 등을 켜는 경우에는 직선거리 20m의 위치에서
　③ 각기 보통시력(시력 1.0에서 1.2의 범위)으로 피난유도표시에 대한 식별이 가능할 것

66 누전경보기의 화재안전기술기준의 용어 정의에 따라 변류기로부터 검출된 신호를 수신하여 누전의 발생을 해당 특정소방대상물의 관계인에게 경보하여 주는 것은?

① 축전지　　　　② 수신부

③ 경보기　　　　④ 음향장치

해설⊕

누전경보기 용어의 정의

1) 누전경보기 : 내화구조가 아닌 건축물로서 벽, 바닥 또는 천장의 전부나 일부를 불연재료 또는 준불연재료가 아닌 재료에 철망을 넣어 만든 건물의 전기설비로부터 누설전류를 탐지하여 경보를 발하며 변류기와 수신부로 구성된 것

2) 수신부 : 변류기로부터 검출된 신호를 수신하여 누전의 발생을 해당 특정소방대상물의 관계인에게 경보하여 주는 것(차단기구를 갖는 것을 포함)

3) 변류기 : 경계전로의 누설전류를 자동적으로 검출하여 이를 누전경보기의 수신부에 송신하는 것

4) 집합형 누전경보기의 수신부 : 2개 이상의 변류기를 연결하여 사용하는 수신부로서 하나의 전원장치 및 음향장치

등으로 구성된 것

5) 차단기구 : 누설전류가 발생하면 자동으로 누전된 회로를 차단하는 장치
6) 음향장치 : 누설전류가 발생하면 벨 또는 부저로 경보를 발하는 장치

67 유도등 및 유도표지의 화재안전기술기준에 따른 유도등의 전기회로에 점멸기를 설치할 수 있는 장소에 해당되지 않는 것은?(단, 유도등은 3선식 배선에 따라 상시 충전되는 구조이다.)

① 공연장으로서 어두워야 할 필요가 있는 장소
② 특정소방대상물의 관계인이 주로 사용하는 장소
③ 외부광에 따라 피난구 또는 피난방향을 쉽게 식별할 수 있는 장소
④ 지하층을 제외한 층수가 11층 이상의 장소

해설 ➕
1) 3선식 배선이 가능한 장소
　① 외부광에 따라 피난구 또는 피난방향을 쉽게 식별할 수 있는 장소
　② 공연장, 암실(暗室) 등으로서 어두워야 할 필요가 있는 장소
　③ 특정소방대상물의 관계인 또는 종사원이 주로 사용하는 장소
2) 비상전원의 용량을 60분 이상으로 하여야 하는 특정소방대상물
　① 지하층을 제외한 층수가 11층 이상의 층
　② 지하층 또는 무창층으로서 용도가 도매시장 · 소매시장 · 여객자동차터미널 · 지하역사 또는 지하상가

68 축광표지의 성능인증 및 제품검사의 기술기준 중 축광표지의 표시면을 0lx 상태에서 1시간 이상 방치한 후 200lx 밝기의 광원으로 20분간 조사시킨 상태에서 다시 주위조도를 0lx로 하여 60분간 발광시킨 후의 휘도는 몇 mcd/m² 이상으로 하여야 하는가?

① 7mcd/m²
② 24mcd/m²
③ 50mcd/m²
④ 110mcd/m²

해설 ➕
축광표지의 휘도시험
축광표지의 표시면을 0lx 상태에서 1시간 이상 방치한 후 200lx 밝기의 광원으로 20분간 조사시킨 상태에서 다시 주위조도를 0lx로 하여 휘도시험을 실시하는 경우 다음 각 호에 적합할 것
1) 5분간 발광시킨 후의 휘도는 110mcd/m² 이상일 것
2) 10분간 발광시킨 후의 휘도는 50mcd/m² 이상일 것
3) 20분간 발광시킨 후의 휘도는 24mcd/m² 이상일 것
4) 60분간 발광시킨 후의 휘도는 7mcd/m² 이상일 것

69 무선통신보조설비의 화재안전기술기준에 정하는 용어의 정의에서 2개 이상의 입력신호를 원하는 비율로 조합한 출력이 발생하도록 하는 장치는?

① 분배기
② 분파기
③ 증폭기
④ 혼합기

해설 ➕
용어의 정의
1) 누설동축케이블 : 동축케이블의 외부도체에 가느다란 홈을 만들어서 전파가 외부로 새어나갈 수 있도록 한 케이블
2) 분배기 : 신호의 전송로가 분기되는 장소에 설치하는 것으로 임피던스 매칭과 신호 균등분배를 위해 사용하는 장치
3) 분파기 : 서로 다른 주파수의 합성된 신호를 분리하기 위해서 사용하는 장치
4) 혼합기 : 두 개 이상의 입력신호를 원하는 비율로 조합한 출력이 발생하도록 하는 장치
5) 증폭기 : 신호 전송 시 신호가 약해져 수신이 불가능해지는 것을 방지하기 위해서 증폭하는 장치
6) 무선중계기 : 안테나를 통하여 수신된 무전기 신호를 증폭한 후 음영지역에 재방사하여 무전기 상호 간 송수신이 가능하도록 하는 장치
7) 옥외안테나 : 감시제어반 등에 설치된 무선중계기의 입력과 출력포트에 연결되어 송수신 신호를 원활하게 방사 · 수신하기 위해 옥외에 설치하는 장치

70 비상경보설비 및 단독경보형 감지기의 화재안전기술기준에 따라 다음 (   ) 안에 들어갈 내용으로 알맞은 것은?

> 비상벨설비 또는 자동식 사이렌설비의 지구음향장치는 특정소방대상물의 층마다 설치하되, 해당 특정소방대상물의 각 부분으로부터 하나의 음향장치까지의 (㉠)가 (㉡) 이하가 되도록 하여야 한다.

① ㉠ 보행거리, ㉡ 25m
② ㉠ 수평거리, ㉡ 25m
③ ㉠ 보행거리, ㉡ 50m
④ ㉠ 수평거리, ㉡ 50m

해설⊕

비상벨설비 또는 자동식 사이렌설비
1) 비상벨설비 또는 자동식 사이렌설비는 부식성 가스 또는 습기 등으로 인하여 부식의 우려가 없는 장소에 설치할 것
2) 지구음향장치는 특정소방대상물의 층마다 설치하되, 해당 층의 각 부분으로부터 하나의 음향장치까지의 수평거리가 25m 이하가 되도록 하고, 해당 층의 각 부분에 유효하게 경보를 발할 수 있도록 설치해야 한다. 다만, 비상방송설비의 화재안전기술기준에 적합한 방송설비를 비상벨설비 또는 자동식 사이렌설비와 연동하여 작동하도록 설치한 경우에는 지구음향장치를 설치하지 않을 수 있다.
3) 음향장치는 정격전압의 80% 전압에서도 음향을 발할 수 있도록 해야 한다. 다만, 건전지를 주전원으로 사용하는 음향장치는 그렇지 않다.
4) 음향장치의 음향의 크기는 부착된 음향장치의 중심으로부터 1m 떨어진 위치에서 음압이 90dB 이상이 되는 것으로 해야 한다.

71 자동화재탐지설비 및 시각경보장치의 화재안전기술기준에 따라 공기관식 차동식 분포형 감지기 설치 시 검출부는 몇 도[°] 이상 경사되지 아니하도록 부착하여야 하는가?

① 3°   ② 5°
③ 15°   ④ 45°

해설⊕

공기관식 차동식 분포형 감지기 설치기준

구분	기준
공기관의 최소길이	20m 이상
공기관의 최대길이	100m 이하
공기관과 각 변의 거리	수평거리 1.5m 이하
공기관 상호 간 거리	6m(내화구조 9m) 이하
공기관의 분기	도중에서 분기하지 아니할 것
검출부의 경사	5° 이상 경사지지 아니할 것
검출부의 높이	0.8m 이상 1.5m 이하
공기관의 규격	두께 0.3mm 이상 바깥지름 1.9mm 이상

72 비상콘센트설비의 화재안전기술기준에서 정하는 비상전원 중 자가발전설비, 축전지설비 또는 전기저장장치의 설치기준으로 옳지 않은 것은?

① 비상콘센트설비를 유효하게 10분 이상 작동시킬 수 있는 용량으로 할 것
② 점검에 편리하고 화재 및 침수 등의 재해로 인한 피해를 받을 우려가 없는 곳에 설치할 것
③ 상용전원으로부터 전력의 공급이 중단된 때에는 자동으로 비상전원으로부터 전력을 공급받을 수 있도록 할 것
④ 비상전원을 실내에 설치하는 때에는 그 실내에 비상조명등을 설치할 것

해설⊕

비상전원의 설치기준
1) 점검에 편리하고 화재 및 침수 등의 재해로 인한 피해 우려가 없는 곳에 설치할 것
2) 상용전원으로부터 전력의 공급이 중단된 때에는 자동으로 비상전원으로부터 전력을 공급받을 수 있도록 할 것
3) 비상전원의 설치장소는 다른 장소와 방화구획할 것
4) 비상전원을 실내에 설치하는 때에는 그 실내에 비상조명등을 설치할 것
5) 비상콘센트를 20분 이상 유효하게 작동시킬 수 있는 용량으로 할 것

① 비상콘센트설비를 유효하게 10분 이상 → 20분 이상

정답 70 ② 71 ② 72 ①

73 자동화재탐지설비 및 시각경보장치의 화재안전기술기준에서 정하는 청각장애인용 시각경보장치의 설치높이에 관한 기준으로 알맞은 것은?(단, 천장의 높이가 2m를 초과하는 경우이다.)

① 바닥으로부터 0.8m 이상 1.5m 이하의 장소에 설치한다.

② 바닥으로부터 1.0m 이상 1.5m 이하의 장소에 설치한다.

③ 바닥으로부터 1.5m 이상 2.5m 이하의 장소에 설치한다.

④ 바닥으로부터 2.0m 이상 2.5m 이하의 장소에 설치한다.

해설 ⊕
시각경보기 설치기준
1) 복도·통로·청각장애인용 객실 및 공용으로 사용하는 거실에 설치
2) 공연장·집회장·관람장 등에 설치하는 경우에는 시선이 집중되는 무대부 부분에 설치
3) 설치높이는 바닥으로부터 2m 이상 2.5m 이하의 장소에 설치할 것. 다만, 천장의 높이가 2m 이하인 경우에는 천장으로부터 0.15m 이내의 장소에 설치
4) 시각경보장치의 광원은 전용의 축전지설비 또는 전기저장장치에 의하여 점등되도록 할 것(다만, 형식승인을 얻은 수신기를 설치한 경우 제외)
5) 시각경보기 점멸주기 : 매초당 1회 이상 3회 이내

74 소방시설용 비상전원 수전설비에서 소방회로용의 것으로 수전설비, 변전설비, 그 밖의 기기 및 배선을 금속제 외함에 수납한 것으로 정의되는 것은?

① 전용큐비클식   ② 공용큐비클식
③ 전용분전반   ④ 공용분전반

해설 ⊕
용어의 정의
1) 수전설비 : 전력수급용 계기용 변성기, 주차단장치 및 그 부속기기
2) 변전설비 : 전력용 변압기 및 그 부속장치

3) 방화구획형 : 수전설비를 다른 부분과 건축법상 방화구획을 하여 화재 시 이를 보호하도록 조치하는 방식
4) 옥외개방형 : 건물의 옥외 또는 건물의 옥상에 울타리를 설치하고 그 내부에 수전설비를 설치하는 방식
5) 큐비클형 : 수전설비를 큐비클 내에 수납하여 설치하는 방식
　① 전용큐비클식 : 소방회로용의 것으로 수전설비, 변전설비, 그 밖의 기기 및 배선을 금속제 외함에 수납한 것
　② 공용큐비클식 : 소방회로 및 일반회로 겸용의 것으로서 수전설비, 변전설비, 그 밖의 기기 및 배선을 금속제 외함에 수납한 것
6) 배전반 : 전력생산시설 등으로부터 직접 전력을 공급받아 분전반에 전력을 공급해주는 것
　① 전용배전반 : 소방회로 전용의 것으로서 개폐기, 과전류차단기, 계기, 그 밖의 배선용 기기 및 배선을 금속제 외함에 수납한 것
　② 공용배전반 : 소방회로 및 일반회로 겸용의 것으로서 개폐기, 과전류차단기, 계기, 그 밖의 배선용 기기 및 배선을 금속제 외함에 수납한 것
7) 분전반 : 배전반으로부터 전력을 공급받아 부하에 전력을 공급해주는 것
　① 전용분전반 : 소방회로 전용의 것으로서 분기개폐기, 분기과전류차단기와 그 밖의 배선용 기기 및 배선을 금속제 외함에 수납한 것
　② 공용분전반 : 소방회로 및 일반회로 겸용의 것으로서 분기개폐기, 분기과전류차단기와 그 밖의 배선용 기기 및 배선을 금속제 외함에 수납한 것

75 비상조명등의 화재안전기술기준에서 정하는 휴대용비상조명등의 설치기준으로 틀린 것은?

① 대규모점포(지하상가 및 지하역사는 제외)와 영화상영관에는 보행거리 50m 이내마다 3개 이상 설치할 것
② 사용 시 수동으로 점등되는 구조일 것
③ 건전지 및 충전식 배터리의 용량은 20분 이상 유효하게 사용할 수 있는 것으로 할 것
④ 지하상가 및 지하역사에서는 보행거리 25m 이내마다 3개 이상 설치할 것

해설➕

휴대용비상조명등의 설치장소 및 수량

1) 숙박시설 또는 다중이용업소 : 객실 또는 영업장 안의 구획된 실마다 잘 보이는 곳에 1개 이상 설치(외부에 설치 시 출입문 손잡이로부터 1m 이내 부분)
2) 대규모점포, 영화상영관 : 보행거리 50m 이내마다 3개 이상 설치
3) 지하상가 및 지하역사 : 보행거리 25m 이내마다 3개 이상 설치

휴대용비상조명등의 설치기준

1) 설치높이는 바닥으로부터 0.8m 이상 1.5m 이하의 높이에 설치할 것
2) 어둠 속에서 위치를 확인할 수 있도록 할 것
3) 사용 시 자동으로 점등되는 구조일 것
4) 외함은 난연성능이 있을 것
5) 건전지를 사용하는 경우에는 방전방지조치를 하여야 하고, 충전식 배터리의 경우에는 상시 충전되도록 할 것
6) 건전지 및 충전식 배터리의 용량은 20분 이상 유효하게 사용할 수 있는 것으로 할 것

② 사용 시 수동으로 → 자동으로

76 무선통신보조설비의 화재안전기술기준에 따른 무선통신보조설비의 설치기준으로 옳은 것은?

① 누설동축케이블 및 안테나는 고압의 전로로부터 1.5m 이상 떨어진 위치에 설치할 것
② 소방전용주파수대에서 전파의 전송 또는 복사에 적합한 것으로서 다른 설비와 겸용으로 할 것
③ 누설동축케이블 및 동축케이블은 화재에 따라 해당 케이블의 피복이 소실된 경우에 케이블 본체가 떨어지지 아니하도록 5m 이내마다 금속제 또는 자기제 등의 지지금구로 벽·천장·기둥 등에 견고하게 고정시킬 것
④ 누설동축케이블 또는 동축케이블의 임피던스는 100Ω으로 할 것

해설➕

누설동축케이블 등의 설치기준

1) 소방전용주파수대에서 전파의 전송 또는 복사에 적합한 것으로서 소방전용으로 할 것
2) 케이블의 구성
   ① 누설동축케이블과 이에 접속하는 안테나
   ② 동축케이블과 이에 접속하는 안테나
3) 누설동축케이블 및 동축케이블은 불연 또는 난연성의 것으로서 습기에 따라 전기의 특성이 변질되지 아니하는 것으로 하고, 노출하여 설치한 경우에는 피난 및 통행에 장애가 없도록 할 것
4) 누설동축케이블 및 동축케이블은 화재에 따라 해당 케이블의 피복이 소실된 경우에 케이블 본체가 떨어지지 아니하도록 4m 이내마다 금속제 또는 자기제 등의 지지금구로 벽·천장·기둥 등에 견고하게 고정시킬 것. 다만, 불연재료로 구획된 반자 안에 설치하는 경우에는 그러하지 아니하다.
5) 누설동축케이블 및 안테나는 금속판 등에 따라 전파의 복사 또는 특성이 현저하게 저하되지 아니하는 위치에 설치할 것
6) 누설동축케이블 및 안테나는 고압의 전로로부터 1.5m 이상 떨어진 위치에 설치할 것. 다만, 해당 전로에 정전기 차폐장치를 유효하게 설치한 경우에는 그러하지 아니하다.
7) 누설동축케이블의 끝부분에는 무반사 종단저항을 견고하게 설치할 것
8) 누설동축케이블 또는 동축케이블의 임피던스는 50Ω으로 할 것

② 다른 설비와 겸용 → 소방전용으로 할 것
③ 5m 이내마다 → 4m 이내마다
④ 임피던스는 100Ω으로 할 것 → 50Ω으로 할 것

77 비상방송설비의 화재안전기술기준에 따른 비상방송설비의 설치기준으로 알맞은 것은?

① 정격전압의 70% 전압에서 음향을 발할 수 있을 것
② 실내에 설치하는 확성기의 음성입력은 3W 이상일 것
③ 확성기는 2개 층마다 1개 이상 설치할 것
④ 자동화재탐지설비의 작동과 연동하여 작동 가능할 것

해설➕
비상방송설비 설치기준
1) 확성기의 음성입력 : 실외 3W(실내 1W), 아파트 등의 실내 2W 이상
2) 확성기는 각 층마다 설치하되, 그 층의 각 부분으로부터 하나의 확성기까지의 수평거리가 25m 이하가 되도록 하고, 해당 층의 각 부분에 유효하게 경보를 발할 수 있도록 설치할 것
3) 음량조정기를 설치하는 경우 음량조정기의 배선 : 3선식
4) 화재신고 수신 후 방송개시 소요시간 : 10초 이하
5) 조작부의 조작스위치 높이 : 바닥으로부터 0.8m 이상 1.5m 이하
6) 정격전압의 80% 전압에서 음향을 발할 수 있는 것으로 할 것
7) 자동화재탐지설비의 작동과 연동하여 작동할 수 있는 것으로 할 것

78 감지기의 형식승인 및 제품검사의 기술기준에서 정하는 정온식 감지선형 감지기에 관한 설명으로 알맞은 것은?

① 주위온도가 일정 상승률 이상이 되는 경우에 작동하는 것으로서 일국소에서의 열효과에 의하여 작동되는 것
② 주위온도가 일정 상승률 이상이 되는 경우에 작동하는 것으로서 넓은 범위 내에서의 열효과의 누적에 의하여 작동되는 것
③ 일국소의 주위온도가 일정한 온도 이상이 되는 경우에 작동하는 것으로서 외관이 전선으로 되어 있는 것
④ 일국소의 주위온도가 일정한 온도 이상이 되는 경우에 작동하는 것으로서 외관이 전선으로 되어 있지 아니한 것

해설➕
열감지기의 종류
1) 차동식 스포트형 : 주위온도가 일정 상승률 이상이 되는 경우에 작동하는 것으로서 일국소에서의 열효과에 의하여 작동되는 것

2) 차동식 분포형 : 주위온도가 일정 상승률 이상이 되는 경우에 작동하는 것으로서 넓은 범위 내에서의 열효과의 누적에 의하여 작동되는 것
3) 정온식 감지선형 : 일국소의 주위온도가 일정한 온도 이상이 되는 경우에 작동하는 것으로서 외관이 전선으로 되어 있는 것
4) 정온식 스포트형 : 일국소의 주위온도가 일정한 온도 이상이 되는 경우에 작동하는 것으로서 외관이 전선으로 되어 있지 아니한 것
5) 보상식 스포트형 : 차동식과 정온식의 기능을 겸한 것으로서 차동식 또는 정온식 성능 중 어느 한 기능이 작동되면 작동신호를 발하는 것
6) 열복합형 : 차동식과 정온식의 성능이 있는 것으로서 두 가지 성능의 감지기능이 함께 작동될 때 화재신호를 발신하거나 또는 두 개의 화재신호를 각각 발신하는 것

79 자동화재탐지설비 및 시각경보장치의 화재안전기술기준에 따라 자동화재탐지설비의 비상전원을 축전지설비로 할 경우 감시상태를 몇 분간 지속한 후, 몇 분 이상 경보할 수 있는 용량이어야 하는가?

① 30분간 감시상태 지속, 10분 이상 경보
② 30분간 감시상태 지속, 20분 이상 경보
③ 60분간 감시상태 지속, 10분 이상 경보
④ 60분간 감시상태 지속, 20분 이상 경보

해설➕
소방설비별 비상전원의 용량

소방설비	비상전원용량
• 비상경보설비(비상벨설비 또는 자동식 사이렌설비) • 비상방송설비 • 자동화재탐지설비 • 자동화재속보설비	60분 이상 감시상태 지속 10분 이상 경보
• 소화설비 • 유도등, 비상조명등 • 제연설비, 비상콘센트설비	20분 이상

소방설비	비상전원용량
유도등 및 비상조명등이 설치된 장소로서 • 지하층을 제외한 층수가 11층 이상의 층 • 지하층 또는 무창층으로서 용도가 도매시장 · 소매시장 · 여객자동차터미널 · 지하역사 또는 지하상가	60분 이상
무선통신보조설비의 증폭기	30분 이상

80 피난기구의 화재안전기술기준에서 정하는 승강식 피난기 및 하향식 피난구용 내림식 사다리의 설치기준 중 틀린 것은?

① 착지점과 하강구는 상호 수평거리 15cm 이상의 간격을 두어야 한다.

② 대피실 출입문이 개방되거나, 피난기구 작동 시 해당 층 및 직상층 거실에 설치된 표시등 및 경보장치가 작동되고, 감시 제어반에서는 피난기구의 작동을 확인할 수 있어야 한다.

③ 하강구 내측에는 기구의 연결금속구 등이 없어야 하며 전개된 피난기구는 하강구 수평투영면적 공간 내의 범위를 침범하지 않는 구조이어야 할 것. 단, 직경 60cm 크기의 범위를 벗어난 경우이거나, 직하층의 바닥면으로부터 높이 50cm 이하의 범위는 제외한다.

④ 대피실 내에는 비상조명등을 설치하여야 한다.

해설 ⊕
승강식 피난기 및 하향식 피난구용 내림식 사다리의 설치기준
1) 설치경로가 설치층에서 피난층까지 연계될 수 있는 구조로 설치할 것
2) 대피실의 면적 : 2m²(2세대 이상일 경우에는 3m²) 이상
3) 하강구(개구부) 규격 : 직경 60cm 이상
4) 대피실의 출입문 : 60분+ 방화문 또는 60분 방화문
5) 표지 : 피난방향에서 식별할 수 있는 위치에 "대피실" 표지판을 부착
6) 착지점과 하강구의 간격 : 상호 수평거리 15cm 이상
7) 대피실 조명 : 비상조명등

8) 대피실 출입문이 개방되거나, 피난기구 작동 시 해당 층 및 직하층 거실에 설치된 표시등 및 경보장치가 작동되고, 감시 제어반에서는 피난기구의 작동을 확인할 수 있어야 할 것
9) 하강구 내측에는 기구의 연결금속구 등이 없어야 하며 전개된 피난기구는 하강구 수평투영면적 공간 내의 범위를 침범하지 않는 구조이어야 할 것

② 피난기구 작동 시 해당 층 및 직상층 → 해당 층 및 직하층

1과목 **소방원론**

01 위험물안전관리법령상 제4류 위험물의 화재에 적응성이 있는 것은?

① 옥내소화전설비

② 옥외소화전설비

③ 스프링클러소화설비

④ 물분무소화설비

해설➕

1) 물의 주수형태에 의한 소화

주수형태	내용	설비	소화효과
봉상주수	가늘고 긴 몽둥이 모양으로 방사	옥내, 옥외 소화전	냉각
적상주수	물방울 형태로 방사	스프링 클러	냉각
무상주수	안개형태로 방사	물분무 소화설비	질식, 냉각, 유화, 희석

2) 물분무소화설비의 적응성 : 일반화재, 유류화재(유화효과), 전기화재

02 실내온도 15℃에서 화재가 발생하여 900℃가 되었다면 기체의 부피는 약 몇 배로 팽창되었는가? (단, 압력은 1기압으로 일정하다.)

① 3.14 ② 4.07

③ 5.69 ④ 8.05

해설➕

샤를의 법칙(Charles's Law)

압력이 일정할 때 기체의 체적은 절대온도에 비례한다.

$$\frac{V_1}{T_1} = \frac{V_2}{T_2}$$

여기서, T : 절대온도[K], V : 체적[m^3]

[풀이]

$T_1 : 15 + 273 = 288\,K$

$T_2 : 900 + 273 = 1,173\,K$

$P_1 = P_2$(조건에서 압력은 일정)

$\dfrac{V_1}{288} = \dfrac{V_2}{1,173}, \quad V_2 = \dfrac{1,173}{288}\,V_1$

$\therefore \ V_2 = 4.07\,V_1$

03 위험물안전관리법령상 위험물의 유별 성질이 가연성 고체인 위험물은 제 몇 류 위험물인가?

① 제1류 위험물

② 제2류 위험물

③ 제3류 위험물

④ 제4류 위험물

해설➕

위험물의 분류 및 성질

위험물의 분류	성질
제1류 위험물	산화성 고체
제2류 위험물	가연성 고체
제3류 위험물	자연발화성 및 금수성 물질
제4류 위험물	인화성 액체
제5류 위험물	자기반응성 물질
제6류 위험물	산화성 액체

04 분자식이 CF_2BrCl인 할론소화약제는?

① Halon 1011

② Halon 1211

③ Halon 1301

④ Halon 2402

정답 **01** ④ **02** ② **03** ② **04** ②

해설 ✚

할론소화약제의 물성

구분	Halon 1211	Halon 1301	Halon 2402	Halon 1011
화학식	CF_2ClBr	CF_3Br	$C_2F_4Br_2$	CH_2ClBr
분자량	165.4	148.9	259.8	129.4
증기비중	5.7	5.13	8.96	4.46
상온, 상압 에서 상태	기체	기체	액체	액체

05 건축물의 피난·방화구조 등의 기준에 관한 규칙에서 건축물의 바깥쪽으로 설치하는 피난계단의 유효너비는 몇 m 이상으로 하여야 하는가?

① 0.6

② 0.7

③ 0.9

④ 1.2

해설 ✚

건축물의 바깥쪽에 설치하는 피난계단의 구조
1) 계단은 그 계단으로 통하는 출입구 외의 창문 등(망이 들어 있는 유리의 붙박이창으로서 그 면적이 각각 $1m^2$ 이하인 것을 제외)으로부터 2m 이상의 거리를 두고 설치할 것
2) 건축물의 내부에서 계단으로 통하는 출입구에는 60분+ 방화문 또는 60분 방화문을 설치할 것
3) 계단의 유효너비는 0.9m 이상으로 할 것
4) 계단은 내화구조로 하고 지상까지 직접 연결되도록 할 것

06 목조건물에서 화재가 최성기에 이르면 천장, 대들보 등이 무너지고 강한 복사열을 발생한다. 이때 나타낼 수 있는 최고 온도는 약 몇 ℃인가?

① 300

② 600

③ 900

④ 1,300

해설 ✚

1) 목조건축물
   ① 고온단기형의 특성을 나타낸다.
   ② 발화 후 약 10분 정도면 온도가 1,300℃까지 상승한다.

2) 내화건축물
   ① 저온장기형의 특성을 나타낸다.
   ② 30분 내화 시 840℃, 1시간 내화 시 925℃, 2시간 내화 시 1,010℃이다.

3) 목조건축물과 내화건축물의 화재특성 비교

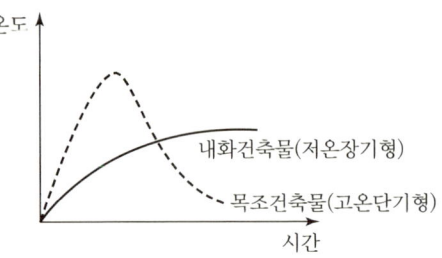

07 다음 중 점화원이 될 수 없는 것은?

① 기화열

② 정전기

③ 단열압축

④ 충격마찰

해설 ✚

잠열
물질의 온도변화는 없이 상태변화에만 필요한 열량
1) 물의 융해잠열 : 80[cal/g], 80[kcal/kg]
   1기압, 0℃에서의 얼음 1kg을 융해시키는 데 필요한 열량
2) 물의 기화잠열 : 539[cal/g], 539[kcal/kg]
   1기압, 100℃에서의 물 1kg을 기화시키는 데 필요한 열량

$$Q = m \cdot r$$

여기서, Q : 잠열량(kcal)
   m : 질량(kg)
   r : 잠열(kcal/kg)

① 기화열 → 융해열이나 기화열은 주위의 열을 흡수하여 상변화하는 것이므로 점화원이 될 수 없다.

08 표준상태에 있는 메탄가스의 밀도는 몇 g/L 인가?

① 0.17

② 0.19

③ 0.71

④ 0.91

정답   **05** ③   **06** ④   **07** ①   **08** ③

해설 ⊕ ------------------------------------

이상기체 상태방정식

$PV = nRT$, $PV = \dfrac{W}{M}RT$에서 $\dfrac{W}{V} = \dfrac{PM}{RT}$

밀도 $\rho = \dfrac{W}{V}$ [g/l]이므로 $\rho = \dfrac{PM}{RT}$ [g/l]

여기서, P : 절대압력[atm], V : 체적[l]

n : 몰수$\left(n = \dfrac{W}{M}\right)$[mol]

W : 기체의 질량[g], M : 분자량[g/mol]

R : 기체상수(0.082[atm · l / mol · K])

T : 절대온도[K]

[풀이]

표준상태 : 온도 0[℃], 압력 1[atm]

P : 1[atm], M : 분자량(CH_4 분자량 : 16)

R : 0.082[atm · l/mol · K], T : (273+0)[K]

$\therefore \rho = \dfrac{1 \times 16}{0.082 \times 273} = 0.71$[g/$l$]

09 열분해에 의해 가연물 표면에 유리상의 메타인산 피막을 형성하여 연소에 필요한 산소의 유입을 차단하는 분말소화약제는?

① 탄산수소칼륨과 요소 ② 제1인산암모늄
③ 탄산수소칼륨 ④ 탄산수소나트륨

해설 ⊕ ------------------------------------

제3종 분말소화약제($NH_4H_2PO_4$)

1) 소화효과
 ① A급, B급, C급의 어떤 화재에도 사용할 수 있기 때문에 ABC 분말소화약제라고도 한다.
 ② 열분해 시 흡열반응에 의한 냉각효과
 ③ 열분해 시 발생되는 불연성 가스(NH_3, H_2O 등)에 의한 질식효과
 ④ 반응 과정에서 생성된 유리상의 메타인산(HPO_3)에 의한 방진효과(A급 화재에 적응성)
 ⑤ 열분해 시 유리된 NH_4^+에 의한 부촉매소화
 ⑥ 분말 운무에 의한 열방사의 차단효과

2) 열분해 반응식
 $NH_4H_2PO_4 \rightarrow NH_3 + H_2O + HPO_3$

10 주수소화 시 가연물에 따라 발생하는 가연성 가스의 연결이 틀린 것은?

① 수소화리튬 – 수소
② 탄화칼슘 – 아세틸렌
③ 인화칼슘 – 포스핀
④ 탄화알루미늄 – 프로판

해설 ⊕ ------------------------------------

① 수소화리튬
  $LiH + H_2O \rightarrow LiOH + H_2$ (수소 발생)
② 탄화칼슘
  $CaC_2 + 2H_2O \rightarrow Ca(OH)_2 + C_2H_2$(아세틸렌 발생)
③ 인화칼슘
  $Ca_3P_2 + 6H_2O \rightarrow 3Ca(OH)_2 + 2PH_3$ (포스핀 발생)
④ 탄화알루미늄
  $Al_4C_3 + 12H_2O \rightarrow 4Al(OH)_3 + 3CH_4$ (메탄 발생)

11 다음 중 나이트로셀룰로오스에 대한 설명으로 틀린 것은?

① 제5류 위험물로서 고체이다.
② 물을 첨가하여 습윤시켜 운반한다.
③ 화약의 원료로 쓰인다.
④ 질화도가 낮을수록 위험성이 크다.

해설 ⊕ ------------------------------------

나이트로셀룰로오스

1) 셀룰로오스의 수산기를 질산에스터로 변화시킨 화합물이다.
2) 제5류 위험물로서 고체상태이고 질산섬유소라고도 하며 화약에 쓰일 때는 면약 또는 면화약이라 한다.
3) 질소 함유율(질화도)이 큰 것은 폭발성이 크고, 질소 함유율이 비교적 작은 것은 셀룰로이드 · 래커 등에 쓰인다.
4) 건조한 상태에서는 폭발하기 쉬우나 수분을 함유하면 폭발성이 없어져 저장이나 운반이 용이하므로, 보통의 경우 20% 이상의 수분을 첨가하여 보전한다.

12 탄산가스에 대한 일반적인 설명으로 옳은 것은?

① 산소와 반응 시 흡열반응을 일으킨다.
② 산소와 반응하여 불연성 물질을 발생시킨다.
③ 산화하지 않으나 산소와는 반응한다.
④ 산소와 반응하지 않는다.

해설+

1) 이산화탄소의 물성

구분	물성
화학식	CO_2
분자량	44
증기비중	1.52
삼중점	$-57℃$
임계온도	$31.35℃$
임계압력	73atm
승화점	$-79℃$

2) 이산화탄소의 반응식
   ① $C + O_2 \rightarrow CO_2$
   ② CO_2는 반응이 완료된 물질로 더 이상 산소와 반응하지 않는다.

13 수소의 공기 중 폭발범위에 가장 가까운 것은?

① 2.5~81vol%   ② 4~75vol%
③ 5~15vol%   ④ 1.9~48vol%

해설+

가연성 가스의 폭발범위(연소범위)

가연성 가스	연소하한계[%]	연소상한계[%]
아세틸렌(C_2H_2)	2.5	81
수소(H_2)	4.0	75
메탄(CH_4)	5.0	15
에탄(C_2H_6)	3.0	12.4
프로판(C_3H_8)	2.1	9.5
부탄(C_4H_{10})	1.8	8.4
일산화탄소(CO)	12.5	74
다이에틸에터($C_2H_5OC_2H_5$)	1.9	48
이황화탄소(CS_2)	1.2	44

14 다음 중 표면연소에 대한 설명으로 올바른 것은?

① 목재가 산소와 결합하여 일어나는 불꽃연소 현상
② 종이가 정상적으로 화염을 내면서 연소하는 현상
③ 오일이 기화하여 일어나는 연소 현상
④ 코크스나 숯의 표면에서 산소와 접촉하여 일어나는 연소 현상

해설+

고체의 연소형태

1) 표면연소 : 고체의 표면에서 고체 자체가 연소하는 현상으로 가연성 기체가 발생되지 않아 불꽃이 없는 연소를 하는 형태(표면연소=응축연소=작열연소)
   예 숯, 목탄, 코크스, 금속분 등

2) 증발연소 : 가연성 액체나 고체가 열을 받아 표면에서 증발하여 발생한 증기(또는 기체)가 연소하는 형태
   예 휘발유, 경유, 등유, 황, 나프탈렌, 파라핀, 왁스 등

3) 분해연소 : 고체 가연물이 온도상승에 의해 열분해되어 가연성 기체를 발생시키고 공기와 혼합하여 가연성 혼합기를 형성한 후 점화원에 의해 연소하는 형태
   예 목재, 고무, 종이, 플라스틱 등

4) 자기연소 : 가연물 스스로 산소공급원을 함유하고 있는 물질의 연소형태이다. 외부의 산소공급 없이도 연소가 진행될 수 있어 연소속도가 매우 빨라 폭발적으로 연소한다.
   예 질산에스터류, 셀룰로이드류, 나이트로화합물류 등 (제5류 위험물)

15 피난계획의 일반적 원칙이 아닌 것은?

① 피난경로는 간단명료할 것
② 2방향의 피난동선을 확보하여 둘 것
③ 피난수단은 이동식 시설을 원칙으로 할 것
④ 인간의 특성을 고려하여 피난계획을 세울 것

해설+

피난계획의 일반원칙

1) Fool Proof : 화재 시 패닉에 의해 판단능력이 저하되므로 누구나 알 수 있는 문자·그림 등을 이용하여 피난이 가능하도록 설계하는 원칙

정답 12 ④ 13 ② 14 ④ 15 ③

2) Fail Safe : 하나의 피난수단이 실패하더라도 다른 피난수단에 의해 안전하게 피난할 수 있도록 둘 이상의 피난수단이 확보되도록 설계하는 원칙

① 피난경로는 간단명료할 것 → Fool Proof
② 2방향의 피난동선을 확보하여 둘 것 → Fail Safe
③ 피난수단은 이동식 → 고정식(Fool Proof)
④ 인간의 특성을 고려하여 피난계획을 세울 것 → Fool Proof

16 다음 중 재료와 그 특성이 옳게 연결된 것은?

① PVC수지 – 열가소성
② 페놀수지 – 열가소성
③ 폴리에틸렌수지 – 열경화성
④ 멜라민수지 – 열가소성

해설 ⊕

열가소성 수지, 열경화성 수지

구분	열가소성 수지	열경화성 수지
특성	열에 의해 쉽게 용융, 변형되는 특성을 가진 수지	열에 의해 용융되지 않고 바로 분해되는 특성을 가진 수지
종류	폴리에틸렌, 폴리스티렌, 폴리프로필렌, 폴리염화비닐(PVC) 등	멜라민수지, 페놀수지, 요소수지 등

17 액화석유가스(LPG)에 대한 성질로 틀린 것은?

① 주성분은 프로판, 부탄이다.
② 천연고무를 잘 녹인다.
③ 물에 녹지 않으나 유기용매에 용해된다.
④ 공기보다 1.5배 가볍다.

해설 ⊕

LPG(액화석유가스, Liquefied Petroleum Gas)
1) 주성분은 프로판(C_3H_8)과 부탄(C_4H_{10})이다.
2) 액화하면 물보다 가볍고, 기화하면 공기보다 무겁다.
3) C_3H_8의 증기비중 : $\dfrac{44}{29} = 1.52$, 공기보다 1.52배 무겁다.
  C_3H_8의 분자량 : 44, 공기의 분자량 : 29

4) 무색무취하다.
5) 독성이 없다.
6) 물에 녹지 않고, 휘발유 등 유기용매에 잘 녹는다.
7) 석유류, 동식물류, 천연고무를 잘 녹인다.

LNG(액화천연가스, Liquefied Natural Gas)
1) 주성분은 메탄(CH_4)이다.
2) 액화하면 물보다 가볍고, 기화하면 공기보다 가볍다.
3) CH_4의 증기비중 : $\dfrac{16}{29} = 0.55$, 공기보다 0.55배 가볍다.
  CH_4의 분자량 : 16, 공기의 분자량 : 29
4) 무색무취하다.

④ 공기보다 1.5배 가볍다 → 무겁다

18 건축물의 화재발생 시 인간의 피난특성으로 틀린 것은?

① 평상시 사용하는 출입구나 통로를 사용하는 경향이 있다.
② 화재의 공포감으로 인하여 빛을 피해 어두운 곳으로 몸을 숨기는 경향이 있다.
③ 화염, 연기에 대한 공포감으로 발화지점의 반대방향으로 이동하는 경향이 있다.
④ 화재 시 최초로 행동을 개시한 사람을 따라 전체가 움직이는 경향이 있다.

해설 ⊕

화재발생 시 인간의 피난특성

피난특성	내용
추종본능	화재와 같은 급박한 상황에서는 먼저 행동한 사람을 따라 하는 특성
귀소본능	자주 이용하는 경로 및 원래 온 길로 돌아가려는 특성
퇴피본능	화재가 발생하면 반사적으로 화염, 열, 연기의 반대쪽으로 멀어지려는 특성
좌회본능	피난 시 시계반대방향으로 회전하려는 본능
지광본능	화재 시 빛을 찾아 외부로 빠져나오려는 특성

19 pH 9 정도의 물을 보호액으로 하여 보호액 속에 저장하는 물질은?

① 나트륨   ② 탄화칼슘

③ 칼륨   ④ 황린

해설⊕

1) 황린(P_4) : pH 9 정도의 약알칼리의 물속에 보관

2) 이황화탄소(CS_2) : 탱크를 물속에 보관

3) 나트륨, 칼륨 : 경유, 등유, 유동파라핀 속에 보관

  ① 나트륨과 물의 반응식

    $2Na + 2H_2O \rightarrow 2NaOH + H_2$(수소 발생)

  ② 칼륨과 물의 반응식

    $2K + 2H_2O \rightarrow 2KOH + H_2$(수소 발생)

  ③ 탄화칼슘과 물의 반응식

    $CaC_2 + 2H_2O \rightarrow Ca(OH)_2 + C_2H_2$(아세틸렌 발생)

20 MOC(Minimum Oxygen Concentration : 최소 산소 농도)가 가장 작은 물질은?

① 메탄   ② 에탄

③ 프로판   ④ 부탄

해설⊕

MOC(Minimum Oxygen Concentration)

가연성 기체에서 화염을 전파하기 위해 필요한 최소한의 산소농도

$MOC = LFL \times O_2$ 몰수

  여기서, LFL : 연소하한계, O_2 : 산소

※ 가연성 가스의 연소범위는 암기하여야 하고 산소의 몰수는 완전연소반응식을 숙지하여 구한 후 MOC를 구한다.

가연성 가스의 연소범위

가연성 가스	연소하한계[%]	연소상한계[%]
메탄(CH_4)	5.0	15
에탄(C_2H_6)	3.0	12.4
프로판(C_3H_8)	2.1	9.5
부탄(C_4H_{10})	1.8	8.4

① $CH_4 + 2O_2 \rightarrow CO_2 + 2H_2O$

  $MOC = 5 \times 2 = 10\%$

② $C_2H_6 + 3.5O_2 \rightarrow 2CO_2 + 3H_2O$

  $MOC = 3 \times 3.5 = 10.5\%$

③ $C_3H_8 + 5O_2 \rightarrow 3CO_2 + 4H_2O$

  $MOC = 2.1 \times 5 = 10.5\%$

④ $C_4H_{10} + 6.5O_2 \rightarrow 4CO_2 + 5H_2O$

  $MOC = 1.8 \times 6.5 = 11.7\%$

2과목   **소방전기일반**

21 저항 3[Ω]과 유도 리액턴스 4[Ω]이 직렬로 접속된 회로의 역률은?

① 0.6   ② 0.8

③ 0.9   ④ 1

해설⊕

$R-L$ 직렬회로

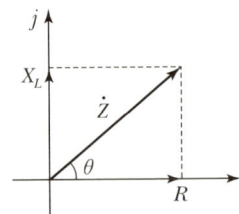

1) 임피던스 : Z

  $R : 3[Ω]$, $X_L : 4[Ω]$

  $Z = \sqrt{R^2 + X_L^2} = \sqrt{3^2 + 4^2} = 5[Ω]$

2) 역률 : $\cos\theta$

  $\cos\theta = \dfrac{R}{Z} = \dfrac{R}{\sqrt{R^2 + X_L^2}} = \dfrac{3}{5} = 0.6$

22 한 개의 철심 코어에 두 코일이 감겨 있다. 코일 1의 자기 인덕턴스 L_1이 160[mH], 코일 2의 자기 인덕턴스 L_2가 250[mH]이고, 두 코일의 상호 인덕턴스 M이 150[mH]일 때 두 코일의 결합계수 k는?

① 0.33   ② 0.62

③ 0.75   ④ 0.86

해설 ➕

상호 인덕턴스

$$M = k\sqrt{L_1 L_2}$$

여기서, M : 상호 인덕턴스[H]

L : 자기 인덕턴스[H]

K : 결합계수

[풀이]

$L_1 : 160[\text{mH}]$, $L_2 : 250[\text{mH}]$, $M : 150[\text{mH}]$

$150 = k\sqrt{160 \times 250}$

$150 = k \times 200$

$k = \dfrac{200}{150} = 0.75$

23 제어기기 및 전자회로에서 반도체 소자별 용도에 대한 설명 중 틀린 것은?

① 서미스터 : 온도 보상용으로 사용

② 사이리스터 : 전기신호를 빛으로 변환

③ 제너 다이오드 : 정전압소자(전원전압을 일정하게 유지)

④ 바리스터 : 계전기 점검에서 발생하는 불꽃 소거에 사용

해설 ➕

반도체의 종류 및 특성

반도체의 종류	특성	용도
서미스터	온도가 높아지면 저항값이 감소하는 부저항 온도계수의 특성(NTC)	• 온도보상용 • 휘트스톤브리지
바리스터	서지전압을 흡수하여 전자회로를 보호	• 개폐기의 불꽃 소거 • 서지전압 제거
SCR	단방향 3단자 사이리스터	• 대전류용 • 전동기 제어, 검출 회로용
제너 다이오드	역방향의 전압이 가해질 때 정전압을 발생	정전압 회로용으로 사용

반도체의 종류	특성	용도
바랙터 다이오드	전압에 따라 커패시턴스를 가변할 수 있는 가변용량 다이오드	AFC 회로나 FM 회로 등에 사용
터널 다이오드	전압–전류는 부성저항형이며, 고주파 특성이 양호하다.	• 초고주파 발진회로 • 고속 스위칭회로

② 사이리스터 : PNPN 접합의 4층 구조 반도체 소자의 총칭으로서 SCR 등을 포함

※ 전기신호를 빛으로 변환 → 발광 다이오드(LED)

24 이미터 전류를 1[mA] 변화시켰더니 컬렉터 전류는 0.84[mA]이었다. 이 트랜지스터의 증폭률 β는?

① 5.25

② 4.90

③ 7.24

④ 8.96

해설 ➕

트랜지스터의 전류 증폭률

이미터 접지회로에서 전류 증폭률 베타(β)는 베이스 전류(I_B)에 대한 컬렉터 전류(I_C)의 비율로 정의된다.

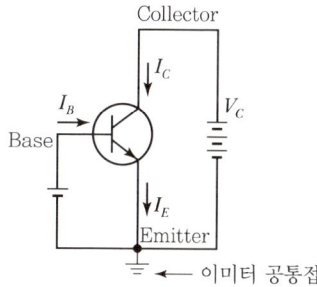

[NPN 트랜지스터]

$$\beta = \frac{I_C}{I_B} = \frac{I_C}{I_E - I_C}$$

여기서, β : 전류 증폭률, I_C : 컬렉터 전류

I_B : 베이스 전류, I_E : 이미터 전류

$\beta = \dfrac{I_C}{I_B} = \dfrac{I_C}{I_E - I_C} = \dfrac{0.84}{1 - 0.84} = 5.25$

25 1차 권선수가 10회, 2차 권선수가 300회인 변압기에서 2차 단자전압 1,500[V]가 유도되기 위한 1차 단자전압은 몇 [V]인가?

① 30
② 50
③ 120
④ 150

해설 ⊕ -

변압기의 권수비

$$a = \frac{N_1}{N_2} = \frac{V_1}{V_2} = \frac{I_2}{I_1} = \sqrt{\frac{Z_1}{Z_2}} = \sqrt{\frac{R_1}{R_2}}$$

여기서, N_1 : 1차 측 권수, N_2 : 2차 측 권수
V_1 : 1차 측 단자전압, V_2 : 2차 측 단자전압
I_1 : 1차 전류, I_2 : 2차 전류
R_1 : 1차 저항, R_2 : 2차 저항
Z_1 : 1차 임피던스, Z_2 : 2차 임피던스

$$\frac{N_1}{N_2} = \frac{V_1}{V_2}$$

$$\frac{10}{300} = \frac{V_1}{1,500}$$

$$V_1 = \frac{1,500 \times 10}{300} = 50[\text{V}]$$

26 3상 유도전동기 Y-Δ 기동회로의 제어요소가 아닌 것은?

① MCCB
② THR
③ MC
④ ZCT

해설 ⊕ -

① MCCB(Molded Case Circuit Breaker) : 배선용 차단기
② THR(Thermal Relay) : 열동계전기
③ MC(Magnetic Contactor) : 전자접촉기
④ ZCT((Zero Current Transformer) : 영상변류기
　　→ 누전경보기에서 누설전류 검출용

27 그림과 같이 콘덴서 3[F]과 2[F]이 직렬로 접속된 회로에 전압 100[V]를 가하였을 때 3[F] 콘덴서의 단자전압 V_1은?

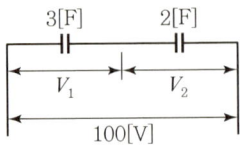

① 30[V]
② 40[V]
③ 50[V]
④ 60[V]

해설 ⊕ -

콘덴서의 직렬접속에서 분배되는 전압
C_1 : 3[F], C_2 : 2[F], V : 100[V]

$$V_1 = \frac{C_2}{C_1 + C_2} V [\text{V}]$$

$$V_1 = \frac{2}{3+2} \times 100 = 40[\text{V}]$$

28 반도체의 특징을 설명한 것 중 틀린 것은?

① 진성 반도체의 경우 온도가 올라갈수록 양(+)의 온도계수를 나타낸다.
② 열전현상, 광전현상, 홀효과 등이 심하다.
③ 반도체와 금속의 접촉면 또는 P형, N형 반도체의 접합면에서 정류작용을 한다.
④ 전류와 전압의 관계는 비직선형이다.

해설 ⊕ -

반도체의 특징
1) 진성 반도체는 온도가 올라갈수록 온도계수가 음(−)의 값을 갖는다. 즉, 온도가 증가하면 반도체 내의 전하 운반자 수가 증가하여 저항이 감소하는 특성을 나타낸다.
2) 열전현상(Thermoelectric Effect) : 열과 전기의 상호 작용에 의해 나타나는 여러 물리 현상으로 제벡 효과(Seebeck Effect), 펠티에 효과(Peltier Effect), 톰슨 효과(Thomson Effect) 등이 있다.
3) 광전현상(광전효과, Photoelectric Effect) : 금속 등의 표면에 일정 진동수(에너지) 이상의 빛을 비추었을 때, 그 표면에서 전자(광전자)가 튀어나오는 현상

정답　**25** ②　**26** ④　**27** ②　**28** ①

4) 홀효과(Hall Effect) : 금속이나 반도체에 전류를 흐르게 할 때, 이 전류 방향에 수직한 자기장을 가하면 전류 및 자기장 모두에 수직한 방향으로 전위차(홀 전압, Hall Voltage)가 발생하는 현상

5) 반도체와 금속의 접촉면 또는 P형과 N형 반도체의 접합 면에서 정류작용을 하는 것은 PN 접합 다이오드 등의 기본 동작 원리이다.

6) 반도체 소자에서 전류와 전압의 관계

① 저항 등의 선형 소자 : 전류와 전압이 비례 관계(직선형)이다. 즉, 전압이 두 배가 되면 전류도 두 배가 된다(옴의 법칙).

② 반도체 소자(비선형 특성) : 전압이 일정 임계값 이상이 되기 전까지는 거의 전류가 흐르지 않고 임계값을 넘으면 전류가 급격히 증가한다. 이와 같이 전압의 변화에 따라 전류의 변화가 일정하지 않고, 곡선 형태의 관계를 갖는 소자를 비선형 소자라 한다.

29 그림에서 4[Ω] 저항 양단에 걸리는 전압은?

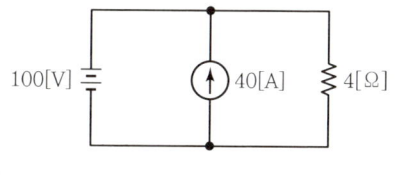

① 40[V] ② 100[V]
③ 160[V] ④ 400[V]

해설⊕

중첩의 원리

1) 여러 개의 전원을 갖는 회로에서 임의의 저항에 인가되는 전압과 흐르는 전류는 각 독립된 전원에 의한 전압과 전류의 대수적인 합과 같다.

2) 회로 해석에서 중첩의 원리(Superposition)를 적용할 때 전압원은 단락(Short)시키고 전류원은 개방(Open)시켜서 해석한다.

[풀이]

1) 전압원 단락

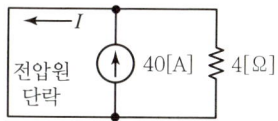

전압원 단락 시 4[Ω]의 저항에 걸리는 전압
$V = IR$, $V = 0[A] \times 4[\Omega] = 0[V]$

2) 전류원 개방

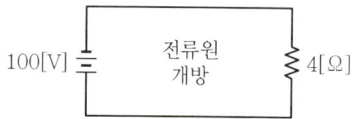

전류원 개방 시 4[Ω]의 저항에 걸리는 전압
$V = 100[V]$

3) 4[Ω]의 저항에 걸리는 전체 전압
$V = 0 + 100 = 100[V]$

30 그림과 같은 회로에서 내부저항 1[kΩ]인 전압계로 단자 A, B 간의 전압을 측정하면 몇 [V]인가?

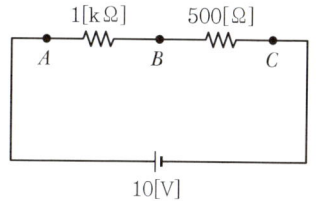

① 1[V] ② 4[V]
③ 5[V] ④ 10[V]

해설⊕

1) 단자 A, B 간에 내부저항 1[kΩ]인 전압계를 설치하면

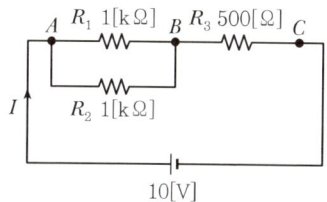

2) 단자 A, C 간의 합성저항을 구하면

$$R_{AC} = \left(\frac{R_1 R_2}{R_1 + R_2} \right) + R_3$$

$$= \left(\frac{1,000 \times 1,000}{1,000 + 1,000} \right) + 500 = 1,000[\Omega]$$

3) 전체 전류를 구하면

$$I = \frac{V}{R_{AC}} = \frac{10}{1,000} = 0.01[A]$$

4) 단자 A, B 간에 흐르는 전류를 구하면

$$I_{AB} = \frac{R_2}{R_1 + R_2} I$$

$$= \frac{1,000}{1,000 + 1,000} \times 0.01 = 0.005[\text{A}]$$

5) 단자 A, B 간에 걸리는 전압을 구하면

$$V_{AB} = I_{AB} \cdot R_1$$

$$= 0.005 \times 1,000 = 5[\text{V}]$$

31 지시전기계의 일반적인 구성요소가 아닌 것은?

① 제어장치   ② 제동장치

③ 구동장치   ④ 가열장치

해설➕

지시전기계(Indicating Instrument)의 일반적인 구성요소

1) 구동장치 : 전기량(전류, 전압 등)에 비례하는 힘을 발생시켜 가동부를 기동시켜 눈금을 지시하게 한다.
2) 제어장치 : 구동장치에 의해 움직이는 가동부가 평형 위치에서 멈추거나 원점으로 복귀하도록 제어한다.
3) 제동장치 : 운동에너지를 흡수하여 가동부가 신속하게 지시값에 도달하도록 하고, 진동을 방지한다.
4) 구동장치, 제어장치, 제동장치를 지시전기계의 핵심 3대 요소라 한다.

32 다음 그림을 간단히 나타낸 논리식은?

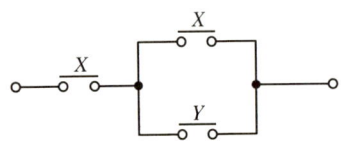

① X ② Y

③ $X + XY$ ④ XY

해설➕

1) (+)와 (·)의 의미

+	병렬회로를 의미	OR 회로	$X = (A + B)$	$\begin{smallmatrix}A\\B\end{smallmatrix}$⟩— X
·	직렬회로를 의미	AND 회로	$X = (A \cdot B)$	$\begin{smallmatrix}A\\B\end{smallmatrix}$⟩— X

2) 병렬회로

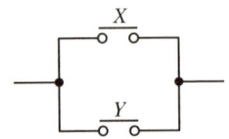

그림에서 X와 Y는 병렬회로이므로 논리식은 $(X + Y)$가 된다.

3) 직렬회로

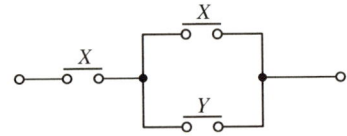

그림에서 X와 $(X + Y)$는 직렬회로이므로 논리식은 $X \cdot (X + Y)$가 된다.

4) 논리식의 간소화

$X \cdot (X + Y)$ X를 분배하면

$= X \cdot X + X \cdot Y$ $X \cdot X = X$이므로

$= X + X \cdot Y$ X로 묶으면

$= X(1 + Y)$ $(1 + Y) = 1$이므로

$= X$

33 분류기를 써서 배율을 9로 하기 위한 분류기의 저항은 전류계 내부저항의 몇 배인가?

① 1/8   ② 1/9

③ 8   ④ 9

해설➕

분류기 배율(n)

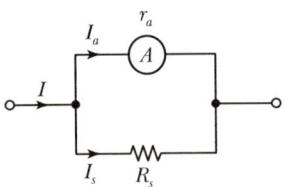

$$\frac{I}{I_a} = 1 + \frac{r_a}{R_s} \qquad n = 1 + \frac{r_a}{R_s}$$

여기서, r_a : 전류계의 내부저항[Ω]

R_s : 분류기 저항[Ω]

$$n = 1 + \frac{r_a}{R_s}, \ 9 = 1 + \frac{r_a}{R_s}, \ 8 = \frac{r_a}{R_s}, \ R_s = \frac{1}{8} r_a$$

34 삼각파의 파형률 및 파고율은?

① 1.0, 1.0
② 1.04, 1.226
③ 1.11, 1.414
④ 1.155, 1.732

해설 ⊕

1) 파형률

교류의 전압 또는 전류의 실효값을 평균값으로 나눈 값

$$파형률 = \frac{실효값}{평균값}$$

2) 파고율

교류의 전압 또는 전류의 최댓값을 실효값으로 나눈 값

$$파고율 = \frac{최댓값}{실효값}$$

3) 각 파형별 최댓값, 실효값, 평균값, 파형률, 파고율

파형	최댓값 (V_m)	실효값 $P(V)$	평균값 (V_{av})	파형률	파고율
정현파	V_m	$\dfrac{V_m}{\sqrt{2}}$	$\dfrac{2V_m}{\pi}$	1.11	1.414
정현반파	V_m	$\dfrac{V_m}{2}$	$\dfrac{V_m}{\pi}$	1.57	2
삼각파	V_m	$\dfrac{V_m}{\sqrt{3}}$	$\dfrac{V_m}{2}$	1.15	1.73
구형반파	V_m	$\dfrac{V_m}{\sqrt{2}}$	$\dfrac{V_m}{2}$	1.41	1.41
구형파	V_m	V_m	V_m	1	1

35 다음 중 쌍방향성 사이리스터인 것은?

① TRIAC
② SCR
③ GTO
④ 브리지 정류기

해설 ⊕

사이리스터의 종류 및 특성(PNPN 4층 구조)

사이리스터의 종류	심벌	용도 및 특성
SCR (Silicon Controlled Rectifier)	Gate (G) / Anode (A) — Cathode (K)	• 일반적으로 사이리스터를 지칭(PNPN 접합) • 단방향 3단자 사이리스터 • 게이트에 신호를 가함으로써 턴온된다. • 소형이고 과전압에 약하다. • 대전력용 정류기에 사용
TRIAC (트라이액)	G(Gate) / T_2 (Terminal 2) — T_1 (Terminal 1)	• SCR 2개를 역병렬로 연결한 전기적 등가구조 • 쌍방향성 스위칭 소자
GTO 사이리스터	Gate(G) / Anode (A) — Cathode (K)	게이트에 의해 제어 가능한 턴온 및 턴오프 능력을 갖도록 특별히 설계된 소자
DIAC (다이액)	T_2 (Terminal 2) — T_1 (Terminal 1)	• 쌍방향 2단자 사이리스터 • 교류전원에서 직접 트리거 펄스를 얻는 회로 구성

36 다음 그림에서 $a-b$ 간의 합성저항은?

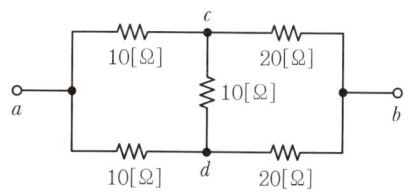

① 7.5[Ω]
② 15[Ω]
③ 30[Ω]
④ 60[Ω]

해설 ⊕

1) 대각선의 저항의 곱이 서로 같으므로 위 회로는 평형이다.
2) 브리지가 평형이므로 $c-d$ 간에는 전류가 흐르지 않는다.
3) 전류가 흐르지 않으면 저항이 무한대이므로 $c-d$ 간의 10[Ω]의 저항은 무시한다.

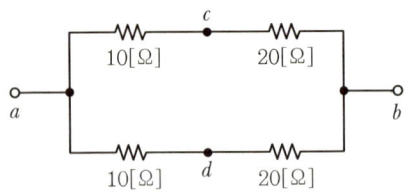

4) $R_{ab} = \dfrac{(10+20) \cdot (10+200)}{(10+20)+(10+20)} = \dfrac{900}{60} = 15[\Omega]$

37 그림과 같은 회로에서 각 계기의 지시값이 V는 180[V], A는 5[A], W는 720[W]라면 이 회로의 무효전력[Var]은?

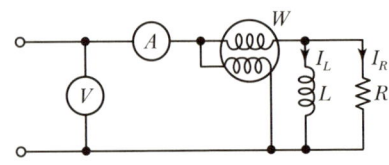

① 480[Var]
② 540[Var]
③ 960[Var]
④ 1,200[Var]

해설➕

1) 피상전력 $P_a[VA] = VI = 180 \times 5 = 900[VA]$
2) 유효전력 $P = 720[W]$: 저항(R)에서 소비되는 전력
3) 무효전력 $P_r[Var]$: 리액턴스(X)에서 발생하는 전력

$P_a = \sqrt{P^2 + P_r^2}$ 에서 $P_r = \sqrt{P_a^2 - P^2}$

$P_r = \sqrt{900^2 - 720^2} = 540[Var]$

38 집적회로(IC)의 특징으로 옳은 것은?

① 시스템이 대형화된다.
② 신뢰성이 높으나, 부품의 교체가 어렵다.
③ 열에 강하다.
④ 마찰에 의한 정전기 영향에 주의해야 한다.

해설➕

집적회로(IC : Integrated Circuit)
1) 하나의 반도체 기판에 다수의 트랜지스터, 콘덴서, 저항기 등 초소형으로 집적, 서로 분리될 수 없는 구조로 만든 기능소자

2) 집적회로의 특징

장점	단점
• 기기의 소형화 • 가격이 저렴 • 기능의 확대성 • 신뢰성 증가 • 구조가 간단	• 고전압, 대전류에 약함 • 열에 약함 • 발진이나 잡음 발생 • 마찰이나 정전기의 영향을 고려할 것

39 다음과 같은 특성을 갖는 제어계는?

• 발진을 일으키고 불안정한 상태로 되어가는 경향성을 보인다.
• 정확성과 대역폭이 증가한다.
• 계의 특성변화에 대한 입력 대 출력비의 감도가 감소한다.

① 프로세스 제어
② 프로그램 제어
③ 피드백 제어
④ 추종 제어

해설➕

피드백(폐회로) 제어의 구성

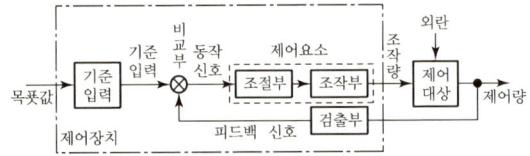

피드백 제어계 및 폐루프 시스템의 주요 특성
1) 발진 경향성 및 불안정성
피드백이 잘못 설계되거나 조건이 맞지 않으면 회로가 발진(Oscillation)을 일으켜 불안정해질 수 있다. 발진이 일어나면 시스템 전체가 제어가 불가능해지므로, 원하는 결과를 얻기 어렵게 된다.
2) 정확성과 대역폭(Bandwidth)의 증가
① 정확성 증가 : 피드백 제어계는 입력신호에 대해 출력이 더욱 정확하게 따라가게 하여, 외란이나 노이즈에 의한 오차를 최소화하여 목푯값에 더욱 근접한 결과를 낸다.
② 감대폭(대역폭) 증가 : 대역폭이 넓어지면 시스템이 더 빠른 신호 변화에 잘 반응하게 되며, 응답속도를 향상하여 고품질 신호 처리가 가능해진다.

3) 계의 특성 변화에 대한 입력 대 출력비 감도의 감소
   계의 특성이 바뀌어도(예 부품의 파라미터 변화, 외란 등)
   입력신호에 대한 출력비(입력 대 출력의 비율) 변화가 덜
   민감해진다. 이를 감도(Sensitivity)가 낮아진다고 표현
   한다. 즉, 시스템이 변화해도 출력이 크게 흔들리지 않아
   일관성과 신뢰성이 높아진다. 이는 제어계가 더욱 견고하
   고 예측 가능하다는 것을 의미한다.

40 그림과 같은 다이오드 논리회로의 명칭은?

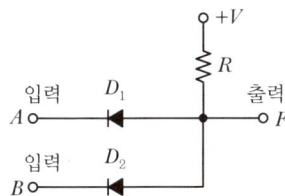

① NOT 회로   ② AND 회로
③ OR 회로   ④ NAND 회로

해설⊕

AND 회로

1) 의미 : 입력신호 A, B가 동시에 1일 때만 출력신호가 1
   이 되는 회로

2) 논리식 : $X = A \cdot B$

3) 논리회로 :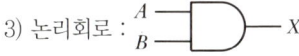

4) 유접점 회로   5) 진리표

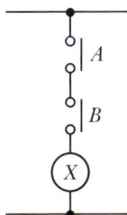

A	B	X
0	0	0
0	1	0
1	0	0
1	1	1

6) 무접점 회로

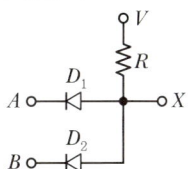

3과목 **소방관계법규**

41 소방시설 설치 및 관리에 관한 법령상 소방시설
등에 대한 자체점검 중 종합점검 대상기준으로 옳지
않은 것은?

① 제연설비가 설치된 터널

② 노래연습장으로서 연면적이 2,000m² 이상인 것

③ 호스릴 방식의 물분무 등 소화설비만을 설치한 연
   면적 5,000m² 이상의 특정소방대상물

④ 소방대가 근무하지 않는 국공립학교 중 연면적이
   1,000m² 이상인 것으로서 자동화재탐지설비가 설
   치된 것

해설⊕

종합점검

구분	기준
정의	소방시설 등의 작동점검을 포함하여 소방시설 등의 설비별 주요 구성 부품의 구조기준이 화재안전기준과 건축법 등 관련 법령에서 정하는 기준에 적합한지 여부를 점검하는 것
점검 대상	• 스프링클러설비가 설치된 특정소방대상물 • 물분무 등 소화설비 : 연면적 5,000m² 이상 (호스릴 제외, 위험물제조소 등 제외) • 다중이용업의 영업장 : 연면적이 2,000m² 이상인 것 • 제연설비가 설치된 터널 • 공공기관 : 연면적이 1,000m² 이상인 것으로서 옥내소화전설비 또는 자동화재탐지설비가 설치된 것
점검자의 자격	• 소방시설관리업에 등록된 기술인력 중 소방시설관리사 • 소방안전관리자로 선임된 소방시설관리사 및 소방기술사
점검횟수	• 연 1회 이상 • 특급 소방안전관리대상물(반기당 1회 이상)

---

42 소방시설 설치 및 관리에 관한 법령상 특정소방대상물 중 노유자시설에 속하지 않는 것은?

① 아동관련시설
② 장애인 관련시설
③ 노숙인 관련 시설
④ 정신의료기관

해설 ⊕
노유자시설
1) 노인 관련 시설 : 노인주거복지시설, 노인의료복지시설, 노인여가복지시설, 주 · 야간보호서비스나 단기보호서비스를 제공하는 재가노인복지시설, 노인보호전문기관, 노인일자리지원기관, 학대피해노인 전용쉼터 등
2) 아동 관련 시설 : 아동복지시설, 어린이집, 유치원, 병설유치원 등
3) 장애인 관련 시설 : 장애인 거주시설, 장애인 지역사회재활시설, 장애인 직업재활시설 등
4) 정신질환자 관련 시설 : 정신재활시설, 정신요양시설 등
5) 노숙인 관련 시설 : 노숙인복지시설, 노숙인종합지원센터 등
6) 결핵환자 또는 한센인 요양시설 등 다른 용도로 분류되지 않는 것

④ 정신의료기관 → 의료시설

43 소방시설 설치 및 관리에 관한 법률상 특정소방대상물에 소방시설이 화재안전기준에 따라 설치 · 관리되어 있지 아니할 때 해당 특정소방대상물의 관계인에게 필요한 조치를 명할 수 있는 사람은?

① 소방본부장
② 소방청장
③ 시 · 도지사
④ 행정안전부장관

해설 ⊕
특정소방대상물에 설치하는 소방시설의 관리 등
1) 특정소방대상물의 관계인은 대통령령으로 정하는 소방시설을 화재안전기준에 따라 설치 · 관리하여야 한다.
2) 소방본부장이나 소방서장은 소방시설이 화재안전기준에 따라 설치 · 관리되고 있지 아니할 때에는 해당 특정소방대상물의 관계인에게 필요한 조치를 명할 수 있다.
3) 특정소방대상물의 관계인은 소방시설을 설치 · 관리하는 경우 화재 시 소방시설의 기능과 성능에 지장을 줄 수 있는 폐쇄 · 차단 등의 행위를 하여서는 아니 된다. 다만, 소방시설의 점검 · 정비를 위하여 필요한 경우 폐쇄 · 차단은 할 수 있다.

44 화재를 예방 · 경계하거나 진압하고 화재, 재난 · 재해, 그 밖의 위급한 상황에서의 구조 · 구급활동 등을 통하여 국민의 생명 · 신체 및 재산을 보호함으로써 공공의 안녕 및 질서 유지와 복리증진에 이바지함을 목적으로 하는 것은?

① 소방시설 설치 및 관리에 관한 법률
② 다중이용업소의 안전관리에 관한 특별법
③ 소방시설공사업법
④ 소방기본법

해설 ⊕
소방기본법의 제정 목적
1) 화재를 예방 · 경계하거나 진압
2) 화재, 재난 · 재해, 그 밖의 위급한 상황에서의 구조 · 구급 활동
3) 국민의 생명 · 신체 및 재산을 보호
4) 공공의 안녕 및 질서 유지와 복리증진에 이바지함

45 위험물안전관리법상 과징금 처분에서 위험물제조소 등에 대한 사용의 정지가 공익을 해칠 우려가 있을 때, 사용정지처분에 갈음하여 얼마의 과징금을 부과할 수 있는가?

① 3천만 원 이하
② 1억 원 이하
③ 2억 원 이하
④ 3억 원 이하

해설 ⊕
과징금
1) 정의 : 영업정지가 그 이용자에게 불편을 주거나 그 밖에 공익을 해칠 우려가 있을 때에는 영업정지처분을 갈음하여 부과하는 돈
2) 과징금 부과권자 : 시 · 도지사

정답 42 ④ 43 ① 44 ④ 45 ③

3) 과징금 부과금액

소방시설관리업의 영업정지 갈음	소방시설업의 영업정지 갈음	위험물제조소 등 의 사용정지 갈음
3천만 원 이하	2억 원 이하	2억 원 이하

46 소방시설 설치 및 관리에 관한 법상 소방시설 등에 대한 자체점검을 실시하지 아니하거나 관리업자 등으로 하여금 정기적으로 점검하게 하지 아니한 자의 벌칙은?

① 3년 이하의 징역 또는 3천만 원 이하의 벌금
② 300만 원 이하의 벌금
③ 1년 이하의 징역 또는 1천만 원 이하의 벌금
④ 5년 이하의 징역 또는 5천만 원 이하의 벌금

해설 ⊕ --------------------------

1년 이하의 징역 또는 1천만 원 이하의 벌금(소방시설 설치 및 관리에 관한 법률)
1) 소방시설 등에 대하여 스스로 점검을 하지 아니하거나 관리업자 등으로 하여금 정기적으로 점검하게 하지 아니한 자
2) 소방시설관리사증을 다른 사람에게 빌려주거나 빌리거나 이를 알선한 자
3) 동시에 둘 이상의 업체에 취업한 자
4) 자격정지처분을 받고 그 자격정지기간 중에 관리사의 업무를 한 자
5) 관리업의 등록증이나 등록수첩을 다른 자에게 빌려주거나 빌리거나 이를 알선한 자
6) 영업정지처분을 받고 그 영업정지기간 중에 관리업의 업무를 한 자
7) 제품검사에 합격하지 아니한 제품에 합격표시를 하거나 합격표시를 위조 또는 변조하여 사용한 자
8) 형식승인의 변경승인 또는 성능인증의 변경인증을 받지 아니한 자
9) 제품검사에 합격하지 아니한 소방용품에 성능인증을 받았다는 표시 또는 제품검사에 합격하였다는 표시를 하거나 성능인증을 받았다는 표시 또는 제품검사에 합격하였다는 표시를 위조 또는 변조하여 사용한 자
10) 우수품질인증을 받지 아니한 제품에 우수품질인증 표시를 하거나 우수품질인증 표시를 위조하거나 변조하여 사용한 자

11) 관계 공무원이 관계인의 정당한 업무를 방해하거나 출입·검사 업무를 수행하면서 알게 된 비밀을 다른 사람에게 누설한 자

47 위험물안전관리법령상 옥외탱크저장소의 액체 위험물탱크 중 그 용량이 얼마 이상인 탱크는 기초·지반검사를 받아야 하는가?

① 10만 리터 이상
② 30만 리터 이상
③ 50만 리터 이상
④ 100만 리터 이상

해설 ⊕ --------------------------

탱크안전성능검사의 대상이 되는 탱크 등
1) 기초·지반검사 : 옥외탱크저장소의 액체위험물탱크 중 그 용량이 100만 리터 이상인 탱크
2) 충수·수압검사 : 다음 각 목의 탱크는 제외한 액체위험물을 저장 또는 취급하는 탱크
   ① 제조소 또는 일반취급소에 설치된 탱크로서 용량이 지정수량 미만인 것
   ② 고압가스 안전관리법에 따른 특정설비에 관한 검사에 합격한 탱크
   ③ 산업안전보건법에 따른 안전인증을 받은 탱크
3) 용접부검사 : 옥외탱크저장소의 액체위험물탱크 중 그 용량이 100만 리터 이상인 탱크
4) 암반탱크검사 : 액체위험물을 저장 또는 취급하는 암반 내의 공간을 이용한 탱크

48 소방시설 설치 및 관리에 관한 법령상 방염성능 기준 이상의 실내장식물 등을 설치하여야 하는 특정 소방대상물의 기준 중 틀린 것은?

① 층수가 11층 이상인 아파트
② 건축물의 옥내에 있는 시설로서 문화 및 집회시설
③ 숙박시설
④ 교육연구시설 중 합숙소

해설 ⊕ --------------------------

방염성능기준 이상의 실내장식물 등을 설치하여야 하는 특정소방대상물
1) 근린생활시설 중 의원, 치과의원, 한의원, 조산원, 산후조리원, 체력단련장, 공연장 및 종교집회장

정답 **46** ③ **47** ④ **48** ①

2) 건축물의 옥내에 있는 시설로서 다음 각 목의 시설
① 문화 및 집회시설
② 종교시설
③ 운동시설(수영장은 제외)
3) 의료시설
4) 교육연구시설 중 합숙소
5) 노유자시설
6) 숙박이 가능한 수련시설
7) 숙박시설
8) 방송통신시설 중 방송국 및 촬영소
9) 다중이용업소
10) 층수가 11층 이상인 것(아파트는 제외)

② 층수가 11층 이상인 아파트 → 아파트는 제외된다.

49 화재의 예방 및 안전관리에 관한 법령상 화재예방강화지구의 지정 등에 관한 설명으로 잘못된 것은?

① 소방관서장은 화재예방강화지구를 지정하여 관리할 수 있다.
② 소방관서장은 화재예방강화지구 안의 소방대상물의 위치·구조 및 설비 등에 대하여 화재안전조사를 하여야 한다.
③ 소방관서장은 화재예방강화지구 안의 관계인에 대하여 소방에 필요한 훈련 및 교육을 실시할 수 있다.
④ 소방관서장은 화재안전조사를 한 결과 화재의 예방강화를 위하여 필요하다고 인정할 때에는 관계인에게 소화기구, 소방용수시설 또는 그 밖에 소방에 필요한 설비의 설치를 명할 수 있다.

해설⊕

화재예방강화지구의 지정 등
1) 시·도지사는 다음에 해당하는 지역을 화재예방강화지구로 지정하여 관리할 수 있다.
① 시장지역
② 공장·창고가 밀집한 지역
③ 목조건물이 밀집한 지역
④ 노후·불량건축물이 밀집한 지역
⑤ 위험물의 저장 및 처리 시설이 밀집한 지역
⑥ 석유화학제품을 생산하는 공장이 있는 지역
⑦ 산업단지, 물류단지

⑧ 소방시설·소방용수시설 또는 소방출동로가 없는 지역
⑨ 소방관서장이 화재예방강화지구로 지정할 필요가 있다고 인정하는 지역
2) 시·도지사가 화재예방강화지구로 지정할 필요가 있는 지역을 화재예방강화지구로 지정하지 아니하는 경우 소방청장은 해당 시·도지사에게 해당 지역의 화재예방강화지구 지정을 요청할 수 있다.
3) 소방관서장은 화재예방강화지구 안의 소방대상물의 위치·구조 및 설비 등에 대하여 화재안전조사를 하여야 한다.
4) 소방관서장은 화재안전조사를 한 결과 화재의 예방강화를 위하여 필요하다고 인정할 때에는 관계인에게 소화기구, 소방용수시설 또는 그 밖에 소방에 필요한 설비의 설치를 명할 수 있다.
5) 소방관서장은 화재예방강화지구 안의 관계인에 대하여 소방에 필요한 훈련 및 교육을 실시할 수 있다.
6) 시·도지사는 화재예방강화지구의 지정 현황, 화재안전조사의 결과, 소방설비 등의 설치 명령 현황, 소방훈련 및 교육 현황 등이 포함된 화재예방강화지구에서의 화재예방에 필요한 자료를 매년 작성·관리하여야 한다.
※ 소방관서장 : 소방청장, 소방본부장, 소방서장

50 소방시설 설치 및 관리에 관한 법령상 소방시설의 자체점검에 관한 설명으로 옳지 않은 것은?

① 작동점검은 소방시설 등을 인위적으로 조작하여 정상적으로 작동하는 것을 점검하는 것이다.
② 종합점검은 설비별 주요 구성 부품의 구조기준이 화재안전기준 및 관련 법령에 적합한지 여부를 점검하는 것이다.
③ 종합점검에는 작동점검의 사항이 포함되지 않는다.
④ 종합점검은 소방시설관리업에 등록된 기술인력 중 소방시설관리사 또는 소방안전관리자로 선임된 소방시설관리사·소방기술사를 주된 점검자로 한다.

해설⊕

1) 작동점검 : 소방시설 등을 인위적으로 조작하여 소방시설이 정상적으로 작동하는지를 소방청장이 정하여 고시하는 소방시설 등 작동점검표에 따라 점검하는 것
2) 종합점검 : 소방시설 등의 작동점검을 포함하여 소방시설 등의 설비별 주요 구성 부품의 구조기준이 화재안전기준과 건축법 등 관련 법령에서 정하는 기준에 적합한지

여부를 소방청장이 정하여 고시하는 소방시설 등 종합점검표에 따라 점검하는 것

① 최초점검 : 소방시설이 신설된 경우 건축물을 사용할 수 있게 된 날부터 60일 이내 점검하는 것

② 그 밖의 종합점검 : 최초점검을 제외한 종합점검

3) 종합점검 점검자의 자격

① 관리업에 등록된 소방시설관리사

② 소방안전관리자로 선임된 소방시설관리사 및 소방기술사

51 소방시설 설치 및 관리에 관한 법률상 소방시설에 폐쇄·차단 등의 행위를 하여 사람을 상해에 이르게 한 때에 대한 벌칙기준으로 옳은 것은?

① 10년 이하의 징역 또는 1억 원 이하의 벌금

② 7년 이하의 징역 또는 7,000만 원 이하의 벌금

③ 5년 이하의 징역 또는 5,000만 원 이하의 벌금

④ 3년 이하의 징역 또는 3,000만 원 이하의 벌금

해설 ➕

소방시설 설치 및 관리에 관한 법률상 소방시설에 폐쇄·차단 등의 행위를 한 자에 대한 벌칙

1) 소방시설에 폐쇄·차단 등의 행위를 한 자 : 5년 이하의 징역 또는 5천만 원 이하의 벌금

2) 소방시설에 폐쇄·차단 등의 행위를 하여 사람을 상해에 이르게 한 때 : 7년 이하의 징역 또는 7천만 원 이하의 벌금

3) 소방시설에 폐쇄·차단 등의 행위를 하여 사람을 사망에 이르게 한 때 : 10년 이하의 징역 또는 1억 원 이하의 벌금

52 소방시설 설치 및 관리에 관한 법률에서 정하는 중앙소방기술심의위원회의 위원의 자격으로 잘못된 것은?

① 석사 이상의 소방 관련 학위를 소지한 사람

② 소방시설관리사

③ 소방 관련 법인·단체에서 소방 관련 업무에 5년 이상 종사한 사람

④ 소방공무원 교육기관, 대학교 또는 연구소에서 소방과 관련된 교육이나 연구에 3년 이상 종사한 사람

해설 ➕

중앙위원회의 위원의 위촉

과장급 직위 이상의 소방공무원과 다음에 해당하는 사람 중에서 소방청장이 임명하거나 성별을 고려하여 위촉한다.

1) 소방기술사

2) 석사 이상의 소방 관련 학위를 소지한 사람

3) 소방시설관리사

4) 소방 관련 법인·단체에서 소방 관련 업무에 5년 이상 종사한 사람

5) 소방공무원 교육기관, 대학교 또는 연구소에서 소방과 관련된 교육이나 연구에 5년 이상 종사한 사람

53 소방시설공사업법에서 정하는 "소방시설업"에 포함되지 않는 것은?

① 소방시설설계업

② 소방시설공사업

③ 소방공사감리업

④ 소방시설점검업

해설 ➕

소방시설업의 종류

1) 소방시설설계업 : 소방시설공사에 기본이 되는 공사계획, 설계도면, 설계설명서, 기술계산서 및 이와 관련된 서류를 작성하는 영업

2) 소방시설공사업 : 설계도서에 따라 소방시설을 신설, 증설, 개설, 이전 및 정비하는 영업

3) 소방공사감리업 : 소방시설공사에 관한 발주자의 권한을 대행하여 소방시설공사가 설계도서와 관계 법령에 따라 적법하게 시공되는지를 확인하고, 품질·시공관리에 대한 기술지도를 하는 영업

4) 방염처리업 : 방염대상물품에 대하여 방염처리하는 영업

54 위험물안전관리법령상 제1류 위험물로서 성질상 산화성 고체에 해당되지 않는 것은?

① 아염소산염류

② 무기과산화물

③ 질산염류

④ 과염소산

해설⊕

제1류 위험물의 위험등급, 품명 및 지정수량

위험등급	품명	지정수량
I	아염소산염류	50kg
	염소산염류	
	과염소산염류	
	무기과산화물	
II	브로민산염류	300kg
	아이오딘산염류	
	질산염류	
III	과망가니즈산염류	1,000kg
	다이크로뮴산염류	

④ 과염소산 → 제6류 위험물

55 위험물안전관리법령에서 정한 게시판의 주의사항으로 잘못된 것은?

① 제2류 위험물(인화성 고체 제외) : 화기주의
② 제3류 위험물 중 자연발화성 물질 : 화기엄금
③ 제4류 위험물 : 화기주의
④ 제5류 위험물 : 화기엄금

해설⊕

1) 제조소의 보기 쉬운 곳에 "위험물제조소"라는 표지를 설치
   ① 표지의 크기 : 한 변의 길이 0.3m 이상, 다른 한 변의 길이 0.6m 이상인 직사각형
   ② 표지의 색상 : 백색 바탕에 흑색 문자

2) 주의사항을 표시한 게시판 설치

위험물의 종류	주의사항	게시판
제1류 위험물 중 알칼리금속의 과산화물 제3류 위험물 중 금수성 물질	물기엄금	청색 바탕에 백색 문자
제2류 위험물(인화성 고체는 제외)	화기주의	적색 바탕에 백색 문자
제2류 위험물 중 인화성 고체 제3류 위험물 중 자연발화성 물질 제4류 위험물 제5류 위험물	화기엄금	적색 바탕에 백색 문자

56 소방시설 설치 및 관리에 관한 법령에서 정하는 소방시설 중 화재를 진압하거나 인명구조활동을 위하여 사용하는 설비로 정의되는 설비는?

① 소화설비
② 피난구조설비
③ 소화용수설비
④ 소화활동설비

해설⊕

소방시설의 종류
1) 소화설비 : 물 또는 그 밖의 소화약제를 사용하여 소화하는 기계·기구 또는 설비
2) 경보설비 : 화재발생 사실을 통보하는 기계·기구 또는 설비
3) 피난구조설비 : 화재가 발생할 경우 피난하기 위하여 사용하는 기구 또는 설비
4) 소화용수설비 : 화재를 진압하는 데 필요한 물을 공급하거나 저장하는 설비
5) 소화활동설비 : 화재를 진압하거나 인명구조활동을 위하여 사용하는 설비

57 소방기본법령상 소방본부 종합상황실 실장이 소방청의 종합상황실에 서면·팩스 또는 컴퓨터통신 등으로 보고하여야 하는 화재의 기준 중 틀린 것은?

① 재산피해액이 50억 원 이상 발생한 화재
② 층수가 5층 이상이거나 병상이 30개 이상인 종합병원·한방병원·요양소에서 발생한 화재
③ 지정수량의 1,000배 이상의 위험물의 제조소·저장소·취급소에서 발생한 화재
④ 연면적 15,000m² 이상인 공장 또는 화재예방강화지구에서 발생한 화재

해설⊕

종합상황실의 실장은 다음에 해당하는 상황이 발생하는 때에는 그 사실을 지체 없이 서면·팩스 또는 컴퓨터통신 등으로 소방서의 종합상황실의 경우는 소방본부의 종합상황실에, 소방본부의 종합상황실의 경우는 소방청의 종합상황실에 각각 보고해야 한다.

정답 **55** ③ **56** ④ **57** ③

1) 사망자가 5인 이상 발생하거나 사상자가 10인 이상 발생한 화재
2) 이재민이 100인 이상 발생한 화재
3) 재산피해액이 50억 원 이상 발생한 화재
4) 관공서ㆍ학교ㆍ정부미도정공장ㆍ문화재ㆍ지하철 또는 지하구의 화재
5) 층수가 11층 이상인 건축물
6) 관광호텔, 지하상가, 시장, 백화점
7) 지정수량의 3,000배 이상의 위험물의 제조소ㆍ저장소ㆍ취급소
8) 층수가 5층 이상이거나 객실이 30실 이상인 숙박시설
9) 층수가 5층 이상이거나 병상이 30개 이상인 종합병원ㆍ정신병원ㆍ요양소
10) 연면적 1만5천m² 이상인 공장 또는 화재예방강화지구에서 발생한 화재
11) 철도차량, 항구에 매어둔 총 톤수가 1,000톤 이상인 선박, 항공기, 발전소 또는 변전소에서 발생한 화재
12) 가스 및 화약류의 폭발에 의한 화재
13) 다중이용업소의 화재
14) 언론에 보도된 재난상황

③ 지정수량의 1,000배 이상 → 지정수량의 3,000배 이상

58 위험물안전관리법령에서 정하는 소화난이도등급 Ⅲ인 지하탱크저장소에 설치하여야 하는 소화설비의 설치기준으로 옳은 것은?

① 능력단위 수치가 3 이상의 소형 수동식 소화기 등 1개 이상
② 능력단위 수치가 3 이상의 소형 수동식 소화기 등 2개 이상
③ 능력단위 수치가 2 이상의 소형 수동식 소화기 등 1개 이상
④ 능력단위 수치가 2 이상의 소형 수동식 소화기 등 2개 이상

해설⊕

소화난이도등급 Ⅲ의 제조소 등에 설치하여야 하는 소화설비

제조소 등의 구분	소화설비	설치기준	
지하탱크 저장소	소형 수동식 소화기 등	능력단위의 수치가 3 이상	2개 이상
이동탱크 저장소	자동차용 소화기	무상의 강화액 8L 이상	2개 이상
		이산화탄소 3.2kg 이상	
		브로모클로로다이플루오로메탄(CF_2ClBr) 2L 이상	
		브로모트라이플루오로메탄(CF_3Br) 2L 이상	
		다이브로모테트라플루오로에탄($C_2F_4Br_2$) 1L 이상	
		소화분말 3.3kg 이상	
	마른 모래 및 팽창질석 또는 팽창진주암	마른모래 150L 이상	
		팽창질석 또는 팽창진주암 640L 이상	
그 밖의 제조소 등	소형 수동식 소화기 등	능력단위의 수치가 건축물, 그 밖의 공작물 및 위험물의 소요단위의 수치에 이르도록 설치할 것. 다만, 옥내소화전설비, 옥외소화전설비, 스프링클러설비, 물분무 등 소화설비 또는 대형 수동식 소화기를 설치한 경우에는 당해 소화설비의 방사능력 범위 내의 부분에 대하여는 수동식 소화기 등을 그 능력단위의 수치가 당해 소요단위의 수치의 1/5 이상이 되도록 하는 것으로 족하다.	

59 소방시설기준 적용의 특례 중 특정소방대상물의 관계인이 소방시설을 갖추어야 함에도 불구하고 관련 소방시설을 설치하지 아니할 수 있는 소방시설의 범위로 옳은 것은?(단, 화재 위험도가 낮은 특정소방대상물로서 석재, 불연성 금속, 불연성 건축재료 등의 가공공장·기계조립공장·주물공장 또는 불연성 물품을 저장하는 창고이다.)

① 옥외소화전 및 연결살수설비
② 연결송수관설비 및 연결살수설비
③ 자동화재탐지설비, 상수도소화용수설비 및 연결살수설비
④ 스프링클러설비, 상수도소화용수설비 및 연결살수설비

해설 ➕
소방시설을 설치하지 아니할 수 있는 특정소방대상물 및 소방시설의 범위

구분	특정소방대상물	소방시설
화재 위험도가 낮은 특정소방대상물	석재, 불연성 금속, 불연성 건축재료 등의 가공공장·기계조립공장·주물공장 또는 불연성 물품을 저장하는 창고	옥외소화전 및 연결살수설비
화재안전기준을 달리 적용하여야 하는 특수한 용도의 특정소방대상물	원자력발전소, 중·저준위 방사성 폐기물의 저장시설	연결송수관설비 및 연결살수설비

60 위험물안전관리법령상 제조소에 취급하는 위험물의 최대수량이 지정수량의 10배 이하인 경우 공지의 너비 기준은?

① 3m 이하
② 3m 이상
③ 5m 이하
④ 5m 이상

해설 ➕
제조소의 보유공지

취급하는 위험물의 최대수량	공지의 너비
지정수량의 10배 이하	3m 이상
지정수량의 10배 초과	5m 이상

4과목 **소방전기시설의 구조 및 원리**

61 가스누설경보기의 형식승인 및 제품검사의 기술기준에 따른 가스누설신호를 수신한 가스누설경보기의 누설등의 색 표시는?

① 적색
② 황색
③ 녹색
④ 청색

해설 ➕
가스누설경보기의 표시등
1) 전구는 2개 이상을 병렬로 접속하여야 한다. 다만, 방전등 또는 발광다이오드의 경우에는 그러하지 아니하다.
2) 전구에는 적당한 보호 덮개를 설치하여야 한다. 다만, 발광다이오드의 경우에는 그러하지 아니하다.
3) 가스의 누설을 표시하는 표시등(누설등) 및 가스가 누설된 경계구역의 위치를 표시하는 표시등(지구등)은 등이 켜질 때 황색으로 표시되어야 한다.
4) 주위의 밝기가 300lx인 장소에서 측정하여 앞면으로부터 3m 떨어진 곳에서 켜진 등이 확실히 식별되어야 한다.

62 비상조명등의 화재안전기술기준에서 정하는 비상조명등의 설치 제외 기준 중 다음 (   ) 안에 알맞은 것은?

> 거실의 각 부분으로부터 하나의 출입구에 이르는 보행거리가 (   )m 이내인 부분

① 2
② 5
③ 15
④ 25

해설 ⊕

1) 비상조명등의 제외
   ① 거실의 각 부분으로부터 하나의 출입구에 이르는 보행 거리가 15m 이내인 부분
   ② 의원 · 경기장 · 공동주택 · 의료시설 · 학교의 거실

2) 휴대용 비상조명등 설치 제외
   ① 지상 1층 또는 피난층으로서 복도, 통로, 창문 등의 개구부를 통하여 피난이 용이한 경우
   ② 숙박시설로서 복도에 비상조명등을 설치한 경우

63 무선통신보조설비의 화재안전기술기준에 따라 금속제 지지금구를 사용하여 무선통신 보조설비의 누설동축케이블을 벽에 고정시키고자 하는 경우 몇 m 이내마다 고정시켜야 하는가?

① 2m
② 3m
③ 4m
④ 5m

해설 ⊕

누설동축케이블의 설치기준
1) 소방전용주파수대에서 전파의 전송 또는 복사에 적합한 것으로서 소방전용으로 할 것
2) 케이블의 구성
   ① 누설동축케이블과 이에 접속하는 안테나
   ② 동축케이블과 이에 접속하는 안테나
3) 누설동축케이블은 불연 또는 난연성의 것으로서 습기에 따라 전기의 특성이 변질되지 아니하는 것으로 하고, 노출하여 설치한 경우에는 피난 및 통행에 장애가 없도록 할 것
4) 누설동축케이블은 화재에 따라 해당 케이블의 피복이 소실된 경우에 케이블 본체가 떨어지지 아니하도록 4m 이내마다 금속제 또는 자기제 등의 지지금구로 벽 · 천장 · 기둥 등에 견고하게 고정시킬 것. 다만, 불연재료로 구획된 반자 안에 설치하는 경우에는 그러하지 아니하다.
5) 누설동축케이블 및 안테나는 금속판 등에 따라 전파의 복사 또는 특성이 현저하게 저하되지 아니하는 위치에 설치할 것
6) 누설동축케이블 및 안테나는 고압의 전로로부터 1.5m 이상 떨어진 위치에 설치할 것. 다만, 해당 전로에 정전기 차폐장치를 유효하게 설치한 경우에는 그러하지 아니하다.

7) 누설동축케이블의 끝부분에는 무반사 종단저항을 견고하게 설치할 것
8) 누설동축케이블 또는 동축케이블의 임피던스는 50Ω으로 할 것

64 소방시설용 비상전원수전설비의 화재안전기술기준에 따라 전기사업자로부터 저압으로 수전하는 경우 비상전원설비로 옳은 것은?

① 방화구획형
② 옥외개방형
③ 큐비클형
④ 전용배전반(1 · 2종)

해설 ⊕

1) 특별고압 또는 고압으로 수전하는 경우의 비상전원수전설비
   ① 방화구획형
   ② 옥외개방형
   ③ 큐비클형

2) 저압으로 수전하는 경우 비상전원설비
   ① 전용배전반(1 · 2종)
   ② 전용분전반(1 · 2종)
   ③ 공용분전반(1 · 2종)

65 유도등의 형식승인 및 제품검사의 기술기준에 따른 유도등의 일반구조에 적합하지 않은 것은?

① 수송 중 진동 또는 충격에 의하여 장해를 받지 않도록 축전지에 배선 등을 직접 납땜하여야 한다.
② 유도등에는 점멸, 음성 또는 이와 유사한 방식 등에 의한 유도장치를 설치할 수 있다.
③ 바닥에 매립되는 복도통로유도등과 객석유도등을 제외하고 유도등에는 점검용의 자동복귀형 점멸기를 설치하여야 한다.
④ 인출선의 길이는 전선 인출부분으로부터 150mm 이상이어야 한다.

해설 ⊕

유도등의 일반구조
1) 수송 중 진동 또는 충격에 의하여 기능에 장해를 받지 아니하는 구조이어야 한다.
2) 축전지에 배선 등을 직접 납땜하지 아니하여야 한다.
3) 유도등에는 점멸, 음성 또는 이와 유사한 방식 등에 의한 유도장치를 설치할 수 있다.
4) 유도등에는 점검용의 자동복귀형 점멸기를 설치하여야 한다. 다만, 바닥에 매립되는 복도통로유도등과 객석유도등은 그러하지 아니하다.
5) 인출선의 길이는 전선인출 부분으로부터 150mm 이상이어야 한다.
6) 전선의 굵기는 인출선인 경우에는 단면적이 $0.75mm^2$ 이상이어야 한다.
7) 상용전원전압의 110% 범위 안에서는 유도등 내부의 온도상승이 그 기능에 지장을 주거나 위해를 발생시킬 염려가 없어야 한다.
8) 주전원 차단 시 비상전원으로 자동전환될 수 있도록 예비전원을 설치하여야 한다. 다만, 객석유도등은 그러하지 아니하다.
9) 주전원 및 비상전원을 단락사고 등으로부터 보호할 수 있는 퓨즈 등 과전류 보호장치를 설치하여야 한다.
10) 사용전압은 300V 이하이어야 한다. 다만, 충전부가 노출되지 아니한 것은 300V를 초과할 수 있다.
11) 극성이 있는 경우에는 오접속을 방지하기 위하여 필요한 조치를 하여야 한다.

66 누전경보기의 형식승인 및 제품검사의 기술기준에 따라 누전경보기의 변류기는 경계전로에 정격전류를 흘리는 경우, 그 경계전로의 전압강하는 몇 V 이하이어야 하는가?(단, 경계전로의 전선을 그 변류기에 관통시키는 것은 제외한다.)

① 0.3
② 0.5
③ 1.0
④ 3.0

해설 ⊕

1) 누전경보기의 정의 : 사용전압 600V 이하인 경계전로의 누설전류를 검출하여 당해 소방대상물의 관계자에게 경보를 발하는 설비로서 변류기와 수신부로 구성된 것

2) 변류기는 경계전로에 정격전류를 흘리는 경우, 그 경계전로의 전압강하는 0.5V 이하일 것
3) 공칭작동전류치 및 감도조정장치의 조정범위

구분	전류[mA]
공칭작동전류치	200 이하
감도조정장치	1,000(1A) 이하

67 비상콘센트설비의 화재안전기술기준에 따른 비상콘센트보호함의 설치기준으로 옳지 않은 것은?

① 보호함 상부에 적색의 표시등을 설치하여야 한다.
② 보호함에는 쉽게 개폐할 수 있는 문을 설치하여야 한다.
③ 보호함 표면에 "비상콘센트"라고 표시한 표지를 하여야 한다.
④ 비상콘센트의 보호함을 옥내소화전함 등과 접속하여 설치하는 경우에는 옥내소화전함의 표시등과 분리하여야 한다.

해설 ⊕

비상콘센트를 보호하기 위한 비상콘센트보호함
1) 보호함에는 쉽게 개폐할 수 있는 문을 설치할 것
2) 보호함 표면에 "비상콘센트"라고 표시한 표지를 할 것
3) 보호함 상부에 적색의 표시등을 설치할 것. 다만, 비상콘센트의 보호함을 옥내소화전함 등과 접속하여 설치하는 경우에는 옥내소화전함 등의 표시등과 겸용할 수 있다.

68 유도등 및 유도표지의 화재안전기술기준에 따른 객석유도등의 설치기준이다. 다음 ( ) 안에 들어갈 내용으로 옳은 것은?

객석유도등은 객석의 (㉠), (㉡) 또는 (㉢)에 설치하여야 한다.

① ㉠ 바닥, ㉡ 천장, ㉢ 벽
② ㉠ 통로, ㉡ 바닥, ㉢ 천장
③ ㉠ 통로, ㉡ 바닥, ㉢ 벽
④ ㉠ 바닥, ㉡ 통로, ㉢ 출입구

정답 **66** ② **67** ④ **68** ③

해설⊕

객석통로유도등의 설치기준
1) 객석유도등의 설치위치 : 객석의 통로, 바닥, 벽
2) 객석유도등의 수량산정(소수점 이하의 수는 1로 본다)

$$설치개수 = \frac{객석 통로의 직선부분의 길이[m]}{4} - 1$$

69 자동화재탐지설비 및 시각경보장치의 화재안전기술기준에서 정하는 부착높이 8m 이상 15m 미만에 설치 가능한 감지기가 아닌 것은?

① 광전식 분리형 1종 감지기
② 차동식 스포트형 감지기
③ 차동식 분포형 감지기
④ 불꽃감지기

해설⊕

부착높이별 적응성 감지기의 종류

부착높이	감지기의 종류
8m 이상 15m 미만	• 차동식 분포형 • 이온화식 1종 또는 2종 • 광전식(스포트형, 분리형, 공기흡입형) 1종 또는 2종 • 불꽃감지기, 연기복합형
15m 이상 20m 미만	• 이온화식 1종 • 광전식(스포트형, 분리형, 공기흡입형) 1종 • 연기복합형 • 불꽃감지기
20m 이상	• 불꽃감지기 • 광전식(분리형, 공기흡입형) 중 아날로그 방식

비고
부착높이 20m 이상에 설치되는 광전식 아날로그방식의 감지기는 공칭감지농도 하한값이 감광율 5%/m 미만인 것으로 한다.

70 감지기의 형식승인 및 제품검사의 기술기준에서 정하는 주위의 온도 또는 연기의 양의 변화에 따른 화재정보신호값을 출력하는 방식의 감지기 방식은?

① 다신호식   ② 아날로그식
③ 축적형   ④ 주소형

해설⊕

1) 아날로그식 : 주위의 온도 또는 연기의 양의 변화에 따른 화재정보신호값을 출력하는 방식의 감지기
2) 다신호식
   ① 각 서로 다른 종별 또는 감도 등의 기능을 갖춘 것으로서 일정시간 간격을 두고 각각 다른 2개 이상의 화재신호를 발하는 감지기
   ② 동일 종별 또는 감도를 갖는 2개 이상의 센서를 통해 감지하여 화재신호를 각각 발신하는 감지기
3) 축적형 : 일정농도·온도 이상의 연기 또는 온도가 일정시간(공칭축적시간) 연속하는 것을 전기적으로 검출함으로써 작동하는 감지기
4) 주소형 : 감지기의 식별정보가 있어 감지기의 작동 시 설치지점의 감지기 식별신호를 발신하는 것

71 자동화재탐지설비 및 시각경보장치의 화재안전기술기준에서 정하는 청각장애인용 시각경보장치는 천장의 높이가 2m 이하인 경우에는 천장으로부터 몇 m 이내의 장소에 설치하여야 하는가?

① 0.15   ② 1.5   ③ 0.1   ④ 1.0

해설⊕

시각경보기 설치기준
1) 복도·통로·청각장애인용 객실 및 공용으로 사용하는 거실에 설치
2) 공연장·집회장·관람장 등에 설치하는 경우에는 시선이 집중되는 무대부 부분에 설치
3) 설치높이는 바닥으로부터 2m 이상 2.5m 이하의 장소에 설치할 것. 다만, 천장의 높이가 2m 이하인 경우에는 천장으로부터 0.15m 이내의 장소에 설치
4) 시각경보장치의 광원은 전용의 축전지설비 또는 전기저장장치에 의하여 점등되도록 할 것(다만, 형식승인을 얻은 수신기를 설치한 경우 제외)
5) 시각경보기 점멸주기 : 매초당 1회 이상 3회 이내

72 누전경보기의 형식승인 및 제품검사의 기술기준에서 정하는 누전경보기의 변류기는 직류 500V의 절연저항계로 절연된 1차 권선과 2차 권선 간을 절연저항시험을 할 때 몇 MΩ 이상이어야 하는가?

① 0.1   ② 5   ③ 20   ④ 100

해설⊕
누전경보기 절연저항시험
변류기 : DC 500V의 절연저항계로 다음 각 호의 시험을 하는 경우 5MΩ 이상
1) 절연된 1차 권선과 2차 권선 간의 절연저항
2) 절연된 1차 권선과 외부금속부 간의 절연저항
3) 절연된 2차 권선과 외부금속부 간의 절연저항

73 자동화재속보설비의 속보기의 성능인증 및 제품검사의 기술기준에서 자동화재속보설비의 속보기는 수동으로 동작시키는 경우 소방관서에 자동적으로 신호를 발하여 통보하되 20초 이내에 몇 회 이상 속보할 수 있어야 하는가?

① 3회   ② 4회   ③ 10회   ④ 20회

해설⊕
속보기의 기능(성능인증 및 제품검사의 기술기준 제5조)
1) 속보기는 작동신호를 수신하거나 수동으로 동작시키는 경우 20초 이내에 소방관서에 자동적으로 신호를 발하여 알리되, 3회 이상 속보할 수 있어야 한다.
2) 예비전원은 자동적으로 충전되어야 하며 자동과충전방지장치가 있어야 한다.
3) 연동 또는 수동으로 소방관서에 화재발생 음성정보를 속보 중인 경우에도 송수화장치를 이용한 통화가 우선적으로 가능하여야 한다.
4) 예비전원을 병렬로 접속하는 경우에는 역충전 방지 등의 조치를 하여야 한다.
5) 예비전원은 감시상태를 60분간 지속한 후 10분 이상 동작이 지속될 수 있는 용량이어야 한다.
6) 속보기는 작동신호 또는 수동작동스위치에 의한 다이얼링 후 소방관서와 전화접속이 이루어지지 않는 경우에는 최초 다이얼링을 포함하여 10회 이상 반복적으로 접속을 위한 다이얼링이 이루어져야 한다. 이 경우 매회 다이얼링 완료 후 호출은 30초 이상 지속되어야 한다.

7) 속보기의 송수화장치가 정상위치가 아닌 경우에도 연동 또는 수동으로 속보가 가능하여야 한다.
8) 화재신호를 수신하거나 수동으로 동작시키는 경우 자동적으로 화재표시등이 점등되고 음향장치로 화재를 경보하여야 한다.
9) 주전원이 정지한 경우에는 자동적으로 예비전원으로 전환되고, 주전원이 정상상태로 복귀한 경우에는 자동적으로 예비전원에서 주전원으로 전환되어야 한다.
10) 음성으로 통보되는 속보내용을 통하여 해당 소방대상물의 위치, 관계인 2명 이상의 연락처, 화재발생 및 속보기에 의한 신고임을 확인할 수 있어야 한다.

74 비상콘센트설비의 화재안전기술기준에서 정하는 비상콘센트설비의 전원 설치에 관한 설명으로 틀린 것은?

① 상용전원회로의 배선은 저압수전인 경우에는 인입개폐기의 직후에서 분기하여 전용배선으로 할 것
② 비상전원을 실내에 설치하는 때에는 그 실내에 비상조명등을 설치할 것
③ 비상전원의 설치장소에 다른 장소와 방화구획할 것
④ 비상전원은 비상콘센트설비를 유효하게 10분 이상 작동시킬 수 있는 용량으로 설치할 것

해설⊕
1) 상용전원회로의 배선
   ① 저압수전인 경우에는 인입개폐기의 직후
   ② 고압수전 또는 특고압수전인 경우에는 전력용 변압기 2차 측의 주차단기 1차 측 또는 2차 측에서 분기하여 전용배선으로 할 것

2) 비상전원의 설치기준
   ① 점검에 편리하고 화재 및 침수 등의 재해로 인한 피해 우려가 없는 곳에 설치할 것
   ② 상용전원으로부터 전력의 공급이 중단된 때에는 자동으로 비상전원으로부터 전력을 공급받을 수 있도록 할 것
   ③ 비상전원의 설치장소는 다른 장소와 방화구획할 것
   ④ 비상전원을 실내에 설치하는 때에는 그 실내에 비상조명등을 설치할 것
   ⑤ 비상콘센트를 20분 이상 유효하게 작동시킬 수 있는 용량으로 할 것

정답 72 ② 73 ① 74 ④

75 감지기의 형식승인 및 제품검사의 기술기준에 따른 단독경보형 감지기의 일반기능에 대한 내용이다. 다음 (   ) 안에 들어갈 내용으로 옳은 것은?

> 주기적으로 섬광하는 전원표시등에 의하여 전원의 정상 여부를 감시할 수 있는 기능이 있어야 하며, 전원의 정상상태를 표시하는 전원표시등의 섬광주기는 (㉠)초 이내의 점등과 (㉡)초에서 (㉢)초 이내의 소등으로 이루어져야 한다.

① ㉠ 1, ㉡ 15, ㉢ 60
② ㉠ 1, ㉡ 30, ㉢ 60
③ ㉠ 2, ㉡ 15, ㉢ 60
④ ㉠ 2, ㉡ 30, ㉢ 60

해설 ⊕

단독경보형 감지기의 일반기능
1) 자동복귀형 스위치(자동적으로 정위치에 복귀될 수 있는 스위치)에 의하여 수동으로 작동시험을 할 수 있는 기능이 있어야 한다.
2) 작동되는 경우 작동표시등에 의하여 화재의 발생을 표시하고, 내장된 음향장치의 명동에 의하여 화재경보음을 발할 수 있는 기능이 있어야 한다.
3) 주기적으로 섬광하는 전원표시등에 의하여 전원의 정상 여부를 감시할 수 있는 기능이 있어야 하며, 전원의 정상상태를 표시하는 전원표시등의 섬광주기는 1초 이내의 점등과 30초에서 60초 이내의 소등으로 이루어져야 한다.
4) 화재경보음은 감지기로부터 1m 떨어진 위치에서 85dB 이상으로 10분 이상 계속하여 경보할 수 있어야 한다.

76 비상조명등의 화재안전기술기준에서 정하는 휴대용비상조명등의 설치기준 중 지하역사에 설치하는 경우로 알맞은 것은?

① 수평거리 25m 이내마다 3개 이상 설치
② 수평거리 50m 이내마다 5개 이상 설치
③ 보행거리 25m 이내마다 3개 이상 설치
④ 보행거리 50m 이내마다 5개 이상 설치

해설 ⊕

1) 휴대용비상조명등의 설치장소 및 수량
　① 숙박시설 또는 다중이용업소 : 객실 또는 영업장 안의 구획된 실마나 잘 보이는 곳에 1개 이상 실치(외부에 설치 시 출입문 손잡이로부터 1m 이내 부분)
　② 대규모점포, 영화상영관 : 보행거리 50m 이내마다 3개 이상 설치
　③ 지하상가 및 지하역사 : 보행거리 25m 이내마다 3개 이상 설치

2) 휴대용비상조명등의 설치기준
　① 설치높이는 바닥으로부터 0.8m 이상 1.5m 이하의 높이에 설치할 것
　② 어둠 속에서 위치를 확인할 수 있도록 할 것
　③ 사용 시 자동으로 점등되는 구조일 것
　④ 외함은 난연성능이 있을 것
　⑤ 건전지를 사용하는 경우에는 방전방지조치를 하여야 하고, 충전식 배터리의 경우에는 상시 충전되도록 할 것
　⑥ 건전지 및 충전식 배터리의 용량은 20분 이상 유효하게 사용할 수 있는 것으로 할 것

77 비상경보설비 및 단독경보형 감지기의 화재안전기준에 따라 설치한 비상벨설비의 음향장치비는 정격전압의 몇 %의 전압에서 음향을 발할 수 있도록 하여야 하는가?

① 20%
② 25%
③ 70%
④ 80%

해설 ⊕

비상벨설비 또는 자동식 사이렌설비의 음향장치 설치기준
1) 특정소방대상물의 층마다 설치
2) 각 부분으로부터 하나의 음향장치까지의 수평거리 : 25m 이하
3) 음향장치의 구조 및 성능
　① 음향장치는 정격전압의 80% 전압에서 음향을 발할 수 있도록 할 것
　② 음량은 부착된 음향장치의 중심으로부터 1m 떨어진 위치에서 90dB 이상

78 자동화재탐지설비 및 시각경보장치의 화재안
전기술기준에서 정하는 광전식 분리형 감지기의 설
치기준 중 옳은 것은?

① 감지기의 수광면은 햇빛을 직접 받도록 설치할 것
② 광축(송광면과 수광면의 중심을 연결한 선)은 나란
한 벽으로부터 1.5m 이상 이격하여 설치할 것
③ 감지기의 송광부와 수광부는 설치된 뒷벽으로부터
0.6m 이내 위치에 설치할 것
④ 광축의 높이는 천장 등(천장의 실내에 면한 부분 또
는 상층의 바닥하부면) 높이의 80% 이상일 것

해설 ➕

광전식 분리형 감지기의 설치기준

구분	기준
감지기의 수광면	햇빛을 직접 받지 않도록 설치
광축과 나란한 벽과의 거리	0.6m 이상 이격하여 설치
송광부, 수광부와 뒷벽과의 거리	1m 이내 위치에 설치
광축의 높이	천장 높이의 80% 이상
광축의 길이	공칭감시거리 범위 (5~100m 이하로 하여 5m 간격)

① 감지기의 수광면은 햇빛을 직접 받도록 → 직접 받지 않
도록
② 나란한 벽으로부터 1.5m 이상 → 0.6m 이상
③ 뒷벽으로부터 0.6m 이내 → 1m 이내

79 누전경보기를 설치하여야 하는 특정소방대상
물의 기준 중 다음 (   ) 안에 알맞은 것은?(단, 위험
물 저장 및 처리 시설 중 가스시설, 터널 또는 지하구
의 경우는 제외한다.)

> 누전경보기는 계약전류용량이 (   )A를 초과하는 특
> 정소방대상물(내화구조가 아닌 건축물로서 벽·바닥
> 또는 반자의 전부나 일부를 불연재료 또는 준불연재
> 료가 아닌 재료에 철망을 넣어 만든 것만 해당)에 설
> 치하여야 한다.

① 60   ② 100   ③ 200   ④ 300

해설 ➕

1) 누전경보기 설치대상 : 계약전류용량이 100A를 초과하
는 특정소방대상물(내화구조가 아닌 건축물로서 벽·바
닥 또는 반자의 전부나 일부를 불연재료 또는 준불연재료
가 아닌 재료에 철망을 넣어 만든 것만 해당)에 설치하여
야 한다.
2) 경계전로의 정격전류에 의한 분류

경계전로의 정격전류	60A 초과	60A 이하
누전경보기 종류	1급	1급 또는 2급

80 열반도체식 차동식 분포형 감지기의 설치개수
를 결정하는 기준 바닥면적으로 적합한 것은?

① 부착높이가 8m 미만인 장소로 주요 구조부가 내화
구조로 된 소방대상물인 경우 감지기 1종은 40m²,
2종은 23m²이다.
② 부착높이가 8m 미만인 장소로 주요 구조부가 내화
구조로 된 소방대상물인 경우 감지기 1종은 30m²,
2종은 23m²이다.
③ 부착높이가 8m 이상 15m 미만인 장소로 주요 구
조부가 내화구조로 된 소방대상물인 경우 감지기 1종
은 50m², 2종은 36m²이다.
④ 부착높이가 8m 이상 15m 미만인 장소로 주요 구
조부가 내화구조가 아닌 소방대상물인 경우 감지기
1종은 40m², 2종은 18m²이다.

해설 ➕

1) 열반도체 감지기 1개의 기준면적

부착높이 및 소방대상물의 구분		감지기의 종류	
		1종	2종
8m 미만	내화구조	65m²	36m²
	기타 구조	40m²	23m²
8m 이상 15m 미만	내화구조	50m²	36m²
	기타 구조	30m²	23m²

2) 열반도체의 수량 : 최소 2개 이상, 최대 15개 이하

정답 **78** ④ **79** ② **80** ③

대표저자 자격사항

표정은

- 소방기술사
- 소방시설관리사
- 위험물기능장
- 소방설비기사(기계분야/전기분야)

소방설비기사
필기 전기분야

발행일		
	2020. 3. 10	초판발행
	2020. 6. 10	초판 2쇄
	2021. 1. 15	개정 1판1쇄
	2021. 3. 30	개정 2판1쇄
	2022. 1. 10	개정 3판1쇄
	2023. 1. 10	개정 4판1쇄
	2024. 1. 10	개정 5판1쇄
	2024. 5. 10	개정 5판2쇄
	2025. 1. 10	개정 6판1쇄
	2025. 6. 10	개정 6판2쇄
	2026. 1. 20	개정 7판1쇄

저 자 | 표정은 · 최현준
발행인 | 정용수
발행처 | 예문사

주 소 | 경기도 파주시 직지길 460(출판도시) 도서출판 예문사
T E L | 031) 955 – 0550
F A X | 031) 955 – 0660
등록번호 | 11 – 76호

정가 : 36,000원

ISBN 978-89-274-5944-6 13530